LES MERVEILLES

DE LA SCIENCE

CORBEIL. — TYP. ET STÉR. CRÉTÉ

LES MERVEILLES
DE LA SCIENCE

OU

DESCRIPTION POPULAIRE DES INVENTIONS MODERNES

PAR

LOUIS FIGUIER

TÉLÉGRAPHIE AÉRIENNE, ÉLECTRIQUE ET SOUS-MARINE
CABLE TRANSATLANTIQUE — GALVANOPLASTIE — DORURE ET ARGENTURE
ÉLECTRO-CHIMIQUES — AÉROSTATS — ÉTHÉRISATION

★★

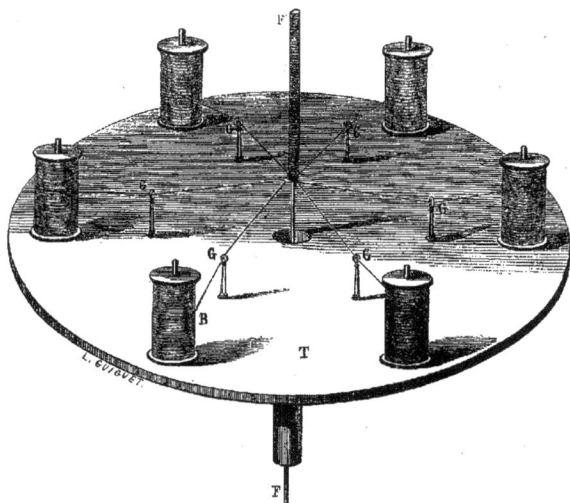

L. GUIGVET.

PARIS

FURNE, JOUVET ET Cⁱᵉ, ÉDITEURS

45, RUE SAINT-ANDRÉ-DES-ARTS, 45

TÉLÉGRAPHE AÉRIEN

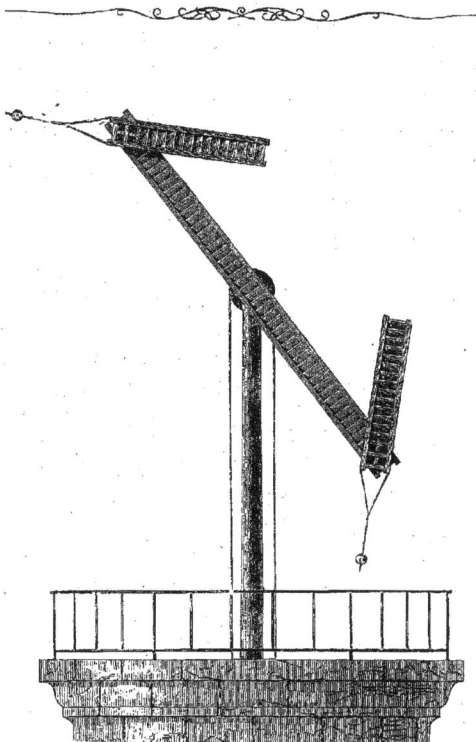

En 1855, le télégraphe électrique a remplacé, en France, le télégraphe aérien, forcé de disparaître devant son puissant rival. La télégraphie aérienne est donc un peu oubliée aujourd'hui. Cependant, cette invention a sa glorieuse histoire. Elle est française, et par son inventeur et par le gouvernement qui l'accueillit et la propagea, au milieu des embarras et des périls de la guerre étrangère. Sans doute, nous envisageons aujourd'hui avec quelque pitié ces grêles tiges de fer, qui se dessinaient sur le fond du ciel, agitant leurs bras persillés, ne transmettant des signaux que pendant le jour, et par une atmosphère sereine. Mais si l'on se reporte à l'époque de cette invention, c'est-à-dire au temps des diligences et des malles-postes, on partagera l'admiration qu'ont éprouvée nos pères, quand ils voyaient transmettre en une heure une dépêche de Paris à Marseille, à travers une série de postes échelonnés, sans que les signaux, étalés librement aux yeux de tous, fussent compris par personne, sinon par l'expéditeur de Paris et le destinataire de Marseille.

Née dans notre patrie, la télégraphie aérienne, répandue promptement dans le monde entier, a inauguré l'ère féconde de la transmission rapide et lointaine de la pensée, au moyen de signaux. Elle a ainsi préparé la voie à une invention plus merveilleuse encore, celle de la télégraphie électrique, et ne s'est retirée devant elle, qu'après avoir rendu à notre pays des services dont le souvenir est impérissable.

A tous ces titres, nous croyons devoir, avant d'aborder la télégraphie électrique, consacrer une notice spéciale au télégraphe aérien.

CHAPITRE PREMIER

L'ART DES SIGNAUX CHEZ LES GRECS, LES ROMAINS ET LES ORIENTAUX, DANS L'ANTIQUITÉ.

Comme l'indique son nom, tiré du grec et composé avec beaucoup de justesse de τῆλε, loin, et γράφω, j'écris, un *télégraphe* est un appareil qui écrit à longue distance, c'est-à-dire destiné à faire parvenir rapidement un message, à l'aide de signaux, entre deux points très-éloignés.

Chez tous les peuples et dans tous les temps, on a employé divers systèmes de signaux pour transmettre rapidement des avis d'un point à un autre. Il ne sera pas sans intérêt de jeter un coup d'œil sur les progrès de l'art des signaux, depuis son origine jusqu'à nos jours.

Si l'on remonte à l'époque la plus reculée de l'histoire, on trouve les premiers vestiges de la télégraphie attachés aux temps héroïques. Thésée, en partant pour la conquête de la toison d'or, avait arboré des voiles noires sur son vaisseau, promettant de leur substi-

tuer des voiles blanches, s'il revenait vainqueur. Mais il oublia cette promesse. A son retour, le vieil Égée, voyant apparaître le vaisseau avec ses mêmes voiles noires, crut que son fils avait succombé dans son entreprise, et il se précipita dans les flots.

Homère et Pausanias font mention des signaux de feu que Palamède et Simon employaient dans la guerre de Troie. C'est au moyen de flambeaux disposés dans un ordre convenu, que, même avant le siége de Troie, Lyncée annonça à Hypermnestre, qu'il avait échappé à Danaüs; et c'est par un fanal placé sur le fort de la ville de Larisse, qu'Hypermnestre fit connaître, à son tour, qu'elle était hors de danger.

Le poëte Eschyle a décrit, dans sa tragédie d'*Agamemnon*, une sorte de ligne télégraphique. Il suppose qu'Agamemnon, pour annoncer à Clytemnestre la prise de Troie, avait échelonné, sur toute la route, des porteurs de flambeaux. Le poëte fait parler ainsi le dernier homme chargé d'observer ces signaux :

« Grâce aux dieux, l'heureux signal perce l'obscurité. Salut, flambeau de la nuit, qui fais luire un beau jour ! »

Clytemnestre s'empresse d'annoncer la bonne nouvelle au chœur tragique. On lui demande quel message a pu l'instruire si vite de cet événement glorieux, et la reine l'explique en ces termes :

« Celui qui nous a appris cette nouvelle, c'est Vulcain, au moyen des feux qu'il a allumés sur le mont Ida. De foyer en foyer, la flamme messagère a volé jusqu'ici. Du mont Ida, le signal lumineux a passé à Lemnos ; de cette île, le sommet du mont Athos a reçu le troisième signal. Ce signal provenant d'un flambeau résineux, a voyagé sur la surface des eaux d'Hellé, et a doré de ses rayons le poste de Maciste. Celui-ci n'a point tardé à remplir son devoir, et son fanal a bientôt averti les gardiens du Messape aux bords de l'Euripe ; ils y ont répondu, et ont transmis le signal en allumant un monceau de bruyère sèche, dont la clarté, parvenant rapidement au delà des plaines de l'Asope, jusqu'au mont Cithéréen, a continué la succession de ces feux voyageurs. Le garde de ce mont a allumé un fanal, dont la lueur a percé comme un éclair jusqu'au mont d'Egiplanète, au delà des marais de Gorgopis, où les surveillants que j'avais placés, ont fait sortir d'un vaste bûcher des tourbillons de flamme, qui ont éclairé l'horizon jusqu'au delà du golfe Saronique, et ont été aperçus du mont Arachné. Là veillaient ceux du poste le plus voisin de nous, qui ont fait luire sur le palais des Atrides ce feu si longtemps désiré ! »

On ne saurait dire, avec certitude, si Eschyle rapporte en ces termes un fait historique, ou seulement le produit de son imagination. Mais ce passage du tragique grec suffit pour établir que l'emploi de signaux convenus d'avance pour annoncer une nouvelle, était alors bien connu. Eschyle n'aurait point parlé de ce fait, s'il n'eût été dans les habitudes de son temps.

On croirait, en effet, à lire les auteurs grecs, qu'aux temps primitifs de son histoire, la Grèce était couverte de tours et de phares destinés à produire ces « flammes messagères » dont parle Eschyle. On appelait *pyrses* (πυρσοί) des feux que l'on apercevait, la nuit, par leur lumière, et le jour par leur fumée. On appelait *phares* (φάρος) les tours destinées à recevoir de plus grands feux; *phryctes* (φρυκτός) de petits signaux formés par les torches; φρυκτωρός et πυρσευτής la sentinelle qui veillait à ces feux; πυρσεία, la dépêche elle-même, etc.

Les Grecs employaient encore, comme signaux, d'autres moyens que le feu. Ils faisaient usage de la voix, du bruit, de la fumée et des drapeaux. Ils appelaient σύμβολα et σημεῖα, les signaux sonores ou oraux qui servaient à donner un mot d'ordre, et συνθήματα, les signes visibles qui se faisaient sans bruit, en agitant les mains ou certaines armes. Παρασυνθήματα σημεῖα désignaient des étendards ou des drapeaux. C'est surtout pendant la guerre que ces moyens étaient en usage.

Thucydide décrit des fanaux que l'on attachait au haut de grandes perches, et que l'on disposait le long des chemins, devant les villes assiégées, pour servir de signaux aux combattants. On s'en servit beaucoup pendant la guerre du Péloponèse, et lors du combat de Salamine.

Sur le promontoire de Sigée, à 75 stades de Ténédos, il existait une tour destinée à porter des fanaux.

Ptolémée Philadelphe, roi d'Égypte (285 ans avant J.-C.), fit élever beaucoup de tours semblables dans l'île de Pharos.

Pharos était une île voisine du port d'Alexandrie, qui fut jointe au continent par un môle. On construisit à la pointe de ce môle, une haute tour, au sommet de laquelle étaient entretenus, la nuit, des feux qui servaient à signaler le port aux vaisseaux. De là est venu, dans notre langue, le nom de *phare*.

Alexandre le Grand reçut d'un habitant de Sidon, la proposition de perfectionner les moyens de correspondance connus de son temps. Le Sidonien proposait au vainqueur de Darius, d'établir un système de communications rapides entre tous les pays soumis à sa domination. Il ne demandait que cinq jours pour lui donner des avis du lieu le plus éloigné de ses conquêtes dans l'Inde, jusqu'à la Macédoine. Alexandre regarda ce projet comme un rêve, et rejeta avec mépris l'offre de l'étranger. Celui-ci se retira donc. Mais à peine eut-il disparu, qu'Alexandre, réfléchissant aux résultats politiques et militaires qu'amènerait l'expédition prompte des ordres et des messages, ordonna de rappeler l'auteur du projet qu'il avait d'abord repoussé. Mais on ne put le retrouver, quelque recherche que l'on fît, et Alexandre se repentit d'avoir repoussé une proposition qu'il n'avait point examinée.

Æneas le tacticien, qui vivait 336 ans avant Jésus-Christ, avait imaginé plusieurs manières de faire passer des avis dans les camps. Polybe a fait connaître un des procédés télégraphiques inventés par Æneas, qui mérite d'être signalé, en raison de sa singularité.

On plaçait, à certaine distance, plusieurs personnes portant chacune un vase d'airain de même grandeur, et contenant une même

Fig. 2. — Æneas le tacticien invente l'art des signaux phrasiques, 336 ans avant J.-C.

quantité d'eau. Chaque vase était percé sur un côté, d'un trou, d'égal diamètre pour tous. Un *flotteur*, composé d'un morceau de liége, nageait sur l'eau, et portait un bâton vertical, divisé en parties égales. Sur chacune des divisions du bâton, était inscrite une des phrases ou avis à transmettre. Chaque stationnaire porteur du vase d'airain, tenait de l'autre main une torche. Quand il s'agissait de transmettre à distance une des phrases ou avis inscrits sur la tige du flotteur, le premier stationnaire élevait sa torche pour éclairer le vase d'airain ; puis il débouchait le trou du vase, et faisait écouler la quantité d'eau nécessaire pour que la division de la tige portant l'ordre à transmettre se trouvât vis-à-vis du bord. Alors il baissait sa torche et arrêtait l'écoulement de l'eau. Le stationnaire suivant imitait la manœuvre du premier et laissait écouler la même quantité d'eau. Ainsi se transmettait, de poste en poste, l'avis inscrit sur un point particulier de la tige du flotteur.

Ce moyen était fort grossier. Il fallait que les hommes fussent nombreux, et placés à des distances bien courtes, pour pouvoir apercevoir et se transmettre, l'un à l'autre, la

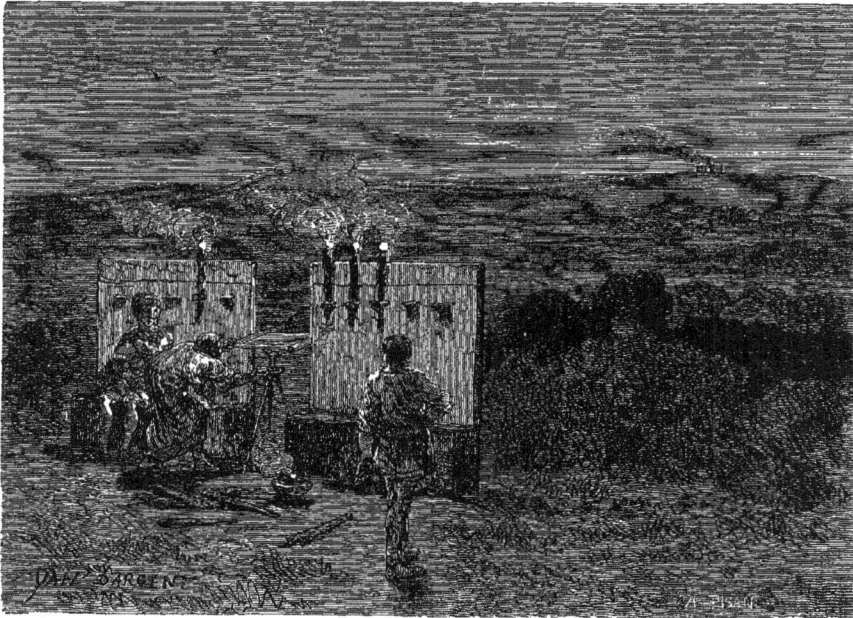

Fig. 3. — Polybe, 150 ans avant Jésus-Christ, invente l'art des signaux alphabétiques.

manœuvre à exécuter. Au temps d'Æneas c'est-à-dire 336 ans avant Jésus-Christ, l'art télégraphique, chez les Grecs, était donc tout à fait dans l'enfance.

Cet art fut perfectionné grâce à l'idée de signaler au moyen des feux, non des phrases convenues d'avance, mais bien les lettres de l'alphabet.

Jules l'Africain nous apprend qu'un système télégraphique qui fut inventé en Grèce, après Æneas, consistait à disposer huit feux, au-devant et à une certaine distance desquels, on allumait trois autres feux plus petits. Les huit grands feux servaient à désigner un groupe de lettres de l'alphabet, qu'on avait divisé en huit parties. Les trois feux accessoires désignaient la place de la lettre dans chacune des huit divisions de l'alphabet,

Cléomène et Polybe simplifièrent cette méthode.

Polybe, l'historien militaire de la Grèce, qui écrivait 150 ans environ avant Jésus-Christ, divisa l'alphabet en cinq groupes seulement. Deux murailles étant disposées l'une près de l'autre, le stationnaire se plaçait entre ces deux murailles, qui servaient à cacher des torches. Pour indiquer à son correspondant la 24e lettre de l'alphabet par exemple, il faisait apparaître d'abord cinq torches à sa droite, qui indiquaient la cinquième division de son alphabet ; puis quatre torches à sa gauche, pour marquer le rang que la lettre occupait dans sa division.

Nous devons ajouter qu'un long tuyau de bois ou d'airain, fixé à chaque muraille, servait à diriger la vue du stationnaire vers le point que l'on voulait observer.

On ne peut s'empêcher de voir dans cette invention de Polybe, la première idée de la télégraphie aérienne, qui ne fut réalisée qu'a la fin du dernier siècle, par les frères Chappe.

Rollin nous dit pourtant que cette méthode ne produisit que de médiocres résultats, car elle ne pouvait porter les avis qu'à une faible distance. Il est vrai que, pour signaler un seul mot, il fallait exécuter un si grand nombre de mouvements de torches, qu'une nuit entière devait à peine suffire à transmettre une phrase de quelques mots, chaque lettre exigeant 5 à 6 signaux.

Toutefois, en dépit de son imperfection pratique, cette méthode était excellente, et l'on peut dire que la télégraphie aérienne était créée, car la désignation conventionnelle des lettres de l'alphabet est un très-bon moyen télégraphique.

Les Romains empruntèrent aux Grecs la télégraphie, mais ils la perfectionnèrent peu. L'esprit d'invention et de recherches manquait au peuple romain qui ne sut jamais qu'emprunter à la Grèce ses inventions et ses idées, sans y rien ajouter d'important.

Ce n'est même qu'un peu tard, c'est-à-dire au temps des guerres puniques, que les Romains adoptèrent la télégraphie. Ils l'avaient sans doute apprise de Polybe, qui fut le commensal de Scipion, ou bien encore d'Annibal, qui avait fait élever des tours d'observation en Afrique et en Espagne, et qui faisait usage de feux d'un tel éclat qu'ils étaient visibles jusqu'à la distance de 67500 pieds romains.

Quoi qu'il en soit, vers le temps de César, la télégraphie était devenue très en usage chez les Romains. Ils établissaient partout où s'étendaient leurs conquêtes, un système de communications rapides, qui favorisait singulièrement l'exercice de leur autorité sur les peuples soumis à leur domination.

César fit grand usage des signaux de feu dans son expédition des Gaules. La certitude et la rapidité des mouvements de son armée, ne peuvent s'expliquer que par l'emploi multiplié des signaux militaires.

Du reste, les Gaulois eux-mêmes se servaient des mêmes moyens, pour déjouer la stratégie des Romains. C'est ce que nous apprend César lui-même dans ses *Commentaires* :

« Lorsqu'il arrivait, dit César, des événements extraordinaires, les Gaulois s'avertissaient par des cris qui étaient entendus d'un lieu à l'autre ; de sorte que le massacre des Romains, qui avait été fait à Orléans, au lever du soleil, fut su à neuf heures du soir en Auvergne, à quarante lieues de distance. »

Sous les empereurs, tous les pays soumis à la domination romaine étaient, comme on le sait, sillonnés d'admirables routes. Le long de ces routes, s'élevaient, de distance en distance, des tours, destinées à transmettre les signaux. On avait relié ensemble l'Asie et l'Afrique par des tours allant de la Syrie à l'Égypte et d'Antioche à Alexandrie. Une multitude de villes étaient ainsi rattachées à la métropole des bords du Tibre. En Italie 1197 villes, 1200 dans les Gaules, 306 dans l'Espagne, 500 en Asie, formaient du nord-ouest au sud-ouest, une ligne télégraphique qui n'avait pas moins de 1400 lieues de longueur (1).

Les ruines de quelques tours élevées par les Romains, pour servir à ces communications, se voient encore en France. A Nîmes, la *Tour magne*, qui domine l'admirable promenade de la fontaine, les hautes tours d'Uzès, d'Arles et de Bellegarde, avaient été construites, d'après l'opinion des archéologues modernes les plus accrédités, pour recevoir des vedettes, des vigies, des sentinelles romaines, qui échangeaient rapidement des avis avec les contrées voisines.

Tibère, retiré sur son rocher de l'île Caprée, au sein de sa voluptueuse retraite, recevait de Rome, au moyen de signaux, qui volaient de phare en phare, des nouvelles des différentes parties de son empire (2).

Il n'est pas impossible de se représenter aujourd'hui la disposition d'un poste télégra-

(1) *Bibliothèque britannique*, nᵒˢ 215, 216.
(2) Suétone.

phique romain. Sur l'un des bas-reliefs de la colonne Trajane, qui s'élève encore aujourd'hui à Rome, et qui nous conserve la précieuse reproduction des équipements, des armes et des machines de guerre employés chez les Romains, on voit sculpté l'un de ces postes télégraphiques (*fig.* 4). C'est une tour environnée d'une palissade. Elle est pourvue d'un balcon, et d'une fenêtre donnant passage à une torche enflammée.

Fig. 4. — Poste télégraphique romain d'après le bas-relief de la colonne Trajane à Rome.

L'art des signaux, dont nous venons de suivre les progrès chez les Grecs et les Romains, fut également mis en pratique chez les anciens peuples de l'Orient. Les Scythes faisaient usage de feux ou de fumée, comme moyen d'avertissement lointain.

Les Chinois, chez lesquels on trouve toujours quelque trace des inventions modernes de l'Occident, avaient placé des phares, ou machines à feu, sur leur grande muraille, longue de 188 lieues. Ils pouvaient ainsi donner l'alarme à toute la frontière qui les séparait des Tartares, lorsqu'une horde de ces peuples venait à les menacer.

Comme l'art de produire des feux d'une prodigieuse intensité a été connu de temps immémorial en Orient, on ne sera pas surpris d'apprendre que les Chinois et les Indiens fissent usage, comme signaux, de feux dont la lumière était si brillante, qu'elle perçait les brouillards et défiait les vents et la pluie.

A Constantinople, les signaux de feu placés sur une montagne voisine, annonçaient, en peu d'heures, les mouvements des Sarrasins. Le premier poste était près de Tarse. Venaient ensuite ceux des monts Argent, Isamus, Egésus, la colline de Mamas, le Cérisus, le Mocilus, la colline Auxentius, et le cadran du phare du palais (1).

Le plus énergique et le plus clair de tous les télégraphes physiques employés par les Orientaux, était celui de Tamerlan. Ce conquérant terrible, quand il faisait le siége d'une ville, n'employait que trois signaux.

Le premier était un drapeau blanc, et voulait dire : « Rendez-vous, j'userai de clémence. »

Le second jour, Tamerlan faisait arborer un drapeau rouge, qui signifiait : « Il faut du sang, le commandant de la place et les sous-officiers payeront de leur tête le temps qu'ils m'ont fait perdre. »

Le troisième et dernier signal était un drapeau noir, et voulait dire : « Que la ville se rende ou qu'elle soit prise d'assaut, je mettrai tout à feu et à sang. »

Mais revenons en Europe, pour suivre, à partir du moyen âge jusqu'à nos jours, les progrès de l'art télégraphique.

CHAPITRE II

L'ART DES SIGNAUX AU MOYEN AGE.

Polybe avait créé, chez les Grecs, l'art des signaux par l'invention du *système alphabétique*. Mais, comme nous l'avons fait re-

(1) Gibbon, *Histoire de la décadence de l'empire romain*, 14ᵉ vol., p. 410.

marquer, la multitude des mouvements nécessaires pour indiquer une phrase, aurait
produit une confusion et une perte de temps
considérables, et rendu ainsi impossible la
transmission d'une dépêche un peu étendue.
Le *système alphabétique* de Polybe, comme
aussi le *système phrasique* des Romains et des
Orientaux, ne pouvaient servir que dans les
camps, pour communiquer d'un quartier à
un autre, pour donner des ordres ou faire
passer des avis à une ville assiégée. Une correspondance générale de télégraphie ne pouvait s'accommoder de moyens aussi impar-
faits.

Pour *écrire de loin*, selon l'objet et l'étymo-
logie du télégraphe, il faut *voir de loin*.
Avant la création de la physique, et en particulier de l'optique, on ne pouvait donc arriver à aucun résultat sérieux en ce genre. L'invention des miroirs concaves réflécteurs,
mais surtout l'invention de la lunette d'approche, pouvaient seuls permettre de créer
l'art télégraphique. Aussi faut-il arriver jusqu'au XVI° et au XVII° siècle, pour assister à
la naissance, ou du moins aux premiers essais, d'une télégraphie sérieuse.

Déjà, au XV° siècle, l'illustre et malheureux
Roger Bacon avait parlé de la possibilité de
se servir de grands miroirs concaves pour voir
à longue distance. Roger Bacon croyait que
Jules César, quand il se préparait à traverser
la mer, pour attaquer la Grande-Bretagne,
s'était servi de ce moyen pour voir ce qui se
passait de l'autre côté du détroit. Il en concluait que l'on pourrait par le même système,
c'est-à-dire avec de grands miroirs concaves,
apercevoir de loin les villes et les armées (1).

Jean-Baptiste Porta, l'inventeur de la chambre obscure, l'auteur de la *Magie naturelle*,
était si bien persuadé de la possibilité de réfléchir de très-loin les rayons lumineux, au
moyen des miroirs concaves, qu'il parlait
d'établir un télégraphe, en faisant réfléchir
sur la surface de la lune, qui aurait servi de
plan réflecteur, des signaux formés sur la
terre (1).

Déjà, un rêveur du moyen âge, Corneille
Agrippa, qui avait l'exagération scientifique
de Porta, sans avoir le génie d'observation et
de recherches de celui-ci, avait prétendu que
Pythagore, voyageant en Égypte, écrivait à
ses amis au moyen de caractères expédiés sur
la lune.

Le père Kircher, bien qu'il fût tout aussi
infatué de merveilleux que les hommes de
son temps, taxe de chimérique l'idée de Jean-
Baptiste Porta. Pour que la lune, nous dit
Kircher, pût produire cet effet, il faudrait
qu'elle eût la propriété de réfléchir les objets
comme une glace ; que le miroir qui lui ferait passer les signaux fût aussi grand que le
diamètre de la terre, et que chaque signal eût
vingt degrés de hauteur.

Si l'invention de Porta est quelque peu
difficile à comprendre, l'objection de son savant critique est encore plus obscure pour
nous. Mais c'est ainsi que l'on discutait entre
savants, au moyen âge.

Le père Kircher, qui blâmait, chez Porta,
l'usage de la lune comme moyen de télégraphie, s'accommodait pourtant du soleil dans
la même intention. Il aurait voulu se servir,
comme nous allons le dire, des rayons solaires, pour correspondre entre des lieux
éloignés.

Chappe, dans son *Histoire de la télégraphie*,
décrit ainsi le procédé de Kircher :

« Son procédé était d'écrire sur un miroir de métal les lettres des mots qu'il voulait transmettre : on
plaçait à quelque distance une lentille de verre, au
travers de laquelle on réfléchissait avec le miroir les
rayons du soleil sur le lieu où l'on voulait les faire
parvenir. Ce lieu doit être une chambre dont les
murs intérieurs soient peints en noir. L'image des

---

(1) *Sic enim Julius Cæsar, quando voluit Angliam expu-
gnare, refertur maxima specula erexisse, ut a Gallicano
littore dispositionem civitatum et castrorum Angliæ prævi-
deret. Similiter, possent specula erigi in alto, contra civi-
tates et exercitus.* (*Opus majus.*)

(1) *Histoire de la télégraphie* par Ignace Chappe ; 1 vol.
in-8. Paris, 1825, p. 38.

Fig. 5. — Expérience télégraphique faite par Amontons, en 1690, au jardin du Luxembourg à Paris (page 12).

caractères tracés sur le miroir se dessine sur la muraille ; les lettres conservent même la couleur qu'on leur a donnée en les écrivant ; et si, au lieu d'une phrase, vous peignez une figure, le spectre réfléchi par le miroir conserve les formes et les couleurs que vous avez données au dessin. C'est ainsi que Roger Bacon, dit Kircher, se rendait visible à ses amis absents.

« La même méthode peut servir pendant la nuit : en recueillant les rayons d'un flambeau ou de la lune avec un verre propre à grossir les objets, les caractères et les dessins, dit Kircher, seront portés fort loin.

« Cette dernière phrase nous paraît fort vague ; c'est la distance à laquelle les rayons peuvent être réfléchis, qui est le point capital dans cette opération ; il paraît incroyable, remarque Kircher lui-même, qu'avec un miroir on puisse se parler à une distance de trois lieues ; car les caractères tracés sur la glace s'affaiblissent à raison de l'éloignement, et se grossissent jusqu'à devenir comme des tours. Ma découverte n'en est pas moins certaine ; c'est une chose indubitable, c'est une chose vraiment divine ; je ne l'ai confiée qu'à une seule personne, et elle peut assurer la réalité de ce que j'avance.

« Il est difficile de bien juger de cette espèce de lanterne magique, sans faire une suite d'expériences qui puissent servir à constater les faits annoncés par l'auteur, et à trouver ceux dont il avoue n'avoir eu ni le talent ni les moyens de faire la découverte. »

Un autre savant de cette époque, François Kessler, ne portait pas ses prétentions aussi loin que le père Kircher, ou son prédécesseur Jean-Baptiste Porta. Il n'avait recours ni au soleil ni à la lune, et s'il employait une lumière, nous allons voir qu'il la mettait littéralement sous le boisseau.

En effet, Kessler enfermait à l'intérieur d'un tonneau, une lampe munie d'un réflecteur. Au-devant du tonneau était une trappe qu'on levait ou abaissait au moyen d'une tige recourbée à angle droit, de façon à apercevoir ou à cacher à volonté, la lampe placée dans le tonneau. La trappe élevée une fois, indiquait la première lettre de l'alphabet; abaissée deux fois, elle indiquait la seconde, et ainsi de suite.

C'était toujours, on le voit, le système alphabétique de Polybe; seulement, il était mis en pratique par des moyens bizarres.

On peut appliquer la même remarque critique aux projets de Gaspard Schott et de Becher, médecins de l'électeur de Mayence. Ils proposèrent de se servir de bottes de paille ou de foin, qu'on ferait rouler sur cinq mâts séparés les uns des autres. Chaque mât devait être partagé en cinq divisions, chaque division ayant la valeur d'une lettre, qui aurait été ainsi désignée par la hauteur qu'occupait sur le mât la botte de foin. Un flambeau aurait remplacé, pendant la nuit, la botte de foin.

C'était une amélioration au système de Polybe, en ce que cette méthode n'exigeait que deux signes par lettre; mais ces divisions n'eussent pas été facilement aperçues. Becher le sentit lui-même, comme on le voit dans une lettre qu'il écrivit à Schott, où il annonçait qu'il n'emploierait plus que deux signaux.

Becher n'a pas expliqué de quelle manière il eût combiné ces deux signaux; mais ce ne pouvait être que par l'arithmétique binaire qu'il avait, à ce qu'il paraît, découverte avant Leibnitz.

Le système de Becher, malgré l'emploi de l'arithmétique binaire, n'aurait donné aucun bon résultat. Il aurait exigé autant de signaux que la répétition des feux de Polybe. D'après Chappe, il aurait fallu onze signaux pour exprimer un nombre de cinq chiffres (1).

Toutes ces tentatives ne pouvaient aboutir à aucun résultat utile, parce qu'elles ne reposaient point sur des expériences exactes.

Il en fut tout autrement de celles d'un physicien anglais, Robert Hooke, qui, à la fin du XVIIe siècle, exécuta et mit en pratique

(1) Histoire de la télégraphie, page 44, et Mémoires de l'Académie des sciences de Paris, année 1741.

un télégraphe à signaux, qui peut être considéré comme le premier modèle du télégraphe aérien moderne.

Robert Hooke substitua aux drapeaux et aux pavillons, dont on avait fait souvent usage, des corps opaques de forme particulière, placés très-haut en l'air, et visibles à de grandes distances. Dans un *Discours* lu le 21 mars 1684, à la *Société royale de Londres*, Robert Hooke décrit avec beaucoup de soin l'appareil qu'il a inventé. Il insiste sur la manière de placer les stations à des distances convenables, sur le meilleur éclairage des machines, etc. Toutes ces observations dénotent un physicien habile.

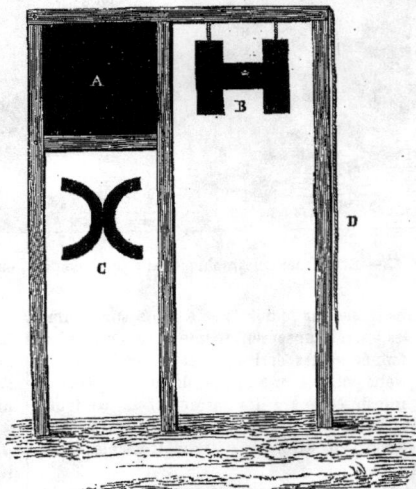

Fig. 6. — Télégraphe de Robert Hooke.

La machine que Robert Hooke avait construite, consistait en un large écran, c'est-à-dire une planche peinte en noir, placée au milieu d'un châssis, et élevée à une grande distance en l'air. Divers signaux, de forme particulière, étaient cachés derrière l'écran, et servaient, quand on les faisait apparaître, à exprimer les lettres de l'alphabet. Quelques signaux n'exprimaient pas des lettres, mais des phrases convenues d'avance.

La figure 6 représente le télégraphe de Robert Hooke. A était la planche peinte en noir derrière laquelle étaient cachés les signaux, B,C, que l'on faisait apparaître à volonté en tirant la corde D.

Robert Hooke entendait se servir de ce télégraphe même pendant la nuit. Mais on ne connaît pas exactement les dispositions qui lui étaient venues à l'esprit pour cette télégraphie nocturne, parce que cette partie de son mémoire manuscrit n'a pas été retrouvée intacte. Le *Discours* lu par Hooke à la *Société royale de Londres*, a été publié dans les *œuvres posthumes* de ce savant. Or, l'éditeur fait remarquer que le manuscrit de l'auteur avait des feuilles déchirées et des pages d'une écriture illisible, dans la partie qui concerne son télégraphe nocturne ; de là l'obscurité qui règne dans la description qu'il en a donnée.

CHAPITRE III

LE PHYSICIEN FRANÇAIS AMONTONS DÉCOUVRE LE SYSTÈME DE TÉLÉGRAPHIE MODERNE. — AUTRES PROJETS DE TÉLÉGRAPHIE AÉRIENNE.

La France, on a pu le remarquer, n'avait encore fourni aucun contingent à l'ordre de travaux qui nous occupent. Il faut donc nous empresser d'ajouter qu'un physicien français du xviiᵉ siècle, Guillaume Amontons, eut le mérite, peu de temps après Robert Hooke, c'est-à-dire en 1690, de découvrir la méthode qui sert de base à la télégraphie aérienne moderne. C'est en effet Amontons qui, le premier, se servit d'une lunette pour observer les signaux formés dans l'espace, et servant à établir une correspondance entre deux points éloignés.

Dans l'*Éloge d'Amontons*, Fontenelle a décrit, avec assez d'exactitude, la découverte d'Amontons, qui consistait à se servir de lunettes d'approche pour observer les signaux transmis par des postes fixes.

« Peut-être, dit Fontenelle, prendra-t-on pour un jeu d'esprit, mais du moins très-ingénieux, un moyen qu'il inventa de faire savoir tout ce qu'on voudrait à une très-grande distance, par exemple de Paris à Rome, en très-peu de temps, comme en trois ou quatre heures, et même sans que la nouvelle fût sue dans tout l'espace d'entre-deux. Cette proposition, si paradoxe et si chimérique en apparence, fut exécutée dans une petite étendue de pays, une fois en présence de Monseigneur, et une autre en présence de Madame. Le secret consistait à disposer dans plusieurs postes consécutifs des gens qui, par des lunettes de longue vue, ayant aperçu certains signaux du poste précédent, les transmissent au suivant, et toujours ainsi de suite, et ces différents signaux étaient autant de lettres d'un alphabet dont on n'avait le chiffre qu'à Paris et à Rome. La plus grande portée des lunettes faisait la distance des postes, dont le nombre devait être le moindre qu'il fût possible ; et comme le second poste faisait des signaux au troisième à mesure qu'il les voyait faire au premier, la nouvelle se trouvait portée à Rome presque en aussi peu de temps qu'il en fallait pour faire les signaux à Paris. »

La théorie et la pratique du télégraphe aérien moderne se trouvent contenues, on peut le dire, dans le système d'Amontons, qui fut d'ailleurs, comme nous allons le raconter, soumis à une expérience publique.

Amontons était un des physiciens les plus habiles du xviiᵉ siècle. Ses travaux relatifs au thermomètre à air, au baromètre et à l'hygrométrie, ont exercé sur les progrès de la physique une influence puissante. Il était né inventeur. Mais s'il avait le génie qui dicte les découvertes, il était loin de réunir les qualités d'esprit qui font le succès et la fortune des inventions. Hors de ses livres et de ses machines, c'était l'homme le plus gauche et le plus ennuyeux du monde. Ajoutez qu'il était sourd. Il ne voulut jamais essayer de guérir sa surdité. « Il se trouvait bien, dit Fontenelle, de ce « redoublement d'attention et de recueille- « ment qu'elle lui procurait, semblable en « quelque chose à cet ancien qui se creva les « yeux pour n'être pas distrait dans ses médi- « tations philosophiques. »

Ceci était admirable pour faire des découvertes, mais peu avantageux pour les propager au dehors. Aussi est-il probable que la machine à signaux qu'il imagina vers 1690 serait restée à jamais inconnue, si le hasard ne s'en était mêlé.

Mademoiselle Chouin, maîtresse du premier dauphin, fils de Louis XIV, entendit parler, à Versailles, de la découverte d'Amontons. En sa qualité de favorite, mademoiselle Chouin avait ses caprices ; elle eut la fantaisie de voir fonctionner la machine du savant. Mais mademoiselle Chouin avait d'autres qualités : elle avait du cœur, elle s'intéressa à la fortune du pauvre inventeur. Elle ne manquait pas d'ailleurs, d'un certain esprit d'intrigue ; ce qui fit qu'en dépit de l'indolence et de l'apathie du dauphin, elle obtint de lui la promesse d'une expérience publique.

L'expérience eut lieu dans le jardin du Luxembourg, mais elle tourna fort mal. La présence du dauphin, les brillants costumes des seigneurs qui l'entouraient, tout cet étalage solennel et inusité, troublèrent le savant. Sa surdité augmentait son embarras et sa confusion. Il manœuvra tout de travers et ne put transmettre aucun signal. Le prince se mit à bâiller, tous les courtisans l'imitèrent, et la séance se termina sur cette triste impression.

Cependant mademoiselle Chouin ne se découragea pas. Elle obtint une seconde épreuve qui se fit en présence de la dauphine. Cette fois les choses marchèrent mieux, mais tout le crédit de la favorite ne put aller plus loin. Que pouvait-elle obtenir de plus de la nullité d'un prince, qui, au rapport de Saint-Simon, depuis qu'il était sorti des mains de ses précepteurs, « n'avait de sa vie lu que l'article « *Paris* dans la *Gazette de France*, pour y voir « les mariages et les morts ? »

Amontons, découragé, abandonna sa découverte. Il se consola de cet échec, en prenant place, quelques années plus tard, sur les bancs de l'Académie des sciences.

On a beaucoup vanté les encouragements et les honneurs qui furent accordés sous Louis XIV aux lettres et aux beaux-arts. Il faudrait ajouter, pour tout dire, que les sciences participaient rarement de ces hautes faveurs. Quand Louis XIV eut fondé l'Académie, lorsqu'il l'eut installée au Louvre, et qu'il eut ainsi fait aux académiciens la politesse royale de les recevoir chez lui, il se crut suffisamment acquitté envers la science. Cinq ou six pensions accordées à quelques savants bien en cour, adulateurs émérites de la trempe de Fontenelle ou de Fagon ; en de rares occasions quelques visites solennelles aux académiciens assemblés : voilà à peu près à quoi se réduisit la protection du grand roi. On cesse d'être surpris de la lenteur qu'a présentée, au XVIIe siècle, le développement des sciences, quand on songe qu'elles avaient Louis XIV pour protecteur. On vient de voir comment fut accueillie l'idée d'Amontons, qui renfermait le germe de la télégraphie moderne ; quelques années après, un autre inventeur se présenta avec une découverte semblable, et il ne fut pas mieux traité.

Cet autre inventeur s'appelait Guillaume Marcel ; il occupait à Arles la place de commissaire de la marine. Après plusieurs années de recherches, il était parvenu à construire une machine qui transmettait des avis dans le seul intervalle de temps qu'il aurait fallu pour les écrire. Les expériences faites à Arles, et dont le procès-verbal existe encore, ne laissent aucun doute à cet égard. Les mouvements de la machine s'exécutaient, dit-on, avec une rapidité égale à la pensée. En outre, l'appareil fonctionnait de nuit aussi bien que de jour ; il représentait donc le phénix tant cherché de la télégraphie nocturne.

L'inventeur se refusa à publier sa découverte ; il voulut d'abord la mettre sous l'invocation et la protection du roi.

Marcel avait déjà servi Louis XIV. Avocat au conseil, il avait suivi M. Girardin à l'ambassade de Constantinople. Nommé ensuite commissaire près du dey d'Alger, il y conclu le traité de 1677, qui rétablit nos relations commerciales dans le Levant. C'est en ré-

Fig. 7. — Expérience de télégraphie acoustique faite à Paris, par Dom Gauthey, en 1782 (page 14).

compense de ces services qu'il avait obtenu la place de commissaire de la marine à Arles.

Il voulut donc présenter au roi l'hommage et les prémices de son invention : il lui adressa un mémoire descriptif avec les dessins de son appareil. Il ne demandait rien d'ailleurs, et sollicitait seulement le transport de sa machine à Paris.

Ce mémoire resta sans réponse ; le roi était vieux, il commençait à négliger, pour les choses du ciel, son royaume terrestre. Marcel écrivit lettres sur lettres aux ministres ; mais Colbert n'était plus là, il n'y avait que Chamillard, et le pauvre homme avait assez à faire avec la coalition européenne à combattre, et madame de Maintenon à ménager.

Marcel attendit longtemps. Un jour, fatigué d'attendre et dans un moment de désespoir, il

brisa sa machine et jeta au feu ses dessins. A quelques années de là, il mourut, emportant son secret. Il ne laissa ni plan, ni description de ses instruments, et l'on ne trouva dans ses papiers que son *Livre des signaux* (*Citatœ per aera decursiones*), dont sa femme et un de ses amis avaient seuls la clef.

Le nom de Guillaume Marcel est à peu près oublié aujourd'hui, ou du moins il n'est resté attaché qu'à quelques ouvrages qu'il a laissés concernant l'histoire sacrée ou profane, et la chronologie. C'était le premier chronologiste de son siècle. Il réunissait toutes les qualités de l'état, car sa mémoire tenait du prodige. Le *Journal des savants* de 1678 (où il est désigné, par erreur typographique, sous le nom de Marcet) nous apprend qu'il « faisait faire « l'exercice à un bataillon, nommant tous les « soldats par le nom qu'ils avaient pris en dé- « filant une fois devant lui, » et qu'il exécutait de mémoire une opération d'arithmétique, fût-elle de trente chiffres. On ajoute qu'il dictait à la fois à plusieurs personnes en six ou sept langues différentes.

L'histoire des premiers essais de la télégraphie nous amène à parler des expériences de télégraphie acoustique qui furent faites en France vers la fin du siècle dernier.

Le 1ᵉʳ juin 1782, l'Académie des sciences tenait sa séance au Louvre, lorsque l'on vit entrer, conduit par Condorcet, un moine, revêtu de la robe des bénédictins. C'était dom Gauthey, religieux de l'abbaye de Cîteaux. Dans les loisirs du cloître, il avait imaginé un moyen de correspondance entre les lieux éloignés, et il venait en faire l'exposition devant l'Académie.

Dom Gauthey avait vingt-cinq ans à peine : il était d'une taille élevée, et son visage était empreint d'une douceur et d'un charme inexprimables. Quand il prit la parole pour faire connaître les principes de son invention, son élocution contenue et grave produisit sur la docte assemblée l'effet le plus heureux. Son succès fut complet ; il dépassa bientôt les limites de l'enceinte académique. Pendant quelques jours le jeune bénédictin fut le héros de la cour et de la ville. Condorcet écrivit à ce sujet un rapport à l'Académie des sciences, dont voici le texte.

« Nous avons examiné, par ordre de l'Académie, un mémoire présenté par dom Gauthey, religieux de l'ordre de Cîteaux, contenant un moyen de communiquer entre deux endroits très-éloignés ; ce moyen, dont l'auteur s'est conservé le secret, nous a été communiqué, et il nous a paru praticable et ingénieux : il peut s'étendre jusqu'à la distance de treize lieues sans stations intermédiaires, et sans appareil trop considérable. Quant à la célérité, il n'y aurait que quelques secondes d'une ligne à l'autre. Mais le temps dont on aurait besoin pour faire entendre le premier signe serait plus long, et ne peut être connu que par l'expérience ; et cette expérience serait peu coûteuse. Il n'est guère possible sans l'avoir faite de déterminer, même à peu près, les frais de construction de la machine. Nous pouvons assurer seulement que si la distance était très-petite, comme celle du cabinet d'un prince à celui de ses ministres,

l'appareil ne serait ni trop cher ni très-incommode, et qu'on pourrait répondre du succès.

« Le moyen nous a paru nouveau, et n'avoir aucun rapport aux moyens connus et destinés à remplir le même objet.

« Nous déposons au secrétariat de l'Académie un papier contenant le mémoire de dom Gauthey et les motifs de notre opinion sur la possibilité du moyen qu'il propose.

« Fait au Louvre, ce samedi 1ᵉʳ juin 1782. »

Le système de dom Gauthey consistait à établir, entre des postes successifs, des tubes métalliques d'une très-grande longueur, à travers lesquels la voix se propageait sans perdre sensiblement de son intensité. Dom Gauthey affirmait pouvoir transmettre ainsi, dans une heure, un avis à deux cents lieues de distance.

Louis XVI voulut que le procédé de dom Gauthey fut soumis à l'expérience demandée par Condorcet. Cette expérience eut lieu, sur une longueur de huit cents mètres, dans un des tuyaux qui conduisaient l'eau à la pompe de Chaillot. Elle ne laissa aucun doute sur la vérité des assertions de dom Gauthey.

A la suite de ce premier essai, l'inventeur demanda l'épreuve de son système acoustique sur une échelle plus étendue. Il proposait de poser des tubes enchâssés les uns dans les autres, de manière à former un tuyau non interrompu, et prétendait, avec trois cents tuyaux de mille toises chacun, faire passer, en moins d'une heure, des dépêches à cent cinquante lieues. Cependant cette expérience fut jugée ruineuse, et la munificence royale recula devant les dépenses qu'elle devait entraîner.

Dom Gauthey se tourna alors d'un autre côté. Il ouvrit une souscription, mais elle fut insuffisante pour couvrir les frais probables de l'entreprise.

Pendant cet intervalle, l'engouement du public avait disparu. Dans cette société frivole, les impressions se formaient et s'effaçaient avec la même promptitude. Le caprice d'un jour avait élevé la fortune du jeune bénédictin, elle s'envola au premier souffle contraire. Au bout de six mois, dom Gauthey était si parfaitement oublié, qu'il ne put trouver en France un imprimeur qui consentît à publier, même à prix d'argent, l'exposé de son système.

En désespoir de cause, le pauvre inventeur s'embarqua l'année suivante, pour l'Amérique. Il y fit connaître sa découverte et demanda des souscriptions. Mais il ne put trouver qu'un imprimeur, qui voulût bien publier son *Prospectus*, lequel parut à Philadelphie en 1783.

Les idées de dom Gauthey étaient cependant beaucoup plus rationnelles qu'on ne le penserait peut-être au premier aperçu. Rien n'indique, dans la théorie mathématique du mouvement de l'air, que le son doive s'affaiblir en parcourant de longs tuyaux ; aussi est-il probable que les expériences de dom Gauthey reprises sérieusement amèneraient d'utiles résultats. Le son parcourt trois cent quarante mètres par seconde, ou trois cent six lieues par heure ; on conçoit donc que, s'il peut se transmettre sans s'altérer dans des tuyaux cylindriques, on pourrait obtenir, en disposant un certain nombre de postes aux distances convenables, un moyen de correspondance qui ne serait pas sans valeur.

Non-seulement, en effet, les tubes propagent très-bien le son, mais ils en accroissent singulièrement la puissance. Un coup de pistolet tiré à l'une des extrémités d'un tube fait entendre à l'autre extrémité le bruit du canon. Jobard a reconnu que le mouvement d'une montre, qui n'est pas sensible à la distance de 16 centimètres, s'entend très-bien au bout d'un tuyau métallique de 16 mètres, sans que la montre touche le métal et même lorsqu'elle en est éloignée de plusieurs pieds. Dom Gauthey avait déjà reconnu le même fait avec un tuyau de cent dix pieds.

MM. Biot et Hassenfratz ont fait des expériences plus décisives encore et qui confirment parfaitement les faits avancés par le moine de Cîteaux. Ils ont reconnu qu'à travers les tubes souterrains, la voix se propage sans rien perdre de son intensité à un kilomètre de distance (1).

Le son peut d'ailleurs se transporter à des distances considérables sans l'intermédiaire d'aucun conducteur. Le docteur Arnoldt raconte que pendant son retour d'Amérique en Europe, à bord du paquebot, tout à coup un matelot s'écria qu'il entendait le son des cloches. Ceci fit beaucoup rire l'équipage : ou

(1) Ces curieuses expériences ont été faites à l'aide des tubes cylindriques qui servent à l'écoulement souterrain des eaux de Paris. Au moyen de ces tubes, M. Biot put soutenir une conversation à voix basse avec une personne placée à près d'un kilomètre de distance ; ni lui ni son interlocuteur n'eurent besoin de poser l'oreille sur le tuyau, tant la perception était aisée ; les sons leur parvenaient dans toute leur pureté, on les entendait même deux fois très-distinctement : une fois dans le tube, une autre fois à travers l'air extérieur. « Les mots dits aussi bas que lorsqu'on parle « en secret à l'oreille, étaient reçus et appréciés. Des coups « de pistolet, tirés à l'une des extrémités, occasionnaient à « l'autre une explosion considérable ; l'air était chassé du « tuyau avec assez de force pour à plus d'un demi-« mètre des corps légers, et pour éteindre des lumières... « Enfin, ajoutent les auteurs de cette expérience, le seul « moyen de ne pas être entendu à cette distance eût été de « ne pas parler du tout. » (*Mémoires de la Société d'Arcueil*, t. II.)

Jobard a répété et a beaucoup étendu ces expériences. Il fit placer 601 pieds de tubes de zinc de 3 pouces de diamètre dans un vaste atelier. Ces tubes, dont les diverses portions étaient mal jointes, formaient entre eux onze coudes à angle droit : ils montaient et descendaient d'étage en étage ; une partie était suspendue aux murs, une autre couchée sur le plancher. Plusieurs centaines de personnes ont constaté qu'on s'entendait ainsi parfaitement, même en causant à voix basse. Ce dernier fait a mis hors de doute un point que MM. Biot et Hassenfratz n'avaient pas résolu : c'est que le bruit extérieur n'entrave pas les communications acoustiques ; en effet, pendant cette expérience, des machines à vapeur marchaient, des tours, des limes et des marteaux ébranlaient tous les étages de l'atelier, sans nuire aucunement à la perception des sons.

Des ingénieurs distingués ont étudié, en Belgique, la question de l'établissement des tubes acoustiques. On a reconnu que les conditions de succès résident dans la nature des tubes, qui doivent être composés de métaux sonores et dans leur isolement le plus complet possible par rapport au sol. Le gouvernement belge a depuis longtemps accordé l'autorisation d'établir le long des routes des tubes de ce genre. Il n'est pas douteux qu'on ne pût parvenir à correspondre ainsi entre des villes fort éloignées l'une de l'autre. Le savant Babbage se fait fort de causer de Londres avec une personne résidant à Liverpool, qui en est éloignée de 70 lieues. Rumford était plus hardi, il pensait que la voix humaine peut franchir ainsi des centaines de lieues.

était à cent lieues de la côte. Cependant le docteur prit la chose plus au sérieux. Il remarqua qu'il régnait une brise de terre assez forte, et que dans ce moment la voile du vaisseau était concave. Il se plaça au foyer de la voile et entendit parfaitement la volée des cloches. Il tint note du jour et de l'heure. Six mois après, de retour en Amérique, il apprit qu'au jour et à l'heure qu'il avait notés, il y avait eu à Rio-Janeiro un branle-bas des cloches à l'occasion de la fête de la ville.

Un autre jour, le docteur Arnoldt, se trouvant sur le bord d'un lac de sept lieues de large, entendit, d'une rive à l'autre, le cri des marchands d'huîtres et le bruit des rames.

Selon Franklin, les globes de feu formés par des météores à plus d'une lieue d'élévation dans les airs, produisent, en éclatant à cette hauteur, un bruit que l'on entend sur terre à vingt-cinq lieues à la ronde (1). Le traducteur de Franklin ajoute qu'il a lui-même entendu à Paris des coups de canon tirés à Lille.

C'est d'après ces faits que quelques personnes ont proposé d'établir des télégraphes au moyen du langage parlé. Il serait facile, selon le docteur Arnoldt, de créer un service télégraphique fondé sur ce principe. Tout l'appareil consisterait en une sorte de miroir métallique concave, placé sur une éminence à l'une des extrémités de la ligne ; à quelques lieues de là, à l'autre extrémité de la ligne, un porte-voix parabolique serait dirigé vers cette surface. On recueillerait les sons envoyés par le porte-voix en se plaçant au foyer du miroir. Ce serait là évidemment un moyen de correspondance fort peu dispendieux. Malheureusement la démonstration pratique a manqué jusqu'ici au système proposé par le docteur Arnoldt.

Le désir de justifier les idées de dom Gauthey, nous a entraîné à une digression un peu longue. Revenons à la série des essais télégraphiques.

(1) *Lettre de Franklin* du 20 juillet 1762.

CHAPITRE IV

ESSAIS DE LINGUET. — TRAVAUX DE DUPUIS, DE BERGSTRASSER ET DE BOUCHERŒDER.

Après dom Gauthey, c'est-à-dire de 1782 à la fin du XVIIIᵉ siècle, les études sur la télégraphie aérienne subirent un temps d'arrêt, ou plutôt une déviation. L'électricité venait d'être découverte, et la promptitude extraordinaire, l'étonnante facilité avec laquelle l'électricité se transmet le long d'un conducteur métallique, désignaient tout naturellement cet agent comme devant se prêter merveilleusement à la télégraphie. Pendant trente ans, les efforts se portèrent donc de ce côté, et donnèrent naissance à des résultats divers, dont nous tracerons les résultats dans l'histoire de la télégraphie électrique.

Mais ces tentatives restèrent sans effet. C'est que l'on ne connaissait à cette époque que l'électricité *statique*, c'est-à-dire celle qui est dégagée par le frottement et fournie par les machines électriques. Or, l'électricité provenant de cette source ne réside qu'à la surface du corps, et tend continuellement à s'en échapper. C'est une électricité animée d'une grande tension, comme on le dit en physique. Il résulte de là qu'elle abandonne ses conducteurs sous l'influence des causes les plus indifférentes. L'air humide, par exemple, suffit pour la dissiper. Un agent aussi difficile à contenir, ne pouvait donc, en aucune manière, être utilisé pour le service de la télégraphie.

C'est dire assez que toutes les tentatives faites jusqu'à la fin du dernier siècle pour plier l'électricité aux besoins de la correspondance, durent être frappées d'une impuissance radicale. Après trente ans de travaux inutiles, on abandonna cette idée comme impraticable. On fut contraint d'en revenir aux signaux formés dans l'espace et visibles à de grandes distances.

C'est à cette époque, c'est à la suite de ces travaux infructueux, que le télégraphe aérien,

Fig. 8. — Claude Chappe fait l'expérience de son premier télégraphe aérien, devant les notables de Parcé, le 2 mars 1791 (page 22).

longtemps en usage en Europe, fut découvert en France, par la patience et le génie de Claude Chappe. Mais avant d'en venir à une découverte qui a si dignement marqué dans l'histoire de la civilisation moderne, il convient do signaler quelques recherches intermédiaires qui l'ont précédée, sinon préparée.

Dans ses *Mémoires sur la Bastille*, le journaliste Linguet revendique l'honneur de la découverte du télégraphe français. Par suite de son humeur agressive et inquiète, Linguet passa plusieurs années de sa vie à la Bastille. Dans les loisirs forcés de la captivité, son ardente imagination continuait de se donner carrière. Comme il s'était occupé de tout, Linguet avait fait certaines études sur la lumière ; il a même publié quelques pages sur cette question. C'est à la suite de ses observations d'optique qu'il fut conduit à imaginer un plan de télégraphe aérien. En 1783, il proposa au gouvernement d'en dévoiler le secret, en échange de sa liberté. Il ne donnait cependant aucune description de sa machine, disant seulement qu'elle avait beaucoup d'analogie « avec un outil très-employé dans les ateliers. » On ne voulut pas écouter le journaliste, et peu de temps après, le ministère le laissa sortir sans conditions. Une fois dehors, Linguet oublia sa découverte ; il ne s'en souvint qu'au bout de plusieurs années, pour revendiquer, à l'encontre de Chappe, la découverte du télégraphe.

En 1788, l'auteur de l'*Origine des cultes*, François Dupuis, habitait Belleville, tandis que son ami Fortin avait fixé sa résidence à trois lieues de Paris. Pour correspondre avec son ami à travers la distance qui les séparait, il imagina et fit placer au-dessus de sa maison, une machine télégraphique. Cette machine devait avoir quelque valeur, car elle subsista assez longtemps. Cependant, à l'apparition du télégraphe de Chappe, Dupuis la fit disparaître.

En Allemagne, un savant de Hanau, nommé Bergstrasser, a consacré sa vie presque entière à la télégraphie. Il a écrit sur ce sujet un ouvrage estimé, et construit un grand nombre d'appareils télégraphiques. Le mérite principal de ses travaux réside dans les perfectionnements qu'il apporta au vocabulaire de la correspondance. Il représentait les mots par des chiffres. Seulement, comme le système ordinaire de numération aurait exigé un trop grand nombre de caractères, il faisait usage de l'arithmétique binaire ou quaternaire, qui n'emploie que deux ou quatre signes pour représenter tous les nombres. C'est le système qu'ont adopté plus tard, les ingénieurs anglais, pour leur télégraphe aérien.

Cependant Bergstrasser se proposait moins de construire un télégraphe que d'expérimenter les divers moyens de transmettre au loin la pensée. Il avait étudié dans cette vue, tous les procédés de correspondance imaginés avant lui. Il employait le feu, la fumée, les feux réfléchis sur les nuages, l'artillerie, les fusées, les explosions de poudre, les flambeaux, les vases remplis d'eau, signaux des anciens Grecs, le son des cloches, celui des trompettes et des instruments de musique, les cadrans, les drapeaux mobiles, les fanaux, les pavillons et les miroirs.

Nous n'avons pas besoin de faire remarquer tout ce qu'avait d'impraticable la combinaison de tant de moyens différents. L'arithmétique binaire exige que l'on répète un très-grand nombre de fois les deux signes qui représentent les différents nombres, lorsque ces nombres sont un peu élevés; il résultait de là que, pour transmettre une phrase de quelques lignes, il fallait reproduire à l'infini le même signal. Si l'on faisait usage du canon ou de fusées, Bergstrasser pour une phrase composée d'une vingtaine de mots, faisait tirer jusqu'à vingt mille coups de canon ou vingt mille fusées. L'excentricité allemande ne perd jamais ses droits : Bergstrasser fut un moment sur le point de voir adopter ses vingt mille coups de canon.

Il ne manquait à sa gloire que d'avoir composé un télégraphe vivant. C'est ce qu'il fit en 1787, en dressant un régiment prussien à transmettre des signaux. Les soldats exécutaient les manœuvres télégraphiques par les divers mouvements de leurs bras. Le bras droit étendu horizontalement indiquait le numéro 1; le gauche placé de la même manière, le numéro 2; les deux bras ensemble, le numéro 3; le bras droit élevé verticalement, le numéro 4, et le bras gauche en l'air, le numéro 5. Ces télégraphes animés manœuvrèrent en présence du prince de Hesse-Cassel : le régiment obtint un succès de fou rire.

A part ces bizarreries, Bergstrasser a rendu à la télégraphie de notables services. Ses calculs pour la combinaison des chiffres représentatifs des mots, étaient d'une rare justesse. Sa prévoyance n'était jamais en défaut. Il embrassait même le cas où les interlocuteurs ne pourraient s'apercevoir entre eux, bien qu'ils fussent assez près pour se toucher. Alors il armait leurs mains d'un miroir avec lequel ils dirigeaient les rayons du soleil sur un objet placé à l'ombre; la répétition de ce signal à intervalles fixes était, dans ce cas, la base de l'alphabet.

Ce dernier moyen, pour le dire en passant, a été repris de nos jours, et proposé pour un système de correspondance télégraphique applicable à l'Algérie (1).

(1) Le *télégraphe solaire* a été proposé en 1856, par un employé des télégraphes, M. Leseurre. Il repose sur la réflexion des rayons du soleil, projetant à de grandes distances des éclairs lumineux. La répétition de ces éclairs, leur longueur ou leur brièveté, forment un alphabet particulier, qui sert à composer une écriture de convention.

Le télégraphe solaire pourrait servir à établir une cor-

Un autre original, le baron Boucherœder, fut jaloux de l'une des inventions de Berg-strasser, c'est-à-dire de ses télégraphes animés. Il était colonel d'un régiment de chasseurs hollandais, et en 1795 il dressa ses soldats à des manœuvres télégraphiques. Mais le régiment prit peu de goût à ces exercices, car la moitié déserta, et l'autre moitié entra à l'infirmerie. Au sortir de l'hôpital, les soldats refusèrent de recommencer; le colonel, furieux, alla se plaindre à l'empereur François, qui lui rit au nez; ce qui occasionna, dit-on, au savant guerrier une telle colère, qu'il en mourut.

C'est ce même Boucherœder qui, dans son traité de l'*Art des signaux*, imprimé à Hanau en 1795, prétend que la tour de Babel n'avait d'autre objet que d'établir un point central

respondance rapide dans les pays où l'installation de la télégraphie électrique présenterait des difficultés; il s'appliquerait avec de grands avantages en Afrique, pour le service de notre armée.

Comment concevoir que deux observateurs puissent correspondre entre eux par l'envoi réciproque d'éclairs dus à la réflexion des rayons solaires?

Un faisceau de lumière solaire, réfléchi par un miroir dans une direction déterminée, se transmet, en rase campagne, à une si prodigieuse distance, que toute la difficulté ne peut consister qu'à composer un appareil susceptible de recevoir commodément les éclairs lumineux et pouvant fonctionner pendant toute la durée du jour. Un tel appareil doit pouvoir réfléchir un faisceau lumineux dans une direction quelconque, et l'y maintenir malgré le déplacement du soleil. Il faut ensuite que les éclairs, alternativement provoqués et éteints, constituent des signaux auxquels un sens soit attaché.

Pour obtenir la fixité du faisceau réfléchi, M. Leseurre emploie deux miroirs: l'un est mobile, et suit les mouvements du soleil; l'autre est fixe. Exposé au soleil, le miroir mobile est incliné sur un axe parallèle à l'axe du monde, et tourne autour de cet axe d'un mouvement uniforme et exactement égal au mouvement de rotation de la terre sur elle-même. Il produit donc l'effet de l'instrument de physique qui a reçu le nom d'*héliostat*, c'est-à-dire qu'il maintient immobile et dans la même direction le faisceau lumineux, quelle que soit l'inclinaison du soleil sur l'horizon. Le miroir fixe reçoit le faisceau lumineux réfléchi par le miroir mobile, et il l'envoie dans la direction d'une lunette et d'un écran, qui sont disposés pour le recevoir, à la station opposée.

Pour produire un signal lumineux sur l'écran placé à l'une des stations, on imprime au miroir réflecteur un léger mouvement, au moyen d'une simple pression de la main, qui fait agir un petit ressort d'acier. Par ce léger déplacement produit par la main sur le miroir réflecteur; et selon la rapidité de ce déplacement, la station opposée peut recevoir sur son écran des éclairs brefs ou prolongés.

On a donné à ces éclairs, brefs ou prolongés, la même signification que les lignes et les points reçoivent dans le vocabulaire du télégraphe électrique de Morse. On sait que le vocabulaire du télégraphe Morse, aujourd'hui adopté dans toute l'Europe, se compose simplement de lignes et de points. Il a été décidé que les éclairs brefs, dans le télégraphe solaire, représenteraient les points, et que les éclairs prolongés représenteraient les lignes. Avec ces lignes et ces points, on compose un alphabet et une écriture qui suffisent parfaitement à tous les besoins de la correspondance.

Il reste à dire comment, avec le télégraphe solaire, deux personnes, ignorant leur position respective, peuvent se chercher mutuellement et commencer une correspondance

Voici comment opère le stationnaire qui veut avertir son correspondant et qui ignore sa situation. Il commence par rendre horizontal l'axe de rotation du miroir tournant, et place ce miroir de façon à réfléchir, parallèlement à son axe, la lumière solaire. Cette lumière réfléchie tombe alors sur le deuxième miroir qui est rendu vertical, et qui peut tourner autour d'un axe vertical; ainsi disposé, ce miroir doit renvoyer successivement vers tous les points de l'horizon la lumière réfléchie par le premier miroir. La zone horizontale qu'éclaire chaque demi-rotation du miroir vertical présente un demi-degré de hauteur. Si l'on craint que quelque point n'ait échappé, on modifie un peu l'inclinaison de l'un des miroirs, et on balaye l'horizon par de nouvelles zones d'éclairs.

Tous ces mouvements sont guidés par l'écran de la lunette, qui accuse à chaque instant la direction du faisceau émergent, et dispense de toute précision. La personne que l'on cherche recevra donc quelques-uns des éclairs, reconnaîtra le point d'où ils partent, s'orientera sur ce point, et lui renverra un feu permanent sur lequel on pourra s'orienter à son tour; la correspondance régulière pourra alors commencer.

Dans des expériences qui eurent lieu devant M. le maréchal Vaillant, on établit une correspondance très-rapide entre le mont Valérien et la terrasse de la coupole à l'Observatoire. Le même échange de signaux eut encore lieu entre les tours de Saint-Sulpice et la tour de Montlhéry, à une distance de moitié plus considérable.

On a fait une expérience bien plus satisfaisante encore, car on a constaté que lorsque le soleil, voilé par des brumes, s'efface dans le ciel et ne se manifeste plus que par une large zone argentée, le signal lumineux est pourtant toujours sensible à l'œil nu, et se montre très-brillant dans la lunette. Il résulte de là que, même en l'absence du soleil, la correspondance pourrait être continuée.

Le télégraphe solaire n'est pas, comme le télégraphe aérien, un instrument nécessairement fixe et qui exige des stations toujours les mêmes. Il peut s'installer partout. L'instrument portatif, construit par M. Leseurre, ne pèse que 8 kilogrammes. Il se monte sur un trépied en bois, et s'oriente à l'aide d'une boussole et d'un niveau à bulle d'air. Il n'occupe guère plus de volume qu'un *héliostat*, avec lequel il a beaucoup de ressemblance. Il est surtout remarquable par la facilité qu'on a de le transporter d'un endroit dans un autre, par le peu d'embarras qu'il cause et le peu de temps qu'il exige pour être installé et mis en place.

de communications télégraphiques entre les différentes contrées habitées par les hommes.

Ainsi, jusqu'à la fin du siècle dernier, l'art télégraphique ne présentait que des principes confus et vagues, entièrement privés de la sanction pratique. Toutes ces idées, dont la plupart sont restées sans application, n'enlèvent rien à l'originalité des travaux de Chappe, qu'il est juste de considérer comme l'inventeur de la télégraphie aérienne.

CHAPITRE V

L'ABBÉ CHAPPE. — SES TRAVAUX. — EXPÉRIENCE DE SON PREMIER TÉLÉGRAPHE AÉRIEN FAITE A PARCÉ ET A BRULON. — LES FRÈRES CHAPPE A PARIS. — LE TÉLÉGRAPHE ÉTABLI SUR LE PAVILLON DE LA BARRIÈRE DE L'ÉTOILE, EST DÉTRUIT PAR LE PEUPLE, PENDANT LA NUIT.

Claude Chappe était fils d'un directeur des Domaines de Rouen. Il était neveu de l'abbé Chappe d'Auteroche, que son dévouement à la science a rendu célèbre, et qui, envoyé par l'Académie des sciences dans les déserts de la Californie pour observer le passage de Vénus sur le disque du soleil, périt victime du climat de ces contrées.

Claude Chappe était né en 1763 à Brûlon dans le département de la Sarthe. Il avait quatre frères. Ignace, l'aîné de la famille, Pierre, René et Abraham. Leur père, qui possédait une certaine fortune, leur donna une bonne éducation classique. Claude commença ses études au collège de Joyeuse, à Rouen, et il les continua à La Flèche, où l'on se souvient encore d'un ballon qu'il fit partir étant écolier.

Au sortir du collège, Claude Chappe embrassa l'état ecclésiastique, et obtint à Bagnolet, près de Provins, un bénéfice d'un revenu assez considérable, qui lui fournissait les moyens de se livrer à son goût pour les recherches de physique. L'électricité l'occupait d'une manière spéciale. En 1790, il fit des expériences sur le *pouvoir des pointes*, s'occupa des effets physiologiques de l'élec-

tricité, et étudia l'action de cet agent sur les vers à soie. Ces travaux, qui furent insérés dans le *Journal de physique* de Lamétherie, furent remarqués, et le firent nommer membre de la *Société philomatique*, qui était alors, pour ainsi dire, l'antichambre de l'Académie des sciences.

Claude Chappe se trouvait à Paris, quand la révolution éclata. Il perdit son bénéfice, et dut retourner à Brûlon au milieu de sa famille, où il retrouva quatre de ses frères, dont trois venaient aussi de perdre leurs places.

Dans ces circonstances, il lui vint à la pensée de mettre à profit quelques essais qui remontaient aux premières années de sa vie. Il espéra pouvoir tirer parti, dans l'intérêt de sa famille, d'une sorte de jeu qui avait fourni des distractions à sa jeunesse.

Selon quelques auteurs, auxquels aucun témoignage contraire n'a été opposé, Claude Chappe se serait amusé, dans sa jeunesse, à établir un appareil rudimentaire de correspondance par signes, qu'il aurait expérimenté avec ses frères, à Brûlon, pendant leurs réunions de vacances. Une règle de bois tournant sur un pivot, et portant à ses extrémités deux règles mobiles de moitié plus petites, tel était l'instrument qui leur aurait, dit-on, servi à échanger quelques pensées. Par les diverses positions de ces règles, on obtenait cent quatre-vingt-douze signaux, que l'on distinguait avec une longue-vue.

Claude Chappe pensa que l'on pourrait tirer un certain parti de ces signaux, en les appliquant aux rapports du gouvernement avec les villes de l'intérieur et de la frontière. Il proposa donc à ses frères de perfectionner ce moyen de correspondance et de l'offrir ensuite au gouvernement. Il les décida à le seconder dans ses recherches.

Le système des règles mobiles, qui avait fonctionné heureusement lorsqu'il ne s'était agi que d'une correspondance entre deux points, rencontra des difficultés insurmontables quand on voulut multiplier les stations.

On renonça donc à cette combinaison, pour essayer l'électricité. Dans ses travaux de physique, l'abbé Chappe s'était surtout occupé d'électricité, et cet agent paraissait satisfaire si bien à toutes les conditions du problème télégraphique, que des essais de cette nature étaient, pour ainsi dire, commandés. Son cabinet de physique permit d'entreprendre les expériences ; mais les frais qu'elles occasionnaient ne tardèrent pas à s'élever si haut, qu'il fallut vendre tous les instruments pour continuer d'autres recherches. D'ailleurs, ces essais, exécutés nécessairement avec l'électricité statique, n'amenaient aucun résultat avantageux.

On trouve dans un rapport célèbre, sur lequel nous aurons à revenir, et qui fut présenté, en l'an II, par Lakanal, à la Convention nationale, la description sommaire du moyen que Claude Chappe voulait employer pour appliquer l'électricité à former des signaux.

« L'électricité, dit Lakanal, fixa d'abord l'attention de ce laborieux physicien ; il imagina de correspondre par le secours des temps marquant électriquement les mêmes valeurs, au moyen de deux pendules harmonisées. Il plaça et isola des conducteurs à de certaines distances ; mais la difficulté de l'isolement, l'expansion latérale du fluide dans un long espace, l'intensité qui eût été nécessaire et qui est subordonnée à l'état de l'atmosphère, lui firent regarder son projet de communication par l'électricité comme chimérique. »

En d'autres termes, Claude Chappe avait songé à mettre à profit la vitesse de transmission de l'électricité, pour indiquer le moment précis où deux pendules bien d'accord, passeraient sur certains points de leurs cadrans, et indiqueraient ainsi le moment de lire certains signaux inscrits sur ce cadran. L'inventeur du télégraphe aérien avait donc tenu, un moment entre ses mains, cette électricité, qui plus tard, devait renverser son système. Le fait est curieux à noter.

Renonçant à faire usage de l'électricité, Chappe eut recours à l'emploi de corps diversement colorés. Mais il fut arrêté par la difficulté de bien discerner l'opposition des couleurs à de grandes distances.

Il essaya ensuite, mais sans plus de succès, d'appliquer le micromètre aux lunettes dont il s'était servi pour ses expériences sur les corps colorés.

Il en revint alors aux deux horloges concordantes, portant sur leurs cadrans une série de signaux convenus. Quand l'aiguille du cadran arrivait au signal qu'il fallait transmettre, on produisait un bruit, qui devait être perçu d'un poste à l'autre.

Fig. 9. — Claude Chappe.

A la fin de l'année 1790, Chappe, de concert avec ses frères, fit une véritable expérience de ce moyen télégraphique. Il avait établi deux stations à la distance de 400 mètres, chacun de ces postes étant muni d'une pendule bien concordante avec l'autre. Quand l'aiguille du cadran passait sur le signal à indiquer, on produisait un bruit intense, en frappant l'une contre l'autre, comme les cymbales de nos orchestres, deux casseroles de cuivre.

Il va sans dire que ce moyen grossier ne pouvait servir qu'entre deux postes peu éloignés. On le remplaça avec grand avantage, par l'emploi d'un corps élevé en l'air, visible à grande distance, et qui, par son apparition, marquait l'instant précis où il fallait regarder la pendule, pour connaître le signal à noter.

Le problème de la télégraphie aérienne paraissait à peu près résolu par ce moyen. Le 2 mars 1791, Claude Chappe en fit une expérience publique, qui lui donna une date et une authenticité certaines. Il convoqua les officiers municipaux de Parcé (district de Sablé, département de la Sarthe), pour assister à cette expérience.

Deux stations avaient été établies, l'une à Parcé, l'autre au château de Brûlon, distants de 15 kilomètres. Une planche de bois d'un mètre et demi de hauteur, sur une largeur un peu moindre, peinte d'un côté en noir, de l'autre en blanc, et pouvant pivoter sur elle-même, était placée à quatre mètres d'élévation au-dessus du sol. Lorsque l'aiguille de l'horloge de la station du départ passait sur le signe à transmettre, on faisait pivoter sur son axe la planche, qui changeait aussitôt de place et marquait ainsi le signal qu'il fallait noter.

Plusieurs phrases furent échangées par ce moyen, entre les deux stations. Le lendemain 3 mars, les mêmes expériences furent reprises avec autant de succès. Les témoins de ces expériences signèrent des procès-verbaux qui constataient sa parfaite réussite (1).

Les frères Chappe continuèrent ces expériences, pour perfectionner leur système.

Quand il leur parut répondre à tous leurs désirs, ils songèrent à le présenter au gouvernement. Au moment où la république était obligée de faire face à tant d'ennemis, sur vingt champs de bataille, la découverte d'un moyen instantané de correspondance ne pouvait être accueillie qu'avec empressement.

(1) Ces procès-verbaux sont rapportés dans l'*Histoire de la télégraphie* d'Ignace Chappe, note 7, pages 234-242.

Telle était du moins l'espérance des frères Chappe, qui, un beau jour, quittèrent leur pays, emportant dans leur portefeuille les procès-verbaux des notables de Parcé et de Brûlon, où se trouvaient relatés les merveilleux effets de leur machine, et dans leurs bagages la machine elle-même.

Ils arrivèrent à Paris à la fin de 1791.

Avant de demander au gouvernement l'examen de leur invention, ils jugèrent utile de la montrer à tous les yeux. La sanction préalable de l'opinion publique leur semblait un prélude favorable. Une expérience faite devant tout Paris, sur une promenade très-fréquentée, devait donner à leur découverte une notoriété utile à leurs projets.

Ils demandèrent donc à la commune de Paris l'autorisation d'établir à leurs frais, une de leurs machines sur l'un des deux pavillons qui étaient placés à la barrière de l'Étoile, aux Champs-Élysées.

La Commune de Paris accorda l'autorisation désirée, sans toutefois répondre de rien. A cette époque de troubles et de méfiance populaire, on ne pouvait prévoir l'accueil qui serait fait à une expérience dont l'objet ne pouvait être généralement compris.

En effet, la machine de Claude Chappe, élevée sur l'un des pavillons de la barrière de l'Étoile, fut trouvée, un matin, mise en pièces. Le gardien affirma n'avoir rien entendu ; mais on sut plus tard, que des gens du peuple s'étaient rués, pendant la nuit, sur la machine, et l'avaient brisée, sans que personne eût osé s'y opposer.

Claude Chappe ne fut pas découragé par cet incident. Seulement il chercha un lieu mieux défendu contre les caprices du peuple. Il obtint l'autorisation d'établir une nouvelle machine dans le parc que le représentant Lepelletier de Saint-Fargeau possédait à Ménilmontant.

C'est bien une nouvelle machine qu'il faut dire, car Claude Chappe avait apporté à son système une modification importante.

Il avait supprimé les horloges concordantes placées à chaque station.

Les horloges concordantes étaient le côté défectueux de ce système : en les faisant disparaître, on supprimait un élément, ce qui déjà simplifiait l'appareil, et l'on était délivré d'un grand embarras pratique. Comment espérer, en effet, pouvoir conserver plusieurs chronomètres dans un état d'accord parfaitement rigoureux, sur toute l'étendue d'une longue ligne ?

Les frères Chappe avaient réduit leur système à un grand tableau de forme rectangulaire, qui présentait plusieurs faces de couleurs différentes, et qui, en pivotant sur son axe, pouvait présenter l'une de ces six couleurs. La combinaison des six couleurs, ou *voyants*, suffisait pour représenter et transmettre les signaux, d'après un vocabulaire sur lequel était inscrite la signification de ces signaux.

Ce n'était pas encore le télégraphe aérien actuel, mais c'est la disposition qui, plus tard, servit de modèle au télégraphe aérien en Angleterre et en Suède.

Cependant Claude Chappe ne fut pas entièrement satisfait de ses *voyants*. Le discernement des couleurs à distance était une grande difficulté. Il modifia donc une fois encore son appareil. Il remplaça les couleurs par la forme des corps.

Après avoir longtemps étudié les formes des corps les plus aisés à reconnaître à de grandes distances, il arriva à se convaincre que la forme allongée est la meilleure, parce qu'elle se dessine le mieux sur le ciel.

Il en vint donc à adopter trois règles de bois mobiles qui, en tournant de différentes manières, produisaient un nombre considérable de signaux, que l'on pouvait reconnaître et distinguer de très-loin, au moyen de longues-vues.

L'ingénieur Bréguet, à qui il s'adressa, pour mettre son idée à exécution, construisit une machine qui, à peu de chose près, est celle qui s'est conservée jusqu'à nos jours en France, sans grandes modifications.

C'était une longue barre de fer, qui portait à chacune de ses extrémités, deux autres barres plus petites, susceptibles de tourner autour de la barre principale, et de prendre ainsi toutes sortes de positions. Cette machine était disposée sur une tour, et l'opérateur, placé dans une chambre au-dessous de cette tour, faisait mouvoir les trois barres au moyen de cordes et de poulies. C'était un système excellent et qui répondait à tous les besoins de la télégraphie.

Après la question des appareils, venait la question du vocabulaire, et ce n'était pas la plus facile à résoudre.

Claude Chappe comptait heureusement parmi ses parents, un ancien consul, Léon Delaunay, qui avait longtemps représenté la France à Lisbonne, et qui avait acquis dans ces fonctions, une grande habitude des langues secrètes de la diplomatie. Léon Delaunay composa le vocabulaire qui devait s'appliquer au télégraphe aérien. Conformément aux usages adoptés pour la correspondance diplomatique, il dressa un vocabulaire secret de 9,999 mots, dans lequel chaque mot était représenté par un nombre.

Ce vocabulaire était imparfait, comme on le reconnut plus tard ; mais au début de la télégraphie, il suffisait à la correspondance.

Les deux frères de Chappe, Abraham et Ignace, secondèrent Claude dans ses travaux, et l'aidèrent dans toutes ses expériences.

Une circonstance heureuse vint doubler la valeur du concours de son frère aîné.

Le 1er octobre 1791, Ignace Chappe fut nommé membre de l'Assemblée législative, par les électeurs du département de la Sarthe ; et bientôt il entra comme adjoint, dans le comité de l'instruction publique de cette assemblée. Cette haute position de l'un des frères Chappe seconda puissamment leur entreprise. Le titre de représentant du peuple entraînait une autorité morale qu'Ignace ne négligea point. Elle lui donna accès dans les ministères, et lui permit de recommander chaleureusement dans les sphères administratives, l'invention de son frère, qui était aussi un peu la sienne.

Fort de cet appui naturel, confiant dans la haute utilité de sa découverte pour la nation, et pour le progrès social, Claude Chappe crut le moment arrivé de demander au gouvernement l'examen approfondi de son système. Il en offrait l'hommage à la république dans des circonstances où elle devait lui rendre les plus grands services, c'est-à-dire au moment où les armées ennemies la menaçaient de toutes parts.

CHAPITRE VI

LE TÉLÉGRAPHE DE CHAPPE EST PRÉSENTÉ A L'ASSEMBLÉE
LÉGISLATIVE. — LE PEUPLE MET EN PIÈCES LA MA-
CHINE DANS LE PARC DE SAINT-FARGEAU. — LE
DÉPUTÉ ROMME ATTIRE L'ATTENTION SUR L'INVENTION
DE CHAPPE. — EXPÉRIENCES DU NOUVEAU TÉLÉGRAPHE
DE CHAPPE FAITES PAR LAKANAL ET ARBOGAST, MEM-
BRES DE LA CONVENTION. — ADOPTION DES TÉLÉGRA-
PHES PAR LE GOUVERNEMENT RÉPUBLICAIN.

Claude Chappe avait demandé d'être admis à la barre de l'Assemblée législative, pour lui présenter son invention nouvelle. Cette demande avait été accueillie, et le 22 mars 1792, pendant une des séances du soir qui étaient plus spécialement consacrées aux affaires, il fut admis devant l'assemblée. Dorizi occupait le fauteuil de la présidence.

Claude Chappe donna lecture de la pétition suivante :

Monsieur le président,

« Je viens offrir à l'Assemblée nationale l'hommage d'une découverte que je crois utile à la chose publique.

Cette découverte présente un moyen facile de communiquer rapidement, à de grandes distances, tout ce qui peut être l'objet d'une correspondance.

Le récit d'un fait ou d'un événement quelconque peut être transmis, la nuit ainsi que le jour, à plus de 40 milles, dans moins de 46 minutes. Cette transmission s'opérerait d'une manière presque aussi rapide, à une distance beaucoup plus grande (le temps employé pour la communication n'augmentant point en raison proportionnelle des espaces).

Je puis en 20 minutes transmettre, à la distance de 8 ou 10 milles, la série de phrases que voici, ou toute autre équivalente :

Luckner s'est porté vers Mons, pour faire le siège de cette place. Bender s'est avancé pour la défendre. Les deux généraux sont en présence. On livrera demain bataille.

Ces mêmes phrases seraient communiquées, en 24 minutes, à une distance double de la première ; en 33 minutes elles parviendraient à 50 milles. La transmission à une distance de 100 milles ne nécessiterait que 12 minutes de plus.

Parmi la multitude d'applications utiles dont cette découverte est susceptible, il en est une qui, dans les circonstances présentes, est de la plus haute importance.

Elle offre un moyen certain d'établir une correspondance telle que le Corps Législatif puisse faire parvenir ses ordres à nos frontières et en recevoir la réponse pendant la durée d'une même séance.

Ce n'est point sur une simple théorie que je fais ces assertions. Plusieurs expériences, tentées à la distance de 10 milles, dans le département de la Sarthe, et suivies de succès, sont pour moi de sûrs garants de la réussite.

Les procès-verbaux ci-joints, dressés par deux municipalités, en présence d'une foule de témoins, en attestent l'authenticité.

L'obstacle qui me sera le plus difficile à vaincre sera l'esprit de prévention avec lequel on accueille ordinairement les faiseurs de projets. Je n'aurais jamais pu m'élever au-dessus de la crainte de leur être assimilé, si je n'avais été soutenu par la persuasion où je suis, que tout citoyen français doit, en ce moment plus que jamais, à son pays le tribut de ce qu'il croit lui être utile.

Je demande, messieurs, que l'Assemblée nationale renvoie à l'un de ses comités l'examen des projets que j'ai l'honneur de vous annoncer, afin qu'il nomme des commissaires pour en constater les effets, par une expérience qui sera d'autant plus facile à faire, qu'en l'exécutant sur une distance de 8 ou 10 milles, on sera à portée de se convaincre qu'elle peut s'appliquer à tous les espaces.

Je la ferai, au surplus, à toutes les distances que l'on voudra m'indiquer ; et je ne demande, en cas de réussite, qu'à être indemnisé des frais qu'elle aura occasionnés. »

L'hommage de l'invention faite par Claude Chappe à l'Assemblée législative, fut accepté. On ordonna que l'examen de la machine serait confié au Comité de l'Instruction publi-

Fig. 10. — Le peuple brûle le télégraphe de Chappe, dans le parc de Saint-Fargeau.

que, et Chappe fut admis aux honneurs de la séance (1).

Nous avons dit que Claude Chappe avait établi son télégraphe dans le parc du représentant Saint-Fargeau, à Ménilmontant. Il avait même commencé la construction d'une ligne de plusieurs postes, dont le premier était représenté par la machine élevée dans le parc de Ménilmontant. Sous la protection et dans la demeure d'un député, il pouvait se croire à l'abri de la défiance du peuple. Mais ses prévisions furent trompées.

Un matin, comme il entrait dans le parc, il vit courir à lui le jardinier tout épouvanté, qui lui criait de s'enfuir. Le peuple s'était inquiété du jeu perpétuel de ces signaux. On avait vu là quelque machination suspecte, on avait soupçonné une correspondance secrète

avec le roi et les autres prisonniers du Temple, et l'on avait mis le feu à la machine. Le peuple menaçait de jeter aussi les mécaniciens dans les flammes. Chappe se retira consterné.

N'osant plus se présenter à Ménilmontant, il crut devoir mettre ses machines sous la sauvegarde du pouvoir, et il écrivit le 11 septembre 1792, la lettre suivante à l'Assemblée législative :

Messieurs,

« Vous vous rappelez que je me suis présenté devant vous, pour vous faire l'hommage d'une découverte dont l'objet est de rendre, par le secours des signaux, avec une célérité inconnue jusqu'à présent, tout ce qui peut faire le sujet d'une correspondance. Vous en avez renvoyé l'examen à votre Comité d'Instruction publique; le résultat que je vous avais annoncé n'a point encore été constaté par vos commissaires, parce que je ne voulais pas seulement leur exposer une simple théorie, mais leur mettre des faits sous les yeux. J'ai en conséquence fait construire en grand plusieurs machines nécessaires pour cette opération ; j'en ai fait établir une à Belleville, deux autres allaient être terminées et placées, lorsque j'ai appris qu'un attroupement d'une partie des habitants de la commune de Belleville et des environs avaient brisé et détruit tous ces préparatifs, croyant qu'ils étaient destinés à servir les projets de nos ennemis ; ils menacent dans ce moment mes jours, ainsi que ceux d'un citoyen habitant de Belleville, qu'il soupçonnent d'avoir coopéré avec moi au placement de cette machine.

Ces événements, messieurs, me mettent dans l'impossibilité de faire l'expérience que j'avais promise, à moins que l'Assemblée ne me prenne sous sa sauvegarde spéciale, ainsi que les personnes nécessaires à l'exécution de cette expérience. Je m'engage à la mettre à exécution avant douze jours, si l'Assemblée veut seconder mon zèle, en m'accordant l'indemnité nécessaire aux réparations de mes machines, et surtout en prenant les mesures convenables pour ma sûreté et celle de mes coopérateurs. »

La demande présentée en ces termes, au gouvernement, devait rester longtemps sans réponse. Le 21 septembre, la Convention nationale avait remplacé l'Assemblée législative, et les nombreuses préoccupations politiques de cette époque agitée, faisaient négliger les questions d'ordre secondaire, ou qui n'exigeaient pas une solution immédiate. Ignace Chappe ne faisait pas partie de la nouvelle Assemblée. D'un autre côté comme c'était avec leurs propres deniers que les Chappe avaient pourvu aux frais de tous les travaux, qui avaient atteint la somme de 40,000 francs, leur fortune était compromise. En même temps, leur sécurité était loin d'être assurée, car en ces temps difficiles, le peuple continuait à voir avec méfiance un mystérieux appareil dont il ne comprenait pas l'usage.

Claude Chappe avait heureusement la première qualité de l'inventeur : il avait la patience. Il attendit qu'une occasion favorable vînt éclairer son étoile, un moment éclipsée.

En attendant, Ignace Chappe qui, en sa qualité d'ancien représentant du peuple, avait conservé ses relations dans les ministères, avait soin d'entretenir les bonnes dispositions des fonctionnaires en sa faveur. Il passait de longues journées dans les bureaux de la

guerre dont Bouchotte était alors ministre.

Dans une conversation qu'il eut un jour, avec le chef de division Miot, Ignace Chappe fit faire un grand pas à l'invention, non dans les choses, mais dans les mots, ce qui a bien sa valeur. On avait désigné jusque-là la machine de Chappe sous le nom de *tachygraphe*, c'est-à-dire qui *écrit vite* (ταχὺς, vite, γράφω, j'écris). Miot, homme lettré, qui fut plus tard membre de l'Institut, ministre plénipotentiaire et ambassadeur, n'approuvait pas l'expression de *tachygraphe*. Cette expression était, en effet, incomplète, car elle n'implique pas l'idée de l'écriture à distance. Il proposa à Ignace Chappe de remplacer cette désignation par celle de *télégraphe*, c'est-à-dire *qui écrit de loin*, expression correcte et juste, qui, ne spécifiant aucun système, exprime très-bien l'idée de la distance, et répond ainsi parfaitement à l'idée de l'invention. Cette expression, qui passa promptement dans la langue française, et de là dans d'autres langues de l'Europe, ne fut pas pour rien dans le succès du nouveau système de correspondance. C'est au mois d'avril 1793, que Miot baptisa si heureusement la découverte française (1).

Cependant plus d'une année s'était écoulée depuis le jour où Claude Chappe avait présenté sa pétition à l'Assemblée, et les choses n'avançaient pas. La pétition avait été envoyée au Comité de l'Instruction publique, et elle dormait, oubliée dans ses cartons.

Ce fut par hasard qu'un député de la Convention, membre du Comité de l'Instruction publique, le citoyen Romme, qui avait quelques notions de sciences, trouva dans les cartons l'exposé de l'inventeur. En d'autres temps peut-être, ce projet n'eût aucunement excité son intérêt. Mais à une époque où plusieurs armées éparses sur divers points du territoire, avaient besoin de pouvoir communiquer promptement et librement entre elles, un agent rapide et secret de correspondance

(1) Ed. Gerspach, *Histoire administrative de la télégraphie aérienne en France*, in-8°, Paris, 1861, page 16.

devait appeler l'attention des dépositaires de l'autorité publique. Frappé de la lucidité du travail de Chappe, il le signala avec éloges au Comité. Stimulé par la discussion, il finit par s'enthousiasmer de l'idée de la télégraphie. Il plaida avec feu devant ses collègues, la cause de l'inventeur. Il rédigea et lut au Comité de l'Instruction publique, un rapport explicatif sur l'invention de Chappe.

Le Comité, ayant approuvé ce rapport, autorisa le citoyen Romme à le présenter à la Convention.

Le 1ᵉʳ avril 1793, Romme monta à la tribune de la Convention, et donna lecture du rapport que nous allons transcrire :

« Dans tous les temps, on a senti la nécessité d'un moyen rapide et sûr de correspondre à de grandes distances. C'est surtout dans les temps de guerre de terre et de mer qu'il importe de faire connaître rapidement les événements nombreux qui se succèdent, de transmettre des ordres, d'annoncer des secours à une ville, à un corps de troupes qui serait investi. L'histoire renferme le souvenir de plusieurs procédés conçus dans ces vues, mais la plupart ont été abandonnés comme incomplets et d'une exécution trop difficile. Plusieurs mémoires ont été présentés sur ce sujet à l'Assemblée législative, et renvoyés au Comité d'Instruction publique, un seul a paru mériter l'attention.

Le citoyen Chappe offre un moyen ingénieux d'écrire en l'air en y déployant des caractères très-peu nombreux, simples comme la ligne droite, dont ils se composent, très-distincts entre eux, d'une exécution rapide et sensibles à de grandes distances. A cette première portée de son procédé, il joint une sténographie usitée dans les correspondances diplomatiques. Nous lui avons fait des objections, il les avait prévues, et y répond victorieusement ; il lève toutes les difficultés que pourrait présenter le terrain sur lequel se dirigerait sa ligne de correspondance ; un seul cas résiste à ces moyens, c'est celui d'une brume fort épaisse comme il en survient dans le Nord, dans les pays aqueux, et en hiver ; mais dans ce cas fort rare, qui résisterait également à tous les procédés connus, on aurait recours momentanément aux moyens ordinaires. Les agents intermédiaires employés dans les procédés du citoyen Chappe, ne pourraient en aucune manière trahir le secret de sa correspondance, car la valeur sténographique des signaux leur serait inconnue. Deux procès-verbaux de deux municipalités de la Sarthe attestent le succès de ce procédé dans un essai que l'auteur en a fait, et permettent à l'auteur d'avancer avec quelque assurance qu'avec son procédé, la dépêche qui apporta la nouvelle de la prise de Bruxelles, aurait pu être transmise à la Convention et traduite en 25 minutes. Vos comités pensent cependant qu'avant de l'adopter définitivement, il convient d'en faire un essai plus authentique, sous les yeux de ceux qui, par la nature de leurs fonctions, seraient le plus dans le cas d'en faire usage, et sur une ligne assez étendue, pour prendre quelque confiance dans les résultats. »

Fig. 11. — Romme.

Romme terminait son rapport en demandant que la Convention autorisât l'essai du système télégraphique de Chappe, sur une ligne d'une étendue assez grande pour permettre de le juger avec certitude.

La Convention, entrant dans cette idée, prescrit au Comité d'Instruction publique de nommer une commission qui ferait fonctionner sous ses yeux le nouvel appareil. Une somme de 6,000 francs, prise sur les fonds de la guerre, devait subvenir aux frais de cette expérience.

C'est avec cette faible somme que fut tirée de ses langes, produite au grand jour et définitivement jugée, une des plus belles, une des plus épineuses inventions des temps modernes, devant les difficultés de laquelle avaient échoué tous les efforts de vingt générations. C'est avec les plus faibles moyens d'action, avec des ressources pécuniaires qui nous paraîtraient aujourd'hui dérisoires, que les hommes de cette époque accomplissaient des prodiges. De même qu'ils improvisaient des armées sans solde et sans habillements, et qu'ils lançaient à la frontière des soldats qui gagnaient des victoires en sabots, ils savaient aussi, sans argent, sans crédit, couvrir le territoire français de créations merveilleuses. C'est que ni l'intérêt, ni l'égoïsme, ni les vaines passions, n'altéraient ces âmes puissantes, qui ne vibraient que pour les nobles sentiments du patriotisme et de l'honneur.

Les représentants Lakanal, Daunou et Arbogast, furent nommés, le 6 avril, commissaires de la Convention pour l'examen du projet de Chappe.

Daunou, qui devait bientôt jouer un grand rôle dans nos fastes législatifs, était un homme fort érudit, mais éloigné, par son genre d'esprit, des connaissances scientifiques proprement dites. Arbogast était un mathématicien, mais de ceux qui s'absorbent dans les conceptions abstraites : il devint plus tard associé de l'Institut.

Quant à Lakanal, il suffit de prononcer son nom pour évoquer la plus grande figure scientifique de la Révolution française. Docteur ès sciences, docteur ès lettres, professeur de philosophie avant 1789, Lakanal fut entraîné dans le mouvement politique de cette époque, et il fit des merveilles au sein de la Convention nationale, pour l'organisation des sciences et des lettres. On lui doit la création du Muséum d'histoire naturelle de Paris, l'organisation de l'Institut, la création de l'École normale et du Bureau des longitudes, l'établissement des Écoles primaires, de l'École centrale et de l'École des langues orientales, enfin le rapport qui décida l'adoption du télégraphe.

Après avoir occupé, sous l'Empire, une po-

sition modeste autant qu'utile, sans jamais sortir de la plus honorable pauvreté, Lakanal, à la chute de Napoléon, s'imposa l'exil, et passa à la Louisiane et aux États-Unis, une vie obscure et tranquille. Revenu en France, quelque temps après 1830, il vécut de l'existence calme et sereine du savant et de l'académicien, entouré du respect et de l'affection de ses collègues. Lakanal est mort en 1844.

Dans les premiers temps de notre arrivée à Paris, nous avons eu le bonheur de voir de près cet homme simple et grand, dans son appartement de la place Royale, à deux pas de la maison de Victor Hugo. Les souvenirs qui nous sont restés de ce vieillard illustre, dernier type, admirable débris d'une génération immortelle, ne s'effaceront jamais de notre mémoire.

Dans la commission chargée d'examiner le système télégraphique de Chappe, Lakanal prit vigoureusement la défense de ce système. Il avait commencé par faire expérimenter devant lui la machine, et compris d'un coup d'œil tout ce qu'elle promettait à la politique et au progrès des nations.

Mais les deux autres commissaires, Daunou et Arbogast, résistaient à ses convictions. Ils s'appuyaient surtout sur les objections de la commission des finances. Cambon, qui régnait en maître dans cette commission, ne voyait dans le projet de Chappe qu'une source de dépenses pour l'État, dans un moment où la plus stricte économie était imposée au trésor public.

Toutes ces résistances désespéraient Claude Chappe. Il considérait son projet comme perdu, et il l'eût certainement abandonné sans l'appui de Lakanal. Quelques fragments de la correspondance de Chappe et de Lakanal, conservent les traces de ce découragement de l'inventeur, et du secours qu'il trouvait dans le persévérant conventionnel.

« Il me semble, écrit Chappe à ce dernier, que le citoyen Daunou met bien peu d'importance à mon système télégraphique. Le citoyen Arbogast témoigne

Fig. 12. — Expérience du télégraphe de Chappe faite le 12 juillet 1793, de Ménilmontant à Saint-Martin-du-Tertre, devant les commissaires de la Convention (page 31).

la même indifférence : je n'en persiste pas moins dans la ferme persuasion que ce serait un établissement de la plus grande utilité. Quoi qu'il en soit, si vous n'étiez pas là, je désespérerais entièrement du succès. Vous lèverez les obstacles qu'on fait tant redouter de la part du Comité des finances, si peu favorable à tout ce qui intéresse les sciences et les lettres ; enfin j'espère fortement en vous, et n'espère qu'en vous seul, etc. »

Et plus loin :

« Je vous remercie bien sincèrement des consolations que vous me donnez ; j'en ai réellement besoin. Quels hommes que ce Cambon et ce Monot ! J'admire le courage et le calme que vous opposez à leurs mauvaises raisons, à leurs sorties injurieuses contre votre Comité. Les sciences ne pourront jamais acquitter les services que vous leur rendez. Je vous prie d'être bien persuadé que ma reconnaissance pour vous ne finira qu'avec ma vie. »

Citons encore la lettre suivante :

« J'apprends des divers représentants et de quelques employés du Comité, que le citoyen Daunou ne veut pas de mon projet, et que le citoyen Arbogast ne témoigne aucun empressement pour son adoption. Comment n'ont-ils pas été frappés de l'idée ingénieuse que vous avez développée hier au Comité, et à laquelle je n'avais pas songé ? L'établissement du télégraphe est, en effet, la meilleure réponse aux publicistes qui pensent que la France est trop étendue pour former une république. Le télégraphe abrége les distances et réunit en quelque sorte une immense population sur un seul point. Il y a long-temps que, rebuté de toutes parts, j'aurais abandonné mon projet, si vous ne l'aviez pris sous votre protection » (1.)

Mais Lakanal le défendait avec vigueur devant la Commission. Il insistait, argument décisif à cette époque, sur l'inappréciable secours que le télégraphe devait apporter aux opérations des armées. Se plaçant ensuite au point de vue politique, il démontrait que l'unité de la nation française aurait tout à gagner à ce moyen nouveau de rattacher l'une à l'autre les différentes parties du territoire de la République. Il ajoutait que l'établissement de la télégraphie serait la meilleure réponse à faire à ceux qui prétendaient que la France était trop grande pour être dirigée par un gouvernement unique et central.

Ces arguments triomphèrent au sein de la commission. Chappe fut invité à préparer les expériences qu'il devait faire devant elle, et les fonds nécessaires furent mis à sa disposition.

Aussi Chappe s'empressait-il d'écrire à Lakanal :

« Enfin, grâce à vos courageux efforts, à votre patience inaltérable, mon projet sera examiné sur une ligne de correspondance propre à donner des résultats concluants. Vous avez fait faire les premiers fonds nécessaires à cet examen préliminaire. Nous vous attendrons, mon ami Girardin et moi, à Écouen, d'où nous vous suivrons à Saint-Martin-du-Tertre. »

Il lui écrivait encore :

« Grâces vous soient rendues mille fois ! vous avez triomphé de tous les obstacles ; que dis-je ? vous les avez transformés en moyens ; me voilà pleinement satisfait. Le projet est adopté, et le décret détermine mon rang et mes attributions pécuniaires. Je ne puis vous offrir que ma profonde gratitude ; mais elle ne périra qu'avec moi, etc. »

(1) *Exposé sommaire des travaux de J. Lakanal*, 1 vol. in-8°. Paris, 1838, page 220, 221.

Et un autre jour :

« Je vous dois de nouveaux remerciments. Vous êtes inépuisable quand il s'agit de m'être utile. Je reçois l'arrêté du Comité qui met à ma disposition les fonds nécessaires pour un essai en grand. Je vais m'occuper des moyens d'exécution. Je serai très-attentif à vous tenir au courant de toutes mes opérations. Je prie mon créateur de recevoir l'hommage de sa créature » (1).

Claude Chappe, aidé de ses frères et de ses amis Delaunay et Girardin, se mit aussitôt en devoir d'exécuter l'expérience de son appareil devant les commissaires de la Convention. Il établit une véritable ligne télégraphique, composée de deux postes extrêmes et de deux postes intermédiaires.

Comme il avait encore à redouter la méfiance populaire, il voulut soustraire ses nouveaux appareils au sort funeste des premiers, et demanda au gouvernement une protection efficace, qui lui fut d'ailleurs accordée sur les instances de Lakanal.

Le 2 juillet 1793, la Convention ordonna aux maires, officiers municipaux et procureurs des communes, sur le territoire desquels les postes étaient construits, de veiller à la sécurité des appareils de Chappe. La garde nationale envoya des hommes pour garder les stations télégraphiques dans la campagne, et la Convention fit connaître officiellement, qu'elle avait elle-même ordonné, par un décret, l'essai de ces machines.

Le 12 juillet 1793, devant les membres de la Commission, auxquels s'étaient joints un grand nombre d'artistes, de savants et d'hommes politiques, Claude Chappe et ses frères procédèrent à l'expérience solennelle, qui devait décider du sort de l'invention.

La ligne partant du parc de Saint-Fargeau, à Ménilmontant, aboutissait à Saint-Martin-du-Tertre. Elle occupait une longueur de 35 kilomètres. Claude Chappe, le vocabulaire à la main, se tenait à Ménilmontant, c'est-

(1) *Exposé sommaire des travaux de J. Lakanal*, 1 vol. in-8°, Paris, 1838, pages 220, 221.

à-dire à la première station, avec Daunou, l'un des commissaires de la Convention. Lakanal et Arbogast, avec Abraham Chappe, également muni du vocabulaire, étaient à Saint-Martin-du-Tertre, station extrême. Dans le poste intermédiaire étaient deux stationnaires (le mot remonte à cette époque). L'un avait l'œil à la lunette, l'autre tenait la manivelle de l'instrument à signaux.

Le poste de Saint-Martin-du-Tertre ayant fait connaître, par un signal convenu, qu'il était prêt, le poste de Ménilmontant commença à expédier la phrase suivante :

« *Daunou est arrivé ici. Il annonce que la Convention nationale vient d'autoriser son Comité de sûreté générale à apposer les scellés sur les papiers des représentants du peuple.* »

Cette dépêche fut transmise en 11 minutes.

A son tour, le poste de Saint-Martin-du-Tertre expédia, en 9 minutes les vingt-six mots qui suivent :

« *Les habitants de cette belle contrée sont dignes de la liberté par leur amour pour elle et leur respect pour la Convention nationale et ses lois.* »

Les commissaires entreprirent ensuite une conversation, qui fut rapidement traduite en signaux et transmise par l'appareil. Le succès fut complet, sauf quelques légères erreurs provenant de l'inattention ou du peu d'expérience des opérateurs (1).

Les commissaires de la Convention et tous ceux qui assistaient à l'expérience, furent émerveillés de ce résultat.

Il est à remarquer qu'outre le télégraphe aérien qui fut expérimenté dans cette journée mémorable, Claude Chappe avait présenté aux commissaires un télégraphe nocturne, et bien plus, un télégraphe qui pouvait se déplacer, en d'autres termes, comme l'appelait l'inventeur, un *télégraphe ambulant*.

Le *télégraphe nocturne* n'était que l'appa-

reil de jour, muni, pour l'éclairer, de quatre énormes lanternes aux extrémités de ses bras. Quant au *télégraphe ambulant*, destiné au service des armées en campagne, c'était une machine plus petite que le télégraphe ordinaire, et qui pouvait se transporter d'un lieu à un autre, sur un chariot. Mais ces deux systèmes ne furent pas expérimentés par la commission, car le rapport de la commission se borne à mentionner leur existence, sans donner aucun détail sur leur mécanisme. Ajoutons que les télégraphes ambulants, pas plus que le télégraphe nocturne, n'ont jamais été d'un emploi pratique.

L'expérience du 12 juillet 1793, avait si admirablement prononcé en faveur de la perfection du système de Chappe, qu'aucune hésitation n'était plus permise. Lakanal fut donc chargé de rédiger le rapport de la commission, destiné à être présenté à la Convention nationale.

Ce rapport fut lu, quinze jours après, le 26 juillet 1793, devant la Convention. Remarquable par l'élévation des vues, la clarté des descriptions, et son style vigoureux, fortement empreint de la couleur de l'époque, il produisit dans l'Assemblée une impression profonde. Comme cette pièce constitue un monument historique, qui honorera les sciences et notre patrie, nous croyons devoir la reproduire dans son entier.

Citoyens législateurs,

« Ce sont les sciences et les arts, autant que les vertus des héros qui ont illustré les nations, dont le souvenir se prolonge avec gloire dans la postérité. *Archimède*, par les heureuses inspirations de son génie, fut plus utile à sa patrie que n'aurait pu l'être un guerrier en affrontant la mort au milieu des combats.

Quelle brillante destinée les sciences et les arts ne réservent-ils pas à une république qui, par son immense population et le génie de ses habitants, est appelée à devenir la nation enseignante de l'Europe.

Deux découvertes paraissent surtout marquer dans le dix-huitième siècle ; toutes deux appartiennent à la nation française : l'*aérostat* et le *télégraphe*.

(1) Gerspach, *Histoire administrative de la télégraphie aérienne en France*. in-8°, Paris, 1861, page 21.

Mongolfier traça une route dans les airs, comme les Argonautes s'en étaient frayé une à travers les ondes ; et tel est l'enchaînement des sciences et des arts, que le premier vaisseau qui fut lancé prépara la découverte du nouveau monde, que l'aérostat devait servir de nos jours la liberté, et être dans une bataille célèbre le principal instrument de la victoire.

Le télégraphe rapproche les distances ; rapide messager de la pensée, il semble rivaliser de vitesse avec elle.

Comme il importe aux sciences de connaître les diverses gradations des découvertes, nous croyons devoir entrer dans quelques détails avant de vous présenter le tableau des expériences que nous avons faites, en exécution de vos décrets, pour constater l'utilité du télégraphe-pouvoir.

De tout temps on sentit la nécessité de correspondre et de s'entendre à de grandes distances, et l'on adopta pour y parvenir divers modes de signaux.

Les peuples de l'Helvétie furent appelés à l'insurrection contre le despotisme d'*Albert* par les feux allumés sur le sommet des montagnes.

Ce moyen de correspondance n'était pas ignoré des Gaulois, nos ancêtres.

Les Chinois paraissent faire usage du canon, en attachant quelques valeurs aux explosions plus ou moins nombreuses de la poudre.

La marine s'est emparée des signaux vexillaires de *La Bourdonnais*, et en fait l'application à quelques événements prévus ; mais l'on sent qu'il y avait loin de là à un moyen qui embrassât d'une manière simple et sûre toutes les idées et les divers modes du discours.

Le célèbre Amontons conçut et exécuta avec succès un système de signaux, dont il a gardé le secret.

Depuis plusieurs années, le citoyen Chappe travaillait à perfectionner ce langage, convaincu que, porté au degré de perfection dont il est susceptible, il peut être d'une grande utilité dans une foule de circonstances, et surtout dans les guerres de terre et de mer, où de promptes communications et la rapide connaissance des manœuvres peuvent avoir une grande influence sur le succès.

Ce n'est qu'après de longues méditations et de nombreux essais, qu'il est parvenu à former un système de correspondance, qui allie à la célérité des procédés la rigueur des résultats ; car on ne marche que pas à pas dans les découvertes, et il est difficile de calculer les obstacles. On fait, on défait, on compare, et le résultat positif n'est donné que par l'expérience.

L'électricité fixa d'abord l'attention de ce laborieux physicien ; il imagina de correspondre par le secours des temps marquant électriquement les mêmes valeurs, au moyen de deux pendules harmonisées ; il plaça et isola des conducteurs à de cer-

taines distances ; mais la difficulté de l'isolement, l'expansion latérale du fluide dans un long espace, l'intensité qui eût été nécessaire et qui est subordonnée à l'état de l'atmosphère, lui firent regarder son projet de communication par le moyen de l'électricité comme chimérique.

Sans perdre de vue son objet, il fit de nouveaux essais, en prenant les couleurs pour agent. Mais il reconnut bientôt que ce système n'était rien moins que sûr par la difficulté de les rendre sensibles à certaines distances, et que les résultats étaient entravés et rendus à chaque instant incertains par les diverses dispositions de l'atmosphère. En conséquence, il chercha à atteindre d'une autre manière le but qu'il s'était proposé.

Le micromètre appliqué à la lunette ou au télescope lui parut pouvoir fournir un moyen de correspondance. Il en fit établir un dont le cadran présentait diverses divisions ou valeurs conventionnelles correspondant à un même nombre de points déterminés sur un petit espace de terrain disposé à une grande distance : cet essai réussit. Mais comme ce mode de communication ne pouvait avoir lieu que pour un petit nombre de postes, il passa à de nouvelles recherches.

Il s'attacha à la forme des corps, comme susceptible de se prononcer dans l'atmosphère d'une manière certaine, et constata qu'en leur faisant affecter diverses positions, il en tirerait un moyen sûr de correspondance.

Le premier essai de ce genre eut lieu dans le département de la Sarthe, au mois de mars 1791. (V.S.) Dans cet essai, l'application des pendules harmonisées, fut combinée avec la forme des corps.

Quelque temps après, la même expérience fut répétée à Paris avec divers changements. Enfin, après avoir médité sur le perfectionnement de ses moyens, et leur exécution mécanique, le citoyen Chappe en fit, en 1792, hommage à l'Assemblée législative, qui l'accueillit sans aucun fruit pour les sciences et les arts. Plus zélée pour tout ce qui intéresse leur gloire, la Convention nationale par son décret du 27 avril dernier, nous a chargés de suivre le procédé présenté par le citoyen Chappe pour correspondre rapidement à de grandes distances.

Avant de vous soumettre le résultat de nos opérations, il est nécessaire de se former une idée exacte de l'appareil dont se sert l'inventeur de cette importante découverte.

Le télégraphe est composé d'un châssis ou régulateur qui forme un parallélogramme très-allongé. Il est garni de lames à la manière des persiennes. Ces lames sont en cuivre sur-argenté et bruni. Elles sont inclinées de manière à pouvoir réfléchir horizontalement la lumière de l'atmosphère.

Le régulateur est ajusté par son centre sur un axe, dont les deux extrémités reposent sur des coussins en cuivre fixés au bout de deux montants.

Ce régulateur, mobile sur son axe, supporte deux ailes dont le développement s'effectue en différents sens.

Quatre fanaux sont suspendus aux extrémités, et y sont fixés et lestés de manière à affecter toujours la perpendiculaire.

Ces fanaux servent à la correspondance de nuit. Le mécanisme est tel que la manœuvre s'en fait sans peine et avec célérité, au moyen de certains moulinets établis à des distances convenables.

Un petit télégraphe, ou répétiteur, placé sous les yeux des manipulateurs, exécute tous les mouvements de la grande machine.

Le télégraphe ambulant est établi sur un chariot; son mécanisme est, à quelque chose près, celui du télégraphe stationnaire : il en diffère dans les dimensions et dans la manière dont s'exécute la manœuvre ; le répétiteur, qui sert à indiquer les divers mouvements et les différentes positions du télégraphe, y est remplacé par une disposition particulière du levier, qui rend la manœuvre très-facile, et permet à un seul agent de manipuler et d'observer tout à la fois.

L'analyse des différentes positions du télégraphe que nous venons de décrire présente un certain nombre de signaux parfaitement prononcés.

Le tableau représentatif des caractères qui les distinguent compose une méthode tachygraphique que je ne pourrais développer ici sans ravir à son auteur une propriété, fruit de ses longues et pénibles méditations.

La découverte que je vous annonce n'est pas seulement une spéculation ingénieuse ; ses résultats ne laissent aucune équivoque sur la transmission littérale des différents caractères propres au langage des signes.

Pour obtenir des résultats concluants, vos commissaires, accompagnés de plusieurs savants et artistes célèbres, ont fait l'expérience du procédé sur une ligne de correspondance de huit à neuf lieues de longueur.

Les vedettes étaient placées, la première dans le parc de Pelletier Saint-Fargeau, à Ménilmontant, la deuxième sur les hauteurs d'Écouen, et la troisième à Saint-Martin-du-Tertre.

Voici le résultat de l'expérience faite le 12 de ce mois :

Nous occupions, le citoyen *Arbogast* et moi, le poste de Saint-Martin-du-Tertre ; notre collègue *Daunou* était placé à celui du parc de Saint-Fargeau, qui en est distant de huit lieues et demie.

A 4 heures 26 minutes, nous arborâmes le signal d'activité, le poste de Saint-Fargeau nous transmit en 11 minutes, avec une grande fidélité, la dépêche suivante :

« Daunou est arrivé ici ; il annonce que la Convention nationale vient d'autoriser son comité de sûreté générale à apposer les scellés sur les papiers des représentants du peuple. »

Le poste de Saint-Fargeau reçut de nous, en 9 minutes, la lettre suivante :

« Les habitants de cette belle contrée sont dignes de la liberté, par leur amour pour elle et leur respect pour la convention nationale et ses lois. »

Nous continuâmes longtemps cette correspondance avec un plein succès.

Fig. 13. — Lakanal.

Dans les dépêches, il se glisse quelquefois des fautes partielles par le peu d'attention ou l'inexpérience de quelques agents. La méthode tachygraphique de *Chappe* offre un moyen sûr et rapide de rectifier ces erreurs.

Il est souvent essentiel de cacher aux observateurs intermédiaires placés sur la ligne de correspondance le sens des dépêches. Le citoyen *Chappe* est parvenu à n'initier dans le secret de l'opération que les stationnaires placés aux deux extrémités de la ligne.

Le temps employé pour la transmission et la révision de chaque signal d'un poste à l'autre, peut être estimé, en prenant le terme moyen, à 20 secondes : ainsi, en 13 minutes 40 secondes, la transmission d'une dépêche ordinaire pourrait se faire de Valenciennes à Paris.

Le prix de chaque machine, en y comprenant les appareils de nuit, pourrait monter à 6,000 livres ; d'où il résulte qu'avec une somme de 96,000 livres, on peut réaliser cet établissement d'ici aux frontières du Nord ; et, en déduisant de cette somme le montant des télescopes et pendules à secondes que la nation n'a pas besoin d'acquérir, elle est réduite à 58,400 livres.

Vos commissaires ont pensé que vous vous empresseriez de nationaliser cette intéressante découverte, et que vous préféreriez à des moyens lents et dispendieux un procédé propre à communiquer rapidement, à de grandes distances, tout ce qui peut faire le sujet d'une correspondance.

Ils pensent que vous ne négligerez pas cette occasion d'encourager les sciences utiles ; si leur foule, épouvantée, s'éloignait jamais de vous, le fanatisme relèverait bientôt ses autels, et la servitude couvrirait la terre. Rien en effet ne travaille plus puissamment pour les intérêts de la tyrannie que l'ignorance.

Voici le projet de décret que je vous propose, au nom de votre commission réunie au comité d'instruction publique :

La Convention nationale accorde au citoyen Chappe le titre d'*ingénieur-télégraphe*, aux appointements de lieutenant du génie.

Charge son comité de salut public d'examiner quelles sont les lignes de correspondance qu'il importe à la République d'établir dans les circonstances présentes (1). »

La Convention, dans sa séance du 25 juillet, convertit en décret la proposition de Lakanal. Adoptant officiellement le télégraphe de Chappe, elle ordonna au Comité de salut public de faire établir sur le territoire français une ligne de correspondance, composée du nombre de postes nécessaires. Claude Chappe reçut le titre d'*ingénieur-télégraphe*, avec un traitement de 5 livres 10 sous par jour, pour assimiler sa situation à celle de lieutenant du génie.

C'est du 25 juillet 1793, bien que la première ligne télégraphique n'ait pu être établie et fonctionner qu'un an plus tard, que date l'adoption, par le gouvernement français, de la télégraphie aérienne. A partir de ce moment, elle appartint à l'État, et devint une branche de l'administration du gouvernement.

Après le mérite primordial de l'inventeur, c'est donc au gouvernement de la République que revient la gloire d'avoir adopté et popularisé cette invention. C'est à Lakanal, en particulier, sans oublier le citoyen Romme, qui

sut appeler l'attention sur l'inventeur, que le monde est redevable de l'adoption générale de la télégraphie. Avant Claude Chappe, bien des systèmes avaient été proposés et essayés. Tous, sans en excepter celui d'Amontons, étaient tombés dans l'oubli. Le télégraphe de Chappe aurait certainement éprouvé le même sort, si la Convention nationale, poussée surtout par le désir de pourvoir aux nécessités de la guerre, ne l'avait adopté et mis en pratique.

Il nous reste à raconter les difficultés pratiques que rencontra l'établissement des machines de Chappe sur le territoire français.

CHAPITRE VII

COMMENT FUT ÉTABLIE SUR LE TERRITOIRE DE LA RÉPUBLIQUE FRANÇAISE LA PREMIÈRE LIGNE DE TÉLÉGRAPHIE. — CRÉATION DE LA LIGNE DE PARIS A LILLE.

Le Comité de salut public fut chargé par la Convention nationale, de diriger l'établissement des postes télégraphiques. Le 4 août 1793, ce Comité suprême décida, sous l'inspiration de Carnot, que deux lignes seraient créées d'urgence : la première partant de Lille, pour aboutir à Paris ; la seconde de Paris à Landau, ville de Bavière, alors au pouvoir de la France, et qui marquait la limite présente de ses frontières à l'Est.

L'idée qui présida à l'adoption de la télégraphie au sein de la Convention, et qui détermina le choix des deux lignes que nous venons d'indiquer, était donc toute militaire. On va comprendre ce qui décida à établir de préférence ces deux voies télégraphiques, aboutissant l'une à Lille, l'autre à Landau.

On était au plus fort de l'invasion étrangère, et nos armées, refoulées au nord par les Autrichiens, étaient en pleine retraite. Condé et Valenciennes étaient au pouvoir de l'ennemi. Le prince de Cobourg marchait sur Paris, à la tête de 180,000 hommes. Il était suivi d'un corps de 20,000 Autrichiens et

---

(1) *Travaux de Lakanal*. Paris, 1838, in-8, p. 105-115.

Hanovriens, sous les ordres du duc d'York. Luxembourg et Namur étaient occupés par le prince de Hohenlohe, avec 30,000 Allemands. Enfin 76,000 hommes, commandés par le roi de Prusse et le général Würmser, étaient échelonnés entre les Vosges et Lauterbourg.

40,000 Piémontais, appuyés par 8,000 Autrichiens, avaient franchi les Alpes, et menaçaient le Midi; et tandis que les défilés des Pyrénées étaient occupés par 22,000 Espagnols, Toulon était aux mains des Anglais.

D'un autre côté, Lyon, qui s'était insurgé contre la Convention, arborait ouvertement le drapeau de la révolte, après avoir chassé les représentants du peuple. La Vendée avait, de son côté, pris les armes contre la République.

Pour faire face à tant d'ennemis au dehors, à tant de révoltes au dedans, la Convention disposait de 400,000 hommes, à peine. Ces hommes étaient mal vêtus, mal nourris, mal disciplinés, mal payés.

Il est évident qu'une découverte comme celle du télégraphe de Chappe, qui devait permettre aux chefs d'armée de correspondre rapidement entre eux, et qui donnait aux villes assiégées, la faculté de faire passer des signaux et des dépêches par-dessus le front des corps assiégeants, était un sourire que la Providence adressait à la France au milieu de ses angoisses.

C'est ce que comprit le Comité de salut public. C'est pour cela qu'il décida que des télégraphes seraient placés aux abords des villes assiégées, et que les lignes à établir partiraient de l'extrémité des frontières, c'est-à-dire de Lille et de Landau, pour aboutir à Paris. Il plaça les télégraphes sous la direction du ministre de la guerre; mais il s'en réserva la direction supérieure, et le ministre ne dut se servir des télégraphes que d'après ses ordres.

Les frères Chappe furent mis à la tête de l'administration des télégraphes. Mais comme ils ne pouvaient suffire, à eux seuls,

à l'organisation d'un service si nouveau, on leur adjoignit d'abord, en qualité de commissaire du gouvernement, le citoyen Garnier, qui ne conserva que peu de temps ces fonctions; ensuite le citoyen Delaunay (l'inventeur du vocabulaire) et les citoyens Brunet et Barcon, amis des frères Chappe.

La République n'était pas seulement menacée par toute sorte de périls, extérieurs et intérieurs. Elle était fort pauvre. Aussi le Comité de salut public recommanda-t-il la plus sévère économie dans l'autorisation des dépenses nécessaires pour la construction des machines et des postes télégraphiques. Dans son rapport à la Convention, Lakanal avait proposé de construire les appareils et d'aménager les stations avec des objets faisant partie du mobilier de l'État. Cette idée fut mise en pratique. Les lunettes d'approche, comme les lits, les chaises, les tables, et tout le matériel qui pouvait s'adapter à cette destination nouvelle, furent tirés des magasins de l'État. On poussa l'économie jusqu'à décider que les télégraphes qui avaient servi aux expériences exécutées par Chappe, devant les commissaires de la Convention, seraient enlevés et transportés sur la ligne en construction (1).

D'après les devis présentés par Chappe, qui étaient basés sur les plus stricts besoins, le Comité de salut public mit à la disposition du ministre de la guerre, la somme de 166,240 francs, pour construire la ligne de Lille à Paris. Il faut remarquer, pour réduire ce chiffre à sa véritable signification, que cette somme de 166,240 francs était en assignats, et que déjà les assignats avaient perdu 40 p. 100 de leur valeur nominale. Avec cette réduction, la somme qui était mise à la disposition de l'ingénieur-télégraphe, pour conserver le nom officiel que portait Claude Chappe, ne représentait guère que 80 à 90,000 francs.

C'était assurément un grand point que d'avoir

(1) E. Gerspach, *Histoire de la télégraphie aérienne en France*, p. 28.

arrêté en principe l'établissement de la télégraphie sur le territoire de la République, et d'avoir pris les meilleures mesures administratives applicables à cet objet. Mais ce n'était pas tout. Il ne suffisait pas de décréter, il fallait exécuter, et c'était là le point difficile. Avec la France en feu, la pénurie de l'État, l'absence des matériaux de toutes sortes, et les défiances universelles des populations, improviser seize stations télégraphiques, au milieu des campagnes agitées, fabriquer le matériel des instruments et le mettre en place, c'était un ensemble d'opérations qui aurait été impossible chez une autre nation que la France de 1793. Mais le zèle patriotique faisait naître tant de dévouements particuliers, excitait le génie de tant d'individus, que ce miracle vint s'ajouter à tous ceux qui honorèrent alors et sauvèrent notre patrie.

Il y avait deux objets à remplir : établir en pleine campagne, les maisonnettes des stationnaires ; construire, à Paris, les appareils télégraphiques.

Claude Chappe se réserva la construction mécanique, et chargea ses collègues de la seconde partie du programme, c'est-à-dire de l'exécution de la ligne.

C'est dans la construction des lignes en pleine campagne que se rencontrèrent les plus grands obstacles. Ici tout était nouveau ; il fallait tout créer. Le tracé de la ligne, la distance des postes, le choix des emplacements de chaque station, étaient autant d'études qu'il fallait entreprendre sans aucune espèce de précédent. Les agents de Chappe firent toutes les opérations sur le terrain, en se servant eux-mêmes du niveau et des instruments d'arpentage. Avec quelques principes d'optique, et quelques données sur la météorologie locale, ils se mirent à l'œuvre pour la première opération à entreprendre, c'est-à-dire le tracé de la ligne et la désignation de l'emplacement des stations.

Le gouvernement, pour faciliter leurs travaux, donna l'autorisation de placer les télégraphes sur les tours, clochers et édifices appartenant à l'État ou aux communes. Il permit de faire abattre ou élaguer les portions de bois ou d'arbres qui arrêtaient les rayons visuels d'une station à l'autre, et d'établir des constructions sur les terrains, quels que fussent leurs propriétaires. Des experts, nommés par la municipalité et par les propriétaires, fixaient les indemnités accordées soit pour les arbres abattus, soit pour le loyer des terrains occupés par les constructions.

Après ces opérations préliminaires, les agents de Chappe se distribuèrent le long de la ligne adoptée, pour faire commencer la construction des maisonnettes destinées à recevoir l'appareil, soit dans les villes, soit dans la campagne.

Mais c'est ici que les difficultés commençaient. L'industrie ne pouvait fournir aucun instrument de précision, aucun outil autre que celui qui servait aux travaux les plus grossiers. On ne fabriquait alors que des armes, et l'industrie française n'était propre à aucune autre production. On n'avait ni bois sec, ni métaux, ni matériaux de bâtisse. Dès les premiers jours, on s'aperçut qu'il n'y avait ni pierres pour les maçons, ni bois pour les charpentiers. Il fallait aller chercher le bois dans les forêts, et la pierre dans les carrières. Quand on avait équarri les poutres et taillé les pierres, on ne trouvait aucun moyen de transport. Les chevaux étaient tous pris pour le service de l'armée, et les paysans ne consentaient pas à se séparer de leurs bêtes de trait. Le Comité de salut public, qui avait mis en réquisition tous les matériaux disponibles sur le parcours de la ligne, dut aussi mettre en réquisition des hommes, et les chevaux des propriétaires et des paysans. Ce n'était pourtant qu'à force de prières ou de menaces qu'on parvenait à obtenir quelques bêtes de trait.

Puis, lorsqu'à grand'peine, le bois, la pierre, les métaux étaient enfin rendus aux points désignés pour l'emplacement des maisonnettes télégraphiques, on ne trouvait point

Fig. 14. — Construction d'un poste télégraphique, en 1793.

d'ouvriers. Le maçon, le charpentier, le serrurier, étaient partis, parce qu'ils n'étaient pas payés ou parce qu'on les payait en assignats, le désespoir des campagnes. Les inspecteurs étaient alors forcés de prendre eux-mêmes la truelle en main, de manier le rabot ou le marteau, pour transformer les paysans de la localité en maçons, en charpentiers, en serruriers. Mais le plus souvent, ces ouvriers improvisés profitaient de la nuit pour s'échapper du chantier.

Quant au payement des hommes, il se faisait sans aucune règle administrative. Les agents se remettaient les uns aux autres, et de la main à la main, les fonds que Claude Chappe leur envoyait, et cela sur parole, sans aucun reçu, sans le moindre système de comptabilité. Souvent ils étaient forcés de payer de leurs propres deniers les sommes qui n'arrivaient pas, afin de déterminer les ouvriers à reprendre des travaux suspendus depuis des semaines entières.

Ce n'est pas tout : il y avait encore à défendre les barraques télégraphiques et les in-

struments contre les défiances et la malveillance des habitants des campagnes. Le peuple
de Paris avait, comme nous l'avons raconté,
brisé les machines de Chappe, à deux reprises
différentes. Les mêmes sentiments de méfiance régnaient dans les provinces, et souvent les ouvriers employés aux constructions
des stations, comme les agents qui les dirigeaient, furent forcés de travailler le fusil en
bandoulière ou le pistolet à la ceinture (1).

Les mêmes sentiments de suspicion se manifestaient jusque dans les villes. A Lille, par
exemple, Abraham Chappe dut se produire
dans les assemblées populaires et dans les
clubs, pour expliquer que les travaux du télégraphe étaient entrepris dans le seul intérêt de la république, et pour la défense
de son territoire.

C'est au prix de tant de peines, c'est grâce à
tant de dévouements et d'efforts, que les seize
stations de Lille à Paris furent construites
dans l'intervalle de moins d'une année.

A mesure que les stations étaient terminées,
Claude Chappe y apportait lui-même les appareils télégraphiques qu'il faisait fabriquer
à Paris, dans un atelier de serrurerie placé
sous sa direction.

Ce n'était pas sans peine qu'il était parvenu à établir dans la capitale cet atelier
mécanique pour la construction de ses appareils. Bien qu'il ne s'agît, en définitive,
que d'exécuter un même instrument d'a-
près un modèle unique, l'inexpérience des
ouvriers occasionnait de grands retards. Les
matériaux mêmes faisaient souvent défaut. Il
fallait pour construire en entier un télégraphe, environ 4,000 livres de fer, — 100
livres de fil de fer, — 128 livres de fil de laiton, — 118 de cuivre, — 1,350 de plomb laminé, — 510 livres de plomb brut, — 120
feuilles de fer-blanc, et 19 de tôle (2).

Tout cela n'était pas facile à se procurer.

(1) E. Gerspach, *Histoire administrative de la télégraphie
aérienne en France*, p. 33.
(2) *Ibidem*, p. 33.

Puis, quand on avait rassemblé les matériaux,
c'était souvent les ouvriers qui manquaient.
Il fallait aller les chercher au club, et les ramener à l'atelier.

Claude Chappe habitait quai Voltaire, 23.
Il correspondait avec les inspecteurs, qui
lui adressaient un rapport tous les dix jours,
sur l'état des travaux. Il faisait de fréquents
voyages sur la ligne, et, comme nous l'avons
dit, il allait lui-même établir sur place les appareils, au fur et à mesure de leur fabrication.

Au mois de mars 1794, la ligne était terminée, et pourvue, sur tout le parcours, de
son matériel complet. Les stations étaient des
maisonnettes de forme pyramidale, surmon-
tées d'un échafaudage, sur lequel se dressait
l'appareil à signaux.

Cet appareil, beaucoup plus lourd et plus
massif que celui qui fut construit depuis,
était presque tout de fer. La manipulation
consistait à faire prendre aux bras 196 positions différentes. La moitié de ces signes,
c'est-à-dire 98, étaient consacrés à donner des
avis aux stationnaires pour le service; l'autre
moitié suffisait pour les signaux de la correspondance. Chacun de ces signaux servait à
trouver un mot dans le vocabulaire, composé de 9,999 mots. Nous expliquerons plus
loin l'emploi de ce vocabulaire.

Chaque poste était pourvu de deux lunettes d'approche. Deux stationnaires étaient
affectés à chaque poste. Aux postes extrêmes
seulement, c'est-à-dire à Lille et à Paris, il
y avait quatre stationnaires. On avait pris ces
agents parmi les anciens militaires, et les ouvriers capables d'apporter, sur place, aux
appareils les réparations urgentes.

Quelques semaines furent consacrées à
exercer tous les stationnaires de la ligne à
l'exécution des signaux de la correspondance
et du service.

Comme il importait que la tête de la ligne
fût placée au milieu de la capitale, le Comité
de salut public décida que le poste de Paris
serait établi au-dessus du palais du Louvre,

Cette station correspondait avec une autre placée sur la butte Montmartre. De son appartement du quai Voltaire, Claude Chappe, *l'ingénieur-télégraphe,* apercevait les signaux de l'appareil du Louvre, et pouvait en prendre note. Tout se passait sans faste et sans apprêt à cette époque où les services publics s'exécutaient par le concours simple et désintéressé de citoyens au cœur dévoué.

Ce fut à la fin de prairial 1794 que les Parisiens virent avec surprise se dresser, pour la première fois, sur le dôme du Louvre, le télégraphe de Claude Chappe, peint aux couleurs nationales (1).

CHAPITRE VIII

LA TÉLÉGRAPHIE AÉRIENNE EST INAUGURÉE, AU SEIN DE LA CONVENTION, PAR L'ANNONCE D'UNE VICTOIRE.

Le télégraphe de Paris à Lille était en état de fonctionner à la fin du mois d'août 1794 (fructidor an II). Les circonstances qui nécessitèrent l'envoi de la première dépêche à la Convention, ont inscrit une page des plus brillantes dans notre histoire nationale.

La ville de Condé venait d'être reprise sur les Autrichiens. Le jour même, c'est-à-dire le 1er septembre 1794, à midi, une dépêche s'élançait de la tour Sainte-Catherine à Lille, et volait, de station en station, comme sur l'aile des vents, jusqu'au dôme du Louvre de Paris. Elle y arrivait au moment où la Convention ouvrait sa séance.

Carnot monta à la tribune, et, tenant à la main un papier, il dit de sa voix vibrante :

« Citoyens, voici la nouvelle qui nous arrive à l'instant, par le télégraphe que vous avez fait établir de Paris à Lille :

« *Condé est restitué à la République : la reddition a eu lieu ce matin à 6 heures.* »

Un tonnerre d'applaudissements accueille ces paroles. Les députés se lèvent en masse ;

(1) E. Gerspach, *Histoire administrative de la télégraphie aérienne en France,* p. 37.

les tribunes éclatent en bravos prolongés ; un enthousiasme patriotique étreint les cœurs de toute l'assemblée, qui fait retentir un long cri en l'honneur de l'invention nouvelle, si brillamment inaugurée pour l'honneur et le salut de la patrie.

Quand le calme est un peu rétabli, le député Gossain remplace Carnot à la tribune :

« Je demande, dit-il, que le nom de la ville de Condé soit changé, et qu'elle prenne le nom de *Nord-Libre.* »

Le décret est rendu.

Cambon se lève à son tour et dit :

« Je demande que le décret que vous venez de rendre, soit expédié à l'instant par le télégraphe, à Lille, qui le transmettra à *Nord-Libre,* par un courrier. »

« Je demande, ajoute un autre député, nommé Granet, qu'en même temps que vous apprendrez à Condé son changement de nom, vous déclariez que l'armée du Nord a encore une fois bien mérité de la patrie. »

Toutes ces propositions furent adoptées. Le message qui les résumait fut expédié à Claude Chappe, qui le transmit à Lille et à Condé.

La séance de la Convention durait encore lorsque la réponse à son message arriva par le télégraphe. Claude Chappe la faisait connaître par la lettre suivante, dont le président donna lecture, au milieu de l'enivrement de l'assemblée :

« Je t'annonce, citoyen président, que les décrets de la Convention nationale, qui annoncent le changement du nom de *Condé* en celui de *Nord-Libre,* et celui qui déclare que l'armée du Nord ne cesse de bien mériter de la patrie, sont transmis ; j'en ai reçu le signal par le télégraphe. J'ai chargé mon préposé à Lille de faire passer ces décrets à *Nord-Libre* par un courrier extraordinaire. »

Ainsi se termina la journée du 15 fructidor an II, si mémorable pour la télégraphie aérienne.

L'enthousiasme qui avait saisi tous les cœurs, au sein de la Convention, fut ressenti par le pays entier, et l'Europe conjurée contre la France, frémit au récit des prodiges qu'enfantaient parmi nous le patriotisme et le génie.

CHAPITRE IX

CRÉATION DE LA LIGNE TÉLÉGRAPHIQUE DE PARIS A STRASBOURG. — LA TÉLÉGRAPHIE SOUS LE DIRECTOIRE. — ÉTABLISSEMENT DE LA LIGNE DE PARIS A BREST. — LA TÉLÉGRAPHIE SOUS LE CONSULAT ET SOUS L'EMPIRE. — LA LOTERIE ET LE TÉLÉGRAPHE.

Après avoir créé la ligne de Paris à Lille, le Comité de salut public décréta, le 12 vendémiaire an III, l'exécution de la ligne destinée à relier la capitale à nos frontières à l'est, c'est-à-dire à Landau (Bavière).

Le Comité de salut public trouvait que le passage des dépêches sur la ligne de Paris à Lille se faisait avec trop de lenteur. Il avait été prouvé, en effet, que la moitié seulement des dépêches déposées arrivait en temps opportun. Le vice de cette ligne, c'était le trop grand éloignement des stations : elles étaient à 14 kilomètres l'une de l'autre. Le vocabulaire avait également besoin d'être modifié.

Chappe se prépara à tenir compte des observations que la pratique avait révélées, et à modifier ses plans en conséquence. Il fit nommer ses frères Ignace et François comme ses adjoints, et installa la nouvelle administration du télégraphe, dans un local spécial, l'hôtel Villeroy, qui était situé rue de l'Université, n° 9. Cette maison a été démolie sous Louis-Philippe, pour le percement de la rue Neuve-de l'Université (1).

Un atelier de menuiserie, un atelier de serrurerie pour la construction des appareils, et un magasin central, furent établis à l'hôtel Villeroy, en même temps que tout un service de bureaux, composé de commis, expéditionnaires, dessinateurs, etc.

La ligne de Paris à la frontière d'Allemagne

passait par Châlons, Metz, Strasbourg et Landau. Mais les désordres financiers et les difficultés politiques du temps devaient beaucoup retarder l'exécution de cette ligne, qui ne fut pas poussée plus loin que Strasbourg.

Les travaux de Paris à Metz marchaient assez bien ; mais partout ailleurs, ils rencontraient toutes sortes de difficultés. Malgré les réquisitions ordonnées par le Comité de salut public, les matériaux étaient très-difficiles à rassembler, et il fallut souvent user d'expédients. On manquait, par exemple, de fils de laiton : Chappe imagina de les remplacer par les cordes de métal qui servaient à suspendre les lampes, dans les demeures aristocratiques. Il obtint ainsi l'autorisation de s'approvisionner du matériel à sa convenance dans les magasins où se conservaient les mobiliers confisqués comme biens nationaux. Il s'empara ainsi de grandes quantités de plomb, de fer, de cordes, de bois secs, etc. (1). Le bois vert que l'on prenait dans les forêts de l'État n'était pas bon à grand'chose ; on échangea ces bois verts contre des bois secs renfermés dans les magasins de l'Arsenal.

Mais le manque d'argent était un vice irrémédiable. Les employés de la ligne de Lille, qui recevaient 6 livres d'assignats par jour, mouraient de faim. On leur accorda, ainsi qu'aux employés de la ligne de l'Est, une ration en nature, composée d'une demi-livre de viande et d'une livre et demie de pain chaque jour.

Le Comité de salut public ne s'arrêtait pas devant de tels obstacles. Malgré l'interruption des travaux, il ordonna que la ligne télégraphique de Lille serait prolongée jusqu'à Ostende d'un côté, et jusqu'à Bruxelles de l'autre. Les armées de la Convention avaient envahi la Belgique, ne fallait-il pas pousser les télégraphes jusqu'à la nouvelle frontière?

Mais la Convention nationale avait terminé sa mission glorieuse. Elle se sépara le 4 brumaire an IV.

(1) E. Gerspach, *Histoire administrative de la télégraphie aérienne en France*, p. 47.

(1) E. Gerspach, p. 51.

Fig. 15. — Carnot annonce à la Convention la nouvelle expédiée, par le télégraphe, de la prise de Condé sur les Autrichiens (page 39).

Le Directoire, après avoir rétabli les ministères, plaça les télégraphes dans les attributions du ministère de la guerre.

La télégraphie était dans un triste état, lorsque le Directoire prit les rênes du gouvernement. Le manque de fonds paralysait tout son essor. La dépréciation des assignats était devenue telle, que 100 livres en papier ne valaient pas 4 sous, tandis que le prix des objets de consommation augmentait dans des proportions effrayantes.

Le Directoire, sous l'impulsion de Carnot, toujours attentif à l'administration qu'il avait fondée, s'intéressait pourtant à la télégraphie. Il avait pris quelques bonnes mesures, lorsque la faillite de l'État vint jeter dans le désarroi toutes les administrations publiques et la France entière.

Les *mandats territoriaux* avaient remplacé les assignats; mais la même dépréciation n'avait pas tardé à les atteindre. Un mandat de 100 livres n'était pas reçu sans difficulté, pour une livre en numéraire. Claude Chappe dut prendre, avec douleur, le parti de suspendre les travaux. La section de Strasbourg à Landau fut abandonnée, les ateliers furent dissous. A la fin de l'an V, toute l'administration était disloquée. Les matériaux, abandonnés dans les chantiers déserts, étaient détériorés ou volés ; les employés de la ligne de Lille n'étaient pas payés depuis six mois.

Les lignes télégraphiques allaient disparaître en France, peut-être sans retour, lorsqu'un événement politique bien fortuit vint arrêter leur ruine imminente. Le congrès de Rastadt s'était réuni ; et le Directoire voulait pouvoir en suivre à chaque instant les délibérations. Au mois de brumaire de l'an VI, il ordonna que la ligne télégraphique de Strasbourg serait reprise et terminée d'urgence ; et il eut la bonne précaution, pour assurer l'exécution de sa volonté, de fournir des fonds en numéraire.

Grâce à cette circonstance, le service fut réorganisé, les employés furent rappelés et les travaux repris. Cinq mois suffirent à l'entier achèvement de la ligne, et dans le courant de l'an VI, la ligne de Paris à Strasbourg était terminée. Elle comprenait 46 postes, et avait coûté 176,000 francs (1).

Nous avons dit que le Comité de salut public avait décidé de prolonger la ligne de Paris à Lille jusqu'à Ostende, notre frontière de Belgique. Le Directoire, pour relier à Paris notre principal port militaire, résolut, au mois de germinal an VI, d'établir une ligne télégraphique de Paris à Brest.

Cette ligne fut construite d'après les données de Chappe, aux frais du ministère de la marine. Elle fut terminée en sept mois. Elle comprenait 55 postes, et coûta 300,000 francs.

Dans l'établissement de cette troisième ligne télégraphique, on avait profité de l'expérience déjà acquise. Les maisonnettes, construites en bonne maçonnerie, contenaient un logement pour les stationnaires. De cinq postes en cinq postes, on installa des stationnaires, plus instruits que leurs collègues, et qui inscrivaient sur un registre les signaux qui traversaient la ligne (1).

Une quatrième ligne fut ordonnée par le Directoire : elle allait de Paris à Lyon, par Dijon.

Cependant l'état des finances ne s'était pas amélioré sous le Directoire. Les employés étaient toujours mal payés, car en l'an VII leurs appointements étaient en arrière de douze mois. Le service télégraphique était donc encore menacé d'une désorganisation totale ; pour la seconde fois, il paraissait à la veille de sa ruine.

Pour prévenir ce résultat désastreux, le Directoire, le 8 vendémiaire an VIII, sur le rapport du ministre de l'intérieur, prit un arrêté qui mettait à la disposition de ce ministre une somme de 12,000 francs par décade, jusqu'à concurrence de 210,250 francs, passif financier de la télégraphie. Cette mesure devait liquider tout l'arriéré de cette administration.

Les termes de cet arrêté montrent bien, d'ailleurs, quelle importance le Directoire attachait à la télégraphie, comme moyen de faciliter l'exercice du gouvernement. On lit, en effet, dans ce document :

« Que le service des lignes télégraphiques est aussi important au maintien de la République que celui des armées ;

Que s'il est urgent de pourvoir au payement de la solde des défenseurs de la patrie, il ne l'est pas moins de faire payer le montant des appointements qui sont dus aux préposés à la transmission télégraphique ;

Que, si cette mesure est réclamée par la justice et l'humanité, elle était impérieusement commandée par l'intérêt public ;

Et qu'enfin le seul moyen de préserver les lignes télégraphiques de la désorganisation totale est de faire jouir les stationnaires de leur traitement, dont le retard les expose à toutes les horreurs de la misère et les force d'abandonner leurs postes (2). »

---

(1) E. Gerspach, *Histoire administrative de la télégraphie aérienne en France*, p. 60.

(1) E. Gerspach, p. 58.
(2) *Idem*, p. 63.

Ce fut là le dernier acte du Directoire, dans ses rapports avec la télégraphie. Ce gouvernement, pendant les cinq années de sa durée, avait pris le plus grand intérêt à l'invention de Chappe. Il avait doté la France de deux grandes lignes et de deux embranchements. Mais il n'avait pu triompher, dans ce cas, pas plus que dans les autres branches de l'administration publique, des embarras financiers, héritage de la période révolutionnaire.

Les consuls eurent peu le loisir de s'occuper des télégraphes, et Bonaparte lui-même n'y songea qu'un peu tard. Il s'appliqua seulement à régulariser ce service, au point de vue administratif. En l'an IX, trois lignes étaient en fonction : celle du Nord, celles de l'Est et de la Bretagne, et l'on construisait, mais avec beaucoup de lenteur, la ligne du Midi, par Dijon et Lyon.

Ces lignes ne rapportaient rien au gouvernement, et nécessitaient, pour l'entretien et le service, des frais qui, en l'an VIII, s'étaient élevés à 434,000 francs. Malgré toutes les promesses du gouvernement, la situation financière de cette administration était de plus en plus mauvaise.

Le premier consul n'y trouva d'autre remède que de réduire considérablement le crédit accordé à la télégraphie. Un arrêté du 3 nivôse an IX, fixa à 150,000 francs le crédit annuel pour le service de toutes les lignes.

C'était une mesure désespérée, qui semblait, une fois encore, annoncer la fin prochaine de la télégraphie française. En effet, la ligne de Lyon fut abandonnée, et le personnel de la télégraphie singulièrement réduit.

Claude Chappe voyait avec chagrin la ruine de l'administration qu'il avait fondée. Dans cette situation extrême, il lui vint à l'esprit une pensée de salut. La télégraphie, qui depuis son origine, n'était pour le gouvernement qu'une source de dépenses, lui semblait pourtant en état de vivre par elle-même. Déjà, sous le Directoire, il avait proposé d'établir une télégraphie privée. Il croyait que les commerçants des villes et de l'intérieur de la France, devaient tirer de très-grands avantages de la connaissance des nouvelles de Paris. Il pensait que si les ports de mer pouvaient signaler dans la capitale ou dans les autres villes, les arrivages maritimes ; si Marseille et Lyon, Brest et Bordeaux, Strasbourg et Lille, etc., pouvaient recevoir, le jour même, l'annonce du cours de la bourse, ou celui du change dans les différentes places, etc., l'administration télégraphique pourrait être largement rétribuée en retour de ces précieuses communications.

Cette idée, que le Directoire n'avait pas eu le loisir d'examiner, Claude Chappe la soumit au premier consul. Seulement il ne se bornait pas à appliquer la télégraphie privée aux besoins du commerce. Il s'adressait, calcul d'un résultat certain, à la plus forte passion des hommes : à la cupidité. Il proposait de signaler par le télégraphe, les numéros sortants de la loterie.

Cette idée était d'autant plus heureuse que la loterie rencontrait en province, une grande cause d'embarras. Il était permis de prendre des billets, dans les villes des départements, jusqu'à l'heure dernière où la liste des numéros gagnants arrivait par la poste, c'est-à-dire plusieurs jours après la clôture officielle des bureaux de Paris, faite après la publication des numéros gagnants. Cette latitude laissée aux bureaux de province, gênait beaucoup l'administration de la loterie, car la fraude trouvait toujours quelque moyen, sinon de connaître les numéros sortis à Paris, du moins de le faire accroire, de sorte que les offices particuliers des départements gênaient considérablement ceux de la capitale.

C'est là ce que fit valoir très-habilement Claude Chappe.

Les administrateurs de la loterie parisienne saisirent avec empressement sa proposition.

Bientôt une large subvention fut accordée par la loterie, à l'administration des télégraphes, qui consentit à faire parvenir, le jour même du tirage, les numéros gagnants sur tout le parcours de ses lignes. La loterie trouvait à cela l'avantage de déjouer toute fraude, d'empêcher tout jeu illicite ; et les télégraphes y trouvaient le moyen de subsister que leur refusait le premier consul.

C'est ainsi que Claude Chappe parvint, une fois encore, à prévenir la ruine de la télégraphie. Ce que n'avaient pu obtenir les meilleures raisons politiques et administratives, la passion du jeu, habilement exploitée, permit de le réaliser. La loterie versait habituellement une somme annuelle de 100,000 francs dans les caisses de la télégraphie, et pendant longtemps la ligne de Strasbourg, par exemple, n'eut d'autre ressource, pour ses frais de service et d'entretien, que la subvention de la loterie. Cette subvention a duré jusqu'à la suppression de la loterie par le gouvernement de Louis-Philippe.

CHAPITRE X

LA TÉLÉGRAPHIE AÉRIENNE SOUS L'EMPIRE. — MORT DE CLAUDE CHAPPE. — LA TÉLÉGRAPHIE SOUS LA RESTAURATION.

Napoléon Ier laissa la télégraphie fort à l'écart jusqu'à la fin de son règne. Il ne s'en souvint que lorsque l'Europe coalisée se préparait à envahir la France, et menaçait ses frontières, pour la couvrir bientôt de ses bataillons. Alors seulement Napoléon fit appel à l'invention qu'il avait tant négligée. Mais il était trop tard. Auxiliaire puissant dans les guerres du dehors, pour instruire rapidement le pouvoir central, des opérations militaires qui se passent aux frontières, la télégraphie est impuissante dans un pays en partie occupé, ou seulement inquiété, par des troupes ennemies. La télégraphie aérienne avait protégé la France en 1793, et contribué à son salut, parce que

notre pays était resté vierge de toute invasion victorieuse. Elle ne put la sauver en 1814, après l'entrée des alliés, qui eurent bientôt fait de détruire une ligne télégraphique précipitamment établie par l'Empereur, comme un accessoire tardif de ses opérations défensives. C'est ce que nous allons brièvement raconter.

Sous Napoléon Ier, la ligne de Paris à Lyon fut terminée, et prolongée jusqu'à Turin ; elle fut mise en activité en 1805.

Pendant la même année, la ligne du Nord, qui avait déjà un embranchement sur Boulogne, fut prolongée sur Anvers et Flessingue, et en 1810, jusqu'à Amsterdam. La ligne d'Italie fut poussée jusqu'à Milan et Venise, avec un embranchement sur Mantoue.

Claude Chappe ne devait pas voir ces derniers développements de sa chère invention. Il était déjà fort attristé du peu d'encouragement que son administration recevait de l'empereur. A cet ennui vinrent se joindre les douleurs cruelles que lui faisait éprouver une maladie chronique de la vessie. Il ne put se défendre du désespoir, et se coupa la gorge, le 25 janvier 1805.

Sa mort passa, d'ailleurs, inaperçue. On mit à sa place, comme administrateurs des lignes télégraphiques, ses deux frères Ignace et Pierre, et tout fut dit.

Mais si les gouvernements sont ingrats, la conscience publique reste fidèle au souvenir des gloires nationales. Quand on entre au cimetière du Père Lachaise, on aperçoit, dans un coin retiré, un monument très-simple, composé d'une sorte de rocher agreste, que surmonte un télégraphe de fonte. C'est la tombe de Claude Chappe. Les hommes n'ont pas élevé d'autre monument à sa mémoire ; mais il suffira, dans sa simplicité éloquente, pour rappeler le nom du savant laborieux et modeste dont la vie n'a pas été sans influence sur les destinées contemporaines.

Ignace et Pierre Chappe succédèrent donc à leur frère Claude, comme administrateurs

Fig. 16. -- Poste télégraphique défendu contre l'ennemi par les stationnaires, pendant l'invasion de 1814 (page 47).

des lignes télégraphiques, avec communauté de pouvoir et d'attributions. Leur autre frère, Abraham Chappe, était attaché à l'état-major de l'empereur.

En 1804, pendant l'organisation du camp de Boulogne, Abraham Chappe avait été chargé d'une opération difficile : il s'agissait d'établir, non un télégraphe, mais des signaux de feu, qui fussent visibles d'un bord à l'autre de la Manche. Abraham Chappe eut l'idée, pour produire une lumière capable de percer l'épaisseur des brouillards, de faire usage du *gaz tonnant*, avec interposition d'un globule de chaux au sein de la flamme.

Les expériences donnèrent d'excellents résultats sous le rapport de la visibilité des feux. Le volume et l'intensité de la lumière étaient énormes. Au milieu de l'obscurité de la nuit, les feux hydrogénés brûlaient comme une étoile détachée des cieux. Mais le maniement de ce mélange détonant aurait exposé à des dangers terribles. On n'avait pas encore inventé le *chalumeau de Clarke*, qui, maintenant les deux gaz dans des réservoirs séparés,

et ne les réunissant qu'au moment de la combustion, atténue beaucoup les dangers de
cet appareil. D'ailleurs, la descente en Angleterre n'ayant pas eu lieu, il ne fut point
donné suite à ces expériences.

Sous l'Empire, l'administration des lignes télégraphiques était réduite à un faible
personnel. Il n'y avait, dans chaque division,
qu'un directeur, aux appointements de 4,000
francs, un inspecteur, avec un traitement de
2,000 francs, et un petit nombre de stationnaires payés 1 franc ou 1 franc 25 centimes
par jour. A Paris se trouvaient les deux administrateurs, Ignace et René Chappe, aux
appointements de 8,000 francs, secondés par
une dizaine d'employés seulement (1). Les frais
d'entretien et d'administration, qui varièrent
de 150,000 à 300,000 francs, n'étaient pas entièrement fournis par l'État : la loterie en
payait sa bonne part; elle versait, comme
nous l'avons dit, 100,000 francs par an dans
les caisses de la télégraphie.

La télégraphie ne servait guère, en effet,
sous l'Empire, pendant la paix, ou quand la
guerre était portée dans les pays très-éloignés,
qu'à expédier aux préfets de chaque chef-
lieu, les ordres du ministre de l'intérieur, et
à transmettre, chaque semaine, les numéros
gagnants de la loterie. L'empereur s'en préoccupait très-peu pour l'usage de ses opérations
militaires; et s'il avait conservé Abraham
Chappe dans son état-major, ce n'était qu'en
prévision de quelque cas extraordinaire.

Ce cas extraordinaire se présenta, hélas!
Après la retraite de Russie, l'ennemi nous
menaçait de toutes parts. Comme en 1793,
nos armées devaient suppléer au nombre par
la rapidité des marches et l'habileté de la stratégie. Le moment était donc arrivé d'invoquer le secours de la télégraphie. Au mois de
mars 1813, l'empereur ordonna de prolonger,
d'urgence, la ligne de l'Est jusqu'à Mayence,
par un embranchement partant de Metz.

(1) E. Gerspach, *Histoire de la télégraphie aérienne en
France*, p. 73.

Napoléon déploya, pour pousser l'exécution de cette ligne, toute l'impatiente ardeur qu'il mettait à l'exécution d'un projet
une fois bien arrêté dans son esprit. Il ne
cessait de presser le ministre de l'intérieur, se
plaignant toujours que rien ne marchât
assez vite, et montrant le plus grand mécontentement à chaque retard. On mettait tout
en œuvre pour lui obéir; mais on rencontrait
précisément les mêmes obstacles contre lesquels la télégraphie avait eu à lutter sous la
République. Pour avoir négligé trop longtemps les progrès de la télégraphie, Napoléon
trouvait devant lui les mêmes difficultés dont
on avait eu à triompher aux premiers temps
de cette invention. Ce n'étaient pas cette fois
les ouvriers qui manquaient, mais les entrepreneurs. Les fournisseurs, qui manquaient
de confiance, voulaient être payés comptant,
et les mandats n'étaient soldés qu'avec des
retards.

Heureusement toute l'administration des
télégraphes comprenait l'importance décisive
de cette ligne, et chacun payait de sa personne :

« On vit alors, dit M. Gerspach, dans son excellente
*Histoire administrative de la télégraphie aérienne en
France*, que nous avons eu tant d'occasions de citer,
des directeurs et des inspecteurs, animés d'une
ardeur patriotique, avancer de l'argent sur leur
propre bourse, et travailler aux constructions
comme de simples manœuvres..... L'administration
déployait une activité inconnue jusqu'alors dans ses
travaux : tous étaient à l'œuvre, et les machines, fabriquées à Paris, étaient expédiées en poste à leur
destination (1). »

La prompte exécution de cette ligne, longue de 225 kilomètres, fut, en effet, un prodige. On la construisit en deux mois et quelques jours, et elle coûta 105,000 francs. Le 29
mai 1813, les premiers signaux étaient échangés entre Mayence, Metz et Paris.

Son existence, toutefois, fut de courte durée.
Bientôt, nos armées refoulées à l'intérieur,
battaient en retraite; et l'ennemi qui s'avan-

(1) E. Gerspach, p. 74.

çait, détruisait sur son passage, les machines télégraphiques. Les stationnaires défendirent leur poste jusqu'à la dernière extrémité. Toujours à l'arrière-garde, et le fusil à la main, ils faisaient tête à l'ennemi, et plusieurs payèrent cet héroïsme de leur vie ou de leur liberté.

Nous n'avons pas besoin de dire que la destruction de cette ligne, qui précéda de fort peu la chute de l'Empire, porta un coup funeste à la télégraphie française. Le nombre des stations fut considérablement réduit, et les traitements des fonctionnaires furent diminués en proportion.

Pendant les Cent Jours, Carnot avait été appelé au ministère de l'intérieur. Celui qui avait présidé à l'organisation de la télégraphie en France, ne pouvait que lui porter le plus vif intérêt. Dans son court passage au ministère, Carnot prit quelques dispositions, destinées à sauvegarder les établissements télégraphiques, et à couvrir les postes d'une protection efficace.

Carnot se disposait à faire établir un réseau maritime, destiné à relier entre eux les ports de Brest, Cherbourg et Toulon; mais ce projet s'évanouit avec la rentrée des Bourbons à Paris, en 1815, qui vint clore définitivement la période impériale.

Le gouvernement de la Restauration porta infiniment plus d'intérêt à la télégraphie que ne lui en avait accordé Napoléon. La direction des lignes fut modifiée, d'après les nouvelles frontières assignées à la France par les souverains alliés. Strasbourg et Lyon devinrent les têtes des lignes de l'Est et du Sud-Est.

En janvier 1816, une nouvelle ligne fut établie de Paris à Calais; car ce dernier port avait acquis une grande importance depuis le rétablissement de nos rapports avec l'Angleterre.

L'idée de mettre Paris en communication avec tous nos ports militaires, fut reprise à cette époque. On proposa de commencer par la ligne de Bordeaux. Mais en raison de difficultés diverses, on se décida à exécuter d'abord la ligne de Lyon à Toulon.

Cette ligne commença de fonctionner le 14 décembre 1821.

L'année suivante, ce fut le tour de la ligne de Bordeaux, qui passait par Orléans, Poitiers et Angoulême. Elle fut terminée en avril 1823.

En 1828 une nouvelle ligne fut établie d'Avignon à Perpignan, par Nîmes et Montpellier.

Sous la Restauration furent proposés un certain nombre de nouveaux systèmes télégraphiques, dont nous dirons un mot pour compléter cette notice. Ces projets furent d'ailleurs si nombreux que nous ne pourrons citer que ceux que le gouvernement fit examiner.

De ce nombre fut le télégraphe du contre-amiral de Saint-Haouen.

C'était un télégraphe de jour et de nuit, que l'auteur présentait comme supérieur à celui de Chappe, tant pour la rapidité de la transmission des dépêches, que pour l'économie de l'établissement et de l'entretien de l'appareil. Ce système avait déjà été repoussé sous l'Empire, après examen. L'inventeur le présenta de nouveau au gouvernement en 1820, et grâce à la protection de Louis XVIII, il obtint de le faire essayer publiquement. Une petite ligne fut établie, à titre d'essai, de Paris au mont Valérien. Sur le rapport favorable d'une commission, composée d'officiers de marine et d'ingénieurs, le conseil des ministres décida que le système du contre-amiral Saint-Haouen serait essayé en grand, sur une ligne construite à cet effet, de Paris à Orléans.

Cette expérience, qui coûta 80,000 francs à l'État, donna un démenti complet aux espérances de l'inventeur. La transmission des signaux était beaucoup plus difficile et plus lente que ceux du système Chappe.

Le télégraphe de jour et de nuit du contre-amiral de Saint-Haouen était composé d'un mât qui s'élevait à 30 pieds au-dessus de la maisonnette destinée au logement des stationnaires. Au haut de ce mât était une vergue de 18 pieds de long, placée en croix avec le mât, et à laquelle on avait suspendu trois globes d'osier peints en noir, de 2 mètres de diamètre, et éloignés de 6 pieds l'un de l'autre. Ces globes étaient hissés le long du mât, au moyen de cordes, qui descendaient dans l'intérieur de la maisonnette. Un quatrième globe, placé à 2 pieds au-dessus de la maisonnette, pouvait se déplacer horizontalement, et indiquait les mille; tandis que les trois premiers globes placés sur trois lignes verticales, représentaient les unités, les dizaines et les centaines. Mais il était difficile de distinguer à distance, les places de ces globes, ce qui ne faisait que très-imparfaitement reconnaître les nombres désignés.

M. de Saint-Haouen voulut alors, au lieu de chiffres, former des signaux, comme dans le système Chappe, en plaçant ses boules d'osier dans des positions diverses. Mais ces figures avaient trop de ressemblance entre elles, pour être facilement reconnues à une grande distance.

Le *télégraphe de nuit* du même inventeur consistait à remplacer les globes par des lanternes.

Tel est le système qui fut établi sur 12 stations, de Paris à Orléans. L'expérience solennelle en fut faite le 17 août 1822, à 10 heures du soir, en présence des commissaires choisis par le gouvernement. Ces commissaires, qui s'étaient placés à la première station, sur la butte Montmartre, adressèrent à Orléans une question très-courte. Ils attendirent vainement la réponse pendant deux heures, et se retirèrent, pour adresser au gouvernement un rapport, qui fit rejeter sans retour cet insuffisant système.

Le *vigigraphe* est une autre invention télégraphique, qui a occupé assez longtemps l'attention publique. Cet instrument que l'on voit représenté ici (fig. 17), d'après le dessin qu'en a donné Ignace Chappe dans son *His-*

toire de la télégraphie, se composait d'une échelle AB, placée verticalement, portant deux traverses fixes CD, et une troisième traverse mobile EF, qui pouvait monter et descendre le long de l'échelle. Un disque G, placé de l'autre côté de l'échelle, pouvait également monter et descendre dans toute la longueur de la même échelle.

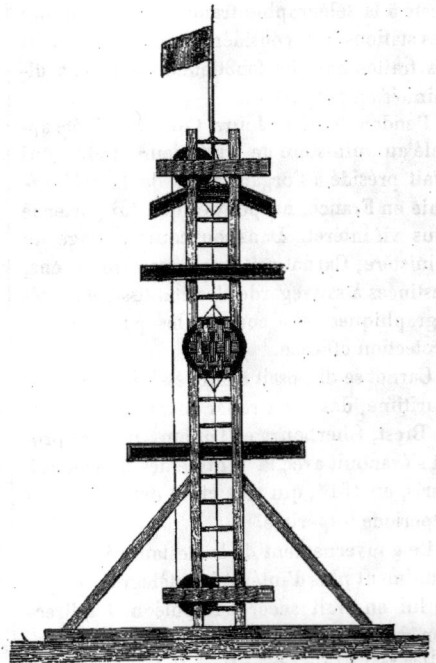

Fig. 17. — Le vigigraphe ou sémaphore.

Les différentes positions du disque mobile et de la traverse brisée, c'est-à-dire le *voyant rond*, et les *voyants brisés*, servaient à indiquer les chiffres. Le *voyant rond* G, placé au-dessus de la traverse CD, indiquait le zéro; le voyant brisé EF, porté à la même place, exprimait l'unité. L'isolement égal des deux voyants marquait 2 et 3. Placés au-dessous de la traverse supérieure, ils indiquaient les chiffres 4 et 5; au-dessus de cette traverse, 6 et 7; au plus haut de l'espace, 8 et 9. Le *voyant rond* marquait les nombres pairs, et le *voyant brisé* les nombres impairs.

Tout cet appareil resta longtemps dressé sur la tour de l'église Saint-Roch, à Paris ; mais il ne fut soumis à aucune expérience. Le *vigigraphe* était surtout destiné à être placé sur les côtes, pour servir de signaux maritimes. L'appareil transporté à Rochefort, donna de bons résultats. C'est le même système qui, aujourd'hui, simplifié et modifié, constitue les *sémaphores*, placés à l'entrée de tous nos ports.

C'était aussi une espèce de *vigigraphe* qui avait été établi dans une série de postes allant de Paris à Rouen. Le gouvernement avait autorisé la création de cette véritable télégraphie privée, qui servit longtemps à transmettre à Rouen le cours de la Bourse de Paris. Le cours de la Bourse de Paris était affiché tous les jours à celle de Rouen. Cette télégraphie privée fonctionna jusqu'à la loi qui fut portée en 1837, pour interdire aux particuliers toute correspondance télégraphique.

On ne peut parler que pour mémoire, du télégraphe aérien de Bréguet et Bettancourt, dont l'expérience prouva toute l'insuffisance, et dont l'invention, du reste, était bien antérieure à l'époque dont nous parlons.

Bréguet et Bettancourt, dans les premières années de notre siècle, présentèrent au gouvernement et soumirent à différentes expériences, leur système télégraphique, qui différait de celui de Chappe et avait un certain côté d'originalité. Une verge métallique ressemblant au régulateur du télégraphe Chappe, pouvait tourner, de manière à occuper toutes les positions, à l'extrémité d'une longue perche, plantée verticalement. Les divers angles formés par l'aiguille mobile et la perche, servaient de signaux. Un cadran placé à l'extrémité inférieure de la perche, marquait l'angle décrit par la flèche. Quand on voulait faire un signal, on n'avait qu'à placer l'index du cadran sur la

division correspondante à cet angle, en tirant la corde au moyen de manivelles qui étaient placées sur la circonférence d'une large poulie.

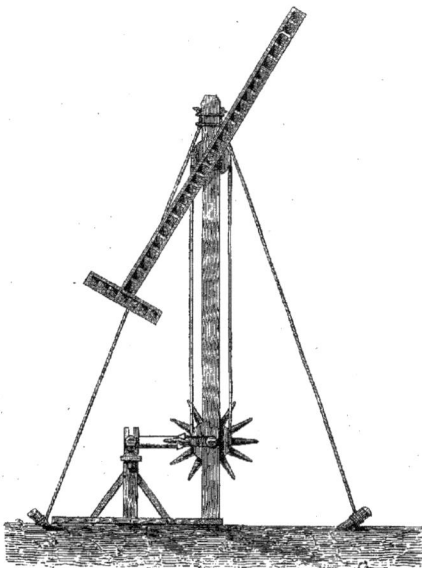

Fig. 18. — Télégraphe aérien de Bréguet et Bettancourt.

Ce système était évidemment d'une grande simplicité. Malheureusement, il était difficile d'évaluer exactement de loin, au moyen de la lunette d'approche, les angles ainsi formés ; Bréguet et Bettancourt, mécaniciens habiles, avaient imaginé des dispositions très-ingénieuses pour apprécier exactement cet angle. Une expérience faite à 1 kilomètre de distance, avec un de leurs appareils, par des commissaires nommés par le gouvernement, donna de bons résultats. Mais l'application d'un instrument de précision, tel que le *micromètre* à la télégraphie, ne pouvait être sérieusement tentée. Malgré l'approbation que reçut cet appareil de plusieurs sociétés savantes, il ne put jamais se faire adopter par le gouvernement.

Nous passerons sous silence d'autres systèmes télégraphiques, tels que celui de Villalongue, qu'approuvait Arago, et celui de Gonon, qui fut essayé sur la butte Montmartre. Tous ces appareils étaient de beaucoup inférieurs à celui de Chappe.

Un perfectionnement avantageux fut néanmoins apporté au système de Chappe. Déjà sous l'Empire, l'inspecteur Durand avait proposé de rendre le régulateur immobile, et de placer au-dessous un régulateur plus petit et mobile, c'est-à-dire pouvant tourner autour d'un centre. Les frères Chappe avaient repoussé cette innovation, désireux de conserver à leur machine sa forme primitive. Cette idée fut reprise et transportée dans la pratique, par l'administrateur que la révolution de 1848 avait mis à la tête du service télégraphique, par M. Ferdinand Flocon.

Ce système, que l'on a appelé à tort le *système Flocon*, avait l'avantage d'offrir moins de prise au vent, de faciliter le jeu des manivelles, et de rendre d'un tiers plus rapide le passage des signaux. Il fut établi sur la ligne de Calais à Boulogne, et sur une partie de la ligne du Midi. Il se serait probablement généralisé partout, si, à cette époque, les jours de la télégraphie aérienne n'avaient été déjà comptés.

Nous voici arrivés à l'année 1830, époque critique pour la télégraphie.

Le gouvernement provisoire de juillet 1830, afin de diriger et de surveiller le mouvement politique, en ce moment de crise, s'était empressé de mettre la main sur les télégraphes. Sur la demande de Bérard, membre du gouvernement provisoire, un député nommé Marchal, fut nommé *commissaire du gouvernement près les télégraphes.*

Le commissaire du gouvernement de juillet intima au directeur l'ordre de lui livrer le vocabulaire.

Les frères Chappe régnaient en maîtres, depuis vingt ans, dans cette administration, qu'ils regardaient, avec raison, comme leur patrimoine, comme un privilége attaché à leur nom, comme une récompense des services rendus par leur famille. Cette autorité despotique et sans contrôle, qu'ils exerçaient sur toute l'administration, et qui mettait à leur merci la situation des fonctionnaires et des agents, à tous les degrés de l'échelle des emplois, était peut-être nécessaire pour un service dont la régularité eût été compromise par la désobéissance ou l'infidélité d'un seul agent. Les Chappe avaient donc seuls l'intelligence du vocabulaire, et ils n'en rendaient compte qu'au roi. Ils ne relevaient que d'eux-mêmes, pour les nominations des employés. Toutes ces habitudes, peu conformes sans doute aux principes de l'administration actuelle, étaient dans l'esprit du temps, comme dans celui d'une institution, qui avait pour base le secret le plus rigoureux. Mais le gouvernement de 1830 ne s'accommoda pas d'un tel système. Il voulut briser les résistances des administrateurs qui régnaient en souverains irresponsables dans le domaine de la télégraphie.

Comme il fallait que quelqu'un cédât, les frères Chappe donnèrent leur démission.

Par une ordonnance royale du mois d'octobre 1830, M. Marchal fut nommé administrateur provisoire des télégraphes. La même ordonnance mettait à la retraite Réné Chappe (1).

Réné Chappe avait été mis à la retraite pour ses démêlés avec le gouvernement provisoire. Ignace fut également mis à la retraite, tout simplement parce qu'on avait besoin de sa place. Il avait pourtant prêté serment au gouvernement provisoire, « comme j'en avais prêté dix autres ! » ajoute-t-il, dans une brochure publiée au Mans, où il s'était retiré.

Hâtons-nous de dire que le gouvernement de juillet se montra assez mal inspiré dans cette affaire. Le nom des inventeurs de la télégraphie est une des gloires de la France ;

(1) E. Gerspach, *Histoire de la télégraphie aérienne en France*, p. 81.

leur découverte avait excité l'envie et l'admiration de l'Europe ; leur fortune s'était épuisée dans de longues et dispendieuses études ; ils avaient donné à l'administration quarante années de leur vie : ils avaient donc bien acquis le droit de mourir à leur poste.

L'année 1830 marque un temps d'arrêt dans l'histoire de la télégraphie aérienne. Nous en profiterons pour donner la description détaillée, que nous n'avons pu présenter encore, de l'appareil télégraphique de Chappe. Nous jetterons ensuite un coup d'œil rapide sur l'adoption qui fut faite en divers pays de l'Europe, de ce même système télégraphique, pendant l'époque que nous venons de considérer.

CHAPITRE XI

PRINCIPES DU TÉLÉGRAPHE AÉRIEN. — MÉCANISME POUR LA FORMATION DES SIGNAUX. — SIGNIFICATION DES SIGNAUX. — LE VOCABULAIRE. — INCONVÉNIENTS DE LA TÉLÉGRAPHIE AÉRIENNE. — LA TÉLÉGRAPHIE DE NUIT.

Bien qu'il soit aujourd'hui tombé en désuétude, il nous paraît utile de faire connaître avec précision un système de correspondance qui, pendant cinquante ans, a joué en France un rôle considérable. Nous allons donc décrire le mécanisme du télégraphe aérien, et exposer les principes sur lesquels repose le vocabulaire qui s'y rapporte.

Le télégraphe proprement dit, ou la partie de la machine qui forme les signaux (fig. 19), se compose de trois branches mobiles : une branche principale AB, de 4 mètres de long, appelée *régulateur*, et deux petites branches longues de 1 mètre, AC, BD, appelées *indicateurs*, ou *ailes*. Deux contre-poids en fer p, p' attachés à une tige de même métal, font équilibre au poids des *ailes*, et permettent de les déplacer avec très-peu d'effort. Ces tiges sont assez minces pour n'être pas visibles à distance. Le régulateur est fixé par son milieu à un mât ou à une échelle, qui s'élève au-dessus du toit de la maisonnette dans laquelle se trouve placé le stationnaire.

Les branches mobiles sont découpées en forme de persiennes, c'est-à-dire composées d'un cadre étroit, dont l'intervalle est rempli par des lames minces, inclinées les unes au-dessus des autres. Cette disposition a l'avantage de donner aux pièces une grande légèreté ; elle leur permet aussi de résister aux vents et de combattre les mauvais effets de la lumière. Les branches mobiles sont peintes en noir, afin qu'elles se détachent avec plus de vigueur sur le fond du ciel. L'assemblage de ces trois pièces forme un système unique, élevé dans l'espace, et soutenu par un seul point d'appui : l'extrémité du mât, autour duquel il peut librement tourner.

Les pièces du télégraphe se meuvent à l'aide de cordes de laiton. Ces cordes communiquent, dans la maisonnette, avec un petit appareil, qui est la reproduction en raccourci du télégraphe extérieur. C'est ce second appareil que l'employé manœuvre ; le télégraphe placé au-dessus du toit ne fait que répéter les mouvements imprimés à la machine intérieure.

Le mécanisme qui permet de manœuvrer les branches du télégraphe, se réduit à une large poulie à gorge, sur laquelle est attachée et fortement tendue, une corde de laiton, qui vient s'enrouler sur une autre poulie fixée à l'axe du télégraphe. Quand le levier ab du régulateur du petit appareil placé dans la maisonnette, est abaissé par le stationnaire, la corde de laiton qui tourne autour de ce levier, est tirée, et le bras du régulateur AB du télégraphe mis en action, reproduit le même mouvement. Quand les leviers ac ou bd du petit appareil de la maisonnette, sont, de la même manière, mis en action, les cordes qui vont de ces petits leviers ac, bd, aux ailes AC, BD, du télégraphe extérieur, étant tirées, font prendre aux ailes de ce télégraphe la même position.

Tout s'accomplit donc par un jeu de cordes et de poulies, et le stationnaire, sans sortir de sa maisonnette, sans regarder par-dessus sa tête, ce qui lui serait difficile, peut exécuter, à coup sûr, les signaux qu'il doit faire. Le télégraphe placé au-dessus du toit reproduit exactement, comme nous l'avons déjà dit, les signaux de l'appareil intérieur.

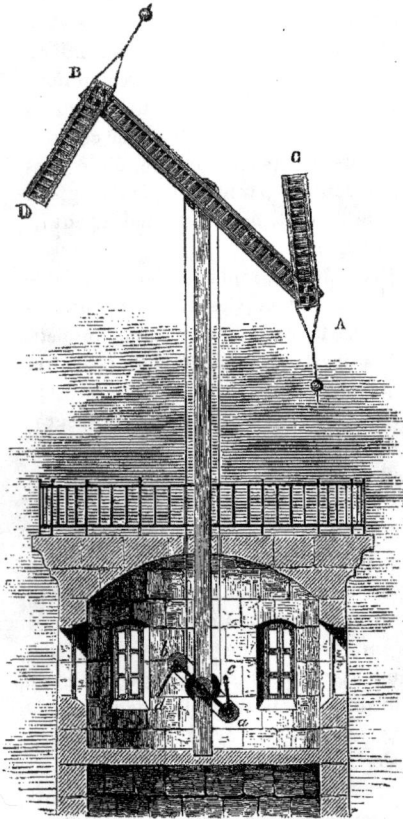

Fig. 19. — Télégraphe de Chappe.

Le régulateur AB est susceptible de prendre quatre positions : verticale — horizontale — oblique de droite à gauche — oblique de gauche à droite. Les ailes AC, BD, peuvent former avec le régulateur des angles droits, aigus ou obtus. Ces signaux sont clairs, faciles

à apercevoir, faciles à écrire, il est impossible de les confondre.

Voici maintenant les conventions et les principes qui règlent la formation des signaux.

Les frères Chappe ont décidé qu'aucun signal ne serait formé sur le régulateur placé dans la situation horizontale ni perpendiculaire ; les signaux ne sont valables que quand ils sont formés sur le régulateur placé obliquement. Ils ont encore décidé qu'aucun signal n'aurait de valeur, et ne devrait par conséquent être écrit et répété, que lorsque, étant formé sur l'une des deux obliques, il serait transporté, tout formé, soit à l'horizontale, soit à la verticale. Ainsi le stationnaire qui voit former le signal, le remarque pour se préparer à le répéter, mais il ne l'écrit point ; aussitôt qu'il le voit porter à l'horizontale ou à la verticale, il est certain que le signal est bon, alors il le répète et le note. On appelle cette manœuvre *assurer* un signal. Cette manière d'opérer a pour but de bien marquer au stationnaire quel est, au milieu de tous les mouvements successifs des pièces du télégraphe, le signal définitif auquel il doit s'arrêter, pour le reproduire à son tour.

Les diverses positions que peuvent prendre le régulateur et les ailes donnent 49 signaux différents ; mais chaque signal peut prendre une valeur double, selon qu'il est transporté à l'horizontale ou à la verticale : ainsi 49 signaux peuvent recevoir 98 significations, en partant de l'oblique de droite, pour être affichés horizontalement ou verticalement ; de même pour l'oblique de gauche, ce qui donne en tout 196 signaux.

Les frères Chappe ont arrêté que la moitié de ces 196 signaux serait consacrée au service des dépêches, et l'autre moitié à la police de la ligne, c'est-à-dire aux avis et indications à donner aux stationnaires. Les 98 signaux formés sur l'oblique de droite servent donc à la composition des dépêches, les 98 signaux formés sur l'oblique de gauche, ou seulement une partie de ces signaux, sont destinés

Fig. 20. — Poste de télégraphie aérienne.

aux avertissements à donner aux employés.

Maintenant, comment ces différents signaux peuvent-ils transmettre l'expression de la pensée ? Les frères Chappe ont consacré 92 des signaux de l'oblique de droite à représenter la série de 92 nombres, depuis 1 jusqu'à 92 ; ensuite ils ont composé un vocabulaire de 92 pages, dont chaque page contient 92 mots. Le premier signal donné par le télégraphe indique la page du vocabulaire, et le second signal indique le numéro porté dans cette page répondant au mot de la dépêche. On peut ainsi, par deux signaux, exprimer 8,464 mots. C'est là le *vocabulaire des mots.*

Cependant 8,464 mots seraient insuffisants pour traduire toutes les pensées et pour répondre aux cas imprévus ; d'un autre côté, il est des idées qui doivent revenir fréquemment dans le cours de la correspondance. On

a donc composé un second vocabulaire que l'on nomme *vocabulaire des phrases.* Il est formé, comme le précédent, de 92 pages, contenant chacune 92 phrases ou membres de phrases, ce qui donne 8,464 idées. Ces phrases s'appliquent particulièrement à la marine et à l'armée. Il est bien entendu que pour se servir de ce vocabulaire, le télégraphe doit donner trois signaux : le premier pour indiquer qu'il s'agit du vocabulaire phrasique ; le second, pour indiquer la page du vocabulaire, et le troisième, pour le numéro de cette page.

On a créé enfin, sur les mêmes principes, un autre vocabulaire, nommé *géographique*, qui porte la désignation des lieux.

Après l'année 1830, on refondit en un seul les trois vocabulaires de Chappe, que l'on étendit beaucoup. Les phrases et les mots furent disposés dans un ordre plus simple, qui facilitait considérablement la composition et la traduction des dépêches. Ajoutons que, pour dérouter les observations indiscrètes, l'administration avait soin de changer fréquemment la clef du vocabulaire.

Quant aux signaux destinés simplement à la police de la ligne, on comprend que l'emploi de tout vocabulaire était superflu. Les signaux formés sur l'oblique de gauche, affectés spécialement à cette destination, étaient connus de tous les employés. Ils exprimaient les avis transmis par l'administration : l'urgence, le but, la destination de la dépêche, les congés d'une heure, d'une demi-heure, l'erreur commise sur un signal, l'absence d'un employé ; en un mot, tous les cas qui peuvent être prévus, depuis l'absence ou le retard d'un stationnaire, jusqu'à la destruction d'un télégraphe par le vent ou la foudre. Ces sortes d'avis parcouraient la ligne avec la rapidité de l'éclair, et l'administration était instruite en un clin d'œil de la nature de l'obstacle rencontré par la dépêche et du lieu précis où elle s'était arrêtée.

La vitesse de transmission des dépêches variait suivant la distance. On recevait à Paris les nouvelles de Calais (68 lieues) en trois minutes, par trente-trois télégraphes ; celles de Lille (60 lieues) en deux minutes, par vingt-deux télégraphes ; celles de Strasbourg (120 lieues) en six minutes et demie, par quarante-quatre télégraphes ; celles de Brest (150 lieues) en huit minutes, par cinquante-quatre télégraphes ; celles de Toulon (267 lieues) en vingt minutes, par cent télégraphes.

Nous compléterons les indications qui précèdent sur un service qui a toujours été très-peu connu, en rapportant quelques pages de l'*Histoire administrative de la télégraphie aérienne en France*, par M. E. Gerspach, ouvrage que nous avons eu déjà tant d'occasions de citer.

« Il eût été difficile, dit l'auteur, de se faire entendre des stationnaires, gens pour la plupart illettrés, avec les mots *plans*, *angles*, *degrés*, pour désigner les signaux ; l'inspecteur Durant eut l'idée très-heureuse de donner aux signaux des noms faciles, en rapport avec les positions. Les angles de 45, 90, 135 degrés de l'indicateur furent désignés par les nombres cinq, dix, quinze, suivis des mots *ciel* ou *terre* selon que la position était dans le plan supérieur ou inférieur ; la septième position (l'indicateur replié) fut appelée *zéro* ; les deux indicateurs au *zéro* déterminaient le *fermé*. Quant à la position du régulateur, on l'indiquait par le mot *perpen*, lorsqu'elle était verticale. Les signaux s'énonçaient en commençant toujours par l'indicateur placé à la partie supérieure pendant la formation du signal. Voici quelques exemples de ce langage : dix ciel quinze terre, — cinq ciel quinze terre perpen, — quinze terre zéro. L'application de la méthode Durant facilita d'une manière étonnante le travail de la transmission, elle était simple et à la portée de tous.

Le service des lignes était admirablement organisé : le passage des signaux, l'indication de la nature des dépêches, la transmission des avis d'interruptions et de dérangements, les incidents, tout était réglé de manière à ne laisser aucun doute dans l'esprit des stationnaires, et à faire connaître immédiatement aux postes de direction la cause et le lieu des arrêts de transmission. Nous ne pouvons entrer ici dans tous les détails de cette organisation ; nous en citerons seulement quelques points.

Dès que l'employé apercevait un signal à l'une des stations correspondantes, il mettait son régulateur en mouvement, lui faisait prendre la position oblique, composait le signal et le portait, tout composé, sur l'horizontale ou la verticale, ce qui s'appelait *assurer* le signal ; il ne changeait le *porté* que lorsque le signal était reproduit par le poste suivant. Le passage d'un signal exigeait les opérations suivantes : observer le signal formé par le correspondant, le former à l'oblique, observer s'il est porté sur l'horizontale ou la verticale, le porter de même, l'écrire sur un procès-verbal, et enfin vérifier s'il est exactement reproduit par le poste suivant.

Chaque dépêche était précédée d'un signal particulier, qui était la *grande urgence* ou la *grande activité*, quand la dépêche s'éloignait de Paris, et la *petite urgence* ou la *petite activité*, quand la dépêche marchait sur Paris. La dépêche précédée de la *petite urgence* l'emportait sur celle qui était précédée de la *grande activité*, mais devait céder le pas devant la *grande urgence*. Ainsi, lorsque deux dépêches se croisaient en un point de la ligne, le signal précédant ces dépêches faisait connaître au stationnaire s'il devait abandonner sa transmission pour prendre celle qui lui arrivait en sens opposé. Si, par exemple, il transmettait une dépêche précédée de la *petite urgence*, et s'il voyait arriver la *grande urgence*, il abandonnait son signal, et la dépêche précédée de la *grande urgence* passait. Après sa transmission, chaque stationnaire reprenait le signal qu'il avait abandonné, et la transmission de la première dépêche continuait.

Il arrivait souvent que la dépêche, étant arrêtée par le brouillard entre deux postes, celui qui cessait de voir son correspondant arborait un signal particulier, *brumaire*, qu'il transmettait du côté opposé, en le faisant suivre d'un autre signal particulier, *indicatif*, faisant connaître le poste qui n'était pas aperçu. Chaque employé abandonnait alors le signal de la dépêche pour prendre le signal du *brumaire*, jusqu'au moment où, le brouillard se dissipant, le poste qui avait arrêté la transmission la reprenait en relevant le *brumaire*. Afin de tenir les employés en haleine pendant la durée d'un brumaire, et pour qu'ils fussent toujours présents à leurs postes et prêts à recommencer la transmission, les employés des postes extrêmes avaient ordre, de temps en temps (toutes les quatre ou cinq minutes), de *rattaquer*, ce qui consistait à reprendre le dernier signal transmis; chaque employé devait à son tour développer le signal auquel il s'était arrêté: quand ce *rattaqué* arrivait au dernier poste, le stationnaire transmettait de nouveau le *brumaire*, qui faisait connaître que la cause de l'interruption subsistait toujours.

Lorsqu'un employé ne prenait pas le signal qui lui était présenté par son correspondant, celui-ci transmettait le signal *absence*, suivi de l'*indicatif* du poste. Ces absences étaient constatées sur les procès-verbaux et punies sévèrement.

Il existait d'autres signaux réglementaires, tels que le *petit dérangement*, qui indiquait un dérangement facilement réparable par le stationnaire lui-même, la rupture d'une corde, par exemple; le *grand dérangement*, qui nécessitait la présence de l'inspecteur (ces signaux étaient toujours suivis de l'*indicatif* du poste où avait lieu le dérangement); l'*erreur*, qui annulait le signal précédent, et l'*attente*, qui indiquait aux employés qu'ils devaient se tenir prêts à prendre une transmission.

La transmission n'était pas continue sur les lignes; sur quelques-unes on passait à peine deux ou trois dépêches par jour. Afin de ne pas forcer les employés à regarder constamment à leurs lunettes, on avait des signaux particuliers représentant des congés d'un quart d'heure, d'une demi-heure, d'une heure, etc. Lorsque le congé était donné, l'employé fermait son télégraphe (fermé vertical), et pouvait s'absenter. A l'expiration du congé, les deux postes extrêmes le relevaient en transmettant la grande et la petite activité, ils s'assuraient que la ligne était en bon état, et donnaient un nouveau congé, s'il n'y avait aucune dépêche à transmettre.

Pour exercer les employés sur les lignes peu occupées, on transmettait des dépêches d'exercice. Ces dépêches, toujours précédées de la grande ou petite *activité*, devaient céder le pas devant les dépêches officielles de la *grande* ou de la *petite* urgence (1). »

(1) Pages 93-95.

Cinquante ans de service ont suffisamment montré les avantages de la télégraphie aérienne; cependant cette télégraphie avait de nombreuses imperfections, et il nous reste à les signaler.

Les signaux se transmettent à travers l'atmosphère; par conséquent ils sont soumis à tous les accidents, à toutes les vicissitudes atmosphériques. Les brouillards, les pluies abondantes, la fumée, le mirage, les brumes du matin et du soir, paralysent le jeu du télégraphe aérien. Claude Chappe avait constaté que, de son temps, le télégraphe ne pouvait fonctionner que six heures par jour, terme moyen. Souvent, pendant l'hiver, on ne pouvait travailler plus de trois heures par jour. Aussi, dans les moments où les dépêches à expédier étaient nombreuses, la moitié de ces dépêches seulement arrivait à destination le jour de leur date. La seconde moitié ne pouvait faire qu'une partie du trajet par le télégraphe; il fallait en prévenir Paris, qui se décidait à l'expédier par la poste.

Bien que l'on admît, en principe, que le télégraphe pût former trois signaux par minute, en pratique on ne pouvait compter que sur l'arrivée d'un signal, par minute.

Le trouble que les variations de l'atmosphère apportaient au passage des signaux, était donc la difficulté fondamentale de ce système. Qui ne se souvient d'avoir vu, dans les journaux, sous Louis-Philippe, le texte des dépêches télégraphiques terminé par cette formule sacramentelle: « *Interrompu par le brouillard.* »

Outre le vice fondamental provenant des variations de l'atmosphère, il y avait, dans la télégraphie aérienne, un vice plus sérieux encore. On devine qu'il s'agit de l'absence des signaux pendant la nuit. Le repos forcé du télégraphe pendant toutes les nuits, laissait dans le service une lacune funeste, puisqu'il diminuait de moitié le temps de la correspondance. Pendant seize heures sur vingt-quatre en hiver, le télégraphe aérien était condamné à l'immobilité. En mai et septembre, il ne pouvait fonctionner que douze heures, et durant les jours les plus longs de l'été, il devait encore se reposer huit heures. Aussi toutes les dépêches que l'on apportait après le coucher du soleil, étaient-elles forcément renvoyées au lendemain. Alors, nulle puissance humaine ne pouvait arracher le télégraphe à son fatal repos. Aux premières ombres du soir, il avait replié ses ailes ; comme un serviteur paresseux, il dormait jusqu'au lever de la prochaine aurore. Et pourtant de quelle importance n'aurait pas été, en tant d'occasions de notre histoire, l'existence d'une télégraphie nocturne ! L'émeute ou la bataille sont suspendues aux approches de la nuit ; dans ces heures de silence et de trêve, l'autorité publique a le temps d'organiser ses mesures. Les masses dorment, les chefs doivent veiller ; par leurs soins, sous l'ombre protectrice de la nuit, les ordres s'élancent dans toutes les directions avec la rapidité de la pensée, et le lendemain, quand le soleil monte sur l'horizon, la défense est prête ou l'attaque concertée.

Les données fournies par la science montrent, sous un autre aspect, les avantages de la télégraphie nocturne. La météorologie nous apprend que les nuits limpides sont plus fréquentes que les jours sereins. Presque tous les phénomènes atmosphériques qui, dans le jour, contrarient la transmission des signaux, perdent leur influence pendant la nuit. Jusqu'au lever du soleil, les fleuves, les bois, les marais, cessent de fournir des vapeurs. Le mirage est nul, les brouillards tombent avec le crépuscule. La nuit abaisse les vapeurs que le soleil avait élevées ; la nuit, les villes, les villages, les usines, ne répandent plus de fumée. Le refroidissement du soir précipite, il est vrai, l'eau répandue en vapeur dans l'atmosphère, et la résout en un brouillard léger ; mais ce phénomène ne se passe qu'à quelques pieds du sol, et n'atteint jamais la hauteur des régions télégraphiques. Il faut remarquer de plus que presque

toujours des nuits sereines succèdent à des jours pluvieux, et réciproquement. En supposant donc la télégraphie nocturne établie conjointement avec la télégraphie de jour, il serait difficile que l'intervalle de vingt-quatre heures s'écoulât sans laisser quelques moments favorables au passage des signaux.

Ces considérations ont été si bien appréciées par toutes les personnes qui avaient la main à l'administration des télégraphes, que pendant trente ans on a fait de continuels efforts pour arriver à créer la télégraphie nocturne. Les frères Chappe n'avaient jamais perdu de vue cet objet capital. Leur premier appareil présenté en 1793 à la Convention nationale, était pourvu de lanternes, qui en faisaient un véritable télégraphe nocturne.

Il résulte des recherches assidues auxquelles les frères Chappe continuèrent de se livrer ultérieurement, que le problème de la télégraphie nocturne ne peut se résoudre que par ce moyen : éclairer pendant la nuit, les branches du télégraphe ordinaire. Malheureusement les essais pour cet éclairage ont presque tous échoué, et il est aisé de le comprendre, car les conditions à remplir sont aussi nombreuses que difficiles. Il faut que le combustible employé donne une lumière assez intense pour que la distance des postes télégraphiques ne lui fasse rien perdre de son éclat (cette distance est en moyenne de trois lieues) ; il faut que, sans entretien et sans réparation, cet éclat reste invariable pendant toute la durée des nuits ; il faut que la flamme résiste à l'impétuosité des vents et des courants atmosphériques qui balayent les hauteurs ; il faut enfin qu'elle suive sans vaciller les branches du télégraphe mises en mouvement par les manœuvres.

La plupart des combustibles essayés ont présenté chacun des inconvénients particuliers. Les graisses, les résines, la bougie, donnent peu de lumière et une fumée abondante qui masque et offusque les branches du télégraphe. Le gaz de l'éclairage donnerait une lumière d'une intensité convenable, mais il serait impossible de le distribuer à tous les postes télégraphiques. L'huile ne soutient pas la flamme dans les mouvements de l'appareil : la lumière vacille alors et disparaît par intervalles. Comme nous l'avons dit plus haut, le gaz détonant, c'est-à-dire le mélange explosif des gaz hydrogène et oxygène, fut essayé à l'époque où Napoléon armait le camp de Boulogne et préparait sa descente en Angleterre ; mais les expériences n'eurent pas de suite, en raison de l'abandon du projet d'expédition.

Plus tard le docteur Jules Guyot montra que l'*hydrogène liquide*, mélange combustible particulier, brûlé dans des lampes de son invention, aurait suffi à toutes les exigences de la télégraphie nocturne. Cependant la pose de ces lampes aurait été, par les mauvais temps, très-difficile ou même impossible, et le projet de M. Guyot fut abandonné.

Le problème de la télégraphie nocturne est loin cependant d'être insoluble. Il a été résolu en Russie, puisque la ligne télégraphique de Varsovie à Cronstadt, établie par M. Chatau, dont nous aurons à parler plus loin, fonctionne de nuit aussi bien que de jour (1).

Toutefois, il faut le dire, les essais de télé-

(1) Dans une brochure publiée en 1842, sous le titre de *Télégraphe de jour et de nuit* et sur laquelle nous reviendrons bientôt, M. Chatau donne les détails suivants sur la disposition qu'il a adoptée en Russie pour éclairer le télégraphe pendant la nuit.

« Mes lanternes et mes feux ne laissent rien à désirer. L'huile est le seul combustible employé. Les réservoirs sont à l'abri des froids les plus intenses. Les lampes sont à niveau constant, à mèche plate. Le foyer lumineux ne craint ni la pluie, ni le vent le plus violent, ni les mouvements les plus rapides du télégraphe. Ce foyer se maintient à un degré d'éclat suffisant durant vingt heures, sans demander aucun soin, pourvu qu'on emploie de l'huile bien épurée et de bonnes mèches. Bien que la largeur des mèches ne soit que de 12 millimètres, tous les signaux sont distingués à la distance de 30 kilomètres ; ainsi on obtient une très-bonne transmission à 12 kilomètres, la plus grande distance qui doive exister sur une ligne télégraphique.

« Si une lanterne s'éteint, le stationnaire le sait à l'instant, et cette lanterne est bientôt rallumée ; mais un pareil accident est extrêmement rare avec mon télégraphe, et je doute qu'il arrive trois fois par an sur une ligne de

graphie nocturne auraient été poursuivis avec plus de persévérance par les inventeurs, accueillis avec plus de faveur par le gouvernement et les chambres, si des circonstances nouvelles n'étaient venues apporter dans la question un élément d'une irrésistible influence. Pendant que la télégraphie aérienne cherchait péniblement à accomplir de nouveaux progrès, la télégraphie électrique avançait à pas de géant dans la carrière. A partir de ce moment l'intérêt se détourna des progrès et des perfectionnements de la télégraphie aérienne, de plus en plus menacée par sa puissante rivale.

CHAPITRE XII

LA TÉLÉGRAPHIE AÉRIENNE EN SUÈDE, EN ANGLETERRE, EN ITALIE, EN ESPAGNE ET EN RUSSIE.

L'adoption du télégraphe de Chappe par le gouvernement français, avait produit en Europe une sensation très-vive ; tous les peuples étrangers s'empressèrent de l'essayer ou de l'imiter. Notre système télégraphique fut établi avec le plus grand succès en Italie et en Espagne.

Dans les pays septentrionaux, les brumes particulières à ces climats, rendent difficilement visibles les signaux allongés. On préféra se servir de volets mobiles, dont les combinaisons sont assez variées pour offrir une multitude de signaux. On a vu d'ailleurs (page 23) que Chappe avait, pendant quelque temps, employé cette disposition. En Angleterre et en

« cent cinquante postes. Les lanternes portent un signe qui indique le côté de Varsovie ; chacune d'elles a, excepté aux postes extrêmes, deux réverbères, deux réservoirs et deux foyers... Si un verre se casse (ce qui arrive très-rarement), il faut quinze secondes pour enlever la porte dont le verre est cassé, et quinze secondes pour mettre une nouvelle porte qui est toujours prête ; mais les verres sont à l'abri de tout accident, une fois que mes lanternes sont posées au télégraphe. Quelle que soit la rapidité des mouvements du télégraphe, aucune lanterne ne peut s'ouvrir, ni se détacher, ni donner contre un poteau. »

Suède, les télégraphes aériens sont construits d'après ce système.

Le télégraphe suédois (*fig.* 21), qui fut construit par M. Endelerantz, se composait d'un grand cadre offrant des volets placés à égale distance, et disposés sur trois rangées verticales. Chacun de ces volets était fixé à un axe mobile, et pouvait prendre une position horizontale ou verticale. En s'ouvrant ou se fermant de cette manière, ils formaient 1,024 signaux, qui suffisaient aux besoins de la correspondance.

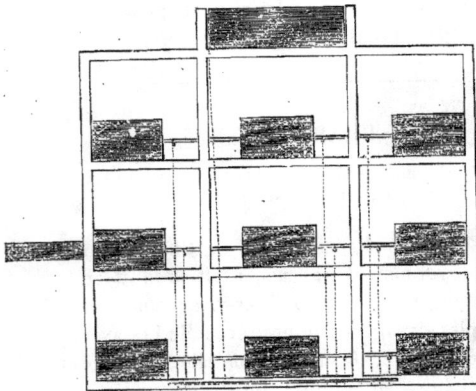

Fig. 21. — Télégraphe aérien employé en Suède.

Ignace Chappe, dans son *Histoire de la télégraphie*, décrit, en ces termes, le télégraphe suédois :

« Le télégraphe adopté par M. Endelerantz est une machine à trappes, composée d'un cadre, dont l'intérieur est rempli par dix volets placés à égale distance l'un de l'autre, et sur trois rangées verticales, dont celle du milieu en contient quatre ; ces volets sont fixés chacun sur un axe qui tourne dans des trous pratiqués aux côtés du cadre ; ils prennent une position verticale ou horizontale, d'après les mouvements qu'ils reçoivent par ces axes, et, en s'ouvrant ou se fermant ainsi, ils produisent mille vingt-quatre signaux. M. Endelerantz eût pu leur faire exprimer tous les nombres possibles ; mais il craignit d'émettre dans ces signaux trop d'incertitude, parce qu'il ne fallait pas seulement, en notant les signaux, observer quel volet était visible, mais encore dans quel ordre il l'était devenu.

M. Endelerantz apporta beaucoup de soin dans l'exécution de sa machine, pour en rendre les mouvements faciles et sûrs, et prendre des mesures pour lever une partie des obstacles que la pratique de l'art télégraphique fait apercevoir ; mais il ne s'éleva pas au-dessus du système alphabétique.

Il observa qu'il était avantageux de mettre entre ses volets un intervalle plus grand que leur diamètre, pour empêcher qu'ils ne fussent confondus ensemble ; que la tendance à la confusion est plus grande dans la direction horizontale que dans la verticale, et qu'il faut conséquemment éloigner les volets encore davantage.

Pour rendre son télégraphe de jour utile pendant la nuit, M. Endelerantz employa une lanterne de fer-blanc qui n'avait, pour laisser passer la lumière, que deux ouvertures rondes placées aux deux côtés correspondants, et couvertes avec du mica très-transparent : deux quarts de cercle en fer-blanc, adaptés aux deux côtés de la lanterne, tiennent à l'axe, de manière à être élevés sur les trous de la lanterne, et à retomber par leur propre poids, suivant qu'on veut montrer ou cacher les feux : il fixa ces lanternes à la place des volets, sur le cadre vertical, dans le même ordre entre elles que les volets ; les fils qui partent de chacune d'elles se réunissent au pied de la machine, comme pour le télégraphe de jour ; et il assure que ces lanternes ont été employées avec avantage et sûreté à la distance de trois milles suédois, les flammes étant d'un pouce, leur distance entre elles de sept pieds, et les télescopes grossissant soixante fois (1). »

Les premiers essais du télégraphe suédois furent faits entre Drottningholm et Stockholm, le 30 octobre 1794.

En 1796, on disposa trois télégraphes pour servir à la correspondance des deux bords d'Aland, à la distance de huit lieues.

Le télégraphe suédois était à peine établi, que le gouvernement anglais en adopta un, à peu près semblable. Il fut élevé, à Londres, en 1796, sur l'hôtel de l'Amirauté. C'était une sorte de grille occupée par six volets très-rapprochés. La figure 22 représente ce télégraphe d'après le dessin qu'en a donné Ignace Chappe, dans son *Histoire de la télégraphie*.

Ce système est vicieux, parce qu'il expose trop aisément à confondre les signaux placés à côté ou au-dessus les uns des autres. Cette difficulté pratique, jointe à l'existence habi-

(1) Pages 167-169.

tuelle des brouillards sous le climat défavorable de l'Angleterre, empêcha de retirer du télégraphe aérien tous les avantages qu'il procurait dans les pays méridionaux.

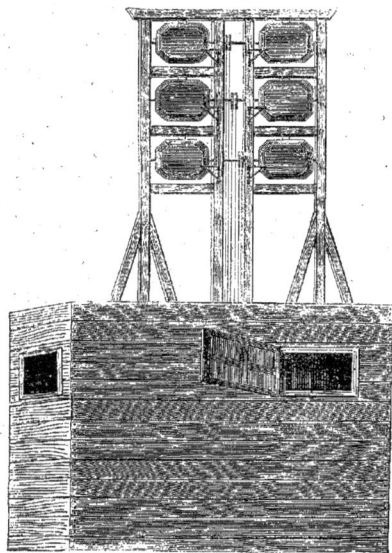

Fig. 22. — Télégraphe aérien employé en Angleterre.

On a prétendu que le premier télégraphe établi à Londres en 1796, ne pouvait servir que vingt-cinq jours au plus dans l'année. Diverses modifications furent apportées à cet appareil depuis cette époque, mais sans l'amener à un degré suffisant de valeur. C'est précisément en raison des insuccès répétés de la télégraphie aérienne, que la télégraphie électrique devait, plus tard, prendre en Angleterre un essor très-rapide.

La découverte française se répandit plus lentement en Allemagne. Bergstrasser, qui n'abandonnait pas aisément la partie, dépeça, mutila le télégraphe français, et en fit une machine informe, qui ne put jamais être employée. Il allait chercher toutes les raisons du monde pour donner le change à ses compatriotes sur le mérite de l'invention française. Et parfois il rencontrait de singuliers arguments :

« Au reste, dit-il dans un ouvrage dédié à l'empereur François II, je pense que les Français n'emploient pas leur télégraphe à un autre but qu'à un but politique : on s'en sert pour amuser les Parisiens, qui, les yeux sans cesse fixés sur la machine, disent : *Il va, il ne va pas.* On profite de cette occasion pour détourner l'attention de l'Europe, et en venir insensiblement à ses fins. »

Cependant on ne tint pas compte d'aussi bonnes raisons, et le télégraphe de Chappe fut adopté dans les États Allemands.

Le télégraphe aérien fut sur le point de s'installer en Turquie. L'ambassadeur ottoman fit demander pour son souverain, un modèle de télégraphe au gouvernement français. Les appareils furent envoyés; mais personne, à Constantinople, ne put réussir à les faire fonctionner.

La découverte de Chappe trouva en Égypte un plus sérieux accueil. Méhémet-Ali, désireux de doter son pays de cette nouvelle conquête de la civilisation européenne, chargea un ingénieur, M. Abro, d'établir une ligne télégraphique du Caire à Alexandrie. On fit venir de France les modèles, les lunettes d'approche et tous les instruments nécessaires. M. Abro, accompagné de M. Coste, un des ingénieurs du pacha, fit la reconnaissance des lieux, et présida à la construction des postes. La ligne télégraphique créée par Méhémet-Ali fonctionne encore aujourd'hui en Égypte; on reçoit en quarante minutes à Alexandrie, les nouvelles du Caire, au moyen de dix-neuf stations établies dans des tours isolées.

La télégraphie rencontra plus de difficultés en Russie; ce n'est guère qu'en 1834 qu'elle put s'y établir d'une manière définitive. Cependant l'utilité d'un tel agent de correspondance se faisait sentir en Russie plus que dans toute autre partie de l'Europe. L'immense étendue de cet empire est un obstacle continuel à la transmission des ordres envoyés de la capitale; il faut des mois entiers pour les faire parvenir et pour être informé de leur exécution. La distance qui sépare les

divers peuples soumis à l'autorité du czar, est
si considérable, qu'ils ne peuvent former
entre eux des relations suivies, et qu'ils sont,
pour la plupart, comme étrangers les uns aux
autres. Toutes ces circonstances devaient donner à l'établissement de la télégraphie chez les
Russes un prix inestimable. Aussi l'empereur
Alexandre attachait-il la plus haute importance à cette question. Malheureusement les
résultats répondirent mal à son impatience et
à ses désirs. Un grand nombre de personnes
avaient essayé, à Saint-Pétersbourg, de construire des télégraphes, mais leurs tentatives
avaient été si mal combinées, qu'il en reste à
peine des traces. Nous ne connaissons de ces
essais infructueux que l'esquisse de machine
télégraphique qui fut proposée au czar par
l'abbé Valentin Haüy, connu par sa méthode
d'éducation des aveugles. Dans une brochure
publiée en 1805, Valentin Haüy annonce qu'il
vient d'appliquer heureusement sa méthode
à la composition d'un système et d'une machine télégraphique dont il a accommodé le
le service « tout exprès pour l'usage de l'em-
« pire de Russie ». Il est difficile de comprendre comment une méthode imaginée pour les
aveugles peut servir à lire des signaux : cette
idée n'eut aucune suite.

Les journaux annoncèrent en 1808, qu'un
M. Volque allait enrichir Saint-Pétersbourg
d'un télégraphe aérien. Cet appareil devait
mal remplir les vues du gouvernement, puisque son auteur crut devoir l'année suivante
le transporter à Copenhague. Cependant, en
1809, le consul de Danemark fit au gouvernement français la demande d'un télégraphe,
ce qui ne plaide pas en faveur de l'appareil
de M. Volque.

Tous les essais entrepris en Russie pour la
création d'une ligne télégraphique, avaient
donc échoué, et depuis vingt ans une commission officielle, instituée en vue de cette
question, n'avait encore rien produit, lorsqu'en 1831, un ancien employé de la télégraphie française vint proposer à l'empereur

Nicolas de doter la Russie du moyen de correspondance depuis si longtemps cherché.
C'était M. Chatau, qui, au moment de la révolution de 1830, avait été destitué avec
Abraham Chappe. Le système qu'il avait
imaginé était une modification du télégraphe
Chappe, ayant pour principal avantage de
diminuer le nombre des signaux.

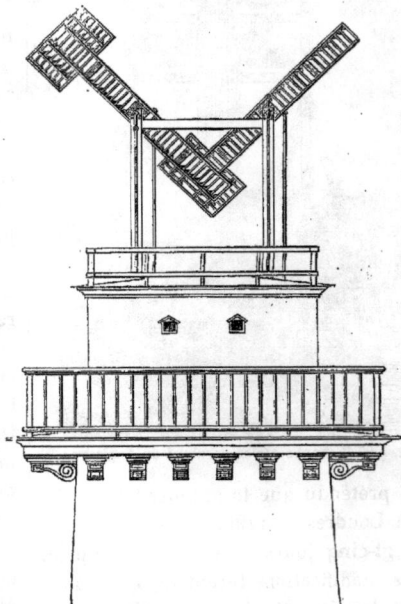

Fig. 23. — Télégraphe aérien établi en Russie
par M. Chatau.

La figure 23 représente le *télégraphe de
jour* de M. Chatau, d'après un mémoire assez
obscur, et sans doute rendu obscur volontairement, qui a été publié à Paris par l'auteur,
en 1842 (1). C'est le télégraphe français disposé de manière à produire un ordre différent de signaux.

En plaçant des lanternes aux bras de ce
télégraphe, M. Chatau obtenait des signaux
de nuit, dont le vocabulaire avait été composé par lui avec un très-grand soin.

(1) *Télégraphe de jour et de nuit* par Pierre-Jacques Chatau. Paris, 1842, grand in-8°, avec 3 planches gravées.

Fig. 24 — L'empereur Nicolas exécute le premier essai de la ligne télégraphique de Saint-Pétersbourg à Varsovie.

M. Chatau établit en Russie deux lignes de télégraphie aérienne : l'une de huit postes entre Saint-Pétersbourg et Cronstadt, et une seconde de cent quarante-huit postes, entre Saint-Pétersbourg et Varsovie. La première fut ouverte à la fin de février 1834, la seconde, en mars 1838.

La ligne télégraphique de Varsovie était la plus étendue de l'Europe : elle avait trois cents lieues de longueur. Son organisation était entièrement militaire. Chacun des postes renfermait une chambre à coucher, une cuisine, deux remises, une cave, une vaste cour, un jardin et un puits. Quatre employés étaient attachés au service de chacune des stations.

M. Chatau, de retour en France, aimait à raconter la scène émouvante qui se passa le jour du premier essai de la ligne télégraphique qu'il avait établie, d'après les ordres de l'empereur, de Saint-Pétersbourg à Varsovie.

Ce jour arrivé, et tous les stationnaires étant à leur poste sur le trajet de la ligne, on vit entrer l'Empereur, qui n'était point attendu.

Nicolas écrivit une dépêche de trente mots, et la présenta à M. Chatau, qui la traduisit en signaux de son vocabulaire.

Au moment où notre compatriote se disposait à saisir les manivelles du télégraphe, pour expédier les signaux, l'empereur Nicolas l'écarta brusquement. Il saisit les poignées des manivelles, et se mit à exécuter lui-même les mouvements destinés à former les signaux. A mesure qu'il avait fait un signal, il mettait l'œil à la lunette, pour reconnaître si le signal avait été compris et répété par le premier stationnaire ; puis il exécutait le signal suivant. Il transmit ainsi lui-même toute la dépêche.

Pendant la nuit, l'empereur s'était exercé sur un petit modèle, à la manœuvre des signaux télégraphiques. Il connaissait déjà le vocabulaire, et il avait voulu faire de ses propres mains, le premier essai des appareils sur la ligne.

On comprend si tous les cœurs étaient serrés ! Mais le plus ému de tous les assistants, le plus fortement impressionné, c'était naturellement M. Chatau. Il est évident, en effet, que si l'empereur, novice en télégraphie, avait commis quelque erreur, bien naturelle, dans l'expédition de la dépêche ; si les stationnaires eux-mêmes, encore peu exercés aux manœuvres, avaient mal compris un seul signal, tous les travaux, toutes les expériences du constructeur de la ligne télégraphique, étaient anéantis du même coup. Au lieu d'obtenir la juste récompense qu'il attendait, il se voyait déjà exilé en Sibérie par la colère du czar.

Heureusement rien de tout cela n'arriva. On attendait, avec anxiété, les signaux qui, revenant de Varsovie, devaient indiquer si la dépêche avait été comprise. Dix minutes étaient à peine écoulées que les signaux expédiés de Varsovie, et répétés par les télégraphes de toutes les stations, arrivaient, annonçant la parfaite réussite de l'expérience, l'état irréprochable de la ligne et l'excellence du système télégraphique établi par M. Chatau.

Dès qu'il vit revenir les signaux, l'empereur Nicolas embrassa M. Chatau, le félicita, et lui annonça qu'il récompensait son mérite par une pension de 10,000 roubles et la croix de Saint-Vladimir.

Notre compatriote demeura encore deux ans en Russie. Au bout de ce temps, ayant parfaitement organisé le service, il rentra en France.

CHAPITRE XIII

LA TÉLÉGRAPHIE AÉRIENNE EN FRANCE, SOUS LOUIS-PHILIPPE. — LA TÉLÉGRAPHIE EN ALGÉRIE. — DIFFÉRENTS SYSTÈMES PROPOSÉS POUR PERFECTIONNER ET REMPLACER LE TÉLÉGRAPHE DE CHAPPE. — NAISSANCE DE LA TÉLÉGRAPHIE ÉLECTRIQUE. — LA TÉLÉGRAPHIE AÉRIENNE TERMINE GLORIEUSEMENT SA CARRIÈRE DANS LA GUERRE DE CRIMÉE.

Sous Louis-Philippe, la télégraphie française fut sérieusement encouragée. Plusieurs lignes nouvelles furent établies.

Depuis longtemps la télégraphie était rentrée dans les attributions du ministère de l'intérieur. Soumise pendant la Révolution et sous l'Empire, au ministère de la guerre, cette institution, pendant les époques pacifiques de la Restauration et du gouvernement de Juillet, revenait naturellement au ministère de l'intérieur, dans les attributions duquel elle est encore aujourd'hui.

C'est sous Louis-Philippe que fut votée la loi qui attribue au gouvernement le monopole des communications télégraphiques, de quelque ordre qu'elles soient. Cette loi illibérale, extension peu motivée des monopoles de l'État, déjà si nombreux, était l'expression d'une défiance politique du gouvernement contre les citoyens. Elle subsiste encore de nos jours, dans toute sa rigueur, interdisant à tout particulier l'usage d'une correspondance télégraphique privée. La télégraphie électrique est régie par la même loi, ce qui crée un obstacle bien gratuit aux opérations, aux travaux des ateliers, des manufactures et des diverses industries, en les empêchant d'établir des communications télégraphiques.

Quoi qu'il en soit, c'est en 1837 que cette loi fut votée par la chambre des députés. A cette époque, aucune loi n'accordait à l'État le monopole de la correspondance télégraphique. Aussi un service de télégraphie privée s'était-il créé, d'après un nouveau système, entre Paris et Rouen. Une télégraphie clandestine s'était même établie, pour transmettre le cours de la bourse de Paris à Bordeaux.

C'est pour prévenir ce qui paraissait un abus, et ce qui n'était que l'exercice d'un droit de tout citoyen, que la chambre des députés vota la loi sur la *correspondance télégraphique*, qui lui fut présentée par le gouvernement, et promulguée le 3 mai 1837. Cette loi punit d'un emprisonnement d'un mois à un an et d'une amende de mille à dix mille francs « quiconque transmettra, sans autorisation, des signaux d'un lieu à un autre, soit à l'aide de machines télégraphiques, soit par tout autre moyen. » Elle ajoute que le tribunal ordonnera la destruction des postes desdites machines ou moyens de transmission.

Un plan général du réseau télégraphique fut arrêté, sous Louis-Philippe, par l'administration des télégraphes, dont le directeur était M. Alphonse Foy, neveu du célèbre général Foy. Ce plan consistait à établir une série de lignes concentriques, et à relier entre elles les lignes rayonnantes.

On avait projeté trois lignes. La première devait rattacher celle de Paris à Toulon à celle de Bayonne par Avignon, Montpellier, Toulouse et Bordeaux. La seconde partant de Dijon, devait aboutir par Strasbourg, en passant par Besançon. La troisième, se détachant de la ligne de l'Est à Metz, se serait dirigée sur Boulogne, par Valenciennes et Lille ; de Boulogne elle aurait gagné la ligne de l'Ouest à Avranches, en passant par Caen

et en coupant la ligne projetée de Paris au Havre. Ce plan, parfaitement raisonné, donnait à une dépêche deux voies au moins pour arriver à destination, et faisait entrer dans le réseau les places fortes des frontières du Nord, les centres commerçants du littoral de la Manche et les villes importantes du Midi. Des embranchements spéciaux devaient rattacher Cherbourg, Boulogne, Nantes et Perpignan.

Ce projet ne fut exécuté qu'en partie, soit par la parcimonie de la chambre des députés, soit par la considération des imminents progrès du télégraphe électrique.

L'exécution du plan projeté par l'administration des télégraphes, commença par la ligne du Midi. En 1832 on créa la section d'Avignon à Montpellier, en 1834, celle de Montpellier à Bordeaux.

En 1841, une ligne fut construite de Calais à Boulogne, pour le service des dépêches d'Angleterre. On commença, en 1842, la ligne de jonction de Dijon à Strasbourg.

En 1844, la télégraphie aérienne présentait un imposant réseau, composé de 5,000 kilomètres de lignes, pourvues de 534 stations. 29 villes correspondaient télégraphiquement avec Paris. Voici les noms de ces villes, jalonnées selon le trajet des stations télégraphiques :

Lille, Calais, Boulogne ;

Châlons, Metz, Strasbourg ;

Dijon, Besançon, Lyon, Valence, Avignon, Marseille, Toulon ;

Tours, Poitiers, Angoulême, Bordeaux, Bayonne ;

Agen, Toulouse, Narbonne, Perpignan, Montpellier, Nîmes.

Avranches, Cherbourg, Brest, Rennes, Nantes (1).

Tout cela était loin de composer un réseau suffisant pour tous les besoins de la correspondance de l'autorité politique, résidant à

(1) E. Gerspach, *Histoire administrative de la télégraphie aérienne en France*, p. 87.

Paris, avec les principaux centres adminis-
tratifs. Mais la télégraphie électrique commençait à gagner du terrain en sentant approcher le moment de sa réalisation pratique, et toute idée d'extension ou de perfectionnement de la télégraphie aérienne, se
trouvait ainsi paralysée.

On ne crut pas cependant devoir attendre
davantage pour doter nos établissements
d'Algérie d'un système télégraphique. Un
réseau aérien fut construit en Algérie de
1844 à 1854, sous la direction de M. César
Lair. Les travaux furent exécutés par le génie militaire, d'après les données fournies
par les employés du télégraphe. Ils ne furent
pas d'ailleurs sans danger : souvent il fallut
s'entourer de bataillons, pour protéger les
travailleurs contre les attaques des indigènes.

Les lignes partant d'Alger desservaient
vers l'ouest et le sud-ouest : Blidah, Mi-
lianah, Médéah, Cherchell, Tenez, Orléans-
ville, Mostaganem, Oran, Sidi-Bel-Abbès et
Tlemcen ; vers l'est : Aumale, Dellis, Bougie,
Sétif, Constantine, Philippeville, Guelma,
Bône, et enfin vers le sud-est : Batna et Bis-
kara.

Les postes télégraphiques ne ressemblaient
pas à nos stations françaises. C'étaient de véritables blockhaus, flanqués de deux petits bastions, et environnés d'une palissade, percée de
meurtrières. Ainsi mis à l'abri, le poste télégraphique pouvait résister à toutes les attaques des indigènes ou aux irruptions des
malfaiteurs. Il faut dire néanmoins, qu'ils
n'eurent jamais à repousser aucune attaque.

En raison de la pureté habituelle de l'atmosphère, les stations télégraphiques de l'A-
frique française étaient séparées par une distance de douze kilomètres. M. César Lair
avait simplifié les signaux, ainsi que le vocabulaire, et ces réformes judicieuses accélé-
raient sensiblement le passage des dépêches.

L'appareil télégraphique fut réduit à sa
plus simple expression. Il ne consista plus
qu'en un régulateur fixe, avec deux indica-

teurs mobiles ; le tout soutenu par deux poteaux parallèles. Un vocabulaire spécial dut
être appliqué à l'appareil ainsi modifié par
la suppression d'une des pièces principales.

Par son extrême simplicité, le télégraphe
d'Afrique présentait moins de chances de dérangements et fatiguait peu l'opérateur. Il
rendait plus facile le passage des dépêches, au
moyen de son vocabulaire, aussi riche que
celui de France, quoique basé sur un nombre
de signaux moindre. C'est le même système,
qui fut adopté dans la régence de Tunis, et
plus tard par notre administration télégraphique pour la guerre d'Orient.

Pour établir très-rapidement les lignes,
M. César Lair fit construire des supports
formés de deux poteaux obliquement croisés
aux deux tiers de leur hauteur, et pouvant se
fermer comme les deux lames d'une paire de
ciseaux. La partie la plus longue des poteaux
se démontait en deux pièces, et les indicateurs de la machine pouvaient se replier, avec
leur queue, sur le régulateur. Un télégraphe,
machine et support, démonté et replié, ne
présentait pas une longueur de plus de 3
mètres, et pouvait facilement être transporté
par un seul mulet. En un quart d'heure, il
pouvait être déchargé, monté et prêt à fonctionner. « C'était là, dit M. Ed. Gerspach, le
véritable télégraphe aérien de campagne,
vainement cherché sous la République et
l'Empire. » Les stationnaires étaient choisis
parmi des sous-officiers en congé, habitués,
par un long séjour, au climat de l'Afrique
et aux mœurs du pays.

La télégraphie aérienne a parfaitement
fonctionné pendant quinze ans, dans notre
colonie d'Afrique, sous la direction de M. César Lair. Elle fut remplacée, en 1859, par la
télégraphie électrique.

M. César Lair, le même qui avait fait construire, en 1844, la première station de télégraphie aérienne, faisait démolir le dernier
blockhaus de télégraphie aérienne.

En France, depuis l'année 1846, la télé-

Fig. 25. — Poste télégraphique français en Algérie.

graphie de Chappe luttait péniblement contre la télégraphie électrique, qui, déjà adoptée en Amérique et en Angleterre, assiégeait, pour ainsi dire, les portes de l'administration française. Pour ne point répéter ce qui sera dit bientôt sur le développement et les progrès de la télégraphie électrique en France, nous nous contenterons d'indiquer ici qu'une ordonnance royale en date du 23 novembre 1844, accorda un crédit extraordinaire de 240,000 francs pour établir une ligne d'essai de télégraphie électrique, le long de la voie du chemin de fer de Paris à Rouen. Au mois d'avril 1845, les poteaux étaient plantés et les fils tendus jusqu'à Mantes. Le 18 mai de la même année, en présence d'une commission officielle, les dépêches étaient échangées par le fil électrique entre Paris et Rouen.

Cette expérience jugeait suffisamment la question. Le gouvernement présenta à la Chambre des députés, dans la session de 1846, un projet de loi pour l'établissement d'une ligne télégraphique de Paris à Lille.

Malgré quelques résistances individuelles, dont nous ne parlerons point pour le moment, la loi fut promulguée le 3 juillet 1846. Elle décidait l'établissement d'une ligne télégraphique de Paris à la frontière belge, par Lille, avec un embranchement de Douai à Valenciennes.

La révolution de février 1848 arriva sur ces entrefaites. M. Flocon fut nommé administrateur des lignes télégraphiques, en remplacement de M. Alphonse Foy. Plus tard, c'est-à-dire en 1849, M. Foy fut rappelé à la tête de l'administration des télégraphes. Ce fonctionnaire, qui dirigea jusqu'en 1853 le service télégraphique, eut à remplir une tâche difficile : celle de substituer graduellement le système électrique au système aérien. Nous verrons, dans la notice qui suivra celle-ci, quelles furent les phases les plus intéressantes de cette période de transition.

Avant de disparaître pour toujours, la télégraphie aérienne devait jeter un dernier éclair. Elle devait briller un moment encore, comme une lampe près de s'éteindre, et qui, avant de disparaître pour jamais, jette une subite et passagère lueur. Elle devait s'illustrer devant Sébastopol.

Au moment où la guerre d'Orient fut décidée, le ministre de la guerre demanda à l'administration des télégraphes l'installation d'un système de signaux rapides, applicables aux opérations militaires. A cette époque, la télégraphie aérienne et la télégraphie électrique se trouvaient en lutte, sans qu'aucune solution officielle eût encore tranché la difficulté. Le directeur des télégraphes, M. de Vougy, qui venait de remplacer M. Alphonse Foy, prit un excellent parti : il envoya à la fois, un matériel électrique et un matériel aérien. Le personnel de ces deux services était placé sous les ordres d'un inspecteur, M. Carrette.

Le matériel et les employés arrivèrent le 10 juillet 1854, à Varna (Bulgarie), et l'on s'occupa immédiatement d'établir une ligne aérienne, composée de sept postes, de Varna à Baltschick, port d'embarquement des troupes pour la Crimée, et d'où nos escadres partirent dans les premiers jours de septembre 1854. Cette ligne fonctionna trois mois, du 15 août au 15 novembre.

La prise de Sébastopol présenta des difficultés auxquelles on ne s'était pas attendu, et l'on ne tarda pas à se convaincre qu'il fallait, pour enlever cette ville, couverte de défenses formidables, un siége lent et compliqué. Dès lors, pendant qu'on construisait, de Varna à Bucharest, une ligne de télégraphie électrique, pour établir, par la Turquie, la communication de nos armées avec l'Europe, le matériel de télégraphie aérienne s'embarquait pour la Crimée, destiné à devenir un auxiliaire constant des opérations du siége.

L'inspecteur chargé de cet important service, M. Aubry, arriva à Kamiesch le 29 décembre 1854. Il fit installer immédiatement de nombreuses stations de télégraphie aérienne, d'après un plan concerté d'avance, et qui consistait à relier au quartier général les principaux points stratégiques, les corps d'armée, les divisions détachées et les ports d'approvisionnement.

Pour se plier aux exigences de la stratégie, il fallut créer une véritable télégraphie ambulante, ce qui n'avait jamais existé, non-seulement en France, sous la république ni sous l'empire, mais même dans nos guerres d'Afrique, où les lignes, qui étaient quelquefois provisoires, ne furent jamais *volantes*. On vit, en Crimée, des lignes de télégraphie aérienne supprimées et rétablies dans la même semaine, selon les mouvements des divisions militaires qu'elles accompagnaient. Cela n'empêchait pas d'ailleurs les lignes permanentes de fonctionner.

On fit usage en Crimée, dit M. Gerspach dans son *Histoire de la télégraphie aérienne*, où nous trouvons toutes ces indications, du système télégraphique qui avait servi en Afrique ; seulement M. Carrette construisit en tôle, au lieu de bois, les ailes du télégraphe, ce qui, pour un même degré de résistance, les rendait plus légères (1) Un poste pouvait être installé en vingt minutes et replié en un clin d'œil. Il suffisait de deux mulets pour emporter tout le matériel d'une station.

La vitesse de transmission était considérable, en raison de la faible distance des stations et de leur petit nombre. Un quart d'heure suffisait pour faire parvenir une dépêche du quartier général aux différents camps occu-

(1(Page 110.

pés par les corps d'armée. Il fallait vingt minutes pour aller de ce quartier général à Kamiesch et à la Tschernaïa ; une demi-heure pour atteindre l'Égry-Adgadj. Les cavaliers d'ordonnance que l'on aurait employés pour porter ces mêmes dépêches, auraient mis quatre heures pour parvenir à ce dernier point, une demi-heure ou une heure pour arriver au premier, tout en étant exposés à l'artillerie de la place. Ainsi, le service télégraphique laissait disponible la cavalerie, qui fut toujours peu nombreuse en Crimée.

Le vocabulaire était celui d'Afrique, un peu modifié par M. Aubry, pour ces circonstances nouvelles. Comme le petit nombre d'employés ne permettait pas de placer des traducteurs dans toutes les stations, on fut quelquefois obligé de donner aux signaux la simple signification des lettres de l'alphabet.

Les communications du grand quartier général avec les principaux corps d'armée, furent établies dès les premiers jours de 1855, par MM. Aubry et Carrette. Le grand quartier général correspondait ainsi avec la *maison Forey* (premier corps d'armée), avec la *redoute* (deuxième corps d'armée); avec la *maison d'observation* (espèce d'observatoire du général en chef); avec Kamiesch, Balaclava et Inkermann.

Après la bataille d'Inkermann, toutes ces relations furent changées, pour suivre les mouvements du grand quartier général. Quelques heures suffisaient pour installer des postes nouveaux, et supprimer les anciens.

Le 8 septembre, le télégraphe était placé sur la *redoute Victoria*, et le lendemain sur la *tour Malakoff*.

Sans rapporter ici tous les déplacements des postes télégraphiques qui suivaient les évolutions du siége, nous dirons que pendant dix-huit mois (de janvier 1855 à juillet 1856), la *maison Forey*, la *maison d'observation*, le

poste de la redoute, Kamiesch, la Tschernaïa et la vallée de Baïdar, correspondirent, sans interruption, par le télégraphe, avec le grand quartier général, et qu'il en fut de même pour les autres positions que nos troupes occupèrent. 4,500 dépêches expédiées pendant cette campagne, disent assez les services de tout genre que la télégraphie aérienne rendit aux opérations de l'armée et de la flotte, comme aux services de l'intendance militaire (1).

Les employés du télégraphe firent preuve d'un dévouement, d'une abnégation et d'un courage constants. Fonctionnaires et agents campaient sous la tente, comme nos soldats ; quelquefois ils furent forcés de coucher sur le terrain détrempé par des pluies incessantes. Malgré les rigueurs de l'hiver, les stations permanentes ne furent munies de barraques, pour mettre à couvert les stationnaires, qu'au mois de novembre 1855. Chaque poste ne renfermait qu'un employé, qui était obligé d'avoir l'œil à la lunette, pendant toute la durée du jour, c'est-à-dire pendant seize à dix-huit heures, en été. Les employés de la télégraphie partagèrent donc les privations, les souffrances et souvent les dangers auxquels étaient exposés nos soldats.

Pendant quatre mois, la station de la *tour Malakoff* resta à la portée des canons des forts du nord de Sébastopol. Il fallut même déplacer ce poste, trop exposé à servir de point de mire à l'artillerie de la place. Pendant la bataille de Tracktir, et le jour de l'assaut de Sébastopol, les employés du télégraphe restèrent enfermés dans leur barraque, continuant d'échanger des signaux, au milieu d'une grêle de balles.

Ici finit l'histoire de la télégraphie aérienne. Le rôle glorieux qu'elle joua dans la guerre de Crimée fut le dernier épisode de son existence. A partir de ce moment, en effet, c'est-

---

(1) Gerspach, *ouvrage cité*, p. 112.

à-dire en 1856, la télégraphie aérienne s'efface et disparaît à jamais devant sa rivale, la télégraphie électrique. Digne et glorieuse fin! Inaugurée pendant les guerres de la République, par l'annonce de la prise de Condé sur les Autrichiens, l'invention de Chappe termine sa carrière sous les murs de Sébastopol. Elle meurt, pour ainsi dire, enveloppée dans les plis de ce même drapeau tricolore, qui avait si glorieusement flotté sur son berceau!

Le télégraphe aérien n'est plus qu'un souvenir pour la génération actuelle. Dans notre temps, où tout passe si vite, la vieille machine inventée sous la République, n'éveille qu'un souvenir de pitié, en présence des prodiges qu'accomplit chaque jour le télégraphe électrique, et l'appareil suranné qui immortalisa Claude Chappe, n'est plus bon qu'à tenter la verve des chansonniers. M. Nadaud, dont les compositions s'inspirent souvent avec bonheur des choses de nos jours, est l'auteur d'une chanson, *le Vieux télégraphe*, que nous citerons à la fin de ce chapitre, comme pour relever, par quelque grain de poésie, notre très-humble prose.

LE VIEUX TÉLÉGRAPHE.

Que fais-tu, mon vieux télégraphe,
Au sommet de ton vieux clocher,
Sérieux comme une épitaphe,
Immobile comme un rocher?
Hélas! comme d'autres, peut-être,
Devenu sage après la mort,
Tu réfléchis, pour les connaître,
Aux nouveaux caprices du sort.

C'est que la vie est déplacée;
Les savants te l'avaient promis,
Et toute royauté passée
N'a plus de flatteurs ni d'amis.
Autrefois, tu faisais merveille,
Et nous demeurions tout surpris
De voir, en un seul jour, Marseille
Envoyer deux mots à Paris.

Tu fus l'énigme de notre âge;
Nous voulions, enfants curieux,
Deviner ce muet langage,
Qui semblait le parler des Dieux.
Lorsque tes bras cabalistiques,
Lançaient à l'horizon blafard
Les mensonges diplomatiques
Interrompus par le brouillard.

Maintenant, en une seconde,
Le Nord cause avec le Midi;
La foudre traverse le monde
Sur un brin de fer arrondi.
L'esprit humain n'a point de halte,
Et tu restes debout et seul,
Ainsi qu'un chevalier de Malte,
Pétrifié dans son linceul!

Tu te souviens des diligences
Qui roulaient jadis devant nous,
Portant écoliers en vacances,
Gais voyageurs, nouveaux époux.
Tu ne vois plus, au clair de lune,
Aux rayons du soleil levant,
Passer tes sœurs en infortune,
Qui jetaient leur poussière au vent!

Ainsi s'éteignent toutes choses,
Qui florissaient au temps jadis;
Les effets emportent les causes,
Les abeilles sucent les lis.
Ainsi chaque règne décline,
Et les romans de l'an dernier,
Et les jupons de crinoline,
Et les astres de Le Verrier!

Moi, je suis un pauvre trouvère,
Ami de la douce liqueur;
Des chants joyeux sont dans mon verre;
J'ai des chants d'amour dans le cœur.
Mais à notre époque inquiète,
Qu'importent l'amour et le vin?
Vieux télégraphe, vieux poëte,
Vous vous agiteriez en vain!

Puisque le destin nous rassemble,
Puisque chaque mode a son tour,
Achevons de mourir ensemble
Au sommet de ta vieille tour.
Là, comme deux vieux astronomes,
Nous regarderons fièrement
Passer les choses et les hommes,
Du haut de notre monument!

NADAUD.

CHAPITRE XIV

LA TÉLÉPHONIE OU TÉLÉGRAPHIE MUSICALE.

Au système télégraphique imaginé par Claude Chappe, c'est-à-dire à l'emploi d'un vocabulaire secret, dont les mots sont traduits par des signaux extérieurs, on peut rattacher une invention qui a beaucoup occupé, de nos jours, l'attention publique, et que nous ferons connaître ici, pour compléter les notions générales relatives à la télégraphie. Nous voulons parler de la *téléphonie* ou *télégraphie musicale*, inventée par François Sudre.

La *téléphonie* n'est qu'une application particulière d'une découverte beaucoup plus générale, due à François Sudre : *La langue musicale universelle.*

Qu'est-ce que la langue musicale universelle? C'est l'art d'exprimer, au moyen des sept notes de la gamme, la parole humaine. C'est le secret de rendre toutes les pensées, de parler toutes les langues, par la simple émission de quelques notes de musique. Avec la *langue musicale universelle*, un Anglais et un Français, un Russe et un Chinois, s'entendent, se comprennent et échangent toutes leurs idées.

François Sudre fut conduit à l'emploi des sons musicaux comme moyen de langage général, par les réflexions émanées de beaucoup de grands esprits qui se sont occupés de linguistique, et qui ont mis en avant le beau projet d'une langue universelle. Descartes, Leibnitz, J.-J. Rousseau, Chabanon, Ch. Nodier, ont indiqué la musique comme l'élément certain d'une langue universelle : « Dire et chanter sont la même chose, » a dit Strabon. « Les premières langues furent chantantes et passionnées, dit le philosophe de Genève ; toutes les notes de la musique sont autant d'accents! » D'après un de nos écrivains modernes : « Les langues, les idiômes, les dialectes, les patois varient au point que sou-

vent on n'entend pas le paysan du village voisin ; mais la musique est une pour tous. » D'Alguarno, qui a précédé Wilkins et Leibnitz, assure qu'avec nos cinq sens physiques, cinq voyelles et cinq consonnes, on pourrait fournir des paroles à toutes les perceptions de l'homme.

C'est en méditant ces principes que François Sudre jeta les bases de la langue musicale. Il était professeur à l'école de Sorrèze lorsque, pour la première fois, en 1817, cette pensée s'offrit à son esprit. Après six ans de travaux, en 1823, il avait à peu près résolu le problème. Désirant soumettre son invention à l'examen des hommes de l'art, il quitta Sorrèze, et se rendit à Paris, où il donna une séance publique, dont rendit compte le *Moniteur* du 23 octobre 1823.

Fig. 26. — François Sudre.

En 1827, François Sudre présenta son travail à l'Académie des beaux-arts de l'Institut, qui, après avoir pris connaissance des procédés qu'il avait imaginés pour la formation d'une langue musicale, et après plusieurs expériences faites en sa présence, reconnut

« que l'auteur avait parfaitement atteint le but qu'il s'était proposé, celui de créer une véritable langue musicale. »

Le rapport de la commission ajoute : « Offrir aux hommes un nouveau moyen de se communiquer leurs idées, de se les transmettre à des distances éloignées et dans l'obscurité la plus profonde, est un véritable service rendu à la société. »

Nous ne saurions entrer ici dans l'exposé du système par lequel Sudre a réussi à exprimer, au moyen des sept sons de la gamme, toutes les idées, toutes les expressions fournies par les langues parlées. Ceux qui voudront s'édifier sur cette découverte intéressante, n'auront qu'à consulter l'ouvrage qui a été publié en 1866, par la veuve de l'inventeur (1). Tout ce que nous voulons en dire, c'est que la *téléphonie*, c'est-à-dire la télégraphie qui a pour base l'emploi des sons, n'est qu'une application pratique de cette langue musicale universelle inventée par François Sudre.

On va comprendre comment la téléphonie n'est en effet qu'une application de la langue musicale.

Dans la langue musicale de François Sudre, on fait usage des sept notes de la gamme, pour exprimer toutes les idées. En prenant seulement trois notes, Sudre composa la *téléphonie*, c'est-à-dire l'art de signaler au loin, par les sons d'un instrument, des ordres, des dépêches, des phrases, inscrits d'avance dans un vocabulaire spécial.

La base de la *téléphonie* ou *télégraphie acoustique*, c'est donc l'inscription préalable d'une série d'ordres ou de phrases dans un vocabulaire dont l'expéditeur et le dernier stationnaire possèdent seuls la clef, et dans lequel trois sons musicaux servent de signaux pour renvoyer au vocabulaire. La

(1) *Langue musicale universelle inventée par François Sudre, également inventeur de la Téléphonie musicale.* 1866, 1 vol. in-12, contenant le *Vocabulaire de la langue musicale* (imprimé à Tours).

téléphonie est au fond, le système de correspondance télégraphique de Chappe, avec cette différence que les sons font l'office des signaux aériens visibles à grande distance. Ici l'oreille remplace l'œil.

En 1829, un de nos illustres compositeurs, Berton, l'auteur d'*Aline* et de *Montano et Stéphanie*, présentait l'inventeur et son œuvre à la classe des beaux-arts de l'Institut. Un rapport fut fait à ce sujet à l'Institut, et communiqué au vicomte de Caux, alors ministre de la guerre, lequel pria Sudre de se rendre auprès du président du comité consultatif d'état-major et d'expérimenter sous ses yeux. Le résultat des essais auxquels la nouvelle méthode fut soumise, parut déjà, à cette époque, très-encourageant.

Cependant, tel qu'il existait en 1829, le système téléphonique de Sudre était compliqué ; il exigeait alors, comme nous l'avons dit, l'emploi de cinq sons : c'étaient les cinq notes de la gamme que donne le clairon :

Il a été depuis singulièrement perfectionné.

La *téléphonie* n'emploie aujourd'hui que trois sons distincts : *sol, ut, sol*, compris dans les notes du clairon d'ordonnance. Ces notes sont séparées par des intervalles musicaux assez étendus pour que les oreilles les moins exercées ne puissent les confondre. Chaque signal se compose d'un nombre de sons qui ne dépasse jamais trois, et qui se réduit quelquefois à deux, et même, s'il le faut, à un seul. Deux signaux successifs, dont l'un sert d'avertissement, suffisent pour transmettre l'un des ordres inscrits à l'avance dans un livre de tactique militaire. Les mêmes combinaisons sont applicables à la tactique navale.

Ainsi, la téléphonie n'est autre chose que l'emploi de cinq ou de trois sons, afin de se conformer à la portée du clairon d'ordonnance et de l'approprier à l'art militaire. L'inventeur a choisi comme termes de ce langage, les notes de l'accord *sol*, *ut*, *sol*, dont la perception est facile, même pour les personnes qui n'ont aucune notion de musique.

Au lieu de clairons, on peut faire usage du tambour, en substituant à chacune des notes *sol*, *ut*, *sol*, une batterie particulière, dont la signification est connue à l'avance. Le canon même peut être utilisé dans les circonstances où les clairons et les tambours n'ont pas une portée suffisante, par exemple en mer, ou par un grand vent. Ces divers modes de transmission ne changent rien au système téléphonique : chaque signal reste toujours composé de notes dont le nombre ne dépasse pas trois, et dont chacune a sa représentation dans le mode particulier de transmission que l'on croit devoir accepter.

Dans cette télégraphie, comme autrefois dans la télégraphie aérienne, sauf les signaux du service, les stationnaires intermédiaires n'ont aucune connaissance de la valeur des sons qu'ils transmettent. D'ailleurs, la faculté de changer à volonté la clef des signes, garantit le secret des dépêches.

Pour étendre encore les applications de son système, et rendre la communication possible entre deux corps d'armée, dans toute espèce de circonstances, Sudre a imaginé, comme conséquence des mêmes principes, un mode particulier de télégraphie aérienne qui n'exige que trois signes distincts. Pendant le jour, trois disques coloriés, pendant la nuit, trois fanaux lui suffisent pour établir une correspondance entre deux postes éloignés. On peut même indiquer simultanément le même ordre à toute une armée, par l'emploi de trois fusées de couleurs différentes. On a cet avantage, quand on emploie les disques ou les fanaux, que l'on peut se passer de signal d'avertissement ; il suffit, en effet, d'échelonner trois disques déterminés à des hauteurs différentes, sur un support léger, que l'on élève ensuite assez haut pour qu'ils soient aperçus. La disposition géométrique des disques, jointe à la différence de leurs teintes, suffit pour indi-

quer d'un seul coup un ordre quelconque inscrit au dictionnaire télégraphique.

Tous ces moyens rentrent, on le voit, dans les pratiques de la télégraphie aérienne, dont nous venons d'exposer l'histoire et les règles principales.

Les trois disques coloriés ne sont que la représentation *visuelle* des trois sons ; ils occupent la même place qu'eux sur une *portée* de trois lignes ; si bien qu'un soldat-clairon qui les voit, peut les signaler à un poste qui ne pourrait les apercevoir.

Depuis l'époque, déjà éloignée, où elle fut imaginée par l'inventeur, la téléphonie a été l'objet, un grand nombre de fois, d'un examen approfondi. Il ne sera pas sans intérêt de faire connaître les différentes opinions que les hommes de science ou de guerre ont exprimées sur sa valeur.

En 1829, à la suite du rapport qui avait été adressé à l'Institut sur la demande de Berton, le ministre de la guerre fit procéder, avons-nous dit, à des expériences sur ce nouveau mode de correspondance militaire. Dans un premier essai que M. Sudre fit au Champ-de-Mars, en présence de plusieurs généraux de l'état-major et du génie, une phrase expédiée à l'aide du clairon, de l'extrémité du Champ-de-Mars à une vedette placée au-dessus de la butte du Trocadéro, fut reçue par celle-ci, et le signal de réception renvoyé à l'expéditeur, en moins de 15 secondes (*fig.* 27, page 73).

A la suite de ce premier résultat, le ministre de la guerre nomma une commission d'officiers généraux de toutes armes, laquelle, après plusieurs expériences du même genre, qui eurent lieu au Champ-de-Mars, fit un rapport favorable sur la nouvelle invention.

Quelques mois plus tard, l'inventeur recevait du ministre de la marine l'ordre de se rendre à Toulon, pour y faire des expériences devant une commission maritime présidée par le contre-amiral Gallois. Elles se renouvelèrent plusieurs fois, et toujours avec succès, devant cette commission. Le rapport se montra très-favorable à la nouvelle méthode télé-graphique. Cependant le gouvernement ne prit aucune décision pour l'appliquer immédiatement.

Plus tard, François Sudre soumit de nouveau sa découverte à l'Académie des sciences, qui, dans un rapport dû à MM. Edwards aîné et Freycinet, capitaine de vaisseau, lui accorda beaucoup d'éloges.

En 1841, le ministre de la marine chargea François Sudre d'aller expérimenter son système sur l'escadre de la Méditerranée. La commission nommée par le vice-amiral Hugon, commandant en chef de l'escadre, s'assembla plusieurs fois en rade, et constata que la rapidité de la transmission de tous les ordres de la tactique navale était convenable, et que toutes les formules pouvaient être communiquées, la nuit comme le jour, par le clairon, à une distance d'environ 4,400 mètres.

Lorsque l'escadre sortit de Toulon, pour aller mouiller aux îles d'Hyères, d'autres épreuves eurent lieu, à dix heures du soir, au mouillage ; elles donnèrent le même résultat. L'amiral jugea alors à propos d'adopter ce moyen pour ordonner à ses navires de faire leurs préparatifs de départ. La téléphonie retentit aussitôt, et les signaux se traduisirent en langue vulgaire à bord de chaque navire.

Le lendemain, l'escadre levait l'ancre et se dirigeait vers nos possessions d'Afrique. Au retour, durant la traversée d'Alger à Toulon, les expériences qui eurent encore lieu en pleine mer, par tous les temps, ne laissèrent aucun doute dans l'esprit des membres de la commission : les évolutions, les grandes manœuvres même, s'exécutèrent au moyen de la téléphonie.

La commission déclara donc que le système téléphonique pouvait être fort utile à la marine, et elle appela sur ce sujet l'attention du gouvernement.

Le succès des expériences faites en mer réveilla le zèle de l'administration de la guerre. De nouvelles épreuves commencèrent au Champ-de-Mars, et la commission d'officiers généraux, devant qui elles eurent lieu, conclut à l'adoption de ce système dans l'armée, et à la création d'une école de téléphonie. Cette commission émit encore le vœu qu'une récompense de même nature que celles qu'on accorde aux auteurs des découvertes importantes, fût allouée à l'inventeur pour la cession de son système au gouvernement.

Le ministre désigna une seconde commission, également composée d'officiers généraux de toutes armes, afin qu'elle indiquât le moyen le plus sûr de répandre la téléphonie dans tous les corps de l'armée.

Cette dernière commission prit connaissance de tous les procédés, de tous les secrets des conventions télégraphiques de François Sudre. Après s'être assurée que ces moyens étaient d'une exécution facile pour les soldats et pour les officiers qui seraient chargés d'interpréter les signaux, elle proposa d'accorder une somme de 50,000 francs à l'inventeur, comme indemnité de ses longs travaux, et 3,000 francs de traitement annuel, comme directeur de l'école de téléphonie. Mais ces récompenses n'ont jamais été accordées.

Nous ignorons pour quelles causes le projet d'introduire dans l'armée le système de correspondance acoustique, qui semblait arrêté, en 1841, dans l'esprit du gouvernement, ne reçut aucune suite. On le trouva sans doute trop compliqué.

L'inventeur se dédommagea de cet insuccès par le meilleur des moyens : il perfectionna davantage son œuvre, car, en 1846, il parvint à réduire à l'unité tous les sons dont il avait besoin. Voici ce qu'on lisait dans le *Moniteur* du 4 février 1846 :

« Des expériences de télégraphie acoustique, inventée par M. Sudre et pratiquée par le canon, ont

Fig. 27. — Expérience de téléphonie faite au Champ-de-Mars par François Sudre en 1829 (page 71).

eu lieu aujourd'hui, à Vincennes, en présence de M. le duc de Montpensier, de M. le général Gourgaud, président du comité d'artillerie, et de plusieurs autres officiers généraux et supérieurs. On avait mis à la disposition de M. Sudre huit pièces d'artillerie qu'on avait placées en avant de la porte sud du château. L'élève de M. Sudre, qui devait interpréter les ordres, était derrière les buttes du polygone. Tous les ordres transmis avec une grande rapidité et sans autre auxiliaire que le canon, ont été interprétés avec la plus scrupuleuse fidélité ; et, lorsque la séance a été terminée, S. A. R. ainsi que les généraux ont témoigné toute leur satisfaction à M. Sudre. »

C'était un progrès immense pour la télégraphie militaire, que cette réduction à l'unité. Tous les éléments de la téléphonie ont pu dès lors être appropriés à cette nouvelle combinaison. Aujourd'hui, on peut employer alternativement, selon les circonstances, une note, un coup de canon, un roulement de tambour, un fanal, un signe quelconque.

En 1850, des expériences de ce système ainsi simplifié, furent exécutées par François Sudre à une distance double de celle qui avait été choisie dans les essais faits avant cette époque.

Le 3 mars 1850, un journal rendait compte de ces expériences en ces termes :

« Des expériences de télégraphie acoustique ont été renouvelées jeudi au Champ-de-Mars. Il s'agissait, cette fois, de savoir si des ordres partant de l'École militaire pouvaient être communiqués au moyen de plusieurs postes de clairons, échelonnés de distance en distance, au village de Rueil, éloigné de dix kilomètres du point de départ.

« Le succès le plus complet a été obtenu. Voici le texte des ordres que M. le général Guillabert a donnés à M. Sudre :

« *Gardez-vous sur votre flanc gauche.*
« *Nous sommes attaqués par des forces supérieures.*
« *Envoyez-nous de l'artillerie.* »

De son côté, l'officier d'état-major, qui était à Rueil, a transmis au général Guillabert les deux ordres suivants :

« La brèche est faite au bastion n° 25 ; prenez vos dispositions pour que l'assaut soit donné demain matin.

« Rentrez au camp. »

Dans ces expériences, où des messages, des phrases militaires furent transmis avec une fidélité étonnante, au moyen de postes de clairons, à une distance de 10 kilomètres, on s'était servi seulement des trois notes du clairon d'ordonnance : *sol, ut, sol.*

Le ministre de la guerre ne donna pas suite, avons-nous dit, au projet dont l'inventeur avait été bercé en 1841 : l'adoption de son système de télégraphie acoustique dans l'armée française, et la création d'une école spéciale de téléphonie. Mais en 1855, le jury de l'Exposition universelle, présidé par le prince Napoléon, lui décerna une récompense de 10,000 francs pour son invention de la langue musicale universelle et de la téléphonie.

François Sudre, à tort ou à raison, a cru que l'administration de la guerre avait tenu bonne note de l'invention qu'elle n'avait pas voulu officiellement adopter. Ce qui est positif, c'est qu'en 1855, pendant la guerre de Crimée, on fit quelque usage de la téléphonie. Ce fait est établi par une lettre que François Sudre adressa au journal *la Presse*, à l'occasion d'un article que nous avions publié sur son invention. Sudre écrivait ce qui suit à la *Presse*, le 8 septembre 1856 :

« Si j'en crois le récit d'un grand nombre d'officiers et soldats-clairons revenant de l'armée d'Orient, un usage absolument semblable aurait été fait dans un but utile, afin d'éviter à nos travailleurs d'être surpris par les sorties nocturnes que faisaient les Russes. (Voir, à ce sujet, *la Presse* du 28 février 1855.)

« Mais voici qui est plus explicite ; j'écris ce qui suit sous la dictée d'un capitaine d'état-major :

« A mesure, dit-il, que nos travaux se rapprochaient de Sébastopol, les Russes faisaient en temps de leurs sorties nocturnes, pour attaquer nos travailleurs ; il en est résulté du retard dans l'exécution de nos travaux. Alors un grand nombre d'officiers pensèrent qu'il était urgent d'établir des lignes de clairons, afin de prévenir, d'un bout à l'autre des tranchées, que l'ennemi attaquait sur tel ou tel point. Une fois ces lignes

« établies, les clairons de chaque compagnie répétaient les signaux convenus, et l'armée de réserve, « située à un endroit qu'on appelait le *Clocheton*, « était prévenue de se tenir prête à marcher, par « un poste intermédiaire, du *Clocheton* à la première « parallèle. Après un signal donné, on faisait en- « tendre quelques notes isolées pour indiquer si l'on « s'adressait à la droite, à la gauche ou au centre ; « et, chose remarquable, ajoute cet officier, c'est « que, pendant la fusillade et même la canonnade, « le son du clairon dominait entièrement. »

Cette correspondance téléphonique, semblable en tout point à celle qui avait été pratiquée en 1850, du Champ-de-Mars à Rueil, au moyen de plusieurs postes de clairons, rendit un véritable service, puisque nos travailleurs ne furent plus inquiétés.

Pour résumer l'exposé qui précède, il suffira de mettre sous les yeux du lecteur le tableau des notes de la gamme, qui ont été employées par François Sudre dans les diverses périodes du perfectionnement de son système. Voici ce tableau, dans lequel, on le remarquera, ne figurent que les notes qui peuvent seules être données par le clairon.

Système de 1829.

Système de 1841.

Système de 1850, qui paraît le meilleur en ce qu'il réunit deux moyens de communication qui s'exécutent simultanément. Le tambour et le canon peuvent également désigner ces trois sons, qui, de plus, se signalent à la vue par trois disques ou trois fanaux.

Système de l'unité.

Après tous les jugements favorables qui ont été exprimés sur le compte de la téléphonie, on est surpris il faut le dire, de ne l'avoir jamais vu adopter dans les armées. Ce système est connu depuis de longues années, il a été expérimenté un nombre considérable de fois ; comment se fait-il donc que ni en France ni à l'étranger il n'ait jamais été couronné par la sanction de l'emploi pratique dans les armées de terre ou de mer ? Ce fait nous paraît grave contre l'invention de François Sudre. Il constitue un argument sérieux à lui opposer ; car on ne saurait douter que tous les gouvernements, toutes les administrations qui ont expérimenté ce système, n'aient eu des raisons valables pour en repousser l'emploi. Il est à croire que cette méthode soulève dans la pratique quelque obstacle capital qui en diminue les avantages. L'influence des échos, qui peuvent mêler aux notes du signal les mêmes notes, répétées à des intervalles plus ou moins rapprochés, nous apparaît comme un de ces inconvénients.

En résumé, sans être partisan enthousiaste de la télégraphie musicale de M. Sudre, nous avons cru que la connaissance de cette méthode intéresserait nos lecteurs. La téléphonie ne saurait, sans nul doute, avoir la prétention de remplacer la télégraphie électrique ; mais on peut remarquer que ce dernier moyen de correspondance ne peut fonctionner que sur des lignes déterminées et préétablies. Dans les armées en campagne, le télégraphe électrique s'improvise, il est vrai, très-rapidement ; mais encore faut-il que le terrain soit libre entre les deux stations. La téléphonie lui est supérieure sous ce rapport ; elle opère en tous lieux et sans préparation préalable. Elle peut fonctionner sur une flotte, et suppléer, à la rigueur, à tous les systèmes que l'on a proposés pour communiquer rapidement au loin. Elle est mobile et peut s'improviser partout. Elle peut se pratiquer dans presque tous les lieux, dans les alternatives de jour et de nuit ; la nuit lui est même très-favorable, par suite du silence qu'elle étend sur la terre. Ainsi, ni la diversité de lieux, ni les vicissitudes, ni les changements subits du temps, n'arrêtent son essor. Ajoutons que les instruments de la téléphonie, à part le canon, sont très-portatifs. Ils servent d'ailleurs

à d'autres usages, condition d'une haute importance dans la pratique : c'est le clairon, c'est-à-dire un instrument qui est, pour un autre objet, entre les mains du soldat, qui constitue son agent essentiel. La téléphonie l'emporte sur la télégraphie quand on n'a ni le temps de choisir les lieux, ni l'alternative du choix.

A la mer, la téléphonie présenterait peu de supériorité sur les signaux visuels.

Nous pensons, avec M. Lissajous, qui a exprimé cette idée dans un rapport fait en 1856, à la *Société d'encouragement*, que la téléphonie peut trouver son application nonseulement à la guerre, mais même dans l'industrie, en particulier pour le service des chemins de fer, où l'emploi d'un mode de communication simple et rapide présenterait un grand nombre d'avantages.

En 1862, François Sudre obtint à l'Exposition universelle de Londres, une *médaille d'honneur*, en récompense de sa double invention de la langue musicale universelle et de la téléphonie.

Comme s'il n'eût attendu pour quitter ce monde, que cette distinction solennelle, François Sudre mourut le 2 octobre 1862, des suites des fatigues qu'il avait éprouvées pendant son séjour à Londres.

François Sudre donnait souvent, à Paris, dans des réunions publiques, la représentation de son système de langue musicale universelle, et ces séances avaient toujours le privilége d'exciter une vive curiosité. On ne pouvait s'expliquer comment des phrases entières, prises dans toutes les langues, mortes ou vivantes, pouvaient être transmises et comprises à la seule émission de quelques notes de la gamme. Le piano ou le violon était l'instrument qui servait à donner ces notes. La voix remplaçait quelquefois l'instrument de musique.

Dans les séances de langue musicale universelle et de téléphonie, madame Sudre était le correspondant, l'auxiliaire de l'inventeur.

Encore enfant, mademoiselle Joséphine Hugot avait été adoptée par François Sudre, qui en fit son élève et son aide dans ses expériences publiques. La jeune fille devint une cantatrice de talent, qui se fit bientôt connaître dans le monde musical de Paris. En 1855, elle épousa François Sudre, qui était lui-même un musicien de grand mérite.

Depuis la mort de son mari, madame Sudre a continué avec zèle à propager l'œuvre de l'inventeur. François Sudre avait travaillé pendant quarante-cinq ans au vocabulaire de sa langue musicale, mais il ne l'avait pas publié ; sa veuve, après avoir entièrement mis ce vocabulaire au net, l'a publié en 1866, dans l'ouvrage dont nous avons donné plus haut le titre.

CHAPITRE XV

LA TÉLÉGRAPHIE NAVALE. — LE CODE MARRYATT. — LE CODE REYNOLD. — LE CODE LARKINS, OU CODE COMMERCIAL DES SIGNAUX ANGLO-FRANÇAIS.

Cette langue universelle dont il vient d'être question, a été réalisée de nos jours, dans un cas dont tout le monde comprend l'importance : pour les communications entre les navires de toutes les nations.

La transmission des ordres d'un bâtiment à l'autre, quand ces bâtiments appartiennent à la même nation, présente peu de difficulté, comme aussi peu d'intérêt. La tactique navale, réglementaire à bord des bâtiments, a résolu ce problème d'une manière satisfaisante. Des pavillons de différentes couleurs et de diverses formes, servent à établir les communications, soit d'un bâtiment à l'autre, soit d'un bâtiment à un canot, etc. Nous n'avons rien à dire de cette partie de la tactique navale. Ici, en effet, il n'est point question d'une langue universelle, mais seulement d'un échange de signaux entre des marins d'une même nation.

Mais où la langue universelle trouve son application, c'est dans l'échange des signaux qu'il faut faire entre des bâtiments qui se rencontrent en mer, et qui appartiennent à une nation quelconque. Il faut que ces deux bâtiments qui s'aperçoivent au large, puissent s'entretenir et se parler, quelle que soit leur nationalité respective. Il faut qu'un idiôme nautique universel, une langue conventionnelle, comparable à l'écriture symbolique des Chinois, aux hiéroglyphes égyptiens, ou bien au langage mimique des sourds-muets, permette aux marins de se faire comprendre les uns des autres, sans qu'ils aient besoin de parler trente langues, comme le célèbre polyglotte de notre siècle, le cardinal Mezzofanti, mort à Naples, en 1849.

Cette langue nautique universelle existe, cette conception admirable d'un langage maritime qui ne se parle pas, mais qui se lit, a été réalisée. Il existe aujourd'hui des *Codes* spéciaux répondant à des signaux que tous les marins peuvent exécuter et comprendre. Il suffit que chaque navire soit muni d'une édition du *Code commercial de signaux* dans sa langue nationale, pour qu'il soit à même de se servir de l'idiôme universel, comme de sa propre langue, et de s'entretenir avec tous les navires qu'il rencontre.

Ce n'est pas sans difficulté, ce n'est qu'avec le concours permanent d'un grand nombre d'hommes voués à cette étude chez les différentes nations, que l'on est parvenu à créer la langue maritime universelle qui permet d'établir par des signaux, une communication entre deux navires étrangers. Il ne sera pas sans intérêt de passer en revue les différents systèmes, qui ont été essayés en Angleterre et en France, pour arriver à ce grand résultat, atteint aujourd'hui d'une manière à peu près complète.

L'utilité d'un système universel de signaux maritimes est de toute évidence. Combien de catastrophes auraient été évitées, combien de périls détournés, combien d'argent écono-

Fig. 28. — Navire exécutant les signaux du code Reynold (communication avec le pilote d'un port).

misé, s'il eût été toujours possible aux navires qui se croisent, d'échanger des avis, de s'instruire mutuellement de ce qui se passait dans les différents ports qu'ils avaient visités. L'importance de ce genre de communication, aux points de vue commercial, politique et militaire, n'a pas besoin d'être plus longuement établie ; elle saute aux yeux.

Mais en dehors de cette utilité commerciale ou nautique, on comprend que la simple possibilité d'échanger, de temps à autre, quelques phrases, ne soit pas un médiocre service rendu aux gens de mer. Sur un navire, tout devient distraction. Un lambeau de conversation, lancé à travers l'espace, est une véritable jouissance pour celui qui, pendant des semaines entières, n'a vu que le ciel et l'eau. Dès qu'un navire apparaît à l'horizon, il est l'objet de la curiosité de l'équipage. On fait des conjectures sur sa nationalité et sa destination. On cherche à distinguer la forme de sa coque et son pavillon. Quand on s'est approché à une distance convenable, on se fait des signes, et l'on cherche à entamer une conversation. Le capitaine fait arborer ses pavillons hiéroglyphiques ; il dresse les signaux de la langue nautique, puis il attend la réponse. Mais trop souvent, ces signaux sont lettre morte : on parle dans le désert. L'étranger ne comprend pas, car il a un autre code à son bord, de sorte qu'avec la meilleure volonté du monde, on ne peut parvenir à échanger deux phrases qui offrent un sens quelconque. On se sépare donc avec dépit, sans avoir pu se dire un mot.

Les différents codes qui ont été jusqu'ici en usage dans la marine des différentes nations, n'étaient pas sans valeur pratique ; mais aucun n'offrait assez d'avantages pour que l'on eût pu réussir à le faire adopter d'une manière générale. On connaît les Codes de signaux maritimes de Marryatt, de Rogers, de Ward, de Reynold, de Rhode et bien d'autres encore.

Le plus répandu des Codes maritimes actuels, est celui que l'on doit au capitaine anglais Marryatt.

Le *Code Marryatt* est fondé sur le système décimal. Les mots, noms et phrases formant les différentes communications qu'on peut vouloir échanger, y sont désignés par des numéros. On signale ces numéros par des combinaisons de dix pavillons de couleurs différentes, affectés aux dix chiffres 0, 1, 2, 3, 4, 5, 6, 7, 8, 9. Ces numéros renvoient au vocabulaire, qui prend ici le nom de *code de signaux*. Les combinaisons contenant plusieurs fois le même chiffre, sont exclues pour ne pas augmenter le nombre des pavillons. On arrive ainsi, en combinant jusqu'à quatre chiffres, à un total de 5,860 groupes, dont le dernier est numéroté 9,876. C'est le nombre le plus élevé que l'on puisse former avec quatre chiffres différents.

Pour augmenter le total des communications possibles, on a imaginé de former six séries ou sections, dans lesquelles se répétaient les mêmes numéros d'ordre; il faut donc, en outre, désigner chaque fois la série dans laquelle un numéro donné doit être cherché. On emploie, à cet effet, une caractéristique spéciale, que l'on hisse soit au-dessus des autres pavillons, soit à un mât séparé.

La première série comprend la liste des bâtiments de guerre anglais; la deuxième, celle des bâtiments de guerre étrangers; la troisième, les bâtiments de commerce; la quatrième, les noms géographiques les plus importants (phares, relâches, mouillages, villes); la cinquième est le répertoire des phrases les plus usitées; enfin, la sixième forme un vocabulaire de mots destinés à composer des phrases non mentionnées dans la série précédente.

Mais les 5,860 numéros de la troisième série, n'auraient jamais suffi pour désigner tous les bâtiments de commerce; il a donc fallu la subdiviser encore une fois en trois parties, qui se distinguent l'une de l'autre par une flamme spéciale. Le nombre des signes de la plupart des communications est ainsi porté à cinq, au lieu de quatre, ce qui est un inconvénient des plus graves. La pratique a montré, en effet, que l'emploi de plus de quatre signes sur la même *drisse*, comporte de nombreuses chances d'erreurs, et si l'on se décide à hisser le cinquième pavillon sur un mât séparé, on risque encore qu'il ne soit pas aperçu.

Le principal défaut de ce système, d'ailleurs fort ingénieux, c'est le nombre insuffisant des combinaisons dont il permet de disposer. L'édition de 1854 du *Code Marryatt* contient environ 11,000 noms de bâtiments de commerce, rangés par ordre alphabétique; tous les navires portant le même nom sont représentés par le même signal. On arrive ainsi à ne pas dépasser les ressources du système adopté. Mais la liste des bâtiments du commerce anglais, publiée en 1865, d'après le *Registrar general of shipping and seamen*, contient déjà plus de 52,000 numéros! Comment les aurait-on fait entrer dans le Code Marryatt? Quant à l'idée de donner le même numéro aux navires de même nom, on comprendra combien elle est malencontreuse quand on saura, par exemple, que plus de cent cinquante bâtiments anglais et américains, dont le tonnage dépasse cinquante tonneaux, portent le nom d'*Élise*, sans compter ceux qui s'appellent *Élise-Anne*, *Élise-Marie*, etc. Quatre de ces *Élise* appartiennent au port de Londres. On était bien avancé quand, après avoir échangé quelques signaux avec un navire qu'on rencontrait, on savait qu'il s'appelait *Élise*! Aussi, les listes qui se publient aujourd'hui en Angleterre renferment-elles, non-seulement le nom et la nature du bâtiment, son tonnage et la forme de sa machine, mais encore le nom et l'adresse de l'armateur.

Le vocabulaire et le répertoire de phrases du Code Marryatt étaient également insuffisants et d'une disposition peu commode.

Les signaux du système Marryatt, qui s'exécutaient au moyen de pavillons de différentes couleurs, avaient enfin l'inconvénient de se confondre, quand ils étaient observés de loin, lorsque le calme empêchait les pavillons de flotter, ou quand la direction du vent les présentait à l'observateur dans le sens *debout*.

Tout cela pourtant ne doit pas nous empêcher de reconnaître que le Code anglais a rendu de grands services, et qu'il a servi de modèle au nouveau *Code commercial anglofrançais*, que nous ferons connaître plus loin.

C'est à un marin français, M. Reynold de Chauvancy, capitaine de port, qu'appartient le grand honneur d'avoir le premier remplacé le système du capitaine Marryatt, par une combinaison infiniment plus commode et plus simple. M. Reynold substitua la forme des corps à la couleur des pavillons, en ne faisant usage, à l'imitation du système de François Sudre, que de trois formes, à savoir : un pavillon, une flamme et un globe, ou plutôt un objet opaque quelconque, tel qu'un ballon ou un chapeau.

Le système Marryatt était par lui-même très-dispendieux ; il exigeait l'emploi de séries de pavillons semblables à celles dont sont pourvus les bâtiments de l'État. Le système Reynold, au contraire (qui permet d'ailleurs aussi l'emploi des pavillons réglementaires), se compose d'une série de trois signes incolores, qui ne coûtent absolument rien, puisque tout navire en possède les éléments indispensables, et qui sont tout simplement : 1° un pavillon de n'importe quelle couleur ; 2° un lambeau d'étoffe figurant une flamme ; 3° et un objet opaque quelconque, tel qu'un bal-

lon, une manne, un chapeau, etc. Un vocabulaire qui renferme plus de 18,000 mots, permet de traduire, avec ces trois signaux, toutes les idées qui peuvent être échangées dans une correspondance.

La figure 28 (page 77), fait voir un navire portant à son mât les trois signaux, de forme différente, dont les combinaisons répondent à l'un des 18,000 mots du vocabulaire de M. Reynold. Les numéros de ce vocabulaire signalés au moyen de ces trois objets, servent aux navires pour correspondre à distance.

Il est impossible de ne pas être frappé des avantages qui résultent, pour la marine et le commerce maritime, de l'adoption d'une télégraphie si simple qu'elle est à portée de toutes les intelligences, si peu dispendieuse, qu'en toutes circonstances le plus humble caboteur possède à son bord les éléments nécessaires pour la représenter, et qui, traduite dans les langues les plus usitées en marine, donnera toujours, dans toutes ces langues, au moyen d'un même numéro correspondant, l'explication précise du signal. En se servant de cette *télégraphie polyglotte*, un marin, à l'entrée d'un port étranger, pourra toujours faire comprendre ses besoins, et comprendre ce qu'on lui demandera, sans avoir préalablement étudié la langue en usage dans ce port. Il y a loin de là à ces séries de pavillons très-dispendieuses d'achat et d'entretien, qu'exige le code Marryatt. Ici, comme nous venons de le dire, les engins nécessaires à l'exécution des signaux, ne coûtent rien.

C'est par ces considérations que le système Reynold a été adopté pendant un certain temps, par le gouvernement français. Une décision du 26 juin 1855, de M. Hamelin, ministre de la marine, rendit obligatoire pour la marine marchande française, le code Reynold, que déjà son prédécesseur, le ministre Ducos, avait rendu, pendant la même année, obligatoire pour la marine militaire. L'amiral Hamelin ordonna que le code Reynold serait obligatoire à bord de tous les navires de commerce français naviguant au long cours et au cabotage, ainsi qu'à bord des bâteaux-pilotes. Afin d'assurer l'exécution de cette disposition, une apostille, portée sur le rôle d'équipage, devait mentionner que le capitaine du navire était pourvu de ce code; en outre, le nom du navire, ainsi que celui du port d'armement, devaient être inscrits sur l'exemplaire présenté.

Il fallait obtenir des autres nations maritimes l'adoption du code Reynold, pour les relations internationales. On obtint l'adhésion de quinze nations, l'Angleterre, la Hollande, la Sardaigne, Naples, la Grèce, la Belgique, la Prusse, la Suède, la Russie, les républiques espagnoles, Hambourg, etc.

Le code Reynold fut traduit en anglais, en italien, en allemand, en suédois, etc. (1).

Le code Reynold était excellent et répondait à tous les besoins de la correspondance maritime; mais il avait un défaut : il avait le défaut d'être français, ce que l'orgueil britannique ne pardonne guère dans les questions de marine. Il était français et par l'inventeur, et par le gouvernement qui s'était appliqué à en propager l'usage. L'Angleterre refusa donc de rester plus longtemps dans le concert des nations maritimes qui avaient adopté le Code français. Sur les observations de la marine anglaise, à laquelle vinrent se joindre, il faut le dire, des remarques émanant des officiers de notre marine impériale et de notre marine marchande, diverses enquêtes furent ouvertes. Le conseil d'amirauté, d'accord avec le comité hydrographique, reconnut que le monopole accordé au code

Reynold n'était motivé par aucune considération d'intérêt public ou d'utilité pratique.

A la suite de ces diverses enquêtes, une décision rendue le 30 avril 1863, par le ministre de la marine, M. de Chasseloup-Laubat, abrogea les arrêtés de 1855.

Mais le besoin d'un code international commode et pratique, se fit alors sentir plus que jamais. L'habitude des communications postales et des dépêches télégraphiques a augmenté nos légitimes exigences. L'échange de quelques avis techniques ne peut plus suffire au marin; il veut avoir une télégraphie à lui, qui lui permette d'exprimer toutes ses idées et de correspondre avec tous les navires qu'il rencontre sur sa route.

L'insuffisance des moyens de communication dont on disposait jusqu'ici, a été regrettée plus d'une fois, pendant les guerres de Crimée, d'Italie, en Chine, en Cochinchine, au Mexique, quand nos bâtiments se voyaient dans l'impossibilité de se faire comprendre par les navires italiens, anglais, espagnols, ou même par les navires marchands de notre nation. Il était donc urgent d'aviser aux moyens de faire cesser un état de choses aussi fâcheux.

Le gouvernement français, préoccupé depuis longtemps de la solution de ce problème, se décida à faire des ouvertures au cabinet de Londres. Une commission anglo-française fut bientôt chargée de préparer un système de signaux propre à être adopté par toutes les nations maritimes. Les projets de cette commission furent sanctionnés par un décret impérial en date du 25 juin 1864. Les dix-huit mois qui suivirent cette date furent employés à l'impression des éditions française et anglaise du nouveau *Code commercial des signaux*.

Au mois de février 1866, le ministre de la marine, M. de Chasseloup-Laubat, présentait à l'Empereur le premier exemplaire de l'édition française du *Code commercial de signaux*, qui a été élaboré par une commission

(1) L'édition française du code Reynold a pour titre : *Code international. Télégraphie nautique réglementaire pour les bâtiments de guerre et de commerce français acceptée par les gouvernements d'Angleterre, des Pays-Bas, de Sardaigne, de Suède, de Grèce, de Naples, de Belgique, de Prusse, de Norwége, de Russie, de l'Uruguay, de Hambourg, d'Oldenbourg, du Chili, de Danemark, d'Autriche, etc.*, etc, *publiée sous les auspices et par les ordres de S. Exc. M. le Ministre de la marine et des colonies*, par Charles de Reynold de Chauvancy, capitaine de port, 4° édition. Paris, 1857, chez L. Hachette.

Fig. 29. — Communication entre un navire à l'entrée d'un port et des troupes de débarquement, au moyen des signaux du code Reynold (page 83).

anglo-française et publié simultanément à Paris et à Londres sous les auspices des deux gouvernements.

M. Larkins, membre du *Board of trade*, en Angleterre, et en France M. Sallandrouze de Lamornaix, lieutenant de vaisseau, un des jeunes officiers les plus distingués de notre marine, ont dirigé ce difficile et minutieux travail, en français et en anglais (1). Déjà plusieurs gouvernements ont fait connaître leur désir d'adopter ce Code international, et l'on peut espérer que sous peu, toutes les nations maritimes donneront leur adhésion à cette œuvre de civilisation et de paix.

Les gouvernements anglais et français ne veulent pas imposer ce code à la marine marchande d'une manière obligatoire ; mais les avantages qui résulteront de son adoption sont trop considérables pour qu'il ne se répande pas rapidement parmi les marines de toutes les nations.

Expliquons le plan et l'usage du nouveau code international, ou *Code Larkins anglo-français*.

Toute langue maritime se compose nécessairement : 1° d'un ensemble d'idées ou de communications, qu'il s'agit de traduire par des signaux ; 2° d'un alphabet de mouvements ou d'apparitions propres à former ces signaux.

Le *système Larkins anglo-français*, consiste dans l'emploi de 78,642 combinaisons de deux, trois ou quatre consonnes, et dans l'usage d'un pavillon de forme et de couleur

(1) *Code commercial de signaux maritimes à l'usage des bâtiments de toutes les nations*, Paris, in-8°, 1866, chez Galignani.

déterminées, pour figurer chaque consonne.

Dix-huit pavillons, représentant les dix-huit consonnes de notre alphabet, suffisent, si on les réunit par groupes de deux, de trois ou de quatre, pour obtenir ce nombre prodigieux de combinaisons différentes. Chaque combinaison est affectée à la représentation d'une idée déterminée. Elle signifie soit un mot, soit une phrase. Des vocabulaires spéciaux ou codes renferment la traduction de ces mots et de ces phrases, dans toutes les langues modernes.

Les signaux se distinguent par leur forme et par leur couleur, qui doivent être choisies parmi les plus tranchées, les plus faciles à reconnaître de loin. On n'a donc employé dans le nouveau code, que des pavillons carrés, des pavillons triangulaires (flammes) ou des pavillons carrés évidés d'un côté (guidons). Les couleurs adoptées sont : le blanc, le bleu, le jaune et le rouge. La planche imprimée des pavillons destinés à l'usage des navires marchands de toutes les nations, est formée d'un guidon rouge, de quatre flammes composées de deux couleurs, et de treize pavillons carrés, également à deux couleurs, dessinant des raies, des casiers, des croix, etc. Ces dix-huit pavillons ont été choisis parmi ceux qui étaient déjà usités dans les anciens codes ; ils seront les mêmes pour toutes les marines marchandes. Pour les marines militaires, on a composé des planches spéciales, renfermant dix-huit pavillons de même forme que ceux des navires de commerce, mais à dessins légèrement différents ; ils ont été pris parmi les signes déjà en usage à bord des navires de guerre.

Les dix-huit pavillons désignent, dans le nouveau code, les dix-huit consonnes de notre alphabet. Le guidon représente B ; les quatre flammes C, D, F, G ; les carrés H, J, K, L, M, N, P, Q, R, S, T, V, W.

On aurait pu ajouter un signal Z, si on avait voulu augmenter considérablement le nombre des combinaisons possibles ; mais 78,642 signaux qu'on obtient en combinant de différentes manières deux, trois ou quatre des pavillons adoptés, ont paru former un total bien suffisant.

Les pavillons se groupent ensemble, les uns au-dessus des autres, le long d'une *drisse* (corde que l'on hisse le long d'un mât). Le bâtiment interpellé lit alors, au haut du mât, un signal composé de plusieurs lettres. Il en cherche la signification dans son code, et il répond par un autre signal, après avoir cherché dans le même dictionnaire, le symbole du mot ou de la phrase qu'il veut transmettre.

Supposons, par exemple, qu'un capitaine naviguant dans l'océan Pacifique, en rencontre un autre se rendant à Valparaiso, et qui doit avoir pris la mer sans avoir eu connaissance de la déclaration de guerre entre l'Espagne et le Chili. Il veut faire savoir à l'équipage étranger que les navires espagnols bloquent les ports chiliens, et lui conseiller de suivre une autre route. A cet effet, il hissera successivement les signaux suivants, dont le *Code commercial*, qui existe à bord de l'autre navire, lui donnera la traduction fidèle dans sa langue, que nous supposerons être la langue française.

J. N.......... *Guerre entre*
B. C. V. T.... *Espagne.*
B. N. S. Q.... *Chili.*
C. L. Q. P.... *Vous serez arrêté par les bâtiments du blocus.*
M. Q. B....... *Vous feriez mieux de faire route pour*
B. N. R. M.... *Callao.*
N. R. Q....... *On ne peut se procurer un bon fret.*

A cet excellent avis, le navire répondra :

N. K. B....... *Très-obligé pour*
G. M. Q. N.... *Avis.*

Sur le nombre total des combinaisons inscrites dans le code, 53 environ sont affectées aux noms des bâtiments. Mais comme ce nombre serait encore loin de suffire à la désignation de tous les navires, la série entière est laissée à la disposition de chaque nation maritime, qui pourra en répartir les signaux à sa manière ; le pavillon national servira à distinguer les navires portant le même numéro. Les 25,000 autres signaux servent à composer toutes les communications possibles. Ils représentent, comme le montre l'exemple ci-dessus, des objets, des noms géographiques, des membres de phrases ou des phrases entières, des nombres ou des syllabes permettant d'épeler les noms propres. Les combinaisons de deux ou trois signes ont été réservées pour les communications les plus utiles lors des rencontres à la mer ; celles de deux signes spécialement pour les avis importants et pressés.

Le *Code anglo-français* est divisé en deux volumes. Le premier, comprenant le dictionnaire de la langue universelle ; le second, la liste des navires. Le dictionnaire se divise lui-même en deux parties. La première présente, rangés par ordre alphabétique, les mots les plus usuels. Autour de chaque mot sont groupés les membres de phrase et les phrases dans lesquelles ce mot joue un rôle essentiel. En regard de chaque lambeau de phrase se trouve le signal qui l'exprime. L'autre partie sert à déchiffrer les signaux ; elle renferme les différentes combinaisons de consonnes, rangées par ordre alphabétique, et suivies de leur interprétation. Les différentes nations maritimes ne tarderont pas à publier des dictionnaires analogues à l'usage de leurs bâtiments.

Les signaux dont il a été question jusqu'ici, sont parfaitement visibles à des distances peu considérables, mais ils cesseraient de l'être au delà d'un certain éloignement. Dans ce cas, on emploie une autre catégorie de signaux, empruntée au code Reynold : les combinaisons d'une boule, d'une flamme et d'un pavillon carré. Ces combinaisons, au nombre de dix-huit, remplacent les dix-huit signaux de petite distance, et représentent chacune une consonne déterminée. On compose un groupe de consonnes en arborant successivement plusieurs de ces signaux, et faisant précéder le premier et suivre le dernier, par une boule élevée seule.

En outre, on a affecté à chacun des dix-huit signaux de grande distance une signification spéciale et urgente ; et dans ce cas, on le fait précéder et suivre d'une boule, pour faire savoir qu'il doit être considéré isolément. Enfin, on arrivera peut-être à employer le même dictionnaire pour les signaux de nuit, en choisissant dix-huit groupes de lanternes ou d'autres objets facilement visibles, auxquels on donnera les noms des dix-huit consonnes ; mais cette question est encore à l'étude.

Nous venons de dire que le nouveau code anglo-français, ou *Code Larkins*, conserve les signaux du code Reynold, quand on se trouve à une trop grande distance. La figure 29 (page 81) représente l'application du code Reynold à ce cas particulier. On trouve expliqué comme il suit, dans l'ouvrage de M. de Reynold, la manière de communiquer entre des troupes de débarquement et des bâtiments en rade.

« En cas de détresse, dit M. Reynold, de manque de tout pour faire les signaux indiqués précédemment, un homme seul peut les représenter, ainsi que l'ont reconnu les commissions.

Un homme donc, élevant *verticalement*, soit au bout d'un fusil, soit au bout d'une gaffe, un objet *flottant*, tel qu'un pavillon, un mouchoir, un lambeau d'étoffe, signifiera comme le pavillon seul des signaux de jour : *attention, aperçu, virgule*, ou le signe +.

	droit, horizontalement, avec un objet *flottant*, il représentera	1
	» à 45°.....................	2
ÉTENDANT	*gauche*, horizontalement............	3
le	» à 45°.....................	4
BRAS	*droit*, horizontalement, avec un objet *opaque* (un chapeau, une manne)...................	5
	» à 45°.....................	6
	gauche, horizontalement............	7
	» à 45°.................	8

Le bras droit *horizontal* avec un objet flottant, le bras gauche *horizontal* avec un objet opaque.. 9
Le bras gauche *horizontal* avec un objet flottant, le bras droit *horizontal* avec un objet opaque.... 0
On peut représenter ainsi toutes les combinaisons de nombres (1). »

(1) *Code Reynold*, pp. XLII, XLIII.

Nous n'avons parlé jusqu'ici que des moyens que les navires auront désormais de correspondre entre eux. Mais le *Code commercial* assure aussi leur communication avec les côtes, par l'intermédiaire des sémaphores. Depuis le 1ᵉʳ mai 1866, tous nos sémaphores sont en mesure d'entrer en correspondance avec les navires qui passent au large, au moyen des signaux de grande distance du *Code commercial*, composés comme à l'ordinaire, ou bien représentés par les différentes positions des ailes des sémaphores. Ces derniers vont ainsi étendre les réseaux de nos télégraphes jusque dans l'Océan. Toutes les stations de nos rivages étaient déjà transformées en véritables bureaux télégraphiques ; elles vont devenir aussi des bureaux de poste. Depuis le 15 mai 1866, les guetteurs expédient par le télégraphe électrique, ou par la poste, toutes les communications qu'ils reçoivent des bâtiments en mer. La surtaxe de transmission maritime est fixée à 2 francs pour une dépêche télégraphique ou postale de vingt groupes. Les guetteurs signaleront de même, aux navires, les ordres, avis ou dépêches des armateurs. Les dépêches maritimes pourront être formulées en groupes de deux, trois ou quatre lettres, qui représenteront, à volonté, un sens secret convenu entre l'expéditeur et le destinataire, ou une des phrases du *Code commercial*.

Tout le monde comprend l'importance de ces mesures. On n'aura plus besoin, à l'avenir, d'attendre l'arrivée des paquebots pour connaître les nouvelles qu'ils apportent. L'armateur, averti de la présence de son navire en vue de la côte, pourra lui envoyer l'ordre d'aller déposer son chargement dans tel port où il aura trouvé un placement avantageux de ses marchandises. Le même moyen servira à éviter des retards, à économiser des frais

inutiles, quelquefois à prévenir une catastrophe commerciale.

Ce n'est pas tout encore : les sémaphores, grâce au *code commercial*, rempliront une autre mission, tout aussi importante que celle pour laquelle ils ont été primitivement créés. Ils serviront à faire connaître aux navires les possibilités de mauvais temps, les tempêtes qui s'approchent, enfin toutes les pressions météorologiques intéressant la navigation.

Les signaux météorologiques d'avertissement sont exécutés au moyen de cônes et de cylindres en toile. Un cône dont la pointe est tournée vers le ciel, indique un coup de vent probable, venant du nord ; si la pointe est tournée vers la terre, on doit craindre un coup de vent du sud. Ces avertissements mettront les navires à même de prendre toutes les précautions nécessaires. Enfin, un *pavillon noir* sert à avertir d'un sinistre la côte et le large, et à appeler du secours.

Tant de précautions rassemblées finiront certainement par diminuer le nombre des sinistres de mer.

Bientôt, sans doute, l'expérience et la pratique auront consacré les dispositions du nouveau *Code commercial anglo-français*, et nous le verrons adopté par toutes les nations maritimes. L'initiative de la France n'aura pas été stérile en cette circonstance. S'il est impossible de supprimer les barrières de nationalités ou de frontières qui séparent les peuples modernes, au moins l'unité de langage régnera-t-elle sur la vaste étendue des mers ; et l'on verra cette langue universelle, dont le rêve a été caressé par tant de philosophes, réalisée, sinon sur la terre, au moins sur le domaine des eaux. Ainsi, l'on verra cesser la confusion des langues qui régnait sur mer ; la tour de Babel maritime aura fini son temps.

FIN DU TÉLÉGRAPHE AÉRIEN.

LE
TÉLÉGRAPHE ÉLECTRIQUE

L'idée de la télégraphie électrique est née avec l'observation des premiers phénomènes de l'électricité. Cette idée était tellement simple, tellement naturelle, qu'elle vint à l'esprit des physiciens qui observèrent les premiers avec quelle rapidité prodigieuse le fluide électrique circule dans un corps conducteur. Mais pour plier aisément l'électricité aux exigences infinies des communications télégraphiques, il aurait fallu posséder une connaissance approfondie de cet agent. Or, pendant toute la durée du xviiie siècle, l'électricité ne fut connue que dans une partie de ses propriétés. Aussi, bien des tentatives, bien des essais inutiles, furent-ils réalisés à cette époque : l'idée de la télégraphie électrique fut, dans cet intervalle, vingt fois abandonnée et reprise. D'ailleurs, en même temps que les physiciens s'efforçaient d'appliquer l'électricité à la télégraphie, d'autres savants cherchaient la solution du même problème dans l'emploi de moyens en apparence plus simples. Un grand nombre de mécaniciens s'occupaient d'établir un système rapide de correspondance en combinant divers signaux formés dans l'espace et visibles à des distances éloignées. Les difficultés sans cesse renaissantes que l'on rencon-trait alors dans le maniement pratique de l'électricité, encourageaient les efforts des partisans de la télégraphie aérienne. Enfin, dans les dernières années du xviiie siècle, arriva l'invention, faite par Claude Chappe, de la télégraphie aérienne, qui répondait, à cette époque, à tous les besoins. C'est alors que ce système fut adopté et établi dans toute l'Europe, comme nous l'avons raconté, et les recherches relatives à la télégraphie électrique éprouvèrent un long temps d'arrêt.

Cependant la physique ne tarda pas à s'enrichir d'admirables conquêtes; l'électricité manifesta des propriétés inattendues. Ces caractères, ces aptitudes nouvelles, si heureusement découverts dans l'agent électrique, permirent de le manier et de l'assouplir, comme le plus docile de nos instruments. Dès lors, la télégraphie électrique regagna le terrain qu'elle avait perdu; elle ne tarda pas à mettre en évidence son incontestable supériorité sur la télégraphie aérienne, à se substituer peu à peu à sa rivale, enfin à la détrôner sans retour. C'est l'histoire des efforts successifs qui ont été tentés pour arriver à créer la télégraphie électrique, que nous présenterons dans les premières pages de cette notice.

CHAPITRE PREMIER

PREMIERS ESSAIS D'APPLICATION DE L'ÉLECTRICITÉ A LA
TRANSMISSION DES SIGNAUX. — LE JÉSUITE STRADA. —
LE PÈRE LEURECHON ET SON CADRAN MYSTIQUE. —
SOUCHU DE TOURNEFORT. — PREMIÈRE MENTION FAITE
DANS UN RECUEIL SCIENTIFIQUE ÉCOSSAIS, DE L'IDÉE D'UN
TÉLÉGRAPHE AU MOYEN DE L'ÉLECTRICITÉ STATIQUE. —
TÉLÉGRAPHE ÉLECTRIQUE DE G. L. LESAGE. — LOMOND.
— REISER. — BETTANCOURT. — FRANÇOIS SALVA.

Les phénomènes de l'électricité statique ne sont connus que depuis le milieu du siècle dernier : c'est en 1746, comme on l'a raconté dans le premier volume de cet ouvrage, que furent découverts les faits qui devaient servir de base à toute une science nouvelle. L'observation du transport à distance de l'électricité, celle des corps conducteurs et non conducteurs, les curieuses propriétés de l'étincelle électrique, avaient commencé d'exciter au plus haut degré l'attention des savants. Bientôt les découvertes arrivèrent de tous les côtés. Musschenbroek construisait la bouteille de Leyde ; on essayait, en France et en Angleterre, d'apprécier la vitesse de l'électricité, et Lemonnier voyait, avec un étonnement profond, ce fluide franchir, dans un temps inappréciable, la distance de deux lieues. Peu de temps après, les physiciens français découvraient la présence de l'électricité libre au sein de l'atmosphère, et s'apprêtaient à aller conjurer au sein des nuées orageuses les terribles effets de l'électricité météorique.

Au milieu de cet élan général vers l'étude des phénomènes électriques, il était impossible que l'idée d'appliquer l'électricité à la transmission des signaux ne vînt pas à se produire.

Déjà d'ailleurs, et avant même la découverte des phénomènes électriques proprement dits, on avait vaguement signalé la possibilité d'appliquer l'action des aimants à une correspondance entre deux points peu éloignés.

L'idée de faire servir le magnétisme à une correspondance télégraphique, remonte jusqu'au XVIIᵉ siècle ; mais il est difficile de déci-

der si elle a été proposée sérieusement ou comme un pur amusement philosophique. Le lecteur en jugera lui-même d'après les documents historiques qui se rapportent à cette question.

Prolusiones academicœ (Récréations académiques), tel est le titre d'un ouvrage latin, aujourd'hui fort inconnu, qui fut publié en 1617, et dans lequel l'auteur, Flaminius Strada, jésuite de Rome, s'amuse à imiter alternativement dans ses vers, le style des principaux écrivains latins. Dans le passage de ce livre où il prétend imiter Lucrèce, Flaminius Strada expose assez longuement le moyen de correspondre d'un lieu à un autre et à travers une grande distance, au moyen de deux aimants.

Si deux personnes éloignées veulent échanger leurs pensées, il leur suffit, nous dit le jésuite romain, de se munir chacune, d'une aiguille aimantée par un même aimant et de disposer cette aiguille au milieu d'un cercle portant les lettres de l'alphabet. Si l'une des personnes vient à approcher une tige de fer de l'une des lettres, l'aiguille aimantée s'y portera aussitôt. On verra alors l'aimant éloigné se porter vers la même lettre de l'alphabet, et l'on pourra ainsi, en présentant à l'une des deux stations la tige de fer devant les différentes lettres du cadran, composer et transmettre des mots à un observateur placé à une grande distance.

L'opération, comme on le voit, appartient au domaine de la fantaisie pure, car deux aimants distants l'un de l'autre, bien qu'ayant reçu d'un même aimant leur vertu magnétique, n'ont entre eux aucune *sympathie*, comme on disait alors, qui pourrait produire ces mouvements concordants.

Mais, hâtons-nous de citer le document original. Après avoir fait connaître les propriétés de l'aimant, Flaminius Strada ajoute :

Ergo age, si quid scire voles, qui distat, amicum,
Ad quem nulla accedere possit epistola ; sume
Planum orbem patulumque, notas elementaque prima,
Ordine quo discunt pueri, describe per oras
Extremas orbis, medioque repone jacentem,

LE TÉLÉGRAPHE ÉLECTRIQUE. 87

Quem tetigit magneta, stylum ; ut versatilis indè
Litterulam quamcumque velis, contingere possit.
Hujus ad exemplum, simili fabricaveris orbem
Margine descriptam, munitumque indice ferri,
Ferri quod motum magnete accepit ab illo.
Hunc orbem discessurus sibi portet amicus...
His ita compositis, si clàm cupis alloqui amicum
Quem procul à toto terraï distinet ora ;
Orbi adjunge manum, ferrum versatile tracta.
Hic disposita vides elementa in margine toto :
Queis opus est ad verba notis, hùc dirige ferrum,
Litterulasque, modo hanc, modo et illam, cuspide tange. ...
Componas singillatim sensa omnia mentis...
Quin etiam, cum stare stylum videt, ipse vicissim
Si quæ respondenda putet, simili ratione
Litterulis variè tactis, rescribit amicus.
O ! utinam hæc ratio scribendi prodeat usu.
Cautior et citior properaret epistola... (1)

« Si vous voulez avertir de quelque chose un ami absent auquel nulle lettre ne pourrait parvenir, prenez un disque plat et large, et inscrivez tout autour les lettres dans l'ordre de l'alphabet que l'on enseigne aux enfants ; au centre, placez horizontalement une tige mobile qui ait été aimantée par le contact d'un aimant, et qui puisse à volonté se porter sur les diverses lettres en parcourant le cadran.

« Vous aurez préparé, d'un autre côté, un appareil tout semblable, contenant aussi les lettres de l'alphabet et muni d'une aiguille mobile *aimantée au contact de la première*. L'ami qui s'éloigne emportera ce dernier appareil avec lui.

« Les choses ainsi disposées, si vous désirez vous entretenir secrètement avec cet ami qui habite de lointains rivages, approchez votre main du cercle ; et faites tourner l'aiguille mobile. Vous voyez sur le bord de ce cercle, les lettres dont vous avez besoin pour former les mots. C'est sur ces lettres que vous dirigez votre aiguille, tantôt sur l'une, tantôt sur l'autre, et vous exprimez ainsi successivement chaque partie de votre pensée...

« Bien plus, lorsque votre ami verra s'arrêter l'aiguille, s'il désire vous répondre à son tour, il le fera en touchant de la même façon, une à une, les lettres de son propre cadran.

« Plût au ciel que cette manière de correspondre fût mise en usage ; une lettre s'expédierait ainsi avec plus de sécurité et de promptitude. »

Si le jésuite romain n'avait voulu, dans les vers qui précèdent, que tourner en ridicule quelques prétentions des physiciens de son temps, il faut convenir que le badinage de son esprit était fort heureux, car il mettait sur la voie d'une découverte importante. D'ailleurs cette idée du jésuite versificateur

(1) *Flaminii Stradæ, romani e Societate Jesu, Prolusiones academicæ*, Romæ, 1617, p. 302.

ne resta pas longtemps à l'état de plaisanterie.

Le père Leurechon, dont nous avons déjà cité, dans le premier volume de cet ouvrage (1) les *Récréations mathématiques*, publiées en 1626, donna à la rêverie mystique du jésuite romain, une forme scientifique.

Voici ce qu'on lit dans l'ouvrage du père Leurechon.

« Quelques-uns ont voulu dire que, par le moyen d'un aimant ou d'autre pierre semblable, les personnes se pourraient entre-parler. Par exemple, Claude étant à Paris et Jean à Rome, si l'un et l'autre avait une aiguille frottée à quelque pierre dont la vertu fût telle qu'à mesure qu'une aiguille se mouvrait à Paris, l'autre se remuât tout de même à Rome il se pourrait faire que Claude et Jean eussent chacun un même alphabet et qu'ils eussent convenu de se parler de loin tous les jours à 6 heures du soir, l'aiguille ayant fait trois tours et demi pour signal que c'est Claude et non un autre qui veut parler à Jean ; alors Claude, lui voulant dire que le roi est à Paris, il ferait mouvoir et arrêter son aiguille sur L, puis sur E, puis sur R, O, I, et ainsi de suite. Or, en même temps, l'aiguille de Jean, s'accordant avec celle de Claude, irait se remuant et s'arrêtant sur les mêmes lettres, et, partant, l'un pourrait facilement écrire ou entendre ce que l'autre lui veut signifier.

« L'invention est belle, mais je n'estime pas qu'il se trouve un aimant qui ait telle vertu : aussi n'est-il pas expédient, autrement les trahisons seraient trop fréquentes et trop couvertes. »

Le père Leurechon ajoute aux lignes qui précèdent une figure que nous reproduisons à la page suivante (fig. 30) et qui se compose d'une aiguille parcourant un cadran, sur lequel sont inscrites les lettres de l'alphabet.

Tout cela n'avait de scientifique que la forme. Il ne suffisait pas de dire que « si l'on avait une aiguille frottée à une pierre, dont la vertu fût telle qu'à mesure qu'une aiguille se mouvrait à Paris, l'autre se remuât tout de même à Rome, » il fallait trouver cette pierre, et cette *pierre philosophale* de la physique n'existait que dans les rêveries des savants de cette époque.

(1) Page 22.

Après le père Leurechon, plusieurs autres savants ont exprimé la même idée, ou plutôt le même rêve. Tel fut, par exemple, Souchu de Tournefort.

Fig. 30. — Cadran mystique du père Leurechon.

Souchu de Tournefort est l'auteur d'un petit livre publié en 1689, sous ce titre : *l'Aimant mystique*, et dans lequel les vertus de l'aimant sont rattachées aux préceptes de la religion chrétienne. Il fait mention dans ce livre des idées de Strada; seulement il les trouve exagérées, et prétend que tout ce que l'on peut faire par ce moyen, c'est de *correspondre d'une chambre à une autre*. Ce passage du livre de Souchu de Tournefort montre que l'on avait pris au sérieux la pensée émise par Strada sous une forme peut-être ironique.

L'appareil au moyen duquel on essaya de tirer parti de cette idée, et auquel Souchu de Tournefort fait allusion, est bien probablement le même qui se trouve décrit dans un ouvrage qui fut publié plus tard, et qui était assez répandu au dernier siècle : *Les nouvelles récréations physiques et mathématiques* de Guyot (1) ; l'auteur le décrit, en effet, comme un appareil déjà connu.

Dans cet appareil dont Guyot donne la figure et explique longuement le mécanisme, il s'agit de faire répéter à une aiguille placée

au milieu d'un cadran qui porte des lettres ou des chiffres inscrits autour de sa circonférence, tous les mouvements d'une autre aiguille semblable, placée sur un cadran tout pareil. L'attraction de l'aiguille par un aimant caché au-dessous, est le principe du mouvement de cet appareil, qui se compose d'éléments purement mécaniques assez simples, mais dont nous passerons la description sous silence.

Sans nul doute ce petit instrument n'avait rien de commun avec un télégraphe électrique, car son jeu provenait d'organes mécaniques et non de l'électricité. Il est bien remarquable pourtant de voir une idée de ce genre réalisée mécaniquement au siècle dernier avant même la découverte des phénomènes électriques, et c'est ce qui nous a engagé à la rappeler ici.

Ce qui manquait aux appareils de Strada et à ses imitations, c'était l'agent électrique pour mettre en communication, à travers une grande distance, deux cadrans, ou un appareil quelconque destiné à exécuter des signaux. Les propriétés diverses de l'électricité, et surtout celle d'être transmise à distance avec une rapidité incommensurable, étaient à peine connues que l'idée vint aussitôt aux physiciens d'en tirer parti pour l'exécution d'un télégraphe.

La première mention qui ait été faite d'un appareil de ce genre, le premier appareil qui ait été proposé pour appliquer l'électricité à la transmission de la pensée, fut publiée par un recueil écossais, le *Scot's Magazine*, dans une lettre signée d'une simple initiale, et écrite de Renfrew, le 1er février 1753 (1). Il ne sera pas sans intérêt de reproduire ce document.

« Monsieur,

« Tous ceux qui s'occupent d'expériences d'électricité savent que la puissance électrique peut se propager, le long d'un fil, d'un lieu à un autre, sans

(1) 4 vol. in-8. Paris, 1769 (tom. I).

(1) Vol. XV, p. 88.

Fig. 31. — Le premier télégraphe électrique (appareil de Georges Lesage, exécuté à Genève, en 1774) (page 90).

être sensiblement affaiblie par la longueur de sa course. Supposons maintenant un faisceau de fils en nombre égal à celui des lettres de l'alphabet, étendus horizontalement entre deux lieux donnés parallèles l'un à l'autre, et distants l'un de l'autre d'un pouce.

« Admettons qu'après chaque vingt yards (mètres) les fils soient reliés à un corps solide par une jointure de verre ou de mastic de joaillier, pour empêcher qu'ils n'arrivent en contact avec la terre ou quelque corps conducteur, et pour les aider à porter leur propre poids. La batterie électrique sera placée à angle droit à l'une des extrémités des fils, et le faisceau des fils à cette extrémité sera porté par une pièce de verre; les portions des fils qui vont du verre-support à la machine ont assez d'élasticité et de roideur pour revenir à leur position primitive après avoir été amenés en contact avec la batterie. Tout près de ce même verre-support, du côté opposé, une balle où boule descend suspendue à chaque fil, et, à un sixième ou un dixième de pouce au-dessous de chaque balle, on place l'une des lettres de l'alphabet, écrite sur de petits morceaux de papier ou d'une autre substance quelconque assez légère pour pouvoir être attirée et soulevée par la balle électrisée;

on prend en outre tous les arrangements nécessaires pour que chacun de ces petits papiers reprenne sa place lorsque la balle cesse de l'attirer.

« Tout étant disposé comme ci-dessus, je commence la conversation avec mon ami à distance, de cette manière : je mets la machine électrique en mouvement, et si je veux transcrire le mot que SIR, par exemple, je prends, avec un bâton de verre ou avec un autre corps électrique par lui-même ou isolant, les différents bouts de fils correspondant aux trois lettres qui composent le mot. Puis je les presse de manière à les mettre en contact avec la batterie. Au même instant, mon correspondant voit ces différentes lettres se porter, dans le même ordre, vers les balles électrisées à l'autre extrémité des fils : je continue à épeler ainsi les mots aussi longtemps que je le juge convenable; et mon correspondant, pour ne pas les oublier, écrit les lettres à mesure qu'elles se soulèvent; il les unit, et il lit la dépêche aussi souvent que cela lui plaît. A un signal donné, ou quand j'en ai le désir, j'arrête la machine, je prends la plume à mon tour, et j'écris ce que mon ami m'envoie de l'autre extrémité de la ligne.

« Si quelqu'un juge que ce mode de correspondance est quelque peu ennuyeux, au lieu de balles, il pourra suspendre au plafond une série de timbres en nombre égal à celui des lettres de l'alphabet, et diminuant graduellement de dimension depuis le timbre A jusqu'au timbre Z. Du premier faisceau de fils horizontaux, il en fera partir un autre aboutissant aux différents timbres, c'est-à-dire qu'un fil ira du fil A au timbre A, un autre du fil B au timbre B, etc.

« Alors celui qui commence la conversation amène successivement les fils en contact avec la batterie comme auparavant, et l'étincelle électrique, se déchargeant sur les timbres de dimensions différentes, désignera au correspondant, par le son produit, les fils qui auront été tour à tour touchés. De cette manière, et avec un peu de pratique, les deux correspondants arriveront sans peine à traduire en mots complets le langage des carillons, sans être assujettis à l'ennui de noter ou d'écrire chacune des lettres indiquées.

« On peut parvenir encore au même but d'une autre manière. Supposons que les balles soient suspendues au-dessus des caractères, comme dans la première expérience; mais, au lieu d'amener les extrémités des fils horizontaux en contact avec la batterie, convenons qu'un second faisceau de fils partant de l'électrificateur vienne aboutir aux fils horizontaux du premier faisceau, et que tout soit en même temps disposé de telle sorte que chacun des fils de la deuxième série puisse être détaché du fil correspondant de la première par une pression exercée sur une simple touche, et qu'il revienne de nouveau aussitôt qu'on lui rend la liberté en cessant de presser. Ceci peut être obtenu par l'intermédiaire d'un petit ressort ou de vingt autres moyens que l'on imaginera sans peine. De cette manière, les caractères adhéreront constamment aux balles, excepté lorsque l'on éloignera un des fils secondaires du fil horizontal en contact avec la balle, et alors la lettre, à l'autre extrémité du fil horizontal, se détachera immédiatement de la balle, et sera par là même montrée au correspondant. Je mentionne en passant cette nouvelle disposition comme une variété intéressante.

« Quelqu'un pensera peut-être que, quoique le feu ou flux électrique n'ait pas paru sensiblement diminuer d'intensité dans sa propagation à travers les longueurs des fils expérimentés jusqu'ici, on peut raisonnablement supposer, comme les longueurs des fils n'ont pas dépassé 30 ou 40 yards, que, sur une longueur beaucoup plus grande, cette intensité diminuera considérablement et sera probablement tout à fait épuisée par l'action de l'air environnant, après un parcours de quelques milles.

« Pour prévenir cette objection et sans perdre de temps en arguments inutiles, je dirai qu'il suffira de recouvrir les fils, d'une extrémité à l'autre, avec une couche mince de mastic de joaillier : ceci peut se faire avec une dépense additionnelle très-minime ; et comme cette couche est électrique par elle-même, c'est-à-dire isolante, elle mettra efficacement chaque partie du fil à l'abri de l'action épuisante de l'atmosphère (1).

Je suis, etc.   C. M. »

L'appareil proposé par le savant écossais dont le nom se cache sous ces deux initiales, et que l'on croit être celui de *Charles Marshall*, savant écossais qui passait pour savoir *forcer la foudre à parler et à écrire sur les murs*, était fort judicieusement combiné. C'est pour nous aujourd'hui un sujet de surprise de trouver décrit, dès cette époque, un système réalisant d'une manière si rationnelle la télégraphie au moyen de l'attraction des corps électrisés. Cependant la lettre du savant anonyme n'attira aucune attention, car l'appareil qu'il propose ne fut jamais mis à exécution.

L'honneur d'avoir le premier exécuté, dans des conditions pratiques, un appareil de télégraphie fondé sur l'emploi de l'électricité statique, appartient à un savant génevois, d'origine française, nommé Georges-Louis Lesage.

Georges-Louis Lesage était un physicien habile qui a laissé des travaux estimés; il vivait à Genève du produit de quelques leçons de mathématiques. C'est vers l'année 1760 que Lesage conçut le projet d'un télégraphe électrique, qu'il exécuta à Genève en 1774. L'instrument, qu'il imagina, et qui n'était d'ailleurs qu'un appareil de démonstration ou d'essai, se composait de vingt-quatre fils métalliques séparés les uns des autres et noyés dans une substance non conductrice. Chaque fil allait aboutir à un électromètre particulier formé d'une petite balle de sureau suspendue à un fil de soie. En mettant une machine électrique ou un bâton de verre électrisé, en contact avec l'un de ces fils, la balle de l'électromètre qui y correspondait était repoussée, et ce mouvement indiquait la lettre de l'alphabet

(1) Journal *le Cosmos*, 1857.

que l'on voulait faire passer d'une station à l'autre. C'était, on le voit, avec bien peu de différences, l'appareil de notre savant écossais.

Lesage était en correspondance avec les savants les plus distingués de l'Europe, et particulièrement avec d'Alembert. C'est ce dernier sans doute qui lui suggéra l'idée de faire hommage de sa découverte au grand Frédéric, qui aurait aisément fait la fortune de l'invention. Lesage se proposait, en effet, d'offrir sa découverte au roi de Prusse ; il avait même préparé la lettre suivante, qui devait accompagner l'envoi de ses instruments :

« Ma petite fortune est non-seulement suffisante pour tous mes besoins personnels ; mais elle suffit même à tous mes goûts, excepté un seul, celui de fournir aux besoins et aux goûts des autres hommes. Ce désir-là, tous les monarques du monde réunis ne pourraient me mettre en état de le satisfaire pleinement. Ce n'est donc pas au patron qui peut donner beaucoup que je prends la liberté d'adresser la découverte suivante, mais à celui qui peut en faire beaucoup d'usage. »

Fig. 32. — Georges-Louis Lesage de (Genève).

Mais Frédéric se trouvait à cette époque au milieu des embarras de la guerre de Sept-ans ; Lesage abandonna son projet.

Cependant l'idée de la télégraphie électrique avait déjà si bien pénétré dans tous les esprits, qu'on la trouve quelques années après réalisée à la fois en France, en Allemagne et en Espagne.

En 1787, un physicien, nommé Lomond, avait construit à Paris, une petite machine à signaux fondée sur les attractions et répulsions des corps électrisés. C'est ce que nous apprend Arthur Young, dans son *Voyage en France*.

A la date du 16 octobre 1787, les *tablettes* d'Young contiennent le passage qui va suivre :

« Rendez-vous chez M. Lavoisier.

« Madame Lavoisier, personne pleine d'animation, de sens et de savoir, nous avait préparé un déjeuner anglais au thé et au café ; mais la meilleure partie de son repas, c'était la conversation. Le soir, visite à *M. Lomond*, jeune mécanicien très-ingénieux et très-fécond, qui a apporté une modification au métier à filer le coton. Il a fait aussi une découverte remarquable sur l'électricité. On écrit deux ou trois mots sur un morceau de papier, il l'emporte dans une chambre et tourne une machine renfermée dans une caisse cylindrique, sur laquelle est un électromètre, petite balle de moelle de sureau ; un fil de métal la relie à une caisse également munie d'un électromètre placé dans une pièce éloignée. Sa femme, en notant les mouvements de la balle de sureau, écrit les mots qu'ils indiquent. D'où l'on peut conclure qu'il a formé un alphabet au moyen de mouvements. Comme la longueur du fil n'a pas d'influence sur le phénomène, on peut correspondre ainsi à quelque distance que ce soit, par exemple, du dedans au dehors d'une ville assiégée, ou, pour un motif bien plus digne et mille fois plus innocent, l'entretien des deux amants, privés d'en avoir d'autres (1). »

En Allemagne, Reiser proposa, en 1794, d'éclairer à distance, au moyen d'une décharge électrique, les diverses lettres de l'alphabet, que l'on aurait découpées d'avance sur des carreaux de verre, recouverts de bandes d'étain. L'étincelle électrique devait se transmettre par vingt-quatre fils, correspon

(1) *Voyages en France pendant les années* 1787, 1788 et 1789, par Arthur Young. — Nouvelle traduction, par M. Jules Lesage. Paris, 1860, chez Guillaumin.

dant aux vingt-quatre lettres ; on aurait isolé les fils en les enfermant sur tout leur parcours, dans des tubes de verre.

L'appareil de Reiser n'était autre chose que le *tableau magique* de Franklin, produit à distance, au moyen d'un fil conducteur. Pour en comprendre le mécanisme il suffira donc de se reporter à la figure 256 du premier volume de cet ouvrage qui représente le *tableau magique*.

En Espagne, Bettancourt, ingénieur d'un grand mérite, et dont nous avons cité le nom dans l'histoire de la machine à vapeur et dans celle du télégraphe aérien, avait déjà essayé, en 1787, d'appliquer l'électricité à la production des signaux, en se servant des bouteilles de Leyde, dont il faisait passer la décharge dans des fils allant de Madrid à Aranjuez. Mais quelques années plus tard, la télégraphie électrique était beaucoup plus avancée dans le même pays. En 1796, François Salva établit à Madrid un véritable télégraphe électrique.

François Salva était un médecin catalan qui s'était acquis dans la Péninsule une grande réputation, par le courage et la persévérance qu'il avait montrés comme propagateur des progrès de la vaccine. Il lutta pendant toute sa vie, contre l'ignorance du peuple et l'entêtement des moines.

Ce médecin, qui savait, comme on le voit, reconnaître et progager les découvertes utiles, présenta à l'Académie des sciences de Madrid, un mémoire sur l'application de l'électricité à la production des signaux. Le prince de la Paix voulut examiner ses appareils, et charmé de la promptitude de leurs effets, il les fit fonctionner lui-même, en présence du roi. A la suite de ces essais, l'infant don Antonio, fils de Ferdinand, fit construire, dit-on, un télégraphe de ce genre, qui embrassait un espace étendu.

Toutefois, hâtons-nous de le dire, un télé-

graphe électrique, fondé sur l'attraction et la répulsion des corps électrisés, ne pouvait, dans aucun cas, être considéré comme un appareil utile. On pouvait en faire une curieuse machine de cabinet, un instrument propre à fournir quelques expériences intéressantes, mais il était impossible de songer à l'appliquer au dehors à une correspondance télégraphique. A la fin du dernier siècle, on ne connaissait encore que l'électricité *statique*, c'est-à-dire celle qui est dégagée par le frottement et fournie par les machines électriques. Mais l'électricité provenant de cette source, ne réside qu'à la surface des corps, et tend continuellement à s'en échapper. C'est une électricité animée d'une grande tension, comme on le dit en physique. Il résulte de là qu'elle abandonne les conducteurs sous l'influence des causes les plus indifférentes ; l'air humide, par exemple, suffit pour la dissiper. Un agent aussi difficile à contenir ne pouvait donc être utilisé pour le service de la télégraphie.

C'est dire assez que toutes les tentatives qui furent faites jusqu'à la fin du dernier siècle, pour plier l'électricité aux besoins de la correspondance, durent être frappées d'impuissance. Après trente ans de travaux inutiles, on abandonna cette idée comme impraticable ; on fut contraint d'en revenir aux signaux formés dans l'espace et visibles à de grandes distances.

C'est à cette époque, c'est à la suite de ces travaux infructueux, que fut découvert par Claude Chappe le télégraphe aérien dont nous avons raconté l'histoire dans la notice qui précède. Le système de Chappe devait succomber le jour où la science de l'électricité aurait fait assez de progrès pour permettre de créer un système mécanique applicable à l'exécution des signaux à grande distance. C'est dans cette période que nous allons entrer maintenant.

CHAPITRE II

TÉLÉGRAPHES ÉLECTRIQUES CONSTRUITS APRÈS LA DÉCOU-
VERTE DE LA PILE DE VOLTA. — L'INVENTION DU SIEUR
JEAN ALEXANDRE EN 1802. — SŒMMERING CONSTRUIT
UN TÉLÉGRAPHE ÉLECTRIQUE, PAR LA DÉCOMPOSITION
DE L'EAU. — DÉCOUVERTE DE L'ÉLECTRO-MAGNÉTISME.
— APPLICATION DE CES PHÉNOMÈNES AU JEU DES TÉLÉ-
GRAPHES. — TÉLÉGRAPHES DE SCHILLING ET D'ALEXAN-
DER D'ÉDIMBOURG. — PREMIERS TÉLÉGRAPHES ÉLECTRO-
MAGNÉTIQUES CONSTRUITS EN 1838 A MUNICH, PAR
M. STEINHEIL, ET A LONDRES, PAR M. WHEATSTONE.

Tous les essais entrepris avant les premières années de notre siècle, pour appliquer
l'électricité au jeu des télégraphes ne s'écar-
taient guère des conditions d'une belle utopie
philosophique. L'électricité statique est si
difficile à manier, que l'on ne pouvait en
espérer aucun avantage pour un service régulier et continu. La découverte de la pile
faite en 1800, par Volta, vint changer subitement la face de cette question. On sait que
la pile fournit une source constante d'électricité, électricité sans tension, c'est-à-dire qui n'a
aucune tendance à abandonner ses conducteurs. Cet instrument offrait donc un moyen
de faire agir le fluide électrique à travers un
espace fort étendu, sans déperdition pendant
le trajet.

La découverte de la pile devait donner nécessairement une vive impulsion aux recherches concernant la télégraphie électrique. A
partir de ce moment, les essais dans cette
direction deviennent nombreux, et donnent
naissance à un certain nombre d'appareils
qui ne sont pas sans valeur.

Avant d'arriver à ces nouveaux appareils,
nous nous arrêterons quelques instants pour
résoudre un problème historique, dont les
données sont contenues dans un dossier trouvé
en 1859, dans nos Archives impériales, par
M. Gerspach, et publiées par lui dans les *Annales télégraphiques*(1). C'est d'après les pièces
découvertes par M. Gerspach, que nous allons
raconter l'histoire de la curieuse invention qui

(1) Mars avril, 1859, p. 188-199.

fut faite sous le Consulat et qui, selon nous, ne
pouvait être autre chose que la télégraphie
électrique réalisée au moyen de la pile de Volta.

Il y avait à Poitiers, en 1790, un ouvrier
doreur, nommé Jean Alexandre, que l'on
disait fils naturel de Jean-Jacques Rousseau,
et qui était cité dans la ville pour ses rares
talents. La révolution ayant éclaté, Jean
Alexandre se rendit à Paris. Il n'y trouva
point d'occupation pour son métier de doreur
sur métaux ; mais comme il était doué d'une
voix magnifique, dont il avait déjà tiré
parti à Poitiers, comme chantre de la cathédrale, il eut recours, pour vivre, à la même
ressource, et chanta au lutrin de Saint-Sulpice. Lancé bientôt dans la carrière politique,
il fut nommé président de la section du
Luxembourg, et peu de temps après, représentant à la Convention nationale.

Sa modestie le porta à refuser cet honneur ;
il accepta seulement d'être envoyé à Poitiers,
sa ville de prédilection, comme commissaire
général des guerres. Il passa de là à Lyon,
comme ordonnateur de la division militaire,
et il eut à organiser une armée de 80,000
hommes. Nommé ensuite agent supérieur
près de l'armée de l'Ouest, il se transporta à
Angers, où il avait 42 départements sous
ses ordres. Il présida à une levée de 200,000
soldats.

Sous le Consulat, notre commissaire des
guerres prit sa retraite, et revint à Poitiers.
C'est là qu'il conçut et exécuta un appareil
qui, d'après les détails qui vont suivre, ne
pouvait être autre chose qu'un télégraphe
électrique du genre de ceux que l'on désigne
aujourd'hui sous le nom de *télégraphe à
cadran*.

Beaucoup d'habitants de Poitiers auxquels
il avait communiqué le principe de son invention, en parlaient avec enthousiasme, et
l'engagèrent à présenter sa découverte à
l'État. Alexandre céda à leurs désirs. En
1802, il écrivit à Chaptal, ministre de l'intérieur, lui demandant les moyens de se rendre

à Paris, pour soumettre son invention à l'examen du premier Consul.

En sa qualité de savant, qui n'avait dû qu'à ses travaux de chimie sa haute élévation, Chaptal aurait dû accueillir avec empressement l'ouverture qui lui était faite. Il répondit, tout au contraire, qu'il voulait, avant de rien accorder, avoir entre les mains la description et le plan de l'appareil.

Comme Alexandre avait stipulé dans sa lettre, qu'il entendait se réserver le secret de son invention, jusqu'au moment où il serait admis à la présenter lui-même au premier consul, la réponse de Chaptal était évidemment un refus déguisé.

Sans se décourager, Alexandre résolut de demander au préfet de la Vienne, ce que lui avait refusé le ministre de l'intérieur : ne pouvant s'adresser à Dieu, il s'adressait aux saints.

En dépit de son nom (il s'appelait Cochon), le préfet de la Vienne était un homme intelligent et ami du progrès. La conversation qu'il eut avec Alexandre, l'intéressa vivement. Il fut frappé surtout du contraste entre l'imagination ardente de l'inventeur et la simplicité de son attitude. Il accorda tout de suite ce qu'on lui demandait, c'est-à-dire d'assister, chez l'inventeur, à l'expérience de son appareil. Le 13 brumaire an X, il se rendit au domicile d'Alexandre, accompagné de l'ingénieur en chef du département, Lapeyre. Et voici ce dont ils furent témoins.

Deux boîtes semblables, d'un mètre et demi de haut, sur 30 centimètres de large, étaient placées, l'une au rez-de-chaussée, l'autre au premier étage de la maison. Chacune de ces boîtes portait un cadran, formé des vingt-quatre lettres de l'alphabet, et une aiguille mobile, qui pouvait s'arrêter devant chacune de ces lettres. En amenant l'aiguille devant chaque lettre, on formait des mots. Jean Alexandre se plaça devant la boîte du rez-de-chaussée ; le préfet lui remit des mots et des phrases, et en manœuvrant le

cadran placé au rez-de-chaussée, il reproduisit ces mots et ces phrases sur le cadran de l'appareil installé au premier étage.

Si ce n'était pas là un télégraphe électrique à cadran, nous demanderons quel est l'appareil qui pouvait ainsi déterminer à distance la répétition des mouvements d'une aiguille sur deux cadrans identiques.

Le préfet fut émerveillé du résultat. Dans le rapport qu'il s'empressa d'adresser au ministre Chaptal, il déclarait que l'invention de Jean Alexandre était une œuvre de génie, et demandait que l'inventeur fût mandé à Paris, aux frais de l'État, pour répéter sous les yeux du premier Consul, cette expérience admirable.

On croit rêver quand on lit la réponse que fit Chaptal à la lettre du préfet de la Vienne. Ce savant émérite, ce physicien, ce chimiste, celui qui devait accorder, au sein du gouvernement, une protection paternelle aux sciences et à leurs progrès, repousse froidement l'inventeur qui ne lui demandait d'autre faveur que de montrer son appareil. Il répond que cette découverte, dont il ne sait rien, dont il n'a rien vu, n'est point nouvelle, qu'elle n'est autre chose « que l'art très-connu et très-varié d'écrire et de transmettre par signes ou figures. » Il déclare que le télégraphe aérien est supérieur à l'appareil d'Alexandre ; en conséquence, il refuse d'appeler l'inventeur à Paris.

Voici cette étrange lettre.

Paris, le 27 pluviôse, an X de la République française une et indivisible.

Le ministre de l'Intérieur au citoyen Juglar, rue de l'Université, n° 385, à Paris (1).

« Il m'a été rendu compte, citoyen, des expériences faites avec le modèle d'une nouvelle machine télégraphique, de l'invention du citoyen Alexandre, mécanicien, demeurant à Poitiers ; on a également mis sous mes yeux la lettre que le préfet du département de la Vienne m'a écrite à cet égard. Je dois

(1) Ce Juglar était l'ami et le représentant d'Alexandre à Paris.

applaudir au zèle et au talent du citoyen Alexandre ; mais, outre que le modèle de sa machine laisse à douter s'il serait possible de l'établir en grand, ce qu'il annonce comme découverte n'est autre chose que l'art très-connu et très-varié d'écrire et de transmettre par signes ou figures. Les télégraphes qu'on a fait exécuter jusqu'à ce jour sont beaucoup plus avantageux et plus simples, en ce qu'avec moins de signes ils expriment plus de choses. Je ne saurais, en conséquence, citoyen, accueillir la demande qui m'a été faite d'appeler le citoyen Alexandre à Paris et d'y faire transporter le modèle de sa machine. Je vous salue, CHAPTAL. »

Cet inexplicable refus ne découragea pas l'inventeur. Il était trop pauvre pour se rendre à Paris ; mais il pouvait se rendre à Tours, et répéter devant les personnages importants de cette ville, l'expérience qu'il avait faite à Poitiers. Il se rendit donc à Tours, et le 10 prairial an X, le maire et les adjoints de la ville se rendirent dans la maison qu'Alexandre avait choisie pour son expérience.

L'un des cadrans était placé au rez-de-chaussée, l'autre au premier étage. Le général Pommereul, préfet du département, donna cette phrase : « Le génie ne connaît point de limites. » Elle fut parfaitement répétée par le cadran du premier étage. D'autres phrases furent également transmises et reproduites avec une parfaite exactitude.

Ces expériences publiques produisaient partout la meilleure impression, et répandaient la renommée de l'inventeur ; mais elles ne l'aidaient point à atteindre son but. Ce que voulait Alexandre, c'était le moyen de se rendre à Paris ; son ambition était d'arriver au premier Consul, son rêve, de faire devant lui l'expérience, et de lui confier son secret.

Ce rêve ne devait pas se réaliser.

Le manque d'argent était la grande difficulté qui l'arrêtait. Voyant qu'il n'obtiendrait rien, réduit à ses propres forces, il consentit à conclure un acte de société pour l'exploitation de sa découverte, avec un de ses anciens camarades de l'armée, le chef de bataillon Beauvais, qui résidait à Paris.

Aux termes d'un acte qui fut signé le 12 messidor an X, Beauvais se chargeait de faire les démarches auprès des autorités, et de fournir les premiers fonds, dans le cas où l'on ne pourrait les obtenir du premier Consul. Jean Alexandre lui abandonnait, en compensation, le quart des bénéfices que devait produire l'entreprise. L'inventeur conservait son secret ; mais, après un bénéfice de 60,000 fr., il devait le communiquer à son associé.

Beauvais ne perdit pas de temps. Quinze jours après la signature de l'acte, il écrivait au premier Consul. Il demandait la faveur de lui présenter Alexandre, qui voulait faire devant lui seul l'expérience de son appareil. Il accompagnait sa demande de tous les rapports, procès-verbaux et pièces relatives à cette affaire.

Le premier Consul n'autorisa point l'inventeur à faire l'expérience devant lui. Il se borna à renvoyer l'examen de cette question à l'astronome Delambre, membre de l'Institut.

Quelques semaines après, Delambre présentait au premier Consul le rapport suivant, qui est trop curieux pour que nous ne le citions pas textuellement :

« *Rapport du citoyen Delambre sur le Télégraphe intime du citoyen Alexandre, offert au premier Consul par le citoyen Beauvais.*

« Les pièces que le premier Consul m'a chargé d'examiner ne contenaient pas assez de détails pour motiver un jugement. Rien n'indiquait la demeure du citoyen Beauvais ; je suis pourtant parvenu à me procurer deux conversations avec lui, et ce qu'elles m'ont appris ne me permet encore de donner que des *conjectures* sur les avantages et les inconvénients du *Télégraphe intime.*

Le citoyen Beauvais sait le secret du citoyen Alexandre, mais il a promis de ne le communiquer à personne, si ce n'est au premier Consul. Cette circonstance pourrait me dispenser de tout rapport. Comment juger une machine qu'on n'a point vue et dont on ne connaît point l'agent ?

Tout ce que l'on sait, c'est que ce télégraphe est composé de deux boîtes pareilles, portant chacune un cadran à la circonférence duquel sont marquées les lettres de l'alphabet.

Au moyen d'une manivelle, on conduit l'aiguille

du premier cadran sur toutes les lettres dont on a besoin, et au même instant l'aiguille de la seconde boîte répète dans le même ordre tous les mouvements, toutes les indications de la première.

Quand ces deux boîtes seront placées dans deux appartements séparés, deux personnes pourront s'écrire et se répondre sans se voir et sans être vues, sans que personne puisse se douter de leur correspondance. La nuit ni les brouillards ne peuvent empêcher la transmission d'une dépêche.

Au moyen de ce télégraphe, le gouverneur d'une place bloquée pourrait entretenir une correspondance secrète et continuelle avec une personne placée à quatre ou cinq lieues de là, et même à une distance indéfinie. La communication peut s'établir entre deux boîtes avec la même facilité qu'on poserait *un mouvement de sonnette*. Rien, après cela, ne serait plus facile qu'une expérience de la machine en présence de commissaires nommés pour en rendre compte.

L'auteur en a fait deux, l'une à Poitiers et l'autre à Tours, en présence des préfets et des maires. Les procès-verbaux attestent qu'elles ont complétement réussi. Aujourd'hui, l'auteur et son associé demandent que le premier Consul veuille bien permettre que l'une des boîtes soit placée dans son appartement et la seconde chez le consul Cambacérès, afin de donner à l'expérience tout l'éclat et toute l'authenticité possible ; ou bien que le premier Consul accorde une audience de dix minutes au citoyen Beauvais, qui lui communiquera le secret, qui est si facile, que le simple exposé équivaudrait à une démonstration et tiendrait lieu d'expérience.

On ajoute que l'idée est si naturelle, qu'il est peu à craindre qu'elle soit rencontrée par un savant. On dit pourtant que le citoyen Montgolfier l'a devinée, après quelques heures de réflexion, sur la description qu'on lui en avait faite.

Après cet exposé, qui est le résultat de mes conversations avec le citoyen Beauvais, il suffira d'un petit nombre de réflexions.

Si, comme on serait tenté de le croire d'après la comparaison avec *un mouvement de sonnette*, le moyen de l'auteur consistait en roues, mouvement et pièces de renvoi, l'invention ne serait pas bien étonnante et l'on imagine aisément quels inconvénients elle aurait dans la pratique pour les distances de plusieurs lieues.

Si, au contraire, comme paraît le prouver le procès-verbal de Poitiers, le moyen de communication est un fluide, il y aurait plus de mérite à l'avoir su maîtriser, au point de produire à de telles distances des effets aussi réguliers et aussi infaillibles. Mais, alors, on peut se demander qui nous garantira ces effets? Ce n'est pas l'expérience de Poitiers ni celle de Tours, dans lesquelles la distance n'était que de quelques mètres. Ce ne serait même pas celle qu'on propose de faire dans les salons du premier et du second Consul. Tant que l'agent restera caché, on ne pourra

jamais attester que ce que l'on aura vu, et il ne sera nullement permis de conclure de la réussite en petit, de ce qui peut arriver à des distances plus considérables. Si l'effet n'est sûr qu'à quelques mètres de distance, la machine, quelque ingénieuse qu'on la suppose, devra être renvoyée aux cabinets de physique amusante.

Si le citoyen Beauvais, qui offre de faire les frais de l'expérience, eût proposé de l'exécuter en présence des commissaires désignés à cet effet, il n'y aurait eu aucun inconvénient à lui accorder sa demande. Quoiqu'une expérience en petit soit peu concluante, cependant elle pourrait faire entrevoir ce qu'il y aurait à espérer d'une épreuve plus en grand et plus dispendieuse. Mais le citoyen Beauvais, sans refuser expressément des commissaires, désire principalement avoir le premier Consul pour témoin de l'expérience et pour appréciateur de l'invention ; il n'appartient donc qu'au premier Consul de décider si, malgré le peu de probabilité de succès que présente une invention si peu constatée et qui est annoncée comme merveilleuse, il voudra bien consacrer quelques moments à l'examen de la découverte d'un artiste qu'on dit aussi plein de *génie* que dépourvu de *science* et de fortune ; il fait mystère de sa découverte, et j'ai dû la juger avec sévérité et suivant les règles de la vraisemblance. Mais les limites du vraisemblable ne sont pas celles du possible, et il faut que le citoyen Alexandre soit bien sûr de son fait, puisqu'il offre d'exposer tout aux yeux du premier Consul. Il est donc à désirer que le premier Consul consente à l'entendre, et qu'il puisse trouver dans la communication qui lui sera faite, des motifs pour bien accueillir l'inventeur et récompenser dignement l'auteur.

Paris, 10 fructidor an X. »

On reconnaît dans ce rapport le talent de l'éminent historien de l'astronomie. Il y a là un vrai tour de force de description, car l'auteur parle d'un appareil qu'il n'a jamais vu, et il nous le fait connaître assez bien pour que sa description soit encore le meilleur document à consulter aujourd'hui. Delambre concluait en demandant que le premier Consul accordât à l'inventeur les *dix minutes d'audience* qu'il sollicitait.

Hélas ! ces dix minutes d'audience ne furent pas accordées. Le rapport de Delambre, que nous venons de citer, est la dernière pièce trouvée par M. Gerspach aux *Archives impériales*. D'où il faut conclure que le pauvre Alexandre et son associé, déçus dans leurs es-

Fig. 33. — Expérience de télégraphie électrique faite par Jean Alexandre devant le préfet de la Vienne (page 95).

pérances, durent abandonner sans retour leur entreprise.

Jean Alexandre paraît avoir consacré le reste de sa vie à la poursuite d'autres inventions, qui ne portèrent pas de meilleurs fruits que la précédente. En 1806, le Conseil municipal de Bordeaux faisait examiner par l'ingénieur en chef du département, un appareil destiné à filtrer l'eau de la Garonne, pour l'usage de la ville. Un local fut fourni pour l'installation de cette machine ; mais l'inventeur était trop pauvre : il ne put commencer l'entreprise.

En 1831, Jean Alexandre adressait au roi Louis-Philippe la description d'un nouvel aérostat dirigeable ; et l'on sait comment pouvaient être accueillis de tels projets. En 1832, il mourait à Angoulême, laissant une veuve qui, en 1853, mourut à Poitiers « dans la plus profonde misère », dit M. Gerspach.

Il nous paraît impossible de ne pas considérer comme un télégraphe électrique à cadran, *le télégraphe intime*, comme l'appelait Jean Alexandre. La description donnée par Delambre ; les explications détaillées du préfet de la Vienne ; ce conducteur qui *s'at-*

tache, comme un cordon de sonnette, et qui est susceptible de prendre toutes les directions et toutes les inflexions ; ces deux aiguilles et ces cadrans semblables, placés aux deux stations ; les mots de *fluide électrique ou magnétique*, qui sont prononcés ; tout cela ne peut s'appliquer, qu'au télégraphe à cadran en usage aujourd'hui dans nos chemins de fer.

Jean Alexandre aurait donc eu le mérite d'avoir le premier, c'est-à-dire en 1802, fait l'application de la pile de Volta à la télégraphie électrique.

Si l'on n'accordait pas à notre malheureux compatriote l'honneur que nous réclamons pour lui, il faudrait franchir un intervalle de près de dix années, et arriver à l'année 1811, pour trouver la première application vraiment scientifique de la pile de Volta à la télégraphie.

Ce qu'il fallait pour appliquer la pile de Volta à la transmission des signaux, c'était le moyen de rendre sensible à distance, l'effet de l'électricité : il fallait provoquer d'une station à l'autre, une action mécanique, un mouvement quelconque. Parmi les phénomènes auxquels la pile de Volta donne naissance, celui qui attirait le plus l'attention, au début de cette grande découverte, c'était la décomposition de l'eau. Tel est le fait qui fut choisi comme moyen indicateur de la présence de l'électricité dans le circuit. Le télégraphe électrique que le physicien Sœmmerring fit connaître en 1811, à l'Académie de Munich, était fondé sur la décomposition électrochimique de l'eau.

Cet appareil, remarquable pour l'époque, offrait les dispositions suivantes. A l'une des stations était établie une pile à colonne, qui constituait la source d'électricité. Cette pile servait à former trente-cinq circuits voltaïques, composés chacun, d'un double fil, l'un pour l'aller, l'autre pour le retour du courant. Sur tout le parcours, ces fils étaient isolés par une enveloppe de soie,

et le faisceau résultant de leur ensemble était recouvert d'un vernis isolateur. Tous ces fils pouvaient, de cette manière, être parcourus par le fluide, sans s'influencer ni se troubler mutuellement. A l'autre station, ces trente-cinq circuits venaient se rendre chacun, dans un petit vase plein d'eau distillée. Ces différents vases étaient destinés à représenter les vingt-cinq lettres de l'alphabet allemand et les dix chiffres de la numération. Lorsque, à la station où se trouvait la pile, on faisait passer l'électricité dans l'un des circuits, l'eau se décomposait instantanément dans le vase correspondant placé à la station extrême, et l'on pouvait ainsi désigner à volonté et malgré la distance, les différentes lettres de l'alphabet.

Le projet de Sœmmerring eût présenté dans la pratique des difficultés considérables : cependant l'ingénieux physicien qui en avait conçu l'idée avait parfaitement saisi, dès cette époque, les avantages de la télégraphie électrique. Sœmmerring fait remarquer, dans son mémoire, que ce nouveau moyen de correspondance fonctionne de nuit aussi bien que de jour, et que les brouillards ne peuvent retarder son action. Il ajoute que le télégraphe électrique présente sur le télégraphe aérien une supériorité immense, puisqu'il permet d'exprimer les signaux avec une rapidité incalculable ; qu'il fonctionne sans que rien décèle au dehors le passage des signaux ; qu'il n'exige la construction d'aucun édifice particulier ; qu'il peut aboutir en tel lieu que l'on veut choisir ; enfin qu'il rend superflu le langage compliqué et le vocabulaire secret de la télégraphie aérienne. Bien qu'il n'eût point déterminé la vitesse de transmission de l'électricité, Sœmmerring avait reconnu qu'une différence de deux mille pieds dans la longueur du conducteur, n'apportait aucun retard appréciable à la décomposition de l'eau ; d'où il concluait que l'action de son télégraphe pourrait s'étendre à une distance quelconque, sans exiger de stations intermédiaires.

En énumérant les avantages du curieux instrument qu'il avait imaginé, le physicien de Munich montrait qu'il comprenait tout l'avenir de la télégraphie électrique. Seulement l'appareil qu'il proposait offrait trop d'imperfection pour être adopté dans la pratique. Le fait de la décomposition de l'eau qu'il avait choisi comme l'indice de la présence du fluide, ne pouvait suffire à remplir un tel objet. Pour satisfaire aux conditions du problème de la télégraphie électrique, il fallait substituer au phénomène faible et obscur d'une action chimique, un effet mécanique d'une certaine intensité.

Un intervalle assez long s'écoula avant que la science pût fournir les moyens de satisfaire à cette condition. Ce dernier pas fut heureusement franchi par la découverte de l'électro-magnétisme. OErsted observa, en 1820, le fait fondamental qui sert de base à l'électro-magnétisme. Ce physicien reconnut qu'un courant voltaïque circulant autour d'une aiguille aimantée, agit à distance sur cette aiguille, et la détourne de sa position naturelle. Si l'on fait circuler autour d'une aiguille aimantée, un courant voltaïque, on voit aussitôt l'aiguille dévier brusquement, osciller pendant quelques instants et abandonner sa direction vers le nord.

La possibilité d'appliquer ce phénomène à l'art télégraphique fut bien vite saisie par les physiciens. Voici, par exemple, ce qu'écrivait Ampère, le 2 octobre 1820, très-peu de temps après la découverte d'OErsted :

« D'après le succès de cette expérience, on pourrait, au moyen d'autant de fils conducteurs et d'aiguilles aimantées qu'il y a de lettres, et en plaçant chaque lettre sur une aiguille différente, établir, à l'aide d'une pile placée loin de ces aiguilles, et qu'on ferait communiquer alternativement par ses deux extrémités à celles de chaque fil conducteur, une sorte de télégraphe propre à écrire tous les détails qu'on pourrait transmettre, à travers quelques obstacles que ce soit, à la personne chargée d'observer les lettres placées sur les aiguilles. En établissant sur la pile un clavier dont les touches porteraient les mêmes lettres, et établiraient la communication par

leur abaissement, ce moyen de correspondance pourrait avoir lieu avec assez de facilité, et n'exigerait que le temps nécessaire pour toucher d'un côté et lire de l'autre chaque lettre (1). »

Cependant les courants voltaïques produisent sur l'aiguille aimantée un si faible effet mécanique, qu'il fut à peu près impossible d'appliquer l'électro-magnétisme à l'usage de la télégraphie tant que l'on ne posséda pas le moyen d'augmenter l'intensité de ce phénomène.

Tel est précisément le résultat qui fut obtenu par la découverte du *multiplicateur* ou *galvanomètre*. Le physicien Schweigger reconnut qu'un courant voltaïque circulaire agit par toutes ses parties, pour diriger dans le même sens, une aiguille aimantée, qu'il enveloppe de toutes parts ; de telle sorte que, si

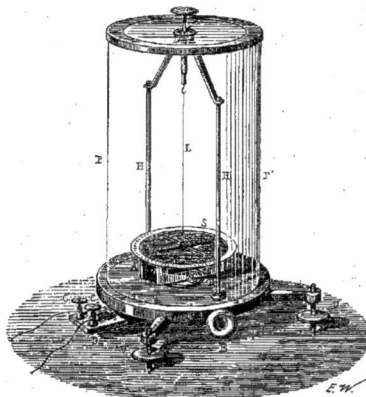

Fig. 34. — Le galvanomètre.

l'on enroule sur lui-même (*fig.* 34) le fil conducteur d'une pile CC', en l'isolant sur toute son étendue par une enveloppe de soie de manière à former une sorte de bobine A et que l'on place au milieu de cet assemblage, l'aiguille aimantée S, en la tenant suspendue au moyen d'un fil isolé L, on peut produire, avec cent tours par exemple, un effet cent fois plus grand qu'avec un fil d'un seul

(1) *Annales de chimie et de physique*, t. XV, p. 72.

tour. Le galvanomètre de Schweigger permettait donc d'augmenter l'intensité de l'action magnétique d'un courant de manière à le rendre applicable aux usages de la télégraphie.

La figure 34 représente le *galvanomètre*, instrument qui est aujourd'hui d'un usage continuel dans les cabinets de physique et les expériences sur l'électricité. L'aiguille aimantée S et la bobine de fils A sont renfermés dans une cage cylindrique en verre PP′ calée au moyen des vis V, V′.

L'action d'un courant voltaïque s'exerçant, grâce à l'emploi du multiplicateur, sur une aiguille aimantée, ne tarda pas à être mise à profit pour la construction d'un télégraphe électrique. Le télégraphe électrique de Schilling et celui d'Alexander, d'Édimbourg, étaient fondés sur l'emploi du galvanomètre.

En 1833, le baron Schilling, amateur distingué des sciences, fit à Saint-Pétersbourg plusieurs essais curieux avec un appareil de ce genre. Cet appareil se composait de cinq fils de platine, isolés au moyen de gomme laque, et contenus dans une corde de soie : ces fils unissaient les deux stations. A la station extrême, se trouvaient cinq aiguilles aimantées, placées chacune au milieu d'un galvanomètre ou *multiplicateur*. A la station du départ était une espèce de clavier, dont chaque touche, en rapport avec l'un des fils, servait à y diriger le courant, et à mettre ainsi en action l'aiguille magnétique correspondante, située à la station extrême. Les dix mouvements formés par les cinq aiguilles magnétiques, servaient à désigner les dix chiffres de la numération, lesquels, à l'aide d'un dictionnaire spécial, représentaient les signaux télégraphiques.

Schilling fit avec ce télégraphe, plusieurs expériences sous les yeux de l'empereur de Russie ; mais la mort de ce savant, survenue quelque temps après, empêcha de continuer les essais sur une échelle plus étendue.

A Gœttingue, les physiciens Gauss et Weber, construisirent après chilling, un télé-graphe électrique d'après les mêmes données.

Le télégraphe de Richtie et d'Alexander, d'Édimbourg, qui ne fut exécuté d'une manière définitive qu'en 1837, se composait de trente fils de cuivre, venant circuler, à la station d'arrivée, autour de trente aiguilles magnétiques. Quand on frappait à la station du départ, l'une des touches d'un clavier, semblable à celui d'un piano, le courant s'établissait dans le fil touché ; l'aiguille correspondante était déviée aussitôt, et son mouvement déplaçait un écran, qui découvrait la lettre à désigner. On pouvait ainsi montrer à distance, à une personne placée au-devant de l'appareil, les différentes lettres qui composaient les mots d'une dépêche.

En Angleterre, M. Wheatstone, réalisa vers la même époque, c'est-à-dire en 1837, un télégraphe électrique conçu sur le même principe que ceux de MM. Schilling de Saint-Pétersbourg, Gauss et Weber de Gœttingue, Richtie et Alexander d'Édimbourg, appareils divers dans la forme, mais qui, au fond, n'étaient que l'application, et quelquefois la complication, de l'idée d'Ampère.

Le *télégraphe magnétique* de M. Wheatstone se composait de 5 aiguilles aimantées, entourées d'un fil multiplicateur, en d'autres termes, de 5 galvanomètres. Ces galvanomètres étaient placés derrière un cadre, en forme de losange, sur lequel étaient tracées, diagonalement entre elles, les lettres de l'alphabet. Pour signaler certaines lettres, on dirigeait le courant à travers deux des galvanomètres ; de telle façon que les aiguilles, en convergeant entre elles, signalaient la lettre à désigner. Pour envoyer le courant dans tel ou tel des galvanomètres, M. Wheatstone faisait usage d'un *manipulateur*, composé de boutons d'ivoire, qui poussaient des ressorts métalliques destinés à établir et à faire circuler le courant dans l'un des circuits (1).

(1) M. du Moncel, a donné dans son ouvrage, *Exposé des applications de l'électricité* (tome second, 2e éditon, planches 1, 2, 3), la figure exacte du *télégraphe magnétique* de M. Wheatstone.

Pendant que M. Wheatstone inventait en Angleterre, son *télégraphe magnétique*, un physicien de Munich, M. Steinheil, exécutait un appareil basé sur le même principe, et réalisait la première application pratique de l'électricité, comme agent télégraphique ; car son télégraphe n'était pas un simple appareil de cabinet, mais un instrument usuel qui servit à établir une correspondance entre son observatoire et un faubourg de Munich, séparés par plus d'une lieue.

Fig. 35. — Steinheil.

C'est au mois de juillet 1837, date mémorable dans l'histoire de la télégraphie électrique, que M. Steinheil exécuta l'appareil que nous allons décrire, et qui peut être considéré comme le premier instrument qui ait servi à établir une correspondance régulière au moyen de l'électricité voltaïque.

C'était un simple galvanomètre A A (*fig.* 36), dont les fils multiplicateurs B, B, entouraient deux barreaux aimantés C, C. Ces barreaux se terminaient par un petit style, pourvu d'un bec rempli d'encre, *p, p*. Une bande continue de papier D D (*fig.* 37) se déroulait au-devant de ces deux becs, mar-

chant d'un mouvement uniforme, grâce à un rouage d'horlogerie E, E.

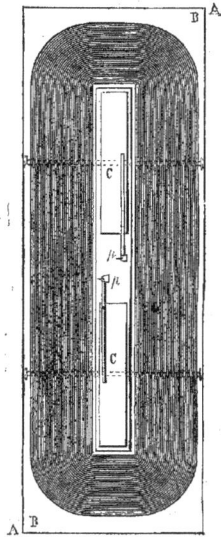

Fig. 36. — Télégraphe magnétique de Steinheil.

Quand le courant électrique était dirigé dans les fils du galvanomètre (*fig.* 36), les deux barreaux aimantés se déviant du même côté,

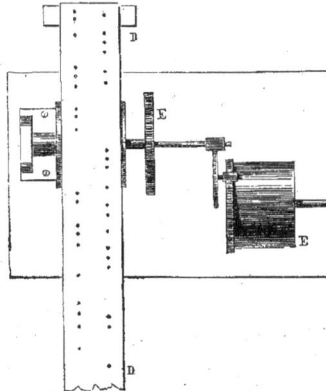

Fig. 37. — Télégraphe magnétique de Steinheil.

sous l'influence de l'électricité, l'un des deux becs chargés d'encre, s'approchait de la feuille de papier (*fig.* 37), et y déposait un point noir. Quand on changeait la direction, c'était l'autre bec, qui venait toucher la feuille de papier et y marquer un point noir. En combinant ces points de différentes manières, M. Steinheil avait composé un alphabet conventionnel.

Le *télégraphe-magnétique* de M. Steinheil contenait une innovation importante, qui permettait d'entrevoir la solution prochaine du problème de la télégraphie électrique. Jusque-là, en effet, tous les expérimentateurs, y compris M. Wheatstone, avaient fait usage de plusieurs circuits voltaïques : M. Steinheil n'employait qu'un seul courant, un seul fil, ce qui rendit la télégraphie immédiatement pratique.

Mais ce qui attachera au nom de M. Steinheil, une gloire impérissable, c'est la découverte que fit, en 1838, le physicien de Munich, de la possibilité de supprimer le *fil de retour* du circuit, en prenant la terre elle-même pour ce conducteur de retour.

Nous avons raconté dans la notice sur la *Machine électrique*, les expériences que Watson fit sur la Tamise, en 1747, et dans lesquelles la terre était prise pour moitié dans un circuit parcouru par une décharge électrique. Les expériences que Watson avait faites avec l'électricité statique, furent répétées en 1803, avec l'électricité voltaïque, par MM. Erman, Basse (de Berlin) et Aldini, qui reconnurent que la propagation du courant se faisait parfaitement à travers la terre. Personne néanmoins n'avait pensé à appliquer ce fait à la télégraphie électrique, lorsque cette pensée se présenta à l'esprit de M. Steinheil.

C'est en 1838 que M. Steinheil fit cette expérience, vraiment fondamentale pour l'avenir de la télégraphie électrique. Il disposait d'un fil métallique d'environ deux lieues de longueur. A l'extrémité libre de ce fil, il adapta une plaque métallique, qui fut enterrée dans le sol humide, tandis que le fil du pôle opposé de la pile était muni d'une plaque toute pareille, que l'on enfonçait de la même manière dans le sol humide. Or l'électricité parcourut facilement ce circuit, dont la moitié était formée par la terre, et elle revint au pôle opposé, ou du moins le courant s'établit comme si le fil métallique de retour n'eût pas été supprimé.

Ce phénomène, est assez difficile à expliquer. On admet que la terre, quoique peu conductrice sur un petit espace, est un excellent conducteur, en raison de l'énormité de sa masse ; et que dès lors, elle peut, par l'instanéité de sa conductibilité, ramener l'électricité à la source de départ. Mais ce retour sans confusion, au point précis du départ du courant, est vraiment inadmissible. Aussi d'autres physiciens, ne comprenant pas que l'électricité puisse revenir ainsi à travers la substance de la terre à son point de départ, considèrent la terre comme un réservoir dans lequel viennent se perdre le fluide positif et le fluide négatif émanant de la pile ; de telle sorte que l'électricité, s'écoulant constamment dans le sol, le courant est sans cesse renouvelé et entretenu par la source d'électricité.

Quoi qu'il en soit de l'explication théorique, le fait est certain : la terre peut servir de *conducteur de retour* dans une ligne télégraphique. Cette découverte, due à M. Steinheil, était d'une importance immense puisqu'elle permettait de supprimer le fil de retour, et de diminuer ainsi de moitié la longueur du conducteur métallique.

Cependant le problème de la télégraphie électrique n'était pas encore entièrement résolu. L'électricité devait faire de nouveaux pas pour que le nouveau système de communications télégraphiques atteignît à sa perfection. Ce dernier pas fut franchi par la découverte de l'*aimantation temporaire du fer* sous l'influence du courant électrique, dont la physique est redevable à François Arago, comme nous l'avons déjà raconté dans la notice sur la *pile de Volta*.

CHAPITRE III

INVENTION DU TÉLÉGRAPHE ÉLECTRO-MAGNÉTIQUE. — SA-
MUEL MORSE; SES TRAVAUX. — SAMUEL MORSE ÉTABLIT EN
1844 LA PREMIÈRE LIGNE DE TÉLÉGRAPHIE ÉLECTRIQUE
AUX ÉTATS UNIS. — PROGRÈS DE LA TÉLÉGRAPHIE ÉLEC-
TRIQUE EN AMÉRIQUE.

Rappelons, pour l'intelligence de ce qui va
suivre, le principe physique de l'aimantation
temporaire du fer par le courant électrique.

Nous avons déjà dit, dans le premier volume
de cet ouvrage, qu'en 1820, Arago, répétant l'expérience d'OErsted, découvrit ce phénomène fondamental, bientôt étudié dans tous
ses détails par Ampère, que l'électricité circulant autour d'une lame de fer doux, c'est-à-
dire de fer parfaitement pur, communique
à ce métal les propriétés de l'aimant. Arago
reconnut que le fil conducteur d'une pile
attire, quand l'électricité le parcourt, la
limaille de fer, et peut transformer en aimants
des aiguilles d'acier ou de petites barres de
fer doux. D'après cela, si l'on enroule autour
d'une lame de fer doux NS (*fig.* 38) un long fil
de cuivre, recouvert sur toute son étendue
d'une enveloppe de soie, substance non conductrice de l'électricité, afin d'isoler les différentes parties du conducteur et d'empêcher
l'électricité de passer de l'une des spires à l'au-

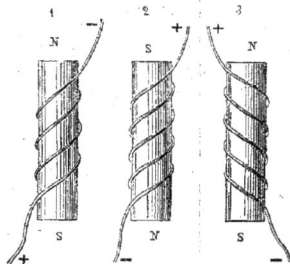

Fig. 38. — Électro-aimant.

tre, — et que dans ce fil on fasse passer un courant électrique, en mettant ces deux extrémités
en communication avec une pile en activité,
— aussitôt la lame de fer qui n'a, comme on
le sait, aucune des propriétés de l'aimant,

acquiert ces propriétés d'une manière instantanée : elle devient un aimant artificiel, et
peut, comme l'aimant naturel, attirer un
morceau de fer placé à une certaine distance.
Si l'on suspend le passage de l'électricité dans
le fil entourant le fer doux, c'est-à-dire si l'on
interrompt sa communication avec la pile, le
fer perd aussitôt son aimantation, il revient à
son état naturel, et le métal, un moment
attiré, retombe aussitôt.

Ajoutons que si l'on fait entrer le courant
d'un côté, puis de l'autre, les pôles de l'aimant sont changés, comme le montrent dans
la figure 38, les deux électro-aimants marqués
1, 2. Si l'on fait entrer le courant du même
côté, on peut ainsi changer les pôles en enroulant le fil de gauche à droite (1) ou de
droite à gauche (3).

La forme que l'on donne généralement aux
électro-aimants, est celle d'un fer à cheval,
c'est-à-dire de deux cylindres parallèles vis-
sés à une lame courbe (*fig.* 39).

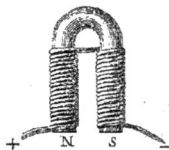

Fig. 39. — Électro-aimant en fer à cheval.

Pour obtenir une aimantation suffisante,
à une distance considérable, il faut employer
un nombre très-considérable de tours : on
emploie jusqu'à 10,000 tours par bobine.

Tel est l'important phénomène que l'on
désigne en physique, sous le nom d'*aimantation temporaire.* Ce qu'il y a de très-remar-
quable dans ce fait, c'est la prodigieuse
rapidité avec laquelle le fer peut successivement recevoir et perdre l'aimantation. Aucun
intervalle appréciable ne peut être saisi entre
le moment où l'électricité s'introduit dans le
conducteur et celui où commence l'aimantation
du fer. La communication n'est pas
plutôt établie entre le fil conducteur et la pile,

que l'on voit se manifester l'attraction magnétique ; dès que la communication est
suspendue, le fer revient à son premier état :
de telle sorte que, dans une seconde par
exemple, on peut produire plusieurs fois, dans
le fer, ces alternatives d'aimantation et d'état
naturel.

Le lecteur va comprendre comment on
peut se servir du phénomène de l'aimantation temporaire du fer, pour produire, à
travers toutes les distances, un effet mécanique, et résoudre ainsi le problème général de
la télégraphie électrique.

Supposons qu'il s'agisse d'établir une communication électrique entre Paris et Rouen.
Plaçons à Paris, une pile voltaïque en activité,
étendons jusqu'à Rouen le fil conducteur de
la pile ; enroulons, à Rouen, l'extrémité de
ce fil conducteur autour d'une lame de fer
doux (fer très-pur), et ramenons le conducteur à la pile voltaïque située à Paris. Le
fluide électrique, circulant autour de la lame
de fer, l'aimantera, et si l'on place au-devant
de cette lame, ainsi artificiellement aimantée,
un disque de fer mobile, aussitôt ce disque sera
attiré et viendra s'appliquer contre l'aimant.
Maintenant, que l'on interrompe le courant
électrique, en supprimant la communication
du fil conducteur avec la pile, aussitôt la
lame de fer doux revient à son état habituel,
elle cesse d'être aimantée, elle n'attire plus le
disque de fer. Or, si, pour se porter vers l'ai-

Fig. 40. — Electro-aimant avec son armature attachée à un
ressort à boudin.

mant, la pièce de fer a eu à vaincre la résistance d'un petit ressort, comme on le voit
dans la figure 40 ; dès que le courant sera interrompu, le ressort R ramènera la pièce de
fer mobile F à sa position primitive, car la
puissance de l'électro-aimant A ne contre-ba-
lancera plus la tension du ressort. Ainsi,

chaque fois que l'on établira et que l'on interrompra le courant, la pièce de fer sera
portée en avant, puis repoussée en arrière ;
par la seule action de la pile, on pourra exercer de Paris à Rouen une action mécanique
qui donnera naissance à un mouvement de
va-et-vient.

L'aimantation temporaire du fer par un
courant électrique donne donc le moyen
d'exercer, à travers l'espace, un mouvement
d'attraction et de répulsion ; la pile de Volta
permet, à toute distance, de mettre un levier en mouvement. Tel est le principe fondamental de la plupart des appareils actuels
de la télégraphie électrique. En effet, ce
mouvement de va-et-vient une fois produit,
la mécanique fournit un grand nombre de
moyens différents d'en tirer parti pour l'appliquer au jeu des télégraphes.

Rien de plus varié que les procédés que
l'on a mis en œuvre pour utiliser cette action mécanique ; les nombreuses combinaisons imaginées pour l'application de l'électricité à l'art des signaux, ont donné naissance
à autant de télégraphes particuliers qui, bien
qu'identiques dans leur principe, diffèrent
cependant beaucoup entre eux par les détails
de leur mécanisme. Mais le système mécanique qui fut adopté dès l'origine par
Samuel Morse, a été conservé jusqu'à notre
époque, parce qu'il répond parfaitement à
tous les besoins.

Samuel Morse est le créateur de l'appareil
magnéto-électrique, et c'est à lui qu'appartient
l'honneur d'avoir établi la première ligne de
télégraphe électrique qui ait fonctionné dans
le Nouveau-Monde. A ce titre nous devons à
nos lecteurs quelques détails sur la personne
de ce héros pacifique de l'humanité et du
progrès, et sur les circonstances qui l'ont
amené à faire sa belle découverte.

Comme beaucoup d'autres grands inventeurs, Samuel Morse n'était ni physicien, ni
mécanicien ; il était peintre, et c'est par hasard, pour ainsi dire, qu'il fut amené à s'oc-

Fig. 41. — Samuel Morse à bord du paquebot *le Sully*, le 13 octobre 1832 (page 106)

cuper, pour la première fois, de télégraphe électrique.

Samuel Finley-Breese Morse était le fils aîné du révérend Jedidiah Morse, docteur en théologie, à qui l'Amérique a dû ses premiers ouvrages élémentaires sur la géographie, et qui, en 1794, dirigeait la *Société historique de Massachussets*, tout en remplissant les fonctions de pasteur de l'église de la Congrégation, à Charlestown. Les nombreux ouvrages qu'on lui doit pour l'étude élémentaire de la géographie l'avaient fait surnommer le père de la géographie américaine.

Samuel Finley-Breese Morse naquit à Charlestown (Massachussets), le 27 avril 1791. Il fit ses études au collége de Yale (Connecticut), et en sortit, en 1810, pour se livrer à la peinture. En 1811 il partit pour l'Angleterre, avec Washington Allston et reçut à Londres les leçons de Benjamin West. En 1813 il obtint la médaille d'or de la *Société des Arts Adelphi*, pour une statue d'*Hercule mourant*, son premier essai en sculpture. Il retourna aux États-Unis en 1815, et en 1824-1825, il organisa avec plusieurs autres artistes de New-York, une *Société de beaux-arts*, qui donna naissance, à l'*Académie nationale de dessin*, qui existe actuellement. M. Morse en fut élu le premier président, et conserva ce titre pendant seize ans.

En 1829, il visita l'Europe une seconde fois, pour compléter ses études sur les beaux-arts. Il résida, pendant plus de trois ans, dans les principales villes du continent, afin d'étudier les collections d'art de l'Angleterre, de la France et de l'Italie. Il travailla au Musée du Louvre, dont il s'appliqua à reproduire divers chefs-d'œuvre.

De retour en Amérique, il habita successivement Boston, le New-Hampshire, Charlestown et New-York. Durant son absence à l'étranger, il avait été nommé à la chaire de *littérature relative aux arts du dessin* dans l'université de New-York. Il y professa en 1835.

Pendant qu'il étudiait au collége d'Yale, Morse s'était occupé de chimie, sous la direction du professeur Silliman, et de philosophie naturelle (physique), avec le professeur Day. Bien que ces études ne fussent qu'accessoires, et pour ainsi dire une sorte de récréation à d'autres occupations d'un autre ordre, le jeune élève s'y adonnait avec suite, et elles devinrent pour lui une passion dominante. M. Morse, devenu professeur à l'*Athénée* de New-York, était lié intimement avec un de ses collègues, le professeur Freeman Dana, qui faisait alors un cours sur l'électro-magnétisme. Cette partie de la physique était un sujet de conversations fréquentes entre eux et était devenue très-familière à M. Morse.

Le principe de l'aimantation temporaire du fer par le courant électrique, venait d'être découvert. Le professeur Dana expliqua dans son cours, la construction des électro-aimants, et mit sous les yeux des élèves, le premier instrument de ce genre qui eût été construit en Amérique. M. Morse entra en possession d'un de ces instruments, qui lui fut offert par le professeur Torrey.

C'est dans son second retour d'Europe aux États-Unis, à bord du paquebot *le Sully*, qui revenait du Havre à New-York, en 1832, que Samuel Morse conçut la première idée de son télégraphe électro-magnétique.

Dans une conversation avec les passagers, on parla d'une expérience de Franklin, qui avait vu l'électricité franchir, dans un instant inappréciable, la distance de deux lieues. Il lui vint aussitôt en pensée que, si la présence du fluide pouvait être rendue visible dans une partie du circuit voltaïque, il ne serait pas impossible d'en construire un système de signaux par lesquels une dépêche serait transmise instantanément. Pendant les loisirs de la traversée, cette idée grandit dans son esprit; elle devint fréquemment l'objet des conversations du bord. On opposait à M. Morse difficultés sur difficultés, il les surmontait toutes.

Parmi les passagers se trouvait le géologue américain Jackson, le même, avec Morton, qui devait s'immortaliser plus tard, par la découverte de l'éthérisation (1).

Au terme du voyage, le problème pratique était résolu dans sa pensée. En quittant le paquebot, il s'approcha du capitaine William Pell, et lui prenant la main :

« Capitaine, dit-il, quand mon télégraphe sera devenu la merveille du monde, souvenez-vous que la découverte en a été faite à bord du *Sully*, le 13 octobre 1832. »

Peu de semaines après son retour en Amérique, M. Morse s'occupa de construire l'appareil télégraphique dont il avait conçu l'idée. Mais ce n'est qu'en 1835 que ce même ap-

(1) M. Jackson a voulu s'autoriser de sa présence à bord du *Sully* et de la part qu'il eut, comme tant d'autres passagers, à la conversation de Samuel Morse, pour élever des prétentions à la découverte de cet instrument. C'est une revendication sans fondement comme sans convenance, que M. Morse a réduite à sa juste valeur dans un écrit publié à New-York, avec toutes sortes d'attestations de témoins oculaires. Cet écrit a pour titre *Full Exposure of the conduct of Charles T. Jackson*. Jackson parla seulement dans sa conversation avec Morse, de la possibilité de préparer des papiers chimiques décomposables par l'électricité de courant, et c'est un moyen qui, précisément, n'a jamais été employé par M. Morse.

pareil fut construit, et put être soumis à des expériences sérieuses.

Il ne sera pas sans intérêt de mettre sous les yeux du lecteur le premier modèle de télégraphe électro-magnétique, qui fut construit par Samuel Morse et qui servit à ses premières expériences. Cet appareil n'est, en effet, représenté dans aucun de nos ouvrages français, relatifs à la télégraphie. On ne le trouve ni dans le *Traité de télégraphie électrique* de M. l'abbé Moigno, ni dans les ouvrages sur le même sujet de MM. Du Moncel, Blavier, Bréguet, etc. Il est décrit seulement dans le manuel de M. Shaffner publié à New-York en 1854 : *The telegraph manual*. Nous tenons de l'inventeur lui-même l'esquisse que nous donnons ici (*fig.* 42, page 108) de cet appareil, historique pour ainsi dire.

M. Morse nous a raconté comment il fabriqua, en 1832, le premier modèle de cet instrument. Comme il était revenu fort pauvre de ses voyages en Europe, il dut se contenter, pour fabriquer ce premier modèle, d'un cadre de tableau pris dans son atelier, des rouages de bois d'une horloge du prix de 5 francs, et de l'électro-aimant qu'il tenait de l'obligeance du professeur Torrey. Il cloua contre une table, ainsi que le représente la figure 42, l'appareil dont nous allons décrire les rudiments.

XX représente le cadre, cloué verticalement contre la table. Les rouages de bois D, mus par le poids E, comme les horloges de Nuremberg, font dérouler, par un mouvement uniforme, une bande de papier continue, sur les trois rouleaux A, B, C, suivant la belle invention du *papier tournant*, due à Steinheil de Munich, comme nous l'avons raconté. Une sorte de pendule F, pouvant osciller autour du point *f*, se terminait par un crayon *g*, qui pouvait laisser sa trace sur le papier passant au-dessus du rouleau B. Le déplacement de ce pendule F pouvait être provoqué par l'électro-aimant *h*, lorsque l'électricité partant de la pile I, et

suivant le fil conducteur, venait animer cet électro-aimant. Selon la durée du contact du crayon et du papier tournant, on produisait les signes en zig zag.

D'après le nombre de ces traits en zig zag, M. Morse avait combiné un alphabet en chiffres, qui suffisait à toutes les nécessités de la correspondance.

Mais comment pouvait-on produire ces contacts plus ou moins longs du crayon sur le papier ; comment était construit, ce que l'on nomme aujourd'hui le *manipulateur*, et qui sert à produire à distance, les établissements et les interruptions du courant pendant le temps convenable. Ici était la partie faible de l'appareil, l'organe peu commode dans la pratique et qui fut remplacé bientôt par le *levier-clef*, dont nous aurons à parler plus loin.

Dans l'appareil qui fonctionna de 1832 à 1835, M. Morse employait un *interrupteur de courant*, ou *manipulateur*, qui agissait d'une manière mécanique, et voici comment. Il avait taillé des caractères ressemblant à des dents de scie, il les rangeait en longues files, et les faisait passer d'une manière réglée et uniforme, à l'aide d'un rouage d'horlogerie, sous un levier, pour ouvrir ou fermer le circuit voltaïque (voir la *fig.* 42). Ces dents étaient fixées sur une règle de bois M, que faisait avancer horizontalement, un rouage d'horlogerie, ou simplement la main tournant régulièrement la manivelle L. Lorsque les dents en saillie des caractères placés sur la barre M, venaient rencontrer un arrêt placé à la partie inférieure du levier OOP, ils soulevaient ce levier et le faisaient basculer sur son point d'appui N, en abaissant son autre extrémité, à laquelle était attaché l'un des fils de la pile I. Grâce à ce mouvement, l'extrémité du fil conducteur plongeait dans deux petites coupes K, J, pleines de mercure, formait ainsi la communication entre ces deux godets, et, par cette continuité métallique, établissait le courant électrique, tout à

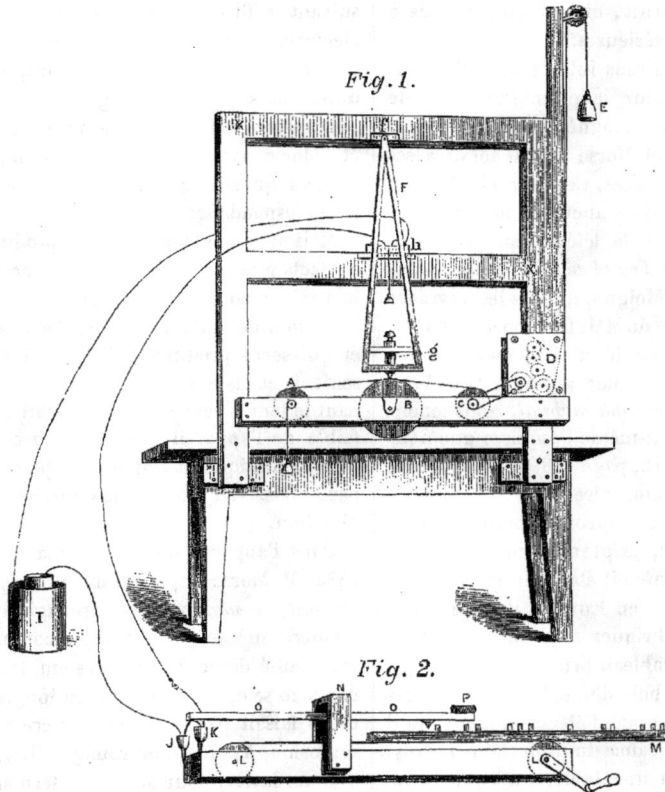

Fig. 42. — Le premier télégraphe électrique de Samuel Morse.

l'heure interrompu. Lorsque la dent avait passé, le levier se relevait, grâce au poids P, et ainsi de suite.

Les saillies des caractères, en passant sous ce levier, produisaient donc des établissements et des interruptions de courant correspondant à ces mêmes saillies.

La figure 43 donne un spécimen de ces types caractères, dont chacun répond à un chiffre depuis 1 jusqu'à 10.

La figure 44 donne un exemple des signaux que le crayon formait par le mécanisme qui vient d'être décrit.

Comme nous l'avons déjà dit, le défaut de cet appareil résidait dans le *manipulateur*.

M. Morse le remplaça bientôt par un appareil beaucoup plus simple, et dans lequel le doigt appuyant sur un levier, et maintenant ou suspendant le contact pendant un temps calculé, produisait sur le *récepteur* les signaux de l'alphabet conventionnel.

C'est en 1835 que fut exécuté l'appareil que nous venons de décrire. Il fut soumis par l'inventeur, à plusieurs expériences publiques de 1835 à 1836.

En 1837, M. Morse, après avoir imaginé son second *manipulateur*, et modifié le *récepteur* de manière à présenter la forme que nous décrirons bientôt, en fit la démonstration et l'expérience devant les membres de l'Université de

New-York. Ces expériences firent grand bruit aux États-Unis; et c'est pour cela que l'on a fixé, par erreur, à l'année 1837, l'invention de cet appareil, qui, en réalité, fut soumis pour la première fois à des expériences publiques, dans l'automne de 1835.

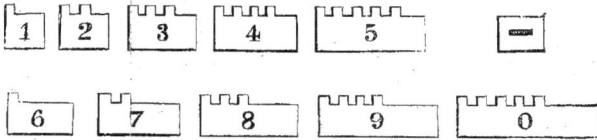

Fig. 43.

Confiant dans la valeur de son invention, M. Morse avait demandé au Congrès des États-Unis l'examen de son système de télégraphie électrique. Au commencement de l'année 1838, il était à Washington, sollicitant du Congrès les fonds nécessaires pour établir de

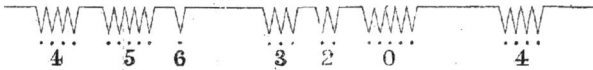

Fig. 44.

Washington à Baltimore une ligne de télégraphie électrique, qui aurait démontré la possibilité pratique et les avantages de son invention.

Des expériences eurent lieu, à l'invitation du Congrès des États-Unis, le 2 septembre 1837, sur une distance de quatre lieues, en présence d'une commission de l'Institut de Philadelphie, et d'un comité pris dans le sein du Congrès.

Le résultat de ces expériences excita dans le comité nommé par le Congrès, un intérêt très-vif; mais le scepticisme de quelques membres de ce comité, bien que les conclusions de son rapport fussent favorables, se communiqua à la majorité du Congrès, qui laissa l'affaire sans conclusion. La session législative de 1838 se termina donc sans annoncer aucun résultat pour l'inventeur.

De même que James Rumsey, repoussé dans son pays, était venu offrir à l'Europe l'invention des bateaux à vapeur, dédaignée par ses compatriotes, Samuel Morse, en 1839, s'embarqua pour l'ancien continent, espérant attirer l'attention des gouvernements européens sur les avantages de son invention. Il s'adressa à l'Angleterre et à la France. Mais en Angleterre, M. Wheatstone venait d'occuper le monde savant d'appareils de télégraphie électrique, fondés sur d'autres principes, et l'on refusa de délivrer à l'inventeur américain la *patente*, ou brevet exclusif d'exploitation, qu'il sollicitait.

En France, M. Morse obtint facilement un brevet d'invention, pour son *télégraphe magnéto-électrique*. Mais la délivrance des brevets d'invention en France, n'a aucune signification, aucune portée pratique. M. Morse se décida en conséquence, à revenir aux États-Unis, pour reprendre auprès de ses compatriotes et des membres du Congrès, les démarches interrompues.

Sans appui, sans secours, avec peu d'espérance, mais avec toute l'énergie et la ténacité du caractère américain, il lutta pendant quatre ans contre l'indifférence de ses compatriotes et la tiédeur du Congrès.

L'année 1843 fut mémorable pour l'histoire de la télégraphie électrique en général, et pour M. Morse en particulier. Ce fut alors qu'il vit sa persévérance couronnée de succès. Par une décision du 3 mars 1843, le Congrès, ainsi que le Sénat des États-Unis, lui accordèrent une somme de 30,000 dollars

(150,000 francs), pour se livrer à de nouvelles expériences sur une grande échelle. Mais cette solution, depuis si longtemps attendue, fut obtenue comme par miracle, et dans des conditions si singulières que nous ne pouvons résister au plaisir de les raconter.

Le Congrès avait accordé à M. Morse l'allocation de 30,000 dollars qu'il sollicitait depuis bien des années ; mais l'exécution de l'acte du Congrès était impossible, sans la ratification du Sénat. Or, pendant tout l'hiver de 1843, M. Morse avait vainement pressé les membres du Sénat de se prononcer. Toutes ses sollicitations étaient restées inutiles, et bien que ce vote lui eût été solennellement promis par un grand nombre de membres du Sénat, la session était au moment de se terminer sans qu'aucune décision eût été prise. C'était la ruine de notre inventeur, car il était à bout de ressources et de courage.

Le jour fixé pour la clôture de la session était arrivé et la séance touchait à son terme, sans que l'on eût songé à mettre sur le tapis l'allocation sollicitée par le professeur Morse. Ce dernier quitta donc la séance, et rentra à son hôtel, pour se coucher. Il voulait quitter Washington le jour suivant, et retourner chez lui, sans poursuivre davantage un but qui semblait toujours fuir au moment d'être atteint. En entrant dans le salon de l'hôtel, il demande que l'on prépare sa note, parce qu'il veut quitter dès le lendemain Washington. Et comme le maître d'hôtel manifestait sa surprise et son regret de ce départ :

« Si je restais un jour de plus à Washington, dit Morse, je n'aurais pas le moyen d'y payer mes modestes dépenses ; je suis littéralement à bout de ressources.

— Rien n'est pourtant désespéré, ajoute le maître d'hôtel, au sujet de l'allocation de 30,000 dollars que vous attendez. La Chambre des représentants ne l'a-t-elle pas votée ?

— Je le sais ; mais il faut que ce vote soit ratifié par le Sénat. Or, la session ne devant plus durer que deux jours, et la haute assemblée ayant cent quarante-trois *bills* à examiner avant d'arriver à celui qui me concerne, je crois que je puis faire mes paquets.

— Ce sera pour l'année prochaine. »

Le professeur, sans rien répondre, fit un geste de découragement.

Cette conversation avait été entendue par une jeune fille qui traversait le salon de l'hôtel.

« Courage, monsieur, dit-elle au savant, je vous protégerai.

— Vous, mon enfant !

— Oui, moi ; je suis miss Ellsworth, la fille du directeur du bureau des brevets.

— En effet, je connais votre père.

— Si vous le connaissez, vous devez savoir que nous recevons à la maison beaucoup de sénateurs.

— Eh bien ?

— Eh bien ! je verrai ces messieurs, je leur dirai : « Siégez jour et nuit, s'il le faut, mais ne vous séparez pas avant d'avoir accordé au professeur Morse les 30,000 dollars dont il a besoin pour doter le pays d'une découverte qui fera le pendant de celle de Fulton. »

— Merci, mademoiselle ; mais je crains bien que tous vos efforts ne soient inutiles.

— Ne me découragez pas, et promettez-moi de ne pas quitter Washington avant après-demain matin. Vous savez ce que femme veut... les sénateurs doivent le vouloir aussi.

— Soit, je resterai. »

Aussitôt, miss Ellsworth se met en campagne, et elle fait si bien que le sénat consent à retarder la session d'un jour pour s'occuper de la ratification du vote du Congrès, relatif aux expériences de télégraphe électrique.

Le surlendemain, miss Ellsworth prenait le chemin de l'hôtel où nous l'avons déjà vue, et montant quatre à quatre les marches de l'escalier, elle s'élançait dans la chambre du professeur Morse, tout surpris d'une visite aussi matinale :

« Le vote de votre bill a été ratifié, s'écrie-t-elle, cette nuit à 4 heures, quelques secondes avant la clôture de la session. Nos pères conscrits dormaient bien un peu ; mais j'étais là, dans une tribune, leur rappelant d'un tel regard la promesse qu'ils m'avaient faite, qu'aucun d'eux n'a osé aller se coucher avant de l'avoir accomplie. Du reste, voici le *Globe officiel* de ce matin ; lisez. »

Le professeur Morse saisit la main de la jeune fille, et y déposa un baiser respectueux. Une larme tomba sur les doigts de miss Ellsworth : c'était le remercîment de l'âme attendrie de l'inventeur.

En exécution de cette décision du Congrès, le gouvernement américain adopta l'appareil télégraphique de M. Morse, qui s'occupa aussitôt d'établir une ligne télégraphique de Washington à Baltimore. Le *télégraphe magnéto-électrique* devait bientôt se répandre de là, dans le monde entier.

Mais il est temps d'arriver à la description du *télégraphe magnéto-électrique*, tel qu'il a été employé depuis l'année 1844, sur les lignes des États-Unis.

Les dispositions générales de cet appareil se trouvent indiquées dans la figure ci-jointe.

A, A représente un électro-aimant double. Chacun de ces deux électro-aimants se compose d'un long fil de cuivre recouvert de soie, enroulé un grand nombre de fois autour d'une lame de fer doux, laquelle doit s'aimanter par l'action du courant voltaïque. Au-dessus et à une faible distance de l'aimant, se trouve placé un morceau de fer CDE offrant à peu près la forme d'un fer à cheval : c'est la lame de fer qui doit être attirée par l'électro-aimant quand l'électricité circulera dans le conducteur. A ce fer à cheval se trouve lié un

levier métallique horizontal DFH. Quand l'électricité circule dans le fil, ce fer à cheval est instantanément attiré, et vient se mettre en contact avec la petite plate-forme métallique CBE, qui fait partie de l'électro-aimant.

Par suite de cette attraction, le levier horizontal DH bascule autour du centre auquel il est fixé ; pendant que son extrémité D s'abaisse, son extrémité libre H s'élève. Or, au-dessus de ce levier, en regard et presque en contact avec une pointe H que l'on a garnie d'un crayon, se trouve disposée une bande de papier. Par suite de son mouvement d'élévation, sous l'influence de l'attraction magnétique, le crayon H vient donc se mettre en contact avec le papier, et peut y laisser une em-

Fig. 45. — Récepteur des signaux du télégraphe Morse.

preinte. Si l'on suspend le passage de l'électricité à travers les spires de l'électro-aimant, l'aimantation cesse, le fer à cheval CDE n'est plus attiré. Mais le levier DH, qui fait suite à l'électro-aimant, est muni à sa partie inférieure d'un long ressort d'acier FI, qui agit en sens contraire de l'électro-aimant et, par son élasticité, a pour effet d'abaisser le levier DH, et par conséquent de relever le fer à cheval CDE pour le ramener à sa position primitive, dès que l'influence électro-magnétique ne contre-balance plus sa propre traction. Ainsi, ces deux effets, d'une part l'attraction magnétique, d'autre part le ressort d'acier, s'exerçant chacun d'une manière alternative, ont pour résultat d'imprimer au crayon H un mouvement successif d'élévation ou d'abaissement, et de le mettre successivement en contact avec le ruban de papier qui entoure le rouleau G. Or, grâce à une combinaison ingénieuse, le ruban de papier qui passe sur le rouleau G est une sorte de lanière continue qui, à l'aide de rouages d'horlogerie, marche sans interruption, et vient ainsi présenter à l'action du crayon les différentes parties de sa longueur. Par les contacts successifs du crayon avec ce ruban de papier mobile, on peut donc former sur le papier une série de points ou de signes.

Le mécanisme destiné à produire la marche continuelle du ruban de papier se trouve indiqué dans la figure 46, qui représente le premier modèle de télégraphe électro-magnétique américain.

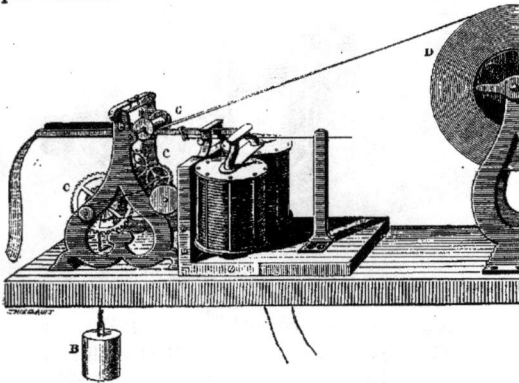

Fig. 46. — Récepteur des signaux et système de déroulement du papier du télégraphe Morse.

A est un cylindre de bois mobile autour de son centre. Sur ce cylindre se trouve enroulée toute une provision de papier D, coupée en ruban mince et continu et dont l'extrémité vient passer sur la poulie G. Le poids B met continuellement en action les rouages d'horgerie C, C qui font tourner la poulie G et ont pour effet d'attirer et de dérouler peu à peu le papier disposé autour du cylindre de bois A, de manière à faire marcher constamment ce papier autour de la poulie et au-devant du crayon.

On comprend maintenant comment le style métallique du télégraphe peut imprimer une série de marques sur le papier quand le courant est successivement établi ou interrompu. Il reste à indiquer comment on peut à volonté provoquer ces alternatives du courant voltaïque, et produire ainsi les mouvements du crayon. Voici la disposition qui fut d'abord employée par M. Morse pour obtenir ce résultat.

La pile était placée à la station du départ, le télégraphe à la station opposée, le fil conducteur réunissait les deux stations. A la station du départ, le fil électrique était interrompu sur un point de son trajet à une petite distance de la pile, et ses deux extrémités disjointes venaient plonger dans une coupe pleine de mercure. Pour établir le courant voltaïque, il suffisait de plonger les deux extrémités disjointes du conducteur dans la coupe remplie de mercure, ce qui donnait une communication instantanée ; pour interrompre le courant, on retirait de la coupe les deux extrémités du fil.

Il est facile de comprendre que le courant voltaïque, établi ou interrompu par ce moyen, permet de tracer à distance des signes sur le papier mobile placé à la station extrême. En effet, quand on établit le courant, en plongeant dans la coupe de mercure les deux extrémités du fil conducteur, la pièce de fer, dans l'appareil télégraphique représenté figure 45, est aussitôt aimantée ; elle attire le levier CDE, et, par ce mouvement, le crayon, en s'élevant, vient porter sur le papier tournant ; quand le circuit est interrompu, le magnétisme disparaît et le crayon s'éloigne du papier. Lorsque le circuit est ouvert et fermé rapidement, il se produit sur le papier de simples points ; si, au contraire, il reste fermé pendant un certain temps, la plume trace une ligne d'autant plus longue, que la durée du circuit a été plus prolongée ; enfin rien n'est tracé sur le papier tant que le courant est interrompu. Ces points, ces lignes et ces espaces blancs conduisent à une grande variété de combinaisons.

Comme l'emploi de la coupe de mercure pour établir ou interrompre le courant électrique, présentait dans la pratique certaines difficultés, M. Morse l'a remplacée par un instrument plus simple, que nous représentons dans la figure 47. Il se compose d'une sorte de petite enclume métallique A, dont le bout inférieur placé au-dessous de la plate-forme BC est soudé au fil conducteur de la pile a, et d'une sorte de marteau métallique C', fixé à l'extrémité d'un ressort d'acier D, soudé lui-même au bloc métallique E ; le second fil de la pile b, qui sert à compléter le circuit, est soudé à ce dernier bloc métallique. Lorsque le marteau re-

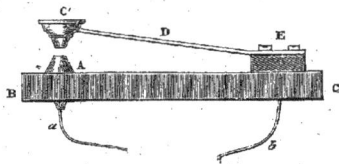

Fig. 47. — Manipulateur du télégraphe Morse.

pose sur l'enclume, le courant voltaïque est établi ; il est, au contraire, suspendu quand le marteau est séparé de l'enclume par l'action du ressort qui tend constamment à le soulever. Il suffit donc de toucher légèrement le marteau avec le doigt pour établir le courant, et de retirer le doigt pour l'interrompre. Ce petit instrument est aujourd'hui le seul employé comme *manipulateur* du télégraphe Morse, c'est-à-dire pour former, par l'établissement ou l'interruption du courant, la série des signes qui correspondent aux lettres de l'alphabet.

T. II.

Dans le premier modèle du télégraphe américain, on se servait d'un crayon pour tracer les signes sur le papier. Comme il

Fig. 48. — Samuel Morse.

fallait à chaque instant aiguiser ce crayon, on le remplaça par une plume, à laquelle un réservoir fournissait constamment de l'encre. Cette plume donna d'assez bons résultats, mais l'écriture était confuse ; d'ailleurs, si l'instrument s'arrêtait quelque temps, l'encre s'évaporait et laissait dans la plume un sédiment qu'il fallait retirer avant de la mettre de nouveau en activité. Ces difficultés forcèrent l'inventeur à chercher d'autres manières d'écrire. Il s'arrêta à l'emploi d'un levier d'acier à trois pointes, qui imprime sur le papier tournant des traces nettes et durables. Ces pointes métalliques laissent sur le papier, qui est très-épais, des marques qui ne le percent pas, mais qui s'y impriment en relief, comme les caractères à l'usage des aveugles (1). Ce *gaufrage* du papier a été employé fort longtemps ; ce n'est qu'en 1860 que plusieurs constructeurs fran-

(1) L'emploi du crayon était préférable à celui des pointes d'acier, auxquelles M. Morse fut contraint d'avoir

çais et étrangers ont perfectionné le télégraphe Morse en lui faisant tracer des signes à l'encre.

Nous donnerons la description complète du télégraphe de Morse modifié par divers constructeurs européens et tel qu'il est employé maintenant, dans le chapitre qui sera consacré à la description des appareils de télégraphie électrique, aujourd'hui en usage. Nous n'avons voulu pour le moment que faire connaître les principes généraux.

C'est au mois de mai 1844 que fut inaugurée, aux États-Unis, la première ligne télégraphique ; elle était établie entre Washington et Baltimore, sur une longueur de seize lieues. Les nouvelles relatives à l'élection du président furent transmises avec tant de rapidité, que tout le monde fut dès ce moment convaincu des immenses avantages de ce nouveau moyen de communication. Tout aussitôt se formèrent plusieurs compagnies particulières pour doter le pays de cet inappréciable bienfait. La ligne de Washington à Baltimore fut bientôt prolongée jusqu'à Philadelphie et à New-York, sur une étendue de cent lieues. En 1845, elle atteignait Boston, et formait la grande ligne du Nord, sur laquelle d'autres lignes vinrent plus tard s'embrancher.

Le réseau télégraphique embrasse aujourd'hui aux États-Unis un territoire immense ; il relie le golfe du Mexique aux forêts du Canada. L'une des lignes télégraphiques partant de Burlington-Vermont, sur la frontière du Canada, traverse Boston, New-York et Washington, en passant par Baltimore et Philadelphie ; elle parcourt la Virginie, la Caroline, la Géorgie, et descend par Richmond, Raleigh, Columbia, Augusta et Mobile jusque vers le golfe du Mexique, et jusqu'à l'embouchure du Mississipi, qu'elle atteint à la Nouvelle-Orléans. Une seconde ligne principale part de cette dernière ville et remonte les vallées du Mississipi et de l'Ohio jusqu'à Louisville. Beaucoup d'autres partent des côtes de l'Océan, pour se diriger vers le centre du pays, en remontant vers les grands lacs qui le bornent au nord. La ligne de Burlington-Vermont présente une étendue considérable, en raison de la grande distance qui sépare les diverses villes qu'elle embrasse. Entre Burlington-Vermont et Boston, elle a 116 lieues à parcourir ; entre Boston et New-York, 102 lieues ; entre New-York et Washington, 137 lieues ; entre Washington et Colombia, 205 lieues ; entre Columbia et la Nouvelle-Orléans, 485 lieues. La ligne de la Nouvelle-Orléans à Louisville présente, y compris les embranchements, une étendue de 460 lieues.

Dans les divers États de l'Union américaine, la télégraphie électrique occupait au mois de juillet 1849, d'après un relevé officiel, une étendue totale de 11,031 milles ou 4,446 lieues de France.

En novembre 1852, la longueur totale des lignes de télégraphie électrique dans les États-Unis et le Canada, était de 19,000 kilomètres (4,750 lieues de France). Ce réseau mettait en communication environ 550 centres de population, grands ou petits.

En 1854, le télégraphe électrique parcourait 41,392 milles (16,650 lieues) (1) dans les États-Unis. Aujourd'hui presque toutes les villes importantes sont reliées par des fils télégraphiques, qui forment sur le territoire entier, un réseau aux mailles infinies.

recours, par suite de la difficulté qu'il éprouva à faire retailler le crayon à mesure qu'il s'use par le travail. M. Froment a construit un appareil de ce genre portant un crayon qui se taille lui-même en écrivant, parce qu'il tourne continuellement sur son axe, tout en exécutant ses mouvements ; ce frottement contre le papier use le crayon dans le sens convenable pour l'entretenir constamment taillé. Les signes formés par ce télégraphe ressemblent à ceux que donnait le premier modèle du télégraphe Morse ; ils ont la forme suivante :

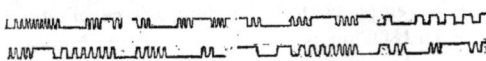

D'après le nombre de ces traits, on peut construire un alphabet en chiffres.

(1) Le mille américain, comme le mille terrestre anglais, est de 1 kilomètre 609,3 mètres.

Depuis l'année 1845, dans les États de l'Union américaine, le télégraphe électrique a été mis à la disposition du public. Le gouvernement abandonne à la concurrence industrielle l'exploitation du service général de la nouvelle télégraphie ; il se réserve seulement l'usage d'un ou de deux fils sur les lignes établies. Aussi la concurrence n'a-t-elle pas tardé à multiplier singulièrement le nombre des lignes et à perfectionner les appareils. Entre certaines villes, il existe quelquefois deux ou trois établissements rivaux pour l'exploitation de la correspondance électrique.

Par suite de ces faits, la télégraphie électrique a pris aux Etats-Unis un développement immense ; elle rend au commerce, à l'industrie, aux relations privées des citoyens, des services qui sont de tous les jours et de tous les instants.

Aux Etats-Unis, le télégraphe électrique n'est donc ni la propriété de l'Etat, comme en France et dans les principaux pays de l'Allemagne, ni l'objet d'un monopole concédé à une compagnie unique, comme en Angleterre. La transmission des dépêches par l'électricité, est une industrie particulière, exploitée par des compagnies nombreuses, qui ne relèvent en rien, pour leur administration, du gouvernement central ou de celui des Etats, et qui, dans beaucoup de parties de l'Union américaine, peuvent se former sans aucune sanction de l'autorité publique. Tout citoyen, toute réunion de citoyens, a le droit d'établir, d'un point à un autre, dans certains Etats, une communication électrique, à la seule condition de se soumettre aux lois et ordonnances pour l'établissement des fils dans les villes, sur les routes, sur les chemins de fer, sur les monuments publics, et dans les propriétés particulières. La constitution politique et sociale du pays donne à cet égard toute liberté.

Les lignes de télégraphie électrique sont loin d'être construites en Amérique, avec le soin qu'on y apporte en Europe. Pour les télégraphes électriques comme pour les chemins de fer, on se préoccupe de créer rapidement plutôt que de bien faire. Les poteaux qui servent à soutenir les fils élevés dans l'espace, ne sont pas, comme ceux des lignes européennes, de bonnes et solides branches de sapin, bien sèches et injectées de sels qui en assurent la conservation. Ce sont tout simplement de jeunes arbres à peine dégrossis. Dans les villes, ces poteaux sont très-élevés et très-solides ; fixés sur les bords des trottoirs, ils supportent de 12 à 15 fils. Hors des villes, le télégraphe est placé le long des chemins de fer, sur le bord des routes, des canaux ou des rivières. Aucune difficulté ne retarde, aucun obstacle n'arrête dans son installation. S'il se rencontre d'immenses forêts où l'homme n'ait jamais pénétré, on n'hésite pas devant cet obstacle : le surveillant du télégraphe sera peut-être la seule créature humaine qui traversera ces déserts. On fixe contre le tronc des arbres de longs clous à tête recourbée, et l'on y attache un goulot de verre, qui livre passage au fil (*fig.* 49, page 117).

Tel est, dans les forêts d'Amérique, le système économique de suspension et d'isolement du fil de télégraphe. Aussi résulte-t-il de cette disposition, par trop simple, de fréquentes interruptions dans les communications. Des accidents nombreux, comme la chute des arbres pourris, des orages, des ouragans, la présence de la séve dans l'arbre qui établit une conductibilité vers le sol, occasionnent très-souvent la rupture des communications télégraphiques.

Des brigades d'hommes sont chargés de la surveillance des fils et poteaux ; ils parcourent sans cesse la ligne, munis des outils nécessaires pour les réparations. Dans les pays où la population est un peu compacte, ces cantoniers sont placés à d'assez grandes distances, par exemple, à 50, 100 et quelquefois 150 kilomètres les uns des autres. Mais sur les lignes qui traversent les épaisses forêts du

Sud, il a été reconnu indispensable de ne pas les séparer de plus de 30 à 40 kilomètres.

Le système d'appareils de télégraphie électrique est loin d'être uniforme aux États-Unis. Aucune loi n'exigeant l'observation de certaines règles ou conditions, chaque compagnie construit ses appareils selon ses ressources ou ses besoins.

Trois systèmes fonctionnent sur les diverses lignes des États-Unis : le système Morse, celui d'Alexandre Bain et celui de House.

Sur la plupart des lignes on se sert des appareils de M. Morse.

Le télégraphe de M. Bain, c'est-à-dire le télégraphe qui imprime les dépêches en caractères bleus sur une feuille de papier revêtue d'une préparation chimique, imprime les dépêches au moyen d'une pointe de fer qui se meut sur un papier imbibé de cyanure de potassium et de fer. Lorsque le courant passe, le fer est attaqué chimiquement au contact du cyanure, et laisse sur le papier une trace de bleu de Prusse. Dans ce système, que nous décrirons plus loin, la transmission se fait avec une très-grande rapidité ; mais la composition préalable que l'on est obligé de faire de la dépêche, demande un temps assez long. Ce télégraphe est employé par plusieurs compagnies dont le réseau forme environ 2,500 kilomètres.

L'appareil de House marque des lettres ordinaires d'imprimerie sur une bande de papier, de telle sorte que l'on envoie au destinataire la dépêche tracée par l'appareil lui-même, sans aucune transcription. L'inventeur a vendu à une compagnie le droit d'exploiter son brevet, pris en 1846. Cet appareil, plus compliqué que les autres, et peut-être un peu moins rapide, est employé sur trois lignes : sur celle de New-York à Philadelphie, sur celle de Boston et sur celle de Buffalo.

Donnons maintenant quelques détails sur l'organisation du service pour l'exploitation de la télégraphie électrique en Amérique.

Une ligne de grande distance étant toujours la propriété de plusieurs compagnies, il en résulte, à chaque point où la dépêche est retranscrite par une compagnie pour être réexpédiée par une autre, de fâcheux retards, qu'il est impossible d'éviter par aucun moyen. La durée ordinaire du temps nécessaire pour envoyer de New-York à la Nouvelle-Orléans une dépêche, et pour en recevoir la réponse, est de deux jours : la distance aller et retour par les fils, est de 6,300 kilomètres environ (1,575 lieues). C'est que les lignes, rarement en bon état, traversent d'immenses forêts, et que de nombreuses transcriptions sont nécessaires. Les longues lignes laissent donc beaucoup à désirer sous le rapport de la régularité, mais celles qui sont entre les mains d'une seule compagnie sont généralement bien servies.

Outre les retards qui proviennent de l'étendue des lignes et de l'imperfection de leur établissement, une des causes qui produisent les plus nombreuses interruptions dans le service des télégraphes électriques aux États-Unis, c'est la fréquence des orages. Plusieurs compagnies ont cru trouver un moyen de remédier à cet inconvénient, en posant sur le sommet de chaque poteau, un morceau de fil de fer taillé en pointe, de 15 à 20 centimètres de haut, et mis en communication avec le sol.

Les bureaux des télégraphes sont ouverts, pendant la semaine, de 7 heures du matin à 10 heures du soir ; le dimanche, de 9 heures à 10 heures le matin, de 2 à 3 et de 7 à 9 le soir. Toute personne qui le demande, peut néanmoins, pendant la semaine, expédier une dépêche en dehors des heures ordinaires de travail, à la charge par elle de payer par heure 2 francs 50 c. pour chaque stationnaire ainsi occupé, ou 5 francs par bureau. Les journaux attendant des nouvelles intéressantes de quelque point du territoire, usent fréquemment de cette faculté.

Fig. 49. — Une ligne de télégraphie électrique dans une forêt d'Amérique (page 115).

Les dépêches sont transmises toutes d'après leur ordre d'inscription. Cependant, quelques messages d'une nature urgente ont droit à une expédition plus rapide, et prennent un tour de faveur. Telles sont, par exemple, les dépêches du gouvernement ou de la justice, celles pour la découverte des criminels, les nouvelles de mort ou de maladie, etc., enfin, les communications très-importantes qui intéressent la presse. La personne qui envoie un message peut le transmettre en langue étrangère ou en chiffres secrets.

Les chemins de fer aux États-Unis étant encore, à très-peu d'exceptions près, tous à simple voie, le télégraphe électrique semble devoir être pour eux un complément indispensable. Il y a généralement sur chaque ligne de fer une ligne de télégraphie ; mais le chemin de fer n'ayant, par économie, au-

cun fil, aucun poste, aucun personnel à lui, ne retire du télégraphe que fort peu de services.

En Angleterre et en France, les compagnies de chemins de fer ont des fils électriques à leur disposition. Aussi les employés sont immédiatement informés des moindres événements qui se passent sur leurs lignes. Il en résulte pour l'exploitation une grande sécurité, et dans certaines branches de service, une économie notable. Mais, à cet effet, les compagnies ont des bureaux de télégraphe, un personnel spécial dans leurs gares principales et de petits postes dans leurs stations secondaires. D'ordinaire, les chefs et employés de ces stations secondaires sont, en même temps, agents du télégraphe électrique pour la compagnie. Aux États-Unis, au contraire, les chemins de fer n'ont ni postes ni fils télégraphiques dont ils aient la propriété et l'usage exclusifs. Quand les besoins de l'exploitation d'un chemin de fer exigent la transmission de quelque dépêche, l'agent de la compagnie transporte son message à la station du télégraphe; dans les cas véritablement urgents, il prend un tour de priorité sur ceux du public, et n'est soumis à aucune taxe. Ces faveurs sont accordées en retour de la permission donnée à la compagnie du télégraphe de poser ses poteaux sur la ligne de fer. Cet état de choses ne permet pas aux administrations de chemins de fer d'user du télégraphe pour ces mille dépêches de service qui facilitent tant l'exploitation des chemins de fer dans les diverses parties de l'Europe où presque chaque ligne de chemin de fer est, en même temps, pourvue d'un fil de télégraphie électrique.

On voit, en résumé, que, si les États-Unis ont un réseau télégraphique important par son étendue, il leur reste pourtant beaucoup à faire encore pour la régularité, pour l'utilité de son exploitation.

CHAPITRE IV

LA TÉLÉGRAPHIE ÉLECTRIQUE EN ANGLETERRE. — LE TÉLÉGRAPHE A AIGUILLES DE MM. COOKE ET WHEAT-STONE. — ÉTAT ACTUEL DE LA TÉLÉGRAPHIE ÉLECTRIQUE EN ANGLETERRE.

La plupart des lignes de télégraphie électrique qui fonctionnent aujourd'hui sur les chemins de fer anglais, ont été créées par M. Wheatstone.

Nous avons déjà parlé du télégraphe à cinq *galvanomètres*, imaginé par M. Wheatstone. Ce télégraphe fut établi, en 1838, sur une partie du chemin de fer de Londres à Liverpool. Fondé, comme les télégraphes d'Alexander et de Schilling, sur le principe de la déviation de l'aiguille aimantée par le courant voltaïque, il se composait, comme on l'a vu, de cinq fils qui servaient à faire apparaître instantanément les diverses lettres de l'alphabet.

Cependant ce télégraphe n'était que l'enfance de l'art. L'emploi des cinq conducteurs était une source de complications dans le jeu de l'appareil et d'augmentation de dépenses pour son établissement. Suffisant pour les besoins du service d'un chemin de fer, il n'était point applicable à un service étendu de communications quotidiennes. C'est, en effet, pour l'usage des chemins de fer que M. Wheatstone avait construit cet instrument, qui resta en usage, depuis l'année 1838 jusqu'à l'année 1846, sur les railways du Great-Western, de Blackwall, de Manchester à Leeds, d'Édimbourg à Glasgow, de Norwich à Yarmouth et de Dublin à Kingstown.

Les résultats avantageux obtenus, avec les appareils de MM. Cooke et Wheatstone, sur les chemins de fer du Great-Western et de Blackwall, décidèrent la rapide extension que la télégraphie électrique ne tarda pas à prendre en Angleterre. Pendant l'année 1846, il se forma à Londres, sous le nom de *Compagnie du télégraphe électrique*, une compagnie puissante qui se proposait d'étendre ce genre de communications à toutes les villes importantes de l'Angleterre et de l'Écosse. Le système adopté sur la plupart de ces lignes fut le télégraphe à *deux aiguilles*, inventé par MM. Cooke et Wheatstone.

Le *télégraphe à deux aiguilles* est l'instrument télégraphique réduit à sa plus simple expression : l'intelligence de l'opérateur y tient, pour ainsi dire, lieu de mécanisme.

Le *télégraphe à deux aiguilles* de MM. Cooke et Wheatstone se compose tout simplement de deux aiguilles aimantées, fixées chacune au centre d'un cercle, et qui peuvent se mouvoir autour de ce cercle. Deux manivelles ou poignées, que l'opérateur tient dans ses mains, servent à diriger autour des deux aiguilles aimantées le courant d'une pile voltaïque, lequel a pour effet de faire dévier ces aiguilles de leur position. Le mouvement imprimé aux manivelles établit ou interrompt le courant électrique, et l'aiguille aimantée peut, de cette manière, prendre sur la circonférence du cercle la place que l'on désire. Ces deux aiguilles et leurs cadrans sont fixés sur le panneau antérieur d'une sorte de grande boîte.

Fig. 50. — Télégraphe anglais à deux aiguilles.

La figure 50 représente l'extérieur du *télégraphe à aiguilles aimantées* de MM. Cooke et Wheatstone. On y voit deux aiguilles que mettent en mouvement, par l'intermédiaire du courant électrique, deux manivelles. A l'intérieur de la boîte, et cachées par la paroi antérieure de cette boîte, sont deux bobines de fil conducteur, dans lesquelles le courant électrique peut circuler au moment opportun. C'est le courant qui, agissant sur les aiguilles aimantées apparentes à l'extérieur, met ces aiguilles en mouvement, pour produire les signaux. Pour faire tourner à volonté, tantôt à droite, tantôt à gauche, l'une ou l'autre des aiguilles aimantées, il suffit de changer le sens du courant; et ce changement est produit par le mouve-

ment, à droite ou à gauche, que l'on imprime aux manivelles.

Les positions combinées que peuvent prendre les deux aiguilles ont servi à former un alphabet. Les signes adoptés pour la désignation des lettres sont les suivants :

A, un coup à gauche de l'aiguille à gauche ;
B, deux coups de la même aiguille à gauche;
C, trois coups de la même aiguille à gauche ;
D, quatre coups de la même aiguille à gauche;
E, un coup de l'aiguille de gauche et deux de l'aiguille de droite ;
F, un coup de l'aiguille de gauche et trois de l'aiguille de droite.

C'est, comme on le voit, un alphabet de sourd-muet ; on forme avec les aiguilles du télégraphe, des signes analogues à ceux que le sourd-muet exécute avec ses doigts. On a compté sur l'adresse, sur l'habileté particulière des employés, pour suppléer à l'insuffisance du mécanisme de l'instrument. L'expérience a justifié la confiance que l'inventeur avait mise dans les ressources de l'organisation humaine servie et réglée par l'intelligence. Le moyen physiologique est destiné à suppléer ici à l'imperfection de la combinaison mécanique.

Il importe d'ajouter pourtant que des erreurs se glissent assez fréquemment dans les messages transmis de cette manière, et que, si l'appareil télégraphique anglais est le plus simple que l'on connaisse, il est loin d'être parfait. Par suite de son emploi, beaucoup de dépêches sont chaque jour incomplètement ou inexactement transmises. Outre l'inconvénient d'exiger deux fils conducteurs, ce qui double les dépenses d'installation, le système anglais présente ce côté très-défavorable, que nulle trace du message ne peut y être conservée. C'est la mémoire seule des employés, occupés à lire sur les cadrans, les signaux au fur et à mesure de leur transmission, qui répond de l'exactitude de la traduction. Aucun moyen de contrôle ne permet de reconnaître une erreur commise dans leur travail. C'est à ces deux causes, graves toutes les deux, qu'il faut attribuer l'imperfection relative que présente en Angleterre la pratique de la nouvelle télégraphie. Aussi l'appareil de MM. Cooke et Wheatstone n'a-t-il été adopté par aucune autre nation de l'Europe pour le service télégraphique.

Pour faire manœuvrer les aiguilles des cadrans, on a choisi des jeunes garçons de quinze ou seize années ; on comptait avec raison sur la vivacité et la délicatesse de mouvements naturelles à cet âge pour se plier plus vite aux conditions si nouvelles et si particulières de ce service. Ces enfants n'ont pas tardé, en effet, à acquérir une habileté prodigieuse à comprendre le vocabulaire télégraphique et à exécuter les signaux qui le composent. Rien n'égale leur dextérité dans le maniement pratique de ce langage de sourd-muet. Les aiguilles s'agitent sous leurs doigts avec la promptitude de la pensée ; les mouvements sont si pressés et si rapides, que l'œil a de la peine à les suivre. On lit en gros caractères sur les murs de la salle : « *Ne dérangez pas les employés quand ils sont occupés à leurs appareils.* » Cet avis est assez superflu, car on voit les enfants, pendant le cours de leur travail, causer, rire, et s'occuper de ce qui se passe autour d'eux, comme s'ils exécutaient la besogne la plus indifférente ; il leur arrive même, pendant l'expédition d'un message, de faire des aparté télégraphiques et d'assaisonner les dépêches qu'ils sont occupés à transcrire de quelques plaisanteries à l'adresse de leur camarade.

On a observé, en effet, que les jeunes employés du télégraphe finissent par faire, en quelque sorte, connaissance avec leurs correspondants des autres stations. Cette espèce d'intimité est si bien établie entre eux, qu'ils savent reconnaître aux premiers mouvements des aiguilles, celui de leurs camarades qui se dispose à leur écrire. On entend quelquefois un des employés de Londres s'écrier, en re-

marquant les mouvements de son appareil que l'on commence à faire agir de Manchester, par exemple : « Ah ! voilà George revenu ! » Un autre, en voyant les premières oscillations de ses aiguilles que l'on fait marcher de Liverpool, prend sa place d'un air de contrariété et de mauvaise humeur, en disant : « Allons, c'est encore ce brutal de John qui est là-bas ! » Ces sentiments d'antipathie qui s'établissent ainsi entre les employés d'une même ligne vont quelquefois au point de forcer l'administration à les séparer ; c'est ce que l'on a fait récemment sur la ligne de Londres à Birmingham, où deux jeunes gens étaient sans cesse occupés à se quereller et à échanger des injures par le télégraphe.

Ajoutons que depuis quelques années, les femmes sont employées, en très-grand nombre, dans les bureaux d'expédition des dépêches, à Londres.

La télégraphie électrique est aujourd'hui exploitée en Angleterre, sur une échelle considérable. En 1846, la *Compagnie du télégraphe électrique* fit construire un établissement magnifique dans la Cité de Londres, à proximité de la Bourse et du quartier de la Banque. Ces bâtiments forment le point de jonction où viennent aboutir les lignes télégraphiques qui rayonnent de soixante villes importantes. Londres se trouve ainsi en communication instantanée avec Cambridge, Norwich, Portsmouth ; avec Birmingham, Stratford, Derby, Nottingham, Liverpool, Manchester, Glasgow, Édimbourg, etc.; il communique aussi de la même manière avec Folkstone et Douvres.

Le bureau central de la Compagnie se trouve relié avec toutes les têtes des chemins de fer qui ont des bureaux de télégraphie électrique, par des fils qui passent dans les rues à travers des conduits souterrains. Ce bureau central communique ainsi avec toutes les lignes d'Angleterre, et il correspond dans ce moment avec toutes les stations ou bureaux électriques situés dans Londres et les autres villes importantes de la Grande-Bretagne.

Depuis quelques années, la Compagnie a étendu d'une manière remarquable les fils du réseau électrique. D'après un relevé donné en 1850 par M. Walker, 2,218 milles anglais (917 lieues de France) étaient déjà occupés par les fils du télégraphe électrique.

Depuis cette époque, le réseau télégraphique a plus que doublé d'étendue.

L'administration anglaise a mis, quatre années avant nous, le télégraphe électrique à la disposition du public. La *Compagnie du télégraphe électrique*, qui, en Angleterre, a le monopole de toutes les communications télégraphiques, est chargée de l'exécution de ce service. Les correspondances du gouvernement ont lieu, comme celles du public, par le bureau central de la Compagnie ; seulement le gouvernement obtient, *par déférence*, la priorité pour le passage de ses dépêches. On assure même que ce privilége peut lui être contesté.

Voici les dispositions intérieures du *Télégraphe central de Londres*.

Le *Télégraphe électrique central* est situé dans la rue Lothbury, en face du mur extérieur de la Banque. Quand on entre dans l'établissement, on trouve d'abord une grande salle commune, éclairée par le haut, et contenant trois galeries superposées. Au milieu de la salle règne une longue table divisée par des rideaux verts, en six compartiments ou pupitres. C'est là que le public est admis à écrire les communications destinées à être expédiées par le télégraphe. Les messages doivent être inscrits sur une feuille de papier à lettre, dont près de la moitié est déjà remplie par une formule imprimée, avec des blancs destinés à recevoir le nom et l'adresse de l'expéditeur, celui de la personne à qui la communication est adressée, le prix du message et celui de la réponse, la date et l'heure de la réception de la dépêche, enfin la date et l'heure à laquelle la transmission a été commencée et terminée.

A mesure que les messages sont écrits, ils sont passés l'un après l'autre, pas un guichet vitré, dans une petite pièce nommée *bureau d'enregistrement*. Là on en prend note, et on les marque d'un numéro d'ordre. L'employé qui vient de faire cet enregistrement les place ensuite dans une petite boîte, et tire le cordon

Fig. 51. — Wheatstone.

d'une sonnette. Au même instant la boîte s'envole par une espèce de cheminée de bois et transporte son contenu à la partie supérieure de l'édifice dans la *salle des instruments*.

Si l'on rejoint la dépêche en suivant la voie plus lente, mais plus commode, de l'escalier, on arrive dans une assez grande pièce où se trouvent disposés huit appareils télégraphiques, destinés à transmettre les messages dans les différentes directions. Chacun de ces appareils porte les noms de six ou huit stations avec lesquelles il correspond. Un employé suffit pour desservir trois de ces appareils.

Quand les différents messages sont arrivés à l'étage des instruments, on les place sur l'appareil qui doit en faire l'expédition, et l'employé chargé de ce travail se met aussitôt à l'œuvre.

Il saisit de ses deux mains, les deux manivelles qui font mouvoir les aiguilles, et
transmet la dépêche, en faisant rapidement
manœuvrer en divers sens cette poignée,
qui imprime à ses aiguilles et à celles de
son correspondant des mouvements saccadés
désignant telle ou telle lettre de l'alphabet
électrique. Le message, reçu à la station
où il a été envoyé, est immédiatement copié
et porté à son adresse par un piéton attaché à
l'établissement.

Les dépêches expédiées des différentes stations du royaume et aboutissant à Londres
sont reçues dans la même *salle aux instruments*, dont nous venons de voir partir un
message. La manœuvre pour la réception est
tout aussi simple que celle de l'envoi. Deux
employés se tiennent au-devant de l'appareil
qui transmet la dépêche. L'un d'eux lit les
mots à mesure qu'ils se présentent, et les dicte
à son camarade. Cette dictée est si rapide que
la plume a de la peine à la suivre. Quand un
mot n'a pas été bien compris, l'employé en
informe son correspondant par un signal particulier, et celui-ci recommence. La dépêche
terminée, celui qui l'a reçue relit le manuscrit pour s'assurer qu'aucune erreur n'a été
commise. L'heure et la minute de la réception sont notées ; la copie est signée et elle
descend au bureau d'enregistrement, où elle
est transcrite sur un registre, et enfin envoyée
à son adresse par un facteur.

Indépendamment de la transmission des
messages particuliers, la *Compagnie du télégraphe électrique* a établi, au centre des principales villes du royaume, des bureaux où
l'on peut recevoir et d'où l'on peut expédier à
toutes les autres stations, des renseignements
et des communications de différente nature.
Il y a, à chacune de ces stations, une salle pour
les abonnés, dans laquelle on affiche sur des
tableaux, au fur et à mesure qu'elles arrivent,
toutes les informations d'un intérêt public
ou commercial, telles que le cours de la bourse
de Londres, les mercuriales des différents

marchés, le prix courant des marchandises
dans les principaux centres manufacturiers,
l'état de la mer et de l'atmosphère pris à 9
heures du matin dans les divers ports, l'arrivée et le départ des navires, les sinistres de
mer, les nouvelles du *sport* et du parlement,
les nouvelles générales, etc.

Dans la grande salle du poste central de la
Compagnie télégraphique de la rue Lothbury
aboutissent plus de cent fils télégraphiques.
Cent jeunes filles y manœuvrent à la fois le
télégraphe à aiguille : elles reçoivent, en
moyenne, 90 francs par mois. Dans la ville de
Londres, près de mille autres jeunes filles
exercent la même profession.

Le poste central communique avec quelques bureaux de la ville, au moyen de tubes
atmosphériques. En Angleterre, la correspondance télégraphique n'étant gênée par
aucune loi, il n'existe pas, comme en France,
de lignes télégraphiques affectées au service
de l'État. Les dépêches du gouvernement
suivent donc la même voie que celle des particuliers.

Il s'est formé plus récemment à Londres,
une compagnie de télégraphie privée (*Uni-
versal telegraph private company*) qui établit
des fils télégraphiques à l'usage des particuliers, tels que commerçants, fabricants, marchands, armateurs, directeurs de journaux,
etc. Moyennant un abonnement annuel, cette
compagnie établit et entretient des télégraphes particuliers, qui rendent les plus grands
services au travail et à l'industrie. Les fils
sont en cuivre très-fin, recouvert de caoutchouc, et entouré d'un ruban de fil. Les appareils sont des télégraphes à aiguilles du
système Wheatstone.

L'Angleterre est un des pays dans lesquels
la télégraphie a pris le plus d'extension. Il y
a en Angleterre plus de mille bureaux télégraphiques, qui envoient plus de deux millions de dépêches par an. On donne quelquefois, à Londres, des soirées télégraphiques
destinées à l'amusement des ladys désœuvrées.

On se procure le plaisir d'établir des correspondances avec les plus lointains pays : on s'informe à Alexandrie, de l'état des travaux du canal de Suez, et l'on demande à Saint-Pétersbourg des nouvelles de la santé du czar.

CHAPITRE V

La France a suivi de près l'Amérique et l'Angleterre dans l'adoption de la télégraphie électrique. Le monopole du télégraphe accordé, parmi nous, à l'État, mit quelques retards à l'adoption générale de ce nouveau système ; mais l'administration s'efforça de réparer le temps perdu. Elle a doté la France de la télégraphie électrique, à mesure que ses avantages pratiques étaient mis en évidence chez d'autres nations. C'est le tableau de cette substitution graduelle faite dans notre pays, du télégraphe électrique au télégraphe aérien, que nous allons tracer rapidement.

En 1841 une ligne télégraphique avait été construite en Angleterre, pour le service du chemin de fer du *Great Western*, entre Londres et la station de Slough, sur une longueur d'environ 6 lieues. L'établissement de cette ligne télégraphique chez nos voisins, fit ouvrir les yeux à l'administration française : M. Alphonse Foy s'empressa d'aller étudier sur les lieux ce nouveau système.

L'existence de la télégraphie électrique en Angleterre, fut signalée à la Chambre des députés, qui, malheureusement, n'y prêta pas grande attention. C'était au mois de juin 1842, à l'occasion d'une demande de crédit qui avait été faite à la Chambre pour expérimenter le système d'éclairage du télégraphe aérien, proposé par M. Jules Guyot, dans le but de créer une télégraphie nocturne. M. Pouillet, membre de l'Académie des sciences et professeur de physique à la Sorbonne, était rapporteur du projet, et recommandait vivement le système de M. Guyot. A cette occasion, Arago fit connaître le récent établissement de la télégraphie électrique en Angleterre, et les excellents résultats qu'elle promettait. M. Pouillet répondit que la question avait été examinée par la commission chargée d'étudier le projet de loi, mais que le télégraphe électrique « paraissait peu convenable et peu rationnel, » et qu'il fallait attendre.

On a dit que, dans cette discussion, M. Pouillet avait déclaré que la télégraphie électrique était « une utopie brillante qui ne se réaliserait jamais. » L'opposition faite par M. Pouillet à la télégraphie électrique, pour mieux défendre le système d'éclairage du télégraphe nocturne de M. Guyot, a été exagérée. Cet académicien ne pouvait dire que la télégraphie électrique n'était qu'une utopie irréalisable en pratique, puisqu'elle fonctionnait en ce moment même, de l'autre côté du détroit.

Toutefois la froideur, qu'un juge aussi compétent que M. Pouillet, témoignait à la télégraphie électrique, ne pouvait que retarder l'introduction de ce système en France. La télégraphie électrique trouvait donc parmi nous quelques partisans et beaucoup d'incrédules. Ce qui arrêtait, ce qui causait les scrupules de l'administration et du public, ce n'était point le principe de l'instrument en lui-même, mais bien la crainte de ne pouvoir défendre les fils contre la malveillance. On ne pouvait admettre qu'un immense fil conducteur tendu librement à travers les villes, ou dans la solitude des campagnes, pût y rester à l'abri des atteintes des malfaiteurs ou des gens mal intentionnés. L'expérience a prouvé combien ces craintes étaient chimériques; mais à cette époque, c'était là la grande objection que chacun mettait en avant.

Il est certain que si les chemins de fer n'eussent pas existé en France, l'adoption de la télégraphie électrique aurait encore éprouvé de longs retards. Heureusement, les voies ferrées offraient pour l'expérience de ce système, une voie toute tracée, et soumise à une surveillance des plus sévères. Ce fut là surtout ce qui tranquillisa le gouvernement quant à la possibilité de mettre à l'essai une ligne de fils télégraphiques.

Une ordonnance royale en date du 23 novembre 1844, ouvrit donc un crédit de 240,000 francs, pour établir, à titre d'essai, une ligne télégraphique sur la voie du chemin de fer de Paris à Rouen.

M. L. Bréguet fut chargé de diriger les travaux. Le 22 janvier 1845, les poteaux étaient plantés; le 27 avril, cette ligne d'essai fonctionna jusqu'à Mantes, et le 18 mai des dépêches étaient échangées avec le plus grand succès entre Paris et Rouen.

Cette expérience jugeait suffisamment la question. Dans la session législative de 1846, le gouvernement présenta à la Chambre des députés un projet de loi relatif à un crédit extraordinaire de 408,650 francs pour l'établissement d'une ligne de télégraphie électrique de Paris à Lille.

M. Pouillet, rapporteur de ce projet de loi, le défendit avec peu de chaleur. Il redoutait la dépense de 7 millions, que devait exiger, selon lui, la substitution du télégraphe électrique au télégraphe aérien sur toutes les lignes en activité. Il faisait remarquer que l'adoption du télégraphe électrique rendrait difficile au gouvernement le maintien du monopole légal des communications télégraphiques. Sans se prononcer sur les avantages de ce changement de système, il

trouvait qu'il était plus convenable d'attendre les expériences faites en d'autres pays pour se prononcer sur les avantages du télégraphe électrique.

La timidité du rapport de M. Pouillet, interprète fidèle des sentiments de la commission qui avait préparé le projet de loi, ne pouvait que maintenir la Chambre des députés dans ses demi-convictions. M. Mauguin regrettait l'abandon du système de télégraphie aérienne inventé par M. Gonon, et M. Berryer déclarait n'avoir qu'une foi très-médiocre dans l'avenir de la télégraphie électrique. La loi fut votée le 4 juin 1846 à une très-grande majorité; mais il fut décidé en même temps que, par prudence, la ligne aérienne qui existait de Paris à Lille serait maintenue et continuerait son service.

La loi fut promulguée le 3 juillet 1846. Elle attribuait une somme de 489,650 francs à l'établissement d'une ligne allant de Paris à Lille, avec un embranchement de Douai à Valenciennes.

Le système d'appareils qui fut adopté, se ressentait de l'extrême tiédeur du gouvernement ou de l'administration pour la télégraphie électrique. Dans la substitution progressive du nouveau système à l'ancien, on désirait faire suivre au fil électrique la direction des lignes existantes de télégraphie aérienne. C'est en obéissant à cette même pensée générale, et conformément à cet esprit de conduite, que le directeur des lignes télégraphiques, M. Alphonse Foy, exigea que l'appareil électrique ne servît qu'à exécuter les signaux du télégraphe aérien.

Demander à l'électricité le moyen de reproduire sur un petit appareil les signaux du télégraphe de Chappe, c'était poser un problème difficile au mécanicien chargé de le résoudre. Ce mécanicien c'était M. L. Bréguet, qui sut remplir avec bonheur les conditions posées par le programme de l'administration.

M. L. Bréguet est le petit-fils du célèbre horloger Bréguet, dont les beaux travaux en horlogerie et dans la mécanique de précision ont rendu le nom célèbre. Lui-même, savant praticien et constructeur hors ligne, s'est fait connaître par plusieurs découvertes intéressantes en horlogerie, en mécanique et en télégraphie électrique. On lui doit la construction, faite avec M. Masson, de la première *machine d'induction* et surtout un télégraphe à cadran employé dans toutes les gares de chemins de fer, et dont nous aurons à parler dans un autre chapitre.

Fig. 52. — L. Bréguet.

M. L. Bréguet fut nommé le 17 octobre 1844, par M. Passy, ministre de l'intérieur, membre de la Commission qui devait faire sur le chemin de Rouen l'essai de la télégraphie électrique, et fut ensuite chargé de la direction et de l'installation de la ligne de Paris à Rouen. C'est à lui que furent confiées les expériences nécessaires, pour éclaircir le grand fait de l'emploi de la terre comme conducteur de retour. Enfin, comme nous venons de le dire, c'est à lui que M. Foy confia la tâche difficile d'exécuter un appareil qui

reproduisît exactement les signaux du télégraphe aérien.

L'appareil *Foy-Bréguet*, tel est le nom que reçut le télégraphe à signaux qui fut adopté en France, était passible d'un grave reproche, il exigeait deux conducteurs, deux fils télégraphiques, au lieu d'un seul conducteur, d'un seul fil, qui suffit au télégraphe Morse et au télégraphe à cadran, qui fonctionnait déjà à Londres. Le télégraphe Foy-Bréguet exigeait l'emploi de deux conducteurs, parce qu'il fallait un fil conducteur pour chaque branche du télégraphe, ce qui doublait naturellement les dépenses d'installation et d'entretien. Mais, à part ce reproche, il faut reconnaître que M. Bréguet sut résoudre avec beaucoup d'élégance le problème mécanique de la reproduction des signaux de Chappe par l'électricité.

Cet appareil, comme nous le verrons plus loin, a été abandonné après sept à huit années d'usage ; mais sa construction était trop ingénieuse pour que nous le passions sous silence.

L'appareil se compose, comme tous les télégraphes électriques, d'un *manipulateur*, c'est-à-dire d'un instrument placé à la station du départ, destiné à fournir les signaux qui doivent se produire à la station opposée, et d'un *récepteur* placé à la station d'arrivée, destiné à exécuter les signaux. Nous suivrons l'inventeur de cet appareil dans la description qu'il a donnée de son télégraphe à signaux.

Récepteur. — Le récepteur est formé par la réunion de deux appareils symétriques et parfaitement indépendants l'un de l'autre.

La figure 53 représente l'appareil dans son ensemble, recouvert de sa boîte et vu de face.

Les aiguilles indicatrices I tournent autour des points *i ;* ce sont les parties noires des aiguilles qui forment les signaux; chacune d'elles peut prendre huit positions, à savoir : deux horizontales, l'une à droite, l'autre à gauche du centre, deux verticales et une à 45° dans chacun des angles formés par les lignes horizontales et verticales.

A chacune des huit positions de l'un des indicateurs correspondent huit positions de l'autre, c'est-à-dire huit signaux : le nom-

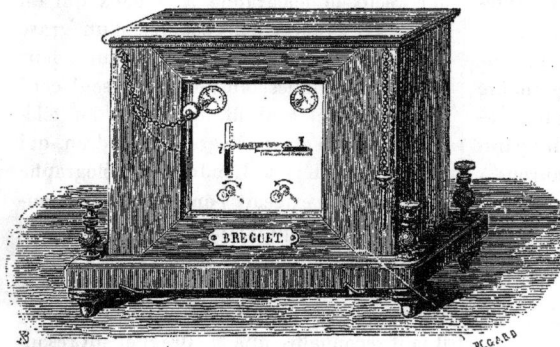

Fig. 53. — Télégraphe Foy-Bréguet à deux aiguilles (récepteur, vue extérieure).

bre total des signaux de l'appareil est donc 8 fois 8, ou 64.

Dans la figure 54, l'appareil est vu par derrière et sans sa boîte.

La partie gauche du dessin représente exactement l'une des moitiés du récepteur. Dans la partie droite, on a supprimé l'électro-aimant EE qui cachait l'armature A.

Voici le jeu des différentes pièces de cet instrument : tt, est la tige de l'armature ; r, r' sont les vis de réglage ; R, le ressort à boudin, dont la force peut être augmentée ou diminuée en tournant dans un sens ou dans l'autre, l'axe aa du tambour T, sur lequel s'enroule le fil de soie f, f.

La roue d'échappement, au lieu de treize dents, n'en a que quatre, qui produisent les huit positions de l'aiguille.

A chaque établissement ou interruption du courant, l'armature A bascule, l'échappement a lieu, la roue avance d'une demi-dent et l'aiguille de 45°.

Il importe de noter que les deux rouages du récepteur sont disposés de manière à faire tourner les aiguilles en sens inverse l'une de l'autre, celle de gauche (*fig.* 53) marche dans le sens des aiguilles d'une montre, celle de droite en sens contraire.

Manipulateur. — Le manipulateur est composé, comme le récepteur, de deux parties symétriques indépendantes l'une de l'autre, mises chacune en relation avec une des parties du récepteur par un fil particulier.

La figure 55 représente l'une de ces parties.

La manivelle M entraîne l'axe sur lequel elle est montée, et avec lui, la roue à rainure sinueuse S. La roue D, appelée diviseur, est fixe ; elle porte huit crans placés régulièrement sur sa circonférence, dans lesquels peut entrer une dent portée par la manivelle, ce qui permet de donner facilement à celle-ci huit positions exactement correspondantes à celles de l'aiguille indicatrice du récepteur.

Un ressort r encastré dans la manivelle, la maintient appuyée contre le diviseur, dans la position qu'on lui donne à la main.

Pour travailler avec l'instrument, pour exécuter les signaux du télégraphe aérien en miniature que porte l'appareil à l'extérieur, on saisit les deux manches des manivelles, un de chaque main, on les tire à soi pour vaincre l'effort du ressort r et faire sortir les dents des crans des diviseurs ; on les tourne toutes les deux à la fois, chacune dans le sens que nous avons indiqué pour l'aiguille correspondante du récepteur, et on les amène jusqu'aux positions qu'elles doivent occuper pour former le nouveau signal qu'on veut transmettre. Il arrive souvent, comme il est facile de le comprendre, que pour passer d'un signal au suivant on n'a besoin de mouvoir qu'une seule manivelle.

La figure 55 montre comment le levier l et le levier L, qui sont portés par le même axe, reçoivent de la roue sinueuse un mouvement de va-et-vient, qui amène le ressort inférieur successivement en contact avec les deux piè-

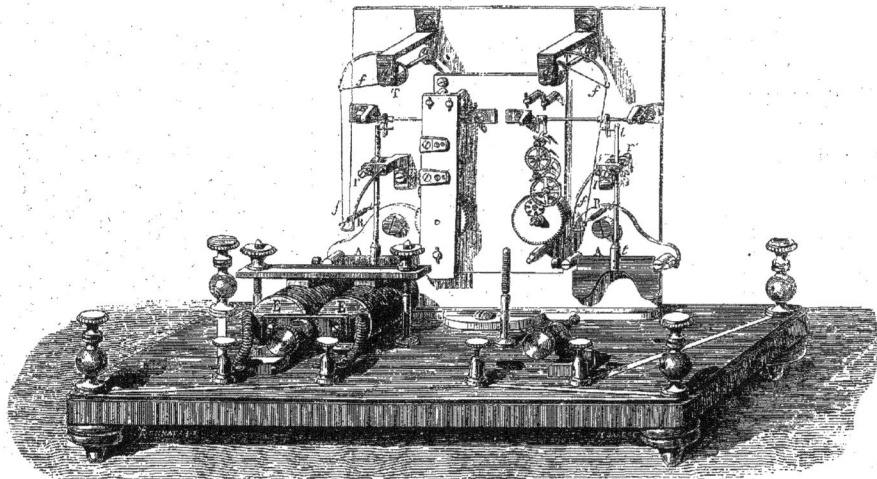

FIG. 54. — Récepteur du télégraphe Foy-Bréguet (vue intérieure).

ces p et p'. Ces deux pièces sont isolées par un morceau d'ivoire de la masse métallique de l'appareil, et les fils de la pile et du ré-

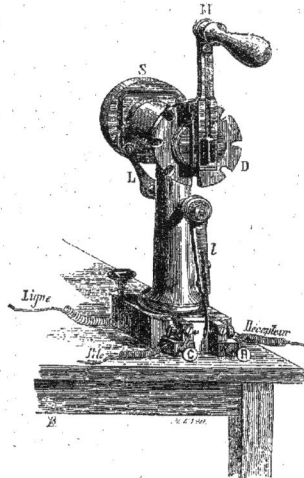

Fig. 55. — Manipulateur du télégraphe Foy-Bréguet.

cepteur y viennent aboutir comme l'indique la figure.

Le fil de la ligne, au contraire, est mis en communication avec la masse métallique de l'appareil.

Chaque contact entre le ressort du levier l, et le bouton C de la pile, amène donc l'envoi du courant sur la ligne, et chaque cessation du contact entre ces deux pièces amène l'interruption du courant ; d'où il résulte deux mouvements successifs de l'armature correspondante du récepteur, et deux mouvements de l'aiguille semblables à ceux de la manivelle. On comprend comment se maintient l'accord de position de l'aiguille et de la manivelle et comment peuvent se transmettre du manipulateur au récepteur les soixante-quatre signaux, que peut exécuter l'instrument. Le bouton R sert à la réception ; le courant arrivant de la ligne entre dans la masse métallique du manipulateur et (quand l'appareil est dans la position du repos) par le ressort du levier l dans le bouton R, d'où il est conduit au récepteur (1).

Ce télégraphe fonctionnait avec une rapidité merveilleuse. On pouvait exécuter deux

(1) Bréguet, *Manuel de télégraphie électrique*, 4ᵉ édition, Paris, 1862, p. 131-137.

cents signaux par minute, ou, pour mieux dire, il n'y avait d'autre limite à leur expédition que la dextérité de l'employé.

Malgré ces dispositions ingénieuses au point de vue mécanique, le *télégraphe à signaux*, le télégraphe *Foy-Bréguet*, ne pouvait être que d'un emploi transitoire. Outre l'inconvénient d'exiger deux fils au lieu d'un seul, il limitait le développement de la télégraphie, en l'enchaînant au vieux système du vocabulaire de Chappe. Il ne laissait aucune trace matérielle des signaux, et ne permettait ainsi aucun contrôle. Il était spécial à la France et ne pouvait servir à établir la continuité des communications entre la France et l'étranger, qui fait usage d'autres systèmes. Il ne pouvait donc aspirer qu'à servir de transition entre les deux modes de télégraphie. Cette transition effectuée, et quand la télégraphie électrique eut pris en France une certaine extension et une certaine importance, il fallut supprimer le télégraphe à signaux.

La révolution de Février avait placé M. Flocon à la tête de la télégraphie française, en remplacement de M. Alphonse Foy. Au mois de novembre 1849, M. Alphonse Foy reprenait sa place, comme directeur de l'administration des télégraphes. Il conserva ces fonctions jusqu'au mois d'octobre 1853, époque à laquelle il fut remplacé par M. de Vougy.

Le télégraphe à signaux suivit M. Alphonse Foy dans sa retraite. Un décret du 11 juin 1854, qui introduisait divers changements dans l'organisation générale de l'administration des télégraphes, fit connaître officiellement la nécessité d'apporter au matériel du service des améliorations, reconnues indispensables. A la suite de ce décret, l'abandon des appareils *Foy-Bréguet* fut décidé.

Quel est le système nouveau que la télégraphie française adopta, après un examen approfondi de tous les appareils de ce genre ? Ce fut le télégraphe américain, l'appareil Morse.

Les considérations qui motivèrent, de la part de l'administration française, le choix du système Morse, étaient parfaitement fondées. En premier lieu, ce système tend à être adopté universellement. Il règne aux États-Unis et dans les autres parties de l'Amérique où a pénétré la nouvelle télégraphie. En Europe, il fonctionne dans l'Allemagne, la Belgique et la Suisse. Or, il importe au plus haut degré, pour faciliter la transmission des dépêches internationales, que les divers États européens s'accordent à faire usage d'un même appareil télégraphique. C'était donc déjà obéir à une sage pensée que d'adopter un système qui réunissait en sa faveur le suffrage des principaux États de l'Europe.

On peut ajouter, comme considérations d'ordre secondaire, qui ont motivé l'adoption de l'appareil américain, l'avantage précieux qu'il présente, de transmettre l'électricité à des distances très-considérables, sans aucune interruption dans le fil conducteur ; condition que ne remplissent point tous les systèmes rivaux. Un dernier avantage de l'appareil Morse, c'est qu'il a pour résultat de laisser une impression matérielle de nature à être conservée. Comme l'instrument transcrit lui-même sur le papier la dépêche envoyée par le correspondant, on peut conserver le texte authentique du message, et, si une erreur s'est glissée dans la traduction ou la transmission d'une dépêche, reconnaître celui des employés qui a commis l'erreur.

C'est le 1er mars 1851 que le télégraphe électrique fut mis, en France, à la disposition du public et que les premiers bureaux furent ouverts à Paris ainsi que dans plusieurs villes des départements.

Un bureau de télégraphie électrique se compose d'une pièce divisée en deux parties par une cloison grillée et vitrée ; derrière ce vitrage, deux employés attendent le public. L'un d'eux vous présente une feuille de papier blanc sur laquelle vous inscrivez, en termes aussi laconiques que possible, votre missive, que vous signez et dont

Fig. 56. — Une des salles des instruments à la station centrale des télégraphes de Paris (page 131).

vous acquittez le prix. La dépêche est ensuite portée dans la pièce suivante, où se trouvent les appareils télégraphiques, et transmise immédiatement à sa destination.

Comme il était facile de le prévoir, l'usage de la télégraphie privée a pris, en France, une extension rapide. Les chiffres suivants représentent sa progression depuis son établissement en 1851. Dans les deux derniers mois de 1851, on transmit 9,014 dépêches privées. En 1852, ce nombre s'éleva à 48,105 ; sur ce dernier nombre, les dépêches envoyées de Paris étaient de 19,425. En 1856, le nombre total des dépêches expédiées fut de 360,000 ; en

1857, de 413,000 ; en 1858, de 463,000. Le produit des dépêches, qui n'était que de 1,500,000 francs, en 1853, s'est élevé à 3,333,000 francs en 1857, et à 3,516,000 francs en 1858.

Sans reproduire tous les chiffres progressifs de l'augmentation de ce service, depuis 1858 jusqu'à ce jour, nous dirons que dans les dix premiers mois de 1866, les dépêches expédiées tant à l'intérieur de la France qu'en pays étrangers, ont été au nombre de 2,367,991, et ont fourni à l'État une recette de plus de six millions (6,471,866).

A partir du 1ᵉʳ janvier 1862, le prix d'une

dépêche télégraphique a été fixé à 1 franc pour les dépêches de vingt mots échangés entre deux bureaux d'une même ville ou d'un même département, et à 2 francs pour les dépêches échangées entre deux départements différents.

Depuis le 1er janvier 1866, le prix d'une dépêche de vingt mots, à l'intérieur de Paris, n'est que de 50 centimes.

Le nombre des bureaux télégraphiques qui existaient en France au 1er janvier 1867, est de plus de deux mille (2,136), et le nombre des employés de la télégraphie, y compris les porteurs, de 4,739.

Les bureaux ouverts à Paris sont au nombre de 46. Le tableau suivant fait connaître, dans les vingt arrondissements de Paris, l'adresse des bureaux télégraphiques.

1er arr.	Hôtel du Louvre, rue de Rivoli, 166. Hôtel des Postes, rue J.-J. Rousseau. Place Vendôme, 15.
2e —	Place de la Bourse, 12. Rue aux Ours, 32.
3e —	Boulevard du Temple, 41. Rue des Vieilles-Haudriettes, 6.
4e —	Hôtel-de-Ville, rue de Rivoli.
5e —	Halle aux vins, place Saint-Victor, 24. Place Saint-Michel, 6. Halle aux cuirs.
6e —	Palais du Sénat, rue de Vaugirard. Rue des Saints-Pères, 31.
7e —	Rue de Grenelle-Saint-Germain, 103. Corps législatif, rue de l'Université. École Militaire (pavillon de l'Artillerie). Magasin central des télégraphes, rue Bertrand, 24.
8e —	Avenue des Champs-Élysées, 67. Boulevard Malesherbes, 4. Rue Saint-Lazare, 126 (place du Havre). Rue Boissy-d'Anglas.
9e —	Grand-Hôtel, boulevard des Capucines. Rue Lafayette, 35 (angle de la r. Laffitte). Rue Sainte-Cécile, 2.
10e —	Boulevard Saint-Denis, 16. Rue de Strasbourg, 4. Gare du Nord, r. de Dunkerque, 18 et 20
11e —	Boulevard du Prince-Eugène, 134. Pl. du Trône, boul. du Pr.-Eugène, 283.
12e arr.	Bercy, rue de Mâcon, 2. Rue de Lyon, 57 et 59.
13e —	Gare d'Orléans, rue de la Gare, 77. Gobelins, route d'Italie, 6.
14e —	Montrouge, route d'Orléans, 8.
15e —	Vaugirard, Grande-Rue, 98. Grenelle, rue du Théâtre, 70.
16e —	Auteuil, Grande-Rue, 10. Passy, place de la Mairie, 4.
17e —	Parc Monceaux, 108. Batignolles (boul. des), 22. — avenue de Clichy, 73. Ternes, av. de la Grande-Armée, 80.
18e —	Montmartre, boul. Rochechouart, 48. La Chapelle, Grande-Rue, 102.
19e —	La Villette, rue de Flandre, 43.
20e —	Belleville, rue de Paris, 58.

Tous ces postes sont reliés à la *station centrale des télégraphes.*

Cette *station centrale des télégraphes*, située dans le vaste hôtel de la rue de Grenelle-Saint-Germain, qu'occupait naguère le Ministère de l'Intérieur, et qu'elle remplit presque en entier, est une des curiosités de Paris; aussi en donnerons-nous la description.

Pour visiter avec méthode le *poste central des télégraphes*, il faut commencer par jeter un coup d'œil dans la *chambre des piles.* C'est au rez-de-chaussée, sous la voûte, à gauche de la grande entrée de l'hôtel, et donnant sur la rue, que se trouve cette pièce, de dimensions assez ordinaires. Au milieu est une grande table, à deux étages, tout remplis d'éléments de piles. Le long des murs règne une triple rangée de tablettes, portant aussi des éléments de piles. Ces éléments ne sont pas de grande dimension, mais leur nombre n'est pas moindre de quatre mille.

La pile qui a été longtemps employée dans la télégraphie française, était celle de Daniell, à sulfate de cuivre. Aujourd'hui on se sert de la pile à sulfate de mercure, inventée par M. Marié Davy, qui fournit un dégagement constant d'électricité, sans qu'il soit nécessaire d'y toucher pendant dix mois. Chaque élément, qui ne diffère point, par sa forme, d'un élément de Bunsen, est pourvu d'un conducteur de charbon et d'un pôle de zinc ; seulement, au lieu d'acide, il y a, dans un godet, du sulfate de mercure solide recouvert d'eau ; et dans l'autre godet, de l'eau salée : la lente réduction du sel de mercure produit le dégagement de l'électricité.

Au-dessus de la table, règne une longue tringle de cuivre. C'est le conducteur commun auquel aboutissent la moitié des fils, et qui établit leur communication avec la terre. A cet effet, la tringle de cuivre se prolonge au delà de la salle, et va se perdre dans l'eau courante du puits de l'hôtel, en se terminant en ce point, par une large plaque de cuivre.

Un certain nombre d'éléments de la pile, réunis entre eux, desservent chaque ligne particulière.

Pour cela, au conducteur positif (zinc) du premier élément de cette réunion, est soudé un fil de cuivre qui, mis en communication avec la tringle de cuivre, dont il vient d'être question, va se perdre dans la terre, ce qui permet de supprimer, suivant la grande découverte de M. Steinheil, les fils de retour du circuit voltaïque, en prenant la terre elle-même pour complément du circuit. Au conducteur négatif, c'est-à-dire au charbon du dernier élément de ce même groupe, est fixé un autre conducteur, qui se rend dans la *salle des fils* et dans la *salle des instruments*, et de là à la ville qu'il doit mettre en communication avec Paris. Un de ces fils a plus de 200 lieues de longueur ; il se rend à Marseille ; un autre va à Berlin, à une distance de 300 lieues. Chaque fil porte une petite plaque d'ivoire, indiquant sa destination.

En sortant de la *chambre des piles*, les fils conducteurs se réunissent tous dans une petite pièce bien éclairée, située au premier étage, et qui se nomme la *chambre des fils*. Ils sont tendus verticalement, le long des deux murs de la pièce, et portent chacun,

une petite plaque d'ivoire indiquant son parcours. Ainsi tendus contre les murs, ils ressemblent à autant de portées de musique, ou à un écheveau de fil emmêlé. Seulement, jamais portée de musique, jamais écheveau de fil, ne furent plus embrouillés. Il paraît que le surveillant attaché à cette salle, s'y reconnaît parfaitement, et met la main, du premier coup, sur le fil qu'il recherche. Je lui en fais mon compliment.

Montons encore un étage et nous voici arrivés aux appareils télégraphiques. Ils sont installés dans une série de salles consécutives, qui ne sont autre chose que les anciens bureaux du ministère de l'intérieur et qui occupent la plus grande partie du second étage de l'hôtel. Dans les premières chambres sont les appareils destinés au service de Paris ; dans les suivantes, sont les appareils en correspondance avec les départements et l'étranger.

La figure 56 (page 129) représente l'une des principales salles destinée à la correspondance avec les départements et dans laquelle sont réunis des appareils Morse. Les fils conducteurs qui partent de ces instruments et qui y aboutissent, ne sont pas apparents à l'intérieur : ils sont placés sous le parquet.

Deux cents lignes télégraphiques partent du poste central, pour aller porter, aux extrémités de l'Europe, leurs vibrations instantanées : 117 de ces lignes appartiennent à la province ou à l'étranger, 83 à Paris.

Pour mettre en action cet immense réseau, environ 170 instruments télégraphiques sont rassemblés dans les diverses salles du poste central. Ce sont des appareils Morse, qui tracent la dépêche à l'encre en caractères d'un alphabet conventionnel, et des appareils Hughes, qui, par un prodige de mécanique, vont tracer les dépêches en lettres d'imprimerie sur une bande de papier. Dans les salles destinées au service des départements et de l'étranger, il y a 25 appareils Hughes et 45 appareils Morse. La même proportion existe pour les appareils distribués dans les salles de Paris, ce qui donne un total de 140 instruments; et comme il faut toujours des instruments de rechange, pour les cas de dérangement, il en résulte que le total des appareils réunis dans ces salles, est comme nous venons de le dire, de 170 environ.

Dans ces nombreuses salles, plus de cent employés, dans un silence absolu, sont occupés, du matin au soir, à pousser le levier élastique du manipulateur du télégraphe Morse, ou à promener leurs doigts rapides sur le clavier, pareil à celui d'un piano, du télégraphe imprimant de Hughes. On n'entend d'autre bruit que les coups secs et cadencés, que produit le choc des pièces métalliques de tous les instruments en jeu.

Un écriteau placé au-dessus du bureau de chaque employé, porte le nom de la ville qui forme la dernière station aboutissant à ce fil.

Outre l'appareil Morse, qui trace la dépêche à l'encre par une série de points formant un alphabet de convention, et l'appareil Hughes, qui inscrit la dépêche en lettres d'imprimerie, appareils dont nous aurons à donner la description dans le chapitre suivant, on se sert sur la ligne de Paris à Lyon, du *pantélégraphe* de M. l'abbé Caselli qui, par une dernière merveille, reproduit les dessins, l'écriture, ou tout signe quelconque fait à la main, appareil remarquable dont nous aurons également à donner plus loin la description et la figure. Le *pantélégraphe* fonctionne au poste central des télégraphes; mais comme il est d'un emploi exceptionnel, il n'est point placé dans les salles des instruments, que nous venons de décrire. Il est installé au rez-de-chaussée, dans la partie de l'hôtel qui formait autrefois à elle seule le poste central.

Dans cette partie du rez-de-chaussée, quatre pièces, de dimensions diverses, sont affectées au service télégraphique. L'une de ces pièces est un laboratoire; une autre, un cabinet de physique, qui sert à la fois pour les cours à l'usage des employés, pour les expériences des nouveaux appareils, pour l'essai des instruments livrés par les fabricants, enfin pour exercer les débutants dans l'art télégraphique. C'est dans la quatrième pièce que se trouve installé le *pantélégraphe Caselli*. Il y a deux appareils, l'un pour le service du public sur la ligne de Paris à Lyon, l'autre pour servir d'expérience et d'étude.

En sortant de la *salle des instruments*, les fils conducteurs se rendent chacun à la ligne ou à la ville qu'ils doivent desservir. Mais il faut d'abord traverser Paris. Pendant longtemps, on a vu dans les rues de la capitale, une immense quantité de fils télégraphiques, qui, placés le long des rues, suivaient le parcours qui s'étend de la rue de Grenelle-Saint-Germain jusqu'aux gares de chemins de fer. Mais les lignes devenant tous les jours plus nombreuses, il a fallu renoncer à ce système. Aujourd'hui la traversée de Paris par les fils télégraphiques se fait souterrainement, et l'œil n'est plus arrêté dans l'intérieur de la capitale, par la vue de ces innombrables conducteurs qui rayaient le ciel.

La plus grande partie du parcours souterrain des fils télégraphique suit la voie des égouts.

Les fils destinés à prendre cette route, sont disposés d'une manière particulière. Comme ils pourraient s'altérer, s'oxyder par l'action des gaz, qui s'exhalent à l'intérieur des égouts, on les renforce beaucoup dans ce trajet. Au lieu d'un seul fil de cuivre, on en prend quatre, que l'on tresse ensemble : la conductibilité est ainsi mieux assurée, car si un ou deux fils viennent à mal fonctionner, les deux autres continuent de donner passage au courant.

Cette tresse métallique, qui représente un seul fil de ligne, est recouverte de gutta-percha. On réunit tous les fils ainsi emmaillottés, et on les suspend à la voûte des égouts, en les renfermant dans un tube de plomb. Ils sont là parfaitement à l'abri de la malveillance, et ils peuvent être aisément visités et réparés, s'il y a lieu.

Une autre partie des fils du réseau souterrain suit les catacombes : ils sont alors contenus dans des conduites de zinc. D'autres fois, ils sont enfouis dans la terre, pendant une partie du trajet.

Le système de protection employé par M. Baron, l'habile organisateur de la télégraphie souterraine en France, consiste à environner les fils qui doivent être placés sous terre et non dans les égouts, d'un ruban d'étoffe goudronné, et à les placer dans des tuyaux de fonte, qui peuvent s'ouvrir facilement, dans le cas très-rare où des réparations sont nécessaires.

Telles sont les dispositions de cet admirable *poste central des télégraphes*, qui serait, pour les étrangers et les amateurs, la visite la plus curieuse et la plus intéressante, si l'entrée n'en était pas rigoureusement interdite au public, par des motifs faciles à comprendre. Visiter le *poste central des télégraphes* de Paris est un plaisir d'ambassadeur, ou bien une faveur accordée à quelques savants, par la bienveillance hospitalière du directeur, M. de Vougy. C'est grâce à cette circonstance que nous avons pu donner à nos lecteurs la description qui précède.

CHAPITRE VI

LA TÉLÉGRAPHIE ÉLECTRIQUE, EN BELGIQUE, EN HOLLANDE, EN ALLEMAGNE, EN SUISSE, EN ITALIE, EN ESPAGNE, EN RUSSIE, ET DANS L'ORIENT.

La télégraphie électrique existe aujourd'hui dans le monde entier. Elle a pénétré partout, et bientôt tout notre globe ne sera, pour ainsi dire, qu'une immense bobine électro-magnétique, composée de milliers de fils traversés par un courant incessant de fluide électrique. Nous ne pouvons donc songer à donner ici le tableau qui, d'ailleurs, change d'un jour à l'autre, de l'état de la télégraphie électrique dans les diverses contrées des deux mondes. Nous ne voulons qu'indiquer sommairement l'ordre successif dans lequel les principales nations de notre continent ont établi sur leur territoire, la merveilleuse invention d'Ampère.

La télégraphie électrique a fonctionné, avons-nous dit, en Amérique pour la première fois, en 1844. Nous ne parlons ici que de l'établissement d'un fil électrique reliant deux villes l'une à l'autre, et servant à une correspondance régulière entre ces villes. C'est ainsi, il nous semble, qu'il faut préciser la question. Il faudrait sans cela considérer comme les premières lignes de télégraphie électrique, le fil conducteur, que le physicien Steinheil avait tendu de Munich à son observatoire situé dans un des faubourgs de la ville ; ou bien le fil électrique que M. Wheatstone établit en Angleterre en 1838, sur le chemin du Great-Western, pour essayer d'appliquer cet instrument au service des rail-ways. Mais comme on ne peut parler ici que d'un véritable service de correspondance télégraphique, et non d'appareils de tâtonnements ou d'essais, il faut reconnaître que c'est à l'Amérique et à Samuel Morse, qu'appartient l'honneur d'avoir inauguré, pour la première fois, une ligne régulière de correspondance télégraphique entre deux villes éloignées et destinée à un service public.

Ce fut en 1843, avec l'aide de MM. Francis Smith et Alfred Vail, que M. Morse construisit la ligne de Washington à Baltimore. La première dépêche transmise entre ces deux villes, porte la date du 26 mai 1844.

L'Angleterre suivit de très-près l'exemple de l'Amérique, puisqu'en 1844, une ligne créée par MM. Wheatstone et Cooke, et destinée au service public, fonctionnait entre Londres et les stations du Great-Western.

En 1846, comme on l'a vu, la télégraphie électrique fonctionnait également en France, sur le parcours de Paris à Lille.

En Belgique, la télégraphie électrique date de l'année 1846. La première ligne (de Bruxelles à Anvers) fut ouverte le 7 septembre 1846. On y faisait usage du télégraphe à aiguille de MM. Wheatstone et Cooke. Mais cette ligne fonctionnait mal, et ce n'est qu'au bout de dix ans, lorsque le gouvernement belge s'attribua le monopole de ce service, que les lignes furent construites avec activité. Le réseau belge se composait, en 1862, de 2,000 kilomètres de lignes, comprenant plus de 5,000 kilomètres de fils. Le système Morse est celui qui prédomine en Belgique.

La Hollande avait précédé de quelques mois la Belgique dans cette voie ; car sa première ligne (d'Amsterdam à Rotterdam) fut ouverte le 29 décembre 1845. Ce n'est toutefois qu'en 1852, qu'une loi prescrivit la création d'un réseau télégraphique.

La première ligne allemande fut installée dans le duché de Hesse, entre Mayence et Francfort. Le succès de cette ligne éveilla l'attention du gouvernement prussien, qui mit à profit le nouveau procédé télégraphique pour relier le palais de Berlin avec celui de Potsdam. En 1850, le réseau télégraphique de la Prusse était de plus de 600 lieues, et sa longueur presque double de celle du réseau français. Voici la liste des principales lignes qui se trouvaient établies en Prusse au mois de juin 1850 :

1° De Berlin à Francfort, 180 lieues ;

2° De Berlin par Cologne à Aix-la-Chapelle, par Potsdam, Magdebourg, Ochers-Leben, Brunswick, Hanovre, Minden, Hamm, Dusseldorf, Deutz, Cologne et Aix-la-Chapelle, 190 lieues ;

3° De Dusseldorf à Elberfeld, 8 lieues ;

4° De Berlin à Hambourg, par Wittemberg, Haguenau, Hambourg, 76 lieues ;

5° De Berlin à Stettin, 36 lieues ;

6° De Berlin à Oderberg (ville frontière de l'Autriche), par Francfort, Liegnitz, Breslau, Oppeln, Kosel, Ratibor et Oderberg, 144 lieues ;

7° De Halle à Leipzig et de Leipzig à Berlin et Francfort, 200 lieues ;

8° De Berlin à Kœnigsberg, communiquant avec Stettin et Swinamunde.

Le système qui fut à cette époque, adopté en Prusse, était le télégraphe à cadran et à vocabulaire alphabétique, assez heureusement modifié par M. Siemens de Berlin. La plus grande partie des fils était enfermée sous le sol, le reste était disposé sur le bord des grandes routes.

L'Autriche était en 1855, en possession des lignes suivantes ;

1° De Vienne à Prague par Olmütz, 122 lieues ;

2° De Vienne à Brünn, par Prague, 108 lieues ;

3° De Vienne à Presbourg, 18 lieues ;

4° De Vienne à Oderberg, par Prévau, 75 lieues ;

5° De Vienne à Trieste, par Bruck, Cilli et Laybach, 146 lieues ;

6° De Vienne à Salzbourg, par Linz, et communiquant avec les lignes télégraphiques de Bavière, 80 lieues ;

7° De Prague aux frontières de Saxe, et des frontières à Dresde ;

8° D'Oderberg à Cracovie ; de Salzbourg à Inspruck ; d'Inspruck à Bregenz ; d'Inspruck à Botsen ; de Steinbruck à Agram.

Les lignes établies en Saxe à la même époque, étaient :

1° De Leipzig à Hof, 48 lieues ;

2° De Leipzig à Dresde, 32 lieues ;

3° De Dresde à Kœnigstein, 8 lieues ;

4° De Dresde aux frontières de la Bohême, 14 lieues ;

5° De Dresde à Hof, 48 lieues.

Les lignes de la Bavière à la même époque, sont établies :

1° De Munich à Salzbourg, 38 lieues ;

2° De Munich à Augsbourg, 16 lieues ;

3° D'Augsbourg à Hof, par Nurenberg et Bamberg, 100 lieues ;

4° De Bamberg à Francfort, par Wurzbourg et Aschaffenbourg, 64 lieues.

L'Allemagne avait encore à la même époque, quelques autres lignes : celles de Manheim à Bâle, d'Aix-la-Chapelle aux frontières de la Belgique ; de Hambourg à Cuxhaven, et de Brême à Bremerhaven.

Les conditions libérales accordées aux États-Unis pour l'exploitation du télégraphe électrique, n'ont pas été imitées en Allemagne. En Prusse et en Autriche, ce moyen de correspondance est la propriété exclusive et le privilége de l'État ; cependant le gouvernement le met, sous son contrôle et sous sa surveillance, à la disposition du public.

L'Italie n'est pas restée en arrière des autres nations de l'Europe, dans l'adoption du nouveau moyen de correspondance. Les premières lignes électriques furent installées, en Toscane, en 1847, sous la direction du savant physicien Matteucci. N'embrassant qu'une étendue d'environ 60 lieues, elles allaient de Florence à Livourne et à Patro, d'Empoli à Sienne et de Pise à Lucques.

La ligne de Gênes à Turin fut ouverte le 9 mars 1851, par les soins de M. Bonelli, directeur des télégraphes sardes. En 1861, le réseau italien se composait de 6,896 kilomètres de lignes, mais il ne dépassait guère les États du nord. Depuis l'unité italienne, la télégraphie électrique s'est étendue dans toute l'Italie méridionale. Ce sont les appareils Morse, qui sont employés d'une manière presque exclusive.

L'établissement de la télégraphie en Suisse date de 1852. Dix ans après, il y avait près de 3,000 kilomètres de fils. On se sert en Suisse de l'appareil Morse.

Ce n'est qu'en 1854 que l'Espagne, nation retardataire, établit, à titre d'essai, deux lignes électriques entre Madrid et Yrun ; le 8 novembre de la même année, le discours de la reine d'Espagne franchissait les Pyrénées par cette voie nouvelle. Le premier appareil employé en Espagne, fut l'aiguille aimantée de MM. Wheatstone et Cooke ; mais on ne tarda pas à la remplacer par le système Morse.

La première ligne russe a été ouverte en 1850, entre Tiflis et Borsom (Caucase). A mesure que les chemins de fer s'établissaient en Russie, les lignes télégraphiques les escortaient, et aujourd'hui ce mode de correspondance ne laisse rien à désirer dans le vaste empire du czar.

C'est à la Russie qu'appartient l'entreprise audacieuse, réalisée aujourd'hui, de la ligne télégraphique qui va du centre de la Russie à l'intérieur de la Chine. Cette longue ligne télégraphique, partant de Moscou, passe par Perm, à la frontière de la Sibérie, au 53° de latitude nord, traverse les monts Ourals, passe à Ekaterinburg, Toumain, Omsk, Tomsk, Krasnoyarsk, Irkoutsk, capitale de la Sibérie orientale, et Kiakhtha ; là elle traverse les monts Yablanovoï jusqu'à Cheta et arrive à Netschmisk et à Gurstrelka, point situé à 240 lieues de Moscou.

Une ligne télégraphique, résultat merveilleux, met aujourd'hui l'Angleterre en correspondance instantanée avec ses possessions dans l'Inde ! C'est en 1865, que cette ligne immense fut terminée. Elle passe par Belgrade, Bassorah, Bagdad, le golfe Persique, Kurrachee et Calcutta. A partir de Calcutta, un réseau multiple met toutes les villes de l'Inde anglaise en communication avec la grande artère qui s'étend de Calcutta à Londres. Le négociant de la cité de Londres peut donc être informé en moins de 12 heures, de ce qui l'intéresse à Bombay ou à Delhi !

Seulement l'installation des poteaux télégraphiques a exigé des soins particuliers pour les préserver des ravages des insectes, qui, dans ce pays, dévorent les bois secs avec une promptitude étonnante. Les poteaux sont faits d'une matière presque indestructible, le bois de fer d'Aracan. Ils ne sont pas simplement plantés dans le sol, mais dans une douille de fer encastrée dans une pierre. Il faut donner à ces poteaux une hauteur de 17 mètres au-dessus du sol, pour qu'un éléphant, avec sa charge, puisse toujours passer par-dessous. Les simples fils de cuivre qui

nous suffisent en Europe, ont dû être remplacés, dans l'Inde, par de petites tringles de
fer de 8 millimètres de diamètre, grosseur
indispensable à cause de messieurs les singes,
qui, au fond des forêts et même non loin des
villes, s'y suspendent par les mains, par les
pieds et par la queue, et ébranlent ainsi tout le
système par leur gymnastique désordonnée.

Nous ne parlerons point de l'état de la
télégraphie électrique dans le reste de
l'Orient, dans la Turquie d'Asie, l'Arabie, la
Perse, le Tibet, etc., etc. Comme nous
l'avons déjà dit, au début de ce chapitre,
donner le dénombrement des lignes télégraphiques sur notre continent serait une tâche
impossible. Cette merveilleuse invention
couvre aujourd'hui le globe entier, et nous
verrons bientôt que l'immensité des mers
ne lui a pas opposé un obstacle.

Quelles merveilles n'a pas enfantées la
science de l'homme ! Nous ne retraçons,
dans cet ouvrage, qu'une esquisse légère des
productions de son génie !

CHAPITRE VII

DESCRIPTION DES APPAREILS EN USAGE DANS LA TÉLÉ-
GRAPHIE ÉLECTRIQUE. — L'APPAREIL MORSE A POINTE
SÈCHE : MANIPULATEUR, RÉCEPTEUR, RELAIS. — L'AP-
PAREIL MORSE IMPRIMANT LES DÉPÊCHES A L'ENCRE :
SYSTÈME DIGNEY, SYSTÈME JOHN. — ALPHABET DU
TÉLÉGRAPHE MORSE. — L'APPAREIL HUGHES ET SES
MERVEILLEUX RÉSULTATS. — LE TÉLÉGRAPHE A CADRAN
POUR L'USAGE DES CHEMINS DE FER. — LE TÉLÉGRAPHE
TYPOGRAPHIQUE DE M. BONELLI ET LE TÉLÉGRAPHE ÉLEC-
TRO-CHIMIQUE DE M. BAIN. — LE PANTÉLÉGRAPHE OU
TÉLÉGRAPHE DESSINATEUR DE L'ABBÉ CASELLI.

L'ordre historique que nous avons adopté,
dans la première partie de cette notice, nous
a forcé de ne signaler que très-brièvement
les principaux appareils, qui servent à la cor
respondance télégraphique. Le moment est
venu d'aborder la partie descriptive et techni-
que, c'est-à-dire d'exposer avec quelques détails le mécanisme de ces appareils.

Il existe une infinité d'instruments qui

réalisent, dans d'excellentes conditions, l'application de l'électricité au jeu des télégraphes. Ne pouvant songer à les décrire tous,
nous nous attacherons seulement à ceux qui
sont d'un usage pratique et journalier, à ceux
qui ont été adoptés et qui fonctionnent aujourd'hui chez les différentes nations des
deux mondes.

Les télégraphes électriques le plus généralement en usage, sont :

1° L'*appareil anglais* à deux *aiguilles aimantées* de MM. Wheatstone et Cooke, qui
fonctionne en Angleterre seulement;

2° Le *télégraphe Morse*, employé aujour-
d'hui dans toute l'Europe, dans la plus
grande partie de l'Amérique et de l'Asie;

3° Le *télégraphe Hughes*, d'invention plus
récente, mais qui, ayant réalisé un progrès
immense et inattendu, en exécutant deux fois
plus de signaux que le télégraphe Morse,
commence à être employé partout, concurremment avec ce dernier appareil;

4° Le *télégraphe à cadran*, qui, après avoir
été employé dans les débuts de la télégraphie
sur plusieurs lignes, en Angleterre et en
Belgique, est limité aujourd'hui à l'usage
de l'exploitation des chemins de fer, et qui
fonctionne sur presque toutes nos voies ferrées,
pour la transmission des ordres du service;

5° Le *télégraphe électro-chimique de Bain*,
qui fut employé en Amérique au début de la
télégraphie ;

6° Le *télégraphe typographique de M. Bonelli*, qui a été adopté en Angleterre sur la
ligne de Liverpool à Manchester ;

7° Le *pantélégraphe de M. Caselli*, qui
reproduit les signes de l'écriture et du dessin.
mais qui ne fonctionne qu'en France de
Paris à Lyon, et bientôt de Lyon à Marseille.

Nous avons décrit avec des détails suffisants
le premier de ces appareils, c'est-à-dire le *télégraphe anglais à deux aiguilles aimantées*.
Nous n'y reviendrons pas, et nous passerons
tout de suite à l'examen des autres instruments énumérés ci-dessus.

Télégraphe Morse. — Nous avons déjà exposé les principes sur lesquels repose le *télégraphe électro-magnétique* de Morse ; il suffira de deux figures pour faire comprendre les dispositions actuelles de cet appareil.

La figure 57 représente le *récepteur* de l'appareil Morse. Dans la cage PP, est un mouvement d'horlogerie, marchant au moyen d'un ressort que l'on tend au moyen d'une clef D, quand on veut faire dérouler la bande de papier tournant. Ce ressort étant tendu, et le mouvement d'horlogerie étant mis en action par ce ressort à l'intérieur de la caisse, il fait dérouler et attire d'une manière régulière et continue la bande de papier C, disposée à l'intérieur de la roue de bois J. Cette bande de papier vient passer dans un premier guide *g*, ensuite dans le guide G, qui a la forme d'une bobine vide. Il passe, de là, sur le rouleau ou cylindre N. Ce cylindre N tourne sur son axe, par l'action du mouvement d'horlogerie contenu à l'intérieur de la caisse. C'est en ce point que le papier est frappé par les coups saccadés de la tige *ll'*, et qu'il reçoit les marques et les impressions, qui constituent les signaux de l'alphabet Morse.

Comme nous l'avons déjà expliqué, la tige *ll'* vient piquer le papier tournant, parce qu'elle est attachée à l'extrémité de l'armature A de l'électro-aimant E. Lorsque l'aimant E attire, de haut en bas, l'armature A, la tige *ll'* attachée à cette armature, s'élève et son style vient frapper le papier tournant. Suivant la durée plus ou moins longue du contact du style et du papier, il se produit ainsi des points ou des traits, qui répondent à ceux de l'alphabet Morse.

Un ressort à boudin *r* ramène en bas la tige *ll'* quand l'électricité cesse de circuler dans l'électro-aimant et d'attirer l'armature. Ce levier *ll'* est porté sur deux pointes de vis *v'*, *v*, et sa course est limitée par les vis *p'*, *p*. La tension du ressort *r* se gradue au moyen du bouton B, et de la petite pièce *f*, à laquelle est attaché le ressort. Le levier H sert à ar-

rêter ou à mettre en action le mouvement d'horlogerie contenu dans la caisse P, et par conséquent, à mettre en marche ou à arrêter le déroulement de la bande de papier.

Fig. 57. — Récepteur de l'appareil Morse à pointe sèche.

La façon mécanique, dont les impressions se produisent sur le papier tournant, mérite une explication plus détaillée. Pour la bien saisir, il faut examiner les petites pièces qui sont groupées au point où se produit cette impression. L'extrémité *l* du levier *ll'*, porte un style, ou pointe traçante, en acier, que l'on peut faire avancer ou reculer au moyen d'un pas de vis et du bouton qui le termine. Quand ce style vient toucher le papier, il pénètre légèrement dans une rainure pratiquée dans le rouleau supérieur, qui est mobile autour de l'axe *o*, et qui peut être légèrement pressé au moyen de la vis *k*, par le ressort *m*. C'est ainsi qu'il se produit, dans le papier, une impression en relief. Cette saillie a la forme d'un point si l'armature n'est abaissée qu'un instant, et d'un trait plus ou moins long, si l'attraction dure plus longtemps.

Le *récepteur* de l'appareil Morse, que nous venons de décrire, est placé à la station qui reçoit la dépêche. A la station du départ est établi l'appareil qui sert à produire, à distance, les interruptions et les rétablissements alternatifs du courant électrique. Cet appareil s'appelle *manipulateur*. On le voit représenté dans la figure 58.

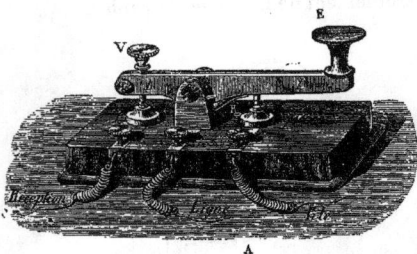

Fig. 58. — Manipulateur de l'appareil Morse à pointe sèche.

Le levier *ll'*, est maintenu en contact avec la pièce métallique *p*, par un ressort d'acier R, placé au-dessous. Dans cette situation, le courant arrivant de la ligne A, traverse l'appareil entièrement composé de pièces métal-liques, en suivant le chemin ADVB, puisque les pointes *l, p*, sont en contact, et établissent la continuité des conducteurs. Mais si l'on presse du doigt le bouton E, on fait basculer le levier EDV autour de son point d'appui D. Ce levier, abandonnant sa position primitive, vient s'appuyer sur la pièce *p'* à la droite de ce levier, en se séparant de la pièce *p* et interrompant par conséquent le passage du courant de B en V. Aussi longtemps que l'on tient ainsi élevé le levier *ll'*, aussi longtemps le courant est interrompu ou rétabli, et c'est ainsi que l'on établit à distance ces alternatives de maintien et de rupture du courant, qui vont produire, à la station de réception, les traits ou les points, dont la succession constitue l'alphabet Morse (1).

Nous donnons dans le tableau suivant l'explication des signaux de l'alphabet Morse,

---

ALPHABET MORSE

a	ā	b	c	d	e	é	f	g	h	i

j	k	l	m	n	o	ŏ	p	q	r

s	t	u	û	v	x	y	z	w	ch

CHIFFRES, PONCTUATIONS, SIGNAUX CONVENTIONNELS

1	2	3	4	5	6	7	8	9	0

Point.	Virgule.	Point-virgule.	Deux-points.	Point d'interrogation ou Répétez.

Point d'exclamation.	Trait-d'union.	Apostrophe.	Barre de division.	Attaque ou Indicatif de dépêche.

Réception.	Erreur.	Final.	Attente.	Télégraphe.

---

tel qu'il est adopté par l'administration des lignes télégraphiques françaises, et pour les communications internationales. Dans cet alphabet, M. Morse a employé les combinaisons les plus simples pour les lettres qui reviennent le plus fréquemment. Les chiffres exigent cinq traits ou points.

Les employés ont une telle habitude de cet alphabet, que presque toujours ils comprennent la dépêche au seul bruit fait par l'armature du récepteur. L'audition peut si bien suffire à l'employé pour saisir le sens de la dépêche qu'il reçoit, que, dans certains pays, on a supprimé le papier tournant et le rouage, et réduit l'appareil à un électro-aimant avec

(1) La vis V sert à faire avancer ou reculer, pour la facilité de l'employé, la course de la tige qui établit la communication.

son armature. C'est ce qui a été fait, un moment, aux États-Unis et dans une partie de l'Italie méridionale.

Nous n'avons pas besoin de dire qu'une fois la dépêche inscrite par le *récepteur* sur le papier tournant, l'employé chargé de la recevoir, coupe le papier au point où les signes s'arrêtent. Les caractères de l'alphabet Morse, imprimés en saillie sur cette bande de papier, sont aussitôt traduits dans le langage ordinaire, et la bande de papier elle-même est conservée, afin qu'il reste une trace matérielle et authentique de la dépêche transmise.

L'appareil Morse que nous venons de décrire est celui qui a été employé jusqu'à l'année 1860 environ, dans toute l'Europe. Mais il avait un inconvénient qui saute aux yeux. Les signes étaient formés tout simplement en relief sur la bande de papier, au moyen d'une espèce de gaufrage. Or, les signaux ainsi produits ne sont pas toujours bien visibles, et ils perdent leur netteté quand on serre la bande entre les doigts ou qu'on l'enroule. Leur lecture est très-fatigante dans une pièce mal éclairée.

C'est pour toutes ces raisons qu'on s'est empressé, dès que l'appareil Morse s'est généralisé dans toute l'Europe, de perfectionner le mode d'imprimer les signaux, et de remplacer les marques tracées à la pointe sèche, par des signaux tracés à l'encre.

Plus de quarante systèmes ont été proposés dans ce but. On a cherché à inscrire les signaux au crayon, à l'encre, ou par une réaction chimique entre le style métallique et le papier tournant (1).

De tous les systèmes, le plus avantageux, celui qui est le plus généralement employé, est dû à MM. Digney frères, constructeurs de Paris ; c'est celui qui fonctionne sur presque toutes les lignes européennes, où il a rem-

(1) On trouvera la description de tous ces systèmes dans l'ouvrage de M. Th. du Moncel (*Exposé des applications de l'électricité*, tomes II, IV et V).

placé l'appareil à pointe sèche. Le principe de sa construction, c'est de remplacer le style, ou pointe sèche de Morse, par un rouleau ou molette, qui, après s'être chargé d'encre sur un rouleau voisin, vient porter cette encre sur le papier tournant.

La figure 59 représente l'*appareil Morse à signaux imprimés*. Le modèle représenté sur cette figure, et qui ne diffère que peu de celui que MM. Digney frères construisent pour notre administration des télégraphes, est l'appareil John, perfectionné par M. Bréguet.

C'est en 1856, qu'un employé des lignes télégraphiques d'Autriche, nommé John, imagina de remplacer la pointe sèche du levier Morse, par une petite roue plongeant en partie dans un encrier, et qui tourne sur son axe quand l'appareil se déroule. Quand le levier soulève cette roue, elle vient marquer une trace sur le papier tournant. En 1859 MM. Digney frères supprimèrent l'encrier, et le remplacèrent par un petit disque frottant constamment contre un rouleau élastique pénétré d'une encre grasse qui peut conserver longtemps sa liquidité : il suffit de déposer, tous les deux ou trois jours, quelques gouttes de cette encre à la surface du rouleau. M. Bréguet a apporté à ces dispositions essentielles certaines modifications de détail, qui ont donné à l'appareil la forme du modèle que nous allons décrire.

Le papier passe d'abord dans le guide G, où il est légèrement tendu par le poids du rouleau R ; il passe ensuite autour du rouleau R, dont la surface est rugueuse, et il entraîne ce rouleau dans son mouvement. Il vient ensuite porter sur un très-petit cylindre d'acier *i*, de manière à faire un coude assez aigu à l'endroit où doivent se faire les signaux, et il est enfin saisi entre les deux cylindres N, N' à surface rugueuse, lesquels sont conduits par le rouage d'horlogerie contenu dans la caisse, et qui fait ainsi dérouler sans cesse la bande de papier.

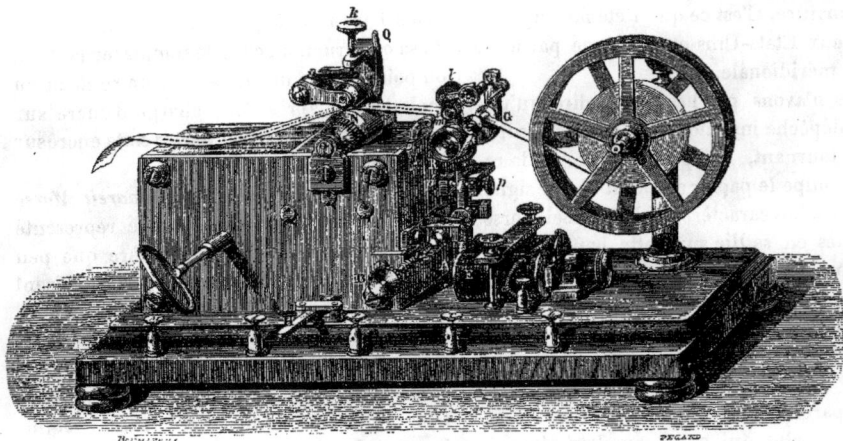

Fig. 59. — Télégraphe Morse à signaux imprimés.

Faisons remarquer, en décrivant cette nouvelle figure, que les mêmes lettres représentent les mêmes organes que dans la figure 57. Le mécanisme de l'électro-aimant et de son armature est, en effet, entièrement semblable à celui que nous avons décrit précédemment. E est l'électro-aimant, A, l'armature et B le bouton du ressort antagoniste, dont le réglage se fait comme dans l'appareil à pointe sèche représenté figure 57.

Voici maintenant comment se produit l'impression à l'encre des signaux. Le levier *ll'*, qui est attaché à l'armature A, et dont les vis *p, p'* servent à borner la course, porte à son extrémité supérieure, une petite molette *m*, à la hauteur du coude *i* fait par le papier. Cette molette, dont la circonférence est recouverte d'encre, vient au contact du papier quand l'armature A est attirée, ainsi que la tige *ll'*, par l'électro-aimant E, et elle produit sur le papier des traits ou des points suivant que l'attraction dure plus ou moins.

L'encre est fournie à la molette *m* par un tampon de drap *t* enduit d'encre et qui appuie légèrement sur la partie supérieure de la molette *m*, mais sans gêner les mouvements du levier *ll'* de l'armature.

L'électricité n'a donc qu'à soulever le pa-

pier d'une quantité presque imperceptible pour le presser contre la molette, constamment entretenue d'encre fraîche. On produit ainsi des traces d'autant mieux marquées que le mouvement de rotation du disque est contraire à la marche du papier, et qu'ainsi il n'y a pas seulement contact, mais frottement du disque contre le papier.

L'appareil Morse, avec tous les perfectionnements qu'il a reçus depuis son origine, est aujourd'hui employé pour toutes les communications internationales en Europe, et sur la plus grande partie des lignes françaises.

En raison de son adoption générale par les principaux états de l'Europe, M. Morse a reçu, en 1860, une indemnité de 400,000 francs, par la contribution de tous les États qui font usage de son appareil.

Le télégraphe Morse *à signaux imprimés* est un appareil excellent, comme le prouve suffisamment l'adoption générale qui en a été faite dans la plupart des États de l'Europe et du Nouveau Monde. Il est commode et peu sujet aux dérangements. Cependant, on a fini par lui reconnaître quelques défauts, qui ne sont, à vrai dire, que des défauts relatifs. Il exige, pour donner une bonne impression, un courant électrique d'une certaine intensité, et l'on est forcé, pour suppléer à l'insuffisante énergie du courant qui parcourt les lignes, de faire usage de *relais*.

On appelle *relais*, dans la télégraphie électrique, un appareil qui fournit un courant voltaïque supplémentaire, et que l'on dispose sur certaines parties de la ligne, pour renforcer la puissance de la source électrique. Dans le chapitre suivant (*appareils accessoires de la télégraphie électrique*), nous donnerons la description exacte de cet instrument, dont nous nous bornons ici à prononcer le nom.

On reproche, en second lieu, au télégraphe Morse, sa lenteur, ou, du moins, sa lenteur relative : un employé ne peut guère imprimer avec cet appareil, que de vingt à vingt-quatre dépêches de vingt mots par heure. Ce nombre est insuffisant pour la promptitude du service, sur les lignes très-occupées, très-encombrées, comme celles de Paris.

Le télégraphe Morse, cette admirable acquisition de la science contemporaine, a donc fini par être jugé insuffisant ; ce que l'on n'aurait guère soupçonné au début, mais ce qui est une conséquence inévitable de la loi du progrès et de la nécessité constante de perfectionner les inventions utiles au bien-être de l'humanité.

Le nouvel instrument qui s'apprête à détrôner le télégraphe Morse, est, comme le précédent, d'origine américaine. Il a été inventé par M. Hughes, professeur de physique à l'université de New-York, et par conséquent collègue de M. Morse. Seulement l'Amérique n'avait point apprécié à sa véritable valeur cette œuvre de génie. Il a fallu que M. Hughes vînt en France, d'abord pour faire exécuter et même perfectionner son appareil, par un de nos plus illustres mécaniciens, Gustave Froment, ensuite pour le faire adopter par les gouvernements européens. On reprochait au télégraphe de M. Hughes sa complication, vraiment excessive ; c'est grâce aux talents mécaniques tout à fait hors ligne de Gustave Froment, qu'il a fini par être rendu pratique, et par pouvoir être confié à un mécanicien ou à un horloger d'un mérite ordinaire. Nous avons vu, pendant plusieurs années, le télégraphe Hughes expérimenté, amélioré, mis et remis sur le chantier, dans les ateliers de Gustave Froment, jusqu'à ce qu'il soit devenu ce qu'il est aujourd'hui, c'est-à-dire une merveille entre les merveilles.

On va juger si cette appréciation est exagérée, par les résultats que cet instrument peut produire, et qu'il produit chaque jour.

Fig. 60. — Hughes.

Le télégraphe Hughes imprime les dépêches, non comme le télégraphe Morse, par une série de traits et de points qui forment un alphabet conventionnel, mais en lettres ordinaires d'imprimerie ; de telle sorte que la dépêche sort de l'instrument tout imprimée en lettres capitales sur la bande de papier. Ajoutons qu'en même temps, la même dépêche s'imprime d'une façon toute semblable à la station du départ. Au poste de réception, il suffit donc de couper la bande de papier imprimée qui sort de l'instrument, et l'on envoie au destinataire cette même bande de papier portant la dépêche.

Mais ce qu'il y a de prodigieux, ce qui a causé une impression de surprise sans égale à tous les mécaniciens de l'Europe, c'est la rapidité de cette impression. La dépêche s'imprime *au vol*, pour ainsi dire. Tandis que le télégraphe Morse ne peut fournir dans une heure que de vingt à vingt-quatre dépêches de vingt mots, le télégraphe Hughes en donne jusqu'à cinquante par heure, c'est-à-dire presque une dépêche de vingt mots par minute. C'est un résultat que tout mécanicien eût déclaré d'avance impossible, car il semblait qu'un certain temps d'arrêt fût indispensable, pour que chaque caractère imprimât nettement sa trace sur le papier. Cette impossibilité pratique, ce véritable prodige, est réalisé tous les jours par l'appareil du professeur américain.

Aussi le télégraphe Hughes a-t-il été promptement adopté par tous les États de l'Europe, qui l'emploient concurremment avec le télégraphe Morse. On conserve le télégraphe Morse sur les lignes qui ne sont pas très-occupées, et l'on se sert du télégraphe Hughes, quand il s'agit de satisfaire à une correspondance très-active.

Le télégraphe Hughes est, au point de vue mécanique, d'une assez grande complication pour que nous devions renoncer à décrire tous ses rouages secondaires, dont les hommes du métier peuvent seuls apprécier les fonctions, ou l'utilité. Nous nous bornerons à faire connaître les dispositions essentielles de cet appareil.

Le *manipulateur* est un clavier semblable à celui d'un piano, c'est-à-dire composé de touches blanches et de touches noires, dont vingt-six portent les lettres de l'alphabet, la vingt-septième, un point, et la dernière ne porte rien. Dans cet appareil, le rôle de l'électricité est réduit à sa plus simple expression; ce qui permet de supprimer les *relais* qui sont, comme nous l'avons dit, indispensables au télégraphe Morse. La force motrice

est empruntée, non au courant électrique, mais à un poids de 50 à 60 kilogrammes, qui fait marcher tout l'appareil d'une manière continue et régulière, comme une ancienne horloge : quand ce poids est descendu au bas de sa course, on le relève, en pressant avec force sur une pédale. Toute la fonction de l'électricité consiste à faire embrayer et désembrayer une roue, pourvue d'un excentrique, qui, au moment voulu, soulève la bande de papier, et la pousse contre la lettre chargée d'encre.

Les organes dont nous venons de faire connaître les fonctions sont représentés dans la figure 61. Au-dessous du clavier ou *manipulateur*, on voit le poids moteur de tout le système, P, soutenu par une chaîne sans fin A A. Cette chaîne s'enroulant sur la poulie B fait tourner la roue C, et, au moyen d'un pignon et d'une roue intermédiaire, vient faire tourner la roue D, placée à gauche des deux premières. Cette roue D, au moyen d'organes divers, que nous négligeons, vient faire tourner le *disque imprimeur* E. Ce disque porte, en effet, sur sa circonférence, les 28 lettres ou signes correspondant à ceux du clavier. Ce sont les caractères gravés en relief sur la circonférence de cette roue, qui produisent l'impression sur le papier tournant M M. Une *molette* E', garnie sur tout son contour d'une étoffe imbibée d'encre, fournit au *disque imprimeur* E l'encre grasse nécessaire à cette impression typographique.

Dans la figure que le lecteur a sous les yeux, G, H représentent les fils de la pile, dont l'un se rend au clavier, et l'autre à l'électro-aimant K. Cet électro-aimant entre en action pour embrayer ou désembrayer le mécanisme du disque imprimeur, grâce au disque I, sur lequel il faut maintenant appeler l'attention.

Ce disque est percé, sur sa circonférence, de 28 trous, dans chacun desquels passe une dent d'acier, mue par un petit levier, lequel est mis en action lorsque l'opérateur vient à poser le doigt sur une des touches du cla-

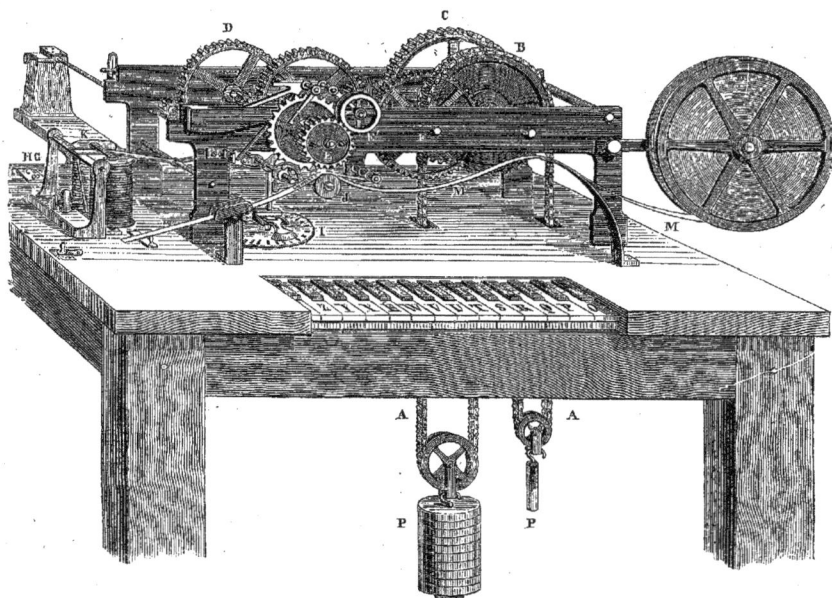

Fig 61. — Télégraphe imprimeur de Hughes.

vier. Comme à chaque trou du disque I correspond une lettre du clavier, si l'on appuie sur la touche du clavier, sur la touche Z, par exemple, aussitôt la dent correspondant à cette touche s'élève au-dessus du disque, et le papier tournant est poussé par le rouleau J, contre la même lettre du disque imprimeur.

Telles sont les dispositions essentielles du télégraphe Hughes.

Ce que l'on peut reprocher à cet appareil, c'est la fatigue à laquelle il condamne l'employé, forcé de relever trop souvent un poids de 50 à 60 kilogrammes, d'exécuter sur le clavier un jeu difficile autant que rapide, et, en même temps, de suivre attentivement des yeux la dépêche qui s'imprime.

La complication du télégraphe Hughes est son mauvais côté. Son mécanisme est si délicat qu'il exige des réparations fréquentes, et qu'un mécanicien doit toujours se tenir prêt à porter remède à ses dérangements. On a tou-

jours un appareil de rechange, pour le substituer, en cas d'accident grave, à celui qui est en marche.

Après l'appareil Morse et l'appareil Hughes, le télégraphe électrique le plus souvent employé est le *télégraphe à cadran*, ou télégraphe alphabétique, c'est-à-dire qui indique lettre par lettre, les mots composant une dépêche, et dont le récepteur ressemble assez au tourniquet populaire qui sert à tirer les macarons. Ce télégraphe n'est employé que pour le service des chemins de fer. Le petit nombre et l'uniformité des messages à transmettre sur les chemins de fer, permettent de se contenter de cet instrument d'une construction simple et économique.

Le *télégraphe à cadran* a été inventé par M. Wheatstone. Nous allons essayer de faire comprendre les principes généraux de son mécanisme.

Aux deux extrémités de la ligne télégraphique sont installés deux cadrans circulaires parfaitement semblables, et qui portent inscrits sur leur circonférence les vingt-quatre lettres de l'alphabet et les dix chiffres de la numération. Ces deux cadrans communiquent entre eux par le fil conducteur de la pile. A l'aide de dispositions mécaniques que nous décrirons plus loin, chacune des lettres du cadran placé à la station d'arrivée peut, par l'action du courant voltaïque, établi ou interrompu, apparaître au-devant d'une sorte de fenêtre. Les deux cadrans sont liés entre eux de telle manière que les mouvements qui s'exécutent sur l'un sont répétés exactement et au même instant par l'autre. D'après cela, si l'on fait passer l'électricité fournie par la pile, dans le conducteur qui relie les deux cadrans, et qu'à la station d'où partent les dépêches on amène successivement les diverses lettres de l'alphabet devant un point d'arrêt qui existe sur le cadran indicateur, les mêmes lettres apparaîtront instantanément à la fenêtre du cadran de la station extrême.

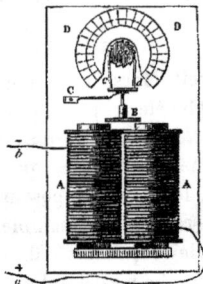

Fig. 62. — Récepteur du télégraphe à cadran.

Quelles sont les dispositions mécaniques qui permettent de faire reproduire, sur le cadran de l'une des deux stations, les divers mouvements que l'on imprime au cadran de l'autre station ? C'est ce que nous allons exposer en donnant la description complète de l'instrument tel que M. Wheatstone l'a construit.

A, A (*fig.* 62) représentent un électro-aimant double, formé de deux cylindres de fer doux parcourus, suivant le procédé ordinaire, par un long fil de cuivre qui donne passage au courant. Ces deux cylindres ont une longueur d'environ deux pouces et un demi-pouce de diamètre. Les extrémités *a, b* de ce fil communiquent avec les conducteurs de la ligne télégraphique. Quand le courant électrique vient circuler autour des deux cylindres, il les transforme en aimants artificiels, et, par l'effet de l'attraction magnétique, le disque de fer B, placé à quelque distance au-dessus d'eux, est instantanément attiré ; lorsque le courant voltaïque est interrompu, l'attraction magnétique cesse, et le disque B est ramené à sa position primitive, par l'action d'un ressort d'acier C, qui le relève dès que sa pression n'est plus contre-balancée par l'attraction magnétique.

Ainsi, en établissant et rompant alternativement le circuit voltaïque, on peut imprimer au disque B un mouvement de va-et-vient dans le sens vertical. Ce mouvement vertical, on le transforme en mouvement circulaire à l'aide de la disposition très-simple que l'on voit représentée sur la figure 62. Le disque de fer B est muni de deux petites tiges montantes *c, d*, dont les extrémités sont en contact avec les dents d'une petite roue à rochet *e*. Quand le disque B s'abaisse, la petite tige *c* tire la dent à laquelle elle est fixée ; quand il se relève, la tige *d* pousse une autre dent : il résulte de ce double mouvement que la roue *e* tourne d'un pas toutes les fois que l'attraction et la répulsion magnétiques sont établies ou suspendues. Or, un disque de papier DD, recouvert d'un cadran portant différentes lettres, est fixé sur cette roue et la suit dans ses mouvements ; par conséquent, ce disque de papier ou ce cadran tourne autour de ce centre par l'effet de l'attraction et de la répulsion magnétiques ; il avance d'un pas à chacun de ces doubles mouvements.

Sur la circonférence de ce cadran, on a inscrit les vingt-quatre lettres de l'alphabet ou différents autres signes, en nombre double du nombre des dents de la roue d'échappement ; enfin une plaque de cuivre qui ne peut être représentée sur la figure 62, est placée au-devant du cadran, et porte seulement une petite ouverture qui ne permet d'apercevoir à la fois qu'un seul des caractères qui viennent successivement apparaître à cette sorte de fenêtre. En établissant ou suspendant le courant voltaïque un nombre suffisant de fois, on peut donc amener à volonté chacune des lettres devant cette ouverture, de manière à les montrer à un employé placé en station devant l'instrument, et qui est chargé de lire les différentes lettres composant la dépêche, à mesure qu'elles apparaissent à la fenêtre du cadran.

La partie du télégraphe à cadran que nous venons de décrire, porte le nom de *récepteur ;* elle est placée à la station où les dépêches sont reçues. La seconde partie de cet appareil, désignée sous le nom de *manipulateur,* est placée à la station du départ ; elle est destinée à faire mouvoir à distance les lettres de l'indicateur. Voici la disposition mécanique du *manipulateur (fig. 63)* :

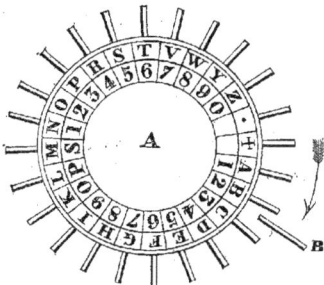

Fig. 63. — *Manipulateur* du télégraphe à cadran de M. Wheatstone.

A est un disque de bois, mobile autour de son axe, sur lequel on a gravé, entre deux cercles concentriques, deux rangées de lettres et de chiffres. Autour de sa circonférence, on a

T. II.

planté une série de petites tiges de bois, placées en face de chaque lettre ; en saisissant une de ces tiges saillantes, on peut faire tourner le disque A, de manière à amener une lettre quelconque du cadran en face d'une pièce fixe, ou arrêt, B.

Mais comment peut-on faire répéter à la station extrême, par le cadran indicateur, la lettre amenée au-devant du point d'arrêt B sur le *manipulateur ?* La figure 64, qui représente une coupe, dans le sens vertical, du *manipulateur,* dont la figure précédente représentait l'élévation, va le faire comprendre.

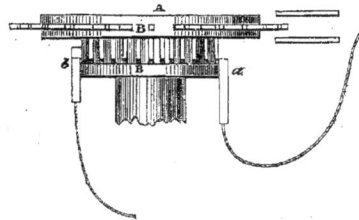

Fig. 64. — Coupe intérieure du *manipulateur* du télégraphe à cadran de M. Wheatstone.

Au-dessous du disque tournant A et lui servant de support, se trouve un cylindre métallique BB, mobile autour de son centre, lequel, à l'aide de la tige métallique *a,* établit la communication avec le fil conducteur du télégraphe. Ce cylindre métallique est pourvu, sur sa circonférence, d'un certain nombre de petites bandes de bois ou d'ivoire, corps qui ne conduisent pas l'électricité. Ces bandes sont en *nombre exactement correspondant à celui des lettres du cadran.* Ce cylindre est donc formé mi-partie de substances conductrices, et mi-partie de substances non conductrices de l'électricité. Or, une sorte de ressort métallique *b* auquel est attaché, par son extrémité inférieure, le second fil conducteur de la pile, se trouve en contact immédiat avec ce cylindre formé de substances alternativement conductrices et non conductrices.

Quand on fait tourner le disque, le courant voltaïque doit donc être établi, puis interrompu à chacun des contacts du ressort métallique *b* avec les différentes bandes conductrices et non conductrices. Toutes les fois, par exemple, que le ressort *b* touche une des portions métalliques du cylindre, le courant électrique s'établit dans l'appareil, puisque le circuit est alors tout entier formé de substances conductrices de l'électricité ; lorsque, au contraire, ce ressort est en contact avec l'ivoire, le courant électrique s'interrompt. Le circuit voltaïque est donc alternativement établi ou suspendu, selon qu'il passe devant le ressort *b* une bande de métal ou une bande d'ivoire. Or, et c'est là le point important à remarquer pour l'intelligence de l'instrument, les bandes conductrices et les non-conductrices sont exactement, comme nous l'avons déjà fait observer, en même nombre que les lettres du cadran ; il en résulte qu'à chaque lettre qui passe devant le ressort *b*, le courant voltaïque est établi ou suspendu. Mais on se rappelle que, d'après la disposition du *récepteur* représenté sur la figure 62, à chacune des interruptions et des rétablissements successifs du courant, le cadran de l'indicateur marche d'une lettre ; par conséquent, les deux cadrans une fois mis d'accord, toutes les fois que l'on amènera une lettre quelconque au-devant de l'arrêt B, dans le *manipulateur*, la même lettre apparaîtra instantanément à la fenêtre du cadran du *récepteur* placé à la station extrême : de telle manière qu'il suffira d'amener un signe quelconque en face de ce point d'arrêt à la station du départ, pour que la même lettre apparaisse instantanément à la station d'arrivée sur le cadran de l'indicateur. Admettons, par exemple, qu'on veuille transmettre d'une station à l'autre le mot Paris, voici les différen-

tes manœuvres qu'il faudra exécuter. Avant de transmettre aucun signe, on commencera par mettre d'accord les deux cadrans, c'est-à-dire les disposer tous les deux de telle manière que la lettre qui se montre à l'ouverture du cadran indicateur, soit la même que celle qui se trouve au point d'arrêt du *récepteur*. L'instrument ainsi réglé, on fera tourner le disque du *manipulateur* de manière à amener la lettre P au-devant du point d'arrêt. On fera la même manœuvre pour les lettres suivantes, et toutes ces lettres viendront à tour de rôle se reproduire dans le même ordre sur le cadran de la station d'arrivée. Le signe † porté sur le cadran, indique le commencement, tandis que le point marque la fin d'une phrase.

Telles sont les dispositions principales du télégraphe à cadran, qui n'est en usage, comme nous l'avons dit, que pour le service des chemins de fer, en Angleterre et en France.

Fig. 65. — *Manipulateur* du télégraphe à cadran de M. Bréguet.

L'aspect extérieur du *télégraphe à cadran* se voit dans les figures 65 et 66, qui représentent le *manipulateur* et le *récepteur* du *té-légraphe à cadran* que construit M. Bréguet pour le service des chemins de fer français.

Un cadran de laiton (*fig.* 65) est monté sur une planche en bois, de forme carrée ; ce cadran porte, gravés, les lettres et les chiffres, disposés comme dans le *récepteur*. A chaque lettre correspond une échancrure, à la circonférence du cadran. Une manivelle, fixée au centre du cadran, peut parcourir toute sa circonférence ; elle porte à sa surface inférieure, une dent, qui peut entrer dans les échancrures du cadran, et qui sert à bien assurer sa position en face des différentes lettres. C, est le bouton qui donne attache au fil conducteur de la pile ; L, le bouton par lequel le courant passe dans la ligne télégraphique, après avoir parcouru le cadran ; S, est la sonnerie, dont le mécanisme sera expliqué plus loin ; R, le bouton auquel est fixé le conducteur qui se rend au *récepteur des signaux*.

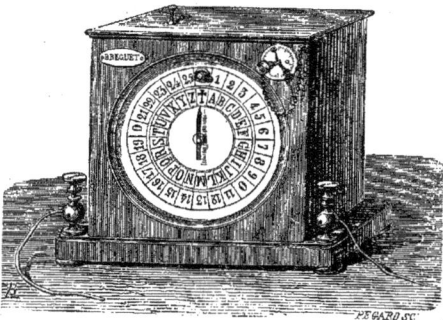

Fig. 66. — *Récepteur* du télégraphe à cadran de M. Bréguet.

Le *récepteur* (*fig.* 66) est un cadran portant les 25 lettres de l'alphabet et une croix, ce qui donne 26 signaux. Au repos, l'aiguille doit toujours être sur la croix, comme dans la figure 66. Cette position est celle d'où l'on part et à laquelle on doit toujours revenir. Dans la transmission d'une dépêche, sous l'influence du mécanisme que

nous avons expliqué à propos du télégraphe à cadran de M. Wheatstone, l'aiguille, parcourant rapidement le cadran, de gauche à droite, sans jamais rétrograder, fait un temps d'arrêt sur chacune des lettres composant les mots de la dépêche, et sur la croix, à la fin de chaque mot, pour le séparer nettement du suivant. L'employé, en suivant de l'œil les mouvements de l'aiguille, et son arrêt sur chacune des lettres, arrive, après un exercice de quelques jours, à lire très-rapidement les lettres et les mots qui lui sont expédiés par le *manipulateur*.

M. Bréguet construit également des *télégraphes électriques à cadran* qui sont mobiles, c'est-à-dire qui peuvent être transportés avec le train, et en cas d'accident arrivé sur la voie, peuvent servir à établir une correspondance avec la station télégraphique la plus voisine.

La disposition de chacune des parties qui composent ce télégraphe mobile est la même que celle des télégraphes à cadran que nous avons décrits. La pile seule est modifiée pour se plier au mode de transport. On a d'abord employé, au lieu de liquides qui se seraient facilement répandus, la *pile de sable*, c'est-à-dire du sable humide mélangé de sulfate de cuivre dans le vase poreux et de sulfate de zinc dans le vase de verre extérieur ; on emploie aujourd'hui des éléments de Daniell, bouchés avec du liège, parce qu'ils sont plus faciles à nettoyer.

La figure 67 représente ce *télégraphe électrique mobile*, qui est destiné à établir une correspondance télégraphique entre un train arrêté sur la voie par un accident quelconque, et les stations voisines.

La boîte de l'appareil est figurée ouverte ; elle contient un récepteur R, un manipulateur M, une boussole G, une pile composée de dix-huit éléments, logés dans le tiroir qui se trouve à la partie inférieure de la boîte BB, et deux bobines L, T, formées de fil de cuivre recouvert de coton.

A l'appareil est jointe une canne en jonc, à l'extrémité de laquelle est un crochet ; à ce crochet on attache le bout du fil déroulé de la bobine L, et on met ainsi l'instrument en communication avec la ligne télégraphique.

Le fil de la bobine T se déroule également et sert à mettre l'appareil en communication avec la terre, par l'intermédiaire d'un coin en fer qu'on enfonce entre deux rails.

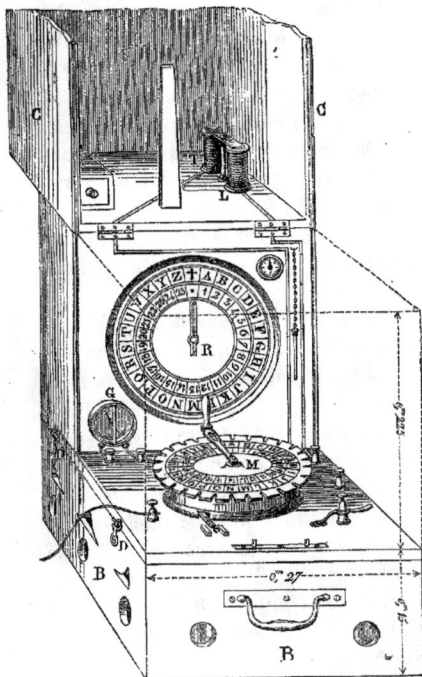

Fig. 67. — Télégraphe à cadran mobile, pour le service des convois de chemin de fer en marche.

Supposons un train porteur d'un télégraphe mobile, arrêté par accident entre Paris et Juvisy, deux stations du chemin de fer d'Orléans. Le chef du train met son appareil en communication avec la ligne et avec la terre, il fait un tour de manivelle, et envoie par conséquent le courant de sa pile, qui se divise et va en même temps à Paris et à Juvisy, dont les sonneries sont mises en branle. La dé-

viation de la boussole avertit que le courant passe et que la communication peut avoir lieu.

L'une de ces stations, Paris, par exemple, répond la première ; le courant qu'elle envoie se partage aussi entre l'appareil mobile et l'autre station (Juvisy) ; aussitôt cette réponse reçue, l'appareil mobile avertit par une dépêche conventionnelle que c'est lui qui appelle et que tel train arrêté entre tel et tel poteau kilométrique a besoin de secours.

Tel est l'ensemble du *télégraphe mobile*, construit par M. Bréguet, pour l'usage des chemins de fer.

Passons au *télégraphe typographique*, qui fonctionne depuis l'année 1863, sur le chemin de fer de Liverpool à Manchester, et depuis les premiers mois de 1867, entre Florence et Naples.

L'inventeur de ce nouveau système est le chevalier Bonelli, de Turin, ancien directeur des télégraphes sardes, et qui s'est fait connaître dans le monde savant par plusieurs inventions ingénieuses, entre autres, par la découverte du *tissage électrique*, c'est-à-dire l'emploi de l'électricité pour remplacer le métier Jacquart dans le tissage des étoffes à plusieurs couleurs.

Pour faire comprendre le nouveau système que nous avons à décrire, il est indispensable de connaître les appareils qui l'ont précédé dans le même genre, et qui lui ont, pour ainsi dire, frayé la route. En effet, dans son *télégraphe typographique*, M. Bonelli emploie pour former les signes, un papier *chimique*, lequel, sous l'influence du courant électrique, produit des traits coloriés. Il est donc nécessaire de rappeler ici les premiers appareils qui ont été construits dans le système du *papier chimique*.

Il paraît que c'est le chimiste anglais Humphry Davy qui eut, le premier, l'idée de former des signaux par le courant électrique, sur un papier imprégné d'une substance décomposable par l'électricité. Humphry Davy faisait usage de papier imprégné d'iodure de potassium, qui, sous l'influence d'un courant électrique, se décomposait et laissait sur le papier des taches brunes d'iode.

Mais l'inventeur incontesté du *système électro-chimique* appliqué à la télégraphie électrique, est M. Bain, physicien anglais. Ses appareils ont été employés en Amérique, à partir de l'année 1843, concurremment avec ceux de M. Morse.

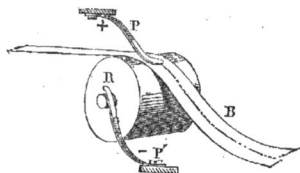

Fig. 68. — Style et papier mobile du télégraphe électro-chimique de Bain.

La figure 68 représente le style et la bande de papier de l'appareil qui a reçu de M. Bain, le nom de *télégraphe électro-chimique*. Une bande de papier continu B, est entraînée, comme celle de l'appareil Morse, par un rouage qu'on met en mouvement lorsqu'on veut recevoir une dépêche. Cette bande de papier passe sur un cylindre métallique R ; là un ressort de fer ou d'acier P, vient la presser et la maintenir en contact avec le cylindre R. Le papier a été d'avance, imprégné d'une dissolution de cyanure jaune de potassium et de fer (prussiate jaune de potasse). Chaque fois que le courant traverse le papier chimique en passant du ressort P (pôle positif) au cylindre métallique R (pôle négatif), une décomposition chimique a lieu. Le fer du ressort P est attaqué par le cyanogène mis en liberté par la décomposition du cyanure double, et il y a formation de bleu de Prusse (cyanure de fer). On produit ainsi des points et traits indébiles, d'un beau bleu, se détachant sur le papier blanc ; ces points et ces traits sont les mêmes que ceux qui constituent l'alphabet Morse. Pour que la décomposition puisse avoir lieu,

il faut que le papier soit toujours humide, ce qu'on obtient en ajoutant à la solution dans laquelle on le trempe, une matière hygrométrique, l'azotate d'ammoniaque (1).

On facilite encore cette décomposition en donnant au ressort P une grande surface, ce qui permet un passage plus facile à l'électricité.

L'appareil Bain a été, tant en Amérique qu'en Angleterre, le point de départ d'une foule de nouveaux télégraphes *électro-chimiques*. Un inspecteur des lignes télégraphiques françaises, M. Pouget-Maisonneuve, a perfectionné l'appareil Bain, en faisant passer le ruban de papier entre deux pointes, comme dans l'appareil Morse.

Fig. 69. — G. Bonelli.

Dans son *télégraphe typographique*, M. Bonelli fait usage d'un papier chimique, et les signes sont tracés sur le papier, par la décom-

(1) Le liquide, dans lequel on plonge le papier, est ainsi composé :

Eau..............................	100 parties.
Azotate d'ammoniaque...............	150 —
Cyanure jaune de potassium et de fer.	5 —

position de la substance, imprégnant ce papier. Cette substance, c'est l'azotate de manganèse : le courant électrique décompose ce sel, et laisse à nu de l'oxyde de manganèse, qui forme sur le papier, des traits bruns, fortement accusés.

Mais le papier chimique est l'élément accessoire de l'appareil qui va nous occuper. C'est le principe du télégraphe typographique qui fait l'intérêt et l'originalité de cette invention, et ce principe, le voici :

Imaginons un fil télégraphique qui se termine, à chacune des deux stations, par une pointe de platine. Sous la pointe qui représente le pôle positif de la pile, faisons passer un ruban de papier, imbibé d'une solution d'azotate de manganèse et appliqué sur une règle de fer argenté, communiquant avec le sol ; pendant que sous l'autre pointe, qui correspond au pôle négatif, défile une dépêche, préalablement *composée en caractères typographiques*, également en communication avec le sol. Tant que cette pointe rencontre le relief d'un caractère d'imprimerie, le courant passe, et à la station d'arrivée, le nitrate de manganèse, réduit par le courant, forme sur le papier une tache de couleur brune. Lorsque la pointe qui fonctionne à la station de départ, se trouve sur un creux du caractère typographique, le courant est interrompu, et la partie du papier qui défile sous l'autre pointe, conserve sa blancheur.

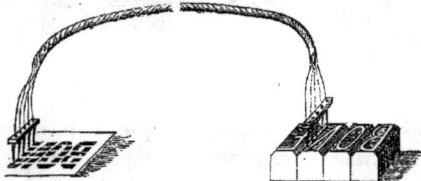

Fig. 70. — Conducteur du télégraphe typographique de M. Bonelli.

Mais il est évident que cette succession de taches brunes et d'intervalles blancs, ne suffirait pas pour reproduire la forme des caractères. M. Bonelli a reconnu que, pour reproduire cette forme, il faut mettre en jeu, à chaque station, trois pointes, isolées l'une de l'autre, et en communication avec trois fils conducteurs d'une pile voltaïque. Les trois pointes réunies forment les dents d'une sorte de petit peigne, que l'on place perpendiculairement au centre de la ligne des caractères.

Si, au lieu de faire passer sous ce peigne une composition typographique, on l'appuyait sur une plaque métallique unie, le peigne à la station d'arrivée tracerait sur le papier chimique trois lignes parallèles, comme celles qui servent à écrire la musique, mais très-serrées. Maintenant, si le peigne appuie sur un caractère typographique, les dents qui rencontreront le relief détermineront, à la station opposée, autant de petites taches brunes sur le papier mobile, tandis que l'espace qui correspond au creux de la lettre sera blanc, parce que, à la station de départ, les dents qui se trouvent au-dessus du creux sont hors de communication avec le métal des types. Supposons, par exemple, que la lettre D vienne à défiler sous le peigne, ce peigne glissera d'abord sur la barre verticale du D, et à l'autre station les cinq dents marqueront cinq petits traits parallèles sur le papier ; au moment suivant, la première et la cinquième dent seules toucheront les lignes horizontales supérieure et inférieure du D, et à la station d'arrivée, le papier, qui s'est déjà déplacé d'une quantité égale, recevra les marques rectilignes des deux dents extrêmes pendant quelques instants ; enfin les pointes extrêmes quitteront le relief de la lettre D, et les trois dents du milieu viendront s'y poser de nouveau, ce qui déterminera, à l'autre bout de la ligne, l'impression de trois taches très-rapprochées qui formeront la figure du D. Les lettres ainsi imprimées et dont la figure 70 donne un spécimen, sont presque aussi faciles à lire qu'une impression ordinaire.

Tel est le principe du télégraphe typographique. Disons maintenant comment ce principe est mis en œuvre.

Sur une table de fer, longue de 2 mètres, est placé (*fig.* 71) un petit chemin de fer, terminé à ses deux extrémités, par des arrêts-ressorts, et traversé au milieu, par un petit pont qui porte le peigne *u*. Sur ces rails marche un chariot en fer à quatre roues, long d'un mètre, large de 25 centimètres, qui porte la dépêche, composée en caractères ordinaires d'imprimerie, et une règle en fer *t*,

munie d'une bande de papier chimique

Quand les chariots sont préparés aux deux stations, chaque opérateur touche un bouton C, et fait ainsi lâcher prise aux ressorts qui retiennent le chariot, lequel se met aussitôt à rouler, entraîné par un poids qui agit sur lui au moyen d'une corde. Les trois fils conducteurs des trois piles voltaïques se placent aux boutons *m*, *a*, *k*.

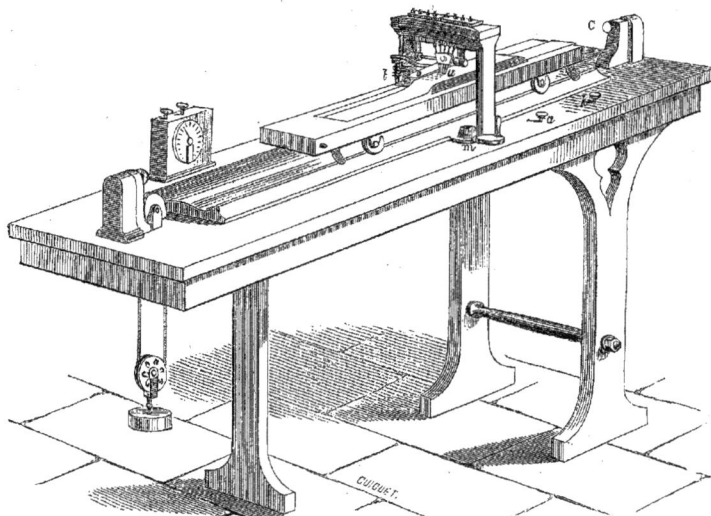

Fig 71. — Peignes et chariot du télégraphe typographique de M. Bonelli.

Si, dans la première station, les caractères typographiques sont placés à gauche sur le chariot, et la règle à droite, dans la station opposée, on observera l'ordre inverse. De cette façon, pendant la première moitié de la course des chariots, les types passent les premiers à la première station, le papier à la seconde, puis le papier à la première et les types à la seconde station. La course des chariots dure douze secondes, pendant lesquelles chaque station a envoyé une dépêche et en a reçu une autre.

Les *composteurs* contiennent de 25 à 30 mots, en moyenne. La composition des dépêches se fait par quelques jeunes ouvriers,

qui emploient environ une minute et demie pour une dépêche. La transmission de 25 mots se fait donc en six secondes.

Pour obtenir la dépêche en double, il suffit de bifurquer les courants à leur arrivée et de les faire aboutir à deux peignes au lieu d'un. Ainsi, on peut envoyer au destinataire le ruban de papier sur lequel l'instrument a écrit le télégramme, et l'administration peut garder le double de la dépêche qu'elle envoie.

Grâce à cet ingénieux système, la composition même d'un journal pourrait servir à la reproduction télégraphique. Une nouvelle, à peine imprimée à Paris, serait expédiée, à Marseille ou à Lyon, imprimée avec les mêmes caractères. La composition qui aura servi au *Moniteur*, par exemple, étant portée au bureau télégraphique voisin, pourrait paraître presque au même instant, à Marseille. Voilà un résultat qui suffit pour faire apprécier l'importance et l'avenir de ce système.

Si l'on veut maintenant établir une comparaison entre la rapidité avec laquelle fonctionne un appareil Morse, et celle qui nous est promise par l'appareil de M. Bonelli, il ne restera aucun doute sur la supériorité de ce dernier. Cinq compositeurs, qui ne seront que de simples ouvriers, pouvant chacun composer 30 dépêches de 20 mots par heure, on aura 150 dépêches par heure et par station, soit 300 par heure en tout. Dans une journée de travail, cela ferait 100,000 mots, ce qui représente le contenu d'un petit volume in-12 de 300 pages. Avec le même nombre d'employés, on obtiendrait donc trois fois autant d'ouvrage qu'avec le télégraphe Morse ; en outre, les dépêches seraient immédiatement imprimées en double, presque sans erreur possible, par un procédé mécanique aussi sûr que facile à exécuter.

Avec de tels appareils, la télégraphie électrique pourra être mise en pratique par les typographes, et deviendra ainsi un métier accessible au commun des ouvriers. C'est là évidemment un progrès manifeste : l'art de la télégraphie électrique se vulgarisera.

Nous avons décrit le télégraphe typographique avec trois fils conducteurs, c'est-à-dire exigeant l'emploi de trois courants voltaïques, tandis qu'il suffit d'un fil au télégraphe Morse, au télégraphe Hughes et au télégraphe à cadran. Tel est, en effet, le système qui fonctionne entre Manchester et Londres. Mais M. Bonelli a récemment simplifié son appareil : il se contente d'un seul conducteur. Les expériences faites à Florence, au mois de février 1867, avec le télégraphe typographique à un seul fil, ont donné un résultat des plus extraordinaires : dans une heure, ce télégraphe a pu composer jusqu'à cent dépêches de vingt mots. Nous ne pouvons toutefois, décrire ici cette disposition nouvelle du télégraphe typographique, qui permet de se contenter d'un seul fil pour la transmission de l'électricité, sans nuire à la netteté de l'impression ni à la rapidité de l'expédition ; car M. Bonelli n'a pas encore rendu publique cette importante modification de son système.

Le dernier appareil dont nous ayons à parler, c'est le *pantélégraphe*, de M. Caselli.

M. l'abbé Giovanni Caselli était professeur de physique à l'université de Florence, lorsqu'il fut tenté par la solution d'un problème physico-mécanique qui avait paru jusque-là impossible : la reproduction, par l'électricité, des signes de l'écriture à la main, des traits du dessin, et en général, de toute œuvre de la main de l'homme. Quelques tentatives avaient été faites dans cette direction, mais leur insuccès avait confirmé tous les mécaniciens dans l'idée de l'impossibilité de trouver la solution pratique de ce problème.

C'est le physicien anglais Bain, l'inventeur du télégraphe électro-chimique, qui, le premier, s'occupa d'exécuter un *télégraphe autographique*, en d'autres termes un appareil reproduisant le *fac-simile* d'une écriture ou d'un dessin quelconque, et réalisant ainsi un effet bien plus compliqué que nos télégraphes imprimeurs, où tout se borne à imprimer sur le papier des caractères uniformes.

Voici en quoi consistait le principe de l'appareil de Bain.

A chacune des stations, un plateau métallique tourne sous l'influence d'un mouvement d'horlogerie, qui, en même temps, communique un mouvement de va-et-vient à un style, lequel appuie sur le plateau. Les oscillations des styles aux deux stations, doivent être absolument *isochrones*, c'est-à-dire d'une amplitude parfaitement égale dans leurs oscillations respectives. Le plateau qui reçoit le fac-simile, est revêtu d'une feuille de papier imprégnée de cyanure jaune de potassium et de fer, et la pointe mobile trace sur ce papier une série de hachures bleues, parallèles aux arêtes du cylindre. La dépêche à transmettre s'écrit, avec une encre isolante, sur du papier d'étain, que l'on applique sur un cylindre. Toutes les fois que le style porte sur un trait à l'encre, le courant est interrompu, et le style, à la station opposée, cesse de marquer sur le papier. Le fac-simile est donc reproduit en blanc, sur un fond de hachures bleues.

L'appareil de M. Bain ne put donner dans la pratique aucun résultat avantageux, par suite de la difficulté de réaliser le synchronisme des deux plateaux.

M. Blackwell, autre physicien anglais, qui remplaça les plateaux par des cylindres, ne fut pas plus heureux que son devancier.

M. l'abbé Caselli ne crut pas néanmoins au-dessus des efforts de l'art contemporain la reproduction de l'écriture par l'électricité. Il vint à Paris, installa chez Gustave Froment le *pantélégraphe* qu'il avait construit à Florence en 1856, et pendant six ans, il ne cessa pas un seul jour de se consacrer au perfectionnement de cet appareil.

Nous avouons, à notre honte, que lorsque, en 1859, le savant abbé florentin, de son air doux et modeste, nous entretenait de ses tentatives, nous désespérions intérieurement de voir jamais ses efforts couronnés de succès. Nous admirions le courage, la persévérance de cet homme, qui, loin de sa patrie et de ses affections, usait son temps et ses forces, au plus difficile, au plus ingrat des labeurs. Et cette défiance de notre part était bien naturelle, puisqu'il s'agissait d'établir à chacune des deux stations télégraphiques, deux pendules dont les oscillations fussent exactement les mêmes en amplitude et en durée, c'est-à-dire d'installer, à vingt lieues de distance, deux pendules *isochrones*. As-

surer, malgré la distance, l'isochronisme absolu de deux pendules, cela paraissait, à la plupart des physiciens, quelque chose comme la quadrature du cercle ou la pierre philosophale.

Fig. 72. — G. Caselli.

Cette pierre philosophale de la télégraphie, M. l'abbé Caselli a fini par la trouver, car en 1863, l'appareil qu'il avait construit, avec le secours de Gustave Froment, donnait des résultats irréprochables. On pouvait, avec cet instrument, reproduire une dépêche d'une ville à l'autre, avec l'exacte fidélité d'une photographie. L'appareil Caselli donne, en effet, de véritables *fac-simile* de l'écriture de l'expéditeur. Il transmet l'écriture même, la signature même de l'expéditeur. Un dessin, un portrait, un plan, de la musique, une écriture étrangère, des traits confus et embrouillés, tout arrive fidèlement et se reproduit dans son intégrité d'une station à l'autre.

Le gouvernement français fut frappé des avantages et du côté brillant de l'invention du savant florentin. Au mois de mai 1863, une loi présentée au Corps législatif, et votée par cette assemblée, proclamait l'adoption du *pantélégraphe Caselli* par l'administration française et son établissement sur la ligne de Paris à Lyon. Depuis cette époque, c'est-à-dire en 1867, il a été décidé que le même appareil serait placé également sur la ligne de Marseille à Lyon.

Le 16 février 1865, le public fut admis, pour la première fois, à transmettre des dépêches autographiques entre Paris et Lyon. Une ordonnance ministérielle régla la taxe des dépêches, plans, dessins et figures quelconques expédiés par le *pantélégraphe* Caselli. Cette taxe est calculée d'après la dimension de la surface du papier employé, à raison de 20 centimes par centimètre carré. D'après ce tarif, le prix d'une dépêche est le suivant :

Pour 30 centimètres carrés	......	6 francs.
60 —	......	12
90 —	......	18
120 —	......	24

L'administration des lignes télégraphiques met en vente des papiers métalliques, qui sont destinés aux transmissions autographiques, au prix de dix centimes la feuille, quelle qu'en soit la dimension. Ces feuilles sont de quatre grandeurs : de 30, de 60, de 90 et de 120 centimètres carrés. L'expéditeur peut, en se servant d'une écriture très-serrée, dire beaucoup de choses sur la plus petite des feuilles autorisées ; mais cet avantage est peut-être moins sérieux qu'on ne pourrait le croire au premier abord, car les traits bleus sont toujours légèrement nuageux, comme des traits à la plume sur un papier qui boit ; il y a donc une limite de finesse pour l'écriture des dépêches, qu'on ne saurait dépasser sans rendre la copie illisible.

Mais il est temps d'arriver à la description de cet appareil et à ses merveilleux résultats.

Deux pendules, dont les oscillations sont parfaitement isochrones, sont placés, l'un à la station du départ, l'autre à la station d'arrivée. Ils servent à imprimer un mouvement absolument égal à la pointe traçante qui doit parcourir toute leur surface.

A la station du départ, on écrit, à la plume, la dépêche à transmettre, en se servant d'encre ordinaire et d'un papier argenté. Le papier argenté, portant l'original de la dépêche, est placé sur une tablette courbe de cuivre. Une fine pointe en platine, qui est animée d'un mouvement horizontal, et qui obéit à la pression d'un faible ressort, s'appuie sur la surface de la tablette, et parcourt continuellement cette surface par un mouvement très-rapide. Par suite du mouvement de translation horizontale de cette pointe, tous les points de la tablette sont mis successivement en contact avec la pointe du style. Or, ce style métallique, et par conséquent conducteur de l'électricité, est lié au fil de la ligne télégraphique. Comme le fond métallique sur lequel la dépêche est écrite est conducteur de l'électricité, tandis que les caractères sont composés d'encre, substance non conductrice de l'électricité, il en résulte que le courant électrique est établi ou suspendu dans le fil de la ligne télégraphique, selon que le style vient se mettre en contact avec le papier métallique de la dépêche ou avec les caractères tracés à sa surface.

On comprend maintenant ce qui va se passer à la station d'arrivée. Là se trouve une tablette de cuivre toute pareille à celle de la station du départ. Sur cette tablette est tendue une feuille de papier ordinaire, contenant un peu de prussiate de potasse. Un style de fer, qui est en communication avec un style tout semblable, par l'intermédiaire du fil de la ligne télégraphique, parcourt, par un mouvement très-rapide, toute la surface de ce papier. Chaque fois que le style de la station du départ rencontre le fond métallique de la dépêche, le courant électrique s'établit, et le style de fer, à la station d'arrivée, imprime un point, une tache sur le papier chimique, parce que le fer du style, sous l'influence de l'électricité, décompose le prussiate de potasse du papier, et laisse une tache bleue, composée de bleu de Prusse, dont l'électricité a provoqué la formation. La réunion de ces points bleus, de ces taches azurées, finit par reproduire tous les traits qui composent la dépêche placée à la station du départ. L'autographe est donc reproduit au moyen d'une multitude de lignes parallèles tellement rapprochées entre elles que l'œil ne saurait les distinguer.

Le difficile en tout cela, c'était d'obtenir une égalité absolue de vitesse entre le mouvement de la pointe traçante qui parcourt la tablette portant la dépêche, à la station du départ, et celui du style qui parcourt la tablette portant le papier chimique à la station d'arrivée. C'est parce que M. l'abbé Caselli a trouvé l'art de rendre isochrones les mouvements de ces deux styles séparés par une énorme distance, que notre heureux physicien a trouvé ce qui semblait la pierre philosophale de la télégraphie électrique.

Après l'explication générale que nous venons de donner, des organes essentiels du pantélégraphe Caselli, il sera plus facile de comprendre les détails de la figure 73, qui donne une vue fidèle de cet instrument, prise au poste central des télégraphes de Paris.

Pour comprendre cet appareil, il faut examiner séparément le mécanisme qui provoque le mouvement régulier et isochrone du pendule, et le système électro-mécanique qui permet l'exécution du dessin sur le papier. Nous parlerons d'abord du système qui produit l'isochronisme du pendule.

Entre deux montants de fonte A, A, oscille un pendule BD, de 2 mètres de longueur, et nous n'avons pas besoin de dire que deux appareils identiques fonctionnent, l'un à la station qui envoie la dépêche, l'autre à la station où doit s'inscrire la même dépêche. Ce pendule BD se termine par une masse de fer D, lestée de plomb. Le fer de ce pendule peut être attiré par les deux électro-aimants

C, C'. L'attraction de ces deux électro-aimants, tel est donc le principe moteur de cet organe. L'oscillation du pendule BD se transmettant à la tige de bois, H, un ensemble de pièces mécaniques assez compliquées E, GFI, que nous décrirons tout à l'heure, détermine la marche régulière du style métallique, ou pointe traçante, sur toute la surface de la plaque E.

Mais avant d'expliquer ce mécanisme, il importe de dire par quel moyen les mouvements du pendule BD sont rendus parfaitement isochrones avec ceux du pendule semblable placé à la station opposée. Cet isochronisme a été obtenu par M. Caselli, après bien des tâtonnements, en se servant d'une horloge ordinaire, dont le balancier vient interrompre, à des intervalles parfaitement égaux, le courant de la pile qui se rend aux électro-aimants et provoque les oscillations du pendule BD.

L'horloge T est munie d'un balancier P. Le fil Q, partant d'une pile voltaïque dont on n'a représenté qu'un seul élément sur la figure, aboutit à un petit levier métallique, que l'on voit au-dessous du point R, et qui se trouve en contact avec la tige P du balancier de l'horloge, pendant son mouvement d'oscillation. La tige P de ce balancier étant quatre fois plus courte que la tige BD du pendule électro-magnétique, ce balancier, d'après la loi physique qui régit les oscillations du pendule (1), décrit deux allées et venues, pendant que la tige du pendule BD en décrit une seule. Dès lors la tige P du balancier exécutant quatre oscillations, tandis que celle du grand pendule n'en exécute que deux, la tige de ce balancier P peut établir et interrompre le courant électrique, à chaque demi-oscillation du pendule électromagnétique BD.

Dans l'état ordinaire, le courant électrique, suivant le fil Q, continue sa marche par

(1) La vitesse des oscillations d'un pendule est en raison inverse du carré de la longueur de ce pendule.

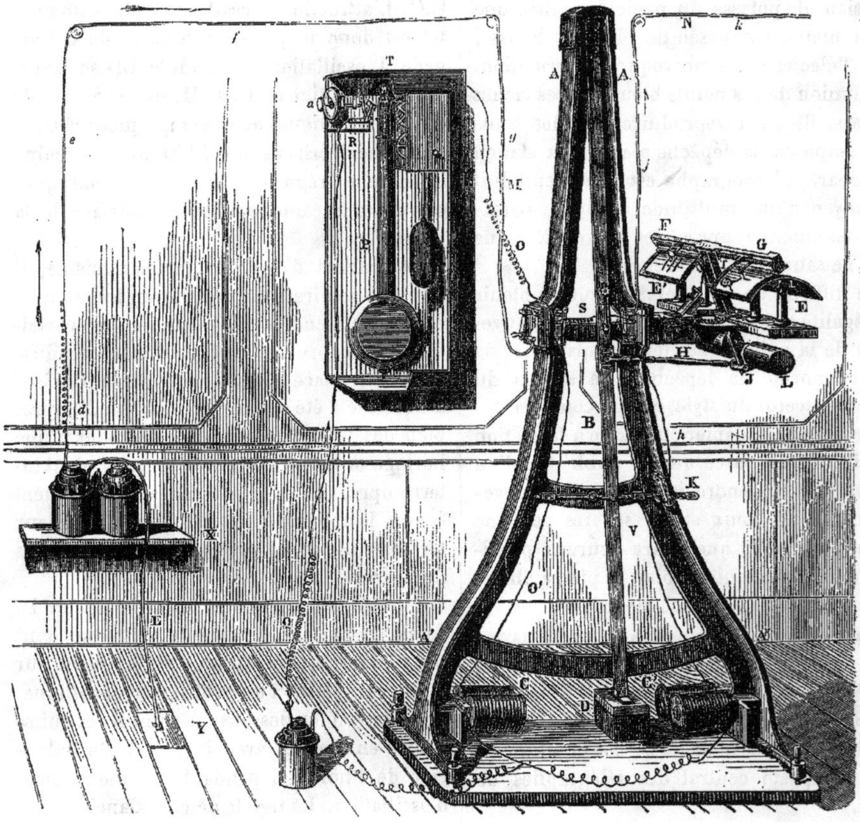

Fig. 78. — Le pantélégraphe Caselli.

le fil O, la pièce métallique S, et se rend, par le fil O′, à l'électro-aimant C, lequel attire la masse de fer du pendule D. Mais le balancier de l'horloge T, vient en soulevant, au point R, le fil conducteur Q, interrompt, pour un instant, le passage du courant. Dès lors, l'électro-aimant C n'étant plus parcouru par l'électricité, celui-ci devient inerte, le pendule D s'en détache et tombe de son propre poids. Dans l'intervalle du temps qui suit, la continuité du courant, amené par le fil Q, est rétablie par le départ du balancier de l'horloge, qui ne soulève plus ce fil au point R, et un

commutateur, placé à l'intérieur de la pièce métallique S, fait passer le courant dans le fil V, qui le dirige dans l'électro-aimant C′. Ainsi parcouru par l'électricité, cet électro-aimant C′ attire la masse métallique D, qui venait tout à l'heure de retomber par son propre poids, et lui fait exécuter une demi-oscillation, qui complète son mouvement d'allée et venue.

Toutes ces actions se répétant, c'est-à-dire le balancier P de l'horloge T interrompant le contact au point R, et venant ainsi désaimanter successivement les bobines C et C′, entretient le mouvement oscillant et régulier du pendule électrique BD.

La manivelle K sert à *mettre en prise*, c'est-à-dire à établir à l'aide d'un contact particulier, la continuité dans tout ce système de communication de corps conducteurs.

Ainsi, c'est le balancier P de l'horloge T qui communique au pendule BD ses oscillations régulières, lesquelles se transmettent, par la tige de bois H, au système mécanique qui détermine la progression du style, ou pointe traçante, sur le plateau courbe destiné à expédier et à recevoir la dépêche.

Pour que les deux appareils placés, l'un à la station du départ, l'autre à la station d'arrivée, fonctionnent avec un isochronisme absolu, il faut donc que les deux horloges placées aux deux stations marchent avec un mouvement d'une identité pour ainsi dire mathématique. Ces deux horloges ont été construites parfaitement semblables dans toutes leurs parties, et elles marchent ensemble avec un parfait accord. Cependant, malgré cet accord des deux chronomètres, leurs balanciers ne pourraient jamais osciller d'une manière vraiment isochrone, et imprimer à l'appareil un mouvement identique, s'il n'existait pas un moyen de les mettre encore plus d'accord, c'est-à-dire de les régler l'une et l'autre d'une manière parfaitement identique.

Cet accord absolu des oscillations du balancier P, était un problème mécanique extrêmement difficile. M. Caselli l'a résolu par un moyen nouveau et très-ingénieux. Près du point R, il a placé un petit arrêt, ou *butoir*, que l'on manœuvre au moyen d'un pas de vis réglé par un bouton et un cadran *a* : en tournant le bouton et l'aiguille du cadran, on place ce butoir, ou arrêt, contre lequel vient heurter le pendule, à des distances identiques sur les appareils de l'une et de l'autre station ; et dès lors, l'isochronisme absolu du mouvement du pendule P de l'horloge T, qui commande les mouvements du pendule

électro-magnétique BD, et par suite celui du plateau courbe E, se trouve parfaitement assuré.

Il faut maintenant expliquer en détail ce dernier système mécanique, c'est-à-dire le jeu de la pointe traçante, sur la plaque E. Pour expliquer ce mécanisme, nous représentons sur une plus grande échelle (*fig.* 74) la partie EG, en conservant les mêmes lettres que dans la figure précédente.

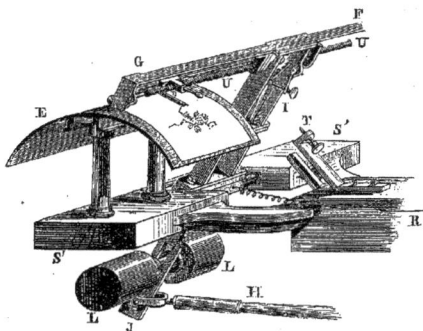

Fig. 74. — Récepteur du pantélégraphe Caselli.

E, représente un plateau métallique courbe, sur lequel on fixe, à la station du départ, le papier métallique destiné à recevoir la dépêche de l'expéditeur, et qui doit se reproduire sur le plateau semblable, à la station d'arrivée. Sur un même appareil ces plateaux (E, E' de la figure 73) sont au nombre de deux dans chaque station, ce qui permet d'expédier deux dépêches à la fois avec un seul fil ; mais, comme ils sont identiques, nous n'en décrirons qu'un seul.

Ce plateau métallique courbe, E (*fig.* 74) doit être parcouru sur sa surface tout entière par le style. Il faut pour cela que le style exécute deux mouvements simultanés : il faut qu'il suive la courbe du plateau E, d'une extrémité à l'autre ; et qu'en même temps, il trace des lignes successives parallèles tout le long de ce même plateau. Voici comment est réalisé ce double mouvement de la pointe traçante. La tige de bois H, mue par le pendule électrique (voir la figure 73), au moyen de l'articulation J, fait basculer le levier JI, autour de son point d'appui. Un double contre-poids circulaire LL, sert à équilibrer la masse de ce levier, de la vis U et de la règle GF, afin que le centre de gravité du système oscillant tombe au point de suspension de ce même système, à la manière du fléau d'une balance, disposition qui lui donne une grande mobilité, et facilite son déplacement par la plus petite force. Les impulsions successives que reçoit le levier I, par l'intermédiaire de la tige de bois H et de l'articulation J, qui se transmet au levier I, produisent donc le mouvement curviligne de la pointe traçante, dans le sens de l'arc de cercle du plateau courbe E.

Quant au mouvement de translation du même style, il est réalisé à l'aide d'une longue vis taraudée, portée par une règle FG, et pourvue d'une roue à rochet à douze dents, qui est fixée au noyau de la vis. A chaque demi-oscillation du levier I, cette roue tourne d'une certaine quantité, et la pointe traçante se déplace horizontalement d'une quantité proportionnelle. Grâce à ce double mouvement, la pointe traçante parcourt successivement la surface entière du plateau courbe E.

Plaçons maintenant sur la ligne télégraphique l'appareil qui vient d'être décrit et voyons comment le courant électrique, traversant le *pantélégraphe* placé à la station du départ, va agir en suivant le fil conducteur qui réunit les deux stations sur l'appareil de la station opposée, où doit s'inscrire la dépêche.

X (*fig.* 73) est la pile du poste télégraphique: elle est composée, pour la ligne de Paris à Lyon, d'environ cinquante éléments de Daniell : mais on n'a représenté que deux de ces éléments. L'électricité positive, fournie par cette pile, suit le fil *de*, d'une part, et d'autre part le fil L, pour se perdre dans la terre, au moyen de la plaque conductrice Y. Parcourant le fil *defg* dans le sens que re-

présentent les flèches, cette électricité suit un conducteur placé à l'intérieur de la pièce métallique S, et grâce à la continuité des pièces métalliques, elle vient aboutir à la pointe traçante du plateau courbe E, lequel parcourt successivement, comme nous l'avons expliqué, tous les points de la surface de ce plateau.

La dépêche que l'on veut transmettre à l'appareil de la station d'arrivée a été préalablement écrite ou dessinée, sur une feuille d'étain, à l'aide d'encre ordinaire. Tant que la pointe du style ne rencontre sur son chemin que la surface conductrice de la feuille d'étain sur laquelle a été inscrite ou dessinée la dépêche, le courant électrique qui a suivi la ligne *defg* et delà le plateau circulaire E, continue son chemin le long du fil *h*, et, grâce à la continuité du bâti métallique AA', elle s'écoule librement dans le sol ; de telle sorte que le courant circule continuellement dans l'appareil, et se perd dans la terre par le fil *h*. Mais lorsque le style arrive sur les parties qui ont reçu le dessin, et qui sont recouvertes d'encre grasse, substance non conductrice de l'électricité, l'écoulement dans le sol est fermé au courant, lequel dès lors s'élance, par le conducteur *jk*, dans le fil de la ligne, et va aboutir au *pantélégraphe* placé à l'autre poste télégraphique. Parvenue sur le plateau courbe E du *pantélégraphe* de la station d'arrivée, l'électricité positive rencontre le papier chimique qui est étalé sur ce plateau courbe. Ce papier a été trempé d'avance dans une dissolution de cyanoferrure de potassium et de fer. Le courant d'électricité positive, conduit par la pointe métallique, décompose ce sel, et forme sur le papier une tache de bleu de Prusse. On voit alors apparaître sur le papier chimique qui recouvre le plateau E, une série de traits bleus, qui reproduisent d'une manière identique, les parties encrées qui ont été touchées par le style sur la dépêche placée à la station du départ. Quand le style, ayant parcouru toutes les parties encrées de l'original placé à la station du départ, ne rencontre plus d'encre grasse, l'électricité ne passe plus dans le fil de la ligne, et continue à s'écouler dans le sol.

La dépêche originale est reproduite sur le papier chimique placé à la station d'arrivée, en caractères qui présentent à peu près la forme suivante.

Fig. 75. — Exemple d'écriture du pantélégraphe Caselli.

Le poinçon, ou style traçant, met deux minutes à accomplir les mouvements de va-et-vient qui sont nécessaires pour rayer toute la surface métallique accordée à une dépêche, et qui est, comme nous l'avons dit, de 30 centimètres.

Tel est le merveilleux appareil dû à la patience et à la sagacité du savant abbé florentin, et qui constitue assurément une des plus grandes merveilles de la mécanique et de l'électricité.

Le *pantélégraphe* Caselli, qui reproduit avec une exactitude suffisante, tous les signes de l'écriture et du dessin, avait été proposé pour transmettre l'écriture, ainsi que des *fac-simile* de dessin. Mais ce dernier objet s'est trouvé sans utilité dans la pratique. C'est à peine si quelques modèles de dessins de fabrique ont été expédiés de Lyon à Paris, depuis l'ouverture du service public de cet appareil. Le *pantélégraphe* aurait pu servir à un autre usage : à expédier sur une même dépêche, un texte un peu long, attendu que la surface de 30 centimètres carrés peut recevoir quelques centaines de mots parfaitement lisibles, qui ne coûteraient que 6 francs,

prix ordinaire de la dépêche du pantélégraphe, et coûteraient beaucoup plus cher, si on les expédiait par le télégraphe Morse, au prix de 2 francs la dépêche de vingt mots. Mais le public n'a pas été tenté par ce calcul, sans doute en raison de l'ennui ou de la difficulté que présente l'inscription avec une encre épaisse de la dépêche originale sur le papier d'étain, engins quelque peu difficiles ou embarrassants à manier quand on n'en a pas l'habitude ou qu'on est pressé.

Quel est donc l'emploi auquel ce *pantélégraphe* est consacré ? Il s'est attiré la préférence des négociants par la certitude de transmettre les chiffres, sans erreur possible de la part des employés. Sur 4,860 dépêches qui ont été échangées entre Paris et Lyon, en 1866, 4853 avaient pour objet des opérations de bourse. Ici, on le comprend, l'exactitude absolue dans la transmission des chiffres, est une condition fondamentale. L'homme d'affaires, l'homme de bourse, consent facilement à payer 6 francs au lieu de 2 francs une dépêche qu'il écrit de sa propre main, et qui porte, avec sa signature et son paraphe, l'énoncé exact des sommes et des chiffres qu'il veut transmettre à son correspondant.

Une anecdote, fournie par la chronique télégraphique, viendra ici à point, tant pour terminer un chapitre quelque peu épineux de descriptions mécaniques, que pour appuyer la considération qui précède.

Un négociant d'une de nos villes de département avait expédié à un agent de change de Paris, une dépêche télégraphique ainsi conçue :

Les actions de la Banque monteront, sans doute, à la bourse de demain. Achetez-m'en trois. Mille amitiés. Blanchard.

L'employé du télégraphe supprima, par distraction, un point de la troisième phrase, et la dépêche adressée à l'agent de change, devint :

Les actions de la Banque monteront, sans

doute, à la bourse de demain. Achetez-m'en trois mille. Amitiés. Blanchard.

Au lieu de trois actions, l'agent de change, bien qu'un peu surpris de l'extension des affaires de son correspondant, en acheta trois mille. Heureusement pour notre spéculateur, la hausse prévue arriva; si bien qu'au lieu d'un bénéfice de trente à quarante francs, il encaissa une différence énorme. Mais que serait-il arrivé, si, au lieu de monter, les actions de la Banque avaient baissé à la Bourse? Qui aurait été responsable de la perte? L'agent de change ou l'administration du télégraphe? Question épineuse, qui n'eut pas heureusement à être soulevée.

Cette histoire prouve que, pour expédier un ordre de vente ou d'achat, soit pour la spéculation, soit pour les besoins du commerce, il est bon de se prémunir contre une erreur possible de l'employé du télégraphe. Voilà pourquoi le *pantélégraphe* Caselli devra toujours tenir son rang et sa place, dans un service général de télégraphie bien organisé.

CHAPITRE VIII

LES ACCESSOIRES DE LA TÉLÉGRAPHIE ÉLECTRIQUE. — LES RELAIS. — LES SONNERIES. — LES PARATONNERRES. — LA PILE ET LE COMMUTATEUR DE LA PILE. — LES FILS ET LES POTEAUX.

Après la description des appareils les plus employés dans la télégraphie électrique, il nous reste à parler des instruments accessoires qui concourent à l'exécution des signaux et assurent la régularité de leur transmission. Ces instruments accessoires sont :

1° Les *relais* pour renforcer, dans certains cas, l'intensité du courant électrique ;

2° Les *sonneries*, destinées à appeler l'attention de l'employé, d'une station à l'autre, à lui annoncer l'expédition d'une dépêche, ou à lui transmettre toute autre indication convenue ;

3° Le *parafoudre*, instrument de physique qui a pour effet de mettre les appareils et les employés à l'abri des effets dangereux de l'électricité atmosphérique ;

4° La *pile*, destinée à fournir l'électricité au fil de la ligne ;

5° Les *fils conducteurs* et les *poteaux* destinés à servir de support aux fils.

Relais. — Le *relais télégraphique* est une invention de M. Wheatstone, qui a permis de prolonger les lignes sur une étendue considérable. Lorsqu'un courant électrique doit traverser un très-long circuit, par exemple la distance de Paris à Lyon, les pertes d'électricité qui arrivent tout le long de ce fil, par suite d'un isolement incomplet des poteaux télégraphiques, ou par toute autre cause, peuvent singulièrement affaiblir ce courant, et lui enlever l'intensité qui lui est nécessaire pour mettre en action l'électro-aimant de l'appareil récepteur, placé à la station d'arrivée. Le télégraphe Morse, qui exige une assez grande intensité dans le courant électrique, est particulièrement dans ce cas ; il fonctionne difficilement au bout d'une longue ligne. Il faudrait beaucoup augmenter le nombre des éléments de la pile, pour donner au courant toute l'énergie nécessaire à son bon fonctionnement. Mais cette augmentation de la force productrice de l'électricité aurait des inconvénients de plus d'un genre. La découverte des *relais* est venue résoudre cette difficulté de la manière la plus avantageuse et la plus simple.

On met en rapport avec le récepteur du télégraphe Morse, une pile supplémentaire, ou *locale*, qui a pour mission de produire l'aimantation dans le récepteur du télégraphe ; de telle sorte que ce n'est plus le courant de la ligne, mais le courant local placé à Lyon, par exemple, qui fait marcher les pièces du récepteur. Le *relais* proprement dit n'est autre chose que l'appareil destiné à mettre le courant de la pile locale en communication, quand cela est nécessaire, avec le récepteur. Le nom donné à cet appareil est d'ailleurs bien choisi, car, semblable à un relais de poste, il relaye en quelque sorte le courant qui parcourt la ligne télégraphique, et, suppléant à son action sur une partie du trajet, il permet à ce même courant d'aller exercer plus loin son action physico-mécanique.

La figure 76 représente le relais dont on fait usage pour faire fonctionner le récepteur de l'appareil Morse. E est un électro-aimant, pourvu d'une armature A et d'un levier $l'l$; r est le ressort destiné à relever, comme

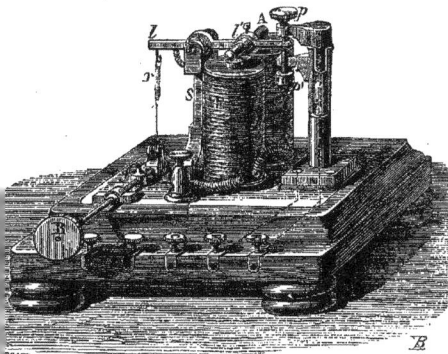

Fig. 76. — Relais.

dans le récepteur du télégraphe Morse, l'armature A, lorsqu'elle n'est plus attirée par l'électro-aimant E. Ce ressort est tendu d'une manière convenable, c'est-à-dire réglé par l'employé, de manière à exercer plus ou moins de pression, au moyen du bouton B, attaché à une vis sans fin, laquelle fait avancer ou reculer la pièce f, munie d'un fil de soie qui tire le ressort r. Les vis p, p' servent à régler la course de l'armature A. Ces vis sont portées et séparées l'une de l'autre par une colonne métallique creuse, ii, dans laquelle on a interposé un cylindre d'ivoire, matière isolante. Pour que l'électricité circule dans tout le système, il faut donc que la vis pp' vienne toucher le levier $l\,l'$ de manière à établir une continuité métallique.

т. II.

Sous l'influence du courant qui, parcourant la ligne principale, arrive par un fil conducteur au bouton K, situé à droite, sur le support de bois de l'appareil, et qui fait fonctionner l'électro-aimant E, l'armature A est attirée quand le levier $l l'$, attaché à cette armature, vient toucher la vis pp', qui sert de *pièce de contact*. Dès lors le courant de la pile locale, qui arrive par le bouton C, se trouve établi, et se dirige par le bouton R, dans le récepteur de l'appareil Morse qu'il va mettre en action.

Ainsi, le levier $l l'$ du relais reproduit le mouvement semblable du levier du récepteur du télégraphe Morse, et le courant envoyé et maintenu, un temps plus ou moins long, de la station du départ dans le relais, produit sur la bande de papier de ce récepteur, des traits de longueur correspondante.

On comprend que, si un appareil semblable est placé sur la ligne de Lyon à Marseille, le courant parti de Paris ne serve point à faire agir directement le récepteur du télégraphe Morse, mais seulement à mettre en action le relais, lequel, grâce à la pile locale avec laquelle il est en rapport, se charge de faire marcher les pièces de l'appareil Morse. Le courant principal qui, dès lors, ne s'est point affaibli, puisqu'il n'a servi qu'à mettre en action le relais, conservera toute l'intensité suffisante lorsqu'il s'agira de franchir tout d'un trait la distance de Paris à Marseille.

Sonneries. — Les sonneries sont placées dans les bureaux des postes télégraphiques, et le fil conducteur qui aboutit à leur mécanisme, est intercalé dans le circuit de la ligne télégraphique. Le timbre de ces sonneries est mis en jeu par le courant électrique, qui part du poste correspondant. Le tintement de ce timbre annonce à l'employé du télégraphe qu'il doit s'apprêter à recevoir une dépêche.

La sonnerie qui est le plus en usage dans les bureaux télégraphiques, est la *son-*

nerie à trembleur. Un timbre T (*fig.* 77), est fixé à la partie supérieure d'une boîte en bois, et reçoit les chocs d'un petit marteau *m*, qui peut le frapper sous l'influence du courant électrique de la ligne, et grâce aux dispositions que nous allons indiquer.

Au moyen d'un fil conducteur attaché au bouton C, le courant de la ligne télégraphique suit la tige métallique CD, et parcourt toutes les spires de l'électro-aimant E, lequel est suspendu au milieu de la boîte, au moyen d'une pièce de bois un peu inclinée et d'un écrou. Après avoir suivi les fils de l'électro-aimant, le même courant passe par le bouton F et la tige FA, c'est-à-dire le manche du marteau *m*. De là, grâce à un contact métallique formé de deux petits boutons en saillie, placés d'une part, au point A sur le manche du marteau, d'autre part au point R sur une lame de ressort d'acier RJ, ce courant s'échappe par la voie qui lui est offerte par la tige RJ. Suivant enfin la bande de cuivre JZ, le courant retourne au conducteur de la ligne télégraphique, au moyen d'un fil attaché au bouton Z.

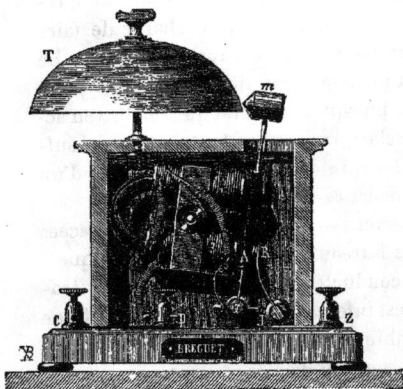

Fig. 77. — Sonnerie à trembleur.

On comprend tout de suite comment l'électricité peut mettre en jeu le marteau *m*, lorsqu'on met cet appareil en communication avec le fil télégraphique, au moyen d'un fil métallique attaché au bouton C, ou d'une manivelle appliquée à ce point. Le courant électrique arrivant dans l'électro-aimant E, attire la tige A du marteau, qui est en fer pur, et qui peut osciller autour de son point d'appui F. La tête *m* du marteau vient ainsi frapper le timbre T. Mais la tige AF s'étant déplacée, tout aussitôt le contact R n'existe plus, et la conductibilité métallique étant rompue, le courant de la ligne cesse de passer dans l'appareil. Ainsi l'électro-aimant E devient inactif ; il cesse d'attirer le manche du marteau A, qui retombe sur le ressort R. Ce contact rétablit de nouveau le circuit voltaïque ; et le marteau *m* est de nouveau lancé contre le timbre T.

Ces effets alternatifs se produisant successivement avec rapidité, le marteau A*m* reçoit un mouvement continuel d'oscillation ou de tremblement, qui dure tant que l'on fait passer dans l'appareil le courant de la ligne.

L'ingénieux instrument qui vient d'être décrit, est dû au physicien allemand Neef ; on le désigne sous le nom de *trem'leur de Neef*. Ce n'est pas seulement pour les sonneries des postes télégraphiques que le *trembleur de Neef* a reçu une application directe ; beaucoup d'appareils de physique ont recours à cet instrument, qui n'exige, pour être mis en action, qu'un courant électrique d'une faible intensité.

Outre la *sonnerie trembleuse*, on emploie dans les postes télégraphiques, la *sonnerie à rouage*. C'est un appareil plus compliqué, parce qu'on y fait usage d'un mouvement d'horlogerie et d'un ressort pour pousser le marteau contre le timbre. La force n'est donc pas communiquée au marteau par l'aimantation artificielle, due au courant électrique, comme dans la *sonnerie à trembleur :* tout le rôle de l'électricité se réduit à déplacer d'une petite quantité, un levier qui retenait l'échappement d'un rouage d'horlogerie, et qui, rendant libre cet échappement, fait partir le marteau. Un petit électro-aimant pourvu d'une armature, voilà tout le système élec-trique de cet appareil; le reste ne se com-pose que des pièces mécaniques qui, dans les horloges ordinaires, servent à faire frapper le marteau contre le timbre de la sonnerie.

La figure 78, sur laquelle on a représenté à part l'appareil électrique, et la figure 79, qui représente le mouvement d'horlogerie, feront comprendre le jeu de cet instrument.

EE (*fig.* 78) est l'électro-aimant. Quand on touche le bouton qui doit faire retentir la sonnerie, l'électricité qui parcourt le fil de la ligne, passe dans les bobines de cet électro-aimant, et attire leur armature de fer, AV. Or cette armature AV se termine par une

décroche le mouvement d'horlogerie, et tout aussitôt ce mouvement d'horlogerie fait battre le marteau contre le timbre T.

La figure 78, qui représente, comme nous venons de le dire, la partie électrique de l'ap-pareil, est placée à la face postérieure de la boîte. Sur sa face antérieure est le mouve-ment d'horlogerie, destiné à faire agir le marteau.

La figure 79 montre cette dernière partie, qui n'est qu'un assemblage de roues d'hor-logerie, mises en marche par un ressort dont la clef de remontage se voit en B.

On retrouve en coupe, à gauche de cette figure, les organes électriques que nous ve-

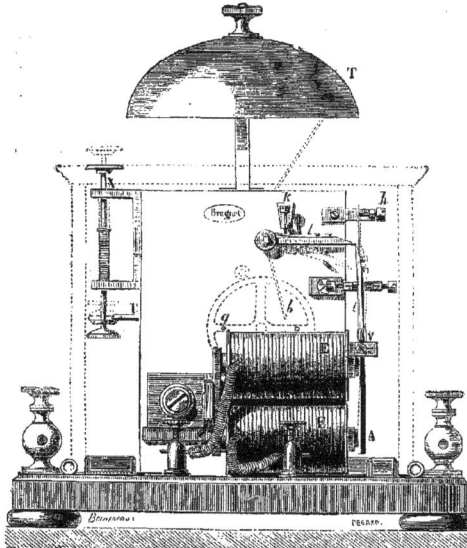

Fig. 78 — Sonnerie à rouage (organes électriques).

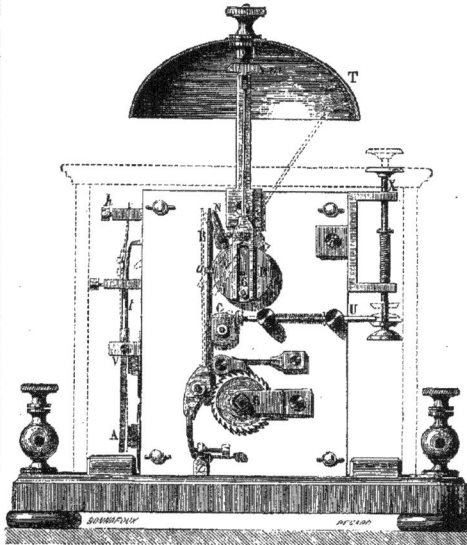

Fig. 79. — Sonnerie à rouage (organes mécaniques).

tige *t*, qui n'est qu'un ressort plat venant buter, par sa pointe, contre un levier *l*, pressé lui-même par un ressort, dont la vis *k* règle la force. Quand l'armature AV, qui re-pose au point d'appui V et peut basculer sur ce point d'appui, est attirée par l'électro-aimant, le ressort *t* s'écarte du levier *l*, qui, poussé par le petit ressort qui le surmonte,

nons de décrire, c'est-à-dire l'armature AV, la tige, ou ressort *t*, qui lui fait suite, enfin le contact de ce ressort et du levier qui doit se déplacer par le mouvement de l'armature, pour laisser agir les rouages d'horlogerie.

Ces rouages fonctionnent comme il suit : B est la clef de remontage, c'est-à-dire l'axe du barillet du ressort moteur ; D,

un disque qui porte un galet G, placé ex-
centriquement. C'est ce galet G qui, glissant
dans une rainure pratiquée à la tige du marteau *m*, fait osciller ce marteau à droite ou à
gauche, et lui fait frapper le timbre T.

Le rouage qui fait tourner ce disque, est mis
en mouvement lorsque, l'armature AV ayant
été attirée, le levier *l* (*fig.* 78) a été rendu libre.
Alors la pièce N (*fig.* 79) pousse un ressort R
et décroche l'arrêt *a*, par lequel seul était
retenu le rouage. Si l'on se reporte à la figure
78, on verra qu'une des roues, marquées en
pointillé, porte sur sa circonférence, une
goupille *q*, laquelle, dans le mouvement du
rouage, vient soulever un bras *b* porté sur
l'axe commun du levier *l* et de la pièce N, ce
qui a pour effet de remonter le levier *l* et de
le remettre en prise sur la tige de l'armature.
Dès lors, le courant électrique traversant de
nouveau les bobines et les aimantant, l'armature est de nouveau attirée, et le battement
du marteau contre le timbre recommence,
grâce au jeu des mêmes organes.

Il reste à expliquer la fonction de la pièce X,
qui est représentée à droite de la figure 79.
Cette pièce est ce que l'on appelle dans les
bureaux télégraphiques, le *répondez*. Il peut
arriver que la sonnerie ayant retenti, la personne qu'elle est destinée à appeler, soit ab-
sente ou n'entende pas. Il convient alors
qu'un signe très-apparent se produise sur l'appareil, et y persiste, afin de montrer à l'employé qu'il a été appelé pendant son absence.

Le plus souvent, il y a dans un poste plusieurs sonneries ; le signe dont nous parlons
sert donc aussi à distinguer quelle est celle
des sonneries qui appelle.

La tige X (*fig.* 79) est, en temps ordinaire,
retenue par sa partie inférieure, sous la
pièce U, qui la maintient abaissée dans la
position qu'indique la figure ; mais, quand
le disque D se met à tourner, l'arrêt *a* entraîne la tête de la pièce U et décroche la
tige X du *répondez*. Par l'action du ressort à
boudin qui la presse, cette tige s'élève hors

de la boîte de la sonnerie, dans la position
figurée en pointillé, et elle demeure en cet
état au dehors. L'employé est ainsi averti
qu'il a à répondre.

Parafoudres. — On donne ce nom à des
appareils, plus ou moins simples, qui sont
destinés à prévenir les effets fâcheux des orages, ou simplement de l'électricité existant à
l'état libre dans l'atmosphère.

Les perturbations que l'électricité météorique peut introduire dans le jeu des appareils télégraphiques, ne sont vraiment graves
qu'au moment d'un orage. Par un ciel serein,
l'électricité répandue dans l'air n'exerce aucune action fâcheuse sur les instruments. Seulement, si le vent vient brusquement à changer, il s'établit un courant qui influence faiblement le conducteur ; dès lors l'appareil
parle, c'est-à-dire que les signaux, subitement mis en jeu, exécutent, pendant quelques instants, de brusques oscillations. Si le
ciel est couvert et les nuages fortement électrisés, quand le vent vient à les chasser dans
la direction du fil, ces nuages agissent sur
le conducteur, et les signaux se mettent encore en branle. Dans ces deux cas, cependant,
ces effets n'ont rien de fâcheux ; ils ne peuvent aucunement troubler le service, car les
employés tiennent aisément compte de ces
perturbations passagères.

Mais si la foudre éclate, si une décharge
électrique vient à frapper le sol, le fil métallique du télégraphe offrant à l'écoulement de
l'électricité un passage facile, le conducteur
peut être foudroyé. Quels sont les effets de ce
coup de foudre ? Quelquefois le fil du télégraphe est rompu, les communications sont
alors interceptées entre les deux stations ;
mais ces événements sont extrêmement rares,
le conducteur étant d'un trop fort diamètre
pour être aisément fondu. Dans tous les cas,
si le fil est fondu, il ne l'est jamais que
sur quelques points de sa continuité ; et
tout se borne à cette rupture. Le plus souvent la foudre, en frappant le conducteur,

n'a d'autre effet que de fondre, à l'une des stations télégraphiques, le fil très-fin qui s'enroule autour de l'électro-aimant, c'est-à-dire de l'appareil qui forme les signaux ; alors les communications sont arrêtées.

Quand la foudre vient frapper un conducteur, tout le dommage est habituellement supporté par les poteaux. Ils sont renversés ou mis en pièces. Le 17 août 1849, sur la ligne de Vienne, un orage qui avait éclaté à Ollmütz se propagea jusqu'à Triebitz, c'est-à-dire à une distance de 10 kilomètres : un ouvrier occupé à cette station, à monter les fils, ressentit une douleur qui le renversa, et il éprouva une véritable brûlure aux doigts qui avaient touché le métal.

Le 25 août de la même année, par suite d'un autre orage à Ollmütz, l'électricité, conduite par les fils du télégraphe, foudroya un support, aux environs de Brodek. Une partie du courant s'échappa dans le sol, le long de ce support ; une autre partie fila jusqu'à Prague. On put s'en assurer par l'inspection du conducteur dont l'extrémité était fondue.

Dans la nuit du 18 au 19 juin 1849, un violent orage éclata entre Brünn et Reigen ; la foudre brisa complétement deux supports et en endommagea neuf autres.

Le 9 juillet, la foudre anéantit trois poteaux situés entre Kindberg et Krieglach, dans la Styrie, et respecta le conducteur.

C'est encore aux environs de Kindberg que le tonnerre détruisit les supports télégraphiques le 19 juillet 1850. Les ouvriers occupés à proximité éprouvèrent un éblouissement, et l'on observa, à l'extrémité d'un des fils situés le long d'un poteau, une aigrette lumineuse. Ainsi, dans ces divers cas, les poteaux de bois avaient seuls supporté les effets de la décharge électrique.

Cependant l'événement a prouvé que la foudre, conduite par les fils conducteurs, peut pénétrer dans l'intérieur d'une station télégraphique, et y provoquer des dommages d'une certaine gravité. Un fait de ce genre fut observé le 21 juin 1853, sur la ligne télégraphique de Poitiers à Tours. Le *Journal de Châtellerault* a donné sur ce sujet les détails suivants :

« Mardi 21 juin, vers 3 heures de l'après-midi, la foudre, dont les éclairs et les détonations étaient à la fois si intenses et si rapprochés, est tombée entre Ingrande et Châtellerault.

« C'est sur l'un des ponts du chemin de fer, le plus rapproché de la station d'Ingrande, que s'est fait sentir la plus forte commotion. Ces ponts sont construits en pierre, en fer et en bois. Chaque culée ou butée est formée par une maçonnerie très-solidement établie en pierre dure de Chauvigny, avec de petits parapets de couronnement, dont les pierres cubent 75 centimètres. Entre ces culées se trouve jeté un tablier de fonte surmonté de deux rampes faisant l'office de garde-fou.

« Projetée sur ces conducteurs métalliques, la foudre s'est rendue dans les postes télégraphiques. Celui de la station d'Ingrande, qui n'était distant que d'environ 800 mètres du foyer de l'explosion, a été violemment atteint. Les employés avaient quitté la salle et s'étaient réfugiés à l'étage supérieur de la station, lorsque tout à coup une détonation semblable à celle d'un coup de pistolet se fit entendre et remplit l'air et les appartements de fumée, en ébranlant toute l'habitation.

« La foudre, amenée dans l'intérieur du poste par les fils conducteurs, avait brisé ceux-ci, et, rencontrant des fils plus fins à mesure qu'elle se rapprochait de l'appareil télégraphique, elle les avait brûlés en mettant tout d'abord en fusion les petits fils faisant office de paratonnerre, et isolés à l'intérieur de cylindres de verre ; les boussoles furent cassées, une aiguille fondue, et les bobèches sur lesquelles sont enroulés les fils de fer entortillés de fils de soie furent brûlées.

« Pendant que tous ces événements se passaient au pont et à la station d'Ingrande, voici ce qu'éprouvait, de son côté, le poste télégraphique de Châtellerault. Dans le même moment, et presque à la même heure où le tonnerre grondait si fort, les employés étaient occupés à faire passer une dépêche, lorsque l'un d'eux, très-expérimenté, reconnut, à certains pétillements de l'appareil, qu'il y avait une surcharge d'électricité. « Retirons-nous, Messieurs, s'écria-t-il, il pourrait y avoir du danger. »

« A peine étaient-ils sur le seuil de la porte, qu'une détonation violente avec production de flamme se fit entendre. On regarde, et l'on constate que l'appareil télégraphique est brisé, son paratonnerre brûlé, les cylindres de verre sont jetés à distance. Chose remarquable, l'électricité avait laissé la trace de son passage sur le mur en ligne droite, en enlevant le papier par ricochets et en sens opposé des autres conducteurs, restés intacts et dans une direction qui était celle du calorifère du cabinet.

« Enfin, quatre des poteaux de sapin servant de supports aux lignes télégraphiques, et qui étaient voisins du pont d'Ingrande, ont été renversés, l'un d'eux tordu sur lui-même et les trois autres brisés en éclats, déchirés avec torsion des fibres ligneuses sur elles-mêmes et jusqu'au centre de l'arbre résineux. »

Un accident du même genre fut observé, le 9 juillet 1855, sur la ligne de Paris à Orléans. La décharge électrique se fit sur les fils télégraphiques de Paris à Orléans, à 400 mètres environ de la station de Château-Gaillard, vers Artenay, à 7 kilomètres de la ferme de la Grange, qui fut incendiée au même instant par la foudre. Trois poteaux furent brisés, et les supports de porcelaine des fils volèrent en éclats sur la voie. L'électricité suivant les fils, entra dans le bureau du chef de gare, avec une explosion terrible. Son cours fut arrêté par le paratonnerre, dont elle noircit et émoussa les dentures, sans pourtant les endommager. Les aiguilles des deux boussoles furent mises hors de service. Le cantonnier ressentit dans sa maison, située à peu de distance, une violente commotion ; et il assura avoir vu un globe de feu tomber sur les fils. Il fallut remplacer les poteaux de la ligne et les boussoles de la station.

Pendant un orage arrivé au mois de mai 1866, des dégâts sérieux furent commis dans plusieurs bureaux télégraphiques des différentes lignes avoisinant Paris. Dans la *salle des piles* du poste central des télégraphes de Paris, on voyait des étincelles électriques jaillir des nombreux conducteurs qui remplissent cette salle. L'électricité atmosphérique arrivait de l'extérieur, par les fils des différentes lignes, avec une telle intensité, que ces conducteurs ne pouvant lui donner un écoulement suffisant, le fluide s'élançait sur les corps voisins et les foudroyait littéralement.

Si le coup de foudre n'a pas assez de violence pour endommager les supports placés le long de la voie, ou pour rompre le fil de l'électro-aimant, il peut cependant produire encore certains effets désagréables. La présence dans les conducteurs, d'un excès d'électricité étrangère, fait que l'électro-aimant est, à diverses reprises, fortement attiré ; il s'établit ainsi, dans l'appareil destiné à former les signaux, une série d'oscillations folles qui persistent pendant plusieurs minutes. Sur le télégraphe Morse et le télégraphe Hughes, qui écrivent eux-mêmes leurs dépêches, on voit quelquefois l'instrument, subitement mis en action par l'électricité atmosphérique, inscrire sur le papier une série de signes confus et précipités : c'est l'éclair qui envoie son message et qui consigne lui-même sa présence par écrit.

Disons enfin que l'appareil télégraphique peut être influencé, bien que la foudre n'ait pas directement frappé le conducteur. Quand un nuage électrisé se décharge à quelque distance du fil du télégraphe, il s'établit aussitôt dans le conducteur, un de ces courants électriques que l'on nomme *courants d'induction*, et qui est provoqué par le voisinage de la décharge atmosphérique. Ce courant d'induction fait parler les appareils, mais cet accident n'a aucune importance.

En résumé, et si l'on fait abstraction de quelques événements accidentels dont la gravité ne peut être prise comme règle, les troubles occasionnés dans les appareils télégraphiques, par l'électricité de l'atmosphère, n'ont habituellement rien de grave, et ne peuvent que très-rarement compromettre le service. Ce n'est qu'au moment d'un orage que l'électricité atmosphérique peut causer sur la ligne de véritables dégâts. Alors les fils sont traversés par des courants assez intenses pour mettre les appareils télégraphiques hors de service, pour détruire l'aimantation des aiguilles des boussoles, pour chauffer jusqu'au rouge les fils de l'électro-aimant, et tellement suraimanter ces électro-aimants, qu'on soit forcé de les remplacer.

En temps d'orage, il est donc indispensable de suspendre le service, qui serait, d'ailleurs, à peu près impossible ; et il faut prendre certaines précautions pour se mettre à l'abri de l'électricité accumulée par l'orage dans les fils conducteurs.

Le moyen le plus sûr, c'est de faire communiquer le fil de la ligne avec le sol : l'électricité atmosphérique qui surcharge le conducteur, s'écoule ainsi dans la terre, ou, comme on le dit en électricité, dans le réservoir commun, sans causer aucun mal.

Sur quelques lignes télégraphiques de l'étranger, comme en Angleterre et en Allemagne, on a voulu rendre cette communication permanente. Pour cela, on a surmonté les poteaux de la ligne, de tiges métalliques terminées en pointe, comme le le représente la figure 80, et reliées au sol par des conducteurs. C'était dépasser le but et prendre, par tous les temps, une précaution qui n'est utile qu'au moment des orages. Ces petits *paratonnerres de poteaux* déterminaient des pertes du courant de la ligne par les temps pluvieux ; ils protégeaient les poteaux, mais non les fils conducteurs.

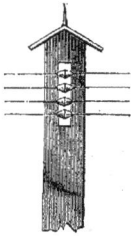

Fig. 80. — Parafoudre permanent.

Il fallait un instrument particulier pour mettre, au moment de l'orage, le fil de la ligne en rapport avec le sol, et se préserver ainsi des fâcheux effets de l'électricité atmosphérique. L'instrument dont on se sert en France, est dû à M. Bréguet. Il suffit d'intercaler cet instrument dans le circuit de la ligne, pour établir la communication avec le sol et mettre les employés et les appareils du poste télégraphique à l'abri de tout danger.

La figure 81 représente le *parafoudre* de M. Bréguet. Au fil de la ligne, faisant ainsi partie du conducteur télégraphique, on a soudé un fil de fer, excessivement mince (d'un dixième de millimètre environ), et pour pro-

téger un si fin conducteur contre les chocs et les accidents, on l'a enfermé dans un petit tube de verre, contenu lui-même dans une enveloppe de bois X. Le fil de la ligne aboutit à ce petit conducteur, au moyen d'un bouton L ; de là, en suivant la tige Y et le bouton A, le fil se rend aux appareils télégraphiques.

S'il survient un orage, le fil très-mince contenu dans l'enveloppe X, est fondu, brisé ou brûlé. La communication de la ligne avec le poste télégraphique, est ainsi interrompue, le courant de la ligne s'écoule dans le sol par le bouton L et le fil Z, ce qui préserve de tout accident les appareils et les employés. Quand l'orage est passé, on enlève le tube du parafoudre, pour remplacer le petit fil de fer qui a été brûlé par le passage de l'électricité atmosphérique.

Fig. 81. — Parafoudre.

Si l'orage était très-violent, il pourrait arriver qu'une décharge éclatât entre les boutons L et A du parafoudre, bien qu'ils soient assez distants l'un de l'autre. Dès lors l'électricité atmosphérique irait exercer ses dégâts à l'intérieur du poste télégraphique. Pour éviter ce danger, M. Bréguet a placé des deux côtés du bouton L, deux autres boutons T, T, qui sont mis, au moyen d'un fil conducteur, en communication avec la terre. Ces trois pièces sont attachées à des plaques de cuivre, armées de petites dents, dont les pointes sont en regard et très-rapprochées les unes des autres.

Cette disposition empêche la décharge

électrique de se produire entre les boutons L et A. En effet, avant que l'électricité accumulée dans le fil de la ligne, ait acquis assez de tension pour sauter du point L au point A, elle peut s'élancer de l'une à l'autre des pointes des plaques de cuivre dentelées, et comme ces plaques de cuivre sont en communication avec la terre par le bouton T, le fluide s'écoule dans le sol, sans se décharger entre les boutons L, A, situés à une distance bien plus grande.

Pile. — Nous n'entrerons dans aucun détail particulier sur la construction et les effets de la pile voltaïque employée en télégraphie. Tout ce qu'il importe de noter, c'est le genre particulier de pile électrique que l'on adopte selon le système télégraphique dont on fait usage. Ce choix est d'ailleurs assez indifférent, car de tous les instruments qui sont nécessaires au matériel d'un télégraphe électrique, la pile est celui dont on se préoccupe le moins, tant son emploi est simple et régulier.

En Amérique, on a fait longtemps usage de la pile de Grove, qui offre cependant dans la pratique moins d'avantages que la précédente.

Sur les lignes anglaises, où l'on n'emploie jamais que des courants d'une faible intensité, on se sert d'un appareil générateur, connu sous le nom de *pile à sable*, et qui se compose d'un assemblage de lames de zinc et de cuivre, plongées dans de petites cellules dont les intervalles sont remplis par du sable imbibé d'une petite quantité d'eau acidulée par de l'acide sulfurique. Le nombre de couples est proportionné à la distance qui sépare les stations; en général, on emploie vingt-quatre couples pour une distance de quatre à six lieues, quarante-huit couples pour une distance de quinze à vingt lieues, etc. Montée avec soin, une pile de ce genre fonctionne pendant six ou huit mois, sans qu'il soit nécessaire d'y toucher.

En France, on a longtemps employé la pile de Daniell, à sulfate de cuivre. Depuis l'année 1864, on se sert de la pile à sulfate de mercure de M. Marié-Davy. Comme nous l'avons dit, quatre mille éléments de cette pile sont réunis, au poste central des télégraphes de Paris, pour desservir toutes les lignes du réseau français.

Dans les stations télégraphiques on se sert, pour mettre la pile en jeu, d'un instrument très-commode, en ce qu'il permet de mettre en action instantanément un courant de l'intensité voulue. On réunit en un seul les fils venant de 10, de 15 ou de 20 couples de la pile, et ce groupe de fils peut être employé à volonté comme courant de la ligne, à l'aide de l'instrument, qui porte le nom de *commutateur*.

On voit cet instrument représenté dans la figure 82. Une manivelle P tournant sur

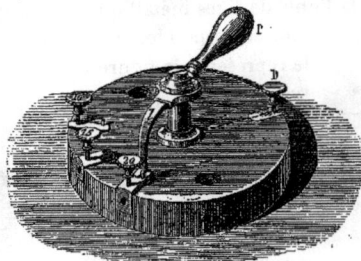

Fig. 82. — Commutateur de la pile.

son axe, autour d'un disque de bois, peut, au moyen de la tige métallique courbe *l*, venir se mettre en contact avec l'un des boutons qui sont désignés sur la figure par les chiffres 10, 15, 20. Cette lame *l* communique par une tige de métal, avec le bouton D, qui est lui-même relié avec le *manipulateur* de la ligne télégraphique. Les boutons 10, 15, 20 communiquent avec les pôles positifs de la pile, tandis que le bouton D est mis en rapport avec le *manipulateur* et la ligne télégraphique. Par conséquent la tige *l* peut établir le circuit voltaïque en ouvrant une continuité métallique entre la pile et les instruments télégraphiques. Selon que l'on placera la lame *l* sur les boutons 10, 15 ou 20, le circuit voltaïque envoyé sur la ligne, sera composé de 10, de 15 ou de 20 éléments.

Fils conducteurs et poteaux télégraphiques.
— Les fils qui conduisent le courant de la pile
aux appareils télégraphiques, sont habituellement tendus, en plein air, le long des voies
de chemins de fer ou sur le bord des routes.

Les conducteurs des premiers télégraphes
électriques, furent des fils de cuivre, de 2 millimètres de diamètre. On regardait ce métal,
comme le seul capable, en raison de son
extrême conductibilité, de transporter sûrement l'électricité à des distances considérables. Cependant on fut bientôt obligé
de renoncer aux fils de cuivre, qui perdent
promptement leur élasticité, qui ne peuvent
pas être fortement tendus sans se briser, et
qui deviennent cassants sous l'influence des
brusques variations de la température, ou
après avoir longtemps servi à livrer passage à
à l'électricité. On ne se sert plus aujour-
d'hui, comme conducteur, que de fil de fer,
auquel on donne 4 millimètres de diamètre.
Cette augmentation de section, compense la
moindre conductibilité du fer par rapport
au cuivre.

Depuis quelque temps on remplace le fil
de 4 millimètres (numéro 8 de la filière anglaise) par le fil de 3 millimètres (numéro 11
de la filière anglaise) qui, à la vérité, offre une
résistance presque double au passage de l'électricité, mais qui, pour une même longueur,
coûte environ un tiers de moins que le fil de
4 millimètres.

Cependant, comme les lignes deviennent
ainsi moins solides, et par le faible diamètre
du conducteur, opposent plus de résistance au
passage de l'électricité, on tend à en revenir
au fil de 4 millimètres, et même au fil de
5 millimètres sur les grandes lignes, en ne
conservant les fils de 3 millimètres que
pour les jonctions des fils des grandes lignes
entre elles. On se sert même en Angleterre
de fils de 6 millimètres, afin de diminuer la
résistance au passage de l'électricité, car cette
résistance, comme l'ont depuis longtemps
reconnu les physiciens, diminue avec l'aug-

mentation de dimension du conducteur. Un
fil très-gros conduit beaucoup mieux l'électricité qu'un fil mince.

Il y a donc, en France, comme en Angleterre, trois échantillons de fils de fer (3, 4 et
5 millimètres), que l'on applique suivant les
besoins de la traversée.

Pour empêcher l'oxydation du fil de fer,
on a eu la précaution de le *galvaniser*, expression impropre qui signifie que le fer a été
plongé dans un bain de zinc fondu, pour le recouvrir d'une enveloppe de zinc. Ce dernier
métal se combinant bientôt avec l'oxygène
atmosphérique, donne naissance à un oxyde
qui entoure le fil de toutes parts et le préserve
d'une oxydation ultérieure.

Fig. 83. — Poteau télégraphique.

On pensait, à l'origine, qu'il serait nécessaire de garnir le fil télégraphique, sur toute
son étendue, d'une enveloppe de matière isolante, comme on le fait pour le fil des électro-
aimants ; mais on ne tarda pas à reconnaître
que cette précaution est superflue, et que

des supports mauvais conducteurs de l'électricité, disposés sur les poteaux supportant les fils, suffisent pour assurer un isolement parfait. Seulement, lorsque plusieurs fils sont supportés par le même poteau, il faut ménager entre eux un certain intervalle, afin d'empêcher que les fils placés l'un près de l'autre, ne s'influencent électriquement, c'est-à-dire ne soient électrisés par *induction*, en raison de leur voisinage.

Les fils sont soutenus le long de la voie des chemins de fer et sur le bord des routes, par les poteaux que tout le monde connaît. Ce sont des tiges de bois de pin ou de sapin, de 6 mètres de longueur, que l'on a préalablement injectées, sur pied, d'une dissolution de sulfate de cuivre, afin d'augmenter leur durée. On les fiche en terre, les plus petits, à une profondeur de 1 mètre 1/2 ; les plus élevés, à une profondeur de 2 mètres : le sulfate de cuivre préserve de toute altération la partie enfouie dans le sol. Quand on doit franchir, sur un chemin de fer, un passage à niveau, ou passer par-dessus les bâtiments d'une station, on donne au poteau une longueur de 9 mètres et demi.

La distance des poteaux le long des routes, est de 80 mètres et même de 100 mètres, lorsqu'ils sont placés en ligne droite. Dans les courbes, comme les fils exerçant, par leur poids, une pression latérale, pourraient renverser les poteaux, il est nécessaire de diminuer l'écartement des poteaux : on les place alors à 60 mètres seulement les uns des autres.

Cependant les *portées* des fils télégraphiques sont quelquefois d'une étendue bien plus considérable : on voit des fils franchir des vallées de 400 à 500 mètres d'étendue, sans aucun support. Pour composer d'aussi longues portées, on emploie des fils, de 3 millimètres seulement, de fer *non recuit*, qui présente le double avantage de résister à l'allongement, et d'avoir un faible poids.

Les fils sont tendus le long de ces poteaux, en nombre variable, selon les besoins du ser-

vice. Quel que soit leur nombre, ces fils doivent être séparés, sur chaque poteau, par une distance minimum de 25 à 30 centimètres, le dernier fil devant être placé à 3 mètres 50 au-dessus du sol. Quand le fil traverse une route, le poteau télégraphique a, comme nous l'avons dit, plus de hauteur ; la distance minimum du dernier fil au sol doit être alors de 5 mètres.

Les poteaux suspenseurs du fil, étant faits de bois très-sec, pourraient, à la rigueur, servir à isoler les fils télégraphiques, sans aucun intermédiaire, car ils sont, comme toutes les substances végétales, mauvais conducteurs de l'électricité. Cependant on a grand soin d'isoler le fil du poteau télégraphique, à son point de suspension sur le poteau. Sans cette précaution, pendant les jours humides, ou les grandes pluies, l'eau qui ruisselle le long des poteaux et qui descend sur le sol, en formant une sorte de ruisseau non interrompu, enlèverait au fil qu'il rencontrerait sur son chemin, une quantité d'électricité assez notable pour affaiblir considérablement, et même pour anéantir le courant électrique.

Les *isolateurs* des poteaux télégraphiques sont de petits supports de porcelaine, substance très-mauvaise conductrice de l'électricité. Un crochet de fer, placé dans ce support, sert à donner passage au fil, en l'isolant complétement du poteau.

La forme des isolateurs de porcelaine varie beaucoup ; mais elle est toujours calculée pour abriter le point de suspension du fil, d'une accumulation d'eau pluviale sur le point de suspension. Les figures 84 et 85 représentent deux modèles de support isolateur très-employés en France. C'est une clochette de porcelaine, dans l'intérieur de laquelle on scelle, au moyen du soufre, un crochet de fer, dont l'extrémité libre se contourne de manière à venir former un anneau, dans lequel passe le fil conducteur. La porcelaine assure l'isolement parfait du fil, et la petite cloche le protège contre la pluie.

Deux vis de fer zingué fixent solidement la cloche de porcelaine au poteau télégraphique.

Fig. 84.   Fig. 85.

Supports isolateurs du fil télégraphique.

On fait également usage en France depuis quelques années, d'un mode de suspension des fils qui était employé depuis longtemps en Allemagne, et que représente la figure 83 (page 169). Au lieu de faire passer le fil au-dessous de la cloche de suspension, on le fixe autour d'un petit clocheton qui surmonte la cloche principale. Cette disposition que l'on retrouvera représentée plus en grand dans la figure 90 (page 172) a l'avantage de rendre inutiles les *tendeurs des fils*, dont nous aurons à parler plus loin; le fil peut, en effet, être facilement tendu d'un poteau à l'autre sans aucun instrument.

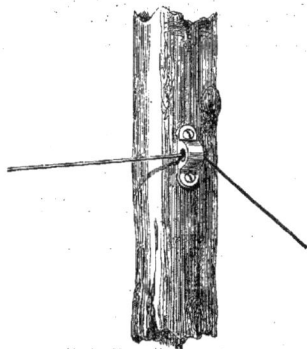

Fig. 86. — Anneau isolateur.

Quand les poteaux sont placés dans des points où la ligne fait un angle brusque, le crochet de suspension pourrait être plié, faussé, quelquefois même arraché, par l'effet du vent agissant sur la longueur du fil. Toutes les fois que la ligne change brusquement de direction, on donne donc une autre disposition au support isolateur; on lui donne la forme d'un anneau (*fig.* 86). Dans ce cas, le crochet est supprimé. Cependant ces anneaux isolent moins que les supports en cloche, et l'on n'en fait usage qu'à la dernière extrémité.

Quand l'anneau de porcelaine est fermé, il est difficile de placer le fil, qui doit passer par le trou ménagé dans la partie centrale. Aussi fait-on quelquefois usage d'un *anneau ouvert*. Il est plus commode de placer le fil dans ce dernier anneau. On l'y introduit avec autant de facilité que dans le crochet d'une cloche de suspension, tandis qu'il faut couper le fil et le ressouder plus loin, pour faire passer le fil dans l'anneau fermé.

Fig. 87.   Anneau isolateur fermé.

Les figures 87 et 88 montrent l'anneau fermé et l'anneau ouvert.

Fig. 88. — Anneau isolateur ouvert.

A l'extrémité de la ligne, les fils sont arrêtés sur un dernier poteau, que l'on nomme *poteau d'arrêt*. La cloche en porcelaine est alors remplacée par une poulie de même substance, que l'on nomme *poulie d'arrêt* (*fig.* 89). Pour arrêter le fil à l'extrémité de la ligne, on l'enroule une ou deux fois sur la

Fig. 89. — Poulie d'arrêt.

gorge de la poulie, puis on tord son bout libre autour de la partie tendue.

Ces *poulies d'arrêt* sont quelquefois rempla-

Fig. 90. — Cloche d'arrêt.

cées par les *cloches d'arrêt*. Une cloche de porcelaine (*fig.* 90) est soudée à l'extrémité d'un support de fer recourbé, qui se fixe au po-

Fig. 91. — Poulie d'arrêt avec ses vis de fixage.

teau au moyen de deux boulons de fer galvanisé. On courbe deux fois le fil autour du clocheton qui surmonte la cloche de porce-

laine, et l'on enroule enfin l'extrémité de ce fil sur la partie tendue.

Fig. 92. — Cloche d'arrêt avec ses vis de fixage.

Les *supports d'arrêt*, soit en forme de poulie, soit en forme de cloche, sont fixés, disons-nous, contre le poteau au moyen de vis en fil de fer galvanisé. Les figures 91, 92 et 93 ont pour but de montrer comment sont attachés les supports contre les poteaux télégraphiques.

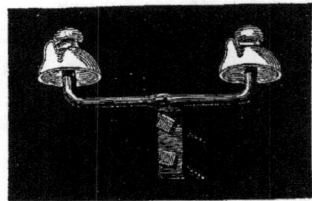

Fig. 93. — Cloche d'arrêt double avec ses vis de fixage.

Quand le fil de la ligne est arrivé à ces supports d'arrêt, on y attache un fil plus fin, généralement en cuivre recouvert de guttapercha, qu'on fait descendre jusqu'aux appareils et instruments télégraphiques placés à l'intérieur de la station.

Par diverses causes, la tension des fils peut venir à se relâcher; il faut donc que l'on puisse empêcher ce relâchement. Les fils ne peuvent être convenablement tendus qu'au moyen d'appareils mécaniques établis de distance en distance. Ces *tendeurs* mécaniques sont placés contre l'un des poteaux, ordinairement à une distance de 1,500 mètres les uns des autres.

La figure 94 représente le *tendeur* employé sur les lignes françaises. C'est une

Fig. 94. — Tendeur des fils télégraphiques.

poulie autour de laquelle tourne le fil, pour en opérer la tension. Le support C, est en porcelaine ; on le fixe contre un poteau au moyen de deux boulons en fer à tête carrée, qu'on peut serrer en faisant usage de la partie de la clef à deux fins, H. La cloche en porcelaine, dont ce support isolateur est muni, le préserve de la pluie. Quant au *tendeur* proprement dit, il se compose de deux parties, réunies l'une à l'autre par les chevilles C. De chaque côté, une poulie, à gorge creuse, permet de tendre le fil en l'enroulant sur l'axe de la poulie. Une roue à rochet, munie d'un cliquet, arrête et maintient le fil, lorsque la clef de traction H l'a tendu au point convenable. C'est ainsi que l'on augmente la tension du fil, et qu'on la rend uniforme sur une même ligne.

Le *tendeur* des fils du télégraphe n'a pas seulement pour but de donner une tension uniforme aux différents fils d'une même ligne, et de régler cette tension, pour remédier aux courbes que le fil décrirait dans l'espace ; il sert encore à détendre à l'approche de l'hiver, les fils, qui casseraient par

suite de leur raccourcissement provoqué par le froid.

On emploie quelquefois un *tendeur* qui présente la forme représentée par la figure 95.

Son support en porcelaine a quelque ressemblance avec la cloche isolatrice des conducteurs. Une pièce en fer qu'on appelle la *chape du tendeur* est soudée au moyen du soufre, à l'intérieur de la cloche ; c'est à cette chape que s'attache le tendeur au moyen d'une cheville à tête, comme la cheville de la figure 94. Ce tendeur étant fait d'une seule pièce oppose une résistance moindre au passage de l'électricité.

Il y a avantage à rendre mobiles et indépendantes l'une de l'autre les deux poulies autour desquelles on tend le fil. Le *tendeur à charnière* (*fig.* 96) est aujourd'hui presque exclusivement employé dans l'administration française. Quand la ligne change de direction, la char-

Fig. 95. — Tendeur à cloche.

nière qui réunit les deux poulies, permet de se placer dans tous les sens pour tendre le fil.

Fig. 96. — Tendeur à charnière.

Il arrive souvent qu'un conducteur se casse, par un accident quelconque. Il faut alors pouvoir promptement réparer le dommage, c'est-à-dire réunir les deux bouts de fil, et rétablir la communication interrompue. Il n'est rien de plus facile que de rétablir un fil brisé. Les instruments nécessaires à cette réparation, sont déposés dans toutes les stations télégraphiques et dans plusieurs postes des gardiens de la voie sur les chemins de fer ; de sorte que les surveillants du télégraphe ou les cantonniers du chemin de fer, peuvent remédier promptement à cet accident.

Voici les procédés qui servent à réunir les uns aux autres deux bouts de conducteur rompu ; ce sont, d'ailleurs, les mêmes que l'on emploie quand on établit, pour la première fois, la ligne télégraphique.

Fig. 97. — Ligature de fil télégraphique.

Le plus simple et peut être le plus sûr de de tous les moyens de réunion, c'est la *ligature* (*fig.* 97). On juxtapose, sur une longueur de 5 centimètres environ, les deux bouts de fil qu'il faut rattacher : on replie leur extrémité sur une longueur de 20 centimètres, et on enroule tout autour, en le serrant avec force, un fil de fer zingué du diamètre d'un millimètre seulement, dit *fil à ligature*. Exécutée avec soin, cette ligature est plus solide que le fil même, et elle n'oppose aucune résistance au passage de l'électricité : c'est le seul procédé qui soit en usage en Angleterre.

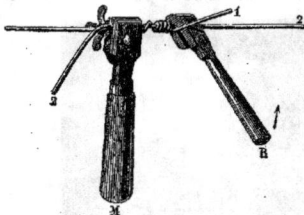

Fig. 98. — Ligature par la *torsade espagnole*.

En France, on se sert volontiers du procédé dit *torsade espagnole* (*fig.* 98) qui exige des instruments spéciaux. Dans une pince M qui

ressemble à une mâchoire d'étau, on pince les deux fils 1 et 2, en laissant dépasser leurs bouts à droite et à gauche. Ensuite, au moyen d'un autre outil R, qui n'est qu'une pince plus petite, qu'on nomme *enrouleur,* et que

Fig. 99. — Enrouleur pour la *torsade espagnole*.

nous représentons à part (*fig.* 99), on enroule sur le fil 2 le bout du fil 1. Deux ou trois tours de l'*enrouleur* suffisent pour cette attache. Ensuite on en fait autant de l'autre côté de la mâchoire M ; c'est-à-dire, qu'on enroule le bout du fil 2 sur le fil 1 ; après quoi, on enlève la mâchoire ; les deux torsades sont alors éloignées l'une de l'autre de l'épaisseur de cet outil, mais quand une traction énergique est exercée sur le fil, elles se rapprochent, et la ligature complète prend l'aspect représenté dans la figure 100.

Fig. 100. — Ligature à l'espagnole.

On a longtemps employé en France le procédé de ligature suivant. On pince successivement les deux bouts des deux fils juxtaposés, dans deux mâchoires, dites *mâchoires à*

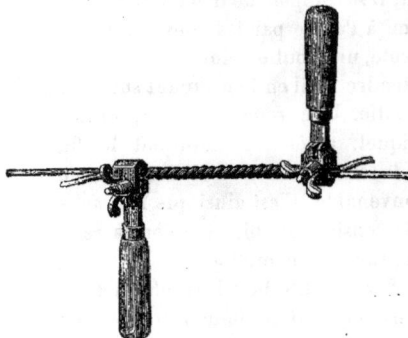

Fig. 101. — Torsade française.

tordre (*fig.* 101), et, saisissant ces deux outils par leurs manches en bois, on tord le tout sur lui-même. Une fois cette torsade faite, on enlève les mâchoires, et on coupe à la lime les bouts qui dépassent. Dans la torsade espagnole, on voit que les fils ne sont pas proprement tordus, mais seulement enroulés chacun sur l'autre, tandis qu'ici, c'est-à-dire dans l'ancienne *torsade française*, les deux fils sont tordus chacun autour de l'autre. Cette torsion est une épreuve très-rude pour le fil ; celui qui n'est pas excellent ne la supporte pas et se rompt ; cette raison doit faire préférer la torsade espagnole, qui est tout aussi facile à faire, avec laquelle on n'a pas même besoin d'une lime pour couper les bouts excédants et qui ne fait pas perdre la moindre longueur de fil.

CHAPITRE IX

LES LIGNES DE TÉLÉGRAPHIE SOUTERRAINES.

Dans tout ce qui précède, nous avons toujours parlé des fils conducteurs portés sur les poteaux, et librement exposés à la vue, c'est-à-dire des *lignes aériennes ;* nous avons à peine fait allusion aux *lignes souterraines,* c'est-à-dire à l'enfouissement des fils dans le sol. C'est que ce système, après avoir joui d'une certaine faveur, a fini par être abandonné partout, en raison de l'excessive difficulté, et même de l'impossibilité de maintenir à l'abri de toute altération, un fil enfermé sous terre. Aujourd'hui, les lignes souterraines ne sont plus employées qu'à l'intérieur des villes, encore s'attache-t-on à réduire leur cours le plus possible. A Paris, par exemple, après des échecs répétés, on a eu l'idée de suspendre la plus grande partie des fils à la voûte des égouts ; ce qui ne constitue pas une ligne souterraine dans l'expression propre du mot, mais ce qui a fourni un expédient excellent pour soustraire à la vue du public et aux difficultés de son établissement aérien, l'immense réseau télégraphique de la capitale.

C'est à l'origine de la télégraphie électrique que l'on songea à placer sous terre les fils conducteurs, car on était alors dominé par ce préjugé qu'il serait difficile de préserver contre la malveillance des lignes suspendues en plein air. Depuis que l'on a reconnu avec quel respect général les fils aériens sont traités par les populations ; depuis qu'on a vu les fils télégraphiques demeurer à l'abri de toute atteinte chez les peuples les moins civilisés, chez les Yankees des deux Amériques, chez les Arabes de notre colonie africaine, chez les Indiens et les Tartares des colonies anglaises et russes, etc., ce préjugé a disparu. Mais au début de cet art nouveau, on s'inquiétait surtout de dérober aux yeux les agents secrets de cette merveilleuse correspondance.

Les premières lignes télégraphiques furent établies dans le système souterrain, en Prusse, en Saxe, en Autriche, en Russie, en Irlande. De Moscou à Saint-Pétersbourg, par exemple, sur un parcours de 200 lieues environ, comme sur la ligne de Saint-Pétersbourg à Varsovie, les fils étaient placés sous terre. On les enveloppait d'une couche de gutta-percha, et on en formait une espèce de cordon, que l'on couchait au fond d'une tranchée de 1 mètre de profondeur sur 40 centimètres de largeur. Les différentes parties de la longueur du fil étaient réunies par une soudure, et les soudures enveloppées de gutta-percha. La tranchée était ensuite comblée avec du sable. Afin de pouvoir s'assurer toujours de l'état des conducteurs enfouis sous terre, on ménageait, de distance en distance, sur leur trajet, de petites ouvertures, nommées *regards.* Si la communication électrique venait à être suspendue, par la rupture du fil ou par son altération, ces regards servaient à rechercher la partie et le point de la ligne où l'accident s'était manifesté.

Mais la gutta-percha, même vulcanisée, se décomposait peu à peu ; car, circonstance singulière, la gutta-percha, qui résiste si bien à

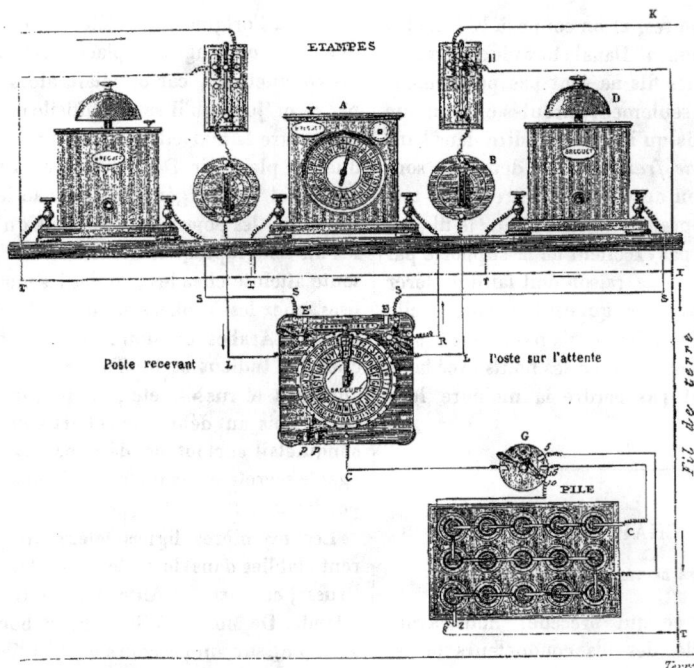

Fig. 162. — Intérieur du poste télégraphique de la station du chemin de fer à Étampes.

l'action de l'eau, douce ou salée, s'altère quand elle est exposée longtemps à l'air atmosphérique et quand elle est placée sous terre : elle se désagrége, devient perméable à l'eau du terrain, et le fil communique alors directement avec le sol. Les lignes souterraines les mieux construites avec de la gutta-percha vulcanisée, n'ont pas duré plus de sept à huit ans.

Le bitume qui sert à recouvrir nos trottoirs, parut, pendant quelque temps, devoir offrir un moyen sûr et économique de maintenir l'isolement électrique d'un réseau souterrain. Le bitume (asphalte) étant à très-bas prix, on croyait pouvoir l'employer avec avantage, en réunissant plusieurs fils dans la même rigole, et coulant ensuite du bitume dans cette rigole, de manière à y noyer tous les fils. Mais l'expérience de ce système, faite à Paris par l'administration des ''gnes télégraphi-

ques, a prouvé son peu d'efficacité. Sous terre, le bitume se gerce, et par ces fissures, l'humidité du sol pénètre jusqu'au fil. Les fuites de gaz ont aussi, dans les mêmes circonstances, un effet désastreux. Le gaz d'éclairage, comme tous les autres carbures d'hydrogène, a la propriété de dissoudre partiellement le bitume. Dans le voisinage d'une fuite de gaz, le bitume qui remplissait la rigole occupée par les fils conducteurs, se ramollissait, les fils finissaient ainsi par se toucher et troubler les courants de toutes les lignes.

En 1855, une ligne souterraine avait été établie au sein de la capitale pour relier le poste central des télégraphes aux Tuileries, au Louvre, à la Bourse, à la préfecture de police et à l'Hôtel-de-ville. Après avoir assez bien fonctionné pendant six ans, elle a dû être supprimée, et il en est arrivé autant

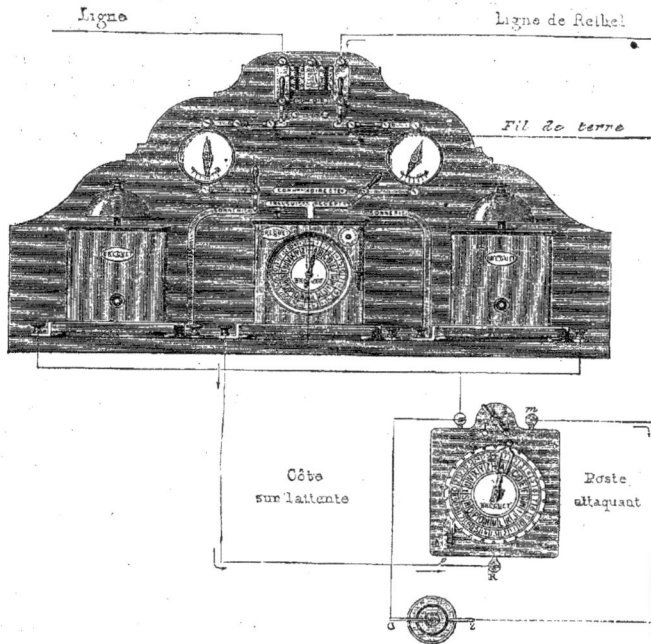

Fig. 103. — Poste télégraphique de Réthel.

d'une autre ligne souterraine qui avait été construite de la même manière, et qui reliait le Ministère de l'intérieur au palais de l'Industrie, aux chemins de fer de Rouen, du Nord et de l'Est.

Il a donc fallu, pour résoudre ce difficile problème, employer un moyen héroïque, c'est-à-dire enfermer les fils dans une enveloppe de métal. Mais ce système serait évidemment trop cher pour une ligne souterraine proprement dite, telle qu'on l'entendait à l'origine de la télégraphie, pour éviter les lignes aériennes. Ce n'est qu'à l'intérieur des villes que l'on peut avoir recours au moyen dispendieux qui consiste à protéger les fils par une conduite de métal.

Quoi qu'il en soit, voici comment M. Baron, inspecteur général des lignes télégraphi-

ques, à qui l'on doit l'établissement de ce système, l'a réalisé à l'intérieur de la capitale.

Pour faire traverser souterrainement Paris aux nombreux fils qui le sillonnent, on compose chaque conducteur d'une tresse de quatre fils, comme celle des conducteurs sous-marins. On entoure chaque tresse d'une enveloppe de gutta-percha, puis on réunit un certain nombre de ces petits câbles, de manière à constituer treize faisceaux bien isolés et indépendants les uns des autres. Ces câbles sont introduits dans une large conduite de fonte, dont les joints sont fermés avec du plomb, et qui est pourvue d'un regard de 100 en 100 mètres. Cette conduite de fonte, en sortant du poste central de la rue de Grenelle-Saint-Germain, est enfouie dans une tranchée sous le pavé, jusqu'à la rue Royale, près de la place de la Concorde. Là, elle descend dans le grand égout collecteur, où elle est remplacée par un tube de plomb suspendu à la voûte de l'égout. Elle arrive ainsi à Asnières, où elle se rattache aux lignes aériennes.

Le même système a été appliqué par M. Baron, aux fils de la rive gauche de la Seine. Ces fils, au nombre de soixante-dix, partant du poste central de la rue de Grenelle-Saint-Germain, suivent, sous les rues, une tranchée jusqu'à la barrière du Maine. Là, ils s'enfoncent dans les catacombes, où on les suspend à la voûte, comme dans le grand égout collecteur. Ils sortent enfin des catacombes par la porte d'Orléans, à Montrouge, où ils vont rejoindre les lignes aériennes qui s'éloignent de la capitale.

Après avoir décrit isolément tous les appareils et tous les instruments accessoires qui servent dans la télégraphie électrique, il sera très-utile de mettre sous les yeux du lecteur, par une vue d'ensemble, le rôle et l'affectation spéciale de chaque appareil, ou instrument, dans un poste télégraphique. Tel est l'objet des planches 102 et 103, qui montrent l'intérieur de deux postes télégraphiques pour l'usage des chemins de fer (station d'Etampes et station de Réthel).

On voit sur la figure 102 (page 176) le *manipulateur* EE' du télégraphe à cadran ; le *récepteur* A ; la *sonnerie* D ; la *boussole* B, destinée à accuser la présence de l'électricité dans le circuit ; le *parafoudre* H ; la *pile* CZ, avec son fil de terre ZT et son *commutateur* G, qui sert à envoyer sur la ligne un courant de 10, de 15 ou de 5 éléments ; le fil C, qui se rend au *commutateur* de la pile, puis au *manipulateur* EE', lequel forme et expédie les signaux ; enfin le fil de la ligne télégraphique K.

CHAPITRE X

RAPIDITÉ DES COMMUNICATIONS PAR LE TÉLÉGRAPHE ÉLECTRIQUE. — SERVICES DIVERS RENDUS PAR LE TÉLÉGRAPHE ÉLECTRIQUE.

Nous n'avons pas la prétention d'étonner nos lecteurs en leur parlant de la merveilleuse promptitude avec laquelle les dépêches sont transmises par le télégraphe électrique. Il est des mots qui portent et entraînent avec eux leur signification, il suffit de les prononcer pour éveiller aussitôt les idées qui s'y rattachent. Le mot *télégraphe électrique* veut dire communication instantanée de la pensée à travers toute distance. Nous pouvons donc nous dispenser de la facile et banale énumération des messages rapides, qui ont été expédiés par le télégraphe électrique depuis son adoption dans les deux mondes. Seulement, à la fin de cette notice consacrée à la télégraphie, il ne sera pas hors de propos de montrer quelle étonnante progression a suivie, depuis un demi-siècle à peine, la rapidité de la transmission lointaine de la pensée par des signaux télégraphiques. Quelques exemples frappants fixeront les idées à cet égard.

En 1801, la nouvelle de la mort de l'empereur de Russie, Paul Ier (12 mars 1801), mit vingt et un jours à arriver à Londres, par les courriers.

La nouvelle de la mort de l'empereur de Russie, Nicolas, en 1855, parvint à Londres en quatre heures un quart, par le télégraphe électrique.

L'analyse du discours du président de la république des États-Unis, Johnson, est parvenue de Washington à Londres, au mois de novembre 1866, en un quart d'heure !

Voici d'autres exemples du même genre, qui montrent avec quelle lenteur les nouvelles importantes se transmettaient autrefois. Nous choisirons la nouvelle de la bataille de Fontenoy, celle de la bataille d'Austerlitz et celle de la prise d'Alger.

La bataille de Fontenoy, gagnée sur les Anglais par Louis XV et le maréchal de Saxe, fut livrée le 11 mai 1745 ; la nouvelle n'en fut connue à Paris, et annoncée par la *Gazette de France*, que le 15 mai suivant, c'est-à-dire quatre jours après.

La nouvelle de la bataille d'Austerlitz, livrée le 2 décembre 1805, ne parut au *Moniteur* que le 12 décembre suivant, c'est-à-dire dix jours après ; elle fut apportée par le colonel Lebrun, aide de camp de l'empereur Napoléon Iᵉʳ. Le rapport détaillé de cette mémorable bataille, qui forme le trentième des bulletins de la grande armée, ne fut publié par le *Moniteur* que quatre jours plus tard, c'est-à-dire le 16 décembre.

La prise d'Alger eut lieu le 5 juillet 1830 ; la nouvelle n'en fut connue à Paris que le 13 juillet au soir.

Ainsi en 1745, il fallait quatre jours pour connaître le résultat d'une bataille importante livrée à Fontenoy, éloigné seulement de Paris d'environ 75 lieues. En 1805, il fallait dix jours pour connaître le résultat d'une bataille livrée à Austerlitz, éloigné de Paris d'environ 400 lieues. En 1830 il fallait huit jours pour faire parvenir à Paris des nouvelles d'Alger.

A cette lenteur d'expédition comparez la prodigieuse rapidité du télégraphe électrique.

Le discours prononcé par l'empereur des Français, le 18 janvier 1858, pour l'ouverture de la session législative, fut transmis de Paris à Alger, en deux heures par le télégraphe de Paris à Marseille et le fil sous-marin. Expédié dans la soirée du 18, il était affiché, le 19 au matin, dans les rues d'Alger.

Pendant la guerre de Crimée, en 1855, au moment du siége de Sébastopol, une dépêche pouvait être transmise en treize heures, du camp français, à Paris, grâce au fil télégraphique qui s'étendait de Paris en Crimée. Ce fil n'interrompait son cours qu'à divers intervalles, qui, réunis, pouvaient être franchis en douze heures par des courriers. La distance était de 900 lieues.

Les communications de l'Angleterre avec l'Inde, nous fournissent un autre exemple comparatif, tout aussi frappant, du progrès qu'a fait dans notre siècle, la rapidité des communications.

Pour recevoir des nouvelles de leurs possessions dans l'Inde, les Anglais étaient contraints, au commencement de ce siècle, d'attendre l'arrivée des bâtiments, qui mettaient cinq mois à ce trajet. Plus tard, par l'établissement des services des malles de l'Inde et du chemin de fer, les communications ont pu se faire, entre l'Angleterre et l'Inde, en deux mois.

En 1858, grâce aux chemins de fer et aux quelques lignes télégraphiques disséminées en Orient, qui se rattachaient à celles de l'Europe, on recevait, dans la Cité de Londres, en vingt-cinq jours, des nouvelles de l'Inde, éloignée d'environ 5,000 lieues.

Depuis 1865, la ligne télégraphique dont nous ferons connaître plus loin le tracé exact, fonctionne sans aucune solution de continuité, et l'on reçoit des dépêches télégraphiques en dix heures !

Si maintenant nous voulions pousser ces comparaisons au delà de toute espèce de terme, nous n'aurions qu'à citer le prodigieux tour de force que réalise souvent le câble transatlantique de Valentia (Irlande), à Terre-Neuve et à New-York. On sait que, par suite de la différence des longitudes, une dépêche expédiée de Londres par le télégraphe sous-marin, qui part de Valentia, arrive en Amérique avant l'heure de son départ d'Europe ! En voici un curieux exemple. Au mois de mars 1867, une dépêche annonçant le cours de la bourse de Londres arriva et fut affichée à New-York à *midi*. Or, cette dépêche était partie de Londres, le même jour, à la clôture de la bourse, c'est-à-dire à 4 heures ! La dépêche était donc arrivée avant d'être partie !

Après ce résultat, qui justifierait bien, s'il était nécessaire, le titre donné à cet ouvrage, nous pouvons mettre fin à nos citations et à nos exemples.

Nous ne terminerons pas néanmoins sans citer quelques-uns des principaux services que le télégraphe électrique a rendus et rend tous les jours, à la science, aux communications du commerce, aux besoins des particuliers, etc.

Les applications de la télégraphie électrique à la science sont infinies ; nous aurons, dans la suite de cet ouvrage, plus d'une occasion de les signaler. Bornons-nous à dire que cet instrument merveilleux semble avoir été inventé tout exprès pour donner aux astronomes le moyen de fixer les longitudes. La longitude d'un lieu n'étant autre chose que le moment où le soleil passe au méridien de chaque lieu, le télégraphe électrique fournit un moyen, idéal pour ainsi dire, de fixer le moment de ce passage. Il suffit que deux observateurs placés à ces deux points, observent au même instant, l'heure d'un bon chronomètre. Le signal du moment où il faut noter l'heure de l'horloge, est donné à ces deux observateurs, par le télégraphe électrique.

Le télégraphe électrique était à peine établi aux États-Unis, qu'il servait, sous la direction de M. Morse, à déterminer la différence de longitude entre Washington et Baltimore. Un signal télégraphique permit à deux personnes en station, l'une à Washington, l'autre à Baltimore, de comparer au même instant, deux horloges mises respectivement à l'heure exacte de chacune de ces villes.

Le même moyen fut employé, au mois de mai 1854, par MM. Airy et Le Verrier, directeurs des observatoires de Greenwich et de Paris, pour déterminer la différence de longitude entre ces deux villes.

M. Le Verrier à cette même époque détermina par le télégraphe électrique la différence de longitude d'un grand nombre de lieux de la France.

En 1866, le câble transatlantique était à peine déposé au fond de l'Océan, que l'on se hâtait de mettre à profit ce fil magique pour déterminer la différence de longitude entre New-York et Greenwich, entre Washington et Londres, etc.

Le télégraphe électrique a permis d'établir, en Angleterre, en France et dans quelques autres contrées de l'Europe, un service d'observations météorologiques, vraiment universelles. Aujourd'hui, l'Observatoire de Paris reçoit, à 7 heures du matin, l'annonce de l'état du ciel, de la mer, de l'atmosphère, etc., expédiée simultanément de plus de cinquante stations de la France et de l'étranger. Ces indications sont transcrites sur un tableau, et expédiées à midi, par le *Bulletin de l'Observatoire impérial*, à tous les correspondants de ce recueil. Les journaux de Paris paraissant à 4 heures du soir, peuvent ainsi, lorsqu'ils le veulent, donner à leurs lecteurs les résultats de l'observation du thermomètre, du baromètre, de l'état du ciel dans les principales villes de la France et de l'étranger ! C'est là une des merveilles de la science contemporaine les plus justement admirées !

Grâce au même service météorologique, basé sur l'usage de la télégraphie électrique, l'approche des tempêtes est signalée à tous nos ports de mer. Cette importante institution, qui a été organisée en Angleterre par l'amiral Fitzroy, et en France par M. Le Verrier, rend à nos marins des services inestimables.

Dès l'année 1850, l'Amérique avait eu les prémices de ce précieux système d'avertissement. En 1850, le télégraphe électrique de Chicago signala aux patrons de navires des ports de Cleveland et de Buffalo, ainsi qu'aux navires qui parcouraient le lac Ontario, l'approche d'une tempête venant du nord-ouest. L'ouragan ne traverse l'atmosphère qu'avec une rapidité d'environ 25 lieues à l'heure ; il est donc facilement devancé par le télégraphe électrique. Un navire qui s'apprête à partir de New-York pour la Nouvelle-Orléans, peut apprendre par ce moyen, vingt heures à l'avance, qu'une tempête règne dans le golfe du Mexique.

Sur les chemins de fer, le télégraphe électrique est d'une utilité immense. Les services qu'il rend dans ce cas particulier, sont beaucoup plus étendus qu'on ne l'imagine. Pour la facilité du service, pour la sécurité de la voie, le télégraphe électrique est une annexe devenue aujourd'hui tout à fait indispensable, des voies ferrées. C'est grâce à l'échange continuel de signaux expédiés d'une station à l'autre, que d'innombrables trains peuvent, circuler sur une même ligne, et que l'on peut, dans la même journée, faire circuler et se croiser sur le pont d'Asnières, par exemple, jusqu'à deux cents convois. Si donc le télégraphe électrique a reçu des chemins de fer un appui précieux à l'origine, en lui ouvrant une voie directe et bien surveillée, en revanche, la télégraphie électrique a payé au centuple les services qu'elle avait reçus de ces mêmes chemins de fer, d'eux à l'époque de ses débuts.

Les journaux se plaisent à raconter des faits particuliers qui viennent, par intervalles, prouver d'une manière frappante tous les avantages du télégraphe électrique dans les rapports privés des citoyens.

En 1848, un convoi de chemin de fer avait apporté à Norwich la nouvelle de la chute du pont suspendu de Yarmouth. Qu'on juge de l'inquiétude et de l'effroi des habitants : ils avaient presque tous leurs enfants en pension à Yarmouth ! Ils coururent en foule à la station du chemin de fer, demandant à grands cris des nouvelles de leurs enfants : « Tous les enfants sont sauvés ! » dit le télégraphe électrique.

Au mois d'octobre 1846, un déserteur du vaisseau américain *la Pensylvanie*, en rade à Norfolk, emporta au comptable du navire

une somme de 3,000 francs, et prit, avec le produit de ce vol, le chemin de fer de Baltimore. Le fait reconnu, le comptable se rendit en toute hâte à la station télégraphique de Washington, et fit transmettre à Baltimore le signalement du coupable, avec ordre de l'arrêter. Dix minutes après, la police de Baltimore tenait entre ses mains l'ordre d'arrestation, et au bout d'une demi-heure arrivait à Washington la dépêche suivante : « Le déserteur est arrêté, il est en prison ; que faut-il en faire ? »

On a vu plusieurs fois, en Amérique et en Angleterre, deux amateurs d'échecs, placés à cinquante lieues de distance, faire leur partie par le télégraphe, aussi facilement que s'ils étaient en face l'un de l'autre.

Un mariage fut célébré en 1846, par l'intermédiaire du télégraphe électrique, entre deux personnes dont l'une habitait Boston et l'autre Baltimore, et qui trouvèrent commode d'arranger, sans se déplacer, cette petite affaire. Mais la validité d'un tel mariage devint, à bon droit, la cause d'un procès.

Pendant la célébration d'une messe de mariage dans une paroisse d'Angleterre, l'une des demoiselles d'honneur de la mariée s'esquiva de l'église, et disparut avec l'un de ses admirateurs. Le télégraphe électrique fut aussitôt mis en réquisition sur toutes les lignes de chemins de fer, pour donner l'ordre d'arrêter les fugitifs, fortement soupçonnés d'aller invoquer l'assistance du forgeron de Gretna-Green. Le télégraphe ne fonctionna que trop bien, car, en même temps que les coupables étaient rejoints, quatre couples de jeunes époux, très-légitimement unis dans la matinée, se trouvaient arrêtés sur d'autres points de la même ligne, et voyaient leurs excursions matrimoniales désagréablement suspendues par l'intervention de la police.

Le télégraphe électrique a été mis quelquefois au service de la médecine. Le malade et le médecin étaient installés chacun à l'une des stations ; le malade transmettait les symptômes de son mal, et le docteur donnait la réplique, par l'envoi de son ordonnance. On lisait ce qui suit, dans un journal américain :

« Hier, avant midi, un monsieur entra dans le cabinet du télégraphe, à Buffalo, et témoigna le désir de consulter le docteur Steven, résidant à Lockport. Prévenu de ce désir, le docteur se rendit au cabinet électrique de Lockport. Le monsieur lui annonça alors que sa femme était gravement malade, et lui fit connaître les symptômes caractéristiques de la maladie. Le médecin indiqua les remèdes à employer. Tous deux convinrent ensuite, si la malade n'allait pas mieux, de se retrouver le lendemain matin aux extrémités de la ligne télégraphique. Le lendemain le monsieur ne parut point. Sans doute, la consultation avait amené une guérison subite. »

Ou bien encore, osons-nous ajouter, la malade était morte, en dépit de la consultation électrique.

Sur quelques-uns de nos chemins de fer, sur celui de Strasbourg, par exemple, une heure avant l'arrivée à la station du chemin de fer où a lieu le temps d'arrêt pour le dîner, on demande le nombre des voyageurs qui désirent y prendre part, et à l'arrivée du convoi, le maître d'hôtel, prévenu par le télégraphe, tient le dîner servi pour le nombre exact de voyageurs qui descendent du wagon.

Ce que l'on fait chez nous pour la masse des voyageurs sur une voie de chemin de fer, on le fait aux États-Unis pour chaque voyageur en particulier. Sur le chemin de fer de New-York à Buffalo, on remet à chaque voyageur, en lui délivrant son bulletin, une carte d'objets de consommation sur laquelle sont indiqués les différents mets qu'on peut trouver à la station intermédiaire où l'on s'arrête pour déjeuner. Le voyageur fait son choix, désigne dans un bureau particulier les plats qu'il désire à son déjeuner, et reçoit en échange un numéro ; à son arrivée à la station, il se met à table à la place qu'indique son numéro, et trouve servi le déjeuner qu'il a commandé. Pendant que la vapeur

l'emportait, le télégraphe a pris les devants dans l'intérêt de son estomac.

En France, en Allemagne, en Italie, en Suisse, etc., une autre habitude se généralise. Chaque touriste a soin, avant d'arriver dans une ville, de retenir une chambre dans un hôtel à sa convenance, au moyen d'une dépêche électrique, expédiée de la gare d'une station du chemin de fer. Les voyageurs peu avisés ou trop économes, sont ainsi devancés, et regrettent souvent, en arrivant dans la ville et trouvant toutes les chambres occupées, de n'avoir pas fait usage du télégraphe.

Le 1er janvier 1850, le télégraphe électrique prévint en Angleterre, une grave catastrophe de chemin de fer. Un train vide s'étant choqué à Gravesend, le conducteur fut jeté hors de la machine, et celle-ci continua à courir seule et à toute vapeur vers Londres. Avis fut immédiatement donné par le télégraphe à Londres et aux stations intermédiaires ; ensuite le directeur s'élança sur la ligne, avec une autre machine, à la poursuite de l'échappée ; il l'atteignit et manœuvra de manière à la laisser passer ; puis il se mit en chasse après elle. Le conducteur de la machine réussit enfin à s'emparer de la fugitive et tout danger disparut. Onze stations avaient déjà été traversées, et la locomotive n'était plus qu'à deux milles de Londres quand on l'arrêta. Si l'on n'avait pas été prévenu de l'événement, le dommage causé par la locomotive aurait surpassé la dépense de toute la ligne télégraphique. Ainsi le télégraphe paya, ce jour-là, le prix de son installation.

Un second fait du même genre arriva, pendant la même année, sur le chemin de fer de Londres au Nord-Ouest. Par un de ces jours sombres et brumeux si communs en Angleterre, une locomotive abandonnée par mégarde à elle-même, prit tout à coup son essor, et s'élança en pleine vapeur, avec une vitesse effrayante, vers la gare d'Easton. Tous ceux qui la virent s'échapper sans guide, sur un chemin parcouru par de nombreux convois, s'attendaient à des accidents terribles. Mais le télégraphe électrique eut bientôt dépassé la fugitive, et en quelques minutes l'événement était transmis à la station de Camden. On eut le temps de tourner les aiguilles de manière à diriger la locomotive égarée sur une voie latérale, où elle ne rencontra que quelques wagons de charge qui arrêtèrent sa course désordonnée.

Le 22 décembre 1854, il se passa sur le chemin de fer de Rion à Dax, dans le département des Landes, un épisode des plus émouvants. Dans un wagon occupé par plusieurs voyageurs, se trouvait une dame des environs de Dax, avec sa fille, âgée d'environ trois ans. Celle-ci, dans un brusque mouvement, se jette contre la portière qui s'ouvre ; et l'enfant tombe sur la voie. La mère, éperdue, veut se précipiter après sa fille ; mais les voyageurs la retiennent, et joignent leurs cris à ceux de cette infortunée, pour faire arrêter le train. Malheureusement ces cris ne sont pas entendus, et l'on arrive à la gare de Dax, où se trouvait le père de la petite fille, attendant la venue du convoi. On juge de la poignante scène qui se passa entre cette mère éplorée et son mari.

Mais déjà le télégraphe électrique avait signalé l'événement sur la ligne, et arrêté à Rion, un nouveau convoi qui se mettait en route. Une locomotive de secours est expédiée, de la gare de Dax, sur le lieu de l'accident. En approchant de l'endroit désigné, la locomotive ralentit sa marche, et bientôt les éclaireurs aperçoivent la petite fille endormie sur la voie, la tête appuyée sur un rail. Elle est aussitôt recueillie, et la locomotive revient à toute vitesse à son point de départ. L'enfant, à son arrivée, se jette dans les bras de sa mère, et après l'avoir couverte de baisers, lui dit :

« J'ai faim, maman, donne-moi du pain ! »

Les journaux anglais ont raconté avec beaucoup de détails le fait suivant, qui produisit à Londres une vive sensation, et qui fournit une preuve éclatante de l'utilité du télégraphe électrique.

Au mois de janvier 1844, un horrible assassinat fut commis à Salthill. L'assassin, nommé John Tawell, s'étant rendu précipitamment à Slough, y prit une place pour Londres, dans le train du chemin de fer qui passait, à cette station, à 7 heures 42 minutes du soir. La police, avertie du crime, était déjà à sa poursuite. Elle arriva à Slough, sur les traces du coupable, presque au moment où le convoi du chemin de fer devait entrer dans Londres. Mais le télégraphe électrique fonctionnait, et pendant que le meurtrier, confiant dans la vitesse extraordinaire du convoi, se croyait en sûreté parfaite, le message suivant volait sur les fils du télégraphe :

« *Un assassinat vient d'être commis à Salthill. On a vu celui qu'on suppose être l'assassin prendre un billet de première classe pour Londres, par le train qui a quitté Slough à 7 heures 42 minutes du soir. Il est vêtu en quaker avec une redingote brune qui lui descend presque sur les talons. Il est dans le dernier compartiment de la seconde voiture de première classe.* »

Arrivé à Londres, John Tawell se hâta de monter dans l'un des omnibus du chemin de fer. Blotti dans un coin de la voiture, il se croyait dès ce moment à l'abri de toutes les atteintes de la justice. Cependant le conducteur de l'omnibus, qui n'était autre chose qu'un agent de police déguisé, ne le perdait pas de vue, sûr de tenir son homme, comme un rat dans une souricière. Parvenu dans le quartier de la Banque, John Tawell descendit de l'omnibus, se dirigea vers la statue du duc de Wellington et traversa le pont de Londres ; il entra ensuite au café de Léopard, dans le Borough, et se retira enfin dans une taverne du voisinage. L'agent de police qui, attaché à ses pas, l'avait suivi dans toutes ses évolu-

tions, entra après lui, et tenant la porte entr'ouverte, lui demanda d'un ton calme :

« N'êtes-vous pas arrivé tout à l'heure, de
Slough ? »

A cette question si effrayante pour le coupable, John Tawell se troubla, et balbutia un
non, qui était l'aveu de son crime. Arrêté aussitôt, il fut mis en jugement, condamné
comme assassin et pendu.

A quelques mois de là, dit le journal *the Family
Library,* nous faisions le trajet de Londres à Slough,
par le chemin de fer, dans une voiture remplie de
personnes étrangères les unes aux autres. Tout le
monde gardait le silence, comme c'est assez généralement l'usage des voyageurs anglais. Nous avions
déjà parcouru près de quinze milles sans qu'un seul
mot eût été prononcé, lorsqu'un petit monsieur, à la
taille épaisse, au cou court, à l'air d'ailleurs très-
respectable, qui était assis à l'un des coins de la voiture, fixant les yeux sur les poteaux et les fils du télégraphe électrique, qui semblait voler dans un sens
opposé au nôtre, murmura tout haut, en accompa-
gnant son observation d'un mouvement de tête significatif :

« *Voilà les cordes qui ont pendu John Tawell !* »

FIN DE LA TÉLÉGRAPHIE ÉLECTRIQUE.

LA

TÉLÉGRAPHIE SOUS-MARINE

ET LE CABLE TRANSATLANTIQUE

CHAPITRE PREMIER

PREMIERS ESSAIS DE TÉLÉGRAPHIE SOUS-MARINE DANS L'INDE, EN AMÉRIQUE ET EN ANGLETERRE : MM. O'SHANGHUESSY, MORSE, WHEATSTONE, COLT ET ROBINSON, — IMPORTATION EN EUROPE DE LA GUTTA-PERCHA. — EXPÉRIENCE DE M. WALKER EN 1842. — M. JACOB BRETT TENTE D'ÉTABLIR EN 1850, UNE LIGNE SOUS-MARINE DE DOUVRES A CALAIS. — REPRISE DES TRAVAUX EN 1851 PAR MM. WOLLASTON ET CRAMPTON. — POSE DU CABLE DE DOUVRES A CALAIS, LE 18 OCTOBRE 1851.

Nous n'avons encore parlé que des télégraphes électriques établis sur la terre ; nous n'avons considéré jusqu'ici que ces fils métalliques élevés dans l'espace, et soutenus par des supports isolants, au milieu de l'air, qui est par lui-même mauvais conducteur de l'électricité. Il nous reste à faire connaître l'entreprise extraordinaire qui a eu pour résultat de créer des communications du même genre à travers la mer, c'est-à-dire au milieu de la substance la plus susceptible, en raison de son extrême conductibilité, de disséminer le fluide électrique. Considérée longtemps comme un beau rêve, cette œuvre glorieuse a été enfin réalisée avec un complet bonheur, et maintenant plusieurs contrées, séparées les unes des autres par la mer, sur une distance considérable, sont en relation électrique continue, et correspondent d'une manière

instantanée, comme si elles n'étaient séparées que par un intervalle de quelques lieues. C'est le tableau de cette nouvelle et incomparable merveille de la science contemporaine, que nous avons maintenant à retracer.

La théorie démontrait qu'il serait possible d'établir des communications électriques au sein même des eaux douces ou salées. Quelle que soit la conductibilité électrique de l'eau chargée de sels qui occupe le bassin des mers, un fil métallique n'a besoin pour la franchir, sans perdre l'électricité qui le parcourt, que d'être revêtu sur toute son étendue, d'une enveloppe isolante. Mais les difficultés pratiques étaient immenses pour la réalisation de ce projet, car les substances de nature à servir de fourreau isolateur, étaient toutes d'un prix élevé ou trop cassantes. Le caoutchouc, excellent isolateur de l'électricité, avait l'inconvénient d'être cher et de s'altérer promptement au milieu de l'eau.

L'importation en France de la *gutta-percha* permit seule de résoudre ce grand problème pratique. La gutta-percha, qui fut importée en Europe, en 1849, par la mission qu'avait envoyée en Chine le gouvernement français, et qui fut introduite en Angleterre, par M. Montgomery, chirurgien de Singapore, vint fournir la substance si longtemps cherchée. La gutta-percha est un corps qui ressemble beaucoup au caoutchouc, mais qui a sur cette dernière substance, l'avantage, capital dans le cas qui nous occupe, d'être absolument inaltérable dans l'eau, douce ou salée ; ce qui la rend vraiment inappréciable comme enveloppe isolatrice des conducteurs sous-marins.

Nous rappellerons en quelques mots, les tentatives qui avaient été faites, pour la création de la télégraphie sous-marine, avant que l'on eût connaissance de la gutta-percha, et lorsqu'il fallait s'adresser à des corps isolants de propriétés plus ou moins avantageuses.

Fait assez singulier, c'est dans l'Inde, dans l'Inde anglaise, que fut faite la première expérience, tendant à placer sous l'eau un conducteur télégraphique. En 1839, sir O'Shanghuessy, qui s'occupait d'établir dans l'Inde des lignes de télégraphie électrique, à l'imitation des essais qui se faisaient à la même époque, en Angleterre, fit la première expérience relative à la transmission des courants sous l'eau. Il immergea dans le fleuve Hougly, l'une des bouches du Gange, près de Calcutta, un fil de cuivre, aboutissant à des appareils télégraphiques. Des signaux furent ainsi transmis d'une rive à l'autre. Cette expérience suffisait pour établir la possibilité des lignes sous-marines.

En 1840, M. Wheatstone soumit à la chambre des communes d'Angleterre, le projet d'un câble sous-marin, destiné à relier Douvres à Calais. Il indiquait les moyens d'exécution, et la manière de construire le câble. Mais le conducteur qu'il proposait avait de si mauvaises qualités conductrices, qu'on ne put même le mettre à l'essai.

Quelque temps après, c'est-à-dire en 1842, M. Morse, en Amérique, faisait la première expérience de télégraphie sous-marine proprement dite. Il déposait un câble assez bien isolé dans le port de New-York, faisait circuler un courant électrique le long de ce conducteur, et démontrait ainsi qu'un fil télégraphique convenablement isolé, peut traverser la mer.

D'un autre côté, le colonel Colt, l'inventeur du révolver, et M. Robinson, de New-York, immergèrent un fil au travers de la rivière, de New-York à Brooklyn, et de Long-Island à Coney-Island.

Ainsi, les premiers pas étaient faits ; les premiers essais de télégraphie sous-marine étaient exécutés. Mais lorsque les lignes prenaient une extension de plusieurs lieues, les difficultés pratiques à vaincre devenaient immenses, en raison de la prompte altération du caoutchouc, ou des autres substances que l'on employait alors pour isoler le conducteur. Il fallait trouver une matière suffisamment isolante pour qu'un fil métallique qui en serait enveloppé, ne laissât pas disséminer l'électricité dans les eaux de la mer, milieu éminemment conducteur.

La question se trouvait ainsi arrêtée dès son origine, lorsque, en 1849, la gutta-percha, comme nous l'avons dit, fut importée en Europe. Il ne sera pas hors de propos de donner quelques renseignements sur cette substance, qui a rendu tant de services à la télégraphie sous-marine.

La gutta-percha est un suc végétal concret, qui rappelle, par plusieurs de ses caractères, le caoutchouc. Ce suc, dans l'état de vie, circule entre l'écorce et l'aubier d'un grand et bel arbre l'*Isonandra gutta*, propre aux îles de l'Océanie, et qui croît en abondance à Bornéo, à Java, à Ceylan. Quand on pratique une incision au tronc de cet arbre, le suc qui s'en écoule et que l'on recueille, forme, par la dessiccation, la *gutta-percha*.

La taille de l'*Isonandra gutta* va jusqu'à 20 mètres ; son feuillage est riche et touffu. Cet arbre est fort répandu dans les archipels de la Malaisie (Océanie), et c'est du port de Singapore, que vient presque toute la gutta-percha que le commerce introduit en Europe.

Les naturels des îles de l'Océanie n'exploitent pas l'*Isonandra gutta* par incisions régulières et convenablement ménagées. Souvent ils abattent l'arbre, pour en extraire tout le suc qu'il contient, et qui peut s'élever jusqu'à 18 kilogrammes par pied. Trois cent mille *Isonandra* furent ainsi coupés aux environs de Singapore ; par cette opération barbare cette espèce végétale disparut un moment du commerce. A Bornéo et à Sumatra on mélange la vraie gutta-percha avec le suc d'autres essences analogues.

La gutta-percha semble se composer de caoutchouc et d'un peu de résine. Elle diffère surtout du caoutchouc par sa plus grande consistance : à la température ordinaire, elle a la consistance des gros cuirs. Elle conserve de la souplesse, même à 10° au-dessous de zéro. En passant de + 25° à + 48° elle se ramollit et devient pâteuse : les rayons solaires de l'été produisent le même effet à sa surface. A 60° elle est molle et plastique : on peut la laminer en feuilles, l'étirer en fils et reproduire par la pression, tout le fini des moules. A 120° elle fond, mais peut reprendre sa forme habituelle si on la ramène à sa température première. Par la *vulcanisation*, c'est-à-dire, par son mélange avec le soufre, opéré par l'intermédiaire de la chaleur, la gutta-percha devient dure comme de la pierre, inaltérable par la chaleur et propre à la refonte.

On reçoit, en Europe, la gutta-percha sous la forme de poires, brunes ou blanchâtres, dont le poids s'élève de 1 à 4 kilogrammes. Comme les naturels introduisent dans sa masse des pierres, de la terre et autres objets qui la souillent, il faut la purifier, et on le fait par des moyens analogues à ceux qui servent à la purification du caoutchouc.

Matière tenace, légère, inaltérable par les agents chimiques, s'usant peu, pouvant recevoir toutes les formes quand elle a été ramollie, prenant par le refroidissement, une consistance intermédiaire entre celle du cuir et celle du bois, tout en conservant une légère élasticité, la gutta-percha a reçu dans l'industrie des applications nombreuses et variées : elle remplace le cuir ou le bois pour la confection d'un grand nombre d'instruments ou d'outils, et pour ces mille objets que réclament les besoins de l'industrie ou de la vie usuelle.

C'est à cette précieuse matière qu'on doit, comme nous le verrons dans une autre notice, les progrès de la galvanoplastie. Si l'on applique un bloc de gutta-percha chaude, sur l'objet qu'on veut reproduire, et qu'on le presse fortement contre cet objet, la gutta-percha pénètre peu à peu dans les détails les plus délicats du modèle. On l'enlève encore molle, et en devenant rigide par le refroidissement, elle garde l'empreinte qu'elle a reçue. On recouvre alors ce moule de plombagine, pour y opérer le dépôt de cuivre par l'électricité.

La gutta-percha oppose une prodigieuse résistance à l'action de l'eau salée. Son inaltérabilité par les acides, les alcalis et les dissolutions salines diverses, la rend précieuse dans le laboratoire du chimiste et dans la manufacture de l'industriel.

Ainsi la gutta-percha, qui est un excellent isolateur électrique, présente, en outre, la propriété de résister, d'une manière absolue, à l'action de l'eau de la mer. Cette double circonstance a déterminé son emploi dans la confection des câbles de la télégraphie sous-marine. Si l'on enferme dans une gaîne de gutta-percha le fil métallique d'un câble sous-marin, ce conducteur se trouve ainsi garanti, tout à la fois de la déperdition de l'électricité, et de l'action corrosive de l'eau de la mer. La gutta-percha peut donc réclamer une large part dans la réalisation pratique de la télégraphie sous-marine.

M. Walker, physicien anglais, fut le premier à saisir l'importance des applications que l'on pourrait faire de la gutta-percha à l'isolement des fils télégraphiques. Le 10 janvier 1849, il constata, dans une expérience restée célèbre, qu'un fil enveloppé de gutta-percha, placé sous l'eau, dans le port de Folkstone, et se rendant à un navire placé à 3,700 mètres au large, conduisait parfaitement le courant électrique, car il permettait de transmettre des signaux tout aussi bien que sur terre.

Le projet conçu en 1840, par M. Wheatstone, fut alors repris par M. Jacob Brett, qui s'était déjà fait connaître comme l'inventeur d'un télégraphe imprimeur.

Par une faveur toute spéciale, M. Jacob Brett obtint du gouvernement français le privilége exclusif de l'exploitation du télégraphe électrique qui serait établi entre Douvres et Calais. Un décret, en date du 10 août 1849, lui accorda le droit privilégié d'exploiter pendant une durée de dix ans, à partir du 1er septembre 1850, la communication télégraphique entre l'Angleterre et la France. Cette autorisation obtenue, une compagnie anglo-française se forma, pour mettre le projet à exécution.

Un fil de cuivre d'une longueur continue de 45 kilomètres, recouvert d'une enveloppe de gutta-percha, de 6 millimètres et demi d'épaisseur, fut rapidement disposé pour servir de conducteur entre les deux villes.

Lorsqu'il fut essayé par M. Wollaston, ce conducteur était tellement imparfait, que l'eau pénétrait jusqu'au fil, par des trous de l'enveloppe qui laissaient le métal presque à nu. On le répara en toute hâte.

Les points choisis pour l'immersion du fil étaient : la côte de Douvres en Angleterre ; en France, le cap *Gris-Nez*, situé à sept lieues de Douvres, entre Boulogne et Calais.

Tout étant prêt, le 28 août 1850, le bateau à vapeur anglais *le Goliath* sortit du port de Douvres, pour se rendre à l'extrémité de la jetée. On avait disposé au milieu du bateau, un immense treuil, autour duquel s'enroulait toute la longueur du fil métallique, recouvert de son fourreau de gutta-percha. Sur le bâtiment se trouvaient, M. Jacob Brett, MM. Wollaston et Crampton, ingénieurs chargés de l'exécution des appareils, MM. Francis Edwards, Reid et quelques autres savants ou principaux actionnaires de l'entreprise.

La première opération devait consister à amarrer solidement le fil conducteur sur la côte. La portion du fil destinée à reposer sur le sol, était contenue dans une enveloppe de plomb, de la longueur de 300 mètres, afin de la préserver du frottement contre le rivage.

Cette opération, c'est-à-dire la pose de la partie du conducteur qui devait reposer sur le rivage, étant terminée, et le bout solidement fixé sur la terre, le *Goliath* se dirigea vers le cap *Gris-Nez*. Au signal de *laisser tomber*, l'opération du dévidement et de la pose du fil commença (*fig.* 104). A mesure qu'on le déroulait du tambour placé sur le pont, le câble passait sur un rouleau de bois, à l'arrière du bâtiment. On le retenait de temps en temps, pour en lester les portions successivement immergées. A cet effet, on le chargeait de poids de plomb de 8 à 12 kilogrammes, destinés à l'entraîner au fond de la mer ; le nombre de ces poids était de vingt-quatre à quarante-huit, par lieue.

Les deux opérations du déroulement du fil et de son chargement, s'exécutèrent avec précision. Le *Goliath* était précédé d'un autre bateau à vapeur, *le Widgeon*, qui indiquait, par des bouées flottantes, la ligne à suivre. La profondeur de l'eau aux points choisis pour la submersion, variait de 10 à 75 mètres. Tout en se dévidant et allant se fixer ainsi sur le fond de la mer, le fil conducteur était entretenu en communication

Fig. 104. — Première tentative pour la pose d'un conducteur électrique de Douvres à Calais, faite par le *Goliath* et le *Widgeon*, le 28 août 1850.

constante avec la station de Douvres, et servait à envoyer et à recevoir des dépêches, qui indiquaient les phases successives de la submersion.

Aux abords de la station de Douvres, se pressaient un nombre immense de curieux, avides de suivre, de minute en minute, la marche de l'opération. L'enthousiasme fut grand dans cette foule palpitante d'émotion et d'anxiété, lorsque, à 8 heures du soir, une dépêche télégraphique partie du cap *Gris-Nez*, sur la côte de France, vint annoncer à Douvres l'heureuse fin de ce travail.

Mais, hélas! quelques heures après, une dépêche partie de Douvres, ne parvenait pas à sa destination; le télégraphe restait muet, la dépêche s'était noyée dans le détroit.

On reconnut bientôt que le fil s'était brisé près des côtes de France. Là se trouvent des écueils et des rochers, constamment battus par les vagues. On avait cru que le tube de plomb qui enveloppait le fil, le préserverait des chocs résultant de l'action des lames contre les rochers situés près du rivage; mais ce moyen de défense n'avait pas suffi.

On a donné une autre explication du fait de la rupture de ce conducteur. On a prétendu qu'un pêcheur, le prenant pour une algue gigantesque, le coupa, et porta triomphalement ce fragment à Boulogne, comme le précieux échantillon d'une plante marine des plus rares, à la tige pleine d'or!

Quelle que soit la cause de la rupture de ce fil, il est certain que les directeurs de l'entreprise n'attendaient pas de cette première tentative un résultat tout à fait satisfaisant; ils la considéraient surtout comme propre à démontrer la possibilité de faire circuler un courant électrique dans un fil sous-marin d'une grande étendue.

Cet accident, qui tenait au défaut de résistance de la partie du conducteur destinée à
reposer sur le rivage, compromit le succès de
l'entreprise et amena la dissolution de la société formée par M. Jacob Brett.

Il fallait trouver un moyen plus efficace
de protéger le fil sous-marin. M. Küper eut
alors l'excellente idée d'entourer d'un cordage en fil de fer, le conducteur de cuivre
enveloppé de gutta-percha.

Cette idée fut adoptée par M. Crampton,
qui venait de former pour l'exécution du télégraphe sous-marin entre la France et l'Angleterre, une nouvelle compagnie, autorisée
par charte royale, au capital de 2,500,000
francs. L'exécution en fut confiée à MM. Newall et Küper.

Ce nouveau câble, qui devait réunir à une
résistance considérable assez de souplesse

tres de diamètre, étaient entrelacés avec
quatre cordes de chanvre D, et le tout était
aggloméré par un mélange de goudron et
de suif, de manière à former un cordon
unique, d'environ 3 centimètres de diamètre.
Une seconde corde de chanvre, E, pareille
à la précédente, sauf l'absence des fils de
cuivre, enveloppait la première. Enfin, pour
préserver de rupture l'appareil intérieur, le
tout était fortement serré au moyen de dix
fils de fer galvanisés F, de 8 millimètres de
diamètre. Ce système composait une sorte de
câble métallique, souple et solide à la fois,
de 32 millimètres de diamètre, comme le
représentent les figures 105 et 106, et qui
avait 10 lieues de long. Il avait été fabriqué
en trois semaines, et coûta 375,000 francs,
soit 9 fr. 375 par mètre ; son poids par kilomètre était de 4,400 kilogrammes. Nous

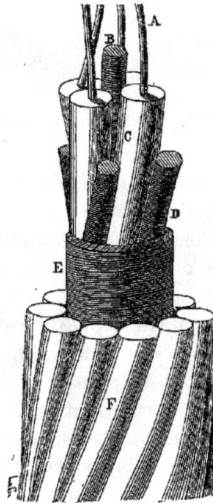

Fig. 105. — Câble sous-marin de Douvres à Calais
(grandeur naturelle).

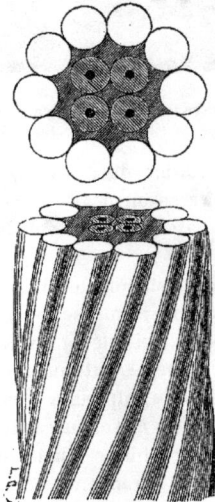

Fig. 106. — Câble de Douvres à Calais et section
du même câble (grandeur naturelle).

pour s'enrouler sans peine autour d'un vaste
tambour, était ainsi composé. Quatre fils A
(fig. 105) de la grosseur d'un fil de sonnette,
ordinaire (1ᵐᵐ 1/2 de diamètre) contenus dans
une gaîne de gutta-percha C, de 7 millimè-

pouvons ajouter que tous les câbles sous-
marins qui ont été construits depuis cette
époque ont été faits à l'imitation de celui de
Douvres à Calais.

MM. Wollaston et Crampton, les deux ingénieurs chargés par la compagnie d'exécuter toutes les opérations relatives à l'installation du télégraphe sous-marin de Douvres à Calais, choisirent pour le point d'arrivée du fil sur la côte de la France, une dune située près du village de Sangatte, à une lieue et

Fig. 107. — Enroulement du câble de Douvres à Calais dans la cale du *Blazer*.

demie de Calais. Enfoui dans le sable à sa sortie de la mer, le conducteur cheminait sous terre jusqu'à la station de Calais.

Le point choisi sur la côte anglaise fut le cap Southerland, près de Douvres. Le bout du câble, enfermé dans un tuyau, descendait perpendiculairement sous le sol, par un puits creusé dans la falaise, et se dirigeait ensuite vers la mer, par un petit tunnel formant un angle droit avec le puits. Il s'avançait de cette manière, jusqu'à une assez grande distance dans la mer, bien préservé du choc des lames qui déferlent sur la plage.

Ces dispositions parfaitement entendues, faisaient présager le succès qui couronna l'entreprise.

Le 24 décembre 1851, ce câble fut enroulé dans la cale du bateau à vapeur *le Blazer*

La figure 107 montre comment procédaient les matelots pour emmagasiner dans la cale du navire le câble tout entier, en le disposant en rouleaux superposés.

Fig. 108. — Dévidement du câble sous-marin de Douvres à Calais, le 25 décembre 1851.

Le 25 décembre, au point du jour, commença l'opération du dévidement du conducteur, sous la direction de MM. Wollaston et Crampton.

La figure 108 montre le mode, fort simple, qui fut suivi pour jeter le conducteur à la mer. En sortant de la cale où nous l'avons vu tout à l'heure emmagasiné, ce fil passait entre deux poulies de bois, et un homme placé près de cette poulie veillait à ce que son passage se fît avec régularité entre ces deux poulies. Il faisait ensuite deux fois le tour d'une roue de bois de 10 mètres de hauteur, puis il sortait par l'arrière du navire, pour tomber à la mer.

Dans la soirée du même jour, le conducteur, dévidé tout entier, reposait sur le fond de la Manche.

Mais, l'opération terminée, on reconnut avec douleur que la longueur du fil avait été mal calculée, et que son extrémité s'arrêtait à près d'un kilomètre de la côte de France. La nuit arriva ; la mer était mauvaise, le câble exerçait sur le bateau à vapeur, une traction violente qui menaçait à chaque instant de le faire chavirer. Il fallut se décider à abandonner le fil à lui-même. On attacha donc une bouée à son extrémité, et on le laissa tomber, non sans appréhensions, au fond de la mer.

On prit sur-le-champ les dispositions nécessaires pour préparer en toute hâte un bout de câble provisoire. Ce câble supplémentaire ne fut terminé que le jour suivant. Tout faisait craindre que l'agitation de la mer et le choc des vagues contre le câble, abandonné deux jours au fond de la mer, n'eussent fait perdre le fruit de tant de travaux. Heureusement la bouée fut retrouvée à sa place, retenant encore parfaitement intacte l'extrémité du câble métallique. On hissa à bord ce bout libre.

Une dernière fois, on essaya de tirer sur le conducteur, de manière à le rapprocher des côtes de France. N'ayant rien pu obtenir par ce moyen, on se contenta d'attacher fortement au câble la corde provisoire préparée la veille ; c'était un petit câble enveloppé d'un mélange de goudron et de gutta-percha, et renfermant dans son intérieur quatre fils de cuivre, qui furent soudés aux fils du câble principal. On put ainsi atteindre le cap de Sangatte.

La plus grande profondeur rencontrée avait été de 54 mètres. La distance à parcourir était de 33 kilomètres. On avait immergé 40 kilomètres de câble, soit près du quart en plus de la distance réelle.

Aussitôt des dépêches furent échangées entre Calais et Douvres : les appareils transmirent les communications avec une entière facilité.

Pendant la semaine suivante, on s'occupa de fabriquer le bout de câble définitif, nécessaire pour compléter le conducteur : ce morceau supplémentaire fut substitué à la corde provisoire, et le 31 décembre 1851, s'effectua l'intéressante cérémonie de l'inauguration du télégraphe sous-marin.

Ce jour-là, le courant électrique, parti du rivage français, vint mettre le feu à un canon placé sur le rempart de Douvres. Une correspondance s'établit immédiatement entre la station anglaise et les bureaux du ministère de l'intérieur à Paris, et l'on célébra à Douvres, dans un banquet solennel, le succès de cette merveille de notre siècle.

La première dépêche électrique expédiée d'Angleterre à travers l'Océan, fut déposée entre les mains du Président de la République française.

Pendant près d'une année, les communications entre l'Angleterre et la France, se sont faites exclusivement de Douvres à Calais. Pour atteindre Londres ou Paris, les dépêches devaient passer de chaque station sous-marine à la ligne télégraphique aérienne de Douvres à Londres, ou de Calais à Paris. Le 1er novembre 1852, les stations intermédiaires de Douvres et de Calais furent supprimées, et le fil télégraphique, à l'aide de travaux nouveaux et de dispositions convenables, se trouva réuni à la ligne ordinaire du télégraphe, de manière à faire communiquer Londres et Paris sans aucune station intermédiaire sur la côte.

Aujourd'hui le télégraphe électrique fonctionne de Londres à Paris, à travers l'Océan, avec une facilité merveilleuse. Un courant incessant de pensées s'échange d'un pays à l'autre, et ce lien qui rattache les deux rivages, est comme une main fraternelle que se tendent deux peuples amis, à travers la mer qui les sépare.

CHAPITRE II

DESCRIPTION DES PROCÉDÉS POUR LA FABRICATION DES CABLES SOUS-MARINS. — FILS CONDUCTEURS. — COMPOSITION DES CABLES. — MACHINE POUR LA FABRICATION DES CABLES. — ENVELOPPE ISOLANTE. — CONSERVATION DU CABLE FABRIQUÉ. — INSTALLATION DU CABLE A BORD D'UN NAVIRE. — PROCÉDÉ D'IMMERSION.

Une quantité considérable de câbles sous-marins existent aujourd'hui dans les deux mondes. Avant de parler de ces nouvelles lignes sous-marines, avant d'aller plus avant dans cet exposé, il nous paraît nécessaire d'expliquer, une fois pour toutes, la composition et les procédés de fabrication d'un câble sous-marin, ainsi que les moyens qui sont aujourd'hui en usage, pour le déposer au fond de la mer. Cet exposé général, où nous rassemblerons les connaissances acquises jusqu'à ce jour dans cet ordre de travaux, nous permettra d'abréger beaucoup, par la suite, nos récits et nos descriptions.

Fil conducteur. — Le cuivre, qui conduit l'électricité cinq à six fois mieux que le fer, est toujours le métal employé comme conducteur sous-marin. On fit d'abord usage d'un fil massif; depuis, on a préféré obtenir la même section totale, en réunissant en tresse, ou *toron*, plusieurs fils de diamètre plus petit. La rupture d'un des fils par une cause quelconque, n'amène pas la cessation complète des communications. Un conducteur sous-marin se compose donc généralement de quatre à six fils de cuivre, tressés autour d'un septième.

Une machine composée d'un plateau circulaire, se mouvant horizontalement, sert à fabriquer le *toron* de cuivre. Des bobines enfilées dans des broches verticales, placées sur la circonférence du plateau, portent six des fils qui doivent composer ce toron. Le septième sort par un trou percé au centre du plateau, et reçoit successivement chacun des fils provenant des bobines. Ces fils sont dirigés par des guides, placés à des hauteurs différentes, et convenablement déterminées.

On comprend que c'est de la différence de hauteur de chacun des guides, que dépend le pas de la spire formée autour du fil. Cette machine fabrique 250 à 300 mètres de câble par heure, en tenant compte des arrêts pour les soudures.

En parlant de la fabrication du câble transatlantique, nous donnerons le dessin de l'appareil qui sert à former ces tresses de fil de cuivre, et qui sert aussi à environner le câble, une fois prêt, de son armature de fils de fer.

Pour réunir les bouts des fils et en former un conducteur continu, on taille les extrémités en biseaux, puis on les juxtapose; on rattache les deux bouts l'un à l'autre par deux ou trois tours de fils plus minces, et on soude le tout à l'argent. La jonction ainsi faite est aussi complète que possible, et elle n'offre qu'une très-petite résistance au courant électrique.

Il est important que les soudures des fils ne se trouvent pas toutes au même endroit, afin qu'elles ne produisent pas une augmentation d'épaisseur de l'*âme* du câble, qui nuirait à l'égale application de la couche isolante.

Malheureusement, le conducteur ainsi construit, a le défaut, par suite de la rupture, qui peut arriver, des petits fils intérieurs, de percer souvent la gaîne isolante. Pour éviter cet inconvénient, on a employé dans quelques câbles, et notamment dans celui de la grande ligne des Indes, la disposition suivante : On a placé quatre petits fils dans un tube de cuivre creux, qui présente ainsi l'apparence d'un seul fil massif. La conductibilité d'un pareil conducteur, est, dit-on, beaucoup plus grande, et les inconvénients du toron, comme ceux du fil unique, sont ainsi évités.

Enveloppe isolante. — Pour former l'enveloppe isolante d'un câble sous-marin, on se servit d'abord, comme nous l'avons dit, du caoutchouc. Cette matière est extraite de divers arbres des régions tropicales, et principalement du *Ficus elastica*, qui croît dans le royaume d'Assam, et des *Ficus redula* et *pro-*

poïdes, de l'île de Java. Le caoutchouc a un très-grand pouvoir isolateur, mais il s'altère à l'air, et se désagrége au sein de l'eau, douce ou salée. Ajoutons qu'il s'altère aussi et devient déliquescent et mou par le contact prolongé du cuivre. Il a donc fallu le rejeter de la fabrication des câbles sous-marins. On l'a remplacé par la gutta-percha.

Dans l'eau, la gutta-percha se conserve indéfiniment, comme l'a prouvé l'examen de tous les fragments de câbles, qui ont été relevés après un séjour de plusieurs années dans la mer. Elle n'absorbe l'eau que dans des proportions insignifiantes, qui n'enlèvent rien à son pouvoir isolateur. Ce pouvoir isolateur est encore augmenté par les pressions énormes que supporte le câble au fond de la mer, pressions qui ont pour effet de raffermir sa substance et de boucher ses petits pertuis.

La gutta-percha est donc avec raison la seule substance employée pour former l'enveloppe isolante des câbles sous-marins. Il importe seulement de la purifier avec le plus grand soin, et de l'appliquer en couches bien égales.

En combinant dans diverses proportions, le caoutchouc, la gutta-percha et les résines, on a formé plusieurs mélanges, ou composés isolants, qui sont employés comme auxiliaires de la gutta-percha. Les principaux sont le *mélange Chatterton* et le *composé de Wray*.

Le *mélange Chatterton* dans lequel entre une petite quantité de sciure de bois, est très en vogue en Angleterre; il alterne généralement avec les couches de gutta-percha. Le *composé de Wray*, formé d'une petite quantité de silice ou d'alumine et qui constitue une espèce de verre de caoutchouc, est un mélange très-isolant et difficilement fusible; mais il est altéré par l'eau de la mer. On connaît encore les composés de Hughes, Radcliffe et Godefroy.

Revêtement extérieur. — L'enveloppe isolante serait endommagée par les causes les plus légères, si elle n'était pas suffisamment protégée contre l'action des causes exté-

rieures. Le moyen de défense consiste à l'entourer de spires de fils de fer. Seulement il faut interposer entre l'*âme* du câble et l'*armature* protectrice, une matière suffisamment élastique, destinée à former une espèce de matelas entre ces deux parties. Le chanvre, et surtout le chanvre indien, sont les substances qui servent à composer ce matelas élastique. Dans les premiers temps, on goudronnait cette enveloppe, pour accroître l'isolement du câble; mais on masquait ainsi les défauts de la texture du câble, pendant les expériences que l'on doit faire avant l'immersion, sur le câble tout fabriqué. On se borne aujourd'hui, à imprégner le chanvre d'une dissolution saline conservatrice, telle que le sulfate de cuivre.

Après ce revêtement élastique vient l'armature de fils de fer.

Pour former cette armature, destinée à donner de la résistance à l'ensemble, on emploie un plus ou moins grand nombre de fils de fer de diverses grosseurs. Ces fils sont roulés en spirale autour de l'âme du câble après avoir été préalablement zingués, pour les garantir de la rouille.

Cependant, malgré cette dernière précaution, l'armature des câbles sous-marins finissait par s'oxyder et se détériorer. Deux moyens furent essayés pour donner plus de résistance à l'armature, sans trop augmenter son diamètre, ni son poids spécifique. Le premier moyen consista à tresser en torons de petits fils de fer, et à enrouler ces torons autour du câble; le deuxième, à envelopper de chanvre goudronné chacun des fils de fer composant l'armature. Nous verrons employer alternativement pour les câbles ces deux moyens, et nous en ferons connaître le résultat. L'important est que le câble soit assez souple pour pouvoir se prêter aux manœuvres et à l'enroulement sur des tambours à grands rayons.

La partie du câble qui touche le rivage, doit être défendue plus solidement que celle qui doit rester entièrement dans la mer. Pour le *câble de côtes*, les fils de fer de l'armature ont de 6 à 7 millimètres. On comprend, en effet, que cette partie étant exposée aux ancres des navires, aux courants et aux marées, qui provoquent des frottements contre les rochers, doive présenter une résistance plus grande que celle du reste du câble. Pour cette dernière partie, ou le câble proprement dit, il n'est pas nécessaire d'employer des fils aussi forts. Au delà de 20 mètres de profondeur les marées et les courants ne se font plus sentir. Tout ce qu'il faut craindre, ce sont les matières qui peuvent attaquer chimiquement le cuivre, et qui le détruiraient rapidement. Il faut aussi préserver le conducteur de l'introduction des animaux perforants et des dépôts de coquillages, qui sont un si grand obstacle au relèvement des câbles. Une couche de peinture, mêlée d'une matière toxique, a donné, dans ce but, de bons résultats, en Angleterre. Cette peinture est un composé de bleu de Prusse et de *turbith minéral* (sulfure de mercure). Sous l'influence de l'eau de mer, il se produit un chlorocyanure de mercure et de sodium, poison violent, qui écarte les petits animaux marins.

Pour appliquer l'armature métallique sur l'âme du câble, on opère comme quand on fabrique la tresse, ou *toron*, des fils du conducteur ; seulement on allonge le plus possible le pas de la spirale, de telle sorte que, pendant l'immersion, l'élasticité du fer n'amène pas la formation de bourrelets. On a même construit des câbles dans lesquels les fils étaient placés parallèlement dans le sens de la longueur du câble, afin d'éviter son allongement par la tension, la formation des nœuds, et une pression trop grande de la matière isolante pendant la pose.

Essai de la résistance du câble. — Le sol, au fond de la mer, présente les mêmes inégalités que sur terre. Il y a sous les Océans, comme à la surface du globe, de hautes montagnes et de profondes vallées. Souvent, la roche vient affleurer, et le câble est ainsi exposé à se heurter contre des corps très-durs. Enfin le conducteur déposé dans la mer n'épouse pas toujours exactement les formes du terrain ; souvent il demeure suspendu entre deux éminences, par-dessus une vallée sous-marine, comme sur un pont. Il est donc nécessaire de connaître le degré de résistance d'un câble après sa fabrication.

Ajoutons qu'en cas d'accident, on doit pouvoir arrêter le filage du câble, et même le relever. Alors la tension qu'il éprouve, par le fait de son propre poids, est considérable, et il importe qu'il puisse résister au poids d'une assez grande longueur de sa propre continuité. Tout câble doit pouvoir, sans se rompre, supporter son propre poids par les plus grandes profondeurs du trajet.

Lorsqu'un fil pesant, ou un câble, est suspendu verticalement, dans l'air ou dans l'eau, la partie supérieure, voisine du point de suspension, supporte le poids entier, qui dépend de sa longueur. Quand ce poids dépasse la limite de résistance du fil ou du câble, il y a rupture.

On nomme *module de rupture* la longueur qu'un câble télégraphique sous-marin peut supporter sans se rompre. On comprend que cette longueur diffère en raison de sa densité et de sa résistance. Le *module d'immersion* est la longueur que le câble peut supporter sans danger.

Le *module de rupture* d'un câble peut être facilement augmenté par l'addition de substances plus légères que l'eau, des plaques de liège, par exemple.

Pour faire l'essai de la résistance d'un câble à la rupture et de son allongement par les poids qu'il supporte, on se sert d'une machine qui a été imaginée par M. Siemens, et que représente la figure 109. A l'une des extrémités d'une poutre B, est fixée une plaque de tôle recourbée, A, munie d'un crochet, auquel on attache le câble à essayer. A l'autre extrémité, C, de cette poutre, est fixé le point d'appui d'un levier de fer recourbé, LCD, dont l'une des branches porte un plateau, D, et l'autre, un crochet, L, destiné à attacher le câble. Le bras du petit levier est dix fois plus court que celui du grand levier. Pour mesurer la résistance du câble, on place des poids dans le plateau D de cette espèce de bascule. On mesure l'allongement au moyen d'une échelle EE, disposée parallèlement au câble. A l'extrémité H, du câble, est fixé un cylindre, qui se meut en tournant quand le câble se tord ou se détord, devant la partie de l'échelle E, qui porte un cadran divisé.

Pour faire l'expérience, on commence par placer un petit poids dans le plateau D, afin de tendre le câble ; ensuite on ajuste l'échelle et l'on ajoute successivement les poids, en observant l'allongement sur l'échelle EE. D'après la proportion qui existe entre les deux bras de levier de cette balance romaine, les poids ajoutés représentent le dixième de l'effort supporté par le câble.

Quand le câble a résisté à cette épreuve, et qu'il jouit de la résistance jugée nécessaire, on l'emmagasine, pour le conserver jusqu'au moment de son immersion.

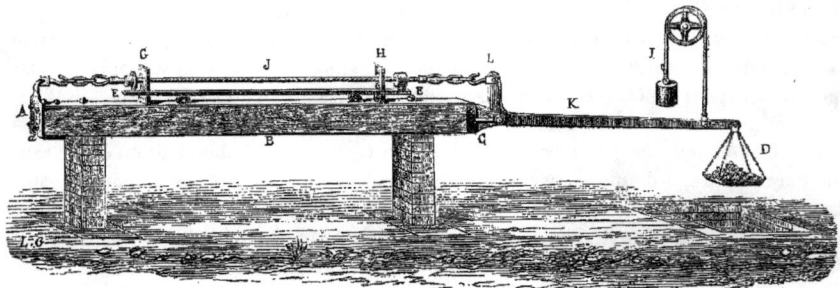

Fig. 109. — Machine pour l'essai de la résistance des câbles sous-marins.

Comme la gutta-percha se conserve parfaitement dans l'eau, le meilleur moyen pour assurer la conservation du câble, c'est de le maintenir dans l'eau, comme un être aquatique. On le place donc, aussitôt après sa fabrication, dans des bassins remplis d'eau, avec l'attention de maintenir toujours la température du bassin à 30 degrés centigrades.

Quand on transporte un câble télégraphique dans des climats chauds, il faut veiller à ce que la température ne s'élève pas, dans la cale du navire, au delà de 30°. Comme les enroulements et déroulements successifs d'un câble, sont nuisibles, surtout quand les spires sont à courts rayons, il faut que les bassins pleins d'eau, dans lesquels on le conserve, soient assez vastes, et qu'ils laissent au milieu un espace vide aussi grand que possible pour

faciliter son déroulement et son *lovage*, c'est-à-dire son enroulement en tours superposés quand il s'agira de le placer dans la cale du navire.

Nous ferons remarquer que l'isolement électrique d'un câble s'accroît toujours en *mer profonde*. Les grandes pressions de 300 à 400 atmosphères que le câble supporte alors, ont pour effet de boucher les fissures et pertuis qui peuvent exister dans l'enveloppe de gutta-percha.

Raccordements des deux parties du câble. — Presque toujours on embarque sur deux navires séparés, les deux portions qui composent un câble ; c'est-à-dire le *câble côtier* et le *câble proprement dit*. Il faut donc faire un raccordement au moment de la pose.

Pour exécuter ce raccordement on **opère**

d'abord la jonction des deux conducteurs par une soudure, puis on recouvre cette soudure de gutta-percha, de chanvre, etc. On enlève alors quelques fils de l'armature du gros câble, que l'on remplace par des fils du petit câble, sur des longueurs variant entre 4, 6 et 8 mètres, et inversement pour le petit câble ; puis l'on entoure de ces petits fils la partie soudée.

Les *épissures*, ou raccordements, qui sont nécessaires par suite de la rupture d'un câble, se font de la même manière.

Procédé d'immersion. — Lorsque l'on immerge un câble entre deux points éloignés, le *tracé*, c'est-à-dire la route que doit suivre le bâtiment, pour dérouler le câble aux points qui ont été fixés comme trajet de la ligne télégraphique, est de la plus grande importance. Il faut choisir des points d'atterrissements tels qu'ils ne soient point sur le passage des navires, et que le câble puisse demeurer enfoncé dans le sable, où il sera préservé des ancres des vaisseaux et du frottement causé par l'agitation des vagues. Il faut encore éviter, dans les profondeurs de la mer, les fonds rocheux, ou ceux dont la composition chimique pourrait entraîner la destruction rapide de l'armature : c'est ce qui arrive dans le voisinage des sols volcaniques, qui laissent exhaler de l'hydrogène sulfuré. On aura donc procédé avant l'immersion, à des sondages attentifs, qui auront parfaitement renseigné sur la nature du fond de la mer, le long du tracé de la future ligne sous-marine.

Installation du câble à bord du navire. — Nous donnerons les détails de l'installation d'un câble à bord d'un navire, en parlant du câble transatlantique. Nous dirons seulement ici qu'on doit procéder avec beaucoup de soins à l'opération qui consiste à enrouler le câble dans la cale du navire. Chaque spire doit être maintenue par des courroies ou par des pièces de bois, qui seront enlevées au fur et à mesure que le câble sera jeté à la mer. Au moment de l'immersion, il se forme sou-vent des nœuds, quand le câble est immergé sans avoir été soumis à un déroulement préalable. Ces nœuds, ces *coques*, sont un grand embarras au moment de l'immersion.

Immersion. — Des hommes accroupis sur le câble, en saisissent chaque spire, et la laissent filer, en la retenant légèrement, pour la tendre ; pendant que d'autres enlèvent avec soin les amarres, ou arrêts, des tours suivants. De là, le câble s'engage dans un frein, qui le retient, en pressant d'une manière variable. Le câble passe ensuite sous le *dynamomètre*, c'est-à-dire sous un levier qui porte des poids, lesquels donnent la mesure de la masse totale de mouvement dont il est animé. Il s'enroule ensuite sur une ou plusieurs poulies fixées en dehors de l'arrière du navire, et enfin il tombe à la mer par l'arrière, à mesure que le navire s'avance. Un compteur, c'est-à-dire une petite roue munie d'une aiguille et d'un cadran, placé sur l'un des tambours, mesure la vitesse de déroulement.

Quand nous parlerons du câble de l'Algérie et du câble transatlantique, nous donnerons les figures de ces poulies de déroulement, freins et dynamomètres.

Par une mer peu profonde, et par un beau temps, l'immersion ne présente aucune difficulté. On pourrait, à la rigueur, abandonner le câble à lui-même : son poids suffirait pour son déroulement régulier, au fur et à mesure de la progression du navire. Mais dans des mers profondes, dont on ne connaît pas parfaitement le fond, le poids de la portion suspendue étant considérable, la manœuvre des freins est très-délicate. Les difficultés d'immersion s'accroissent encore quand la mer est mauvaise.

Pour qu'un câble sous-marin ait des chances de durée, il doit reposer sur le fond, et non sur des pointes de roches dominant des vallées sous-marines, où il serait soumis, par l'effet de son poids, à une tension continuelle. En combinant la vitesse du navire avec la résistance des freins, et en sui-

vant soigneusement les variations du sol, —
ce que l'on peut faire en considérant le profil
du fond de la mer, qui est connu d'avance,
— on peut arriver à poser le câble toujours
sur le fond, et non entre deux éminences de
rochers.

Il faut toujours prendre une longueur de
câble bien supérieure à celle de la ligne. Cet
excès de longueur varie de 25 à 50 pour 100.

Un navire doit toujours précéder celui qui
dévide le câble, et lui tracer la route. Celui
qui est porteur du câble, ne pourrait, en effet,
se servir de sa boussole, à cause des déviations de l'aiguille aimantée, par l'effet attractif
de la grande masse de fer dont il est chargé.

La tension du câble pendant l'immersion,
est d'autant plus considérable que la vitesse
du navire est plus grande. Aussi dans les
mers profondes, où les tensions deviennent
énormes, cette vitesse ne peut-elle dépasser
certaines limites, sans amener la rupture du
conducteur. D'un autre côté, la résistance
qu'oppose l'appareil de déroulement, a pour
effet de diminuer la dépense du câble. Or, d'a-
près le résultat des calculs de M. Airy, cette
dépense, pour une même résistance, est d'autant plus faible que le vaisseau marche plus
vite. Il faut donc marcher à une vitesse
moyenne (environ 6 nœuds), en réglant la
résistance de manière que la dépense de câble
ne dépasse pas sensiblement la longueur de
chemin parcourue par le vaisseau. Si la tension venait à augmenter brusquement, il faudrait ouvrir les freins; et au contraire, ralentir
la marche du navire et serrer les freins si cet
accroissement était progressif. L'appareil de
dévidage du câble doit être d'une grande
sensibilité, pour pouvoir se plier à ces indications et suivre les changements brusques de
position du vaisseau par l'agitation des vagues.

Après cet exposé général, nous n'aurons
plus à entrer dans des détails techniques particuliers, et nous pourrons raconter, sans interruption, les épisodes variés et les drames
émouvants de la télégraphie sous-marine.

CHAPITRE III

ÉTABLISSEMENT D'UN CABLE SOUS-MARIN ENTRE L'ANGLE-
TERRE ET L'IRLANDE, ENTRE L'ANGLETERRE ET L'ÉCOSSE,
ENTRE L'ANGLETERRE ET LA BELGIQUE, ENTRE L'ANGLE-
TERRE ET LE DANEMARK. — CABLES DE RIVIÈRE. —
LE CABLE DU RHIN. — LES CABLES TÉLÉGRAPHIQUES
DANS LES FLEUVES DE L'AMÉRIQUE (1).

En 1852, un télégraphe sous-marin, semblable à celui de Douvres à Calais, fut posé
entre l'Angleterre et l'Irlande, à travers le
canal Saint-George, sur une distance supérieure à celle qui sépare Douvres de Calais.
Le fil fut établi entre Holyhead (Angleterre)
et Howth (sur la baie de Dublin). Il ne se composait point de quatre fils métalliques, comme
celui de Douvres : il consistait en un seul fil
de laiton, isolé au moyen de la gutta-percha,
et recouvert d'une armature en fils de fer.

La figure 110 représente ce câble sous-
marin. M. Hatham, à Lon-
dres, fabriqua l'âme du câble,
qui fut envoyée de là à Ga-
teshead, sur la Tyne, chez
M. Newall et Cie, où elle fut
revêtue de son armature
métallique, en un mois. Le
câble terminé fut chargé sur
vingt wagons, et envoyé à
Mary, port où il fut embarqué sur la *Britannia*, pour
être transporté à Holyhead.

Afin de le mettre à l'abri
du contact des rochers et de
l'agitation produite par la
marée, on songea, pour la
première fois, à recouvrir
le câble sur chacun des deux
rivages, d'une enveloppe de
fils de fer, plus gros; cette
enveloppe se prolongeait jusqu'à une étendue considé-

Fig. 110. — Câble
sous marin entre
Holyhead et Howth
(grandeur natu-
relle).

(1) Il serait impossible de suivre les récits contenus dans
ce chapitre et dans les suivants, sans un atlas de géographie. Nous engageons donc les personnes qui veulent
lire avec fruit cette notice, à avoir toujours sous les yeux
la carte des pays dont il est question.

rable dans la mer. La figure 111 représente ce câble côtier.

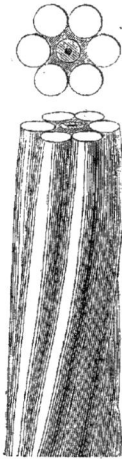

Fig. 111. — Câble sous-marin entre l'Angleterre et l'Irlande (partie côtière du câble, — grandeur naturelle).

C'est le 1er juin 1852 que la communication électrique fut complétée entre l'Angleterre et l'Irlande. On lisait dans le *Morning Advertiser* du 2 juin, l'article suivant :

« Le *Britannia* et le *Prospero* ont quitté, hier matin, Holyhead, à 4 heures; le premier suivait le fil métallique avec une rapidité moyenne de deux lieues à l'heure, tandis que l'autre pilotait la marche. Le steamer ayant le câble à bord a atteint la chaussée est de Howth, peu après 8 heures du soir; alors a été immédiatement effectuée la jonction avec la terre, et il y a eu sur-le-champ échange de messages entre Howth et Holyhead. Dès que le *Britannia* a eu atteint la côte d'Irlande, le fait a été communiqué à Holyhead. Alors le fil métallique a été appliqué à l'un des canons du navire, et la note transmise à Holyhead a reçu presque aussitôt une réponse par la détonation de l'un des canons du bâtiment. »

La profondeur rencontrée avait été de 70 brasses (127m,40); la longueur du câble posé fut de 103 kilomètres. Son poids total n'excédait pas 20 tonneaux.

On ignore la cause qui amena la rupture de ce conducteur. Il est certain seulement que trois jours après, il était hors de fonc-

tion. On suppose qu'il fut accroché par l'ancre d'un navire.

Le 9 octobre de la même année, MM. Newall et Cie s'embarquaient, avec un nouveau câble, pour tenter de relier l'Écosse et l'Irlande de Port-Patrick à Donaghadée, les deux points les plus rapprochés. Mais à 6 lieues et demie de la côte, il fut impossible de gouverner convenablement le vaisseau, assailli par un vent violent. Pour tenir contre la tourmente, il aurait fallu laisser perdre dans la mer une grande quantité de câble, et suivre ainsi les déviations du navire. M. Newall dut se résoudre à couper le câble, pour ne pas perdre le reste. Il était à 13 kilomètres de la côte, et avait encore à bord 14 kilomètres à dévider.

Le câble ainsi abandonné, fut relevé au mois de juin 1854, après deux ans de séjour dans l'eau. L'opération était difficile, car la profondeur de l'eau atteignait quelquefois 270 mètres. L'impétuosité des flots à ce point est considérable, leur mouvement est de 9 kilomètres 654 mètres à l'heure. On ne pouvait travailler que pendant la haute et basse mer ; aussi le relevage dura-t-il quatre jours. La machine à vapeur placée sur le pont du steamer était d'une grande puissance, car elle avait à déployer des efforts très-grands, surtout lorsque le câble était enfoncé dans le sable, ou recouvert de végétations marines et même de coquillages de tous genres.

Le câble fut retrouvé à peu près intact. Les parties qui avaient séjourné dans le sable, étaient en parfait état; celles qui avaient été enfouies dans les détritus d'herbes marines, étaient légèrement rongées. L'isolement électrique était aussi complet qu'au moment de la pose.

Ce résultat était de la plus haute valeur : il donna aux hommes de l'art, la conviction certaine de la durée d'un conducteur sous-marin.

Quelque temps après, la compagnie établie à Londres pour l'exploitation de la télégraphie sous-marine (*sub-marine Telegraph-Company*) jeta un conducteur sous-marin entre l'Angleterre et la Belgique.

Ce câble, qui fut posé le 6 mars 1853, partait de Douvres, pour aboutir à Ostende. Il avait 112 kilomètres de long, et se composait de six fils conducteurs, entourés de gutta-percha, puis réunis par cette même matière, et protégés à l'extérieur, par une armature de douze fils de fer, ce qui lui donnait une force et un volume considérables.

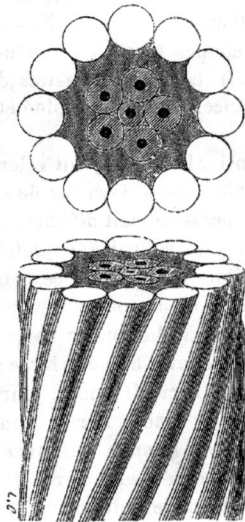

Fig. 112. — Câble anglo-belge (grandeur naturelle).

La figure 112 représente ce câble, qui fut fabriqué en cent jours, et pesait 4,418 kilogrammes par kilomètre (poids total : 500 tonneaux). Il coûta 825,000 francs. Il fallut soixante-dix heures pour le *lover* dans la cale du bâtiment, et dix-huit heures pour en opérer l'immersion.

Le 4 mai 1853, le *William Stutt*, capitaine Palmer, ancré devant Douvres, commença la pose, assisté des vaisseaux de la marine royale britannique, le *Lézard* et le *Vivid*.

Le capitaine Washington, de la marine royale, était chargé de tracer la route et de

diriger l'expédition. Au point du jour, on retira de la cale du *Stutt*, environ 200 mètres de câble, qui furent portés à terre par des canots, et déposés dans une caverne, au pied de la falaise. Cette partie servit à établir, à l'aide d'appareils télégraphiques, une communication incessante entre la terre et le vaisseau.

A 6 heures le *Stutt* était pris à la remorque par le vapeur *le Lord Warden*. La pose s'effectua sans accidents. Quand on fut arrivé devant Middlekerke, sur la côte belge, un bateau, envoyé du rivage, prit à bord environ 500 mètres de câble remorqué ; ensuite par les canots des bâtiments anglais, on arriva à terre, et l'autre extrémité du câble fut fixée dans un poste de douaniers.

La dépêche suivante fut immédiatement transmise à Londres : *Union de la Belgique et de l'Angleterre, à 1 heure 20 minutes de l'après-midi, le 6 mai 1853*.

Rien de semblable n'avait été fait jusque-là, bien que l'extension de ces moyens de communication devînt tous les jours plus grande. (MM. Newall et Cie n'avaient pas fabriqué moins de 750 kilomètres de câble, pendant l'hiver de 1852 à 1853.)

A la suite de ce succès, on essaya de nouveau de relier l'Écosse à l'Irlande, aux mêmes points que l'année précédente. Le modèle de câble qui fut posé, ressemblait à celui de Belgique ; il fut exécuté en vingt-quatre jours et coûta 325,000 francs.

Une communication du même genre fut bientôt établie entre l'Angleterre et la Hollande. Le 2 juin 1853, le bateau à vapeur *le Monarque*, déposait le câble télégraphique qui, partant d'Oxfordness, sur la côte de Suffolk, en Angleterre, aboutit à Schevening, en Hollande.

Ce câble avait une longueur de 190 kilomètres. Il a cela de particulier que le *câble côtier* est formé de sept câbles tordus ensemble. La figure 114 représente le câble proprement dit. Le câble côtier résulte

Fig. 113. — Pose d'un câble télégraphique dans un fleuve d'Amérique (page 203).

de l'assemblage de sept de ces conducteurs.

A ce câble côtier, faisons-le remarquer, on a attaché quatre câbles de mer profonde ; ils sont placés à une lieue de distance les uns des autres. Leurs extrémités seulement viennent se rattacher au câble côtier. On

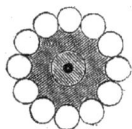

Fig. 114. — Câble anglo-hollandais (grandeur naturelle).

pourra, quand cela sera nécessaire, placer les trois autres câbles, pour faire autant de lignes distinctes et séparées.

En 1853 on construisit en Angleterre, un câble pour le gouvernement danois. Il fut placé entre Nyborg et Korsoe (île Seeland) pour relier cette île à Copenhague. Ce câble

devait être très-résistant, car il se trouve placé sur le passage d'un grand nombre de vaisseaux.

En octobre 1853, on posait au travers du Rhin, à Worms, 350 mètres d'un câble, dont la construction présentait ceci de particulier, que son armature se composait de dix-neuf fils de fer, de 7 millimètres. Pour protéger ce câble contre les galets et les ancres, on le recouvrit de tubes de fer, de 20 centimètres de longueur, composés de deux parties se joignant à vis. Ces tubes sont emboîtés l'un dans l'autre, et peuvent tourner l'un sur l'autre de manière à présenter une carapace continue, mais formée d'anneaux mobiles.

Ce câble est encore aujourd'hui en bon état.

D'autres lignes furent immergées à l'embouchure des rivières, en Angleterre, la Tay et le Forth ; nous les passerons sous silence.

Aux États-Unis, on hésita longtemps à essayer les câbles sub-aqueux. La nation américaine, habituée pourtant à donner le signal des grandes applications de la science, sans s'inquiéter des risques d'un échec, se tenait ici en arrière du mouvement. Les physiciens des États-Unis mettaient en doute la possibilité de faire circuler efficacement sous l'eau, un courant électrique. Quand il s'agissait de faire franchir à une ligne télégraphique, des rivières ou de grands fleuves, on faisait usage de mâts très-élevés, sur lesquels le fil était suspendu. Pour traverser l'Ohio, sans que le fil baignât dans le fleuve, il avait fallu donner aux mâts plantés sur les rives, une élévation de près de 100 mètres.

Mais les orages et les coups de vent étaient, pour ces immenses perches, des causes de prompte destruction. M. Shaffner, directeur des télégraphes de ce pays, eut alors l'idée d'employer des fils immergés et isolés par une couche de gutta-percha. Mais des courants d'eau aussi rapides et aussi chargés de sable que ceux de l'Ohio et du Mississipi, détruisaient rapidement cette enveloppe. Il arrivait aussi que des arbres, déracinés par des ouragans, descendaient le cours du fleuve, draguant son lit avec leurs racines, et s'accrochant au câble. La tension devenait excessive par l'action du courant sur la surface considérable que présentaient les arbres arrêtés par le fil, lequel se trouvait bientôt rompu.

Il fallait donc donner aux câbles destinés à être immergés dans les fleuves de l'Amérique, une résistance toute particulière. Voici comment M. Shaffner les construisit, pour assurer leur durée.

A (fig. 115) représente le conducteur électrique, formé d'un fil fer de 3mm,6 étiré avec le plus grand soin, et d'une résistance d'environ 600 kilogrammes. B est le revêtement de gutta-percha, composé de trois couches soigneusement fabriquées, C trois couches d'un mélange dit d'Osnaburg, additionné d'une

composition de goudron, résine et suif. D est l'armature de fil de fer n° 10; E est un fil n° 12, roulé en spirale sur toute la longueur.

Plusieurs câbles de ce genre ont été posés, aux États-Unis, soit dans les fleuves et les rivières, soit dans les baies et détroits.

La fabrication des câbles est loin de se faire en Amérique comme en Europe et particulièrement en Angleterre, où les machines consacrées à cette fabrication ne laissent rien à désirer. Dans les provinces de l'Ouest surtout, on n'a pas toujours des ateliers; aussi ces câbles se fabriquent-ils en pleine forêt, avec la terre pour plancher, pour toit le ciel, et l'horizon pour limiter la vue. Un crampon de fer enfoncé dans un arbre, soutient l'âme du câble. Des hommes sont occupés à placer les fils de fer autour du câble et à les serrer. A mesure que l'on enroule les spires de fil de fer, on recule le cerceau qui maintient écartés et dans leur position respective, les fils de

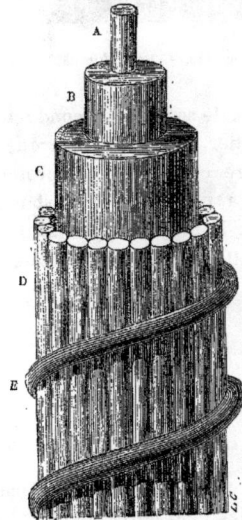

Fig. 115. — Conducteur télégraphique pour la traversée des fleuves de l'Amérique (grandeur naturelle).

fer de l'enveloppe extérieure. Enfin on enroule le câble terminé autour d'un tambour, et ce tambour, ou bobine, est placé dans la barque qui doit servir à opérer l'immersion du conducteur.

La figure 113 (page 201) représente la pose d'un câble au fond et au travers d'une rivière. Lorsqu'on peut se procurer un petit bateau à vapeur pour remorquer le bateau qui porte le câble, l'opération est plus sûre et plus prompte ; car plus est rapide la traversée du bateau, moins il y a de pertes de fil par l'entraînement du courant.

Fig. 116. — Schaffner, directeur des lignes télégraphiques aux États-Unis.

M. Shaffner décrit, dans son ouvrage, les impressions qu'il ressentit, lorsqu'il opéra la pose du câble dans le Merrimac. C'était dans l'obscurité de la nuit : les étoiles brillaient au ciel, et leur douce clarté illuminait seule cette scène émouvante.

« Dans le silence de la nuit, dit-il, entourés d'une forêt profonde, effrayante, que le pied de l'homme avait rarement foulée, nous étions occupés à préparer une voie à un messager qui, porté par une étincelle, devait être le premier à voir le soleil à l'orient et le dernier à le saluer au couchant; qui, dans un instant, porterait des nouvelles du Nord cerclé de glaces, au Sud, dans les régions du vert palmier et du magnolia aux fleurs éclatantes. Notre

couche était la terre, piédestal de Dieu ; le feuillage des forêts nous garantissait de la rosée du ciel. Nous nous endormions au chant du grillon, au cri de la chouette et aux rugissements de la panthère. Le temps ne peut guère effacer de l'esprit le souvenir de pareilles scènes. L'éternité seule a le pouvoir de les effacer (1). »

CHAPITRE IV

LA TÉLÉGRAPHIE SOUS-MARINE EN CRIMÉE. — CABLE TÉLÉGRAPHIQUE ENTRE LE DANEMARK ET LA SUÈDE. — LE CABLE ENTRE LA FRANCE ET L'ALGÉRIE. — AUTRES LIGNES SOUS-MARINES ÉTABLIES DANS LES DEUX MONDES.

Revenons à l'ancien continent. La guerre de Crimée ayant rendu nécessaire la pose d'un câble sous-marin à travers la mer Noire, les gouvernements anglais et ottoman chargèrent MM. Newall et Cⁱᵉ de sa construction.

Le câble fut placé le 13 avril 1854. Reliant la Turquie avec la Crimée, il partait de Varna, pour aboutir au camp des alliés, devant Sébastopol, à Balaclava. Un autre reliait Varna à Constantinople. L'Europe se trouvait ainsi en relation presque instantanée avec le théâtre de la guerre.

Ce câble n'avait qu'un fil conducteur ; sa longueur était de 843 kilomètres, son poids de 800 tonnes.

Malgré l'immense étendue de ce conducteur et les difficultés de la navigation sur la mer Noire, l'exécution des travaux ne rencontra aucun obstacle. Quelques jours suffirent pour terminer la pose, qui fut opérée par MM. Newall.

Le télégraphe électrique de la mer Noire fonctionna sans interruption, avec le plus complet succès, jusqu'à la prise de Sébastopol. Après la conclusion de la paix avec la Russie, la ligne fut supprimée.

Pendant cette même année le Danemark et la Suède furent reliés par un câble immergé dans le détroit du Sund. L'armature de ce câble est extrêmement résistante.

(1) The Telegraph Manual. New-York, 1863, in-8, p. 602.

Nous avons à parler maintenant des diverses tentatives qui ont été faites pour relier, par un télégraphe sous-marin, la France et le continent européen à l'Afrique française. Commencée en 1854, arrêtée par deux insuccès en 1855 et 1856, cette belle ligne sous-marine fut menée à bonne fin au mois de septembre 1857. Mais peu après, la rupture du conducteur nécessitait une reprise de travaux, qui ne furent malheureusement pas couronnés de succès. Quelques détails sur les diverses phases des opérations accomplies ou essayées dans ces circonstances, ne seront pas de trop ici.

Quand il fut question, pour la première fois, de relier électriquement l'Algérie au continent européen, deux plans furent proposés au gouvernement. Une compagnie française offrait d'établir la ligne télégraphique en traversant l'Espagne, de manière à diminuer autant que possible, l'étendue du câble sous-marin. Le fil partant de Perpignan, aurait suivi le littoral méditerranéen de l'Espagne, jusqu'à la ville d'Almeria. Arrivé à ce point du midi de l'Espagne, il aurait plongé dans la Méditerranée, pour aboutir à Oran. Le fil sous-marin aurait présenté, dans ce cas, une longueur de 140 kilomètres (35 lieues de terre). D'un autre côté, une compagnie anglaise, sous la direction de M. John Watkins Brett, proposait de passer par la côte d'Italie, la Sardaigne et la Corse, pour aboutir à la côte de Tunis. Cet itinéraire exigeait deux lignes sous-marines d'une longueur inusitée, mais il avait cet avantage, pour l'Angleterre, de permettre de pousser ultérieurement la ligne télégraphique le long du littoral de l'Afrique et de l'Asie, de manière à atteindre jusqu'aux possessions anglaises dans les Indes orientales.

Une loi promulguée le 10 juin 1853, accorda la préférence au projet de la compagnie anglaise. Voici donc quel fut le trajet adopté pour la ligne télégraphique sous-marine, destinée à relier avec l'Afrique le continent européen.

Partie de Douvres, la ligne télégraphique sous-marine aboutit à Ostende, en mettant à profit le télégraphe sous-marin établi entre ces deux villes. Arrivé en Belgique, il traverse ce pays et atteint Cologne, d'où il descend, le long des possessions allemandes, de Cologne à Carlsruhe et Bâle. La Suisse et les États sardes sont ensuite traversés; le fil télégraphique descend de Chambéry à Turin, et de Turin au port de la Spezzia, situé, au midi de Gênes, en face de la pointe septentrionale de la Corse. C'est en ce point que le fil s'enfonce dans la mer, pour aller se fixer au cap Corse. L'île de Corse est traversée, du nord au sud, par une ligne de télégraphie terrestre. Le détroit de Bonifacio, qui sépare la Corse de la Sardaigne, est franchi ensuite, au moyen d'un câble sous-marin. La Sardaigne franchie, le fil descend de nouveau dans la Méditerranée; il part du cap Teulada, pour aborder à la côte d'Afrique entre la ville de Bone et la frontière de Tunis.

L'étendue totale de la partie sous-marine de cette ligne était de 449 kilomètres (112 lieues terrestres).

La première partie de cette ligne sous-marine fut exécutée au mois de juillet 1854. Des câbles télégraphiques furent déposés, à cette époque, dans la Méditerranée, reliant la Spezzia avec la Corse, et la Corse avec la Sardaigne; de telle sorte qu'il ne restait plus qu'à continuer la ligne sous-marine de la Sardaigne au littoral de l'Afrique.

Cette opération présenta assez d'intérêt pour que nous en rappelions ici les détails.

Dès le commencement du mois de mai 1854, les deux conducteurs se trouvaient prêts: ils avaient été construits dans les ateliers de M. John Watkins Brett, à Greenwich.

Le câble de 1854 (*fig.* 117) était composé de six fils de cuivre, réunis de la manière suivante: les six fils de cuivre étaient, chacun, enveloppés dans une gaîne de gutta-percha; puis, tous les six étaient fortement unis en faisceau par un assemblage de cordages et de goudron, de façon à former un premier câble ; venait par là-dessus un fais-ceau de douze tiges de fer cerclées autour du câble. L'ensemble de ce système présen-tait un diamètre d'environ 3 centimètres. La longueur totale du conducteur était d'en-viron quarante-cinq lieues, d'une seule pièce, et pesait 5,000 kilogrammes, ou 5 tonnes, par kilomètre.

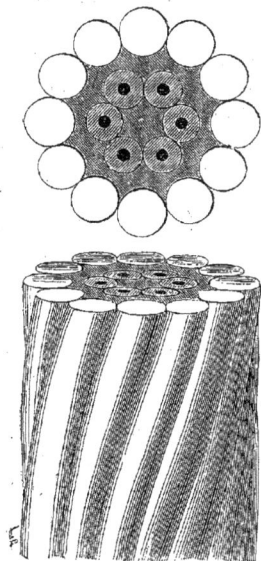

Fig. 117. — Câble déposé en 1854, entre le Piémont et la Corse, pour l'établissement de la ligne d'Algérie (dimen-sions grossies).

Le bâtiment à vapeur *Harbinger*, fut frété pour transporter cet immense conducteur sur la côte d'Italie et procéder aux travaux de la pose du fil entre le Piémont et la Corse. Ce navire allait partir lorsque le gouver-nement anglais le mit en réquisition pour un transport de troupes en Orient. Il fallut donc en chercher un autre. L'arrimage d'un câble de plus de quarante lieues de longueur et d'un poids de plus de 800 tonnes, rendait assez difficile le choix du navire ; on ne put en trouver un qu'au commencement de juin : c'était le *Persian*. En raison du poids de son chargement, ce steamer ne put prendre de

charbon que pour la traversée jusqu'à Gibraltar. On mit à la voile avec le câble électrique enroulé autour d'un immense treuil, installé sur le pont.

Mais après une courte traversée, le *Per-sian*, atteint par le gros temps, fut obligé de relâcher à Plymouth ; et pour réparer ses avaries, il dut s'alléger de soixante kilomètres de câble. On ne pouvait songer à se procurer un autre bâtiment, car les transports pour la guerre d'Orient absorbaient en ce moment tous les navires convenables. On se borna donc à réparer le *Persian*, qui, complétement remis en état, repartit le 18 juin, renouvela à Gibraltar sa provision de charbon, et arriva le 18 juillet à Gênes. Le même jour, il touchait au cap de la Spezzia, point de départ du télé-graphe sous-marin du Piémont au cap Corse.

Le 21 juillet, à 3 heures et demie, le câble fut déposé à terre, au cap Santa-Croce ; et tout aussitôt commença l'opération de la pose du fil, qui fut continuée par le *Persian* jusqu'à 8 heures et demie du soir. Le tra-vail fut suspendu pendant la nuit : le bâti-ment n'avait alors pour toute ancre de retenue que le cable électrique.

Le dévidement et la pose du fil furent repris le lendemain matin, à 8 heures. A midi, 30 kilomètres étaient placés ; à 4 heures du soir, la sonde indiquait une profondeur de deux cent trente brasses (460 mètres). Mais en ce moment, le câble se précipita avec une telle vitesse que c'était à peine si les hommes employés à ce travail, pouvaient parvenir à l'arrêter ; on y réussit cependant, et on l'arrêta dans des poulies. On fut obligé de couper la partie du câble en-dommagée par ces accidents, et de réunir ensuite les deux bouts. Trente-six heures furent employées à cette opération.

Le 23, on se disposa à reprendre la pose du fil ; la sonde indiquait une profondeur de plus de six cents mètres.

Les sondages pratiqués quelques mois au-paravant, sur cette partie du trajet du câble télégraphique, n'avaient point accusé l'existence de cette vallée sous-marine, qui surpassait de deux cents mètres les plus grandes profondeurs que les ingénieurs avaient signalées entre le Piémont et la Corse ; elle dépassait aussi de beaucoup les profondeurs que l'on avait rencontrées dans l'établissement du télégraphe sous-marin entre Douvres et Calais, comme entre l'Angleterre et la Belgique. Aussi tout le monde était-il convaincu, à bord du *Persian*, que le câble allait se briser sous l'énorme pression qu'il aurait à supporter dans les couches d'eau voisines du sol. Les officiers de la marine sarde, qui prenaient part à cette grande opération, conseillaient de faire un détour de huit milles, pour aller chercher les îles de Gorgona et de Carpuja, où la mer n'a qu'une profondeur de deux cents mètres ; il était à craindre, si l'on persistait à continuer l'opération, de voir le câble électrique se briser.

Ce parti était sans doute le plus prudent ; cependant M. Brett ne jugea pas à propos de l'adopter. Il fit comprendre, avec beaucoup de raison, que le moment était venu de décider, une fois pour toutes, une question capitale pour la télégraphie sous-marine. En effet, la ligne que l'on s'occupait d'établir, ne devait point s'arrêter à la Corse ; elle ne représentait que le début de la ligne grandiose qui, s'élançant de la Corse à la Sardaigne et de la Sardaigne à l'Afrique, ne devait se terminer qu'au fond des Indes. On aurait à rencontrer, dans ce long parcours, des mers dont la profondeur serait plus considérable encore, et il était bon de constater tout de suite si l'opération était possible.

On se mit donc résolûment à l'œuvre, et le câble fut abandonné à son poids.

Il parut d'abord descendre sur la pente d'une montagne sous-marine, jusqu'à une profondeur de trois cent soixante à quatre cents mètres ; ensuite, on crut sentir qu'il se trouvait tout à coup sur le bord d'un précipice, dont le fond n'était pas à moins de sept cents mètres, profondeur qui excédait de plus de cent mètres celle que les cartes indiquaient sur la route suivie jusque-là. Le câble se précipita alors avec une rapidité effrayante, non sans faire courir des dangers et occasionner de graves avaries au navire ; s'il n'eût pas été construit avec une solidité parfaite, sa rupture était inévitable. On finit cependant par rencontrer le fond, et la nuit fut employée à réparer les avaries occasionnées au bâtiment par cette opération dangereuse. Le câble fixé au fond de la mer servait seul d'ancre de retenue, et certes, jamais ancre d'une telle longueur n'avait servi à aucun navire, depuis l'époque où le premier navigateur au cœur armé d'un triple acier osa, selon le poëte, braver les dangers de l'élément perfide.

Deux jours après, la pose était terminée : le 25 juillet, le câble électrique était attaché au cap Corse, à la hauteur de la tour d'Aguelto.

Ainsi, tout allait bien de ce côté, et pour continuer l'entreprise heureusement commencée, il fallait s'occuper de la ligne de télégraphie terrestre qui devait traverser la Corse, pour faire suite à ce premier conducteur. Mais, en arrivant en Corse, M. Brett y trouva les ingénieurs et ouvriers de la ligne terrestre, atteints de la *malaria*, qui envahit chaque été ce pays. Les quatre cinquièmes des ouvriers avaient succombé, et M. Deschanel, l'ingénieur en chef, avait été une des premières victimes. Tous les travaux étaient suspendus ; on ne put les reprendre et les terminer qu'au bout d'un mois. Cependant, le 26 août, la ligne terrestre de la Corse, construite enfin, put commencer à fonctionner.

Le 29, à 4 heures et demie du matin, le *Persian* procéda à la pose du fil électrique dans le détroit de Bonifacio, entre la Sardaigne et la Corse. A 10 heures du soir, l'opération était terminée, et le *Persian,* ayant définitivement accompli sa tâche, reprenait la route de Gênes, pour rentrer ensuite à Liverpool.

La pose de la seconde partie du câble sousmarin de l'Algérie présenta beaucoup plus de difficultés que la première, en raison de la grande distance à franchir, de la profondeur de la mer et des brusques inégalités du fond. Deux tentatives faites en 1855 et 1856, échouèrent complétement.

Le 25 septembre 1855 l'aviso français, *le Tartare*, aidé du bâtiment anglais, *le Result,* commença l'opération qui consistait à déposer le câble de Cagliari à Bone ; mais le 26 celui-ci se rompit, par suite de sa trop grande vitesse de déroulement, provenant de l'existence d'une profonde vallée sous-marine.

Un insuccès analogue fut le résultat de la seconde tentative faite en 1856, pour la pose du câble télégraphique de la Sardaigne à la côte d'Afrique. Commencée le 7 août, par le *Dutchman,* navire à vapeur anglais et le *Tartare,* de la marine impériale française, cette opération se termina le 15, par la perte du câble. Des courants avaient fait dévier le bâtiment dans sa marche, et le conducteur, arrivé près du terme du voyage, ne se trouva pas assez long pour atteindre le rivage de l'Afrique. Pendant que l'aviso *le Tartare* s'empressait, à toute vapeur, d'aller prendre à Alger, les chalands ou bouées, nécessaires pour retenir le bout libre du câble, la mer, devenue très-forte, brisa et emporta le câble.

Une troisième tentative fut faite en 1857, et comme nous allons le voir, elle se termina plus heureusement.

Au lieu de dérouler le câble conducteur, en partant de la Sardaigne, comme on l'avait fait dans les deux premiers essais, on choisit cette fois, la côte d'Afrique pour point de départ. Le câble qui avait été perdu en 1856 était, avons-nous dit, du poids de 5 tonnes par kilomètre ; on réduisit ce poids à 4 tonnes par kilomètre, ce qui, joint au perfectionnement qui avait été apporté au mécanisme destiné à opérer l'immersion et à l'habileté avec laquelle les manœuvres furent exécutées, facilita considérablement la tâche des opérateurs.

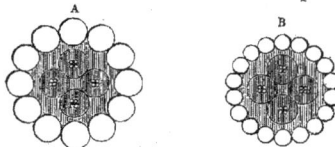

Fig. 118. — Coupe du câble télégraphique posé en 1857, entre la Sardaigne et la côte de Bone, pour la ligne d'Algérie : A *câble côtier*, B *câble de fond* (grandeur naturelle).

Ce câble est composé de quatre fils conducteurs. Chaque conducteur est formé d'une petite corde de quatre fils de cuivre, enroulés en spirale, et enveloppés de gutta-percha. Ils sont ensuite entourés d'une corde de chanvre et de dix-huit fils de fer de 3 millimètres. Dans la partie côtière de ce câble, ces dix-huit fils de fer sont remplacés par douze fils plus gros (de 5 millimètres de diamètre). La figure 118 représente, de grandeur naturelle, le câble côtier et le câble de fond.

Des difficultés importantes existaient sur le trajet de cette longue ligne sous-marine, car les travaux d'exploration et de sondage faits par M. Delamarche, ingénieur hydrographe, avec un navire français, avaient démontré que le lit de la Méditerranée présente, sur cette distance de 250 kilomètres, comparativement courte, des profondeurs et de brusques inégalités aussi considérables que les vallées sous-marines les plus basses et les plus escarpées que l'on rencontre dans l'océan Atlantique. Pendant plus de la moitié du trajet, la profondeur de l'eau est de 3,200 à 4,000 mètres, et sur l'autre moitié, le lit de la mer s'élève brusquement de 200 à 400 mètres. Le fond de la Méditerranée est formé d'ailleurs, d'un calcaire coquillier tendre, qui ressemble à celui de la Manche, entre Douvres et Calais, et qui constitue une surface excellente pour recevoir et conserver le câble électrique.

Les opérations commencèrent le 1er septembre 1857. MM. Newall dirigeaient les manœuvres. Parmi les membres de l'expédition, chargés d'assister et de concourir aux travaux, étaient M. Bonelli, directeur des télégraphes des États sardes, M. Siemens, directeur des télégraphes de la Prusse; M. Brainville, représentant de l'administration télégraphique française, et M. John Watkins Brett, concessionnaire de la ligne.

Fig. 110. — John Watkins Brett, ingénieur des télégraphes sous-marins de la Manche et de la Méditerranée.

Le câble fut immergé entre le cap Garde près de Bone (Algérie) et le cap Teulada, en Sardaigne. Nous emprunterons au savant *Traité de télégraphie électrique* de M. Blavier, la description des manœuvres qui furent accomplies pour l'immersion de ce conducteur.

« Le câble était enroulé sous le pont dans un manchon en bois cylindrique A (*fig*. 120) autour d'un cône dont la partie supérieure était libre. Quatre cercles en fer, maintenus par des cordes dans une position horizontale, forçaient le câble à se dérouler régulièrement et empêchaient les nœuds de se produire. Les deux inférieurs étaient abaissés au fur et à mesure que la hauteur du cylindre de câble diminuait par le déroulement, de manière que le dernier fût toujours à une faible distance de la corde métallique pour ne permettre qu'un soulèvement partiel et successif des grandes spires extrê-

mes. En sortant du cercle de fer, le câble passait dans un anneau et remontait verticalement pour s'engager dans la gorge d'une pièce de fonte B placée sur la dunette du navire, et suivait une gouttière triangulaire en fer D soutenue par des pièces de bois.

Au sortir de ce conduit, le câble passait dans le vide laissé par deux roues à gorges superposées, M, glissait entre deux pièces de bois N recouvertes de tôle et liées par une charnière, où il pouvait être fortement serré au moyen d'un bras de levier adapté à la pièce de bois supérieure, et enfin s'engageait dans une gorge conique G, qui le forçait à s'appuyer sur le bord extérieur d'un grand tambour R sur lequel il s'enroulait sept fois. Un couteau en fer fixé aux montants empêchait la superposition des tours.

Le frein *a* se composait d'une forte bande de tôle de 0^m,10 de largeur, enveloppant la circonférence du tambour, sur laquelle elle pouvait être serrée au moyen d'un bras en fer communiquant le mouvement à un levier coudé.

Au sortir de la roue, le câble passait dans une gorge en fonte S, placée à l'arrière du tambour, et tombait à la mer.

Le dynamomètre, destiné à donner une mesure de la tension du câble, qui fut installé seulement au dernier moment, était formé d'une pièce pesante, H, mobile autour d'un axe et s'appuyant sur le câble par l'intermédiaire d'une poulie à gorge. Ce poids additionnel faisait fléchir le câble entre le tambour et la poulie extrême, et par la flèche, on pouvait déduire la tension au moyen du calcul, ou de quelques expériences préalables.

Une caisse à eau P, placée au-dessus du tambour et alimentée par une pompe, arrosait constamment le tambour, pour l'empêcher de s'échauffer par le frottement.

L'extrémité du câble fut amenée à terre et fortement attachée à la côte (au cap de Garde près Bone) au moyen d'un fort poteau solidement fixé sur le rivage et autour duquel le câble fut enroulé plusieurs fois.

L'immersion, commencée le 7 septembre 1857, à 8 heures du soir, par un très-beau temps, fut terminée le lendemain à 10 heures du soir ; on était encore à 20 kilomètres de terre environ, et il ne restait plus de câble ; la profondeur n'était que de 80 brasses ; on souda provisoirement un bout de petit câble qui, un mois après, fut remplacé par un câble de même modèle que celui de la ligne.

Pendant l'immersion, on dut s'arrêter deux ou trois fois, pour parer à la rupture de fils de l'enveloppe extérieure. Le câble filait avec une vitesse bien supérieure à celle du navire La longueur immergée surpassait d'environ 40 pour 100 l'espace parcouru par le vaisseau. Cette rapidité d'immersion détermina même les ingénieurs à changer de route, pour atteindre plus rapidement les faibles

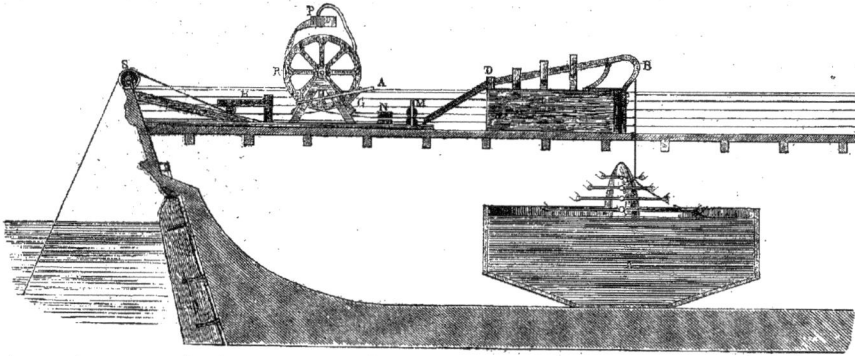

Fig. 120. — Appareil d'immersion du câble d'Algérie de 1857, d'après le *Traité de télégraphie électrique* de M. Blavier.

profondeurs, et à forcer la marche du navire, qui dépassa 6 nœuds (1). »

Il convient d'ajouter que ce câble ne fonctionna jamais bien : au bout de deux ans, il était paralysé. On parvint à le relever sur une certaine longueur, mais il se brisa, et l'opération fut abandonnée. La partie retirée de l'eau était en fort mauvais état. Nous verrons plus loin comment a été établie, en désespoir de cause, la communication télégraphique entre la France et l'Algérie.

CHAPITRE V

En 1855, l'Italie et la Sicile furent reliées par un conducteur électrique.

Dans cette même année, une compagnie ayant à sa tête un physicien anglais, M. Gis-

borne, essayait de réunir l'île de Terre-Neuve au continent américain, à travers le golfe Saint-Laurent.

L'opération, commencée en août 1855, fut arrêtée par une tempête si violente qu'il était de toute nécessité de couper le câble ou de perdre le bâtiment avec l'équipage. On avait, du reste, filé une quantité trop grande de câble, et il n'en restait pas suffisamment pour gagner la côte, bien qu'on eût changé de route, et qu'on se dirigeât sur l'île de Saint-Paul. La compagnie éprouva donc une perte sérieuse.

En 1856, l'épreuve fut tentée de nouveau, et cette fois, elle réussit parfaitement. Le conducteur ne différait du premier qu'en ce qu'il était plus léger. On parvint à relier le cap Ray, de l'île de Terre-Neuve, à l'île du prince Édouard, à la province du Nouveau-Brunswick et à l'île du cap Breton. Le nouveau monde semblait essayer de se rapprocher de l'ancien continent. Déjà quelques velléités se produisaient de faire l'essai d'un câble qui pourrait traverser l'Océan tout entier, de l'Amérique à l'Angleterre, mais le moment n'était pas encore venu pour cette grande merveille de notre temps.

Revenons donc en Europe.

En 1856, un conducteur électrique fut

(1) *Nouveau Traité de télégraphie électrique.* in-8°. Paris, 1867, t. II, pages 108, 109.

posé dans le lac de Constance (Allemagne et Suisse), entre Friederichshaven et Romanbhorn. Il avait été fabriqué par MM. Felten et Guillaume, dans leur usine de Cologne. Sa longueur était de 12,000 mètres et il avait coûté 20,000 fr. La figure 121 donne une coupe de ce câble.

Fig. 121. — Câble du lac de Constance.

Fig. 122. — Câble du lac des quatre Cantons.

La figure 122 représente un autre câble qui fut posé dans le *lac des quatre Cantons*, en Suisse, de Fluelen à Bauen (6 kilomètres). Il diffère de ceux que l'on construit habituellement, en ce que son conducteur est en fer et son armature composée de deux rubans de fer roulés en spirale. Il avait coûté 10,000 fr. La plus grande profondeur du lac fut trouvée de 227 mètres.

Dès les premiers temps, l'isolement de ce câble était imparfait ; mais on parvint à réparer ce défaut par un moyen qui mérite d'être signalé. On fit passer à travers le câble un courant d'électricité positive très-fort ; le fer fut oxydé, et il se produisit une croûte d'oxyde de fer isolante. C'était jouer gros jeu, mais l'événement donna raison à cette expérience hardie.

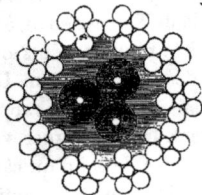

Fig. 123. — Câble russe (grandeur naturelle).

Les figures 123 et 124 représentent la coupe des modèles de câbles employés en Russie. La figure 124 particulièrement, re-

présente le câble qui a été immergé de Saint-Pétersbourg à Cronstadt.

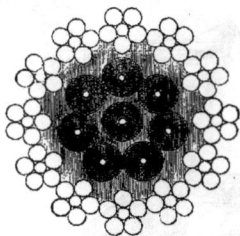

Fig. 124. — Câble de Saint-Pétersbourg à Cronstadt (grandeur naturelle).

On parvint, à cette époque, à relier l'île de Malte et celle de Corfou avec la Sardaigne. MM. Newall avaient construit et posèrent ce câble comme nous allons le dire.

Le bateau à vapeur *l'Elbe* arriva à Cagliari (Sardaigne) le 10 novembre 1857, ayant à bord 1,200 kilomètres de câble. Le *Desperate* avait fait les sondages et le *Blazer* guidait la marche.

Le 13 novembre, la flottille mit à la voile pour Sainte-Éliza, à quelques kilomètres sud de Cagliari. On procéda à l'atterrissement, et le 14 la pose commençait.

Le 15, une violente tempête assaillit le navire ; à minuit elle devint si violente, que les vagues balayaient à chaque instant le pont. Le navire filait toujours, mais irrégulièrement. Le 16, à 11 heures, pendant que le navire luttait contre les vagues, une lame violente le jeta de côté, et embrouilla le *lovage* du câble.

Le 17, l'île de Gozo qui touche à celle de Malte, était en vue, et bientôt après, la flottille entrait dans la baie de Saint-Georges, au nord de La Valette (île de Malte). La pose du fil avait pris soixante-douze heures ; on en avait filé 600 kilomètres.

De Malte à Corfou, la pose fut différée, à cause du mauvais temps. Pour ne pas avoir le vent debout, on décida de commencer la pose de Corfou en se dirigeant sur Malte.

Le 1er décembre, le *Desperate* et le *Blazer* étaient rendus à Corfou et l'immersion commença. Le *Desperate* traçait la route et le *Blazer* servait de remorqueur. Le temps était beau, et par conséquent le succès presque assuré. On avait franchi, le 3 décembre, la plus grande profondeur (2,600 mètres), et le 4 à midi, tout le câble était immergé sans accident. On avait déroulé 650 kilomètres de fil en soixante-douze heures.

La nouvelle de cette victoire pacifique de la science sur les éléments, était connue le 5 à Londres. Cette longue ligne qui reliait la Sardaigne à la Turquie, avait coûté 3,125,000 francs.

Vers la même époque, des câbles furent immergés entre Weilcourne, comté de Norfolk (Angleterre) et Emden (Hanovre), et rattachèrent Cromer (Angleterre) à Tonningen (Danemark) par l'île anglaise d'Helgoland dans la mer du Nord. La figure 125 fait comprendre la disposition de ces deux derniers câbles.

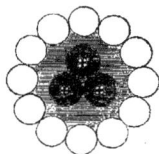

Fig. 125. — Câble entre l'Angleterre et le Hanovre (grandeur naturelle).

MM. Glass et Elliott posèrent, pour le compte des gouvernements danois et norwégien, dans les détroits, baies, golfes, etc., vingt-quatre câbles, dont le plus long avait 6 kilomètres, par des profondeurs qui variaient de 195 mètres à 487 mètres, et au prix de 2 francs par mètre.

Le 2 juin 1858, on immergeait avec succès un deuxième fil entre la citadelle de Messine (Sicile) et le château de Reggio (Calabre).

Pendant la même année, Orfordness et Harlem (Angleterre et Hollande), Liverpool et Holyhead (Angleterre), étaient reliés électriquement.

Le 7 septembre 1858, les îles anglaises de la Manche, Aurigny, Guernesey, Jersey,

furent réunies à l'Angleterre. La plus grande profondeur rencontrée avait été seulement de 80 mètres; aussi l'armature n'était-elle composée que de neuf fils de fer, de 5 millimètres et demi de diamètre; ce câble coûta 650,000 francs.

Au mois de mars 1858, l'île de Ceylan fut réunie à la presqu'île de l'Inde.

Le 26 novembre de la même année, le bateau à vapeur autrichien le *Cesar-Nair* arrivait devant Lesina, île de l'Adriatique voisine de la Dalmatie, et atterrissait l'extrémité d'un câble dont l'autre extrémité était fixée à Antivari (Albanie). Le câble qui fut immergé était le même que celui qui avait servi aux armées alliées dans la guerre de Crimée, et qui avait été posé entre Eupatoria et Balaclava : sa longueur était de six lieues.

Le câble existant de Douvres à Calais, entre l'Angleterre et la France, depuis 1852, était devenu insuffisant, en raison des nombreuses relations de ces deux grands pays. On voulut jeter un second câble aboutissant à Saint-Malo (côtes du département d'Ille-et-Vilaine), et qui, par conséquent, devait être plus long que celui de Douvres à Calais.

Cette opération rencontra des difficultés, mais le peu de profondeur de la mer permit de les surmonter. Une bourrasque amena la rupture du câble. Quelques mois après, la marée qui parcourt ces rivages avec une grande vitesse, provoqua le même accident. On répara le câble, qui fut déplacé et fixé au rivage, au moyen de fourches de fer scellées dans le roc. Un autre accident, causé par un orage, détériora ce câble. La foudre vint le frapper dans sa partie aérienne, traversa le bureau et les appareils, parcourut 28 kilomètres de fil et s'échappa par une partie faible de l'enveloppe isolante.

Le 20 octobre 1858, une ancre de navire rompit le câble de Douvres à Calais, et il fallut remédier à ce grave accident.

Nous saisirons cette occasion et interromprons, en ce point, notre récit, pour donner quelques détails sur les procédés qui sont employés pour la réparation des câbles sub-aqueux. Ces procédés sont, en effet, à peu près les mêmes dans tous les cas.

Pour aller à la recherche d'un câble rompu ou perdu, on commence par déterminer approximativement, à l'aide du galvanomètre, le point sur lequel s'est fait la rupture. L'ingénieur trace sur une carte marine, la route qui a été suivie à l'époque de la pose du câble ; puis il se porte avec un bateau à vapeur, à 1 kilomètre environ au-dessus ou au-dessous du câble, selon que la marée descend ou monte.

Dans cette position on jette un grappin à cinq crochets, qui draguent le fond de la mer. On attache une vingtaine de mètres de chaîne de fer à ce grappin, pour en augmenter le poids, et l'on fixe le tout à une corde qui s'enroule sur une poulie solidement fixée sur le pont du navire.

Lorsque le grappin a rencontré le câble, la corde se tend et le navire est pour ainsi dire à l'ancre. Alors, pour amener le conducteur à la hauteur de l'avant du navire, on tire, soit par les bras de l'équipage, soit au moyen d'une petite machine à vapeur spéciale que les Anglais appellent *Donkey-Engine*. Seulement il faut prendre de grandes précautions pendant le relèvement, qui doit se faire avec une extrême lenteur.

Lorsque le câble est relevé, on le hisse à bord, après l'avoir attaché à une chaîne ; puis on suspend une poulie sur le côté du navire. On engage le câble retiré de l'eau sur la gorge de cette poulie, sans détacher le câble de la chaîne, afin qu'il ne retombe pas à la mer. Cette chaîne est fixée solidement à bord, de sorte que, lorsque le navire, après avoir marché dans la direction du point de rupture, reconnaît qu'il s'en approche, à ce que le déroulement du câble devient très-fort, on tend fortement la chaîne qui le retient, on le hisse à bord pour mettre à l'épreuve sa conductibilité électrique et fixer son extrémité à

une bouée, puis on rejette le tout à la mer.

La même opération se fait pour l'autre bout du conducteur ; seulement on soude à son extrémité un morceau de câble, et on le déroule soigneusement en se dirigeant sur l'autre bouée abandonnée précédemment. Là, on fait une nouvelle *épissure* (soudure) ; puis on attache le câble ainsi réparé à des cordes, et on le coule doucement au fond de la mer, de crainte qu'il ne se noue ou ne s'enroule.

C'est par ces moyens que fut repêché et réparé, en 1858, le câble de Douvres à Calais.

Reprenons maintenant la revue historique des différents câbles sous-marins posés jusqu'à ce jour.

CHAPITRE VI

POSE DES CABLES SOUS-MARINS DE L'ILE DE CANDIE AU RIVAGE ÉGYPTIEN. — CABLE DE CANDIE A SMYRNE, A CHIO ET AUX DARDANELLES. — LA TÉLÉGRAPHIE SOUS-MARINE EN AUSTRALIE. — CABLE DES ILES BALÉA-RES, ETC. — NOUVELLE TENTATIVE D'IMMERSION DU CABLE DE MARSEILLE A ALGER. — NOUVEAUX CABLES ENTRE L'ANGLETERRE ET L'IRLANDE, ENTRE L'ANGLE-TERRE ET LE CONTINENT, ETC.

Si quelques succès encourageaient l'établissement général des télégraphes sous-marins, d'un autre côté, des déceptions cruelles, de graves accidents, qui entraînaient des pertes considérables, arrêtaient l'essor des capitaux. Des divers conducteurs sous-marins dont nous avons parlé dans les pages précédentes, plusieurs s'étaient rompus, après un très-court service. Tel fut par exemple, le sort du câble qui avait été jeté entre les îles de Malte et de Corfou, pour relier la Sardaigne à la Turquie.

Trois tentatives étaient restées infructueuses pour relier l'île de Candie à Alexandrie, sur le rivage égyptien. La profondeur de la mer en ces parages, allait jusqu'à 3,000 mètres. Le câble employé dans une des tentatives, n'avait qu'une armature de chanvre, que les tarets (mollusques marins), eurent bientôt détruite. Dans un autre essai, le câble se rompit pendant l'immersion, et il fallut remettre l'opération au printemps suivant. MM. Newall, qui étaient chargés de la fabrication et de la pose, utilisèrent le câble restant, en l'immergeant entre Athènes et l'île de Syra.

Ainsi les revers et les succès alternaient dans ces entreprises trop nouvelles encore pour que l'on pût se flatter d'y procéder à coup sûr.

Vers 1859, le réseau oriental avait été étendu ; il reliait l'île de Candie à Smyrne, à Chio et aux Dardanelles.

Dans les Indes, Singapore et Batavia voyaient fonctionner un excellent câble. Un autre fut immergé dans le détroit de Bass, de l'Australie à Ring's-Island, et un peu plus tard, de cette dernière île à la terre de Van-Diémen (Tasmanie).

On avait donc poussé les lignes télégraphiques jusqu'aux confins du monde habité. Malheureusement, une partie du câble d'Australie se trouva bientôt hors de service.

Dans la même année 1859, en Europe, on avait établi une nouvelle ligne sous-marine entre l'Angleterre et la France, de Folkstone à Boulogne ; et 180 kilomètres de câble avaient été posés entre la France et les îles avoisinantes, telles que Belle-Île, Noirmoutier, Ré, Oléron dans l'Océan, et les îles d'Hyères dans la Méditerranée. Des conducteurs avaient été posés dans les bouches du Danube ; enfin la Suède et l'île de Gothland venaient d'être mises en communication de la même manière.

L'Espagne, en 1860, relia à son continent les îles Baléares. Nous dirons un mot de cette opération.

La *Buenventura* effectua les sondages, sous le commandement de l'amiral Martines Péry. MM. Henley et Cⁱᵉ avaient l'entreprise de la pose ; sir Charles Bright était à bord du navire, comme ingénieur. Le navire anglais *Stella* apporta le câble, et l'immersion commença le 29 août 1860. Les divers tronçons de câble reliant les trois îles Baléares à la côte d'Espagne, furent posés sans difficultés.

Une autre communication télégraphique fut établie entre la côte d'Espagne et les îles Baléares, le 16 janvier 1861. Un câble fut posé entre Barcelone et l'île de Minorque, à Mahon.

Ici se place, dans l'ordre historique, une nouvelle tentative pour établir un câble télégraphique de la côte de France à celle de l'Algérie, car le câble posé entre la Sardaigne et la côte de Tunis en 1857, était depuis longtemps détruit.

Ce nouveau câble était formé d'un toron de sept fils de cuivre, ayant ensemble un diamètre de 2 millimètres. Quatre couches de gutta-percha alternaient avec quatre couches de *mastic Chatterton*, et enveloppaient le conducteur, ce qui donnait au tout un diamètre considérable ; enfin un revêtement de filin goudronné complétait l'âme du câble, qui était enveloppée d'une armature de fils d'acier, de 2 millimètres de diamètre, garnis eux-mêmes de filin goudronné. Cette dernière enveloppe variait en raison de la profondeur.

La figure 126 donne, de grandeur naturelle, la coupe du câble qui fut construit en 1860 pour être posé entre Marseille et Alger.

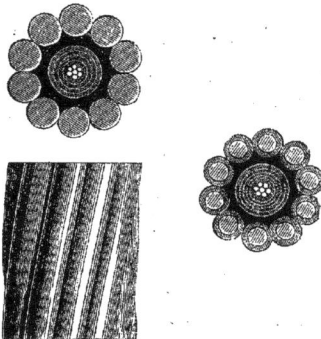

Fig. 126. — Câble construit en 1860 pour la ligne de Marseille à Alger (Câble côtier et câble de fond, grandeur naturelle.)

Le prix convenu entre l'administration française et une compagnie anglaise, qui s'était offerte pour poser le câble, fut de 1,900,000 francs.

La distance entre Marseille et Alger, étant de 750 kilomètres, la longueur qui fut donnée au câble, fut de 885 kilomètres.

La résistance de ce câble était de 6,000 kilogrammes ; ce qui lui permettait de demeurer suspendu verticalement dans l'eau, à des profondeurs considérables. Au moment de l'expérience où ce câble se rompit, son allongement était d'environ 0,33, sans que les spires des fils de fer fussent écartées, il ne se produisait qu'une simple diminution de diamètre et un suintement de goudron. Dans cette épreuve, le conducteur et la gutta-percha n'avaient éprouvé aucune avarie.

Le câble, après avoir subi d'excellentes vérifications, pour la conductibilité électrique, fut placé à bord du *William Cory*, qui se rendit à Alger, le 9 septembre 1860.

Après avoir fixé au rivage le gros câble, l'immersion du petit câble commença le 10 septembre, avec une vitesse moyenne de 8 kilomètres par heure. Le lendemain, une coque passa dans les freins, et les communications furent arrêtées, sans qu'il y eût rupture du câble.

Le câble fut relevé d'une profondeur de 2,600 mètres et l'on put atteindre la coque. L'armature n'était pas brisée, mais elle était endommagée : au moment où le câble s'était redressé, la gutta-percha par suite de la tension, avait fait saillie entre deux fils de l'enveloppe, et elle avait été coupée par leur rapprochement. La partie détériorée du câble fut retranchée, on fit une soudure, et l'opération reprise, marcha bien jusqu'au lendemain. La mer devint alors tellement agitée, qu'il fut impossible aux hommes chargés du déroulement d'empêcher la formation de nouvelles coques. Le câble ne put résister, il se rompit à 80 kilomètres de terre, au-dessus d'une profondeur de 2,400 mètres.

Il fallut donc abandonner l'entreprise, et rentrer à Marseille. Seulement, pour profiter de la portion de la ligne immergée jusqu'aux îles Baléares, le câble fut relevé près de l'île de Minorque, où il passait, puis mis en communication avec les câbles qui réunissent ces îles à l'Espagne. Il fallut quatre jours, du 27 au 30 septembre, pour pouvoir ressaisir le câble, mais on en vint à bout.

Le *William Cory* chargé d'un nouveau câble, semblable au précédent, escorté du *Gomer*, vaisseau de la marine impériale, recommença l'opération de la pose, le 14 novembre 1860. Malheureusement à 162 kilomètres, un abordage eut lieu entre les deux navires. Le *Gomer*, par suite d'une fausse manœuvre, étant venu se jeter sur le *William Cory*, la machinerie et les cheminées furent brisées. Il fallut couper le câble, après y avoir placé une bouée et regagner au plus vite la côte.

Le 13 janvier 1861, on tenta de relever ce câble ; mais la corde du grappin cassa, à la profondeur de 1,700 mètres, et le dragage étant impossible par de pareilles profondeurs, il fallut renoncer à profiter de la partie immergée.

L'opération fut encore reprise en août 1861, en adoptant le tracé de Mahon à Port-Vendres. Elle fut effectuée heureusement par le steamer *le Berwick*, escorté de l'aviso à vapeur *le Brander*. Du 31 août au 7 septembre 1861, on immergea 418 kilomètres de câble, pour une distance de 344 kilomètres, c'est-à-dire un cinquième de plus que la longueur en ligne droite.

Le 1er octobre une perte d'électricité se déclara ; on s'occupa donc de relever le câble d'une profondeur de 2,400 mètres, et cette opération périlleuse fut menée à bonne fin. Le 5 du même mois, 30 kilomètres étaient relevés, et le point vulnérable signalé. La pose se termina le 7. La communication immédiatement établie jusqu'à Alger, donna pour une longueur totale de 850 kilomètres, une vitesse de 8 à 10 mots par minute.

Malheureusement on s'était servi, pour

cette dernière partie de la ligne, d'un câble construit depuis un an. Aussi, au bout de quelques mois, ne fonctionnait-il plus. Peu de temps après, l'autre portion manqua à son tour, si bien que le malheureux conducteur demeura hors de service dans sa totalité.

La perte de l'administration française s'éleva, dans cette fâcheuse occurrence, à 2,825,000 fr.

Le *William Cory*, qui venait d'effectuer cette expédition si mal terminée, partit de Toulon, le 27 janvier 1861, pour se rendre à Otrante, où il devait jeter un câble de cette ville à Corfou.

Lorsque tout le câble fut déroulé, le bâtiment se trouvait encore à 28 kilomètres de Sidari. Une bouée munie d'une chaîne de 160 brasses, fut attachée au câble; mais elle disparut : la profondeur au lieu d'être de 100 brasses, comme l'accusaient les cartes, était de 420 brasses.

Le *William Cory*, après être allé chercher un câble additionnel, revint le 30. La nature du fond fut soigneusement examinée le 31. La recherche du câble commença enfin le 6. A 5 heures du soir, le câble, accroché à 80 brasses de profondeur, fut relevé, mais la chaîne se rompit et il fallut recommencer. Le 7 février cependant il fut amené à bord, soudé à l'autre câble, et l'immersion recommença. Les 19 kilomètres de câble que l'on avait sous la main, furent filés. Le câble fixé à une bouée fut abandonné. On n'était qu'à 2 lieues de Sidari, dans une eau de 30 brasses de profondeur. Le 8, à 5 heures du soir, la ligne fut complétée. Les essais étaient satisfaisants.

Mais le *William Cory* ne devait pas rentrer sain et sauf à Otrante. Le vent du sud se mit à souffler avec une telle force, que le bâtiment avait peine à se soutenir. Enfin, le 12, il échoua à 4 lieues au nord d'Otrante, heureusement sur une plage de sable. Il fut remis à flot et put regagner Malte. L'opération de la pose avait été dirigée par M. Samuel Canning, ingénieur de MM. Glass et Elliott.

En juin 1861, un câble exactement pareil au précédent, fut posé par les mêmes navires, entre Toulon et Ajaccio. Mais, hélas ! au mois de juillet 1863, il ne fonctionnait plus.

En 1861, une compagnie anglaise établit entre l'île de Malte et Alexandrie un câble qui atterrissait en même temps à Tripoli et à Benghazi.

Le steamer *le Ranzoon* fut chargé de l'opération, la corvette anglaise *Medina* avait effectué les sondages. L'immersion ne dura pas moins de cinq jours, entre l'île de Malte et Alexandrie. Le câble ne se trouvant pas assez long, il fallut mouiller sur les roches d'un îlot voisin et le fixer à une bouée, en attendant que la ligne fût complétée. Cette ligne a 2,470 kilomètres de longueur.

La figure 127 représente ce dernier câble, qui présente trois grandeurs différentes, sur les côtes *d*, dans la moyenne profondeur *e*, et dans les eaux profondes *f*.

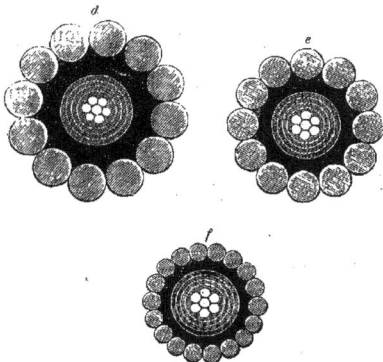

Fig. 127. — Câble de Malte à Alexandrie (Grandeur naturelle).

Pendant ce temps, la ligne de Singapore à Batavia (880 kilomètres) cessait de fonctionner ; et les câbles des Dardanelles à Chio et de Chio à Candie, se rompaient à leur tour.

Le 22 juin 1862, l'*Asia*, bateau à vapeur ayant à bord 132 kilomètres de câble, arrivait à Dieppe, pour poser un câble entre Puys (près Dieppe) et Newhaven. Le 23 à 6 heures l'opération commençait. M. Henley, qui avait construit le câble, se chargeait de la pose à ses risques et périls.

Le chaland qui devait atterrir le câble, coula par suite du mauvais temps; le 25, un nouveau chaland amena le câble à terre. L'*Asia* commença la pose, escorté de l'aviso de la marine impériale *le Cuvier*.

Les premiers essais de transmission électrique furent mauvais; on poursuivit cependant. Le temps, qui ne cessait d'être contraire, n'empêchait pas l'*Asia* de filer 3 à 4 nœuds. Le 26 à 3 heures du matin, la bobine de charpente sur laquelle le câble était enroulé, se brisa. A 8 heures l'avarie était réparée; mais à 10 heures une immense coque passa dans la machinerie, et il fallut couper le câble. L'épissure exigea sept heures de travail. A 6 heures, l'*Asia* mouillait en vue de Newhaven; le 27, le câble arrivait à terre.

Peu de temps après, le 8 juillet, le *Victor* steamer anglais, arriva à Dieppe, et remplaça par un autre câble la partie, longue de 3 kilomètres, qui avait laissé beaucoup à désirer pour la transmission électrique.

Au mois de mars 1862, une compagnie anglaise faisait poser un nouveau câble entre l'Angleterre et l'Irlande. Il allait de Pembroke (Angleterre) à la pointe de Carnsore, près Wexford (Irlande). Il présentait ceci de particulier que les douze spirales de fer étaient protégées contre la corrosion de l'eau de la mer, par du chanvre goudronné enduit d'une poudre (*roman cement*) qui empêche le goudron de coller ses spires.

Un câble tout pareil fut posé, le 14 août 1862, pour le compte de la même compagnie, entre Lowestoft (Angleterre) et Zandwoort de Harlem (Hollande). L'immersion fut faite avec beaucoup de soin, à l'aide d'une machinerie perfectionnée. La route avait été soigneusement jalonnée par des bateaux. La perte de fil ne fut que de 7 pour 100.

Du 17 au 18 octobre les orages qui survinrent, le brisèrent à 8 kilomètres de la côte anglaise. Il fut relevé et réparé. Un nouvel accident survint en 1863; mais on y remédia promptement.

Nous terminerons cette longue revue en parlant des câbles de la Sardaigne à la Sicile, et de la dernière et malheureuse tentative qui fut faite pour rétablir la ligne sousmarine entre la France et l'Algérie.

Le gouvernement italien, voulant établir une communication entre la Sicile et la Sardaigne, demanda à MM. Glass et Elliott, de se charger d'immerger entre ces deux points un câble télégraphique. Celui qui fut fabriqué avait une densité moyenne de 2,68 et résistait à une tension de 7,000 kilogrammes.

Le 17 décembre 1862, le *Hawthorns*, bâtiment à vapeur à hélice, arrivait à Cagliari (Sardaigne), M. Canning arrivait le 22, et le lundi 29, le câble fut atterri à *Porto-Gioco* un peu au nord du cap Carbonara, sur une plage sablonneuse.

Le *Malfatano*, navire de guerre à roues, désigné par le gouvernement italien pour tracer la route, était parti le 28, pour terminer quelques sondages. Le 29, le *Hawthorns* commençait le filage, bien que l'autre navire ne fût pas de retour. 5 kilomètres de *câble côtier* furent immergés, et le navire, après la soudure faite au câble proprement dit, se dirigea vers le banc de Skerki qui est à 160 kilomètres de la Sardaigne. On devait, après cela, mettre le cap à l'est jusqu'à la hauteur de l'île de Maretimo.

De 9 heures du soir, 29, à 2 heures du matin, 30, la plus grande profondeur d'eau était franchie, ainsi que l'indiquait le dynamomètre.

A minuit, un steamer fut signalé. Le *Hawthorns* fit partir une fusée, espérant que c'était le *Malfatano*; mais on ne reçut aucun signal en réponse. A 8 heures du matin, la sonde donnait 300 mètres, avec fond de sable. A midi, les courants l'avaient entraîné à 25 kilomètres au sud-ouest de la route prévue. Il ne devait pas rester assez de câble pour atteindre le but. Les instructions nautiques sur le banc de Skerki disent : « Les courants sont violents et sans direction certaine, ce qui rend la navigation très-difficile dans cette partie de la Méditerranée. »

A midi et demi, l'île de Maretimo étant visible à 70 kilomètres, par estime, M. Canning résolut de conduire le câble dans les bas-fonds qui l'entourent. On se dirigea droit sur cette île. Les courants dérangeaient constamment la direction ; mais, la terre étant en vue, on gouvernait en conséquence. A 3 heures, la houle devint de plus en plus forte. A 7 heures, le navire était au large de Maretimo, le vent et la mer grossissaient ; on voyait paraître des indices de mauvais temps, le bout du câble fut scellé et attaché à une bouée, à 250 mètres de la côte, par 110 mètres d'eau. Le navire prit le large se disposant à atterrir le lendemain ; mais un grain s'éleva, et il dut se réfugier à Farignano, où le *Malfatano* vint le rejoindre. Tous deux repartirent pour Trapani, afin de demander à Londres, par le télégraphe, l'autorisation d'employer à compléter cette ligne, la partie qui restait du câble d'Alexandrie, déposée à Malte en septembre 1861.

Le 12 janvier 1863, le *Hawthorns*, après avoir été chercher le câble, reprit l'immersion ; mais la mer redevint houleuse. A 10 heures du soir la nuit était noire, l'eau profonde, des récifs apparaissaient ; on jeta l'ancre. Le 14, la mer était calme, les bateaux purent amener le câble à la côte à 4 heures du soir, l'extrémité fut attachée dans une vieille tour sarrasine appelée *Torre Nubia*, à 18 kilomètres de Marsala et à 2,500 mètres de Trapani.

La longueur des câbles ainsi posés est de 390 kilomètres ; la distance réelle est de 280 kilomètres ; la perte de fil pendant la pose s'était élevée à près de 40 pour 100, ce que l'on comprend sans peine d'après l'absence du navire qui était chargé de tracer la route.

En 1863, un petit câble fut posé entre l'île d'Elbe et la Toscane ; un autre entre Otrante et Aulona. Ce dernier se brisa en 1864 ; mais M. Henley réussit à le relever d'une profondeur de 1,040 mètres, et à le réparer.

Le câble posé entre Malte et Alexandrie et atterrissant à Tripoli et Benghazi, se rompit également en 1864, à deux reprises différentes ; mais il fut réparé, grâce au peu de profondeur de la mer dans ces parages.

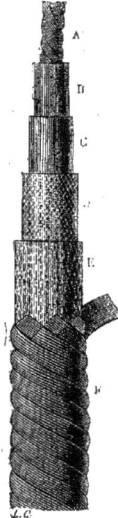

Fig. 128. — Troisième câble de l'Algérie, construit par M. Siemens, de Berlin (grandeur naturelle).

Au mois de juillet 1863, une troisième tentative fut faite pour relier la France à l'Algérie. Le câble qui fut immergé était d'un modèle nouveau, dû à M. Siemens, célèbre physicien de Berlin, directeur des télégraphes de Prusse. Il se composait (*fig.* 128) d'un toron de sept fils de cuivre A, d'une enveloppe de gutta-percha B, couverte d'un revêtement de caoutchouc C, formant la gaîne isolante, de deux couches de fortes cordes de chanvre D, E, saturées de goudron, appliquées à spires croisées, enfin d'une armature F, faite de bandes flexibles de cuivre, dont les spires se recouvraient. Le diamètre total était de 13 millimètres ; l'enveloppe extérieure du câble côtier était composée de fils de fer.

M. Siemens, au lieu de *lover* le câble dans un plan horizontal, à fond de cale, l'enroulait autour d'une bobine verticale. Cette bobine, traversée par un arbre en bois, se terminait, au sommet, par un axe s'emboîtant dans un grand madrier, et à la partie inférieure, par un manchon en cuivre, qui tournait dans un cylindre creux en fonte. Par l'intermédiaire de rouages et de courroies, une machine à vapeur mettait en mouvement l'appareil d'émission. Le plateau inférieur de la bobine portait des galets roulant sur un rail circulaire. Le câble en se dévidant passait successivement sur deux poulies et tombait directement à la mer, ce qui rendait impossible la formation de coques pendant le déroulement.

Le câble devait suivre le tracé d'Oran à Carthagène, en atterrissant sur la plage d'Ain-el-Turk en Afrique et à l'Algameca-Chica sur la côte d'Espagne. On évitait ainsi les grandes profondeurs de 2,600 mètres que l'on rencontre sur les autres points, les fonds sur cette ligne ne sont guère supérieurs à 2,000 mètres.

L'*Éclaireur*, qui avait fait les sondages, devait tracer la route. Le 5 janvier 1864, ce navire se trouvait à Carthagène. Le 7, le *Dix-Décembre* arrivait en rade, venant d'Angleterre et portant le câble à son bord. Il fut décidé que la pose commencerait par la côte d'Afrique.

Le 12, on avait installé les machineries, et l'on s'était rendu à Ain-el-Turk ; le temps parut suffisamment beau pour atterrir. L'immersion du câble côtier commence donc. Mais à 6 heures, on laisse échapper le câble, à l'extrémité duquel on était arrivé sans s'en apercevoir. Il fallut le 13, à l'aide d'une chaloupe, aller repêcher le câble perdu dans la mer. A midi, il fut relevé, et placé sur la chaloupe que le *Dix-Décembre* remorqua. A 1 heure et demie, un fil de l'armature

extérieure cassa et forma chevelure à l'avant de l'embarcation. On fit la jonction du câble côtier avec le reste. Le 14, après avoir été retenu par le mauvais temps jusqu'à 2 heures de l'après-midi, on part doucement, en filant à la main le câble, l'*Éclaireur* donnant la route. Mais à 4 heures 25 minutes, un des galets sur lesquels roule la bobine, s'échauffe par suite du déplacement de certaines pièces. On s'arrête pour réparer cet accident, et un filin est attaché au câble, en prévision d'une rupture.

Fig. 129. — Siemens, directeur des télégraphes de Prusse.

A 5 heures un quart, on repart, avec une vitesse croissante. A 6 heures et demie, nouveau dérangement de la bobine. A peine se remettait-on en marche que le câble se brise. On revint au point de réunion du câble côtier avec le câble ordinaire où l'on avait laissé la veille une bouée. Le conducteur, amené à bord, fut coupé, et l'on procéda au relèvement, le 15, à 4 heures. A 5 heures et demie le câble, en partie relevé, se brisa, parce qu'il s'était engagé et demeurait fixé dans une roche du fond.

Nous ferons remarquer en passant que

M. Siemens employait une méthode défectueuse pour le relèvement. Au lieu de prendre le câble par l'avant du navire, et de le haler, pour ainsi dire, dessus, il relevait le câble par l'arrière, en faisant marcher le bateau contre sa direction. Ce système est plein d'inconvénients.

M. Siemens renonça à sa méthode de poser le câble au moyen d'une bobine verticale; il fit *lover* le câble dans la cale. Pendant cette opération, les galets s'écaillèrent ; le frottement devint alors énorme et l'on fut obligé de s'arrêter. Après quelques réparations, on reprit la marche. Mais bientôt après la rotation des galets devint impossible. Il fallut soulever le câble sur des crics pour empêcher le contact avec les galets qui ne pouvaient plus rouler.

Le 27 janvier seulement, le *lovage* fut achevé, et le 28, le *Dix-Décembre* reprit la pose. Les machines de déroulement devenues inutiles, avaient été démontées.

La soudure avec le câble côtier étant terminée, on part, avec une vitesse de trois à quatre nœuds, l'*Éclaireur* donnant la route. La vitesse dépassait six nœuds, le temps était beau, tout se comportait bien, lorsqu'à 7 heures et demie, le câble se brise, le dynamomètre n'accusant qu'une tension de 300 kilogrammes. Il ne restait plus suffisamment de câble, M. Siemens renonça à le relever, et les navires rentrèrent à Carthagène.

Au mois de septembre de la même année 1864, on essaya encore de relever ce malheureux conducteur ; mais après vingt jours d'efforts infructueux, il fallut abandonner l'entreprise. Aujourd'hui il n'existe aucun conducteur télégraphique direct entre la France et l'Algérie. Les dépêches à l'adresse de l'Afrique française, sont expédiées par la côte d'Italie. Elles vont de l'Italie à Marsala en Sicile, et de la Sicile à la côte de Tunis, par un câble sous-marin.

Une dépêche de vingt mots, de Paris à Alger, coûte 8 francs.

CHAPITRE VII

LE TÉLÉGRAPHE DE L'INDE. — PREMIÈRES TENTATIVES EN 1856. — PROJET DE SIR CH. BRIGHT EN 1862. — EXÉCUTION DE LA LIGNE.

Il nous reste à parler de la grande ligne télégraphique de l'Inde, en partie sous-marine, qui a été terminée au mois de mars 1865, de telle sorte qu'on peut aujourd'hui transmettre des dépêches depuis l'Angleterre jusqu'aux Indes et même jusqu'aux frontières de la Chine.

Déjà le gouvernement britannique avait songé à créer différents tronçons de lignes sous-marines, pour communiquer de Londres avec l'Inde. En 1856 on exécuta un premier essai : on avait créé tout un réseau télégraphique passant par Alexandrie et Suez en Egypte, ensuite par la mer Rouge, Aden et l'océan Indien. M. Siemens avait posé un câble de 5,500 kilomètres de longueur, divisé en six sections et allant de : Suez à Cosire, à travers la mer Rouge, de Cosire à Souakin, de Souakin à Aden, à la pointe méridionale de l'Arabie, d'Aden à la petite île d'Hallani, d'Hallani à Mascate (Arabie), enfin de Mascate à Kurrachie, port de la côte de l'Inde à travers l'océan Indien. Là, en empruntant les télégraphes aériens qui allaient jusqu'à Calcutta, on espérait pousser jusqu'au fond des Indes. Mais ces diverses lignes n'avaient eu qu'une durée éphémère. Le câble de la mer Rouge n'eut qu'une courte existence, en raison de la haute température de cette mer et de son fond rocailleux. Celui de l'océan Indien de Mascate à Kurrachie ne fonctionna que quelques jours. L'entreprise avait donc été abandonnée.

En 1862 sir Charles Bright, qui venait d'essayer de réparer le câble de la mer Rouge, présenta un projet tout différent. Il consistait à arriver, autant que possible, au territoire indien par des lignes terrestres. Le réseau télégraphique européen atteignait Constantinople, il fallait le prolonger à travers l'Asie, jusqu'à la presqu'île indienne. Le projet consistait donc à traverser par une ligne aérienne, la Turquie d'Asie, à pousser ainsi jusqu'aux bords de l'Euphrate, et à descendre le long de ce fleuve, jusqu'au golfe Persique. On devait traverser par un câble sous-marin, le golfe Persique, pour atteindre l'île d'Elphinstone sur la côte orientale de l'Arabie. De là, jusqu'à la presqu'île de l'Inde, il fallait suivre la voie sous-marine, à cause du peu de sécurité qu'offraient les barbares habitants de ces contrées. Un câble sous-marin devait donc traverser le golfe d'Oman, aborder à Gwatter, sur la côte du Mekran (Béloutchistan), d'où un fil télégraphique aérien traversant le Béloutchistan, pénétrerait dans l'Inde.

Fig. 130. — Latimer Clark, ingénieur du télégraphe anglo-indien.

Le colonel Stewart, en 1862, fut chargé d'explorer dans ce but, les côtes du Mekran, du Béloutchistan, du golfe Persique et la Turquie d'Asie, depuis Bassorah jusqu'à Constantinople.

Sur son rapport favorable, l'entreprise fut décidée. Le colonel Stewart eut la direction des travaux, sir Charles Bright et M. Latimer Clark furent désignés comme ingénieurs électriciens.

Le câble qui fut construit pour la traversée du golfe Persique, diffère essentiellement des autres. Le conducteur est composé de quatre fils étirés dans un tube creux, et présente l'apparence d'un fil massif, dont il a tous les avantages, tandis que sa conductibilité est augmentée de 28 pour 100. L'enveloppe isolante, composée de quatre couches de gutta-percha, fut appliquée avec tant de soins que le degré d'isolement obtenu était sans exemple. Recouvert ensuite d'une enveloppe de chanvre humide, le câble reçut une armature de douze fils de fer n° 7. La résistance de ce câble à la rupture devint ainsi de 8 tonnes. Enfin, pour le préserver de la corrosion de l'eau de mer, il fut recouvert d'une double enveloppe de chanvre et d'un composé bitumineux inventé par MM. Bright et Clark.

Commencée en février 1863, la construction de ce câble fut achevée au milieu du mois d'octobre de la même année. Sa longueur était de 1,413 kilomètres, son poids total de 6,000 tonnes. Le transport d'une pareille masse à une grande distance n'était pas chose aisée. Il fut effectué par six vaisseaux, pourvus chacun de trois bassins de fer pleins d'eau dans laquelle le câble fut tenu constamment immergé.

Le premier des navires, le *Marian-Moore* portant 300 kilomètres de câble, parti d'Angleterre, arrivait à Bombay, le 22 décembre 1863, suivi du *Kirkhan*, portant le reste du câble destiné au golfe Persique, et l'on se prépara à immerger la première section, qui embrassait l'intervalle de Gwatter, petite ville du Béloutchistan, sur la côte du Mekran, à la baie de Malcolm, près du cap Moussendon, à l'entrée du détroit d'Ormouz, qui est comme la porte du golfe Persique, et se trouve en face des rivages de la Perse.

Le lieu d'atterrissement choisi était une petite île rocheuse, nommée Elphinstone,

Fig. 131. — Visite des cheiks arabes du golfe Persique aux navires anglais posant le câble sous-marin dans la baie d'Elphinstone (page 222).

qui permettait d'échapper aux déprédations des habitants de ces contrées.

Le *Coromandel*, la *Zénobie* et la *Sémiramis*, de la marine royale, destinés à seconder les deux autres navires, composaient l'escadrille. Le *Coromandel* traçait la route, les deux autres servaient de remorqueur. Après sept jours d'un voyage difficile, vu le grand chargement de ces navires, la flottille mouillait à Guadur, où la *Clyde*, chaloupe canonnière d'un faible tirant d'eau, procéda de suite à l'atterrissement.

Le 9 février, le *Kirkhan* remorqué par la *Zénobie*, commença à filer le câble, en se dirigeant vers le cap Jask. L'opération s'effectua sans encombre.

Comme l'un des deux navires remorquait l'autre, il importait de bien assurer la simultanéité, la concordance de leurs mouvements. On y parvint en faisant usage d'un

système de communication moins incertain que celui des feux et des pavillons. Véritable imitation du système de signaux inventé par Polybe, il y a quelque deux mille ans, et que nous avons décrit et figuré dans les premières pages de ce volume, ce système consistait à placer une lampe derrière un écran mobile. En faisant varier à volonté la visibilité de la lumière, on représentait tous les signaux de l'alphabet télégraphique de Morse. Ces signaux néo-antiques furent si habilement employés, que les dépêches les plus compliquées furent échangées entre les deux vaisseaux, à raison de vingt mots par minute.

La profondeur de l'eau variait de 50 à 60 mètres, et le câble filait avec une vitesse de quatre à cinq nœuds.

Le 6, à 10 heures du matin, le *Kirkhan* jetait l'ancre devant le cap Kungoun, à 290 kilomètres ouest de Guadur. Il avait filé la totalité de son câble. On procéda alors au transbordement à bord du *Marian-Moore* de l'équipage et des vivres.

Le 7 au matin, la flottille, moins la *Sémiramis* et le *Kirkhan*, qui retournaient à Bombay, reprit la pose du câble. Elle côtoya les rochers escarpés qui bordent le Béloutchistan et s'arrêta le 8, au cap Jask. Enfin, le 9, après avoir franchi le détroit d'Ormouz qui commande le golfe Persique et doublé le cap Moussendon, on put voir les hautes montagnes de la côte arabique rapprochées en apparence, mais dont les points culminants, hauts de 3,000 mètres, étaient encore éloignés de plusieurs kilomètres.

Les vaisseaux continuaient à s'approcher de la côte, mais on n'apercevait encore que quelques rochers, lorsqu'enfin, à une distance d'environ 90 mètres du rivage, on signala l'entrée de l'étroite baie de Malcolm. Après avoir traversé cette porte naturelle, les vaisseaux de l'escadre se trouvèrent environnés de rochers escarpés, d'une hauteur prodigieuse, qui ont à leurs pieds une série de lacs d'une beauté sauvage.

Les navires anglais, en s'approchant du rivage, tirèrent plusieurs coups de canon, pour faire connaître leur présence aux Arabes, et montrer en même temps leurs moyens de défense. Ces décharges d'artillerie, se répercutant de roche en roche, dans la baie de Malcolm, avec le bruit du tonnerre, produisaient sur l'esprit des habitants de ces rivages une impression de vive terreur.

Enfin, le 12 février, la communication était ouverte, entre Gwatter et le golfe Persique, par une ligne de 600 kilomètres de câble.

Il fallait attendre que de nouvelles longeurs de câble arrivassent d'Angleterre, pour procéder aux opérations ultérieures. Au commencement de février, la *Tweed* et l'*Assaye* apportaient 1,200 kilomètres de câble. Le 1er mars, ces deux navires, remorqués par la *Zénobie* et la *Sémiramis*, entrèrent dans le

golfe Persique, et le 10, dans la baie d'Elphinstone.

La petite baie dans laquelle l'escadre jeta l'ancre, est presque entièrement enveloppée par les terres. Elle est entourée de rochers aux pentes abruptes, qui plongent perpendiculairement dans la mer, et s'élèvent à une hauteur de 1,000 à 1,200 mètres.

L'aspect de l'île et de la baie d'Elphinstone s'accorde parfaitement avec le caractère de ses habitants, qui sont cruels et sauvages. Ces enceintes montagneuses, véritables places fortes, auxquelles on n'arrive que par des passages sombres et tortueux, sont parfaitement disposées pour servir d'abri aux hordes dangereuses de pirates, qui les fréquentaient peu d'années auparavant, sous Ben-Sagger, sultan de Ras-el-Khimer. Les habitants de cette île, sauvages et pillards, relèvent de l'iman de Mascate, mais la domination de ce prince est plus apparente que réelle. Ils ne peuvent plus s'adonner ouvertement à la piraterie, ce que rend impossible la surveillance continuelle des bâtiments de la marine indienne, mais, naturellement violents et farouches, ils préfèrent au travail de la pêche des perles, tout bénéfice obtenu par la violence.

Il était difficile d'entrer en accommodement avec de tels barbares, qui promettaient pourtant d'approvisionner l'expédition et de faire respecter la station télégraphique. On eut recours à tous les moyens de conciliation. On invita les cheiks à venir à bord du *Coromandel*, et on leur offrit tous les objets qui pouvaient leur plaire.

Les cheiks de la baie d'Elphinstone paraissaient sensibles à ces marques généreuses, car ils arrivaient en nombre considérable. Leur nombre même et la succession continuelle des cheiks qui venaient recevoir des présents à bord du *Coromandel*, finirent par étonner, et l'on découvrit alors que le véritable cheik, après avoir obtenu son audience et reçu son présent, s'éloignait et envoyait successivement tous ses bateliers, revêtus de ses propres vêtements, pour figurer un autre cheik. La plaisanterie parut bonne, mais on se hâta d'y mettre un terme.

Bien qu'amicales, les négociations avec les Arabes du golfe Persique étaient si peu sûres, qu'il fallut reculer la station télégraphique dans l'intérieur de l'île d'Elphinstone, où l'*Euphrate* et le *Constance* restèrent avec la chaloupe *la Clyde*, pour protéger le personnel employé à la station.

Sur ces entrefaites l'escadre s'accrut des bâtiments de la marine royale, la *Victoria* et le *Dalhousie*. La petite flotte se trouva ainsi composée de dix navires, force nécessaire pour imposer aux Arabes.

Le 13 et le 16 mars, un double câble côtier fut posé entre l'île et le continent, en prévision de l'usure contre les rochers.

Le 18, l'expédition partit pour jeter la suite du câble le long du golfe Persique, la *Tweed* filant le câble et étant remorquée par la *Zénobie*. L'escadre se dirigea sur Liviga, le câble continuant à se dérouler avec une parfaite régularité.

Le 19, les hautes terres de l'île Kishim à l'entrée du golfe Persique, apparaissaient comme une ligne de collines arides, d'un triste aspect. A 1 heure et demie du soir, les 148 kilomètres de câble qui remplissaient le bassin de l'avant du navire, ayant été filés, on ralentit la vitesse, et le changement au bassin de l'arrière s'effectua avec succès.

Quelques heures après un vent violent s'éleva, et fit craindre un moment qu'il ne fût nécessaire de couper le câble, pour l'attacher à une bouée. Le vent tomba, mais l'électricien, M. Laws, était très-gêné dans ses expériences, par les courants produits par la différence de tension de l'électricité terrestre aux deux extrémités de la ligne. La direction de ces courants changea fréquemment pendant la nuit, et les signaux envoyés de l'extrémité de la ligne, apprirent qu'un violent ouragan avait éclaté vers le cap Moussendon.

Un phénomène plus curieux encore se pro-

duisit. Le plan horizontal des spires du câble placé dans la cale du navire, formait un angle aigu avec la direction du méridien magnétique terrestre ; de sorte qu'à chaque changement de direction du navire, il se produisait dans le fil du câble, des courants d'induction qui traversaient la ligne et gênaient beaucoup les opérateurs.

Les 20 et 21 mars, la *Zénobie* et la *Tweed* filaient leur câble avec la plus grande régularité. La *Tweed* achevait le 21 au soir, de filer son câble, à 64 kilomètres de Bushire port de la côte de Perse. Elle en avait déroulé 570 kilomètres en 74 heures. L'état électrique du câble s'était considérablement amélioré, et l'isolement était parfait.

Le 22, l'opération du transbordement s'effectua sans accidents et l'*Assaye* continua la pose.

Dans la matinée du 23 mars, on découvrit les hautes montagnes neigeuses qui s'élèvent autour de Bushire. A 9 heures, la flottille mouillait à 5 kilomètres de cette ville. C'était précisément le point de la côte où les vaisseaux anglais, dix ans auparavant, avaient jeté l'ancre, pour débarquer des troupes destinées à faire le siége de Bushire, pendant la guerre contre la Perse.

Le 24, l'atterrissement terminé, la communication fut ouverte sur une longueur de 650 kilomètres entre le cap Moussendon et Bushire.

Enfin, le 25, le second câble côtier fut fixé, et l'escadre se dirigea sur Fao, ville du territoire ottoman, aux embouchures réunies de l'Euphrate et du Tigre.

Le 27, on retrouvait la *Victoria*, qui avait été envoyée en avant, pour faire les sondages. A 4 heures du soir les navires étaient à environ 40 kilomètres de Fao ; et c'est alors qu'ils commencèrent à ressentir le dangereux effet des courants que l'Euphrate et le Tigre versent dans le golfe Persique. Les vaisseaux donnaient au loch une vitesse de six nœuds et demi, tandis qu'ils n'avançaient en réalité, par suite du courant de surface, que de deux nœuds et demi.

A sept heures du soir, on se trouvait à 11 kilomètres du rivage, et l'eau était tellement basse, qu'on jugea prudent de se mettre à l'ancre pour la nuit. On avait filé depuis Bushire, 547 kilomètres de câble.

Le 28, au matin, ceux qui ne connaissaient pas ces parages furent surpris de n'apercevoir aucune terre. La mer était extrêmement basse, et les eaux fangeuses des deux grands fleuves couraient avec une étonnante rapidité, ce qui prouvait que l'on approchait du rivage. On n'apercevait pourtant, dans un rayon de 80 kilomètres, aucune trace de terre. Sir Charles Bright fut convaincu, au premier coup d'œil, que l'atterrissement d'un câble dans une eau si fangeuse et si rapide, offrait de graves difficultés.

Fig. 132. — Charles Bright, ingénieur du télégraphe anglo-indien.

Aucun bâtiment de l'escadre ne pouvait approcher à plus de deux lieues du rivage. Les chaloupes mêmes, tout en profitant de la marée haute, ne pouvaient s'approcher à plus de 3 kilomètres. Il fallait, en outre, pour

atteindre la station flottante du fleuve, traîner le câble à une distance de 6,400 mètres, sur un banc fangeux et sans consistance, que la haute marée venait recouvrir.

Dans ces conjonctures difficiles, sir Charles Bright prit le parti suivant. Il fit couper en fragments de 1,600 mètres de longueur, la quantité de câble nécessaire pour traverser le banc de vase, et il fit embarquer ces fragments à bord du bateau plat *la Comète*. Puis on réunit cinq-cents Arabes, que l'on chargea de traîner ces fragments de câble à travers la vase, et de les disposer bout à bout. Les extrémités de ces tronçons furent ensuite soudées deux à deux, et la communication fut complétée entre la station flottante de Fao et le rivage à Khor-Abdallah.

Il ne restait plus qu'à fixer à terre l'extrémité du câble pour achever la ligne jusqu'à Bassorah (Turquie d'Asie), et établir ainsi la liaison télégraphique de l'Asie Mineure et de la Turquie.

Bien qu'il y eût à peine une distance de quelques lieues à faire le long du Tigre, cet atterrissement était un travail d'une difficulté extraordinaire, à cause du manque d'eau dans le fleuve, de la profondeur de la vase et de sa faible consistance.

Le 4 avril, l'*Amber Witch* ayant pris à son bord une certaine quantité de câble, navigua aussi près du bord que son tirant d'eau le lui permettait, c'est-à-dire à deux lieues environ. Deux lieues de câble furent alors distribuées entre dix des plus grandes chaloupes qui appartinssent à la flotte, et le 5 avril au matin, ce long cortége flottant s'éloigna de l'*Amber Witch*, du côté du rivage.

Mais quand on eut filé 6,400 mètres de câble et que les chaloupes furent à environ 1600 mètres du banc de vase auquel on donne le nom de rivage, les chaloupes échouèrent. Il y avait très-peu d'eau, mais on rencontrait toujours au fond, la vase.

Il n'y avait pas à hésiter; il fallait à tout prix fixer le câble à un point quelconque. Sir

Fig. 133. — *L'atterrissement du câble indien aux embouchures de l'Euphrate et du Tigre, par les équipages des navires anglais.*

Charles Bright sauta le premier hors de la chaloupe ; il s'enfonçait dans la vase jusqu'à la ceinture. Son exemple fut suivi par les officiers et tout l'équipage, au nombre de plus de cent hommes. Tous se jetèrent dans la vase, où ils disparaissaient jusqu'à la poitrine, sans toutefois lâcher le bout du câble qu'ils tiraient avec eux.

On comprend combien devait être lente et difficile la marche dans ces conditions. Il fallait tantôt nager et tantôt marcher ; on ne pouvait s'arrêter un moment sans risquer de disparaître au fond d'un lit de boue. Cependant aucun des hommes n'eut la pensée d'abandonner le câble.

Il n'était que 2 heures, quand le détachement quitta la chaloupe, et le banc à traverser n'avait guère que deux kilomètres d'étendue ; cependant il était presque nuit

lorsque les derniers, au nombre de vingt, eurent atteint le bord. Couverts de fange, ils étaient presque nus, ayant perdu ou abandonné plusieurs parties de leurs vêtements dans leurs efforts pour atteindre le bord. Mais le câble était fixé, et ce résultat faisait oublier à ces braves gens leurs peines et les périls qu'ils venaient de traverser.

Le petit détachement n'était pas au terme de ses fatigues. On s'aperçut que les vaisseaux de l'expédition qui attendaient dans le Tigre, se trouvaient en panne, de l'autre côté d'un autre banc fangeux, mais un peu plus consistant que celui qui venait d'être traversé, et d'une étendue de près de deux lieues. En outre, un ouragan tout à fait tropical par sa violence, vint à se déchaîner, et le niveau de l'eau qui recouvrait la vase s'éleva rapidement.

Néanmoins tous les hommes réussirent à atteindre les vaisseaux, à l'exception d'un seul qui, vaincu par la fatigue, disparut, avant qu'on pût lui porter secours. Tous étaient épuisés, et quelques-uns se trouvaient dans un tel état de faiblesse que leurs compagnons durent les porter dans leurs bras.

Le câble était fixé sur la terre ferme, à Bassora (Turquie d'Asie). Mais il restait à relier cette station à la station flottante que l'on avait précédemment établie sur le Tigre. Il fallait faire traîner encore à travers la vase deux lieues de câble ; six cents Arabes furent employés à ce dernier travail, qui s'accomplit avec le plus grand bonheur.

La ligne fut ainsi achevée depuis l'Inde jusqu'aux bouches de l'Euphrate et du Tigre, grâce aux deux câbles sous-marins qui traversaient le golfe d'Oman et le golfe Persique.

Les lignes de télégraphie aérienne qui courent du golfe Persique à Bagdad (Turquie d'Asie), de Bagdad à Alep et d'Alep à Constantinople, à travers toute la Turquie d'Asie, mettent l'Europe en rapport direct avec l'Inde. Les télégraphes aériens qui existent à l'intérieur de l'Inde, de Gwatter à Kurrachi, mettent l'est de l'Inde en rapport avec la grande ligne venant d'Europe.

Pour assurer la durée de la ligne sous-marine, ce câble sous-marin a été doublé dans les parties qui semblent les plus exposées aux accidents. Enfin, comme il restait une grande longueur de câble, et que, de plus, la ligne aérienne de Gwatter à Kurrachi, paraissait peu sûre, on se résolut à compléter la communication par mer, et le 12 mai 1865, l'opération de la pose d'un câble sous-marin entre ces deux villes du Bélouchistan et de l'Inde s'achevait avec succès.

Depuis cette époque, on a établi une seconde ligne aérienne qui part du fond du golfe Persique, traverse la Perse et va se relier aux lignes télégraphiques russes, près de Tiflis.

C'est par cette double voie que les correspondances instantanées sont assurées aujourd'hui, entre la Grande-Bretagne et ses possessions de l'Inde. C'est ainsi que le négociant de la Cité de Londres fait maintenant parvenir, en douze heures, un message à Calcutta ou à Bombay.

On croit rêver quand on entend ces choses, et pourtant le récit que nous venons de faire des opérations diverses par lesquelles cette ligne immense a été établie, prouve que ce n'est pas là une chimère de l'imagination, mais un résultat calculé de la patience, du génie et de la science de l'homme.

CHAPITRE VIII

La première idée de l'établissement d'une ligne télégraphique sous-marine, destinée à relier les deux mondes, date de 1852. A cette époque, M. Gisborne, ingénieur anglais, venait de se rendre en Amérique, après avoir été témoin du succès de M. Brett dans la création de la ligne sous-marine de Douvres à Calais. En arrivant, il s'occupa de constituer une compagnie financière pour réunir l'île de Terre-Neuve aux États-Unis, par un fil télégraphique qui abrégerait la route des dépêches apportées par les bâtiments européens. S'étant mis à l'œuvre, M. Gisborne établit, non sans de grandes difficultés, une ligne de télégraphie électrique terrestre entre Saint-Jean, ville de l'île de Terre-Neuve, à la pointe est de cette île, et le cap Ray (Terre-Neuve), sur une longueur de 500 kilomètres. Il fallut exercer une surveillance active pour faire respecter cette ligne dans l'intérieur de l'île.

On se proposait d'établir d'Europe à l'île de Terre-Neuve, un service de bateaux à vapeur partant de Galway (Irlande), et aboutissant à Saint-Jean de Terre-Neuve. Les nouvelles d'Europe seraient parvenues ainsi assez rapidement dans le nord de l'Amérique et aux États-Unis, si l'on avait pu établir une ligne sous-marine à travers le golfe Saint-Laurent jusqu'au continent américain.

Comme nous l'avons déjà dit, M. Gisborne jeta un câble sous-marin entre le Nouveau-Brunswick (continent américain) et l'île du Prince-Édouard, dans le golfe Saint-Laurent, à une profondeur d'eau de 22 brasses et sur la distance de 18 kilomètres. Pour établir une ligne continue, il aurait fallu immerger deux autres câbles, entre l'île du Prince-Edouard et l'île du Cap Breton, ensuite entre cette dernière et l'île de Terre-Neuve ; mais M. Gisborne ne put y parvenir.

La compagnie, à cette époque, se trouva engagée dans de mauvaises affaires, et M. Gisborne partit pour New-York, au commencement de 1854, espérant y trouver les fonds nécessaires pour mener à bonne fin son entreprise.

A l'hôtel où il était descendu, M. Gisborne rencontra un riche capitaliste américain, M. Cyrus Field, et lui fit part de son projet. Après l'avoir écouté attentivement, M. Cyrus Field répondit que, puisqu'on pouvait immerger des câbles dans le golfe Saint-Laurent, et à travers les baies maritimes qui bordent les côtes de l'Amérique, on pouvait peut-être tout aussi bien relier les deux hémisphères, en confiant au lit de l'Océan, un câble télégraphique, construit avec les soins voulus.

Mais ce travail gigantesque était-il dans les limites de la puissance humaine ? C'est ce qu'il fallait déterminer sans retard.

Il y avait deux personnes, en Amérique, qui pouvaient éclaircir la question. C'étaient M. Maury, directeur de l'Observatoire national des États-Unis, et le professeur Morse.

M. Cyrus Field écrivit à M. Maury pour lui demander son avis sur la possibilité d'immerger un câble entre l'ancien et le nouveau monde, et il adressa une autre lettre au professeur Morse, pour savoir s'il regardait comme possible de faire franchir à un courant électrique la distance de 3,100 kilomètres qui sépare Terre-Neuve de l'Irlande.

M. Maury répondit affirmativement à cette question. Il disait dans sa lettre à M. Cyrus Field : « Il est à remarquer que lorsque votre lettre m'est parvenue, j'étais occupé du même sujet dans une correspondance avec le secrétaire de la marine des États-Unis. »

En effet, le 22 février 1854, M. Maury, alors lieutenant de la marine américaine, présentait au secrétaire de la marine des Etats-Unis un admirable travail contenant les résultats d'une série de sondages qu'il avait exécutés sur le trajet de l'Irlande à Terre-Neuve.

Entre l'Irlande et Terre-Neuve, comme le montrait M. Maury, le lit de l'Océan est très-propre à recevoir et à conserver, sans dommage, les fils télégraphiques. Il est assez profond pour que les fils, après qu'ils auront été posés, soient à jamais en sûreté contre les atteintes des ancres, des glaces ou de tous les corps flottants, et néanmoins la hauteur de l'eau n'est pas assez considérable pour que l'immersion du conducteur puisse présenter des difficultés sérieuses.

M. Maury ajoutait qu'il ne voulait pas, pour le moment, examiner si l'on aurait un temps suffisamment beau pour poser un câble d'une telle dimension, une mer assez calme, un navire assez vaste, pour porter un câble de sept à huit cents lieues de longueur, mais qu'il ne mettait pas en doute que l'industrie humaine ne vînt à bout de ces difficultés, si on lui soumettait sérieusement ce problème.

Quant au professeur Morse, sa réponse fut

plus affirmative encore. Comme il avait fait en 1843, des expériences tendant à prouver la possibilité de l'établissement d'un télégraphe transatlantique, il répondit à M. Field que, depuis cette époque, sa confiance dans l'entreprise n'avait fait que s'accroître, et qu'il ne doutait point que la transmission de l'électricité d'un hémisphère à l'autre, ne se fît avec une régularité parfaite.

Fig. 134. — Le commandant Maury, directeur de l'Observatoire des Etats-Unis.

L'assentiment des savants était beaucoup dans cette affaire ; mais ce n'était pas tout : il fallait celui des capitalistes. M. Field se mit en campagne pour constituer une société financière qui achèterait les travaux faits à l'île de Terre-Neuve et dans le golfe Saint-Laurent, et qui s'occuperait ensuite de poser le câble océanien.

Après divers *meetings*, qui eurent lieu chez M. Cyrus Field, et où la question fut approfondie, on résolut, le 7 mars 1854, de former une *Compagnie transatlantique*. MM. Cyrus Field, son père et M. White, furent chargés de faire les démarches nécessaires pour

acheter à la *Compagnie de Terre-Neuve* le privilége que le parlement canadien lui avait accordé pour exploiter pendant cinquante ans la télégraphie sous-marine et terrestre à Terre-Neuve, au Labrador, dans la province du Maine, de la Nouvelle-Écosse et dans l'île du Prince-Édouard. Ils réussirent dans cette négociation : 200,000 francs furent comptés à M. Gisborne pour racheter les priviléges de la compagnie de *Terre-Neuve*.

Une faveur importante fut bientôt accordée à la *Compagnie transatlantique*. Les gouvernements anglais et américain lui accordèrent une subvention annuelle de 350,000 francs chacun, pendant la durée de l'exploitation de la ligne, une fois établie. Les deux gouvernements promettaient aussi leur concours pour les études préliminaires et pour les opérations de l'immersion du câble transatlantique.

On décida, sans plus tarder, que les travaux commenceraient l'année suivante.

Le premier pas de cette grande entreprise fut la réunion de Saint-Jean de Terre-Neuve avec les grandes lignes qui existaient déjà dans le Canada et aux États-Unis.

M. Field partit pour l'Angleterre, après y avoir préalablement commandé des échantillons d'un câble, destiné à traverser le golfe Saint-Laurent, pour relier Terre-Neuve au continent américain ; de sorte qu'à son arrivée, avec l'aide des ingénieurs, MM. Brunel, Bright, Brett et Whitehouse, il put procéder aux expériences.

Le câble pour la traversée du golfe Saint-Laurent, était composé de trois fils de cuivre parfaitement isolés. M. Field entreprit, sous la direction de M. Canning, de l'immerger dans le golfe Saint-Laurent, entre le cap Ray et le continent américain. Cet essai se fit au mois d'août 1855. Malheureusement dans les parages du cap Ray (Terre-Neuve), une tempête ayant assailli le bâtiment, le capitaine du navire jugea nécessaire de couper le câble.

Cet échec ne produisit aucun découragement ; la pose fut reprise l'année suivante.

Après être arrivé au cap Ray et avoir débarqué et relié la tête du câble à la station télégraphique, le *Propontis* chargé de cette opération fit route pour l'île du Cap-Breton, le 9 juillet 1856. Sa traversée du golfe Saint-Laurent fut très-heureuse, et s'effectua en quinze heures, sans le moindre accident ni temps d'arrêt. Le câble se déroulait avec la plus grande facilité, à raison de 8 à 9 kilomètres à l'heure. Pendant cette traversée, et tout en posant le câble, on envoyait constamment des messages à terre, et aussitôt après l'arrivée au cap Nord, une station télégraphique, érigée provisoirement sous une tente, permit d'inaugurer la complète communication entre l'île de Terre-Neuve et celle du cap Breton. Un second câble sous-marin de 23 kilomètres, jeté entre l'île du cap Breton et la Nouvelle-Écosse, dans le détroit de Northumberland, acheva d'établir la communication avec le territoire américain.

Ainsi la communication sous-marine entre l'île de Terre-Neuve et le continent américain était un fait accompli. Il fallait maintenant songer à l'œuvre colossale du câble transatlantique.

Un physicien anglais d'une grande habileté, M. Whitehouse, consulté par M. Cyrus Field, donnait les assurances les plus encourageantes, et réfutait les objections de toutes sortes qui s'élevaient contre ce projet, si téméraire en apparence.

L'entreprise semblait, en effet, présenter des obstacles insurmontables. En admettant que l'on pût rencontrer, sur le bassin de l'Atlantique, un trajet où la profondeur de l'eau ne fût pas trop considérable pour recevoir le câble, comment trouver un temps assez calme, une mer assez paisible, un conducteur assez long, des moyens de transport assez puissants, pour l'établissement d'une telle ligne? Et, ces obstacles aplanis, pouvait-on espérer que l'électricité dégagée par une pile voltaïque aurait assez de puissance pour s'élancer, sans interruption,

d'une extrémité à l'autre de cet immense trajet? Beaucoup de savants n'hésitaient pas à répondre négativement sur ces questions, particulièrement en ce qui concerne le dernier point, c'est-à-dire la possibilité de faire traverser à l'électricité, sans déperdition du fluide, l'espace entier de l'Océan. Telle était, par exemple, l'opinion de l'un de nos physiciens éminents, M. Babinet.

Cependant l'industrie anglaise et l'industrie américaine, à tort ou à raison, tiennent ordinairement peu de compte des appréhensions exprimées par les savants. Grâce aux sondages opérés en 1853 par le commandant Maury, on connaissait la profondeur de l'Océan entre l'Irlande et l'île de Terre-Neuve. On savait qu'il existait sur une partie du trajet un fond peu accidenté, qui reçut plus tard de M. Maury le nom de *plateau télégraphique*, et qui semble avoir été disposé par la nature pour donner asile à un fil sous-marin. En effet, sa profondeur n'est pas assez grande pour opposer des difficultés sérieuses à la pose du fil, et elle suffit pour empêcher que les montagnes de glace qui se détachent quelquefois du pôle, ou les courants sous-marins, ne viennent déranger le câble une fois posé. On avait constaté, en outre, que les débris terreux, ramenés par la sonde, se composaient de coquillages fort délicats dans un si parfait état de conservation qu'il était évident que nul courant n'existait dans ces basses régions, de telle sorte que le fil conducteur, immergé sur ce fond tranquille, y demeurerait à l'abri de tout accident.

M. Cyrus Field désirait faire vérifier les sondages faits en 1853 par M. Maury, sur le trajet de la future ligne sous-marine. A sa demande, le gouvernement américain confia cette nouvelle exploration au lieutenant Berrymann.

Cet officier, dont les explorations furent terminées en juillet 1856, trouva que la profondeur moyenne de l'Océan, sur tout le parcours de l'Irlande à Terre-Neuve, varie de

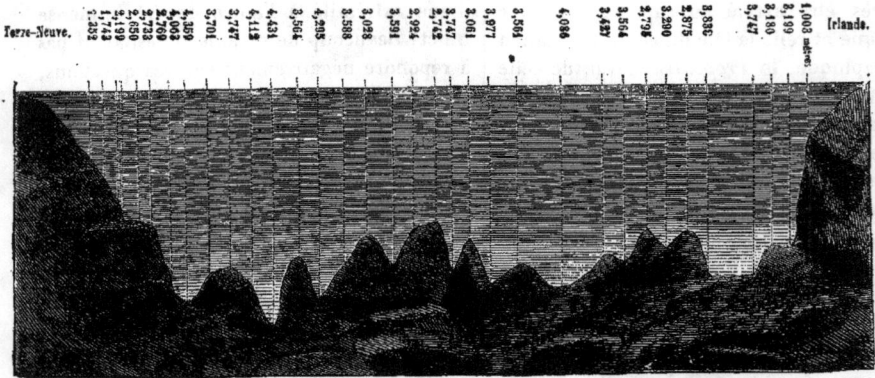

Fig. 135. — Profondeurs de l'océan Atlantique sur le trajet de l'Irlande à Terre-Neuve, d'après les sondages du lieutenant Daymam, faits avec le *Cyclope* en 1857.

1,828 mètres, près des rivages de l'Irlande et aux abords de Terre-Neuve, à 3,782 mètres, profondeur extrême qui se trouve vers le milieu. Or, cette profondeur ne dépasse pas celles que présentent divers points du trajet de quelques lignes de télégraphie sous-marine qui fonctionnaient déjà dans l'ancien monde.

Le commandant Daymann, de la marine britannique, reçut de son côté l'ordre d'opérer une autre série de sondages, sur le trajet projeté.

La figure 135 représente la profondeur de l'océan Atlantique entre l'Irlande et Terre-Neuve, d'après les sondages effectués en 1857, par le lieutenant Daymann, sur le bateau à vapeur anglais, *le Cyclope*. On voit qu'à partir de l'Irlande, le sol s'abaisse progressivement jusqu'à une profondeur de 1,003 mètres. On est alors à cinquante lieues terrestres (200 kilomètres) de l'Irlande. Là le fond s'abaisse encore brusquement et descend à plus de 3,000 mètres. Cette profondeur se maintient, avec peu de variations, jusqu'à l'approche de la côte d'Amérique, c'est-à-dire jusqu'à cent lieues (400 kilomètres) de Terre-Neuve. La sonde accuse dans ce long trajet, des profondeurs qui varient peu, et qui vont de 3,000 à 4,000 mètres.

C'est cette longue étendue du lit de l'Océan que le commandant Maury appelait *plateau télégraphique*, désignation un peu forcée, car le mot plateau suppose une égalité de niveau, qui est loin d'apparaître ici : c'est un plateau déchiqueté. Seulement les inclinaisons des pentes, comme le montre la carte, sont assez régulières.

Dans ces profondeurs extrêmes, les eaux de l'Océan sont aussi calmes que celles d'un étang, et le fil, une fois déposé sur le fond, devait donc s'y trouver à l'abri de toute cause de rupture.

Quels que soient, en effet, l'agitation et le tumulte des flots à la surface de la mer, le mouvement des vagues ne se fait plus sentir à une certaine profondeur au-dessous du niveau de l'eau. Ce résultat important fut mis en évidence par une observation, en apparence bien futile, mais qui donne une preuve frappante de la liaison qui existe entre toutes les sciences, et qui montre bien que les remarques les plus insignifiantes au premier aperçu, peuvent conduire quelquefois aux plus utiles inductions.

Nous avons dit que le lieutenant Berrymann avait rapporté en Europe les débris ramenés du fond de la mer par la sonde, pendant ses opérations. En examinant ces débris à la loupe, MM. Bailey et Ehrenberg reconnurent que ces débris ne consistaient qu'en coquillages excessivement petits, sans aucune parcelle de sable ou de gravier. Or, comme le fit remarquer M. Bailey, s'il existait au fond de l'Atlantique, sur les points où ont été opérés les sondages, des courants sensibles et de nature à offenser les câbles télégraphiques, ces courants entraîneraient des parcelles enlevées au fond, telles que du limon ou des grains de sable, et mêleraient ces débris aux coquillages. L'absence de tout débris de ce genre dans les coquillages examinés, démontrait donc qu'à cette profondeur les eaux de l'Océan n'éprouvent aucune agitation.

Mais, dira-t-on, comment une sonde a-t-elle pu pénétrer jusqu'à la profondeur de plus de 3,000 mètres, que présente sur quelques points de ce trajet le bassin de l'Atlantique ? Comment surtout une sonde peut-elle en rapporter des corps étrangers reposant sur ce fond ? Une sonde très-ingénieuse, imaginée par Brooke, lieutenant de la marine américaine, et que l'on nomme, à juste raison, *sonde de Brooke*, a permis de résoudre ce problème.

Nous décrirons ici cet instrument, qui a été d'un grand secours, tant pour rapporter des corps étrangers du fond de la mer, que pour faciliter les opérations du sondage dans les grands fonds. Avant l'invention de cet instrument, dont le commandant Maury et le lieutenant Berrymann firent usage avec le plus grand succès, les opérations de sondage par les grandes profondeurs étaient à peu près impossibles, et on renonçait à l'opération, après une certaine hauteur d'eau.

La tige de fer qui termine la *sonde de Brooke* est creuse et enduite de suif, afin de retenir et de rapporter les échantillons du sol du fond de la mer. A cette extrémité, elle traverse un boulet de canon, percé de part en part, d'un trou qui la laisse aisément passer. Aussitôt que la tige a touché le fond,

le boulet se dégage par un déclic, et la sonde peut être retirée avec facilité. C'est ce que font voir les figures 136 et 137.

La figure 136 représente la *sonde de Brooke* destinée à rapporter des parcelles du fond de la mer. On voit, à part, sur la même figure, le cercle qui contient le boulet assis sur une calotte de cuir H.

A est un boulet percé de part en part d'un trou et portant sur sa circonférence une rainure creusée pour recevoir les cordes E, E. B est une tige à laquelle est fixé un double bras CD se mouvant autour de l'articulation D, à laquelle le boulet est suspendu par les cordes E, E.

A l'intérieur de cette tige terminale, creuse, on introduit plusieurs tuyaux de plumes d'oie, ouverts aux deux extrémités et maintenus par leur propre élasticité ; Au point S, à l'intérieur du tube G est une petite soupape qui s'ouvre à l'extérieur pour permettre à l'eau de la mer de sortir à mesure que le sable s'introduit dans les tuyaux de plume et qui se referme lorsqu'on remonte la sonde, permettant ainsi de rapporter des spécimens du fond de la mer.

La figure 137 représente l'appareil ayant touché le sol. Alors, le boulet agissant par son poids sur le bras CD, fait baisser ce bras, et la corde se sépare de son crochet.

Le boulet est donc abandonné au fond de la mer ; la tige B remonte seule, tirée par la corde F, du bord du navire, et rapportant à l'intérieur les corps étrangers rapportés du fond et qui sont demeurés engagés dans les tuyaux de plume, ou fixés au suif qui garnit son extrémité G.

On comprend que cet appareil fonctionnera aussi bien dans la vase que sur le roc, car il suffit d'un léger obstacle rencontré dans la descente pour que le boulet se détache.

Les sondages du lieutenant Maury ont prouvé à quelle exactitude on peut arriver avec cet appareil.

Grâce aux longues et consciencieuses explorations du lit de l'Océan faites par les deux navigateurs dont nous avons cité les noms, la première partie du problème, qui consistait à trouver un tracé convenable pour la direction de la ligne de télégraphie transatlantique se trouvait résolue d'une manière satisfaisante.

Un point plus difficile à décider, c'était la

brasse 2,414 kilomètres. Enfin le télégraphe avait pu jouer, sans aucune interruption dans le conducteur, sur l'étendue totale de la ligne télégraphique qui s'étend entre New-York et la Nouvelle-Orléans, par Charlestown, Savannah et Mobile, et qui a une longueur de 3,164 kilomètres (790 lieues).

Ces faits établissaient déjà suffisamment la possibilité de faire franchir à l'élec-

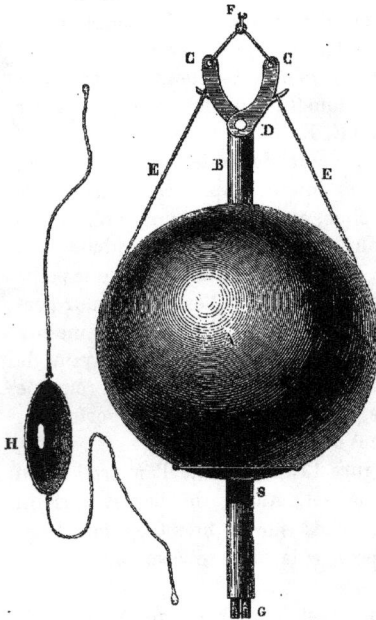

Fig. 136. — Sonde de Brooke.

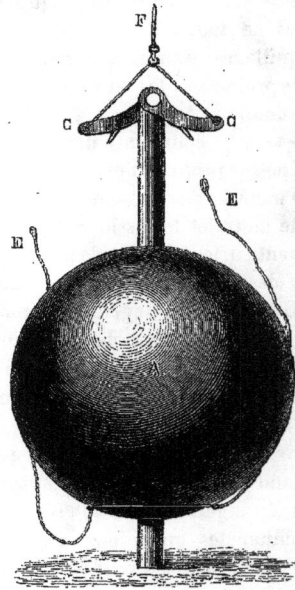

Fig. 137. — Sonde de Brooke après qu'elle a touché le fond.

possibilité de faire franchir au courant électrique la distance de plus de 3,000 kilomètres qui sépare l'Irlande de Terre-Neuve. Mais les faits connus permettaient d'espérer la solution de cette difficulté. Sur le territoire des États-Unis, certaines lignes télégraphiques fonctionnaient à des distances de 1,280 à 1,600 kilomètres (320 à 400 lieues). On était même parvenu à faire exécuter des signaux par un courant électrique sur la ligne non interrompue de Boston à Montréal, qui em-

tricité toute la distance qui sépare les deux mondes.

On voulut cependant procéder à une expérience spéciale. Les directeurs des compagnies télégraphiques d'Angleterre et d'Irlande, ayant mis à la disposition des expérimentateurs, 8,000 kilomètres de fils sous-marins, le 9 octobre 1856, dans le silence de la nuit, on procéda à l'expérience. Elle donna des résultats tellement satisfaisants, que l'on resta convaincu que l'électricité pourrait fran-

Fig. 138. — Vue du port de l'île de Valentia, sur la côte d'Irlande, point de départ du câble transatlantique (page 339).

chir tout d'un trait la distance qui sépare Terre-Neuve de l'Irlande.

La difficulté de transporter la masse énorme du câble transatlantique ne pouvait non plus arrêter. On n'avait qu'à employer plusieurs bâtiments suffisant pour le transporter par fractions. Enfin il ne devait pas être impossible de trouver un temps favorable pour l'immersion de ce conducteur, puisque l'on avait rencontré des circonstances assez propices pour pratiquer, sur toute cette ligne, des opérations délicates de sondage et d'hydrographie.

Tous ces faits, toutes ces études, parurent suffisants, en Angleterre et en Amérique, pour tenter, avec espoir de succès, la réalisation de ce projet grandiose. On s'occupa en conséquence, de réunir les fonds pour commencer les travaux.

Le 6 novembre 1856 une compagnie fut formée, au capital de 8,750,000 francs, divisés en 3,500 parts de 2,500 francs chacune. M. Field s'inscrivit pour 880 parts, soit 2,200,000 francs. En un mois le capital était souscrit, et le premier appel, c'est-à-dire 1,700,000 francs, était versé par les actionnaires.

Il est à remarquer que cette entreprise fut bien plus encouragée par le public et le gouvernement anglais que par l'Amérique. En effet, l'Angleterre s'engagea à fournir les vaisseaux pour la pose du câble, et elle garantissait aux actionnaires un minimum d'intérêt de 4 pour 100, jusqu'au moment où les bénéfices s'élèveraient à 6 pour 100. Au contraire, les capitalistes des États-Unis hésitaient à participer à l'entreprise. Le Congrès de Washington ayant proposé un bill en vertu duquel le gouvernement concédait à la compagnie les mêmes avantages qui lui étaient faits en Angleterre, ce bill fut rejeté. Il fut adopté, il est vrai, l'année suivante, mais à la majorité d'une voix seulement.

La question financière ainsi résolue, les directeurs de l'entreprise purent se mettre à l'œuvre.

CHAPITRE IX

FABRICATION DU CABLE TRANSATLANTIQUE EN ANGLETERRE EN 1857. — PREMIÈRE TENTATIVE D'IMMERSION DU CABLE ENTRE VALENTIA ET TERRE-NEUVE EN 1857. — DEUXIÈME TENTATIVE EN 1858.

Le trajet entre l'Irlande et l'île de Terre-Neuve ayant été définitivement adopté, il restait à fixer le point de départ de la ligne sur chacun des deux rivages d'Amérique et d'Europe. Il fut arrêté que la ligne partirait de Valentia, sur la côte ouest de l'Irlande, pour aboutir à Saint-Jean (Terre-Neuve). La longueur totale de la distance qui sépare ces deux points, mesurée en droite ligne, c'est-à-dire, sur le méridien qui passe par ces deux points, est de 3,100 kilomètres (775 lieues de 4 kilomètres).

Pour parer à toutes les déviations de route auxquelles on devait s'attendre pendant la pose du conducteur télégraphique, il fut décidé que sa longueur totale serait de 4,100 kilomètres.

La fabrication du câble fut commencée en février 1857, et terminée au mois de juillet de la même année. Nous entrerons dans quelques détails sur sa construction.

Une seule fabrique n'aurait pu parvenir à exécuter dans le temps voulu, un câble télégraphique d'une pareille étendue. La construction en fut donc partagée entre l'usine de MM. Glass et Elliott, à Greenwich, et celle de MM. Newall, à Birkenhead. La première devait fabriquer l'*âme du câble*, c'est-à-dire le fil intérieur enveloppé de gutta-percha; la seconde devait exécuter et appliquer l'armature extérieure. Ces deux manufactures s'engagèrent à fournir, pour le mois de juillet 1857, à raison de 630 francs par kilomètre, les 4,100 kilomètres de câble électrique, qui devaient former la longueur totale.

Quant à la composition qu'il fallait donner au câble, elle fut très-longuement étudiée. Soixante-deux échantillons différents furent proposés. Celui qui fut accepté, et dont nous allons parler, pesait 632 kilogrammes par kilomètre.

Le câble transatlantique ne présentait ni l'énorme volume, ni la résistance que l'on avait cru devoir donner à ceux qui unissent l'Angleterre à la France ou à la Hollande. En raison du peu de profondeur de la Manche, on avait été obligé, pour relier électriquement ces rivages, de construire un câble épais et solide, capable de résister aux ancres des navires qui pourraient le rencontrer, et aux courants capables de le déranger. Mais, construits de cette manière, les conducteurs télégraphiques sont d'un poids énorme et d'une assez grande rigidité. Il aurait été impossible, dans ces conditions, de transporter au milieu de l'Océan et de dérouler avec facilité, un câble d'une immense étendue. D'ailleurs, une fois les côtes franchies, le câble transatlantique n'a plus besoin d'être protégé contre les accidents par sa force et son épaisseur. Reposant à de grandes profondeurs dans l'Océan, il doit y demeurer à l'abri du choc des ancres et de l'agitation des eaux.

Le fil conducteur du câble transatlantique était donc unique. Seulement, pour qu'il pût s'étendre sans se rompre, il était composé de sept fils, de $0^{mm},7$ de diamètre chacun, entrelacés de manière à former un seul cordon métallique de $1^{mm},9$ de diamètre, pesant 26 kilogrammes par kilomètre.

A mesure qu'une certaine quantité du *toron* était fabriquée, on procédait aux expériences nécessaires pour constater sa bonne conductibilité électrique et sa résistance. Ensuite on le recouvrait de cinq à six couches de son enveloppe isolante. A chaque superposition de couches de gutta-percha, on vérifiait le degré d'isolement.

Ces enveloppes successives avaient pour but d'éviter les défauts de centrage auxquels on est exposé dans le cas d'une enveloppe unique, et en outre, d'empêcher l'introduction de bulles d'air, qui, entraînées mécaniquement avec la matière isolante, peuvent former des cavités pleines d'air, lequel échappe en perçant l'enveloppe, quand le fil est soumis à une forte pression.

On soumit ensuite le câble à une pression très-considérable, pour donner à la gutta-percha une grande consistance ; la propriété isolante du câble s'accrut par cette opération.

La gutta-percha employée était préparée avec le plus grand soin. On râpait les morceaux bruts, au moyen d'un cylindre armé de dents, qui tournait dans une caisse profonde.

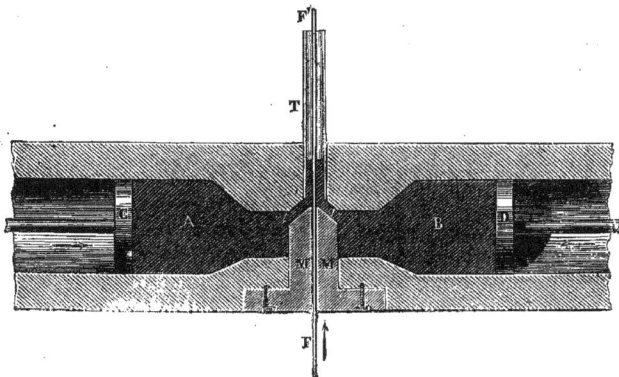

Fig. 139. — Appareil pour envelopper de gutta-percha les fils de cuivre du câble transatlantique.

Les râpures passaient ensuite dans des rouleaux. On les faisait macérer dans l'eau chaude, et on les battait vigoureusement. Après les avoir lavées dans l'eau froide, on les plaçait dans de grands tubes verticaux, terminés par des tamis en toile métallique, et on les forçait à passer au travers de ces toiles, à la température de 100° au moyen d'une presse hydraulique.

La gutta-percha sortait en masses molles d'une très-grande pureté. Ensuite on la pressait, la pétrissait pendant plusieurs heures, au moyen de vis s'enfonçant dans des cylindres creux appelés *masticateurs*. On débarrassait ces masses de l'eau qu'elles contenaient, et l'on rendait ainsi la pâte parfaitement homogène dans tous ses points.

Ainsi broyée, pétrie, purifiée, la gutta-percha se trouvait convenablement préparée pour servir d'enveloppe isolante au fil conducteur. Pour disposer cette enveloppe autour du fil, on se servait d'un appareil mécanique que nous allons décrire, et qui est représenté par la figure 139.

La gutta-percha était placée dans des cylindres horizontaux, A, B, aboutissant tous deux à un tube vertical T, et chauffée au moyen de la vapeur, jusqu'à ce qu'elle devînt à demi fluide. Alors on pressait fortement la matière par les deux pistons C, D, qui avançaient lentement, poussés par une machine à vapeur. La gutta-percha s'écoulait alors par deux petits orifices t, t', ménagés à la base des cylindres et communiquant avec le tube T. On introduisait dans le tube FF′ le fil, qui, après avoir passé dans la masse pleine MM, arrivait au tube T, où il recevait une couche de gutta-percha, laquelle, en se refroidissant, restait attachée au fil. Ce fil traversait d'une manière continue le tube FF′, tiré par une roue que la vapeur mettait en mouvement d'une manière uniforme.

Le fil recouvert de trois couches de gutta-percha, avait 9^{mm} de diamètre et son poids était de 84 kilogrammes par kilomètre. Deux kilomètres environ de ce *toron* étaient alors plongés dans l'eau, pour procéder aux épreuves électriques dites de *continuité* et d'*isolement*. Pour faire la première de ces épreuves on faisait passer un courant très-faible produit par un seul élément de la pile, à travers le fil enveloppé de gutta-percha, et l'on transmettait des signaux au travers du fil ; on avait ainsi une limite supérieure de la résistance à la transmission. Au contraire, l'*épreuve d'isolement* déterminait le minimum de résistance de l'enveloppe. Cette enveloppe isolante, était mise en relation, par l'intermédiaire du fil multiplicateur d'un galvanomètre très-sensible, avec le pôle d'une pile puissante de 500 éléments, dont le second pôle communiquait avec la terre. Le passage du plus léger courant à travers la gutta-percha, qui fonctionnait alors comme conducteur, était accusé par l'aiguille du galvanomètre, et ce phénomène décelait le défaut d'isolement qui pouvait exister dans l'enveloppe.

Cette épreuve étant faite sur une certaine longueur du fil, on soudait le fil reconnu bon au reste du conducteur, et l'on reprenait les mêmes épreuves sur d'autres longueurs.

L'*âme* du câble définitivement acceptée, était alors enroulée, par longueurs de 160 kilomètres, sur des bobines, dont les disques, de diamètre plus grand que celui de la masse du fil enroulé, étaient garnis de fer, afin de pouvoir les rouler comme des tonneaux, et les transporter sans les endommager.

Ces tambours, enveloppés soigneusement dans une feuille de gutta-percha, étaient placés dans des cuves pleines d'eau, et transportés à la manufacture de Birkenhead, pour y recevoir l'armature extérieure.

En arrivant à la fabrique, ces bobines étaient enfilées dans des axes autour desquels elles pouvaient tourner pour l'opération du déroulement. Pendant le déroulement de l'âme du câble, recouverte de gutta-percha, on appliquait autour du fil, une couche d'étoupe, imprégnée d'une composition formée de poix et de goudron. Cette garniture de chanvre avait pour but de protéger la gutta-percha contre la pression de l'armature en fer.

A mesure qu'une bobine était épuisée, on défaisait rapidement l'extrémité restante, pour en faire la soudure avec le fil d'une nouvelle bobine.

Restait à fixer l'armature. Cette opération se fit avec un appareil que nous allons décrire parce que ce même appareil est employé pour enrouler d'une manière générale, les tresses de fil de fer ou de fil de cuivre autour de l'*âme* des câbles sous-marins.

A la circonférence d'une table circulaire (*fig.* 140) sont placées un certain nombre de bobines B chargées de *torons* de fils de fer de $1^{mm},9$ de diamètre, chaque toron se compose lui-même de 7 fils de $0^{mm},7$. L'âme du câble FF′ passe par l'ouverture C, et en tournant sur elle-même, elle attire les torons de fils de fer des bobines qui sont placées verticalement tout autour. Les guides G, G, placés à des hauteurs convenables, règlent l'intervalle qui doit séparer chaque tour de fil.

Nous ajouterons que ce même appareil avait servi à fabriquer le toron de cuivre, qui forme l'âme métallique du câble.

Chacune des machines que nous venons de décrire, travaillait nuit et jour, et filait en vingt-quatre heures $157,632^m$ de fil ou $22,526$ mètres de torons.

Nous dirons à ce propos, que la longueur totale des fils de cuivre et de fer employés

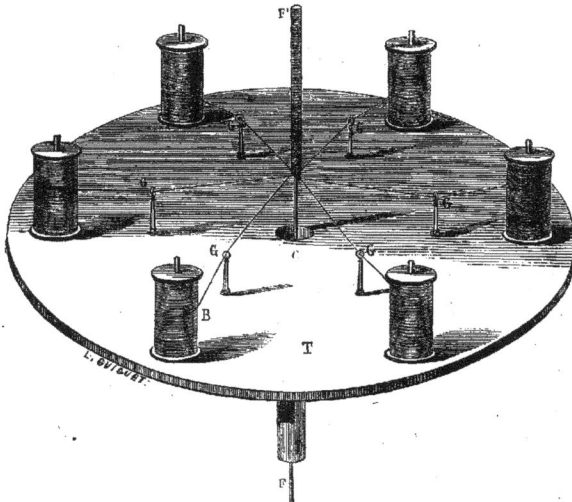

Fig. 140. — Appareil pour la fabrication des *torons* de fil de cuivre et de fil de fer.

dans le câble atlantique était de 534,992,500 mètres, quantité suffisante pour faire treize fois le tour de la terre !

La figure 141 représente le câble transatlantique après toutes les opérations que nous venons de décrire. Sa longueur totale était de 4,000 kilomètres. Le trajet à franchir était de 3,100 kilomètres, il laissait une limite de 33 pour 100 de perte pour les opérations de l'immersion. Il pesait dans l'eau, 440 kilogrammes par kilomètre, et dans l'air 634 kilogrammes ainsi répartis :

Fil de cuivre..................	26 kilog.
Gutta-percha..................	64
Cordes de chanvre.............	63
Armature de fer..............	475
Goudron et poix..............	6
	634

Il pesait, en totalité, près de 500 tonneaux et avait coûté à la compagnie environ 5 millions. Dans les épreuves de tension, il avait supporté 4,000 kilogrammes; on en conclut qu'il pourrait se tenir dans la mer sur une hauteur de 10 kilomètres, c'est-à-dire sup-

porter sur son unité de superficie, un effort égal à 10 kilomètres de son propre poids dans l'eau. Comme les plus grandes profon-

Fig. 141. — Câble transatlantique de 1858. (Coupe et vue extérieure. — Grandeur naturelle.)

deurs trouvées sur la ligne des sondages n'allaient pas au delà de 3,500 mètres, la résistance semblait suffisante.

Une fois terminé, le câble atlantique fut

enroulé sur lui-même au fond de grandes caisses pleine d'eau pour y attendre le moment de l'embarquer dans la cale du navire.

Restait une autre question difficile : le moyen de transport.

CHAPITRE X

TENTATIVE FAITE EN 1857 POUR L'IMMERSION DU CABLE TRANSATLANTIQUE, PAR LA FRÉGATE AMÉRICAINE LE NIAGARA ET LA FRÉGATE ANGLAISE L'AGAMEMNON.

Il n'y avait qu'un seul navire au monde qui pût contenir dans ses flancs la masse gigantesque du câble atlantique ; c'était le *Great-Eastern*, alors nouvellement construit, et qui s'appelait le *Léviathan*. Mais à cette époque, il n'avait encore été éprouvé par aucune traversée, et lui confier l'opération de la pose du câble atlantique c'était compromettre les intérêts de deux compagnies et s'exposer à perdre le fruit d'une entreprise aussi importante. Comme on ne pouvait embarquer la totalité du câble sur un seul navire, on décida de le partager entre deux vaisseaux appartenant à chacune des nations intéressées.

Le *Niagara*, la plus grande frégate à hélice qui eût encore été construite aux États-Unis, était une des douze frégates à vapeur qui avaient été commandées par le Congrès pour répondre à l'accroissement considérable qu'avaient pris, peu d'années auparavant, les constructions navales de la France et de la Grande-Bretagne. Le *Niagara* était, au dire des Américains, un admirable voilier, il tenait parfaitement la mer, et présentait toutes les qualités voulues pour le combat. Sa vitesse moyenne était de neuf nœuds. C'était le plus vaste bâtiment de la flotte américaine, et le plus grand des vaisseaux de guerre, sans en excepter même les vaisseaux anglais. Il jaugeait 5,200 tonneaux ; sa longueur totale était d'environ 122 mètres, sa profondeur de cale de 10m,557.

Une seconde frégate, *la Susquehanna*, fut expédiée par le gouvernement des États-Unis, pour aider le *Niagara* dans l'accomplissement de son œuvre.

L'*Agamemnon* était une frégate anglaise qui avait figuré dans la guerre d'Orient. Elle jaugeait 3,200 tonneaux, et fut gréée à neuf pour ce service. Ses mâts et ses gros cordages furent renouvelés.

Deux autres frégates de la marine britannique, le *Léopard* et le *Cyclope*, devaient concourir avec l'*Agamemnon* au déroulement des 2,000 kilomètres de câble dont le premier navire était porteur.

L'escadrille destinée à l'accomplissement de cet imposant travail, était, en résumé, composée de cinq navires : le *Niagara*, l'*Agamemnon*, la *Susquehanna*, le *Léopard* et le *Cyclope*. Ce dernier navire était celui qui avait exécuté les sondages du lit de l'Océan sous le commandement du lieutenant Daymann en 1857.

L'*Agamemnon* ayant sa machine à l'arrière présentait de grandes facilités pour l'aménagement du câble. On avait dans ce but, réservé en son milieu une cale de 45 pieds carrés et de 25 pieds de profondeur depuis la ligne de flottaison jusqu'à la quille. Cette frégate se rendit donc à Greenwich, et le câble atlantique fut *lové*; c'est-à-dire enroulé dans sa cale, autour d'une poutre centrale.

Le *Niagara*, mal disposé pour recevoir une telle charge, subit, à Portsmouth, les modifications jugées nécessaires ; et le 22 juin il se rendit à Liverpool dans la Mersey. Au bout de trois semaines il en partit avec sa charge de câble à fond de cale.

Le port de Cork, en Irlande, fut choisi comme rendez-vous, pour y faire tous les derniers arrangements. Les vaisseaux devaient partir de là pour parfaire leur tâche, pilotés par la frégate américaine *la Susquehanna*, et par le *Léopard*, de la marine britannique, tous deux vapeurs à roues d'une grande puissance.

Sur la côte occidentale de l'Irlande, dans le comté de Kerry, existe une île d'une lieue de long sur deux lieues de large, et sur le bord occidental de cette île s'étend la petite ville de Valentia, le port le plus à l'ouest de l'Europe.

Valentia est située à l'entrée de la baie de Dingle, au sud-ouest de l'Irlande ; on y montre deux forts construits, dit-on, par Cromwell. Les *Skelligs*, deux pointes de rochers pittoresques, percent la surface de la mer, à environ trois lieues sud-ouest du port ; l'un de ces écueils, le *grand Skellig*, est surmonté d'un phare d'une élévation excessive.

Il fut décidé que le *Niagara* atterrirait le câble à l'extrémité du port de Valentia et le filerait jusqu'à l'épuisement de sa cargaison. Alors l'*Agamemnon* devait souder, en plein Océan, le bout de l'autre moitié du câble qu'il portait à la portion déjà immergée, et commencer à dérouler cette seconde moitié jusqu'à Terre-Neuve.

On choisit les mois de juin et de juillet pour cette opération. En effet, d'après les observations du commandant Maury, les chances de tempêtes étaient presque nulles pendant ces deux mois. M. Maury précisait davantage en disant que du 20 juillet au 10 août, la mer et l'atmosphère étaient des plus favorables à l'opération. En effet, les relevés météorologiques prouvaient que, depuis cinquante ans, aucun grand orage n'avait eu lieu ni sur les côtes d'Amérique ni sur les côtes d'Irlande pendant cette époque.

Malheureusement, le câble n'était pas parfait. La division du travail entre deux manufactures éloignées, avait rendu impossible l'uniformité de fabrication, et ôté toute responsabilité individuelle. Le fait est qu'une moitié se trouva tressée de gauche à droite, et l'autre de droite à gauche.

Avant de confier le câble aux deux bâtiments chargés d'en opérer l'immersion, on jugea indispensable de s'assurer de son bon état, de sa parfaite conservation, et en même temps de constater, une fois de plus, par

avance, que l'électricité se transmettait à travers son immense étendue. On mit donc l'une de ses extrémités en communication avec une puissante pile voltaïque, l'autre extrémité avec un galvanomètre très-sensible, et l'on ferma le circuit : le galvanomètre dévia tout aussitôt.

Ainsi la conductibilité et l'isolement du câble ne laissaient rien à désirer, et il était établi que l'électricité franchirait sans obstacle toute l'étendue qui sépare l'Amérique de l'ancien monde.

Mesurée au magnéto-électromètre de M. Whitehouse, l'action électrique, exercée à la seconde extrémité du câble, était représentée par l'attraction ou le soulèvement d'un poids de 1 gramme 625 : et comme il suffit d'une attraction de $0^{gr},2$ pour produire un signal intelligible sur l'appareil récepteur, il fut démontré par là que, même après avoir parcouru cette immense longueur, le courant aurait beaucoup plus d'intensité qu'il n'est nécessaire pour une correspondance télégraphique.

Ayant constaté, de cette manière, l'excellente conductibilité de cet immense fil télégraphique, et pour continuer le même genre d'essais, on mit, le lendemain, les deux câbles en communication avec la terre par une de leurs extrémités, les deux autres extrémités étant unies, l'une à un manipulateur, l'autre à un récepteur, et l'on fit passer des signaux, comme sur une ligne télégraphique ordinaire. On remarqua alors qu'il fallait un certain temps, un temps même relativement assez long (une seconde trois quarts) pour que le courant arrivât d'une extrémité à l'autre. Mais on s'assura bientôt que l'on pourrait envoyer trois signaux parfaitement intelligibles en deux secondes, ce qui suffit certainement dans la pratique, ou pour les besoins d'une correspondance journalière et régulière.

On croyait avoir réuni toutes les précautions nécessaires pour assurer la réussite de cette opération merveilleuse, et l'on se flattait d'avoir tout prévu. Mais l'expérience seule nous apprend à prévoir, et l'expérience est souvent chère et cruelle ! C'est ce qui devait arriver.

Tous les valeureux auteurs de cette entreprise mémorable, tous ceux qui, depuis si longtemps, s'étaient fatigué l'esprit et le cœur par une anxiété continuelle, qui n'avaient été arrêtés par aucun obstacle, ni découragés par aucun échec, qui avaient espéré alors que l'espérance semblait présomption, et que le doute seul semblait être la sagesse, tous ces hommes, en voyant leur œuvre parvenue à ce point, sentirent qu'elle ne leur appartenait plus. Ils en remirent la fin entre les mains de Dieu, ne pouvant plus faire autre chose que lui souhaiter une heureuse issue.

Le 29 juillet 1857, le *Niagara* accompagné de la *Susquehanna*, arriva à Qu'enestown (Irlande), où il avait été précédé par l'*Agamemnon*, le *Léopard* et le *Cyclope*. Le lord lieutenant d'Irlande, lord Carlisle, désireux d'encourager par sa présence, les acteurs de ce grand drame maritime, les héros de cette véritable bataille de la science contre les éléments et les préjugés, se rendit de Dublin à Valentia. Il prit part à un déjeuner offert par le chevalier de Kerry, pour célébrer un événement où de si grands intérêts étaient en jeu. Les gens du pays, accourus dans le port, témoignaient leur enthousiasme par des danses et des feux de joie.

Lord Carlisle prononça à cette occasion, un éloquent discours. Il dit que quand même un échec se produirait, ce serait un crime que de se laisser aller au découragement, car le sentier qui conduit aux grandes œuvres, est tracé au milieu de difficultés et de périls de tous genres. « Échouer une première fois, disait lord Carlisle, c'est la loi et la condition du succès final ! »

Ces paroles du lord lieutenant d'Irlande étaient prophétiques.

Le 5 août 1857, l'extrémité du câble fut amenée à terre, pour être fixée dans la station télégraphique qui avait été construite sur les falaises de Valentia. Il fut hissé à cette hauteur, au milieu de l'enthousiasme général.

La flottille mit à la voile dans la soirée du jeudi 7 août, et le *Niagara* commença la pose.

Nous ne donnerons pas ici la description de l'appareil de dévidement employé sur l'*Agamemnon*, parce que cet appareil sera décrit plus loin, à propos de la pose du câble atlantique de 1865.

On avait à peine déroulé 10 kilomètres de câble, qu'il s'entortilla dans la machinerie de dévidement, et se brisa. Cet accident venait de la négligence d'un des hommes chargés de surveiller sa sortie de la cale.

Tout aussitôt, les embarcations des navires se rendirent près de la côte, et on s'occupa à retirer de la mer la partie immergée, qui fut soudée, dans la même journée, à la portion restée à bord du *Niagara*. Cette soudure exécutée, et le câble présentant toute la solidité qu'il avait avant l'accident, l'escadrille reprit sa route et l'on recommença à déposer le conducteur au fond de la mer.

Le mardi 12 août, se produisit le regrettable accident de la rupture de ce câble. L'escadrille se trouvait déjà à la distance de 420 à 450 kilomètres de Valentia. Il était 4 heures de l'après-midi, la mer était forte, le vent soufflait du sud, et le navire filait de 3 à 4 nœuds. Mais le câble déviait beaucoup. Entraîné par un courant sous-marin dont on ne soupçonnait pas l'existence, il se déroulait à raison de 6 et même de 7 nœuds, c'est-à-dire avec une vitesse hors de proportion avec celle du bâtiment. Le mécanicien, chargé de surveiller le dévidement, jugeant la dépense trop considérable, avait cru devoir serrer le frein, dans un moment où l'arrière du bâtiment plongeait ; mais le tangage faisant subitement relever la poupe, le câble se rompit au-dessous de la dernière poulie.

Fig. 142. — L'*Agamemnon* posant le câble atlantique (2 août 1858).

Le navire était alors à 508 kilomètres de l'Irlande, avec un fond d'eau de 3,240 mètres, et il filait de trois à quatre nœuds. Déjà 514 kilomètres de câble avaient été immergés. Il était évident, pour les officiers de marine et les ingénieurs, que l'on ne pouvait pas renouveler la tentative avec 2,972 kilomètres de câble à bord, c'est-à-dire avec un excédant de 12 pour 100 seulement sur le trajet total. On renonça donc à poursuivre l'entreprise, et l'on revint en Angleterre.

CHAPITRE XI

DEUXIÈME EXPÉDITION TRANSATLANTIQUE EN 1858. — SUCCÈS DES OPÉRATIONS.

Personne, pourtant, ne se sentait découragé. M. Cyrus Field, décidé à reprendre sans retard son œuvre, commanda à MM. Glass

et Elliott une nouvelle longueur de 1,448 kilomètres de câble, ce qui, avec les 85 kilomètres de câble côtier relevé, donnait 4,500 kilomètres de longueur, avec environ 40 pour 100 d'excédant.

La partie du câble, qui restait à bord du *Niagara*, fut débarquée et l'on procéda à quelques essais, pour en constater le bon état. L'exposition permanente à la chaleur, le peu de précautions prises pour le rouler et le dérouler, avaient eu pour résultat de l'endommager en plusieurs parties ; le cuivre avait même percé la gutta-percha. On fit les réparations nécessaires, mais l'isolement électrique laissait toujours beaucoup à désirer.

L'appareil de dévidage fut également perfectionné.

La compagnie demanda et obtint de nouveau, le secours du navire anglais, l'*Agamemnon* et de la frégate américaine *le Nia-*

gara. Il fut seulement décidé qu'au lieu de dévider le câble en partant de la côte d'Irlande, les deux navires se rendraient au milieu de la route, formeraient, en plein Océan, une *épissure* (soudure) entre les deux portions, et partiraient en sens inverse, l'un pour l'Irlande, l'autre pour Terre-Neuve.

C'est le jeudi 10 juin 1858, que commença cette seconde expédition. L'*Agamemnon* et le *Niagara*, après avoir fait dans le canal, quelques expériences, quittaient ce jour-là le port de Plymouth, chargés chacun de la moitié du câble atlantique, et accompagnés de deux navires à vapeur, le *Valorous* et le *Gorgon* qui devaient leur venir en aide dans les opérations à exécuter.

Dès son départ, la flottille eut à lutter contre un temps et des vents contraires, qui durèrent sept jours sans interruption.

Cependant, le 26 juin, l'*Agamemnon*, après avoir été seize jours en danger, arrivait au rendez-vous, c'est-à-dire la moitié de la distance, dans l'Océan, entre l'Amérique et l'Irlande, et il se préparait à poser le câble.

La soudure des deux bouts fut exécutée, et chacun des deux bâtiments prit sa route, l'un vers l'Amérique, l'autre vers l'Irlande, déroulant le fil conducteur et le laissant tomber à la mer, avec toutes les précautions nécessaires.

Le *Niagara* avait à peine déroulé une longueur d'une lieue de câble, qu'un accident détermina sa rupture.

Les deux steamers se rejoignent, pour exécuter une nouvelle soudure des deux bouts du câble, et l'immersion est reprise. Tout va bien pendant le déroulement de 15 lieues de fil par chaque bâtiment; mais on s'aperçoit alors que le courant électrique n'est plus transmis par le câble d'un bâtiment à l'autre, ce qui dénote un accident.

En effet, le câble s'était rompu au fond de l'eau, par une cause inconnue. Les deux bâtiments se rejoignirent donc une troisième

fois, pour pratiquer une nouvelle *épissure*. On recommença alors l'immersion.

Tout marchait à souhait et le succès semblait probable, car 56 lieues de câble avaient été déroulées sans le plus petit accident, par le *Niagara*, lorsque le 29 juin, à 9 heures du soir, retentit, comme un coup de foudre, la fatale nouvelle que le courant électrique ne passe plus entre les deux bâtiments : le câble s'était une troisième fois brisé au fond de l'eau.

Il avait été convenu, quand les deux bâtiments s'étaient séparés, que dans le cas où un troisième accident aurait lieu, si la rupture arrivait avant qu'ils se fussent éloignés de 40 lieues, ils reviendraient au point de départ, au milieu de l'Atlantique ; mais que si le câble se brisait à plus de 40 lieues de distance, ils reviendraient tous en Irlande, dans le port de Queenstown.

Comme le *Niagara* avait débité plus de 50 lieues de câble, il se trouvait dans la seconde hypothèse prévue ; il retourna donc dans le port d'Irlande. De son côté, l'*Agamemnon* y rentrait quelque temps après, ayant compris, par l'interruption du courant à son bord, l'événement qui s'était produit.

Cette tentative échouée avait coûté la perte d'environ 190 lieues de fil conducteur.

Cependant l'entreprise ne pouvait être abandonnée, car il restait à bord des deux bâtiments et dans les ateliers où il avait été fabriqué, une quantité bien suffisante de câble pour reprendre l'opération et la mener à bien. Après un certain temps nécessité par les nouveaux préparatifs à faire, l'escadrille se prépara donc à recommencer l'opération.

Le 27 juillet 1858, l'*Agamemnon* et le *Niagara* se réunissaient de nouveau au milieu de la distance qui sépare l'Amérique de l'Irlande. Le 29 juillet, les deux bouts du câble furent réunis par une soudure, à bord du *Niagara*, et l'opération de l'immersion commençait sous les plus favorables auspices. L'*Agamem-*

non, et son escorte de bateaux à vapeur, se dirigeaient vers Valentia en Irlande, le *Niagara* voguait vers Terre-Neuve.

Pour donner une idée exacte des différentes péripéties que présenta, en 1858, la grande opération de la pose du câble atlantique, par les deux navires chargés de ce travail, nous reproduirons une relation qui fut publiée, à cette époque, dans le *Times*, par un des correspondants de ce journal, embarqué sur l'*Agamemnon*.

« Le *Niagara*, écrit ce témoin oculaire, était arrivé au rendez-vous le vendredi 23, le *Valorous* le dimanche 25, le *Gorgon* le mardi 27. Le temps était beau et d'un calme parfait ; on se mit donc à attacher ensemble les deux bouts du câble sans perdre de temps. On fit passer l'extrémité du câble du *Niagara* sur l'*Agamemnon*.

« Vers midi, la soudure était faite ; elle portait une masse de plomb destinée à servir de poids. Le plomb se détacha et tomba à l'eau au moment où on allait jeter le câble à la mer. On ne trouva sous la main qu'un boulet de 32 qu'on fixa au point de jonction des deux bouts du câble, et tout l'appareil fut lancé à la mer, sans autre formalité et même sans attirer l'attention, car ceux qui étaient à bord avaient trop souvent assisté à cette opération pour avoir grande confiance dans son succès final. On laissa couler 210 brasses de câble, afin que la soudure se trouvât suffisamment au-dessous du niveau de l'eau, puis on donna le signal du départ, et le *Niagara* et l'*Agamemnon* partirent en sens inverse. Pendant les trois premières heures, les bâtiments marchèrent très-lentement et déroulèrent une grande longueur de câble ; ensuite, la marche de l'*Agamemnon* alla en augmentant de vitesse jusqu'à ce qu'elle eût atteint 5 nœuds. Le câble se dévidait à raison de 6 nœuds ; il ne marquait sur le dynamomètre qu'une tension de quelques centaines de livres.

« Un peu après 6 heures, on vit une très-grande baleine s'approcher rapidement du navire ; elle battait la mer et faisait voler l'écume autour d'elle. Pour la première fois, il nous vint à l'idée que la rupture du câble, lors de la dernière tentative, pouvait bien être le fait de l'un de ces animaux. La baleine se dirigea pendant quelque temps droit sur le câble, et nous ne fûmes tranquillisés qu'en voyant le monstre marin passer lentement à l'arrière ; il rasa le câble à l'endroit où il plongeait dans l'eau, mais sans lui causer aucun dommage.

« Tout alla bien jusqu'à 8 heures ; le câble se déroulait avec une régularité parfaite, et, pour prévenir tout accident, on veillait avec soin à ce que le dynamomètre ne marquât pas une pression de plus de 1700 livres, ce qui n'était pas le quart du poids que pouvait porter le câble. Un peu après 8 heures, on découvrit une avarie dans le câble enroulé sur le pont. M. Canning, l'ingénieur en service, n'avait pas à perdre un instant, car le câble se déroulait si rapidement que la portion endommagée devait sortir du vaisseau dans l'espace d'environ 20 minutes, et l'expérience avait montré qu'il était impossible d'arrêter le câble ou même le navire sans courir le risque de voir tout l'appareil se briser. Juste au moment où les réparations allaient être terminées, le professeur Thomson annonça que le courant électrique avait cessé, mais que l'isolement était encore complet. On supposa naturellement que c'était le morceau de câble détérioré qui interrompait le courant, et on le coupa aussitôt pour le remplacer par une soudure.

« A la consternation générale, l'électromètre prouva que l'interruption se manifestait sur un point du câble qui était déjà dans l'eau à environ 20 lieues du bâtiment. Il n'y avait pas une seconde à perdre, car il était évident que la portion du câble qu'on avait coupée allait dans quelques instants se trouver déroulée et jetée à la mer, et dans ces quelques instants il fallait faire une soudure, opération longue et difficile. On arrêta le navire sur-le-champ, et on ralentit la marche du câble autant que cela se pouvait faire sans danger. A ce moment, l'aspect que présentait le bâtiment était très-extraordinaire. Il paraissait impossible, même avec la plus grande diligence, de finir le travail à temps.

« Tout le monde à bord était rassemblé dans l'entre-pont, autour du câble enroulé, et le surveillait avec la plus grande anxiété, à mesure qu'une toise après l'autre descendait à la mer et rapprochait de plus en plus le moment où les ouvriers verraient le morceau sur lequel ils travaillaient leur échapper des mains. Dirigés par M. Canning, ils se dépêchaient comme des hommes qui comprennent que la vie ou la mort de l'entreprise dépendait d'eux. Néanmoins, tous leurs efforts furent inutiles et on dut avoir recours à la dernière ressource, celle d'arrêter le câble, auquel le vaisseau resta pendant quelques minutes comme suspendu. Heureusement ce ne fut que l'affaire d'un instant, car la tension augmentait continuellement et ne pouvait tarder à produire une rupture.

« Lorsque la soudure fut terminée et que l'on put recommencer à laisser le câble se dérouler, l'émotion produite par le danger que l'on avait couru s'apaisa peu à peu. Mais le courant électrique n'était pas encore rétabli. On résolut donc de dérouler le câble aussi lentement que possible et d'attendre six heures avant de considérer l'opération comme tout à fait manquée, afin de voir si l'interruption du courant ne cesserait pas d'elle-même. On regardait les aiguilles avec la plus grande anxiété, et lorsqu'on les vit tout à coup ne plus indiquer le moindre courant, on crut que le câble était rompu ou que l'isolement était détruit.

« On fut donc agréablement surpris lorsque, trois minutes plus tard, l'interruption disparut et que les signaux du *Niagara* arrivèrent par intervalles réguliers. Ce fut une grande joie pour tout le monde; mais la confiance générale dans le succès de l'entreprise était ébranlée, parce que l'on comprenait qu'un semblable accident pouvait se renouveler à chaque instant.

« Vendredi 30 tout alla bien. Le bâtiment filait 5 nœuds et le câble 6. L'angle qu'il faisait avec l'horizon, en sortant du vaisseau était de 15 degrés et le dynamomètre marquait une tension de 1,600 à 1,700 livres.

« A midi, nous étions à 35 lieues du point de départ et nous avions déroulé 50 lieues de câble. Vers le soir, le vent souffla avec assez de violence, et on descendit sur le pont les vergues, les voiles, enfin tout ce qui pouvait offrir quelque prise au vent. Le bâtiment toutefois ne pouvait avancer que très-difficilement, à cause des vagues et du vent qui lui était contraire; en même temps, l'énorme quantité de charbon que l'on consommait semblait indiquer que l'on serait obligé de brûler les mâts pour arriver jusqu'à Valentia. Le lendemain, le vent était plus favorable et on put épargner un peu de combustible. Samedi, dans l'après-midi, la brise fraîchit encore, et vers la nuit la mer était devenue tellement grosse, qu'il semblait que le câble ne pourrait tenir.

« On fut obligé de surveiller avec la plus grande attention la machine servant à le dérouler, car un seul moment d'arrêt, alors que le vaisseau était soulevé par les vagues pour retomber ensuite, aurait suffi pour causer un accident. M. Hoar et M. Moore, les deux ingénieurs chargés du dynamomètre, veillaient alternativement pendant quatre heures. Néanmoins, le câble, qui n'était qu'un simple fil à côté des vagues énormes dans lesquelles il plongeait, continuait à tenir bon et s'enfonçait dans la mer en ne laissant derrière lui qu'une ligne phosphorescente.

« Dimanche, le temps était toujours aussi mauvais : de gros nuages couvraient le ciel, et le vent continuait à balayer la mer. A midi, nous étions à 52 degrés de latitude nord, et 23 degrés de longitude ouest, ayant fait 45 lieues depuis la veille, et 130 lieues depuis notre point de départ. Nous avions passé le point où la profondeur est le plus grande; elle est en cet endroit de 3898 mètres.

« Lundi, la mer n'était pas meilleure, et ce n'est que grâce aux efforts infatigables de l'ingénieur, qu'on empêcha la machine de s'arrêter à mesure que le bâtiment était soulevé par les vagues. Une ou deux fois elle s'arrêta réellement, mais heureusement elle reprit son mouvement à temps.

« Il était naturellement impossible d'arrêter le câble, et, bien que le dynamomètre marquât de temps en temps 1,700 livres, il était le plus souvent au-dessous de 1000, et quelquefois il marquait zéro, et le câble coulait alors avec toute la vitesse que lui imprimait son propre poids et la marche du navire. Cette vitesse n'a jamais dépassé 8 nœuds à l'heure, le vaisseau filant 6 nœuds et demi. En moyenne, la vitesse du bâtiment était de 5 nœuds et demi, et celle du câble en général de 30 pour 100 plus grande. Lundi, 2 août, à midi, nous étions à 52 degrés de latitude nord et à 19 degrés 48 minutes de longitude ouest, ayant parcouru 48 lieues depuis la veille et ayant accompli plus de la moitié de notre voyage.

« Dans l'après-midi, nous vîmes à l'est un trois-mâts américain, *Chieftain*. D'abord on ne fit pas attention à lui; mais tout à coup il changea de direction et vint droit sur nous. Une collision devenait imminente et aurait été fatale au câble. Il était également dangereux de changer la course de l'*Agamemnon*. Le *Valorous* alla en avant et tira un coup de canon; l'*Agamemnon* en tira un second et le *Valorous* deux autres, sans pouvoir faire changer de direction au trois-mâts. L'*Agamemnon* n'eut que le temps de changer la sienne pour éviter le bâtiment qui passa à quelques yards de nous. Son équipage et ceux qui étaient à bord ne comprenaient évidemment rien à notre manière d'agir, car ils accoururent sur le pont pour nous voir passer. A la fin ils découvrirent qui nous étions; ils montèrent sur les vergues, et, agitant plusieurs fois leur drapeau, ils poussèrent trois hourras en notre honneur.

« L'*Agamemnon* fut obligé de reconnaître ces compliments en bonne forme, quoique nous fussions de fort mauvaise humeur en songeant que l'ignorance ou la négligence de ceux qui dirigeaient ce bâtiment aurait pu occasionner un accident fatal.

« Mardi matin, vers 3 heures, tout le monde à bord fut réveillé par le bruit du canon. On crut que c'était le signal de la rupture du câble. Mais, en montant sur le pont, on aperçut le *Valorous* déchargeant rapidement son artillerie sur une barque américaine qui était juste au beau milieu de notre chemin. Des remontrances aussi sérieuses de la part d'une grande frégate ne pouvaient être méprisées; aussi la barque s'arrêta-t-elle tout court, mais évidemment sans y rien comprendre. Son équipage nous prit peut-être pour des flibustiers, ou bien il crut être la victime d'un nouvel outrage britannique contre le drapeau américain. Ce qui est certain, c'est que la barque resta immobile jusqu'à ce que nous la perdîmes de vue à l'horizon.

« Mardi il fit plus beau que les jours précédents. La mer toutefois était encore assez forte. Mais déjà on pouvait prévoir le succès définitif de l'expédition. Nous étions à 16 degrés de longitude ouest, ayant fait 50 lieues depuis la veille. Vers 5 heures du soir, nous étions arrivés à la montagne sous-marine qui sépare le plateau télégraphique de la côte d'Irlande, et l'eau devenant toujours plus basse, la tension du câble diminuait aussi constamment. On en déroula une grande longueur pour le cas où il se

Fig. 143. — Soudure des deux bouts de chaque moitié du câble atlantique, exécutée, au milieu de l'Océan, à bord du *Niagara*, le 29 juillet 1858 (page 246).

trouverait dans le fond des inégalités que l'on n'aurait pas découvertes avec la sonde.

« Mercredi, le temps était magnifique. A midi, nous étions à 33 lieues de la station télégraphique de Valentia. Vers minuit on aperçut les lumières de la côte, et, jeudi matin, les rochers élevés qui donnent un aspect aussi sauvage que pittoresque aux environs de Valentia se présentèrent à nos yeux, à quelques milles de distance. Jamais peut-être navigateurs n'ont accueilli la vue de la terre avec autant de joie, puisqu'elle constatait la réussite d'un des projets les plus grands, mais en même temps les plus difficiles qui aient jamais été conçus. Comme on ne paraissait pas se douter de notre arrivée, le *Valorous* alla en avant et tira un coup de canon. Aussitôt les habitants se portèrent sur une foule d'embarcations à notre rencontre. Bientôt après on reçut un signal du *Niagara* indiquant que lui aussi était arrivé à la terre. Il avait coulé 386 lieues de câble, et l'*Agamemnon* 383 lieues, ce qui donna pour toute la longueur du câble immergé 770 lieues ou 2,050 milles géographiques. Le bout du câble fut amené à terre par MM. Bright et Canning, auxquels on est redevable du succès de l'entreprise ; il fut placé dans une tranchée creusée pour le recevoir, et les salves de l'artillerie annoncèrent que la communication entre l'ancien et le nouveau monde était complète. »

Après le récit du correspondant du *Times*, racontant le voyage de l'*Agamemnon*, nous rapporterons quelques extraits du *journal* dans lequel M. Cyrus Field, embarqué sur le *Niagara* consignait, heure par heure, les incidents de l'immersion du câble sous-marin. On aura ainsi le tableau complet de l'expédition de 1858.

Ce qui frappe dans la lecture du journal du voyage du *Niagara*, c'est le concours de circonstances vraiment providentielles qui détermina le succès de l'entreprise. Grâce à un temps d'une sérénité et d'un calme inaltérables, le *Niagara* ne mit que 6 jours et demi à franchir la distance entre son point de départ et Terre-Neuve. La distance parcourue dans cet intervalle fut de 330 lieues, et la longueur du câble dévidé de 386 lieues. Or, si l'on réfléchit que le *Niagara* avait à peine à bord une totalité de 415 lieues de câble, on comprendra aisément les conséquences désastreuses qu'aurait amenées pour l'opération la moindre bourrasque qui aurait produit une déviation de la ligne droite. Aussi, peut-on dire qu'une protection providentielle présida au succès de cette entreprise.

Voici donc le résumé du journal tenu par M. Cyrus Field, à bord du *Niagara*.

« *Samedi*, 17 *juillet.* — Ce matin, la flottille télégraphique est partie de Queenstown (Irlande) composée comme il suit : le *Valorous* et le *Gorgon*, à 11 heures du matin ; le *Niagara* à 7 heures 1/2 du soir, et l'*Agamemnon* quelques heures plus tard. Chaque steamer devait user le moins possible de charbon jusqu'à l'arrivée au lieu de rendez-vous.

Dimanche, 18 *juillet.* — Le *Niagara* double le cap Clean dans la matinée. Atmosphère lourde et nuageuse, rafales.

Lundi, 19 *juillet.* — Atmosphère brumeuse, nuages et pluie.

Mardi, 20 *juillet.* — Atmosphère nuageuse, rafales.

Vendredi, 23 *juillet.* — Le *Niagara*, arrivé à 8 heures du soir au rendez-vous latitude 52° 5', longitude 32° 4'.

Samedi, 24 *juillet.* — Vent O.-N.-O.; atmosphère brumeuse et nuageuse; rafales.

Dimanche, 25 *juillet.* — Le *Valorous* arrive au rendez-vous à 4 heures du matin; atmosphère brumeuse et nuageuse. Le capitaine Oldhmam, du *Valorous*, vient à bord du *Niagara*.

Mardi, 27 *juillet.* — Temps calme; atmosphère brumeuse. Le *Gorgon* arrive au rendez-vous à 5 heures du soir.

Mercredi, 28 *juillet.* — Léger vent N.-N.-O.; ciel bleu et atmosphère brumeuse. L'*Agamemnon* arrive au rendez-vous à 5 heures du soir.

Jeudi, 29 *juillet.* — Latitude 52° 59', longitude 32° 27' O. Tous les bâtiments de la flottille sont en vue les uns des autres. Mer calme; léger vent du S.-E. au S.-S.-E.; temps nuageux. La soudure du câble se fait à une heure de l'après-midi. Les signaux sur toute la longueur du câble à bord des deux navires se font parfaitement. Profondeur de l'eau 2,835 mètres. Distance jusqu'à l'entrée du havre de Valentia 1,505 kilomètres; de ce point à la station télégraphique, le fil est déjà posé. Distance jusqu'à l'entrée de Trinity-Bay, Terre-Neuve, 1,522 kilomètres, et de ce point à la station télégraphique, pointe de la baie de Bull's-Arm, 111 kilomètres faisant ensemble 1,633 kilomètres. Le *Niagara* a 128 kilomètres de plus à parcourir que l'*Agamemnon*. Le *Niagara* et l'*Agamemnon* ont chacun 2,037 kilomètres de câble à bord, à peu près la même quantité que l'année dernière. A 7 heures 3/4 du soir, heure du navire, ou 10 heures 5 minutes du soir, temps de Greenwich, les signaux de l'*Agamemnon* cessent, les expériences des opéra-

teurs démontrent qu'il y a manque de continuité, mais que l'isolement est parfait. Dévidage très-lent du câble à bord du *Niagara*, en ayant continuellement recours aux expériences électriques, jusqu'à 6 heures du soir, heure du navire, moment où nous recommençons à recevoir les signaux de l'*Agamemnon*.

Vendredi, 30 *juillet.* — Latitude 51° 59' N., longitude 34° 49' O. Distance parcourue pendant les dernières 23 heures : 165 kilomètres. Dévidé 243 kilomètres de câble, soit 78 kilomètres de plus que la distance parcourue, égalant 48 pour 100. Profondeur de l'eau variant de 1,550 à 1,975 brasses. Vent du S.-E.-S.-O. Temps gros et pluvieux. Le *Gorgon* est en vue. A 3 heures 50 minutes du matin, finit le dévidage du pont principal, et commence celui du câble déposé sur le second pont; 1,365 kilomètres nous séparent de la station télégraphique de la baie de Bull's-Arm, Trinity-Bay. A 2 heures 24 minutes de l'après-midi, reçu de l'*Agamemnon* un signal nous apprenant qu'il a dévidé 278 kilomètres de câble. A 2 heures 34 minutes, le *Niagara* a immergé de son côté 278 kilomètres de fil.

Samedi, 31 *juillet.* — Latitude 51° 5' N., longitude 38°, 14' O. Distance parcourue pendant les dernières 24 heures 253 kilomètres. Dévidé 294 kilomètres de câble, soit un surplus de 41 kilomètres sur la distance parcourue, égalant 13 pour 100; et depuis 6 heures du matin N.-O. Profondeur de l'eau : 1,657 à 2,250 brasses. Vent modéré, S.-O. par N. Temps nuageux; petite pluie et un peu de mer. Le *Gorgon* est en vue. Total du câble immergé, 539 kilomètres. Distance parcourue, 419 kilomètres. Dévidé en sus de la distance parcourue 120 kilomètres; soit 29 pour 100. Nous sommes à 1048 kilomètres de la station télégraphique. A 11 heures 4 minutes du matin, immergé du *Niagara* 555 kilomètres du câble. A 2 heures 45 minutes de l'après-midi, reçu de l'*Agamemnon* un signal nous apprenant qu'il a immergé, lui aussi, 555 kilomètres de câble. A 5 heures 37 minutes de l'après-midi, fini le dévidage sur le second pont, et commencé l'opération sur le pont inférieur.

Dimanche, 1ᵉʳ *août.* — Latitude 50° 32' N., longitude 41° 55' O.; distance parcourue pendant les dernières 24 heures : 268 kilomètres. Dévidé 303 kilomètres de câble, soit 35 kilomètres de plus que la distance parcourue, égalant 14 pour 100. Profondeur de l'eau, 1,924 brasses. Vent modéré et frais du N.-N.-E. au N.-E. Temps brumeux et nuageux. Mer grosse. Le *Gorgon* en vue.

A 3 heures 5 minutes de l'après-midi, terminé le dévidage sur le pont inférieur, et commencé l'opération sur la partie du câble déposée dans la cale.

Total du câble immergé : 844 kilomètres. Total de la distance parcourue : 687 kilomètres. Total du dévidage fait en sus de la distance parcourue : 157 kilomètres, soit 23 pour 100. Nous sommes à 946 kilomètres de la station télégraphique.

Lundi, 2 *août.* — Latitude 49° 52' N. Longitude 45°

48' O. Distance parcourue pendant les dernières 24 heures : 285 kilomètres. Dévidé 327 kilomètres de câble, ou 42 kilomètres en sus de la distance parcourue, égalant 15 pour 100. Profondeur de l'eau : de 1,600 à 2,385 brasses. Vent N.-O. Temps nuageux.

Le *Niagara* s'allége et roule fortement; mais on ne juge pas prudent de larguer les voiles pour affermir le navire, parce que, en cas d'accident, il importe de l'arrêter le plus vite possible.

A 7 heures du matin, nous voyons passer un des steamers de la ligne Cunard, allant de Boston à Liverpool.

Total du câble immergé : 1,172 kilomètres. Total de la distance parcourue : 972 kilomètres. Total du câble immergé en sus de la distance parcourue : 200 kilomètres, soit moins de 21 pour 100. Le *Niagara* est à 476 kilomètres de la station télégraphique.

A minuit et 38 minutes, heure du navire, soit 3 heures 38 minutes du matin, temps de Greenwich, un isolement imparfait du câble est découvert en transmettant et en recevant des signaux de l'*Agamemnon*. Cette situation continue jusqu'à 5 heures 40 minutes du matin, temps de Greenwich, moment où tout se retrouve de nouveau en ordre.

Mardi, 3 août. — Latitude 45° 17' N., longitude 49° 23' O. Distance parcourue pendant les dernières 24 heures : 272 kilomètres. Dévidé 298 kilomètres de câble, soit un surplus de 26 kilomètres, comparativement à la distance parcourue, égalant 10 pour 100. Profondeur de l'eau : de 742 à 827 brasses. Vent N.-N.-O. Temps vraiment beau. Le *Gorgon* est en vue.

Total du câble dévidé : 1,472 kilomètres. Total de la distance parcourue, 1,244 kilomètres. Total du surplus dévidé comparativement à la distance parcourue : 228 kilomètres, soit au-dessous de 19 pour 100. Nous sommes à 389 kilomètres de la station télégraphique.

A 8 heures 26 minutes du matin, nous sommes arrivés au bout du rouleau de la cale, et nous commençons le dévidage de celui de la cajute. A ce moment, nous avons encore à bord 648 kilomètres de câble.

A 11 heures 15 minutes du matin, heure du navire, l'*Agamemnon* nous transmet un signal nous apprenant qu'il a immergé jusqu'ici 1,259 kilomètres de câble. Pendant l'après-midi et la soirée, nous dépassons plusieurs montagnes de glace.

A 9 heures 10 minutes du soir, reçu de l'*Agamemnon* un signal nous apprenant qu'il trouve à la sonde 200 brasses d'eau.

A 10 heures 20 minutes du soir, nous trouvons également une profondeur de 200 brasses.

Mercredi, 4 août. — Latitude 48° 17' N.; longitude 52° 43' O. Distance parcourue : 260 kilomètres. Câble immergé 185 kilomètres, soit 15 kilomètres en sus de la distance parcourue, égalant 6 pour 100. La profondeur de l'eau est au-dessous de 200 brasses.

Temps magnifique et parfaitement calme. Le *Gorgon* est en vue.

Total du câble dévidé jusqu'à ce moment : 1,758 kilomètres. Total du câble dévidé en sus de la distance parcourue : 261 kilomètres, soit environ 16 pour 100. Nous sommes à 118 kilomètres de la station télégraphique.

A midi, nous recevons de l'*Agamemnon* des signaux nous apprenant qu'il a immergé 1,741 kilomètres de câble.

Dépassé ce matin plusieurs montagnes de glace.

Arrivés à l'entrée de Trinity-Bay à 8 heures du matin. Entrés dans Trinity-Bay à midi 30 minutes.

A 2 heures 20 minutes, heure du navire, interrompu les signaux avec l'*Agamemnon*, à l'effet d'opérer une épissure. A 2 heures 40 minutes de l'après-midi, heure du navire, recommencé de nouveau à envoyer des signaux à l'*Agamemnon*. A 5 heures du soir, aperçu le steamer de S. M. *Porcupine*, venant sur nous. A 7 heures 30 minutes du soir, le capitaine Otter, du *Porcupine*, vient à bord du *Niagara*, pour nous piloter jusqu'à un ancrage, près de la station télégraphique.

Jeudi, 5 août. — A 1 heure 45 minutes du matin, le *Niagara* jette l'ancre. Distance parcourue depuis hier à midi : 118 kilomètres. Câble dévidé : 122, soit une perte de moins de 4 pour 100.

Total du câble dévidé depuis l'instant où l'épissure fut faite : 1,882 kilomètres. Total de la distance parcourue : 1,633 kilomètres. Total du câble dévidé en sus de la distance parcourue : 249 kilomètres; soit un surplus d'environ 15 pour 100.

A 2 heures du matin, rendus à terre à bord d'un petit canot, et appris aux employés de la station télégraphique, située à 1 kilomètre du lieu du débarquement, que la flottille télégraphique était arrivée et que nous étions prêts à débarquer l'extrémité du câble.

A 2 heures 45 minutes du matin, reçu de l'*Agamemnon* un signal nous apprenant qu'il a immergé 1,870 kilomètres de câble.

A 5 heures 15 minutes du matin, le câble télégraphique est débarqué. A 6 heures du matin, l'extrémité du fil est transportée à la station, et un vigoureux courant électrique est transmis le long de tout le câble, à travers l'Atlantique. Le capitaine Hudson lit une prière et prononce quelques paroles au sujet de la réussite de l'entreprise.

A 1 heure de l'après-midi, le steamer de S. M. *Gorgon* tire 21 coups de canon. Pendant tout le jour on est occupé à débarquer la cargaison appartenant à la compagnie télégraphique.

Vendredi, 6 août. — Reçu pendant toute la journée de vigoureux signaux électriques de la station télégraphique de Valentia.

Nous avons débarqué ici dans les bois. Le fluide électrique court librement sur toute la ligne. Il se passera encore quelques jours avant que tout soit en règle. Le premier message télégraphique entre l'Europe et l'Amérique sera une dépêche de la reine d'Angleterre au président des États-Unis, et le second la réponse de M. Buchanan à Sa Majesté. »

Fig. 144. — Cyrus Field.

Ainsi, la communication électrique était établie le 5 août 1858, entre l'Europe et l'Amérique. La station télégraphique avait été préparée dans la baie de la Trinité, près de la ville de Saint-Jean de Terre-Neuve. On se servit d'abord de courants électriques très-forts, et il fut reconnu qu'il était possible d'envoyer par minute 40 courants d'induction; seulement on dut bientôt, sous peine de détruire le câble, diminuer l'intensité des courants.

Le 18 août, on envoya d'Amérique en Europe deux phrases qui ne mirent que 35 minutes à parvenir. Voici le texte exact de cette dépêche expédiée par M. Cyrus Field :

Europe and America are united by telegraph communication. Glory to God in the highest, on earth peace, goodwill towards men. (L'Europe et l'Amérique sont unies par une communication télégraphique. Gloire à Dieu au plus haut des cieux, sur la terre paix et bienveillance envers les hommes.)

Le même jour, M. Cyrus Field transmettait l'annonce de ce grand événement au président des États-Unis, et la même nouvelle arrivait en France, au moment où l'empereur des Français et la reine d'Angleterre se trouvaient réunis à Cherbourg, pour des fêtes et des grandes manœuvres maritimes.

Le président des États-Unis et la reine d'Angleterre, échangèrent, par le câble atlantique, deux messages télégraphiques, dont voici le texte exact :

LA REINE AU PRÉSIDENT.

« La reine désire féliciter le président de l'heureux achèvement de cette grande entreprise internationale à laquelle la reine a pris le plus vif intérêt. La reine est convaincue que le président partagera la sincère espérance qu'elle a que le câble électrique, qui maintenant unit la Grande-Bretagne aux États-Unis, sera un lien de plus entre les deux nations, dont l'amitié se fonde sur leurs communs intérêts et leur estime réciproque.

« La reine est charmée d'être ainsi en communication directe avec le président et de lui renouveler ses vœux les plus ardents pour la prospérité des États-Unis (1). »

LE PRÉSIDENT A LA REINE.

Ville de Washington.

« A S. M. Victoria, reine de la Grande-Bretagne.

« Le président félicite cordialement à son tour S. M. la reine du succès de la grande entreprise nationale accomplie par le talent, la science et l'indomptable énergie des deux pays. C'est un triomphe d'autant plus glorieux qu'il est plus utile au genre humain que ceux qui ont jamais été obtenus par les conquérants sur le champ de bataille.

« Puisse, avec la bénédiction de Dieu, le télégraphe atlantique être à jamais un lien de paix et d'amitié entre les deux nations sœurs! Puisse-t-il être un instrument destiné par la divine Providence à répandre par tout le monde la religion, la civilisation, la justice et la liberté! Dans ce but, toutes les nations de la chrétienté ne déclareront-elles pas spontanément et d'un commun accord que le télégraphe électrique sera neutre à jamais, et qu'en passant aux endroits de leur destination, même au milieu des hostilités, il sera respecté et regardé comme chose sacrée ? »

« JAMES BUCHANAN. »

(1) Les cent mots de cette dépêche furent transmis, en 67 minutes.

Fig. 145. — Vue de la station télégraphique de la baie de la Trinité à Terre-Neuve, point d'arrivée du câble atlantique, en 1858.

Ce grand événement fut célébré aux États-Unis, par toutes sortes de manifestations de la joie publique. M. Cyrus Field, qui avait pris une si large part à cette entreprise grandiose, fut promené en triomphe, durant seize heures, dans la ville de New-York, accompagné d'un cortége de vingt mille personnes, qui le conduisirent avec des flambeaux à sa demeure.

Dans les différentes villes de l'Union Américaine, des illuminations, des processions aux flambeaux, des salves d'artillerie, des manifestations de toute nature, célébrèrent le succès de cette admirable entreprise, dont le nouveau monde attendait, avec juste raison, d'incalculables conséquences. Pendant la fête de New-York, les illuminations mirent le feu à l'hôtel de ville ; la coupole et la toiture de cet édifice furent com-

plétement détruites. Mais c'est à peine si l'on prit garde à cet accident, au milieu des élans de l'allégresse universelle.

On se préparait, en Angleterre, à célébrer la réussite d'une entreprise à laquelle ce grand pays est si vivement intéressé, lorsqu'un accident grave vint suspendre les élans de l'enthousiasme britannique, qui, pour avoir été plus lent à se produire, n'en était pas moins réel [1].

(1) L'article suivant du *Daily-News* donne une idée des projets gigantesques qui avaient été faits en Angleterre à la suite de l'heureuse pose du câble transatlantique, et de l'importance que nos voisins y attachent au point de vue militaire.

« De Falmouth à Gibraltar, il n'y a pas 1,852 kilomètres de distance ; de Gibraltar à Malte, la distance est de 1,830 kilomètres ; de Malte à Alexandrie, elle est de 1,509 kilomètres ; de Suez à Aden, 2,426 kilomètres ; d'Aden à Bombay, 3,082 kilomètres ; de Bombay à la pointe de Galles, 1,778 kilomètres ; de la pointe de Galles à Madras, 1,000 kilomètres ; de Madras à Calcutta, 1,611 kilomètres ; de Cal-

Cet accident c'était l'interruption des dépêches télégraphiques transmises par le câble. Dès les premiers jours de l'établissement de la ligne atlantique, les signaux avaient com-

cutta à Penang, 2,246 ; de Penang à Singapour, 705 kilomètres ; de Singapour à Hong-Kong, 2,661 kilomètres ; de Singapour à Batavia, 963 kilomètres ; de Batavia à la rivière des Cygnes, 2,778 kilomètres ; de la rivière des Cygnes au détroit du Roi-Georges, 926 kilomètres ; et du détroit du Roi-Georges à la terre Adélaïde, 1,848 kilomètres. De la terre Adélaïde à Melbourne et à Sidney on aurait en peu de temps une communication télégraphique par voie de terre. De la baie de la Trinité (dans l'île de Terre-Neuve) aux Bermudes, la distance est de 2,778 kilomètres ; des Bermudes à Inagua, la distance est d'environ 1,852 kilomètres ; d'Inagua à la Jamaïque, elle est de 555 kilomètres ; de la Jamaïque à Antigoa, de 1,481 kilomètres ; d'Antigoa à Demerara, par voie de la Trinité, 1,481 kilomètres ; d'Antigoa à Saint-Thomas, de 420 kilomètres ; de la Jamaïque à Greytown, par voie de la baie de la Marine, de 1,852 kilomètres ; et de la Jamaïque à Balize, de 1,296 kilomètres.

« On peut voir par là que tous nos établissements, nos dépendances et nos colonies dans la Péninsule, la Méditerranée, l'Arabie, l'Inde, la Chine, l'Australie, les Indes occidentales, l'Amérique centrale, peuvent être reliés à l'Angleterre par des câbles sous-marins moins longs que celui qui existe maintenant d'Irlande à Terre-Neuve, et sans qu'ils soient en contact avec aucun État puissant étranger.

« La longueur réunie de ces câbles serait de près de 39,040 kilomètres, et en comptant 20 pour 100 pour les sinuosités du fond de la mer, la longueur totale n'excéderait pas 44,448 kilomètres. Ces câbles mettraient l'Angleterre en communication presque instantanée avec plus de quarante colonies, établissements et dépendances à 37,040 kilomètres de distance dans les hémisphères oriental et occidental.

« Les seules dépêches télégraphiques intéressant la navigation, expédiées d'Angleterre dans ces divers points et de ces points en Angleterre, seraient d'une importance inappréciable pour les négociants, pour les armateurs et les marins, et les dépêches télégraphiques expédiées dans un but politique seraient d'un prix infini pour les gouvernements des colonies et pour celui de l'Angleterre.

« Des colonies, établissements et dépendances susnommés viennent les produits et marchandises les plus utiles, en leur expédie les produits manufacturés de la Grande-Bretagne. Il y aurait des millions en argent épargnés chaque année pour la population d'Angleterre sur les articles de consommation, parce que les marchands anglais et ceux des colonies connaîtraient par le télégraphe la situation des marchés d'Angleterre et des colonies.

« Les escadres répandues sur les divers points du monde pourraient n'être que le dixième en nombre de ce qu'elles sont, si l'Angleterre et ses possessions étrangères se trouvaient enlacées dans un réseau télégraphique. Si l'on apprenait en par le télégraphe qu'un bâtiment de guerre est nécessaire dans une partie des Indes occidentales, ce bâtiment pourrait y être rendu dans un temps plus court que celui qu'il faut en ce moment pour détacher un navire de l'escadre des Bermudes. »

mencé à présenter une certaine irrégularité, une confusion, qui ne firent qu'empirer de plus en plus. Vers le 5 septembre les communications étaient à peu près complétement suspendues.

Depuis cette époque, la situation resta la même ; le courant finit même par ne plus se faire sentir à l'extrémité du câble. On essaya de déterminer en quel point du fil s'était faite l'altération physique, l'usure accidentelle qui laissait perdre dans l'Océan le courant électrique, et l'on reconnut avec regret, qu'elle existait à une distance très-éloignée des deux rivages. La mauvaise saison survenue dans cet intervalle, obligea de suspendre ces recherches.

Le désappointement public fut immense.

On attribua la détérioration si prompte du câble de 1858, au mauvais choix du modèle, qui avait été adopté sans données expérimentales, à sa fabrication trop hâtive et qui n'avait pas reçu tous les soins désirables, enfin aux manipulations sans nombre qu'il avait subies, aux alternatives de sécheresse et d'humidité par lesquelles il avait passé. Au mois d'avril 1860 on put en relever quelques kilomètres, sur la côte de Terre-Neuve. On trouva le noyau central assez bien conservé ; mais l'armature extérieure était rongée par la rouille et n'offrait plus aucune résistance. En quelques endroits il était suspendu au sein de la mer sans toucher le fond ; ailleurs il avait rencontré le roc et portait des empreintes de substances pierreuses.

En avril 1860, les directeurs de la compagnie envoyèrent le capitaine Kell et le physicien M. Varley, à Terre-Neuve, pour essayer de repêcher quelques portions de ce câble. Ils ne purent en retirer que 8 kilomètres. La gutta-percha n'était nullement détériorée, la propriété conductrice de l'âme s'était améliorée par son séjour de trois ans dans l'eau : seulement l'armature était entièrement rongée. En 1862, d'autres tentatives furent faites, mais sans succès, pour relever le même câble sur les côtes d'Irlande.

Le gouvernement anglais institua une commission, pour procéder à une enquête minutieuse sur la cause de la destruction des câbles sous-marins en général, et celle du câble transatlantique en particulier. Ce comité tint vingt-deux séances ; il entendit quarante-trois ingénieurs électriciens ou marins, fit faire un grand nombre d'expériences, écouta les explications des hommes les plus compétents, et résuma ses travaux dans un rapport, daté du mois d'avril 1861, dont nous avons donné une sorte de résumé en tête de cette notice (1).

Le travail de cette commission ne fut pas perdu ; une nouvelle ère s'ouvrit à partir de ce moment pour la télégraphie sous-marine, et pour l'entreprise du câble atlantique.

CHAPITRE XII

TRAVAUX DES PHYSICIENS ANGLAIS POUR LE PERFECTIONNEMENT DU CABLE ATLANTIQUE. — EXPÉRIENCES DE M. WITEHOUSE SUR LA MANIÈRE D'ENVOYER LE COURANT DANS LE CABLE ATLANTIQUE.

La commission qui fut nommée pour rechercher les causes de l'accident de 1858 et en prévenir le retour, fit des expériences remarquables, qui amenèrent à des résultats tout nouveaux. C'est alors que l'on parvint à supprimer ces courants d'induction qui se formaient dans l'armature métallique, et qui étaient une cause de trouble et de retard dans le passage du courant principal. Nous reviendrons à cette occasion sur l'influence électrique qu'exercent les diverses pièces d'un câble sous-marin sur le courant électrique qui parcourt le fil intérieur.

(1) Nous devons la communication de ce rapport à l'obligence de M. Blerzy, inspecteur des télégraphes électriques, en résidence à Troyes, qui a bien voulu aussi mettre à notre disposition la collection complète des *Annales télégraphiques*, publication d'une grande valeur, et qui malheureusement a cessé de paraître, après avoir rendu les plus grands services à l'administration des télégraphes et aux savants. Nous espérons, pour l'avantage de la science et par reconnaissance pour les hommes consciencieux qui y collaboraient, que cette publication sera reprise.

Le câble atlantique n'est point dans les conditions d'un fil télégraphique aérien ; il n'est point, comme un fil télégraphique ordinaire, soutenu par des supports isolateurs. Tout au contraire, il est immergé dans un milieu éminemment conducteur de l'électricité, dans l'eau de la mer, qui conduit parfaitement le fluide électrique, comme toutes les dissolutions salines. La couche épaisse de gutta-percha qui l'enveloppe, pour l'isoler de ce milieu conducteur et prévenir la déperdition de l'électricité, n'est pas douée d'une propriété isolante absolue ; il est, en effet, reconnu que la gutta-percha laisse perdre plus d'un tiers de l'électricité envoyée dans les conducteurs qu'elle enveloppe. De là une première cause de perte ou d'affaiblissement du courant électrique.

Mais une seconde difficulté, pour la certitude de la transmission, résulte de la contexture et de la composition du câble. Un câble sous-marin se compose, en général, d'un fil de cuivre, placé au milieu d'une couche de gutta-percha, entourée elle-même d'une seconde enveloppe de chanvre ; enfin, il est cerclé, à l'extérieur, au moyen d'un certain nombre de fils de fer, qui lui donnent assez de poids pour séjourner au fond de l'eau, et assez de résistance pour ne point se briser pendant l'opération de la pose. Or, cette armature extérieure, ces fils de fer renforçant l'enveloppe, produisent un très-fâcheux effet, au point de vue physique. Ainsi ficelé par un cordon métallique, le câble se trouve dans les conditions d'une véritable *bouteille de Leyde*. Il se compose, en effet, de deux surfaces métalliques, savoir : le fil de cuivre intérieur par lequel passe le courant électrique, et les fils de fer qui composent son armature extérieure ; le tout séparé par une substance isolante, la gutta-percha. Aussi voit-on se reproduire dans un câble sous-marin, le phénomène ordinaire de la bouteille de Leyde. Pendant que le fil de cuivre intérieur est parcouru par un courant d'électricité positive, par exemple, les fils de fer extérieurs sont chargés d'électricité négative. Le courant d'électricité positive qui traverse le fil, décompose par influence le fluide naturel de l'enveloppe métallique extérieure ; le fluide positif de cette enveloppe est repoussé et se perd dans l'eau de la mer, qui lui offre un libre passage, tandis que le fluide négatif reste à l'état de liberté, dans l'enveloppe extérieure.

Ainsi s'explique, si l'anecdote est vraie, l'accident de cet amateur, qui, en présence de M. Faraday, voulut, dans un accès d'enthousiasme, donner un baiser au télégraphe atlantique. A peine eut-il posé ses lèvres à l'extrémité du câble que, mettant ainsi en communication les deux surfaces différemment électrisées, il fut renversé, par une véritable commotion, semblable à celle que fait ressentir la bouteille de Leyde.

Quoi qu'il en soit de l'authenticité de l'anecdote, on comprend que le courant inverse qui parcourt les fils de fer de l'armature extérieure du câble atlantique, exerce une action fâcheuse sur le courant principal qui chemine dans le fil intérieur : il retarde sa marche ; il le paralyse, en le neutralisant.

Il ne faut pas néanmoins s'exagérer l'influence fâcheuse de ce courant d'électricité inverse qui parcourt l'enveloppe du câble. La science permet de calculer exactement la perturbation occasionnée dans le courant principal par ce courant extérieur. On sait, par les *lois de Ohm*, que, dans le câble atlantique tel qu'il est construit, le courant électrique intérieur ne peut jamais être anéanti, mais seulement retardé dans une certaine mesure.

Il importait donc de supprimer ces courants d'induction, et l'on parvint complètement à ce résultat, dans le nouveau câble qui fut construit, grâce à un perfectionnement de la plus haute importance qui fut introduit par M. Witehouse dans la manière d'envoyer l'électricité dans le câble.

Nous avons dit plus haut, qu'il se pro-

duit dans l'enveloppe métallique extérieure, un courant opposé à celui qui parcourt le fil intérieur, et que cet antagonisme entraîne, comme conséquence, un certain retard dans la vitesse de transport du fluide. Pour parer à cet inconvénient, M. Witehouse eut une idée qui va paraître simple quand on en sera instruit, mais qui est véritablement, par sa simplicité même, une inspiration du génie. Pour anéantir l'effet nuisible du courant d'induction extérieur, M. Witehouse eut la pensée d'envoyer alternativement dans le câble, de l'électricité positive et de l'électricité négative. A cet effet, admirez encore la simplicité, dans le moyen d'exécution, M. Witehouse fit usage d'un pendule, qui, à un intervalle marqué par chacune de ses oscillations, fait passer alternativement dans le fil conducteur, de l'électricité positive et de l'électricité négative, parce qu'il vient se mettre successivement en contact à chacune de ses oscillations périodiques, avec le pôle, positif ou négatif, de la pile ou de la source d'électricité. Vous voyez le résultat de cette manœuvre : en changeant ainsi, alternativement, la nature de l'électricité envoyée dans le câble, on annule, on neutralise le courant d'induction provoqué dans l'enveloppe. Lorsque, en effet, l'électricité positive envoyée d'abord à l'intérieur du câble, a provoqué, par induction, dans l'armature extérieure, un courant d'électricité négative, si, au bout de quelques secondes, on envoie dans le câble de l'électricité négative, celle-ci provoque à son tour, par influence, par induction, un courant d'électricité positive dans cette même armature extérieure, et tout aussitôt, ces deux courants s'annulent, se neutralisent, s'anéantissent l'un l'autre, absolument comme se neutralise un acide par un alcali, absolument comme on détruirait, dans un tube, des vapeurs d'ammoniaque par un courant d'acide chlorhydrique. On le voit, il n'est rien de plus curieux, et l'on peut ajouter, rien de plus efficace dans la pratique.

LE CABLE TRANSATLANTIQUE.

Nous verrons bientôt, c'est-à-dire à propos du câble de 1866, un autre physicien M. Varley, arriver au même résultat par un autre moyen, c'est-à-dire par l'emploi, à l'extrémité de la ligne d'un *condensateur* de grande surface, espèce de bouteille de Leyde qui se charge au moyen de l'électricité du câble, et qui, ensuite renvoyant l'électricité contraire, neutralise celle qui était restée dans le conducteur.

Un second perfectionnement, d'une importance tout aussi grande, fut réalisé par M. Witehouse, pour le mode d'emploi de l'électricité dans le câble atlantique. Au lieu de mettre en action le télégraphe par l'électricité de la pile ordinaire, on le fait marcher au moyen de la *machine de Clarke* (1). On a reconnu que les courants d'induction, c'est-à-dire l'électricité fournie par la rotation d'un puissant aimant autour d'une lame de fer pur, se propagent plus rapidement que les courants voltaïques ordinaires. La vitesse de transmission de cette électricité est environ deux fois et demie plus grand que celle de l'électricité voltaïque ; elle augmente même avec la force du courant. On a été conduit ainsi à préférer l'emploi des machines électro-magnétiques à celui des piles.

L'appareil employé par M. Witehouse pour fournir au câble atlantique l'électricité destinée à mettre en mouvement les signaux télégraphiques, consiste en une série de cylindres de fer doux, entourés de deux hélices, l'une de gros fil formant le circuit inducteur, l'autre de fil fin formant le circuit induit, relié d'une part à la terre et de l'autre au fil de la ligne. La première bobine est mise en communication avec la pile voltaïque destinée à provoquer dans le fil fin le courant induit.

Quant à l'instrument destiné à exécuter les signaux télégraphiques, c'était tout simplement une aiguille aimantée. La déviation de l'aiguille à droite, indiquait les *lignes* de l'alphabet Morse, et les déviations à gauche, les *points* du même alphabet.

Fig. 146. — Witehouse, ingénieur électricien du câble atlantique.

On avait reconnu que le meilleur moyen d'éviter les courants d'induction dans le câble atlantique, c'était de faire usage de courants électriques excessivement faibles. Mais pour faire fonctionner les appareils télégraphiques avec de très-faibles courants, il fallait posséder un appareil à signaux prodigieusement sensible. C'est alors que M. Thomson inventa l'appareil qui porte son nom, c'est-à-dire le *galvanomètre de Thomson*, qui est seul employé aujourd'hui pour la correspondance télégraphique entre les deux mondes.

Cet appareil, que nous avons vu à l'Exposition de 1867, a pour but d'amplifier et de rendre sensibles les plus légers mouvements produits par les déviations de l'aiguille aimantée de l'appareil à signaux. A cet effet, l'aiguille est pourvue, à son extrémité mobile, d'un petit miroir métallique. Sur ce petit

(1) Voir la description de cet appareil d'électricité d'induction, au tome Ier de cet ouvrage, page 721 (*l'Électromagnétisme*).

miroir vient tomber la lumière d'une lampe, et le rayon lumineux se projette, au milieu d'une chambre entièrement obscure, sur un écran placé à quelque distance. C'est donc dans une chambre obscure que doit se tenir l'observateur ou l'employé télégraphique du câble atlantique pour lire les espèces d'éclairs que forme la réflexion de la pointe de l'aiguille. On comprend facilement que par ces moyens on amplifie, à volonté, les plus petits mouvements de l'aiguille, et que, grâce à cet artifice, on puisse faire usage, pour exécuter des signaux, de courants excessivement faibles, lesquels n'altèrent pas le câble, et ne produisent pas ces courants d'induction dont les effets furent si funestes au câble de 1858.

Telle est la série de perfectionnements qui furent apportés de 1858 à 1865, aux instruments électriques. Ils faisaient envisager avec confiance le résultat d'une nouvelle tentative.

CHAPITRE XIII

TROISIÈME TENTATIVE D'IMMERSION DU CABLE ATLANTIQUE EN 1865. — LE GREAT-EASTERN. — FABRICATION DU NOUVEAU CABLE. — DÉPART DU GREAT-EASTERN. — RUPTURE DU CABLE LE 15 AOUT 1865.

Ainsi l'entreprise était loin d'être abandonnée. M. Perdonnet raconte que, parlant à M. Crampton, après l'échec de 1858, il lui demandait ce que feraient les ingénieurs anglais, si la tentative nouvelle qui se préparait venait à échouer.

— « Nous recommencerons, » répondit M. Crampton.

— « Et si vous échouez une troisième fois ? » demanda M. Perdonnet.

— « Nous recommencerons encore, répondit son interlocuteur; nous recommencerons toujours jusqu'au succès définitif. »

Ces sentiments de confiance et de résolution étaient ceux de tous les ingénieurs anglais attachés à cette entreprise.

La guerre d'Amérique vint redoubler le désir d'établir une communication télégraphique entre les deux mondes. Bien que le câble transatlantique n'eût fonctionné que quelques jours à peine, il avait assez vécu pour démontrer son importance au point de vue financier. 400 messages avaient été envoyés (1). Un, entre autres, parti de Londres le matin, et arrivé le même jour à Halifax, enjoignait au 62ᵉ régiment de ne pas revenir en Angleterre. Cet avis, parvenu à temps, évita au pays une dépense de 1,250,000 francs.

M. Cyrus Field, de son côté, ne laissait pas perdre de vue cette grande entreprise. Continuellement sur mer, il allait presser ses amis des deux côtés de l'Océan, à Londres et à New-York, de reprendre courageusement l'œuvre commune, jusqu'à son entier succès.

Mais l'échec que l'on venait d'éprouver décourageait une grande partie du public. N'était-ce pas une folie, disait-on, de se lancer dans une entreprise aussi longue, aussi coûteuse, et qui pouvait échouer pour mille causes : un défaut dans la fabrication du câble, un accident pendant la pose, une soudure mal faite, un relâchement de surveillance pendant la fabrication ou pendant le déroulement du fil ? Qui pouvait répondre que huit cents lieues, non interrompues, d'un conducteur télégraphique, pussent être fabriquées avec assez de soin pour ne pas présenter un seul point faible dans la bonté du métal, un seul défaut dans l'application de la matière isolante, une seule altération pendant sa conservation dans la manufacture, une seule éraillure pendant son transport à bord du navire, etc.? Comment, d'un autre côté, se flatter de n'être assailli par aucune tempête, de n'être dérangé par aucune bourrasque, au sein de l'Atlantique, pendant les deux se-

(1) Dans les vingt-trois jours de transmission efficace, 271 télégrammes, comprenant 2,885 mots, avaient été expédiés de Terre-Neuve à Valentia, et 129 télégrammes, en tout 1,474 mots, de Valentia à Terre-Neuve, ce qui fait un total de 400 télégrammes, ou de 4,359 mots.

maines que nécessiterait l'opération de la pose du fil? Or, une seule de ces causes devait suffire à engloutir dans la mer, les huit à dix millions qu'avaient absorbés ces travaux. N'était-il pas vrai que de tout le câble, perdu en 1858, on était parvenu à retirer à peine quelques kilomètres ?

A ces réflexions décourageantes, les hommes de l'art répondaient par des considérations empreintes du même caractère de vérité.

Fig. 147. — George Saward, secrétaire de la Compagnie du câble atlantique anglo-américain.

L'immersion d'un câble transatlantique, que l'on avait tant de fois déclarée impossible, venait d'être accomplie : elle pouvait donc réussir une fois de plus. Aucun mauvais temps n'était survenu pendant la pose en 1858, les mêmes circonstances pouvaient donc se présenter encore. La transmission des signaux avait été lente, il est vrai, mais elle s'était faite, et l'on ne pouvait plus prétendre que le passage d'un courant électrique d'un monde à l'autre fût impossible. Il n'y avait donc plus qu'à perfectionner les appareils de transmission afin d'activer la vitesse des signaux, à exécuter avec un soin minutieux la fabrication d'un nouveau câble, et à rendre les appareils de dévidement du fil, plus puissants et plus dociles.

Les promoteurs de l'entreprise ne négligeaient rien pour appeler à eux les capitaux, et M. George Saward, le secrétaire de la *Compagnie du câble atlantique*, se multipliait pour hâter la reprise des opérations de cette compagnie. On émit des actions de 5 livres sterling seulement, pour les mettre à la portée de toutes les bourses, et le gouvernement anglais promit une garantie de 500,000 francs par an, pour les recettes du futur câble atlantique.

La compagnie lança ses appels de fonds le 20 décembre 1862. Au commencement de 1864, le capital nécessaire fut réuni, et l'on put commencer les travaux. MM. Glass et Elliott consentirent à fabriquer le câble en recevant en payement des actions de la Compagnie. En outre, ils souscrivirent pour 625,000 francs. Comme les États-Unis étaient absorbés par la guerre civile, le gouvernement anglais garantit seul aux actionnaires un minimum d'intérêt.

Il avait fallu six ans pour remplacer le capital enfoui au fond de l'eau ; mais le temps avait été parfaitement mis à profit. On avait profité de l'expérience acquise dans cet intervalle, par l'immersion du câble télégraphique dans la mer Rouge et le golfe Persique, par le succès des tentatives faites pour relier Barcelone à Port-Vendres, et Toulon à la Corse, dans des points où la profondeur de la Méditerranée n'est pas moindre de 3,000 mètres. Toutes ces études ne devaient pas être perdues.

On avait toujours considéré comme regrettable, la nécessité d'embarquer le câble sur deux navires séparés. Mais où trouver un navire assez vaste pour recevoir dans ses flancs la masse effrayante du câble transatlantique ? Il n'en existait qu'un, c'était le *Great-Eastern*, le chef-d'œuvre de Brunel.

Les débuts de ce colosse avaient été malheureux, mais quelques années d'épreuve
et de navigation l'avaient singulièrement
perfectionné. Brunel disait pendant sa construction : « Voilà le seul navire qui pourra

Fig. 148. — Isambard Kingdom Brunel, constructeur
du *Great-Eastern*.

poser le câble atlantique. » La compagnie se
décida donc à confier l'œuvre de la pose du
câble à ce monument des constructions maritimes, qui gisait inutile dans la Tamise, et
qui, après avoir coûté 16 millions, attendait
encore un emploi pour lequel sa masse colossale fût une nécessité.

Ce navire remarquable, qui a décidé du
succès de la pose du câble atlantique, mérite
une mention particulière.

C'est le 1er mai 1853, dans les chantiers de
MM. Scott-Russel à Milwal, près de Londres,
que fut commencée la construction de ce bâtiment colossal ; c'est dans les premiers jours
de l'année 1858, que l'on réussit, non sans
peine, à le lancer.

La *Compagnie orientale de navigation*
(*Eastern steam navigation Company*), char-

gée de conduire en Australie des émigrants
et des marchandises, avait à établir, sur une
vaste échelle, un système de communications
rapides entre l'Angleterre et les régions de
l'Océanie. Il s'agissait de transporter en moins
de cinq semaines, et sans aucun relâche,
3,000 personnes à la fois, ou l'équivalent de
ce nombre en marchandises, depuis la
Grande-Bretagne jusqu'à l'Australie. Aucun
des navires alors existants n'était de taille
à accomplir cette traversée, avec de semblables conditions. Il fallait donc créer, en
vue de cette entreprise, un vaisseau géant
qui, par ses dimensions, dépassât de moitié
tous ses aînés, et qui fût en outre construit
sur un système nouveau, rendu indispensable par sa grandeur inusitée.

Brunel, ingénieur d'origine française qui
s'était rendu célèbre par la création du tunnel de la Tamise et par bien d'autres travaux, conçut et exécuta le plan de ce colosse
des mers, qui reçut d'abord le nom de *Le-
viathan* et ensuite celui de *Great-Eastern*
(Grand-Oriental).

Le plus grand navire à vapeur qui eût
paru était le *Persia*, qui avait une longueur
de 112 mètres sur 13m,70 de large. Le *Great-
Eastern* est presque deux fois aussi long : il
a 209 mètres de longueur sur 25 de large. Il
a été construit suivant un système qui diffère
du mode employé jusqu'ici pour les autres
navires de fer. Il a une double muraille,
formée de plaques de tôle ; la distance
entre les deux parois de cette muraille est
de 75 centimètres. Cet intervalle est partagé
en espèces de cloisons, qui constituent un
certain nombre de cellules *étanches* et sans
communication entre elles, ce qui a pour
effet de localiser les voies d'eau qui pourraient se produire. Cette double coque jouit
d'une solidité comparable à celle du fer massif, tout en présentant une légèreté spécifique
égale à celle des coques de bois. En remplissant d'eau ces compartiments, on peut remplacer le lest. Cette disposition fait du *Great-*

Fig. 149. — Lovage du câble atlantique dans l'une des cuves de la cale du *Great-Eastern* (page 261).

Eastern une sorte de navire double, dont le premier doit protéger le second en cas d'avarie. En effet, la première enveloppe pourrait être perdue ou endommagée sans que le navire sombrât.

Ce bâtiment a trois ponts. Le pont supérieur est construit comme les murailles, c'est-à-dire qu'il est double et cellulaire. Les ponts inférieurs sont simples. Le corps du navire est divisé en dix compartiments principaux, au moyen de cloisons en tôle, placées à 18 mètres de distance l'une de l'autre. S'il paraît être à l'abri de la submersion, il n'a non plus rien à craindre du feu, car il n'entre pas une parcelle de bois dans sa coque.

Les cabines du *Great-Eastern* ne ressemblent guère aux incommodes demeures assignées ordinairement aux passagers sur les bateaux à vapeur. Les cabines de première

classe ont 4ᵐ,27 de long sur 10 mètres de large et 2ᵐ,13 de haut. Il y a des rues et des places bordées de ces cabines, et elles ouvrent sur des salons aussi vastes que le pont d'un vaisseau de ligne.

Cet immense navire est pourvu de deux sortes d'appareils moteurs : il est muni à la fois d'une hélice et de roues à aubes. Quatre machines à vapeur, dont la force réunie est de 1,000 chevaux, sont employées à faire mouvoir les roues, qui ont 17ᵐ,70 de diamètre. Quatre autres machines à vapeur, destinées à faire tourner l'hélice, ont une force de 1,600 chevaux. L'arbre de l'hélice, qui pèse 60 tonnes, a 48 mètres de longueur; le diamètre de l'hélice même est de 7ᵐ,32.

Le *Great-Eastern* a, comme moyen d'impulsion, les voiles, en même temps que la vapeur. Il est muni, à cet effet, de six mâts de hauteur moyenne, dont deux portent des voiles carrées.

La capacité de ce navire est de 22,500 tonneaux. Il peut recevoir 4,000 personnes à son bord.

Le *Great-Eastern* porte, suspendue à ses flancs, toute une petite flotte, destinée à sauver, en cas de malheur, son équipage et ses passagers. Ce sont d'abord deux steamers à hélice, suspendus derrière les roues du navire. Chacun de ces steamers, de la capacité de 70 tonneaux, a 30 mètres de long, 5 mètres de large, et porte une machine de la force de 40 chevaux. Puis viennent 20 bateaux plus petits, la plupart pontés, munis de leurs mâts et de leurs voiles.

Les mâts sont tous en fer creux, excepté le dernier, à cause de la proximité de la boussole. Ils ont une hauteur de 40 à 52 mètres, un diamètre de 1 mètre sur le pont et un poids de 30 à 40 tonnes, sans compter les vergues. Chaque mât repose dans une colonne carrée de plaques de fer, qui monte de la quille jusqu'au pont supérieur, et qui est rivée et encastrée dans tous les ponts qu'elle traverse. Pour le cas où il deviendrait nécessaire de couper les mâts, il se trouve à la base de chacun, à un mètre environ au-dessus du pont supérieur, un appareil propre à comprimer, moyennant une vis puissante, les deux faces du mât, de façon à le couper et à le faire tomber sur le côté. Toutes les vergues principales des mâts, gréées carrément, sont également composées de plaques de fer. La vergue principale a 40 mètres de longueur, ou à peu près 12 mètres de plus que la vergue principale des plus grands vaisseaux de guerre, à peu près quatre fois l'épaisseur de la plus grande vergue qui ait jamais été construite, et elle pèse plusieurs tonnes de moins que si elle était en bois.

Les roues font dix révolutions par minute : les dimensions et la rapidité d'évolution des roues expliquent la vitesse de la marche de ce navire. Au mois d'avril 1867, on essaya de consacrer le *Great-Eastern* à des voyages transatlantiques, pour transporter de New-York à Brest les voyageurs américains, à l'occasion de l'exposition universelle de Paris ; le *Great-Eastern* ne fit qu'un seul voyage, mais sa traversée ne dura que huit jours.

La manœuvre de ce colossal navire aurait exigé un très-nombreux personnel, si la vapeur ne donnait aujourd'hui le moyen de remplacer presque partout le travail des hommes par un moteur inanimé. Le *Great-Eastern* a des machines à vapeur particulières, de la force de 30 chevaux, pour manœuvrer les cabestans, faire jouer les ponts, lever les ancres, etc., dix autres appareils de ce genre, chacun de la force de 10 chevaux, pour alimenter les chaudières.

Personne n'ignore que le *Great-Eastern* fut la dernière œuvre, et on peut le dire, le chef-d'œuvre de Brunel. L'exécution de ce colosse maritime faisait honneur à la fois, à Brunel et à la nation britannique. Il est juste de rappeler à ce propos, que ce sont deux bâtiments anglais, *le Sirius* et *le Great-Western*, qui osèrent les premiers, en 1838, tenter, au moyen de la puissance de la vapeur, la traversée de l'océan Atlantique, entre la Grande-Bretagne et New-York. Ce fut encore une compagnie anglaise qui, en 1843, fit, avec le *Great-Britain*, qui avait 98 mètres de longueur, le premier essai d'un steamer à coque entièrement de fer (1).

Tel était le navire auquel on allait confier la charge immense du câble transatlantique. Nous le verrons bientôt se comporter admirablement avec une mer des plus mauvaises, et ne pas paraître embarrassé sous cet incroyable fardeau.

Le comité scientifique de la *Compagnie du télégraphe atlantique*, était composé de MM. Wheatstone, Varley, Thomson, physiciens bien connus, auxquels on avait adjoint M. Withworth, constructeur et ingénieur de grand mérite, auteur de divers perfection-

(1) Voir le premier volume de cet ouvrage, pages 220 et 223.

nements récemment apportés à l'artillerie anglaise, ainsi que M. Fairbairn, le patriarche des constructeurs mécaniciens de l'Angleterre, le directeur de la célèbre usine de Soho, et par conséquent le successeur de Watt, qui jouit en Angleterre d'une immense popularité.

Fig. 150. — W. Fairbairn.

Ce comité, qui étudiait depuis l'année précédente, le modèle du câble, fixa définitivement son choix.

Le nouveau câble atlantique ressemblait à celui que l'administration française avait adopté pour les lignes de Marseille à Alger. Il différait du câble océanien de 1858, par ses dimensions, son poids spécifique et son armature extérieure. Le conducteur, composé, de même que le premier câble, d'un toron de 7 fils de cuivre recuit, avait 3^{mm},6 de diamètre, au lieu de 1^{mm},9, et pesait 74 kilogrammes, par kilomètre, au lieu de 26 kilogrammes que pesait le câble de 1858. Le poids de la substance isolante employée fut élevé de 58 kilogrammes à 98. L'âme du câble pesait ainsi 172 kilogrammes

par kilomètre au lieu de 84. En tenant compte, conformément aux lois posées par la commission d'enquête, de l'influence exercée par ces accroissements de dimension d'une part sur la vitesse de transmission, de l'autre sur l'action inductive, on avait calculé que la vitesse d'expédition des dépêches serait de 4 mots par minute. On espérait, en raison des perfectionnements récents introduits dans les procédés de manipulation, obtenir jusqu'à 7 mots par minute.

La pureté du cuivre fut constatée avec un grand soin. Tout fil d'une conductibilité inférieure à 85 pour 100, fut rejeté. Le fil central, autour duquel les six autres s'enroulaient, pour former le toron, était préalablement enduit d'une couche de gutta-percha rendue visqueuse par le mastic *Chatterton*, qui emplissait tous les interstices, et avait pour but de diminuer l'induction électrique, tout en augmentant la solidité.

Les sept fils formant ainsi un lien compacte recevaient quatre couches alternées de mastic *Chatterton* et de *gutta-percha* ; puis l'âme du câble était soumise à l'épreuve de l'isolement. Elle donna une résistance au passage de l'électricité double de celle de l'ancien câble. Les autres épreuves électriques furent tout aussi satisfaisantes.

Enfin le noyau du câble examiné à la main, avec le plus grand soin, était enroulé sur des tambours, et placé dans des cuves pleines d'eau.

Restait l'armature, l'objet principal des discussions du comité, qui n'avait pas étudié moins de vingt modèles. On s'appliqua surtout à diminuer son poids spécifique, tout en augmentant sa solidité. Aux 18 torons qui, en 1858, s'enroulaient pour composer l'armature extérieure, on substitua un toron de 10 fils, dont chacun avait 2^{mm},5 de diamètre. Il était recouvert préalablement d'une gaîne de filin goudronné, formé de chanvre de Manille, qui servait à prévenir l'oxydation, à diminuer le poids spécifique et à augmenter quelque peu la résistance.

Dans les câbles antérieurs la *jute*, plante textile des Indes, interposée entre la gutta-percha et l'armature de fer, était enduite de goudron; ce qui avait eu l'inconvénient de dissimuler les fissures qui pouvaient se produire dans la gutta-percha ; ces défauts ne se manifestaient qu'après l'immersion, lorsque l'eau avait emporté le goudron. Dans le nouveau câble, le bourrelet fut formé d'un tissu de jute, injecté simplement d'une dissolution saline toxique préservatrice, qui écartait les causes de décomposition organique.

L'armature fut fabriquée chez MM. Webster et Horsfak. Le fer était laminé en barres à leur établissement près de Sheffield, et étiré en fils à leur autre fabrique, à Hay-Mills, près de Birmingham. Ce fil de fer a presque la solidité de l'acier. Seulement par un mode spécial de préparation, on l'a privé entièrement de son élasticité, qui aurait entraîné la formation de coques, au moment du dévidement. Les fils de fer, enroulés sur un tambour, étaient tirés horizontalement au travers d'un cylindre creux portant à sa circonférence des bobines couvertes de chanvre de Manille, que l'on faisait converger au centre du cylindre, où passait le fil métallique, de telle sorte qu'il s'enroulait autour de cet axe.

Les fils ainsi recouverts et enroulés eux-mêmes sur des bobines, étaient placés sur des axes, fixés à la circonférence d'une table ronde, dans un appareil du genre de celui dont nous avons donné le dessin page 237. Les dix fils de fer enroulés sur les dix bobines étaient déroulés par le mouvement vertical du câble autour duquel ils s'enroulaient en spirale, après avoir tourné autour des guides de fer. On conçoit ainsi que le pas de la spire devait être d'autant plus allongé que ces guides étaient plus élevés.

En sortant de cet appareil, l'âme du câble, revêtue de son armature de fils de fer, s'élevait verticalement au travers du trou central de la plate-forme en révolution, et passait au travers du plafond de l'atelier.

Le câble ainsi achevé, était *lové* dans d'immenses bassins remplis d'eau. Il était journellement soumis à des épreuves de conductibilité électrique par les constructeurs et par les agents de la Compagnie.

Le diamètre total du câble terminé était de 27 millimètres. Son poids, qui était, par chaque kilomètre, de 982 kilogrammes dans l'air, se réduisait dans l'eau, à 390 kilogrammes. Sa force de résistance à la rupture était de 7,860 kilogrammes. Il était susceptible de soutenir verticalement son propre poids, sur une hauteur de 2 kilomètres, dans l'air.

Fig. 151. — Câble atlantique de 1865 (grandeur naturelle).

La distance des points extrêmes de la ligne étant de 3,100 kilomètres, le câble entier avait 4,760 kilomètres de longueur, ce qui laissait pour les pertes près de 40 pour 100. En outre, on avait fabriqué pour les atterrissements un *câble côtier*, du diamètre de 56 millimètres et d'un poids de 10,700 kilogrammes par kilomètre. La longueur de ce dernier câble était de 50 kilomètres.

Le prix à payer aux entrepreneurs, avait été fixé à 17,500,000 francs, indépendam-

Fig. 152. — Appareil de dévidement du câble atlantique à bord du *Great-Eastern* (1865).

ment d'une prime considérable en cas de réussite.

Une des causes de l'accroissement de dépense, provenait de la condition, imposée aux entrepreneurs, de conserver constamment le câble dans l'eau. Il avait fallu construire et installer dans l'usine, huit énormes cuves de tôle, bien étanches et susceptibles de contenir chacune environ 500 kilomètres de câble.

Cet immense conducteur fut terminé le 29 mai 1865, après un travail non interrompu de huit mois.

Il aurait été impossible d'arrimer à bord d'un tout autre navire que le *Great-Eastern*, une masse aussi encombrante et aussi lourde. On avait installé, au milieu de ce vaste navire, trois immenses cuves, reposant chacune sur un lit de ciment, de trois pouces d'épaisseur. Les cuves du milieu et de l'arrière avaient

17ᵐ,50 de diamètre, sur 6ᵐ,25 de hauteur, et contenaient chacune 1,445 kilomètres de câble ; celle de l'avant n'avait que 15ᵐ,75 de diamètre, et contenait 1,115 kilomètres de câble, soit 4,000 kilomètres en tout.

La figure 149 (page 257) représente les ouvriers et matelots du *Great-Eastern* occupés à *lover* le câble atlantique dans les cuves monstres qui remplissaient les flancs de ce navire.

Le 24 mai, le prince de Galles fit une longue visite au *Great-Eastern*, pour voir son aménagement. Il exprima le désir de transmettre un message au travers du câble entier, et l'on fit selon son désir circuler cette phrase :

I wish success to the atlantic cable. (Je souhaite bonne chance au câble transatlantique). Elle passa en quelques secondes dans la totalité du câble.

Le 14 juin 1865, le chargement du *Great-Eastern* fut complété ; le 24 il quitta la *Medway* pour se rendre en Irlande, avec un chargement total de 21,350 tonnes. La direction de la pose fut confiée à M. Samuel Canning, ingénieur de la compagnie, et la machinerie à M. Clifford. MM. Varley et Thomson représentaient la compagnie du télégraphe. Ils devaient, sans intervenir dans l'exécution mécanique des travaux, veiller à ce que les conditions du traité fussent convenablement remplies.

Dans les deux bâtiments à voiles mis à la disposition de la compagnie par l'amirauté anglaise, on avait également disposé deux énormes cuves. Les navires durent subir à cet effet, des transformations importantes. Il fallut enlever le tillac, pour placer les cuves.

Les connaissances pratiques acquises lors des premières tentatives d'immersion, avaient conduit à modifier avec avantage la nouvelle machine de dévidement, que nous avons maintenant à décrire et que représente la fig. 152, d'après l'ouvrage de M. W. H. Russel, *The atlantic Telegraph*, publié à Londres en 1866.

En s'élevant au-dessus de la cale, au sortir de la cuve, le câble passait dans la rainure profonde d'une roue de fer, et filait, le long d'un auget plein d'eau, jusque sur le pont. Arrivé là, il s'engageait dans les gorges de six roues verticales successives, s'enroulait quatre fois autour d'un double tambour, qui n'était autre chose que deux roues plus larges et plus hautes que les six premières ; puis dans la gorge d'une dernière roue placée au-dessus et en dehors de l'extrême poupe, et tombait enfin à la mer. Quand il passait sur les six premières roues, le câble était pressé dans la gorge de ces roues par des galets, ou petites roues, que l'on pouvait charger de poids. Les tiges recourbées que l'on voit sur la figure 152, surmontant les roues, étaient destinées à recevoir des lampes, pour éclairer les ouvriers pendant le travail de la nuit. Un

appareil spécial empêchait que les tours formés sur le tambour, ne vinssent à s'entrecroiser. La vitesse du tambour était réglée par deux freins ; celle des six roues placées en avant du tambour, par des freins particuliers. Le câble était constamment humecté d'eau, pendant son déroulement, à l'aide de pompes qui jouaient incessamment. Le dynamomètre était placé tout à fait à l'extrémité du navire. Une roue de gouvernail placée près du dynamomètre, permettait d'ouvrir et de fermer les freins du tambour avec une facilité extrême.

Cet appareil fonctionnait si doucement que, les freins étant levés, il suffisait d'une charge de 80 kilogrammes pour faire dévider le câble. M. Henry Clifford qui l'avait construit, l'avait en même temps beaucoup perfectionné.

En prévision de tous événements, un cordage de fer, long de 5,000 brasses (9,260ᵐ) portant des divisions par 100 brasses, était destiné à soutenir le câble, et à y fixer une bouée, si l'on était obligé, en le coupant, de le laisser filer au fond de la mer, pour attendre un temps meilleur. Enfin, une machine spéciale placée à l'avant du navire, devait servir à relever le câble en cas de rupture, ou si un défaut venait à s'y manifester.

Le *Great-Eastern* appareilla le 15 juillet 1865, dans l'après-midi, sous le commandement de M. Anderson, l'un des capitaines les plus expérimentés de la marine marchande britannique. Tout l'équipage, y compris les ingénieurs, les électriciens et les agents des entrepreneurs, formaient un total de 500 personnes.

Le 17, il rencontra le bâtiment à vapeur *la Caroline*, qui, chargé de 50 kilomètres de câble côtier, pesant 540 tonnes, ne pouvait avancer, et il le prit à la remorque. La mer devenant mauvaise et le vent violent, on put admirer les belles qualités du *Great-Eastern*, comme bateau à vapeur.

Le jour suivant, en approchant des côtes d'Irlande, le mauvais temps se maintint.

Cependant le navire filait 6 nœuds; mais la *Caroline* roulait si lourdement, et tanguait si violemment, qu'elle excitait de sérieuses appréhensions. Enfin, le 21 juillet, les deux navires arrivèrent en vue de l'Irlande.

On y trouva les deux steamers *le Terrible* et *le Sphinx*, qui devaient escorter le *Great-Eastern* jusqu'à Terre-Neuve, pendant la pose du câble.

On procéda alors sans retard à l'immersion des 50 kilomètres de câble côtier. La *Caroline* se tenait à l'ancre à quelque distance de la côte, tandis que des embarcations transportaient à terre l'extrémité du câble, qui se déroulait à l'arrière du navire. Cette extrémité arrivée à terre, des ouvriers, dans l'eau jusqu'à la ceinture, se mirent en devoir de la haler jusqu'à l'établissement du télégraphe situé à quelque distance sur la falaise de Foilhommerum. Au bout de quelques heures, le câble entra dans la station, et fut placé dans la tranchée souterraine préparée pour le recevoir.

A 2 heures de l'après-midi, la communication fut établie entre le poste télégraphique et la *Caroline*, et ce bâtiment put se mettre en marche. A minuit, un message parti du bord, annonça que l'immersion des 50 kilomètres de câble côtier était accomplie.

Le lendemain dimanche (23 juillet), on pratiqua, à bord de la *Caroline*, le raccord de l'extrémité du câble côtier qui venait d'être immergé, avec le grand câble contenu dans les flancs du *Great-Eastern*. On commença par mettre à découvert les fils conducteurs, de part et d'autre, sur une certaine longueur; puis on les souda ensemble, et on les recouvrit d'une couche de matière isolante. Le joint fut alors mis dans l'eau froide, et l'on s'assura par une expérience faite avec le galvanomètre, que l'isolement était parfait. Après cette épreuve, le joint fut recouvert de l'enveloppe protectrice et plongé dans l'eau de mer, pour être soumis à une nouvelle épreuve de conductibilité électrique. L'isolement ne laissant plus rien à désirer, les derniers liens qui retenaient le câble au navire, furent coupés, et le joint fut jeté dans la mer.

La mission de la *Caroline* était terminée; celle du *Great-Eastern* commençait. Le géant des mers échangea des saluts avec les navires qui l'entouraient, et se mit en route, précédé du *Terrible* et du *Sphinx*.

Le 23 juillet, la flottille s'éloignait des côtes de l'Irlande. L'immersion du câble télégraphique se faisait avec régularité; les agents du télégraphe qui se tenaient dans la station de Valentia, échangeaient continuellement des dépêches avec le navire voguant sur l'Océan, et suivaient sa marche avec une sollicitude facile à comprendre. L'espoir était dans tous les cœurs. Mais le 24, à 3 heures du matin, lorsqu'on avait filé 156 kilomètres de câble, le galvanomètre n'indiquant plus qu'un très-faible courant, signala ainsi l'existence d'une perte d'électricité.

Le *Great-Eastern* tire un coup de canon, pour avertir le *Terrible* et le *Sphinx*. Une vive discussion s'engage entre les différentes personnes attachées au service du câble, sur la cause probable de l'accident. Le désappointement est général, et déjà l'on déclare que, malgré les soins les plus minutieux, la perfection des instruments employés, et la science des ingénieurs venus à bord, l'entreprise ne pourra jamais être conduite à bonne fin, parce qu'une fois le câble immergé, il semble impossible de réparer ses avaries.

Continuer la route après avoir reconnu un défaut dans la conductibilité du fil, aurait été une imprudence grave. L'ingénieur électricien, M. Canning, se décida à relever la partie immergée du câble, pour la soumettre à un examen minutieux et reconnaître le point défectueux. Mais on rencontra ici des difficultés inouïes. Lorsque après un intervalle de deux heures et une longue course sous le vent, on commença à ramener à bord les premières parties du câble, on s'aperçut que la machine destinée au relèvement, qui était installée à la proue, n'avait pas la force suffisante pour cette opération. On eut toutes les peines du monde à empêcher que le câble ne fût endommagé, car le navire s'élevait et s'abaissait, entraînant avec lui le câble qui pendait à sa proue. On ne pouvait relever qu'un mille par heure; à minuit, on n'en avait relevé encore que 11 kilomètres. Les sondages faisaient reconnaître le fond à 900 mètres.

Fig. 153. — S. Canning, ingénieur électricien du câble atlantique.

La plupart des employés étaient fermement convaincus que le défaut se trouvait près de la côte. M. Sunders et M. Varley soutenaient, au contraire, qu'il n'était qu'à 18 ou 20 kilomètres. On continua pourtant à relever le câble et à l'emmagasiner dans le même bassin d'où il avait été retiré. Le *Great-Eastern* ressemblait alors à un éléphant qui enlèverait un brin de paille avec sa trompe. Le 25 juillet, à 9 heures 45 minutes du matin, 85 kilomètres étaient relevés. Enfin,

à la grande joie de tous, on découvrit le défaut.

Un fil de fer de deux pouces de long, un peu recourbé, tranchant à son extrémité, comme s'il avait été coupé avec une pince, traversait le conducteur de part en part. Il avait pénétré dans l'enveloppe du câble, dans la gutta-percha, et jusqu'au fil central, ce qui faisait nécessairement perdre dans la mer le courant électrique.

On fit des signaux au *Terrible* et au *Sphinx*, qui répondirent par des félicitations. Puis, on se mit à l'œuvre, pour commencer l'*épissure*. On coupa la partie détériorée, et l'on pratiqua une soudure entre le bout du câble qui venait d'être repêché et celui qui était à bord. Puis on se remit en route.

La journée se passa sans encombre, le câble se déroulant avec régularité. Mais à 3 heures, voici qu'une nouvelle interruption vient jeter la consternation dans tous les esprits. Décidément, tout est perdu! On se prépare à recommencer les opérations de la veille; mais l'équipage est découragé et affirme que ce sera là un ouvrage de Pénélope. M. Cyrus Field lui-même, commence à se demander si son œuvre n'est pas une chimère. Les ingénieurs penchent la tête sur l'appareil électrique, placé dans une chambre obscure, lorsque soudain, l'aiguille du cadran fait un petit mouvement. Bientôt les signaux deviennent plus distincts : on triomphe. M. Canning se préparait déjà à relever le câble, lorsqu'on lui dit que tout va bien : *All right!*

Le *Sphinx* et le *Terrible*, auxquels on avait déjà communiqué la fâcheuse nouvelle, apprirent également que toutes les inquiétudes étaient dissipées.

On filait de 6 nœuds à 6 nœuds et demi. A minuit, on était à 159 kilomètres de l'Irlande; 187 kilomètres de câble se trouvaient immergés.

Le mercredi 26 juillet, on était à 592 kilomètres de l'Irlande ; le jeudi 27, à 881 kilo-

Fig. 154. — Le *Great-Eastern* lançant une bouée à la mer, pour fixer la place du câble atlantique perdu (page 266).

mètres : 985 kilomètres de câble étaient immergés.

Le samedi 29 juillet, rien d'extraordinaire dans la matinée. Mais vers 1 heure, la communication est de nouveau interrompue. On avait alors filé 1,311 kilomètres de câble, et l'on se trouvait sur un fond de 3,700 mètres. Il fallut recommencer à retirer le câble de l'eau.

Le lendemain, après avoir relevé deux milles un quart, on trouva la cause de l'accident, et l'on put couper et réparer le câble endommagé.

La découverte de cette cause produisit une impression des plus pénibles. C'était la répétition du même accident découvert quatre jours auparavant. Il y avait une incision très-visible dans l'enveloppe de chanvre qui entourait le conducteur. En dépouillant le chanvre, de façon à mettre à jour les fils intérieurs, on trouva un morceau de fil de fer introduit de force à travers la gutta-percha, de manière à percer le câble de part en part. L'un des bouts de ce morceau de métal semblait avoir été coupé avec un instrument tranchant ; l'autre bout présentait une cassure grossière, et son diamètre correspondait exactement au diamètre du fil de fer qui formait l'enveloppe extérieure. C'était évidemment un morceau de fil de fer de l'enveloppe, et l'on ne put s'empêcher de soupçonner dans ce fait l'œuvre de quelque ennemi intéressé du câble, ou celle de quelque malfaiteur insensé.

M. Canning montra le câble aux ouvriers, qui reconnurent que le mal ne pouvait pas avoir été produit par un simple accident. Les ouvriers qui composaient l'équipe quand ce défaut fut reconnu, étaient, d'ailleurs, les mêmes qui en faisaient partie au moment où le premier accident avait eu lieu, le 25 juillet. On s'empressa, malgré leurs protestations, de changer ces ouvriers en leur commandant d'autres travaux sur le pont.

Il est assez étrange de lire ensuite, dans l'ouvrage de M. W. H. Russel, auquel nous empruntons tous ces détails (1), que le troisième accident, dont nous allons parler, se produisit encore lorsque la même équipe était de service.

Nous arrivons au dernier et fatal accident, qui fit échouer cette gigantesque entreprise.

C'est le 2 août, vers le milieu du jour, lorsque les deux tiers de la route maritime étaient parcourus (on avait déjà filé 2,244 kilomètres de câble), que l'on reconnut, pour la troisième fois, une interruption des communications. On espérait pouvoir réparer le défaut avec le même succès que les deux premières fois. Trois kilomètres de câble étaient déjà relevés ; on les passait de l'avant à l'arrière, sur une plate-forme en fer qui était à la poupe ; mais les machines à vapeur et les chaudières ne fonctionnaient pas suffisamment, et la tension de la corde était énorme. Tout à coup, le câble, dont l'armature était usée par le frottement contre les haussières, se brisa. Cassé à 10 mètres de l'avant du vaisseau, il retomba à la mer, de toute la violence de son poids.

Ce n'était plus une interruption de conductibilité, mais une rupture complète du fil. Le désespoir de tous était poignant! Tant de soins, tant de peines perdus en un instant! Malgré tant d'efforts et de travaux, on n'avait pu parvenir à mener l'entreprise à bonne fin!

M. Canning essaya de rendre quelque confiance à l'équipage : il décida qu'on tenterait immédiatement de repêcher le câble rompu. C'était une tentative bien incertaine, car on n'avait jamais dragué à une telle profondeur, c'est-à-dire à 3,600 mètres. En supposant, d'ailleurs, que l'on pût accrocher le câble, il était presque impossible que les chaînes supportassent un tel poids sans se briser.

Cependant, un grappin de fer fut lancé à la

mer avec 4,600 mètres d'une chaîne, qui n'était pas tout d'une pièce, mais formée de diverses parties réunies par des anneaux en fer, afin d'éviter les effets de torsion sur une pareille longueur. Le *Great-Eastern* revint sur ses pas, laissant traîner son grappin, et courant de petites bordées, perpendiculaires à la direction suivie pendant la pose.

Au bout de quinze heures de cette manœuvre, l'aiguille du dynamomètre et la tension de la chaîne, firent reconnaître que le grappin avait saisi le câble. On peut s'imaginer les soins et les précautions qui furent employés pour l'opération du relevage.

Une moitié au moins de la chaîne du grappin était déjà à bord, quand un de ses anneaux se brisa ! Il y avait de quoi décourager les plus énergiques, d'autant plus que le brouillard commençait à se former. On n'eut que le temps de descendre une bouée, pour avoir un point de repère sur la mer.

Après le brouillard, vint le gros temps. Malgré sa vapeur, le *Great-Eastern* chassait sous le vent. Cependant, il se comportait admirablement à la vague. Pendant que les deux steamers de l'État qui le convoyaient, semblaient disparaître sous les lames, il soutenait les coups de vent sans ébranlement sensible.

Ce ne fut qu'au bout de trois jours, le lundi, 9 août, que l'on put retrouver la bouée. On se mit de nouveau à l'œuvre. Le grappin s'empara encore du câble, qui fut alors hissé à bord, avec un redoublement de précaution. Il s'était élevé lentement d'un mille et demi, quand un anneau de la chaîne se brisa encore.

On recommença les mêmes expériences trois jours après, le jeudi 12 août, mais sans plus de succès. Des fragments du grappin furent enlevés par le frottement de l'armature du câble.

Sans se laisser décourager par tant d'échecs, les ingénieurs et les mécaniciens du *Great-Eastern* essayèrent une quatrième tentative ; et elle ne fut pas plus heureuse. Le câble fut encore ressaisi et tiré à bord

(1) *The atlantic Telegraph,* by W. H. Russell. London, 1866, in-8°, illustrated.

sur une longueur de 550 mètres ; mais pour la quatrième fois la chaîne de fer se rompit sans que l'extrémité du câble fût parvenue jusqu'à la surface de l'eau pendant aucune de ces tentatives.

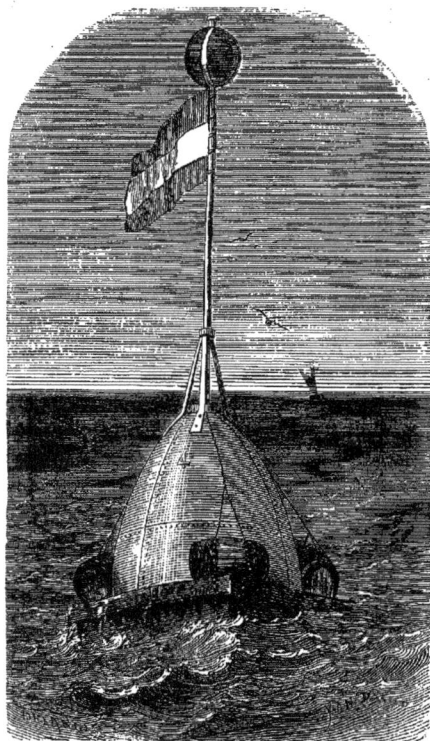

Fig. 155. · — Bouée fixant la place du cable atlantique perdu.

Enfin, après avoir épuisé tout ce qu'il avait à bord de cordes et de chaînes, le *Great-Eastern* renonça à l'entreprise et cingla vers l'Angleterre, où l'on croyait qu'il s'était perdu, corps et biens. Avant de quitter définitivement le théâtre de ce drame maritime, témoin de tant d'efforts et de travaux inutiles, M. Canning fit jeter à la mer une seconde bouée (*fig.* 155). Déjà au moment où la chaîne s'était brisée une première fois, on avait lancé à la mer, comme nous l'avons dit, une bouée, pour marquer le lieu de l'événement.

On suppose que l'épi de fil de fer trouvé traversant le câble de part en part, s'était formé par la rupture d'un fil de fer de l'enveloppe, pendant l'enroulement du câble dans les grandes cuves de tôle de la cale du *Great-Eastern*, ou pendant son déroulement sur le tambour de fer, au moment de l'immersion. D'autres ont pensé que l'introduction de ce corps étranger était volontaire, et due à une malveillance qui ne saurait être trop flétrie.

Telle fut la triste fin de la campagne de 1865. Cette expérience, grandiose autant que coûteuse, avait au moins démontré que le modèle de câble adopté était excellent ; que son isolement ne laissait rien à désirer, et que sa résistance avait été parfaitement calculée. On avait également reconnu que le *Great-Eastern* était bien le navire qui convenait à une telle opération. Enfin, on avait vu qu'il était possible de retirer un câble dans des fonds de près de 4,000 mètres, et qu'il ne se brise ni par son poids ni par une secousse, quand la marche du navire est réglée et que tout est prévu pour éviter un frottement trop violent contre le bordage. C'étaient là des faits acquis, incontestables, mais ils avaient été trop chèrement payés.

La faute principale qui fut commise dans l'expédition de 1865, fut d'avoir négligé d'employer des grappins et des amarres d'une force proportionnée au poids du câble immergé. L'appareil de déroulement et d'immersion du câble avait très-bien fonctionné ; mais les machines destinées à relever ou à rechercher le câble rompu, étaient restées au-dessous de leur tâche.

CHAPITRE XIV

DERNIÈRE ET HEUREUSE CAMPAGNE DE 1866. — POSE DU CABLE AU MOIS D'AOUT 1866. — LE CABLE DE 1865 EST REPÊCHÉ PAR LE GREAT-EASTERN.

Après ce fâcheux échec, M. Cyrus Field revint immédiatement en Angleterre, pour commander un nouveau câble, et faire préparer tout ce qu'il faudrait pour relever l'ancien, car les officiers de marine se faisaient fort de le retrouver dans les profondeurs de l'Océan.

Ainsi le découragement n'avait pas atteint une seule minute ces vaillants ouvriers. C'était maintenant deux conducteurs au lieu d'un, que l'on voulait établir entre les deux mondes! Seulement, l'argent manquait; il fallait faire souscrire au plus vite, un nouveau capital de 15 millions; car la loi anglaise ne permettait à la compagnie, ni d'augmenter ce capital, ni même de contracter un emprunt. Heureusement, deux riches capitalistes apportèrent le tiers des fonds avant qu'aucun appel n'eût été fait à de nouveaux actionnaires. M. Glass, d'un autre côté, commença la construction du câble, avant d'avoir reçu aucune avance.

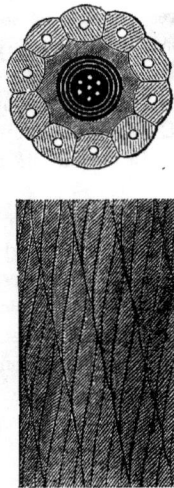

Fig. 156. — Câble atlantique de 1866 (grandeur naturelle).

Pour établir deux conducteurs télégraphiques entre Terre-Neuve et l'Irlande, en profitant du câble qui reposait au fond de l'Océan, la distance à parcourir était de 4,800 kilomè-

tres. Il restait dans les ateliers de Greenwich 2,000 kilomètres du câble de 1865. On en fit confectionner 3,500 kilomètres neufs, ce qui donna un excédent de 25 pour 100 sur la route à faire.

Le nouveau câble qui fut construit, et que représente la figure 156, était plus léger et un peu plus flexible que celui de 1865.

Il différait peu d'ailleurs de celui de 1865. Son noyau intérieur se compose d'un faisceau de sept fils de cuivre, dont six sont enroulés autour du septième. Chaque fil de cuivre a $3^{mm},6$ de diamètre.

Le fil central, autour duquel étaient enroulés les autres fils de cuivre, a été préalablement enduit d'une couche de gutta-percha, rendue visqueuse par l'adjonction du *mastic de Chatterton*, qui, remplissant tous les interstices, a pour objet d'augmenter la solidité de la corde métallique et d'empêcher les fils de ballotter à l'intérieur.

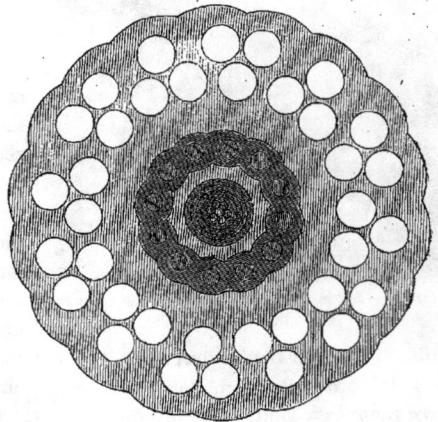

Fig. 157. — Portion côtière du câble atlantique de 1866 (grandeur naturelle).

Cette première corde métallique est enveloppée de quatre couches de gutta-percha, alternant avec autant de couches de *mastic Chatterton*. Le poids de cette enveloppe isolante est de 98 kilogrammes par kilomètre.

L'enveloppe protectrice extérieure est for-

Fig. 158. — Bouées et grappins employés pour relever le câble perdu en 1865 (page 270).

mée de dix solides fils de fer, légèrement galvanisés, de $2^{mm},5$ de diamètre. Chaque fil est entouré séparément d'une gaîne formée par cinq fils de chanvre de Manille, ces fils s'enroulent en hélice autour de l'âme du câble, bourrée encore d'une couche intermédiaire de *jute*, matière textile tirée des Indes.

Le diamètre total du câble s'élève ainsi à 27 millimètres. Son poids dans l'air est de 865 kilogrammes par kilomètre, et dans l'eau de 400 kilogrammes. Il faudrait, pour le briser, employer un effort représenté par 8 tonnes et quart (8,250 kilogrammes).

Le *câble de côte* pour les rivages d'Irlande et de Terre-Neuve, était deux fois et demie plus gros que le câble ordinaire. Il se composait d'une double ceinture de fils de fer, séparées par une gaîne de gutta-percha. La figure 157 représente ce câble côtier.

Malgré son énorme capacité, le *Great-Eastern* n'aurait pu recevoir le câble entier, avec le supplément préparé en prévision de la seconde ligne à compléter. Pour loger une partie de l'ancien câble qui restait dans les ateliers de Greenwich, et qui devait se souder au câble en ce moment endormi sous les eaux de l'Océan, on fréta deux bâtiments à vapeur, la *Medway* et l'*Albany*. Le câble de côte pour le rivage d'Irlande, fut placé sur le *William Cory;* le câble côtier destiné à Terre-Neuve, était porté par la *Medway*.

Quelques réparations furent faites au *Great-Eastern*. On le munit d'un appareil qui permettait de rendre en quelques minutes, les deux roues indépendantes l'une de l'autre, afin que le navire pût tourner rapidement sur lui-même, comme sur un pivot. On diminua la dimension des roues, afin de réduire sa vitesse, qui avait paru trop grande pour le cas d'immersion dans une mer profonde. Sa vitesse maximum fut fixée à six nœuds, un peu moins que sa vitesse moyenne en 1865.

L'appareil pour le déroulement du câble, était le même qui avait servi en 1865; on l'avait seulement muni d'un système d'engrenage qui avait pour objet de renverser rapidement le sens du mouvement, de manière que les mêmes poulies, freins, etc., qui servaient à immerger le câble, fussent propres, en cas de besoin, à le retirer de la mer et à le ramener dans le navire.

Quant à l'appareil spécial de relèvement, qui s'était montré insuffisant en 1865, on le renforça beaucoup à l'avant. On le munit de deux tambours de 1^m,70 de diamètre ; chaque tambour était mis en mouvement par une machine à vapeur de la force de 40 chevaux.

Des machines de relèvement furent également placées à bord de la *Medway* et de l'*Albany*.

Le dragage, qui n'avait été en 1865, qu'une opération imprévue et secondaire, devait jouer, cette fois, un rôle essentiel, puisqu'il s'agissait d'aller retirer l'ancien câble de la profondeur de près de 4,000 mètres où il gisait. Aussi avait-on rassemblé tout un arsenal de grappins et de cordages. Ces cordages étaient tressés en fil de l'acier le plus résistant, recouverts de chanvre de Manille, et formant un tout de 6 centimètres de diamètre, qui pouvait supporter un poids de trente tonnes.

Il y avait trois espèces de grappins : les uns disposés simplement de manière à labourer le fond de la mer, pour y accrocher le câble ; les autres en forme de pince, destinés à le saisir plus fortement quand il serait soulevé. D'autres, en forme de calotte, étaient amincis à leur bord circulaire de manière à présenter un tranchant d'acier assez puissant pour couper le câble (*fig.* 158). On avait ainsi prévu tous les cas. Admettons, en effet, qu'avec un des grappins du premier genre, un des navires, la *Medway*, par exemple, eût accroché le câble et l'eût soulevé ; alors un autre navire plus puissant, le *Great-Eastern*, lançant un grappin de la seconde espèce, saisirait fortement le câble et le maintiendrait comme dans un étau. Enfin un troisième navire, l'*Albany*, arrivant par derrière, et lançant un grappin à tranchant, qu'agiteraient à force de bras les gens de l'équipage, pourrait frapper, scier le câble soulevé, et le couper à peu de distance du *Great-Eastern*. Ce dernier navire pourrait alors procéder plus facilement au relèvement du câble, dont l'extrémité serait libre et ne lui opposerait plus de résistance. Le plan de toutes ces opérations avait été dressé de longue main par M. Canning.

On avait beaucoup commenté cet accident, si petit dans sa cause, si désastreux dans ses conséquences, des deux épis de fer qui s'étaient trouvés traversant le câble de part en part, et l'on ne pouvait s'empêcher d'y voir l'œuvre de la malveillance. Pour empêcher le renouvellement d'une pareille forfaiture, on avait choisi, pour travailler à bord du *Great-Eastern* et des trois autres navires, les hommes les plus connus et les plus dévoués. Pour plus de sûreté, on les avait revêtus de camisoles de toile se boutonnant par derrière, et dépourvues de toute espèce de poche, qui permît de cacher le plus petit bout d'instrument. Enfin on les avait prévenus, et ils avaient souscrit à cette clause draconienne, qui, assurément, n'aurait jamais été exécutée, que l'auteur de la moindre tentative coupable serait immédiatement jeté par-dessus le bord.

Au mois de juin 1866, le nouveau câble était terminé et enroulé dans les bassins du *Great-Eastern*, qui mouillait, à cet effet, dans les parages de Sheerness, à l'embouchure de la Tamise, près de l'île de Sheppey, peu distante de l'usine de Greenwich, où le câble se fabriquait.

Le 30 juin à midi, heure et jour qui avaient été fixés six mois à l'avance, le *Great-Eastern* quitta Sheerness pour se rendre en Irlande. Il entra dans la baie de Bantry, pour compléter, à Berehaven, son approvisionnement en charbon, en vivres, animaux de boucherie, viande salée, etc., cargaison de victuailles sans laquelle un équipage anglais ne répondrait de rien. On s'occupait, en outre, de l'examen des machines : elles furent essayées tous les jours, pour donner la certitude de leur fonctionnement irréprochable.

Le 12 juillet 1866, à une heure et demie, l'immense navire quittait la baie de Bantry pour se rendre à Valentia. Il était précédé du *Terrible*, vaisseau de 21 canons, et des navires à hélice *le Medway* et *l'Albany*, qui jaugent chacun 1,800 tonneaux. Le *Raccoon*, autre navire à vapeur de la marine royale, l'accompagnait de près.

Depuis cinq jours déjà, le câble côtier avait été posé à Valentia, par le *William Cory*, et fixé à la station télégraphique de l'Irlande. Une bouée marquait la place où finissait, en mer, le câble côtier. Le *Great-Eastern* et les navires qui l'accompagnaient, allèrent rejoindre cette bouée, qui flottait à 50 kilomètres du rivage. Quand on l'eut atteinte, le câble côtier fut hissé à bord du *Great-Eastern*. On s'occupa immédiatement de le souder au grand câble atlantique contenu dans les flancs du *Great-Eastern*.

Le vendredi, 13 juillet, à 3 heures 20 minutes du soir, le dévidage de ce grand conducteur transatlantique commença, aux acclamations enthousiastes et au milieu des *hourrah!* des équipages des cinq navires.

On comptait employer 3,630 kilomètres de câble depuis Valentia jusqu'à Terre-Neuve, pour une distance réelle de 3,100 kilomètres, augmentée d'environ 17 pour 100 par les sinuosités du fond. Les 1,415 kilomètres restants, devaient servir à la terminaison de la ligne de 1865, interrompue par la rupture du câble, qui était arrivée, comme nous l'avons dit, à environ 700 milles de Terre-Neuve. Il était convenu qu'aussitôt le nouveau câble posé, le *Terrible* et l'*Albany* iraient à la recherche de l'extrémité de l'ancien câble perdu en 1865, pour tâcher de le repêcher, et que le *Great-Eastern* les suivrait, pour achever la pose de ce dernier câble, abandonné, depuis un an, au fond de la mer.

La vitesse maximum du *Great-Eastern* était fixée à six nœuds, un peu moins que la vitesse moyenne de 1865.

La route que l'on suivait, était parallèle, à 50 kilomètres plus au sud, à celle qui avait été suivie en 1865.

Le samedi 14 juillet, vers 2 heures du matin, M. Canning, reçut un télégramme, daté de Valentia, transmettant à l'équipage du *Great-Eastern* la chaleureuse expression des sympathies du peuple irlandais, qui avait tenu un *meeting*, dans le but de prier pour le succès de cette grande entreprise. M. Canning répondit, par la même voie, que tout allait bien, et qu'on remerciait les auteurs de ce gracieux message.

A midi, on se trouvait à 250 kilomètres de Valentia, et l'on avait déjà coulé 263 kilomètres de câble.

Le samedi 15 juillet, le temps continua d'être aussi favorable que la veille. Tout l'équipage se sentait rempli de confiance dans le succès de la nouvelle tentative, bien que chacun eût encore présents à l'esprit les revers de 1865.

Le *Great-Eastern* continuait de recevoir, par le câble qu'il était en train de dérouler, des nouvelles d'Europe. On était alors au moment de la guerre entre l'Autriche et l'Italie, et le *Great-Eastern* reçut de Valentia, par le câble, une dépêche annonçant le mouvement que le général italien Cialdini exécutait sur Rovigo.

Ainsi, les passagers du *Great-Eastern*, tout en accomplissant leur merveilleuse besogne, étaient informés, en plein Océan, tout aussi bien que Londres et Paris, des mouvements des armées sur le continent!

Tout en transmettant cette dépêche, on ne cessa pas d'observer les signaux indiquant l'état de l'isolement du câble. C'était là un progrès réalisé depuis l'année précédente, et voici comment. En 1865, la besogne de chaque heure était divisée en deux parties : une demi-heure était employée à observer l'isolement du fil au fur et à mesure qu'on le jetait à la mer; pendant la demi-heure suivante on s'assurait de la résistance électrique et de la bonne conductibilité des fils. Mais pendant ce temps, on était forcé de suspendre l'examen de l'état de l'isolement du câble, et d'un autre côté, il était impossible de transmettre des dépêches à la côte, pendant qu'on faisait cette observation. En 1866, on avait pris les dispositions nécessaires pour observer l'isolement sans aucune interruption, de sorte qu'on n'avait plus à craindre de laisser passer un seul point défectueux du câble pendant sa pose.

A des moments déterminés, on faisait à la station de Valentia le signal indiquant que la conductibilité du fil était parfaite. Les signaux étaient empruntés à un vocabulaire télégraphique composé spécialement pour cette expédition.

Dans la journée arriva une nouvelle dépêche expédiée d'Irlande, et annonçant les victoires de la Prusse, suivies de la cession de Venise à la France, par l'Empereur d'Autriche. Cette nouvelle fut publiée dans le journal lithographié, le *Great-Eastern-Telegraph*, qui paraissait chaque soir, à bord, et qui contenait les nouvelles d'Europe, émaillées de quelques bons mots et traits d'esprit britannique, dus à la collaboration de l'équipage.

Non-seulement le *Great-Eastern* recevait tous les jours des nouvelles politiques ou militaires de l'Europe, mais encore il recevait l'heure astronomique de Greenwich, qu'il signalait ensuite aux navires formant son escorte, pour vérifier leurs chronomètres.

Le 15, à midi, la distance parcourue depuis l'Irlande était de 487 kilomètres et la longueur du câble filé de 507 kilomètres.

Le lundi 16 juillet, tout allait encore à souhait. Le temps était toujours beau, la mer calme. La vitesse moyenne avait été, la veille, de cinq nœuds, la profondeur moyenne de la mer, d'environ 3,657 mètres. La position du navire en latitude et en longitude, était observée par plusieurs officiers, chaque fois que le soleil venait à se montrer, et les résultats en étaient transmis aux navires du convoi.

Des nouvelles d'Europe arrivèrent plusieurs fois dans la journée. Elles annonçaient l'incendie de Portland, l'éruption du choléra à Liverpool et de la fièvre jaune à la Véra-Cruz, la suspension des payements de la Banque de Birmingham, etc. Les premiers pas du télégraphe atlantique portaient déjà l'empreinte des misères de la vie humaine et de la société!

A midi, on était à 700 kilomètres de l'Irlande, et la longueur du câble filé était de 778 kilomètres, c'est-à-dire une longueur de 111 pour 100 de la distance des deux points en ligne droite.

Pendant toute cette journée, la surface de l'Océan était si calme, si unie qu'on voyait s'y réfléchir l'image de la mâture des navires, spectacle inusité dans ces parages. Des troupeaux de marsouins prenaient paisiblement leurs ébats autour du *Great-Eastern*. La lune était dans son premier quartier. A mesure que son croissant s'arrondissait, le *Great-Eastern* approchait de sa destination, et la pleine lune devait éclairer l'entrée de l'expédition dans le port de Terre-Neuve.

Fig. 159. — Le *Great-Eastern*.

L'équipage accueillit les heureux présages fournis par l'état favorable de la mer et du ciel, avec un bonheur dont la vivacité était néanmoins tempérée par le souvenir des échecs subis l'année précédente.

A 8 heures du matin, on avait déroulé et jeté au fond de l'Océan, toute la partie qui avait été conservée du câble de 1865, pour servir à la nouvelle expédition, et l'on commençait à la faire suivre du câble nouvellement fabriqué à Greenwich.

A midi, la distance parcourue était de 868 kilomètres : on avait dépensé 1,033 kilo-mètres de câble. La profondeur moyenne des eaux était de 3,600 mètres, le vent soufflait du sud.

Le mercredi, 18, fut marqué par un accident qui faillit compromettre le succès de l'opération.

On avait, depuis la veille, une brise fraîche du sud, une mer moyennement calme, un ciel très-chargé, et de temps à autre, une pluie légère. A 5 heures et demie du soir, la cloche d'alarme se fit entendre de la cabine électrique des physiciens. En un clin d'œil, tout le monde fut à son poste, et les chefs de service arrivaient auprès des machines. Mais ils trouvèrent ces machines fonctionnant très-bien.

Hâtons-nous de dire qu'il n'y avait eu qu'une fausse alerte. L'un des ingénieurs avait, par accident, touché au ressort du battant de la cloche.

A minuit et demi, seconde alarme, plus sérieuse, cette fois. Environ 150 mètres du câble, dans un enchevêtrement complet, formaient d'inextricables nœuds. Pendant le dévidement, plusieurs tours du câble enroulés dans le bassin, avaient été soulevés et entraînés avec la partie déjà déroulée. Tout ce fouillis allait passer sur l'arrière, d'où le câble descendait à la mer. On arrêta le navire ; M. Canning fit préparer, à tout hasard, les bouées, et l'équipage se mit à l'œuvre, pour essayer de débrouiller les nœuds du câble, au milieu d'une pluie furieuse et d'un vent qui soufflait avec rage.

Jamais pêcheur à la ligne ne trouva son engin dans un pareil état de complication. Pendant longtemps on désespéra de défaire ces nœuds gordiens. Mais la patience des ouvriers devait encore triompher de cet obstacle. Suivant les replis du câble jusqu'à leur origine, les passant à l'avant et à l'arrière, ils finirent par arriver à l'origine des nœuds. Pendant ce temps, le capitaine Anderson ne quittait pas le gouvernail. Il s'efforçait, malgré le mauvais temps et l'état défavorable de la mer, de maintenir la poupe du gigantesque navire au-dessous de l'extrémité du câble, pour éviter de le tendre et de le briser. Enfin, à 2 heures du matin, le signal arriva, de l'arrière du *Great-Eastern*, que tout était remis en ordre (*all right!*) et qu'on pouvait continuer la pose. Les ouvriers avaient enfin réussi à démêler les plis enchevêtrés du câble.

Pendant le temps que dura cette interruption, le plus grand ordre avait régné à bord. Chacun faisait son devoir en silence, et avec un zèle digne des plus grands éloges.

A 6 heures de l'après-midi, on avait reçu d'Irlande, par le câble, qui avait déjà une longueur de plus de 1,110 kilomètres, une dépêche, composée de cent trente-six mots, qui furent transmis en une heure et demie, à raison d'un mot et demi par minute, sans la moindre erreur, et sans interrompre l'observation de l'isolement électrique du conducteur.

On parvint, ce jour-là, à 1,112 kilomètres de l'Irlande, avec une dépense de 1,263 kilomètres de câble (sinuosité moyenne, 14 0/0).

La vitesse fut maintenue, le 18 et le 19, à 4 nœuds 1/2, pour ne rien précipiter, car le temps devenait de plus en plus gros et le roulis très-sensible. Le *Great-Eastern* avait embarqué 7,000 tonneaux de charbon, et il n'en consommait que 100 tonneaux par jour.

L'opération de la pose continua avec un plein succès. Pendant la journée du 19, on arriva à 1,320 kilomètres de l'Irlande. La profondeur moyenne de la mer était de 4,000 mètres.

Le vendredi 20, la mer s'apaisa presque entièrement, et le vent tourna peu à peu au nord. Dans la nuit, on avait achevé de vider le bassin, ou réservoir, de l'arrière du *Great-Eastern*, contenant une partie de câble, et l'on avait entamé le bassin de l'avant. Depuis ce moment, le câble passait donc sur toute la longueur du pont (150 mètres) avant d'arriver à la machine, installée à la poupe du navire, d'où il descendait dans la mer. Sur tout ce parcours, il était éclairé, la nuit, par des lampes placées sous la surveillance de gardiens spéciaux. Un feu vert signalait la *marque milliaire* du câble, c'est-à-dire le chiffre de sa longueur dès qu'il sortait du réservoir ; un feu rouge devait signaler un danger quelconque. Pendant le jour, les lampes étaient remplacées par des drapeaux bleus et rouges.

Toute la nuit, la mer fut belle et unie comme un miroir. Le 20, à midi, on se trouvait à mi-chemin entre l'Irlande et Terre-Neuve.

C'est ici que les deux navires chargés du câble en 1858, s'étaient séparés, pour en commencer l'immersion, en se dirigeant l'un vers l'Europe, l'autre vers l'Amérique. Le *Great-Eastern* tenait le large depuis une semaine; le résultat était donc plus satisfaisant qu'en 1865, où deux accidents survenus les 24 et 29 juin, avaient retardé de cinquante-six heures le moment où l'expédition était arrivée à mi-chemin entre la station d'Europe et celle de Terre-Neuve.

La confiance de l'équipage était complète; une gaieté, facile à comprendre, régnait à bord. Les nouvelles d'Europe continuaient d'arriver avec une régularité admirable : nouvelles commerciales et nouvelles politiques, qui, dans ce moment, étaient remplies d'intérêt, et bien dignes d'obtenir les prémices du câble atlantique. Les employés du télégraphe du bord du *Great-Eastern*, et les stationnaires de Valentia, avaient donc toutes sortes de bonnes occasions de s'exercer au maniement des appareils.

A 11 heures un quart, M. Cyrus Field expédia une dépêche du *Great-Eastern* à Liverpool, en Angleterre; et à 2 heures 12 minutes de l'après-midi, il avait reçu la réponse. L'échange de ces dépêches avait demandé trois heures à peine.

Le 21 juillet, l'expédition était à 1,763 kilomètres de Valentia, avec une profondeur d'eau de 3,292 mètres; la longueur du câble filé était de 1,989 kilomètres. Le câble touchait ordinairement la surface de l'eau à une distance de 70 mètres du bord.

Le lendemain, dimanche, la pose continua avec le même succès. L'isolement du câble était parfait. Au départ de Sheerness, la résistance de la gutta-percha avait été trouvée de 800 millions d'*unités Siemens* par nœud; elle s'était accrue jusqu'à 1,900 millions d'unités, grâce à la basse température du fond de la mer. Les employés du télégraphe du bord, déclaraient que, si tout allait aussi bien jusqu'à la fin, le câble pourrait transmettre sept ou huit mots par minute.

A midi, on se trouvait déjà à 1,992 kilomètres de Valentia, avec une profondeur d'eau de 3,550 mètres. Entre 6 et 7 heures, on passa sur la plus grande profondeur de la ligne actuelle, sans que la tension du câble dépassât les limites prévues.

Le 23 juillet, vers midi, M. Cyrus Field demanda en Irlande, les dernières nouvelles de la Chine et de l'Inde, afin de pouvoir les publier toutes fraîches en Amérique, lors de l'arrivée prochaine du *Great-Eastern* à Terre-Neuve. Au bout de huit minutes, il recevait la réponse : « Votre demande vient d'être expédiée à Londres. »

A midi, on était à 2,215 kilomètres de Valentia, à 874 kilomètres de Terre-Neuve; la profondeur était de 3,750 mètres.

Le lendemain, 24, tout allait comme à l'ordinaire. Les seuls incidents de la journée étaient le déjeuner et le dîner. Le couvert était mis, chaque jour, pour cinq cents personnes. La pluie, qui tombait toujours, n'eut pas le pouvoir de diminuer la gaieté de l'équipage, qui ne demandait que deux ou trois jours encore d'une aussi heureuse monotonie.

A midi, la distance parcourue était de 2,445 kilomètres, et celle à parcourir de 648 kilomètres. La profondeur de l'eau était de 4,070 mètres : le câble avait donc une lieue à descendre avant de toucher le fond de la mer !

Le lendemain, mercredi, 25, brume épaisse et pluie abondante. C'était, d'ailleurs, le temps auquel on devait s'attendre en approchant des bancs de Terre-Neuve. Les navires ne se distinguaient pas les uns les autres dans la brume. Le canon et le sifflet des machines à vapeur, étaient les seuls moyens de communication.

Le 26, au point du jour, on pensait apercevoir bientôt une frégate américaine, qui devait être envoyée à la rencontre de l'expédition, afin de guider le *Great-Eastern* à la baie de la Trinité, à Terre-Neuve. Dans la crainte que la brume n'empêchât les navires de s'apercevoir ou de se reconnaître, l'*Albany*, le *Terrible* et le *Medway*, reçurent l'ordre de s'échelonner sur la route de Terre-Neuve, en avant du *Great-Eastern*, pour assurer sa marche à travers la brume.

Le 26, à midi, on n'était qu'à 200 kilomètres de Terre-Neuve. La profondeur de l'eau n'était plus alors que de 240 mètres. Le succès de l'opération était, dès ce moment, assuré; car, lors même que le câble se serait rompu dans ces parages, il aurait été facile de le repêcher.

Aussi recevait-on de Valentia des télégrammes de félicitation.

L'*Albany* trouva une frégate américaine placée à l'ancre, à l'entrée de la baie de la Trinité, et attendant le *Great-Eastern*. Il revint, accompagné d'un bateau à vapeur anglais, qu'il avait aussi rencontré.

Dans l'après-midi, on aperçut, à environ 20 kilomètres au sud, une énorme montagne de glace flottante, dont la rencontre fut évitée sans peine.

Le 27, à 6 heures du matin, on n'était plus qu'à 18 kilomètres de Terre-Neuve, qu'un brouillard épais cachait aux regards de l'équipage.

Vers 8 heures, ce brouillard se dissipa comme par enchantement : le *Great-Eastern* entrait dans le havre de *Heart's-Content* (Contentement du cœur). Ce nom, d'heureux augure, désigne une petite anse de la baie de la Trinité qui avait été choisie pour recevoir l'atterrissement du câble océanien. *Heart's-Content* était, en ce moment, paré et décoré comme pour une fête internationale. Le pavillon de l'Angleterre et celui des États-Unis flottaient au haut du clocher de l'église et du toit de la station télégraphique, pour saluer l'entrée de l'expédition triomphante.

Ici l'opération du *Great-Eastern* était terminée. La longueur du câble qu'il avait déroulé au fond de la mer, était de près de six cents lieues de quatre kilomètres. On le coupa, et le *Medway* se disposa à y souder le câble de côte, destiné à le terminer sur le rivage de Terre-Neuve.

Quand le *Great-Eastern* fut entré dans l'anse de *Heart's-Content*, quand il eut jeté les ancres, un flot de visiteurs indigènes commença à envahir le géant des navires, qui avait si heureusement vidé ses flancs. Pendant ce temps, une foule innombrable stationnait sur le rivage, pour assister au débarquement du gros câble de côte, qui était encore à bord du *Medway*, et qui devait compléter le télégraphe transatlantique. Cette opération fut faite sans la moindre difficulté, et la communication électrique entre l'ancien et le nouveau monde fut complètement établie.

Tels sont les épisodes, heureusement simples et peu nombreux, qui ont accompagné cette opération admirable, l'une des plus grandioses assurément qu'ait encore enregistrées l'histoire des sciences et de la civilisation.

Le soir du vendredi 27 juillet, le rivage de *Heart's-Content* présentait un spectacle admirable. La terre et la mer avaient un air de fête tout à fait insolite pour ces régions hyperboréennes. Retenu solidement par ses ancres gigantesques, le *Great-Eastern* se balançait tranquillement sur les eaux profondes de la baie de *Heart's-Content*, au milieu de son fidèle cortège de navires, comme un patriarche entouré de sa famille. Une armée de canots et de petits bâtiments de transport, l'entouraient, et portaient à son bord les habitants de la côte, curieux de l'examiner. Des groupes de visiteurs stationnaient sans cesse devant les machines et les appareils qui avaient servi à la pose du câble. Mais le rendez-vous principal était dans le grand salon des passagers, dont le luxe et le comfort excitaient l'admiration de cette population, peu habituée aux splendeurs de notre civilisation raffinée. Les dames de *Heart's-Content*, profitaient de cette occasion extraordinaire pour étaler leurs toilettes dans un salon parqueté et décoré à la mode de Londres. Quelques-unes faisaient résonner les cordes du piano. — Quel est, hélas ! le coin du monde, le sauvage désert où n'ait pas pénétré le fléau du piano-forte ?

Fig. 160. — Cr. Varley, ingénieur électricien du câble atlantique.

Aujourd'hui, les dépêches électriques arrivent de New-York, avec une régularité qui ne laisse rien à désirer. On parvient à transmettre six mots par minute. L'isolement atteint déjà le chiffre de 2,300 millions d'*unités Siemens*, et les ingénieurs anglais ne doutent pas de la permanence de cet état de conductibilité si satisfaisant. Les signaux télégraphiques qui composent les dépêches, consistent simplement, comme nous l'avons dit, en des déviations de l'aiguille aimantée, dont les excursions à droite et à gauche ne dépassent pas 6 millimètres. Les déviations à gauche représentent les traits, les déviations à droite, les points de l'alphabet de Morse.

Ces déviations de l'aiguille aimantée sont amplifiées et projetées, par un petit miroir

métallique, sur un tableau placé dans l'obscurité. Cet appareil porte le nom *Galvanomètre à réflexion de Thomson ;* nous l'avons décrit plus haut (1).

Nous avons dit également que pour détruire le courant d'induction de l'armature qui résulte du passage du courant principal dans le fil central du câble, on change, à chaque instant, la nature de l'électricité envoyée dans le conducteur, ce qui a pour effet de neutraliser et de détruire l'électricité *rémanente* dans l'armature ; l'électricité positive envoyée par l'appareil, détruit l'électricité négative qui reste dans l'armature. Il nous reste à ajouter que M. Varley a fait adopter un autre système. Il consiste à faire arriver l'électricité qui parcourt le câble, dans un *condensateur* de grande dimension, sorte de bouteille de Leyde placée aux deux stations extrêmes d'Irlande et de Terre-Neuve. Toutes les fois que l'on change la nature de l'électricité, le fluide accumulé dans ce condensateur, reflue dans le câble quand le courant est interrompu et va détruire dans l'armature l'électricité rémanente. La manipulation spéciale dont M. Varley fait usage pour cette opération, n'est pas, du reste, bien connue.

Il restait à accomplir la seconde partie de la tâche confiée à cette glorieuse expédition. Le câble de 1865 reposait toujours au fond de l'Océan, inactif, et muet, comme les poissons qui lui tenaient compagnie. Il fallait l'arracher à cette inutile existence de loisirs ; il fallait l'atteler au joug avec son frère puîné. Comme un bonheur ne vient jamais seul, cette dernière entreprise réussit au delà de toute attente ; si bien qu'au lieu d'un câble atlantique il en existe deux aujourd'hui, et que l'expédition de 1865, par le fait, n'a pas été perdue. C'est ce dernier épisode qu'il nous reste à raconter.

Le *Terrible* et l'*Albany* partirent le 1er août 1866, pour procéder à la recherche et à la pêche du câble de 1865. Le lendemain, le

(1) Page 253.

Great-Eastern partit à son tour, accompagné par le *Medway*.

Au départ, le temps était assez gros et le roulis considérable. Mais le roulis du *Great-Eastern* ne ressemble pas à celui d'un navire ordinaire; c'est un long balancement, d'une lenteur mesurée, qui ne provoque pas cet effet désastreux qu'éprouvent les estomacs délicats, lorsque les vagues et les vents font danser à leur gré un de nos paquebots de dimensions moyennes.

Le 12 août, on se rencontra avec l'*Albany*, et l'on apprit que le lieutenant Temple, ayant jeté les grappins, avait déjà réussi à accrocher le câble perdu.

Le *Great-Eastern* jeta ses premiers grappins, le 13, par un temps très-favorable. Voici comment s'opère ce travail.

On commence par jeter les grappins à une certaine distance au nord de la position présumée du câble; on laisse filer la corde qui porte les grappins, jusqu'à ce qu'on touche le fond; puis on se laisse aller à la dérive vers le sud, et on attend que les ancres qui labourent le fond, s'accrochent à l'objet cherché.

La tension subite de la ligne avertit du succès de cette pêche profonde, et l'on peut alors commencer à hisser le câble à bord du navire.

Les machines destinées au relèvement du câble, fonctionnèrent, cette fois, avec un plein succès. Le 17 août, le câble de 1865 fut soulevé par le *Great-Eastern*. Il fit son apparition à la surface de l'Océan, à 10 heures un quart du matin, aux acclamations frénétiques de l'équipage.

Mais ces démonstrations d'enthousiasme cessèrent tout à coup, quand on vit les grappins lâcher leur proie, qui retomba lourdement dans son lit profond de vase et de sable.

Le désappointement fut proportionné à l'enthousiasme qui l'avait précédé, et l'on vit une fois de plus, qu'il y a loin de la coupe aux lèvres.

Le câble, qui s'était montré un moment, était à moitié couvert de vase. On laissa filer de nouveau la corde du grappin, pour recommencer les recherches. L'*Albany* et le *Medway* devaient y coopérer. Il fut alors décidé que le câble, une fois saisi, ne serait élevé qu'à une faible hauteur au-dessus du fond; qu'on fixerait en ce point, une bouée pour en marquer la place, et que l'on procéderait plus tard au relèvement.

Le dimanche, 19 août, la sonde du *Great-Eastern* surprit pour la seconde fois le fugitif dans les profondeurs où il s'était retiré, et l'on s'empressa de marquer sa place par une bouée. Le temps n'était probablement pas favorable à l'opération du relèvement, car le grappin ne fut jeté de nouveau que le 23.

L'*Albany* et le *Medway* se trompèrent deux ou trois fois sur la nature des obstacles qu'ils rencontraient dans leurs sondages; ils croyaient avoir harponné le câble, mais quand on voulait hisser les ancres, elles lâchaient prise, et on reconnaissait qu'on avait été le jouet d'une illusion.

Le 25, la provision de cordes d'acier avait déjà diminué assez notablement, par suite de ces opérations. Le *Great-Eastern* et l'*Albany* avaient été forcés de sacrifier chacun, près de quatre kilomètres de ces précieux cordages.

Le lendemain, on passa sur le câble sans pouvoir l'accrocher. C'était la dixième fois déjà que le grelin l'avait traîné sur le fond de l'Océan.

On comprendra mieux les difficultés du relèvement, si l'on songe qu'il fallait deux heures pour descendre le grappin au fond de l'eau; qu'il ne suffisait pas de trouver le câble, mais qu'il fallait attendre une mer assez calme pour procéder au halage. Pendant ce temps, le navire devait arrêter sa marche et rester en panne aussi exactement que possible, sous peine de briser les appareils.

Le même jour, 26 août, on apprit, par un canot du *Medway*, que ce navire avait cassé le câble et perdu la bouée qui en marquait la place. Mauvaise nouvelle ! Heureusement le lendemain matin, l'*Albany* annonça qu'il avait réussi à rattraper le câble et à y attacher une nouvelle bouée. L'*Albany* avait à son bord les appareils de relèvement dont le *Great-Eastern* avait fait usage l'année précédente. En s'aidant de la bouée, on parvint, dans la soirée, à hisser le câble. Mais le dynamomètre montra bientôt qu'on n'avait repêché qu'un petit morceau détaché de la ligne principale.

Le 30, le *Terrible* partit pour Saint-Jean de Terre-Neuve, afin d'en rapporter des provisions. Le *Great-Eastern* recommença les sondages plus loin vers l'est, dans une profondeur de 3,475 mètres.

Le lendemain 31, la tension du dynamomètre annonça qu'on était encore une fois tombé sur le câble. Le *Medway* l'avait aussi rencontré, mais son grappin s'était cassé. Le *Great-Eastern* s'assura de la réalité de son succès, en s'avançant d'abord un peu à l'encontre du câble, ce qui diminuait la tension de la ligne de sonde, et en se laissant ensuite aller lentement à la dérive ; on constata que la tension redevenait alors égale à neuf tonnes et demie, ce qui prouvait qu'on était bien amarré au câble. Les machines travaillèrent toute la nuit.

A 4 heures 50 minutes du matin, le 1ᵉʳ septembre, par une mer calme et unie comme un miroir, le câble n'était plus qu'à 1,463 mètres de la surface, et la tension indiquée par le dynamomètre, ne dépassait pas sept tonneaux et demi. A 5 heures 20 minutes, on arrêta le travail de relèvement, et on attacha le câble à une bouée.

Bientôt après, l'*Albany* arriva en vue. Le capitaine de ce vaisseau monta à bord du *Great-Eastern*. Il raconta qu'il s'était trouvé au rendez-vous convenu, mais qu'il y avait été seul. La cause de ce singulier colin-maillard était que le *Great-Eastern* avait été entraîné par un courant, au sud du point choisi pour le rendez-vous.

Vers 10 heures, le temps étant toujours magnifique, les deux navires s'avancèrent de 4 à 5 kilomètres du côté de l'est, et le grelin fut jeté de nouveau, c'est-à-dire pour la quinzième fois !

Le lendemain, dimanche 2 septembre, le câble fut encore une fois accroché et placé sous une bouée, et l'on se disposa à le retirer de l'eau.

Au moment où le grelin avait été jeté, la mer s'était montrée belle et unie comme un étang, sauf une longue lame qui existe toujours à la surface de l'Atlantique. Toutes les circonstances étaient aussi favorables que possible. Le ciel et la mer semblaient s'entendre pour laisser s'accomplir sans la troubler, cette grande opération. Tout le monde se disait que si l'on ne réussissait pas cette fois, il y aurait bien peu d'espoir de réussir un autre jour, car un pareil concours de circonstances favorables est très-rare dans ces parages. Le *Great-Eastern* se laissait aller à la dérive, en suivant la direction du câble, marquée par les bouées ; le courant l'entraînait en ligne droite, comme si sa course avait été tracée sur l'eau à l'aide d'une règle.

A partir de 3 heures trois quarts de l'après-midi, on commença à haler le câble à bord du *Great-Eastern*. La tension mesurée au dynamomètre, variait de 9 à 11 tonnes.

Dans la soirée, un signal donné par le *Medway*, annonça que ce navire avait aussi retrouvé le câble, et l'avait déjà amené à environ 900 mètres de la surface. On lui répondit, du *Great-Eastern*, d'avoir à continuer le relèvement avec toute la rapidité possible, et sans crainte de briser le câble. En effet, une rupture aurait eu l'avantage de diminuer la tension sur les appareils du *Great-Eastern*, et de faciliter ainsi sa tâche. Du côté de l'est, le même effet était obtenu par la bouée qui retenait, depuis la veille, une partie du câble à 1,400 mètres au-dessous de la surface de l'eau.

L'opération du relèvement se poursuivit avec une précision admirable. Vers minuit, l'avant-proue du *Great-Eastern* était remplie de monde. On n'y voyait pas seulement le personnel ordinaire de la veillée, mais tous ceux que leur devoir ne retenait pas dans une autre partie du navire. Tous voulaient être témoins du résultat de ce dernier essai. Les canots de l'*Albany* et du *Medway*, se trouvaient tout près, c'est-à-dire sous les flancs, de l'immense navire, pour recueillir les matelots qui, suspendus aux cordes qu'on avait descendues le long du *Great-Eastern*, pourraient tomber à la mer en accomplissant leur périlleuse besogne. Les hommes qui occupaient ces canots devaient aussi surveiller l'immersion des cordages d'acier auxquels était attaché le grappin.

Fig. 161. — Sir W. Thomson, ingénieur électricien du câble atlantique.

A une heure du matin, le grappin parut à la surface de l'eau, avec le câble de 1865. Il régnait en ce moment, à bord du *Great-Eastern*, un silence absolu. Seule, la voix du capitaine Anderson retentissait de temps à autre. Ce calme, cette tension des esprits, contrastaient avec les cris d'enthousiasme et les bruyantes démonstrations de joie qui avaient accueilli, le dimanche précédent, la première apparition du câble à la surface de l'eau.

Les ouvriers qui devaient s'emparer du câble, à mesure qu'il sortait de l'eau, furent alors descendus au moyen de cordes attachées autour de leur corps (*fig.* 162), et ils se mirent à fixer sur le câble d'énormes étoupes. On l'attacha ensuite à des cordes de chanvre de cinq pouces, dont l'une était destinée à protéger la gauche, l'autre la droite du pli que formait le câble. On constata alors qu'il était si bien saisi entre les pattes du grappin, qu'il fallut descendre l'un des ouvriers jusqu'à cet instrument à griffes, pour dégager le câble de son étreinte, à coups de marteau. Au bout d'un quart d'heure de travail, il était enfin libre et en état d'être hissé.

A un signal donné, les ouvriers hissèrent le bienheureux revenant jusqu'à bord du *Great-Eastern*. On l'enroulait sur les immenses poulies qui l'attendaient ; de là, il arrivait aux appareils installés sur le pont.

A ce moment encore, l'équipage, habitué à tant de déceptions, restait silencieux et attentif, n'osant se livrer à une joie expansive ; mais tout le monde voulait toucher le câble et s'assurer de ses propres mains, à la manière de saint Thomas, du succès définitif de cette difficile entreprise.

Les chefs de l'expédition s'étaient assemblés dans le cabinet télégraphique. MM. Daniel Gooch, Cyrus Field, le capitaine Hamilton, Canning, Clifford, Deane, Thomson, et d'autres personnages considérables, attendaient avec une anxiété facile à comprendre, l'arrivée de l'extrémité du câble, pour s'assurer de son état de conservation comme conducteur électrique. Enfin on vit paraître à la porte du cabinet, et tenant le bout de câble à la main, M. Willoughby Smith, l'électricien en chef. La jonction fut opérée avec l'appareil des

Fig. 162. — Le *Great-Eastern* relevant le câble atlantique perdu en 1865.

signaux télégraphiques, et M. Smith s'assit en face de cet appareil, au milieu d'un religieux silence. Personne n'osait respirer ; on lisait, sur les traits de l'expérimentateur, l'émotion qu'il éprouvait en commençant l'épreuve consistant à reconnaître si, après un an de submersion, le câble conservait encore la propriété de conduire l'électricité d'une manière satisfaisante.

Au bout de dix minutes d'attente, M. Smith déchargea toutes les poitrines du poids qui pesait sur elles, en déclarant, qu'autant qu'il pouvait en juger, l'isolement était parfait.

Une minute après, il jeta son chapeau en l'air, et poussa un *hourrah*, qui fut répété par toute l'assemblée. Les cris d'enthousiasme, longtemps contenus, éclatèrent alors d'un bout à l'autre de l'immense navire.

Deux fusées, lancées par le *Great-Eastern*, annoncèrent aux autres bâtiments le succès définitif de l'opération, et des acclamations joyeuses répondirent aussitôt à cette bonne nouvelle.

M. Canning s'empressa d'adresser à mon-

sieur Glass, directeur de la Compagnie du télégraphe transatlantique, un message auquel
on ne tarda pas à répondre de Valentia.

En quelques heures, la soudure était faite
avec le câble complémentaire qui se trouvait
à bord du *Great-Eastern*, et on put commencer à le dévider, en reprenant la route suivie
en 1865.

Le 8 septembre, le *Great-Eastern* était parvenu à Terre-Neuve, après avoir déroulé la
totalité du vieux câble. Le lendemain, le *Medway* posait le *câble côtier* qui complétait la
seconde ligne télégraphique à travers l'Océan.

Ainsi l'existence du second câble transatlantique est un fait accompli. Ce second conducteur est aujourd'hui employé, comme
son aîné, à expédier des dépêches ; si bien
qu'en ce moment, deux câbles télégraphiques, au lieu d'un, servent de lien entre les
deux mondes et que deux fils télégraphiques
sont déposés au fond de l'Océan, à des profondeurs de 3,000 à 4,000 mètres, à l'abri
des tempêtes qui agitent sa surface. En quelques minutes des dépêches sont échangées
entre l'Amérique et l'Europe, et il ne faut pas
plus de temps pour recevoir des nouvelles de
New-York, qu'il n'en faut pour correspondre de
Paris à Marseille par le télégraphe électrique.

Dieu est grand, et la science est belle !

CHAPITRE XV

EFFET PRODUIT EN EUROPE PAR LE SUCCÈS DU CABLE
TRANSATLANTIQUE.

Après la réussite de cette glorieuse entreprise, le gouvernement anglais ne perdit pas
de temps pour récompenser les hommes intelligents et hardis qui, par leur énergie et
leur savoir, avaient le plus contribué à faire
réussir une œuvre dont les résultats tiennent
de la féerie.

La reine d'Angleterre conféra les titres de
baronnet à sir Daniel Gooch, ingénieur, et à
sir Lampson, président de la *Compagnie du*

câble atlantique ; les titres de chevalier au capitaine sir James Anderson, à sir Samuel
Canning, ingénieur en chef, et à sir William
Thomson, dont les nombreux travaux et les
remarquables découvertes avaient puissamment contribué au succès de l'entreprise, et
qui dans la dernière campagne, avait rempli
les fonctions d'ingénieur électricien.

D'un autre côté, M. Cyrus Field, que l'on
pourrait appeler le génie du câble anglo-américain, fut convié à New-York, à un grand
banquet, où il fit l'histoire de cette difficile
entreprise.

Nous emprunterons à ce discours quelques
lignes émues, dans lesquelles M. Cyrus Field
compte tous ceux de ses collaborateurs qui
sont tombés à côté de lui, sans pouvoir assister au succès final de l'œuvre commune.

« Le capitaine Hudson, dit-il, est descendu au
tombeau. Woodhouse, l'ingénieur anglais, qui était
avec nous à bord du *Niagara*, repose dans sa terre
natale. D'autres qui s'associèrent de bonne heure
aux débuts de l'œuvre, ne sont plus. Le lieutenant
Berryman, qui fit les premiers sondages au travers
de l'Atlantique, est mort, pour son pays, dans la
dernière guerre, à bord de son navire. John W. Brett,
mon premier associé en Angleterre, Samuel Statham,
William Brown, le premier président de la compagnie de télégraphie transatlantique et bien d'autres
sont morts également. Ma première pensée ce soir est
pour les morts, et mon seul regret c'est que ceux qui
travaillèrent si consciencieusement avec nous, ne
soient pas là pour partager le triomphe. »

M. Cyrus Field, après avoir résumé l'histoire du câble, raconte un fait qui prouve les
progrès auxquels on est parvenu en l'espace
de huit ans.

« Pour montrer combien ces cordes merveilleuses
sont délicates, il suffira d'établir qu'elles fonctionnent avec les plus petites batteries. Quand le premier câble fut immergé, en 1858, les électriciens
crurent que pour faire circuler un courant dans
un câble de plus de 3,000 kilomètres de long, il
fallait employer un courant extrêmement énergique. Or, M. Latimer Clarke a télégraphié d'Irlande au
travers de l'Océan, avec une batterie formée dans le
dé d'une dame ! Et maintenant M. Collett m'écrit de
Heart's-Content : « Je viens d'envoyer mes compliments au docteur Gould, de Cambridge, qui est à

Valentia, avec une batterie composée d'une capsule, d'une parcelle de zinc, et d'une goutte d'eau, à peine une larme ! » Un télégraphe qui fonctionne ainsi peut être, je le crois, considéré comme parfait. »

Insistons sur ce fait, vraiment extraordinaire, de la faible intensité qu'il suffit de donner au courant électrique, pour lui faire traverser toute l'étendue de l'Océan. M. Cyrus Field vient de nous dire que l'on a télégraphié par le câble atlantique, avec une batterie formée dans le dé d'une dame. En effet, on avait placé dans un dé en zinc, un peu d'eau acidulée par l'acide sulfurique, et le bout d'un fil de cuivre touchant l'extérieur du dé, composait toute la pile qui envoya le courant de l'Irlande à Terre-Neuve. Comme on vient de le dire, on parvint au même résultat en plaçant dans une capsule de cuivre qui forme l'amorce des fusils de chasse, un petit fragment de zinc et une goutte d'eau. Le courant de cet appareil microscopique a suffi pour former des signaux télégraphiques de Valentia à Terre-Neuve.

N'est-ce pas, chers lecteurs, que le titre que porte cet ouvrage, *Merveilles de la science*, est bien justifié !

Nous n'avons pas besoin de dire que les persévérants actionnaires du télégraphe transatlantique ont été largement récompensés de leurs sacrifices. Le haut prix des dépêches expédiée par le câble atlantique, ainsi que le nombre de ces dépêches, ont fait promptement prospérer cette entreprise. Dans les premiers temps, chaque mot expédié par le fil qui relie les deux mondes, coûtait 1 livre sterling (25 fr.). A ce taux, on comprend que la Compagnie réalisât de grands bénéfices. Seulement, il résultait de ce haut prix, qu'il n'était pas permis à tout le monde de se servir du télégraphe transatlantique, comme autrefois, il n'était pas permis à tous d'*aller à Corinthe*. On aurait beaucoup désiré, en Angleterre et en France, recevoir par le câble télégraphique, le message complet du président

des États-Unis, au mois d'octobre 1866. Mais on dut se contenter d'un court extrait de ce document, attendu que le message du président Johnson contenant plus de 4,000 mots, aurait coûté par le télégraphe atlantique, plus d'un million. Depuis cette époque, le prix des dépêches a été réduit de moitié.

Et maintenant, on peut le dire, les fictions et les fantaisies de la poésie sont dépassées par les résultats de la science humaine. Shakespeare est au-dessous de la réalité, lorsqu'il fait dire à Puck, le plus léger des sylphes :

I will put a girdle round about the earth in forty minutes. (Je mettrai une ceinture autour de la terre en quarante minutes.) » Pauvre Puck ! Sylphe suranné ! Tu peux entrer aux Invalides ! L'électricité est plus ingambe que toi. Tu demandes quarante minutes pour faire le tour de la terre ; eh bien, si notre globe était complètement entouré d'un fil métallique, un courant électrique en ferait le tour en moins d'une seconde ! Ainsi le positif de la science moderne dépasse encore le merveilleux de la poésie, et malgré tout son génie, le vieux Shakespeare est dépassé !

Cette vitesse incroyable donne lieu aux plus singuliers résultats. Une dépêche envoyée de Londres à New-York, c'est-à-dire de l'est à l'ouest, arrive plusieurs heures avant son départ.

New-York étant situé près du 76ᵉ degré de longitude à l'ouest de Paris, a ses horloges plus de cinq heures en retard sur celles de Paris, de sorte que lorsqu'il est chez nous 10 heures du matin, heure où commencent les affaires, les montres des habitants de la grande cité américaine, ne marquent que 5 heures du matin, c'est-à-dire une heure où l'on dort encore d'un profond sommeil. Quand on se lève à New-York, il est midi à Paris ; quand on dîne dans cette dernière ville (vers 5 heures du soir), on déjeune dans la première ; et quand on dîne à New-York on se couche à Paris. Il résulte de là que les dépêches envoyées d'Angleterre ou de Paris à New-York, arrivent quelques heures avant d'être parties, si l'on s'en rapporte aux horloges de chacune de ces villes.

Tous ces résultats tiennent à la différence de longitudes de ces deux parties du monde et à ce que la vitesse de transport de l'électricité est infiniment plus grande que la vitesse de rotation de la terre sur son axe. Mais ils n'en sont pas moins dignes d'être cités comme une des preuves les plus frappantes et les plus singulières à la fois, des merveilles accomplies par la science moderne.

Nous souhaitons longue vie au câble transatlantique. Déjà sa brillante réussite et son admirable fonctionnement, ont eu un résultat plein d'éloquence. Ils ont fait renoncer au projet, caressé, étudié depuis plus de dix ans, qui consistait à établir une communication télégraphique entre les deux mondes, par le nord de la Russie et le Canada. En présence des beaux résultats du câble atlantique, on a reconnu qu'une ligne aérienne traversant le nord de la Russie et l'extrême nord de l'Amérique, ne rapporterait jamais ce qu'elle aurait coûté, et cette entreprise a été abandonnée. C'est là un nouveau triomphe pour le câble atlantique.

Ainsi ont été démenties les prévisions néfastes de M. Babinet. Le spirituel et célèbre académicien français s'est toujours montré opposé au télégraphe transatlantique. Pendant tous les travaux, il n'épargnait pas les prédictions décourageantes, et le succès définitif de l'entreprise le surprit étrangement. Lorsqu'au mois de septembre 1866,

ce succès était connu et admiré de l'Europe entière, M. Babinet faisait encore du câble océanien, une critique, qui, pour être scientifique dans la forme, n'en était pas moins une manifestation peu déguisée de défiance. Il exprimait devant l'Académie des sciences, le désir que l'on se hâtât de mettre à profit, pour déterminer les différences de longitude de New-York et de Paris, le câble atlantique, lequel, disait-il charitablement, n'avait pas longtemps à vivre. « Hâtez-vous, disait-il, car dans peu il sera trop tard. »

Cette prédiction devait être singulièrement démentie. On se hâta, en effet, selon le désir de M. Babinet, de déterminer la longitude astronomique des deux villes dont il s'agit; mais depuis cette époque, le câble a continué de fonctionner parfaitement. Et non-seulement le câble de 1866 fonctionne parfaitement, mais le câble de 1865 retiré des profondeurs de l'Océan, marche tout aussi bien que son frère aîné. Enfin tous ces résultats ont décidé, comme nous venons de le dire, l'abandon du projet de télégraphie russo-américaine, prôné par M. Babinet.

Nous ne terminerons pas cette notice, sans remercier M. George Saward, secrétaire de la *Compagnie du télégraphe anglo-américain*, pour les précieux documents qu'il a bien voulu nous expédier de Londres, et qui, joints à l'ouvrage illustré de M. W. H. Russell, *The atlantic Telegraph*, ont beaucoup facilité le travail qu'on vient de lire.

FIN DE LA TÉLÉGRAPHIE SOUS-MARINE ET DU CABLE TRANSATLANTIQUE.

LA GALVANOPLASTIE

ET

LES DÉPOTS ÉLECTRO-CHIMIQUES

On a dit souvent que la sagesse et la puissance de la création se manifestent avec autant d'évidence dans les faits les plus humbles du monde physique que dans les plus imposants phénomènes dont la nature étale à nos yeux la magnificence et l'éclat. La structure intime du germe contenu dans un fruit, l'admirable disposition des yeux microscopiques de certains insectes, les premiers linéaments de la vie apparaissant au sein de la trame végétale, toutes ces actions presque invisibles qui s'accomplissent dans un espace inappréciable à nos sens, révèlent avec autant de force la prévision infinie de la nature, que le brillant aspect de nos campagnes décorées des riches présents de Dieu. Cette pensée ne perd rien de sa justesse, transportée dans le domaine des sciences. Pour comprendre toute la valeur des sciences modernes, il n'est pas nécessaire d'invoquer leurs plus imposantes créations. Ni la locomotive ardente courant au fond de nos vallées ; ni le navire immense se jouant sur les flots, grâce à la vapeur qui l'entraîne ; ni ces machines admirables, où la force d'un seul homme, appliquée au bout d'un levier, se trouve, par les combinaisons de la mécanique, centuplée à l'autre extrémité ; aucun de ces grands spectacles si justement admirés, n'est nécessaire au témoignage dont nous parlons. Pour deviner toute la portée future des inventions de notre époque, il suffit de jeter les yeux sur une plaque métallique de quelques centimètres : sur une lame d'argent portant une empreinte daguerrienne, ou sur une épreuve de cuivre galvanoplastique. La science qui, dans un instant indivisible, a su imprimer sur une surface inerte cette merveilleuse image des objets qui nous entourent ; celle qui, par l'action obscure et insaisissable d'un courant électrique, a plié le métal rebelle à tous les caprices, à toutes les fantaisies de la volonté, est évidemment destinée à accomplir un jour des prodiges dont tous les progrès réalisés aujourd'hui seraient impuissants à nous fournir la mesure.

La galvanoplastie est, en effet, de toutes nos inventions, celle qui prépare à l'avenir les plus singuliers, les plus étonnants résultats. Elle est appelée, dans un temps plus ou moins prochain, à produire des modifications profondes dans les procédés actuels de l'industrie. Par elle, la pile voltaïque, descendue du laboratoire du savant, est venue s'asseoir dans l'atelier, et les procédés scientifiques ont trouvé leur place dans les opérations des arts. Le rôle de la pile, comme agent de l'industrie, est destiné à acquérir tôt ou tard une importance de premier ordre, et le moment n'est peut-être pas très-éloigné où les courants électriques et les traitements par les réactifs, remplaceront, dans nos usines, les grandes opérations par le feu. Alors, les ateliers de la métallurgie présenteront un spectacle singulier. Au lieu de ces foyers immenses qui dressent éternellement vers le ciel leurs tourbillons enflammés, un instrument presque informe, composé de l'assemblage d'acides et de métaux, accomplira les mêmes opérations sans dépense et sans bruit. Au lieu de ces armées d'ouvriers qui s'agitent jour et nuit, consumés par le feu, noircis par la fumée, livrés aux labeurs les plus rudes, on verra, dans une série de beaux laboratoires, une légion de tranquilles opérateurs, s'appliquer à manier en silence les appareils d'électricité, et soumettre les minerais et les métaux au jeu varié des affinités chimiques.

Cette pensée paraîtra sans doute à bien des lecteurs empreinte d'exagération. C'est qu'en effet, la galvanoplastie est encore assez peu connue parmi nous. Il nous suffira donc, pour justifier notre pensée, de décrire ses procédés, l'état présent de cet art nouveau, et les applications qu'il a reçues. On comprendra, d'après les résultats obtenus aujourd'hui, ce que l'avenir peut attendre de cette nouvelle et brillante application des travaux scientifiques de notre époque.

On donne le nom de *galvanoplastie* à un ensemble de moyens qui permettent de précipiter sur un objet, par l'action d'un courant voltaïque, un métal faisant partie d'un sel, dissous lui-même dans l'eau, de manière à former à la surface de cet objet, une couche continue, qui représente exactement tous les détails de l'original.

Les opérations galvanoplastiques permettent de reproduire les médailles, les monnaies, les sceaux, les cachets, les timbres, les bas-reliefs et même les statues. Les chefs-d'œuvre de la sculpture, reproduits à peu de frais, peuvent ainsi devenir populaires, et multipliés indéfiniment, braver les injures du temps, comme les atteintes des hommes. La galvanoplastie est donc à la sculpture ce que l'imprimerie est à la pensée humaine.

La galvanoplastie peut encore multiplier à volonté, une planche gravée sur métal ou sur bois, et rendre ainsi éternel le type primitif sorti des mains de l'artiste. En transformant en un cliché de cuivre, une planche gravée sur bois, elle a donné une extension prodigieuse à la gravure sur bois qui orne les publications pittoresques et les livres de science. Une gravure sur bois ne pouvait tirer que 10,000 à 12,000 exemplaires : transformée, par la galvanoplastie, en un cliché de cuivre, métal d'une grande dureté, elle permet de tirer, jusqu'à 100,000 exemplaires, tout en réservant le type original de bois, qui peut servir à reproduire indéfiniment un cliché de cuivre tout semblable.

La galvanoplastie vient encore en aide à la typographie, en donnant le moyen de fabriquer des moules pour la fonte des caractères d'imprimerie et même des caractères pour l'impression. Se prêtant à tous les caprices de l'art, elle permet de reproduire en cuivre les moules obtenus avec toute espèce d'objets naturels, tels que des fruits, des végétaux, des parties d'organes empruntées aux animaux ou aux plantes.

Dans une sphère différente, les procédés électro-chimiques répondent aux besoins de la vie, en recouvrant, par des procédés simples et peu coûteux, nos ustensiles domestiques, d'une couche protectrice d'un métal inaltérable, comme l'or, le platine ou l'argent.

Tels sont les principaux objets qui forment le domaine de la galvanoplastie et des opérations électro-chimiques. Essayons maintenant d'exposer les recherches qui ont amené la création de cet art nouveau, et de faire connaître les noms des savants auxquels revient le mérite de cette invention.

Le physicien qui observa, le premier, la décomposition des dissolutions métalliques par la pile de Volta, réalisa une découverte d'une importance considérable pour les théories de la chimie. Il mit aux mains de la science une force nouvelle, un agent presque sans limites, pour triompher des résistances que l'affinité oppose à la décomposition des corps, et il eut la gloire de dévoiler, par ce moyen, la nature, longtemps inconnue, d'une foule de composés naturels. Mais celui qui, examinant de plus près le cuivre précipité sous l'influence des forces électriques, reconnut dans ce corps toutes les propriétés ordinaires des métaux obtenus par la fusion : la ténacité, la ductilité, l'homogénéité de structure, en un mot tous les caractères qui distinguent les métaux usuels, ce dernier fit une découverte capitale pour l'avenir de l'industrie. De cette observation, si simple en elle-même, devait résulter, dans un court intervalle, une révolution complète dans l'art de préparer les métaux et de les approprier à leurs divers usages. Grâce à cette découverte, l'art du fondeur de métaux et les travaux du ciseleur allaient être peu à peu remplacés par des procédés empruntés aux laboratoires de la chimie, et toute une classe de produits industriels ou artistiques, qui ne s'exécutent qu'au prix de peines et de soins infinis, dans les usines métallurgiques, devaient s'obtenir un jour par l'intervention lente et silencieuse de l'électricité. Volta,

Brugnatelli, Cruishank, sont les savants à qui l'on doit la découverte de la décomposition des sels par le courant voltaïque, avec réduction du métal. M. Jacobi, professeur à Saint-Pétersbourg, est le physicien qui reconnut la plasticité du cuivre réduit par la pile, et qui fonda sur cette observation l'art de la galvanoplastie. L'histoire de cette découverte doit être racontée avec d'autant plus de soin, qu'elle est présentée dans tous les traités de physique et dans tous les ouvrages de technologie, d'une manière très-inexacte.

———

CHAPITRE PREMIER

HISTOIRE DE LA DÉCOUVERTE DE LA GALVANOPLASTIE. — TRAVAUX DE BRUGNATELLI. — OBSERVATIONS DE M. DANIELL ET DE M. DE LA RIVE. — LE PHYSICIEN RUSSE JACOBI DÉCOUVRE LA GALVANOPLASTIE EN 1837. — THOMAS SPENCER EXÉCUTE DES REPRODUCTIONS GALVANOPLASTIQUES EN ANGLETERRE, PAR LE PROCÉDÉ DE M. JACOBI ET PRÉTEND S'ATTRIBUER LE MÉRITE DE CETTE DÉCOUVERTE.

Volta avait à peine accompli, au commencement de notre siècle, la découverte de la pile électrique, qu'il observa une de ses propriétés les plus remarquables, c'est-à-dire la décomposition chimique que cet appareil fait éprouver aux substances soumises à son action. Ce physicien célèbre constata, dès l'année 1800, que la dissolution d'un sel métallique, soumise à l'influence de la pile, se trouve aussitôt réduite en ses éléments, de telle sorte que le métal vient se déposer au pôle négatif. Ce phénomène devint bientôt l'objet d'un nombre considérable d'études et d'expériences théoriques, qui devaient largement agrandir le champ de nos connaissances dans le domaine de l'électricité.

Brugnatelli, élève et collègue de Volta, qui professait la physique à l'Université de Pavie, sa ville natale, s'occupa dès la fin de l'année 1800, d'étudier l'action du courant électrique sur les dissolutions des sels métalliques. En

1801 et 1802, il publia dans un recueil scientifique italien, *Annali chimici di Pavia*, divers mémoires concernant les précipitations métalliques provoquées par l'électricité. Brugnatelli, dès l'année 1802, avait réussi à dorer l'argent au moyen de la pile, en conservant à l'or tout son brillant métallique. Nous citerons dans la seconde partie de cette notice, c'est-à-dire en parlant de la dorure électro-chimique, le texte exact des mémoires de Brugnatelli, qui renferment cette observation.

Les faits de précipitation métallique signalés par Brugnatelli, établissaient la possibilité d'obtenir des dépôts métalliques d'or et d'argent, *sur le fil conducteur de la pile*. Mais il y avait loin de là à la *galvanoplastie*, c'est-à-dire à la reproduction d'un objet par le dépôt d'une couche de cuivre plastique et malléable. Rien n'indiquait alors que la réduction des métaux par le fluide électrique, pût devenir susceptible de quelques applications dans les arts. En effet, la substance qui se déposait *sur les fils de la pile* n'avait aucun des caractères physiques qui distinguent les métaux. C'était presque toujours une poudre noire ou grise, sans cohérence, sans continuité, dépourvue d'éclat, privée de tout aspect métallique. On ne découvrit que longtemps après que, dans certaines circonstances, les métaux précipités par la voie galvanique, peuvent présenter l'éclat, la cohérence, la continuité et tous les caractères propres aux métaux obtenus par fusion. Cette observation devait donner naissance à l'art nouveau qui va nous occuper, et qui a reçu le nom, élégant et juste, de *galvanoplastie*, pour indiquer qu'il consiste à produire par le *galvanisme*, des *objets plastiques*.

La galvanoplastie aurait pu peut-être trouver son origine à l'époque de la découverte de la pile voltaïque imaginée par M. Daniell, et qui porte le nom de ce physicien. Nous avons décrit dans la notice sur la *Pile de Volta* (1), la pile de Daniell, qui se compose d'un vase V, contenant de l'acide sulfurique et du zinc, lesquels, par la décomposition de l'eau, produisent un dégagement

Fig. 163. — Pile de Daniell.

de gaz hydrogène. Le gaz traversant la cloison poreuse de porcelaine D, vient réagir sur la dissolution de sulfate de cuivre contenue dans ce vase D et réduit le sulfate de cuivre à l'état de cuivre métallique : ce cuivre se dépose sur le conducteur C, qui est formé lui-même d'un cylindre de cuivre.

Lorsque M. Daniell fit les premiers essais de cette nouvelle disposition de la pile, il remarqua, en enlevant un fragment de cuivre qui s'était déposé sur le cylindre de cuivre C, que les éraillures de ce conducteur de cuivre se trouvaient fidèlement reproduites sur le cuivre précipité, provenant de la décomposition du sulfate de cuivre. Cette observation aurait pu conduire à la découverte de la galvanoplastie ; mais, comme M. Daniell portait alors toute son attention sur la marche et la construction de son instrument, il ne poussa pas plus loin l'examen de ce fait.

Une remarque du même genre peut s'appliquer à M. de La Rive, qui, de son côté, eut plus tard entre les mains le fait primitif qui sert de base à la galvanoplastie, et qui, néanmoins, le laissa passer sans en soupçonner l'importance.

Peu de temps après la découverte de la pile

(1) Tome Iᵉʳ, page 686.

Fig. 164. — Jacobi découvre la plasticité du cuivre précipité par la pile.

de Daniell, M. de La Rive fit quelques expériences sur cet appareil. Dans un article inséré dans le *Philosophical Magazine*, M. de La Rive, après avoir décrit une forme particulière de la pile de Daniell, à laquelle il donne la préférence, fait l'observation suivante :

« La plaque de cuivre est recouverte d'une couche de cuivre à l'état métallique, qui s'y est incessamment déposée par molécules, et telle est la perfection de la feuille de métal ainsi formée, que, lorsqu'elle est enlevée, elle offre une copie fidèle de chaque éraillure de la plaque métallique sur laquelle elle reparaît. »

M. de La Rive ne semble pas avoir songé aux résultats remarquables auxquels devait conduire plus tard l'examen de ce fait, en apparence si simple. Ce n'est que dix ans après, que cette observation, faite de nouveau en Russie, et étudiée cette fois, avec toute l'attention qu'elle méritait, eut pour conséquence d'amener la création de la galvanoplastie.

Ce fut à Dorpat, en février 1837, que monsieur H. Jacobi, professeur de physique dans cette université, découvrit le fait capital de la plasticité du cuivre, qui devint l'origine de tous ses travaux sur l'électro-chimie. Il trouva imprimées sur une feuille de cuivre, qui provenait de la réduction du sulfate de cuivre dans une pile de Daniell, des raies et des éraillures qui correspondaient, avec la plus rigoureuse exactitude, à des raies et à des coups de lime semblables qui existaient sur le cylindre de cuivre servant d'élément à cette pile. Les circonstances d'un événement qui devait exercer une si grande influence sur les progrès de la physique et de la chimie, veulent être rapportées avec détails.

M. H. Jacobi s'occupait de recherches sur la pile de Daniell, appareil qui consiste, comme nous venons de le rappeler, en une dissolution de sulfate de cuivre, contenue dans un vase de porcelaine, qui est réduite par le gaz hydrogène provenant de la décomposition de l'eau, et qui a traversé une cloison de porcelaine perméable aux gaz (*fig.* 163, page 288). Dans cette pile, un cylindre de cuivre sert de conducteur négatif au courant électrique, et il plonge dans le sulfate de cuivre. En examinant le dépôt de cuivre qui s'était opéré sur le cylindre de cuivre qui formait le pôle négatif de la pile de Daniell, M. Jacobi reconnut que quelques parties de ce dépôt ne se composaient, en apparence, que de particules cristallines; mais quand on vint à nettoyer ce cylindre, il s'en détacha des particules et des lamelles de cuivre parfaitement cohérentes.

La première pensée de M. Jacobi fut que ce résultat tenait à la mauvaise qualité du cuivre qui lui avait été fourni pour former le conducteur négatif de la pile. Il fit, à ce propos, des observations à l'ouvrier qui lui avait fourni ce métal. Ce dernier ayant repoussé avec juste raison, ce reproche, M. Jacobi examina de plus près l'objet en litige.

Quelle ne fut pas sa surprise, lorsque, regardant avec beaucoup d'attention la lamelle de cuivre dont il s'agit, il reconnut sur sa face interne, des éraillures, des traces de coups de lime et de marteau, qui reproduisaient d'une manière identique des traces semblables situées à la surface extérieure du cylindre de cuivre ! Ainsi le cuivre, en se déposant lentement au sein du liquide de la pile de Daniell et sur le conducteur négatif, avait reproduit identiquement la surface extérieure de l'objet sur lequel ses molécules s'étaient appliquées, en s'y déposant avec lenteur (1).

Cette observation fut pour M. Jacobi un trait de lumière. Il répéta l'expérience, et parvint à reproduire, par la pile de Daniell, des plaques de cuivre recouvertes de signes et de traits, en creux et en relief. Il soumit à l'action de la pile de Daniell, des plaques de cuivre sur lesquelles il avait tracé, au burin, des figures et des caractères : la décomposition du sulfate de cuivre donna naissance à des dépôts de cuivre qui offraient, en relief, l'empreinte exacte du dessin gravé en creux sur l'original.

Par l'emploi de piles d'une faible intensité et d'un courant continu, M. Jacobi réussit bientôt à obtenir en relief l'empreinte d'une plaque de cuivre gravée au burin.

Cette plaque, premier résultat satisfaisant des travaux de M. Jacobi, fut présentée à l'Académie des Sciences de Saint-Pétersbourg, le 5 octobre 1838 (17 octobre de notre style).

Le ministre de l'instruction publique la présenta à l'empereur Nicolas, qui s'empressa de mettre à la disposition de M. Jacobi les fonds nécessaires pour poursuivre ses études. La découverte du savant académicien acquit dès lors, en Russie, un très-grand retentissement.

Poursuivant ses recherches, M. Jacobi fut conduit à une découverte qui donna aussitôt un essor immense à l'art nouveau qui venait de naître inopinément entre ses mains :

(1) M. Jacobi, qui a fait un long séjour à Paris pendant l'Exposition universelle de 1867, a bien voulu nous montrer ce fragment de métal, pièce vraiment historique et que l'on ne peut s'empêcher d'examiner avec un religieux intérêt.

il fut conduit à opérer les dépôts de cuivre, non plus dans l'intérieur de la pile de Daniell, mais en employant une pile séparée et opérant la décomposition du sulfate de cuivre dans un bain particulier. Expliquons-nous.

Lorsque M. Jacobi commença à opérer, l'objet à copier faisait lui-même partie de la pile voltaïque, il formait l'élément négatif, et plongeait dans la dissolution de sulfate de cuivre. M. Jacobi trouva que la décomposition se faisait beaucoup mieux avec une pile séparée du bain de sulfate de cuivre et dont les deux pôles plongeaient dans ce bain au moyen de ses conducteurs.

Seulement la dissolution de sulfate de cuivre s'épuisait assez vite, et il fallait lui fournir des cristaux nouveaux de sulfate de cuivre, pour que l'action pût continuer. M. Jacobi fit, en 1839, cette découverte capitale, que, si l'on attache le moule au pôle négatif, et que *l'on dispose au pôle positif une lame du métal même qui est en dissolution dans le bain*, cette lame, qui porte alors le nom d'*anode électrique soluble*, entre elle-même en dissolution dans le bain, en quantité à peu près égale à celle qui se dépose dans le moule. Si, par exemple, on opère avec une dissolution de sulfate de cuivre, et que l'on attache au pôle positif de la pile, une lame de cuivre, l'oxygène mis en liberté par la décomposition de l'eau, se porte au pôle positif : là il rencontre le cuivre et l'oxyde, c'est-à-dire le fait passer à l'état d'un composé susceptible de se dissoudre dans l'acide libre existant dans la liqueur. A mesure qu'il se fait au pôle négatif, un dépôt de cuivre, aux dépens de la dissolution saline, le cuivre attaché au pôle positif, se dissout dans le liquide, à peu près dans les mêmes proportions.

M. Jacobi découvrit ainsi l'usage des *anodes* de cuivre, qui ont rendu la galvanoplastie manufacturière et pratique.

La découverte des *anodes* exerça une influence immense sur les progrès de la galva-noplastie. Elle permit de séparer le couple voltaïque, qui engendre le courant, de l'appareil dans lequel l'empreinte s'effectue. Le procédé galvanoplastique devint ainsi plus simple, et l'opération beaucoup plus courte. Enfin on put obtenir des dépôts métalliques de toute forme et de toute dimension.

Cependant la galvanoplastie ne pouvait recevoir encore des applications bien étendues, car on ne pouvait opérer qu'avec un moule de cuivre ; les moules non métalliques ne pouvaient être employés, en raison de leur défaut de conductibilité électrique. Une nouvelle découverte de M. Jacobi permit d'effectuer les dépôts métalliques à la surface de presque tous les corps indifféremment.

M. Jacobi reconnut que les corps qui ne conduisent pas l'électricité, et qui jusque là n'avaient pu se prêter aux opérations de la galvanoplastie, peuvent recevoir le dépôt métallique, si l'on recouvre préalablement leur surface, d'une couche pulvérulente d'un corps conducteur de l'électricité. La plombagine (graphite) est la substance qui remplit le mieux cet objet.

C'est encore un hasard heureux qui mit M. Jacobi sur la voie de la découverte de l'emploi de la plombagine, pour métalliser les moules de plâtre, les rendre ainsi conducteurs, et permettre d'y effectuer les dépôts de cuivre.

M. Jacobi s'occupait à construire une pile de Daniell, destinée à faire agir le moteur électro-magnétique qu'il voulait appliquer à faire marcher un bateau sur la Néva, ainsi que nous le raconterons dans la notice sur le *moteur électrique*, qui suivra celle-ci. Avant de monter cette pile, il constatait avec soin le degré de résistance au passage de l'électricité, des vases poreux de porcelaine qu'il employait comme diaphragmes de cette pile. A mesure qu'il avait examiné et vérifié un de ces vases poreux, il marquait avec un crayon de plombagine ceux qui étaient reconnus bons d'une lettre (la lettre *g*, du mot alle-

292 MERVEILLES DE LA SCIENCE.

mand *gut*, qui signifie bon) (1). Ces plaques reconnues bonnes furent naturellement les seules employées à la confection des diaphragmes de la pile. Or, lorsqu'après ses expériences terminées, M. Jacobi démonta la pile, il fut surpris de trouver tous les *g* qui avaient servi à marquer les bonnes plaques poreuses, reproduits en cuivre, c'est-à-dire recouverts d'un dépôt de cuivre qui provenait de la dissolution du sulfate de cuivre de la pile. La plombagine du crayon qui avait servi à faire ces marques, avait rendu, en ces points, la terre poreuse conductrice de l'électricité, et avait permis ce dépôt.

Cette nouvelle découverte, faite en 1839, par M. Jacobi, permit à ce physicien d'employer, comme moule galvanoplastique, une substance quelconque non conductrice, comme le plâtre, la cire à cacheter, etc., en ayant la précaution de rendre l'intérieur de ce moule, conducteur de l'électricité, par une couche de plombagine en poudre.

M. Bocquillon fit, dit-on, à la même époque, la même découverte, en France, c'est-à-dire employa la plombagine en poudre pour rendre conducteur des moules de plâtre ou de cire à cacheter.

On put, dès ce moment, au lieu d'opérer uniquement sur un moule métallique, se procurer des empreintes de plâtre des objets à reproduire, et effectuer le dépôt sur ces moules rendus conducteurs par la plombagine.

Ce dernier résultat une fois obtenu, la galvanoplastie put recevoir des applications variées et étendues.

Le plâtre et la cire à cacheter sont les seules substances qui aient d'abord servi à la confection des moules galvanoplastiques. On a découvert ensuite dans la gélatine, coulée à chaud et retirée du moule après le refroidissement, une matière plastique se prêtant très-heureusement à cet objet, par la fidélité avec laquelle elle conserve l'empreinte des objets à reproduire, et par son élasticité, qui permet

(1) M. Jacobi est né en Prusse, mais il est naturalisé russe.

de retirer le moule sans la déchirer. Enfin une dernière substance, bien supérieure aux précédentes, la *gutta-percha*, a été appliquée à la confection des moules galvanoplastiques. Cette matière, qui se ramollit par la chaleur, est appliquée à chaud sur l'objet, dont elle reproduit tous les détails avec une fidélité étonnante. Après le refroidissement, on détache sans difficulté le moulage de l'original.

La gutta-percha est à peu près la seule matière plastique employée aujourd'hui pour la confection des moules dans la galvanoplastie ; c'est de la découverte de l'emploi de cette substance que date l'essor immense qu'a pris la galvanoplastie industrielle.

Nous ajouterons, pour terminer cette histoire de l'invention de la galvanoplastie, que cet art qui a rendu à l'industrie des services si étendus, qui a contribué, de nos jours, à donner une si vive impulsion à la sculpture, à la gravure et à la typographie, a reçu tout à la fois en Russie sa naissance, ses perfectionnements et ses premières applications. L'empereur Nicolas comprit très-vite l'importance de cette invention. Il acheta pour la somme de 25,000 roubles (101,250 francs) le brevet d'invention qu'avait pris en Russie M. Jacobi. Le gendre de l'empereur Nicolas, le duc de Leuchtemberg, cher à la France, comme petit-fils de l'impératrice Joséphine, fit établir en Russie une usine de galvanoplastie, où les procédés de M. Jacobi furent appliqués sur une échelle considérable. L'*Institut galvanoplastique* du duc de Leuchtemberg était une manufacture qui occupait jusqu'à 2,500 ouvriers, et que le gouvernement russe entretenait à peu près comme le fait le gouvernement français pour la manufacture de porcelaines de Sèvres. Plusieurs églises russes sont remplies de statues en cuivre et de grandes pièces de fonte et de fer, telles que colonnes, tabernacles, toitures, etc., dorées par la pile, et qui provenaient de l'*Institut galvanoplastique* du duc de Leuchtemberg. La coupole intérieure de l'église Saint-Isaac, à Saint-Pétersbourg, est décorée de douze statues, de trois mètres de haut chacune, qui ont été exécutées en 1850, dans cet établissement. A la mort du duc de Leuchtemberg, cette manufacture a passé entre les mains de l'industrie privée, et elle continue aujourd'hui sa fabrication.

Nous ferons une dernière remarque en terminant ce chapitre.

Tous les auteurs de traités de physique et de chimie, ainsi que tous les ouvrages consacrés aux procédés électro-chimiques, publiés tant en France qu'en Angleterre, font une part beaucoup trop faible à M. Jacobi dans l'invention de la galvanoplastie. On lit dans ces divers ouvrages, que la galvanoplastie fut découverte *simultanément* par M. Jacobi, à Saint-Pétersbourg, et par M. Spencer à Liverpool. C'est très-injustement que le physicien russe a été privé jusqu'ici de l'honneur exclusif qui doit lui revenir. M. Spencer, dont le nom était totalement inconnu dans la science à cette époque, et qui n'a pas fait davantage parler de lui ensuite comme savant, ne fit que mettre en pratique, en Angleterre, les procédés que M. Jacobi venait de communiquer à l'Académie des Sciences de Saint-Pétersbourg, et que les recueils anglais avaient publiés. Il appliqua la méthode décrite par M. Jacobi, à la reproduction de médailles et de monnaies. Cette imitation extraordinairement fidèle d'objets de tout genre par un procédé électro-chimique, excita vivement la curiosité publique en Angleterre. M. Spencer prétendit alors avoir fait cette découverte en même temps que M. Jacobi, et sans avoir eu connaissance des travaux du physicien de Saint-Pétersbourg. Mais la date des journaux anglais qui publièrent les mémoires de M. Jacobi, suffira pour rétablir la vérité sur ce point, et prouver que M. Spencer n'exhiba des médailles galvanoplastiques que sept mois après la présentation du mémoire de M. Jacobi à l'Académie de Saint-Pétersbourg.

C'est le 9 octobre 1838 (21 octobre de notre style) que la découverte de M. Jacobi fut communiquée à l'Académie des sciences de Saint-Pétersbourg, par son secrétaire perpétuel, M. Fuss. Sept mois après, deux recueils périodiques, chargés de tenir le public anglais au courant des travaux et des découvertes scientifiques étrangères, le *Mechanic's Magazine* et le *Philosophical Magazine*, publièrent une lettre de M. Jacobi, adressée à M. Faraday, datée du mois de juin 1839, qui renferme la description de ses procédés

Fig. 165. — H. Jacobi, inventeur de la galvanoplastie.

galvanoplastiques. M. Jacobi donnait dans cette lettre, tous les détails du procédé qu'il avait imaginé pour reproduire des objets de cuivre par un seul couple voltaïque.

M. Spencer, avant l'année 1839, n'avait pas publié une seule ligne qui fît soupçonner qu'il s'occupât de recherches de ce genre. Ce n'est qu'en juin 1839, c'est-à-dire sept mois après la présentation du travail de M. Jacobi, à l'Académie des sciences de Saint-Pétersbourg, et après la publication de la lettre de M. Jacobi à M. Faraday dans le *Mechanic's Magazine*, qu'il exhiba, à Liverpool, des reproductions galvanoplastiques.

Ces dates suffisent pour rétablir les droits du véritable inventeur, et dissiper une erreur qui a été accréditée trop longtemps.

La découverte de la galvanoplastie donna une grande notoriété scientifique au nom du professeur de Saint-Pétersbourg. Tous ceux qui connaissent l'histoire des sciences mathématiques à notre époque, savent que le frère de ce savant, Charles-Jacques Jacobi, professeur à Kœnigsberg et à Berlin, associé de l'Académie des sciences de Paris, mort à Berlin en 1851, s'est illustré par des découvertes mathématiques de l'ordre le plus élevé. On a souvent confondu, ces deux savants, on les a souvent pris l'un pour l'autre. Il arrivait plus d'une fois que, s'adressant au mathématicien Charles-Jacques Jacobi, on lui disait :

« Vous êtes le frère de M. Jacobi de Saint-Pétersbourg, l'inventeur de la galvanoplastie ! »

Et ce dernier, dont la célébrité primait, il le croyait du moins, celle du physicien de Saint-Pétersbourg, répondait :

« Non, c'est M. Jacobi de Saint-Pétersbourg qui est mon frère. »

Cependant, dans un voyage qu'il fit en Italie, pays peu familiarisé encore avec le progrès des sciences mathématiques, le géomètre put se convaincre qu'il était infiniment moins connu que son frère le physicien. Partout on le saluait du nom d'inventeur de la galvanoplastie, et on l'honorait comme tel. Il dut alors s'avouer de bonne grâce le frère du physicien de Saint-Pétersbourg.

Le Conseil supérieur du jury de l'Exposition universelle de 1867, a mis en lumière les droits de M. Jacobi comme inventeur de la galvanoplastie, en décernant à ce savant l'une des douze récompenses hors ligne dont elle disposait.

CHAPITRE II

DESCRIPTION DES APPAREILS EMPLOYÉS DANS LA GALVANOPLASTIE. — L'ÉLECTROTYPE DE SMÉE ET L'APPAREIL DIT COMPOSÉ. — APPAREILS INDUSTRIELS POUR LES REPRODUCTIONS GALVANOPLASTIQUES.

On se propose, dans la galvanoplastie, d'obtenir, à l'aide de la pile voltaïque, sur un objet donné, la précipitation d'un métal dissous dans un liquide, de manière à obtenir à la surface de cet objet, une couche continue, qui reproduise tous les détails du modèle.

Donnons d'abord la description des appareils en usage pour les opérations de la galvanoplastie ; nous décrirons ensuite ces opérations elles-mêmes, et nous passerons enfin en revue la nombreuse série des applications qu'elles ont reçues.

Aux débuts de la galvanoplastie on se servait, pour opérer le dépôt de cuivre, d'un appareil que l'on appelait *électrotype de Smée* et dans lequel l'objet à reproduire faisait lui-même partie du couple voltaïque. C'était un appareil très-insuffisant, et qui n'était guère utile qu'au point de vue de la théorie, car, dans la pratique, il fonctionnait très-mal. Cependant, comme il existe dans les cabinets de physique, comme il est décrit dans tous les ouvrages élémentaires de physique, et qu'on l'exhibe dans tous les cours publics, nous ne pouvons nous dispenser de le signaler.

L'*électrotype de Smée* est formé d'un vase de verre contenant du sulfate de cuivre dissous dans l'eau. Au centre de ce premier vase, se trouve un second vase de porcelaine, qui plonge dans le liquide, et contient de l'acide sulfurique étendu de 12 à 15 fois son poids d'eau ; ce vase est fermé à sa partie inférieure par un morceau de vessie. On place dans l'acide sulfurique une lame de zinc, que l'on fait communiquer, au moyen d'un fil de cuivre, avec le moule qui se trouve déposé au fond du vase de verre renfermant la dissolution de sulfate de cuivre.

Le couple voltaïque, engendré par le contact du cuivre et du zinc, donne naissance à un courant électrique faible et continu, qui provoque lentement et graduellement la précipitation du métal. Le cuivre réduit vient se déposer peu à peu dans le moule placé au pôle négatif, et au bout de quelques jours il produit, en se modelant sur les diverses inégalités de sa surface, une couche métallique qui est la contre-épreuve parfaite de l'original. Comme la dissolution de sulfate de cuivre s'épuise au fur et à mesure de la réduction du sel, on l'entretient à un degré constant de saturation, en ajoutant de temps à autre à la liqueur de nouveaux cristaux de sulfate de cuivre.

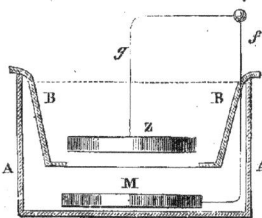

Fig. 166. — Coupe de l'électrotype de Smée.

La figure 166 donne une coupe de l'appareil galvanoplastique qui vient d'être décrit. AA est le premier vase contenant la dissolution de sulfate de cuivre ; le moule M est placé au fond de ce vase. Ce moule est attaché à un fil de cuivre f qui sort du liquide pour venir se réunir à un deuxième fil g, lequel supporte la lame de zinc Z, plongée elle-même dans l'acide sulfurique affaibli, qui remplit le second vase BB. Ce vase BB est fermé, comme nous l'avons dit, à sa partie inférieure, par un morceau de vessie qui sépare les deux liquides. Le zinc, se dissolvant dans l'acide sulfurique étendu d'eau, dégage de l'électricité, et cette électricité, passant par le fil gf (zinc et cuivre), va décomposer la dissolution de sulfate de cuivre placée dans le vase AA ; le cuivre, précipité par l'action du courant, se dépose au pôle né-

gatif de la pile. Or, comme le moule M est attaché à ce pôle négatif, c'est sur ce moule que s'effectue le dépôt de tout le cuivre réduit ; il se trouve ainsi peu à peu recouvert et enveloppé dans toutes ses parties, par le dépôt métallique.

La figure 167 représente l'ensemble de l'*électrotype de Smée* dont nous venons de faire connaître les éléments théoriques. Sur

Fig. 167. — Électrotype de Smée.

un vase cylindrique en cristal A, rempli d'une dissolution de sulfate de cuivre, et fermé par un couvercle de bois D, s'élève une espèce de potence, C, à deux trous, munis chacun d'une vis de pression. Le couvercle de bois D, est percé à son centre d'une ouverture, dans laquelle passe et se trouve supporté un manchon de verre, B, ouvert par le haut et fermé par le bas, au moyen d'un morceau de vessie. On place l'objet à reproduire sur un plateau E, plongeant dans le sulfate de cuivre, et attaché, au moyen d'un conducteur recourbé, à l'un des trous de la potence. Un autre conducteur recourbé supporte le zinc Z, plongé dans l'acide sulfurique étendu, contenu dans le vase supérieur.

La médaille à reproduire et le zinc qui

entre dans la composition de la pile sont ainsi placés en regard l'un de l'autre, séparés par la membrane.

Fig. 168. — Manchon de verre et vessie obturatrice de l'électrotype de Smée.

La figure 168 montre séparément le manchon de verre avec la vessie qui ferme inférieurement ce vase.

Cet appareil, dont la manœuvre était longue et difficile, est aujourd'hui abandonné. Nous le mentionnons ici, parce que nos lecteurs seront peut-être bien aises de le faire fonctionner comme objet de récréation scientifique, et pour faire par eux-mêmes des reproductions de médailles.

Mais pour se livrer, dans un laboratoire d'amateur, à la reproduction de médailles et d'objets quelconques de galvanoplastie, le meilleur moyen est de faire usage d'une pile séparée du bain, ou de ce qu'on appelle quelquefois *appareil composé*, pour indiquer que, dans cette disposition, le courant se produit en dehors de la liqueur à décomposer. L'électricité, produite

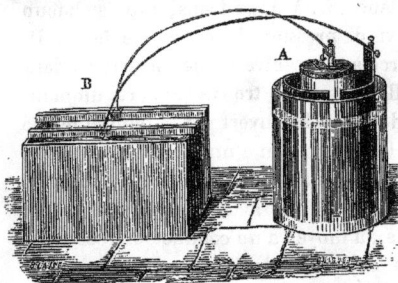

Fig. 169. — Appareil composé servant aux reproductions galvanoplastiques.

par une pile séparée, est amenée, par un fil conducteur, à l'intérieur du bain de sulfate

de cuivre. Le moule est attaché au pôle négatif de la pile.

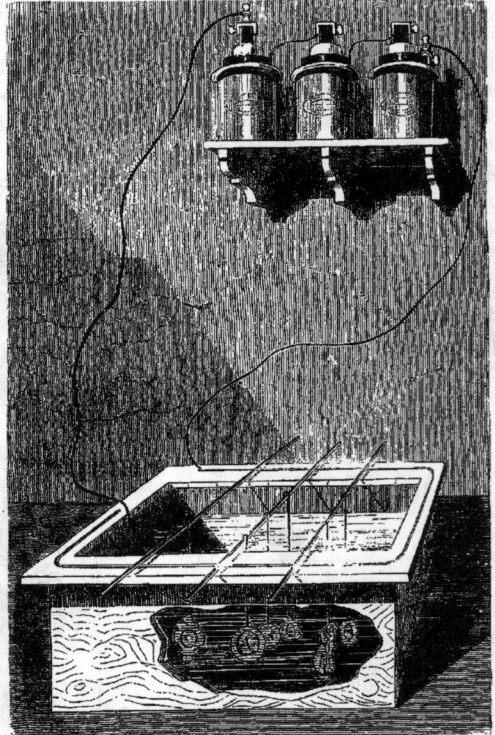

Fig. 170. — Appareil composé employé dans l'industrie galvanoplastique.

La figure 169 représente cet appareil. A est un couple de la pile de Bunsen. Un seul couple suffit à l'effet que l'on veut produire. B est le vase dans lequel s'effectue le dépôt métallique. Le moule est attaché au pôle négatif de la pile.

On attache au pôle positif de la pile plongeant dans la liqueur, un *anode*, c'est-à-dire une lame de cuivre si l'on opère sur un bain de cuivre, une lame d'argent si l'on agit sur un sel d'argent. Le métal attaché au pôle positif se dissout au fur et à mesure que marche l'opération, en quantité à peu près égale à celle qui se trouve réduite par le courant. Nous représentons (*fig.* 170) l'appareil

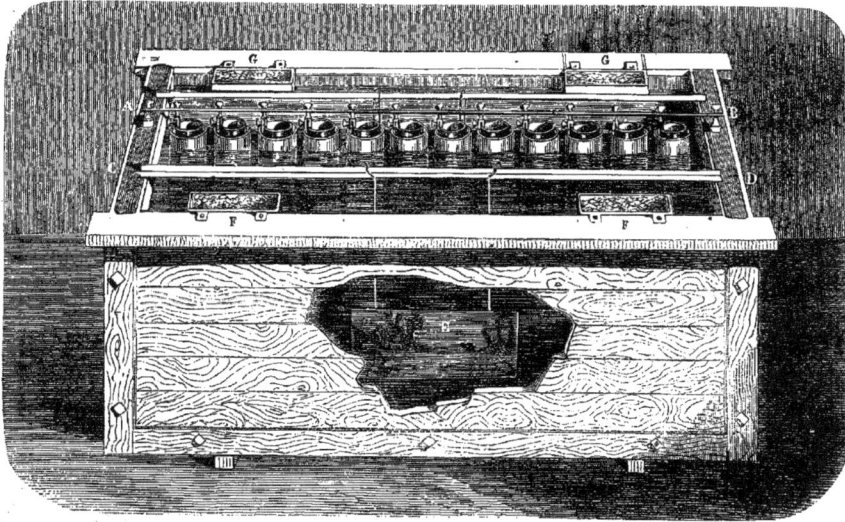

Fig. 171. — Appareil simple employé dans l'industrie galvanoplastique (page 298).

composé en usage dans l'industrie galvanoplastique. Le moule à recouvrir est attaché par le fil même de la pile, au pôle négatif, qui plonge dans la dissolution de sulfate de cuivre, acidulée par un peu d'acide sulfurique. Au conducteur positif, est attachée une lame à peu près de la même dimension que l'objet à recouvrir de cuivre, et que l'on dispose parallèlement au moule. C'est l'*anode* de cuivre qui, d'après ce que l'on sait déjà, étant attaché au pôle positif, doit se dissoudre dans le bain et remplacer au fur et à mesure le cuivre réduit qui se dépose au pôle négatif. Il est bien entendu que le moule a été préalablement rendu conducteur de l'électricité, s'il ne l'est pas par lui-même.

Dès que l'électricité pénètre à l'intérieur du bain, le dépôt de cuivre commence, et l'on peut suivre des yeux les progrès de la précipitation, en retirant de temps en temps le moule de la dissolution de sulfate de cuivre.

La galvanoplastie par les piles séparées des bains, est une opération très-facile, très-intéressante, et que nous engageons nos lecteurs à exécuter de leurs mains. Cependant elle se pratique rarement dans l'industrie ; ce moyen serait trop coûteux et trop lent. En outre, l'*anode* soluble de cuivre est d'un emploi très-difficile. Ce n'est que dans le *procédé Lenoir*, qui sert à obtenir les *rondes-bosses*, et que nous décrirons en son lieu, que l'on est forcé de faire usage d'une pile séparée du bain. Mais, hors ce cas particulier, les dépôts galvanoplastiques s'obtiennent toujours en faisant naître le courant électrique au sein même du bain de sulfate de cuivre, c'est-à-dire en formant ce que nous nommions plus haut un *appareil simple* (1).

Le sulfate de cuivre est placé dans une grande cuve de gutta-percha reposant sur le sol. Quant à l'appareil producteur d'élec-

(1) Il est bien entendu qu'il s'agit ici de galvanoplastie ; car, comme on le verra plus loin, on ne fait usage pour la dorure et l'argenture voltaïques, que de piles séparées du bain.

tricité, il consiste en une série de godets de terre perméable aux gaz, contenant de l'acide sulfurique étendu et un cylindre de zinc : Sous l'influence de l'acide sulfurique, l'eau est décomposée par le zinc : il se forme du sulfate de zinc, qui reste dissous dans les godets, et le gaz hydrogène, traversant la substance du godet de porcelaine, qui laisse passer les gaz et retient les liquides, va décomposer le sulfate de cuivre, réduire l'oxyde, et rendre libre le métal, qui se dépose dans le moule préalablement attaché au fil négatif de cette sorte de pile de Daniell.

La figure 171 représente l'appareil industriel pour les opérations galvanoplastiques. Cet appareil n'est autre chose, en effet, qu'une sorte de pile de Daniell, dont on aurait singulièrement agrandi le vase à sulfate de cuivre. Au milieu d'une cuve de bois, doublée de gutta-percha à l'intérieur, et contenant une dissolution saturée à froid de sulfate de cuivre, se trouve suspendue une rangée de godets contenant de l'acide sulfurique étendu et un cylindre de zinc. Tous ces cylindres de zinc communiquent avec une tringle de cuivre AB, sur laquelle ils sont fixés, par des vis métalliques qui établissent la communication de l'électricité positive développée par tous les zincs. Cette électricité positive s'écoule dans le sol par la caisse de bois. Les objets à cuivrer E sont suspendus au milieu du bain à une tringle CD, qui forme le pôle négatif de cette sorte de pile. L'hydrogène, traversant les godets poreux, vient réduire le sulfate de cuivre, et le cuivre se dépose sur l'objet attaché au pôle négatif.

Sur les quatre côtés de la cuve sont de petites boîtes, F, G, pleines de cristaux de sulfate de cuivre, et plongeant dans la dissolution saline, afin de rendre à cette dissolution la quantité de sulfate de cuivre qui lui est enlevée à chaque instant par le dépôt de cuivre. L'eau dissout les cristaux et maintient ainsi la dissolution à l'état saturé.

On peut, dans une même cuve, placer deux rangées de godets, au lieu d'une seule, et doubler ainsi la quantité de cuivre déposé. Il faut alors employer deux tringles de support et placer les objets à cuivrer dans l'intervalle de ce double système. La figure 173 représente cette disposition.

Si l'objet à recouvrir, au lieu de présenter une surface plane, est de forme arrondie, comme un buste ou une statuette, on donne à la cuve la forme d'un baquet circulaire. On place les godets à la circonférence de la cuve, et l'objet à reproduire est suspendu au centre de l'espace vide, comme le montre la figure 172.

Fig. 172. — Cuve circulaire pour les reproductions galvanoplastiques.

« Quelle que soit la forme de l'objet, dit M. Roseleur dans son ouvrage sur les *Manipulations hydroplastiques*, il faut avoir soin de le retourner de temps à autre pour que les parties supérieures deviennent à leur tour les inférieures, car les portions les plus profondes du bain sont celles qui donnent le dépôt le plus abondant, ce qui s'explique par la différence de densité des couches plus ou moins chargées de sulfate. Une solution peut être en effet très-appauvrie à la surface, tandis que le fond est encore saturé; c'est la raison qui fait placer les sacs ou paniers à sulfate à la partie supérieure du liquide, au lieu de mettre un excès de cristaux dans le fond (1). »

Quand le dépôt est terminé, ce qui exige

(1) *Manipulations hydroplastiques. Guide pratique du doreur, de l'argenteur et du galvanoplaste*, par Roseleur, 2e édition, p. 323.

Fig. 173. — Autre appareil simple employé dans l'industrie galvanoplastique.

un temps variable selon la dimension des pièces, on retire le moule du bain, et l'on sépare le dépôt de ce moule, dont il reproduit avec une fidélité étonnante les vides, les reliefs et toutes les particularités.

CHAPITRE III

PRÉPARATION DES MOULES DESTINÉS A RECEVOIR LE DÉPOT DE CUIVRE. — MOULAGE A LA GUTTA-PERCHA, A LA STÉARINE, A LA GÉLATINE, AU PLATRE, AU CAOUTCHOUC ET AU MÉTAL FUSIBLE.

Après la description des appareils qui servent à opérer le dépôt de cuivre, nous avons à parler de la manière d'obtenir les moules dans lesquels ce dépôt s'effectue.

L'objet lui-même peut servir quelquefois à la reproduction galvanoplastique ; mais ce cas est fort rare. Pour prendre une empreinte galvanoplastique, on n'agit pas, en général, sur l'objet lui-même, qui courrait le risque d'être détérioré par son séjour dans les liqueurs acides ; on en prend un moule, sur lequel on opère la reproduction.

Les moules employés sont faits avec un métal, ou avec une substance plastique, que l'on rend conductrice de l'électricité en la recouvrant d'une légère couche de plombagine.

La substance plastique la plus employée, c'est la gutta-percha. Viennent ensuite, la gélatine, la stéarine et le plâtre. Si l'on se sert d'un moule de plâtre, comme l'eau du bain de sulfate de cuivre le pénétrerait, il faut, avant de le placer dans ce bain, le rendre imperméable à l'eau, en le plongeant dans la stéarine fondue. On étend ensuite sur la surface intérieure du moule, à l'aide d'un pinceau, une couche de plombagine destinée à la rendre conductrice. Les moules de gutta-percha, qui sont aujourd'hui presque exclusivement employés dans l'industrie électro-chimique, étant absolument imperméables à l'eau, sont simplement *métallisés*, c'est-à-dire rendus conducteurs par la plombagine pulvérisée.

Les substances qui peuvent servir à la confection des moules, ont présenté longtemps un obstacle sérieux dans les opérations galvanoplastiques. La cire à cacheter ou le plâtre, que l'on rendait préalablement conducteurs de l'électricité par une légère couche de plombagine pulvérisée, furent les seules substances dont on se servit au début. Mais le plâtre ne traduit pas avec une fidélité suffisante les reliefs très-délicats du modèle ; il ne pouvait servir que pour les objets d'une reproduction facile, tels que les médailles, les timbres, etc. Comme il est perméable à l'eau, il faut l'imprégner d'un corps gras qui l'empêche d'absorber l'eau, toutes circonstances qui allongent et compliquent les opérations. La stéarine et la gélatine, moulées à chaud et arrachées du moule après le refroidissement, ont remplacé plus tard ces deux matières avec avantage. Enfin la *gutta-percha*, dont l'emploi est plus récent, vint fournir à la galvanoplastie une substance qui répond parfaitement à tous ses besoins.

C'est du jour où la gutta-percha fut introduite dans les ateliers de la galvanoplastie, que date l'essor considérable qu'a reçu cette industrie. On sait que la gutta-percha se ramollit par la chaleur ; ainsi ramollie, on l'applique sur l'objet à reproduire, et la pression fait pénétrer cette matière, éminemment plastique, dans tous les creux du modèle. Après le refroidissement, son élasticité permet de l'arracher du moule, en conservant toute la fidélité et la délicatesse de l'empreinte formée. Ainsi préparé, le moule de gutta-percha est rendu conducteur de l'électricité, en le recouvrant, à l'aide d'un pinceau, de plombagine en poudre. Il ne reste plus, pour obtenir sa reproduction, qu'à le plonger dans le bain électro-chimique. Pour établir la communication entre le moule et le pôle négatif de la pile, on entoure le moule d'une bande de cuivre ou de plomb.

La préparation des moules étant une des opérations fondamentales de la galvanoplastie, il importe de la faire bien connaître. Nous allons donc décrire les différentes manières de préparer les moulages avec la gutta-percha, la stéarine, le plâtre, la gélatine et le métal fusible.

Le moulage à la gutta-percha, presque exclusivement employé aujourd'hui, dans les ateliers, se fait de deux manières différentes, selon la nature de la substance sur laquelle on opère. On moule 1° par la *presse* ; 2° par le *pétrissage*.

Moulage à la presse. — Sur la plate-forme d'une presse ordinaire, à vis de fer, on dispose bien horizontalement, l'objet dont on veut prendre l'empreinte, et que l'on a légèrement recouvert de plombagine en poudre, pour le rendre conducteur, et on l'entoure d'un cadre de fer, qui forme comme un des côtés d'une boîte, dont l'objet à mouler serait le fond. On prend ensuite un bloc de gutta-percha, d'une épaisseur double de celle du modèle dont on veut prendre l'empreinte, et on le coupe de manière à le faire entrer exactement dans le cadre de fer. On présente ensuite ce bloc de gutta-percha à un feu vif, et on le laisse se ramollir jusqu'aux deux tiers environ de son épaisseur, en ayant soin de le malaxer continuellement entre les doigts, pour éviter que la gutta-percha ne se liquéfie. Quand il est chauffé au degré convenable, on l'introduit dans le cadre de fer, et on l'applique, par sa face ramollie, sur l'objet dont on veut prendre le moule. Par-dessus le tout, on place une plaque de gutta-percha solide, qui entre exactement dans le cadre de fer. Faisant alors descendre la vis de la presse, on serre d'une manière lente et ménagée, en augmentant la pression à mesure que la gutta-percha se refroidit, et devient plus résistante (*fig.* 174). Prise entre la plate-forme de la presse et l'objet à mouler, la gutta-percha pénètre dans les plus petits détails de cet objet, et produit de véritables merveilles. Des planches d'acier, aux plus fines tailles, se reproduisent ainsi

Fig. 174. — Préparation des moules destinés à la galvanoplastie (pétrissage et moulage à la presse).

avec une exactitude et un fini prodigieux.

Pétrissage. — Il est certains objets qui ne pourraient supporter la chaleur sans se détériorer : tels sont le soufre, le bois, la cire, le carton-pierre, etc. Il faut alors opérer comme il suit :

On chauffe devant un foyer un bloc de gutta-percha, jusqu'à ce qu'il soit à l'état de pâte demi-fluide, puis on applique cette matière pâteuse sur l'objet à mouler, préalablement entouré d'un cadre ou d'un cercle de fer. Ensuite, avec les doigts huilés, on pétrit la gutta-percha sur le moule, et par la pression on la force à pénétrer, dans tous ses détails. On ne cesse ce pétrissage que lorsque la matière, s'étant totalement refroidie, ne cède plus à la pression de la main (*fig.* 174).

Ce dernier procédé est le plus employé, tant par les amateurs, que par les ouvriers des ateliers de galvanoplastie.

Quel que soit le procédé de moulage à la gutta-percha qui ait été suivi, il faut, pour retirer l'objet du moule, certaines précautions. On commence par se débarrasser, avec un instrument tranchant, des portions de gutta-percha inutiles ; puis on tire lentement sur la gutta, pour l'extraire de l'objet auquel elle adhère. On a eu soin, avant de mouler, de faire quelques indications, ou *repères*, du sens des anfractuosités et des saillies de l'objet, afin de ne pas déchirer la gutta-percha en tirant à contre-sens.

Bien que la gutta-percha soit la substance presque exclusivement employée pour les moulages destinés à la galvanoplastie, le plâtre, la stéarine, la gélatine, le caoutchouc et le *métal fusible* sont en usage pour des cas particuliers.

Le *plâtre*, qui a été l'une des premières matières consacrées au moulage, est une des plus incommodes. Quoi qu'il en soit, voici comment on s'en sert: On recouvre l'original de plombagine en poudre, et on l'entoure, si c'est une médaille, d'un cercle de carton ou de plomb en feuille, de manière à en faire comme une espèce de boîte. On prend un peu de plâtre de mouleur, que l'on gâche avec une quantité d'eau suffisante, et l'on applique promptement cette bouillie sur l'original, au moyen d'un pinceau. Cette première couche étant appliquée avec soin, on verse dans le moule le reste de la bouillie de plâtre, jusqu'à épaisseur suffisante, et on laisse *prendre*. En quelques minutes le plâtre s'est durci: on détache la galerie de carton ou de plomb, et l'on sépare avec précaution le plâtre durci, qui porte l'empreinte exacte de l'original.

L'inconvénient du plâtre employé à former les moules galvanoplastiques, c'est qu'il absorbe l'eau, quand on le place dans le bain de sulfate de cuivre, ce qui oblige de le rendre imperméable au liquide, au moyen d'un corps gras. C'est ce qui fait préférer au plâtre, la stéarine, la gélatine, ou le *métal fusible*, sans parler de la gutta-percha.

La *stéarine* s'emploie comme le plâtre ; seulement il faut la faire fondre au bain-marie, et la couler sur l'objet, *au moment où elle va se figer*. Quand la stéarine est trop sèche, elle peut se cristalliser dans le moule, et ces cristaux nuisent à la beauté du moulage : il faut alors l'additionner de quelques gouttes d'huile d'olive ou de suif. Si, au contraire, la stéarine est trop grasse, c'est-à-dire mal débarrassée de l'oléine, produit liquide du suif, il faut la durcir par l'addition d'un peu de cire ou de blanc de baleine.

Les moules de stéarine ne donnent pas une reproduction parfaitement rigoureuse de l'original, parce que cette matière éprouve un retrait par le refroidissement. Il faut donc la rejeter quand on veut des reproductions mathématiquement exactes.

La *gélatine* est peut-être supérieure à la gutta-percha par la facilité avec laquelle elle pénètre dans les détails les plus fins du modèle, et peut être retirée après sa solidification, par suite de sa prodigieuse élasticité et de sa souplesse. Elle n'a que l'inconvénient d'exiger un dépôt très-rapide.

Pour mouler à la gélatine, on prend des feuilles de belle colle de poisson (ichthyocolle) ; on les fait tremper vingt-quatre heures dans l'eau froide ; puis on les retire de l'eau, on les égoutte et on les place dans un bain marie (le *pot à colle forte* des menuisiers). La matière fond, en une sorte de sirop, que l'on coule sur l'objet à mouler, préalablement garni d'un rebord de carton ou de feuille de plomb. Au bout de douze heures, on effectue la séparation du moule.

Quand ils n'ont pas été préparés avec les soins nécessaires, les moules de gélatine ont l'inconvénient de s'altérer, de se laisser pénétrer par l'eau du bain de sulfate de cuivre. C'est là un inconvénient radical, et qui n'a pas encore été suffisamment prévenu par les divers moyens d'*imperméabilisation*, que les praticiens ont essayés. Ces moyens consistent surtout à mouiller le moule de gélatine avec une dissolution aqueuse de bichromate de potasse, et mieux avec un blanc d'œuf, qui forme une première couche sur laquelle on verse ensuite la dissolution de bichromate de potasse : il faut exposer le tout au soleil, pour former une couche albumineuse entièrement inattaquable par l'eau du bain.

Le *caoutchouc* est une substance qui pourrait fournir de très-bons résultats pour les moulages galvanoplastiques, et qui pourtant est rejetée de l'usage qui nous occupe.

Terminons cette description par le moulage au *métal fusible*. L'emploi d'un métal comme moule galvanoplastique, aurait le grand avantage d'assurer une excellente conductibilité ; mais on y a rarement recours, soit par la difficulté d'obtenir un alliage fusible bien homogène, soit parce que les moules métalliques sont sujets à contenir des bulles d'air ou à présenter une texture cristalline.

M. Roseleur, dans son ouvrage sur les *Manipulations hydroplastiques*, donne les formules suivantes pour obtenir des alliages fusibles à différents degrés de température.

Alliage fusible à 100° centigrades :

Plomb pur	2	parties en poids
Étain...................	3	—
Bismuth................	5	—

Alliage fusible de 80 à 90° :

Plomb pur	5	parties en poids
Étain...................	3	—
Bismuth.................	8	—

Alliage fusible à 70° :

Plomb pur	2	parties en poids
Étain...................	3	—
Bismuth................	5	—
Mercure (vif-argent)......	1	—

Alliage fusible à 53° :

Plomb pur	5	parties en poids
Étain...................	3	—
Bismuth................	5	—
Mercure................	2	—

Pour mouler avec l'alliage fusible, la meilleure manière est la suivante, selon M. Roseleur.

On place la médaille (car c'est surtout à la reproduction des médailles que ce moyen s'applique) au fond d'une petite boîte de tôle mince ou de cuivre, on entoure la moitié de son épaisseur avec du plâtre et on place sur la pièce une quantité suffisante d'alliage fusible froid. On chauffe ensuite le tout, et quand le métal est fondu, on laisse refroidir. En sortant de la boîte le métal et la pièce, il est facile de séparer cette dernière par la prise que laisse la partie de l'exergue qui a été protégée par le plâtre.

Après avoir parlé des différents systèmes de moulage employés dans la galvanoplastie, nous pouvons ajouter que quelquefois on se passe complétement de moule, l'objet lui-même recevant directement le dépôt métallique.

Nous avons vu dans les ateliers de galvanoplastie de MM. Christofle, à Paris, des *corbeilles d'osier* servant à recevoir le dépôt de cuivre, et qui, sans autre préparation qu'une légère couche de plombagine pour les rendre conductrices, sont plongées dans le bain, et se couvrent de cuivre. Ces corbeilles sont ensuite argentées par la pile, et forment un élégant ornement des tables.

En recouvrant de cuivre, par les mêmes procédés, des fruits, des légumes, des feuilles, des graines et d'autres produits naturels, on peut obtenir quelques objets curieux en ce qu'ils conservent et traduisent exactement la forme et tous les détails les plus fins de l'original recouvert de cuivre. Pour reproduire, par exemple, une pomme, une poire, une feuille d'arbre, etc., on frotte le fruit avec de la plombagine, et l'on enfonce vers la queue ou vers le germe, une petite épingle ; on réunit cette épingle à un fil communiquant avec la pile, et l'on place le fruit dans la dissolution de sulfate de cuivre. Le cuivrage étant achevé, on retire l'épingle, qui laisse un petit trou par où les sucs du fruit peuvent s'évaporer.

Disons cependant que ces espèces de cuivrages sont d'une parfaite inutilité, et ne sont guère propres qu'à donner la mesure de la perfection et de la délicatesse des opérations galvanoplastiques. Nous nous souvenons d'avoir vu, dans le vestibule de l'Institut, en 1854, un spécimen assez curieux des produits de cet art singulier. M. Soyer avait réussi à envelopper le cadavre d'un enfant nouveau-né d'une couche de cuivre. Bien que le résultat fût merveilleux de réussite, c'était un spectacle assez hideux.

Dans cette *métallisation sur nature*, il y aurait, si nous osons le dire, un moyen d'élever aux grands hommes, à la fois un tombeau et une statue d'une ressemblance authentique !

CHAPITRE IV

GALVANOPLASTIE EN ARGENT ET EN OR.

Ce n'est pas seulement avec le cuivre que l'on opère des dépôts galvanoplastiques, c'est-à-dire des précipitations, avec épaisseur de métal, constituant des pièces avec reliefs et saillies, et non un simple revêtement, comme pour l'argenture et la dorure. La galvanoplastie en argent et en or doit donc maintenant nous occuper.

Les composés chimiques qui peuvent se prêter à la décomposition par la pile voltaïque, ne sont pas aussi simples pour l'or et l'argent, que pour le cuivre. Il suffit d'une dissolution de sulfate de cuivre pour obtenir des dépôts de cuivre par la pile ; mais pour l'or et l'argent, ces sels simples ne peuvent être employés, car le sulfate d'or n'est pas connu et le sulfate d'argent n'existe pas. Le chlorure d'or et l'azotate d'argent, sels solubles de ces deux métaux, n'ont pas donné de résultat au point de vue de la galvanoplastie. Il faut donc avoir recours à des sels doubles solubles de ces métaux. On fait usage de cyanures d'or et d'argent dissous dans du cyanure de potassium.

M. Roseleur donne les formules suivantes pour composer un bain destiné à la galvanoplastie d'argent :

Eau distillée............. 1 litre.
Cyanure de potassium..... 200 grammes.
Azotate d'argent fondu.... 75 grammes.

Le bain d'or pour la galvanoplastie se compose de :

Eau distillée............. 1 litre.
Cyanure de potassium..... 150 grammes.
Chlorure d'or sec.......... 50 grammes (1).

Pour obtenir des dépôts galvanoplastiques d'or ou d'argent, on ne peut pas se servir de l'*appareil simple* employé pour la galvano-

(1) *Manipulations hydroplastiques*, 2e édition, p. 384.

plastie du cuivre ; il faut que la pile soit séparée du bain. On attache donc au pôle négatif, le moule de l'objet que l'on veut reproduire en argent ou en or, et l'on place au pôle positif, un *anode*, c'est-à-dire une lame d'or, si c'est un bain d'or, d'argent si c'est un bain d'argent. Ces anodes sont destinés à se dissoudre dans le bain, au fur et à mesure du dépôt du métal au pôle négatif.

On ne peut pas placer les vases poreux des piles au sein de la liqueur, comme pour le bain de cuivre, parce que l'acide sulfurique de ces godets décomposerait le bain de cyanure d'argent. On pourrait tout au plus se servir de vases poreux en remplaçant l'acide sulfurique destiné à agir sur le zinc, par du sel marin, ou par une dissolution, plus ou moins concentrée, de cyanure de potassium. Mais ce dernier sel est très-vénéneux, et toutes ces manipulations seraient peu commodes dans un atelier.

On peut obtenir l'*or vert* en mélangeant dix parties de bain d'or à une partie de bain d'argent, ou bien en faisant fonctionner quelque temps le bain d'or avec un anode d'argent.

En raison de leur alcalinité résultant de la présence d'un cyanure alcalin (cyanure de potassium), on ne peut pas se servir, pour la galvanoplastie d'or ou d'argent, de moules de stéarine. On emploie avec quelque avantage les moules métalliques, mais la gutta-percha est la substance qui convient le mieux pour ces moules. Seulement, le bain de cyanure d'or et de potassium étant moins conducteur de l'électricité que le bain de sulfate de cuivre, il faut apporter plus de soin à la métallisation du moule par la plombagine.

Les bijoux d'or et d'argent massif trouvent moins de débit dans le commerce que les produits en cuivre ou les objets argentés et dorés. C'est pour cela que la galvanoplastie d'argent est peu en usage. Cependant l'usine de MM. Christofle, à Paris, a produit de très beaux ouvrages d'argent galvanoplastique, tels que

Fig. 175. — Groupe décoratif destiné à la façade du nouvel Opéra de Paris, exécuté en cuivre galvanoplastique par MM. Christofle.

des coupes pour les grands prix des concours agricoles, des courses, etc., qui doivent réunir à la fois la richesse et le goût artistique. Les ateliers de galvanoplastie de Londres et d'autres pays fabriquent également de beaux ouvrages en argent galvanique. La reproduction des objets en argent galvanoplastique ne présente pas de difficultés que la galvanoplastie en cuivre, quand on suit les indications que nous avons données.

CHAPITRE V

LES APPLICATIONS DE LA GALVANOPLASTIE. — APPLICATION
A L'ART DU FONDEUR. — LE PROCÉDÉ LENOIR POUR
OBTENIR LA REPRODUCTION DES STATUES OU STATUETTES
EN RONDE BOSSE. — APPLICATION DE LA GALVANO-
PLASTIE A L'ART DE LA GRAVURE ET A LA TYPOGRAPHIE.

Après l'exposé qui précède des procédés qui sont en usage dans les ateliers, pour la reproduction de tout objet en cuivre ou en argent, nous passerons en revue les applications diverses que ces procédés ont déjà trouvées dans l'industrie. Nous considérerons les applications de la galvanoplastie : 1° à l'art du fondeur, 2° à la gravure, 3° à la typographie.

Applications de la galvanoplastie à l'art du fondeur. — Dans l'origine, la reproduction des médailles était ce qui frappait le plus, parmi les applications de l'art qui nous occupe. C'était une bien étroite et bien insignifiante application d'une méthode qui devait voir promptement grandir son importance et ses résultats. Mais, si peu utile qu'elle soit, la reproduction des médailles amuse et instruit les amateurs ; nous en dirons donc quelque chose, avant d'arriver à des applications autrement sérieuses de la galvanoplastie.

Pour reproduire une monnaie ou une médaille, on peut opérer de deux manières. 1° On agit directement sur la médaille que l'on veut reproduire, en la plaçant au pôle négatif, après avoir pris les précautions suffisantes pour empêcher l'adhérence de l'empreinte avec l'original. Ces précautions consistent à passer sur la médaille une couche excessivement légère d'une substance grasse, telle que l'huile, la cire, la stéarine, le suif, etc. On obtient ainsi en creux une empreinte sur laquelle on opère de nouveau pour avoir sa reproduction en relief. 2° On

prend l'empreinte de la pièce avec de la gutta-percha ou un alliage fusible ; de cette manière l'opération galvanoplastique donne immédiatement la médaille en relief.

Quand on agit directement sur la médaille, il faut recouvrir de stéarine le revers, sur lequel il ne doit pas exister de dépôt ; on la met ensuite en rapport avec le pôle négatif au moyen d'un fil de métal fixé sur son contour. Le revers est reproduit plus tard de la même manière en recouvrant de stéarine la face déjà prise. Cinquante ou soixante heures d'immersion donnent au dépôt une épaisseur convenable. L'opération achevée, on sépare la pièce du moule auquel elle n'adhère que faiblement.

On reproduit, par ces moyens, les cachets, les timbres et les sceaux, en opérant sur des empreintes prises avec le plâtre, la gutta-percha ou la stéarine.

C'est par les mêmes procédés que l'on recouvre de cuivre une statuette, un groupe, ou tout autre objet exécuté en plâtre.

La galvanoplastie permet de multiplier et de mettre à la portée de tous, des objets de sculpture, que l'on n'obtenait autrefois qu'à grands frais, par la fonte et la ciselure du bronze. La galvanoplastie est donc à la sculpture ce que la photographie est aux arts de la peinture et du dessin. De même que la photographie multiplie et rend accessibles à tous les beaux produits de la gravure et les chefs-d'œuvre des grands dessinateurs, ainsi la galvanoplastie peut répandre entre toutes les mains les œuvres de la sculpture. Arrivons, en conséquence, à la description particulière des moyens qui permettent de reproduire, avec le seul secours de la pile voltaïque, les grands objets de sculpture, que l'on n'avait pu jusqu'ici obtenir qu'à l'aide de la fusion du métal.

On sait que pour obtenir une statue de bronze, de fonte ou de zinc, le sculpteur ayant livré son modèle d'argile, on en tire une épreuve au moyen du plâtre ; cette dernière épreuve sert ensuite à préparer le moule de sable où l'on coule le métal. Ces diverses opérations nécessitent un grand travail et ne sont pas sans danger, à cause des explosions qui peuvent avoir lieu pendant la coulée. En outre, la copie métallique est loin d'être parfaite : elle exige, pour être terminée, de nombreuses retouches et un travail nouveau. Ajoutons que les statues de bronze obtenues par la fusion, reviennent, comme personne ne l'ignore, à des prix excessifs. La galvanoplastie obvie à tous ces inconvénients.

Pour obtenir une statuette par la galvanoplastie, il suffit d'avoir à sa disposition le modèle en plâtre sortant des mains du sculpteur.

On prend un moule de gutta-percha de l'original de plâtre, en se servant de la méthode du *pétrissage* de la gutta-percha. On place ce moule de gutta-percha, rendu conducteur par de la plombagine, dans le bain de sulfate de cuivre, c'est-à-dire dans l'appareil simple. Quand la couche déposée est d'une épaisseur suffisante, on enlève le moule, qui laisse à découvert l'objet parfaitement reproduit.

S'il s'agit d'une statuette en ronde-bosse de petite dimension, on prend le creux de chaque moitié, on le revêt de plombagine, et l'on fait communiquer chaque moitié avec l'appareil voltaïque. Le dépôt se faisant sur chacune d'elles, comme sur un bas-relief, on peut, après le dépôt, les réunir par une soudure. Cette soudure n'est pas, d'ailleurs, visible, car les pièces sont ensuite habituellement argentées, ou mises en couleur de bronze.

Si l'original avait de trop grandes dimensions, les vases à employer devraient présenter une capacité énorme ; il est mieux alors de réunir entre elles, avec de la cire, les diverses parties du moule en creux, de manière à en former une sorte de capacité, dans laquelle on place la dissolution même. Les parties séparées que l'on obtient, ainsi sont ensuite soudées à l'argent ou à l'étain. Enfin cès soudures elles-mêmes sont recouvertes de

cuivre à leur tour. Il suffit, pour cela de circonscrire leur surface avec du mastic, de manière à en former une espèce d'auge, que l'on remplit de la solution de sulfate de cuivre. A l'aide de la pile, on détermine un dépôt de cuivre, qui recouvre et fait disparaître les traces de ces soudures.

Pour faire disparaître le ton rouge du cuivre, qui n'est que d'un effet assez médiocre, on recouvre ces différents objets d'une couche d'argent par l'action de la pile ; l'éclat et le ton brillant de ce dernier métal leur donnent beaucoup de relief et de valeur.

Le procédé qui vient d'être décrit ne peut s'appliquer qu'à la reproduction, en parties séparées, des statuettes et des rondes-bosses de petite dimension. Il devient inapplicable lorsque l'objet à reproduire présente des creux et des reliefs considérables. Alors on ne pourrait mouler partiellement par quart, par moitié, etc. l'original, et le cuivre ne se déposerait pas dans les creux profonds.

Un homme à l'esprit éminemment inventif, Lenoir, l'inventeur du moteur à gaz, a rendu à la galvanoplastie un service immense, en découvrant une méthode nouvelle qui permet de mouler et de reproduire en galvanoplastie, les statues et les rondes-bosses des plus grandes dimensions. M. Lenoir a trouvé le moyen de distribuer, de répartir les courants, de manière à reproduire la rondebosse. Par les moyens généralement employés jusqu'ici, il fallait, pour obtenir une statue, un buste de grande dimension ou un objet très-fouillé, mouler partiellement, comme nous venons de le dire, par moitié ou par quart, la statuette ou le buste, et réunir ensuite, au moyen d'une soudure, ces parties séparées. Le procédé employé par M. Lenoir, permet d'obtenir directement et dans un seul bain, les objets en ronde-bosse.

Ce procédé consiste à remplacer le simple fil métallique du pôle négatif de la pile, par un conducteur chimiquement inattaquable, réparti en un grand nombre de branches ou de ramifications. On introduit, dans le creux du moule, un faisceau de fils de platine qui servent de conducteur ; ces fils suivent intérieurement la forme du moule, sans y toucher nulle part, et y précipitent uniformément le métal du bain. On peut donner au dépôt qui tapisse, pour ainsi dire, l'intérieur du moule, telle épaisseur que l'on désire.

Dans ce système particulier, on ne fait plus usage de l'*appareil simple*, comme pour les opérations ordinaires de la galvanoplastie, on n'opère pas avec la pile placée à l'intérieur du bain, comme on l'a vue représentée (*fig.* 171 et 172). La pile est à l'extérieur du bain ; on fait, par conséquent, usage d'un *appareil composé*. Comme le bain de sulfate de cuivre s'épuiserait au fur et à mesure du dépôt, on place à la partie supérieure du liquide, un sac contenant du sulfate de cuivre en cristaux, lesquels, se dissolvant au fur et à mesure que le cuivre se dépose dans le moule, entretiennent la liqueur à l'état de saturation nécessaire.

Voici comment s'exécute, dans la pratique, le *procédé Lenoir*, pour la reproduction des statues, et, en général, des rondes-bosses. Supposons qu'il s'agisse de reproduire en cuivre, la statue ou statuette que représente la figure 176. On commence par prendre le moule de cette statuette avec de la gutta-percha, par la méthode du *pétrissage*. A cet effet, on applique de la gutta-percha chaude sur la statuette, et on prend des moules séparés de différentes parties, en ayant soin d'y placer des repères qui permettront, en réunissant les moulages partiels, d'obtenir le moulage entier. Quand on a raccordé les différentes parties du moule, on obtient deux creux qui ont la disposition que représente la figure 177. Il faut seulement avoir l'attention de ménager, dans une partie du moule, par exemple, aux pieds de la statue, comme on le voit sur la figure 177, deux trous ou canaux et un autre canal à un point opposé, c'est-à-dire à la tête. La dissolution de sulfate de cuivre, qui se

forme à chaque instant, par la présence des cristaux de sulfate de cuivre, pour remplacer le cuivre déposé par les progrès de l'opération, descend, en vertu de son poids, à la partie inférieure, et pénètre ainsi dans le moule, tandis que la liqueur plus légère, parce qu'elle renferme peu de sulfate de cuivre, s'élève vers la partie supérieure, et sort par les trous placés au sommet. Il faut pourtant remarquer que le

Fig. 176

dégagement de gaz oxygène, qui se fait pendant l'opération (le fil de platine étant inoxydable), contribue à mêler les différentes parties de la liqueur saline et à entretenir constamment son homogénéité.

Alors, avec des fils de platine, on ébauche une carcasse qui représente grossièrement le modèle, et qui reproduit les formes générales de la statue : cette espèce de carcasse métallique est seulement un peu plus petite que le moule, afin de pouvoir être suspendue dans son intérieur.

La figure 178 représente la carcasse en

platine dont il s'agit, et qui n'est autre chose que le fil conducteur de la pile, étalé, ramifié, de manière à permettre au courant voltaï-

Fig. 177. — Statuette moulée en gutta-percha et prête à recevoir la carcasse de platine (procédé Lenoir).

que de pénétrer dans tous les creux du moule d'arriver jusqu'au fond de ses plus petites anfractuosités, et d'y provoquer le dépôt du métal, pour donner la reproduction rigoureuse des formes de la statue.

On introduit dans le moule de gutta-percha la carcasse de fils de platine, de manière qu'elle suive bien exactement ses contours intérieurs, sans jamais les toucher. On attache cette carcasse et le moule qui la renferme au fil négatif de la pile, et l'on plonge le tout dans le bain de sulfate de cuivre, comme la représente la figure 179 (page 311), c'est-à-dire dans un appareil composé.

Quand le dépôt de cuivre paraît suffisant, on

sépare le moule de gutta-percha, on retire de force la carcasse métallique intérieure, et l'on

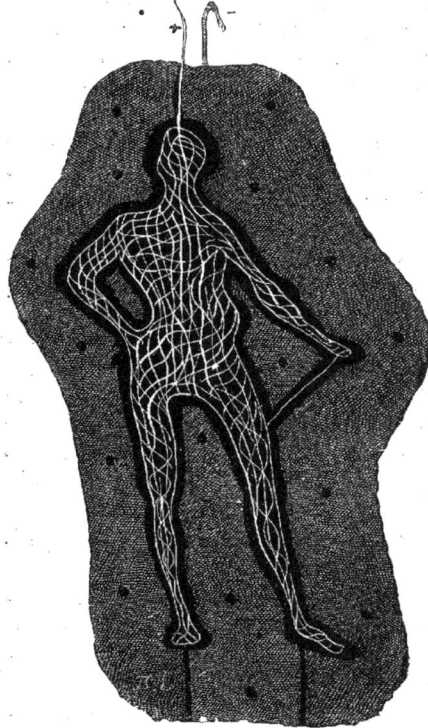

Fig. 178. — Carcasse de platine pour la reproduction des statues et statuettes (procédé Lenoir)

obtient une statue, ou statuette, qui reproduit l'original d'une manière absolument identique. Il suffit d'enlever à la lime quelques ébarbures aux réunions des moulages partiels, et de boucher les deux ou trois trous, pour obtenir la reproduction rigoureusement exacte de l'original.

Il nous reste à ajouter que le platine étant un métal cher, la mise de fonds devenait assez importante, quand il s'agissait de préparer des *carcasses* pour des statues d'un grand modèle. Un perfectionnement qui a consisté à remplacer par le plomb, le platine destiné à fabriquer ces carcasses, est donc d'une importance pratique très-sérieuse.

L'idée de cette substitution appartient à la maison Christofle, qui, propriétaire du procédé Lenoir, ne pouvait l'utiliser que dans des cas restreints. Il fallait, pour composer cette carcasse, un métal inoxydable, comme le platine ou l'or. Peu de métaux sont dans ce cas, le plomb lui-même est, comme on le sait, fort oxydable ; mais les recherches faites dans les ateliers de MM. Christofle, par leur ingénieur et leur chimiste, ont prouvé que, lorsqu'une légère couche d'oxyde s'est formée à la surface de la carcasse de plomb, par laquelle il remplace la carcasse de platine, cette couche d'oxyde, qui enveloppe le métal, la préserve d'une oxydation ultérieure, et permet de consacrer le plomb, métal à bas prix et éminemment malléable, à composer ces carcasses, dont l'utilité, comme conducteur du courant pour les reproductions galvanoplastiques de la ronde-bosse, est d'une évidence si manifeste.

M. Henri Bouilhet, neveu de M. Ch. Christofle, et l'un des chefs actuels de la maison, est aussi l'inventeur d'une disposition très-ingénieuse, qui a procuré immédiatement aux produits de la galvanoplastie des débouchés considérables.

Les objets obtenus en cuivre galvanoplastique, ne consistent, en général, qu'en de très-minces couches ; on peut donner au dépôt de cuivre toute l'épaisseur que l'on désire, mais, en général, le dépôt n'a que quelques millimètres d'épaisseur. En cet état, il n'aurait pu trouver d'applications sérieuses dans l'industrie. M. Henri Bouilhet a eu l'idée de remplir d'un métal à bas prix, ces *coquilles* de cuivre galvanoplastique, de manière à leur fournir un support résistant, et à leur garantir toute la solidité nécessaire.

Le métal, ou plutôt l'alliage dont M. Bouilhet fait usage, c'est la soudure de laiton, qui est plus fusible que le cuivre rouge. Pour en remplir les coquilles galvanoplastiques, on commence par garnir l'extérieur avec une forte couche d'argile, de plâtre ou de blanc d'Es-

pagne, mélangé de poudre de charbon, et on laisse sécher parfaitement à l'étuve. Cette enveloppe a pour but de permettre au cuivre rouge de supporter, sans se fondre ni se déformer, une haute température. Dans cet état, on remplit de soudure de laiton, aussi fusible que possible et mélangée de borax en poudre, l'intérieur de la pièce ; puis on dirige sur le tout le jet d'une forte lampe à gaz, ou à l'essence, alimentée par un courant d'air. Le laiton ne tarde pas à entrer en fusion et remplit plus ou moins le creux du moule, auquel il communique autant de solidité que s'il était sorti des ateliers du fondeur en cuivre, et lui assure une durée indéfinie.

Ce n'est pas seulement aux produits artistiques que ce moyen s'applique. La galvanoplastie, ainsi renforcée par un métal sans valeur, permet de livrer au commerce une énorme quantité d'objets d'ornement pour l'ébénisterie, qui, précédemment, s'exécutaient en bronze ou en laiton fondu, et qui exigeaient, pour être admis dans le commerce, toutes sortes de manipulations coûteuses, de retouches, d'ébarbages, etc.

Voilà par quel ensemble de moyens s'obtiennent aujourd'hui ces mille objets de cuivre de toute dimension, qui, tantôt conservant la couleur naturelle du cuivre ou prenant celle du bronze, tantôt argentés par la pile, se multiplient chaque jour entre les mains des fabricants français et étrangers.

Nous mettons sous les yeux de nos lecteurs un admirable spécimen de statues obtenues par la galvanoplastie, qui donnera l'idée des dimensions auxquelles on peut atteindre aujourd'hui dans des ateliers convenablement établis, quand on confie à la galvanoplastie le soin d'exécuter les productions de l'art de la sculpture.

La figure 175 (page 305) représente un des groupes destinés à décorer la façade du nouvel Opéra de Paris. Ce groupe, modelé par M. Gumery, et qui a 5 mètres de hauteur, a été exécuté en cuivre galvanoplas-

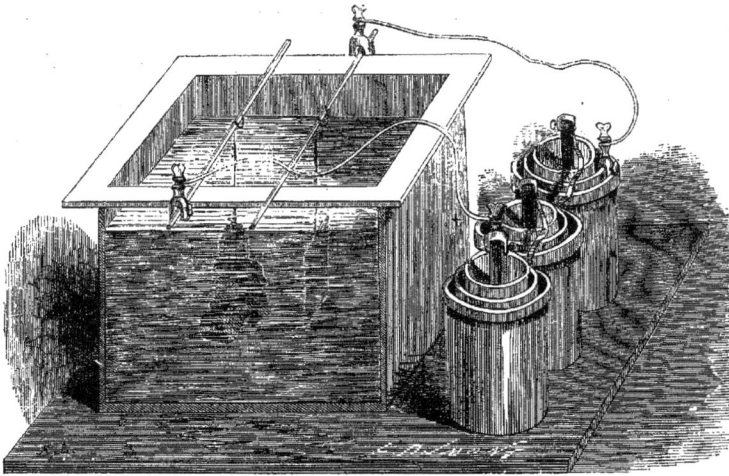

Fig. 179. — Reproduction d'une statuette de cuivre en ronde-bosse par le procédé Lenoir.

tique, dans les ateliers de MM. Christofle, qui ont dû, pour produire cette pièce magistrale, creuser un puits de 10 mètres de profondeur et de 3 mètres de diamètre, et remplir ce puits de dissolution de sulfate de cuivre, avec une abondante provision de ce sel, pour renouveler la matière saline au fur et à mesure de son épuisement dans le bain. Le moule en gutta-percha ayant été préparé par portions séparées, et ces portions étant réunies, une immense carcasse conductrice, de plomb, a servi, selon la méthode Lenoir, à diriger le courant électrique dans les derniers recoins de ces moules, pour donner enfin ce véritable monument de la galvanoplastie artistique.

Un autre ouvrage galvanoplastique qui a été fort admiré à l'Exposition universelle de 1867, c'est le grand bas-relief de l'*Arc de Triomphe de Constantin*, un des plus précieux monuments du Forum de l'ancienne Rome, que l'empereur Napoléon III a fait surmouler en plâtre à Rome, et dont la reproduction galvanoplastique, exécutée à Paris par M. Léopold Oudry, forme une des plus belles pages de la galvanoplastie.

Ce bas-relief, haut de $3^m,60$ et large de $2^m,20$, comprend huit personnages plus grands que nature, et pour la plupart très en relief ; plusieurs parties sont même traitées en ronde-bosse. M. Oudry employa plus de 3,000 kilogrammes de gutta-percha pour mouler cette pièce. L'opération voltaïque, effectuée en un seul bain, dura deux mois. L'épaisseur moyenne du cuivre déposé est de plus de 3 millimètres. Cette œuvre remarquable se voyait, à l'Exposition universelle, dans le pavillon de M. Oudry, accompagnée de plusieurs statues de cuivre galvanoplastique, de grandes dimensions.

Quand on considère la dimension des pièces qui sont obtenues par les méthodes galvanoplastiques, on ne peut s'empêcher de reconnaître qu'une carrière toute nouvelle s'ouvre au génie de nos artistes. La reproduction du bas-relief de l'arc de triomphe de Constantin telle que M. Oudry l'a exécutée, ainsi que la statue colossale que MM. Christofle ont reproduite en cuivre pour la façade du nouvel Opéra, et dont nous avons donné la gravure page 305. figure 175, seraient revenues à un prix considérable par le moulage en sable et par la fusion du métal. Le prix de ces œuvres d'art a été comparativement excessivement bas, exécuté par la galvanoplastie. De là, on peut conclure qu'à l'avenir, les commandes d'importantes œuvres sculpturales pourront arriver à nos artistes en bien plus grand nombre qu'autrefois, puisqu'on ne sera plus arrêté par le haut prix du bronze et des opérations de moulage, de fusion, de retouche, etc.

Il importe de remarquer, en effet, que le cuivre obtenu par la galvanoplastie a toutes les qualités du cuivre le plus pur. Les craintes que l'on avait conçues à cet égard, n'avaient aucun fondement, et elles ont, d'ailleurs, reçu de l'expérience, entre les mains de MM. Christofle et Bouilhet, un démenti sans réplique.

Dans des expériences exécutées, en 1866, devant la *Société d'encouragement*, MM. Bouilhet et Paul Christofle ont soumis, à l'action d'une presse hydraulique, des échantillons de même volume de cuivre galvanoplastique et de cuivre de fusion pris dans le commerce. L'appareil se composait d'un cylindre dont les deux extrémités se fermaient au moyen de deux plaques formées du cuivre à essayer. Ce cylindre était en communication avec un corps de pompe dans lequel on pouvait comprimer de l'eau : un manomètre indiquait la pression. Or M. Bouilhet reconnut qu'en opérant sur des plaques de cuivre galvanoplastique d'un demi-millimètre d'épaisseur, on peut comprimer l'eau jusqu'à 20 atmosphères, sans voir apparaître de liquide au dehors ; mais que si l'on prend une plaque de cuivre fondu de même épaisseur, on ne peut comprimer l'eau à 12 atmosphères sans voir le liquide suinter à travers les parois. Ainsi le cuivre de fusion cédait à la pression de 12 atmosphères ; tandis que le cuivre galvanoplastique a supporté, sans se briser, la pression de 20 atmosphères. L'expérience n'a pas été poussée plus loin crainte

d'accidents : le cuivre galvanoplastique ayant résisté à toutes les pressions que les appareils pouvaient produire (1).

Il est un autre point de vue, qu'il faut mettre en évidence, pour faire ressortir l'utilité de la galvanoplastie pour les artistes sculpteurs. Les moulages en plâtre des œuvres des grands maîtres, sont fragiles et insuffisants pour l'étude. La galvanoplastie fournira à peu de frais, non des imitations, mais des reproductions absolument identiques de ces mêmes modèles où revit le génie des arts.

Le plus bel exemple que l'on puisse citer en ce genre, c'est la reproduction des bas-reliefs de la colonne Trajane de Rome, et de son soubassement, qui ont été exécutés par M. Léopold Oudry. Sur l'ordre de l'Empereur, M. Oudry a composé toute la série de reproductions galvanoplastiques des sculptures qui ornent la célèbre colonne de Rome, et maintenant les six cents précieux bas-reliefs dans lesquels Rome nous a transmis le tableau précis du costume et de l'armement de ses soldats, ainsi que le matériel de ses moyens de guerre, se voient au Louvre où les artistes vont les étudier, les copier, en ayant sous les yeux, le modèle de ce qu'ils auraient eu de la peine à voir à Rome même, sur l'original.

La colonne Trajane, l'un des plus beaux spécimens de l'art artistique, et assurément le plus précieux pour l'histoire, est en marbre blanc. Sa hauteur est de près de 50 mètres, quelques mètres de plus que notre colonne monumentale en bronze, de la place Vendôme, à Paris ; son diamètre moyen est d'environ 4 mètres.

A une époque fort antérieure à la nôtre, le gouvernement français avait fait exécuter le surmoulage en plâtre de tous les bas-reliefs de cette colonne. On les plaça à l'École des Beaux-arts ; mais, le plâtre n'offrant ni soli-

(1) *Conférence sur les origines et les progrès de la galvanoplastie*, faite dans la salle de la *Société d'encouragement*, par M. H. Bouilhet, le 7 mars 1866.

Fig. 181.

Fig. 183.

Fig. 182.

Fig. 180. — Prix de l'Empereur gagné par
Gladiateur en 1865.

Fig. 184.

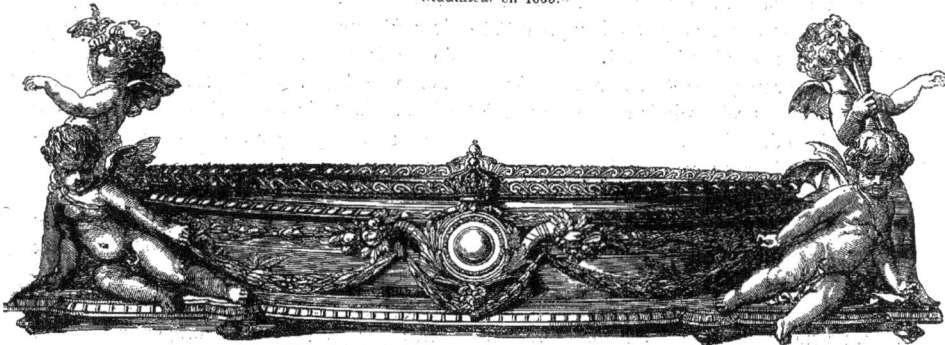

Fig. 185. — Jardinière du surtout de table de S. M. l'Empereur.

Fig. 180 à 185. — Objets d'orfévrerie exécutés en cuivre, dorés et argentés par la pile, par MM. Christofle.
(Fig. 181 à 184. — Pièces d'un service à thé.)

dité ni durée, les uns furent détruits et les autres devinrent tellement frustes qu'il ne fut plus possible aux élèves de l'École de s'en servir comme sujets d'étude.

L'empereur Napoléon III, qui porte un intérêt tout particulier à l'époque gallo-romaine, eut la pensée de faire surmouler à nouveau cette belle page de l'art antique, pour en faire don au musée gallo-romain dont il venait de décider la création à Saint-Germain.

Le ministère de la Maison de l'Empereur et des Beaux-Arts obtint facilement du gouvernement romain l'autorisation nécessaire, et l'on se mit tout de suite à l'œuvre.

Vers la fin de l'automne de 1862, tous ces bas-reliefs arrivèrent à Paris, dans un parfait état de conservation. L'importante opération de leur reproduction galvanoplastique fut confiée à M. Oudry.

Tous les bas-reliefs de la colonne Trajane, reproduits en cuivre par la galvanoplastie, sont, depuis 1864, exposés publiquement au palais du Louvre, dans une des grandes salles du rez-de-chaussée du pavillon Denon. Le soubassement comprend quatre parties, formant chacune un des côtés du monument. La colonne proprement dite, est divisée en six sections, à peu près égales en hauteur ; les bas-reliefs de chaque section, appliqués contre une charpente circulaire et raccordés avec soin, offrent un coup d'œil imposant et une étude du plus haut intérêt.

L'épaisseur moyenne du cuivre déposé sur les six cents bas-reliefs de la colonne Trajane est de 2 à 3 millimètres.

En résumé, la galvanoplastie est appelée à rendre de véritables services à l'art de la sculpture ; et il est regrettable que les artistes et les fabricants de bronze montrent un certain mauvais vouloir contre la galvanoplastie. S'ils veulent bien examiner ses produits avec soin, ils ne tarderont pas à reconnaître que la galvanoplastie, loin de leur être nuisible, pourrait leur rendre de grands services pour les reproductions d'un certain nombre de leurs œuvres.

La fusion du bronze est, en effet, une opération singulièrement difficile, et souvent les résultats obtenus laissent beaucoup à désirer. Il faut alors avoir recours à la main d'un habile ciseleur, qui réveille des détails mal venus, accentue des lignes effacées, et cherche à retrouver la pensée du maître. Il n'y parvient pas toujours, et quand il échoue dans cette interprétation, il reste une œuvre, belle sans doute par la ciselure mais privée de l'idée, du sentiment, de l'inspiration de l'auteur. Le sculpteur qui confierait à la galvanoplastie le soin de reproduire directement son modèle de plâtre, ne verrait jamais sa pensée dénaturée ; tous les détails les plus fins du modèle seraient rendus avec une rigoureuse exactitude.

Pour les parties d'une composition sculpturale qui n'exigent pas de ciselure, et qu'il est facile de mouler et de couler en bronze, pour celles qui ne présentent qu'une faible surface, on aura sans doute avantage à conserver le bronze et le procédé de la fusion. Mais si d'autres parties, d'une plus grande surface, ont besoin de beaucoup de ciselure pour rendre toute la pureté des lignes et la finesse des détails, la galvanoplastie devra souvent être préférée à la coulée du métal et à la ciselure. Non-seulement la galvanoplastie coûte moins cher que le bronze, mais elle donne la garantie d'une reproduction éminemment fidèle. Quant à la solidité, il est facile de l'obtenir en renforçant la coquille galvanoplastique par le système de M. Bouilhet, c'est-à-dire la coulée d'une masse de laiton, qui donne toute la solidité exigée.

Les artistes et les fabricants de bronze auraient donc intérêt à se livrer à des essais de ce genre. Ils le peuvent facilement d'ailleurs. Rien n'empêche le fabricant de bronze d'installer près de ses ateliers, un laboratoire de galvanoplastie, où il ferait exécuter tous les essais qui lui paraîtraient désirables. La galvanoplastie appartient à tout le monde ; elle n'est entravée par aucun monopole ; elle n'est sous le privilége d'aucun brevet ; enfin elle présente très-peu de difficultés d'exécution. Aujourd'hui, la reproduction des œuvres les plus importantes de la sculpture s'effectue à coup sûr : des statues, des animaux, des bas-reliefs immenses et très-accidentés, sont reproduits avec perfection, par des ouvriers même assez peu expérimentés.

Voilà, à nos yeux, bien des raisons pour décider nos artistes à revenir de leurs préventions contre la galvanoplastie.

Cette pensée commence, d'ailleurs, à être comprise, car certains sculpteurs se décident à faire exécuter directement leurs compositions par la galvanoplastie. C'est ainsi que la totalité des statues décoratives qui doivent figurer dans le nouvel Opéra, ont été exécutées directement par la galvanoplastie, dans les ateliers de M. Oudry et de MM. Christofle. Nous avons donné plus haut (fig. 175), un spécimen de l'une de ces statues dont la hauteur dépasse 5 mètres.

Nous mettons sous les yeux de nos lecteurs, divers spécimens des plus récentes et des plus remarquables productions de la nouvelle orfévrerie électro-chimique. Telles sont les figures 180 à 185 (page 313) qui représentent différentes pièces en cuivre argenté ou doré par la pile par MM. Christofle et dont une fait partie du magnifique surtout de table appartenant à l'Empereur des Français.

Applications de la galvanoplastie à l'art de la gravure. — Voici les applications principales faites jusqu'à ce jour, des procédés galvanoplastiques à l'art du graveur. L'électrotypie permet d'exécuter les opérations suivantes : 1° fabriquer des planches de cuivre pur à l'usage des graveurs ; 2° reproduire les planches gravées tant sur métal que sur bois ; 3° graver directement par le courant galvanique.

Les planches de cuivre employées par les graveurs, exigent des qualités que les procédés de l'industrie actuelle réalisent difficilement. Le cuivre, même le plus pur, livré par le commerce, contient généralement de l'étain et d'autres métaux, qui rendent la gravure au burin difficile et la gravure à l'eauforte incertaine dans ses résultats. Au contraire, le métal qui se dépose sous l'influence du fluide électrique, est d'une pureté absolue ; il est donc parfaitement approprié aux besoins de la gravure.

Le procédé pour obtenir les plaques de cuivre unies à l'usage des graveurs, est extrêmement simple. Il suffit de se procurer une plaque de cuivre unie qui sert de moule, et sur laquelle on détermine, à l'aide de la pile, un dépôt de cuivre qui reproduit exactement l'original.

La plaque de cuivre unie destinée à servir de moule, est d'abord soudée, par sa face postérieure, à une petite lame d'étain, de plomb ou de zinc, qui ne sert qu'à établir la communication avec la pile. On obtient ainsi une planche de cuivre unie, qu'il ne reste plus qu'à polir pour qu'elle puisse servir aux usages de la gravure.

Les planches de cuivre gravées par la main de l'artiste, ne sont pas plus difficiles à reproduire que les plaques unies. Telles sont, en effet, la délicatesse admirable et la prodigieuse fidélité de ces moyens de reproduction, qu'une planche où se trouve tracé le dessin le plus compliqué, le travail le plus délicat et le plus fin, peut être reproduite avec une rigoureuse exactitude.

Personne n'ignore qu'après avoir servi à un certain tirage, une planche de cuivre ou d'acier est épuisée, et ne donne plus que des épreuves imparfaites. Or, la galvanoplastie permet de reproduire et de multiplier à volonté une planche qui vient d'être gravée par la main de l'artiste ; la difficulté qui avait jusqu'ici forcément limité le tirage des gravures, se trouve donc annulée.

Deux procédés sont employés pour reproduire, par la galvanoplastie, une planche de cuivre sortant des mains de l'artiste. On peut prendre, avec la gélatine ou la gutta-percha, une contre-épreuve de cette planche. Plaçant ensuite dans un bain de sulfate de cuivre ce moule préalablement rendu conducteur de l'électricité par une légère couche de plombagine, on obtient une planche de cuivre parfaitement identique au type primitif.

Ce premier moyen donne des résultats suffisants pour reproduire des planches d'un travail qui n'est pas extrêmement délicat. Mais, s'il s'agit de multiplier par l'électro-chimie une planche, en taille-douce ou en relief, d'un travail très-perfectionné et sur laquelle le burin de l'artiste a épuisé toutes les ressources de l'art, aucun procédé de moulage ne saurait donner de résultat satisfaisant. Il faut alors, sans craindre de détériorer et de compromettre une œuvre précieuse qui a pu coûter des années entières de travail, plonger la planche même dans le bain électro-chimique. Ce procédé hardi est aujourd'hui employé en Allemagne et en France avec un succès incontestable. Disons seulement que l'on a la précaution, en Allemagne, de recouvrir la planche, placée dans le bain, d'une légère couche d'un corps gras destiné à prévenir l'adhérence de la reproduction galvanoplastique avec l'original, et à faciliter, après l'opération, la séparation du moule d'avec la copie. Mais quelque légère que soit la couche de ce corps gras, elle a l'inconvénient de provoquer, à la surface des planches matrices et des reproductions, un léger grain où vient se loger le noir d'imprimerie. M. Hulot, graveur à la Monnaie de Paris, reproduit une planche de cuivre ou d'acier, plongée directement dans le bain électro-chimique, sans faire usage d'aucun corps gras pour prévenir l'adhérence.

Ce ne sont pas seulement les plaques gravées sur cuivre qui peuvent être reproduites par la galvanoplastie : on peut obtenir aussi la reproduction de planches d'acier. Seulement il faut une opération préalable, la planche d'acier ne pouvant être placée dans le bain de sulfate de cuivre, puisque la dissolution de ce sel serait attaquée chimiquement par le fer qui fait partie de l'acier.

Pour reproduire une planche d'acier, on la plonge dans une dissolution de cyanure double de cuivre et de potassium, qui est sans action sur le fer, et l'on soumet ce bain à l'action de la pile : lorsque la planche s'est ainsi recouverte d'une première couche de cuivre, on la place dans un bain ordinaire de sulfate de cuivre, et on laisse le dépôt voltaïque se terminer.

La reproduction des planches gravées est l'une des plus belles et des plus utiles applications qu'ait reçues la galvanoplastie. On comprend, en effet, que si une planche de cuivre, terminée par le burin du graveur, peut être tirée à un certain nombre de types nouveaux, identiques avec le premier modèle, l'œuvre de l'artiste est ainsi rendue éternelle, et le tirage ne connaît plus de limites. L'importance des applications de la galvanoplastie à la reproduction des gravures a fait répandre promptement en Allemagne l'emploi de ce procédé. L'imprimerie impériale d'Autriche a reproduit ainsi un grand nombre de planches gravées sur cuivre et sur acier, et dans le reste de l'Allemagne, les moyens électrotypiques appliqués à la reproduction des planches de cuivre et d'acier sont d'un usage général. En France, on a poussé plus loin encore la perfection de ces reproductions galvaniques, et rien, par exemple, ne saurait être comparé à la reproduction faite par M. Hulot, de la planche de M. Henriquel Dupont, représentant une *Vierge de Raphaël*.

L'art de la gravure emprunte encore le secours de la galvanoplastie pour la reproduction des clichés, qui servent à imprimer les *gravures sur bois*. On connaît l'extension considérable qu'a prise de nos jours, la gravure sur bois, et la perfection qu'elle a atteinte. Mais un bois gravé ne peut suffire

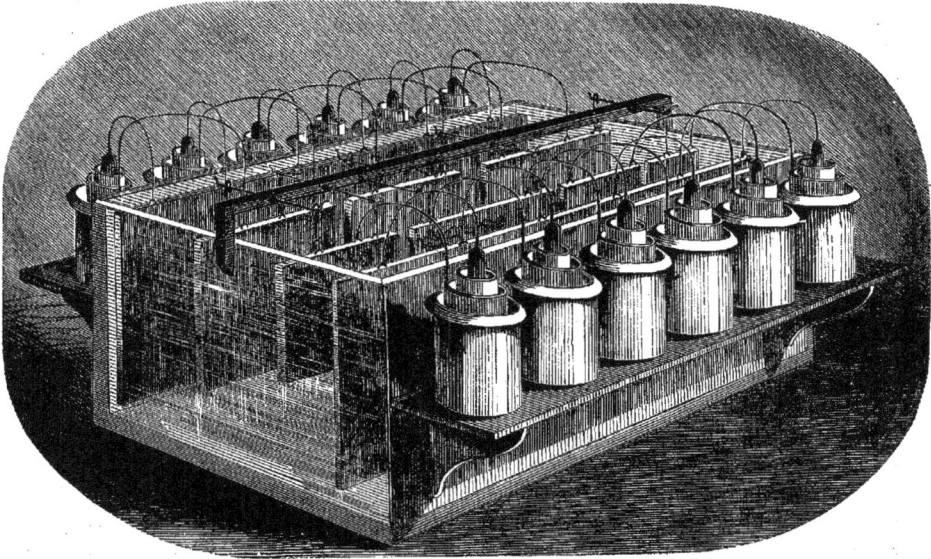

Fig. 186. — Bain de galvanoplastie pour la reproduction des gravures sur bois.

à un très-grand tirage. La galvanoplastie intervient ici avec profit, pour reproduire en cuivre le bois fourni par le graveur.

On prend, avec de la gutta-percha, un moule en creux de cette gravure sur bois. Ce moule de gutta-percha, rendu conducteur par une couche de plombagine en poudre, placé dans un bain de sulfate de cuivre comme le représente la figure 186, et soumis à l'action de la pile, fournit un cliché de cuivre en relief, identique avec la gravure originale sur bois. La dureté du cuivre permet dès lors un tirage de plus de cent mille exemplaires, sans qu'il soit nécessaire de recourir à un nouveau cliché de cuivre.

Il n'est pas nécessaire de donner au dépôt de cuivre qui reproduit la planche sur bois une forte épaisseur : il suffit qu'il ait un vingtième de millimètre environ. Vingt-quatre heures de séjour dans le bain suffisent à fournir ce dépôt. Cela fait, on coule au revers de la reproduction, un peu d'alliage d'imprimerie, qui donne au cliché une épaisseur de 3 millimètres, suffisante pour qu'il résiste à la pression des machines, au moment du tirage. Pour obtenir un cliché tout en cuivre de cette épaisseur, il faudrait laisser le moule de gutta-percha trois semaines dans le bain de sulfate de cuivre.

Il ne reste plus qu'à clouer ce cliché, partie cuivre et partie alliage d'imprimerie, sur une planche de bois qui ait la hauteur des formes qui servent à imprimer. Ce cliché de cuivre cloué sur la planche de bois, est placé dans les formes, et serré avec la composition, pour être tiré en même temps que le texte.

Voilà le moyen, expéditif et sûr, qui permet de reproduire les gravures sur bois qui ornent les publications illustrées. C'est par ce moyen, nous n'avons pas besoin de le dire, que sont tirées les gravures qui accompagnent les *Merveilles de la science.*

La galvanoplastie peut aller jusqu'à supprimer la gravure sur bois elle-même, c'est-à-dire transformer, sans aucun intermédiaire, le dessin de l'artiste en un cliché de cuivre, propre à servir directement au tirage typographique.

On donne le nom de *procédé Coblence*, du nom de son inventeur, artiste de mérite auquel la galvanoplastie a dû de grands progrès, à une méthode qui permet de supprimer le travail du graveur sur bois. Nous allons faire connaître sa mise en pratique.

L'artiste exécute son dessin sur une plaque de zinc polie, au moyen d'un vernis isolant, composé de bitume dissous dans l'essence de térébenthine, en se servant soit d'une plume, soit d'un pinceau. On plonge dans l'eau acidulée par l'acide azotique et marquant 3° à l'aréomètre, la plaque de zinc portant ce dessin en bitume, en ayant seulement la précaution de graisser sa face postérieure, qui ne porte point de dessin, pour la défendre de l'action de l'acide. On retire la plaque du bain d'eau acidulée, lorsque le brillant du zinc est devenu mat, ce qui indique qu'il a été attaqué par l'acide. On nettoie alors, avec de l'essence de térébenthine, la plaque tout entière, qui présente le dessin se détachant par la surface brillante du zinc, sur le fond mat attaqué par l'acide. Avec le même vernis qui a servi à tracer le dessin, on recouvre toute la plaque d'une manière uniforme ; puis, avec la paume de la main, on nettoie délicatement la plaque ainsi vernissée. Pendant cet essuyage, les parties mates du zinc, dont la surface est rugueuse, retiennent le vernis, tandis que les parties brillantes ne le retiennent point. On a ainsi une surface qui reproduit le dessin au moyen d'un vernis sur une plaque de zinc. On place cette plaque, en cet état, dans un bain de cuivrage galvanoplastique, c'est-à-dire dans la dissolution de cyanure double de potassium et de cuivre, en attachant la plaque au fil négatif de la pile, qui est elle-même

séparée du bain. Il faut opérer à chaud et maintenir seulement pendant vingt minutes, l'immersion dans le bain de cuivrage. Le cuivre ne se dépose point sur les parties recouvertes de vernis, substance non conductrice de l'électricité ; il se précipite seulement sur le zinc brillant, qui est à découvert. Quand ce cuivrage a été opéré, on enlève le vernis avec une brosse et de l'essence de térébenthine chaude, et l'on a, en définitive, une plaque de zinc sur laquelle le dessin est reproduit par un léger dépôt de cuivre.

Ce dépôt de cuivre est beaucoup trop mince, et son relief beaucoup trop faible, pour que l'on puisse songer à faire un tirage typographique avec une telle plaque. Il faut donc s'occuper de la creuser, de manière à donner au trait le relief exigé. Or, le zinc est très-attaquable par les acides à froid, tandis que le cuivre résiste à leur action. Un acide faible, agissant sur cette plaque, peut donc attaquer et creuser le zinc, en respectant le cuivre.

La liqueur acide dont M. Coblence fait usage pour attaquer ses plaques, est ainsi composée :

Eau.....................	10 parties en poids.
Acide azotique..........	2 —
Acide sulfurique.........	1 —
Sulfate de cuivre cristallisé.	4 —
Sulfate de fer cristallisé...	4 —

On plonge la plaque pendant deux minutes seulement, dans cette eau acidulée, qui ronge le zinc sans toucher au cuivre, et l'on obtient ainsi un relief très-sensible. Mais ce relief ne serait pas encore suffisant. Pour creuser davantage et donner encore plus de saillie, on passe sur la plaque une couche d'encre d'imprimerie, et on la remet dans l'eau acide, ce qui lui donne un relief suffisant pour le tirage typographique.

Pour terminer et donner à cette planche gravée l'aspect des clichés ordinaires qui servent au tirage typographique, on place pendant quelque temps, le cliché dans un bain galvanoplastique de cyanure de cuivre, qui recouvre toute la surface, creux et reliefs, zinc et cuivre, d'une couche uniforme de cuivre, et lui donne l'apparence des clichés ordinaires de cuivre.

Il n'y a plus qu'à clouer ce cliché sur du bois, de la grandeur des formes d'imprimerie, et à le placer dans les formes pour procéder au tirage typographique.

Nous donnons comme spécimen de gravure par le *procédé Coblence* la figure 187 exécutée par M. Coblence.

Ce procédé a une autre application d'une véritable importance : il permet de transformer une gravure sur acier ou sur cuivre, en taille-douce, c'est-à-dire une gravure en creux, en un cliché de cuivre en relief, propre à servir au tirage typographique. Les opérations sont les mêmes que celles que nous venons de décrire ; seulement, au lieu d'opérer sur une lame de zinc, ayant reçu le dessin au bitume tracé par l'artiste, on agit sur un *report* pris sur l'épreuve de la gravure en taille-douce.

On appelle *prendre un report* dans la lithographie ou la gravure, la très-curieuse manœuvre qui consiste à transporter sur pierre ou sur métal, l'encre d'une gravure, en appliquant sur la pierre ou sur le métal une épreuve sur papier de cette gravure, mouillant le papier et le retirant, de manière à laisser l'encre sur la surface de pierre ou de métal.

Quand on a pris sur la plaque de zinc poli, le *report* d'une épreuve sur papier de la gravure en taille-douce, on soumet cette plaque à la série de traitements par les acides et par le bain galvanoplastique que nous avons décrits plus haut, et l'on arrive ainsi à transformer en un cliché de cuivre en relief, une planche en taille-douce.

La figure 188 a été obtenue par ce procédé par M. Coblence, comme spécimen de la transformation d'une planche en taille-douce, en un cliché de cuivre en relief.

Le procédé Coblence que nous venons de décrire, n'est pas le seul qui permette de supprimer le travail du graveur sur bois et d'exécuter des gravures destinées au tirage typographique. On donne même, habituellement, le nom général de *procédé* aux différentes méthodes qui permettent de transfor-

Fig. 187. — Gravure exécutée par le *procédé Coblence*.

mer directement le dessin de l'artiste en un cliché de cuivre destiné au tirage typogra- phique. On connaît le *procédé Gillot*, le *pro- cédé Duloz*, le *procédé américain*, etc. Mais

Fig. 188. — Transformation d'une gravure en taille-douce en une gravure en relief, par le procédé Coblence.

comme ces différents systèmes n'ont point recours à la galvanoplastie, qui fait l'objet de cette notice, nous n'avons pas à les examiner. Nous dirons seulement que tous ces procédés sont loin de pouvoir remplacer la gravure sur bois, dont ils ne donnent jamais la vigueur de teintes ni la délicatesse de traits. La profondeur des creux, condition essentielle de la gravure typographique, n'est donnée avec certitude que par la main du graveur sur bois.

La gravure sur cuivre s'exécute quelquefois, non en creux, mais en relief, absolument comme la gravure sur bois, sauf la nature de la matière qui est changée, et sauf la difficulté du travail, quand il s'agit d'un corps aussi dur que le cuivre. Les gravures sur *cuivre en relief* ne sont aujourd'hui que des exceptions ; on préfère prendre une gravure sur bois et en obtenir un cliché en cuivre galvanoplastique.

Toutefois le bois ne pouvant donner des finesses comparables à celles que donne le métal, on fait usage de la gravure en relief sur cuivre, pour les dessins qui exigent une grande finesse de traits, comme ceux d'histoire naturelle ou de certaines machines. Nous n'avons pas besoin de dire que la galvanoplastie intervient ici pour refournir, avec le type primitif en cuivre en relief, des reproductions du cliché original.

C'est par le procédé de gravure sur cuivre en relief, que sont obtenues les planches qui servent au tirage des timbres-poste, des billets de banque et des cartes à jouer.

Le gouvernement et l'administration de la Banque de France confient à M. Hulot, graveur à la Monnaie de Paris, le soin d'exécuter les planches qui servent au tirage des cartes à jouer, des billets de banque et des timbres-poste. Les procédés électro-chimiques jouent un certain rôle dans la confection et

Fig. 189. — Les Saisons, pièce d'orfévrerie électro-chimique de MM. Elkington, de Birmingham (Exposition universelle de Paris en 1867).

dans la multiplication de ces clichés précieux, et c'est grâce à la galvanoplastie que l'on peut suffire à un tirage qui, pour les timbres-poste par exemple, peut s'élever, en quelques jours, à des dizaines de millions. Mais quelques détails sur ce sujet ne paraîtront pas ici dépourvus d'intérêt.

Après la révolution de février 1848, dans un moment où le numéraire était excessivement rare, le ministre des finances demanda à la Banque de France l'émission d'un grand nombre de petites coupures de billets de Banque, afin de faciliter le service du Trésor, et de répondre aux besoins de la circulation. Mais la Banque ne pouvait satisfaire à cette demande, n'ayant qu'un seul type pour l'im-

pression des billets de 200 francs, et n'en possédant aucun pour des coupures plus petites. En effet, une planche ou type de billet de banque, qui revient à environ 25,000 francs, demande ordinairement, de dix-huit mois à deux ans de travail, pour la gravure typographique sur acier, dite *en taille de relief*. Quel que soit son talent, un graveur ne peut jamais parvenir à se copier exactement lui-même. Il n'existait donc, en 1848, aucun moyen rigoureux de multiplier, dans un court intervalle, le type unique que possédait la Banque de France pour le billet de 200 francs, et d'exécuter les coupures de 100 francs qui lui étaient demandées. Il fallait improviser des types de billet de 200 francs et de

100 francs. Pressée par les exigences du moment, la Banque fut obligée d'émettre les billets verts de 100 francs, composés et tirés par la maison Firmin Didot. Mais ces billets ne portaient pas les insignes de la Banque de France, et n'offraient point les garanties des billets ordinaires : leur contrefaçon n'était pas impossible et l'événement le prouva. On s'adressa alors à M. Hulot, qui, bien avant cette époque, en 1840, avait été désigné par M. Persil pour concourir à des expériences sur les contrefaçons des monnaies par la galvanoplastie, et qui, plus tard, en 1846, avait été chargé de multiplier, par les procédés électro-chimiques, les types des cartes à jouer pour les contributions indirectes. M. Hulot put graver et multiplier, en deux mois, le billet de 100 francs. Grâce aux moyens qu'il emploie, vingt-quatre reproductions du billet de banque, ainsi que son type original, ne reviennent qu'au prix d'un billet gravé par les procédés ordinaires de gravure. Au moyen de ces multiplications, la Banque pourrait, en six mois, tirer plus de billets qu'elle n'en a produit en vingt ans avec un type unique.

Quand la réforme postale fut accomplie en France, en 1848, et qu'elle dut être mise à exécution, l'ingénieur anglais Perkins demandait au ministre des finances six mois pour lui fournir des timbres-poste à 1 franc la feuille de 240 timbres, c'est-à-dire à un prix très-élevé, et il ne restait pas trois mois à l'administration pour exécuter la loi. Grâce à l'application des procédés de M. Hulot, une économie considérable fut réalisée, et huit jours avant l'époque où la loi devait être mise en pratique, il existait des timbres-poste dans toutes les communes de France, et il en restait huit à dix millions entre les mains de la direction générale.

Comme nous l'avons dit plus haut, la galvanoplastie est mise à profit pour l'exécution et la multiplication des clichés des timbres-poste, des billets de banque et des cartes à jouer ; mais la manière dont elle intervient dans ces opérations constitue une sorte de secret d'État. Bornons-nous à dire que c'est dans les beaux ateliers de la Monnaie de Paris que l'on peut se convaincre des prodiges que la galvanoplastie a pu réaliser entre des mains habiles (1).

(1) Nous pensons qu'à ce propos le lecteur trouvera ici avec plaisir l'extrait suivant d'une lettre de M. Hulot adressée à M. Speiser, de Bâle. Cette lettre renferme de curieux et intéressants détails sur les procédés qui ont servi à la confection des clichés des timbres-poste, et sur les qualités spéciales que l'artiste a su donner aux timbres-poste français dans le but d'en prévenir la contrefaçon.

Extrait d'une lettre adressée le 25 septembre 1851 par M. Hulot à M. Speiser, à Bâle. — « .... La maison Perkins proposait au ministre des finances, en septembre 1848, d'organiser en six mois l'application de ses procédés, et lui faisait des conditions excessivement onéreuses. Mais la loi portant la réforme postale était exécutoire du 1ᵉʳ janvier 1849. Je pensai arriver en temps utile en appropriant mon système à ce travail ; mes preuves d'ailleurs étaient faites par l'entière réussite des billets de la Banque de France et des cartes à jouer. D'un autre côté, je ne faisais aucune condition à l'administration, organisant les ateliers nécessaires à mes frais et promettant une économie de plus de 200,000 francs sur les frais de la première commande de la poste, calculée au prix de M. Perkins. Le ministre me chargea du travail.

« Les procédés dont je dispose se prêtaient également à la multiplication de tout genre de gravure en taille-douce comme en taille de relief ; j'avais le choix entre l'impression en taille-douce et l'impression typographique. De nombreuses expériences faites autrefois à la demande de MM. les ministres des finances Humann et Laplagne sur la contrefaçon des timbres légaux, m'avaient démontré que la gravure en relief ou typographique est celle *qui offre le plus de garanties contre le faux, en admettant qu'elle soit exécutée dans certaines conditions spéciales, et imprimée de manière à rendre à la fois le report sur pierre lithographique et sur métal absolument impropre à produire des épreuves, et à paralyser complètement les procédés anastatiques, chimiques, électro-chimiques et photographiques, etc.*

« Certain d'atteindre un tel résultat pour mes timbres, je m'arrêtai au système typographique. J'étais encore confirmé dans ce choix par l'exemple de la Banque de France, dont les billets, en taille de relief, ne sont point contrefaits sérieusement, quand ceux en taille-douce des autres pays le sont si fréquemment et si facilement.

« Le coin type fut gravé en cinq semaines. Dans un temps égal, les ateliers de fabrication furent créés, et les planches portant 300 timbres exécutées. Quelques jours de tirage avec des presses à bras ordinaires, à raison de 1,200,000 timbres-poste par jour, me suffirent pour livrer à la direction générale des postes l'approvisionnement abondant de tous ses bureaux ; les timbres purent être répandus dans toutes les communes de France, en Corse et en Algérie, avant le 1ᵉʳ janvier 1849, bien qu'il en restât près de 10 millions en magasin.

« Les timbres-poste, aujourd'hui de cinq valeurs diffé-

Parlons enfin de la gravure directe des planches de cuivre par le courant galvani-

rentes, sont imprimés en couleurs distinctes, sur des papiers teintés en diminutif de la couleur de l'impression. L'impression noire est abandonnée dans un intérêt de service (le noir est réservé pour l'annulation).

« Le gommage des feuilles, qui s'opère d'une manière très-simple, n'a rien de malsain ni de repoussant comme celui des *postage-stamps* anglais. Il ne rend pas la gravure indistincte en la noircissant par la transparence du papier, comme cela arrive le plus souvent aux timbres-poste anglais, à ceux de l'Union américaine et d'ailleurs. Il adhère facilement et très-parfaitement aux lettres, en conservant toujours beaucoup de flexibilité.

« L'*oblitération ou annulation*, qui se pratique dans les bureaux de poste à l'aide d'une encre typographique noire très-commune, *est complète et entièrement à l'abri du lavage;* des expériences multipliées et très-décisives l'ont prouvé.

« Un des caractères particuliers du timbre-poste typographique qui le ferait distinguer au premier coup d'œil de toute imitation par tout procédé de gravure, c'est la fermeté des tailles et du trait et la netteté de l'impression; ces qualités précieuses, qui font résister le papier et la gravure à l'action noircissante du gommage et au froissement réitéré de la circulation, permettent toujours aux employés des postes et au public l'examen véritable des petites images. Ce caractère manque tout à fait aux timbres dus au système Perkins, dont la garantie consiste en beaucoup de finesse et de douceur, qualités inappréciables pour le public et le public qui n'examinent pas à la loupe, et que la mauvaise fabrication remplace le plus souvent par un ton douteux et sali favorable à la contrefaçon. Ce défaut provient encore de l'imperfection du gommage, ou du moindre froissement entre les papiers et dans les poches.

« Avec quelque talent et de la patience, il est incontestable que le timbre en taille-douce peut être contrefait par la taille-douce ou par le report anastatique. Il n'est pas douteux, d'un autre côté, que toute contrefaçon de mes timbres typographiques est impossible par le report, et que toute imitation par un procédé de gravure en taille-douce quelconque ou de lithographie sera toujours reconnue à l'*aspect* seul, c'est-à-dire sans examen minutieux. La distribution de l'encre offre d'ailleurs un caractère essentiel et convaincant pour l'expert.

« La *gravure d'épargne* et en *relief* sur acier d'un timbre typographique présentant les garanties que je cherche, exige un graveur habile et expérimenté; on en compte peu en France, moins encore à l'étranger. Le graveur, auteur du type primitif, ne se copierait pas exactement, quel que fût d'ailleurs son talent.

« D'un autre côté, la contrefaçon par feuilles de timbres paraît seule capable de tenter la cupidité d'un faussaire habile; or, en admettant un type contrefait, il faudrait encore composer une planche; et *mon procédé est l'unique qui permette de multiplier* IDENTIQUEMENT *des planches et gravure d'épargne*, comme celle des billets de la Banque de France, des cartes à jouer et des timbres-poste. En outre, mes planches d'un seul morceau de métal, capables de *tirer plusieurs centaines de millions de timbres, sans altération, sont composées de timbres espacés entre eux avec une rigueur toute mathématique et suivant des lignes absolument droites et perpendiculaires entre elles, résultat que*

que. Tout le monde sait que pour obtenir une gravure à l'eau-forte, on commence par recouvrir une planche polie, de cuivre ou d'acier, d'une couche de cire et de vernis. Le graveur dessine alors, sur cette couche, avec une pointe fine, de manière à mettre le métal à nu. Il place ensuite cette planche dans un vase plat, et verse dessus de l'acide azotique (eau-forte) étendu d'eau. L'acide attaque et dissout le métal jusqu'à une profondeur suffisante pour loger l'encre d'impression. M. Smée, praticien anglais, auteur d'un ouvrage sur la *Galvanoplastie*, fort diffus et passablement obscur (1), a imaginé de remplacer l'eau-forte par l'action chimique qui s'exerce sur un métal quand on le place au pôle positif d'une pile voltaïque.

La plupart des opérations dont nous avons parlé jusqu'ici, se forment au pôle négatif de la pile; c'est là que s'accomplissent, comme on l'a vu, tous les dépôts métalliques. Mais il se passe au pôle positif une autre action chimique dont on a su très-ingénieusement tirer parti. Dans la décomposition électrochimique d'un sel, en même temps que le métal se trouve réduit au pôle négatif, l'oxygène et l'acide se rendent au pôle positif, et si, comme nous l'avons dit en parlant des *anodes solubles*, on dispose à ce pôle une lame métallique, celle-ci se trouve peu à peu attaquée et dissoute par l'action réunie de l'oxygène et de l'acide libre. Ce fait, sur lequel M. Jacobi a fondé l'emploi des anodes, a servi à M. Smée à obtenir ce curieux résultat de graver directement par le courant galvanique une planche de cuivre. Voici comment ce physicien recommande d'opérer. La planche métallique, recouverte de cire ou de vernis sur ses deux faces, reçoit, comme à

ne peut atteindre aucun moyen mécanique ou artistique connu. Il y a donc lieu de penser et de dire que, si mon système typographique est supérieur au procédé de taille-douce sidérographique dans la pratique postale, il le dépasse également en garantie et sous le rapport économique, etc. »

(1) *Manuel de Galvanoplastie*, par M. Smée, traduit par E. de Valicourt, 2 vol. in-12. Paris, 1860, chez Roret.

l'ordinaire, le dessin exécuté avec la pointe par l'artiste. Cette planche est alors placée dans une dissolution de sulfate de cuivre en communication avec le pôle positif d'une pile; le circuit voltaïque est complété en mettant en rapport avec le pôle négatif une plaque de même dimension que la planche à graver. La décomposition ne tarde pas à s'effectuer ; l'oxygène et l'acide sulfurique se portent sur la plaque et dissolvent le cuivre dans les points où les traits ont été marqués.

La gravure galvanique est-elle appelée à remplacer, dans nos ateliers, la pratique habituelle ? Il est difficile de le savoir, car les essais de ce genre de gravure n'ont pas encore été exécutés en France.

L'emploi d'un procédé analogue au précédent, a permis d'arriver à ce résultat intéressant et curieux, de transformer une plaque daguerrienne en une planche propre à la gravure, et pouvant servir à donner, par le tirage typographique, quelques épreuves sur papier de l'image daguerrienne. Une épreuve photographique est composée de reliefs formés par le mercure, qui représentent les clairs, et de parties planes constituant les ombres, qui ne sont autre chose que l'argent de la lame métallique. Mais ces creux et ces reliefs sont prodigieusement faibles. Si l'on trouvait le moyen de les augmenter, on pourrait consacrer une de ces plaques au tirage soit typographique, soit en taille-douce. On ne pourrait sans doute tirer avec une telle plaque qu'un très-petit nombre d'épreuves sur papier ; mais le fait de la transformation de cette plaque en planche propre à l'impression n'en serait pas moins réel. M. Grove est arrivé à ce résultat en se servant de la planche daguerrienne comme anode soluble attaché au pôle positif de la pile, et plongeant dans un liquide d'une nature chimique telle, qu'il puisse attaquer le mercure en respectant l'argent. Le liquide qui convient à cet objet délicat, de laisser l'argent inattaqué tout en dissolvant le mercure, est l'acide chlorhydrique

étendu d'eau. Grâce à l'emploi de précautions et de soins particuliers, indiqués par le physicien anglais, on peut transformer une plaque daguerrienne en une planche de graveur, et le tirage de cette planche donne sur le papier une épreuve sur laquelle on peut glorieusement écrire : *Dessinée par la lumière et gravée par l'électricité.*

Application de la galvanoplastie à l'art typographique. — L'application des procédés galvanoplastiques à la typographie, a donné, depuis peu d'années, des résultats d'une haute importance.

Les procédés électro-chimiques permettraient d'obtenir, à peu de frais, les caractères que le fondeur exécute au moyen d'une matrice préparée à cet effet. Dans l'état actuel de l'industrie, les procédés qui sont en usage fournissent les matrices d'impression avec une économie qui rendrait superflue l'intervention de la galvanoplastie, quand il ne s'agit que de matrices n'exigeant qu'un médiocre travail de gravure. Mais il en est autrement quand il s'agit de caractères devenus rares, ou dont la complication rendrait dispendieuse l'exécution d'une matrice nouvelle. La galvanoplastie intervient dans ce cas, avec un avantage marqué. Il suffit, en effet, de posséder quelques spécimens de ces caractères; les procédés électro-chimiques permettent de préparer avec un seul de ces caractères une matrice à l'aide de laquelle le fondeur peut ensuite fournir à très-bas prix la série de caractères nécessaires à l'imprimeur.

En Allemagne et en France, l'art de l'imprimerie tire déjà un parti sérieux de cette application de la galvanoplastie. L'imprimerie impériale d'Autriche, qui a tant contribué à répandre et à populariser l'emploi de la galvanoplastie dans la typographie et dans la gravure, fait aujourd'hui un grand usage des procédés électro-chimiques, pour la reproduction des matrices devenues rares.

Parmi les produits de l'imprimerie impériale d'Autriche, présentés à l'Exposition

Fig. 190. — L'Aurore, pièce d'orfévrerie électro-chimique de MM. Elkington, de Birmingham (Exposition universelle de Paris en 1867).

de 1867, on remarquait un grand nombre de ces reproductions galvaniques de matrices rares ou épuisées.

L'imprimerie impériale de France, qui n'a accueilli qu'assez tardivement les nouveaux procédés empruntés à la science moderne, commence néanmoins à entrer à son tour, dans la voie si heureusement tracée par nos voisins. Elle avait présenté à l'Exposition de 1867, différentes matrices de caractères chinois, palmyrénien, phénicien, etc., obtenus par la voie galvanique.

C'est avec satisfaction que l'on a vu figurer ces spécimens parmi les produits de notre imprimerie impériale, puisqu'ils dénotent la pensée de poursuivre, dans l'avenir, l'emploi des procédés empruntés aux sciences. Ces moyens sont peut-être, en effet, destinés à régénérer l'art de l'imprimerie, et à le met-

tre, sous ce rapport, en harmonie avec les autres branches de l'industrie moderne, qui doivent à l'application des sciences physiques leurs progrès les plus sérieux.

La galvanoplastie est utile aux imprimeurs pour le tirage des ouvrages *clichés*. Quand un ouvrage est destiné à un grand débit, et qu'il ne doit pas exiger de grandes corrections, on a pris l'habitude, depuis une vingtaine d'années, de le *tirer sur clichés*, c'est-à-dire de prendre avec du plâtre l'empreinte de la composition, et de couler dans ce moule de plâtre, l'alliage d'imprimerie. Ces pages d'alliage ainsi obtenues, servent à tirer l'ouvrage, sans qu'il soit nécessaire de le composer à nouveau.

Mais l'alliage d'imprimerie a peu de dureté, surtout celui qui sert à fabriquer les clichés : il ne pourrait suffire à un tirage considérable. De là l'usage de *cuivrer* la surface des pages de clichés ; et ce cuivrage s'obtient par les procédés galvanoplastiques, c'est-à-dire en faisant déposer une couche de cuivre d'une certaine épaisseur, sur les formes clichées. Dès lors, c'est le cuivre et non l'alliage, qui supporte l'effort de la presse, et le cliché ainsi cuivré, peut suffire à un tirage indéfini. Les grandes lettres des titres des journaux sont également cuivrées, pour résister à un tirage long et répété.

Depuis quelque temps, on commence à reproduire en cuivre, par les procédés galvanoplastiques, les pages mêmes des clichés typographiques. L'alliage d'imprimerie, qui sert à la confection de ces clichés, n'étant pas d'une dureté extrême, finit, après un assez long tirage, par être fatigué, usé. Reproduits en cuivre galvanoplastique, les clichés résistent à un tirage beaucoup plus long, en raison de la dureté du cuivre. L'expérience a établi que les pages clichées et reproduites par les procédés galvanoplastiques, d'après un moule de la composition, obtenu avec la gutta-percha, quoique plus chères que le cliché d'alliage, sont pourtant d'un usage économique en raison de leur durée et de la beauté de l'impression. Aussi plusieurs imprimeurs et éditeurs de Paris commencent-ils à adopter cette méthode pour les ouvrages dont le débit est considérable et assuré, comme les livres de classe, les auteurs anciens, etc.

La galvanoplastie a permis enfin de créer un mode d'impression intéressant, et encore peu connu en France, ce qui nous engage à lui consacrer une description spéciale. Nous voulons parler de l'*impression naturelle*. Les personnes qui ont visité l'Exposition universelle de 1867, ont remarqué, dans les vitrines des libraires allemands, une série de planches, envoyées d'Autriche, et qui représentent avec de très-grandes dimensions, ou plutôt avec les dimensions de la nature, des spécimens coloriés de divers objets d'histoire naturelle, des plantes entières, des fruits, des fleurs et différents organes végétaux, auxquels il faut joindre des plantes fossiles, des pétrifications d'animaux, etc. Ces produits, qui constituent un moyen d'étude intéressant et nouveau offert aux naturalistes, et qui ont été mis à profit, en Allemagne, pour un certain nombre de publications scientifiques, s'obtiennent à l'aide de l'original même qu'il s'agit de reproduire ; c'est pour cela que l'on désigne sous le nom d'*impression naturelle* le procédé qui sert à les obtenir. Voici en quoi ce procédé consiste.

A l'aide d'un rouleau d'acier, on presse l'objet à reproduire sur une feuille de plomb. Par l'effet de cette pression, tous les contours de l'objet se trouvent imprimés en creux sur le métal. Placée dans le bain de sulfate de cuivre qui sert aux opérations ordinaires de la galvanoplastie, la lame de plomb reçoit un dépôt de cuivre qui reproduit en relief l'image qui existait en creux sur le plomb, et forme ainsi une planche qui, par le tirage typographique ordinaire, fournit les épreuves sur papier représentant l'objet primitif dans ses détails les plus délicats. La reproduction des poissons fossiles et l'empreinte d'autres animaux fossiles sur les blocs de pierre, s'obtiennent par le même procédé ; seulement on remplace la feuille de plomb par un moulage à la gutta-percha. Les dentelles, les tissus à dessin clair et les ouvrages au crochet, peuvent être copiés de la même manière, sur l'original même.

Une modification avantageuse de cette curieuse méthode de reproduction, consiste à faire déposer du cuivre sur l'objet naturel lui-même, placé dans le bain électro-chimique. Pour reproduire des objets dont les détails se transporteraient mal sur la feuille de plomb ou sur la gutta-percha, tels, par exemple, qu'une coupe transversale de bois fossile, d'un minéral, d'un quartz ou d'une agate, etc., on rend conductrice la surface de ces corps, grâce à une légère couche de plombagine, et on les place directement dans le bain de sulfate de cuivre. La précipitation du cuivre sur l'objet, fournit un moule en creux, qui sert directement au tirage typographique. Tous les spécimens de ce genre, qui avaient été présentés à l'Exposition universelle de 1867, par l'Imprimerie impériale de Vienne, étaient coloriés par les procédés particuliers d'impression en couleur que l'on emploie à Vienne avec tant de supériorité.

L'intérêt qui s'attache aux produits, encore si peu connus parmi nous, de l'*impression naturelle*, nous engage à donner quelques détails sur l'origine de ce mode d'impression, qui a reçu de la galvanoplastie un perfectionnement si utile.

Les premières expériences pour employer la nature comme agent d'impression, remontent au commencement du dix-septième siècle. Les grandes dépenses qu'occasionnait alors la gravure sur bois, avaient conduit plusieurs naturalistes à faire des essais pour employer directement la nature elle-même comme moyen de reproduction. On trouve dans le *Book of art* d'Alexis Pedemontanus, imprimé en 1572, les premières indications pour obtenir l'impression des plantes.

Plus tard, un Danois, nommé Welkenstein, donna, comme on le voit dans les *Voyages de Monconys*, publiés en 1650, des instructions sur le même sujet. Le procédé de Welkenstein, bien connu aujourd'hui de la plupart des jardiniers et des collégiens, consistait à tenir la plante au-dessus d'une chandelle ou d'une lampe, de telle sorte qu'elle fût entièrement noircie par la fumée. En plaçant la plante ainsi noircie entre deux feuilles de papier, et frottant doucement au moyen d'un couteau d'ivoire, la suie venait imprimer sur le papier les veines et les fibres de la plante.

Ajoutons que ce procédé, si simple, a reçu de nos jours un léger perfectionnement. On réduit en poudre impalpable un morceau de pastel de la couleur qui se rapproche le plus de celle de la plante, on en fait une pâte avec de l'huile d'olive ; on opère, comme précédemment, et les veines et les fibres de la plante viennent s'imprimer en couleur sur le papier blanc. On obtient ainsi de fort beaux résultats pour la copie de toutes les plantes vertes, et cette impression demeure ineffaçable (1).

C'est un artiste nommé Branson qui eut le premier, en Allemagne, l'idée de reproduire par la galvanoplastie les images fournies par l'*impression naturelle*, dont la connaissance remontait, comme on le voit, à une époque éloignée. On doit à Leydoldt l'idée de reproduire, par la précipitation du cuivre, les objets de minéralogie, tels que les agates, les fossiles et les pétrifications, en les plaçant directement dans le bain électro-chimique. Enfin, c'est un autre artiste de l'imprimerie impériale de Vienne, M. Worring, qui a mis à exécution les plans de Leydoldt et Haydinger, qui avaient les premiers employé les rouleaux d'acier et de plomb pour former l'empreinte de l'objet sur une lame métallique (2).

(1) Mais le procédé qui a donné jusqu'ici les meilleurs résultats est celui de Félix Abate, de Naples. L'auteur désigne ce procédé sous le nom de *thermographie*, ou art d'imprimer par la chaleur. Voici en quoi il consiste. On mouille légèrement, avec un acide étendu d'eau ou un alcali, la surface des sections de bois dont on veut faire des *fac-simile*, et l'on en prend ensuite l'empreinte sur du papier, du calicot ou du bois blanc. D'abord cette impression est tout à fait invisible ; mais en l'exposant pendant quelques instants à une forte chaleur, elle apparaît dans un ton plus ou moins foncé, suivant la force de l'acide ou de l'alcali. On produit, de cette manière, toutes les nuances de brun, depuis les plus légères jusqu'aux plus foncées. Pour quelques bois qui ont une couleur particulière, il faut colorer la substance sur laquelle on imprime, soit avant, soit après l'impression, selon la légèreté des ombres du bois.

(2) « L'impression naturelle, dit M. L. Aüer, dans une brochure publiée en 1853, intitulée *Découverte de l'impression naturelle*, est d'une grande importance, non-seulement pour la botanique, — car, outre des plantes, on a déjà copié aussi des insectes et d'autres objets, — mais encore pour beaucoup de branches industrielles, particulièrement pour la fabrication des tapis, des étoffes de soie, et pour les rubans.

« Voici le procédé qui est mis en pratique à l'Imprimerie impériale de Vienne, pour obtenir la gravure des dentelles

A côté des produits de l'*impression natu-*
relle, on voyait à l'Exposition universelle
de 1867, une série d'œuvres galvanoplastiques dignes d'intérêt à bien des égards. Nous
voulons parler de l'*Imprimerie à l'usage des*
aveugles, dont plusieurs spécimens existaient
dans le petit pavillon consacré à l'exposition
de la Suède et dans celle de l'Autriche.

C'est une belle chose, la science qui dévoile à notre esprit les ressorts cachés de
tous les phénomènes de l'univers ; c'est une
belle chose, l'industrie qui nous apprend à
tirer le parti le plus utile des forces qui nous
entourent ; mais on leur reproche, non sans
raison peut-être, de trop laisser dans l'ombre
le côté moral, l'un des plus beaux attributs
de l'humanité. Que la science étende à l'infini le cercle de ses conquêtes ; qu'entre ses
mains, l'électricité obéissante se plie à tous

et objets analogues, tel qu'il est indiqué dans un rapport
fait à la Chambre de commerce de cette ville, le 2 août
1852, par M. le secrétaire Holdans.

« On enduit le coupon original de dentelle, destiné à être
copié, d'une mixture d'eau-de-vie et de térébenthine de
Venise, et on le pose, tendu, sur une planche de cuivre
ou d'acier bien polie. On y superpose ensuite une lame de
plomb pur, également polie, et l'on fait glisser, à l'aide
d'une presse, les deux planches renfermant l'échantillon de
dentelle, entre deux cylindres, qui exercent momentanément une pression de 800 à 1,000 quintaux. Aussitôt qu'on
a détaché les planches, on reconnaît que le tissu de la dentelle s'est empreint dans la lame de plomb ; on l'en écarte
avec précaution, et le dessin apparaît en creux sur la lame
de plomb.

« Comme on veut obtenir, dans le but d'en tirer des imprimés, une planche très-dure, il faut ensuite employer
les procédés ordinaires de stéréotypie ou de galvanisation,
par lesquels on peut multiplier, à l'infini, le nombre des
planches destinées à l'impression.

« Comme on n'imprime par la presse typographique que
des gravures en relief, il est clair que les planches stéréo-
typiques obtenues ayant le fond relevé et le dessin de la
dentelle en creux, le premier s'imprime avec une couleur
quelconque, tandis que le dernier garde la couleur du papier qu'on y a employé.

« C'est là l'ensemble du procédé. Tout dessin, quelque
compliqué qu'il soit, peut par là être multiplié à l'instant,
de la manière la plus fidèle, dans les détails les plus délicats, et à un prix qui égale celui de l'impression ordinaire.

« S'il s'agissait d'objets qui pourraient être endommagés
par cette méthode, on enduirait l'original d'une solution de
gutta-percha et l'on se servirait de la forme de cette matière comme de matrice, dans le traitement galvanique,
après l'avoir imprégnée d'une solution d'argent. »

nos désirs ; qu'elle transforme la vapeur en un
agent universel, propre à exécuter les travaux les plus délicats, comme à triompher
des plus formidables résistances, on admire
de tels résultats, on s'étonne de leur grandeur. Mais combien la science nous paraît
noble et touchante, quand elle applique ces
mêmes moyens à adoucir les maux de nos
semblables ! Quel sentiment profond de reconnaissance s'élève en nos cœurs, lorsqu'après avoir créé, avec la photographie,
toutes les merveilles qui nous charment,
après avoir découvert de magiques propriétés dans l'action de la lumière, le savant vient
à songer encore aux infortunés qui ne la
voient pas !

De tous les malheureux qui souffrent sur
cette terre, il n'en est pas de plus à plaindre
que les aveugles ; on ne peut réfléchir un
instant à leur sort, sans ressentir une com-
passion profonde. De ces infortunés le nombre est d'ailleurs plus considérable qu'on ne
l'imagine. Interrogez la statistique, elle vous
dira qu'il existe en France, plus de 30,000
aveugles ; on en trouve le même nombre dans
les pays allemands, et la Hongrie en compte
24,000. Si vous passez en d'autres climats, la
proportion est bien plus élevée encore : vous
trouverez en Égypte 1 aveugle sur 150 habitants.

C'est de ce peuple d'affligés, épars dans
les divers points du monde, que le conseiller
Aüer, directeur de l'Imprimerie impériale de
Vienne, s'est préoccupé en composant, par
les moyens économiques de la galvanoplastie,
une imprimerie en relief applicable à la lecture et à l'écriture. Après avoir étudié les
principaux moyens d'impression à l'usage
des aveugles, qui sont employés chez les divers peuples depuis que Valentin Haüy conçut cette idée ingénieuse et touchante,
M. Aüer a composé une imprimerie très-
simple, grâce à laquelle un aveugle peut rapidement écrire, ou plutôt composer, des
pages d'imprimerie, qui lui permettent d'ex-

Fig. 191. — Le Crépuscule, pièce d'orfévrerie électro-chimique de MM. Elkington, de Birmingham (Exposition universelle de Paris en 1867).

primer sa pensée et de comprendre celle des autres. On a confectionné, d'après le même système, des caractères en langue orientale pour les aveugles, si nombreux, des régions asiatiques. Des signes de géométrie, des notes de musique, une série d'objets d'histoire naturelle, des plantes, des animaux, etc., propres à l'instruction, complètent cette collection curieuse ; une nombreuse série de planches d'imprimerie à l'usage des aveugles se voyait dans le petit pavillon de la Suède, et formait une suite d'albums métalliques que l'on ne pouvait voir sans un vif sentiment d'intérêt.

A l'aide de cette imprimerie d'un genre spécial, on peut donner à tout malheureux privé de la vue, le moyen de remplir le vide de son existence. Une seule personne attachée à ce travail, peut, en copiant les pa-

ges de nos principaux auteurs, composer, pour les aveugles, une bibliothèque sans cesse renouvelée, et qui, sous leurs doigts agiles, semble leur rendre la lumière qui leur manque. Il n'y a pas en France de petit arrondissement qui n'ait aujourd'hui son imprimerie ; serait-il impossible d'en donner une aux 30,000 aveugles qui languissent dans notre patrie ?

Grâces vous soient rendues, honnête et bon conseiller, qui avez arrêté votre savante sollicitude sur des infortunes si dignes de la sympathie générale ! Vous avez pensé qu'à une époque où la société étend sa main charitable jusque sur les coupables retranchés de son sein par suite d'écarts ou de crimes, il n'était pas inutile de songer aussi aux pauvres aveugles, qui n'ont rien fait pour mériter leur sort. Et votre inspiration fut heureuse,

d'emprunter pour eux le secours de l'imprimerie, c'est-à-dire de la source la plus abondante de toute lumière morale.

Nous avons rapidement envisagé les applications diverses que l'on a faites jusqu'à ce
jour de la galvanoplastie. Nous avons dû
passer sous silence beaucoup de faits du
même genre, parce que la pratique n'a pas
encore permis d'en apprécier suffisamment
la valeur. On aimerait à pouvoir fixer dès
aujourd'hui l'avenir réservé à ces moyens
nouveaux. Cependant il est impossible de
prévoir encore le rôle qu'ils sont appelés à
jouer dans l'industrie moderne, et de marquer définitivement leur place parmi les conquêtes récentes de la science et des arts.

Parmi les procédés et les perfectionnements de la galvanoplastie que nous voyons
chaque jour se produire, il en est qui sont
destinés peut-être à opérer une révolution
dans la métallurgie ; il en est d'autres qui
ne seront jamais que des jeux d'enfants.
L'Exposition universelle de 1867 a montré
avec éclat l'état florissant où se trouvent
aujourd'hui, en France, en Angleterre et
en Allemagne, les applications de la galvanoplastie. On a vu dans le cours de cette
notice, quel nombre infini d'emplois variés
la galvanoplastie peut recevoir dans différentes branches de l'industrie et des arts. Ses
applications à la gravure et à la typographie
sont d'un usage quotidien, et l'imprimerie à
bon marché serait bien impuissante sans la
galvanoplastie. D'un autre côté, les procédés électro-chimiques, appliqués à la reproduction d'objets d'argent, apportent à l'orfévrerie des ressources de la plus haute
importance. La galvanoplastie du cuivre lui
rend déjà des services notables pour la reproduction d'un assez grand nombre de pièces usuelles ou d'ornement, où elle permet
d'économiser le travail, si dispendieux, de la
ciselure. L'électro-chimie est ainsi devenue,
dès aujourd'hui, un accessoire des plus sérieux de la fonte et de la ciselure des métaux,
en attendant qu'elle devienne leur rivale.

CHAPITRE VI

De tout temps, on a appelé l'or et l'argent
des métaux précieux. Ce qui leur a mérité
ce titre, ce n'est pas seulement leur beauté et
leur éclat, car l'acier a plus d'éclat que l'argent, et la couleur du cuivre neuf et relui-
sant, vaut bien celle de l'or. Ce qui rend précieux les métaux que l'antiquité et le moyen
âge appelaient nobles, c'est leur inaltérabilité.
Comme la noblesse morale ou la noblesse de
race, rien ne peut les ternir ou les altérer.
L'air humide, qui attaque si promptement
les métaux vils, tels que le plomb, le fer ou
l'étain, ne peut rien sur l'argent ni l'or ; et
ce dernier métal résiste même aux émana-
tions d'hydrogène sulfuré, ce grand ennemi
des métaux. Aussi l'or est-il un métal, pour
ainsi dire, éternel, autant qu'il est permis de
prononcer ce mot pour des objets terrestres.
Examinez dans les musées et les collections
archéologiques, quels sont les bijoux, quelles
sont les médailles, quelles sont les monnaies,
qui se sont conservés vierges de toute altération, vous reconnaîtrez que ce sont des objets d'or. Les monnaies de cuivre et de bronze
s'en sont allées en poussière ; les instruments de fer ne sont plus que de la rouille,
et les médailles de plomb ne forment
qu'une masse informe et grisâtre. Au milieu de cette ruine des métaux usuels, des
colliers, des bracelets, des agrafes d'or,

brillent dans nos musées, comme au temps où ils servaient à embellir la demeure ou à former la parure des patriciennes de Rome. C'est dans le musée de Naples, où l'on a rassemblé l'innombrable collection d'objets de toute nature trouvés en déblayant Pompéi, que nous avons pu vérifier par nous-même, la justesse de cette remarque. Les bijoux et les ornements d'or s'y voient en profusion ; non que ce métal servît uniquement pour l'ornement de la toilette des habitants de Pompéi, mais parce que, seul, l'or a résisté à l'action du temps.

Dans les rares vestiges qui nous restent de la Rome des empereurs, dans les quelques débris, encore debout, des temples de l'ancienne Égypte, on retrouve çà et là quelque parcelle de dorure. Ici l'or a duré plus que le granit ou le calcaire. En effet, le granit se désagrége et se dissout, en partie, au contact prolongé de l'atmosphère, et le calcaire finit par être emporté par les eaux coulant au contact de l'air et chargées de gaz acide carbonique. Tous ces agents atmosphériques sont sans action sur l'or.

Il est une autre qualité, une qualité physique, qui centuple les avantages de l'or, comme métal usuel : c'est sa malléabilité, c'est-à-dire la propriété qu'il possède, de s'étendre sous le marteau en lames, puis en feuilles, prodigieusement minces. Tout le monde a lu, dans les traités de physique, des exemples extraordinaires de la malléabilité de l'or. On a vu par exemple, qu'une once d'or peut se réduire en feuilles, qui, étalées, couvriraient un espace de 50 mètres carrés.

Cette prodigieuse malléabilité fait que l'or est, en définitive, un métal économique. Si nous jetons les yeux autour de nous, dans nos demeures, sur nos places publiques, sur nos monuments, dans toutes nos décorations, nous y verrons de l'or partout, de l'or jeté à profusion, avec une sorte de prodigalité. Mais cette prodigalité n'est

qu'apparente ; elle cache une véritable, une incontestable économie. La double propriété de ce métal, de résister aux agents atmosphériques et de pouvoir s'étendre en feuilles infiniment minces, explique l'innombrable diversité de ses applications usuelles. Réduit à l'état de lames ou de feuilles de la plus petite épaisseur, l'or conserve toute son inaltérabilité ; si bien que l'on peut rendre indestructibles les métaux et d'autres substances, au moyen d'une couche extrêmement faible d'or. Remarquez enfin, que la couleur brillante et pure de ce métal, est toujours d'un admirable effet, et vous comprendrez que, de tout temps, autrefois comme aujourd'hui, l'or ait été employé et comme objet de décor et comme moyen de préservation.

La dorure, qui résume à elle seule tous les emplois de l'or, a donc été en usage dès les temps les plus anciens. Elle embellissait les temples des dieux, aux premiers temps de la civilisation orientale ; elle revêtait les lambris et les plafonds des sanctuaires mystérieux de l'ancienne Égypte ; elle couvrait jusqu'au toit du temple de Jérusalem, et décorait l'intérieur des tabernacles de ce temple vénéré. Elle fut prodiguée dans les palais des Césars, comme dans les basiliques de Rome. Les cathédrales du moyen âge lui empruntèrent leurs plus somptueuses décorations ; et de nos jours, encore, c'est la dorure qui orne, non-seulement nos palais et nos demeures aristocratiques, mais encore nos salons bourgeois et nos vulgaires cafés. Ajoutons que les meubles usuels, les grillages de fer, les cadres de glace, les sièges, les pendules, les lampes, etc., etc., demandent à la fois leur ornementation et leur conservation à une mince pellicule de ce métal précieux.

On ne connaît pas exactement les procédés de dorure qui servaient aux anciens Orientaux ; mais on sait fort bien, grâce à l'*Histoire naturelle de Pline*, cet inappréciable recueil des procédés de l'industrie et des arts chez les Romains, comment se pratiquait alors la dorure.

Les Romains appliquaient l'or, soit en feuilles minces, comme nous le faisons aujourd'hui, soit en incrustations de lames d'une certaine épaisseur.

Les plafonds des palais ou des riches demeures et les statues des dieux, étaient dorés avec des feuilles d'or étendues sous le marteau, entre des lames de peau, comme le font nos batteurs d'or modernes. D'une once d'or, on tirait 750 feuilles de quatre travers de doigt en carré. Les plus minces feuilles se nommaient *bracteæ quæstoriæ* (*feuilles de questeurs*) ; les plus épaisses, *bracteæ Prænestinæ*, parce que la statue de la Fortune, à Préneste, était dorée avec ces feuilles. On appliquait les feuilles d'or sur les métaux ou sur le bois, préalablement revêtu d'un enduit nommé *leucophoron*, et quelquefois de blanc d'œuf, ou de colle forte, comme le font encore nos doreurs. Les incrustations de lames plus épaisses se faisaient à peu près comme nos incrustations d'ivoire ou d'acajou.

Ces incrustations se payaient, d'ailleurs, un très-haut prix. L'empereur Domitien dépensa plus de douze mille talents (36 millions de francs de notre monnaie), pour dorer le temple de Jupiter Capitolin. On vit faire, au temps des empereurs, de véritables folies en fait de dorures. Lorsque Tiridate, roi d'Arménie, vint faire une visite à Néron, cet empereur fit entièrement revêtir d'or, non de simple dorure, mais de lames solides, de véritables pièces d'orfévrerie, tout le temple de Pompée. Cette décoration somptueuse avait été préparée pour un seul jour de fête, et l'on vit dans le temple de Pompée, une telle profusion de vases et d'ornements d'or, que cette journée conserva dans l'histoire le nom de *journée d'or*.

L'argenture était beaucoup moins répandue, chez les Romains, que la dorure. L'art de réduire l'argent en feuilles minces, par le battage au marteau, c'est-à-dire l'*argenture à la feuille*, fut inconnu des Romains. Leur argenture consistait en un plaqué d'argent. Nous avons vu au musée de Naples plusieurs vases de table ou objets de vaisselle, en cuivre plaqué d'argent.

Le plaquage d'argent fut très-usité au moyen âge. Certaines pièces d'orfévrerie, telles que des bagues, des anneaux de l'époque mérovingienne, sont faites de cuivre recouvert d'une feuille épaisse d'argent. Les artistes arabes, tant en Espagne qu'en Afrique et en Asie, exécutaient admirablement ce plaqué d'argent, qui était souvent embelli de damasquinures du plus bel effet.

C'est au moyen âge qu'appartient la découverte de la dorure par l'intermédiaire du mercure, qui devint bientôt d'un usage universel en Europe. On faisait dissoudre de l'or dans du mercure, on passait l'amalgame à travers une peau de chamois, pour chasser l'excès de mercure non combiné : l'amalgame qui restait dans le nouet, servait à la dorure. On recouvrait de cet amalgame, au moyen d'une brosse ou d'un pinceau, le cuivre ou l'argent qu'il s'agissait de dorer, et l'on exposait ensuite la pièce à l'action du feu. Le mercure s'évaporait, et l'or restait fixé sur le métal. Il ne restait plus qu'à le polir par le brunissoir.

Les artistes italiens du moyen âge doraient au feu sans mercure. Ils commençaient par rayer, à faibles coups de lime, la surface du métal à dorer ; ils la chauffaient ensuite, jusqu'à ce qu'elle prît une couleur bleue par l'oxydation, et ils la recouvraient alors d'une lame d'or, en la frottant au moyen d'un brunissoir. La double action du brunissoir et de la chaleur déterminait une parfaite adhérence du métal précieux.

L'argenture ne se faisait point par amalgame, mais presque toujours par le dernier moyen que nous venons de décrire, c'est-à-dire en appliquant des feuilles d'argent au

Fig. 192. — Le prix des volontaires, décerné par la reine d'Angleterre, pièce d'orfévrerie électro-chimique de MM. Elkington, de Birmingham (Exposition universelle de Paris en 1867.)

moyen du brunissoir, sur le métal à dorer. Les argentures légères s'opéraient par l'*argenture au pouce*, c'est-à-dire en frottant le métal à argenter avec différentes compositions, qui revenaient toutes à un mélange de chlorure d'argent et de sel marin, appliqué à froid ou à chaud. Le sel marin formait avec le chlorure d'argent, un chlorure double soluble, lequel étant décomposé par le cuivre ou le laiton laissait l'argent à l'état métallique.

Depuis le moyen âge jusqu'au commencement du siècle actuel, les procédés d'argenture sont restés les mêmes. L'argenture à forte épaisseur s'exécutait par la méthode du plaqué, et donnait le *plaqué d'argent*, dont le titre est fixé par la loi. L'argenture légère s'obtenait par l'*argenture au pouce*.

Quant à la dorure, elle se faisait toujours par l'amalgame, c'est-à-dire par l'intermédiaire du mercure. Ce procédé est resté en usage jusqu'à l'année 1850 environ.

Mais la dorure au mercure était un procédé funeste à la santé des ouvriers. Voici, en effet, comment on l'exécutait, pour dorer le bronze ou le cuivre. On dissolvait de l'or dans une certaine quantité de mercure; et l'amalgame ainsi formé servait à barbouiller la pièce métallique. En exposant ensuite le cuivre ou le bronze recouvert de cet amalgame, à l'action du feu, le mercure s'évaporait et laissait à la surface du métal, une couche d'or, qu'il ne restait plus qu'à polir, à l'aide du brunissoir. Mais la nécessité de tenir les mains constamment en contact avec le mercure, et surtout la présence de ce métal en vapeurs dans l'atmosphère des ateliers, altéraient rapidement la santé des ouvriers doreurs. Le résultat presque constant de ces opérations dangereuses était la maladie connue sous le nom de *tremblement mercuriel*, auquel peu d'ouvriers pouvaient se soustraire, et qui compromettait leur existence de la manière la plus grave.

A diverses époques, on avait essayé de parer à l'insalubrité de cette industrie. En 1846, un ancien ouvrier, devenu riche fabricant de bronzes, M. Ravrio, avait institué un prix de 3,000 francs pour l'assainissement de l'art du doreur. L'Académie des sciences décerna ce prix au chimiste Darcet, qui construisit, pour les ateliers de la dorure au mercure, des cheminées de forme et de dimensions particulières, calculées pour augmenter considérablement le tirage et entraîner au dehors toutes les vapeurs.

Cependant cette amélioration apportée à la disposition des ateliers n'avait qu'imparfaitement remédié au mal, car les ouvriers, avec leur insouciance ordinaire, ne tenaient aucun compte des précautions recommandées, et les fabricants de Paris eux-mêmes, bien que contraints par l'Administration à construire leurs fourneaux dans le système de Darcet, se dispensaient de les faire fonctionner dans leur travail habituel. La statistique n'avait donc pas eu de peine à démontrer que la profession de doreur sur métaux était une de celles qui apportaient le contingent le plus triste au martyrologe de l'industrie.

Un fait curieux et peu connu donnera une idée des difficultés que présentait, à cette époque, la dorure des métaux, et des dangers qui accompagnaient la dorure par l'emploi du mercure, le seul procédé qui fût alors connu.

En 1837, il s'agissait de dorer la coupole extérieure de l'église de Saint-Isaac à Saint-Pétersbourg. Ce travail fut concédé, au prix de 600,000 roubles d'argent (deux millions quatre cent mille francs) à un orfévre et fabricant anglais, nommé Baird, qui résidait à Saint-Pétersbourg. Mais de quels dangers ne s'accompagnait pas ce travail ! Les plaques à dorer étant de dimensions considérables, on n'avait pu trouver des fourneaux à tirage assez grands pour recevoir ces plaques de cuivre recouvertes d'amalgame, et éviter ainsi les dangers de la diffusion dans les ateliers des vapeurs de mercure. Il avait donc fallu se décider à opérer en plein air.

A cet effet, on avait construit des fourneaux de forme allongée, sur lesquels on posait les grandes plaques de cuivre qu'il fallait dorer. L'ouvrier chargé d'exécuter cette dorure, avait à accomplir une bien dangereuse opération. Il devait frotter avec l'amalgame d'or, la plaque de cuivre, étendue sur le fourneau allumé, et chauffée directement par ce fourneau. L'amalgame, à peine appliqué, recevant l'action de la chaleur, se décomposait; l'or restait appliqué sur le cuivre, et le mercure s'évaporait dans l'air libre.

Mais comment défendre l'ouvrier de l'inspiration des vapeurs mercurielles ? On y était parvenu tant bien que mal. L'ouvrier, le visage couvert d'un masque de verre, enveloppé des pieds à la tête, de plusieurs fourrures, était suspendu, à plat ventre, sur une planche. On le déplaçait au fur et à mesure qu'il avait couvert de dorure une partie de la plaque, en tirant, au moyen d'une corde, la planche qui le soutenait en l'air.

Nous n'avons pas besoin de dire que ces précautions étaient fort insuffisantes, et que ce travail était véritablement meurtrier. Plusieurs ouvriers moururent d'intoxication mercurielle. Deux cents demeurèrent malades toute leur vie et durent être recueillis par le gouvernement dans une maison d'invalides (1).

(1) Aussi, comme nous le verrons plus loin, dès que la dorure voltaïque fut connue, c'est-à-dire en 1848, l'intérieur de l'église Saint-Isaac fut doré par la pile, dans *l'Institut galvanique* du duc de Leuchtemberg.

Ce procédé était, en même temps, fort dispendieux, car on perdait, par les bords de la plaque, une notable quantité d'amalgame d'or. Un spéculateur qui acheta les cendres des fourneaux et la terre environnante, en retira pour plus de 30,000 francs d'or.

Les dangers du procédé de dorure par le mercure, sont· suffisamment établis par le sort funeste des ouvriers qui furent employés, en 1837, à la dorure de la coupole de Saint-Isaac, à Saint-Pétersbourg.

La découverte de la galvanoplastie arriva sur ces entrefaites. De toutes parts on s'occupait de chercher et d'étendre ses applications. Il vint donc naturellement à l'esprit des industriels et des savants, la pensée d'employer l'agent galvanique comme moyen de dorure. Dès l'année 1838, on commença à tenter les applications de la galvanoplastie à l'art du doreur, et dès ce moment il devint probable que le succès couronnerait ces efforts. Mais ce qu'il était difficile de prévoir, c'est que l'application des moyens électro-chimiques pût donner immédiatement de si beaux résultats, que l'industrie de la dorure au mercure en fût totalement supprimée, et qu'à la place de ces pratiques si nuisibles à la santé des ouvriers, on vît s'élever en quelques années une industrie nouvelle, plus économique dans ses procédés, plus prompte dans ses opérations et tout à fait exempte de dangers.

Nous allons rapporter la série des travaux qui ont eu pour résultat de créer la nouvelle industrie de la dorure et de l'argenture voltaïques.

Les premiers essais de dorure par la pile ont suivi de près la découverte de cet instrument par Volta. Ils sont dus au physicien Brugnatelli, collègue de Volta à l'Université de Pavie, et qui l'accompagna pendant le voyage mémorable que l'inventeur de la pile fit à Paris, en 1800, l'année même de la découverte de cet instrument. Nicholson, Cruikshank, Volta lui-même avaient décomposé des sels et des oxydes métalliques, par la pile, et précipité le métal des dissolutions de divers sels métalliques. Mais ces dépôts étaient pulvérulents, lamelleux ou cristallisés; ils n'offraient point l'apparence ordinaire d'un métal. C'est en 1802 que Brugnatelli fit connaître une méthode pour obtenir, par la pile, un dépôt d'or et d'argent en couche régulière, uniforme et plus ou moins adhérente au corps sous-jacent.

Brugnatelli se servait de composés dont la pratique se serait fort mal accommodée, puisque ce sont des corps détonants, à savoir: l'*or* et l'*argent fulminants*, en d'autres termes les *ammoniures* d'or et d'argent, que l'on obtient en traitant par l'ammoniaque les dissolutions d'azotate d'argent et de chlorure d'or. Il réduisait également l'ammoniure de platine, par l'action du courant voltaïque. Le platine ainsi réduit était à l'état pulvérulent; mais quand on frottait la pièce recouverte de cette poudre de platine, elle prenait le brillant et l'aspect du métal.

L'ammoniure d'or servit à Brugnatelli pour obtenir un dépôt d'or par la pile.

Voici comment Brugnatelli, dans une lettre adressée en 1802, au *Journal de physique et de chimie*, publié en Belgique par Van Mons, décrit la manière d'obtenir un dépôt de platine *sur le fil conducteur* de la pile voltaïque. Il prend de l'ammoniure de platine et, le soumettant à l'action de la pile, il obtient sur le *fil d'or servant de conducteur*, un dépôt de platine. En prenant l'ammoniure d'or, c'est-à-dire l'*or fulminant*, et le décomposant par la pile de la même manière, Brugnatelli déposa de l'or sur une médaille d'argent attachée au fil conducteur de la pile par un fil d'acier.

« La méthode la plus expéditive de réduire, à l'aide de la pile, les oxydes métalliques dissous, est, dit le chimiste italien, de se servir à cet effet de leurs ammoniures; c'est ainsi qu'en faisant plonger les extrémités de deux fils conducteurs de platine dans l'ammoniure de mercure, on voit, en peu de minutes, le fil du pôle négatif se couvrir de gouttelettes de ce métal; de cobalt, si l'on opère avec du cobalt;

d'arsenic, si l'on opère avec de l'arsenic, etc... Je me servis de fils d'or pour réduire de cette manière l'ammoniure de platine que j'ai dernièrement obtenu et examiné. Le platine ainsi réduit sur l'or a une couleur qui tourne vers le noir ; mais, étant frotté entre deux morceaux de papier, il prend l'éclat de l'acier. Je fis usage de fil d'argent pour réduire l'or, ce qui réussit promptement (1). »

« J'ai dernièrement doré, d'une manière parfaite, dit le même chimiste dans un autre journal, deux grandes médailles d'argent, en les faisant communiquer, à l'aide d'un fil d'acier, avec le pôle négatif d'une pile de Volta, et en les tenant, l'une après l'autre, dans des ammoniures d'or nouvellement faits et bien saturés (2). »

En 1807, un recueil scientifique italien, la *Bibliotheca di Galiardo*, ajouta quelques renseignements à la description qui précède. Nous rapporterons ce dernier passage, pour éclaircir ce que cette première citation a d'obscur et de laconique.

« Prenez une partie saturée d'or dissous par l'eau régale, ajoutez-y six parties d'ammoniaque liquide, la dissolution s'y décompose, et il se précipite un thermoxyde d'or, qui se dissout aussitôt en partie pour former l'ammoniure d'or. On recueille ce mélange dans un vase de verre. Les objets destinés à être dorés sont fixés solidement à un fil d'acier ou d'argent, que l'on fait ensuite communiquer au pôle négatif d'une pile voltaïque. L'objet en argent qui doit être doré doit être plongé entièrement dans le liquide contenant l'ammoniure d'or. Le courant galvanique est fermé par une grosse bande de carton mouillé, qui de l'ammoniure passe au pôle négatif de la pile. En quelques heures l'argent se trouve entièrement doré par l'action galvanique. La dorure peut être mise en couleur par les moyens ordinaires, et on lui fait prendre le plus vif éclat avec la gratte-boësse des doreurs (3). »

Il est donc bien établi que Brugnatelli est le premier qui ait doré par l'emploi de la pile voltaïque. Seulement, son expérience donne carrière à bien des discussions. Brugnatelli parle, en effet, d'ammoniures d'or et d'argent *dissous*. Mais l'ammoniure d'or et d'argent, c'est-à-dire l'or et l'argent fulminants, sont insolubles, et l'auteur ne dit pas dans quel véhicule il les a fait dissoudre. On

ne saurait admettre qu'il opérât sur ces composés insolubles, car le courant électrique aurait été sans action sur eux. Dans un rapport d'expertise, MM. Barral, Chevallier et Henri, ont essayé de répéter l'expérience de Brugnatelli, en suivant les indications données par l'auteur, et ils n'ont obtenu qu'une dorure fort imparfaite ; de sorte qu'on ne peut savoir avec quel dissolvant de l'or ou de l'argent fulminant opérait Brugnatelli dans l'expérience dont on a tant parlé.

De tout cela, il faut, selon nous, conclure que les expériences du physicien de Pavie, exécutées tout à fait au début de la science, ne furent que des tâtonnements, des essais, auxquels l'auteur dut renoncer promptement, par suite de l'insuccès qu'il éprouva.

Un physicien, dont nous avons souvent cité le nom, M. de la Rive, de Genève, reprit, en 1825, les essais de Brugnatelli. Il essaya de dorer les métaux en décomposant le chlorure d'or par la pile, et plaçant au pôle négatif l'objet à dorer.

M. de la Rive ne put parvenir à aucun résultat, par cette raison que le chlorure d'or décomposé par la pile mettait en liberté du chlore, lequel attaquait le cuivre qu'il s'agissait de dorer. Le physicien de Genève ne parvint à dorer que le platine, résultat pratique d'une assez mince utilité, on en conviendra, et cela parce que le platine n'est pas attaqué à froid par le chlore provenant de l'action de la pile sur le chlorure d'or.

« Mes essais ne furent pas heureux, dit M. de la Rive, je ne réussis à dorer que le platine. Quant au laiton et à l'argent, je ne réussis point à les dorer. L'action chimique qu'exerçait sur ces métaux la dissolution d'or, toujours très-acide, les dissolvait eux-mêmes et empêchait l'or d'adhérer à leur surface (1). »

Quinze ans après cette époque, c'est-à-dire en 1840, guidé par les beaux résultats obtenus par M. Becquerel avec des courants électriques d'une faible intensité, encouragé

---

(1) T. V, p. 80.
(2) Même volume, p. 357.
(3) T. X, p. 185.

(1) *Annales de chimie et de physique*, t. CXXIII, p. 399.

aussi par les premiers succès de Jacobi, qui commençaient à faire dans le monde savant une certaine sensation, M. de la Rive reprit ses premières tentatives. Il fut plus heureux cette fois, bien qu'il ne pût résoudre encore qu'une partie du problème. Il parvint seulement à dorer l'argent, le cuivre et le laiton, ce qui était un progrès sensible.

Voici comment opérait M. de la Rive. La dissolution qu'il employait était le chlorure d'or neutre ; la source d'électricité, une pile simple. La figure 193 représente cet appareil. L'objet à dorer était placé, ainsi que la dissolution de chlorure d'or, dans un vase cylindrique B, formé d'un morceau de baudruche ; on plongeait le tout dans un autre vase A, rempli d'eau acidulée par l'acide sulfurique : une lame de zinc Z était placée dans ce dernier vase, et communiquait, au moyen d'un fil de cuivre *a*, avec le métal à dorer. Cet appareil différait peu de celui que nous avons décrit dans les premières pages de cette notice (figures 166 et 167, page 295) sous le nom d'*Électrotype de Smée*.

Cependant le moyen de dorure employé par M. de la Rive était imparfait. La première couche d'or était assez épaisse et assez adhérente, mais les autres couches devenaient pulvérulentes ; il fallait alors retirer la pièce, la frotter de manière à enlever la couche pulvérulente, puis la remettre dans la dissolution, et répéter ainsi l'opération un certain nombre de fois avant d'avoir une couche d'or suffisamment épaisse. En outre, on ne réussissait pas toujours à obtenir un ton de dorure convenable. Souvent le chlore, rendu libre par la décomposition du chlorure d'or, venait attaquer et noircir la pièce, malgré la couche d'or dont elle était revêtue. Enfin, une grande portion de l'or se déposait sur la vessie, ce qui amenait une perte notable de ce métal.

Les essais de M. de la Rive n'eurent donc pas de suites au point de vue industriel. Cependant les succès croissants de la galvanoplastie faisaient aisément comprendre qu'il

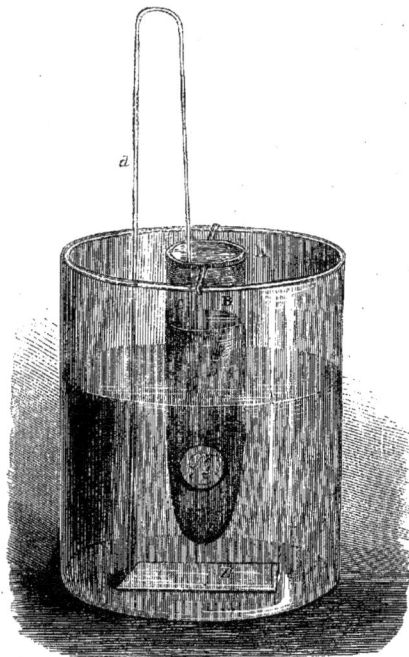

Fig. 193. — Appareil de M. de la Rive pour la dorure voltaïque, au moyen du chlorure d'or.

ne serait pas impossible d'en tirer, en la perfectionnant, un parti avantageux. En effet, ce que Jacobi avait exécuté avec le cuivre, on pouvait espérer le reproduire avec l'or, métal d'une ductilité et d'une malléabilité bien supérieures à celles du cuivre. La non-réussite du procédé de M. de la Rive devait donc être attribuée à la nature des dissolvants employés par ce physicien, plutôt qu'à l'or lui-même, et le problème de la dorure galvanique était simplifié jusqu'au point de ne plus exiger que la recherche de dissolutions particulières de l'or, et l'application à ces liquides de ces piles à courant constant et régulier, qui donnaient, dans les expériences galvanoplastiques, de si favorables résultats.

Un chimiste allemand, M. Elsner, fit faire un grand pas à la question, en démontrant, ce que M. de la Rive avait du reste déjà signalé, que le défaut d'adhérence entre l'or et le métal à dorer, tenait à l'acidité de la liqueur, l'acide attaquant le métal avant que l'or l'eût recouvert. De là le précepte, pour obtenir une bonne dorure, d'opérer dans des liqueurs neutres ou alcalines.

L'avantage d'opérer dans des bains neutres fut démontré par les expériences d'un autre chimiste allemand, M. Böttger, qui parvint à dorer parfaitement le fer et l'acier, en faisant usage de chlorure d'or et de potassium, sel double qui n'a point de réaction acide, quand il est bien préparé et purifié par plusieurs cristallisations.

Quant à l'utilité d'opérer dans des liqueurs alcalines, elle fut démontrée par le succès complet qui couronna, en Angleterre, les travaux de MM. Elkington.

MM. Henri et Richard Elkington étaient les chefs d'une usine très-importante de Birmingham. En 1836, ils avaient fait la découverte d'un procédé de dorure du cuivre, non par la pile, mais par la simple immersion du cuivre dans une liqueur alcaline contenant du chlorure d'or.

Depuis longtemps les horlogers savaient dorer les pièces de cuivre des rouages de montres ou de pendules, en les plongeant dans une dissolution de chlorure d'or bien neutre, et Baumé avait recommandé, pour bien réussir, d'employer une dissolution d'or la plus neutre possible (1). On s'était même

parfaitement trouvé, pour obtenir une bonne dorure, de dissoudre le chlorure d'or dans l'éther sulfurique.

Macquer proposa ensuite de dissoudre l'or dans un carbonate alcalin. C'était la véritable solution du problème, car les chimistes Proust, Pelletier et Duportal réussirent parfaitement à dorer le cuivre avec une dissolution de chlorure d'or dans le carbonate de potasse. Cependant aucun de ces chimistes n'avait songé à transporter dans l'industrie le procédé de dorure par le chlorure d'or additionné de carbonate de potasse.

MM. Elkington, après avoir vérifié par l'expérience les avantages de la dorure par immersion, et trouvé les meilleures méthodes pratiques pour exploiter industriellement ce genre de dorure, commencèrent à la mettre en usage dans leurs ateliers de Birmingham. En 1836, MM. Elkington firent breveter en France le procédé pour la *dorure au trempé;* et Berzelius, en 1839, signalait cette méthode à l'attention des chimistes, dans son *Annuaire des progrès de la chimie.*

Voici en quoi consiste le procédé de la *dorure au trempé* ou *par immersion*, sur lequel nous aurons à revenir dans le chapitre suivant.

On dissout 155 grammes d'or dans l'eau régale ; on étend cette dissolution dans 18 litres d'eau, et l'on ajoute 9 kilogrammes de bicarbonate de potasse; puis on fait bouillir la liqueur pendant deux heures. Pour dorer le cuivre ou le laiton, il suffit de les plonger, pendant un quart de minute, dans cette dissolution bouillante. Le chlore du chlorure d'or

---

(1) C'est ce que nous apprend le passage suivant de la grande *Encyclopédie* de d'Alembert :

« Lorsque les horlogers veulent dorer quelques petites pièces de cuivre ou d'acier, leur méthode ordinaire est de plonger la pièce dans une dissolution d'or par l'eau régale. Suivant les lois de la plus grande affinité, le fer ou le cuivre sont dissous, et l'or abandonné de son acide se dépose, s'étend sur les pièces et les dore.

« Dans ce procédé, comme la dissolution d'or est toujours avec excès d'acide, cet acide qui n'est point saturé agit sur les pièces, en détruit les vives arêtes, et leur ôte la précision que l'ouvrier leur avait donnée.

« M. Baumé a imaginé de préparer une dissolution d'or avec le moins d'excès d'acide possible. Pour cet effet, il fait évaporer la dissolution d'or par l'eau régale jusqu'à cristallisation. Il pose ces cristaux sur du papier qui en absorbe toute l'humidité, il les dissout ensuite dans de l'eau distillée.

« La dissolution ainsi préparée attaque très-légèrement les pièces délicates d'horlogerie, et seulement pour appliquer l'or à leur surface; on les lave ensuite avec de l'eau. On obtient de cette manière une dorure plus belle, plus brillante, plus solide, et qui ne laisse pas de petits non dorés, comme il arrive par le procédé ordinaire. »

dissout le cuivre, et l'or réduit se dépose sur le cuivre.

Mais la *dorure au trempé* ne pouvait fournir à la surface du cuivre, qu'une pellicule d'or excessivement mince. Voulant obtenir des dépôts de plus grande épaisseur, et d'une épaisseur que l'on pût augmenter à volonté, MM. Elkington songèrent à faire usage de la pile.

Les insuccès que les opérateurs avaient rencontrés jusque-là, dans les diverses tentatives faites pour dorer au moyen de la pile, tenaient à ce que l'on avait fait usage de bains acides. S'appuyant sur les excellents résultats que leur fournissaient les liqueurs alcalines pour la dorure par immersion, MM. Elkington essayèrent de dorer dans les mêmes bains, au moyen du courant voltaïque, et le succès couronna cette expérience.

Le procédé employé par MM. Elkington pour dorer par la pile, consistait à prendre un bain alcalin, composé d'oxyde d'or dissous dans du prussiate de potasse. Au fil négatif d'une pile de Daniell, plongeant dans cette liqueur, on attachait l'objet à dorer, et bientôt l'or se déposait sur le cuivre.

Nous croyons devoir rapporter le texte du brevet d'invention *pour la dorure et l'argenture voltaïques* qui fut pris par Henri Elkington, le 29 septembre 1840, car c'est là, pour ainsi dire, l'acte de naissance de la dorure voltaïque.

« Les perfectionnements dont il s'agit ont pour objet, dit M. H. Elkington, de couvrir d'or certains métaux à l'aide d'un courant galvanique.

« Au lieu d'employer une solution de chlorure d'or, comme je l'ai indiqué dans mes précédents brevets, je fais usage d'un oxyde d'or préparé par les moyens connus, ou de l'or divisé que je fais dissoudre dans une solution de prussiate de potasse ou de soude. Pour 31 grammes 25 centigrammes d'or converti en oxyde, j'emploie 5 hectogrammes de prussiate de potasse dissous dans 4 litres d'eau que je fais bouillir pendant une demi-heure ; après ce laps de temps, la mixtion est prête à servir.

« Il est nécessaire que les objets à dorer soient préalablement bien nettoyés et purgés de toutes leurs impuretés. On les plonge alors dans la mixture bouillante, et quelques secondes après ils sont couverts d'or. Si l'on désire obtenir une couche d'or plus épaisse, on doit se servir de la solution à froid, c'est-à-dire qu'après avoir été bouillie, on la laisse refroidir, et alors les objets seront revêtus d'une plus grande quantité d'or au moyen du courant galvanique.

« Les moyens de produire et d'appliquer les courants galvaniques sont de plusieurs sortes ; le plus simple est celui dont je fais usage.

« J'emploie deux cylindres concentriques fermés par le bas, celui de l'extérieur est verni, et celui de l'intérieur ne l'est pas ; il est composé d'une substance poreuse. Dans l'espace qui sépare les deux cylindres, on verse une solution de chlorure de sodium ou autre agent chimique excitant, dans lequel on plonge un morceau de zinc de forme cylindrique ou autre forme, et auquel est soudé un fil de laiton ou de cuivre qui correspond dans le vase intérieur contenant la solution d'or. Après que les objets à dorer ont été nettoyés et attachés ensemble, on les place dans la solution d'or pour en être recouverts, en les mettant en contact avec le fil de métal ; ils doivent être remués dans la solution tout le temps que dure l'opération. Sa durée dépend de l'épaisseur d'or qu'on veut donner aux objets à dorer ; cela dépend encore de la puissance du courant galvanique, de la quantité des objets agités, ou de la proportion d'or contenu dans la solution. Je préfère que la solution soit très-saturée d'or, et, à cet effet, j'y ajoute une portion d'oxyde d'or non dissous.

« Au lieu de la solution d'or ci-dessus indiquée, je me sers quelquefois d'une solution de protoxyde d'or dissous avec les muriates de soude ou de potasse ; mais les résultats ne sont pas aussi avantageux qu'avec la solution d'or obtenue avec du prussiate de potasse. En général, j'ai remarqué que les sels à double base, et plus particulièrement ceux connus sous le nom de sels haloïdes, sont aussi susceptibles de dissoudre l'or ; ils font également partie du droit privatif que je réclame, mais, je le répète, dans la pratique, j'ai trouvé qu'il était préférable d'employer la solution d'or obtenue du prussiate de potasse.

« Je réclame l'emploi des oxydes d'or ou de l'or métallique dissous dans le prussiate de potasse, ou de tous autres prussiates solubles pour couvrir les métaux, avec quelques-uns des sels sus-indiqués, combinés avec les oxydes d'or.

« Je réclame également l'application d'un courant galvanique pour dorer les métaux avec quelque solution convenable d'or, excepté le chlorure d'or, qui est peu propre à cet usage.

« Je fais observer que par solutions convenables, j'entends celles dans lesquelles les substances alcalines, terreuses ou autres sels sont combinées avec l'or.

« Enfin, je réclame l'application du courant galvanique pour couvrir les métaux avec de l'or, soit que les objets qui subissent l'opération soient d'un seul métal ou composés, c'est-à-dire revêtus d'une couche d'un autre métal, soit enfin de toute matière revêtue également d'une couche de métal. »

Le jour même où Henri Elkington prenait le brevet que nous venons de citer, c'est-à-dire le 29 septembre 1840, Richard Elkington en prenait un pour l'argenture voltaïque.

Fig. 194. — Richard Elkington.

Voici le texte de ce dernier brevet.

« Mon procédé, dit Richard Elkington, consiste à appliquer l'argent sur certains métaux, à l'aide de solutions d'argent ou d'un courant galvanique, en opérant de la manière suivante :

« On fait dissoudre 155 grammes de chlorure d'argent dans un mélange de 1 kilogramme et demi de prussiate de potasse et de 9 litres d'eau ; on agite le liquide et on fait bouillir jusqu'à saturation complète.

« Les pièces à plaquer, décapées au préalable par les moyens connus, sont plongées dans la solution ; s'il ne faut qu'une mince couche d'argent, comme pour l'argenture ordinaire, on fait chauffer ou bouillir la solution. La couche se produisant de quelques secondes à une minute, il est inutile d'employer une batterie galvanique ; mais si la couche doit être plus épaisse, comme pour les objets plaqués, on emploie la solution froide, et on fait adhérer cette couche à l'aide d'un courant galvanique

comme je vais l'expliquer. . . . .

« Le procédé que je viens d'indiquer s'applique plus particulièrement au plaquage du cuivre ou de ses alliages, tels que le laiton ou l'argent d'Allemagne ; mais on peut aussi plaquer par le même moyen le fer, après l'avoir décapé avec soin et y avoir appliqué la couche d'argent à l'aide de la batterie galvanique, ou bien plaquer le fer en le couvrant d'abord d'une lame de cuivre, et appliquant sur cette lame une couche d'argent par le moyen indiqué.

« Je réclame l'emploi d'une solution d'argent dans du prussiate de potasse ou autres prussiates solubles, pour argenter les métaux et l'application du courant galvanique avec une solution d'argent quelconque, soit comme simple solution dans un acide, ou combiné avec des sels, à l'exception de l'azotate d'argent qui est connu, mais peu en usage. »

A peine les travaux de MM. Elkington étaient-ils connus, que l'on vit apparaître de nouveaux inventeurs, essayant des procédés analogues, c'est-à-dire ayant pour but l'argenture et la dorure électro-chimiques.

M. Perrot, mécanicien de grand talent, inventeur de la machine à imprimer les indiennes, qui porte son nom, la *perrotine*, présenta au mois de janvier 1841, à l'Académie des sciences de Rouen, ensuite à l'Académie des sciences de Paris, des objets en cuivre, en argent, en fer et en acier, parfaitement dorés, ainsi que des barres de fer recouvertes d'une couche adhérente de platine, de cuivre et de zinc.

M. Louyet, professeur de chimie à Bruxelles, dora par la pile, des objets de cuivre, dans son cours public de chimie.

M. de Ruolz prit un brevet pour la *dorure de l'argent* par *immersion* (8 décembre 1840), et huit mois plus tard (18 juin 1841) un brevet pour la *dorure au moyen du cyanure d'or dissous dans du cyanure de potassium*.

M. Roseleur dora le cuivre et d'autres métaux, au moyen des pyrophosphates et des sulfites alcalins. D'autres proposèrent des hyposulfites, des sels ammoniacaux, etc.

M. de Ruolz se distingua entre tous les chimistes dont nous venons de donner les noms, parce qu'il ne se borna pas à la question de la dorure et de l'argenture, mais que, généralisant cette méthode, il parvint à obtenir le dépôt, en couches minces, de presque tous les métaux les uns sur les autres, donnant ainsi une extension remarquable et un caractère de généralité, à une méthode qui n'avait été appliquée jusque-là qu'au cas particulier de l'argent et de l'or. M. de Ruolz parvint à appliquer sur le cuivre, le fer, le zinc, etc., non-seulement l'or et l'argent, mais aussi le platine. Étendant ses procédés à tous les métaux usuels, il réussit à recouvrir divers métaux d'une couche de cuivre, de zinc, d'étain, de plomb, de nickel, de cobalt. S'il n'arriva qu'après MM. Elkington, pour faire connaître au monde savant, et faire breveter la méthode de dorure et d'argenture du cuivre par la pile, au moyen des cyanures alcalins, s'il ne fit breveter ce procédé, comme nous venons de le dire, que huit mois après le brevet sur le même objet pris en France par MM. Henri et Richard Elkington, il surpassa les manufacturiers anglais par le caractère largement scientifique de ses travaux.

La science doit encore à M. de Ruolz la découverte de la production des alliages par voie électro-chimique, c'est-à-dire la formation du laiton, par exemple, par la décomposition, opérée par la pile, d'un mélange de dissolutions de sulfates de zinc et de cuivre, résultat vraiment extraordinaire, et que la théorie aurait à peine fait pressentir.

A tous ces titres, le nom de M. de Ruolz occupera une place honorable à côté des savants et des inventeurs qui ont créé la science électro-chimique, et nous devons donner quelques détails sur les circonstances qui provoquèrent ses travaux.

CHAPITRE VII

TRAVAUX ÉLECTRO-CHIMIQUES DE M. DE RUOLZ. — RAPPORT DE M. DUMAS A L'ACADÉMIE DES SCIENCES. — M. CHRISTOFLE FONDE, A PARIS, L'INDUSTRIE DE LA DORURE ET DE L'ARGENTURE VOLTAÏQUES.

Le 19 novembre 1835, on donnait, au théâtre Saint-Charles de Naples, la première représentation d'un grand opéra, intitulé *Lara*. C'était l'œuvre d'un jeune Français,

Fig. 195. — Henri de Ruolz.

qui, redoutant les lenteurs et les difficultés que rencontre à Paris, la représentation des ouvrages lyriques, était venu essayer son talent sur le théâtre de Naples. La pièce fut exécutée par les premiers artistes de l'Italie : par Duprez, dont la réputation avait déjà grandi sur différentes scènes de la péninsule ; par madame Persiani, qui ne s'appelait encore que la Tachinardi, ce qui n'enlevait rien à l'étendue de sa voix; par Ronconi, qui, fort jeune encore, commençait néanmoins à être apprécié de ses compatriotes. L'opéra obtint le plus grand succès. Suivant l'usage italien, l'auteur fut rappelé à la chute du rideau, et

Duprez vint présenter sur la scène le jeune compositeur.

Ce jeune compositeur s'appelait Henri de Ruolz.

Né à Paris en 1811 (1) le comte Henri de Ruolz, après avoir pris ses grades dans quatre Facultés : lettres, sciences, droit et médecine, s'adonna à la fois à la musique et aux sciences. Élève, pour la musique, de Berton, Paër, Lesueur et Rossini, il débuta, en 1830, au théâtre de l'Opéra-Comique, par un opéra en un acte, *Attendre et courir*, composé en collaboration avec Halévy. En 1835, il donna au théâtre Saint-Charles de Naples, le grand opéra intitulé *Lara*, dont nous racontions tout à l'heure la première et brillante apparition. Cette soirée consacra la réputation

(1) M. Vapereau, dans son *Dictionnaire des contemporains* (3ᵉ édition, 1865), fournit des indications fort inexactes sur M. de Ruolz. Le confondant successivement avec ses trois cousins germains, de Lyon, il le fait entrer à l'École polytechnique, le nomme capitaine du génie, lui fait donner sa démission en 1848, pour se consacrer à la chimie, etc. Il attribue à « l'un de ses frères » la composition musicale et « les succès sur les scènes d'Italie ». Nous croyons donc utile de rétablir ici la parenté exacte de ce savant.

La famille des Ruolz, de Lyon, se compose de trois frères, savoir :

1º Charles-Marie-Alfred, marquis de Ruolz, né à Lyon en 1802, ancien officier de la marine royale et du corps d'état-major. Agronome distingué, propriétaire du grand domaine d'Alleret (Haute-Loire) qu'il exploite lui-même. Le marquis Charles de Ruolz, a obtenu un grand nombre de primes d'honneur et de médailles d'or dans les concours régionaux. En 1860, il remporta la grande prime d'honneur que le gouvernement décerne, tous les sept ans, à la plus belle exploitation agricole de chaque département.

2º Léopold-Marie-Philippe, comte de Ruolz, né à Lyon en 1805, statuaire et archéologue distingué. Le comte de Ruolz a obtenu, en 1836, la médaille d'or à l'Exposition du Louvre (sculpture). Il est membre de l'*Académie des Sciences, lettres et arts de Lyon*, et a été nommé professeur de sculpture à l'école des beaux-arts de Lyon, en 1838.

3º François-Albert-Henri-Ferdinand, baron de Ruolz, frère des précédents, est né à Lyon en 1810. Élève de l'École polytechnique en 1827, il fut nommé lieutenant du génie en 1829, et capitaine en 1835. Il a fait les campagnes d'Afrique, et a coopéré aux fortifications de Lyon et à celles de Paris. Il donna sa démission en 1848. Le baron de Ruolz est administrateur des hôpitaux de Lyon, directeur de la caisse d'épargne de Lyon et de l'école industrielle de la Martinière.

Le comte Henri de Ruolz (Henri-Catherine-Camille), le chimiste dont il est question dans cette notice, est cousin germain des trois précédents. Il est né, comme nous l'avons dit, à Paris en 1811.

de Duprez en Italie, et le fit bientôt passer du théâtre de Naples à celui de Paris.

Dès ce moment, la carrière lyrique, avec toutes ses séductions et ses périls, était ouverte à M. de Ruolz, car il avait réussi à obtenir un succès éclatant auprès du public le plus difficile de l'Europe. Cependant, avant de revenir en France et pour se remettre des émotions et des fatigues de son triomphe, M. de Ruolz partit pour la Sicile, et passa un mois à visiter Messine, Catane, Syracuse et Palerme. Au bout de ce temps, il revint à Naples.

En rentrant chez lui, il trouva sur son bureau une lettre venue de Paris et qui l'attendait depuis trois jours.

Cette lettre lui annonçait la perte totale de sa fortune. Par une de ces catastrophes trop communes aujourd'hui, M. de Ruolz, qui tenait de sa famille une fortune considérable, se trouvait désormais à peu près dénué de ressources.

Si rude que fût le coup, M. de Ruolz ne se sentit pas abattu. Il venait de paraître avec éclat dans une carrière qui pouvait lui rendre avec usure ce que le malheur lui enlevait ; il se hâta donc de revenir en France, pour y tirer parti de son talent de compositeur.

M. de Ruolz avait toutes les qualités nécessaires pour réussir à Paris, dans la carrière qu'il embrassait. Son succès de Naples avait eu en France un certain retentissement ; il était jeune et de race aristocratique. Toutes les portes du faubourg Saint-Germain s'ouvrirent à deux battants devant le compositeur, qui, selon le style en usage dans ces régions, pouvait faire ses preuves de 1399, et avait eu un aïeul maternel tué au combat des Trente. Il commença donc à suivre, dans les salons du noble faubourg, cette existence brillante où il espérait retrouver un jour sa splendeur éteinte et sa fortune évanouie. La représentation de *Lara* au théâtre de Naples, avait fondé sa réputation de compositeur, le directeur du Grand-Opéra de Paris lui demanda bientôt une œuvre lyrique ; et en

1839, notre Académie royale donna, avec un grand succès, la première représentation d'un opéra en trois actes, *la Vendetta*, de M. de Ruolz, qui, chanté par Duprez, Levasseur, Massol, mesdames Stolz et Dorus, obtint un brillant succès.

Cependant, M. de Ruolz comprit bientôt qu'il n'était pas assez riche pour avoir d'autres succès au théâtre. Si les travaux de compositeur lui promettaient la gloire, ils ne lui assuraient pas la fortune, et malheureusement il en était à ce point qu'avant tout il devait songer à vivre. Il se décida donc à changer de carrière.

M. de Ruolz, comme nous l'avons dit, avait eu une jeunesse studieuse. Dans les laboratoires, il avait étudié la physique et la chimie ; dans les écoles, il avait pris ses grades de médecin et d'avocat. Il espéra trouver dans ses connaissances scientifiques le moyen de relever l'édifice ruiné de sa fortune. Il y a de par le monde une opinion fort répandue, mais très-hasardée, c'est qu'un savant peut s'enrichir sans peine en se livrant à la chimie industrielle. C'est dans cette voie que M. de Ruolz résolut de s'engager. Un fabricant de ses amis, nommé Chappée, l'établit dans sa maison, et le chargea de perfectionner certains procédés de teinture.

Chappée avait un frère joaillier dans la rue Saint-Denis. Or, ce joaillier arriva un jour, chez M. de Ruolz, portant sous son bras un paquet d'ouvrages en filigrane d'argent.

On appelle *filigrane*, dans le commerce de la bijouterie, ces petits objets de décoration, d'argent ou de cuivre, fabriqués à l'estampage, et qui, selon la mode du jour, ornent les étagères et les cheminées des salons. Le joaillier demanda à M. de Ruolz s'il ne pourrait parvenir à dorer ce filigrane par un procédé nouveau, la dorure au mercure ne pouvant s'appliquer à ces sortes de pièces, à cause de leurs anfractuosités et du caprice de leur dessin : l'industriel ajoutait qu'il y aurait là de l'argent à gagner.

La question avait cependant beaucoup plus d'importance que ne le pensait le joaillier de la rue Saint-Denis. Si l'on parvenait à dorer le filigrane d'argent, on pouvait évidemment dorer l'argent sous toutes ses formes ; si l'on dorait l'argent, on pouvait espérer aussi dorer le cuivre et la plupart des autres métaux ; et si l'on réussissait à obtenir ainsi à volonté un dépôt d'or à la surface de tous les objets métalliques, sans recourir au procédé ordinaire de la dorure au mercure, on devait créer une branche d'industrie toute nouvelle, jusque-là sans exemple et sans analogue dans les arts. En même temps, on débarrassait les ateliers de cette dangereuse et funeste pratique de la dorure au mercure. Il y avait donc là tout à la fois une découverte scientifique, une occasion de fortune et une œuvre d'humanité.

Déjà un grand nombre de savants, tous ceux dont nous avons cité les noms dans le chapitre qui précède, s'adonnaient avec ardeur à la poursuite du problème de la dorure voltaïque : M. de Ruolz résolut d'entrer en lutte avec eux.

Pour un chimiste de fraîche date, l'occasion était, en effet, magnifique. Il ne s'agissait ici ni de grands principes à découvrir, ni de combinaisons nouvelles à produire, ni d'appareils coûteux à installer. Il suffisait, en se guidant sur des principes parfaitement connus, et en s'inspirant des découvertes déjà faites, de chercher, au milieu de la série des composés chimiques en usage dans les laboratoires, ceux qui obéiraient le mieux à l'action décomposante de la pile, ceux qui présenteraient les conditions les plus avantageuses pour l'opération industrielle de la précipitation des métaux. C'était une œuvre de patience et de sagacité plutôt qu'un travail de haute portée scientifique.

Seulement il fallait se hâter, car cette question fixait en ce moment toute l'attention des chimistes et des industriels : sous peine d'être devancé, il fallait se mettre tout de suite à l'œuvre. M. de Ruolz dit donc adieu à son atelier de teinture, et s'empressa de chercher dans Paris quelque réduit propre à servir à ses travaux de chimie.

Il trouva ce qu'il cherchait dans les combles d'une petite maison de la rue du Colombier. C'était une pauvre mansarde ouverte à tous les vents; mais cette mansarde avait autrefois servi de cuisine, il y avait encore une cheminée et une table, et cela pouvait, à la rigueur, passer pour un laboratoire, car les grandes découvertes de notre temps ne se sont pas toutes accomplies dans les fastueux laboratoires de nos savants en renom.

Pour répondre aux besoins de l'industrie qui avait éveillé ses premières idées, M. de Ruolz trouva le moyen d'utiliser le bain au trempé d'Elkington pour la dorure de l'argent. Il eut la pensée ingénieuse d'employer les procédés galvaniques que Jacobi avait indiqués, pour recouvrir les bijoux d'argent d'une très-légère couche de cuivre. Il mettait ainsi l'argent dans les conditions convenables pour recevoir le dépôt d'or au trempé, dépôt qui ne s'effectue dans la liqueur employée par Elkington, que par la dissolution d'une couche de cuivre excessivement mince. Tel fut le sujet du premier brevet que M. de Ruolz prit le 19 décembre 1840; mais, on le voit, ce n'était qu'un perfectionnement de la dorure au trempé, et par conséquent, une très-petite partie du problème général de la dorure voltaïque, problème qu'il avait à résoudre et qui devait s'imposer naturellement à un esprit chercheur et tenace comme le sien.

Notre expérimentateur se mit ensuite à passer en revue toutes les substances de la chimie, afin de reconnaître celles qui se prêteraient le mieux aux opérations de la dorure et de l'argenture par la pile.

Six mois s'écoulèrent dans ces recherches, et le 17 juin 1841, M. de Ruolz prenait une addition à son brevet de 1840, et indiquait l'emploi des cyanures alcalins pour la dorure et l'argenture. Mais là ne devaient pas s'arrêter ses recherches. M. de Ruolz trouva encore les dissolutions convenables pour obtenir, à volonté, la précipitation voltaïque de presque tous les métaux les uns sur les autres. Il alla plus loin qu'Elkington, car non-seulement il put précipiter avec économie, l'or sur le cuivre, l'argent sur le platine, etc., mais il parvint aussi à réaliser, sur un métal donné, la précipitation de la série de tous les autres métaux. Ce dernier résultat dépassait de beaucoup les prévisions que la science permettait de concevoir à cette époque.

Malheureusement, comme nous l'avons raconté dans le chapitre précédent, M. de Ruolz arrivait trop tard; car Elkington, en Angleterre, avait découvert avant lui, la manière d'argenter et de dorer par la pile avec les mêmes liqueurs. M. de Ruolz ignorait cette circonstance.

Ayant ainsi atteint le but qu'il s'était proposé, M. de Ruolz n'avait plus que deux choses à faire : présenter au public et à l'Académie le résultat de ses travaux; chercher des capitaux pour exploiter son invention. Le 9 août 1841, il lut à l'Académie des sciences, un mémoire dans lequel il exposait les détails de sa découverte.

Le 29 novembre suivant, M. Dumas lut, à l'Académie des sciences, un rapport étendu, dans lequel il exposait les découvertes de M. de Ruolz. Le rapport de M. Dumas, qui fixait avec une précision remarquable l'état de la question de la dorure voltaïque, au double point de vue scientifique et industriel, fut un événement dans la science, et donna aux travaux de M. de Ruolz un retentissement considérable.

Dans le rapport fait à l'Institut, par M. Dumas, le nom d'Elkington était fort peu prononcé, car c'est à peine si la commission avait eu connaissance des travaux du manufacturier de Birmingham. On ne parlait d'Elkington que pour constater l'existence d'un brevet pour la dorure voltaïque pris par lui antérieurement à celui de M. de Ruolz.

« Le mémoire de M. de Ruolz et les produits qui l'accompagnent, avaient vivement excité, disait le rapporteur, l'intérêt de la commission, lorsque l'agent de M. Elkington à Paris, s'empressa de soumettre à l'Académie un brevet pris par M. Elkington, et antérieur de quelques jours à celui de M. de Ruolz. La commission reconnut, en effet, avec surprise, que ce brevet existait, qu'il renfermait la description d'un procédé pour l'application de l'or, ayant de l'analogie avec celui de M. de Ruolz. »

Il n'était nullement question d'Elkington dans les conclusions de ce rapport, qui se contentait de demander l'insertion du mémoire de M. de Ruolz, dans le *Recueil des savants étrangers à l'Académie*, sans dire autre chose de l'inventeur anglais.

Le rapport de M. Dumas amena une protestation de MM. Elkington. Six semaines après la lecture de ce rapport à l'Académie, le 11 décembre 1841, M. Truffaut, représentant à Paris, de MM. Elkington, adressait à l'Académie des sciences une lettre, dans laquelle il rectifiait certaines dates inexactement attribuées aux brevets respectifs de MM. de Ruolz et Elkington, et se plaignait de n'avoir pas été appelé au sein de la commission, pour défendre les droits de l'inventeur anglais.

Cette réclamation porta ses fruits. Le rapport de M. Dumas avait eu surtout pour objet d'éclairer l'Académie, au moment de décerner l'un des prix Montyon, le prix destiné à récompenser, annuellement, les perfectionnements apportés à la *pratique des arts insalubres*. La commission chargée de décerner ce prix, proposait le 6 juin 1842, et l'Académie adoptait, le 19 décembre de la même année, la distribution du prix Montyon relatif aux *arts insalubres*, d'après l'énoncé suivant :

« L'Académie accorde un prix de 3,000 francs à M. de la Rive, professeur de physique à Genève, pour avoir, le premier, appliqué les forces électriques à la dorure des métaux, et en particulier du bronze, du laiton et du cuivre ;

« Un prix de 6,000 francs, à M. Elkington, pour la découverte de son procédé de dorure par voie humide, et pour la découverte de ses procédés relatifs à la dorure galvanique et à l'application de l'argent sur les métaux ;

Un prix de 6,000 francs, à M. de Ruolz, pour la découverte et l'application industrielle d'un grand nombre de moyens propres, soit à dorer les métaux, soit à les argenter, soit à les platiner, soit enfin à déterminer la précipitation économique des métaux les uns sur les autres, par l'action de la pile. »

Fig. 196. — Charles Christofle.

Cette décision impartiale rendait justice a chacun, et vingt-deux ans plus tard, c'est-à-dire en 1864, M. Dumas, devenu sénateur, s'exprimait ainsi dans le rapport qu'il faisait au Sénat, sur le grand prix de 50,000 francs, destiné à récompenser les meilleures applications de la pile de Volta.

« Au sujet de la galvanoplastie, de la dorure et de « l'argenture, nous sommes forcés de constater que « c'est de l'étranger que sont venues les idées, et que « c'est la France qui, les mettant en œuvre, en a fait « des industries profitables et vivaces. »

Nous avons traité avec une certaine étendue la question scientifique de la dorure et de l'argenture voltaïques ; nous serons plus bref quant à l'histoire de son exploitation industrielle.

Le droit d'exploiter industriellement les découvertes de M. de Ruolz avait été acquis par M. Charles Christofle, qui dirigeait une des fabriques de bijouterie les plus importantes de la capitale. Comprenant toute l'importance, tout l'avenir de la dorure et de l'argenture par la pile, qui devait un jour supprimer la dorure au mercure, si funeste à la santé des ouvriers, M. Christofle avait acheté à MM. de Ruolz et Chappée, le privilége exclusif de dorer, d'argenter, de platiner, etc., les métaux par la pile. En outre, M. Christofle avait attaché, en qualité de chimiste, M. de Ruolz à sa nouvelle usine.

Mais la fabrique avait à peine essayé de lancer ses premiers produits, lorsque M. Christofle reçut la visite du représentant d'Elkington, qui venait lui faire connaître l'antériorité des droits du manufacturier anglais, basée sur la date de son brevet pour la dorure et l'argenture voltaïques, dans des bains composés de cyanure de potassium et d'oxyde d'or ou d'argent.

Après avoir pris connaissance de toutes les pièces relatives à cette question, M. Christofle reconnut loyalement toute la validité de la réclamation qui lui était faite. Il n'hésita pas, dès lors, à revenir sur le passé, et proposa à MM. Elkington une association en participation aux bénéfices de son entreprise.

Par un acte en date du 13 mai 1842, une part dans les bénéfices de l'usine, fut accordée à MM. Elkington par M. Charles Christofle. MM. Christofle et Elkington s'accordaient réciproquement l'usage de leurs brevets.

L'intérêt de cette dernière clause résidait, pour le manufacturier anglais, dans les brevets de M. de Ruolz relatifs au cuivrage, au plombage, à l'étamage, au platinage, au nickelage, au zincage des métaux, etc.; car Elkington n'avait fait breveter que l'application électro-chimique de l'or et de l'argent.

L'association de M. Christofle avec le manufacturier de Birmingham, ne dura qu'environ trois ans. A cette époque, voulant réunir tous les intérêts dans sa main, M. Christofle fit appel à ses amis, et, grâce aux capitaux considérables qu'il put rassembler, il constitua une société pour exploiter, sur une large échelle, l'orfévrerie argentée et dorée par la pile.

M. de Ruolz reçut, pour prix de la cession de ses droits, la somme de 150,000 francs; M. Elkington fit l'abandon des siens moyennant une somme de 500,000 francs.

Alors M. Christofle réorganisa complétement son usine électro-chimique. Il donna à la fabrication de l'orfévrerie argentée et dorée par la pile, une impulsion considérable. Il adjoignit à ses ateliers la fabrication des pièces d'orfévrerie destinées à recevoir l'argenture et la dorure. Il créa des ateliers pour la fabrication mécanique des couverts; il établit d'autres ateliers de ciselure, de brunissage; installa sur une grande échelle la galvanoplastie, et éleva ainsi une usine de premier ordre, pour la fabrication des produits de la dorure et de l'argenture voltaïques.

Mais cette industrie nouvelle étant fondée sur des procédés scientifiques parfaitement connus, se trouva bientôt aux prises avec une concurrence formidable. Un grand nombre de fabricants se livraient ouvertement à la dorure et à l'argenture par la pile. M. Christofle déploya une énergie sans égale pour réprimer et poursuivre cette concurrence devant les tribunaux. Il multipliait les saisies et les procès. Depuis 1842 jusqu'en 1850, il n'opéra pas moins de 275 saisies d'objets chez des fabricants contrefacteurs de ses produits.

En même temps, M. Christofle s'efforçait à constituer la nouvelle industrie électro-chimique sur les bases d'une grande loyauté commerciale; car la fraude sur les quantités d'or et d'argent déposées, était ce qui pouvait la discréditer le plus. Il appliqua sur tous ses produits, avec sa marque de fabrique, un poinçon portant en chiffres le nombre de grammes d'argent déposés par objet d'orfèvrerie ou par douzaine de couverts de table.

Le brevet que M. Christofle avait acheté à MM. Elkington expira en 1855. A partir de ce moment, tous les procédés de dorure et d'argenture par la pile, tombèrent dans le domaine public, et chacun put se livrer à l'exploitation de ces procédés.

La nouvelle orfèvrerie voltaïque est maintenant répandue partout. Elle a fait complétement disparaître la dorure au mercure, au grand bénéfice de la santé des ouvriers, et elle a rendu en même temps, un service immense à la salubrité générale, en mettant à la portée de toutes les fortunes une vaisselle argentée qui remplace complétement, au point de vue de la salubrité, la vaisselle d'argent massif.

L'importance de l'industrie due à M. Christofle est telle que depuis 1842 dans son usine de la rue de Bondy, il a été déposé 77,000 kilogrammes d'argent, qui ont donné naissance à un mouvement d'affaires de plus de 107 millions de francs.

Charles Christofle obtint une grande médédaille d'honneur à l'exposition universelle de 1855, et il reçut la même récompense à l'exposition de Londres, en 1862. Ce manufacturier célèbre est mort le 13 décembre 1863. Son usine, dirigée par son fils, M. Paul Christofle, et son neveu, M. Henri Bouilhet, tient toujours la première place parmi les fabriques du même genre qui existent aujourd'hui, en assez grand nombre, dans la capitale.

Richard Elkington est mort à Londres il y a quelques années. M. Wright, chimiste attaché à son établissement de Birmingham, pouvait revendiquer une partie des recherches qui avaient amené la découverte de la *dorure au trempé*, comme aussi de la dorure et de l'argenture voltaïques. Cependant, M. Richard Elkington était, comme les grands industriels anglais, très-versé dans les sciences. Ses vas-

tes ateliers de Birmingham étaient consacrés surtout à la fabrication du maillechort (alliage de cuivre, de nickel, de zinc et d'étain) pour la fabrication des couverts. La quantité de couverts en maillechort argenté qui sort aujourd'hui de la fabrique d'Elkington, est prodigieuse. Ces produits sont surtout destinés aux colonies anglaises de l'Asie.

Quant à M. de Ruolz, après sa séparation de M. Ch. Christofle, il continua à s'occuper de sciences technologiques. On lui doit l'invention du *tiers-argent*, ou argenterie massive. Cet alliage qui contient 333 millièmes d'argent et 667 millièmes de cuivre et de nickel, permet d'éviter la réargenture. Il est toléré par l'État.

M. de Ruolz s'est encore occupé avec succès de la fabrication des aciers, de concert avec un ingénieur des mines, M. de Fontenay.

Du reste, avant d'aborder la question de la dorure voltaïque, M. de Ruolz s'était déjà fait connaître dans le monde savant. Il avait publié, en 1831, en collaboration avec MM. de Franqueville et de Montricher, une traduction annotée du *Traité des chemins de fer* de Nicolas Wood. A la même époque, il publia, avec les ingénieurs Mellet et Henry, le premier projet de chemin de fer de Paris à Rouen, par Pontoise.

M. de Ruolz fut nommé inspecteur des chemins de fer (contrôle de l'État), en 1846, c'est-à-dire à l'époque de la création de cet ordre de fonctionnaires, qui sont chargés par le gouvernement d'exercer une surveillance sur l'exploitation des chemins de fer par les compagnies. M. de Ruolz occupa successivement les grades d'inspecteur particulier, puis d'inspecteur principal, et il fut nommé, en 1854, inspecteur général et membre du *Comité consultatif des chemins de fer*, fonctions qu'il exerce encore aujourd'hui.

Nous avons suffisamment parlé des inventeurs de la dorure et de l'argenture voltaïques; arrivons maintenant à la description des procédés pratiques de cet art, c'est-à-dire à la manière d'obtenir les dépôts, en couches minces, des métaux les uns sur les autres.

CHAPITRE VIII

Avant de soumettre une pièce métallique de cuivre, d'argent, de bronze ou de maillechort, à la dorure, il est une opération préalable à lui faire subir. Il faut donner à sa surface un parfait brillant métallique, un irréprochable poli. On comprend, d'ailleurs, la nécessité de cette préparation. La dorure ne devant recouvrir les pièces que d'une mince couche, il faut qu'elles aient reçu d'avance, l'aspect qu'elles doivent présenter après la dorure. Si leur surface était inégale et rugueuse avant la dorure, elle resterait inégale et rugueuse après l'opération. M. Becquerel a dit fort bien : « *Telle est la surface, telle est la dorure.* » Il faut ajouter que sur une surface métallique qui ne serait pas absolument exempte d'oxyde, ou complètement débarrassée de corps gras, de toute matière étrangère, le dépôt d'or se ferait mal ou sans adhérence. De là la nécessité des opérations préalables qu'il faut faire subir aux pièces avant le bain de dorure, et qui ne laissent pas, comme on va le voir, d'être assez compliquées.

La première de ces opérations consiste dans le *décapage*, travail qui a pour but de débarrasser la surface du métal de toute particule d'oxyde métallique et de toute substance de nature organique.

Il y a deux sortes de décapages, selon la nature du métal sur lequel on opère : le *décapage chimique* et le *décapage mécanique*.

Le *décapage chimique*, qui s'exécute au moyen des acides, ne s'applique qu'au bronze, au cuivre et au laiton. Le *décapage mécanique*, qui se résume en de vigoureux frottements opérés par des instruments *ad hoc*, s'applique à l'argent, au fer, au maillechort et aux autres alliages de cuivre, de nickel, de zinc ou d'étain.

Décapage chimique. — Les pièces de bronze ou de laiton sont chauffées sur un feu doux de charbon de bois, et mieux de mottes à brûler, qu'il est plus facile de diriger. La chaleur détruit les substances organiques, et surtout les corps gras, dont la pièce est toujours imprégnée et qui lui viennent des opérations antérieures de l'atelier, telles que le passage à la filière ou au laminoir, les soudures ou le simple contact des mains.

Exposée à l'action du feu, la pièce métallique noircit, par la formation d'un oxyde. Pour enlever, pour dissoudre chimiquement l'oxyde ainsi formé, on laisse séjourner la pièce dans une eau acide, composée d'un litre d'acide sulfurique à 66 degrés et de 10 litres d'eau, que l'on emploie à chaud, pour les objets de petite dimension, à froid pour les grandes pièces. On peut laisser ces objets plusieurs heures dans la liqueur acide, car l'acide sulfurique n'attaque pas le cuivre à froid.

Cette première opération du décapage chimique, s'appelle le *dérochage*.

Il est des objets délicats tels, que le *filigrane* et le *paillon* de laiton, et d'autres pour lesquels le recuit et la sonorité sont indispensables, comme les couverts de table, qui ne pourraient être sans inconvénient soumis à l'action du feu. Pour ces diverses pièces, le *dérochage* est remplacé par un simple *dégraissage*, c'est-à-dire par l'ébullition dans une liqueur alcaline, qui les débarrasse suffisamment de toute substance grasse et de toute matière organique. On fait bouillir ces pièces dans une dissolution concentrée de carbonate de soude, et mieux, suivant M. Roseleur, de soude caustique (1).

(1) *Manipulations hydroplastiques*, p. 15.

Après l'opération du *dérochage* ou du *dégraissage*, la pièce métallique est lavée à grande eau dans une terrine, et l'on procède au véritable *décapage chimique*, qui consiste dans l'immersion rapide des pièces, dans une série de bains d'acides plus ou moins concentrés.

Quand il faut les plonger dans les bains acides, on suspend les pièces à des crochets de platine, de verre, ou plus simplement de cuivre, emmanchés de bois, et présentant une des formes indiquées par les deux figures 197 et 198.

Fig. 197. Fig. 198.

Pour la menue bijouterie, on se sert de fils de cuivre ayant la forme représentée par les figures 199 et 200.

Fig. 199. Fig. 200.

On peut aussi, comme le conseille M. Ro-

seleur, faire des crochets en verre, au moyen d'une baguette de verre, que l'on recourbe, en la ramollissant à la flamme du gaz, pour lui donner la forme que représente la figure 201.

Fig. 201. Fig. 202.

Pour les objets qui ne peuvent être suspendus à ces crochets, il faut avoir des *passoires* en porcelaine ou en verre, comme le

Fig. 203. Fig. 204.

représentent les figures 202, 203 et 204, ou un panier en toile métallique, comme le représente la figure 205.

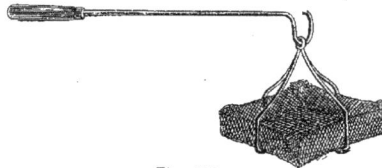

Fig. 205.

Le premier bain acide dans lequel on plonge les pièces, est très-dilué : c'est un simple prélude au bain d'acide concentré qui doit suivre. Il est composé d'*eau-forte vieille*, c'est-à-dire d'eau-forte (acide azotique) qui sert depuis très-longtemps dans l'atelier. Il suffit, pour remonter ce bain, à mesure qu'il s'épuise, d'y ajouter un vingtième de son volume d'acide azotique concentré : de cette manière il est toujours en état de servir.

Le but de ce premier bain dans un acide très-affaibli, c'est d'économiser l'acide concentré qui va suivre, et surtout de permettre aux portions de cuivre déjà dénudées, de ne pas être trop vivement attaquées par le bain d'acide concentré.

Après ce premier décapage dans un acide faible, on lave les pièces à grande eau, et on les plonge dans le bain d'acide concentré, dont voici la composition, en poids :

Acide azotique................. 10 parties.
Acide sulfurique à 66 degrés.... 10 —
Acide chlorhydrique........... 1 —

Fig. 206. — Terrines pour le lavage des pièces métalliques décapées par les acides.

L'acide chlorhydrique est quelquefois remplacé, dans ce mélange, par une partie de sel marin et une partie de suie calcinée.

Composée d'acides concentrés formant une véritable eau régale, cette liqueur attaque les métaux à froid, avec une énergie prodigieuse. Aussi l'immersion doit-elle être extrêmement rapide, ou pour mieux dire instantanée. Il faut plonger et retirer immédiatement les pièces; et tout aussitôt, les laver à grande eau dans des terrines disposées tout auprès.

« Les doreurs bien installés, dit M. Roseleur, ont une série de terrines à rincer disposées en cascade et se déversant l'une dans l'autre. Ils commencent toujours le rinçage dans la plus basse en continuant jusqu'à la plus haute qui, placée immédiatement sous le robinet, contient toujours ainsi une eau exempte d'acide. Chaque terrine se déverse dans sa voisine par une bavette en plomb ou en caoutchouc. »

La figure 206 montre la disposition de ces terrines.

Si les objets doivent présenter un beau brillant, on les plonge, en les agitant une ou deux secondes, dans un troisième bain acide, ainsi composé :

Acide azotique à 36°.... 100 parties en volume.
Acide sulfurique à 66°.. 100 —
Sel marin............. 1 —

Au sortir de ce décapage, les cuivres présentent une teinte plus claire et un plus beau brillant qu'après le premier passage de l'eau forte.

Par l'action de ces divers acides, il se répand dans l'air des ateliers, des vapeurs acides, qu'il serait dangereux de respirer. Aussi est-il prudent d'opérer en plein air, et mieux

Fig. 207. — Décapage chimique des objets de cuivre destinés à être dorés par la pile.

sous le manteau d'une cheminée, munie, pour plus de précautions, d'un châssis à coulisse, que l'on peut abaisser à volonté.

Le *décapage chimique* se compose donc, en définitive, des opérations suivantes :

1° Exposer au feu les pièces, ou les faire bouillir dans une liqueur alcaline;

2° *Dérocher*, c'est-à-dire laisser séjourner les pièces dans l'acide sulfurique étendu de 10 fois son poids d'eau ;

3° Passer à l'*eau-forte vieille* et laver à grande eau;

4° Passer à l'*eau-forte vive* et laver à grande eau;

5° Passer aux acides composés, c'est-à-dire au *bain à brillanter*, et laver à grande eau ;

6° Porter immédiatement au bain de dorure.

Nous disons porter immédiatement au bain de dorure; aucun intervalle, en effet, ne doit être laissé entre le lavage à grande eau des pièces décapées, et leur mise au bain d'or,

de crainte que l'oxydation ne s'empare des surfaces métalliques fraîchement mises à nu. La série d'opérations que nous venons de décrire s'exécute dans les ateliers, en moins de temps qu'il ne faut pour lire le résumé qui précède.

Nous réunissons dans la figure 207 les différents ustensiles qui se rapportent au *décapage chimique*.

A est le fourneau pour chauffer les objets de cuivre, B la terrine contenant l'acide sulfurique étendu d'eau, qui sert au *dérochage ;* C la terrine contenant l'*eau-forte vieille ;* D la terrine contenant l'*eau-forte vive;* E la terrine contenant les *acides composés pour brillanter ;* F,F,F, trois terrines pleines d'eau pour laver, L,L, deux grandes terrines dans lesquelles l'eau se renouvelle constamment. K est un ouvrier qui s'apprête à décaper un paquet de bijouterie.

Décapage mécanique. — Quand il s'agit de dorer l'argent, le fer, le zinc et le maillechort, on remplace le décapage au moyen des acides concentrés, par un frottement énergique, opéré sous un filet d'eau, à l'aide d'une brosse en peau de sanglier, et de pierre ponce réduite en poudre. Cette brosse est montée sur un tour qui fait six cents révolutions par minute. Les pièces qui sont trop grosses ou trop délicates pour être brossées au tour, sont brossées à la main, avec des brosses appropriées à leur forme.

Mais avant d'être soumises à ce *décapage mécanique*, les pièces de maillechort, de fer ou de zinc, sont *dégraissées* dans une dissolution de carbonate de soude ou de soude caustique. Quant aux pièces d'argent que l'on dore pour obtenir le *vermeil voltaïque*, le ponçage est précédé d'un léger décapage chimique, qui consiste à les chauffer au rouge, et à les plonger toutes chaudes dans de l'acide sulfurique faible, marquant 8 degrés. C'est un procédé qui nous vient des orfévres, et qui donne à l'argent un beau mat et une grande blancheur.

Ainsi décapées, soit par le procédé chimique, soit par le procédé mécanique, et prêtes à être dorées, les pièces métalliques sont portées au bain de dorure par la pile. Cette dorure s'effectue à froid ou à chaud.

La dorure à chaud donne un dépôt plus prompt et d'un ton plus riche. Elle a totalement remplacé la dorure à froid, qui fut longtemps la seule employée, et que l'on ne réserve aujourd'hui que pour les pièces de grandes dimensions, parce qu'il serait difficile de chauffer convenablement de très-grands bains.

La température la plus convenable pour la dorure galvanique à chaud, est 70 degrés. Il n'est pas, d'ailleurs, nécessaire de maintenir le bain sur un fourneau; quand on a porté la liqueur à la température de 70 degrés, il est facile de maintenir cette température, en ajoutant à la liqueur chaude de nouvelles portions, tenues en réserve à cet effet.

La composition du bain pour la dorure voltaïque, est la même, que l'on opère à froid ou à chaud. C'est une dissolution de cyanure d'or dans un excès de cyanure de potassium, que l'on prépare de la manière suivante :

On fait dissoudre 50 grammes d'or dans l'eau régale, en plaçant l'or et les acides dans un matras de verre; et l'on facilite la dissolution en chauffant le matras sur une lampe à esprit de vin, comme le représente la figure 208.

Fig. 208. — Dissolution de l'or dans l'eau régale.

Quand la dissolution de l'or est opérée, on verse la liqueur acide, contenant le chlorure d'or, dans une capsule de porcelaine, et on l'évapore jusqu'à consistance de sirop, pour chasser la plus grande partie des acides libres. On ajoute alors deux ou trois litres d'eau, pour dissoudre le chlorure d'or, puis une dissolution d'un kilogramme de cyanure de potassium dans l'eau, que l'on étend de manière à obtenir 50 litres de bain. Il est bon de n'employer cette liqueur qu'après l'avoir fait bouillir pendant plusieurs heures.

On place dans une cuve de bois doublée de gutta-percha, le bain dont nous venons de donner la composition, et l'on y plonge les pièces à dorer, en les attachant au pôle négatif d'une pile de Bunsen, composée d'un nombre de couples approprié à l'importance du bain.

Dans les ateliers bien organisés, les piles de Bunsen qui dégagent des vapeurs d'acide hypo-azotique, désagréables ou nuisibles à la santé, sont placées sous la hotte d'une cheminée pourvue d'un châssis à coulisse.

Les appareils voltaïques qui servent à produire des dépôts métalliques en couches minces, sont toujours des *appareils composés*, ce qui veut dire, en termes plus nets, que la pile est hors du bain, au lieu d'être dans le bain même, comme dans la plupart des appareils qui servent à la galvanoplastie. De là la nécessité de remplacer l'or qui se dépose, au fur et à mesure des progrès de l'opération, sur l'objet plongeant dans le bain. C'est ici que la découverte de M. Jacobi, c'est-à-dire l'*anode métallique soluble*, a trouvé une heureuse application. Une lame d'or pur est attachée au fil qui représente le pôle positif de la pile : à ce pôle, on le sait, se porte le cyanogène, provenant du cyanure d'or décomposé. Ce cyanogène attaque l'or, et il se forme ainsi du cyanure d'or, lequel, à mesure qu'il prend naissance, se dissout dans l'excès de cyanure de potassium du bain.

Ainsi l'or, qui est enlevé à chaque instant à la liqueur, en se déposant au pôle négatif, sur les objets à dorer, est, à chaque instant, remplacé par une même quantité de ce métal, fournie par la lame d'or attachée au fil positif, c'est-à-dire par l'*anode métallique soluble*. L'expérience et le tâtonnement ont bien vite appris la proportion exacte qu'il importe de donner, pour la régularité de l'opération, à la dimension de l'anode soluble.

La figure 209 représente l'appareil employé pour la dorure voltaïque. *c* est le fil partant du pôle négatif de la pile de Bunsen; on attache à ce fil de platine l'objet à dorer D. *a* est le fil positif auquel est attaché l'anode d'or soluble B.

Il est toutefois une opération préalable à exécuter, avant de placer les objets dans le bain de dorure : c'est de les recouvrir d'une légère couche de mercure. A cet effet, on les plonge, pendant quelques instants, dans une liqueur ainsi composée :

Eau .... 10 kilogrammes.
Azotate de bioxyde de mercure. 10 grammes.
Acide sulfurique............. 20 grammes.

Le dépôt du mercure qui s'opère à la surface des objets de cuivre passés dans cette liqueur, a pour but de faciliter et d'augmenter l'adhérence entre le cuivre et l'or qui sera

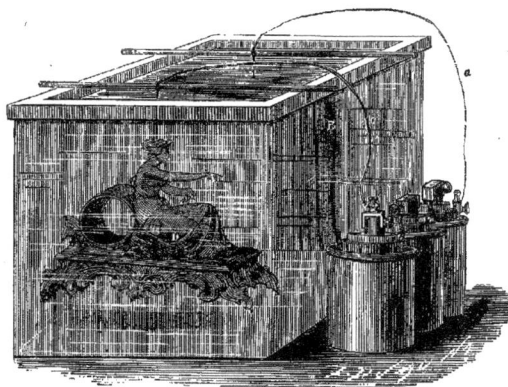

Fig. 209. — Appareil pour l'argenture électro-chimique.

déposé par la pile. En effet, pour que l'or et le cuivre adhèrent avec beaucoup de force l'un à l'autre, il faut que les deux surfaces aient été fondues ou qu'elles aient été amalgamées. Il est aujourd'hui reconnu que sans cette amalgamation préalable, imitée de l'ancien procédé de la dorure au mercure, l'adhérence entre le cuivre et l'or n'existerait pas. Cette pratique, adoptée dans les ateliers de MM. Christofle depuis 1842, s'est généralisée dans tous les ateliers de dorure électro-chimique. Elle a, en outre, l'avantage de signaler les décapages défectueux.

« On peut poser en principe, dit M. Roseleur, que l'azotate de mercure est la pierre de touche du décapage. Un décapage parfait sortira toujours parfaitement blanc et brillant d'une solution mercurielle un peu forte, tandis qu'un décapage qui laisse à désirer en sortira moiré ou teinté de différentes nuances, le plus souvent sans éclat métallique (1). »

(1) *Manipulations hydroplastiques*, p. 27.

Le temps de l'immersion dans le bain de cyanure d'or, varie suivant l'épaisseur qu'on veut donner à la dorure. Le poids du métal déposé est proportionnel au temps de l'immersion, d'après les expériences que fit M. Dumas en 1841, à l'occasion de son rapport à l'Académie des sciences.

Pour connaître la quantité d'or déposée, on pèse la pièce, décapée et séchée, avant son immersion dans le bain; et on la pèse de nouveau quand elle est dorée et desséchée. L'augmentation de poids fait connaître la quantité d'or déposée.

Tous les métaux se dorent également bien dans le bain, dont nous venons de faire connaître les dispositions. Seulement, d'après M. Bouilhet, l'acier exige un bain concentré, ou mieux un cuivrage préalable dans un bain alcalin. L'aluminium ne peut non plus être doré dans ce même bain, sans qu'on l'ait recouvert préalablement d'une couche de cuivre (1).

On sait qu'il existe dans le commerce, de la dorure à différentes teintes, principalement de l'*or vert*, qui n'est qu'un alliage d'or et d'argent, et de l'*or rouge*, qui n'est qu'un alliage d'or et de cuivre. Dans les bains galvaniques servant à la dorure ordinaire, on peut obtenir à volonté cet *or vert* ou cet *or rouge*.

Pour obtenir l'*or vert*, il faut ajouter au bain ordinaire de cyanure d'or une dissolution de cyanure double de potassium et d'argent, jusqu'à ce que le dépôt provoqué par la pile ait la couleur désirée : l'anode métallique soluble attaché au pôle positif, est, dans ce cas, un alliage d'or et d'argent, c'est-à-dire de l'*or vert*.

Pour l'*or rouge*, on ajoute au bain ordinaire une dissolution de cyanure double de potassium et de cuivre.

Non-seulement, grâce à cet admirable procédé, on peut obtenir, à volonté, des dorures affectant la couleur désirée, mais on peut également produire sur une même pièce d'orfévrerie, différents effets artistiques. En appliquant au pinceau, un vernis sur les parties d'une pièce d'orfévrerie que l'on veut préserver du dépôt d'or, on produit des *réserves* ou des *épargnes*, sur lesquelles on peut ensuite faire déposer un nouveau métal, ou laisser apparaître le métal sous-jacent.

Le vernis dont on fait usage pour ces réserves, est le vernis de copal, additionné d'huile et de chromate de plomb. Quand il a été appliqué au pinceau et bien séché, ce vernis n'est nullement attaqué par les bains d'or acides ou alcalins, et l'on en débarrasse facilement la pièce, après la dorure, avec de l'essence de térébenthine ou de l'huile de houille.

Cependant tout n'est pas fini quand la pièce sort du bain de dorure. En effet, ce qui s'est déposé, c'est de l'or pur. Mais l'or pur n'est pas une matière commerciale. Nos bijoux, nos monnaies, sont des alliages de cuivre et d'or, contenant 85 à 90 pour 100 d'or, et la couleur de ces alliages usuels n'est point celle de l'or pur, qui est d'un jaune un peu terne. Il est donc nécessaire de communiquer aux pièces d'orfévrerie voltaïque la couleur particulière que l'on connaît à l'or du commerce. De là la nécessité de faire subir à ces pièces, trois nouvelles opérations : le *gratte-bossage*, la *mise en couleur* et le *brunissage*.

Le *gratte-bossage* est, en quelque sorte, la pierre de touche des dépôts métalliques. S'ils ont été obtenus dans de bonnes conditions, ces dépôts résistent à la friction et prennent un beau poli. Ils s'écaillent ou se détachent en feuilles, par l'action du *gratte-bossage*, lorsque, au contraire, ils n'adhèrent pas suffisamment au métal sous-jacent.

Le *gratte-bosses* est un faisceau de fils de laiton, attaché, à l'aide de tours de ficelle, sur un manche de bois (*fig.* 210) ; ou bien une partie d'un écheveau de fils de laiton lié par son milieu, et recourbé de manière à former une sorte de pinceau (*fig.* 211).

Le *gratte-bossage* se pratique toujours au sein d'un liquide. C'est ordinairement une

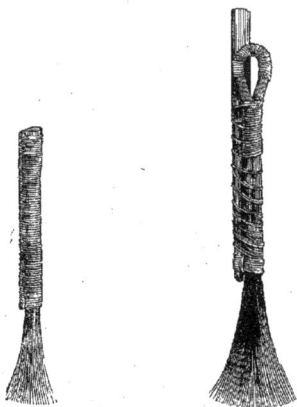

Fig. 210. — Gratte-bosses. Fig. 211. — Gratte-bosses.

décoction de bois de réglisse, liqueur muci-lagineuse, qui permet au gratte-bosses de frotter plus doucement la pièce dorée. Cette liqueur est placée dans un baquet (*fig.* 212) surmonté, diamétralement, d'une planche

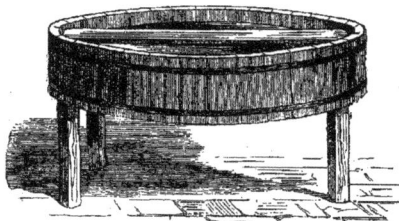

Fig. 212. — Baquet à gratte-bosser.

placée de niveau avec les bords du baquet. La planche d'appui ne plonge pas dans l'eau; l'ouvrier se contente de mouiller fréquemment le gratte-bosses et la pièce.

La figure 213 montre comment l'ouvrier frotte la pièce dorée, en tenant l'objet de la main gauche sur la planche d'appui et tenant l'outil de l'autre main.

Le *gratte-bossage* à la main est nécessaire pour les pièces fouillées, creusées d'anfrac-tuosités. Mais ce moyen, long et minutieux,

n'est pas employé pour les objets unis, tels que les couverts de la table et les grandes pièces d'orfévrerie. On se sert alors d'une *brosse à tour*, c'est-à-dire d'un gratte-bosses

Fig. 213. — Ouvrier gratte-bossant à la main un bijou doré.

circulaire, tournant au moyen du pied, comme une roue de rémouleur.

La figure 214 représente cette brosse circu-laire, qui doit tourner sur son axe avec une vitesse de 600 tours par minute.

Fig. 214. — Gratte-bosses circulaire.

La figure 215 montre la même brosse in-stallée sur le tour, et l'ouvrier faisant agir l'instrument.

Les objets très-menus d'orfévrerie ne pour-raient être gratte-bossés, on leur communique le brillant désiré par le *sassage* ou le *baquetage*.

On appelle *sassage* le mouvement imprimé aux objets placés dans un sac long et étroit, de manière à opérer entre eux un frottement mutuel et constant. Le sac est rempli de sciure de bois de sapin ou de buis, pour la menue bijouterie, et de sable ou de son, pour les objets de quincaillerie légère. Tenant dans chaque main les extrémités du sac, l'ouvrier lui imprime un mouvement de va-et-vient, tantôt à droite, tantôt à gauche. Souvent les ouvriers se mettent à deux pour opérer le

Fig. 215. — Ouvrier gratte-bossant au tour mécanique un bijou doré.

sassage; chacun d'eux tenant une extrémité du sac, ils l'agitent d'un mouvement cadencé.

Le *baquetage,* qui remplace souvent le *sassage,* est un procédé emprunté aux confiseurs et fabricants de dragées. Il consiste à dessécher les objets dans un baquet suspendu au plafond par des cordes. L'ouvrier, saisissant à deux mains le baquet, lui imprime d'avant en arrière, un mouvement saccadé, qui détermine un frottement énergique entre tous les objets contenus dans le baquet, et qui sont mêlés de sciure de bois, de sable ou de son (*fig.* 216).

La *mise en couleur* des objets dorés se fait au moyen d'une bouillie appelée *or moulu,* et qui se compose de 30 parties d'alun, 30 parties de nitrate de potasse, 8 de sulfate de zinc, 1 de sulfate de fer et 1 de sel marin. On

applique cette poudre, au pinceau, sur la pièce dorée à *mettre en couleur;* ensuite on

Fig. 216. — Baquetage pour sécher les menus bijoux dorés.

porte la pièce sur un feu de charbon de bois, jusqu'à ce que la pâte, fondue et desséchée, prenne un aspect brunâtre.

Le fourneau employé pour chauffer les bi-

Fig. 217. — Fourneau pour la mise en couleur des bijoux dorés.

joux enduits de cette composition corrosive, est de forme cylindrique. Le charbon brûle entre les parois du fourneau et une grille verticale qui laisse, de cette manière, un espace central, dans lequel on place les objets à soumettre à l'action du feu.

La figure 217 donne la vue de ce fourneau. La figure 218 est une coupe verticale du même

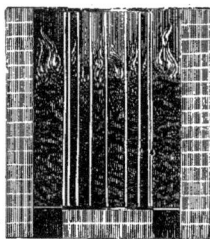

Fig. 218. — Coupe verticale du même fourneau.

fourneau, montrant la place de la grille et du combustible, et la figure 219 une coupe horizontale.

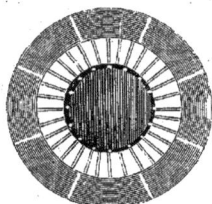

Fig. 219. — Coupe horizontale du même fourneau.

On plonge enfin la pièce encore chaude, dans de l'eau contenant 3 pour 100 d'acide chlorhydrique. On lave ensuite à grande eau, et l'on sèche dans la sciure de bois la pièce, qui, par ce traitement, a pris la couleur de l'or adoptée dans le commerce, en s'appauvrissant en or, sous l'influence de l'action corrosive du mélange salin.

L'opération que nous venons de décrire, est également mise en pratique lorsque la dorure est mal venue, qu'elle est terne et inégale de ton. On a recours alors à la *mise en couleur*, ou, selon les termes d'orfévrerie, au *passage au mat des bijoux*.

La dernière opération, c'est-à-dire le *brunissage*, a pour but de donner tout à la fois à l'or un beau poli, et d'augmenter son adhérence avec le métal sous-jacent. L'opération

consiste à frotter vivement la pièce dorée avec un instrument composé d'une pièce dure, telle qu'agate ou hématite, ou une pointe d'acier, le tout enchâssé dans un manche de bois, et constituant l'instrument connu dans les ateliers sous le nom de *brunissoir*.

Les brunissoirs présentent plusieurs formes, et reçoivent dans les ateliers différents noms, significatifs de ces formes : la *lance*, la *dent*, la *patte-de-biche*, etc. Nous représen-

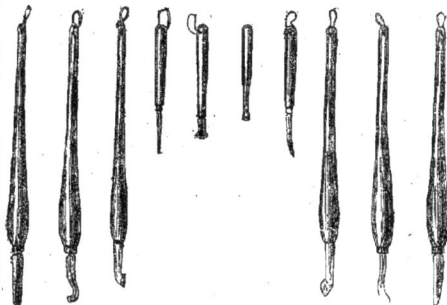

Fig. 220. — Brunissoirs pour les doreurs.

tons ici (*fig.* 220) les brunissoirs les plus usités pour le polissage de la dorure.

CHAPITRE IX

DORURE AU TREMPÉ.

Bien que la *dorure au trempé*, ou *dorure par immersion*, ne soit pas, à proprement parler, une opération électro-chimique, car elle s'effectue sans l'emploi de la pile, mais bien une opération chimique se résumant dans la précipitation d'un métal sur un autre par un principe d'affinité, nous décrirons ce procédé de dorure, comme appendice à la dorure voltaïque. La *dorure au trempé* a été, en effet, le point de départ, sous le rapport historique, comme sous le rapport expérimental, de la dorure par la pile ; et elle est encore en usage pour les dorures excessivement légères, pour ce véritable vernis d'or, incapable sans doute de résister au frottement le plus léger, mais qui ne laisse pas d'être recherché pour les objets d'ornement ou de décor. Le prix excessivement bas auquel revient cette dorure pelliculaire, contribue à lui faire conserver une certaine faveur : il suffira de dire que le kilogramme d'objets de mince laiton dorés par ce procédé ne se vend dans le commerce que 30 francs.

Reposant sur une réaction chimique entre le cuivre et la dissolution de chlorure d'or, la *dorure au trempé*, ou *par immersion*, ne s'applique qu'au cuivre et à ses alliages, comme le laiton, le bronze et le maillechort. Elle ne peut convenir qu'aux objets qui ne doivent être soumis à aucun frottement, sous peine de voir aussitôt disparaître le mince vernis d'or qui les recouvre.

Toutes les fois que l'on plonge dans la dissolution d'un sel métallique, un métal qui soit lui-même plus oxydable que celui de la dissolution, ce dernier est précipité : il se dépose sur le métal immergé, lequel se dissout alors dans le liquide. Que l'on place, par exemple, une lame de cuivre dans une dissolution d'azotate d'argent, la lame de cuivre se recouvrira d'argent métallique. En même temps, une portion de cuivre, passant à l'état d'azotate, entrera en dissolution dans la liqueur, pour remplacer l'argent précipité. Le même fait se reproduirait avec toutes les dissolutions des sels d'argent ; il y aurait toujours précipitation de l'argent et dissolution d'une quantité correspondante de cuivre.

Ce principe établi, il est facile de comprendre théoriquement, le procédé de dorure par voie humide, qui est connu sous le nom de *dorure par immersion*. L'opération s'effectue en plongeant les objets de cuivre dans la dissolution d'un sel d'or : il se fait aussitôt sur le cuivre, un dépôt d'or aux dépens d'une partie correspondante du métal de la pièce immergée. On comprend que la couche d'or déposée soit excessivement mince, car le dépôt est dû à l'action du cuivre sur la dissolution d'or, action qui cesse dès que l'or recouvre exactement le cuivre, et le met ainsi à l'abri de l'action chimique de la liqueur.

C'est là le principe de la dorure par immersion ; quant aux moyens pratiques, ils sont de la plus grande simplicité. La dissolution d'or sur laquelle on opère, est du chlorure d'or, que l'on a fait bouillir pendant deux heures avec une grande quantité de bicarbonate de potasse ; l'acide carbonique se dégage, et le chlorure d'or se transforme en aurate de potasse, sel qui a la propriété de céder de l'or au cuivre, à la température de l'ébullition.

Voici la composition du bain dont se servait Elkington.

Or (transformé en chlorure)..	120 grammes.
Eau......................	16 kilogrammes.
Bicarbonate de potasse......	9 —

On faisait bouillir le tout pendant deux heures, en remplaçant l'eau à mesure qu'elle s'évaporait. On séparait alors un dépôt noir d'oxyde d'or, qui s'était formé par l'ébullition, et le bain était prêt à servir.

Ce liquide étant entretenu bouillant dans une bassine de fonte, on y plongeait les objets à dorer (préalablement bien nettoyés et décapés par les bains acides), en les suspendant à un crochet de cuivre que l'opérateur tenait à la main.

Le mélange d'or et de bicarbonate de potasse, dont nous venons de parler comme servant à la *dorure au trempé*, est celui qui fut primitivement employé par Ch. Christofle, à Paris, d'après Elkington. Mais la quantité, tout à fait exagérée, de bicarbonate de potasse qui entre dans ce bain, a fait renoncer à ce procédé, surtout depuis qu'on a découvert d'autres substances chimiques capables de produire la dorure au trempé.

M. Alfred Roseleur, qui a tant perfectionné la partie des arts scientifiques qui nous occupe, a trouvé que le *pyrophosphate double de potasse ou de soude et de protoxyde d'or*, dore parfaitement le cuivre par immersion ; de sorte qu'aujourd'hui la dorure au trempé ne s'exécute plus qu'au moyen de ce sel double. M. Roseleur livre aux fabricants des quantités considérables de pyrophosphate de potasse ou de soude, pour la dorure au trempé.

Voici la manière de composer un bain de dorure au trempé, avec le pyrophosphate de soude, donnée par M. Roseleur dans son ouvrage *Manipulations hydroplastiques*.

On dissout dans l'eau régale, 10 grammes d'or ; on évapore presque à siccité et avec précaution, la dissolution de chlorure d'or, pour chasser la presque totalité des acides libres ; on redissout dans l'eau le chlorure d'or sec. On filtre cette liqueur, pour la séparer de l'or réduit et du chlorure d'argent provenant du sel d'argent qui existe toujours mêlé à l'or. D'autre part, on a fait dissoudre dans l'eau 800 grammes de *pyrophosphate de soude*, et l'on mêle cette dissolution saline à la dissolution du chlorure d'or, de manière à obtenir 10 litres de mélange, qui constituent le bain à dorer.

M. Roseleur conseille d'ajouter à ce bain de l'acide cyanhydrique, qui rend le sel d'or moins facilement décomposable, et l'empêche de dorer trop rapidement. Mais la préparation de l'acide cyanhydrique étant très-difficile, ce produit étant en outre éminemment vénéneux, beaucoup de doreurs s'abstiennent, avec raison, de toute addition d'acide prussique.

Quoi qu'il en soit, le bain dont nous venons de donner la composition, est placé dans une marmite, sur un fourneau chauffé par le charbon ou par le gaz. Pour obtenir la dorure, on trempe pendant quelques secondes, les objets de cuivre ou de laiton, enfilés dans un crochet de cuivre, dans la liqueur bouillante. L'objet est doré en quelques secondes. Rien n'est plus curieux que de voir les pièces de cuivre plongées dans le liquide, et qui sortent du bain recouvertes aussitôt d'une couche d'or du plus bel éclat.

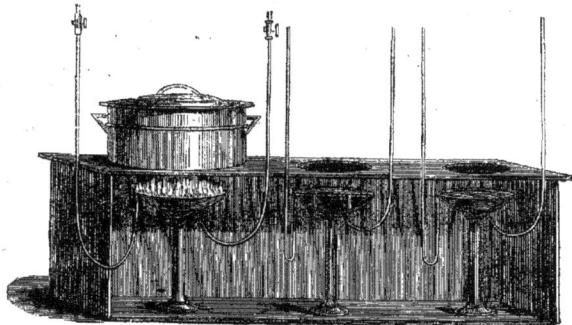

Fig. 221. — Fourneau et bain pour la dorure au trempe.

La figure 221 représente le fourneau pour la dorure au trempé, chauffé au moyen du gaz. C'est, comme on le voit, une caisse de tôle, percée, à sa partie supérieure, de trous destinés à recevoir les fonds des marmites qui contiennent les bains d'or. Dans l'intérieur de la caisse et sous le fond de chaque marmite, se trouve le foyer pour la combustion du gaz, lequel se distribue par une sorte de pomme d'arrosoir criblée de trous.

Les doreurs au trempé ont ordinairement trois bains, placés l'un près de l'autre sur un même fourneau. Le premier est un vieux bain, qui ne contient presque plus d'or, et ne sert qu'à débarrasser les pièces métalliques de l'acide qu'elles peuvent retenir. Le second contient de l'or, mais en quantité suffisante pour fournir une belle dorure. Il a l'avantage de ménager le bain neuf, c'est-à-dire le troisième bain, dans lequel on donne aux objets à dorer la charge et la nuance convenables.

La dorure se fait, avons-nous dit, par une immersion de quelques secondes. Immédiatement après, on lave les pièces à grande eau, et on les sèche dans de la sciure chaude de bois de sapin, de peuplier ou de tilleul; celles de chêne ou de châtaignier nonciraient la dorure.

La sciure est contenue dans une caisse de bois à deux compartiments et à fond de zinc. La caisse est placée sur un bâti en tôle au-dessous duquel peut glisser, sur des roulettes, une grande chaufferette, remplie de braise de boulanger, qui communique à la sciure de bois une température et un degré de sécheresse convenables.

La dessiccation ne peut s'exécuter, par ce procédé, pour des objets creux dans l'intérieur desquels la sciure de bois ne saurait pénétrer. Aussi les doreurs ont-ils, à côté de leurs caisses à sciure de bois, une petite étuve, chauffée par de la braise de boulanger, et portant des tablettes en toile métallique, autour desquelles l'air peut circuler librement. Les bijoux à sécher sont placés sur ces tablettes. Chaque tablette a une petite porte qui se ferme en *abattant*, pour que l'ouvrier ne puisse jamais la laisser ouverte.

Si les bijoux dorés sont très-menus et faciles à sécher au moyen de la sciure, on les place dans un tamis métallique et on les agite, on les *vanne*, pour ainsi dire, avec la sciure : ils sont ainsi secs en quelques minutes.

La figure 222 représente les caisses à sciure de bois, l'étuve de doreur et le tamis à toile métallique.

Bien que la dorure au trempé ne donne à la surface des objets de cuivre et de laiton,

qu'une pellicule d'or excessivement mince, M. Roseleur, dans son ouvrage *Manipulations hydroplastiques*, fait connaître un tour

Fig. 222. — Étuve de doreur sur métaux et caisses à sciure de bois.

de main qui permet de dorer par immersion avec autant d'épaisseur que par le secours de la pile. Ce tour de main consiste à plonger l'objet déjà doré, dans une dissolution d'azotate de bioxyde de mercure, qui laisse sur l'or une couche de mercure. On reporte de nouveau l'objet dans le bain de dorure au trempé : la couche de mercure s'y dissout, et est remplacée par l'or, qui se dépose sur l'objet, de manière à former une seconde couche d'or. Toutes les fois qu'on répète cette opération, il se dépose sur l'objet doré une nouvelle couche de mercure, qui se dissout chaque fois dans le bain de pyrophosphate de soude, en laissant déposer à sa place une nouvelle pellicule d'or.

Cette méthode est souvent mise en pratique pour exécuter dans des bains au trempé, des dorures solides qui sembleraient ne pouvoir être fournies que par la pile, c'est-à-dire les dorures des pendules ou sujets de pendule, candélabres, grands bronzes, etc.

Fig. 223. — Atelier des bains pour l'argenture électro-chimique dans l'usine de MM. Christofle, à Paris (page 367).

CHAPITRE X

Avant d'en finir avec la dorure électrochimique, nous croyons devoir consacrer un chapitre à une méthode particulière qui a été imaginée pour augmenter l'adhérence de la dorure voltaïque. Une circonstance particulière et récente, c'est-à-dire un grand prix décerné à ce sujet, par le jury de l'Exposition universelle de 1867, nous engage à traiter incidemment cette question.

L'adhérence de l'or précipité sur le cuivre par la pile, est presque toujours suffisante; mais lorsque l'on tient à l'augmenter, on est fort embarrassé pour y parvenir. En accroissant l'épaisseur de la couche d'or, par la prolongation du séjour dans le bain, on n'ajouterait pas à l'adhérence, phénomène physique qui ne tient pas à l'épaisseur de la couche, mais bien à une affinité spéciale entre les deux métaux superposés.

Le moyen d'accroître cette adhérence a pourtant été trouvé.

Sur les dorures obtenues par la pile, on dépose, par les procédés électro-chimiques, c'est-à-dire par la décomposition du cyanure de mercure au moyen de la pile, une couche de mercure. Le mercure s'amalgame avec l'or et le blanchit. Pénétrant ensuite dans l'épaisseur du cuivre, cet amalgame adhère à ce métal avec une grande force et une grande homogénéité. Si l'on chauffe ces plaques recouvertes d'amalgame, on décompose l'amalgame, le mercure s'évapore, et l'or demeure, ayant contracté avec le cuivre une adhérence considérable, et aussi forte que celle qui résultait de l'ancien procédé de dorure par l'amalgame.

Cette méthode est donc une alliance de l'ancien procédé de dorure au mercure et des nouveaux procédés électro-chimiques, avec cet avantage, qu'il assure toute l'adhérence que donnait la dorure au mercure et qu'il est exempt des dangers de ce procédé, les vapeurs de mercure se dégageant dans l'intérieur du tuyau d'une cheminée, et ne pouvant, en aucune manière, être absorbées par les personnes qui travaillent dans l'atelier.

M. H. Dufresne, qui est, si nous ne nous trompons, artiste sculpteur et amateur de sciences, a décrit cette méthode le 2 avril 1867, dans un mémoire adressé à l'Académie des sciences. Au mois de juillet 1867, il a obtenu pour ce travail, l'un des grands prix décernés par le Conseil supérieur de l'Exposition universelle.

Or, ce système, que le jury de l'Exposition universelle de 1867 a solennellement couronné comme nouveau, a plus de dix-sept ans d'existence. Imaginé en 1851, par le duc de Leuchtemberg, il a servi à dorer du haut en bas la cathédrale du Sauveur, à Moscou.

Nous avons raconté, au commencement de cette notice, qu'en 1837, on dora, par l'amalgamation, la coupole intérieure de l'église Saint-Isaac, à Saint-Pétersbourg, et nous avons dit les tristes résultats qu'amena ce travail, pour les ouvriers qui furent chargés de l'exécuter. Environ dix ans après, c'est-à-dire en 1848, on voulut dorer l'intérieur de la même église. Mais alors, la dorure par les procédés électro-chimiques était connue. La dorure de l'intérieur de Saint-Isaac fut donc exécutée, dans l'*Institut galvanique* du duc de Leuchtemberg, au moyen des procédés nouveaux, c'est-à-dire par la pile agissant sur le cyanure d'or dissous dans le cyanure de potassium. 240 kilogrammes d'or appliqué sur des lames de cuivre, et présentant une valeur de près d'un million, couvrirent la coupole intérieure de l'église.

En 1851, on résolut de dorer la coupole extérieure de la cathédrale du Sauveur, à Moscou. Comme ici, la dorure devait rester exposée, au dehors, à toutes les influences atmosphériques, la dorure par l'intermédiaire du mercure paraissait seule devoir répondre à ces conditions. Mais on se souvenait, avec regret, des tristes résultats de l'opération faite à Saint-Pétersbourg, en 1837. D'un autre côté, on se défiait de la dorure électro-chimique, dont on avait déjà abusé en Russie, comme ailleurs, en n'appliquant que de minces couches d'or. L'argument puisé dans la résistance et la bonne qualité de la dorure de la coupole intérieure de Saint-Isaac, à Saint-Pétersbourg, n'était pas admis, par cette raison, d'ailleurs fondée, que cette coupole, se trouvant à l'intérieur de l'église, est à l'abri des influences nuisibles de l'atmosphère.

C'est alors que le duc de Leuchtemberg eut l'idée du procédé dont nous avons signalé plus haut le principe. Sur les grandes plaques de cuivre, déjà dorées par la pile au moyen du cyanure d'or, il fit précipiter une couche de mercure par la pile, en les plaçant dans un bain de cyanure de mercure. Ces plaques, ainsi recouvertes d'amalgame d'or, étaient introduites dans des fours chauffés et munis d'excellentes cheminées qui provoquaient un tirage énergique. Le mercure s'évaporait sans se répandre dans les ateliers, et l'or demeurait, ayant contracté, pendant son amalgamation momentanée, une adhérence puissante avec le cuivre.

Voilà comment fut dorée la coupole extérieure de la cathédrale du Sauveur, à Moscou.

Nous devons ajouter que ce procédé fut également mis en pratique dans l'usine électro-chimique de Ch. Christofle, à Paris, en plus d'une circonstance, depuis l'année 1852.

C'est ce même procédé que le jury de l'Exposition universelle de 1867 a honoré d'un grand prix, en se trompant singulièrement, on le voit, sur son inventeur. Cette méthode, récompensée comme nouvelle, avait déjà servi à déposer de l'or pour une somme de plusieurs millions, tant en Russie qu'en France.

Nous savons bien que les savants français sont, en général, fort ignorants de ce qui se passe à l'étranger, et que, pour la plupart d'entre eux, le monde scientifique est compris dans le périmètre qui s'étend de l'Institut à la Sorbonne et de l'Observatoire au Jardin des Plantes; de telle sorte que bien des découvertes admirées chez nous comme nouvelles, sont depuis longtemps chose vulgaire à l'étranger. Mais ce qui nous surprend, c'est qu'un jury international, qui renferme, comme son nom l'indique, quelques membres étrangers, ait ignoré un fait connu en Russie de tous les hommes de science, et qui est rapporté dans les *Mémoires de l'Académie impériale de Saint-Pétersbourg*.

CHAPITRE XI

L'ARGENTURE VOLTAÏQUE. — IMPORTANCE DE L'ARGENTURE VOLTAÏQUE AU POINT DE VUE DES ARTS. — SON UTILITÉ POUR LA SALUBRITÉ PUBLIQUE ET LE COMMERCE DES MÉTAUX PRÉCIEUX. — DESCRIPTION DU PROCÉDÉ POUR ARGENTER PAR LA PILE. — L'ARGENTURE PAR IMMERSION.

Nous arrivons à la partie la plus importante de l'électro-chimie. L'argenture voltaïque, répandue aujourd'hui dans le monde entier, a complètement révolutionné nos habitudes. Elle a mis à la disposition de tous, des produits que l'on considérait autrefois comme l'apanage exclusif du luxe. Les couverts argentés par la pile, se voient dans tous les ménages quelque peu aisés; il serait à désirer qu'ils remplaçassent partout la vaisselle d'étain, et le jour viendra de cette heureuse substitution. En attendant, la vaisselle argentée par la pile tend à faire pénétrer partout le goût du beau et du confortable, par l'élégance des formes qui lui est propre et l'inaltérabilité dont elle a le privilége. Elle a, en même temps, l'avantage d'assurer au possesseur la tranquillité d'esprit. Les couverts de table que l'on confectionnait autrefois en argent massif, se fabriquent maintenant avec un métal sans valeur, le maillechort, recouvert d'une couche d'argent, qu'il est facile de renouveler après l'usure. Il résulte de là qu'un maître de maison est débarrassé de toute préoccupation, quant à la surveillance et à la garde de sa vaisselle. Autrefois, l'achat de l'argenterie absorbait une fraction importante de la fortune d'un jeune ménage ; cette dépense ne représente aujourd'hui qu'un chiffre insignifiant dans son budget. Que d'ennuis, que de craintes et de surveillance, sont également évités aux divers chefs d'établissements qui sont forcés, comme les restaurateurs, par exemple, de mettre une masse de couverts de table à la disposition du public et de domestiques de toute sorte. Il arrive encore quelquefois qu'un voleur, individu fort peu au courant, par état, des progrès de la science, met dans sa poche le couvert du restaurateur chez lequel il a dîné. Mais, dans ce cas, c'est le voleur lui-même qui est volé ; car s'il a le malheur d'aller offrir en vente à un orfévre, ou de présenter à un bureau de mont-de-piété le produit de son larcin, cette circonstance suffit à déceler son action, et souvent il ne faut pas d'autre indice pour envoyer notre homme réfléchir, en prison, sur les avantages et les inconvénients de la science et du progrès.

La diffusion de l'argenterie voltaïque a des avantages d'un ordre plus sérieux. Elle permet de laisser dans la circulation, pour l'emploi monétaire, une masse énorme de métaux précieux, qui, autrefois, étaient absorbés par les travaux de l'orfévrerie, ce qui contribuait à maintenir le prix commercial de l'argent à un taux élevé. Quelques chiffres fixeront les idées à cet égard. L'usine de MM. Christofle, à Paris, qui est loin d'être la seule se livrant à ce genre de fabrication, a argenté, depuis 1842 jusqu'en 1860, cinq millions six cent mille couverts, qui ont retiré de la circulation trente-trois mille six cents kilogrammes d'argent, valant six millions sept cent mille francs. Une pareille quantité de couverts, exécutés en argent massif, aurait fait disparaître de la circulation un million de kilogrammes d'argent, c'est-à-dire plus de deux cents millions de numéraire, qui auraient

été employés sans doute aux usages de l'orfévrerie et auraient sensiblement augmenté le taux du prix commercial de l'argent.

Au point de vue artistique, l'argenture offre aux dessinateurs, aux sculpteurs, et même aux ciseleurs de métaux, un avenir sur lequel ils ne comptaient pas au début d'une invention et d'une industrie dans laquelle ils croyaient voir le présage certain de leur ruine. Beaucoup d'artistes, beaucoup d'amateurs, ont vu avec regret s'introduire dans l'orfévrerie l'argenture voltaïque, pour remplacer l'argent massif, qui jouissait, depuis des siècles, de la propriété exclusive de fournir sa matière précieuse aux inspirations de l'artiste. Mais il est facile de reconnaître que la substitution du plaqué galvanique à l'argent pur, ne peut être que fort utile aux progrès et à l'avenir de la sculpture. N'étant plus arrêté par le prix excessif de la matière première à employer, l'artiste qui confiera à l'électro-chimie la reproduction de ses modèles, pourra donner libre carrière à son imagination ; et il aura ainsi les moyens de créer des chefs-d'œuvre dont l'idée même n'aurait pu être conçue, autrefois. Il est à remarquer qu'aucune des grandes pièces d'orfévrerie sculptée, exécutées pendant les deux derniers siècles, et qui ont fait l'admiration des cours de Louis XIV et de Louis XV, n'est parvenue jusqu'à nous. Dans les moments difficiles de nos révolutions, la perfection d'un objet d'art a rarement trouvé grâce devant la nécessité d'en réaliser la valeur pécuniaire, et nos hôtels de monnaie ont transformé en informes lingots les plus belles créations des artistes des siècles passés. Au contraire, de toutes les œuvres sculpturales exécutées en bronze à la même époque, aucune ne s'est perdue, grâce à cette heureuse circonstance que la matière première en était sans valeur. Pour la conservation des chefs-d'œuvre artistiques de notre âge, il est donc à désirer que l'emploi de l'argenture voltaïque se répande de plus en plus, et pénètre plus encore dans nos habitudes. Tout le monde connaît le chef-d'œuvre d'art et d'industrie exécuté par MM. Christofle pour l'hôtel-de-ville de Paris. La figure 228 page 369 représente la pièce du milieu de cet admirable *surtout de table*, qui était un des ornements les plus brillants de l'Exposition universelle de 1867, et qui a servi à décorer les somptueux banquets offerts, par la ville de Paris, aux divers souverains qui sont venus rendre hommage, à cette époque, à la grandeur et au génie de la France. Autrefois la pensée d'exécuter une pièce aussi compliquée, aussi soignée dans tous ses détails, n'aurait même pu venir. Il faut ne pas être arrêté par le prix de la matière première, pour commander à des artistes des œuvres de cette importance. En argent massif, cette pièce aurait dépassé, par son prix, la fortune du souverain le plus riche de l'univers.

Il est une dernière considération, et à nos yeux la plus puissante, en faveur de l'argenture voltaïque : c'est la salubrité de son usage. Il est vraiment pénible de voir la vie humaine à la merci des misérables ustensiles employés dans nos cuisines. On se sent saisi de tristesse et de pitié quand on voit le ménage aisé, tout comme les grands établissements publics, les hospices, les administrations, l'armée, préparer leurs aliments dans des vases de cuivre, recouverts, plus ou moins bien, d'une couche d'étain, métal qui ne vaut guère mieux que le cuivre ; quand on voit le ménage pauvre se servir, pour l'usage de la cuisine ou de la table, de couverts d'étain, ou d'alliages divers, essentiellement oxydables et altérables, qui ne méritent guère leur réputation d'être économiques, car il faut les renouveler sans cesse, et dont le tort le plus grave est de donner naissance, par l'action des liquides alimentaires, à des sels vénéneux, ou tout au moins vomitifs. Chacun partagera donc notre vœu philanthropique, à savoir, que l'argenture voltaïque devienne un jour d'un usage général ;

qu'il ne soit pas de ménage si pauvre, d'établissement public si mal doté, qui ne puisse un jour préparer ses aliments dans des vases de métal revêtus par la pile d'une couche inaltérable d'argent. Le progrès que nous rêvons sera certainement réalisé dans l'avenir, grâce à la simplicité, à l'économie des méthodes qui servent aujourd'hui à obtenir dans les ateliers l'argenture voltaïque, méthodes dont la description doit maintenant nous occuper.

Les procédés qui servent à l'argenture voltaïque sont les mêmes, en principe, que ceux de la dorure par la pile ; cette circonstance nous permettra d'abréger beaucoup nos descriptions.

L'argenture par la pile s'opère au moyen du cyanure d'argent dissous dans le cyanure de potassium, et formant un cyanure double de potassium et d'argent, soluble dans l'eau. Comme le cyanure d'or, le cyanure d'argent est décomposé par la pile ; l'argent se porte au pôle négatif, auquel on attache l'objet à argenter, et le cyanogène se porte au pôle positif. Si l'on attache au fil positif de la pile, une lame d'argent, c'est-à-dire un *anode métallique*, le cyanogène qui se dégage à ce pôle, rencontrant l'anode d'argent, le dissout, et forme du cyanure d'argent, lequel maintient le bain toujours chargé de la quantité de cyanure d'argent nécessaire à l'opération.

Voilà la théorie de l'argenture par la pile, calquée nécessairement sur celle de la dorure. Ajoutons que l'on prend du cyanure d'argent, et non de l'azotate d'argent, ce qui serait bien plus simple, parce que la décomposition de l'azotate d'argent par la pile, mettrait en liberté de l'acide azotique, lequel attaquerait la surface du métal immergé, et rendrait l'argenture incomplète et non adhérente.

Voici comment se prépare le cyanure d'argent destiné à l'argenture. On dissout peu à peu et avec précaution, 2 kilogrammes d'argent dans 6 kilogrammes d'acide azotique ;

on obtient ainsi de l'azotate d'argent, que l'on évapore à siccité, pour chasser tout excès d'acide : il est même bon de pousser la chaleur jusqu'à provoquer la fusion de l'azotate d'argent. On fait dissoudre dans 25 litres d'eau cet azotate d'argent fondu.

D'autre part, on a fait dissoudre dans 10 litres d'eau, 2 kilogrammes de cyanure de potassium pur. On verse la dissolution du cyanure de potassium dans celle de l'azotate d'argent, ce qui donne un précipité insoluble de cyanure d'argent. On recueille sur un filtre ce cyanure d'argent, et on le lave; puis on le délaye dans une dissolution de 2 kilogrammes de cyanure de potassium dans 10 à 20 litres d'eau. Le cyanure d'argent ne tarde pas à se dissoudre dans ce liquide, en formant du cyanure double de potassium et d'argent, soluble dans l'eau. On ajoute alors une quantité d'eau suffisante pour faire un volume de 100 litres. C'est là le bain propre à l'argenture : il faut seulement le faire bouillir pendant deux ou trois heures avant de s'en servir. M. Bouilhet recommande d'ajouter à ce bain 1 kilogramme de cyanure double de potassium et de fer (prussiate jaune de potasse) pour le rendre immédiatement propre à l'argenture (1).

Tandis que la dorure voltaïque se fait mieux à chaud qu'à froid, l'argenture, au contraire, s'opère mieux à froid qu'à une température élevée, ce qui simplifie l'opération.

On opère l'argenture des couverts dans des cuves en bois, de forme rectangulaire, doublées de gutta-percha. On leur donne une hauteur convenable, pour que les pièces qu'on y suspend soient surnagées par $0^m,10$ de liquide, en laissant la même distance

(1) *Dictionnaire de chimie industrielle* de MM. Barreswil et Girard, t. II, p. 130.

entre elles et le fond ou les parois latérales de la cuve. Le long des bords de cette cuve, règne une tringle de cuivre, à laquelle on suspend les lames d'argent ou *anodes*, destinés à maintenir le bain saturé de cyanure d'argent. Ces anodes sont tous reliés entre eux par un châssis, et communiquent avec le pôle positif de la pile. Une seconde tringle règne le long des bords de la cuve. Les objets à argenter sont suspendus à cette seconde tringle, par des crochets; et ce second système communique avec le pôle positif de la pile. Les deux tringles, qui font le tour du support de la cuve, sont parfaitement séparées l'une de l'autre, puisqu'elles représentent les deux pôles opposés de la pile; leur hauteur est même différente, afin qu'une lame de métal, disposée transversalement ne puisse se poser que sur les deux côtés d'une même tringle sans toucher l'autre. Sans cela, la communication serait établie entre les deux

Fig. 224. — Cuve et bain pour l'argenture voltaïque.

pôles, et le courant ne traverserait plus le bain.

La figure 224 représente la cuve pour l'argenture voltaïque, avec les dispositions qui viennent d'être décrites.

Nous représentons à part (*fig.* 225) un châssis portant un certain nombre de couverts, et (*fig.* 226) l'anode d'argent, que l'on place en regard de l'objet à argenter.

On place dans une même cuve quatre ou

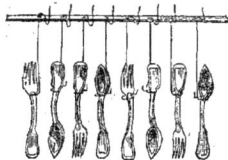

Fig. 225. — Pôle négatif de la pile, dans le bain pour l'argenture.

cinq de ces groupes, formés de l'objet à argenter et de l'anode d'argent placé, l'un au pôle négatif, l'autre au pôle positif.

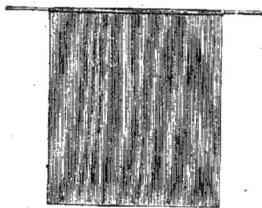

Fig. 226. — Pôle positif de la pile, dans le bain pour l'argenture (anode d'argent).

Nous n'avons pas besoin de dire que les objets à argenter ne sont introduits dans le bain, qu'après avoir été soumis à la série d'opérations préalables du décapage chimique ou mécanique, qui mettent leur surface en état de recevoir convenablement l'argenture. Nous avons décrit assez longuement les opérations du décapage, à propos de la dorure, pour n'avoir pas besoin d'y revenir ici.

Au milieu de l'opération, il est bon de retourner les objets de haut en bas, pour éviter un dépôt trop considérable sur les parties les plus profondément immergées. En effet, les parties du liquide les moins appauvries en sel d'argent, et par conséquent les plus denses,

tombent au fond de la cuve ; et dans ce point, le dépôt d'argent doit avoir plus d'épaisseur. De là, la nécessité de changer de place, une fois au moins, les objets qui séjournent dans le bain. Ce changement de place a encore l'avantage d'éviter les *stries*, ou raies longitudinales, qui se produisent fréquemment sur les objets unis qu'on abandonne, dans le bain, à un repos trop prolongé. Ces raies sont dues à de petits courants liquides ; elles proviennent de la descente continuelle des couches du liquide plus denses, et de l'ascension des couches plus légères.

Tous les petits inconvénients que nous venons de signaler, ne se produiraient pas, évidemment, si l'on agitait le bain de manière à mêler constamment ses différentes parties. Dans les grands ateliers d'argenture, on a considéré comme indispensable de produire cette agitation continuelle du liquide composant le bain, et on l'a réalisée d'une façon mécanique assez curieuse. Quand nous visitâmes, au mois d'août 1867, l'usine électrochimique de MM. Christofle, à Paris, nous ne fûmes pas peu surpris de voir, en passant devant les bains d'argenture, les châssis porteurs d'objets en train de s'argenter, se lever lentement et comme d'eux-mêmes au sein du liquide, sans que rien, en apparence, pût expliquer ce mouvement. Les couverts et les pièces d'argenterie semblaient vouloir sortir du bain, pour voir ce qui se passait dans l'atelier. Le mystère nous fut expliqué, quand on nous montra que le châssis qui supporte les objets à argenter, est suspendu à une corde flexible, et maintenu au-dessus du bain, au moyen d'un cadre de bois qui s'élève en l'air, à certains intervalles, lorsqu'un petit levier excentrique, fixé à la poulie d'un petit arbre moteur, vient soulever ce cadre, pour le laisser ensuite retomber dans le liquide, ce qui produit l'agitation reconnue nécessaire au mélange exact des différentes parties du liquide.

La figure 227 représente ce petit système.

AA est le cadre de bois, B la poulie tournant par l'effet d'une courroie D attachée à l'arbre moteur de l'atelier ; C est l'excentrique fixé sur la roue B.

Une douzaine de couverts de table en maillechort, d'une grandeur ordinaire, doit recevoir 80 à 100 grammes d'argent, pour présenter l'épaisseur nécessaire à une bonne

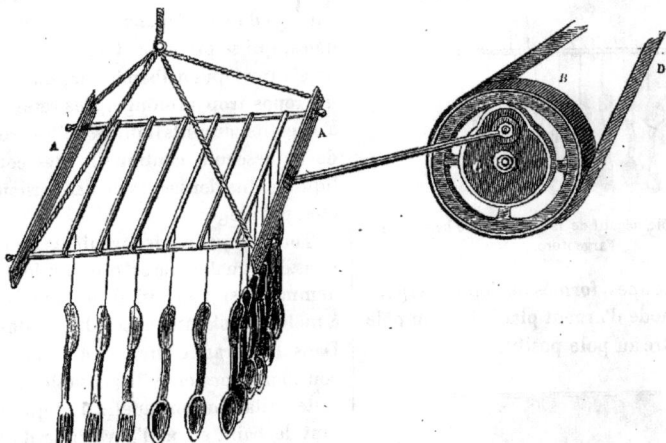

Fig. 227. — Agitateur mécanique des bains d'argenture électro-chimique.

argenture. La pratique des ateliers a vite appris le temps nécessaire pour que cette quantité d'argent soit déposée sur chaque douzaine de couverts. On s'en assure, du reste, en pesant, après le décapage, une pièce prise au hasard, et pesant la même pièce après le temps approximatif de son séjour dans le bain. Un séjour de quatre à cinq heures, suivant l'énergie du courant voltaïque, suffit pour provoquer ce dépôt.

Pour un bain contenant 600 litres de liquide, quatre éléments de la pile de Bunsen, de 0ᵐ,25 sur 0ᵐ,40, suffisent, d'après M. Bouilhet, pour déposer, en quatre heures, 450 grammes d'argent (1).

Au sortir du bain, les pièces argentées sont soumises au *gratte-bossage*, dont nous avons décrit la manœuvre avec détails, en parlant de la dorure. Cette opération augmente l'adhérence de l'argent, et signale les pièces

mal argentées, qu'il faut remettre au bain. Il ne reste plus alors qu'à soumettre les pièces argentées au brunissoir, qui leur communique l'admirable poli propre à l'argenture voltaïque.

Le dépôt d'argent provenant du bain que nous venons de décrire, est ordinairement mat. M. Elkington a fait cette observation singulière, et qu'il est difficile d'expliquer, au point de vue physique et chimique, qu'un peu de sulfure de carbone, ajouté à ces bains, permet d'obtenir une argenture brillante. De cette manière, le gratte-bossage et le brunissage sont beaucoup moins nécessaires :

« La meilleure manière d'employer le sulfure de carbone, dit M. Bouilhet, dans l'article que nous avons déjà cité, c'est de mettre dans un flacon bouché à l'émeri 10 grammes de sulfure avec 10 litres de bain, et de le laisser vingt-quatre heures en contact ; au bout de ce temps, il se forme un précipité noirâtre, et la solution est bonne à employer. Avant chaque opération d'argenture, on verse 1 centimètre cube

(1) Article cité du *Dictionnaire de chimie industrielle.*

de cette liqueur par litre de bain, et immédiatement le dépôt de l'argent devient brillant comme s'il avait été gratte-bossé. »

Nous finirons ce chapitre par quelques mots sur l'*argenture au trempé*, c'est-à-dire l'argenture sans l'emploi de la pile. On peut, en effet, argenter, comme on peut dorer, par simple immersion. Il existe, pour cela, deux procédés qui s'emploient, l'un à froid, l'autre à chaud. Ils donnent un léger vernis d'argent, qui ne s'applique qu'à quelques menus articles, comme boucles, boutons, agrafes, etc.

L'*argenture par immersion à chaud* se fait dans un bain de cyanure double de potassium et d'argent, peu différent, par sa composition, de celui qui sert à l'argenture voltaïque.

Le procédé d'*argenture par immersion à froid*, le plus commode et qui fournit une argenture inaltérable, a été découvert par M. Roseleur. Il consiste à faire usage de bisulfite de soude. Nous renvoyons au traité des *Manipulations hydroplastiques* (1), pour les détails de ce procédé, excellent sans doute, mais qui est encore peu en usage dans l'industrie électro-chimique.

CHAPITRE XII

DÉPOTS ÉLECTRO-CHIMIQUES DU PLATINE, DU ZINC, DE L'ÉTAIN ET DU CUIVRE. — FORMATION ET DÉPOT, PAR LA PILE VOLTAÏQUE, DES ALLIAGES DE CUIVRE : DÉPOT DU LAITON.

L'or et l'argent ne sont pas les seuls métaux que l'on puisse déposer, en couches minces, à la surface des autres métaux. La théorie fait pressentir, et la pratique démontre, que, par un choix judicieux de dissolutions, on peut obtenir, par la pile, la précipitation de presque tous les métaux les uns sur les autres, c'est-à-dire que l'on peut effectuer le *platinage*, le *zincage*, l'*étamage*, le *cuivrage*, le *ferrage*, l'*antimoniage*, le *bismuthage*, le *plombage*, le *nickelage*, etc. Tous ces dépôts métalliques ne répondent pas également aux be-

(1) Pages 230-235.

Fig. 228. — Pièce du milieu du surtout de table de l'Hôtel-de-ville, exécuté dans les ateliers de MM. Christofle, à Paris.

soins de l'industrie, ou présentent des difficultés pratiques spéciales. Ceux qui s'exécutent dans les ateliers, et que nous allons rapidement considérer, sont les dépôts de platine, de zinc, d'étain, de cuivre et de laiton.

Le dépôt de platine s'applique à plusieurs objets d'ameublement ou d'ornement : des candélabres, des lustres, des flambeaux, des chenets, etc. Le ton particulier du platine, son éclat et son inaltérabilité, son aspect artistique, sont quelquefois recherchés pour ce genre d'application.

Le cuivre et ses alliages, c'est-à-dire le bronze et le laiton, peuvent seuls être platinés directement.

On a d'abord platiné les métaux par la pile, dans un bain composé de 1 litre d'eau, de 300 grammes de carbonate de soude et de 10 grammes de platine transformé en chlorure par l'eau régale. On opérait à la température de 80°, avec une pile énergique et en se servant d'un anode de platine. Mais l'opération marchait mal. M. Roseleur a fait connaître le procédé suivant, qui permet de platiner facilement, et à toute épaisseur, le cuivre et ses alliages.

On dissout dans l'eau régale, 10 grammes de platine ; on évapore à siccité le chlorure de platine, que l'on redissout dans 500 grammes d'eau distillée. On ajoute à cette liqueur une dissolution de 100 grammes de phosphate d'ammoniaque dans 500 grammes d'eau, ce qui donne un précipité de *phosphate ammoniaco-platinique*. On recueille ce précipité, et on le redissout, à chaud, dans 1 litre d'eau contenant 500 grammes de phosphate de soude.

Ce bain est facilement décomposé par la pile, si on le maintient à la température de 80°. Seulement, il faut remplacer le platine qui se dépose, en ajoutant, de temps en temps, du précipité de phosphate ammoniaco-platinique.

« Comme la plupart des articles du commerce, dit M. Roseleur, tels que lustres, candélabres, lampes, etc., sont très-légèrement platinés, on a soin de les brunir avant le dépôt de platine, et une fois l'opération achevée, on se contente de les passer à la peau et au rouge anglais ; on évite ainsi les difficultés, souvent très-grandes, de brunir sur le platine lui-même. »

Le zinc s'applique facilement par la pile. Si l'on précipite du sulfate de zinc par l'ammoniaque, et que l'on ajoute de l'ammoniaque en excès, pour dissoudre l'oxyde de zinc, on obtient un bain qui donne d'assez bons résultats. On peut aussi faire usage d'un mélange de sulfate de zinc et de cyanure de potassium dissous dans l'eau, ou bien de sulfate de zinc et de sulfate de soude.

Mais le zincage des métaux par la pile donne un dépôt trop léger, et coûterait trop cher pour être employé industriellement. Il existe pour le zincage du fer, une opération beaucoup plus simple, et d'ailleurs bien ancienne, car elle fut pratiquée en France, en 1742, par Malouin. Elle consiste à tremper dans un bain de zinc fondu, le fer, préalablement décapé, avec soin, par un acide ou par un mélange salin corrosif.

M. Sorel, qui a, de nos jours, donné à cette industrie une extension considérable, a fait connaître les meilleurs bains de décapage du fer et du cuivre, ainsi que les procédés les plus économiques pour recouvrir d'une couche de zinc, le fer et le cuivre, en les faisant passer dans du zinc fondu.

Le zincage du fer est bien supérieur à l'étamage, pour la conservation de ce métal. En effet, la couche de zinc qui enveloppe le fer, s'oxyde en partie, et, enveloppant de toutes parts le fer sous-jacent, le met à l'abri de toute altération ultérieure. Ce procédé de conservation du fer est tellement sûr, tellement économique, que nous avons peine à comprendre comment on néglige d'y avoir recours toutes les fois que le fer doit rester exposé aux influences atmosphériques. Tandis que le fer abandonné à l'air, s'oxyde en quelques mois, tandis que les couches de peinture dont on recouvre ce métal, ont besoin d'être renouvelées à quelques années d'intervalle, le *fer zingué* est, au contraire, véritablement indestructible. Aussi nous ne saurions trop recommander aux industriels, aux architectes, l'usage de ce précieux moyen de préservation.

Les fils de fer qui servent de conducteurs à nos télégraphes électriques, sont toujours revêtus d'une couche de zinc, en les faisant passer dans un bain de zinc fondu.

Le zincage du fer ou du cuivre, dans un bain de zinc fondu, est donc un procédé excellent et qu'on ne saurait trop recommander. Seulement, on a donné à cette opération un nom déplorable. On l'appelle *galvanisation du fer* ou du *cuivre;* on appelle *fer galvanisé, cuivre galvanisé,* le fer ou le cuivre zingués par ce moyen. Rien n'est plus fâcheux que cette dénomination, car elle introduit dans les idées la confusion qu'il importerait le plus de bannir. Les mots de *galvanisation du fer* et de *fer galvanisé,* font croire qu'il s'agit ici d'un dépôt obtenu par les procédés galvaniques ou voltaïques, d'un dépôt de zinc provoqué par la pile; tandis qu'il s'agit d'une simple application mécanique d'une couche de zinc dont on enveloppe l'objet, en le trempant dans un bain de zinc fondu. On ne saurait croire à combien de méprises et de malentendus donne lieu, entre clients et fabricants, cette désignation malheureuse. Ainsi, procédé excellent, nom absurde, tel est le jugement qu'il faut porter sur le zincage du fer et du cuivre par le zinc fondu.

Tout le monde sait avec quelle facilité le fer et le cuivre se recouvrent d'étain par un simple moyen mécanique, c'est-à-dire en frottant le cuivre ou le fer, chauffés, avec de l'étain fondu. C'est ainsi que l'on obtient ce fer et ce cuivre *étamés,* qui sont d'un si grand usage dans l'économie domestique. Le dépôt d'étain sur le cuivre et le fer, peut également s'opérer par la pile. On doit à M. Roseleur un

procédé irréprochable, et actuellement très-employé dans l'industrie, pour étamer le fer et la fonte par la pile.

Le bain de M. Roseleur est ainsi composé :

Eau.........................	500 litres.
Pyrophosphate de soude........	5 kilogr.
Protochlorure d'étain fondu.....	500 gram.

En soumettant à l'action de la pile ce bain contenant les objets de fer à étamer, l'étain se dépose avec régularité. On fait usage d'un anode en étain; mais comme cet anode ne suffit pas pour alimenter le bain, il faut, de temps en temps, ajouter parties égales de sel d'étain et de pyrophosphate de soude.

Ce bain peut aussi fonctionner sans aucun courant voltaïque. Dans le liquide on met les pièces à étamer en contact avec des fragments de zinc, qui déterminent la précipitation de l'étain; et on agite le tout, pour éviter les taches qui pourraient résulter du contact du zinc. L'opération est terminée en deux heures. On ajoute dans le bain une nouvelle quantité de sel d'étain et de pyrophosphate en parties égales, afin de pouvoir commencer un autre dépôt.

M. Roseleur a fait connaître différents procédés, dans le détail desquels il serait trop long d'entrer, et qui lui permettent d'étamer une grande quantité d'objets divers pour l'industrie, et d'obtenir en particulier ces vases de fonte pour l'usage de la cuisine, dits de *fonte argentine,* dont la matière n'est que de la fonte étamée.

Le cuivre se dépose, par la voie galvanique, avec une facilité extrême, sur le fer, l'acier, le zinc, l'étain, le plomb et les alliages de ces métaux. On a quelquefois recours à un cuivrage voltaïque préalable pour opérer la dorure ou l'argenture voltaïque de certains métaux.

Le meilleur bain pour cuivrer au moyen de la pile, se prépare comme il suit.

On dissout dans l'eau, 2 kilogrammes de sulfate de cuivre, et l'on verse dans cette liqueur, du prussiate jaune de potasse, ce qui donne un précipité de cyanure de cuivre, d'une belle couleur marron. Ce précipité est recueilli et lavé, puis dissous dans de l'eau contenant 5 kilogrammes de cyanure de potassium. On étend d'eau cette liqueur, de manière à obtenir 50 litres de bain. Quand on l'a fait bouillir pendant une heure, ce bain est prêt à fonctionner : il donne un dépôt brillant de cuivre sur le fer, la fonte, le zinc, l'étain et le plomb. Un anode de cuivre est placé au pôle positif, pour remplacer au fur et à mesure, le cuivre déposé. Ce bain s'emploie à froid ou à chaud.

La figure 229 représente la cuve et le bain avec les anodes de cuivre ; employés pour le cuivrage par la pile. A, A, sont les objets à cuivrer, B, B, les anodes de cuivre attachés au pôle positif, S, T, les tringles supportant les pièces plongées dans le bain.

Fig. 229. — Bain de cuivrage par la pile.

On dépose rarement du cuivre à la surface des métaux, car les usages industriels du cuivre pur sont assez limités. Mais l'industrie, comme chacun le sait, fait un très-grand usage d'un alliage de cuivre et de zinc, connu sous le nom de *laiton*. Aussi les chimistes se sont-ils préoccupés de bonne heure, de la possibilité d'obtenir, par la pile, des dépôts de laiton.

Un des principaux mérites, à nos yeux, de M. de Ruolz, c'est d'avoir le premier, trouvé le moyen d'obtenir, par l'électro-chimie, la précipitation des alliages, tels que le bronze et le laiton. On comprenait bien *à priori*,

la possibilité de déposer, par la pile, des métaux purs, tels que l'argent, le cuivre ou l'or ; mais la production des alliages par le même moyen, n'était pas une œuvre banale. Aussi la découverte de la production des alliages au moyen de deux dissolutions salines traitées par la pile, par exemple celle du laiton, au moyen d'une dissolution mélangée de sels de cuivre et de zinc, est-elle l'une des inventions les plus remarquables de l'électro-chimie. Elle présentait, en effet, aux points de vue théorique et pratique, de nombreuses difficultés, et son application à l'industrie était d'une haute importance. Quand on est parvenu à couvrir le fer d'une couche de laiton, on réunit à l'économie de l'emploi du fer, l'avantage de le préserver de l'oxydation, et l'on produit, en même temps, un alliage très-justement recherché dans les arts, pour la beauté de sa couleur.

Les procédés découverts par M. de Ruolz, pour la formation électro-chimique du laiton, furent d'abord mis en usage, sous la protection d'un brevet, dans l'usine de M. Bernard. Aujourd'hui, ces procédés sont du domaine public, et le *laitonisage* a pris une grande extension en France comme à l'étranger. On recouvre de laiton, par la pile, une foule d'objets de quincaillerie fabriqués en fer ou en zinc, pour leur donner l'apparence du véritable laiton. Tous les fabricants de sujets de pendules ou autres objets en zinc ou alliages métalliques de peu de valeur, commencent par *laitoniser* ces objets par la pile, avant de leur donner, par une peinture spéciale, la couleur de bronze florentin qu'on leur connaît.

En raison de la grande extension de ces derniers procédés dans l'industrie parisienne, nous donnerons quelques détails sur leur mise en œuvre.

On peut obtenir un dépôt de laiton par la voie voltaïque, en décomposant par la pile un bain de cuivre rouge, préparé au cyanure de cuivre, comme on l'a dit plus haut, et attachant, comme anode, au pôle positif, une lame de zinc. L'anode de zinc se dissout dans le bain, puis se précipite avec le cuivre, en formant du laiton. Toutefois, ce procédé est peu sûr.

Le meilleur bain pour le *laitonisage* s'obtient en ajoutant au bain de cuivre rouge, dont nous venons de donner la composition, un volume égal d'un bain de zinc, ainsi préparé :

Eau.......................	10 kilogr.
Protochlorure de zinc........	500 gram.
Cyanure de potassium.......	1 kilogr.
Carbonate de soude.........	1 kilogr.

On place au pôle positif, un anode de laiton. Toute la difficulté de l'opération consiste à régler l'intensité du courant voltaïque d'après la surface des pièces à recouvrir de laiton. Si le courant est faible, il décompose le sel de cuivre plus vite que le sel de zinc, et le dépôt tire sur le rouge ; si le courant est trop fort, il agit davantage sur le sel de zinc, et le laiton déposé est pâle. Il importe donc, dans chaque opération, de bien proportionner la quantité de pièces à laitoniser avec l'intensité de la pile.

Les bains pour la formation électro-chimique du laiton, s'emploient à la température ordinaire.

M. Roseleur donne la formule suivante comme applicable à la généralité des cas, c'est-à-dire pour l'application du laiton sur le fer, la fonte, le zinc, etc. On dissout ensemble dans 10 litres d'eau ordinaire, 250 grammes de sulfate de cuivre et 250 à 300 grammes de sulfate de zinc. On ajoute à cette dissolution, 1 kilogramme de carbonate de soude, qui donne un précipité complexe formé de carbonate de cuivre et de carbonate de zinc. On lave plusieurs fois ce précipité par décantation, et on le fait dissoudre dans 10 litres d'eau contenant 1 kilogramme de carbonate de soude et 500 grammes de sulfite de soude, et l'on ajoute enfin du cyanure de

potassium en quantité suffisante pour que tout reste dissous (1).

Les bains de *laitonisage à froid* se placent dans de grandes cuves de bois, doublées, à l'intérieur, d'une feuille de gutta-percha. Ce sont les mêmes cuves que nous avons déjà représentées en parlant de l'argenture voltaïque (*fig.* 224, page 366).

Les objets à couvrir de laiton sont suspendus, au moyen de crochets de cuivre, à la galerie qui règne le long des bords de cette cuve, et qui est en rapport avec le pôle négatif de la pile. Le long des parois de la cuve, on place les feuilles de laiton destinées à servir d'anodes, lesquelles s'attachent, par un point quelconque de leur surface, à la seconde galerie de cuivre, placée également le long des bords de la cuve, et qui est en rapport avec le pôle positif de la pile.

Le *laitonisage à chaud* est rarement employé ; cependant on se trouve mieux d'opérer à chaud quand il s'agit de couvrir de laiton les fils de fer ou de zinc.

Voici comment on opère pour couvrir de laiton, par la pile, des fils de fer ou de zinc. Dans le commerce, on trouve ces fils en bottes liées entre elles par un fil qui rapproche

Fig. 230. — Fils de fer   Fig. 231.
en bottes.

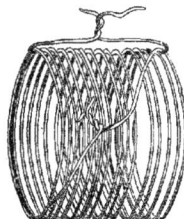

leurs contours, comme le représente la figure 230. On commence par délier ces fils, en les disposant comme le représente la figure 231. Ensuite, on attache ensemble les deux bouts qui représentent le commencement et la fin de cette continuité de fils. On

(1) *Manipulations hydroplastiques*, page 107.

décape au moyen d'acide sulfurique faible cette botte déliée, puis on la suspend à une

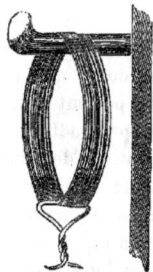

Fig. 232.

cheville de bois recourbée (*fig*. 232), fixée dans le mur, sur laquelle on peut la faire tourner aisément, et on la frotte avec une brosse rude et du sable mouillé.

Ainsi préparée, la botte de fils de fer est portée, d'abord dans un bain de cuivre rouge, pour y faire déposer une pellicule de cuivre pur. Ce n'est qu'après ce cuivrage qu'on la place dans le bain de *laitonisage à chaud*.

Ce bain est disposé dans une grande cuve de fer chauffée par un petit fourneau (*fig*. 233). Les parois de cette cuve sont tapissées de feuilles de laiton, qui servent d'anode, et qui sont attachées au pôle positif de la batterie voltaïque. Le pôle négatif de la même batterie est en rapport, au moyen d'un crochet de métal, avec une forte tringle de cuivre, qui porte sur les deux rebords et que l'on isole de la cuve de fer, en terminant ses deux extrémités, aux points A et B, par deux manchons de caoutchouc, excellent isolateur électrique, afin que l'électricité ne se perde pas dans le

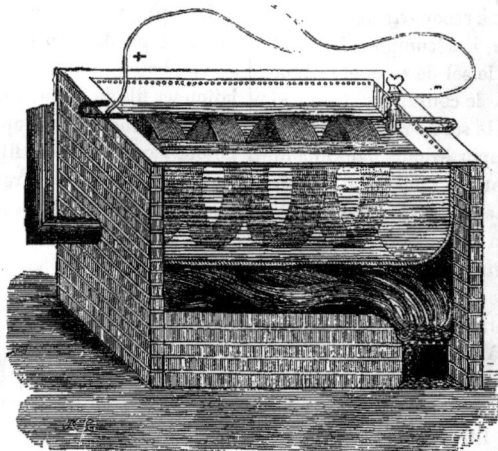

Fig. 233. — Bain pour le dépôt électro-chimique du laiton sur des fils de fer.

sol, par l'intermédiaire des parois métalliques de la cuve. On enfile sur cette tringle, les bottes de fils de fer, en les passant par une des extrémités de la tringle, qu'on soulève à cet effet.

Dans cette position, une partie seulement de la botte de fils se couvre de laiton. Pour la *laitoniser* partout d'une manière uniforme, il suffit de lui imprimer de temps en temps un

quart de révolution, ce qui amène successivement toutes ses parties dans le bain. Quand les fils sont entièrement recouverts de laiton, on les lave et on les sèche à la sciure de bois, puis à l'étuve. Enfin, on les passe à la filière pour leur donner le beau poli du fil de véritable laiton.

C'est ainsi que se préparent tous les fils destinés à la passementerie fausse, et qui sont vendus sous le nom d'*or faux* ou *de trait*. Les mêmes fils ainsi laitonisés étant argentés ou dorés par la pile, donnent ces fils qui sont d'un si grand usage pour la passementerie fine, les épaulettes, etc., etc.

CHAPITRE XIII

CUIVRAGE DE LA FONTE A GRANDE ÉPAISSEUR, PAR L'IN-TERMÉDIAIRE D'UN ENDUIT CONDUCTEUR. — PROCÉDÉS DE M. OUDRY. — L'USINE ÉLECTRO-CHIMIQUE D'AUTEUIL. — EMPLOI DU PROCÉDÉ ÉLECTRO-CHIMIQUE POUR LE CUIVRAGE A FORTE ÉPAISSEUR DES OBJETS ET MONU-MENTS DE FONTE DE LA VILLE DE PARIS. — APPLI-CATION DU MÊME PROCÉDÉ AU REVÊTEMENT MÉTALLIQUE DE LA CARCASSE DES NAVIRES. — EXPÉRIENCES FAITES A TOULON, EN 1867, POUR LE CUIVRAGE DES PLAQUES DE BLINDAGE DES NAVIRES CUIRASSÉS. — LA MÉDAILLE ET LE VAISSEAU.

Pour terminer l'examen des procédés de cuivrage électro-chimique, et pour mettre fin également à cette notice sur les dépôts électro-chimiques, nous parlerons des procédés industriels qui servent à recouvrir de cuivre, à forte épaisseur, la fonte et le fer. Ces procédés sont mis en usage aujourd'hui sur une grande échelle, dans l'usine électro-chimique de M. Oudry, à Auteuil.

Pour préserver le fer et la fonte contre l'oxydation, qui, dans un lieu humide quelconque, les détruit rapidement, on a généralement recours à de grosses peintures et à des vernis. C'est ainsi que les balcons de fonte des maisons et les statues de fonte décoratives, sont recouverts d'une peinture couleur de bronze, puis d'un vernis, pour les défendre de la rouille. Mais ce n'est là qu'un palliatif insuffisant et de peu de durée; car, par l'action de l'air, de l'humidité, du soleil, de la gelée, des orages, etc., toutes les peintures sont promptement altérées. La peinture couleur de bronze, nommée *bronzine*, qui est souvent employée pour donner à des objets artistiques en fonte ou en fer, statues, vases,

candélabres, grilles, etc., l'aspect du bronze, n'existe qu'à la surface, et d'ailleurs n'imite que très-imparfaitement le véritable bronze. Elle est, en outre, rapidement altérée par les intempéries de l'air.

Que voit-on, en effet, sur les monuments métalliques que l'on a voulu préserver par de tels palliatifs, sur les statues de fonte, ou les candélabres décoratifs? Toutes les figures et les ornements sont enfouis sous une couche épaisse de peinture, de rouille, de poussière; et pour les fontaines publiques, ces ornements sont enveloppés de dépôts calcaires laissés par les eaux, et qui adhèrent fortement à la peinture.

On a eu l'idée, pour préserver le fer de l'oxydation, quand il doit être exposé à l'action constante de l'air et de l'eau, de le revêtir, par la pile, d'une forte couche de cuivre, et de donner ensuite au cuivre, par une légère modification de sa couleur naturelle, l'aspect du bronze.

C'était là un excellent moyen. En effet, le cuivre pur, s'il n'a pas l'admirable passivité de l'or, de l'argent et du platine, contre les influences atmosphériques, résiste pourtant très-longtemps à ce genre d'actions. Les monnaies de cuivre pur, les instruments de cuivre pour l'usage domestique, les armes, les statuettes, qui remplissent nos musées et nos collections archéologiques, témoignent assez que le cuivre peut traverser les siècles, quand il ne doit combattre que les influences de l'air et de l'eau. En outre, le cuivre exposé à l'air, prend, avec le temps, des tons fort beaux et vraiment artistiques. Enfin, ce métal est fort dur et d'une grande ténacité. Pour toutes ces raisons, un revêtement de cuivre donné aux objets de fonte qui doivent être exposés à l'air, est un excellent moyen de protection.

Mais comment revêtir, à peu de frais, le fer ou la fonte, d'une couche de cuivre assez épaisse pour donner toutes garanties de durée? Un dépôt électro-chimique par la pile peut-il fournir avec économie ce dépôt, épais et résistant?

Telle est la question qu'il fallait se poser, et telle fut aussi la question que se posa M. Léopold Oudry, propriétaire d'une usine électro-chimique à Paris, lorsque, en 1854, il eut à faire des essais pour le cuivrage de plusieurs pièces de fonte d'une certaine dimension.

M. Oudry réussit à cuivrer solidement et promptement de petites pièces, au moyen du décapage du métal dans un acide, et de deux bains consécutifs de cuivre déposé par la pile. Il voulut alors appliquer le même moyen au cuivrage voltaïque de grandes pièces en fonte et en fer, qui exigeaient une couche de cuivre d'une forte épaisseur. Mais après des années employées en essais de toute sorte, il se vit forcé de renoncer à tout espoir de réussir dans cette voie.

Quelques considérations chimiques feront comprendre toute la difficulté que présente le cuivrage de la fonte à grande épaisseur dans un bain voltaïque, avec le procédé que nous avons décrit dans les pages qui précèdent, et qui est suivi partout.

Le cuivrage voltaïque d'objets de petites dimensions, non exposés à l'humidité ou à d'autres causes d'altération, est facile et peu dispendieux. Il suffit de décaper la fonte ou le fer dans de l'eau plus ou moins acidulée ; de faire ensuite dégorger les objets dans de l'eau légèrement alcaline ou dans de l'eau de chaux, puis de les placer dans un bain de cyanure double de potassium et de cuivre. A l'aide de la pile voltaïque, on les recouvre rapidement d'une pellicule de cuivre, qui est très-adhérente, après le gratte-bossage.

Mais lorsqu'il s'agit de cuivrer solidement des pièces en fer ou en fonte, qui doivent être exposées à l'oxydation, et qui présentent une grande surface, et en même temps beaucoup de creux et de reliefs, comme des statues, des vases, des candélabres, des vasques pour fontaines publiques ; ou bien encore, des pièces composées de plusieurs parties assemblées au moyen de vis, de rivets ou de boulons, et qui doivent être exposées soit à des frottements, comme les pistons, les hélices, les plaques de blindage, etc., soit à de fortes pressions, comme les rouleaux d'impression sur étoffes, et autres pièces analogues, un cuivrage superficiel ne pourrait suffire à les protéger. Il faut, de toute nécessité, un cuivrage à forte épaisseur.

Pour obtenir cette forte épaisseur de cuivre, il est indispensable de transporter ces pièces du premier bain de sulfate de cuivre dans un second, et de les y laisser séjourner pendant plusieurs jours, souvent même pendant plusieurs semaines, c'est-à-dire jusqu'à ce que le dépôt de cuivre ait acquis le degré d'épaisseur voulue. C'est une véritable opération de galvanoplastie, et non de cuivrage superficiel, qu'il faut exécuter.

Cette nouvelle opération est la pierre d'achoppement de tous les systèmes de cuivrage. Car, sauf de très-rares exceptions, il n'est pas possible de cuivrer solidement, *au moyen du décapage et de deux bains successifs*, des pièces qui sont composées de plusieurs parties assemblées, ou des œuvres d'art de grandes dimensions, telles que des statues, des vasques, des vases, des candélabres, etc.

La fonte est, en effet, un produit très-complexe, renfermant, outre le carbone et le fer, beaucoup de corps étrangers, tels que l'alumine, le soufre, le phosphore, la silice, le manganèse, etc. Ces matières étrangères, le soufre surtout, sont la cause de nombreuses soufflures ou piqûres dans la substance du métal. L'excès de carbone lui-même augmente la porosité de la fonte, et rend ainsi le décapage presque toujours imparfait sur de grandes pièces.

Or, une pièce en fonte, insuffisamment décapée, est par cela même mal préparée à recevoir la pellicule de cuivre du premier bain. Elle sera infailliblement attaquée ou corrodée, quand, du premier bain, elle passera dans le second, *qui est acide*, et où elle devra séjourner longtemps. Que faire alors ? La retirer du bain dès qu'on s'aperçoit qu'elle est attaquée, la

Fig. 234. — Atelier des bains pour le cuivrage électro-chimique de la fonte et du fer, dans l'usine électro-
métallurgique de M. Oudry (page 379).

décaper de nouveau et avec plus de soin
encore, et recommencer ensuite, souvent
plusieurs fois avec le même insuccès, les
mêmes opérations galvaniques que précédemment. Mais l'acide, une fois qu'il a pénétré jusqu'au métal, l'a attaqué, et a compromis ainsi l'adhérence du cuivre qui doit
plus tard se précipiter sur sa surface.

De la justesse de ces considérations chimiques, M. Oudry eut, malheureusement pour
lui, l'occasion de se convaincre d'une indubitable façon. Une expérience chèrement ac-

quise fixa à jamais son opinion à cet égard.
Il avait accepté d'opérer le cuivrage de trois
cheminées de fonte, dont le revêtement de
cuivre aurait été payé 500 francs à peine. Or,
il dépensa finalement, pour essayer d'y parvenir par des décapages et des dépôts voltaïques successifs de cuivre, six mois de travail
et 17,000 francs de déboursés. De guerre
lasse, il dut rendre ces cheminées non cuivrées et à moitié corrodées.

Quatre grandes chaudières en fonte, destinées à la fabrication de l'acide pyroligneux,

furent traitées inutilement par M. Oudry, pendant plus de huit mois. Chaque fois que ces chaudières passaient du premier bain au second, pour y recevoir une nouvelle couche de cuivre de plusieurs millimètres d'épaisseur, la fonte, insuffisamment préservée par la pellicule de cuivre du premier bain, était toujours attaquée çà et là. Et comme il suffit de quelques points attaqués pour rendre une opération mauvaise, il fallait sans cesse retirer ces pièces des bains, et recommencer toutes les opérations, sans parvenir au but proposé. M. Oudry se vit donc forcé de rendre ces chaudières non cuivrées, et, en revanche, mises dans le plus triste état.

Il en fut malheureusement de même, pendant longtemps encore, pour des statues, des vases, des balcons, d'autres grandes chaudières de fonte et quantité d'autres pièces de fonte ou de fer, qui lui étaient envoyées pour être soumises au cuivrage à forte épaisseur.

M. Oudry comprit à la fin qu'il faisait fausse route. Renonçant donc à cuivrer les fontes par le décapage et les bains voltaïques, il se mit à chercher un autre moyen d'obtenir, d'une manière industrielle et pratique, des dépôts de cuivre à grande épaisseur sur le fer et la fonte.

L'idée lui vint alors d'un système de cuivrage tout différent. La principale cause de son insuccès, sur la fonte surtout, provenait du décapage, qu'on ne peut opérer que par l'emploi des acides. Il fallait donc couper le mal à sa racine, en évitant le décapage; puis, faire en sorte de trouver une économie assez sensible, par la suppression du premier bain voltaïque, et arriver enfin à des opérations sûres, pratiques et industrielles.

Comment obtenir ces résultats? En recouvrant la fonte et le fer (préalablement nettoyés par la voie sèche, c'est-à-dire sans acide) d'une ou de plusieurs couches d'un enduit, lequel devait tout à la fois préserver le métal, et, étant rendu conducteur de l'électricité au moyen de la plombagine, permettre de cuivrer, sans danger, le fer, dans un bain saturé de sulfate de cuivre, et par conséquent, acide.

L'idée théorique était trouvée; mais il restait à créer le moyen pratique, c'est-à-dire la composition d'un enduit qui fût tout à la fois adhérent à la fonte, et adhérent aussi au cuivre dont on le couvrait dans le bain voltaïque.

M. Oudry employa deux ans à chercher ce bienheureux enduit. Il finit par composer, au moyen de la benzine, une sorte de vernis ayant toutes les qualités requises, c'est-à-dire assez fluide pour s'appliquer facilement et sécher promptement, capable, en outre, de retenir le cuivre déposé à sa surface et de faire corps avec lui.

L'invention de M. Oudry, tout excellente qu'elle fût, aurait mis un temps considérable à faire son chemin dans le monde, si cet insaisissable concours de circonstances que nous appelons le bonheur, et qui préside aux destinées des inventions comme à celles des hommes, n'était venu un jour le favoriser d'un sourire.

Dans cette rénovation magique à laquelle la ville de Paris était alors soumise, on avait décidé d'orner les places publiques et les promenades, de diverses pièces monumentales de fonte, telles que fontaines, candélabres à gaz, poteaux indicateurs des routes, etc. Mais il fallait préserver de toute altération ces pièces métalliques, exposées nécessairement aux influences atmosphériques, tout en leur donnant cette couleur de bronze consacrée par le goût et par l'usage. Un ingénieur de la ville, M. Darcel, était au courant des nouveaux procédés de cuivrage industriel par la pile, que venait d'imaginer M. Oudry. Il les communiqua à M. Alphand.

M. Alphand n'est pas seulement ingénieur en chef des ponts-et-chaussées de la ville de Paris, directeur de la voie publique et des promenades; il est encore un artiste plein d'imagination et de goût, comme l'ont prouvé suffisamment la transformation du bois de Boulogne, les paysages des Buttes-

Chaumont, la féerique place du roi de Rome, au Trocadéro, etc. Quand il eut connaissance des procédés de M. Oudry, M. Alphand se hâta de les soumettre au Préfet de la Seine. M. Haussmann comprit rapidement tout le parti qu'on pourrait tirer de ce système nouveau, pour l'embellissement et la conservation des fontaines monumentales et des candélabres publics.

Une commission de douze membres, choisie dans le Conseil municipal, fut chargée d'une enquête sur la valeur des procédés découverts et de leurs applications. A la suite de cette enquête, le Conseil municipal, sur le rapport de M. Pelouze, membre de l'Académie des sciences, émit un vote favorable, et M. Oudry obtint la commande du cuivrage galvanique de tous les objets et monuments de fonte de la ville de Paris.

M. Oudry donna alors un grand développement à son industrie. Il établit à Auteuil son usine électro-chimique, dans laquelle furent exécutées successivement les commandes faites par la ville de Paris.

En 1856, on confiait à M. Oudry l'exécution des poteaux indicateurs du bois de Boulogne; en 1857, la fontaine de Vénus, aux Champs-Élysées, et en 1858, la fontaine de Diane. En 1859, M. Oudry cuivrait l'élégante fontaine de la place Louvois, ainsi que plusieurs grands candélabres du rond-point, de l'Arc de triomphe de l'Étoile. En 1860, il cuivrait les fontaines des Quatre-Saisons dans les massifs des Champs-Élysées, et il terminait les 140 grands candélabres qui entourent l'Arc de triomphe de l'Étoile.

En 1861, il exécuta un véritable tour de force, le revêtement des deux fontaines de la place de la Concorde, ces vasques énormes, ces statues, plus grandes que nature, qui suffisent à prouver ce que peut accomplir le cuivrage électro-chimique. Plus tard, M. Oudry complétait la décoration de la place de la Concorde, par le cuivrage de ses 20 colonnes rostrales et des 276 grands candélabres, tant de cette

place que de l'avenue principale des Champs-Élysées. Enfin il exécutait le cuivrage de tous les nouveaux candélabres dont se compose l'éclairage actuel de Paris.

L'usine de M. Oudry a été également chargée de la reproduction, par la galvanoplastie, de plusieurs groupes décoratifs, destinés au nouvel Opéra, et de la fourniture complète, fonte, ajustage et cuivrage, de toutes les pièces d'ornement destinées aux fenêtres et arcades du même monument.

Nous allons donner la description du procédé qui sert, dans les ateliers de M. Oudry, à déposer le cuivre à forte épaisseur. On va voir que cette opération tient le milieu entre la galvanoplastie et le cuivrage, et mérite ainsi la place particulière que nous lui avons donnée à la fin de cette notice. Nous prendrons pour exemple le cuivrage d'un des candélabres à gaz de la ville de Paris, dont M. Oudry a fourni le modèle pour la ciselure et le dessin, et dont il a déjà cuivré plus de quinze mille exemplaires.

Ces candélabres se composent de deux parties : un piédestal, dans lequel se trouve la petite porte qui donne accès au robinet, et une colonne, qui renferme le tuyau de gaz et aboutit à la lanterne. Ces deux pièces, le piédestal et la colonne, de la longueur d'environ un mètre et demi chacune, sont cuivrées dans un bain séparé.

On commence par couvrir chaque pièce, d'enduit à la benzine, qui sèche très-vite et dont on applique trois couches. Sur la dernière couche, on étale, avec un pinceau, de la plombagine, pour rendre sa surface conductrice, ainsi qu'on le fait pour les opérations de la galvanoplastie. Alors on bouche les deux ouvertures du haut et du bas du piédestal, avec une pâte terreuse, non conductrice de l'électricité, pour que le bain ne pénètre pas à l'intérieur de la cavité, et ne dépose point de cuivre dans ces parties non apparentes; et l'on porte la pièce dans le bain de sulfate de cuivre.

Ce bain (*fig.* 235, page 381), placé dans une cuve de bois reposant sur le sol, est un véritable *appareil simple*, en tout semblable à celui que nous avons décrit pour les opérations de la galvanoplastie ; ce qui veut dire que la pile voltaïque est placée dans le bain même. Les godets de porcelaine dégourdie, ou diaphragmes poreux, contenant l'acide sulfurique et le zinc, sont placés dans la dissolution même du sulfate de cuivre, de sorte que ce système, ainsi que l'*appareil simple* de la galvanoplastie, peut être considéré comme une pile de Daniell, dans laquelle l'auget contenant la dissolution de sulfate de cuivre, serait considérablement agrandi.

Dans de petites boîtes de bois, dont toutes les parties sont à claire-voie, et que l'on dispose au-dessus du liquide, dans lequel ils trempent en partie, sont des cristaux de sulfate de cuivre : ces cristaux se dissolvant dans l'eau du bain, le maintiennent à l'état de saturation, au fur et à mesure que la liqueur s'appauvrit en cuivre, par le dépôt voltaïque.

Un nombre convenable de vases poreux ou diaphragmes de porcelaine contenant l'acide sulfurique et le zinc, sont rangés tout le long et à peu de distance de la pièce à cuivrer.

Les godets poreux de porcelaine ainsi placés en ligne, agissent parfaitement sur les parties droites du candélabre. Mais la gorge de la colonne et du piédestal, sont des parties courbes, qui se couvriraient inégalement, si l'on se servait de godets ordinaires. Pour cuivrer ces parties saillantes, M. Oudry remplace les godets de porcelaine par des vessies de bœuf, ou de porc, contenant de l'acide sulfurique étendu et un morceau de zinc. Ces vessies se moulent facilement, à peu de distance des parties concaves ou convexes de la pièce, et elles jouissent, aussi bien que les godets de porcelaine, de la propriété d'*endosmose*, c'est-à-dire de la perméabilité au gaz hydrogène, nécessaire au jeu de l'appareil. M. Oudry usa 140,000 de ces vessies, quand il eut à cuivrer les fontaines, les candélabres et les

colonnes rostrales de la place de la Concorde.

Pour que le dépôt de cuivre soit égal sur toutes les parties, il faut tourner, de temps en temps, chaque pièce, de manière à lui faire exécuter un quart de révolution.

En quatre jours en été et en six jours en hiver, le dépôt de cuivre a acquis l'épaisseur de 1 millimètre, qui est jugée nécessaire. On retire alors les pièces du bain. Elles présentent, en ce moment, le magnifique ton rose de cuivre pur qui est d'un effet si agréable à l'œil, mais qui est, malheureusement, si éphémère.

Tout serait terminé, si le cuivre pouvait conserver à l'air ce joli ton rose ; malheureusement il n'en est pas ainsi, et l'oxydation ne tarde pas à brunir, à noircir cette vive couleur. Il faut donc donner au cuivre précipité la coloration du bronze.

Pour cela, après avoir décapé les pièces avec une eau faiblement acidulée par l'acide azotique, et les avoir frottées avec du papier de verre, pour enlever au cuivre son apparence mate et terne, on passe sur le métal, au moyen d'une brosse, une liqueur, composée d'ammoniaque et d'acétate de cuivre, qui attaque légèrement le métal, le verdit partiellement, et lui donne les jeux de couleur du bronze florentin.

Les pièces sont alors terminées (1). Il ne reste plus qu'à rapprocher les deux parties,

---

(1) M. Oudry bronze également le fer et la fonte par un procédé de métallisation tout superficiel, qui n'a rien d'électrochimique, mais qui est trop intéressant pour ne pas être signalé ici en quelques mots. Il prépare une poudre de cuivre très-divisé, en recueillant les fragments de cuivre qui proviennent de différentes opérations ; et il les triture au moyen de pilons mus par la vapeur. Il mélange cette poudre de cuivre avec l'enduit qui lui sert d'agent intermédiaire pour le cuivrage voltaïque, et il obtient ainsi une peinture d'un beau ton de cuivre, que l'on bronze ensuite avec de la liqueur ammoniacale, dont il a été question plus haut, comme s'il avait affaire au cuivre même. Les pièces de fonte recouvertes de cette peinture métallique, ont tout à fait l'aspect de pièces cuivrées et bronzées par la pile.

Cette peinture est extrêmement adhérente ; mais elle n'est, bien entendu, qu'une simple peinture, qui ne peut avoir la durée d'un dépôt électro-chimique. Son avantage réside dans l'économie de son application. On peut voir un échantillon de cette *peinture au cuivre pulvérisé* sur le nouveau balcon du Théâtre-Français.

Fig. 235. — Bain pour le cuivrage électro-chimique d'un candélabre de fonte dans l'usine de M. Oudry.

pour avoir un de ces jolis candélabres à gaz qui existent dans toutes les rues de la capitale.

En tout cela c'est l'enduit intermédiaire qui joue le rôle fondamental, et c'est précisément le mérite de M. Oudry, d'avoir imaginé l'interposition de cette matière étrangère entre le métal à cuivrer et le cuivre déposé.

L'utilité de cette interposition, l'impossibilité d'opérer des cuivrages dans des bains acides, ressortent déjà avec évidence, des inutiles tentatives auxquelles s'était livré si longtemps M. Oudry, mais une anecdote que nous trouvons dans l'ouvrage de M. Turgan, *les Grandes Usines* (1), donne à cette vérité une forme plus saisissante. Comme ce récit amusera nos lecteurs, nous laisserons la parole à M. Oudry :

« J'adressai, un jour, à l'Académie des sciences, dit M. Oudry, une respectueuse demande, à l'effet d'ob-

(1) Tome III°.

tenir une commission d'examen et un rapport sur mon industrie. A l'appui de ma demande j'exposai dans la salle qui précède celle des séances, une grande variété de pièces en fer et en fonte, cuivrées avec épaisseur, surtout des pièces pour la marine et l'industrie ; mais j'en fus pour ma peine, car l'Académie nomma une commission sans qu'un seul de ses membres eût jeté le moindre coup d'œil sur mes spécimens. Je fus, je l'avoue, quelque peu mortifié de ma déconvenue, mais j'espérai qu'à leur sortie, quelques illustres savants daigneraient abaisser leurs regards sur ces chétifs travaux, qui, cependant, m'avaient déjà coûté tant de veilles, de sacrifices et d'angoisses. Il n'en fut rien.

Quelques jours après, j'eus l'honneur de recevoir dans ma très-modeste usine de la rue Cuissard, la visite des honorables membres de la commission de l'Académie et de leur faire voir en détail les diverses opérations qui précèdent, accompagnent et suivent le cuivrage galvanique du fer et de la fonte.

Pendant l'examen de ses collègues, le rapporteur de cette commission, un illustre professeur, me prenant à part, me demande, d'un ton très-sérieux, à quoi servent mes enduits. Je le regarde avec étonnement.

« Mais ces enduits, lui dis-je, c'est la base de mes opérations ; sans eux, il me serait impossible de cuivrer dans des bains saturés de sulfate de cuivre, et, par conséquent, très-acides, sans ces enduits protecteurs, ces objets en fer et en fonte, que vous voyez, y seraient détruits.

— Votre explication, répliqua-t-il en souriant, est bonne pour le commun des martyrs, mais vous n'avez pas, sans doute, la prétention de me la faire prendre au sérieux ? Entre nous, cher monsieur, je puis vous le dire, vos enduits ne servent à rien, c'est du charlatanisme, de la poudre de perlimpinpin. Vous savez comme moi qu'il suffit de métalliser avec soin, au moyen du graphite, une pièce quelconque de fer ou de fonte et de la mettre ensuite en contact dans votre bain avec un courant galvanique pour qu'elle soit bientôt recouverte d'une couche adhérente de cuivre. »

De plus en plus surpris, je cherche à deviner si l'illustre académicien ne se moque pas de moi ; mais non, c'est très-sérieusement qu'il me parle ainsi.

« Ce procédé de cuivrage, ajouta-t-il, est décrit, tout au long, dans tous les traités de physique, et je m'étonne que vous paraissiez ne pas le connaître.

— J'avoue mon ignorance, lui dis-je en m'inclinant avec respect, mais permettez-moi de douter de l'efficacité d'un tel procédé ; au surplus, il nous est facile de l'expérimenter sur l'heure. »

Et, de suite, sans avoir égard aux protestations de l'illustre rapporteur, qui ne peut disposer du temps nécessaire à cette opération, attendu que le même jour, à midi, il y a une séance solennelle des cinq Académies, je demande deux pièces de fonte brute, de la plombagine, des brosses et des pinceaux, et me voilà frottant, astiquant ces pièces qui, bientôt, prennent un noir brillant des plus agréables à l'œil. Pendant ce temps, les autres membres de la commission se sont rapprochés et suivent avec intérêt cette expérience. M. le rapporteur, sans pitié pour mon ignorance, explique à ces messieurs le mauvais tour que j'ai voulu lui jouer et la leçon qu'il va me donner. Chacun sourit, moi-même aussi, et, bientôt, les pièces convenablement préparées, sont soumises (dans un bain de sulfate de cuivre) au courant galvanique. Au bout de quelques minutes, M. le rapporteur soulève hors de l'eau l'une des pièces et, d'un ton triomphant, la fait voir à l'assemblée. Cette pièce est, en effet, partout recouverte d'une couche d'un très-beau cuivre rose.

« De grâce, monsieur, un peu de patience, lui dis-je, poursuivons l'expérience, et si, dans dix minutes au plus, ce cuivre, qui maintenant brille d'un si vif éclat, n'est pas terne et brunâtre, si ses molécules ne se désagrègent pas, rien qu'en passant le doigt sur leur surface, et si, sous ce cuivre, la fonte n'est pas attaquée et ne présente pas au toucher, une boue noirâtre, alors je m'avoue vaincu. »

L'opération continue donc, et dix minutes après,

les deux pièces retirées du bain n'offrent plus à l'œil qu'un mélange informe de boue de cuivre et de fonte décomposée.

Pour toute vengeance, je dis en souriant à M. le rapporteur, fort désappointé, que mille expériences du même genre donneraient infailliblement les mêmes résultats. Mais l'illustre professeur répond que l'opération a été mal faite, et reste convaincu de l'efficacité de ses procédés. Là-dessus, Messieurs de la commission me quittent, et depuis je n'ai jamais entendu parler du rapport, ni revu le rapporteur. En revanche, à chaque édition nouvelle de son *Traité de Physique* il reproduit, touchant le cuivrage de la fonte et du fer avec grande épaisseur, invariablement les mêmes erreurs ; c'est-à-dire, qu'il suffit pour cuivrer avec épaisseur la fonte et le fer de les plombaginer avec soin avant de les soumettre au courant électrique dans des bains saturés de sulfate de cuivre. J'avoue que ce procédé a sur les miens un mérite incontestable, celui d'une extrême simplicité d'exécution. Chacun sait que la fonte, le fer, le zinc, etc., peuvent être cuivrés sans le secours de mes enduits, en employant les décapages et les bains aux cyanures de cuivre et de potassium, etc. Mais ces procédés qui, depuis longtemps déjà, sont dans le domaine public, ne peuvent donner à ces métaux qu'une couche de cuivre excessivement mince et conséquemment insuffisante pour les préserver de l'oxydation. Loin d'être pour les métaux sous-jacents une garantie de durée, ce mode de cuivrage est une cause certaine, infaillible, d'une destruction beaucoup plus rapide, attendu qu'il s'établit de suite à l'humidité une action galvanique entre le métal sous-jacent et le métal déposé. »

Il est de toute évidence que les procédés de cuivrage à forte épaisseur, par l'intermédiaire d'un enduit appliqué sur le fer ou la fonte, peuvent s'appliquer aux objets de toute dimension. Les grands instruments de chaudronnerie pourraient être ainsi fabriqués, et rien n'empêcherait de remplacer par la fonte cuivrée, de vastes appareils que l'on hésite à fabriquer en raison de la rigidité et de la cherté du cuivre. Il suffirait, pour obtenir des pièces de fonte cuivrée de grand volume, de prendre des bains d'une dimension suffisante. Comme les cuves de bois qui servent à contenir les dissolutions de sulfate de cuivre ne pourraient dépasser certaines limites, sans se rompre sous le poids du liquide, on creuserait dans le sol des fosses, qui pourraient recevoir des pièces de toutes grandeurs.

Puisqu'on peut aller du petit au grand, et du grand à l'immense, il ne serait pas impossible de revêtir la carcasse entière d'un navire, de *fonte cuivrée*, pour remplacer les lames de cuivre dont on enveloppe les navires. En effet, le cuivre déposé par la pile est d'une pureté absolue : il pourrait donc servir avec tout avantage, à remplacer la doublure de cuivre de nos navires.

M. Oudry avait présenté à l'Exposition de 1855, un modèle de bâtiment, dont la coque de fer avait été revêtue d'une couche de cuivre. On peut affirmer qu'un jour viendra, où, pour armer la carcasse de bois d'un navire de son revêtement protecteur de cuivre, on le garnira, à l'extérieur, de simples plaques de fonte, puis on le fera entrer tout entier, dans un bassin contenant une dissolution de sulfate de cuivre, et l'on opérera son doublage de cuivre par l'électricité.

Cette œuvre gigantesque ne présente, en effet, rien d'impossible. Un dépôt métallique peut être obtenu, tout aussi facilement et dans le même temps, sur un grand navire, que sur une planche de 1 mètre carré de superficie.

S'il fallait donc recouvrir de cuivre l'enveloppe extérieure d'un bâtiment, voici par quels moyens on y parviendrait. On commencerait par construire sur un fleuve ou sur une rivière navigable, à proximité de la mer, un bassin parfaitement *étanche*, capable de contenir un ou plusieurs navires. Le navire étant introduit dans ce bassin, l'eau en serait épuisée, à l'aide d'une machine à vapeur. Le navire étant sur cale, on le recouvrirait de plaques de fonte. Ensuite, à l'aide de la même machine à vapeur, on remplirait le bassin d'une dissolution saturée de sulfate de cuivre, tenue en réserve dans un bassin voisin, et les opérations que nous avons décrites, suivraient leur cours. On déposerait ainsi à la surface de la fonte, une couche continue de cuivre pur. On évacuerait

alors le liquide, afin de reconnaître les places mal recouvertes de cuivre, et on les revêtirait de nouveau de plombagine avec le plus grand soin. On ferait alors rentrer la dissolution de sulfate de cuivre et l'opération s'achèverait. Une fois tout terminé, on rejetterait dans le réservoir le bain de sulfate de cuivre, et l'on appellerait l'eau du canal ou du fleuve destinée à remettre le navire à flot.

Les dépenses qu'entraînerait le dépôt électro-chimique du cuivre, ne sont pas extrêmement élevées. L'augmentation de prix sur les procédés employés dans les chantiers actuels, varierait du tiers à la moitié, selon la superficie du navire et l'épaisseur à donner au métal. Or, d'après M. Oudry, la durée du doublage en cuivre voltaïque est trois à quatre fois supérieure à celle qui résulte du système ordinaire. On trouverait encore dans l'emploi de ce moyen, divers avantages, tels que l'économie du temps que chaque navire doit consacrer, tous les deux ou trois ans, à son redoublage, une protection plus efficace du carénage et du calfatage, les voies d'eau évitées, etc.

Cette opération n'est plus du reste, aujourd'hui, à l'état de simple projet. Le journal *le Toulonais* nous a appris, au mois de juillet 1867, qu'un industriel de Lyon, M. Bernabi, a soumis au cuivrage à forte épaisseur, des échantillons de plaques de fer de nos navires blindés, ainsi que des clous, boulons, etc., et qu'il propose de préserver ainsi de toute altération chimique le doublage métallique de nos navires. Une commission nommée par le Ministre de la marine, a soumis à diverses expériences, dans le port de Toulon, des plaques de fer ainsi revêtues de cuivre, et ces expériences ont donné les meilleurs résultats. Cette commission a constaté la parfaite adhérence des deux métaux. Elle a reconnu qu'une plaque de fer ainsi cuivrée, peut être martelée, déformée, sans que jamais le cuivre s'en détache. Elle a constaté, en outre, que six mois d'immersion dans l'eau de mer, de ces plaques de fer cuivrées, n'ont aucunement altéré le cuivre ni le fer ainsi protégé, et que nulle action électro-chimique ne s'établit entre les deux métaux, pour provoquer l'oxydation de l'un ou de l'autre. En conséquence, d'après le *Toulonais*, la commission a proposé au Ministre de la marine, d'appliquer ce mode de cuivrage aux plaques d'une corvette cuirassée, actuellement en construction dans le port de Toulon, et d'établir, à cet effet, dans les chantiers, un atelier de cuivrage électro-chimique.

Ainsi marchent, ainsi s'avancent d'un pas lent, mais toujours sûr, dans la route du progrès, les inventions scientifiques de notre siècle. Après un début modeste, grâce à des perfectionnements successifs, elles finissent par atteindre à des proportions inouïes. On commence par imiter une médaille, on finit par envelopper un vaisseau.

Faisons remarquer, en terminant, que, par la modestie de ses débuts, comparée à l'éclat de ses triomphes, la galvanoplastie contraste singulièrement avec d'autres créations de notre époque, qui, trop exaltées à leur origine, n'ont point répondu à des espérances prématurément conçues, et qui, après avoir commencé par promettre le vaisseau, n'ont enfanté que la médaille.

FIN DE LA GALVANOPLASTIE ET DES DÉPOTS ÉLECTRO-CHIMIQUES.

L

MOTEUR ÉLECTRIQUE

CHAPITRE PREMIER

L'électricité est-elle en état de remplacer la vapeur comme force motrice? Le moteur électro-magnétique pourra-t-il se substituer un jour à la machine à vapeur? On s'est quelque temps flatté de cet espoir, mais l'expérience et la théorie sont venues le renverser. Écarter les inventeurs et les praticiens d'une entreprise chimérique, c'est souvent leur rendre un signalé service. Seulement, il faut pour porter un tel jugement, pour justifier une telle conclusion, se baser sur un examen rigoureux de la question, au point de vue historique, expérimental et théorique. C'est ce que nous allons faire rapidement, dans cette notice.

Et d'abord, comment l'électricité peut-elle produire une force mécanique? C'est ce qu'il faut avant tout établir.

Quand on rapproche jusqu'au contact les deux conducteurs d'une pile de Volta, les électricités, négative et positive, qui parcourent ces conducteurs, se réunissent, et

leur combinaison mutuelle, c'est-à-dire la recomposition de l'électricité naturelle par la réunion des deux électricités contraires, donne naissance à ce que l'on a nommé le *courant électrique*.

En quoi consiste un *courant électrique*, considéré dans sa nature intime? C'est là un mystère que personne n'a pu, jusqu'ici, approfondir, ou même soupçonner. Mais si l'essence même de ce phénomène est destinée à rester à jamais impénétrable à notre esprit, en revanche, ses effets sont facilement appréciables aux yeux, et ces effets sont admirables, autant par leur puissance que par leur étonnante variété.

Un courant électrique qui s'élance d'une pile en activité, peut produire les phénomènes suivants: 1° des effets physiques; 2° des effets chimiques; 3° des effets physiologiques; 4° des effets mécaniques.

Les *effets physiques* produits par la pile de Volta, consistent dans un développement remarquable de chaleur et de lumière. Si les deux pôles, c'est-à-dire l'extrémité des deux conducteurs d'une pile en activité, sont réunis par un fil de métal, ce métal, quelle que soit sa résistance ordinaire à l'action du calorique, rougit, entre en fusion, tombe en perles incandescentes, et peut même disparaître à l'état de vapeurs. Si, au lieu d'un métal, on se sert de deux pointes de charbon, pour réunir les deux pôles, et qu'on rapproche ces deux pointes l'une de l'autre, à une certaine distance, sans toutefois les mettre en contact, on voit aussitôt une vive étincelle, ou plutôt un arc lumineux, s'élancer entre les deux conducteurs. Cette lumière jouit d'un si éblouissant éclat, qu'elle rappelle celle du soleil. C'est ainsi que l'on obtient l'*éclairage électrique*, dont nous aurons à parler dans la suite de cet ouvrage.

Les *effets chimiques* de la pile, se manifestent par la décomposition instantanée que le courant voltaïque fait subir à tous les corps composés que l'on soumet à son action. L'eau, les acides, les bases, les sels, en un mot, toutes les combinaisons de la nature et de l'art, peuvent être réduites à leurs éléments simples, par cette mystérieuse action. La galvanoplastie, la dorure et l'argenture par la pile, sont des applications industrielles de ce phénomène.

Les *effets physiologiques* de la pile sont assez connus pour qu'il soit inutile de s'y arrêter. Chacun sait qu'ils consistent en une commotion, d'un ordre particulier, que l'on éprouve lorsqu'on tient dans les mains, légèrement mouillées pour qu'elles soient conductrices du fluide électrique, les deux pôles d'une pile en activité.

En quoi consistent, enfin, les *effets mécaniques* de la pile de Volta? C'est à ce dernier point qu'il convient de nous arrêter, puisque tel est l'objet que nous avons à considérer, pour étudier l'emploi de l'électricité comme agent moteur.

L'important phénomène physique sur le-

quel repose l'emploi de l'électricité comme puissance motrice, a été découvert, en 1820, par Arago et Ampère.

Si l'on fait circuler autour d'un barreau de fer AB (*fig.* 236), le courant d'une pile voltaïque en activité, en enroulant plusieurs fois le fil conducteur (préalablement entouré de soie afin d'éviter la dissémination de l'électricité d'une spire à l'autre), de manière à en former une sorte de bobine C, on aimante instantanément ce barreau. Aussi, un morceau de fer, étant approché à quelque distance de cet aimant artificiel, est-il fortement attiré.

C'est sur ce phénomène physique qu'est fondé le télégraphe électrique, qui consiste, comme on l'a vu dans les notices précédentes, en un conducteur voltaïque venant s'enrouler un grand nombre de fois autour d'un petit barreau de fer. Transformé en un aimant artificiel par le passage du courant électrique,

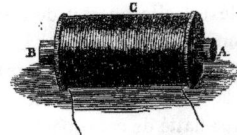

Fig. 236. — Barreau de fer aimanté par le passage d'un courant électrique.

ce barreau métallique AB attire un autre morceau de fer qu'on lui présente, et cesse de l'attirer si l'on interrompt le passage de l'électricité dans le fil conducteur. C'est le mouvement mécanique, ainsi produit à distance grâce à l'électricité, qui sert à former les signes dans la plupart des télégraphes électriques.

Ce phénomène, dont on a tiré un si admirable parti dans les télégraphes électriques, est aussi le même que l'on met à profit pour appliquer l'électricité comme agent moteur. Admettez, en effet, qu'au lieu de faire agir une pile très-faible, composée seulement de huit à dix éléments, comme pour le télégraphe électrique, on fasse usage d'un courant voltaïque d'une puissante intensité, de deux cents à trois cents éléments par exemple, et qu'on enroule un très-grand nombre de fois le fil conducteur XY enveloppé de soie, autour d'un barreau de fer ACB, recourbé en forme de fer à cheval (*fig.* 237), on aimantera ce barreau ACB, et l'on pourra, avec ce puissant aimant artificiel attirant son armature K, soulever des poids M,M, que l'on fait supporter par cette armature.

M. Pouillet a fait construire pour la Faculté des sciences de Paris, un électro-aimant capable de soulever un poids de 2,500 kilogrammes, et chaque année, dans le cours de physique de la Sorbonne, on voit cet électro-aimant

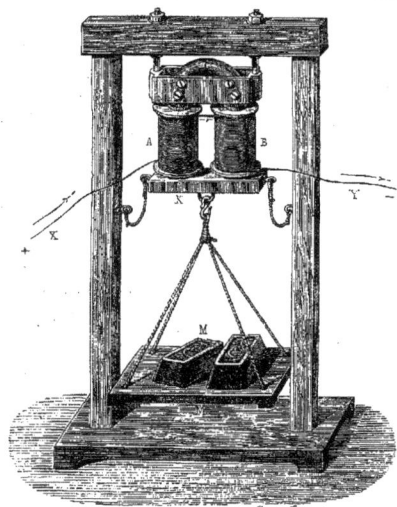

supporter une plate-forme sur laquelle sept à huit élèves viennent s'asseoir.

Si l'on remarque maintenant, que cette puissance mécanique que l'on communique instantanément à un barreau de fer, en mettant simplement le fil conducteur d'une pile de Volta en communication avec ce barreau, peut lui être enlevée avec la même rapidité, en interrompant cette commu-

nication, on comprendra comment et par quels moyens, l'électricité peut être employée comme agent mécanique; on comprendra qu'un électro-aimant artificiel, disposé comme nous venons de l'indiquer, puisse constituer à lui seul un appareil moteur. En établissant et détruisant très-rapidement la communication de cet électro-aimant avec la pile voltaïque, on peut provoquer, alternativement, et dans un temps très-court, l'élévation et la chute d'une masse de fer placée en regard de l'aimant artificiel. Si, à cette masse de fer mise de cette manière en mouvement continuel, on adapte une tige propre à communiquer le mouvement à un arbre moteur, on aura, en définitive, construit une véritable machine motrice, c'est-à-dire le *moteur électrique* dont nous avons à parler.

Nous venons d'exposer le principe général sur lequel repose la construction des moteurs électriques. Jetons maintenant un coup d'œil sur la série des tentatives qui ont été faites jusqu'à ce jour, pour transporter ce principe dans la pratique. Après avoir passé en revue les résultats de ces différents essais, nous pourrons plus facilement discuter la valeur de ce moteur, et chercher si l'on peut songer sérieusement à le faire entrer en lutte avec la vapeur, pour la production d'une force mécanique applicable à l'industrie.

C'est peut-être s'imposer un soin d'une importance médiocre, que de rechercher quel a pu être le premier créateur d'un moteur électrique. Il est évident, en effet, qu'après la grande découverte d'Œrsted, qui avait constaté, avant aucun autre physicien, le phénomène de l'attraction magnétique par les courants voltaïques; après les essais de Sturgeon, qui donna, le premier, les moyens d'augmenter l'intensité de l'aimantation du fer, la pensée dut s'offrir à un grand nombre de physiciens, de consacrer ce mouvement d'attraction du fer à produire un travail mécanique. Cependant, comme il n'existe guère aujourd'hui d'autre récompense, d'autre satisfaction pour les savants, que de voir leurs travaux signalés à l'attention et à la reconnaissance du public, nous dirons, pour rapporter à leur véritable auteur le mérite des premiers essais dans l'ordre de recherches qui nous occupe, que la plus ancienne tentative pour appliquer à un travail utile l'action des aimants artificiels, appartient à l'abbé Salvator dal Negro, savant ecclésiastique de Padoue, qui se consacrait avec succès à l'étude des phénomènes électriques. En 1831, l'abbé dal Negro essaya de tirer un parti mécanique de l'électro-magnétisme, à l'aide d'un instrument que l'on trouve décrit dans la quatrième partie d'un mémoire de ce savant sur le *magnétisme temporaire*, imprimé dans le tome IV des *Actes de l'Académie des sciences, lettres et arts, de Padoue* (1).

Ce n'est pourtant que quelques années après, que la science s'est enrichie des notions rigoureuses concernant l'emploi mécanique de l'électricité. En 1834, M. Jacobi, qui devait s'illustrer bientôt, par la découverte de la galvanoplastie, présenta à l'Académie des sciences de Saint-Pétersbourg un mémoire sur l'*application de l'électro-magnétisme au mouvement des machines*, où cette question se trouvait étudiée d'une manière approfondie. Dans ce travail, qui fut également communiqué à l'Académie des sciences de Paris (le 1er décembre 1834), l'auteur soumettait à un calcul attentif tous les élé-

ments à considérer pour l'application pratique de la force électro-motrice (1).

L'appareil proposé par M. Jacobi, pour appliquer l'électricité au mouvement des machines, se composait de deux disques métalliques placés verticalement l'un au-dessus de l'autre, portés sur un axe commun, et munis tous les deux, de barreaux de fer doux disposés sur leur pourtour. Ces barreaux de fer, placés en regard et presque en contact l'un avec l'autre, par leur extrémité libre, étaient disposés de telle sorte que les extrémités libres des barreaux d'un même disque, constituaient alternativement des pôles magnétiques de nom contraire. L'un de ces disques était fixe, et l'autre mobile autour de l'axe. Il résultait de cette disposition que, par suite de l'attraction électro-magnétique qui s'exerçait entre les pôles opposés des électro-aimants (le pôle nord et le pôle sud), lorsque les barreaux de fer du disque mobile occupaient le milieu des intervalles qui séparaient les barreaux de fer du disque fixe, les attractions et les répulsions mutuelles qui s'établissaient entre les pôles opposés de tous ces aimants faisaient tourner le disque mobile. L'axe du disque ainsi mis en mouvement pouvait donc servir à mettre en action un arbre moteur.

L'empereur Nicolas attachait beaucoup d'importance aux travaux de M. Jacobi. Une somme de 60,000 francs fut accordée à ce physicien, sur la cassette impériale, pour continuer ses recherches, exécuter en grand son appareil et l'appliquer, dans une expérience décisive, à un travail mécanique.

Pendant l'année 1839, l'appareil que nous venons de décrire fut, en effet, installé sur une chaloupe, et l'on en fit l'essai sur la Newa. Mais cette expérience ne donna que des résultats défavorables, qui déterminèrent l'abandon des recherches entreprises par le professeur de Dorpat.

M. Jacobi n'a pas même publié dans le

---

(1) L'appareil électro-magnétique de l'abbé dal Negro se trouve aussi mentionné dans le *Polygraphe de Vérone*, avril 1832, et dans le *Journal des beaux-arts et de technologie de Venise*, pour 1833, p. 67, sous ce titre : *Nuova machina elettro-magnetica immaginata dall' abbate Salvatore dal Negro*. La description complète du même appareil a été donnée dans le second cahier (mars et avril 1834) des *Annales du royaume lombardo-vénitien*. On fait connaître, dans ce mémoire, divers moyens de profiter de l'électromagnétisme pour mettre en mouvement une machine propre à soulever un poids. Disons, enfin, que le même travail fut présenté le 10 mars 1834 à l'Académie des sciences de Paris.

(1) Ce mémoire de M. Jacobi a été reproduit dans les *Archives de l'électricité* de M. de La Rive, année 1843, p. 233.

Fig. 288. — Expérience faite sur la Newa, par M. Jacobi, en 1839, avec un moteur électrique.

Bulletin de l'Académie de Saint-Pétersbourg la relation exacte de l'expérience exécutée sur la Newa. Nous tenons de lui les détails qui vont suivre.

L'appareil voltaïque qui fournissait l'électricité au moteur électrique de M. Jacobi, était une pile de Grove, composée de 64 couples zinc et platine, qui offraient une superficie totale de 16 pieds carrés. Mais le jour où fut exécutée l'expérience publique que nous rappelons, une seconde machine toute pareille, et munie d'une pile de la même force, fut ajoutée à la première ; ces deux machines, couplées, réunirent leurs effets, en agissant sur le même arbre. La pile qui fut employée était donc composée de 128 couples de Grove et offrait une superficie totale de 32 pieds carrés. La puissance du courant électrique était telle, qu'un fil de platine long de 2 mètres, et de la grosseur d'une corde de

piano, fut immédiatement rougi sur toute son étendue, par le courant voltaïque.

Le dégagement du gaz nitreux provenant de la pile, était si intense qu'il incommodait au plus haut degré les opérateurs, et qu'il les obligea plusieurs fois à interrompre l'expérience. Les spectateurs qui, des rives de la Newa, assistaient à cette épreuve, furent contraints eux-mêmes de quitter la place, en raison de l'odeur pénible et suffocante du gaz nitreux qui s'échappait de l'appareil et qui était poussé par le vent, vers les bords du fleuve.

La chaloupe, qui était munie de roues à palettes et montée par douze personnes, navigua pendant plusieurs heures sur les eaux de la Newa, contre le courant et malgré un vent violent. Mais hâtons-nous de dire, pour rectifier l'évaluation inexacte que ce fait pourrait donner de la puissance qui fut développée dans cette occasion, que la puissence du moteur électro-magnétique, estimée approximativement, ne représenta que les trois quarts de la force d'un cheval-vapeur.

Un si faible effet mécanique, déterminé par un courant électrique d'une activité si considérable, démontra à l'auteur et aux spectateurs de cette expérience, qu'il serait impossible d'appliquer cette machine à un travail industriel. M. Jacobi, en soumettant la question au calcul, dans un mémoire digne encore d'être médité, prouva, peu de temps après, que l'électro-magnétisme ne pouvait donner lieu à aucun emploi utile comme agent moteur.

Ces tentatives pour l'application de la force électro-motrice, qui venaient d'échouer sur les bords de la Newa, furent reprises l'année suivante, en Amérique. Cependant, avant de nous transporter aux États-Unis, nous pouvons signaler quelques idées émises en France, à la même époque.

En 1840, MM. Patterson présentèrent à l'Académie des sciences de Paris une machine qui devait être consacrée, au dire des inventeurs, à l'impression d'un journal hebdomadaire. C'était promettre beaucoup à une époque où les applications de l'électro-magnétisme étaient encore enveloppées de tant d'obscurité et d'incertitude. Ce projet n'eut aucune suite. L'appareil de MM. Patterson est digne pourtant d'être mentionné.

Il consistait en une roue portant sur sa circonférence, deux morceaux de fer doux, placés chacun à des distances égales. Par le mouvement de la roue, ces morceaux de fer venaient passer devant deux aimants artificiels, dont l'aimantation était subitement interrompue au moment où les morceaux de fer se trouvaient en présence et presque au contact de ces aimants. La roue continuait alors à marcher par sa vitesse acquise, et à l'aide d'une disposition particulière, facile à imaginer, le courant électrique se trouvait rétabli lorsque plus de la moitié de l'espace qui séparait les morceaux de fer, avait été parcou

rue. Pour déterminer à volonté la direction du mouvement de droite à gauche ou de gauche à droite, il suffisait de commencer l'attraction, tantôt un peu en avant, tantôt un peu après le milieu de l'intervalle qui séparait les deux morceaux de fer attirables. Enfin, pour changer le mouvement pendant la marche de la machine, on déplaçait d'une petite quantité l'appareil qui servait à établir et à supprimer la communication électrique.

La pierre de touche en ces sortes de recherches, c'est-à-dire l'application pratique, manqua à l'appareil de MM. Patterson ; mais il en fut autrement d'une machine presque toute semblable, qui fut construite, en 1840, à New-York, par M. Taylor. D'après le *Mechanic's Magazine* (1) l'appareil de M. Taylor fut employé avec un succès complet pour mettre en marche un petit tour de bois.

Un appareil du même genre fut soumis en Écosse, en 1842, à une expérience qui mérite d'être rapportée. Après avoir perfectionné l'appareil à roue de Patterson, M. Davidson l'installa sur une locomotive, qui fut mise en mouvement, avec une vitesse de 2 lieues à l'heure, sur le chemin de fer d'Édimbourg à Glasgow. La locomotive était montée sur quatre roues d'un mètre de diamètre, et elle traînait un poids de six tonnes (2).

Ici se placeraient, si l'on tenait à rendre complet ce rapide aperçu historique, quelques tentatives faites en France et qui sont représentées par quelques brevets accordés à diverses personnes. Mais dans cette question, comme dans toutes celles du même genre, on ne peut tenir sérieusement compte de simples mentions contenues dans un brevet ; on ne doit s'attacher qu'aux expériences constatées et aux appareils qui ont été mis en pratique. Nous sommes obligé, pour rester dans cette voie, de revenir aux États-Unis.

Les Américains, que l'on est sûr de trouver en première ligne toutes les fois qu'il s'agit

(1) Mai 1840.
(2) *Civil engineer's Journal*, octobre 1842.

de l'application des sciences à l'industrie, n'avaient cessé de s'occuper de l'étude des moteurs électriques depuis que Jacobi avait fait entrevoir, par son expérience sur la Newa, la possibilité de tirer parti de l'électricité comme agent mécanique. Nous avons déjà parlé des essais de M. Taylor, à New-York. Il y aurait injustice à ne pas signaler aussi les travaux d'un autre physicien de New-York, M. Elijah Paine, qui fit exécuter, en 1849, un moteur électrique à balancier, qu'il destinait aux navires.

La machine de M. Elijah Paine, parfaitement étudiée dans sa construction, était composée d'un balancier portant, à chacune de ses extrémités, une tige de fer. Chacune de ces tiges, alternativement attirée par un électro-aimant, agissait sur le balancier pour le mettre en action ; ce dernier transmettait ensuite son mouvement à la manivelle d'un arbre moteur. Le *commutateur*, c'est-à-dire l'appareil destiné à provoquer le passage alternatif du courant voltaïque dans les deux électro-aimants, consistait en une sorte de manchon garni de lames d'argent, appareil qui fut breveté en France, en 1849. Cependant l'expérience ne répondit pas à l'espoir que l'auteur avait fondé sur les effets de cet appareil.

Des résultats de quelque importance paraissent avoir été obtenus à Washington, en 1850, par le professeur Page.

Le *National Intelligencer*, journal des États-Unis, rapportait, dans les termes suivants, les expériences du physicien de Washington, qui avaient produit une certaine sensation en Amérique.

« Le professeur Page, dans le cours qu'il professe à l'Institut de Smithson, a établi comme indubitable qu'avant peu l'action électro-magnétique aura détrôné la vapeur et sera le moteur adopté. Il a fait en ce genre, devant son auditoire, les expériences les plus étonnantes. Une immense barre de fer, pesant 160 livres, a été soulevée par l'action magnétique, et s'est mue rapidement de haut en bas, dansant

en l'air comme une plume, sans aucun support apparent. La force agissant sur la barre a été évaluée à environ 300 livres, bien qu'elle s'exerçât à 10 pouces de distance.

« On ne peut se faire une idée du bruit et de la lumière de l'étincelle lorsqu'on la tire en un certain point de son grand appareil : c'est un véritable coup de pistolet. A une très-petite distance de ce point, l'étincelle ne donne aucun bruit.

« Le professeur a montré ensuite sa machine d'une force de 4 à 5 chevaux, que met en mouvement une pile contenue dans un espace de 3 pieds cubes. C'est une machine à double effet, de 2 pieds de course, et le tout ensemble, machine et pile, pèse environ une tonne (un peu plus de 1,000 kilogrammes). Lorsque l'action motrice lui est communiquée, la machine marche admirablement, donnant 114 coups par minute. Appliquée à une scie circulaire de 10 pouces de diamètre, laquelle débitait en lattes des planches d'un pouce et demi d'épaisseur, elle a donné par minute 80 coups. La force agissant sur ce grand piston dans une course de 2 pieds, a été évaluée à 600 livres quand la machine marche lentement. Le professeur n'a pas pu apprécier au juste quelle est la force déployée lorsque la machine marche avec vitesse de travail, bien qu'elle soit beaucoup moindre. »

Le récit qui précède renferme des évaluations dynamométriques beaucoup trop vagues pour qu'elles ne soient pas singulièrement exagérées en ce qui concerne la puissance de la machine. Il ne nous fournit aucune description du moteur électrique de M. Page ; mais il est facile de suppléer à cette lacune, car l'inventeur américain prit une patente en Angleterre, et un brevet en France le 9 septembre 1850, bien que son appareil eût déjà été décrit dans quelques recueils scientifiques [1].

Le moteur électrique de M. Page repose sur l'emploi des électro-aimants creux. Voici ce que l'on entend par cette disposition particulière des aimants artificiels.

Si l'on réunit une série d'hélices de cuivre (*fig.* 239), de manière à en former un cylindre creux AB ; que l'on place une tige de fer CC, dans l'intérieur du cylindre formé par la réunion de ces hélices, et que l'on fasse circuler le courant électrique dans

(1) Le mémoire de M. Page est rapporté dans la *Bibliothèque universelle de Genève*, t. XVI, pages 54 et 231.

ces hélices, quand on viendra, par un moyen quelconque, avec la main par exemple, à élever en l'air la tige de fer CC, elle retombera dans le cylindre dès qu'on l'abandonnera à elle-même, attirée par l'action magnétique, comme par un ressort.

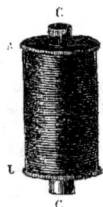

Fig. 239. — Électro-aimant creux.

C'était ainsi qu'étaient disposés les aimants artificiels dans la machine de M. Page, qui offrait, dès lors, à peu près la forme de nos machines à vapeur à cylindre; seulement les cylindres n'avaient pas de couvercle, ils étaient ouverts à leurs deux extrémités. Comme dans nos machines à vapeur, cette sorte de tige de piston que représente le barreau de fer mis en mouvement de haut en bas et de bas en haut par l'action électro-magnétique, servait à faire tourner un arbre de couche, au moyen d'une manivelle. Enfin, comme dans nos machines à vapeur, ce cylindre pouvait être disposé verticalement ou horizontalement.

La machine qui servit aux expériences de M. Page était verticale ; elle se composait de deux aimants creux, contenant chacun un fil de cuivre d'une longueur de 1,500 mètres environ. Si l'on n'avait fait usage dans chaque cylindre que d'une seule hélice, c'est-à-dire d'un seul courant électro-magnétique, par suite du déplacement de la tige de fer et de son élévation partielle hors du cylindre, l'attraction magnétique n'aurait pas été entièrement utilisée. M. Page avait remédié à cet inconvénient par une disposition ingénieuse et qui constitue le mérite principal de sa machine. Chaque bobine se composait d'une suite d'hélices, courtes, indépendantes les unes

des autres, et mises en action d'une manière successive, grâce à un commutateur ; dès lors, la tige de fer était tirée de haut en bas, avec un mouvement uniforme. Les deux tiges-piston étaient deux barres cylindriques de fer doux, longues de 3 pieds et de 6 pouces de diamètre ; leur course était de 2 pieds. A l'aide d'un levier et d'une bielle, elles venaient agir sur l'axe d'une roue, pour lui imprimer un mouvement de rotation : cette roue, ou volant, était du poids de 600 livres.

Malgré l'assertion du journal américain cité plus haut, il est établi que la machine de M. Page ne dépassait pas la force de la moitié d'un cheval-vapeur.

D'après M. Armengaud, qui a donné dans sa *Publication industrielle* (1) une courte et intéressante notice sur les moteurs électriques, la pile électrique, qui servit aux expériences de M. Page, était formée de 40 éléments de Grove ; chaque plaque avait 25 centimètres de côté.

C'est avec le secours du gouvernement américain que le professeur Page avait exécuté les expériences que nous venons de rapporter ; l'amirauté des États-Unis lui avait alloué, à cet effet, une somme de cent huit mille francs.

Depuis l'année 1850, époque à laquelle furent publiées ces expériences, on n'a plus entendu parler de la machine du professeur américain. Il est donc probable que les résultats qu'elle a fournis dans des essais ultérieurs, n'ont point répondu aux promesses de l'inventeur.

Comment expliquer les insuccès constants des divers moteurs électriques qui ont été construits, dans ces dernières années, en Europe et aux États-Unis? Ils tenaient à deux circonstances qu'il importe de signaler.

On avait toujours admis qu'avec les moteurs électriques on pouvait conclure d'un

(1) T. VIII, p. 106.

essai en petit à l'application en grand ; on avait pensé, en d'autres termes, qu'en augmentant l'énergie du courant électrique et la grandeur des électro-aimants, on augmenterait dans le même rapport la puissance de la machine. Jamais cependant ce résultat n'a pu être obtenu ; le même modèle qui, en petit, produisait d'excellents effets, quand on l'exécutait en grand ne fonctionnait que d'une manière imparfaite et tout à fait hors de proportion avec l'augmentation donnée aux différentes pièces de l'appareil.

A quelles causes doit-on attribuer ce mécompte? Ces causes nous paraissent les suivantes.

Toutes les fois que l'on a voulu reproduire en grand un modèle exécuté en petit, on a accru, dans la même proportion, les rapports de toutes les pièces; mais on a oublié, dans cette circonstance, le rapide décroissement que la force électro-magnétique éprouve avec la distance. Aussi quand on a accru proportionnellement aux autres éléments de la machine, la distance entre les électro-aimants et les lames de fer doux, a-t-on fait perdre à l'appareil une grande partie de son intensité attractive. Il aurait fallu accroître beaucoup moins cet intervalle, pour ne rien perdre de la force attractive des aimants.

Une autre circonstance a rendu difficile la construction de moteurs électriques d'une grande puissance. Quand on veut augmenter l'intensité du courant voltaïque, le *commutateur*, c'est-à-dire l'appareil destiné à établir et interrompre successivement le passage de l'électricité qui doit provoquer les attractions magnétiques, est rapidement détruit, parce que toutes les fois qu'il y a interruption d'un courant électrique d'une très-grande intensité, il se manifeste de vives étincelles qui amènent la combustion, c'est-à-dire l'oxydation du métal, ce qui entraîne la destruction de cette partie délicate de l'appareil.

Gustave Froment, ancien élève de l'École Polytechnique, mort en 1863, et qui était regardé comme le premier artiste de l'Europe pour les instruments de précision, était parvenu à beaucoup atténuer cette difficulté, et avait fait ainsi avancer d'un grand pas la question des applications mécaniques de l'é-

Fig. 240. — Gustave Froment.

lectricité. Il subdivisait le fil conducteur, destiné à produire l'action électro-magnétique dans les diverses bobines et dans le commutateur. Au lieu d'un seul conducteur, qui rougit et entre en fusion par l'afflux d'une masse d'électricité, Froment partageait ce fil en un grand nombre de petits conducteurs (50 ou 60), qui allaient ensuite se distribuer au commutateur et aux diverses bobines électro-magnétiques. Dès lors, le commutateur n'étant traversé que par un courant assez faible, n'éprouve aucune altération.

Grâce à cette disposition, on a pu faire usage, dans de grands moteurs électriques, de courants voltaïques. Ainsi fut heureusement levé l'un des obstacles qui avaient arrêté jusque-là les physiciens dans la création des moteurs électriques de grande dimension.

On ne sera donc pas étonné d'apprendre que les appareils construits par Froment représentent la solution la plus avantageuse que l'on possède aujourd'hui, du problème de l'électro-magnétisme appliqué au mouvement des machines.

Parmi tous les physiciens et les constructeurs qui se sont adonnés à l'étude des applications mécaniques de l'électricité, Froment doit être placé au premier rang. Les moteurs électriques servent depuis plus de vingt ans, à mettre en action une partie de ses ateliers. Les petits tours et les machines à diviser qui servent à exécuter les instruments de précision, et ces règles microscopiquement divisées, qui excitent une admiration universelle, sont mis en action par un moteur électrique.

Froment a construit un grand nombre de modèles de moteurs électriques. Nous décrirons en particulier trois de ces instruments.

Le premier est représenté par la figure 241, d'après le modèle que M. Bourbouze a fait construire pour la Faculté des sciences de Paris.

Cet appareil se compose de quatre cylindres creux, comme ceux qui entrent dans la composition du moteur électrique de M. Page. Sur la figure 241 on ne voit que deux de ces bobines A, B; mais deux autres toutes pareilles sont placées au second plan. Chacune de ces quatre bobines creuses verticales, renferme deux cylindres de fer doux C, D, qui sont interrompus au milieu de la bobine, et dont les extrémités sont placées en regard. Les demi-cylindres intérieurs sont fixés invariablement, comme les bobines, sur un plateau horizontal de bois. Les demi-cylindres extérieurs sont mobiles et peuvent glisser dans l'intérieur des bobines. Le courant électrique passe alternativement d'une paire de bobines dans l'autre. Il y a, chaque fois, attraction réciproque entre les demi-cylindres fixe et les

Fig. 241. — Le moteur électrique du cabinet de physique de la Faculté des sciences de Paris.

demi-cylindres mobiles placés dans la bobine. Ces derniers seuls se mettent en mouvement, et entraînent avec eux le balancier EG, articulé à l'extrémité d'un levier coudé GHK, qui

communique un mouvement de rotation à un volant V.

Le volant V fait marcher le *commutateur*. Il est muni d'un excentrique I qui imprime à une tringle métallique un mouvement de va-et-vient, et met en communication le fil conducteur de la pile *efh*, tantôt avec une paire de bobines, tantôt avec l'autre, à l'aide du *commutateur*.

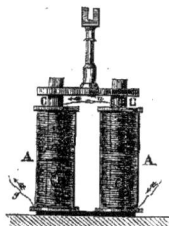

Fig. 242

La figure 242 fera comprendre la disposition des demi-cylindres à l'intérieur de la bobine. On aperçoit dans cette figure, les demi-cylindres de fer C destinés à agir sur le balancier et le volant de la figure 241. Ces demi-cylindres C pénètrent à l'intérieur des bobines creuses A, jusque près du milieu de leur hauteur. D'autres demi-cylindres C', aussi de fer, remplissent la moitié inférieure du vide des bobines creuses A. Une barre de fer qui passe au-dessous de ces mêmes cylindres les réunit l'un à l'autre et en forme un système unique. On a donc, en réalité, deux pièces distinctes CC, C'C', dont chacune a la forme d'un fer à cheval, et qui sont toutes deux placées de manière à pouvoir se transformer en aimants, sous l'influence du courant électrique qui circule à l'intérieur des bobines A. Dès lors, les deux aimants artificiels ont leurs pôles de noms contraires en présence, et par conséquent ils s'attirent ; l'aimant C'C' étant fixé, c'est l'aimant CC qui se met en mouvement, et qui abaisse ainsi l'extrémité E du balancier (*fig.* 241). Lorsque ce mouvement est produit, le courant électrique cesse de passer autour des cylindres A ; les pièces CC, C'C', ayant perdu leur aimantation, cessent de s'attirer. Mais, en même

temps, le courant vient passer autour des bobines B (*fig.* 241). Par conséquent, la pièce de fer D, étant aimantée, est attirée vers le bas, ce qui détermine un abaissement du point G du balancier. Le courant électrique, après avoir produit cet effet, vient de nouveau passer autour de la bobine A, et il s'établit de cette façon un mouvement continu.

Cependant une telle machine ne pourrait fournir de bons résultats, en raison du mauvais choix du point d'application de la force. Il est certain que si on l'exécutait en grand, l'intensité de l'attraction magnétique serait loin de s'accroître selon les proportions données aux bobines et aux cylindres qu'elles renferment.

Froment avait construit, pour le service de ses ateliers, un autre appareil auquel il renonça plus tard, et que nous allons pourtant décrire.

Cet appareil se compose d'un cadre circulaire disposé suivant un plan vertical, et sur lequel sont fixés, à des distances égales les uns des autres, un certain nombre d'électro-aimants, dont les axes viennent tous converger vers le centre de figure du cadre. Une roue de cuivre, munie d'un nombre correspondant de lames de fer doux, se trouve placée à l'intérieur de ce cadre, de manière à pouvoir rouler sur sa surface intérieure en présentant successivement chaque lame de fer doux aux électro-aimants qui lui sont opposés.

Voici comment cette machine est mise en action, et comment elle peut transmettre son mouvement au dehors.

Supposons d'abord l'appareil au repos, et l'une des lames de fer doux à une certaine distance de l'électro-aimant qui lui correspond. Si l'on fait passer le courant électrique à travers le fil qui s'enroule autour de cet électro-aimant, celui-ci s'aimantera aussitôt et attirera à lui la pièce de fer doux, qui entraînera avec elle la roue mobile ; le mouvement se continuera jusqu'à ce qu'il y ait contact entre la lame de fer doux et l'électro-

aimant. Mais, en cet instant, le courant électrique, à l'aide d'un artifice mécanique
particulier, se transmet à l'électro-aimant
suivant, qui s'aimante à son tour, tandis que
le premier retombe dans son indifférence
primitive. N'étant plus retenue en ce point,
la roue cédera à l'attraction qui s'exerce entre le nouvel électro-aimant et la lame correspondante de fer doux, et se mettra en mouvement comme dans le premier cas. Le même
effet ayant lieu successivement pour tous les
autres électro-aimants, il en résultera, en définitive, que la roue mobile, obéissant à chacune de ces impulsions, recevra un double
mouvement continu de rotation autour de
l'axe de la machine et autour de son centre,
qui se déplacera en décrivant une circonférence. Ainsi le mouvement de cette roue intérieure est tout à fait comparable au mouvement des planètes, qui, comme la terre, par
exemple, obéissent à un double mouvement :
un mouvement de rotation sur elles-mêmes et
un mouvement de translation autour du soleil.

Dans la machine de Froment, la roue
intérieure, animée du double mouvement
que nous venons d'expliquer, est attachée,
par son centre, à l'extrémité d'un essieu
coudé en forme de manivelle, qui se trouve
ainsi mis en mouvement.

L'appareil que nous venons de décrire n'est
point celui qui sert aujourd'hui, comme moteur, dans les ateliers de Froment. Voici les
dispositions essentielles de celui qui fonctionne dans son atelier, et qui est fondé sur un
autre principe.

Dans sa plus grande simplicité, le moteur
électrique vertical de Froment (*fig.* 243) se
compose de quatre montants verticaux de fonte,
AB, de 2 mètres de hauteur, solidement fixés
sur un socle horizontal, et reliés entre eux à
leur partie supérieure. Ces montants portent
chacun, dans le sens de leur longueur, dix électro-aimants en fer à cheval, dont les pôles sont
situés dans un même plan vertical et convergent tous vers l'axe du système. Un arbre

vertical CC, placé entre les quatre montants,
porte, sur toute sa longueur, des lames de
fer doux disposées en spirale, et qui, dans
leur mouvement de rotation, s'approchent
l'une après l'autre des électro-aimants qui
leur correspondent, pour être successivement
attirées par eux, en rasant leur surface. Cet
arbre vertical CC, transmet le mouvement de
rotation dont il est animé, à un autre arbre horizontal F, au moyen de deux engrenages, ou
roues d'angles D et E. Il met encore en action
le *commutateur* G, c'est-à-dire le petit appareil placé à la partie supérieure de la machine,
qui interrompt le courant voltaïque et le fait
passer d'un électro-aimant à l'autre.

Les deux moteurs électriques de Froment
que nous venons de décrire sont les meilleurs, sans aucun doute, que l'on possède
aujourd'hui ; ils permettent de tirer le plus
grand effet utile de l'électricité dans l'état
actuel de nos connaissances sur ce sujet.

En 1866, on a vu naviguer sur le lac du
Chalet, au bois de Boulogne, à Paris, un bateau mû par un moteur électrique. Ce moteur était conçu sur les mêmes principes
que celui de Froment, que nous venons de
décrire. Il avait été construit par un amateur distingué des sciences, le comte de Molin, homme de mérite et homme de bien,
qui est mort en 1866, laissant sa tentative
inachevée.

Le moteur électrique construit par le comte
de Molin, était employé à faire marcher un
bateau en fer, à fond plat, sans quille, lesté
d'une charge de plusieurs milliers de kilogrammes.

L'appareil se compose d'une roue verticale
en bronze, munie sur chacun de ses côtés, de
seize armatures, opposées à deux séries de
seize électro-aimants, qui sont fixés sur deux
cercles concentriques avec la roue, et placés
d'un côté et de l'autre de celle-ci. La roue
qui porte les armatures ne tourne pas, elle
oscille seulement autour d'un axe horizontal,
de manière que chaque armature arrive au

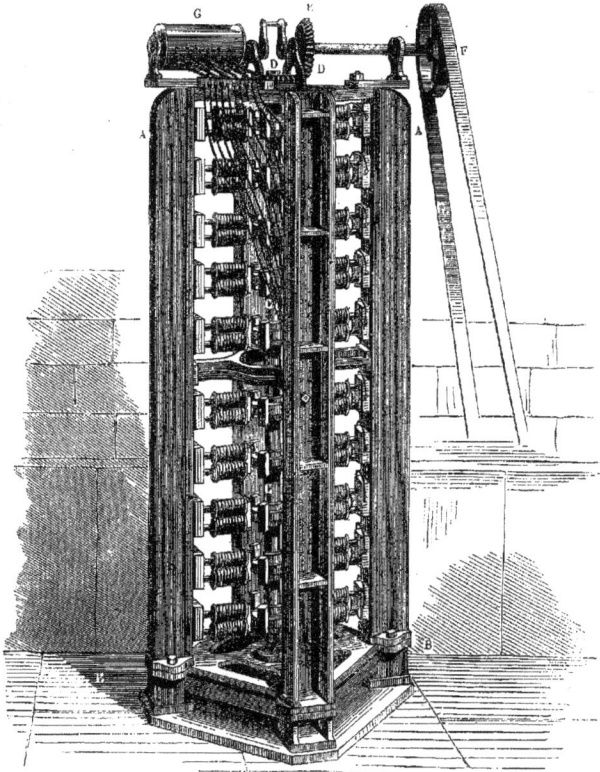

Fig. 243. — Le moteur électrique vertical de Froment.

contact d'un électro-aimant, après s'en être rapprochée peu à peu.

Lorsqu'on considère quatre armatures successives, trois sont respectivement à un demi-millimètre, à un millimètre et à un millimètre et demi de leurs électro-aimants, au moment où la quatrième arrive au contact. Mais, à ce moment, le courant est interrompu ; l'électro-aimant, qui était au contact, perd son magnétisme, et l'armature s'en détache, pour y revenir plus tard. Il y a donc constamment en jeu une attraction considérable entre les armatures et les électro-aimants, qui ne se touchent pas encore. Cette attraction est la force motrice du système.

Le principe de cet appareil est le même, avons-nous dit, que celui du moteur électrique vertical de Froment que nous venons de décrire. La régularité de son jeu dépend du soin avec lequel on entretient la propreté du commutateur. Aussi M. de Molin maintenait-il cet organe dans une auge remplie d'eau légèrement alcaline, qu'on renouvelait de temps à autre. Le courant électrique est fourni par une pile de vingt éléments de Bunsen. L'arbre de couche agit sur les deux roues à aubes du bateau, par l'intermédiaire de deux chaînes à la Vaucanson.

Le bateau de M. de Molin put remonter le lac contre le vent, tout en portant quatorze personnes, ce qui équivaut à l'effort de deux bons rameurs.

Parmi les appareils électro-moteurs, on peut citer, après ceux de Froment, mais à une distance inférieure, un moteur électro-magnétique dû à M. Larmenjeat. Cet appareil, conçu sur un principe simple et nouveau, serait peut-être susceptible de rendre quelques services dans la pratique.

Sur un arbre commun, cylindrique et allongé, sont disposés cinq ou six électro-aimants circulaires, séparés les uns des autres par des rondelles mi-partie fer et cuivre, métal qui ne peut s'aimanter, comme le fer, par l'influence électrique. Contre cet arbre, qui porte à la fois les électro-aimants et les rondelles fer et cuivre, viennent s'appliquer cinq ou six cylindres de fer doux, mobiles sur leur axe, et tournant sur des pivots placés à leurs deux extrémités. Ces rondelles sont disposées sur l'arbre, de manière à constituer une ligne en spirale. Il résulte de l'interruption dans l'action magnétique déterminée par la présence du cuivre, métal non électromagnétique, que chacun des électro-aimants, recevant alternativement le courant voltaïque, se trouve attiré successivement par les cylindres de fer doux. Cette série d'attractions qui s'exercent sur toute la longueur de l'axe, et sur des points convenablement choisis, fait tourner l'arbre, et par conséquent aussi le volant porté sur cet arbre.

Cette machine de M. Larmenjeat présente une intéressante application pratique des *électro-aimants circulaires* découverts et proposés, par M. Nicklès, professeur à la Faculté des sciences de Nancy.

M. Loiseau, constructeur de Paris, avait présenté à l'Exposition universelle de 1855, un moteur électrique ainsi construit. Quatre électro-aimants étaient groupés sur un arbre vertical. Cet arbre faisait corps avec six lames de fer doux disposées dans un même plan horizontal, et qui étaient attirées l'une après l'autre, par les électro-aimants, comme sur tous les moteurs électriques. Par suite de cette disposition, les lames de fer ne sont pas attirées par les électro-aimants dans le sens de leur axe, elles ne font que glisser à leur surface. Comme dans tous les appareils de ce genre, c'est la machine elle-même qui fait agir le *commutateur* destiné à interrompre le courant.

Dans une autre machine construite par M. Loiseau, les lames de fer doux étaient remplacées par des électro-aimants, et ces électro-aimants étaient placés sur un plateau de cuivre qui faisait corps avec l'arbre de la machine, et participait ainsi à son mouvement.

Ces deux appareils de M. Loiseau n'étaient qu'une imitation de la machine de Jacobi, exécutée en 1839, et dont la pratique a démontré l'inefficacité.

Un moteur électrique plus digne d'attention que le précédent, est celui qui a été construit par M. Roux, chef de service au chemin de fer de Paris à Lyon, et que l'on voyait à l'Exposition de 1855. Il fonctionnait tous les jours sous les yeux du public, qui se montrait assez intrigué de voir ce petit appareil en mouvement du matin au soir, sans emprunter à la vapeur ni à aucun autre moyen visible la force dont il était animé.

Le moteur électro-magnétique de M. Roux se compose de deux plaques de fer doux, suspendues chacune à deux tringles attachées à un cadre vertical de bois au moyen de charnières, ce qui leur permet d'osciller, pour ainsi dire autour, de ce double point d'appui, à la façon d'un pendule, en conservant toutefois leur horizontalité. Au-dessous de chacune des lames, se trouve un électro-aimant, de forme à peu près demi-circulaire et dont l'invention est due à M. Nicklès. Ces électro-aimants sont d'une assez grande dimension. Leurs deux pôles sont réunis par une lame de fer doux, qui a pour but de répartir l'attraction magnétique sur une plus grande surface. Les deux plaques mobiles sont articulées, chacune, à leur extrémité la plus éloignée, avec une tige métallique attachée par l'autre bout à un axe coudé, vertical, et qui supporte à sa partie inférieure un volant horizontal. La machine elle-même fait agir le *commutateur*.

Pour comprendre le jeu de cette machine, il faut se représenter séparément chaque plaque mobile, et voir comment elle est mise en mouvement par l'action attractive de l'électro-aimant. Au repos, les tringles qui supportent la plaque de fer sont verticales, comme le fil qui supporte la lentille d'un pendule ordinaire ; mais si l'on vient à l'écarter de cette position d'équilibre, les tringles se déplacent aussi, et leur extrémité inférieure décrivant une circonférence, la plaque de fer doux devra nécessairement s'élever au-dessus de l'électro-aimant et s'en éloigner plus ou moins en parcourant un chemin circulaire. Si alors on fait agir l'électro-aimant qui est placé au-dessous, la plaque tendra à s'en rapprocher avec une énergie qui ira en augmentant jusqu'à ce que les tringles soient revenues dans leur position respective, c'est-à-dire jusqu'au moment où la plaque de fer doux se trouvera le plus rapprochée possible de l'électro-aimant. En cet instant et pas plus tard, le courant doit passer dans l'autre électro-aimant, pour faire mouvoir de la même façon la plaque mobile placée au-dessus de lui. Ces deux plaques reçoivent donc un mouvement oscillatoire de va-et-vient qui se transmet, au moyen de deux tiges, à l'arbre moteur, absolument comme dans une locomotive le mouvement rectiligne de va-et-vient du piston à vapeur se transmet à l'essieu coudé qui supporte les roues.

La machine de M. Roux présente une disposition avantageuse en ce qui concerne le point d'application de la force des aimants artificiels, et l'heureuse transformation de mouvement qui en est la conséquence. On peut remarquer, cependant, que les pôles magnétiques devant se déplacer continuellement sur la plaque de fer mobile, et ce déplacement des pôles exigeant un certain temps pour s'accomplir dans l'intimité des molécules du métal, il y a nécessairement dans les mouvements de la machine un ralentissement notable, ce qui doit l'empêcher de dépasser une certaine vitesse, et, par conséquent, en diminuer la force.

Nous pourrions signaler encore, parmi les moteurs électriques qui furent présentés à l'exposition universelle de 1855, un appareil de MM. Fabre et Kunemann, successeurs de Pixii, où l'on voit une application de la nouvelle disposition des aimants électro-magnétiques, dus à ces constructeurs, les *aimants tubulaires*, qui développent une puissance magnétique bien supérieure à celle des *aimants en fer à cheval* communément adoptés.

Un autre moteur électrique qui avait été présenté pour l'exposition universelle de 1855, par un constructeur anglais, M. Allen, était fondé sur un principe assez curieux.

L'appareil de M. Allen est composé de seize électro-aimants, fixés chacun sur un cadre de fer, étagés les uns au-dessus des autres par rangées de quatre, et ayant leurs pôles dirigés de bas en haut. Un arbre horizontal, muni d'un volant, et coudé suivant quatre directions différentes, est articulé avec quatre tiges de fer qui passent chacune par le milieu de quatre électro-aimants. Ces tiges superposées portent quatre rondelles de fer doux, qui peuvent glisser à frottement dans le sens de leur longueur ; elles sont retenues, de distance en distance, par quatre saillies de cuivre placées au-dessous. Chacune de ces rondelles est successivement attirée par les électro-aimants qui leur sont opposés et qui viennent s'appliquer à leur surface ; en cet instant, le courant cesse dans cet électro-aimant pour passer dans l'électro-aimant placé immédiatement au-dessous. La rondelle qui correspond à cet électro-aimant est attirée, à son tour, et fait ainsi avancer la tige d'une certaine quantité. Le courant passant de cette manière d'un électro-aimant à l'autre, le mouvement se continuera à chaque révolution de l'arbre, car les tiges qui ont été abaissées seront soulevées, et, avec elles, les rondelles qu'elles supportent et qui seront prêtes de nouveau à être attirées.

Après cette revue des principaux moteurs électriques connus jusqu'à ce jour, il nous reste à exposer les avantages et les inconvénients que peut présenter l'emploi mécanique de l'électricité, et à rechercher si l'on peut songer à remplacer l'action de la vapeur par celle de l'électro-magnétisme, ou du moins à faire intervenir, dans certaines circonstances, les moteurs électriques comme auxiliaires des machines à vapeur.

Les avantages qui résulteraient de l'électricité employée comme moyen mécanique, sont tellement marqués, qu'ils ont frappé tous les physiciens, dès les premiers temps de la découverte de l'électro-magnétisme. En admettant que sa construction réalisât toutes les conditions exigées par la théorie, un moteur électrique l'emporterait sur une machine à vapeur par certaines raisons que nous allons essayer de déduire.

En premier lieu, le point d'application de la force se trouvant, dans quelques machines, sur l'arbre moteur lui-même, donnerait immédiatement le mouvement circulaire continu ; on sait, d'ailleurs, que le mouvement circulaire peut se changer en un mouvement d'une autre direction avec bien plus de facilité que lorsque l'impulsion primitive est rectiligne et ne produit qu'un mouvement de va-et-vient, comme dans la machine à vapeur de Watt.

Les appareils électro-moteurs auraient l'avantage de donner immédiatement, sans autre dépense, sans autre difficulté ni complication, les *grandes vitesses*, dont l'utilité est si manifeste dans une foule de cas. Avec un moteur électrique, *la vitesse ne coûterait pas d'ar-*

gent, tandis que dans les machines à vapeur, on ne réalise les grandes vitesses que par des dépenses de combustible et par des transformations de mouvement, poulies, engrenages, etc.

Avec un moteur électrique, on n'aurait point à redouter ces terribles explosions qui, par intervalles, portent l'épouvante dans les ateliers.

Ajoutez enfin la facilité qu'offrirait ce moteur, de pouvoir être installé partout sans exiger d'emplacement spécial ni de local particulier, de fonctionner seul et sans qu'aucune main dût présider à sa direction.

C'est le tableau de ces avantages qui a tant excité l'imagination des mécaniciens de nos jours, qui a éveillé de si grandes espérances et a fait croire un instant que la vapeur allait être détrônée, que la découverte de Papin allait céder la place à celle d'OErsted et d'Arago. Ce problème a été poursuivi un moment avec tant de passion, que l'on aurait pu considérer le moteur électrique comme la pierre philosophale de la mécanique moderne. Cependant l'expérience acquise par trente années de recherches, et les données exactes que ces recherches ont fournies, ont mis en évidence les innombrables difficultés relatives à cette question. Voici les principales de ces difficultés.

La force électro-magnétique n'est guère qu'une force de contact ; son intensité diminue, par la distance, avec une rapidité déplorable. Bien que cette loi n'ait jamais été positivement vérifiée, on admet que l'attraction magnétique diminue, comme l'attraction planétaire, selon le carré des distances ; un morceau de fer, attiré par un électro-aimant avec une certaine force, à la distance de 1 millimètre, par exemple, n'est plus attiré qu'avec une intensité neuf fois plus faible quand on le porte à la distance de 3 millimètres. Le mouvement de va-et-vient qui résulte de l'attraction magnétique n'est donc que d'une aptitude ou d'une course extrême-

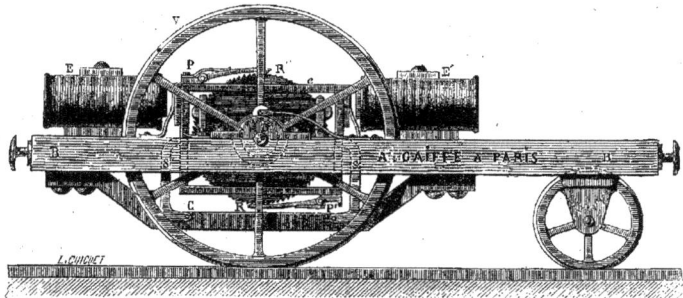

Fig. 244. — Moteur électrique de M. Gaiffe (page 404).

ment limitée, ce qui oblige de faire usage, pour l'accroître, de leviers différemment disposés, qui absorbent la plus grande partie de la force vive développée par la machine. C'est à cette faible amplitude du mouvement initial qu'il faut attribuer la difficulté que tous les mécaniciens ont éprouvée, à trouver le point le plus convenable pour mettre en jeu la force des électro-aimants.

Le poids énorme qu'il faut donner aux machines, pour développer une grande quantité de magnétisme, empêcherait d'appliquer les moteurs électriques à la locomotion sur les voies ferrées et sur les navires. Un grand moteur électrique, construit par M. du Moncel, et décrit dans son ouvrage, pesait plus de 500 kilogrammes, et produisait à peine la force d'un homme. Le moteur électrique qui est établi dans les ateliers de Froment, est d'un poids qui excède 800 kilogrammes.

Le dernier et le plus grave inconvénient des moteurs électriques, c'est la dépense excessive qu'ils exigent. M. Froment a reconnu que sa machine électro-magnétique, dont la force est équivalente environ à un cheval-vapeur, nécessite une dépense de 20 fr. pour dix heures de travail, c'est-à-dire de 2 francs par heure et par force de cheval; dépense très-élevée, si on la compare à celle de la machine à vapeur, qui n'est que

d'environ 80 centimes, dans les mêmes conditions.

La commission du jury de l'Exposition de 1855, fit expérimenter, au Conservatoire des arts et métiers, les moteurs électriques de MM. Larmenjeat et Roux, dont nous avons donné la description. Or, il résulta des mesures dynamométriques qui furent prises par MM. Wheatstone et Ed. Becquerel, que ces deux moteurs n'avaient pas même la force d'un huitième d'homme, bien que 30 éléments de la pile de Bunsen fussent employés à les mettre en action.

M. Tresca, sous-directeur du Conservatoire des arts et métiers, fut chargé de faire fonctionner devant le jury de la même Exposition, quelques-uns des moteurs électriques; ceux qui, ayant une dimension convenable, étaient capables de produire une certaine force, et auxquels on pouvait appliquer un frein dynamométrique. Le courant électrique, circulant dans les conducteurs de chaque machine, passait, en même temps, dans un *voltamètre* à sulfate de cuivre. On pouvait donc déterminer ainsi, d'une part, la quantité d'électricité produite, c'est-à-dire la consommation de la pile, d'autre part, grâce au frein dynamométrique, la force mécanique de l'appareil. On reconnut, à l'aide de ces moyens de mesure, que la machine de M. Larmenjeat était celle qui produisait le plus d'effet utile. Mais on constata en même temps, que la consommation de zinc par cet appareil, était de 4^{kil},5 par heure. Si l'on ne considère que le prix du zinc, supposé à 70 centimes le kilogramme, et qu'on néglige même le prix des acides employés, cette consommation correspondrait à une dépense de 3^{fr},15 par force de cheval, pour une heure de travail.

Ainsi, la dépense extraordinaire qu'entraîne la production de l'électricité, est l'obstacle le plus sérieux qui s'oppose à l'emploi des moteurs électriques. La difficulté ne réside donc pas dans l'imperfection des machines que nous connaissons aujourd'hui; on peut dire, au contraire, que pour ce genre d'appareils, on semble avoir épuisé les combinaisons mécaniques les plus variées et les plus ingénieuses. Toute la difficulté réside dans l'impossibilité où l'on se trouve encore de produire de l'électricité à bas prix. Pour rendre l'usage des moteurs électriques applicable à l'industrie, l'effort des inventeurs à venir devra donc porter sur la pile voltaïque. Produire de l'électricité à bon marché, tel est le but qu'il importe de poursuivre pour résoudre le problème du moteur électrique.

Faisons remarquer toutefois que, même dans les conditions présentes, les moteurs électriques sont en mesure de fournir à l'industrie, certaines ressources qui ne sont pas tout à fait à dédaigner. Quand on n'a besoin que d'une action motrice d'une faible intensité, et qui ne doit s'exercer que par intervalles, par exemple dans l'horlogerie et dans les ateliers de petits métiers, là où il importe moins de développer un grand effort mécanique que de produire cette puissance à volonté, instantanément, et en la modérant avec précision, suivant les besoins du travail, dans ce cas, le moteur électrique offre incontestablement des avantages.

Ce qui caractérise, en effet, d'une manière toute spéciale, l'action mécanique de l'électromagnétisme, c'est sa prodigieuse souplesse,

son étonnante docilité; c'est qu'elle permet de modérer, d'activer, de suspendre ou de rétablir le travail, à la volonté de l'opérateur.

Les résultats que l'on peut obtenir sous ce rapport, tiennent véritablement du prodige. S'il fallait en citer un exemple, il nous suffirait d'invoquer ici le merveilleux mécanisme que M. Léon Foucault a adapté à son appareil pour la *démonstration du mouvement de la terre*. Il s'agissait d'imprimer à un pendule une impulsion mécanique, d'interrompre et d'anéantir instantanément l'action, une fois produite. L'électricité a fourni à M. Léon Foucault le moyen de remplir ces conditions, presque paradoxales.

Nous avons dit que, dans les ateliers de Froment, c'est un moteur électrique qui sert à mettre en action les machines à diviser. Ces machines sont placées dans une petite salle, retirée, silencieuse, et où personne ne pénètre jamais. Leur délicatesse est telle que, pendant le jour, le mouvement des voitures dérangerait leur action : on ne les fait donc, le plus souvent, travailler que la nuit. Mais cette obligation d'attendre pour le travail, l'heure paisible de minuit, serait assez désagréable pour l'artiste; que fait-il? Sur le chiffre de son horloge électrique, il accroche un petit levier, qui communique avec le fil conducteur de la pile destinée à mettre en action les machines; après quoi il va se coucher. A minuit, l'aiguille du cadran vient rencontrer ce levier, le décroche, et la communication avec la pile voltaïque se trouvant ainsi établie, les machines à diviser se mettent en train. Le travail marche ainsi toute la nuit. Quand la dernière division a été tracée, la machine elle-même arrête le moteur électrique qui la mettait en mouvement, et tout retombe dans le repos. Et nous ne signalons ici qu'une des mille merveilles que peut réaliser le moteur électrique appliqué à un travail de précision.

Ainsi le moteur électrique ne peut rendre, dans l'état présent de la science, aucun service, comme agent producteur de force mécanique ; mais il peut intervenir comme une sorte de rouage, qui a l'avantage de la docilité et d'instantanéité d'action.

L'Exposition universelle de 1867 a manifesté, d'une manière non douteuse, le discrédit complet dans lequel le moteur électrique est tombé dans l'intervalle de douze ans. Nous avons cherché, avec empressement, à l'Exposition du Champ-de-Mars, des spécimens de ce genre de machines, capables de nous éclairer sur l'état de la science et de l'industrie concernant cet appareil. Mais hélas ! combien les temps sont changés ! Tandis que les moteurs électriques abondaient au Palais de l'industrie, en 1855, ils se comptaient à peine par unités à l'Exposition du Champ-de-Mars, en 1867. Dans l'intervalle, en effet, la science a marché, la théorie a jeté ses lumières sur cette question, et des insuccès répétés ont démontré avec évidence, le peu de fondement des espérances que l'on avait fondées sur l'emploi de l'électricité comme force motrice.

C'est que l'électro-magnétisme, nous ne saurions trop le redire, n'est qu'une force de contact ; son intensité diminue avec la distance dans une proportion désastreuse. Comme l'attraction planétaire, cette force diminue, ainsi que nous l'avons dit, selon le carré de la distance. Le mouvement de va-et-vient qui résulte de l'attraction magnétique, étant d'une amplitude si faible, d'une course si limitée, ne peut donner lieu à la construction d'aucune machine à effet vraiment utile.

Le second et le plus grave inconvénient des moteurs électriques, c'est la cherté excessive de l'électricité. Si l'on pouvait produire à peu de frais, la grande quantité de fluide électrique nécessaire pour engendrer des électro-moteurs, on pourrait peut-être poursuivre avec quelque chance de succès la solution de ce problème. Mais, jusqu'ici, nous le répétons, l'électricité ne s'engendre qu'à grands frais : il faut des piles voltaïques, des acides, des mé-

taux, et, tout compte fait, la force d'un cheval-vapeur, que peut développer à grande peine un moteur électro-magnétique, coûte dix fois plus cher que la même force produite par nos machines à vapeur ordinaires.

Il ne faut donc pas être surpris que ce genre d'appareils se soit trouvé représenté par un si petit nombre de spécimens à l'Exposition du Champ-de-Mars, en 1867. Leur absence s'explique par les échecs nombreux qu'ont rencontrés dans ces derniers temps, toutes les machines de ce genre. Des centaines de moteurs électriques ont été construits, et tous ont tristement échoué. Nous serons donc très-bref, en énumérant les moteurs électro-magnétiques qui figuraient dans les galeries du Champ-de-Mars.

En cherchant bien, nous avons trouvé seulement quatre moteurs électriques. Le premier et le plus original était présenté par un ingénieur français, M. Casal, et ses prétentions étaient fort modestes, car il n'avait d'autre objet que de s'appliquer à la machine à coudre, c'est-à-dire de remplacer l'action du pied de l'ouvrière, qui fait mouvoir la pédale de l'instrument. La disposition des bobines électro-magnétiques autour d'une roue dont l'axe porte l'arbre moteur, est fort ingénieuse, et la série d'actions attractives s'exerçant dans un sens tangentiel, est parfaitement entendue ; mais la quantité de force vive développée par un instrument de ce genre serait bien insignifiante si on voulait la mesurer avec exactitude au *dynamomètre*.

Dans l'exposition autrichienne se trouvait un nouveau moteur électrique, de l'invention de M. Kravogl. Cet appareil, imaginé en 1866, a été soumis, selon l'inventeur, à l'examen d'une commission composée de professeurs de l'université d'Insprück, lesquels ont conclu, dit la pancarte, « que la force de son travail est sept fois plus grande que celle du meilleur électro-moteur connu jusqu'à ce jour. » Nous le voulons bien ; mais comme le meilleur électro-moteur connu jusqu'à ce

jour n'a jamais valu grand'chose, une puissance sept fois plus forte ne doit pas être
bien redoutable.

Dans l'exposition d'un de nos meilleurs
constructeurs de physique, M. A. Gaiffe, dont
les appareils électro-médicaux ont une réputation européenne, nous avons trouvé un
petit électro-moteur construit sur les données
de l'appareil dû à Gustave Froment.

La figure 244 (page 401) représente cet appareil. E, E' sont les électro-aimants. Deux
armatures, *l, l*, placées en face de ces bobines,
sont attirées quand l'électricité circule dans
les électro-aimants. Elles font partie d'un cadre métallique SCS qui peut se mouvoir dans
le sens de l'axe de l'électro-aimant. Ce cadre
métallique porte lui-même deux cliquets
PR', RP', qui agissent l'un après l'autre et tan-
gentiellement, sur la roue à rochet ; le cliquet
supérieur agit lorsque le cadre se meut de
droite à gauche, le cliquet inférieur agit dans
le mouvement contraire ; mais tous deux, par
leur disposition, font tourner la roue dans le
même sens.

Le courant ne cesse de passer dans chacun
des électro-aimants, que lorsque la lame de
fer doux qui lui correspond, est arrivée au
contact ; de cette façon toute la puissance de
l'électro-aimant est utilisée. Quand l'électro-
aimant E a cessé d'attirer l'armature, l'électri-

cité, grâce à un *commutateur* placé au point S,
et qui n'est pas visible sur la figure, passe
dans l'électro-aimant E', et celui-ci, attirant
son armature, détermine un second mouvement de la roue dentée RR'. Ces mouvements,
en se renouvelant et s'ajoutant, produisent la
rotation complète de l'axe moteur D ; et par
conséquent celui de la grande roue ou volant
V, que l'on a placée sur un petit rail de chemin
de fer en miniature, afin de montrer, par la
progression sur les rails, l'action mécanique
due à ce petit système.

Ce moteur électrique n'a nullement la prétention de résoudre le problème de l'emploi
de l'électricité comme force motrice. C'est
tout simplement un appareil de démonstration ou d'étude pour les cabinets de physique
et les amateurs ; on chagrinerait beaucoup
M. Gaiffe si l'on voulait prêter une autre
signification à ce petit modèle.

On peut dire, en résumé, que l'Exposition
universelle a donné, quant au moteur électrique, un enseignement précieux à enregistrer, bien qu'il soit négatif. Il nous a annoncé
l'évanouissement de ce rêve, si longtemps
caressé par une nuée d'inventeurs. En mettant cette conclusion en lumière, nous croyons
rendre à une foule de chercheurs un véritable service.

HORLOGES ÉLECTRIQUES

SONNETTES ÉLECTRIQUES

Nous terminerons la série des applications pratiques de l'électricité, que nous avons voulu examiner dans ce volume, en parlant de l'emploi de l'électricité pour la mesure du temps, et de l'application du même agent aux sonneries pour l'usage des appartements.

C'est un fait malheureusement trop connu, que les horloges, même les mieux construites, ne marchent presque jamais d'accord. La ville de Paris a fait de grands sacrifices pour munir de bonnes horloges concordantes, chaque bureau d'inspecteur de voitures publiques; mais combien de fois le fait suivant ne vous est-il pas arrivé! En se promenant sur le boulevard, on voit à l'un de ces prétendus chronomètres, qu'il est midi, par exemple; on marche ensuite pendant dix minutes, et en passant devant un second bureau pourvu d'une pareille horloge, l'aiguille marque midi moins un quart. Sans doute, il n'y a dans cette marche rétrograde du temps, rien qui soit absolument désagréable, et nous l'acceptons sans déplaisir; cependant, la conscience secrète que l'on est le jouet d'une illusion, en diminue un peu le charme.

Ces variations trop fréquentes de nos cadrans municipaux, sont loin, d'ailleurs, de constituer une exception parmi les produits si variés de la chronométrie moderne. Depuis longtemps l'on s'efforce inutilement de résoudre le problème de la marche simultanée des horloges, et malgré le nombre infini des moyens qui ont été jusqu'ici mis en œuvre, le succès n'est pas encore venu couronner ces efforts.

N'existe-t-il cependant aucun moyen de faire marcher d'accord deux horloges? Le raisonnement nous dit qu'il y aurait une manière d'arriver à ce résultat. Si, à l'aiguille qui parcourt le cadran, on attachait, par exemple, une imperceptible petite chaîne, qui pût transmettre le mouvement de cette aiguille à l'aiguille d'un autre cadran, tout pareil au premier, mais ne renfermant ni rouage ni mécanisme, et simplement réduit au cadran proprement dit, il est certain que l'on communiquerait ainsi à l'aiguille de ce second cadran le mouvement du premier, et que les deux horloges marcheraient d'accord. Mais le raisonnement qui précède n'est qu'un jeu de l'esprit. Le poids, la longueur de la chaîne qui relierait les deux cadrans, et surtout sa force d'inertie, apporteraient à la transmission du mouvement des difficultés insurmontables.

Il existe toutefois, un agent admirable, que la nature semble avoir créé tout exprès pour enfanter des merveilles, qui se joue de l'imprévu, qui triomphe de l'impossible, et qui pourrait dire avec autrement de raison que ce courtisan d'un roi absolu : « Si la chose est impossible, elle se fera ; si elle est possible, elle est faite. » Cet agent, c'est l'électricité. Le fluide électrique voyage avec une rapidité qui anéantit le temps ; de plus, il peut produire une action mécanique quand on le met convenablement en jeu. Il réunit donc toutes les conditions qui sont nécessaires pour résoudre la difficulté dont nous parlons, c'est-à-dire pour communiquer le mouvement des aiguilles d'un cadran aux aiguilles d'un second cadran, tout semblable, et produire ainsi la marche simultanée de deux ou de plusieurs horloges.

Essayons maintenant d'expliquer comment on peut faire marcher, à distance, grâce à l'électricité, un ou plusieurs cadrans, au moyen d'une horloge unique.

Toute horloge est munie d'un pendule, ou balancier, destiné à régulariser la détente du ressort moteur, et qui, d'ordinaire, bat la seconde, à chacune de ses oscillations. A chaque extrémité de la course de ce balancier, on peut disposer deux petites lames métalliques que le balancier vienne toucher alternativement, pendant ses deux oscillations périodiques. Or, si à chacune de ces petites lames, est attaché l'un des bouts du fil conducteur d'une pile voltaïque, il est évident que le balancier de l'horloge, formé d'un métal, c'est-à-dire d'une substance conductrice de l'électricité, toutes les fois qu'il viendra se mettre en contact avec l'une des petites lames disposées à l'extrémité de sa course, établira le courant voltaïque, et l'interrompra ensuite en quittant cette position ; de telle sorte qu'à chacune de

ses oscillations, il y aura alternativement établissement et rupture du courant voltaïque.

La figure 245 représente la disposition d'appareil qui vient d'être indiquée. L est le balancier de l'horloge-type, G, qui, dans ses deux excursions à droite et à gauche, vient rencontrer les deux petits boutons métalliques M, N, et faire circuler, à chaque contact, l'électricité d'une pile en activité, dans tout le système, au moyen du fil ff'.

Admettons maintenant que ce fil ff', partant de l'horloge régulatrice G, vienne aboutir, à travers une distance quelconque, à un électro-aimant B, qui soit en rapport lui-même avec des rouages d'horlogerie destinés à faire marcher les aiguilles des heures et des minutes d'un cadran ; voici ce qui doit nécessairement arriver. Lorsque, par ses oscillations successives, le balancier de l'horloge-type vient établir le passage du courant électrique dans le mécanisme du second cadran, le courant passe dans l'électro-aimant B, et le rend actif ; dès lors, cet électro-aimant B attire son armature P, placée en face de lui. Cette armature, en se déplaçant, pousse le levier coudé s, lequel fait marcher la roue à rochet A et, par son intermédiaire, la grande roue C, qui est la roue des aiguilles du cadran, et qui fait tourner ces aiguilles sur le cadran, placé de l'autre côté, et par conséquent invisible sur notre dessin. Mais le passage de l'électricité étant ensuite interrompu par le départ du balancier, l'armature P, redevenue inactive, reprend sa place et maintient de nouveau l'immobilité de l'aiguille, jusqu'à ce que la répétition de la même influence électrique provoque un nouveau mouvement de l'aiguille sur le cadran.

Comme ces actions alternatives d'attraction s'exécutent chaque seconde, puisqu'elles dépendent du mouvement du balancier de l'horloge-type qui les provoque à chaque seconde, on voit que le second cadran reproduit et réfléchit, pour ainsi dire, les mouvements de l'aiguille du cadran de l'horloge régulatrice.

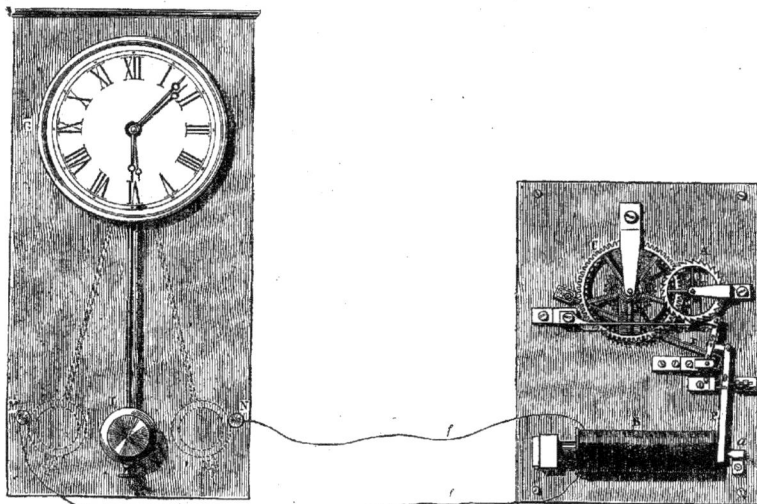

Fig. 245. — Horloge régulatrice et cadran électrique.

Ce qui vient d'être dit pour un seul cadran reproduisant les indications d'une horloge-type, est applicable à un nombre quelconque de cadrans, que l'on introduirait dans un même circuit voltaïque, à la seule condition d'augmenter l'intensité du courant électrique. Avec une seule horloge, on peut donc faire marcher un nombre quelconque de cadrans, qui tous fournissent des indications parfaitement conformes entre elles et conformes à celles de l'horloge-type.

Ainsi la mesure du temps par l'électricité, n'est qu'une simple et très-ingénieuse application du principe de la télégraphie électrique. Lorsqu'on fait fonctionner le télégraphe électrique de Morse, c'est la main de l'opérateur qui établit et interrompt le courant électrique, et fait agir, à distance, l'électro-aimant de la station opposée. Quand on veut mesurer le temps par l'électricité, le balancier d'une horloge remplace la main de l'employé dans l'instrument de Morse, et, par ses oscillations successives, établit et in-

terrompt le courant à intervalles égaux, c'est-à-dire à chaque seconde. Cette régularité dans l'action mécanique de l'électro-aimant, ainsi provoquée à distance, permet de télégraphier le temps par le même procédé physique qui sert à télégraphier la pensée.

Au moyen d'une seule horloge, on peut donc indiquer l'heure, la minute, la seconde, en un nombre quelconque de lieux, séparés par des distances aussi considérables qu'on puisse le supposer. Tous ces cadrans reproduisent les indications de l'horloge directrice comme autant de miroirs qui en réfléchiraient l'image. De tels appareils peuvent être installés sur toutes les places d'une ville, dans toutes les salles d'un édifice public, dans toutes les pièces d'une fabrique, à tous les étages et dans toutes les chambres d'une maison ; et partout l'horloge-type, l'horloge unique, transmettra au même instant, l'image exacte de ses propres indications. Dans un observatoire, chaque salle, chaque cabinet pourra être muni d'un de ces cadrans, qui reproduira, de jour comme de nuit, l'heure, la minute, la seconde, donnée par l'horloge régulatrice placée près de la lunette méridienne. Ces appareils battront la seconde aussi régulièrement que la pendule astronomique avec laquelle ils seront en communication par le courant électrique. On éviterait ainsi l'obligation d'avoir plusieurs horloges de grand prix, et la nécessité de régler séparément chaque horloge sur le mouvement des astres.

Quel service immense rendu aux besoins de tous, si, pour une ville, pour des établissements publics, pour des ateliers, pour des chemins de fer, pour les grandes fabriques, dont les divers ateliers sont éloignés les uns des autres, on pouvait répartir l'heure d'une manière parfaitement exacte, au moyen d'un chronomètre unique ! Or, ce grand problème est aujourd'hui résolu ; il ne reste plus qu'à transporter dans la pratique et dans nos usages cette invention admirable. Le jour n'est pas éloigné où à Paris, par exemple, l'horloge de l'Hôtel-de-ville, ou celle du Louvre, répétera cent fois, sur cent cadrans séparés, son heure et sa minute. On fera alors circuler les heures sous le pavé des rues, comme on y fait aujourd'hui circuler l'eau et le gaz. De même que, par des conduits souterrains, aux embranchements innombrables, on distribue maintenant la lumière et l'eau, ces deux besoins, ces deux soutiens de notre existence, ainsi on distribuera le temps, c'est-à-dire la mesure de la vie.

Quel est l'inventeur de l'horloge électrique ?

La mesure du temps par l'électricité était une des applications du principe de la télégraphie électrique qui se présentait le plus naturellement à l'esprit. On ne doit donc pas être surpris que plusieurs physiciens ou artistes de notre temps, se soient occupés simultanément de cette question.

Un titre authentique accorde pourtant la priorité, dans la réalisation pratique de cette idée, à M. Steinheil, de Munich, à qui re-

vient, comme nous l'avons établi dans la notice sur le *Télégraphe électrique*(1), le mérite d'avoir établi et fait fonctionner la première correspondance connue par un télégraphe électrique. En 1839, le roi de Bavière accorda à M. Steinheil la concession exclusive de la construction d'horloges électriques. C'est donc au physicien de Munich qu'appartient l'honneur de la première exécution pratique de l'*horloge électro-télégraphique*.

En 1840, le public scientifique de Londres s'émut des vives discussions qui s'élevèrent entre M. Wheatstone, le célèbre physicien qui a créé et établi en Angleterre la télégraphie électrique, et l'un de ses ouvriers mécaniciens, M. Bain, qui s'était fait connaître par la découverte d'un *télégraphe imprimant*. M. Wheatstone et son ouvrier, M. Bain, se disputaient mutuellement la découverte de l'horloge électrique. M. Bain affirmait, avec la plus vive insistance, avoir imaginé et construit une horloge de ce genre, dès le mois de juin 1840, et accusait le savant de s'être approprié son idée. De son côté, M. Wheatstone repoussait ces imputations avec énergie. Personne n'avait tort dans cette discussion. L'idée d'appliquer l'électro-magnétisme à la mesure du temps était assez naturelle, pour s'être présentée en même temps à l'esprit du maître et à celui de l'ouvrier.

Quoi qu'il en soit, c'est le 26 novembre 1840, que le célèbre physicien lut à la *Société royale de Londres* un mémoire descriptif sur son invention. Le recueil publié par cette Société donnait en ces termes, l'idée de l'appareil de M. Wheatstone :

« Le but de l'appareil qui est l'objet de la communication de M. Wheatstone, est de rendre une seule horloge propre à indiquer exactement en différents lieux, aussi distants l'un de l'autre qu'on le voudra, l'heure donnée par une seule et même horloge. De cette manière, dans de grands établissements, ou dans des administrations très-nombreuses, il suffira d'une bonne horloge pour indiquer l'heure dans toutes les parties de l'édifice où cette indication

(1) Voir page 101 de ce volume.

Fig. 246. — Horloge électrique sur une lanterne à gaz (page 410).

pourra être nécessaire, avec une exactitude qu'il serait impossible d'obtenir d'horloges distinctes, et avec une dépense beaucoup moins considérable. On pourrait énumérer un grand nombre d'autres circonstances où cette invention réalisera de très-grands avantages.

« Chacun des appareils présentés par M. Wheatstone se compose d'un simple cadran, avec ses aiguilles des heures, des minutes et des secondes, et de l'ensemble de roues par lequel, dans les horloges, l'aiguille des secondes communique le mouvement aux aiguilles des minutes et des heures. Un petit électro-aimant est destiné à rendre libre une roue d'une construction toute spéciale, placée sur l'arbre de l'aiguille à secondes, de telle sorte qu'à chaque fois que le magnétisme temporaire est produit ou détruit, cette roue, et par conséquent l'aiguille des secondes, avance de la soixantième partie d'une révolution entière. Il est évident dès lors que si l'on parvient à établir et à rompre un courant électrique dans des circonstances telles que l'ensemble d'une reprise et d'une cessation dure une seconde, ce qu'il est possible d'obtenir au moyen du régulateur ou horloge parfaite dont on veut multiplier les indications, l'appareil-cadran ci-dessus décrit, quoique dépourvu de toute force régulatrice constante, remplira pleinement, à son tour, l'office de régulateur parfait. »

Suivait l'exposé du moyen mécanique qui avait permis à M. Wheatstone d'obtenir ce résultat.

Le soir même de la lecture du mémoire de M. Wheatstone, une horloge de ce genre fut mise en mouvement dans la salle de la bibliothèque de la *Société royale*, et elle y fonctionna plusieurs jours. Les journaux de Londres, entre autres la *Gazette de littérature*, ayant publié, peu de jours après, l'objet du travail de M. Wheatstone, cette découverte fit grand bruit en Angleterre. Plusieurs horloges électriques furent construites, et bientôt mises en expérience, dans ces réunions si fréquentes où les *gentlemen* de Londres accourent en foule, tenant à honneur d'être instruits les premiers des acquisitions et des découvertes nouvelles qui s'accomplissent dans les sciences et dans les beaux-arts. Cette invention intéressante fut ainsi promptement popularisée en Angleterre; et bientôt les horloges *électro-télégraphiques* furent adoptées dans un certain nombre d'établissements publics et d'ateliers de l'industrie privée.

Nous décrirons le système mécanique qui permet de distribuer à plusieurs cadrans l'heure donnée par une horloge-régulatrice, en prenant pour exemple la disposition qui a été adoptée par M. Bréguet pour quelques horloges électriques établies par lui dans la ville de Lyon, et qui sont dirigées par une excellente pendule placée à la préfecture. Ces cadrans, distribués dans la ville, sont placés dans des lanternes éclairées au gaz. La figure 246 représente ces cadrans et la lanterne à gaz sur laquelle ils sont appliqués.

Le mécanisme placé à l'intérieur de la lanterne se voit dans la figure 247.

Le courant envoyé à chaque seconde, par le battement de l'horloge-type, ou *régulateur*, placé à la préfecture, passe successivement dans les deux électro-aimants E. E', de telle façon que leurs pôles de noms contraires se trouvent opposés. Entre les deux électro-aimants est placée l'armature d'acier AA, qui est aimantée. L'un de ses pôles, placé entre les deux pôles contraires des électro-aimants E, E', est attiré par l'un et repoussé par l'autre. Sur le second pôle de l'armature, les deux autres pôles des électro-aimants agissent de la même manière. Si le courant circulant dans les bobines, vient à changer de sens, les attractions se changent en répulsions, et inversement les répulsions en attractions ; de telle sorte que l'armature portée par la pièce *v*, située près de la circonférence du cadran, bascule et entraîne avec elle la longue tige *l* terminée par une fourchette. Dans cette fourchette pénètre une goupille portée par la pièce *i*, mobile autour de sa partie supérieure ; la goupille entraîne dans son mouvement la pièce *i* et une pièce *i'* tout à fait symétrique, dont chacune porte un petit cliquet agissant sur une roue

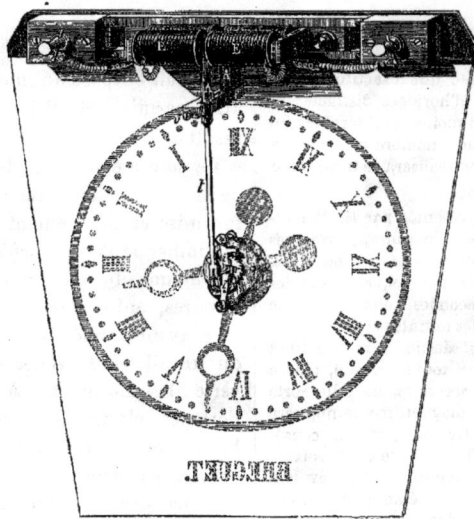

Fig. 247. — Mécanisme des horloges électriques de M. Bréguet.

à rocher *r*, dont l'axe porte l'aiguille des minutes.

Les deux cliquets agissent l'un après l'autre ; mais celui qui n'agit pas amène un arrêt dans l'une des dents de la roue à rochet et l'empêche ainsi d'avancer de plus d'une dent par la secousse de la tige *l*, qui lui est transmise par le premier cliquet.

Le rochet a soixante dents, de sorte que si le courant est envoyé à chaque minute et chaque fois en sens inverse, l'aiguille des minutes parcourra tout le cadran en une heure. Entre les deux platines *c*, *c* est placé un système de trois roues dentées, qui transmet le mouvement à l'aiguille des heures.

M. Bréguet a établi en 1859, dix pendules de ce système, au poste central des télégraphes de Paris, où elles marchent parfaitement.

M. Paul Garnier, horloger de Paris, a construit également un grand nombre d'horloges électriques, mues par une horloge-type.

A l'Exposition universelle de 1867, on voyait à l'entrée par le pont d'Iéna, un énorme cadran électrique mû par une horloge-type, et qui avait été construit par M. Colin, successeur de Wagner.

Comme exemple assez curieux d'un appareil du même genre, nous citerons les horloges électriques, qui ont été exécutées, il y a déjà plusieurs années, par M. Vérité dans le grand séminaire de Beauvais.

L'horloge du grand séminaire de Beauvais indique les heures et les minutes sur *trente-deux cadrans*, répartis dans les principales salles de ce vaste établissement; les distances réunies de l'horloge à ces divers cadrans forment une longueur de plusieurs kilomètres. Quatre de ces cadrans sont placés extérieurement, sur les quatre faces du clocher, un autre est également placé dans le fronton de la façade principale, et montre les phases de la lune. Tous les autres cadrans sont intérieurs : celui du cabinet de l'économe fait fonctionner un calendrier perpétuel. L'horloge régulatrice sonne les heures, les quarts et les avant-quarts, sur trois fortes cloches placées dans le clocher. En outre, tous les jours, à cinq heures moins quatre minutes du matin, une sonnerie, imitant une cloche

en volée, mise en action par un courant électrique, réveille toute la communauté.

« Indépendamment de ces diverses sonneries extérieures, ajoute M. Vérité, dans la description qu'il nous donne de l'appareil établi chez les séminaristes de Beauvais, il s'en fait entendre trois autres intérieurement : la première sert à réveiller, chez lui, le surveillant, tous les matins, à quatre heures et demie ; la seconde, placée dans la chambre du réglementaire, le prévient, par un coup de timbre, une minute avant chaque avant-quart, afin d'assurer l'exactitude des divers exercices de la communauté ; enfin, la troisième se fait entendre tous les jours au parloir, pour annoncer la fin des récréations. »

Les appareils dont nous venons de donner la description, peuvent être considérés comme appartenant à la première phase, ou à la première période historique de l'horlogerie électrique. Après cette époque, en effet, cette branche intéressante de la physique appliquée a fait un pas considérable, et s'est enrichie d'un perfectionnement réel. C'était déjà un résultat bien extraordinaire que de pouvoir, avec une seule horloge mécanique, distribuer l'heure en divers points. On a voulu aller plus loin encore. La science est étrangement ambitieuse dans sa marche : pour elle, le résultat obtenu n'est jamais le but définitif ; un progrès accompli ne lui sert qu'à préparer la voie à un progrès nouveau ; elle s'avance, sans repos ni trêve, vers des limites qui, une fois atteintes, semblent reculer d'elles-mêmes, en se métamorphosant. On avait commencé par réduire à une seule toutes les horloges mécaniques d'une ville ; ce résultat à peine obtenu, on a voulu supprimer jusqu'à ce dernier instrument lui-même, et sans recourir à aucun des mécanismes habituels, faire marcher les horloges par la seule puissance de l'électricité. On s'est, en effet, avisé de réfléchir que, si l'horloge régulatrice d'une ville venait à se déranger, tous les cadrans, solidaires de cet instrument directeur, s'arrêteraient nécessairement à la fois. D'ailleurs, une horloge mécanique parfaite est encore un instrument d'un grand prix.

Tout bien considéré, il était bon de supprimer l'horloge régulatrice; on l'a donc supprimée. On a construit une horloge empruntant à l'électricité seule le principe de son action; puis, ce chronomètre électrique une fois obtenu, on peut s'en servir comme on se servait auparavant de l'horloge-type, pour distribuer l'heure, par des fils voltaïques, à un nombre quelconque de cadrans.

Ainsi, sans autre puissance mécanique, l'électricité peut, à elle seule, indiquer les divisions du temps au même instant et en divers points éloignés. L'honnête corporation des horlogers a marqué d'une pierre noire la néfaste journée qui vit cette découverte éclore!

Comment concevoir, pourtant, qu'au moyen de l'électricité seule, on puisse suppléer à cet ensemble de rouages et de mécanismes compliqués qui composent une horloge? C'est ce que nous allons expliquer.

Les variations, les défauts des horloges ordinaires, tiennent surtout à deux causes. D'abord, à la variation de la longueur de la tige du balancier, par suite de la dilatation ou de la contraction du métal, dues aux différences de la température extérieure; en second lieu, à l'impulsion inégale que reçoit le balancier, et qui provient d'un léger dérangement survenu dans le système de rouages servant à lui transmettre, d'une manière toujours égale, l'action de la force motrice, c'est-à-dire du ressort. Il est évident que, si l'on peut supprimer ces rouages, et imprimer au balancier une impulsion toujours uniforme, sans employer aucun mécanisme d'horlogerie, on aura beaucoup simplifié les appareils destinés à la mesure du temps.

Tel est précisément le but de la nouvelle horlogerie électrique. Elle se propose de remplacer par l'électricité, le ressort moteur employé jusqu'ici dans l'horlogerie, d'entretenir constamment et avec régularité, le mouvement du balancier déterminé par une attraction électro-magnétique, et de transmettre ce mouvement aux aiguilles du cadran, d'une manière qui corresponde aux divisions du temps en minutes et secondes.

Comment le balancier serait-il mis en mouvement dans une horloge électrique? Il est évident que ce ne peut être que par la force électro-magnétique. L'électro-magnétisme pouvant produire un mouvement mécanique, si l'on parvient à placer un électro-aimant de manière à lui faire attirer sans cesse une masse de fer faisant partie d'un balancier, on aura, par cette disposition, le moyen d'entretenir constamment le mouvement de ce balancier. Une horloge ainsi construite n'aura ni ressorts ni rouages; elle marchera sans qu'il soit jamais nécessaire de la monter ou d'y toucher. Il suffira, pour provoquer continuellement sa marche, d'entretenir la pile voltaïque qui fournit l'électricité à l'électro-aimant, c'est-à-dire de renouveler tous les trois ou quatre mois, l'acide ou le zinc de la pile.

Nous venons de supposer que l'électro-aimant agissait d'une manière directe sur le balancier, pour provoquer son mouvement. Dans l'origine, quelques horloges électriques furent ainsi construites. Telle était, par exemple, celle de M. Bain, l'ouvrier mécanicien dont nous avons rappelé les démêlés avec M. Wheatstone. Mais il est évident qu'une telle disposition était très-vicieuse. La force électro-magnétique varie selon l'intensité de la pile. Or, cette intensité est fort inconstante. Les mouvements du balancier seraient donc très-irréguliers, si l'on faisait agir directement la force électro-magnétique pour entretenir ses mouvements. Il faut, de toute nécessité, pour donner l'impulsion au balancier, avoir recours à un organe intermédiaire, qui, mis en action par l'électro-aimant, vienne lui-même agir régulièrement sur le pendule et entretenir ainsi son mouvement d'une manière toujours uniforme.

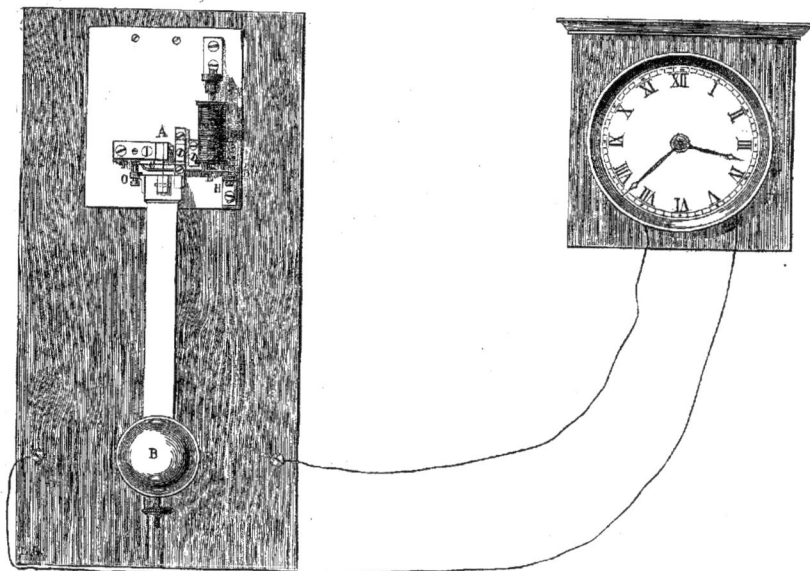

Fig. 248. — Horloge électrique et cadran de G. Froment (page 414).

Un de nos physiciens, M. Liais, proposa, en 1851, le principe qui est employé aujourd'hui pour communiquer au balancier d'une horloge électrique un mouvement uniforme. Il eut recours, pour pousser le balancier, à un ressort se détendant toujours de la même quantité (1). C'est l'électro-aimant qui tend ce ressort. Ainsi, l'électricité, ne servant qu'à tendre un ressort, n'est employée que comme un moteur dont les variations d'intensité demeurent sans influence sur la marche de l'appareil. C'est de l'action du ressort que dépend la régularité des mouvements du balancier. Or un effet de ce genre étant constant et toujours uniforme, la régularité des oscillations du pendule est ainsi assurée : le balancier marche sans rouages ni méca-

nisme d'horlogerie, et l'horloge n'a pas besoin d'être remontée.

L'emploi des ressorts, dans ce cas spécial de l'horlogerie électrique, présente pourtant divers inconvénients, dont le plus sérieux est la variation de volume du métal, par suite des différences de la température extérieure. On a eu plus tard, l'idée de remplacer les ressorts par un petit poids de cuivre, tombant toujours de la même hauteur, et qui imprime, par l'effet de sa chute, l'impulsion au pendule. Comme le poids tombe toujours de la même hauteur, l'impulsion reçue par le balancier est constamment uniforme, et ses oscillations d'une régularité absolue.

Une des merveilles de l'Exposition universelle de 1867, c'était la pendule électrique de Gustave Froment. Cet instrument présente l'application la plus remarquable, par sa simplicité, du principe qui consiste à obtenir l'isochronisme des oscillations d'un pendule

(1) Nous devons noter, cependant, qu'à l'Exposition universelle de Londres en 1851, un constructeur de Londres, M. Sheppard, avait présenté une horloge électrique qui marchait par l'action d'un ressort de ce genre.

par la chute constante d'un poids tombant toujours de la même hauteur.

Pour comprendre le mécanisme de cet instrument, il suffit de se représenter un petit poids de cuivre attaché à l'extrémité d'une mince tige métallique extrêmement flexible, placée horizontalement et pouvant venir se poser sur la partie supérieure du balancier de l'horloge, de manière à lui imprimer une légère impulsion, par l'effet de sa pesanteur. Un contre-poids de fer doux, susceptible d'être relevé en l'air par l'action d'un électro-aimant, peut, en se soulevant ainsi, relever la petite tige, et par conséquent le petit poids fixé à l'extrémité de cette tige. Lorsque, par l'effet de l'une de ses oscillations, le balancier vient se mettre en contact avec le poids de cuivre, le courant électrique, fourni par la pile, s'établit et traverse tout ce système ; le petit électro-aimant placé au-dessous du contre-poids de fer attire ce contre-poids qui représente son armature; dès lors, le poids est déposé sur le pendule et lui imprime un mouvement d'impulsion ou d'oscillation. Mais le contact métallique étant interrompu, par suite du départ du pendule, l'électricité ne circule plus à l'intérieur de ce système, et l'électro-aimant devient inactif ; le contre-poids ou l'armature de l'électro-aimant reprend donc sa place et ramène le poids à sa hauteur première. La répétition de ces deux mouvements qui dépendent de l'établissement et de la rupture alternative du courant électrique, entretient d'une manière permanente l'état d'oscillation du balancier, et, comme le poids tombe toujours de la même hauteur, les impulsions reçues par le balancier sont toujours égales et ses oscillations isochrones.

La figure 249 représente le mécanisme de l'horloge électrique de Froment. AB est le balancier de l'horloge, B la lentille qui termine ce balancier, M l'électro-aimant, P le poids qui vient se placer sur le support O, pour déterminer l'oscillation du balancier; CE,

le ressort, qui, sous l'influence de l'électro-aimant, vient relever le poids P, à chaque seconde de temps.

Il est vraiment merveilleux de voir la petite horloge électrique de Froment, en outre de ses propres indications, faire marcher les trois aiguilles des heures, des minutes et des secondes sur deux autres cadrans, dont l'un est d'une dimension gigantesque (c'est un cadran de clocher de 2 mètres de diamètre). La marche de l'aiguille des secondes sur ces cadrans, est d'une régularité admirable, et cette régularité tient à la manière toute spéciale dont les aiguilles reçoivent l'action motrice de l'électricité. Froment, pour faire marcher l'aiguille, ne se sert point d'un ressort ou d'un poids. C'est l'armature de fer de l'électro-aimant qui, mise en mouvement par l'action électro-magnétique, vient agir sur une petite roue à rochet qui porte les aiguilles.

Après Froment, on peut citer, comme s'étant occupé de très-bonne heure, et avec succès, du genre d'appareils dont nous parlons, M. Vérité, horloger de Beauvais.

M. Vérité a, l'un des premiers, appliqué aux horloges électriques l'idée des poids tombant sur le balancier d'une hauteur constante. Voici, en peu de mots, en quoi consiste le mécanisme de l'instrument construit par l'horloger de Beauvais.

Le poids destiné à imprimer d'une manière continue, l'impulsion au balancier, a reçu la forme d'une petite cloche métallique, suspendue à un long fil d'argent, qui vient tomber, ou plutôt se poser sur le balancier. Quand cette petite cloche exécute ce mouvement, aussitôt le courant électrique s'établit, et un électro-aimant, devenu actif par l'action du courant, abaisse une pièce mobile sur laquelle la cloche était suspendue ; ce qui permet à cette dernière d'imprimer une impulsion au pendule. Le contact ayant cessé par le départ du pendule, le courant électrique ne passe plus ; mais il est rétabli bientôt, lorsque l'autre côté du balancier vient rencontrer une autre cloche métallique disposée symétriquement comme la première, et qui exerce, à son tour, le même effet sur le pendule, par suite du rétablissement du courant voltaïque.

A l'Exposition universelle de 1867, nous avons remarqué des pendules électriques présentées par M. Hipp, savant horloger et constructeur de Berne (Suisse), qui étaient fondées sur des principes analogues à ceux qui viennent d'être exposés.

Sur la liste des artistes habiles qui s'occupent de la construction des instruments délicats, des appareils demi-scientifiques qui nous occupent, vous seriez-vous attendu à trouver le nom du célèbre prestidigitateur, du sorcier dont tout Paris a admiré l'adresse? Apprenez pourtant que Robert Houdin — pardon, M. Robert Houdin, — est un mécanicien d'un vrai mérite. Il a construit en 1855, pour M. Detouche, des horloges électriques d'une disposition ingénieuse.

Nous donnerons en deux mots l'idée de ce dernier appareil en disant que M. Houdin consacre l'action motrice de l'électro-aimant à décrocher et à rendre libre un ressort, dont la détente imprime une impulsion au balancier. Faisons remarquer pourtant que ce système présente des inconvénients pour l'horlogerie de précision. Les variations de la température extérieure changent l'élasticité et les dimensions du ressort, et ces deux effets ont nécessairement pour résultat de nuire à la régularité des oscillations du pendule. En outre, les frottements qui résultent du décrochage du ressort, et qui sont variables comme tous les frottements, deviennent une cause d'erreur dans les indications de l'instrument. Le grand mérite, ce qui fait l'immense supériorité des horloges électriques que nous avons décrites plus haut, c'est qu'elles sont tout à fait exemptes de frottement, source principale des erreurs qui affectent les instruments ordinaires d'horlogerie.

Ce qu'il faut remarquer dans les horloges électriques de MM. Detouche et Robert Houdin, c'est la modicité de leur prix. Le modèle d'horloge électrique construit par M. Detouche, ne coûte que 60 francs. Il est vraiment curieux de voir livrer pour un tel prix une horloge qui fonctionne avec une régularité suffisante, qui n'a jamais besoin d'être remontée, et qui peut marcher des années entières, à la seule condition que l'on ajoute, chaque semaine, quelques cristaux de sulfate de cuivre à la pile voltaïque qui la met en action.

Ainsi, la mesure du temps par l'électricité, n'est pas, comme bien des personnes se l'imaginent, une découverte encore dans l'enfance, et qui exigerait de nombreux perfectionnements. Sauf la question pratique de son application sur une échelle considérable, le problème de l'horlogerie électrique est aujourd'hui résolu. La pendule électrique de Gustave Froment, qui se voyait à l'Exposition universelle de 1867, marchait depuis vingt ans, d'une manière non interrompue, transmettant dans ses ateliers l'heure, la seconde, à de nombreux cadrans. Dans une autre horloge, qui marche depuis dix-sept ans, les mouvements électriques ne se sont pas arrêtés un seul jour.

Nous ne croyons donc rien avancer que de très-sérieux et de très-réalisable, en exprimant le vœu que l'on essaye d'établir à Paris, sur une large échelle, la distribution générale du temps par des instruments électriques.

Un fait que l'on ne peut constater, à cette occasion, sans un sentiment de regret, c'est qu'un certain nombre de pays étrangers nous ont déjà précédés dans cette voie. Aux États-Unis, l'horlogerie électrique est réalisée dans une assez grande proportion. Elle fonctionne depuis plusieurs années en Angleterre, non, à la vérité, dans des villes entières, mais dans un certain nombre d'établissements publics et privés. La pendule astronomique de l'Observatoire de Greenwich envoie, par un conducteur électrique, l'heure à l'horloge de Charring-Cross. En outre, l'heure moyenne exacte est signalée, à Londres, par la chute, à midi précis, d'un ballon qui tombe du dôme de l'*Office télégraphique*, et qui s'aperçoit dans un rayon de la ville extrêmement étendu.

Au moyen de la liaison télégraphique qui existe entre l'observatoire de Greenwich, la station centrale au Pont de Londres et la Compagnie du chemin de fer du Sud-Est, des signaux horaires donnant exactement le temps moyen de Greenwich, plusieurs fois par jour, sont transmis aux bureaux de la *Compagnie du télégraphe électrique* qui a son établissement central dans le quartier Lothbury, dans le Strand, et ensuite, à Cambridge, à Deal et à Douvres. La chute des ballons-signaux est déterminée à l'aide d'un fil télégraphique sur la tour du Strand simultanément avec la chute du ballon de Greenwich, à une heure de l'après-midi. Pareils systèmes ont été installés à Liverpool et à Edimbourg.

« Dans cette dernière ville, dit M. Airy, le ballon-signal a été installé sur la haute tour du monument de Nelson, dans le voisinage de l'observatoire ; il est en liaison immédiate avec l'horloge des passages, qui le fait tomber au moment voulu. Depuis trois mois que cet appareil fonctionne, il s'est montré si exact, si grandement utile, que des dispositions sont prises pour installer de semblables ballons à Glascow, à Greenock, à Dundée et autres ports de l'Écosse. La chute de tous ces ballons sera déterminée simultanément par un signal parti de l'observatoire d'Édimbourg (1). »

En Allemagne, la ville de Leipzig a vu s'accomplir, en 1850, un commencement d'application de l'horlogerie électrique. Un mécanicien de Leipzig, M. Storer, et un horloger de la même ville, M. Scholle, obtinrent du gouvernement un privilége pour l'application, en Saxe, de ces nouveaux moyens chronométriques. Les rues de la ville ont été partagées en groupes ; chaque groupe est pourvu de son fil conducteur, fixé contre les murs extérieurs et mis complétement à l'abri dans l'intérieur des habitations. Tous ces conducteurs aboutissent à une horloge-type installée à l'hôtel-de-ville. Les conducteurs voltaïques, qui font marcher les aiguilles sur le cadran de chaque maison, s'embranchent et se soudent sur le conducteur principal. D'après le projet présenté par les auteurs de cet essai, les fils d'embranchement devraient coûter à peu près 1 franc le mètre, et être à la charge du propriétaire ou du locataire de la maison. Celui-ci aurait à payer de plus 6 ou 8 francs par année, suivant les dimensions du cadran, mais il n'aurait à supporter aucuns autres frais, et la direction des horloges électriques s'engagerait à lui assurer l'heure et la minute exactes de l'horloge de l'hôtel-de-ville. Une pendule électrique, avec un cadran de 33 centimètres, ne coûte que 60 à 80 francs.

Dans la ville de Gand, en Belgique, l'heure est aujourd'hui indiquée électriquement, sur plus de cent cadrans placés dans les lanternes à gaz. Les aiguilles n'avancent sur les cadrans que toutes les minutes ; mais cette indication atteint bien suffisamment le but que l'on se propose. Ce système a été établi à Gand par un mécanicien de mérite, M. Nolet, de Bruxelles, dont nous avons déjà eu l'occasion de signaler les travaux relatifs au perfectionnement de la *machine électro-magnétique* (1).

En France, l'horlogerie électrique ne s'est encore répandue que d'une manière fort incomplète. Un horloger de Paris, M. Paul Garnier, a établi, sur la demande de quelques-unes de nos Compagnies de chemins de fer des cadrans électriques qui distribuent l'heure dans l'intérieur des gares. Ce système est adopté en particulier sur les chemins de fer de l'Ouest, du Nord et du Midi. La gare de Lille, sur le chemin de fer du Nord, est pourvue d'un système de vingt ca-

---

(1) Du Moncel, *Applications de l'électricité*, t. II, p. 327, in-8°. Paris, 1856.

(1) Tome Ier, page 722 (*Électro-magnétisme*).

drans, de toutes dimensions. La ligne de l'Ouest a un système analogue, à chacune de ses stations de Paris à Laval. La gare du chemin de fer de Paris à Lyon est réglée de cette façon, avec les horloges électriques de M. Bréguet, dont nous avons donné plus haut la description et la figure. L'heure est même envoyée à la gare des marchandises, à Bercy, après un parcours de plusieurs kilomètres. Les stations du chemin de fer d'Auteuil, la gare de Bordeaux, sur les chemins du Midi, la maison impériale de Charenton, reçoivent l'heure de cette manière. Dans l'Hôtel du Louvre à Paris et dans le Grand Hôtel, les horloges marchent par l'électricité.

Les différents essais partiels que nous venons de rappeler, montrent la voie qui reste à suivre. Il faudrait appliquer sur une grande échelle, dans l'intérieur de Paris, ce système commun de transmission du temps, dont l'expérience a démontré suffisamment aujourd'hui la possibilité et les avantages. Installée à l'Hôtel-de-ville, au Louvre ou à l'Observatoire, une horloge régulatrice pourrait distribuer simultanément l'heure et la minute, à des cadrans publics exposés dans les principaux quartiers de la capitale. Bientôt, peut-être, cet admirable système pourrait s'étendre à chaque rue, et même à toutes les maisons et à tous les étages de chaque maison. Des expériences ultérieures détermineraient les conditions les plus convenables à adopter, pour proportionner l'intensité du courant de la pile voltaïque à l'étendue considérable et à la multiplicité des conducteurs métalliques que nécessiterait le développement de ce service. Les piles de relais, dont on fait usage dans la télégraphie électrique, serviraient à renforcer, de distance en distance, l'action électro-magnétique sur un groupe de cadrans. Le conducteur principal et ses embranchements secondaires pourraient être enfouis sous le sol, étant revêtus d'un enduit isolant de gutta-percha ou de bitume, comme on l'a fait dans plusieurs pays, pour les fils des télégraphes électriques. Ces *conducteurs du temps* pourraient aussi être suspendus à la voûte des égouts, côte à côte avec les conducteurs de la lumière et de l'eau.

En 1852, une proposition dans ce sens fut adressée, par M. Paul Garnier, au conseil municipal de Paris. Voici le plan que lui soumettait cet honorable horloger pour doter la capitale de l'invention qui nous occupe.

On aurait placé à l'Observatoire, l'horloge-type destinée à faire rayonner les heures dans toutes les directions. Un fil de fer, recouvert de zinc, comme les fils conducteurs de nos télégraphes, partant de l'un des pôles de la pile, se serait rattaché successivement aux divers édifices communaux, pourvus de cadrans, sur lesquels l'heure devait être signalée. Après avoir relié ensemble tous ces cadrans, ce conducteur serait revenu se rattacher à l'autre pôle de la pile, à l'Observatoire.

Quant aux points qui auraient pu être choisis pour y placer les cadrans électriques, M. Garnier proposait de tendre un premier fil de l'Observatoire à l'Hôtel-de-ville, en touchant au Val-de-Grâce, à l'église Saint-Jacques du Haut-Pas, à la mairie du 12e arrondissement, au lycée Louis-le-Grand, à la Sorbonne, à la tour de l'Horloge du Palais-de-justice, pour revenir enfin, par un dernier fil, à l'Observatoire.

Cette proposition fut soumise au conseil municipal, qui la renvoya à l'examen du comité d'architecture. Après examen, le comité d'architecture fut bientôt converti à cette invention admirable. Un mémoire fut rédigé par l'un des membres de ce comité, et adressé au préfet de la Seine. Dans ce rapport, on proposait certaines modifications au projet de M. Garnier.

La modification principale consistait à établir l'horloge-type destinée à servir de point de départ et de centre au nouveau système, sur l'un de nos monuments les plus remarquables, sur la tour Saint-Jacques-la-Boucherie, si bien placée dans le splendide panorama de la capitale.

La tour Saint-Jacques a aujourd'hui 56 mètres de hauteur. Le comité d'architecture proposait d'établir, au sommet et sur les quatre faces de cette tour, quatre cadrans transparents, de 3 à 4 mètres de diamètre, qui, de jour et de nuit, auraient indiqué l'heure aux habitants des quartiers les plus éloignés. Ces cadrans auraient été mus par l'horloge-type, placée elle-même au rez-de-chaussée du monument. C'est de ce point central que seraient partis tous les conducteurs métalliques destinés à faire rayonner l'heure sur les cadrans des horloges placées au front des principaux édifices parisiens.

M. Bréguet, de son côté, proposa un autre projet. Il pouvait arriver, en effet, avec le plan qui vient d'être exposé, que l'heure cessât de parvenir subitement dans toute la ville par la rupture d'un seul fil conducteur. Rien de semblable n'est à craindre dans le système de M. Bréguet qu'il exposait en ces termes :

« Je divise Paris en douze rayons électriques ; je place dans la mairie de chacun des arrondissements un régulateur-type qui distribue l'heure aux quatre quartiers composant un arrondissement. Réglé chaque semaine, mon régulateur ne me donne qu'un retard de quelques dixièmes de seconde, et, comme le régulateur-type envoie son mouvement électriquement aux pendules de l'arrondissement, j'ai donc l'heure également uniforme dans chacun des quatre quartiers, par suite dans les douze arrondissements ou dans les quarante-huit quartiers de la ville de Paris. Si, ce qui peut arriver, ce qui arrivera, des dérangements se produisent, ils seront facilement et promptement réparés. Il n'y aura jamais qu'un quartier qui pourra manquer, ou encore quelques horloges d'un quartier. »

Tels sont les plans qui furent soumis en 1852 à l'examen du préfet de la Seine. Depuis cette époque, on n'en a plus entendu parler. Il importerait aujourd'hui de reprendre cette question, et de la soumettre à des études sérieuses, en appelant tous les artistes et constructeurs français et étrangers à concourir à sa solution. Cette grande et belle tentative ferait honneur à la France ; elle serait digne de Paris, la capitale du progrès.

La province a donné, sous ce rapport, un excellent exemple à la capitale. Depuis 1856, on a installé, à Marseille, plusieurs horloges électriques. C'est à M. Nolet, qui avait établi à Gand des horloges à l'aide du même système, que la municipalité de Marseille s'est adressée pour ce travail. Les horloges électriques de Marseille sont disposées, comme celles de Gand, dans les lanternes à gaz ; leurs indications apparaissent ainsi à toute heure du jour et de la nuit. Leur établissement a coûté à la ville 22,000 francs, et leur entretien revient à 2,000 francs par an.

Enfin, on a installé à Alger un appareil électrique qui communique le mouvement aux aiguilles d'un cadran placé au sommet de l'*hôtel de la Régence*, et de là à un nombre plus ou moins considérable d'autres cadrans répartis dans la ville.

La principale difficulté qui s'oppose à l'adoption de l'horlogerie électrique, c'est la cherté de l'entretien des appareils, comparée au bon marché relatif des horloges et des pendules ; et voici la raison de la cherté de leur entretien. Tandis que les télégraphes électriques, les sonneries électriques, etc., ne consomment de l'électricité qu'à de rares intervalles, l'horloge électrique donne un signal à chaque demi-minute, et nécessite ainsi une grande dépense d'électricité.

Telle est, du moins, l'objection que la routine ou l'intérêt de l'horlogerie mécanique opposent à l'emploi général de l'électricité comme moyen de mesure de temps. Elle ne nous paraît pas insurmontable.

———

Nous arrivons à la manière de faire agir

les sonnettes des appartements et maisons, au moyen de l'électricité. Cette application de l'électricité, qui a commencé à être en usage en Amérique, est aujourd'hui très-répandue en France et en Angleterre.

Tout le monde connaît les inconvénients des sonnettes domestiques, qui sont mises en jeu par des fils de fer, pourvus, en certains points, de leviers coudés, pour suivre les sinuosités des appartements ou des étages, et qui passent à travers les murs et les planchers. Ces inconvénients sont nombreux. Les fils de fer se rouillent dans les lieux humides, et ils se cassent. S'allongeant l'été, ils se raccourcissent l'hiver, par les variations de température, et se brisent assez fréquemment par cette cause. Ils obligent à percer des trous assez volumineux, et qui sont désagréables à l'œil : les leviers de réflexion sont apparents et d'un effet qui n'est pas non plus agréable. Enfin, on ne peut établir des fils au delà de certaines limites de distance ou de sinuosités dans le parcours.

Les sonnettes électriques sont exemptes de tous ces inconvénients. Il n'est pas besoin de leviers coudés pour faire suivre aux fils toutes les inflexions des bâtiments. Très-minces, ces fils peuvent être facilement dissimulés, et on les recouvre, pour isoler le fluide qui les parcourt, d'une soie qui est de la couleur des pièces à traverser. Enfin, on peut les faire passer d'un étage à l'autre, d'un appartement à l'autre, au moyen d'un trou presque imperceptible. Ajoutons que ces sonnettes fonctionnent à travers toutes les distances, et nous aurons énuméré leurs avantages principaux.

Rien de plus simple que le mécanisme des sonnettes électriques. Dans la notice sur le *Télégraphe électrique*, nous avons parlé de la *sonnerie à trembleur*, ou *trembleur de Neef*(1). Les sonneries électriques ne sont qu'une application de cet instrument.

(1) Page 162 de ce volume.

Rappelons les dispositions et le jeu de la *sonnerie électrique à trembleur* (*fig*. 249).

Fig. 249. — Sonnerie à trembleur électrique

Le marteau *m* vient frapper le timbre T, lorsque le courant électrique, entrant par le bouton C, et suivant la tige CD, vient animer l'électro-aimant en fer à cheval, EE, lequel attire l'armature A, et par conséquent, fait frapper le marteau contre le timbre. Mais quand le marteau a frappé le timbre, le contact R qui permettait la circulation du courant n'existe plus, le courant cesse de se reproduire, et par conséquent, le marteau *m*, n'étant plus attiré par l'électro-aimant, retombe par son poids et vient s'appliquer sur le contact R. Ce contact rétablit aussitôt le passage au courant; le marteau *m* est de nouveau lancé contre le timbre, et ces attractions répétées produisent le tremblement du levier A*m*, ainsi que les chocs répétés qui en résultent contre le timbre de la sonnerie.

L'appareil de tintement employé dans les *sonnettes électriques* d'appartement, n'est autre chose que le *trembleur de Neef*. Il est contenu dans une boîte de bois carrée, qui ne laisse apparaître au dehors que le timbre et le marteau. Deux fils de cuivre partent de chaque extrémité de l'appareil, et aboutissent aux deux pôles d'une pile voltaïque établie dans une autre pièce de l'appartement, dans un vestibule, dans la cave, ou dans la cour.

La pile qui sert à mettre en action les sonneries électriques, est le plus souvent la pile de Marié-Davy, formée de sulfate de plomb et de sel marin, séparés par un vase poreux. La *pile Grenet* à sulfate de mercure est également employée au même usage.

L'électricité ne circule dans les fils qu'au moment où la sonnerie est mise en action. Il résulte de là une excessive économie, l'électricité n'étant dépensée qu'au moment précis et unique où l'appareil doit agir. Aussi les piles, une fois établies, n'ont-elles besoin que d'être examinées de deux mois en deux mois, s'il s'agit d'une pile Marié-Davy, et seulement tous les six mois, s'il s'agit d'une pile Grenet à sulfate de mercure. Les constructeurs qui ont établi les sonneries, entretiennent les piles chez le client, pour un abonnement annuel de vingt-cinq francs, si le nombre des couples de la pile de Marié-Davy ne dépasse pas douze.

On fait retentir la sonnerie en touchant un *bouton d'appel* (*fig.* 250). Dans l'état ordi-

Fig. 250. — Bouton d'appel.

naire l'électricité ne circule pas dans les fils ; le *bouton d'appel* a pour résultat d'établir le courant, c'est-à-dire de faire circuler l'électricité dans les deux fils qui se rendent à la pile, au moyen de la disposition suivante.

Les fils sont interrompus à l'intérieur du bouton et leurs extrémités libres sont placées en regard. Si l'on vient à réunir ces deux extrémités par une tige métallique, on complète la communication métallique, et l'on

établit ainsi le circuit voltaïque. Quand le bouton d'ivoire B (*fig.* 251) est pressé par le doigt, il déprime le ressort *rr*, qui porte ce bouton B. Ce ressort *rr* vient alors toucher la tige métallique A, qui communique avec le fil conducteur, et le courant électrique circule aussitôt dans tout le système. Dès lors le *trem-*

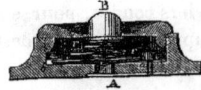

Fig. 251. — Coupe verticale du bouton d'appel.

bleur est mis en action par l'effet de l'électro-aimant. Les fils conducteurs de la pile aboutissent aux vis *a*, *b*, qui servent en même temps à fixer le ressort *rr* et la tige A.

D'après ce qui vient d'être expliqué, le roulement de la sonnerie dure tant que le doigt reste appliqué sur le bouton, et il s'arrête quand le bouton n'est plus pressé.

Une seule pile suffit pour faire marcher tous les boutons d'appel et toutes les sonneries ; mais il faut que chaque bouton et chaque sonnerie aient leurs deux fils particuliers, composant un courant complet et aboutissant aux deux pôles de la pile. Tous ces fils viennent se réunir en un conducteur commun à chacun des deux pôles de la pile.

On a apporté à ce système de sonneries un perfectionnement remarquable, en imaginant un *tableau indicateur*, qui avertit le domestique du numéro de la chambre ou de l'étage de la maison qui a appelé.

Voici le mécanisme de ces *indicateurs* que représente la figure 252.

Le fil qui se rend à la pile, traverse l'électro-aimant E, aimante cette bobine et attire l'armature A. Or, dans l'état ordinaire, l'armature A est tenue en prise, quand elle est au repos, par un crochet MN. L'armature ayant été attirée de haut en bas par l'action électro-magnétique, la pièce MN tombe dans

la position figurée en pointillé, et par conséquent, sort de la boîte qui la contient, ce qui
signale l'appel au dehors.

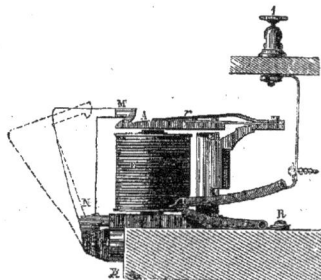

Fig. 252. — Mécanisme électro-magnétique du *tableau
indicateur* d'une sonnerie électrique.

La figure 253 montre dans son ensemble
un *indicateur* à cinq numéros. Dans la position figurée, il annonce que les chambres
n⁰ˢ 1, 3 et 4 ont appelé.

Fig. 253. — Tableau indicateur d'une sonnerie
électrique.

Pour que l'appareil soit prêt à répéter les
mêmes indications, il faut relever à la main
la pièce MN, ce que l'on fait en la poussant
simplement du doigt.

Pour résumer ce qui précède, nous mettrons sous les yeux du lecteur une figure
linéaire (*fig.* 254) qui fera comprendre l'ensemble d'un système complet de sonnettes
électriques.

Supposons que le bouton n° 2 soit poussé,
le courant, dont la marche est indiquée par
les flèches, part de la pile P, traverse le bou-

ton 2, arrive au n° 2 du *tableau indicateur*,
dont il fait tomber la plaque MN (*fig.* 252),
fait tinter la sonnerie S, et revient à la pile
par le fil R, commun à tous les boutons
d'appel et qu'on appelle *fil de retour*.

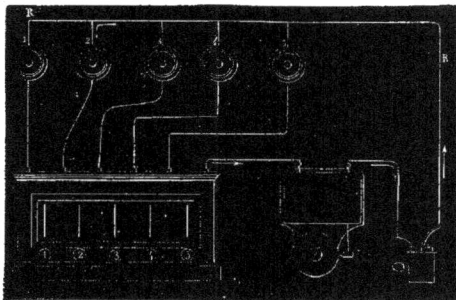

Fig. 254. — Ensemble d'un système de sonnerie électrique.

Les frais d'établissement des sonneries
électriques sont, en général, moindres que
ceux des sonnettes mécaniques, quand les
distances à franchir sont un peu grandes.

Comme un exemple particulier peut seul
fixer les idées à cet égard, je dirai que l'é-
tablissement d'un réseau de sonnettes électriques dans une maison à trois étages, qu'il
est inutile de désigner autrement, a coûté
350 francs. Le nombre des boutons d'appel
aux sonneries, est de 16, savoir :

Rez-de-chaussée (salle à manger), 1 sonnette.

1ᵉʳ étage (salon, cabinet de travail et bibliothèque), 4 sonnettes.

2ᵉ étage (chambres à coucher), 7 sonnettes.

3ᵉ étage, 4 sonnettes.

L'abonnement pour l'entretien de la pile
est, comme nous l'avons dit, de 25 francs
par an.

Quelques architectes font établir des sonnettes électriques aux portes des maisons donnant sur la rue. C'est là un tort, car ces sonnettes étant perpétuellement en action, peuvent finir par se déranger, et il se produit

alors un résultat fâcheux. Si le ressort qui élève le bouton d'appel a perdu de son élasticité, le bouton n'est plus soutenu, et il tombe sur la tige qui met en communication les deux fils de la pile. Dès lors, le courant étant établi, la sonnerie retentit, et elle retentit d'une manière incessante, la communication étant constamment maintenue entre les deux extrémités du fil conducteur.

Dans une maison de Paris à ma connaissance, ce désagréable résultat vint à se produire au milieu de la nuit. Le concierge fut réveillé par un carillon subit, qui tenait au dérangement de la sonnerie de la porte d'entrée. Le carillon ne s'arrêtait pas, et il n'y avait aucun moyen de remédier à cet accident, qui avait son siége à l'intérieur du bouton, cavité inaccessible. Tous les efforts du malheureux concierge restèrent inutiles pour arrêter cette terrible musique, qui ne cessa de résonner pendant la nuit entière à ses oreilles, et d'exaspérer son cerveau.

Le lendemain il était fou.

Voilà pourquoi je ne conseille à personne d'établir des sonneries électriques à la porte extérieure de sa maison.

FIN DES HORLOGES ET SONNETTES ÉLECTRIQUES.

LES AÉROSTATS

Aucune découverte n'a excité, autant que celle des aérostats, la surprise, l'admiration, l'émotion universelles. Il n'y eut en Europe, qu'un cri d'enthousiasme pour les navigateurs intrépides qui, les premiers, osèrent s'élancer dans le vaste champ des airs. En effet, jamais l'orgueil humain n'avait rencontré de triomphe plus éclatant en apparence. L'homme venait, disait-on, de marcher à la conquête de l'atmosphère. Ces plaines infinies, dont l'œil est impuissant à sonder l'étendue, désormais devenaient son domaine ; il pouvait à son gré parcourir son nouvel empire, il régnait en maître sur ces régions inexplorées. Ainsi le monde n'offrait plus de barrières, l'espace n'avait plus d'abîmes que son génie ne pût franchir. On s'abandonnait de toutes parts, à l'orgueil de cette pensée ; on applaudissait à ce résultat inespéré des sciences physiques qui, à peine à leur naissance, venaient de donner un si magnifique témoignage de leur puissance. On ne mettait pas en doute la possibilité de régulariser bientôt et de diriger à travers les airs la marche de ces nouveaux esquifs, et la navigation atmosphérique apparaissait déjà comme une création prochaine.

De tout cet éclat et de tout ce retentissement, de cet enthousiasme qui, d'un bout à l'autre de l'Europe, enflammait les esprits, de ces espérances ardentes, de ces aspirations inouïes, qu'est-il resté ? L'histoire n'offre aucun autre exemple d'une découverte aussi applaudie, aussi exaltée à sa naissance, aussi délaissée bientôt après. Les aérostats semblaient appelés à régénérer la science, en lui ouvrant des moyens d'expérimentation d'une portée toute nouvelle ; cependant ils n'ont guère servi qu'à satisfaire, dans les fêtes publiques, une vaine curiosité. Les résultats qu'ont retirés de leur emploi les différentes branches de la physique et de la météorologie, n'ont qu'une valeur très-secondaire. La possibilité de s'élever dans les airs et d'y séjourner quelque temps, certains faits, d'une importance médiocre, ajoutés à la météorologie, quelques moyens nouveaux d'expérimentation offerts aux physiciens, l'espérance lointaine, et d'ailleurs très-vivement contestée, d'arriver un jour à la direction des ballons : voilà tout ce qu'a produit, sous le rapport scientifique, une découverte qui semblait dans ses débuts si riche de promesses.

Cependant il y a dans le seul fait d'une ascension dans les airs, quelque chose de si grand, de si noble et de si hardi, quelques traits si bien en rapport avec l'audace et le génie de l'homme, que l'on a toujours recherché et accueilli avec intérêt tout ce qui se rapporte aux aérostats. Nous présenterons donc avec quelques détails l'histoire d'une découverte qui a toujours tenu une si grande place dans les préoccupations du public.

CHAPITRE PREMIER

LES FRÈRES MONTGOLFIER. — EXPÉRIENCE D'ANNONAY. —
ASCENSION DU PREMIER BALLON A GAZ HYDROGÈNE AU
CHAMP DE MARS DE PARIS.

Personne n'ignore que l'invention des
aérostats, d'origine toute française, appartient
aux frères Étienne et Joseph Montgolfier.
Rien n'avait pu faire pressentir encore une découverte de ce genre, lorsque, le 4 juin 1783,
ils firent à Annonay leur première expérience publique.

Étienne et Joseph Montgolfier étaient les
fils d'un manufacturier connu depuis longtemps pour son habileté dans l'art de la fabrication du papier. La famille Montgolfier
était originaire de la petite ville d'Ambert,
en Auvergne ; on voyait encore, vers le milieu du siècle dernier, sur le penchant d'une
colline qui domine la ville, les ruines d'une
très-ancienne résidence de la famille Montgolfier, qui paraît avoir donné ou pris son
nom au pays qu'elle habitait (1). Les Montgolfier avaient embrassé avec ardeur la cause
de la réforme. Après les massacres de la Saint-
Barthélemy en 1572, leurs biens furent confisqués, leurs papeteries détruites, et ils vinrent
se réfugier, avec les débris de leur fortune,
dans les montagnes du Vivarais. Les établissements nouveaux qu'ils fondèrent plus tard
à Annonay, ne tardèrent pas à acquérir beaucoup d'importance, et dès le commencement
du dix-huitième siècle, la manufacture de
Pierre Montgolfier était connue dans toute
l'Europe pour la perfection de ses produits.

C'est au milieu de cette famille, vouée depuis des siècles à la pratique de l'industrie et
des arts, sous les yeux d'un père distingué par
ses talents, ses lumières et sa probité, vivant
en patriarche entre ses ouvriers et ses enfants, que naquirent les inventeurs de la machine aérostatique. Destinés à se livrer par

état aux opérations industrielles, ils s'y pré-
parèrent de bonne heure par l'étude des
sciences, dont plus tard ils ne perdirent jamais le goût.

Fig. 255. — Étienne Montgolfier.

Étienne Montgolfier joignit à cette éducation commune une instruction spéciale qu'il
alla de bonne heure chercher à Paris. Il se
destinait à l'architecture, et devint élève de
Soufflot. On voit encore, dans les environs
de Paris, des églises et des maisons bâties
d'après ses plans, qui témoignent de ses
talents et de son goût. Il avait, en outre,
pour les mathématiques des dispositions pré-
coces qui lui valaient l'estime des savants
les plus distingués. Son père le rappela, pour
prendre part à la direction de la manufacture
héréditaire. De retour à Annonay, Étienne
Montgolfier apporta à sa famille l'utile secours de ses connaissances (1). Il découvrit
divers procédés de fabrication, que les Hollandais, longtemps nos rivaux en ce genre,

(1) On trouve en effet dans la grande carte de France de
Cassini, feuille 52, au nord-est d'Ambert, *Mont-Golfier* et
au-dessus le *Cros du Mont-Golfier*.

(1) C'est ainsi qu'il changea le moteur employé dans la
fabrique, modifia la disposition des séchoirs, et inventa des
formes pour le papier *grand-monde*, inconnu avant lui. Il
trouva aussi le secret de la fabrication du papier vélin, que
la France avait jusqu'alors tiré de l'étranger.

Fig. 256. — Expérience faite à Annonay, le 4 juin 1783, par les frères Montgolfier (page 428).

enveloppaient d'un impénétrable mystère, et contribua pour beaucoup à amener la révolution qui s'est opérée à cette époque dans cette branche de l'industrie française.

Son frère, Joseph Montgolfier, qui partagea ses travaux et sa gloire, avait comme lui ressenti de bonne heure un goût très-vif pour les sciences mathématiques; mais il avait un genre d'esprit particulier qui l'éloignait des règles et des méthodes de travail habituelles aux géomètres. Dans l'exécution de ses calculs, il s'écartait toujours des voies connues ;

il combinait pour lui-même, à l'aide de tâtonnements empiriques, certaines formules dont il se servait pour résoudre les problèmes les plus difficiles. il possédait moins de connaissances que son frère, mais il avait reçu en partage un génie véritablement inventif, marqué cependant au coin d'une certaine bizarrerie. Placé à l'âge de treize ans au collége de Tournon, il n'avait pu se plier aux exigences de l'enseignement classique, et il partit un beau matin, décidé à descendre jusqu'à la Méditerranée pour y vivre en ermite le long de la plage. La faim l'arrêta dans une métairie du bas Languedoc; il fallut reprendre le chemin du collège.

Cependant il réussit à s'enfuir une seconde fois, et gagna la ville de Saint-Étienne. Arrivé là, il s'enferma dans un misérable réduit, et, pour subvenir à ses besoins, il se mit à fabriquer du bleu de Prusse et quelques autres sels employés dans les arts, qu'il allait ensuite colporter lui-même dans les hameaux du Vivarais. Il vivait du produit de la pêche et de la vente de ses sels. Il put ainsi acheter des livres et des outils; il se procura même assez d'argent pour se rendre à Paris. Il s'était proposé, en effet, de séjourner quelque temps dans la capitale, pour se mettre en rapport avec les savants, et puiser dans leur entretien, des conceptions et des idées nouvelles.

Il trouva installées au café Procope toute la littérature et toute la science du jour, et c'est là qu'il établit avec divers savants des relations dont il sut profiter. Son père l'ayant rappelé sur ces entrefaites, il revint à Annonay, pour participer aux travaux de la fabrique. Il put dès lors donner carrière à toute son ardeur d'invention. Mais ses idées étaient si hardies et si nouvelles, que l'esprit d'ordre et d'économie de la maison s'en effraya à bon droit; on dut bien des fois contenir son ardeur en de plus sages limites.

Cette brillante faculté d'invention départie par la nature à Joseph Montgolfier, avait besoin d'être rectifiée et contenue par un esprit plus calme et plus méthodique. Il trouva dans la sagesse de vues et dans la prudence de son frère les qualités qui lui manquaient. Aussi la plus parfaite intimité morale s'établit-elle bien vite entre les deux Montgolfier. Si différentes par leurs qualités et leurs allures, ces deux intelligences étaient cependant nécessaires et presque indispensables l'une à l'autre. Dès ce jour, les deux frères mirent en commun toutes leurs vues, toutes leurs conceptions, toutes leurs pen-

sées scientifiques; et c'est ainsi que s'établit entre eux cette communauté d'existence morale, cette double vie intellectuelle, qui seule fait comprendre leurs travaux et leurs succès. Avant l'invention des aérostats, plusieurs découvertes avaient déjà rendu le nom des Montgolfier célèbre dans les sciences mécaniques, et plus tard cette découverte n'arrêta pas l'essor de leurs utiles travaux (1).

On comprendra, d'après cela, qu'il serait tout à fait hors de propos de chercher à établir ici auquel des deux Montgolfier appartient la pensée primitive de l'invention qui va nous occuper. Ils ont tous les deux constamment tenu à honneur de repousser les investigations de ce genre, et nous n'essayerons pas de dénouer ce faisceau généreux que l'amitié fraternelle s'est plu elle-même à confondre et à lier.

La ville d'Annonay est située au pied des montagnes du Vivarais. En contemplant le spectacle continuel de la production et de l'ascension des nuages, qu'ils voyaient chaque jour se former sur le flanc de ces montagnes, en méditant sur les causes de la suspension et de l'équilibre de ces masses énormes qui se promènent dans les cieux, les frères Montgolfier conçurent l'espoir d'imiter la nature dans l'une de ses opérations les plus brillantes. Il ne leur parut pas impossible de composer des nuages factices, qui, à l'imitation des nuages naturels, s'élèveraient dans les plus hautes régions des airs. Pour reproduire, autant que possible, les conditions que présente la nature, ils essayèrent de renfermer de la vapeur d'eau dans une enveloppe à la fois résistante et légère. Ce nuage factice s'élevait dans l'air, mais la température extérieure ramenait bientôt la vapeur à l'état liquide, l'enveloppe se mouillait, et l'appareil retombait sur le sol. Ils tentèrent sans plus de succès d'emmagasiner la fumée produite par la combustion du bois et

(1) Il suffit de citer leur découverte du *bélier hydraulique*, une des conceptions mécaniques les plus remarquables du siècle dernier.

contenue dans une enveloppe de toile. La fumée reçue dans cette enveloppe se refroidissait et ne parvenait point à soulever le petit appareil.

Sur ces entrefaites, parut en France la traduction de l'ouvrage de Priestley : *Des différentes espèces d'air.* Dans ce livre, qui devait exercer une influence décisive sur la création et le développement de la chimie, Priestley faisait connaître un grand nombre de gaz nouveaux ; il exposait en termes généraux les propriétés, les caractères, le poids spécifique, les différences relatives des fluides élastiques. Étienne Montgolfier lut cet ouvrage à Montpellier, où il se trouvait alors.

En revenant à Annonay, il réfléchissait profondément sur les faits signalés par le physicien anglais, et c'est en montant la côte de Serrière, qu'il fut frappé, dit-il dans son *Discours à l'Académie de Lyon*, de la possibilité de faire élever des corps dans l'air atmosphérique, en tirant parti de l'une des propriétés reconnues aux gaz par Priestley. Il devait suffire, pour s'élever dans l'atmosphère, de renfermer dans une enveloppe d'un faible poids, un gaz plus léger que l'air : l'appareil s'élèverait, en vertu de son excès de légèreté sur l'air environnant, jusqu'à ce qu'il rencontrât, à une certaine hauteur, des couches dont la pesanteur spécifique le maintînt en équilibre.

Rentré chez lui, Étienne Montgolfier se hâta de communiquer cette pensée à son frère, qui l'accueillit avec transport. Dès ce moment, ils furent certains de réussir dans leurs tentatives pour imiter et reproduire les nuages. Ils essayèrent d'abord de renfermer dans diverses enveloppes le *gaz inflammable*, c'est-à-dire le gaz hydrogène qui est quatorze fois plus léger que l'air. Mais l'enveloppe de papier dont ils se servirent était perméable au gaz, elle laissait transpirer l'hydrogène, l'air entrait à sa place, et le globe, un moment soulevé, ne tardait pas à redescendre. D'ailleurs, l'hydrogène était un gaz à peine connu à cette époque ; sa préparation était difficile et coûteuse, on renonça, pour le moment, à en faire usage.

Après avoir essayé quelques autres gaz ou vapeurs, les frères Montgolfier en vinrent à penser que l'électricité, qu'ils regardaient comme l'une des causes de l'ascension et de l'équilibre des nuages, pourrait produire l'ascension d'un corps assez léger. Ils cherchèrent donc à composer un gaz affectant des propriétés électriques. Ils s'imaginèrent obtenir un gaz de cette nature en faisant un mélange d'une vapeur à propriétés alcalines avec une autre vapeur qui serait dépourvue de ces propriétés.

Pour former un tel mélange, ils firent brûler ensemble de la paille légèrement mouillée et de la laine, matière animale qui donne naissance, en brûlant, à des gaz qui présentent une réaction alcaline due à la présence d'une petite quantité de carbonate d'ammoniaque. Ils reconnurent que la combustion de ces deux corps au-dessous d'une enveloppe de toile ou de papier, provoquait l'ascension rapide de l'appareil.

L'idée théorique qui amena les Montgolfier à la découverte des ballons, ne supporte pas un moment l'examen. C'est une de ces conceptions vagues et mal raisonnées, comme on en trouve tant à cette époque de renouvellement pour les sciences modernes. L'ascension de ces petits globes s'expliquait tout simplement par la dilatation de l'air échauffé, qui devient ainsi plus léger que l'air environnant, et tend dès lors à s'élever, jusqu'à ce qu'il rencontre des couches d'une densité égale à la sienne. La fumée abondante produite par la combustion de la laine et de la paille mouillée, ne faisait qu'augmenter le poids de l'air chaud, sans amener aucun des avantages sur lesquels les inventeurs avaient compté.

De Saussure prouva parfaitement, l'année suivante, la vérité de cette explication. Pour terminer la discussion élevée à ce sujet entre les physiciens, il prit un petit ballon de papier, ouvert à sa partie inférieure, et introduisit, avec précaution, dans son intérieur, un fer à souder rougi au blanc. Aussitôt la petite machine se gonfla, et s'éleva au plafond de l'appartement. Il fut ainsi bien démontré que la raréfaction de l'air par la chaleur était la seule cause du phénomène, et l'on cessa de donner le nom fort impropre de *gaz Montgolfier* au mélange gazeux qui déterminait l'ascension.

Fig. 257. — Joseph Montgolfier.

C'est à Avignon que les frères Montgolfier firent le premier essai d'un petit appareil fondé sur les principes qui viennent d'être expliqués. Au mois de novembre 1782, Étienne Montgolfier construisit un parallélipipède creux, de soie, d'une très-petite capacité, puisqu'il contenait seulement deux mètres cubes d'air; et il vit, avec une joie facile à comprendre, ce petit ballon s'élever au plafond de sa chambre. De retour à Annonay, il s'empressa de répéter l'expérience avec son frère. Ils opérèrent en plein air avec ce même appareil qui s'éleva devant eux à une grande hauteur.

Encouragés par ce résultat, les frères Montgolfier construisirent un ballon plus grand

qui pouvait contenir vingt mètres cubes d'air. Ce nouvel essai réussit parfaitement; la machine s'éleva avec tant de force qu'elle brisa les cordes qui la retenaient, et alla tomber sur un coteau voisin, après avoir atteint une hauteur de trois cents mètres.

Dès lors, certains du succès, ils se mirent à construire un appareil de grande dimension, et résolurent d'exécuter, sur une des places de la ville d'Annonay, une expérience solennelle, pour faire connaître et constater publiquement leur découverte.

Cette expérience eut lieu le 4 juin 1783, en présence de la ville entière. L'assemblée des états particuliers du Vivarais, qui siégeait en ce moment dans la ville d'Annonay, assista en corps à cet essai mémorable.

La machine aérostatique avait douze mètres de diamètre; elle était faite de toile d'emballage doublée de papier. A sa partie inférieure, on avait disposé un réchaud de fil de fer, sur lequel on brûla dix livres de paille mouillée et de laine hachée. Aussitôt elle fit effort pour se soulever, on l'abandonna à elle-même, et elle s'éleva aux acclamations des spectateurs. Elle parvint en dix minutes, à cinq cents mètres de hauteur; mais, comme elle perdait la plus grande partie de l'air chaud, par suite de la perméabilité de la toile et du papier, on la vit bientôt redescendre lentement vers la terre.

Un procès-verbal de cette belle expérience, fut dressé par les membres des états du Vivarais et expédié à l'Académie des sciences de Paris. Sur la demande de M. de Breteuil, alors ministre, l'Académie nomma une commission, pour prendre connaissance de ces faits. Lavoisier, Cadet, Condorcet, Desmarets, l'abbé Bossut, Brisson, Leroy et Tillet, composaient cette commission.

Étienne Montgolfier fut mandé à Paris et prévenu que l'expérience serait répétée prochainement aux frais de l'Académie.

La nouvelle de l'ascension d'Annonay, répandue bientôt dans tout Paris, y causait une impression des plus vives. La curiosité du

Fig. 258. — Le premier aérostat à gaz hydrogène, lancé au Champ-de-Mars, à Paris, par Charles et Robert, le 27 août 1783 (page 431).

public et des savants était trop vivement exci-
tée pour que l'on s'accommodât des lenteurs
habituelles des commissions académiques.
Il fallait à tout prix répéter l'expérience sous
les yeux des habitants de la capitale.

Faujas de Saint-Fond, professeur au Jardin
des plantes, ouvrit une souscription pour subvenir aux frais de l'entreprise. Dix mille francs
furent recueillis en quelques jours. Les frères
Robert, habiles constructeurs d'instruments de
physique, furent chargés d'édifier la machine ;
le professeur Charles, jeune alors et tout brûlant de zèle, se chargea de diriger le travail.

Cette entreprise offrait, pourtant, beaucoup
de difficultés, on le comprendra sans peine.
Le procès-verbal de l'expérience de Montgolfier, les lettres d'Annonay qui en avaient raconté les détails, ne donnaient aucune indication sur le gaz dont s'étaient servis les inventeurs : on se bornait à dire que la machine
avait été remplie avec un gaz *moitié moins
pesant que l'air ordinaire*. Charles ne perdit
pas son temps à chercher quel était le gaz dont
Montgolfier avait fait usage. Il comprit que,
puisque l'expérience avait réussi avec un gaz
qui n'avait que la moitié du poids spécifique de

l'air, elle réussirait bien mieux encore avec le gaz hydrogène, qui pèse quatorze fois moins que l'air. En conséquence, il prit le parti de remplir le ballon avec le gaz inflammable.

Mais cette opération elle-même n'était pas sans difficultés ; l'hydrogène était encore un gaz à peine observé ; on ne l'avait jamais préparé que dans les cours publics et en opérant sur de faibles quantités ; les savants eux-mêmes ne le maniaient pas sans quelque crainte, à cause des dangers qu'il présente par son inflammabilité. Or, il fallait obtenir et accumuler dans un même réservoir, plus de quarante mètres cubes de ce gaz.

On se mit à l'œuvre néanmoins. On s'établit dans les ateliers des frères Robert, situés près de la place des Victoires. Il fallait, pour la première fois, imaginer et construire les appareils nécessaires à la préparation et à la conservation des gaz. Beaucoup de dispositions différentes furent essayées, sans trop de succès. Enfin, pour procéder au dégagement de l'hydrogène, on disposa l'appareil de la manière suivante. On plaça dans un tonneau de l'eau et de la limaille de fer. Le fond supérieur de ce tonneau était percé de deux trous : l'un donnait passage à un tube de cuir, destiné à conduire le gaz dans l'intérieur du ballon ; l'autre était simplement fermé par un bouchon. On ajoutait successivement, par ce dernier orifice, l'acide sulfurique, qui devait produire le gaz hydrogène, en réagissant sur le fer. Au moment de l'effervescence on ouvrait un robinet adapté au tube de cuir, et le gaz s'introduisait dans le ballon.

On voit, d'après ces manœuvres grossières, combien on était encore peu avancé, à cette époque, dans l'art de manier les gaz. C'était réellement l'enfance de la préparation de l'hydrogène, et l'on comprend quels obstacles il fallut surmonter avant d'atteindre au but proposé.

Les difficultés furent telles qu'elles firent douter quelque temps du succès de l'entreprise. Ainsi la chaleur provoquée par l'action de l'acide sulfurique sur le fer était si élevée, qu'une grande quantité d'eau était réduite en vapeurs ; ces vapeurs étaient mêlées d'acide sulfureux, car ce gaz prend naissance par suite de la réaction, très-énergique, de l'acide sulfurique sur le fer. Or ces vapeurs, rendues corrosives par la présence de l'acide sulfureux, attaquaient les parois du ballon : une fois condensées, elles coulaient le long du taffetas et venaient se réunir à sa partie inférieure ; il fallait donc, de temps en temps, les faire écouler en ouvrant le robinet et en secouant le taffetas (1). De plus, la chaleur développée par la réaction, se communiquait au tube de cuir, et de là au ballon lui-même. Il fallait donc pour refroidir ses parois, l'arroser sans cesse avec une petite pompe.

Par suite de ces mauvaises dispositions et de la difficulté des manœuvres, on perdait la plus grande partie du gaz formé à l'intérieur du tonneau. Aussi quatre jours furent-ils nécessaires pour remplir le ballon. Nous donnerons une idée des pertes de gaz éprouvées pendant ces opérations, en disant qu'il fallut employer mille livres de fer et cinq cents livres d'acide sulfurique, pour remplir un aérostat qui soulevait à peine un poids de dix-huit livres.

Cependant, le quatrième jour, à force de soins et de peines, le ballon, aux deux tiers rempli, flottait dans l'atelier des frères Robert.

Le public avait connaissance de l'opération qui s'exécutait place des Victoires ; on se pressait en foule aux portes de la maison. Il fallut requérir l'assistance du guet, pour contenir l'impatience des curieux.

Le 27 août, tout se trouvant prêt pour l'expérience, on s'occupa de transporter la machine au Champ-de-Mars, où devait s'effectuer son ascension. Pour éviter l'encombrement des curieux, la translation se fit à deux heures du

(1) On évite aujourd'hui cet inconvénient en faisant passer le gaz hydrogène dans une cuve d'eau, avant de le diriger dans le ballon ; le gaz se lave et se débarrasse ainsi de l'acide sulfureux, qui reste dissous dans l'eau.

matin. Le ballon, porté sur un brancard, s'avançait précédé de torches, escorté par un détachement du guet. L'obscurité de la nuit, la forme étrange et inconnue de ce globe immense, qui s'avançait lentement à travers les rues silencieuses, tout prêtait à cette scène nocturne un caractère particulier de mystère ; et l'on vit des hommes du peuple, qui se rendaient à leurs travaux, s'agenouiller devant le cortége, saisis d'une sorte de superstitieuse terreur.

Arrivé au Champ-de-Mars avant le jour, le ballon fut placé au milieu d'une enceinte disposée pour le recevoir ; on le retint en place à l'aide de petites cordes fixées au méridien du globe et arrêtées dans des anneaux de fer plantés en terre. Dès que le jour parut, on s'occupa de préparer du gaz hydrogène pour achever de le remplir. A midi, il était prêt à s'élancer.

A trois heures, une foule immense se portait au Champ-de-Mars : la place était garnie de troupes, les avenues gardées de tous les côtés. Les bords de la rivière, l'amphithéâtre de Passy, l'École militaire, les Invalides et tous les alentours du Champ-de-Mars, étaient occupés par les curieux. Trois cent mille personnes, c'est-à-dire la moitié de la population de Paris, s'étaient donné rendez-vous en cet endroit.

A cinq heures, un coup de canon annonça que l'expérience allait commencer ; il servit en même temps d'avertissement pour les savants qui, placés sur la terrasse du Garde-Meuble, sur les tours de Notre-Dame et à l'École militaire, devaient appliquer les instruments et le calcul à l'observation du phénomène.

Délivré de ses liens, le globe s'élança avec une telle vitesse, qu'il fut porté en deux minutes à mille mètres de hauteur ; là il trouva un nuage obscur dans lequel il se perdit. Un second coup de canon annonça sa disparition ; mais on le vit bientôt percer la nue, reparaître un instant à une très-grande élévation,

et s'éclipser enfin dans d'autres nuages.

Un sentiment d'admiration et d'enthousiasme indicible, s'empara alors de l'esprit des spectateurs. L'idée qu'un corps parti de la terre, voyageait en ce moment dans l'espace, avait quelque chose de si merveilleux ; elle s'écartait si fort des lois ordinaires, que l'on ne pouvait se défendre des plus vives impressions. Beaucoup de personnes fondirent en larmes ; d'autres s'embrassaient comme en délire. Les yeux fixés sur le même point du ciel, tous recevaient, sans songer à s'en garantir, une pluie violente, qui ne cessait pas de tomber. La population de Paris, si avide d'émotions et de surprises, n'avait jamais assisté à un aussi curieux spectacle.

L'aérostat ne fournit pas cependant toute la carrière qu'il aurait pu parcourir. Dans leur désir de lui donner une forme complétement sphérique, et d'en augmenter ainsi le volume aux yeux des spectateurs, les frères Robert avaient voulu, contrairement à l'opinion de Charles, que le ballon fût entièrement gonflé au départ ; ils introduisirent même de l'air au moment de le lancer, afin de tendre toutes les parties de l'étoffe. L'expansion du gaz amena la rupture du ballon lorsqu'il fut parvenu dans une région élevée ; il se fit, à sa partie supérieure, une déchirure de plusieurs pieds ; le gaz s'échappa, et le globe vint tomber lentement, après trois quarts d'heure de marche, auprès d'Écouen, à cinq lieues de Paris.

Il s'abattit au milieu d'une troupe de paysans de Gonesse, que cette apparition frappa d'abord d'épouvante, car ils s'imaginèrent que la lune tombait du ciel. Cependant ils ne tardèrent pas à se rassurer, et pour se venger de la terreur qu'ils avaient éprouvée, ils se précipitèrent avec furie sur l'innocente machine, qui fut en quelques instants réduite en pièces.

Le premier aérostat à gaz hydrogène, qui avait coûté tant de soins et de travaux, fut attaché à la queue d'un cheval, et traîné, pendant une heure, à travers les champs, les fossés et les routes !

L'accueil barbare et stupide qui avait été fait au premier aérostat par les paysans de Gonesse, fit assez de bruit pour que le gouvernement crût nécessaire de publier un *Avis au peuple* touchant le passage et la chute des machines aérostatiques. Dans les derniers mois de 1783, cette instruction fut répandue dans toute la France.

Voici le texte de cette pièce naïve, où l'on fait allusion à la naïve terreur des habitants de Gonesse, qui avaient pris l'aérostat pour la lune.

« *Avertissement au peuple sur l'enlèvement des ballons ou globes en l'air.* — On a fait une découverte dont le gouvernement a jugé convenable de donner connaissance, afin de prévenir les terreurs qu'elle pourrait occasionner parmi le peuple. En calculant la différence de pesanteur entre l'air appelé inflammable et l'air de notre atmosphère, on a trouvé qu'un ballon rempli de cet air inflammable devait s'élever de lui-même dans le ciel jusqu'au moment où les deux airs seraient en équilibre, ce qui ne peut être qu'à une très-grande hauteur. La première expérience a été faite à Annonay, en Vivarais, par les sieurs Montgolfier, inventeurs. Un globe de toile et de papier de cent cinq pieds de circonférence, rempli d'air inflammable, s'éleva de lui-même à une hauteur qu'on n'a pu calculer. La même expérience vient d'être renouvelée à Paris le 27 août, à cinq heures du soir, en présence d'un nombre infini de personnes. Un globe de taffetas enduit de gomme élastique, de trente pieds de tour, s'est élevé au Champ-de-Mars jusque dans les nues, où on l'a perdu de vue. On se propose de répéter cette expérience avec des globes beaucoup plus gros. Chacun de ceux qui découvriront dans le ciel de pareils globes, qui présentent l'aspect de la lune obscurcie, doit donc être prévenu que loin d'être un phénomène effrayant, ce n'est qu'une machine toujours composée de taffetas ou de toile légère recouverte de papier, qui ne peut causer aucun mal, et dont il est à présumer qu'on fera quelque jour des applications utiles aux besoins de la société.

« Lu et approuvé, ce 3 septembre 1783.

« De Sauvigny. »

CHAPITRE II

EXPÉRIENCE FAITE A VERSAILLES LE 19 SEPTEMBRE 1783, EN PRÉSENCE DE LOUIS XVI.

Cependant Étienne Montgolfier était arrivé à Paris ; il avait assisté à l'ascension du Champ-de-Mars, et il prenait les dispositions nécessaires pour répéter, conformément au désir de l'Académie des sciences, l'expérience du *ballon à feu* telle qu'il l'avait exécutée à Annonay.

Il s'établit dans les immenses jardins de son ami Réveillon, ce fabricant du faubourg Saint-Antoine dont la ruine devait, quelques années après, marquer si tristement les premiers jours de la révolution française.

L'aérostat que fit construire Étienne Montgolfier avait des dimensions considérables ; sa forme était assez bizarre : la partie moyenne représentait un prisme haut de huit mètres, le sommet une pyramide de la même hauteur, la partie inférieure un cône tronqué de six mètres ; de telle sorte que la machine entière, de la base au sommet, comptait vingt-deux mètres de hauteur, sur quinze environ de diamètre. Elle était faite de toile d'emballage doublée d'un fort papier au dedans et au dehors, et pouvait enlever un poids de douze cent cinquante livres.

Le 11 septembre 1783, on fit le premier essai de cette belle machine. On la vit se dresser sur elle-même, se gonfler et prendre en dix minutes une belle forme. Huit hommes qui la retenaient perdirent terre et furent soulevés à plusieurs pieds. Elle serait montée à une grande hauteur si on ne lui eût opposé de nouvelles forces.

L'expérience fut répétée le lendemain, devant les commissaires de l'Académie des sciences, et en présence d'un nombre considérable de personnes. Les commissaires de l'Académie, Leroy, Lavoisier, Cadet, Brisson, l'abbé Bossut et Desmarets, étant arrivés, on se disposa à gonfler le ballon. Mais on vit avec

Fig. 259. — Montgolfière lancée à Versailles, en présence du roi, le 19 septembre 1783.

inquiétude que l'horizon se couvrait de nuages épais, et que l'on était menacé d'un orage. Néanmoins le mauvais temps n'était pas décidé, et il était possible que tout se passât sans pluie. D'ailleurs les préparatifs étaient faits, une assemblée nombreuse brûlait du désir d'être témoin de l'expérience; il aurait fallu beaucoup de temps pour démonter l'appareil : on se décida donc à remplir le ballon.

On fit brûler au-dessous de l'orifice cinquante livres de paille, en y ajoutant à diverses reprises une dizaine de livres de laine hachée.

La machine se gonfla, perdit terre et se souleva, entraînant une charge de cinq cents livres. Si l'on eût alors coupé les cordes qui le retenaient, l'aérostat se serait élevé à une hauteur considérable ; mais on ne voulut pas le laisser partir. Montgolfier venait, en effet, de recevoir du roi l'ordre d'exécuter son expérience à Versailles, devant la Cour. Par malheur, dans ce moment, la pluie redoubla de violence, le vent devint furieux, les efforts que l'on fit pour ramener à terre la machine la déchirèrent en plusieurs points. Le meil-

leur moyen de la sauver était, comme le conseillait Argand, de la laisser partir. On ne
voulut pas s'y résoudre. Il arriva dès lors ce
que l'on avait prévu. L'orage ayant redoublé,
le tissu du ballon fut détrempé par la pluie
qui l'inondait, et les coups multipliés du
vent le déchirèrent en plusieurs endroits.
Comme la pluie se soutint fort longtemps, il
devint tout à fait impossible de manœuvrer la
machine, qui demeura pendant vingt-quatre
heures exposée au mauvais temps; les papiers se décollèrent et tombèrent en lambeaux, le canevas fut mis à découvert, et
finalement elle fut mise tout à fait hors de
service.

Il fallait cependant une expérience pour le
19 septembre, à Versailles. Aidé de quelques
amis, Montgolfier se remit à l'œuvre. On travailla avec tant d'empressement et d'ardeur,
que cinq jours suffirent pour construire un
autre aérostat : il avait fallu un mois pour
achever le premier. Ce nouveau ballon, de
forme entièrement sphérique, était construit
avec beaucoup plus de solidité; il était d'une
bonne et forte toile de coton; on l'avait même
peint en détrempe. Il était bleu avec des ornements d'or, et présentait l'image d'une
tente richement décorée. Le 19, au matin, il
fut transporté à Versailles, où tout était disposé pour le recevoir.

Dans la grande cour du château, on avait
élevé une vaste estrade percée en son milieu
d'une ouverture circulaire de cinq mètres de
diamètre destinée à loger le ballon; on circu-
lait autour de cette estrade pour le service de
la machine. La partie supérieure, ou le dôme
du ballon, était déprimée et reposait sur la
grande ouverture de l'échafaud, à laquelle
elle servait de voûte; le reste des toiles était
abattu et se repliait circulairement autour de
l'estrade, de telle sorte qu'en cet état la machine ne présentait aucune apparence, et ne
ressemblait qu'à un amas de toiles entassées
et disposées sans ordre. Le réchaud de fil de
fer qui devait servir à placer les combustibles

reposait sur le sol. On enferma dans une cage
d'osier, suspendue à la partie inférieure de
l'aérostat, un mouton, un coq et un canard,
qui étaient ainsi destinés à devenir les premiers navigateurs aériens.

A 10 heures du matin, la route de Paris à
Versailles était couverte de voitures; on arrivait en foule de tous les côtés. A midi, la
cour du château, la Place d'armes et les avenues environnantes étaient inondées de spectateurs. Le roi descendit sur l'estrade avec
sa famille; il fit le tour du ballon, et se fit
rendre compte par Montgolfier des dispositions et des préparatifs de l'expérience. A
1 heure, une décharge de mousqueterie annonça que la machine allait se remplir. On
brûla quatre-vingts livres de paille et cinq
livres de laine. La machine déploya ses replis, se gonfla rapidement, et développa sa
forme imposante. Une seconde décharge annonça qu'on était prêt à partir. A la troisième,
les cordes furent coupées, et l'aérostat s'éleva
pompeusement au milieu des acclamations
de la foule.

Il atteignit rapidement à une grande hauteur, en décrivant une ligne inclinée à l'horizon, que le vent du sud le força de prendre,
et demeura ensuite immobile. Cependant il
ne resta que peu de temps en l'air. Une déchirure de sept pieds, amenée par un coup
de vent subit, au moment du départ, l'empêcha de se soutenir longtemps.

Il tomba, dix minutes après son ascension,
à une lieue de Versailles, dans le bois de
Vaucresson. Deux gardes-chasse, qui se trouvaient dans le bois, virent la machine descendre avec lenteur et ployer les hautes
branches des arbres sur lesquels elle se reposa. La corde qui retenait la cage d'osier
l'embarrassa dans les rameaux, la cage tomba,
les animaux en sortirent sans accident.

Le premier qui accourut pour dégager le
ballon et pour reconnaître comment les animaux avaient supporté le voyage fut Pilâtre
de Rozier. Il suivait avec une passion ar-

dente les débuts de cet art, qui devait faire un jour son martyre et sa gloire.

CHAPITRE III

PREMIER VOYAGE AÉRIEN EXÉCUTÉ PAR PILATRE DE ROZIER ET LE MARQUIS D'ARLANDES.

On croyait désormais pouvoir, avec quelque confiance, transformer les ballons en appareils de navigation aérienne. Étienne Montgolfier se mit donc à construire, dans les jardins du faubourg Saint-Antoine, un ballon disposé de manière à recevoir des voyageurs. Les dimensions de cette nouvelle machine étaient considérables; elle n'avait pas moins de 20 mètres de hauteur sur 16 de diamètre, et pouvait contenir 20,000 mètres cubes d'air. On disposa autour de la partie extérieure de l'orifice du ballon, une galerie circulaire d'osier, recouverte de toile, destinée à recevoir les aéronautes. Cette galerie avait un mètre de large; une balustrade la protégeait et permettait d'y circuler commodément : on pouvait ainsi faire le tour de l'orifice extérieur de l'aérostat. L'ouverture de la machine était donc parfaitement libre; et c'est au milieu de cette ouverture que se trouvait, suspendu par des chaînes, le réchaud de fil de fer, avec les matières inflammables, dont la combustion devait entraîner l'appareil. On avait emmagasiné dans une partie de la galerie, une provision de paille, pour donner aux aéronautes la faculté de s'élever à volonté en activant le feu.

Le ballon construit, on commença, le 15 octobre, à essayer de s'en servir comme d'un navire aérien. On le retenait captif au moyen de longues cordes qui ne lui permettaient de monter que jusqu'à une certaine hauteur. Pilâtre de Rozier en fit l'essai le premier; il s'éleva à diverses reprises de toute la longueur des cordes. Les jours suivants, quelques autres personnes, enhardies par son exemple, l'accompagnèrent dans ces es-

sais préliminaires, qui donnaient beaucoup d'espoir pour le succès de l'expérience définitive. Tout le monde remarquait l'adresse de Pilâtre et l'intrépide ardeur avec laquelle il se livrait à ces difficiles manœuvres. Dans l'une de ces expériences, le ballon, chassé par le vent, vint tomber sur la cime des arbres; les assistants jetèrent un cri d'effroi, car la machine s'engageait dans les branches et menaçait de verser les voyageurs; mais Pilâtre, sans s'émouvoir, prit avec sa longue fourche de fer une énorme botte de paille qu'il jeta dans le feu : le ballon se dégagea aussitôt, et remonta aux applaudissements des spectateurs.

On se pressait en foule à la porte du jardin de Réveillon pour contempler de loin ces intéressantes manœuvres. Pendant les journées du 15, du 17 et du 19 octobre, l'affluence était si considérable dans le faubourg Saint-Antoine, sur les boulevards et jusqu'à la porte Saint-Martin, que, sur tous ces points, la circulation était devenue impossible. Comme on craignait avec raison que l'encombrement excessif des curieux dans les rues de la ville n'amenât des embarras ou des dangers, on se décida à faire l'ascension hors de Paris. Le dauphin offrit à Montgolfier les jardins de son château de la Muette, au bois de Boulogne.

Cependant, à mesure qu'approchait le moment décisif, Montgolfier hésitait. Il concevait des craintes sur le sort réservé au courageux aéronaute qui ambitionnait l'honneur de tenter les hasards de la navigation aérienne. Il demandait, il exigeait des essais nouveaux. Il faut reconnaître, en effet, que le projet de Pilâtre avait de quoi effrayer les cœurs les plus intrépides. Quatre mois s'étaient à peine écoulés depuis la découverte des aérostats, et le temps n'avait pu permettre encore d'étudier toutes les conditions, d'apprécier tous les écueils d'une ascension à ballon perdu. On ne s'était pas encore avisé de munir les aérostats de cette soupape salutaire qui, en ouvrant issue au gaz intérieur, donne les moyens d'effectuer la descente sans difficulté ni embarras; d'ailleurs, avec les ballons à feu, ce moyen perd, comme on le sait, toute sa valeur. On n'avait pas encore imaginé ce *lest*, le *palladium* des aéronautes, qui permet de

Fig. 260. — Première montgolfière destinée à porter des voyageurs, exécutée pour Pilâtre de Rozier.

s'élever à volonté, et donne ainsi les moyens de choisir le lieu du débarquement. En outre, la présence d'un foyer incandescent au milieu d'une masse aussi inflammable que l'enveloppe d'un ballon, ouvrait évidemment le champ à tous les dangers. Ce tissu de toile et de papier pouvait s'embraser au milieu des airs, et précipiter les imprudents aéronautes, ou bien, le feu venant à manquer, l'appareil était entraîné vers la terre par une chute terrible. Le combustible entassé dans la galerie offrait encore à l'incendie un aliment redoutable : la flamme du réchaud pouvait se communiquer à la réserve de paille, et propager ainsi la combustion jusqu'à l'enveloppe même du ballon. Enfin, des flammèches tombées du foyer pouvaient au milieu des campagnes,

descendre sur les granges ou les édifices et semer l'incendie sur la route de l'aérostat.

Aussi Montgolfier temporisait-il et demandait-il des essais nouveaux. A l'exemple de toutes les commissions académiques, la commission de l'Académie des sciences ne se prononçait pas. Le roi eut connaissance de ces difficultés. Après mûr examen, il s'opposa à l'expérience, et donna au lieutenant de police l'ordre d'empêcher le départ. Il permettait seulement que l'expérience fût tentée avec deux condamnés, que l'on embarquerait dans la machine.

Pilâtre de Rozier s'indigne à cette proposition. « Eh quoi ! de vils criminels auraient les premiers la gloire de s'élever dans les airs ! Non, non, cela ne sera point ! » Il conjure, il supplie; il s'agite de cent manières, il remue la ville et la cour. Il s'adresse aux personnes le plus en faveur à Versailles. Il s'empare de la duchesse de Polignac, gouvernante des enfants de France et toute-puissante sur l'esprit de Louis XVI. Celle-ci plaide chaleureusement sa cause auprès du roi. Le marquis d'Arlandes, gentilhomme du Languedoc, major dans un régiment d'infanterie, avait fait, avec lui, une ascension en ballon captif ; Pilâtre le dépêche au roi. Le marquis d'Arlandes proteste que l'ascension ne présente aucun danger, et comme preuve de son affirmation, il offre d'accompagner Pilâtre dans son voyage aérien. Sollicité de tous les côtés, vaincu par tant d'instances, Louis XVI se rendit enfin.

Le 21 novembre 1783, à une heure de l'après-midi, en présence du dauphin et de sa suite, pressés dans les beaux jardins de la Muette, Pilâtre de Rozier et le marquis d'Arlandes exécutèrent ensemble le premier voyage aérien.

Malgré un vent violent et un ciel orageux, la machine s'éleva avec rapidité. Arrivés à la hauteur de 100 mètres, les voyageurs ôtèrent leurs chapeaux pour saluer la multitude qui s'agitait au-dessous

Fig. 261. — Premier voyage aérien exécuté dans une montgolfière, par Pilâtre de Rozier et le marquis d'Arlandes, le 21 novembre 1783.

d'eux, partagée entre l'admiration et la crainte. La machine continua de s'élever majestueusement, et bientôt il ne fut plus possible de distinguer les nouveaux Argonautes. On vit l'aérostat longer l'île des Cygnes et filer au-dessus de la Seine, jusqu'à la barrière de la Conférence, où il traversa la rivière. Il se maintenait toujours à une très-grande hauteur, de telle manière que les habitants de Paris, qui accouraient en foule de toutes parts, pouvaient l'apercevoir du fond des rues les plus étroites. Les tours de Notre-Dame étaient couvertes de curieux, et

la machine, en passant entre le soleil et le point qui correspondait à l'une des tours, y produisit une éclipse d'un nouveau genre. Enfin l'aérostat, s'élevant ou s'abaissant plus ou moins en raison de la manœuvre des voyageurs aériens, passa entre l'hôtel des Invalides et l'École militaire, et, après avoir plané sur les Missions étrangères, s'approcha de Saint-Sulpice. Alors les navigateurs ayant forcé le feu pour quitter Paris, s'élevèrent et trouvèrent un courant d'air qui, les dirigeant vers le sud, leur fit dépasser le boulevard, et les porta dans la plaine, au-delà du mur d'enceinte, entre la barrière d'Enfer et la barrière d'Italie.

Le marquis d'Arlandes, trouvant que l'expérience était complète, et pensant qu'il était inutile d'aller plus loin dans un premier essai, cria à son compagnon : « Pied à terre ! »

Ils cessèrent le feu, la machine s'abattit lentement, et se reposa sur la *Butte aux Cailles*, entre le Moulin vieux et le Moulin des merveilles.

En touchant la terre, le ballon s'affaissa presque entièrement sur lui-même. Le marquis d'Arlandes sauta hors de la galerie ; mais Pilâtre de Rozier s'embarrassa dans les toiles, et demeura quelque temps comme enseveli sous les plis de la machine qui s'était abattue de son côté. Était-ce là un présage et comme un avertissement de la fin sinistre qui l'attendait plus tard ?

La machine fut repliée, mise dans une voiture et ramenée dans les ateliers du faubourg Saint-Antoine. Les voyageurs n'avaient ressenti durant le trajet aérien aucune impression pénible ; ils étaient tout entiers à l'orgueil et à la joie de leur triomphe. Le marquis d'Arlandes monta aussitôt à cheval et vint rejoindre ses amis au château de la Muette. On l'accueillit avec des pleurs de joie et d'ivresse.

Parmi les personnes qui avaient assisté aux préparatifs du voyage, on remarquait Benjamin Franklin : on aurait dit que le Nouveau-Monde avait envoyé le grand homme pour assister à cet événement mémorable. C'est à cette occasion que Franklin prononça un mot souvent répété. On disait devant lui : « A quoi peuvent servir les ballons ? — A quoi peut servir l'enfant qui vient de naître ? » répliqua le philosophe américain.

Le publiciste Linguet, avant de raconter dans les *Annales politiques du xviiie siècle*, l'ascension de Pilâtre de Rozier et du marquis d'Arlandes, disait :

« S'il existait du premier voyage de Christophe Colomb un journal de la main de cet intrépide navigateur, avec quel respect il serait conservé ! avec quelle confiance il serait cité ! Comme on aimerait à le suivre dans le compte ingénu qu'il rendrait de ses pensées, de ses espérances, de ses craintes, des murmures de ses équipages, de ses tentatives pour les calmer, et enfin, de sa joie au moment qui, dégageant sa parole et justifiant son audace, le déclara le créateur, en quelque sorte, d'un nouveau monde ! Tous ces détails nous ont été transmis, mais par des mains étrangères : quelque intéressants qu'ils soient encore, on ne peut se dissimuler que cette circonstance leur fait perdre quelque chose de leur prix. »

La navigation aérienne n'aura pas ce désavantage. Le marquis d'Arlandes a écrit un récit de ce premier voyage aérien, et on ne lira pas sans intérêt ces pages familières où revit si bien l'esprit enjoué et aventureux qui caractérisait le gentilhomme français de la fin du siècle dernier.

« M. LE MARQUIS D'ARLANDES A M. FAUJAS DE SAINT-FOND.

Paris, le 28 novembre 1783.

Vous le voulez, mon cher Faujas, et je me rends d'autant plus volontiers à vos désirs que par les questions que l'on m'adresse, par les propos invraisemblables que l'on fait tenir à M. Pilâtre et à moi, je sens qu'il est essentiel de fixer l'opinion publique sur les détails de notre voyage aérien.

Je vais décrire le mieux que je pourrai *le premier voyage que des hommes aient tenté* à travers un élément qui, jusqu'à la découverte de MM. Montgolfier, semblait si imparfait pour les supporter.

Nous sommes partis du jardin de la Muette à une heure cinquante-quatre minutes. La situation de la machine était telle, que M. Pilâtre de Rozier était à l'ouest et moi à l'est ; l'aire du vent était à peu près nord-ouest. La machine, dit le public, s'est élevée avec majesté ; mais il me semble que peu de personnes se sont aperçues qu'au moment où elle a dépassé les charmilles, elle a fait un demi-tour sur elle-même ; par ce changement, M. Pilâtre s'est trouvé en avant de notre direction, et moi, par conséquent, en arrière.

Je crois qu'il est à remarquer, que dès ce moment jusqu'à celui où nous sommes arrivés, nous avons conservé la même position par rapport à la ligne que nous avons parcourue. J'étais surpris du silence et du peu de mouvement que notre départ avait occasionnés parmi les spectateurs ; je crus qu'étonnés, et peut-être effrayés de ce nouveau spectacle, ils avaient besoin d'être rassurés. Je saluai du bras avec assez peu de succès ; mais ayant tiré mon mouchoir, je l'agitai, et je m'aperçus alors d'un grand mouvement dans le jardin de la Muette. Il m'a semblé que les spectateurs qui étaient épars dans cette enceinte, se réunissaient en une seule masse, et que, par un mouvement involontaire, elle se portait pour nous suivre, vers le mur, qu'elle semblait regarder comme le seul obstacle qui nous séparait. C'est dans ce moment que M. Pilâtre me dit :

— Vous ne faites rien, et nous ne montons guère.

— Pardon, lui répondis-je.

Je mis une botte de paille ; je remuai un peu le feu, et je me retournai bien vite, mais je ne pus retrouver la Muette. Etonné, je jetai un regard sur le cours de la rivière : je la suis de l'œil ; enfin, j'aperçois le confluent de l'Oise. Voilà donc Conflans ; et nommant les autres principaux coudes de la rivière par le nom des lieux les plus voisins, je dis Poissy, Saint-Germain, Saint-Denis, Sèvres ; donc je suis encore à Passy ou à Chaillot ; en effet, je regardai par l'intérieur de la machine, et j'aperçus sous moi la Visitation de Chaillot. M. Pilâtre me dit en ce moment :

— Voilà la rivière, et nous baissons.

— Eh bien ! mon cher ami, du feu.

Et nous travaillâmes. Mais au lieu de traverser la rivière, comme semblait l'indiquer notre direction, qui nous portait sur les Invalides, nous longeâmes l'île des Cygnes ; nous rentrâmes sur le principal lit de la rivière, et nous la remontâmes jusqu'au-dessus de la barrière de la Conférence. Je dis à mon brave compagnon :

— Voilà une rivière qui est bien difficile à traverser.

— Je le crois bien, me répondit-il, vous ne faites rien.

— C'est que je ne suis pas aussi fort que vous, et que nous sommes bien.

Je remuai le réchaud, je saisis avec une fourche une botte de paille, qui, sans doute trop serrée, prenait difficilement ; je la levai, la secouai au milieu de la flamme. L'instant d'après, je me sentis enlever comme par-dessous les aisselles, et je dis à mon cher compagnon :

— Pour cette fois, nous montons.

— Oui, nous montons, me répondit-il, sorti de l'intérieur, sans doute pour faire quelques observations.

Dans cet instant, j'entendis, vers le haut de la machine, un bruit qui me fit craindre qu'elle n'eût crevé. Je regardai, et je ne vis rien. Comme j'avais les yeux fixés au haut de la machine, j'éprouvai une secousse, et c'était alors la seule que j'eusse ressentie.

La direction du mouvement était de haut en bas. Je dis alors :

— Que faites-vous ? Est-ce que vous dansez ?

— Je ne bouge pas.

— Tant mieux, dis-je ; c'est enfin un nouveau courant qui, j'espère, nous sortira de la rivière.

En effet, je me tourne pour voir où nous étions, et je me trouvai entre l'Ecole militaire et les Invali-

des, que nous avions déjà dépassés d'environ quatre cents toises. M. Pilâtre me dit en même temps :

— Nous sommes en plaine.

— Oui, lui dis-je, nous cheminons.

— Travaillons, me dit-il, travaillons.

J'entendis un nouveau bruit dans la machine, que je crus produit par la rupture d'une corde.

Ce nouvel avertissement me fit examiner avec attention l'intérieur de notre habitation. Je vis que la partie qui était tournée vers le sud était remplie de trous ronds, dont plusieurs étaient considérables. Je dis alors :

— Il faut descendre.

— Pourquoi ?

— Regardez, dis-je.

En même temps je pris mon éponge ; j'éteignis aisément le peu de feu qui minait quelques-uns des trous que je pus atteindre ; mais m'étant aperçu qu'en appuyant pour essayer si le bas de la toile tenait bien au cercle qui l'entourait, elle s'en détachait très-facilement, je répétai à mon compagnon : — Il faut descendre.

Il regarda sous lui, et me dit :

— Nous sommes sur Paris.

— N'importe, lui dis-je.

— Mais voyons, n'y a-t-il aucun danger pour vous ? êtes-vous bien tenu ?

— Oui.

J'examinai de mon côté, et j'aperçus qu'il n'y avait rien à craindre. Je fis plus, je frappai de mon éponge les cordes principales qui étaient à ma portée ; toutes résistèrent, il n'y eut que deux ficelles qui partirent. Je dis alors : — Nous pouvons traverser Paris.

Pendant cette opération, nous nous étions sensiblement approchés des toits ; nous faisons du feu, et nous nous relevons avec la plus grande facilité. Je regarde sous moi, et je découvre parfaitement les Missions étrangères. Il me semblait que nous nous dirigions vers les tours de Saint-Sulpice, que je pouvais apercevoir par l'étendue du diamètre de notre ouverture. En nous relevant, un courant d'air nous fit quitter cette direction pour nous porter vers le sud. Je vis, sur ma gauche, une espèce de bois que je crus être le Luxembourg.

Nous traversâmes le boulevard, et je m'écrie :

— Pour le coup, pied à terre.

Nous cessons le feu ; l'intrépide Pilâtre, qui ne perd point la tête, et qui était en avant de notre direction, jugeant que nous donnions dans les moulins qui sont entre le petit Gentilly et le boulevard, m'avertit. Je jette une botte de paille en la secouant pour l'enflammer plus vivement ; nous nous relevons, et un nouveau courant nous porte un peu sur la gauche. Le brave de Rozier me crie encore :

— Gare les moulins !

Mais mon coup d'œil fixé par le diamètre de l'ouverture me faisait juger plus sûrement de notre direction, je vis que nous ne pouvions pas les rencontrer, et je lui dis :

— Arrivons.

L'instant d'après, je m'aperçus que je passais sur l'eau. Je crus que c'était encore la rivière ; mais arrivé à terre, j'ai reconnu que c'était l'étang qui fait aller les machines de la manufacture de toiles peintes de MM. Brenier et compagnie.

Fig. 262. — Le marquis d'Arlandes.

Nous nous sommes posés sur la Butte aux cailles, entre le Moulin des merveilles et le Moulin vieux, environ à cinquante toises de l'un et de l'autre. Au moment où nous étions près de terre, je me soulevai sur la galerie en y appuyant mes deux mains. Je sentis le haut de la machine presser facilement ma tête ; je la repoussai et sautai hors de la galerie. En me retournant vers la machine, je crus la trouver pleine. Mais quel fut mon étonnement, elle était parfaitement vide et totalement aplatie. Je ne vois point M. Pilâtre, je cours de son côté pour l'aider à se débarrasser de l'amas de toile qui le couvrait ; mais avant d'avoir tourné la machine je l'aperçus sortant de dessous en chemise, attendu qu'avant de descendre il avait quitté sa redingote et l'avait mise dans son panier.

Nous étions seuls, et pas assez forts pour renverser la galerie et retirer la paille qui était enflammée. Il s'agissait d'empêcher qu'elle ne mît le feu à la machine. Nous crûmes alors que le seul moyen d'éviter cet inconvénient était de déchirer la toile. M. Pilâtre prit un côté, moi l'autre, et en tirant violemment,

nous découvrîmes le foyer. Du moment qu'elle fut délivrée de la toile qui empêchait la communication de l'air, la paille s'enflamma avec force. En secouant un des paniers, nous jetons le feu sur celui qui avait transporté mon compagnon, la paille qui y restait prend feu ; le peuple accourt, se saisit de la redingote de M. Pilâtre et se la partage. La garde survient : avec son aide, en dix minutes, notre machine fut en sûreté, et une heure après, elle était chez M. Réveillon, où M. Montgolfier l'avait fait construire.

La première personne de marque que j'aie vue à notre arrivée est M. le comte de Laval. Bientôt après, les courriers de M. le duc et de madame la duchesse de Polignac vinrent pour s'informer de nos nouvelles. Je souffrais de voir M. de Rozier en chemise, et, craignant que sa santé n'en fût altérée, car nous étions très-échauffés en pliant la machine, j'exigeai de lui qu'il se retirât dans la première maison ; le sergent de garde l'y escorta pour lui donner la facilité de percer la foule. Il rencontra sur son chemin monseigneur le duc de Chartres, qui nous avait suivis, comme l'on voit, de très-près ; car j'avais eu l'honneur de causer avec lui, un moment avant notre départ. Enfin il nous arriva des voitures.

Il se faisait tard, M. Pilâtre n'avait qu'une mauvaise redingote qu'on lui avait prêtée. Il ne voulut pas revenir à la Muette.

Je partis seul, quoique avec le plus grand regret de quitter mon brave compagnon. »

CHAPITRE IV

LE PHYSICIEN CHARLES CRÉE L'ART DE L'AÉROSTATION. — ASCENSION DE CHARLES ET ROBERT AUX TUILERIES.

Le but que Pilâtre de Rosier s'était proposé dans cette périlleuse entreprise était avant tout scientifique. Il fallait, sans plus tarder, s'efforcer de tirer parti, pour l'avancement de la physique et de la météorologie, de ce moyen nouveau d'expérimentation. Mais on reconnut bien vite que l'appareil dont Pilâtre s'était servi, c'est-à-dire le ballon à feu ou la *montgolfière*, comme on l'appelait déjà, ne pouvait rendre à ce point de vue, que de médiocres services. En effet, le poids de la quantité considérable de combustible que l'on devait emporter, joint à la faible différence qui existe entre la densité de l'air échauffé et la densité de l'air ordinaire, ne

Fig. 263. — Premier voyage aérien exécuté dans un aérostat à gaz hydrogène, par Charles et Robert, le 1ᵉʳ décembre 178·.
Départ des Tuileries.

permettait pas d'atteindre à de grandes hauteurs. En outre, la nécessité constante d'alimenter le feu absorbait tous les moments des aéronautes, et leur ôtait les moyens de se livrer aux expériences et à l'observation des instruments. On comprit dès lors que les ballons à gaz hydrogène pourraient seuls offrir la sécurité et la commodité indispensables à l'exécution des voyages aériens. Aussi, quelques jours après, deux hardis expéri·mentateurs, Charles et Robert, annonçaient par la voie des journaux le programme d'une

ascension dans un aérostat à gaz inflammable. Ils ouvrirent une souscription de dix mille francs pour *un globe de soie devant porter deux voyageurs, lesquels s'enlèveraient à ballon perdu, et tenteraient en l'air des observations et des expériences de physique.* La souscription fut remplie en quelques jours.

Le voyage aérien de Pilâtre de Rozier et du marquis d'Arlandes avait été surtout un trait d'audace. Sur la foi de leur courage et sans aucune précaution, ils avaient accompli l'une des entreprises les plus extraordinaires que l'homme ait jamais exécutées; l'ascension de Charles et Robert présenta des conditions toutes différentes. Préparée avec maturité, calculée avec une rare intelligence, elle révéla tous les services que peut rendre, dans un cas pareil, le secours des connaissances scientifiques.

On peut dire qu'à propos de cette ascension, Charles créa tout d'un coup et tout d'une pièce l'art de l'aérostation. En effet, c'est à ce sujet qu'il imagina la soupape qui donne issue au gaz hydrogène et détermine ainsi la descente lente et graduelle de l'aérostat, — la nacelle où s'embarquent les voyageurs, — le filet qui supporte et soutient la nacelle, — le lest qui règle l'ascension et modère la chute, — l'enduit de caoutchouc appliqué sur le tissu du ballon, qui rend l'enveloppe imperméable et prévient la déperdition du gaz, — enfin l'usage du baromètre, qui sert à mesurer à chaque instant, par l'élévation ou la dépression du mercure, les hauteurs que l'aéronaute occupe dans l'atmosphère. Pour cette première ascension, Charles créa donc tous les moyens, tous les artifices, toutes les précautions ingénieuses qui composent l'art de l'aérostation. On n'a rien changé et l'on n'a presque rien ajouté depuis cette époque aux dispositions imaginées par ce physicien.

C'est au talent dont il fit preuve dans cette circonstance que Charles a dû de préserver sa mémoire de l'oubli. Quoique physicien très-habile et très-exercé, Charles n'a laissé presque aucun travail dans la science et n'a rien publié sur la physique. Seulement il avait acquis, comme professeur, une réputation considérable. On accourait en foule à ses leçons. Les découvertes de Franklin avaient mis à la mode les expériences sur l'électricité; Charles avait formé un magnifique cabinet de physique, et il faisait, dans une des salles du Louvre, des cours publics que Paris venait entendre. Son enseignement a laissé des souvenirs qui ne

sont pas encore effacés. Il avait surtout l'art de donner à ses expériences une sorte de grandeur théâtrale qui étonnait toujours et frappait très-vivement les esprits. S'il étudiait la chaleur rayonnante, il incendiait des corps à des distances extraordinaires; dans ses démonstrations du microscope, il amplifiait les objets de manière à obtenir des grossissements énormes; dans ses leçons sur l'électricité, il foudroyait les animaux; et s'il voulait montrer l'existence de l'électricité libre dans l'atmosphère, il faisait descendre le fluide des nuages, et tirait de ses conducteurs des étincelles de dix pieds de long qui éclataient avec le bruit d'une arme à feu. La clarté de ses démonstrations, l'élégance de sa parole, sa stature élevée, la beauté de ses traits, la sonorité de sa voix, et jusqu'à son costume étrange, composé d'une robe à la Franklin, tout ajoutait à l'effet de ses discours.

C'est ainsi que le professeur Charles était parvenu à obtenir dans Paris une renommée immense. Aussi, lorsqu'au 10 août le peuple envahit les Tuileries et le Louvre où il s'était logé, on respecta sa demeure et l'on passa en silence devant le savant illustre dont tout Paris avait écouté et applaudi les leçons.

Un mois avait suffi au zèle et à l'heureuse intelligence de Charles, pour disposer tous les moyens ingénieux et nouveaux dont il enrichissait l'art naissant de l'aérostation. Le 26 novembre 1783, un ballon de 9 mètres de diamètre, muni de son filet et de sa nacelle, était suspendu au milieu de la grande allée des Tuileries, en face du château.

Le grand bassin situé devant le pavillon de l'Horloge reçut l'appareil pour la production de l'hydrogène. Cet appareil se composait de vingt-cinq tonneaux munis de tuyaux de plomb, aboutissant à une cuve remplie d'eau destinée à laver le gaz : un tube d'un plus grand diamètre dirigeait l'hydrogène dans l'intérieur du ballon. L'opération fut lente et présenta quelques difficultés ; elle ne fut même pas sans dangers. Dans la nuit, un lampion ayant été placé trop près de l'un des tonneaux, le gaz s'enflamma, et il y eut une explosion terrible. Heureusement un robinet fermé à temps empêcha que la combustion ne se propageât jusqu'à l'aérostat. Tout fut réparé, et quelques jours après le ballon était rempli.

Le 1er décembre 1783, la moitié de Paris se pressait aux environs du château des Tuileries. A midi, les corps académiques et les souscripteurs qui avaient payé leur place quatre louis, furent introduits dans une enceinte particulière, construite autour du bassin. Les simples souscripteurs à trois francs le billet se répandirent dans le reste du jardin. A l'extérieur, les fenêtres, les combles et les toits, les quais qui longent les Tuileries, le Pont-Royal et la place Louis XV, étaient couverts d'une foule immense. Le ballon, gonflé de gaz, se balançait et ondulait mollement dans l'air : c'était un globe de soie à bandes alternativement jaunes et rouges ; le char placé au-dessous était bleu et or.

Cependant le bruit se répand dans la foule que Charles et Robert ont reçu un ordre du roi, qui, en raison du danger de l'expérience, leur défend de monter dans la nacelle. On ne savait pas précisément ce qui avait pu inspirer au roi une telle sollicitude, mais le fait était certain. Charles, indigné, se rend aussitôt chez le ministre, le baron de Breteuil, qui donnait en ce moment son audience. Il lui représente avec force, que le roi est maître de sa vie, mais non de son honneur ; qu'il a pris avec le public des engagements sacrés qu'il ne peut trahir, et qu'il se brûlera la cervelle plutôt que d'y manquer ; qu'au surplus c'est une pitié fausse et cruelle que l'on a inspirée au roi. Le baron de Breteuil comprit tout le fondement de ces reproches ; et n'ayant pas le temps d'instruire le roi des difficultés que son ordre avait provoquées, il prit sur lui d'en autoriser la transgression.

On continuait néanmoins à affirmer, parmi les spectateurs réunis aux Tuileries, que l'ascension n'aurait pas lieu. Les partisans de Montgolfier et ceux du professeur Charles étaient divisés en deux camps ennemis, qui cherchaient tous les moyens de se combattre. On prétendait que l'ordre du roi avait été secrètement sollicité par Charles et Robert pour se dispenser de monter dans la nacelle. Ces discours calomnieux étaient soutenus par l'épigramme suivante, que l'on distribuait à profusion dans la foule :

Profitez bien, messieurs, de la commune erreur :
La recette est considérable.
C'est un tour de Robert le Diable,
Mais non pas de Richard sans Peur.

Ces propos méchants ne tardèrent pas à être démentis. A une heure et demie, le bruit du canon annonce que l'ascension va s'exécuter. La nacelle est lestée, on la charge des approvisionnements et des instruments nécessaires. Pour connaître la direction du vent, on commence par lancer un petit ballon de soie verte de deux mètres de diamètre. Charles s'avance vers Étienne Montgolfier, tenant ce petit ballon à l'aide d'une corde, et il le prie de vouloir bien le lancer lui-même : « C'est à vous, monsieur, lui dit-il, qu'il appartient de nous ouvrir la route des cieux. » Le public comprit le bon goût et la délicatesse de cette pensée, il applaudit ; le petit aérostat s'envola vers le nord-est, faisant reluire au soleil sa brillante couleur d'émeraude.

Le canon retentit une seconde fois ; les voyageurs prennent place dans la nacelle, les cordes sont coupées, et le ballon s'élève avec une majestueuse lenteur.

L'admiration et l'enthousiasme éclatent alors de toutes parts. Des applaudissements immenses ébranlent les airs. Les soldats rangés autour de l'enceinte présentent les armes ; les officiers saluent de leur épée, et la machine continue de s'élever doucement au milieu des acclamations de trois cent mille spectateurs.

Le ballon, arrivé à la hauteur de Monceaux, resta un moment stationnaire ; il vira ensuite de bord et suivit la direction du vent. Il traversa une première fois la Seine, entre Saint-Ouen et Asnières, la passa une seconde fois non loin d'Argenteuil, et plana successivement sur Sannois, Franconville, Eau-Bonne, Saint-Leu-Taverny, Villiers et l'Ile-Adam.

Après un trajet d'environ neuf lieues, en s'abaissant et s'élevant à volonté au moyen du lest qu'ils jetaient, les voyageurs descendirent à 4 heures moins un quart dans la prairie de Nesles, à neuf lieues de Paris. Robert descendit du char ; mais Charles voulut recommencer le voyage afin de procéder à quelques observations de physique. Pour atteindre à une plus grande hauteur, il repartit seul. En moins de dix minutes, il parvint à une élévation de près de 4,000 mètres. Là il se livra à de rapides observations de physique.

Une demi-heure après, le ballon redescendait doucement à deux lieues de son second point de départ. Charles fut reçu à sa descente par M. Farrer, gentilhomme anglais, qui le conduisit à son château, où il passa la nuit.

Charles a écrit une relation très-détaillée de cette ascension célèbre. Nous croyons devoir en mettre le texte sous les yeux de nos lecteurs.

« Nous avons fait précéder notre ascension de l'enlèvement d'un globe de cinq pieds huit pouces, destiné à nous faire connaître la première direction du vent et à nous frayer à peu près la route que nous allions prendre. Nous l'avons fait présenter à M. de Montgolfier, que nos amis avaient eu soin de placer dans l'enceinte autour de nous ; M. de Montgolfier coupa la corde, et le globe s'élança. Le public a compris cette allégorie simple : j'ai voulu faire entendre qu'il avait eu le bonheur de tracer la route.

Le globe échappé des mains de M. de Montgolfier s'élança dans les airs, et sembla y porter le témoignage de notre réunion ; les acclamations l'y suivaient. Pendant ce temps, nous préparions à la hâte notre fuite ; les circonstances orageuses, qui nous pressaient, nous empêchèrent de mettre à nos dispositions toute la précision que nous nous étions proposée la veille. Il nous tardait de n'être plus sur

la terre. Le globe et le char en équilibre touchaient encore au sol qui nous portait ; il était une heure trois quarts. Nous jetons dix-neuf livres de lest, et nous nous élevons au milieu du silence concentré par l'émotion et la surprise de l'un et de l'autre parti.

Jamais rien n'égalera ce moment d'hilarité qui s'empara de mon existence, lorsque je sentis que je fuyais de terre ; ce n'était pas du plaisir, c'était du bonheur. Echappé aux tourments affreux de la persécution et de la calomnie, je sentis que je répondais à tout en m'élevant au-dessus de tout.

A ce sentiment moral succéda bientôt une sensation plus vive encore : l'admiration du majestueux spectacle qui s'offrait à nous. De quelque côté que nous abaissassions nos regards, tout était têtes ; au-dessus de nous, un ciel sans nuage ; dans le lointain l'aspect le plus délicieux. « Oh ! mon ami, disais-je à M. Robert, quel est notre bonheur ! J'ignore dans quelle disposition nous laissons la terre ; mais comme le ciel est pour nous ! quelle sérénité ! quelle scène ravissante ! Que ne puis-je tenir ici le dernier de nos détracteurs, et lui dire : Regarde, malheureux, tout ce qu'on perd à arrêter le progrès des sciences ! »

Tandis que nous nous élevions progressivement par un mouvement accéléré, nous nous mîmes à agiter dans l'air nos banderoles en signe d'allégresse, et afin de rendre la sécurité à ceux qui prenaient intérêt à notre sort ; pendant ce temps, j'observais toujours le baromètre. M. Robert faisait l'inventaire de nos richesses : nos amis avaient lesté notre char, comme pour un voyage de long cours : vins de Champagne, etc., couvertures et fourrures, etc. Bon, lui dis-je, voilà de quoi jeter par la fenêtre. Il commença par lancer une couverture de laine à travers les airs ; elle s'y déploya majestueusement, et vint tomber auprès du dôme de l'Assomption.

Alors le baromètre descendit environ à vingt-six pouces ; nous avions cessé de monter, c'est-à-dire, que nous étions élevés environ à trois cents toises. C'était la hauteur à laquelle j'avais promis de nous contenir ; et, en effet, depuis ce moment jusqu'à celui où nous avons disparu aux yeux des observateurs en station, nous avons toujours composé notre marche horizontale entre vingt-six pouces de mercure et vingt-six pouces huit lignes ; ce qui s'est trouvé d'accord avec les observations de Paris.

Nous avions soin de perdre du lest à mesure que nous descendions, par la perte insensible de l'air inflammable, et nous nous élevions sensiblement à la même hauteur. Si les circonstances nous avaient permis de mettre plus de précision à ce lest, notre marche eût été presque absolument horizontale et à volonté.

Arrivés à la hauteur de Monceaux, que nous laissions un peu à gauche, nous restâmes un instant stationnaires. Notre char se retourna, et enfin nous filâmes au gré du vent. Bientôt nous passons la Seine, entre Saint-Ouen et Asnières, et telle fut à peu près notre marche aréographique, laissant Colombes sur la gauche, passant presque au-dessus de Gennevilliers. Nous avons traversé une seconde fois la rivière, en laissant Argenteuil sur la gauche ; nous avons passé à Sannois, Franconville, Eau-Bonne, Saint-Leu-Taverny, Villiers, traversé l'Ile-Adam, et enfin Nesles, où nous avons descendu. Tels sont à peu près les endroits sur lesquels nous avons dû passer perpendiculairement. Ce trajet fait environ neuf lieues de Paris, et nous l'avons parcouru en deux heures, quoiqu'il n'y eût dans l'air presque pas d'agitation sensible.

Durant tout le cours de ce délicieux voyage, il ne nous est pas venu en pensée d'avoir la plus légère inquiétude sur notre sort et sur celui de notre machine. Le globe n'a souffert d'autre altération que les modifications successives de dilatation et de compression dont nous profitions pour monter et descendre à volonté d'une quantité quelconque. Le thermomètre a été pendant plus d'une heure entre 10° et 12° au-dessus de zéro, ce qui vient de ce que l'intérieur de notre char était réchauffé par les rayons du soleil.

Sa chaleur se fit bientôt sentir à notre globe, et contribua par la dilatation de l'air inflammable intérieur, à nous tenir à la même hauteur sans être obligés de perdre notre lest ; mais nous faisions une perte plus précieuse : l'air inflammable, dilaté par la chaleur solaire, s'échappait par l'appendice du globe que nous tenions à la main, et que nous lâchions, suivant les circonstances, pour donner issue au gaz trop dilaté.

C'est par ce moyen simple que nous avons évité ces expansions et ces explosions que les personnes peu instruites redoutaient pour nous. L'air inflammable ne pouvait pas briser sa prison, puisque la porte lui en était toujours ouverte, et l'air atmosphérique ne pouvait entrer dans le globe, puisque la pression même faisait de l'appendice une véritable soupape qui s'opposait à sa rentrée.

Au bout de cinquante-six minutes de marche, nous entendîmes le coup de canon qui était le signal de notre disparition aux yeux des observateurs de Paris. Nous nous réjouîmes de leur avoir échappé. N'étant plus obligés de composer strictement notre course horizontale, ainsi que nous avions fait jusqu'alors, nous nous sommes abandonnés plus entièrement aux spectacles variés que nous présentait l'immensité des campagnes au-dessus desquelles nous planions ; dès ce moment, nous n'avons plus cessé de converser avec leurs habitants, que nous voyions accourir vers nous de toutes parts ; nous entendions leurs cris d'allégresse, leurs vœux, leur sollicitude, en un mot, l'alarme de l'admiration.

Nous criions *Vive le roi !* et toutes les campagnes répondaient à nos cris. Nous entendions très-distinctement : *Mes bons amis, n'avez-vous point peur ?* *n'êtes-vous point malades ? Dieu, que c'est beau ! Nous prions Dieu qu'il vous conserve. Adieu, mes amis !* J'étais touché jusqu'aux larmes de cet intérêt tendre et vrai qu'inspirait un spectacle aussi nouveau.

Nous agitions sans cesse nos pavillons, et nous nous apercevions que ces signaux redoublaient l'allégresse et la sécurité. Plusieurs fois nous descendîmes assez bas pour mieux nous faire entendre : on nous demandait d'où nous étions partis et à quelle heure, et nous montions plus haut en leur disant adieu.

Fig. 264. — Le physicien Charles.

Nous jetions successivement, et suivant les circonstances, redingotes, manchons, habits. Planant au-dessus de l'Ile-Adam, après avoir admiré cette délicieuse campagne, nous fîmes encore le salut des pavillons, nous demandâmes des nouvelles de monseigneur le prince de Conti. On nous cria avec un porte-voix qu'il était à Paris, et qu'il en serait bien fâché. Nous regrettions de perdre une si belle occasion de lui faire notre cour, et nous serions en effet descendus au milieu de ses jardins, si nous avions voulu ; mais nous prîmes le parti de prolonger encore notre course, et nous remontâmes ; enfin nous arrivâmes près des plaines de Nesles.

Il était 3 heures et demie passées ; j'avais le dessein de faire un second voyage, et de profiter de nos avantages ainsi que du jour. Je proposai à M. Robert de descendre. Nous voyions de loin des groupes de paysans qui se précipitaient devant nous à travers les champs. « Laissons-nous aller, » lui dis-je. Alors nous descendîmes dans une vaste prairie.

Des arbustes, quelques arbres bordaient son enceinte. Notre char s'avançait majestueusement sur un plan incliné très-prolongé. Arrivé près de ces arbres, je craignis que leurs branches ne vinssent heurter le char. Je jetai deux livres de lest, et le char s'éleva par-dessus, en bondissant à peu près comme un coursier qui franchit une haie. Nous parcourûmes plus de vingt toises à un ou deux pieds de terre : nous avions l'air de voyager en traîneau. Les paysans couraient après nous, sans pouvoir nous atteindre, comme des enfants qui poursuivent des papillons dans une prairie.

Enfin nous prenons terre. On nous environne. Rien n'égale la naïveté rustique et tendre, l'effusion de l'admiration et de l'allégresse de tous ces villageois. Je demandai sur-le-champ les curés, les syndics : ils accouraient de tous côtés ; il était fête sur le lieu. Je dressai aussitôt un court procès-verbal, qu'ils signèrent. Arrive un groupe de cavaliers au grand galop : c'était monseigneur le duc de Chartres, M. le duc de Fitz-James et M. Farrer, gentilhomme anglais, qui nous suivaient depuis Paris. Par un hasard très-singulier, nous étions descendus auprès de la maison de chasse de ce dernier. Il saute de dessus son cheval, s'élance sur notre char, et dit en m'embrassant :

— Monsieur Charles, moi premier !

Nous fûmes comblés des caresses du prince, qui nous embrassa tous deux dans notre char et eut la bonté de signer notre procès-verbal. M. le duc de Fitz-James en fit autant ; M. Farrer le signa trois fois de suite. On a omis sa signature dans le journal parce qu'on n'a pu la lire ; il était si agité de plaisir qu'il ne pouvait écrire. De plus de cent cavaliers qui couraient après nous depuis Paris, et que nous apercevions à peine du haut de notre char, c'étaient les seuls qui eussent pu nous joindre. Les autres avaient crevé leurs chevaux ou y avaient renoncé. Je racontai brièvement à monseigneur le duc de Chartres quelques circonstances de notre voyage. — Ce n'est pas tout, monseigneur, ajoutai-je en souriant, je m'en vais repartir.

— Comment, repartir ?

— Monseigneur, vous allez voir. Il y a mieux : quand voulez-vous que je redescende ?

— Dans une demi-heure.

— Eh bien ! soit, monseigneur, dans une demi-heure je suis à vous.

M. Robert descendit du char, ainsi que nous étions convenus en voyageant. Trente paysans serrés autour et appuyés dessus, et le corps presque plongé dedans, l'empêchaient de s'envoler. Je demandai de la terre pour me faire un lest ; il ne me restait plus que trois ou quatre livres. On va chercher une bêche qui n'arrive point. Je demande des pierres, il n'y en avait pas dans la prairie. Je voyais le temps s'écouler, le soleil se cacher. Je calculai rapidement la hauteur possible où pouvait m'élever la légèreté spécifique de cent trente livres que je venais d'acquérir par la descente de M. Robert, et je dis à monseigneur le duc de Chartres :

— Monseigneur, je pars. Je dis aux paysans : Mes amis, retirez-vous tous en même temps des bords du char au premier signal que je vais faire, et je vais m'envoler.

Je frappe de la main, ils se retirent, je m'élance comme l'oiseau ; en dix minutes, j'étais à plus de quinze cents toises, je n'apercevais plus les objets terrestres, je ne voyais plus que les grandes masses de la nature.

Dès en partant j'avais pris mes précautions pour échapper au danger de l'explosion du globe, et je me disposai à faire les observations que je m'étais promises. D'abord, afin d'observer le baromètre et le thermomètre placés à l'extrémité du char, sans rien changer au centre de gravité, je m'agenouillai au milieu, la jambe et le corps tendus en avant, ma montre et un papier dans la main gauche, ma plume et le cordon de ma soupape dans ma droite.

Je m'attendais à ce qui allait arriver. Le globe, qui était assez flasque à mon départ, s'enfla insensiblement. Bientôt l'air inflammable s'échappa à grands flots par l'appendice. Alors je tirai de temps en temps la soupape pour lui donner à la fois deux issues, et je continuai ainsi à monter en perdant de l'air. Il sortait en sifflant et devenait visible, ainsi qu'une vapeur chaude qui passe dans une atmosphère beaucoup plus froide.

La raison de ce phénomène est simple. A terre, le thermomètre était à 7° au-dessus de la glace ; au bout de dix minutes d'ascension, j'avais 5° au-dessous. On sent que l'air inflammable contenu n'avait pas eu le temps de se mettre en équilibre de température; son équilibre élastique étant beaucoup plus prompt que celui de la chaleur, il en devait sortir une plus grande quantité que celle de la dilatation extérieure que l'air pouvait déterminer par sa moindre pression.

Quant à moi, exposé à l'air libre, je passai en dix minutes de la température du printemps à celle de l'hiver. Le froid était vif et net, mais point insupportable. J'interrogeai alors paisiblement toutes mes sensations, je m'écoutai vivre pour ainsi dire, et je puis assurer que, dans le premier moment, je n'éprouvai rien de désagréable dans ce passage subit de dilatation et de température.

Lorsque le baromètre cessa de monter, je notai très-exactement dix-huit pouces dix lignes. Cette observation est de la plus grande rigidité. Le mercure ne souffrait aucune oscillation sensible. J'ai déduit de cette observation une hauteur de 1,524 toises environ, en attendant que je puisse intégrer ce calcul et y mettre plus de précision. Au bout de quelques minutes, le froid me saisit les doigts : je ne pouvais presque plus tenir ma plume. Mais je n'en avais plus besoin, j'étais stationnaire, et je n'avais plus qu'un mouvement horizontal.

Je me relevai au milieu du char et m'abandonnai au spectacle que m'offrait l'immensité de l'horizon. A mon départ de la prairie, le soleil était couché pour les habitants des vallons : bientôt, il se leva pour moi seul, et vint encore une fois dorer de ses rayons le globe et le char. J'étais le seul corps éclairé dans l'horizon, et je voyais tout le reste de la nature plongé dans l'ombre.

Bientôt le soleil disparut lui-même, et j'eus le plaisir de le voir se coucher deux fois dans le même jour. Je contemplai quelques instants le vague de l'air et les vapeurs terrestres qui s'élevaient du sein des vallées et des rivières. Les nuages semblaient sortir de la terre et s'amonceler les uns sur les autres en conservant leur forme ordinaire. Leur couleur seulement était grisâtre et monotone, effet naturel du peu de lumière divaguée dans l'atmosphère. La lune seule éclairait.

Elle me fit observer que je revirai de bord deux fois, et je remarquai de véritables courants qui me ramenèrent sur moi-même. J'eus plusieurs déviations très-sensibles. Je sentis avec surprise l'effet du vent et je vis pointer les banderoles de mon pavillon ; nous n'avions pu observer ce phénomène dans notre premier voyage. Je remarquai les circonstances de ce phénomène, et ce n'était point le résultat de l'ascension ou de la descente ; je marchais alors dans une direction sensiblement horizontale. Dès ce moment, je conçus, peut-être un peu trop vite, l'espérance de me diriger. Au surplus, ce ne sera que le fruit du tâtonnement, des observations et des expériences les plus réitérées.

Au milieu du ravissement inexprimable et de cette extase contemplative, je fus rappelé à moi-même par une douleur très-extraordinaire que je ressentis dans l'intérieur de l'oreille droite et dans les glandes maxillaires. Je l'attribuai à la dilatation de l'air contenu dans le tissu cellulaire de l'organisme, autant qu'au froid de l'air environnant. J'étais en veste et la tête nue. Je me couvris d'un bonnet de laine qui était à mes pieds ; mais la douleur ne se dissipa qu'à mesure que j'arrivai à terre.

Il y avait environ sept ou huit minutes que je ne montais plus ; je commençais même à descendre par la condensation de l'air inflammable intérieur. Je me rappelai la promesse que j'avais faite à monseigneur le duc de Chartres de revenir à terre au bout d'une demi-heure. J'accélérai ma descente, en tirant de temps en temps la soupape supérieure. Bientôt le globe vide presque à moitié ne me présentait plus qu'un hémisphère.

J'aperçus une très-belle plage en friche auprès du bois de la Tour-du-Lay. Alors je précipitai ma descente. Arrivé à vingt ou trente toises de terre, je jetai subitement deux à trois livres de lest qui me restaient et que j'avais gardées précieusement ; je restai un instant comme stationnaire et vins descendre moi-même sur la friche même que j'avais pour ainsi dire choisie.

J'étais à plus d'une lieue du point de départ. Les déviations fréquentes que j'essuyai, les retours sur moi-même, me font présumer que le trajet aérien a été de plus de trois lieues. Il y avait trente-cinq minutes que j'étais parti ; et telle est la sûreté des combinaisons de notre machine aérostatique, que je pus consommer, et à volonté, cent trente livres de légèreté spécifique, dont la conservation également volontaire eût pu me maintenir en l'air au moins vingt-quatre heures de plus. »

Quand les détails de cette belle excursion aérienne furent connus dans Paris, ils y causèrent une sensation extraordinaire. Le lendemain, une foule considérable se rassemblait devant la demeure de Charles pour le féliciter. Il n'était pas encore de retour, et à son arrivée, il reçut du peuple une véritable ovation. Lorsqu'il se rendit au Palais-Royal, pour remercier le duc de Chartres, au sortir du palais, on le prit sur le perron et on le porta en triomphe jusqu'à sa voiture.

Les récompenses académiques ne manquèrent pas non plus aux courageux voyageurs. Dans sa séance du 9 décembre 1783, l'Académie des sciences de Paris, présidée par M. de Saron, décerna le titre d'associés surnuméraires à Charles et à Robert, ainsi qu'à Pilâtre de Rozier et au marquis d'Arlandes. Enfin, le roi accorda au premier une pension de deux mille livres. Il voulut même que l'Académie des sciences ajoutât le nom de Charles à celui de Montgolfier sur la médaille que l'on se proposait de consacrer à l'invention des aérostats.

Charles aurait dû avoir la modestie ou le bon goût de refuser cet honneur. Il avait, sans nul doute, perfectionné les aérostats et indiqué les moyens de rendre praticables les voyages aériens ; mais le mérite tout entier de l'invention réside dans le principe que les Montgolfier avaient pour la première fois mis en pratique : la gloire de la découverte devait leur revenir sans partage.

Après cette ascension mémorable, qui porta si loin la renommée de Charles, on est étonné d'apprendre que ce physicien ne recommença jamais l'expérience, et que le cours de sa carrière aérostatique ne s'étendit pas davantage. Comment le désir de féconder sa découverte ne l'entraîna-t-il pas cent fois au sein des nuages? On l'ignore (1). C'est sans doute le cas de répéter le mot du grand Condé : « Il eut du courage ce jour-là. »

C'est le physicien Charles qui a été le héros de l'aventure, assez connue d'ailleurs, où Marat joua un rôle si bien en rapport avec ses habitudes et son caractère.

Tout le monde sait que Marat était médecin, et que dans sa jeunesse il s'était occupé de travaux relatifs à la physique. Il a écrit un ouvrage sur l'électricité, dont nous avons parlé dans le premier volume de ce recueil (2), et un autre sur l'optique, dans lequel il combat les vues de Newton. Marat se présente un jour chez le professeur Charles, pour lui exposer ses idées touchant les théories de Newton, et pour lui proposer quelques objections relatives aux phénomènes électriques, qui faisaient grand bruit à cette époque. Charles ne partageait aucune des opinions de son interlocuteur, et il ne se fit pas scrupule de les combattre. Marat oppose l'emportement à la raison; chaque argument nouveau ajoute à sa fureur, il se contient avec peine; enfin, à un dernier trait, sa colère déborde. Il tire une petite épée qu'il portait toujours, et se précipite sur son adversaire. Charles était sans armes; mais sa vigueur et son adresse ont bientôt triomphé de l'aveugle fureur de Marat. Il lui arrache son épée, la brise sur son genou, et en jette à terre les débris. Succombant à la honte et

à la colère, Marat perdit connaissance : on le porta chez lui évanoui.

Quelques années après, aux jours de la sinistre puissance de Marat, le souvenir de cette scène troublait singulièrement le repos du professeur Charles. Heureusement l'*ami du peuple* avait oublié la victoire du savant.

Il est impossible de se faire l'idée de l'impression que produisit en France, l'annonce de ce premier voyage aérien. Des transports d'admiration et d'enthousiasme, saluèrent partout les succès de cette entreprise. La poésie, sévère ou légère, avait, à cette époque de notre histoire, le privilège de traduire les sentiments qui dominaient la société. C'est dire que les pièces de vers, odes, épîtres, chansons, abondèrent, pour célébrer un événement qui ouvrait au génie de l'homme une carrière jusque-là inaccessible à son activité.

Parmi les nombreuses pièces de vers qui parurent, pour célébrer, en style pindarique, les succès des nouveaux Argonautes, la suivante fut la plus remarquée. Elle est de Gudin de la Brenellerie et a pour titre le *Globe de Charles et Robert :*

Non, ce n'est point Icare osant quitter la terre,
Ce n'est point d'Archimède un enfant téméraire,
Dont l'audace effrayante et l'inutile effort
Franchit un court espace à l'aide d'un ressort.
C'est la nature même à l'étude asservie,
Et qui prête aujourd'hui ses ailes au génie.
Je ne la brave point, j'obéis à sa voix,
Et je suis dans les airs ses immuables lois.
Ce globe qui s'élève, et qui perce la nue,
De l'empire des airs nous ouvre l'étendue.
L'homme, de qui l'instinct est de tout hasarder,
Dont le sort est de vaincre, et de tout posséder,
Lui qui dompta les mers, qui, méprisant l'orage,
Mit un frein à la foudre et dirigea sa rage,
Que peut-il craindre encor ? Ce roi des éléments
Dans son vol à son char attellera les vents,
Et des monts aplanis l'impuissante barrière
Ne l'arrêtera plus dans sa noble carrière.
D'un nouvel océan, Argonautes nouveaux,
De Colomb et de Coox (1) surpassez les travaux,
Suivez ce Montgolfier, qui, d'une main certaine,
A de la pesanteur enfin brisé la chaîne.

(1) On a dit qu'en descendant de sa nacelle, Charles avait juré de ne plus s'exposer à ces périlleuses expéditions, tant avait été forte l'impression qu'il ressentit au moment où, Robert étant descendu, le ballon, subitement déchargé de ce poids, l'emporta dans les airs avec la rapidité d'une flèche.

(2) Page 708.

(1) Mécanicien anglais, auteur d'une machine avec laquelle il est parvenu à marcher au fond de la mer ; il y a parcouru environ mille toises.

Fig. 265. — Troisième voyage aérien exécuté à Lyon, le 5 janvier 1784, avec la montgolfière *le Flesselles* (page 45).

Partez, volez, cherchez, dans les plaines d'azur,
Un air moins variable, un horizon plus pur ;
Glissez d'un vol léger sur les terres australes,
Jouez-vous au milieu des flammes boréales ;
Ces champs de l'atmosphère autrefois interdits,
Ouverts par vos efforts, vont nous être soumis ;
Agrandissez l'enceinte à nos aïeux prescrite,
Et du globe atteignez la dernière limite.
Les peuples éperdus vous prendront pour des dieux :
Imitez-les en tout, soyez justes comme eux.
Par la rapidité rapprochez les distances ;
Répandez les bienfaits plus que les connaissances ;
Des sauvages humains adoucissez les mœurs :
Vous les avez instruits, vous les rendrez meilleurs
C'est l'espoir qui me luit : c'est votre destinée
Que j'annonce, en ce jour, à l'Europe étonnée.

J'anticipe les temps, je lis dans l'avenir,
Je prédis les succès dont vous allez jouir.
    Vous, timides esprits, pour qui tout est prodige,
Vous, détracteurs jaloux, que tout succès afflige,
Frémissez, mais voyez ce que l'art peut tenter,
Concevez ce qu'un jour il peut exécuter.
N'allez pas à mes vœux alléguer l'impossible ;
Au travail qui s'obstine, il n'est rien d'invincible.
Coox marche au fond des mers, Montgolfier vole aux
                                                    [cieux :
Ouvrez-moi les enfers, j'en éteindrai les feux.
Vous, Charles, vous, Robert, de qui les mains habiles
Trouvent les éléments et les métaux dociles,
Pour un plus grand objet déployez vos talents.
A ce navire heureux, plus léger que les vents,
Hâtez-vous d'ajouter ou la rame, ou la voile.

Que d'un art tout nouveau le secret se dévoile ;
Craignez que quelque Anglais, hardi navigateur,
De cette invention ne nous vole l'honneur.
Plus d'un nous a ravi, par sa longue constance,
Des secrets découverts et négligés en France.
Ce peuple, qui s'est dit le souverain des mers,
Va bientôt tout tenter pour être roi des airs.
N'allez pas dans votre art lui céder la victoire.
Servez votre patrie, et sauvez votre gloire.

Après la poésie grave, venait la chanson, genre essentiellement français, et qui trouva d'amples occasions de s'exercer à propos de ces révolutions de l'empire de l'air, qui occupaient alors tous les esprits. Voici une chanson qui fut composée pour célébrer l'ascension de Charles et de Robert aux Tuileries. Elle raconte cet événement avec des accents tout à la fois enthousiastes et grotesques.

LE VOYAGE AÉROSTATIQUE.

AIR : *Le curé de Dôle.*

Écoute, ma mie :
Dans les Tuileries,
On a vu Charles et Robert,
S'allant promener en l'air.
Ça faisait envie !

Les cœurs s'attendrissent,
Pendant qu'ils se hissent.
En saluant du drapeau,
Un d'eux lâche son chapeau,
Sur un cent de Suisses.

Chacun se remue,
On se presse, on se tue.
Chacun arrache un morceau
De ce bienheureux chapeau
Qui tombe des nues.

On rend de la place
L'salut avec grâce ;
Les Suisses, sabre à la main,
Espadonnent le chemin
Que le globe trace.

Les voilà qui partent,
Au loin, ils s'écartent.
A neuf lieues, près l'île Adam,
Dans un joli petit champ,
C'est là qu'ils débarquent.

Sur une montagne,
Pierre et sa compagne,
S'effrayant en les voyant,
Quittent leurs travaux, criant :
V'là l' diable en campagne.

Monsieur le duc de Chartre,
Courant comme quatre,
Le duc de Fitz-Jame aussi,
Sont arrivés. Dieu merci,
Pour les voir s'abattre.

Un curé de village
Accourt tout en nage.
Il apporte du papier,
Sa plume et son encrier,
Et son personnage.

On remplit la page
Des faits du voyage.
Robert était descendu,
Et le globe était tenu
Par gens du village.

Toute chose écrite,
Charles tout de suite
Donne des coups sur les doigts ;
Chacun lâche son endroit,
Zest ! il prend la fuite !

Le beau de l'histoire,
Y t'nait l'écritoire,
Le curé crie au voleur ;
Qu'on l'arrête il n'a pas peur,
Vous pouvez m'en croire.

Il fit dans sa fuite
Près de deux lieues de suite,
Mais le froid et la nuit
Sont cause qu'il descendit
Pour chercher un gîte.

Que pareille histoire
Est digne de gloire !
Et bien vite à la santé
De leur intrépidité,
Ma mie, allons boire !

CHAPITRE V

TROISIÈME VOYAGE AÉRIEN EXÉCUTÉ A LYON ; ASCENSION DE LA MONTGOLFIÈRE LE FLESSELLES. — QUATRIÈME VOYAGE AÉRIEN EFFECTUÉ A MILAN, PAR LE CHEVALIER ANDREANI. — AÉROSTATS ET MONTGOLFIÈRES LANCÉS EN DIVERSES VILLES DE L'EUROPE. — PREMIÈRE ASCENSION DE BLANCHARD AU CHAMP-DE-MARS DE PARIS. — VOYAGE AÉRIEN DE PROUST ET PILATRE DE ROZIER.

L'intrépidité et la science des premiers navigateurs aériens avaient ouvert dans les cieux une route nouvelle ; elle fut suivie avec une incomparable ardeur. En France et dans les autres parties de l'Europe, on vit bientôt s'accomplir un grand nombre de voyages aérostatiques. Cependant, pour ne pas étendre hors de toute proportion les bornes de cette notice, nous nous contenterons de rappeler les ascensions les plus remarquables de cette époque.

Lyon n'avait encore été témoin d'aucune expérience aérostatique; c'est dans cette ville que s'exécuta le troisième voyage aérien.

Au mois d'octobre 1783, quelques personnes distinguées de Lyon voulurent répéter l'expérience exécutée à Versailles, par Étienne Montgolfier. M. de Flesselles, intendant de la province, ouvrit une souscription, qui fut promptement remplie, et sur ces entrefaites, Joseph Montgolfier étant arrivé à Lyon, on le pria de vouloir bien diriger lui-même la construction de la machine. On se proposait de fabriquer un aérostat d'un très-grand volume, qui enlèverait un cheval ou quelques autres animaux. Montgolfier fit construire un immense globe à feu; il avait quarante-trois mètres de hauteur et trente-cinq de diamètre. C'était la plus vaste machine qui eût encore été construite pour s'élever dans les airs. Seulement on avait visé à l'économie, et l'on n'avait obtenu qu'un appareil de construction assez grossière, formé d'une double enveloppe de toile d'emballage recouvrant trois feuilles d'un fort papier.

Les travaux étaient fort avancés, lorsqu'on reçut la nouvelle de l'ascension de Charles aux Tuileries, événement qui produisit en France une sensation extraordinaire. Aussitôt, le comte de Laurencin, associé de l'Académie de Lyon, demanda que la destination du ballon fût changée, et qu'on le consacrât à entreprendre un voyage aérien. Trente personnes se firent inscrire à la suite de Montgolfier et du comte de Laurencin, pour prendre part au voyage : Pilâtre de Rozier arriva de Paris, avec le même projet; il était accompagné du comte de Dampierre, du comte de Laporte et du prince Charles, fils aîné du prince de Ligne. On ne se proposait rien moins que de se

rendre par la voie de l'air à Marseille, à Avignon ou à Paris, selon la direction du vent.

Pilâtre de Rozier reconnut pourtant, avec chagrin, que cette immense machine, conçue dans un autre but, était tout à fait impropre à porter des voyageurs. Il proposa et fit exécuter, avec l'assentiment de Montgolfier, différentes modifications, pour l'approprier à sa destination nouvelle. Elles ne se firent qu'avec beaucoup de difficultés et en surmontant mille obstacles. En outre, le mauvais temps, qui ne cessa de régner pendant trois mois, endommagea beaucoup la gigantesque machine. On ne put la transporter aux Brotteaux, sans des peines infinies. Les préparatifs et les essais préliminaires occasionnèrent de très-longs retards; on fut obligé de retarder plusieurs fois l'ascension, et lorsque vint enfin le jour fixé pour le départ, la neige, qui tomba en grande quantité, nécessita un nouvel ajournement. Les habitants de Lyon, qui n'avaient encore assisté à aucune expérience aérostatique, doutaient fort du succès et n'épargnaient pas les épigrammes. Le comte de Laurencin, un des futurs matelots de ce vaste équipage, reçut le quatrain suivant :

> Fiers assiégeants du tonnerre,
> Calmez votre colère.
> Eh ! ne voyez-vous pas que Jupiter tremblant
> Vous demande la paix par son pavillon blanc ?

Le trait était vif. M. de Laurencin, qui n'était pas poëte, mais qui ne manquait pas pour cela de cœur ni d'esprit, répondit, en prose, qu'il se chargeait d'aller chercher lui-même les clauses de l'armistice.

Cependant les aéronautes, piqués au jeu, accélérèrent leurs préparatifs, et quelques jours après, tout fut disposé pour l'ascension. Elle se fit aux Brotteaux, le 5 janvier 1784. En dix-sept minutes, le ballon fut gonflé et prêt à partir. Six voyageurs montèrent dans la galerie : c'était Joseph Montgolfier, à qui l'on avait décerné le com-

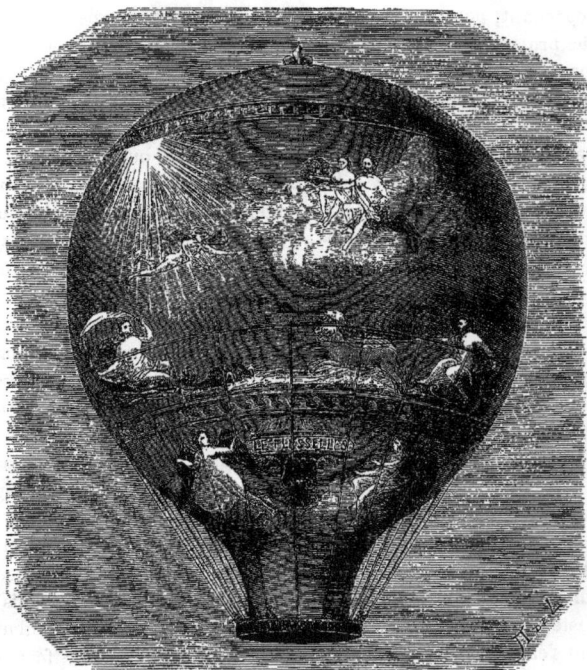

Fig. 266. — Montgolfière *le Flesselles*.

mandement de l'équipage, Pilâtre de Rozier, le prince de Ligne, le comte de Laurencin, le comte de Dampierre et le comte
Laporte d'Anglefort.

La machine avait considérablement souffert par la neige et la gelée, elle était criblée
de trous; le filet, qu'un accident avait détruit
la veille, était remplacé par seize cordes qui
ne pesaient pas également sur toutes les parties du globe et contrariaient son équilibre.
Pilâtre de Rozier reconnut bien vite que
l'expérience tournerait mal, si l'on persistait à prendre six voyageurs; trois personnes étaient la seule charge que l'aérostat pût
supporter sans danger. Mais toutes ses observations furent inutiles : personne ne voulut
consentir à descendre ; quelques-uns de ces
gentilshommes intraitables allèrent même
jusqu'à porter la main à la garde de leur épée,

pour défendre leurs droits. C'est en vain que
l'on offrit de tirer les noms au sort : il fallut
donner le signal du départ.

Tout n'était pas fini cependant. Les cordes
qui retenaient l'aérostat étaient à peine coupées, et la machine commençait seulement à
perdre terre, lorsque l'on vit un jeune négociant de la ville, nommé Fontaine, qui avait
pris quelque part à la construction de la machine, s'élancer, d'une enjambée, dans la galerie, et au risque de faire chavirer l'équipage,
s'installer de force au milieu des voyageurs.
On renforça le feu, et malgré cette nouvelle
surcharge, le ballon commença à s'élever.

On comprend aisément l'admiration que
dut faire naître dans la foule l'ascension de
cet énorme aérostat, dont la voûte offrait les
dimensions de la coupole de la Halle aux blés
de Paris. Il avait la forme d'une sphère ter-

minée à sa partie inférieure par un cône tronqué autour duquel régnait une large galerie où se tenaient les sept voyageurs. La calotte supérieure était blanche, le reste grisâtre, et le cône composé de bandes de laine de différentes couleurs. Aux deux côtés du globe étaient attachés deux médaillons, dont l'un représentait l'Histoire, et l'autre la Renommée. Enfin il portait un pavillon aux armes de l'intendant de la province, avec ces mots : *le Flesselles.*

Le ballon n'était pas depuis un quart d'heure dans les airs, quand il se fit dans l'enveloppe une déchirure de 15 mètres de long. Le volume énorme de la machine, le nombre des voyageurs, le poids excessif du lest, le mauvais état des toiles, fatiguées par de trop longues manœuvres, avaient rendu inévitable cet accident, qui faillit avoir des suites funestes. Parvenu en ce moment à 800 mètres de hauteur, l'aérostat s'abattit avec une rapidité effrayante. On vit aussitôt, à en croire les relations de l'époque, soixante mille personnes courir vers l'endroit où la machine allait tomber. Heureusement, et grâce à l'adresse de Pilâtre, cette descente rapide n'entraîna pas des suites graves, et les voyageurs en furent quittes pour un choc un peu rude. On aida les aéronautes à se dégager des toiles qui les enveloppaient : Joseph Montgolfier avait été le plus maltraité.

Cette ascension fit beaucoup de bruit et fut jugée très-diversement. Les journaux en donnèrent les appréciations les plus opposées. En définitive, l'entreprise parut avoir échoué; mais ses courageux auteurs reçurent les hommages qui leur étaient dus. M. Mathon de Lacour, directeur de l'Académie de Lyon, raconte ainsi l'accueil qu'ils reçurent dans la soirée :

« Le même jour, dit M. Mathon de Lacour, on devait donner l'opéra d'*Iphigénie en Aulide*. Le public s'y porta en foule dans l'espérance d'y voir les voyageurs aériens. Le spectacle était commencé, lorsque M. et madame de Flesselles entrèrent dans leur loge,

accompagnés de MM. de Montgolfier et Pilâtre de Rozier. Les applaudissements et les cris se firent entendre dans toute la salle ; les autres voyageurs furent reçus avec le même transport. Le parterre cria de recommencer le spectacle, et l'on baissa la toile. Quelques minutes après, la toile fut levée, et l'acteur qui remplissait le rôle d'Agamemnon s'avança avec des couronnes que madame l'intendante distribua elle-même aux illustres voyageurs. M. Pilâtre de Rozier posa celle qu'il avait reçue sur la tête de M. de Montgolfier, et le prince Charles

Fig. 267. — Montgolfière lancée à Milan, le 25 février 1784, montée par le chevalier Andreani et les frères Gerli (quatrième voyage aérien) (page 452).

posa aussi celle qu'on lui avait offerte sur la tête de madame de Montgolfier. L'acteur, qui était rentré dans sa tente, en sortit pour chanter un couplet qui fut vivement applaudi. Quelqu'un ayant indiqué à M. l'intendant l'un des voyageurs (M. Fontaine), qui se trouvait au parterre, M. l'intendant et M. de Fay, commandant, descendirent pendant l'entr'acte et lui apportèrent la couronne. Quand l'actrice qui jouait le rôle de Clytemnestre chanta le morceau :

Que j'aime à voir ces hommages flatteurs !

le public en fit aussitôt l'application et fit recommencer le morceau, que l'actrice répéta en se tournant vers les loges où étaient les voyageurs. Après le spectacle, ils furent reconduits avec les mêmes applaudissements ; ils soupèrent chez M. le commandant, et l'on ne cessa pendant toute la nuit de leur donner des sérénades.

« Deux jours après, M. Pilâtre de Rozier, ayant paru au bal, y reçut de nouveaux témoignages de la plus vive admiration ; et le jeudi 22, lorsqu'il partit pour Dijon, pour se rendre de là à Paris, il fut accompagné comme en triomphe par une cavalcade nombreuse des jeunes gens les plus distingués de la ville. »

Cependant l'opinion générale était pour les mécontents. On chansonna les voyageurs, on chansonna l'aérostat lui-même ; on fut injuste envers les hardis matelots du *Flesselles*. C'est ainsi que le *Journal de Paris*, qui raconte avec tant de complaisance les ascensions aérostatiques de cette époque, ne consacre que quelques lignes au récit de ce voyage, qu'il avait annoncé trois mois auparavant avec beaucoup de pompe. Enfin on fit courir, à Paris, le quatrain suivant :

Vous venez de Lyon, parlez-nous sans mystère :
Le globe est-il parti? Le fait est-il certain?
— Je l'ai vu. — Dites-nous, allait-il bien grand train?
— S'il allait... Oh! monsieur, il allait ventre à terre.

L'épigramme et l'esprit étaient l'arme innocente de ces temps heureux.

Le quatrième voyage aérien se fit en Italie. Le chevalier Paul Andreani fit construire à ses frais, par les frères Gerli, architectes, une montgolfière destinée à recevoir des voyageurs. Cet esquif aérien était de grande dimension. Composé de toile revêtue à l'intérieur d'un papier mince, il n'avait pas moins de 20 mètres de diamètre, et sa forme était exactement sphérique. Le fourneau, destiné à recevoir les matières combustibles, était placé près de l'ouverture inférieure, sur un cercle de cuivre, porté par quelques traverses de bois fixées sur l'encadrement de l'ouverture circulaire du ballon.

On a vu par le dessin du ballon du marquis d'Arlandes, et par celui du *Flesselles*, que dans ces montgolfières les voyageurs étaient placés sur une galerie entourant l'extérieur de l'ouverture du ballon. Paul Andreani remplaça cette galerie circulaire par une nacelle d'osier semblable à celle dont Charles avait fait usage. Elle était suspendue par des cordes, au cercle qui formait l'encadrement de l'orifice du ballon, et elle était placée à une distance telle de l'ouverture du ballon que l'on pût alimenter le feu avec la main ou avec une fourche, sans être incommodé par la chaleur du foyer.

La montgolfière, ainsi disposée, fut portée à la maison de campagne du chevalier Andreani, où l'on s'occupa, avant de procéder au départ, de chercher les meilleures dispositions, tant pour la distance respective où il fallait placer le réchaud et la nacelle, que pour la nature des substances combustibles à employer. On trouva que le meilleur combustible était le bois de bouleau bien sec, et ensuite, une pâte faite de matières bitumineuses.

L'ascension eut lieu à Milan, le 25 février 1784. Le feu ayant été allumé, la montgolfière se gonfla entièrement en moins de quatre minutes. On coupa les cordes, et la machine emporta avec lenteur Andréani et les frères Gerli.

Elle s'éleva à une si grande hauteur, que les spectateurs la perdirent entièrement de vue. Comme le vent les portait vers des collines voisines, sur lesquelles la descente aurait été difficile, et que la provision de combustible était sur le point de s'épuiser, nos voyageurs jugèrent à propos de descendre, après deux heures de promenade dans les airs.

La machine s'abattit lentement, à la lisière d'un bois voisin de Milan. Les voyageurs aériens appelèrent, au moyen d'un porte-voix, les paysans, qui leur donnèrent un concours intelligent, les aidèrent à descendre, et ramenèrent la montgolfière, encore à demi gonflée, au moyen des cordes qui en pendaient, jusqu'à l'endroit même d'où elle était partie. La disposition du fourneau avait été si bien calculée que la toile qui composait la montgolfière n'avait été ni brûlée ni endommagée dans aucune de ses parties.

Cette ascension de voyageurs avait été précédée, en Italie, par quelques expériences aérostatiques. C'est ainsi que le 11 décembre 1783, on avait lancé, à Turin, un petit ballon, fabriqué avec de la baudruche.

En France, la fièvre aérostatique ne s'était pas calmée. Le 13 janvier 1784, une société d'amateurs, sous la direction de l'abbé Mably, lançait un aérostat de 6 mètres de diamètre, du château de Pisançon, près Romans, dans le Dauphiné ; et le même jour, à Grenoble, M. de Barin en lançait un autre, devant toute la population de la ville.

Le 16 janvier 1784, le comte d'Albon faisait partir, de sa maison de campagne de Franconville, aux environs de Paris, un aérostat à gaz hydrogène, de 5 mètres de diamètre, formé de soie gommée. On avait suspendu au-dessous, une cage d'osier contenant deux cochons d'Inde et un lapin, avec quelques provisions de voyage.

L'aérostat s'éleva en peu d'instants à une hauteur telle qu'on le perdit entièrement de vue. On le trouva cinq jours après, à six lieues de son point de départ. Les animaux étaient en parfait état de santé.

Le marquis de Bullion, à Paris, lança, le 3 février 1784, de son hôtel, qui devint célèbre, plus tard, sous le nom d'*Hôtel des ventes*, une montgolfière de papier, de 5 mètres de diamètre, qui avait, pour tout appareil destiné à la raréfaction de l'air, une large éponge imbibée d'un litre d'esprit de vin, et placée dans une assiette de fer-blanc. Ce ballon resta en l'air un quart d'heure, et ce temps lui suffit pour franchir une distance de neuf lieues : il tomba dans une vigne, près de Basville.

Une simple éponge imbibée d'huile, de graisse et d'esprit de vin, fut aussi tout l'appareil qui servit à faire partir, le 15 février 1784, une montgolfière à Mâcon. Elle était en papier, et l'auteur de cette machine,

Cellard du Chastelais, s'était amusé à y suspendre un chat, enfermé dans une cage. En une demi-heure, la montgolfière n'était plus visible dans le ciel. Elle tomba, au bout de deux heures, à sept ou huit lieues de Mâcon. Le chat fut la malheureuse victime de cette expérience : il avait été sans doute asphyxié par le manque d'air dans les hautes régions.

Le 22 février 1784, on lança d'Angleterre, un aérostat à gaz hydrogène, qui traversa la Manche : c'était un petit ballon, d'un mètre et demi de diamètre seulement. Il partit de Sandwich, dans le comté de Kent. Poussé par un vent du nord-ouest, il traversa rapidement la mer, et fut trouvé dans la campagne, à environ trois lieues de Lille. A ce ballon était attachée une lettre, où l'on priait de faire connaître à William Boys, à Sandwich, le lieu et le moment où il aurait été trouvé.

Trois jours auparavant, on avait lancé à Oxford, du *Collége de la reine*, un aérostat tout semblable.

Argand, de Genève, l'inventeur de la lampe à double courant d'air, dont nous aurons à parler dans la notice sur l'*éclairage*, rendait, à la même époque, le roi, la reine et la famille royale d'Angleterre, témoins d'une expérience aérostatique, en lançant à Windsor un aérostat à gaz hydrogène, d'un mètre seulement de diamètre.

On voit qu'à cette époque, toute l'Europe était passionnée pour ce genre de spectacle. Depuis les princes jusqu'aux simples particuliers, chacun avait la tête tournée vers les cieux, sans que la piété y fût pour rien. Il ne se passait pas de jour, il ne se passait pas de soirée, où l'on ne vît une montgolfière s'élever dans les airs. Peu de personnes tentaient la périlleuse aventure d'une ascension, mais partout on se donnait le plaisir de lancer d'inoffensives montgolfières ou des aérostats à gaz hydrogène.

Le caprice de la mode ne manqua pas de s'emparer de cet attrait nouveau. En 1784 tout se faisait au *ballon*. Les chapeaux, les rubans, les robes, les carrosses, tout était à la *Montgolfier*, au *ballon*, à la *Charles et Robert*, etc.

Nous n'avons pas besoin d'ajouter que la poésie légère s'exerçait plus que jamais sur cet attrayant sujet. Voici l'une des chansons que toute la France répétait alors.

AIR du *Premier jour de janvier.*

L'autre jour, quittant mon manoir,
Je fis rencontre sur le soir
D'un globiste de haut parage ;
Il s'en allait tout bonnement
Chercher un lit au firmament,
Et moi, je lui dis bon voyage !

Dans sa poche un bonnet de nuit,
Pour la lune un mot de crédit,
C'était, hélas ! tout son bagage ;
Mais avec l'électricité
Dont on l'avait très-bien lesté,
Il pouvait dissoudre un orage.

Le vent devint son postillon,
Un nuage son pavillon,
Chacun le comblait de louanges ;
D'après ce secret merveilleux
On s'en va dîner chez les Dieux,
Prendre son café chez les Anges.

Ah ! maman, que je suis content,
Disait un fils presque expirant,
A sa bonne mère attendrie,
Nous pourrons renvoyer la mort ;
Avec un globe, sans effort,
Dans le ciel j'irai tout en vie

Sœur Colette, dans son couvent,
A l'aspect d'un globe mouvant
S'écriait : « Oh ! chose effroyable !
Il va pleuvoir dans nos jardins
Des étourdis qui, par essaims,
Répandront un air inflammable. »

De tous les voyages divers,
Celui qui se fait dans les airs
Est la plus plaisante aventure.
Conduit par les simples hasards,
De Saturne on passe dans Mars,
De Vénus enfin, dans Mercure.

Que les globes auraient de prix ,
S'ils pouvaient de nos beaux esprits
Emporter la purge légère !
Pour loger leurs jolis talents,
Il leur faut des palais roulants
Qui les éloignent du vulgaire.

Mais j'abjure ici les chansons ;
Et dans nos transports nous disons :
Montgolfier, ta gloire est complète,
Non de maîtriser les hasards,
Mais d'avoir fixé les regards,
Et de Louis et d'Antoinette.

C'est à cette époque, c'est-à-dire en 1784, que Blanchard, dont le nom était destiné à devenir célèbre dans les fastes de l'aérostation, fit à Paris sa première ascension.

Avant la découverte des ballons, Blanchard, qui possédait le génie, ou tout au moins, le goût des arts mécaniques, s'était appliqué à trouver un mécanisme propre à naviguer dans les airs. Il avait construit un *bateau volant*, machine atmosphérique, armée de rames et d'agrès, sur laquelle nous aurons à revenir en parlant du parachute, et avec laquelle il se soutenait quelque temps dans l'air, jusqu'à quatre-vingts pieds de hauteur. En 1782, il avait exposé sa machine dans les jardins du grand hôtel de la rue Taranne, où se trouve aujourd'hui un établissement de bains. La découverte des aérostats, qui survint sur ces entrefaites, le détermina à abandonner les recherches de ce genre, et il se fit aéronaute.

Sa première ascension au Champ de Mars, présenta une circonstance digne d'être notée au point de vue scientifique ; c'est le 2 mars 1784 qu'elle fut exécutée, en présence de tout Paris, que le brillant succès des expériences précédentes avait rendu singulièrement avide de ce genre de spectacle.

Blanchard avait jugé utile d'adapter à son ballon les rames et le mécanisme de son bateau volant ; il espérait en tirer parti pour se diriger, ou pour résister à l'impulsion de l'air. Il monta dans la nacelle, ayant à ses côtés un moine bénédictin, le physicien dom Pech, enthousiaste des ballons. On coupa les cordes ; mais le ballon ne s'éleva pas au delà de cinq mètres : il s'était troué pendant les manœuvres, et le poids qu'il devait entraîner était trop lourd pour

Fig. 268. — Ascension de Blanchard au Champ-de-Mars, à Paris, le 2 mars 1784.

son volume. Il tomba rudement à terre, et la nacelle éprouva un choc des plus violents. Le bon père jugea prudent de quitter la place.

Blanchard répara promptement le dommage, et il s'apprêtait à repartir seul, lorsqu'un jeune homme perce la foule, se jette dans la nacelle, et veut absolument s'élancer avec lui. Toutes les remontrances, toutes les prières de Blanchard furent inutiles. « Le roi me l'a permis! » criait l'obstiné. Blanchard, ennuyé du contre-temps, le saisit au corps pour le précipiter de la nacelle; mais le jeune homme tire son épée, fond sur lui et le blesse au poi-

gnet. On se saisit enfin de ce dangereux amateur, et Blanchard put s'envoler.

On a prétendu que ce jeune homme n'était rien moins que Bonaparte, élève à l'École militaire. Dans ses *Mémoires*, Napoléon a pris la peine de démentir ce fait : le jeune homme dont il s'agit était un de ses camarades, nommé Dupont de Chambon, élève, comme lui, de l'École militaire, et qui avait fait avec ses camarades le pari de monter dans le ballon.

Blanchard s'éleva au-dessus de Passy, et vint descendre dans la plaine de Billancourt, près de la manufacture de Sèvres; il ne resta que cinq quarts d'heure dans l'air. Cette ascension si courte fut marquée néanmoins par une circonstance curieuse.

Tout le monde sait aujourd'hui qu'un aérostat ne doit jamais être entièrement gonflé au moment du départ ; on le remplit seulement aux trois quarts environ. Il serait dangereux, en quittant la terre, de l'enfler complétement; car, à mesure que l'on s'élève, les couches atmosphériques diminuant de densité, le gaz hydrogène renfermé dans l'aérostat acquiert plus d'expansion, en raison de la diminution de résistance de l'air extérieur. Les parois du ballon céderaient donc à l'effort du gaz, si on ne lui ouvrait pas une issue. Aussi l'aéronaute observe-t-il avec beaucoup d'attention l'état de l'aérostat, et lorsque ses parois très-distendues indiquent une grande expansion du gaz intérieur, il ouvre la soupape et laisse échapper un peu d'hydrogène. Blanchard, tout à fait dépourvu de connaissances en physique, ignorait cette particularité. Son ballon s'éleva, gonflé outre mesure, et l'imprudent aéronaute, ne comprenant nullement le péril qui le menaçait, s'applaudissait de son adresse, et admirait ce qui pouvait causer sa perte. Les parois du ballon font bientôt effort de toutes parts ; elles vont éclater. Blanchard, arrivé à une hauteur considérable, cède moins à la conscience du danger qui le menace, qu'à l'impression d'épouvante causée sur lui par l'immensité des mornes et silencieuses régions au milieu desquelles l'aérostat l'a brusquement transporté ; il ouvre la soupape, il redescend, et cette terreur salutaire l'arrache au péril où son ignorance l'entraînait.

Blanchard se vanta de s'être élevé à quatre mille mètres plus haut qu'aucun des aéronautes qui l'avaient précédé, et il assura avoir dirigé son ballon contre le vent, à l'aide de son gouvernail et de ses rames. Mais les physiciens, qui avaient observé l'aérostat d'un lieu élevé, démentirent son assertion, et publièrent que les variations de sa marche de-

vaient être uniquement attribuées aux courants d'air qu'il avait rencontrés. Et comme il avait écrit sur les banderoles de son ballon et sur les cartes d'entrée au Champ de Mars cette devise fastueuse : *Sic itur ad astra*, on lança contre lui cette épigramme :

Au Champ de Mars il s'envola,
Au champ voisin il resta là ;
Beaucoup d'argent il ramassa.
Messieurs, *sic itur ad astra*.

Quant au bénédictin dom Pech, c'était contre la défense de ses supérieurs qu'il avait voulu s'embarquer avec Blanchard. Un exempt de police, envoyé sur le lieu de la scène, l'avait arrêté et ramené à son couvent, d'où il avait réussi à s'échapper une seconde fois, pour revenir tenter au Champ de Mars, une épreuve qui, comme on l'a vu, ne fut pas poussée bien loin.

Ce zèle outré fut puni de l'exil. Dom Pech fut condamné par le conseil du couvent, à un an et un jour de prison dans la maison la plus reculée de son ordre. Cependant quelques personnes s'intéressèrent à lui, et par l'intervention du cardinal de La Rochefoucauld, le pauvre enthousiaste fut gracié.

Comme tout finissait alors par des chansons, ainsi que nous l'apprend le *Figaro* de Beaumarchais, le voyage de Blanchard ne pouvait autrement finir. Voici une des chansons faites à cette époque, et que l'on trouve imprimée sur un éventail, dans la belle collection des gravures relatives à l'aérostation, qui existe à la Bibliothèque impériale de Paris. On y rappelle l'incartade de Dupont de Chambon, ce trop fougueux officier qui voulait percer Blanchard de son épée, pour le décider à l'accepter comme compagnon de voyage :

Blanchard allait, contre le vent,
Voler aux étoiles ;
Mais un militaire imprudent
Accourt en ce beau moment
Et casse les ailes
Au bateau volant.

L'épée en main, ce turbulent
Devenait rebelle.
Quoique Blanchard, toujours vaillant,
Arrêtât son bras menaçant,
L'arme trop cruelle
Fit couler son sang.

Il est monté adroitement
Dans cette nacelle,
Et, pour aller au firmament,
Il en sortit en se battant
Avec tout le zèle
Du fameux Roland.

Laisse gronder tes envieux ;
Ils ont beau crier en tous lieux
Que tu veux tromper le vulgaire,
Pour lui attraper son argent,
Si tu savais un peu moins plaire,
Tu ne leur déplairais pas tant.

Le 4 juin 1784, la ville de Lyon vit une nouvelle ascension aérostatique, dans laquelle, pour la première fois, une femme, madame Thible, brava, dans un ballon à feu, les périls d'un voyage aérien. Cette belle ascension fut exécutée en l'honneur du roi de Suède, qui se trouvait alors de passage à Lyon.

Pilâtre de Rozier et le chimiste Proust exécutèrent bientôt après, à Versailles, en présence de Louis XVI et du roi de Suède, un des voyages aérostatiques les plus remarquables que l'on eût encore faits.

L'appareil était dressé dans la grande cour du château. A un signal qui fut donné par une décharge de mousqueterie, une tente de quatre-vingt-dix pieds de hauteur qui cachait l'appareil, s'abattit soudainement, et l'on aperçut une immense montgolfière, déjà gonflée par l'action du feu, maintenue par cent cinquante cordes, que retenaient quatre cents ouvriers. Dix minutes après, une seconde décharge annonça le départ du ballon, qui s'éleva avec une lenteur majestueuse, et alla descendre près de Chantilly, à treize lieues de son point de départ.

Proust et Pilâtre de Rozier parcoururent dans ce voyage, la plus grande distance que l'on ait jamais franchie avec une montgol-

fière ; ils atteignirent aussi la hauteur la plus grande à laquelle on puisse s'élever avec un appareil de ce genre. Ils demeurèrent assez longtemps plongés dans les nuages et enveloppés dans la neige qui se formait autour d'eux.

Pilâtre de Rozier a écrit de ce beau voyage aérien une relation, que nous allons rapporter.

« La montgolfière, dit Pilâtre de Rozier, s'élevait très-lentement et décrivait une diagonale, en offrant un spectacle tout à la fois agréable et majestueux ; comme un vaisseau qui s'est précipité du chantier dans les eaux, cette étonnante machine se balançait superbement dans l'air qui semblait l'arracher de la main des hommes. Ces mouvements irréguliers intimidèrent un instant une partie des spectateurs qui, craignant qu'une chute prochaine ne mît leur vie en danger, s'éloignèrent à grands pas. Après avoir allumé mon fourneau, je saluai les spectateurs, qui me répondirent de la manière la plus flatteuse ; j'eus le temps d'observer sur quelques visages un mélange d'intérêt, d'inquiétude et de joie.

« En continuant ainsi notre marche ascensionnelle, je m'aperçus qu'un courant d'air supérieur opposé au nôtre faisait pencher la Montgolfière ; voulant éviter le feu, j'engageai M. Proust à marcher huit à dix minutes horizontalement ; puis, augmentant la chaleur, nous nous élevâmes ; le volume des objets diminuait sensiblement et nous mettait en état d'apprécier assez exactement notre éloignement ; alors la montgolfière fut distinguée de la capitale et des environs. L'élévation à laquelle nous étions déjà parvenus, faisait croire au plus grand nombre que nous planions sur leur tête.

« Arrivés dans les nuages, la terre disparut entièrement à nos yeux ; un brouillard épais semblait nous envelopper, puis un espace plus clair nous rendait la lumière ; de nouveaux nuages, ou plutôt des amas de neige, s'amoncelaient rapidement sous nos pieds, nous en étions environnés de toutes parts ; une partie tombait perpendiculairement sur les bords extérieurs de notre galerie qui en retenait une assez grande quantité ; une autre se fondait en pluie sur Versailles et sur Paris ; le baromètre était descendu de neuf degrés, et le thermomètre de seize. Curieux de connaître la plus grande élévation à laquelle notre machine pouvait atteindre, nous résolûmes de porter au plus haut degré la violence des flammes, en soulevant notre brasier, et soutenant nos fagots sur la pointe de nos fourches.

« Parvenus aux plus hautes de ces montagnes glacées, et ne pouvant plus rien entreprendre, nous errâmes quelque temps sur ce théâtre plus que sauvage ; théâtre que des hommes voyaient pour la pre-

mière fois. Isolés, et séparés de la nature entière,
nous n'apercevions sous nos pas que ces énormes
masses de neige qui, réfléchissant la lumière du soleil, éclairaient infiniment l'espace que nous occupions; nous restâmes huit minutes sur ces monts
escarpés, à onze mille sept cent trente-deux pieds de
terre, dans une température de cinq degrés au-
dessus de la glace, ne pouvant plus juger de la vitesse de notre marche, puisque nous avions perdu
tout objet de comparaison.

HR

Fig. 269. — Proust.

« Cette situation, agréable sans doute pour un peintre habile, promettait peu de connaissances à acquérir au physicien, ce qui nous détermina, dix-huit
minutes après notre départ, à redescendre au-dessous
des nuages pour retrouver la terre. A peine étions-
nous sortis de cette espèce d'abîme, que la scène la
plus riante succéda à la plus ennuyeuse. Les campagnes nous parurent dans leur plus grande magnificence. Tout était si éclatant que nous crûmes que
le soleil avait dissipé l'orage ; et, comme si on eût
tiré le rideau qui cachait la nature, nous découvrîmes aussitôt mille objets divers répandus sur un espace dont notre œil pouvait à peine mesurer l'étendue. L'horizon seulement était chargé de quelques
nuages qui paraissaient toucher la terre. Les uns
étaient diaphanes, d'autres réfléchissaient la lumière
sous mille formes différentes; tous en général étaient
privés de cette teinte brune qui porte à la mélancolie. Nous passâmes dans une minute de l'hiver au
printemps ; nous vîmes ce terrain incommensurable

couvert de villes et de villages, qui, en se confondant, ne ressemblaient plus qu'à de beaux châteaux
isolés et entourés de jardins. Les rivières qui se multipliaient et serpentaient de toutes parts, n'étaient
plus que de très-petits ruisseaux, destinés à l'ornement de ces palais; les plus vastes forêts devenaient
des charmilles ou de simples vergers; en un mot,
les prés et les champs n'avaient que l'ensemble des
verdures et des gazons qui embellissent nos parter-
res. Ce merveilleux tableau, qu'aucun peintre ne
peut rendre, nous rappelait ces métamorphoses mi-
raculeuses de fées, avec cette différence que nous
voyions en grand ce que l'imagination la plus féconde n'avait pu créer qu'en petit, et que nous jouis-
sions de la réalité de ce qu'avait enfanté le mensonge ; c'est dans cette charmante position que l'âme
s'élève, que les pensées s'exaltent et se succèdent
avec la plus grande rapidité. Voyageant à cette hauteur, notre foyer n'exigeait plus de grands soins, et
nous pouvions facilement nous promener dans la galerie. Mon ardent coopérateur changea plusieurs fois
de poste ; nous étions aussi tranquilles sur notre balcon que sur la terrasse d'une maison, jouissant de
tous les tableaux qui se renouvelaient continuellement, sans nous faire éprouver de ces étourdisse-
ments qui effrayent une infinité de personnes.

« L'action que j'avais portée dans mes travaux
ayant cassé ma fourche, j'allai au magasin m'armer
de nouveau. Nous nous rencontrâmes avec M. Proust ;
mais la montgolfière, étant très-bien lestée, ne s'inclina que d'une manière presque insensible, d'où nous
conclûmes qu'il fallait attribuer à la mauvaise construction, ou à la frayeur des voyageurs, les accidents
annoncés avec tant de pompe dans quelques journaux. Les vents, quoique très-considérables, emportaient notre bâtiment sans nous faire éprouver le
plus léger roulis, nous n'apercevions notre marche
que par la vitesse avec laquelle les villages fuyaient
sous nos pieds; en sorte qu'il semblait, à la tranquillité avec laquelle nous voguions, que nous étions entraînés par le mouvement diurne ; plusieurs fois
nous cherchâmes à nous approcher de la terre, jusqu'à distinguer les acclamations qu'on nous adressait
et auxquelles il nous eût été facile de répondre à
l'aide d'un porte-voix ; en un mot, tout nous amusait. La simplicité de nos manœuvres nous permettait de parcourir des lignes horizontales et obliques,
de monter, descendre, remonter et redescendre encore et aussi souvent que nous le jugions nécessaire.

« Parvenus enfin à Luzarche, nous nous déterminâmes d'y mettre pied à terre : déjà le peuple témoignait la satisfaction la plus vive ; la foule augmentait ; une partie tendait les bras pour ralentir
notre chute, tandis que les animaux de toute espèce
s'enfuyaient épouvantés, comme s'ils eussent pris
notre montgolfière pour un animal vorace. Mais ap-
préciant bientôt par la vitesse de notre marche que
nous serions portés sur les maisons, nous ranimâmes

notre foyer; sautant alors avec la plus grande légèreté par-dessus les édifices, nous échappâmes à ces premiers hôtes, qui restèrent interdits. Poursuivant ensuite notre route, nous découvrîmes cette forêt immense qui conduit à Compiègne. Connaissant peu la topographie de ce canton, ne voyant dans l'éloignement aucune place favorable à notre descente, et craignant d'ailleurs que nos prévisions ne cessassent avant d'avoir traversé les bois, je crus qu'il serait plus sage de mettre pied à terre dans le dernier carrefour distant de treize lieues de Versailles, que de s'exposer à terminer cette expérience par l'embrasement de la forêt.

« Les vessies qui faisaient ressort sous notre galerie rendirent notre descente si douce, que mon compagnon me demanda si nous arrivions bientôt à terre. Je m'emparai de notre pavillon, puis je voulus servir d'écuyer à M. Proust; nous débarrassâmes notre vaisseau des combustibles qui restaient; nos habits, nos instruments, tout fut mis en sûreté;

. « Vingt minutes après notre descente, le vent, ainsi que je l'avais annoncé à M. le contrôleur général, en présence de la reine et de M. le comte de Haga, souffla fortement sur le haut de la montgolfière, qui, dans son renversement, entraîna la galerie et le réchaud qui y adhérait; la flamme, s'échappant alors par la grille de ce fourneau, se porta sur quelques cordages de la galerie; les toiles en étaient très-éloignées, nous cherchâmes à les séparer par une section; malheureusement nous restâmes seuls pendant plus d'une demi-heure, travaillant ardemment avec un très-mauvais couteau; le temps était précieux, je craignais que le feu, en se propageant, n'occasionnât un embrasement général; mon instrument ne satisfaisant point à mon impatience, je le rejetai; déchirant alors la laine, je l'écartai des flammes; mais, parvenu aux cordages qui retenaient notre galerie, l'usage du couteau me devint indispensable; je le cherchai inutilement; le temps s'écoulait, le feu avait gagné les cordages, et bientôt la galerie; sa substance était très-combustible, il n'y avait plus un instant à perdre, il fallait sauver les pièces essentielles, la calotte et le cylindre étaient neufs; nous séparâmes aussitôt ces deux parties, la curiosité fit accourir deux hommes, dont j'animai l'ardeur par l'espoir d'une récompense; résolu de sacrifier le cône de la montgolfière, qui avait beaucoup servi aux expériences de Versailles et de la Muette, nous transportâmes au loin les objets garantis.

« Les seigneurs des environs arrivaient de toutes parts; le peuple s'approchait en foule, je distribuai la partie du cône pour arrêter le désordre et satisfaire les désirs. M. de Combemale, qui ne tarda pas à contenir la foule, s'empressa de me seconder; à sa voix tout le monde obéit, et on conduisit la montgolfière dans un château voisin; plusieurs personnes nous offrirent leur maison; nous montâmes à cheval

pour nous rendre chez M. de Bieuville, accompagné de M. le président Molé et de M. de Nantouillet. S. A. S. Mgr le prince de Condé, ayant jugé, d'après le vent, que nous serions portés dans ses domaines,

Fig. 270. — Descente de Blanchard à Billancourt
(page 457).

avait ordonné de placer à midi un observateur sur les combles du château; dès qu'il eut aperçu la montgolfière, il nous expédia quatre piqueurs, qui nous cherchèrent dans la forêt; le prince voulut bien aussi monter en voiture, ainsi que Mgr le duc d'Enghien et mademoiselle de Condé. Le premier des piqueurs que nous rencontrâmes m'ayant fait part des dispositions favorables de S. A. S., je priai M. de Bieuville de nous permettre d'accepter cette marque de bienveillance; ce jeune militaire se prêta à nos désirs avec toute l'honnêteté possible; il porta même la complaisance jusqu'à nous accompagner au rendez-vous de chasse, appelé la Table. Le prince n'y étant point encore arrivé, j'osai me faire conduire au château de Chantilly. »

CHAPITRE VI

L'AÉROSTAT DE L'ACADÉMIE DE DIJON. — PREMIER ESSAI POUR
LA DIRECTION DES AÉROSTATS. — ASCENSION DU DUC
DE CHARTRES ET DES FRÈRES ROBERT A SAINT-CLOUD.
— LA PREMIÈRE ASCENSION FAITE EN ANGLETERRE. —
VINCENT LUNARDI. — BLANCHARD TRAVERSE EN BALLON
LE PAS-DE-CALAIS. — HONNEURS PUBLICS RENDUS A
CET AÉRONAUTE.

Le zèle des aéronautes et des savants ne se
ralentissait pas; chaque jour, pour ainsi dire,
était marqué par une ascension, qui présenta
souvent les circonstances les plus curieuses
et les plus dignes d'intérêt.

Le 6 août, l'abbé Camus, professeur de
philosophie, et Louchet, professeur de bel-
les-lettres, firent, à Rodez, un voyage aérien
dans une montgolfière. L'expérience, très-
bien conduite, marcha régulièrement, mais
n'enseigna rien de nouveau.

En même temps, sur tous les points de la
France, se succédaient des ascensions, plus ou
moins périlleuses. A Marseille, deux négociants, nommés Brémond et Maret, s'élevèrent
dans une montgolfière de seize mètres de
diamètre. A leur première ascension, ils ne
restèrent en l'air que quelques minutes. Ils
s'élevèrent très-haut à leur second voyage ;
mais la machine s'embrasa au milieu des
airs, et ils ne regagnèrent la terre qu'au prix
des plus grands dangers.

Étienne Montgolfier lança, à Paris, un ballon
captif, qui dépassa la hauteur des plus grands
édifices. La marquise et la comtesse de
Montalembert, la comtesse de Podenas et
mademoiselle Lagarde, étaient les aéronautes
de ce galant équipage, que commandait le
marquis de Montalembert. Ce ballon, construit aux frais du roi, était parti du jardin
de Réveillon, dans le faubourg Saint-Antoine.

A Aix, en Provence, un amateur, nommé
Rambaud, s'enleva dans une montgolfière
de 16 mètres de diamètre. Il resta dix-sept
minutes en l'air et atteignit une hauteur considérable. Redescendu à terre, il sauta hors

du ballon, sans songer à le retenir. Allégé de
ce poids, le ballon partit comme une flèche,
et on le vit bientôt prendre feu et se consu-
mer dans l'atmosphère.

Vinrent ensuite, à Nantes, les ascensions du
grand aérostat à gaz hydrogène, baptisé du
glorieux nom de *Suffren*, monté d'abord
par Coustard de Massy et le révérend père
Mouchet, de l'Oratoire, puis par M. de
Luynes.

A Bordeaux, d'Arbelet des Granges et
Chalfour s'élevèrent, dans une montgolfière,
jusqu'à près de 1,000 mètres, et firent voir
que l'on pouvait assez facilement descendre
et monter à volonté en augmentant ou diminuant le feu. Ils descendirent sans accident à
une lieue de leur point de départ.

Malgré tout ce qu'on en avait espéré, les
nombreuses ascensions faites avec un magnifique aérostat à gaz hydrogène construit par
les soins de l'Académie de Dijon, et monté, à
diverses reprises, par Guyton de Morveau,
l'abbé Bertrand et M. de Virly, n'apportèrent
à la science naissante de l'aérostation que peu
de résultats utiles.

Guyton de Morveau avait fait construire,
pour essayer de se diriger dans les airs, une
machine armée de quatre rames. Au moment
du départ, un coup de vent endommagea
l'appareil et mit deux rames hors de service. Cependant Guyton assure avoir produit, avec les deux rames qui lui restaient, un
effet sensible sur les mouvements du ballon.

Ces expériences furent continuées très-longtemps, et l'Académie de Dijon fit à ce sujet
de grandes dépenses de temps et d'argent. On
finit cependant par reconnaître que l'on s'attaquait à un problème insoluble.

Les résultats de ces longs et inutiles essais
sont consignés dans un volume in-octavo, publié en 1785, par Guyton de Morveau, sous ce
titre : *Description de l'aérostat de l'Académie
de Dijon.*

L'ouvrage de Guyton de Morveau est divisé en quatre parties. La première partie

traite de l'enveloppe et de la matière du ballon ; la seconde a pour objet l'examen des gaz qui peuvent servir à provoquer son élévation ; la troisième traite de la possibilité de diriger les aérostats ; la quatrième renferme la description de l'*appareil dirigeable* que Guyton avait imaginé et qu'il expérimenta à différentes reprises.

L'aérostat de l'Académie de Dijon, que nous représentons à part (*fig.* 271) était de soie, recouverte d'un vernis gras et siccatif. Sa partie supérieure était coiffée, en partie, d'un fort filet en tresse de rubans, de seize lignes de largeur, venant s'attacher, vers la moitié du globe, à un cercle de bois, qui l'entourait comme une ceinture et supportait, au moyen de cordes, la nacelle. Ce cercle servait en même temps à supporter deux voiles placées aux deux extrémités opposées, et qui étaient destinées à fendre l'air dans la direction que l'on voulait suivre. Ces voiles étaient composées de toile tendue sur un cadre de bois. Sur l'une de ces voiles, de sept pieds de haut et de onze pieds de large, étaient peintes les armes de la famille de Condé. L'autre, qui était bariolée comme un pavillon et qui avait une dimension de soixante-six pieds carrés devait fonctionner comme une sorte de gouvernail. En outre, deux rames, placées entre la *proue* et le *gouvernail*, devaient battre l'air comme les ailes d'un oiseau. Ces dernières rames présentaient à l'air une surface de vingt-quatre pieds carrés. Les rames, la proue et le gouvernail, devaient être manœuvrés, à l'aide de cordes, par les aéronautes placés dans la nacelle.

A la nacelle étaient attachées d'autres rames plus petites.

C'est avec ces moyens d'action que Guyton de Morveau, de Virly et l'abbé Bertrand essayèrent de se diriger dans les airs. L'insuccès qu'ils éprouvèrent démontra qu'il était impossible de se servir, comme moyen de direction, d'engins aussi faibles, et surtout de se contenter, comme moteur, de la force de l'homme. Cependant les expérien-

ces des académiciens de Dijon sont les plus sérieuses que l'on ait faites, pour essayer d'imprimer une direction à un esquif aérien. C'est ce qui nous engage à reproduire le récit de l'une de leurs ascensions. Nous choisirons comme la plus intéressante, celle qui fut faite par Guyton de Morveau et M. de Virly, le 12 juin 1784.

« L'objet principal de cette expérience, dit Guyton de Morveau, était l'essai des moyens de direction, dont une partie avait été brisée, au moment de l'ascension du 25 avril, par la violence du vent, et avant que l'on eût lâché les cordes : c'était dans cette vue que plusieurs amateurs s'étaient réunis pour ouvrir une nouvelle souscription.

Le départ avait été fixé pour la première fois au samedi 12 juin, et annoncé huit jours auparavant par une affiche. Le vendredi 11, on commença, vers les 7 heures du soir, à charger les appareils qui ont été décrits dans le procès-verbal de la première expérience.

Le ballon fut rempli à 4 heures du matin, et le canon annonça que l'on était occupé à appareiller.

Nous montâmes dans l'aérostat, M. de Virly et moi, à 7 heures ; nous nous fîmes attacher les quatre cercles attachés au cercle équatorial, qui servaient à retenir le ballon ; nous les attachâmes aux quatre coins de la gondole. Six personnes étaient appuyées sur la galerie pour la fixer à terre ; nous les invitâmes à s'écarter, et nous partîmes sur-le-champ en nous élevant presque perpendiculairement.

Il était alors 7 heures 7 minutes ; le baromètre était à 27 pouces 8 lignes, le thermomètre à 15 degrés 1/4, l'hygromètre de M. de Saussure à 83 degrés 1/2, c'est-à-dire 33 degrés 1/2 d'humidité, en les comptant du terme moyen.

Le vent, assez faible, soufflait nord-nord-ouest, et même approchant du nord-quart-nord-ouest, puisqu'au moment de l'ascension, plusieurs personnes jugèrent, à la vue d'une carte sur laquelle les rumbs étaient tracés, qu'il devait nous porter sur Bourg-en-Bresse. Les deux flèches du plan joint à ce procès-verbal, indiquent sa direction nord-nord-ouest.

Nous étions chargés de cent livres de lest, trente à l'avant, soixante-dix à l'arrière de la gondole, de deux bouteilles pleines d'eau pour prendre de l'air, de provisions, d'habits pour nous défendre du froid, etc., le tout pesant environ vingt-cinq livres, non compris les instruments.

L'abaissement du mercure dans le baromètre était à peine sensible, que la dilatation était déjà considérable. Nous vîmes le ballon très-arrondi, et une légère vapeur autour de l'appendice nous annonça que le gaz commençait à s'échapper par la soupape d'assurance placée à son extrémité ; nous l'aidâmes à s'ouvrir, en tirant la ficelle qui descendait jusqu'à la gondole ; le fluide en sortit avec tant de rapidité que nous nous déterminâmes à faire jouer la soupape supérieure ; le gaz en sortit avec un sifflement que nous prîmes d'abord pour le bruit d'une chute d'eau. C'est ainsi que nous en avons constamment usé, vidant d'abord la soupape du bas, pour juger de la nécessité d'ouvrir celle de dessus, et cela afin de ménager la force d'ascension, et de ne pas nous exposer à voir crever le ballon. La dilatation par la chaleur du soleil, et la continuité de l'écoulement du gaz par la soupape supérieure, fit juger que le ballon s'était ouvert en cette partie. Nous devons à la bonté de nos soupapes, et à l'attention continuelle que nous y portions, d'avoir évité ce danger ; mais on verra aussi que cette distraction fréquente a beaucoup nui à nos projets de direction en donnant le temps au vent, quelque faible qu'il fût, de gagner sur nous.

Pour faire connaître jusqu'à quel point nous avons réussi dans cette entreprise, nous n'avons pas trouvé d'autre moyen que de tracer sur la carte la ligne que nous avons suivie, en indiquant les villages, les bois, les chemins sur lesquels nous avons passé, qu'il nous était facile de reconnaître, n'étant pas fort élevés, que nous nous sommes même fait nommer quelquefois par les habitants, et distinguant avec soin les espaces dans lesquels nous avons manœuvré, et ceux où nous avons été gouvernés par le vent.

Ayant suffisamment fait jouer les soupapes pour nous tranquilliser sur l'effet de la dilatation, nous observâmes que le vent nous avait portés de A, point de départ, en I, du côté du parc B. Le baromètre n'était descendu qu'à 26 pouces 4 lignes. Nous résolûmes d'essayer les manœuvres à la vue de toute la ville, et de là tourner de l'est au nord ; nous reconnûmes avec plaisir qu'elles produisaient leur effet : *le gouvernail déplaçait l'arrière et portait le cap du côté que nous désirions, en changeant chaque fois la direction d'environ 3 à 4 degrés sur la boussole, ce qui fut estimé très-exactement par M. de Virly sur une boussole portant un second cercle divisé en heures et quarts d'heure.* Le déplacement se trouva de deux divisions ou d'un 96°.

Les rames, jouant d'un seul côté, appuyaient le gouvernail et hâtaient le déplacement ; jouant ensemble, elles faisaient aller en avant. Nous parcourûmes ainsi l'espace de 1 à 2, laissant Crommoy à peu de distance de notre gauche, le vent nous rejetant sensiblement sur l'est. Nous restâmes là quelque temps stationnaires, ouvrant de temps en temps la soupape, et les flammes nous ayant fait connaître que l'air était plus calme, nous portâmes sur Pouilly, et nous en fûmes si peu détournés que nous passâmes entre le parc E et le hameau d'Espirey D. Il était 8 heures, le mercure se soutenait dans le baromètre à 25 pouces 1 ligne.

Après avoir parcouru la ligne 2-3, nous restâmes encore quelque temps stationnaires, et quoiqu'il n'y eût aucun courant sensible, nous vîmes très-bien que nous tournions sur nous-mêmes, lorsque nous ne faisions aucun usage de nos manœuvres.

Nous nous en servîmes pour tâcher de revenir à l'ouest de Pouilly ; et, tantôt plus tantôt moins contrariés par le vent, nous suivîmes à peu près la courbe 3-4, coupant en travers le chemin de Dijon à Langres, un peu au-dessus de la fourche du chemin d'Is-sur-Tille, H. Lorsque ce chemin se trouva pour la première fois sous nos fils à plomb, il était 8 heures et demie, le mercure était descendu à 24 pouces 8 lignes, ce qui annonçait que nous nous élevions insensiblement, soit par le progrès de la dilatation, soit par la légèreté que nous acquérions, chaque fois que nous ouvrions nos soupapes. L'hygromètre de M. de Saussure marquait 66 degrés.

Le ciel était toujours serein ; mais il s'élevait, d'une infinité de points, des vapeurs formant de petits nuages isolés qui nous paraissaient comme des cônes irréguliers dont la base portait à terre, ou du moins en était très-voisine. Un de ces nuages, le plus considérable, nous masqua quelque temps la ville, et plusieurs personnes ont jugé que nous l'avions traversé, quoiqu'il fût bien sûrement plus près d'elle que de nous.

Nous prîmes conseil pour savoir ce que nous devions entreprendre. M. de Virly aurait désiré terminer ce voyage aérostatique par une longue route dans la ligne du vent, de manière qu'il n'eût plus à diriger que pour choisir le lieu de descente dans un arc de cercle de quelques degrés ; mais le vent n'était pas assez fort pour nous seconder dans ce projet. Nous essayâmes quelque temps la route de Langres ; nous manœuvrâmes en conséquence, et, malgré nos efforts, le vent nous fit dériver suivant la ligne 4-5.

Il commençait à se former quelques plis à la partie inférieure du ballon, et bientôt nous vîmes les objets se grossir à nos yeux ; nous descendîmes jusqu'à environ soixante ou soixante-dix pieds de terre, au point marqué 6. Nous demandâmes à quelques paysans, qui venaient à nous, comment se nommait le village qui était à notre droite, K. Ils nous répondirent que c'était Ruffay. Ils s'apprêtaient à empoigner nos cordes pour nous faire arriver ; mais nous nous trouvions sur un terrain couvert d'assez grands arbres ; nous avions perdu quelque temps à causer avec eux ; nous jetâmes précipitamment cinq ou six paquets de lest pesant huit ou dix livres ; nous remontâmes tout de suite, à leur grand étonnement, et à la plus grande hauteur que nous ayons tenue dans cette expérience. Il était 9 heures précises ; le baromètre descendit à 23 pouces et une demi-ligne, ce qui donne une élévation d'environ 942 toises. L'hygromètre de M. de Saussure marqua 65 degrés 1/2, celui de M. Retz, qui était joint à notre baromètre,

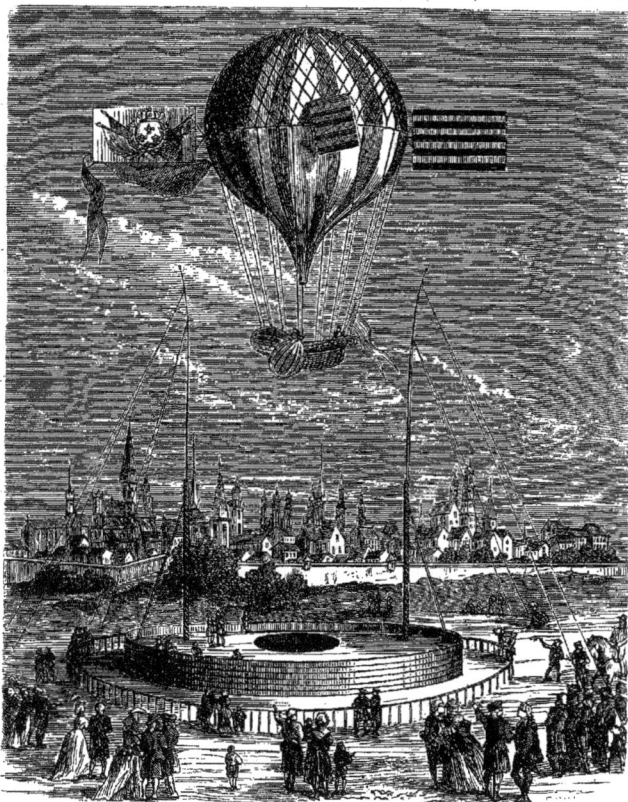

Fig. 271. — Ascension faite le 12 juin 1784 avec l'aérostat de l'Académie de Dijon, par Guyton de Morveau et de Virly. — Premier essai de direction des aérostats, à l'aide de rames.

était à 45; le thermomètre, à 17 degrés au-dessus de 0. Il faut remarquer que dans toute notre traversée, il n'a jamais été au-dessous de 15 degrés 1/2. M. de Virly profita de cette ascension pour présenter de l'amadou à une lentille de 18 lignes de diamètre et de 6 lignes de foyer : il s'alluma sur-le-champ.

Un fait assez important, et qui pourra étonner les physiciens, c'est qu'après avoir donné tant de fois issue au gaz dilaté au point de descendre jusqu'à terre, si nous n'eussions jeté du lest, le ballon se soit ensuite retrouvé assez plein pour courir risque d'éclater ; c'est néanmoins ce que nous avons éprouvé, et qui nous a obligés de veiller sans relâche au progrès de la dilatation, et d'ouvrir, de moment en moment, la soupape supérieure. Nous savions que les enveloppes de taffetas verni étaient susceptibles

de prendre une chaleur considérable, et que la dilatation devait croître en proportion. Nous avions encore observé, le 3 juin, que notre ballon, rempli aux trois quarts d'air commun, et laissé la nuit à l'air, après qu'on eut mesuré, aussi exactement qu'il était possible, sa hauteur et la base sur laquelle il reposait, s'était trouvé le lendemain, à 8 heures du matin, plus élevé de 4 pouces 1/2, ce qui annonçait une augmentation de volume d'à peu près 180 pieds cubes. Mais ici, le soleil ne nous avait pas quittés un seul instant, et nous ne pouvions attribuer la condensation, qui nous avait fait descendre, qu'à la dispersion des vapeurs dont nous avons parlé plus haut, qui en effet avaient disparu subitement, et qui, s'élevant jusqu'à nous, avaient sans doute refroidi l'atmosphère, sans y laisser apercevoir aucune trace sensible. Ces alternatives presque subites de condensation et de raréfaction nous paraissent mériter la plus grande attention. M. Champy, notre confrère, avait placé dans la gondole, au moment de notre départ, un instrument destiné à nous en avertir : c'est un siphon à trois branches dont la première, presque capillaire, communique, par le moyen d'un robinet, à une vessie pleine d'air ; la seconde, bien plus grosse, contient une liqueur colorée qui s'élève et s'abaisse, à mesure que l'air de la vessie est raréfié ou condensé, et la planche, sur laquelle elle est fixée, porte des divisions en lignes et pouces cubes, ou parties aliquotes de la capacité connue de la vessie.

Cet instrument, très-sensible, peut devenir très-avantageux, mais nous croyons que, pour suivre exactement les variations du ballon, il faut le placer de manière qu'il soit dans la même position par rapport à l'impression des rayons du soleil, et surtout que l'air soit de même nature et renfermé dans la même matière.

L'inquiétude que nous causait cette prodigieuse dilatation me fit penser qu'on pourrait peut-être s'en garantir entièrement en employant l'enveloppe solide dont j'ai parlé dans la première partie du rapport fait à l'Académie de la première expérience. Il suffirait de l'exposer à une dilatation graduée ; on fermerait le robinet lorsque le gaz y serait suffisamment raréfié, et comme le volume ne changerait pas, on gagnerait encore de la légèreté.

On conçoit qu'il nous fut impossible de manœuvrer pendant tout le temps que dura cette nouvelle dilatation, et nous suivîmes la ligne 7-8 en passant sur le bois de Saint-Julien, M ; sur celui d'Arcelot, N, laissant le village à notre droite. Il est probable que le vent avait alors changé, quoiqu'il ne marquât aucune direction décidée sur les flammes de notre avant, puisqu'il dut nécessairement influer sur notre marche, non-seulement dans cette ligne, mais encore dans les lignes 9, 10, 11 et 12.

Arrivés sur les carrières de Dromont, R, qui se trouvaient perpendiculairement sous nos fils à plomb, étant pour lors rassurés sur la dilatation, nous prîmes la résolution de profiter du calme pour nous porter en droite ligne sur Dijon. M. de Virly manifesta cette intention par un billet attaché à une pelote qui pouvait peser deux onces, avec banderoles, qu'il laissa tomber tout près de ce hameau. Sa chute jusqu'à terre, où nous la revîmes après qu'elle fut arrêtée, fut de 37 secondes. A 9 heures 17 minutes, le baromètre était à 23 pouces 5 lignes, et le thermomètre à 18 degrés.

Ayant viré par le gouvernail, nous fîmes force de rames, et nous voguâmes en effet dans la direction 8-9, sur une longueur d'environ 200 toises. Nous aurions rempli probablement notre projet, si nous eussions pu suffire au travail qu'il exigeait ; mais la chaleur et la fatigue nous obligèrent à le suspendre. Le vent, toujours très-faible nous fit repasser une troisième

fois le chemin de Mirebeau, et nous parcourûmes l'espace 9-10, tirant vers Binge.

Là, ayant aperçu à très-peu de distance sur notre gauche une petite ville (nous avons su depuis que c'était Mirebeau), nous reprîmes courage, espérant pouvoir arriver à quelque lieu déterminé, *et nous fîmes une route d'environ 500 toises sur la ligne 10-11.*

Nous reconnûmes bientôt que, malgré nos efforts, nous tournions sur Belleneuve ; nous passâmes sur ce village, T. Nous découvrîmes un bois, entre Trochère et Etevaux. Nous nous sentions déjà baisser ; nous nous disposions à jeter du lest pour nous relever ; mais, étant parvenus jusqu'à la pièce de terre U, nous préférâmes de nous laisser aller, pour prendre à loisir une connaissance plus entière de ce qui nous restait de lest, des choses dont nous pouvions nous débarrasser, et de ce que nous pourrions tenter en conséquence. Nous descendîmes donc assez doucement, quoique avec un mouvement accéléré, sur une pièce de blé entre ce bois et la prairie d'Etevaux.

Il était 9 heures 45 minutes ; nous avions encore 15 livres de lest et beaucoup d'effets que nous pouvions laisser. Nous vîmes accourir à nous un ecclésiastique et un grand nombre de paysans ; nous les attendîmes pour savoir précisément où nous étions, car la facilité avec laquelle nous avions d'abord distingué tous les objets à terre nous avait fait négliger la boussole, et les nuages nous avaient ensuite dérobé les points principaux qui auraient pu nous guider. Nous apprîmes bientôt que ce village se nommait Etevaux : c'était le vicaire de ce lieu, accompagné de ses paroissiens, qui venait à nous rencontre.

Nous étions tellement en équilibre que le moindre souffle nous aurait fait courir à terre, comme si nous eussions glissé. Pour nous fixer, M. de Virly pria un de ceux qui étaient accourus, et qui avait en bandoulière une grosse chaîne de fer, de nous la prêter pour charger quelques instants la gondole ; d'autres nous donnèrent leurs sabots, et nous commencions à gagner assez de poids pour rester immobiles. M. le vicaire d'Etevaux nous avait fait en arrivant les instances les plus honnêtes pour aller prendre chez lui quelques moments de repos ; il nous fit observer que la foule qui accourait de tous les villages voisins gâterait le blé, si nous y restions. Nous priâmes un de ses paroissiens de prendre le cordeau de notre ancre, et de marcher devant nous jusqu'à la prairie. Nous avions retiré de la gondole ce que nous y avions mis, et même deux paquets de lest pour nous élever de terre quelques pieds. Plusieurs habitants d'Etevaux s'empressèrent d'aider celui qui tirait le cordeau. M. le vicaire lui-même voulut être notre conducteur. Nous fûmes bientôt rendus à la prairie.

Arrivés à la prairie, nouvelles instances pour nous laisser conduire de même jusqu'au village ; elles étaient accompagnées de tant de démonstrations de joie et d'amitié que nous ne pûmes nous y refuser.

Arrivés devant le presbytère, nous fîmes attacher les quatre grandes cordes du cercle équatorial, que nous avions ramenées à nous au moment de notre départ, et nous mîmes pied à terre, laissant notre aérostat assez élevé pour que l'on ne pût rien y toucher.

Nous n'étions pas encore entrés dans la maison, que nous eûmes la satisfaction de voir entrer successivement M. le président de Vesvrotte, M. Amelot de Chaillon, M. le marquis de Sassenay, et plusieurs de nos amis qui nous avaient suivis, à cheval, à travers les champs et les bois, et qui furent bien étonnés d'apprendre qu'ils n'étaient qu'à quatre lieues et demie de Dijon, en ayant fait neuf ou dix.

Notre expérience n'était pas finie ; et nos agrès étant tout entiers comme à l'instant de notre départ, nous nous proposions toujours d'essayer à quel degré près du vent nous pourrions nous diriger s'il devenait plus fort et plus réglé ; nous n'avions pas osé verser nos bouteilles d'eau pour prendre de l'air lors de notre plus grande ascension, dans la crainte de nous délester ; nous avions remis cette opération au moment où, le ballon ne pouvant porter qu'un de nous, le jeu des manœuvres serait beaucoup plus difficile. Nous avions cru devoir, pour notre sûreté, placer à l'extrémité de l'avant un conducteur formé par une tresse de galon faux, de 100 pieds de longueur, terminé en haut par une pointe de laiton, en bas par huit branches divergentes sur un cercle de baleine. Nous avions suspendu près de la pointe un électromètre, mais il s'était trouvé trop élevé pour qu'il nous fût possible d'en observer le jeu depuis la gondole ; il était intéressant de le replacer plus à portée de notre vue. Nous désirions enfin essayer l'effet des rames de l'équateur, pour déterminer la descente, ce qui ne nous avait pas été possible jusque-là, parce que les cordes frottaient trop rudement sur le taffetas, lorsque nous avions voulu le tenter, le ballon plein, et que cette manœuvre aurait pu nous faire illusion, lorsque la partie inférieure s'aplatissait naturellement.

Il nous vint en pensée que nous pourrions nous faire mener à la remorque jusqu'à Dijon. Comme nous étions venus à Etevaux, nous y avions laissé les appareils tout dressés, et des matières pour remettre en peu d'heures notre ballon au même état qu'il avait été le matin ; il nous était donc facile de compléter le lendemain notre expérience sous les yeux de MM. les souscripteurs.

Nous partîmes d'Etevaux à midi et demi, dans cette résolution ; nous prîmes la route de Dijon assis dans notre gondole, quatre habitants d'Etevaux tenant nos quatre cordes, et quatre autres marchant à côté de nous pour soutenir la gondole qui baissait, par la direction qu'on donnait aux grandes cordes pour tirer le ballon. Nous marchâmes ainsi jusqu'à la hauteur de Coutemon, Z, c'est-à-dire près de deux lieues et demie, accompagnés d'un nombreux cortége, qui

se grossissait à mesure que nous avancions, et recevant, sur toute la route, et dans les villages où nous passions, des témoignages marqués de la satisfaction publique. Nous remarquâmes seulement quelques femmes et des enfants en petit nombre qui s'enfuyaient dans les champs à notre approche. Un seul cheval de tous ceux que nous rencontrâmes parut prendre l'effroi, et fit passer dans le fossé la voiture à laquelle il était attelé, mais sans aucun accident.

Lorsque nous passâmes sur les petits ponts vis-à-vis de Coutemon, il s'éleva de ce côté un vent très-vif qui porta le ballon au nord. Étant arrêté par les cordes, cette force tendait à le couvrir ; le cercle équatorial cassa en plusieurs endroits ; les rames de la gondole portèrent à terre : tous les agrès couraient risque d'être brisés ; la soupape s'ouvrit plusieurs fois par la position que prenait le ballon, et qui tendait le cordon. Il fallut sur-le-champ désappareiller. Un voyageur nous offrit obligeamment de prendre sur le devant de sa voiture la gondole, ses rames, et tout ce qui pouvait se plier. Nous fîmes porter à la main les bois du gouvernail et les rames de l'équateur ; le ballon ainsi déchargé fut ramené à Dijon jusque dans l'enclos d'où il était parti, et M. le prieur de Mirabeau nous ramena lui-même dans sa voiture à la ville, où nous arrivâmes vers les 4 heures du soir.

Ainsi, nous n'eûmes à regretter de cet accident que la satisfaction de revenir au point de notre départ dans notre aérostat, conduits à la remorque, et plus encore la possibilité de répéter et de compléter l'expérience le lendemain, comme nous nous en étions flattés.

Après avoir décrit avec l'exactitude la plus scrupuleuse tout ce que nous avons fait et observé, nous croyons devoir ajouter ici quelques réflexions qui peuvent contribuer au progrès de l'art aérostatique et qui auraient interrompu le fil de la narration.

Lorsque le vent était sensible, la résistance latérale de l'avant décidait peu à peu l'aérostat à prendre une position parallèle au courant, la proue fendant l'air.

Par un vent moins fort, le gouvernail restant dans le milieu de l'arc de sa révolution sans y être assujetti, s'est quelquefois présenté le premier et nous marchions par l'arrière. Quelquefois aussi l'avant et le gouvernail faisaient voile, et nous étions portés quelques instants par le travers. Il nous était facile d'observer toutes ces évolutions en regardant l'ombre très-prononcée de l'aérostat sur les champs que nous traversions ; mais cela ne durait qu'autant que nous ne faisions aucune manœuvre ; le gouvernail seul a toujours décidé la position ; le déplacement était plus prompt, quand on faisait travailler en même temps les rames de l'équateur et même de la gondole.

Pour s'assurer de l'effet du gouvernail, M. de Virly m'avait proposé, dès que nous fûmes élevés, de manœuvrer, pour placer à l'avant un chemin qui faisait alignement à l'arrière ; je le laissai agir seul ; il y parvint en très-peu de temps. Cette expérience a été répétée plusieurs fois, avec le même succès, tournant à droite ou à gauche, à volonté.

Fig. 272. — Guyton de Morveau.

Enfin, nous avons observé qu'il serait utile de placer les rames de l'équateur à l'extrémité d'un axe prolongé d'environ 10 à 12 pouces, pour que, dans aucun cas, leur jeu ne fût gêné par le frottement des cordes sur le ballon, ce qui peut être exécuté tout aussi facilement et de la même manière que le point d'appui du centre de révolution de notre gouvernail, qui se trouve solidement établi à plus de 22 pouces de l'équateur. On y gagnera encore la liberté de donner à la surface des pales de ces rames toute l'amplitude dont elles sont susceptibles, et qui n'avait été bornée que dans la crainte qu'elles ne s'approchassent trop du ballon.

Fait à Dijon, le 15 juin 1784, en l'hôtel de l'intendance, où avaient été invités ceux qui s'étaient trouvés à notre descente, et qui ont bien voulu signer avec nous ce procès-verbal.

Signé : DE MORVEAU et DE VIRLY, et à la suite, DE VESVROTTE, DEMANGE, AMELOT, le marquis DE SASSENAY, DE MEIXMORON fils, BUVOINT, prêtre, vicaire d'Etevaux, LEFAY, D'OISILLY, ROGER, DUMAY, échevin perpétuel de Mirebeau, alcade des états de Bourgogne ; DUMAY, avocat, juge de Mirebeau ; LEFEUBRE, conseiller du roi, et RUDE. »

On voit que les rames et le gouvernail produisirent quelque effet, quand l'air était tranquille. Mais le vice de ce système, comme celui de tous les innombrables essais du même genre qui furent tentés depuis, c'était l'insuffisance de la force humaine employée comme moteur. Nous retrouverons plus d'une fois, dans l'histoire de l'aérostation, ce même fait, c'est-à-dire l'infinie faiblesse du moteur que l'on a essayé d'opposer, avec la seule force de l'homme, à la formidable puissance des vents. Nous avons rapporté dans tous ses détails la tentative de Guyton de Morveau, comme la plus sérieuse en ce genre et la plus digne d'être conservée à l'histoire.

Le 15 juillet 1784, le duc de Chartres, depuis Philippe-Égalité, exécuta à Saint-Cloud, avec les frères Robert, une ascension qui mit à de terribles épreuves le courage des aéronautes.

Les frères Robert avaient construit un aérostat à gaz hydrogène, de forme très-oblongue, de 18 mètres de hauteur et de 12 mètres de diamètre. On avait disposé dans l'intérieur de ce grand ballon, un autre globe beaucoup plus petit, rempli d'air ordinaire. Cette disposition, imaginée par Meunier, pour suppléer à l'emploi de la soupape, devait permettre de descendre ou de remonter dans l'atmosphère sans avoir besoin de perdre du gaz. Parvenu dans une région élevée, l'hydrogène, en se raréfiant par l'effet de la diminution de la pression extérieure, devait comprimer l'air contenu dans le petit globe intérieur, et en faire sortir une quantité d'air correspondant au degré de sa dilatation. Cette disposition avait été proposée par M. Meunier, plus tard général de la république, et qui a fait un grand nombre de travaux sur l'aérostation. On avait aussi adapté à la nacelle un large gouvernail et deux rames, dans l'espoir de se diriger.

A 8 heures, les deux frères Robert, Collin-Hullin et le duc de Chartres, s'élevèrent du parc de Saint-Cloud, en présence d'un grand nombre de curieux, qui étaient

Fig. 273. — Ascension du duc de Chartres et des frères Robert, le 15 juillet 1784. Départ de Saint-Cloud. —

arrivés, de grand matin, de Saint-Cloud et des lieux environnants. Les personnes éloignées firent connaître par leurs cris, qu'elles désiraient que celles qui étaient placées aux premiers rangs se missent à genoux pour laisser à tous la liberté du coup d'œil ; d'un mouvement unanime, chacun mit un genou à terre, et l'aérostat s'éleva au milieu de la multitude ainsi prosternée.

Trois minutes après le départ, l'aérostat disparaissait dans les nues ; les voyageurs perdirent de vue la terre et se trouvèrent environnés d'épais nuages. La machine, obéis-

sant alors aux vents impétueux et contraires qui régnaient à cette hauteur, tourbillonna et tourna plusieurs fois sur elle-même. Le vent agissant avec violence sur la surface étendue que présentait le gouvernail doublé de taffetas, le ballon éprouvait une agitation extraordinaire et recevait des coups violents et répétés. Rien ne peut rendre la scène effrayante qui suivit ces premières bourrasques. Les nuages se précipitaient les uns sur les autres, ils s'amoncelaient au-dessous des voyageurs et semblaient vouloir leur fermer le retour vers la terre. Dans une telle situation, il était impossible de songer à tirer parti de l'appareil de direction. Les aéronautes arrachèrent le gouvernail et jetèrent au loin les rames.

La machine continuant d'éprouver des oscillations de plus en plus violentes, ils résolurent, pour s'alléger, de se débarrasser du petit globe contenu dans l'intérieur de l'aérostat. On coupa les cordes qui le retenaient; le petit globe tomba, mais il fut impossible de le tirer au dehors. Il était tombé si malheureusement, qu'il était venu s'appliquer juste sur l'orifice de l'aérostat, dont il fermait complétement l'ouverture.

Dans ce moment, un coup de vent parti de la terre les lança vers les régions supérieures, les nuages furent dépassés, et l'on aperçut le soleil; mais la chaleur de ses rayons et la raréfaction considérable de l'air dans ces régions élevées ne tardèrent pas à occasionner une grande dilatation du gaz. Les parois du ballon étaient fortement tendues, et son ouverture inférieure, si malheureusement fermée par l'interposition du petit globe, empêchait le gaz dilaté de trouver, comme à l'ordinaire, une libre issue par l'orifice inférieur. Les parois étaient gonflées au point d'éclater sous la pression du gaz.

Les aéronautes, debout dans la nacelle, prirent de longs bâtons, et essayèrent de soulever le petit globe qui obstruait l'orifice de l'aérostat; mais l'extrême dilatation du gaz le tenait si fortement appliqué, qu'aucune force ne put vaincre cette résistance. Pendant ce temps, ils continuaient de monter, et le baromètre indiquait que l'on était parvenu à la hauteur de 4,800 mètres.

Dans ce moment critique, le duc de Chartres prit un parti désespéré: il saisit un des drapeaux qui ornaient la nacelle, et avec le bois de la lance il troua en deux endroits l'étoffe du ballon; il se fit une ouverture de 2 ou 3 mètres, le ballon descendit aussitôt avec une vitesse effrayante, et la terre reparut aux yeux des voyageurs. Heureusement, quand on arriva dans une atmosphère plus dense, la rapidité de la chute se ralentit et finit par devenir très-modérée. Les aéronautes commençaient à se rassurer, lorsqu'ils reconnurent qu'ils étaient près de tomber dans un étang; ils jetèrent à l'instant soixante livres de lest, et à l'aide de quelques manœuvres ils réussirent à aborder sur la terre, à quelque distance de l'étang de la Garenne, dans le parc de Meudon.

Toute cette expédition avait duré à peine quelques minutes. Le petit globe rempli d'air était sorti à travers l'ouverture de l'aérostat, il tomba dans l'étang; il fallut le retirer avec des cordes.

Les ennemis du duc de Chartres ne manquèrent pas de mettre le dénoûment de cette aventure sur le compte de sa poltronnerie. Dans son *Histoire de la conjuration de Louis d'Orléans, surnommé Philippe-Égalité*, Montjoie, faisant allusion au combat d'Ouessant, dit que le duc de Chartres avait ainsi rendu « *les trois éléments témoins de la lâcheté qui lui était naturelle.* » On fit pleuvoir sur lui des sarcasmes et des quolibets sans fin. On répéta ce propos que madame de Vergennes avait tenu avant l'ascension, que «*apparemment M. le duc de Chartres voulait se mettre au-dessus de ses affaires.* » On le chansonna dans des vaudevilles, on le tourna en ridicule dans des vers satiriques.

Voici quelques-uns de ces vers méchants, qui sont aussi de méchants vers.

Chartres ne se voulait élever qu'un instant;
Loin du prudent Genlis il espérait le faire.
Mais, par malheur pour lui, la grêle et le tonnerre
Retraçant à ses yeux le combat d'Ouessant,
Le prince effrayé dit : « Qu'on me remette à terre,
« J'aime mieux n'être rien sur aucun élément. »

On disait encore du duc de Chartres :

Il peut aller dorénavant,
Tête levée et nez au vent;
Il est, les preuves en sont claires,
Fort au-dessus de ses affaires.
Eh ! oui, ce grand prince, aujourd'hui,
Doit être bien content de lui.

Enfin, ce qui était plus violent :

Mais quel soudain revers, hélas !
Ne vois-je pas mon prince en bas !
Comme il est fait, comme il se pâme !
On dirait qu'il va rendre *l'âme*.
— *L'âme !*..... *Oh ! qu'il n'est pas dans ce cas,
Peut-on rendre ce qu'on n'a pas ?*

Tout cela était parfaitement injuste. En crevant son ballon au moment où il menaçait de l'emporter avec ses compagnons, dans des régions d'une hauteur incommensurable, le duc de Chartres fit preuve de courage et de sang-froid. Blanchard prit le même parti, le 19 novembre 1785, dans une ascension qu'il fit à Gand, et dans laquelle il se trouva porté à une si grande hauteur, qu'il ne pouvait résister au froid excessif qui se faisait sentir. Il creva son ballon, coupa les cordes de sa nacelle, et se laissa tomber en se tenant suspendu au filet.

L'Angleterre n'avait pas encore eu le spectacle d'un aérostat portant des voyageurs. Le 14 septembre 1784, un Italien, Vincent Lunardi, fit à Londres le premier voyage aérien qui ait eu lieu au delà de la Manche.

Déjà, c'est-à-dire le 25 novembre 1783, le comte Zambeccari, qui devait plus tard mourir victime de l'aérostation, avait lancé, à Londres, un ballon sphérique, à gaz hydrogène, du diamètre de 3 mètres. C'était la première fois que les Anglais avaient été témoins du gonflement et du départ d'un ballon. Mais personne, en Angleterre, n'avait osé se confier à un esquif aérien, et ce fut un étranger, le capitaine Vincent Lunardi, qui donnant l'exemple du courage, osa s'élancer dans les airs, devant la population de Londres.

Dans son *Histoire de l'aérostation*, qui s'arrête à l'année 1786, Tibère Cavallo, écrivain anglais, a décrit avec assez de détails l'ascension faite à Londres, par Lunardi, le 14 septembre 1784.

L'aérostat fut porté à une place nommée *Artillery Ground*, et on le gonfla avec du gaz hydrogène pur, obtenu par l'action de l'acide sulfurique sur le zinc. Il fallut un jour et une nuit pour le remplir. Ce ballon n'avait pas de soupape, il mesurait 10 mètres de diamètre, et présentait la forme d'une sphère.

Fig. 271. — Aérostat de Lunardi (ascension faite à Londres le 14 septembre 1784).

Lunardi devait s'élever accompagné de deux personnes : le chevalier Biggin et une jeune Anglaise, Mme Sage. Ils se placèrent, en effet, tous les trois dans la nacelle, et c'est ainsi qu'on les voit représentés, dans une gravure anglaise d'un joli effet. Mais le gaz n'avait pas la force d'ascension suffisante pour enlever trois personnes, et Lunardi dut partir seul.

Il s'élança, au milieu des acclamations et des hourrahs de la multitude rassemblée sur la place, en agitant un drapeau qu'il tenait à la main, ayant pour tous compagnons de voyage, un pigeon, un chat et un chien. Il était muni d'une rame qui devait servir à le diriger, mais qui ne lui fut, comme on le devine, d'aucun secours. Il descendit au bout d'une heure et demie, et laissa à terre le chat à moitié mort de froid ; puis il remonta, pour aller descendre, une heure après, dans une prairie de la paroisse de Standon (comté d'Hertford). Il paraît qu'il eut à supporter, dans les hautes régions, un froid considérable (1).

L'exemple donné à Londres, par un Italien, fut bientôt suivi, à Oxford, par un Anglais, M. Salder, devenu célèbre depuis, comme aéronaute. M. Sheldon, professeur d'anatomie, et membre distingué de la *Société royale de Londres*, fit de son côté une ascension, en compagnie de Blanchard. Il essaya, mais sans succès, de se diriger à l'aide d'un mécanisme moteur en forme d'hélice.

Enhardi par le succès de ses premiers voyages, Blanchard conçut alors un projet, dont l'audace, à cette époque où la science aérostatique en était encore aux tâtonnements, pouvait à bon droit être taxée de folie : il voulut franchir en ballon la distance qui sépare l'Angleterre de la France. Cette traversée miraculeuse, où l'aéronaute pouvait trouver mille fois la mort, ne réussit que par le plus grand des hasards, et par ce seul fait, que le vent resta pendant trois heures sans variations sensibles.

Blanchard accordait une confiance extrême à l'appareil de direction qu'il avait imaginé. Il voulut justifier par un trait éclatant, la vérité de ses assertions, et il annonça, par la voie des journaux anglais, qu'au premier vent favorable, il traverserait la Manche de Douvres à Calais. Le docteur Gefferies, ou Jefferies, comme

(1) Tibère Cavallo, *Histoire et pratiques de l'aérostation* traduit de l'anglais. Paris, in-8°, 1786, pages 124-126.

l'écrit Cavallo, s'offrit pour l'accompagner.

Le 7 janvier 1785, le ciel était serein ; le vent, très-faible, soufflait du nord-nord-ouest. Blanchard, accompagné du docteur Jefferies, sortit du château de Douvres et se dirigea vers la côte. Le ballon fut rempli de gaz, et on le plaça à quelques pieds du bord d'un rocher escarpé, d'où l'on aperçoit le précipice décrit par Shakespeare dans le *Roi Lear*. A une heure, le ballon fut abandonné à lui-même ; mais, son poids se trouvant un peu fort, on fut obligé de jeter une partie du lest et de ne conserver que trente livres de sable. Le ballon s'éleva lentement, et s'avança vers la mer, poussé par un vent léger (1).

Fig. 275. — Le capitaine Lunardi.

Les voyageurs eurent alors sous les yeux un spectacle que l'un d'eux a décrit avec enthousiasme. D'un côté, les belles campagnes qui s'étendent derrière la ville de Douvres présentaient une vue magnifique ; l'œil embrassait un horizon si étendu, que l'on pouvait

(1) C'est dans l'ouvrage de Tibère Cavallo, *Histoire et pratiques de l'aérostation* (ch. XV, pages 139-145), que se trouvent les renseignements les plus authentiques sur la traversée de la Manche par Blanchard et le docteur Jefferies.

Fig. 276. — Blanchard et le docteur Jefferies partent de la côte de Douvres, le 7 janvier 1785, *pour* traverser en ballon, le Pas-de-Calais.

apercevoir et compter à la fois trente-sept villages ou villages; de l'autre côté, les roches escarpées qui bordent le rivage, et contre lesquelles la mer vient se briser, offraient par leurs anfractuosités et leurs dentelures énormes, le plus curieux et le plus formidable aspect. Arrivés en pleine mer, ils passèrent au-dessus de plusieurs vaisseaux.

Cependant, à mesure qu'ils avançaient, le ballon se dégonflait un peu, et à une heure et demie il descendait visiblement. Pour se relever, ils jetèrent la moitié de leur lest; ils étaient alors au tiers de la distance à parcou-

rir, et ne distinguaient plus le château de Douvres. Le ballon continuant de descendre, ils furent contraints de jeter tout le reste de leur provision de sable, et cet allégement n'ayant pas suffi, ils se débarrassèrent de quelques autres objets qu'ils avaient emportés. Le ballon se releva et continua de cingler vers la France; ils étaient alors à la moitié du terme de leur périlleux voyage.

A 2 heures et quart, l'ascension du mercure dans le baromètre leur annonça que le ballon recommençait à descendre: ils jetèrent quelques outils, une ancre et quelques autres objets, dont ils avaient cru devoir se munir. A 2 heures et demie, ils étaient parvenus aux trois quarts environ du chemin, et ils commençaient à apercevoir la perspective, si ardemment désirée, des côtes de la France.

En ce moment, le ballon se dégonflait par la perte du gaz, et les aéronautes reconnurent avec effroi qu'il descendait avec une certaine rapidité. Tremblant à la pensée de ne pouvoir atteindre la côte, ils se hâtèrent de se débarrasser de tout ce qui n'était pas indispensable à leur salut : ils jetèrent leurs provisions de bouche; le gouvernail et les rames, surcharge inutile, furent lancés dans l'espace; les cordages prirent le même chemin ; ils dépouillèrent leurs vêtements et les jetèrent à la mer.

En dépit de tout, le ballon descendait toujours.

On dit que, dans ce moment suprême, le docteur Jefferies offrit à son compagnon de se jeter à la mer. « Nous sommes perdus tous les deux, lui dit-il ; si vous croyez que ce moyen puisse vous sauver, je suis prêt à faire le sacrifice de ma vie. »

Néanmoins une dernière ressource leur restait encore : ils pouvaient se débarrasser de leur nacelle et se cramponner aux cordages du ballon. Ils se disposaient à essayer de cette dernière et terrible ressource; ils se tenaient tous les deux suspendus aux cordages du filet, prêts à couper les liens qui retenaient la nacelle, lorsqu'ils crurent sentir dans la machine un mouvement d'ascension : le ballon remontait en effet. Il continua de s'élever, reprit sa route, et, le vent étant toujours favorable, ils furent poussés rapidement vers la côte.

Leurs terreurs furent vite oubliées, car ils apercevaient distinctement Calais et la ceinture de villages qui l'environnent. A 3 heures, ils passèrent par-dessus la ville et vinrent enfin s'abattre dans la forêt de Guines. Le ballon se reposa sur un grand chêne ; le docteur

Jefferies saisit une branche, et la marche fut arrêtée : on ouvrit la soupape, le gaz s'échappa, et c'est ainsi que les heureux aéronautes sortirent sains et saufs de l'entreprise la plus extraordinaire, peut-être, que la témérité de l'homme ait jamais osé tenter.

Le lendemain, le succès de cet événement fut célébré à Calais par une fête publique. Le pavillon français fut hissé devant la maison où les voyageurs avaient couché. Le corps municipal et les officiers de la garnison, vinrent leur rendre visite. A la suite d'un dîner qu'on leur donna à l'hôtel-de-ville, le maire présenta à Blanchard, dans une boîte d'or, des lettres qui lui accordaient le titre de citoyen de la ville de Calais, titre qu'il a toujours conservé depuis. La municipalité lui acheta, moyennant trois mille francs et une pension de six cents francs, le ballon qui avait servi à ce voyage, et qui fut déposé dans la principale église de Calais, comme le fut autrefois, en Espagne, le vaisseau de Christophe Colomb. On décida enfin qu'une colonne de marbre serait élevée, à l'endroit même où les aéronautes étaient descendus.

Quelques jours après, Blanchard parut devant Louis XVI, qui lui accorda une gratification de douze cents livres, et une pension de la même somme. La reine, qui était au jeu, mit pour lui sur une carte, et lui fit compter une forte somme qu'elle gagna. En un mot, rien ne manqua au triomphe de Blanchard, pas même la jalousie des envieux, qui lui donnèrent à cette occasion le surnom de *Don Quichotte de la Manche*.

La colonne commémorative, que l'on avait décidé d'élever en l'honneur de Blanchard, fut, en effet, inaugurée un an après, dans le lieu de la forêt où l'aérostat était descendu. Elle portait cette inscription :

SOUS LE RÈGNE DE LOUIS XVI,

MDCCLXXXV,

JEAN-PIERRE BLANCHARD DES ANDELYS EN NORMANDIE

ACCOMPAGNÉ DE JEFFERIES, ANGLAIS,

PARTIT DU CHATEAU DE DOUVRES
DANS UN AÉROSTAT,
LE SEPT JANVIER A UNE HEURE UN QUART ;
TRAVERSA LE PREMIER LES AIRS
AU-DESSUS DU PAS-DE-CALAIS,
ET DESCENDIT A TROIS HEURES TROIS QUARTS
DANS LE LIEU MÊME OU LES HABITANTS DE GUINES
ONT ÉLEVÉ CETTE COLONNE
LA GLOIRE DES DEUX VOYAGEURS.

Fig. 277. — Le docteur Jefferies.

Blanchard se rendit à Guines, pour l'inau-guration de cette colonne, et il s'écria, dit-on, en apercevant le monument élevé à son cou-rage :

« Je ne crains plus le persifflage et la calomnie. Grâce à Dieu, Messieurs, il fau-drait cinquante mille rames de libelles entas-sés pour masquer ce monument sur toutes ses faces. »

Les magistrats de la ville de Guines, le maire et syndic de la noblesse, se rencontrè-rent au pied de la colonne, avec Blanchard escorté de quelques officiers de l'armée du

roi. De Launay, le procureur du roi du corps municipal, lui adressa ce discours :

« Il est bien flatteur pour nous, monsieur, de vous posséder ici, au même jour et à la même heure où vous descendîtes l'an passé ; mais la vue de cette colonne, l'inscription qui s'y trouve, donnée par l'Aca-démie, nous interdisent tout compliment. Ce monu-ment et l'acte de son inauguration, que nous allons signer avec vous, monsieur, vont y suppléer : l'un et l'autre passeront à la postérité la plus reculée,

Fig. 278. — Blanchard.

l'un et l'autre immortaliseront la mémoire du pre-mier des aéronautes qui ait osé traverser la mer ; enfin l'un et l'autre attesteront notre juste admira-tion sur un événement qui formera la plus glorieuse époque dans l'histoire de ce siècle. »

Blanchard répondit :

« Messieurs,

Cette colonne, précieux fruit de votre amour pour les arts, l'inscription qui s'y trouve, dont l'a honorée l'Académie, disent tout pour vous, et disent beau-coup plus que je n'ai mérité. Mais comment m'ac-quitter ? De quels termes me servir pour vous expri-mer mon admiration et ma reconnaissance à des pro-cédés aussi nobles que généreux ? Silence et respect. Voilà, messieurs, où se réduit ma réponse. »

Un repas était préparé à Guines. Il fut suivi

d'un bal. Les seuls ornements de la salle de bal, étaient le portrait de Blanchard, avec l'image de la colonne monumentale de la forêt. Au-dessus du portrait, étaient ces vers :

Autant que le Français, l'Anglais fut intrépide ;
Tous les deux ont plané jusqu'au plus haut des airs ;
Tous les deux, sans navire, ont traversé les mers.
Mais la France a produit l'inventeur et le guide.

Les gravures du temps consacrèrent, à l'envi, le souvenir de cet événement mémorable dans l'histoire de l'aérostation. Au bas de l'une de ces estampes, qui représente le moment où l'aérostat de Blanchard descend sur le rivage, après avoir franchi la mer, on lit les vers suivants :

Le pêcheur qui sur l'eau tenait son bras tendu,
Laisse tomber sa ligne, et reste confondu.
Les yeux fixés au ciel, semblé sur sa charrue,
Le laboureur les voit et les suit dans la nue ;
Le timide berger les croit des immortels,
Et dans son cœur troublé leur dresse des autels.

CHAPITRE VII

PILATRE DE ROZIER CONSTRUIT, AVEC LES FRÈRES ROMAIN, UNE AÉRO-MONTGOLFIÈRE POUR TRAVERSER LA MANCHE. — MORT DE PILATRE DE ROZIER ET DE ROMAIN SUR LA CÔTE DE BOULOGNE.

L'éclatant succès de l'entreprise de Blanchard, le retentissement immense qu'il eut en Angleterre et sur le continent, doivent compter parmi les causes d'un des plus tristes événements qui aient marqué l'histoire de l'aérostation. Bien avant le jour où Blanchard avait exécuté le passage de la Manche en ballon, Pilâtre de Rozier avait annoncé qu'il franchirait la mer, de Boulogne à Londres, traversée périlleuse en raison du peu de largeur des côtes d'Angleterre, qu'il était facile de dépasser.

On avait essayé inutilement de faire comprendre à Pilâtre les périls auxquels cette entreprise allait l'exposer. Il assurait avoir trouvé un nouveau système d'aérostats, qui

réunissait toutes les conditions nécessaires de sécurité, et permettait de se maintenir dans les airs un temps considérable. Sur cette assurance, le gouvernement lui accorda une somme de quarante mille francs, pour construire sa machine.

On apprit alors quelle était la combinaison qu'il avait imaginée. Il réunissait en un système unique les deux moyens dont on avait fait usage jusque-là ; au-dessous d'un aérostat à gaz hydrogène il suspendait une montgolfière. Il est assez difficile de bien apprécier les motifs qui le portèrent à adopter cette disposition, car il faisait sur ce point un certain mystère de ses idées. Il est probable que, par l'addition d'une montgolfière, il voulait s'affranchir de la nécessité de jeter du lest pour s'élever et de perdre du gaz pour descendre : le feu, activé ou ralenti dans la montgolfière, devait fournir une force ascensionnelle supplémentaire.

Quoi qu'il en soit, ces deux systèmes qui, isolés, ont chacun ses avantages, formaient, réunis, la plus détestable combinaison. Il n'était que trop aisé de comprendre à quels dangers terribles l'existence d'un foyer dans le voisinage d'un gaz inflammable, comme l'hydrogène, exposait l'aéronaute. « Vous mettez un réchaud sous un baril de poudre, » disait Charles à Pilâtre de Rozier. Mais celui-ci n'écoutait rien : il n'écoutait que son intrépidité et l'incroyable exaltation scientifique dont il avait déjà donné tant de preuves, et qui étaient comme le caractère de son esprit.

L'existence de cet homme courageux peut être regardée comme un exemple de cette fièvre d'aventures et d'expériences que le progrès des sciences physiques avait développée chez certains hommes à la fin du siècle dernier. Pilâtre de Rozier était né à Metz en 1756. On l'avait d'abord destiné à la chirurgie, mais cette profession lui inspira une grande répugnance ; il passa des salles de l'hôpital dans le laboratoire d'un pharmacien, où il reçut les premières notions des sciences physiques. Revenu dans sa famille, il ne put supporter la contrainte excessive dans laquelle son père le retenait, et il s'en alla un beau jour, en compagnie d'un de ses camarades, chercher fortune à Paris. Employé d'abord comme manipulateur dans une pharmacie, il s'attira bientôt l'affection d'un médecin qui le fit sortir de cette position inférieure. Grâce à son protecteur, il put suivre les leçons des professeurs les plus célèbres de la capitale, et bientôt il se trouva lui-même en état de faire des cours. Il démontra publiquement les faits découverts par Franklin, dans l'ordre des phénomènes électriques. Il acquit par là un certain relief dans le monde scientifique, et il put bientôt réunir assez de ressources pour monter un beau laboratoire de physique, dans lequel les savants trouvaient tous les appareils nécessaires à leurs travaux. Il obtint enfin la place d'intendant du cabinet d'histoire naturelle du comte de Provence.

Pilâtre de Rozier put alors donner carrière à son goût pour les expériences, et à cette passion singulière qui le caractérisait de faire sur lui-même les essais les plus dangereux. Rien ne pouvait l'arrêter ou l'effrayer. Dans ses expériences sur l'électricité atmosphérique, il s'est exposé cent fois à être foudroyé par le fluide électrique, qu'il soutirait presque sans précaution des nuages orageux. Il faillit souvent perdre la vie en respirant des gaz délétères. Un jour il remplit sa bouche de gaz hydrogène et il y mit le feu, ce qui lui fit sauter les deux joues. Il était dans toute l'exaltation de cette espèce de furie scientifique, lorsque survint la découverte des aérostats. On a vu avec quelle ardeur il se précipita dans cette carrière nouvelle, qui répondait si bien à tous les instincts de son esprit. Il eut, comme on le sait, la gloire de s'élever le premier dans les airs, et dans toute la série des expériences qui suivirent, c'est toujours lui que l'on voit au premier rang, fidèle à l'appel du danger.

Comme il avait besoin d'aide pour cons-

truire son ballon, il s'adressa à un habitant de Boulogne, nommé Pierre Romain, ancien procureur au bailliage de Rouen, receveur des consignations, et commissaire aux saisies, poste

Fig. 279. — Pilâtre de Rozier.

dont il venait de se démettre, le 2 juillet 1784. Pierre-Ange Romain, ou *Romain l'aîné*, avait un frère plus jeune que lui, qui s'occupait de physique, et sur lequel il comptait, avec raison, pour toutes les questions scientifiques relatives au futur voyage aérien. A partir de ce moment, du reste, il s'occupa lui-même avec ardeur, de l'art de construire et de perfectionner les ballons. Il fabriqua à Paris, avec son frère, dans une salle du château des Tuileries, le ballon qui devait l'emporter, lui et Pilâtre.

Un traité d'association avait été conclu, le 17 septembre 1784, entre Pilâtre de Rozier et Romain. Nous trouvons le texte de ce traité dans un recueil publié à Boulogne en 1858, *l'Année historique de Boulogne-sur-Mer*. L'auteur du recueil, M. F. Morand, a rassemblé dans quelques pages, tous les renseignements qu'il a pu trouver à Boulogne sur l'événe-

ment qui, nous occupe (1). Voici le texte de
cet acte d'association.

« Je soussigné, déclare m'être associé avec M. Romain pour la construction d'une montgolfière à gaz
inflammable, destinée à notre passage en Angleterre, et je m'engage à lui payer la somme de sept
mille quatre cents livres, sous les conditions suivantes : 1° que nous ne serons que deux dans ce
voyage ; 2° que la montgolfière sera construite
d'après la forme et les dimensions dont je serai convenu par écrit ; 3° qu'elle sera remplie de gaz inflammable pendant plusieurs jours, afin que je
puisse juger si la rupture d'équilibre et les enveloppes sont suffisantes pour conserver le gaz, de manière à tenter cette expérience sans danger ; 4° que
le lieu de l'expérience sera déterminé à ma volonté ;
5° enfin je m'oblige de payer cette somme de sept
mille quatre cents livres, avant notre départ qui sera
fixé au plus tard à la fin d'octobre prochain ; ce qui
se fera gratuitement pour le public. Fait double entre
nous à Paris, ce 17 septembre 1784.

PILATRE DE ROZIER. »

C'est à Paris, avons-nous dit, que fut construit le ballon de Pilâtre, par les frères Romain. Le public fut admis pendant quelques
jours, à le visiter dans une des salles des
Tuileries, moyennant rétribution. Au mois
de décembre 1784, l'*aéro-montgolfière* fut
envoyée à Boulogne, avec les substances propres à la fabrication du gaz hydrogène, c'est-
à-dire l'acide sulfurique et les copeaux de fer.
Pilâtre et Romain arrivèrent à Boulogne, le
21 décembre.

Leur arrivée ne fut pas accueillie dans cette
ville, par des témoignages encourageants.
Déjà la malignité s'exerçait contre l'aéronaute
et contre son ballon. Une lettre écrite de Boulogne le 22, et insérée dans les *Mémoires secrets de Bachaumont*, montre les mauvaises
dispositions du public bolonais, contre Pilâtre de Rozier, qui n'avait pas eu le bonheur
de lui plaire. On trouvait que ce savant, venu
de Paris, avait des allures trop doctorales
envers la province. On lit dans cette lettre :

(1) *L'année historique de Boulogne-sur-mer, recueil de
faits et d'événements intéressant l'histoire de cette ville,
et rangés selon leurs jours anniversaires*, par M. F. Morand,
correspondant du Ministre de l'Instruction publique pour
les travaux historiques. In-18, Boulogne-sur-mer, 1858.

« Nos physiciens ont interrogé le sieur Pilâtre, qui
n'est pas *foncé* et parle mal. Mais le défaut de savoir
est compensé chez lui par une grande audace, par
une activité prodigieuse et par un esprit d'intrigue
inconcevable, qui lui a fait supplanter tous ses con-
currents, bien plus dignes de la confiance du
gouvernement, surtout M. Charles. »

Les faveurs accordées par le ministre Calonne, à Pilâtre de Rozier, faveurs qu'on exa-
gérait beaucoup, avaient suscité ces mauvaises dispositions contre l'aéronaute. Son
ballon n'était pas plus épargné que lui.

« Il est doré comme un bijou, écrit le correspondant ; on voit qu'il n'a pas été fabriqué aux dépens
d'un particulier. C'est le plus joli colifichet du monde.
Entre les peintures qui en décorent le pourtour, on
lit ces deux mauvais vers en l'honneur de M. le
contrôleur général, qui a fourni à la dépense :

« Calonne, des Français soutenant l'industrie,
« Inspire les talents, les arts et le génie ;

mais ce distique sera mieux payé que ne l'a été le
poème de Milton. »

On voit que c'étaient bien les subsides accordés par le gouvernement qui provoquaient
la verve railleuse des critiques. Cette précoce
diatribe, lancée avant même qu'aucun pré-
paratif ne fût commencé, ressemble assez à
un mot d'ordre, qui aurait été envoyé de Paris, par les rivaux de Pilâtre de Rozier, c'est-
à-dire Blanchard, Charles et Robert.

Cependant Pilâtre et Romain se mirent à
l'œuvre, et l'ascension fut annoncée pour le
1er janvier 1785. L'aérostat était déposé dans
l'établissement de bains de mer qui porte
aujourd'hui, à Boulogne, le nom d'*Hôtel des
bains*. Mais l'ascension n'eut pas lieu à l'époque désignée. Bien plus, Pilâtre partit pour
l'Angleterre, laissant Romain à Boulogne. Il
se rendait à Douvres, où sans doute il voulait voir Blanchard, qui préparait en ce moment, sa traversée de la Manche en ballon.
On ne s'expliquait pas beaucoup cette absence
à Boulogne, et l'on écrivait à Romain, de
Calais :

« Nous avons eu ici, pendant deux jours, des vents
du sud-sud-est avec un temps très-fin et très-clair,

qui vous auraient porté de Calais à Douvres, et au delà de Londres. »

Pilâtre était de retour à Boulogne, le 4 janvier, et il ne paraissait pas songer à exécuter encore le voyage promis. Nous avons dit que c'est le 7 janvier que Blanchard, partant de Douvres, dans son aérostat, exécuta heureusement la traversée de la Manche. Ainsi, Pilâtre de Rozier avait été devancé, et l'un de ses compatriotes avait exécuté à sa place, l'entreprise dont il s'était solennellement chargé.

Il partit aussitôt pour Paris, où il arriva en même temps que son heureux rival. Il venait confier ses craintes à M. de Calonne. Mais le ministre le reçut fort mal.

« Nous n'avons pas dépensé, lui dit-il, cent mille francs pour vous faire voyager avec l'aérostat sur la côte. Il faut utiliser la machine et passer le détroit. »

Pilâtre de Rozier repartit, la mort dans l'âme. Il revenait avec le cordon de Saint-Michel, et la promesse d'une pension de six mille livres; mais il ne pouvait se défendre des plus tristes pressentiments.

Pendant son absence, on avait rempli le ballon de gaz hydrogène, dans la cour de l'établissement des bains. Toute la ville de Boulogne avait assisté à ce spectacle, et admiré les belles dispositions de l'*aéro-montgolfière*.

Pilâtre de Rozier, de retour à Boulogne le 21 janvier, fit apporter, le lendemain, l'aéro-montgolfière, qu'il installa sur l'esplanade. L'appareil chimique nécessaire à la préparation du gaz hydrogène, et le gazomètre destiné à recueillir l'hydrogène, étaient placés sous les tentes, le long des remparts, entre la rue des Dunes et la porte de *Pipots*.

Mais les jours et les mois se passaient sans rien amener. On attendait un vent favorable, et quand il s'élevait, le ballon n'était pas en état de partir. On rencontrait, à chaque instant, des difficultés nouvelles.

Un jour, la montgolfière fut en partie dévorée par une légion de rats ; et c'est à peine si l'on parvint à les chasser, avec une meute de chiens et de chats, soutenus par des hommes qui battaient du tambour toute la nuit. Un autre jour, au moment même où Pilâtre et Romain se disposaient à partir, un ouragan de vents et de tempêtes se déchaîna subitement. Pilâtre, en dépit des éléments furieux, voulait accomplir son voyage, et les magistrats de Boulogne furent forcés d'intervenir pour empêcher son départ.

Cet ouragan avait déchiré la moitié de l'appareil, c'est-à-dire la montgolfière, qu'il fallut refaire en entier. Dans une lettre adressée à un de ses amis de Paris, et qui est citée par l'auteur de l'*Année historique de Boulogne*, Romain consulte cet ami sur la figure à donner à la nouvelle montgolfière. Et le 13 février 1785, celui-ci lui répond :

« Tout bien examiné, je ne suis pas fort satisfait de la figure que prend la montgolfière sous les dimensions de 65 pieds d'axe et de 55 de diamètre, en la terminant surtout par une calotte sphérique. Si elle prenait la forme d'un œuf par la réunion de deux ellipsoïdes au petit axe, dont l'une serait fermée par le petit bout en l'embas de la figure, et l'autre plus ouverte, pour la partie d'en haut, il me semble que cela vaudrait mieux. Au reste, vois, considère, combine et fais-moi, si tu veux, dans une feuille de papier, le modèle de la figure que tu veux que prenne ta montgolfière, et je t'aurai bientôt tracé les fuseaux qui en feront les développements. »

Romain écrivait, le 18 février, à son frère, pour le tenir au courant des progrès de la construction de la montgolfière :

« Nous sommes après à tracer la figure de la montgolfière, laquelle nous donne bien de la peine, parce que l'endroit dans lequel nous la traçons est trop petit et qu'il faut la tracer en trois parties.... Elle sera finie aujourd'hui, quoi qu'on en dise. Je m'en vais toujours faire travailler à la toile bleue, c'est-à-dire tailler les fuseaux pour accélérer le tout. Les ouvrières sont arrivées. Je crois le pouvoir occuper après-demain. Je suis de ton avis quand tu me marques de faire un tiers de la machine en toile de coton : il nous faut de la légèreté, et il ne faut faire qu'une très-petite calotte en toile de coton, seulement pour la sûreté des voyageurs. Le ballon se comporte toujours bien. L'appareil est bientôt complet. »

Dans cette même lettre, Romain fait allusion aux embarras d'argent dans lesquels se trouvait Pilâtre de Rozier.

« Il me paraît, dit-il, qu'il ne payera pas la dépense que nous avons faite à l'hôtel d'Ambron. Je ne fais que le soupçonner, et je crains qu'il ne nous laisse dans l'embarras. »

Fig. 280. — Aéro-montgolfière de Pilâtre de Rozier.

En effet, malgré les fonds envoyés par le ministre, Romain s'était endetté de plus de onze mille francs, pour la construction de l'aérostat à gaz, et il devait trois mille cinq cents francs pour la montgolfière. Ses créanciers l'inquiétaient, et allaient jusqu'à le menacer de saisir l'aérostat. Romain renvoyait à Pilâtre les fournisseurs, qui exigeaient leur payement; Pilâtre les renvoyait au ministre, lequel faisait quelquefois la sourde oreille

Les embarras de Romain allèrent au point qu'il fut au moment de quitter la ville, et de passer à l'étranger, sans doute pour se soustraire aux difficultés d'une position trop fâcheuse. C'est ainsi, du moins, qu'on peut expliquer le passe-port qu'il se fit délivrer, le 12 mai, pour la Hollande et l'Angleterre.

Cependant il se ravisa. Il s'adressa au ministre, pour lui faire connaître la part qu'il avait prise aux travaux de Pilâtre, et les droits qui résultaient pour lui de l'acte d'association, dont nous avons cité le texte. Voici cette lettre, qui donne d'assez curieux renseignements sur toute cette histoire :

« Lorsque la sublime découverte de M. Montgolfier me fut connue, je donnai tous mes soins et mon temps à chercher les moyens de perfectionner l'aérostation. L'imperméabilité des enveloppes fut le principal but que je me proposai. Un an de travaux et d'expériences multipliées confirmèrent ma théorie. Je construisis plusieurs ballons, entre autres un pour Mgr le duc d'Angoulême, qui restèrent pleins de gaz inflammable durant plusieurs mois. D'après ces essais en petit, je me déterminai, au mois de septembre dernier, à construire un grand aérostat pour faire de longs voyages. Je fis part de mon projet à M. Pilâtre de Rozier qui l'approuva et me proposa de faire avec moi le passage de France en Angleterre. J'acceptai ses propositions et je commençai les constructions presque aussitôt, au château des Tuileries. Lorsque mon ballon fut soufflé d'air atmosphérique, M. de Rozier me dit qu'il avait communiqué à votre Grandeur notre projet, que Mgr l'avait approuvé et lui avait promis que le gouvernement se chargerait des frais de construction. Ce fut pour moi un nouveau motif d'émulation. Je mis donc la dernière main à mon ballon, le fis décorer. Lorsqu'il fut entièrement fini, M. de Rozier fit imprimer des lettres pour distribuer aux amateurs curieux de voir cette machine. Elle a été, l'espace de trois mois, dans la salle des Tuileries, exposée aux regards du public qui montra le plus grand désir d'en voir faire l'expérience ; mais mon accord avec M. de Rozier lui laissait absolument le choix du lieu. Il se détermina pour Boulogne. En conséquence, je m'y rendis, le 20 décembre, avec mon frère qui m'avait aidé dans la construction de cet aérostat. Nous y sommes l'un et l'autre depuis cette époque.

Mais comme une infinité de circonstances me donnent lieu de penser que M. de Rozier vous a tu le rapport direct que j'ai à cette expérience, j'ai cru devoir, Monseigneur, vous adresser le détail succinct de ma position vis-à-vis de lui et d'y joindre même copie

Fig. 281. — Mort de Pilâtre de Rozier et de Romain, sur la côte de Boulogne, le 15 juin 1785.

du traité passé entre nous. L'arrivée de madame de Saint-Hilaire dans cette ville (1), l'objet qui l'y a conduite, n'a pu que me confirmer dans cette opinion que vous n'aviez absolument aucune connaissance du travail, des soins, des dépenses et des mouvements que je me suis donnés pour le succès de cette expérience. Les longueurs et les délais qu'elle éprouve pourront au moins constater la bonté du procédé de mon enduit, ma machine étant depuis quatre mois exposée à l'intempérie de l'air dans la saison la plus mauvaise et la plus rigoureuse, sans avoir éprouvé d'altération sensible. Sans protection aucune, sans recommandation que celle que peut (sic) me donner mes faibles talents auprès d'un ministre protecteur, et soutien des arts, j'ai osé, Monseigneur, élever ma voix jusqu'à vous, vous montrer le désir que j'aurais de me rendre digne de la protection, de la bienveillance que vous accordez à ceux qui ont

(1) Cette dame de Saint-Hilaire voulait partir avec Pilâtre de Rozier, dans son voyage aérien. Elle s'était fait recommander par le ministre Calonne, à Pilâtre, lequel avait consenti à l'emmener. C'était là une violation de l'article 1er du traité que nous avons cité, et ce manque de foi avait déterminé Romain à se plaindre au ministre des procédés de son associé.

embrassé cette carrière. J'ai voulu vous témoigner moi-même, combien je me trouvais heureux de pouvoir, en faisant passer l'océan à madame de Saint-Hilaire, à laquelle vous vous intéressez et que vous recommandez à M. de Rozier, faire quelque chose qui puisse vous plaire et vous être agréable. Je ne fais aucun doute de l'empressement que M. de Rozier mettra à concourir à remplir à cet égard vos intentions dans toute leur teneur. »

Cette lettre est très-adroite et pleine de ménagements habiles pour le ministre à qui elle est adressée.

Cependant la pièce tant annoncée, ne se jouait pas; depuis six mois on attendait en vain le lever du rideau. Aussi les vers satiriques et les brocards accablaient-ils, à Boulogne, le malheureux Pilâtre de Rozier. Tous les rimeurs se répandaient à l'envi contre lui, en épigrammes, en poëmes et en chansons sur tous les airs. On a conservé, parce qu'elle a été livrée à l'impression, avec la date du 10 avril, la plus longue de ces pièces, qui est tout un poëme, intitulé : *Le Ballon*.

Dans tous ces couplets et satires, on faisait toujours allusion à une cause secrète qui retenait Pilâtre de Rozier attaché au rivage. On le disait amoureux d'une jeune et riche Anglaise, qui ne voulait pas absolument le laisser partir. L'amour avait mis une quenouille aux mains de cet Hercule des airs.

Cependant Pilâtre ne pouvait plus reculer. Il avait pris auprès du gouvernement et du public, des engagements qu'il ne pouvait fouler aux pieds sans déshonneur : il devait compte à l'État de toutes les sommes que le ministre lui avait comptées. D'un autre côté, ses créanciers ne cessaient de le presser, et sous ce rapport, sa position n'était plus tenable. L'auteur de l'*Année historique de Boulogne*, affirme que lorsque Pilâtre et Romain partirent pour le voyage aérien où ils devaient trouver la mort, ils étaient cités en justice, pour le lendemain, devant la sénéchaussée de Boulogne, en payement d'un mémoire de trois cent quatre-vingt-trois livres quatorze sous, qu'ils devaient depuis trois mois.

Le 15 juin 1785, à 7 heures du matin, Pilâtre de Rozier et Romain se rendirent sur la côte de Boulogne, pour effectuer leur départ dans l'*aéro-montgolfière*. Trois ballons d'essai ayant fait connaître la direction du vent, un coup de canon annonça à la ville le moment de leur départ.

Le marquis de Maisonfort, officier supérieur, voulait absolument être du voyage. Il jeta dans le chapeau de Pilâtre, un rouleau de 200 louis et mit le pied dans la nacelle. Mais l'aéronaute le repoussa, en disant :

« Je ne puis vous emmener, car nous ne sommes sûrs, ni du vent, ni de la machine ; et nous ne voulons exposer que nous-mêmes. »

M. de Maisonfort demeura donc, heureusement pour sa personne, simple spectateur du départ, et c'est à lui que l'on doit la relation la plus exacte du drame qui s'accomplit sous ses yeux.

Les causes de la catastrophe qui coûta la vie aux deux aéronautes, sont encore enveloppées d'un certain mystère. M. de Maisonfort en a donné l'explication suivante.

La double machine, c'est-à-dire la montgolfière, surmontée de l'aérostat à gaz hydrogène, s'éleva avec une assez grande rapidité, jusqu'à quatre cents mètres environ. Mais, à cette hauteur, on vit tout d'un coup l'aérostat à gaz hydrogène se dégonfler, et retomber presque aussitôt sur la montgolfière. Celle-ci tourna trois fois sur elle-même ; puis entraînée par ce poids, elle s'abattit, avec une vitesse effrayante.

Voici, selon M. de Maisonfort, ce qui était arrivé. Peu de minutes après leur départ, les voyageurs furent assaillis par un vent contraire, qui les rejetait vers la terre. Il est probable alors que, pour descendre et chercher un courant d'air plus favorable qui les ramenât à la mer, Pilâtre de Rozier tira la soupape de l'aérostat à gaz hydrogène. Mais la corde attachée à cette soupape, était très-longue : elle n'avait pas moins de cent pieds, car elle allait de la nacelle placée au-dessous de la montgolfière jusqu'au sommet de l'aérostat. Aussi jouait-elle difficilement, et le frottement très-rude qu'elle occasionna déchira la soupape. L'étoffe du ballon était fatiguée par le grand nombre d'essais préliminaires que l'on avait faits à Boulogne et par plusieurs tentatives de départ ; elle se déchira, après la soupape, sur une étendue de plusieurs mètres, la soupape retomba dans l'intérieur du ballon, et celui-ci se trouva vide en quelques instants. Il n'y eut donc pas, comme on l'a dit souvent, inflammation du gaz au milieu de l'atmosphère ; on reconnut, après la chute, que le réchaud de la montgolfière n'avait pas été allumé. L'aérostat, dégonflé par la perte du gaz, retomba sur la montgolfière, et le poids de cette masse l'entraîna vers la terre.

« L'infortuné de Rozier, écrit M. de Maisonfort au *Journal de Paris*, se décida à remplir son ballon dans la nuit du mardi 14, pour partir à la pointe du jour. Les apprêts furent longs. Il se trouva à la machine plusieurs trous qu'il fallut raccommoder ; on fut obligé de replacer la soupape, et l'aérostat ne fut aux deux tiers rempli qu'à 10 heures du matin.

Le vent changea, et nous restâmes toute la journée dans la crainte d'avoir fait une perte d'acide inutile et dans l'espoir incertain de recouvrer le vent si désiré. Il reparut sur le minuit. Il faisait même vent frais, et les marins experts et nommés pour en décider nous annoncèrent qu'il ne pouvait être plus favorable. Nous nous remîmes à travailler avec ardeur, et, en trois heures de temps, le ballon se trouva plein jusqu'aux cinq sixièmes. L'appareil, de 64 tonneaux, joua avec tout le succès possible. Vers les 4 heures, le vent parut moins bon ; les nuages chassaient nord-est du côté du lever du soleil. On lança alors un petit ballon de baudruche qui marqua d'abord le vent de sud-est, puis, trouvant un courant contraire, vint s'abattre sur la côte. Cet échec n'arrêta point les opérations, et bientôt la montgolfière fut placée sous l'aérostat. Vers les 6 heures, on lança un deuxième ballon qui fut en un instant perdu de vue. Il fallut avoir recours à un troisième courrier, qui indiqua la bonne route : alors le départ fut décidé, et deux coups de canon l'annoncèrent à toute la ville. Il est inutile de détailler les raisons qui m'ont empêché de monter dans la machine, puisque depuis quelques jours j'y étais destiné ; c'est au manque de matières et aux mauvaises qualités de quelques-unes que je dois la vie.

A 7 heures 7 minutes, tout se trouva prêt, la galerie attachée, chargée de combustibles, de provisions et des deux infortunés aéronautes, M. Pilâtre de Rozier et M. Romain. La rupture d'équilibre fut de 30 livres, et l'aéro-montgolfière s'éleva majestueusement, faisant avec la terre un angle de 60 degrés. La joie et la sécurité étaient peintes sur le visage des voyageurs aériens, tandis qu'une inquiétude sombre paraissait agiter les spectateurs : tout le monde était étonné et personne n'était satisfait.

A deux cents pieds de hauteur, le vent de sud-est parut diriger la machine, et bientôt elle se trouva sur la mer. Différents courants, tels que le vent d'est, l'agitèrent alors pendant trois minutes, ce qui m'effraya beaucoup. Le vent de sud-ouest devint enfin dominant, et le globe, en s'éloignant de nous par une diagonale, regagna la côte de France.

Dans ce moment, sans doute, M. Pilâtre de Rozier, ainsi que nous en étions convenus ensemble, voulant descendre et chercher un courant plus favorable, se sera déterminé à tirer la soupape, qui, mal raccommodée et trop dure, aura exigé auparavant et des efforts et peut-être une secousse violente.

C'est alors que le taffetas a crevé, que la soupape

est retombée dans l'intérieur du globe, et que l'air inflammable tendant à s'élever et voulant sortir par l'issue de dix pouces qui venait de se faire, l'enveloppe, pourrie par des essais inutiles et par un laps de temps considérable, a cédé, et s'est seulement déchirée sans éclater ; car un paysan, éloigné de cent pas, n'a entendu, m'a-t-il dit, qu'un bruit très-léger, tandis qu'une détonation totale en devait produire un très-fort.

J'ai vu, monsieur, l'enveloppe de l'aérostat retomber sur la montgolfière. La machine entière m'a paru alors éprouver deux ou trois secousses ; et la chute s'est déterminée de la manière la plus violente et la plus rapide. Les deux malheureux voyageurs sont tombés et ont été trouvés fracassés dans la galerie et aux mêmes places qu'ils occupaient à leur départ.

Pilâtre de Rozier a été tué sur le coup, mais son infortuné compagnon a encore survécu dix minutes à cette chute affreuse : il n'a pas pu parler et n'a donné que de très-légers signes de connaissance.

J'ai vu, j'ai examiné la montgolfière, qui n'avait rien éprouvé de fâcheux, n'étant ni brûlée ni même déchirée, le réchaud, encore au centre de la galerie, s'est trouvé fermé au moment de la chute. La machine pouvait être à environ mille sept cents pieds en l'air ; elle est tombée à cinq quarts de lieue de Boulogne et à trois cents pas des bords de la mer, vis-à-vis la tour de Crey. »

M. de Maisonfort courut vers l'endroit où l'aérostat venait de s'abattre. Les malheureux voyageurs n'avaient pas même dépassé le rivage, et étaient tombés près du bourg de Vimille. Par une triste ironie du hasard, ils vinrent expirer à l'endroit même où Blanchard était descendu, non loin de la colonne monumentale élevée à sa gloire. Aujourd'hui les voyageurs français qui se rendent en Angleterre en traversant Calais, ne manquent pas d'aller visiter, près de la forêt de Guines, le monument consacré à l'expédition de Blanchard. Ensuite on fait quelques pas, et à une certaine distance, le *cicerone* vous désigne du doigt, le point du rivage où ses émules ont expiré.

La mort fit de Pilâtre de Rozier un héros. Les traits de la satire et de l'envie s'émoussèrent devant ces deux victimes ; on ne trouva plus que des larmes pour les pleurer. L'élégie remplaça l'épigramme, et ceux qui avaient rimé des chansons contre les deux aéronautes, rimèrent des épitaphes en leur honneur. Citons deux de ces épitaphes :

> Ci-gît un jeune téméraire
> Qui, dans son généreux transport,
> De l'Olympe étonné franchissant la carrière,
> Y trouva le premier et la gloire et la mort.

> Ci-gisent qui, des airs franchissant la barrière,
> Et planant sur le monde abaissé devant eux,
> Du trône le plus glorieux,
> Précipités dans la poussière,
> Offrent de l'homme, au même instant,
> Et la grandeur et le néant.

Voici un quatrain placé au bas du portrait de Pilâtre de Rozier :

> Sa gloire, hélas ! ne fut qu'un rêve
> Dont la fin prouve avec éclat,
> Que le moment qui nous élève
> Touche à celui qui nous abat.

Deux monuments ont été élevés à Pilâtre et à Romain, l'un sur le lieu même de la chute, l'autre dans le cimetière de Vimille, au-dessus de leur sépulture, au bord du chemin de Boulogne à Calais. Plusieurs inscriptions se lisent sur le mausolée de Vimille. Voici la plus importante ; elle a été composée en latin pour les érudits, et la traduction en français se trouve du côté qui fait face au cimetière :

> F. P. DE ROZIER ET P. A. ROMAIN,
> E BOLONIA PROFECTI DIE JUINI 15, ANN. 1785,
> PLUS 5 MIL. PEDIBUS ALTIORES PRÆCIPITI CASU
> PROPE TURREM CROAICAM EXTINCTI SUNT ,
> ET HIC AMBO CONSEPULTI.

Une autre inscription, placée sur le mur de l'église de Vimille, fait connaître que des amis de Pilâtre et de Romain ont fondé à perpétuité une messe anniversaire dans cette église.

Cependant comme la gaieté française ne perd jamais ses droits, on trouva encore le moyen de faire de l'esprit sur la tombe de ces deux infortunés ; et l'on se plut à répéter la plaisanterie de M. de Bièvre, qui, en ap-

prenant la mort de Romain, s'écria, dit-on, en parodiant deux vers de Corneille :

> Je rends grâces aux dieux de n'être point Romain
> Pour conserver encor quelque chose d'humain!
> (Horace.)

CHAPITRE VIII

AUTRES ASCENSIONS AÉROSTATIQUES DE 1785 A 1794. — LE DOCTEUR POTAIN TRAVERSE LE CANAL SAINT-GEORGES. — LUNARDI. — HARPER. — ALBAN ET VALLET. — L'ABBÉ MIOLLAN ; SA DÉCONVENUE AU LUXEMBOURG.

La mort de ces premiers martyrs de la science aérostatique n'arrêta pas l'élan de

Fig. 282. — Le docteur Potain.

leurs successeurs. En 1785, on vit, suivant l'expression d'un savant aéronaute qui a écrit le *Manuel* de son art, M. Dupuis-Delcourt, « le ciel se couvrir littéralement de ballons (1). » Toutes ces ascensions, qui n'ont plus pour elles l'attrait de la nouveauté, et

(1) *Aérostation, Ballons.* In-12, chez Rorel. Paris, 1850, p. 7.

Fig. 283. — Le *Comte d'Artois*, aérostat construit par Alban et Vallet, au mois d'août 1785.

qui ne répondent à aucune intention scientifique, n'offrent, pour la plupart, qu'un faible
intérêt. Cependant, avant de suivre les aérostats dans une nouvelle période plus sérieuse
de leur histoire, celle des applications militaires et scientifiques, nous rappellerons quelques-uns des voyages aériens qui ont eu,
de 1785 à 1794, le plus brillant succès de
curiosité.

L'ascension du docteur Potain mérite d'ê-
tre citée à ce titre. Il traversa en ballon le
canal Saint-Georges, bras de mer qui sépare
l'Angleterre de l'Irlande. Il avait perfectionné
la machine hélicoïde de Blanchard, et s'en
servit, dit-on, avec quelque avantage.

L'Italien Lunardi exécuta, à Édimbourg,
différentes ascensions. Harper fit connaître,

à Birmingham, les ballons à gaz hydrogène ;
enfin Alban et Vallet construisirent, à Javelle,
près de Paris, un aérostat, qui fut nommé le
Comte d'Artois.

Alban et Vallet étaient directeurs de l'u-
sine de produits chimiques de Javelle. Ils
avaient tant de fois fabriqué et fourni du gaz
hydrogène aux aéronautes, que l'envie leur
prit d'effectuer eux-mêmes des ascensions. Ils
construisirent un excellent aérostat (*fig.*283),
pourvu de rames en forme d'ailes de moulin
à vent, et se livrèrent à quelques essais pour
se diriger dans l'air au moyen de cet appareil.
Leurs expériences eurent lieu au mois d'août
1785.

C'est à cette époque que l'abbé Miollan
éprouva au Luxembourg, en compagnie du

sieur Janinet, cet immense déboire, qui fut tant chansonné par la malignité parisienne.

L'abbé Miollan était un bon religieux qui était animé pour le progrès de l'aérostation, d'un zèle plus ardent qu'éclairé. Il s'associa à un certain Janinet, pour construire une montgolfière de cent pieds de haut, sur quatre-vingt-quatre de large.

Ce ballon, qui fut construit à l'Observatoire, par Janinet, était destiné à des expériences de physique. Le but des aéronautes était plus sérieux et plus désintéressé que ne le pensait le public. Le *Journal de Paris* va nous édifier sur ce point.

« Il n'est pas à présumer, dit ce journal, que l'entreprise de MM. l'abbé Miollan et Janinet ait été une spéculation pécuniaire ; il paraît qu'ils n'ont pu être conduits que par l'amour de la science et leur enthousiasme pour la superbe découverte de MM. Montgolfier. Le prospectus qu'ils donnèrent, au mois de mars dernier, annonçait du talent et de la modestie ; mais le public, déjà familiarisé avec le plus étonnant des phénomènes, ne s'empressa point de les seconder. Leur persévérance prouve assez sensiblement leur zèle pour les sciences en elles-mêmes ; la médiocrité de leur fortune ne fut point un obstacle pour eux ; et, s'ils n'ont point rempli plus tôt leurs engagements, c'est sans doute par le défaut d'encouragement de la part du public et la difficulté des avances.

Ils ont fait, du reste, à d'autres égards, plus qu'ils n'avaient promis ; leur prospectus annonçait une montgolfière de 70 pieds de diamètre ; ils en ont beaucoup augmenté les dimensions, et conséquemment les frais ; leur machine est la plus grande que l'on ait vue jusqu'à ce jour dans la capitale : il est entré dans sa construction plus de 3,700 aunes de toile, sa hauteur, en y comprenant sa galerie, est de plus de 100 pieds, son diamètre de 84 et sa circonférence de 264. Toutes les expériences faites jusqu'à présent, sous les yeux de la capitale, n'ont présenté que deux voyageurs ; cette machine sera montée par quatre, savoir : MM. l'abbé Miollan et Janinet, auteurs de cet aérostat ; M. le marquis d'Arlandes et M. Bredin, mécanicien.

Nous avons remarqué que l'attention des auteurs s'est d'abord portée à simplifier l'appareil de la machine. Ils ont supprimé l'estrade où on la plaçait ordinairement, et les mâts extérieurs, et ils les ont suppléés par des mâts portatifs fixés à la galerie et destinés à voyager avec elle. Cette précaution a le triple avantage de permettre la suppression de l'estrade, et de donner de la facilité pour remplir la ma-

chine dans le premier endroit venu et de la préserver du feu, en empêchant, au moment de la descente, le trop grand abaissement des toiles. Enfin, les voyageurs se pourvoient d'un étouffoir pour mettre sur le réchaud, d'une certaine quantité d'eau, de quelques éponges, de deux soupapes très-commodes, d'une ancre et d'une échelle de corde.

MM. l'abbé Miollan et Janinet ne s'étant pas proposé de donner au public un vain spectacle déjà connu, se destinent, dans leurs expériences, à l'essai de deux moyens physiques de direction, dont l'un a été imaginé par M. Joseph Montgolfier, qui ne l'a point exécuté ; il consiste dans une ouverture latérale pratiquée au ballon. L'air dilaté s'échappant par cette ouverture, frappe l'air extérieur, dont la réaction doit faire avancer la machine en sens contraire, avec une vitesse évaluée par l'auteur à six lieues par heure, en supposant l'ouverture d'un pied de diamètre. Un de nos plus célèbres physiciens, M. de Saussure, dans une lettre écrite au sujet de la grande montgolfière de Lyon, a dit qu'il était à souhaiter que quelqu'un fît l'essai de ce moyen.

Le même M. de Saussure, après avoir parlé des forces mécaniques appliquées aux aérostats, finit par dire que la connaissance des divers courants de l'atmosphère sera vraisemblablement, un jour, le moyen le plus efficace pour diriger les ballons. C'est pour parvenir à cette connaissance précieuse que MM. l'abbé Miollan et Janinet ont adapté à leur machine deux petits ballons, dont l'un, rempli d'air inflammable, doit s'élever au-dessus de la machine à 150 pieds, et l'autre, plein d'air atmosphérique, est suspendu à la même distance au-dessous. En supposant que l'effet de ces deux espèces de moyens n'ait pas tout le succès que l'on doit en attendre, on ne doit pas moins savoir gré à ces deux physiciens de les avoir essayés les premiers.

L'aérostat, dans l'état que nous venons de dire, partira dimanche à midi précis. Il s'élèvera de l'enclos séparé du jardin du Luxembourg. On tirera quatre boîtes : la première une demi-heure avant de rien commencer, pour avertir les personnes rassemblées dans le jardin de passer dans l'enclos ; la deuxième pour annoncer qu'on allume le feu ; la troisième pour indiquer que le ballon est parfaitement plein ; et la quatrième pour marquer le moment du départ.

« La distribution des billets se fera demain, jour de l'expérience, seulement dans deux bureaux, dont l'un sera placé dans la rue du Théâtre-Français, chez M. Cicéry, et l'autre à la place Saint-Michel, près le corps de garde. On y trouvera des billets de 6 livres pour entrer dans la première enceinte, ainsi que des billets de 3 livres pour entrer dans l'enclos. »

Le dimanche, 12 juillet 1785, une foule immense se répandit dans les jardins du Luxembourg; jamais aucun aéronaute n'avait réuni une telle affluence au spectacle de son ascension. Mais, par suite de la mauvaise construction de la machine, ou par l'effet de manœuvres maladroites, le feu prit au ballon. La populace, furieuse et se croyant jouée, renversa les barrières, mit en pièces le reste de la machine, et battit les pauvres aéronautes. On les accusa d'avoir mis volontairement le feu à la montgolfière, pour se dispenser de partir. On se vengea d'eux par des chansons.

Voici l'une de ces chansons, qui se chantait sur l'air : *Les capucins sont des gueux.*

> Je me souviendrai du jour
> Du globe du Luxembourg ;
> Que de monde il y avait,
> Monsieur Janinet,
> Monsieur Janinet,
> Que de monde il y avait,
> Pour voir s'il s'envolerait !

> Lassé d'avoir attendu,
> Et de ne l'avoir point vu,
> Chacun s'en allait disant :
> L'abbé Miollan !
> L'abbé Miollan !
> Chacun s'en allait disant :
> Qu'on nous rende notre argent.

> C'est à qui veut un lambeau
> De votre globe à fourneau ;
> J'en ai vu dans tout Paris,
> Même à Saint-Denis,
> Même à Saint-Denis ;
> J'en ai vu dans tout Paris,
> Dont vous excitez les ris.

> Vous n'aurez jamais beau jeu,
> Par le système du feu ;
> Le système est plus expert
> De Charle et Robert,
> De Charle et Robert ;
> Le système est plus expert,
> Et qui veut trop gagner perd.

En voici une autre, qui se chantait sur l'air : *Où allez vous, monsieur l'abbé?*

> C'est au Luxembourg aujourd'hui,
> Où tout Paris s'est réuni
> Pour voir l'expérience,
> Eh bien ?
> D'un globe de conséquence,
> Vous m'entendez bien.

> Chacun avec empressement
> Se bat pour donner son argent ;
> Pour voir cette merveille,
> Eh bien ?
> Qui n'eut pas sa pareille,
> Vous m'entendez bien.

> On a vu dans cette assemblée,
> Même une tête couronnée,
> Désirant beaucoup voir,
> Eh bien ?
> Nos voyageurs en l'air,
> Vous m'entendez bien.

> On fut quatre heures à regarder
> Si ce globe va s'enlever ;
> Mais quelle chose étrange,
> Eh bien ?
> En fumée il se change,
> Vous m'entendez bien.

> Cet abbé qui fit tant de bruit,
> En ce jour perd tout son crédit
> En sortant de sa sphère,
> Eh bien ?
> Il maudit sur la terre,
> Vous m'entendez bien.

> Oui dà, mon très-cher Miollan,
> Ce coup est très-déshonorant ;
> Pour un homme de cœur,
> Eh bien ?
> C'est le plus grand malheur,
> Vous m'entendez bien.

> Hélas ! mon pauvre Janinet,
> Comme associé de ce projet,
> Que tu fis sans malice,
> Eh bien ?
> Tu suivras ton complice,
> Vous m'entendez bien.

> Faites le tour de l'univers,
> Plutôt à pied que dans les airs,
> Avec votre cassette,
> Eh bien ?
> Qui contient la recette.
> Vous m'entendez bien.

> Monsieur d'Arlande, assurément,
> En vain s'est donné du tourment,
> On l'a vu tous les jours,
> Eh bien ?
> Leur prêter ses secours,
> Vous m'entendez bien.

> Si donc messieurs les physiciens
> Veulent faire des voyages aériens,
> Qu'ils imitent les Robert,
> Eh bien ?
> Qui sont les rois des airs,
> Vous m'entendez bien.

On publia une foule de caricatures contre les deux aéronautes; on joua quatre ou cinq vaudevilles sur les mésaventures des amateurs de ballons. Mais la satisfaction du public fut à son comble lorsqu'un faiseur d'anagrammes eut découvert que dans le nom de *l'abbé Miollan*, il y avait les mots *ballon abîmé* (1).

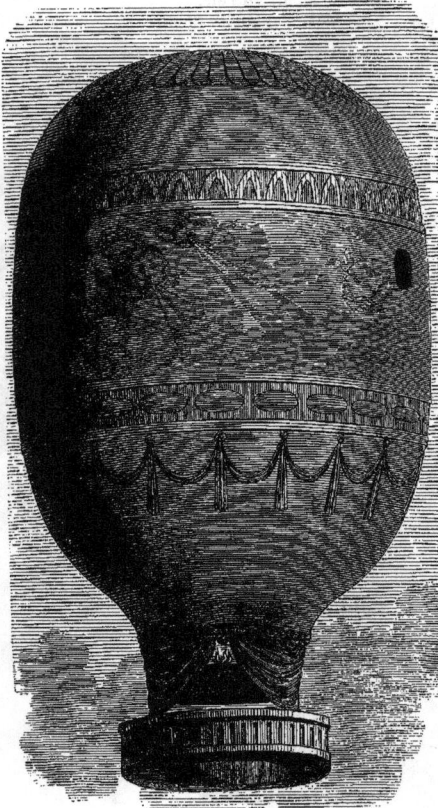

Fig. 284. — Montgolfière de l'abbé Miollan et Janinet, construite en juillet 1785.

C'est vers cette époque que se répandit, à Paris, la mode des figures aérostatiques. Dans

(1) On avait fait déjà un emploi tout aussi juste de l'anagramme à propos de Pilâtre des Rosiers, dans le nom duquel on avait trouvé : *Tu seras le p. roi de l'air.*

les jardins publics, on vit s'élever, à la grande joie des spectateurs, des aérostats offrant la figure de divers personnages, le *Vendangeur aérostatique*, une *Nymphe*, un *Pégase*, etc.

Blanchard parcourait tous les coins de la France, donnant le spectacle de ses innombrables ascensions. Après avoir épuisé la curiosité de son pays, il allait porter en Amérique ce genre de spectacle, encore inconnu des populations du Nouveau-Monde. Il s'éleva à Philadelphie, sous les yeux de Franklin.

Son rival Testu-Brissy marcha sur ses traces. Le ballon qu'il construisit (*fig.* 285) était muni de rames, en forme de roue de bateau.

Sa première ascension, faite à Paris en 1785, présenta une circonstance assez curieuse. Il était descendu avec son ballon dans la plaine de Montmorency. Un grand nombre de curieux qui étaient accourus, l'empêchèrent de repartir et saisirent le ballon par les cordes qui descendaient à terre. Le propriétaire du champ où l'aérostat était tombé arriva avec d'autres paysans; il voulut lui faire payer le dégât, et l'on traîna son ballon par les cordes de sa nacelle.

« Ne pouvant leur résister de force, je résolus alors, dit Testu-Brissy, de leur échapper par adresse. Je leur proposai de me conduire partout où ils voudraient, en me remorquant, avec une corde. L'abandon que je fis de mes ailes brisées et devenues inutiles, persuada que je ne pouvais plus m'envoler ; vingt personnes se lièrent à cette corde en la passant autour de leur corps ; le ballon s'éleva d'une vingtaine de pieds, et je fus ainsi traîné vers le village. Ce fut alors que je pesai mon lest, et, après avoir reconnu que j'avais encore beaucoup de légèreté spécifique, je coupai la corde et je pris congé de mes villageois, dont les exclamations d'étonnement me divertirent beaucoup, lorsque la corde par laquelle ils croyaient me retenir leur tomba sur le nez. »

C'est le même Testu-Brissy qui exécuta plus tard, une ascension équestre. Il s'éleva monté sur un cheval qu'aucun lien ne retenait au plateau de la nacelle. Dans cette curieuse ascension, Testu-Brissy put se convaincre que le sang des grands animaux s'extravase par leurs artères, et coule par les narines et les oreilles, à une hauteur à laquelle l'homme n'est nullement incommodé.

Fig. 285. — Aérostat de Testu-Brissy, construit en 1785.

M. Poitevin a souvent exécuté ce tour de force à Paris en 1850. Seulement le cheval était attaché au filet par un appareil de suspension, ce qui ôtait tout le danger et tout l'émouvant intérêt de l'expérience. Un cheval de bois eût tout aussi bien fait l'affaire.

CHAPITRE IX

EMPLOI DES AÉROSTATS AUX ARMÉES. — LE COMITÉ DE SALUT PUBLIC DÉCRÈTE L'INSTITUTION DES AÉROSTIERS MILITAIRES. — LE CAPITAINE COUTELLE. — ARRIVÉE DES AÉROSTIERS A MAUBEUGE. — MANŒUVRE DES AÉROSTATS CAPTIFS EMPLOYÉS AUX OBSERVATIONS MILITAIRES. — LES AÉROSTATS MILITAIRES AU SIÈGE DE MAUBEUGE. — LES AÉROSTATS A CHARLEROI. — BATAILLE DE FLEURUS.

Jusqu'en 1794, les ascensions aérostatiques n'avaient encore servi qu'à satisfaire la curio-

T. II.

sité publique. A cette époque, le gouvernement essaya d'en tirer un moyen de défense, en les appliquant, dans les armées, aux reconnaissances extérieures. Cette idée si nouvelle, d'établir au sein de l'atmosphère, des postes d'observation, pour découvrir les dispositions et les ressources de l'ennemi, étonna beaucoup l'Europe, qui ne manqua pas d'y voir une révélation nouvelle du génie révolutionnaire de la France.

L'histoire est loin d'avoir consacré le souvenir de tous les résultats remarquables obtenus dans l'industrie et les arts, pendant la période de la Révolution française. Les événements politiques ont absorbé l'attention, et remplissent seuls nos annales; tout ce qui concerne les progrès des sciences et de l'industrie à cette époque a été singulièrement négligé. Aussi, les documents relatifs à l'aérostation militaire sont-ils peu nombreux (1). On peut cependant s'aider de ces renseignements trop rares, pour préciser quelques faits qu'il y aurait injustice à laisser dans l'oubli.

Dès les premiers temps de la Révolution française, plusieurs propositions avaient surgi, pour appliquer les aérostats aux opérations militaires. Mais comme il ne s'agissait que de ballons plus ou moins dirigeables, on avait fait peu d'attention à ces projets. Les aérostats furent employés, pour la première fois, à la guerre, pendant le siége de Condé, en 1793, par le commandant Chanal, qui chercha à faire passer, par ce moyen, des dépêches au général Dampierre. Par malheur, la tentative alla directement contre le but proposé, car le ballon, porteur des dépêches, au lieu de parvenir à notre général, tomba dans le camp ennemi, et fit

(1) Voici les principales sources à consulter sur l'histoire de l'aérostation militaire : *Récit du capitaine Coutelle*, dans les *Mémoires récréatifs scientifiques et anecdotiques de Robertson*, Paris, in-8, 1840, t. II, p. 16-32. — *Les compagnies d'aérostiers militaires sous la République*, par G. de Gaugler, officier de chasseurs de Vincennes, brochure in-8, Paris, 1857. — *Souvenirs de la fin du XVIIIᵉ siècle*, *Extraits des mémoires d'un officier des aérostiers aux armées de 1793 à 1799*, par le baron de Selle de Beauchamp, in-12, Paris 1853, imprimé à Saint-Germain.

ainsi connaître au prince de Cobourg la situation de la forteresse. On ne pouvait plus mal débuter.

Ce fut Guyton de Morveau, chimiste célèbre, en ce moment représentant du peuple à la Convention nationale, qui eut le mérite de trouver l'emploi, vraiment pratique, des aérostats dans les armées. Il était familier avec l'aérostation, grâce aux nombreuses expériences qu'il avait exécutées à Dijon, avec l'appareil dont nous avons donné, dans un chapitre précédent, la description et la figure (page 465). Guyton de Morveau proposa de se servir d'aérostats retenus captifs au moyen de cordes, et dans lesquels des observateurs, placés comme en sentinelle perdue au haut des airs, observeraient les mouvements de l'ennemi. Rien n'était donc ici livré à l'imprévu ni aux dangereux caprices de l'air.

Guyton de Morveau, en sa qualité de représentant du peuple, faisait partie, avec Monge, Berthollet, Carnot et Fourcroy, d'une commission que le Comité de salut public avait instituée, pour appliquer aux intérêts de l'État les découvertes récentes de la science. Il proposa à cette commission d'employer les aérostats captifs, comme moyen d'observation dans les armées.

La proposition fut accueillie, et soumise au Comité de salut public, qui l'accepta, sous la seule réserve de ne pas se servir d'acide sulfurique pour la préparation du gaz hydrogène. En effet l'acide sulfurique s'obtient par la combustion du soufre, et le soufre, nécessaire à la fabrication de la poudre, était, à cette époque, très-rare et très-recherché en France, en raison de la guerre extérieure.

Pour préparer du gaz hydrogène sans employer d'acide sulfurique, comme le voulait le Comité de salut public, il n'y avait qu'un moyen : c'était de décomposer l'eau par le fer porté au rouge.

Quand on dirige un courant de vapeurs d'eau sur des fragments de fer incandescents, l'eau se décompose ; son oxygène se combine avec le fer pour former un oxyde, et son hydrogène se dégage à l'état de gaz.

Cette expérience, exécutée pour la première fois par Lavoisier, n'avait été faite encore que sur une très-petite échelle ; il fallait donc s'assurer si l'on pourrait la pratiquer avec avantage, dans de grands appareils, et si ce procédé serait applicable au service régulier des aérostats.

Guyton de Morveau alla trouver Lavoisier, dans son laboratoire. Ils montèrent un appareil pour préparer du gaz hydrogène, au moyen de l'eau dirigée, en vapeurs, sur le fer, maintenu au rouge dans un fourneau. L'expérience prouva à nos deux chimistes, que cette opération ne présenterait aucune difficulté ; qu'elle fournirait de grandes quantités d'hydrogène pur, et qu'on pourrait l'exécuter en tous lieux, au milieu d'un camp, comme dans un laboratoire, en plein air, comme dans un cabinet de physique.

Guyton de Morveau communiqua ce résultat au Comité de salut public, qui l'autorisa à faire les expériences en grand.

Ici, l'adjonction d'un opérateur spécial devenait nécessaire. Guyton de Morveau s'adressa à un de ses amis, nommé Coutelle.

Coutelle avait porté le petit collet, bien qu'il ne fût jamais entré dans les ordres. Né en 1748, il avait été attaché au comte d'Artois, comme sous-précepteur pour l'étude de la physique. A l'exemple de tout ce qui tenait à la cour, il avait adopté les idées de la Révolution, et s'était lié avec les hommes politiques et les hommes de science qui appartenaient à ce parti. C'est ainsi qu'il était devenu l'ami de Guyton de Morveau et de Fourcroy. Il s'occupait particulièrement de physique et de chimie ; et il avait formé, à Paris, un cabinet de physique, où se trouvaient réunis tous les appareils nécessaires aux expériences sur les gaz, sur la lumière et sur l'électricité. Les chimistes et les physiciens de la capitale venaient souvent faire leurs expériences dans son laboratoire. Coutelle était donc connu comme physicien très-exercé. Guyton de Morveau n'eut pas de peine à faire agréer Coutelle par le Comité de salut public. Ce dernier fut chargé des premiers essais à faire pour la production de l'hydrogène en grand, au moyen de la décomposition de l'eau.

Coutelle fut installé aux Tuileries, dans la salle des Maréchaux; on lui donna un aérostat de 9 mètres de diamètre, et l'on mit à sa disposition tous les produits et tous les matériaux nécessaires.

Voici comment il procéda à la préparation du gaz. Il établit un grand fourneau, dans lequel il plaça un tuyau de fonte de 1 mètre de longueur et de 4 décimètres de diamètre, qu'il remplit de 50 kilogrammes de rognures de tôle et de copeaux de fer. Ce tuyau était terminé, à chacune de ses extrémités, par un tube de fer. L'un de ces tubes servait à amener le courant de vapeur d'eau, qui se décomposait au contact du métal; l'autre dirigeait dans le ballon, le gaz hydrogène résultant de cette décomposition.

Quand tout fut prêt, Coutelle fit venir, pour être témoins de l'opération, le professeur Charles et Jacques Conté, physiciens de ses amis. En raison de divers accidents, l'opération fut très-longue; elle dura trois jours et trois nuits. Cependant elle réussit très-bien, en définitive, car on retira 170 mètres cubes de gaz. La commission fut satisfaite de ce résultat, et dès le lendemain, Coutelle reçut l'ordre de partir pour la Belgique, et d'aller soumettre au général Jourdan la proposition d'appliquer les aérostats aux opérations de son armée.

Le général Jourdan venait de prendre le commandement des deux armées de la Moselle et de la Sambre, fortes de cent mille hommes, et qui, sous le nom d'*armée de Sambre-et-Meuse*, envahissaient la Belgique. Coutelle partit, dans l'intention de rejoindre le général à Maubeuge, occupée en ce moment par nos troupes et bloquée par les Autrichiens.

Lorsqu'il arriva à Maubeuge, l'armée venait de quitter ses quartiers; elle était à six lieues de là, au village de Beaumont. Coutelle repartit, fit six lieues à franc étrier, et arriva à Beaumont, couvert de boue. Il fut arrêté par les sentinelles des avant-postes, et amené devant le représentant Duquesnoy, commissaire de la Convention à l'armée du Nord.

Duquesnoy était l'ami et le rival de Joseph Lebon, et il exerçait à l'armée du Nord, cet étrange office des commissaires de la Convention, qui consistait à mener les soldats au feu, et à forcer les généraux de vaincre, sous la menace de la guillotine. Lorsque Coutelle lui fut amené, Duquesnoy était à table. Il ne comprit rien à l'ordre du Comité de salut public.

« Un ballon, dit-il, un ballon dans le camp.... Qu'est-ce que cela signifie? Vous m'avez tout l'air d'un suspect, et je vais commencer par vous faire fusiller. »

On réussit cependant à faire entendre raison au terrible commissaire, qui renvoya Coutelle au général Jourdan.

Celui-ci accueillit avec empressement l'idée de faire servir les aérostats aux reconnaissances extérieures. Mais l'ennemi était à une lieue de Beaumont; d'un moment à l'autre il pouvait attaquer, et le temps ne permettait d'entreprendre aucun essai avec l'aérostat. Coutelle revint à Paris pour y transmettre l'assentiment du général.

Le Comité de salut public décida dès lors de continuer et d'étendre les expériences.

La République avait donc fondé l'institution, toute nouvelle, des aérostats militaires. Coutelle, nommé *directeur des expériences aérostatiques*, fut établi dans le jardin du petit château de Meudon (*Maison nationale*). Il s'adjoignit lui-même alors, le physicien Jacques Conté.

Jacques Conté était un des hommes les mieux doués par la nature, pour les travaux de la science et des arts, pour la théorie et pour la pratique usuelle. C'est de lui que Napoléon a dit : « Si les sciences et les arts venaient à se perdre, Conté les retrouverait. » C'est encore de lui que Monge disait : « Il a toutes les sciences dans la tête et tous les arts dans la main. » Conté fut un des savants attachés à l'expédition d'Égypte, et, plus tard, il fit sa fortune dans la fabrication des crayons qui portent son nom. Il fut le beau-père du chimiste Thenard.

Fig. 286.— Coutelle, commandant des aérostiers militaires sous la République.

L'aérostation militaire était donc placée, dès son début, en très-bonnes mains.

Coutelle et Jacques Conté construisirent un ballon de soie, capable d'enlever deux personnes, et disposèrent un nouveau fourneau, dans lequel on plaça sept tuyaux de fonte. Ces tuyaux, longs de 3 mètres, sur 3 décimètres de diamètre, étaient remplis, chacun, de 200 kilogrammes de rognures de fer, que l'on foulait, à l'aide du mouton, pour les faire pénétrer dans le tube. Le gaz fut ainsi obtenu facilement et avec abondance. Un litre d'eau fournissait un mètre cube de gaz hydrogène, et il ne fallait pas plus de douze à quinze heures, pour remplir l'aérostat. La grande difficulté était d'empêcher le

gaz hydrogène de s'échapper à travers l'enveloppe de soie du ballon. En effet, s'il avait fallu dans les camps, au milieu des opérations d'une campagne, recommencer, tous les deux ou trois jours, la préparation du gaz hydrogène et le remplissage de l'aérostat, l'entreprise eût été impraticable. Il était donc de la plus haute importance de rendre l'étoffe de l'aérostat tout à fait imperméable à l'hydrogène. Mais personne encore n'avait pu arriver à un résultat satisfaisant sous ce rapport.

Ce problème, qui avait arrêté jusque-là tous les opérateurs, Coutelle et Conté le résolurent. Ils trouvèrent le moyen de rendre l'étoffe du ballon si complétement imperméable à l'hydrogène, qu'à l'armée de Sambre-et-Meuse, l'aérostat *l'Entreprenant* demeura deux mois entiers plein de gaz, et qu'il n'était pas rare, à l'école de Meudon, de conserver des aérostats pleins de gaz pendant trois mois.

Il serait d'une haute importance, pour la pratique de l'aérostation, de posséder le moyen de retenir très-longtemps le gaz hydrogène dans l'enveloppe d'un aérostat. On serait ainsi dispensé de faire usage du gaz de l'éclairage, qui ne s'échappe pas à travers la soie vernie, mais qui est loin d'avoir la légèreté spécifique du gaz hydrogène pur, ce qui force à employer des ballons d'un volume double pour enlever le même nombre de personnes. Malheureusement le procédé qu'employaient les physiciens de la république, pour rendre l'enveloppe d'un aérostat impénétrable au gaz hydrogène, est aujourd'hui inconnu.

Tout étant ainsi parfaitement prévu et le matériel nécessaire étant réuni, Coutelle et Conté firent savoir au Comité de salut public, qu'ils étaient en mesure de soumettre à la Commission scientifique les expériences sur lesquelles devait être fondé l'art de l'aérostation militaire.

Coutelle procéda à ces expériences, en présence de Guyton de Morveau, de Monge et de Fourcroy. Il s'éleva, à diverses reprises,

Fig. 287. — Manœuvre des aérostats captifs employés dans les armées de la République.

à une hauteur de 500 mètres, dans le ballon retenu captif. Deux cordes étaient attachées à la circonférence du ballon, et retenues par dix hommes, placés à terre (*fig.* 287).

On constata, de cette manière, que l'on pouvait embrasser un espace fort étendu, et reconnaître très-nettement les objets, soit à la vue simple, soit avec une lunette d'approche. On étudia, en même temps, les moyens de transmettre les avis aux personnes restées à terre. Tous ces essais eurent un résultat satisfaisant.

On reconnut toutefois que, par les grands vents, il serait difficile de se livrer à des observations de ce genre, à cause des violentes oscillations et du balancement continuel que le vent imprimait à la machine. Une seconde difficulté plus grave encore, c'était de maintenir le ballon en équilibre à la même hauteur ; des rafales de vent, parties des régions supérieures, le rabattaient souvent vers la terre. Aucun moyen efficace ne put être opposé à cette action fâcheuse, qui fut plus tard l'obstacle le plus sérieux à la pratique de l'aérostation militaire.

L'expérience ayant paru suffisamment

concluante, le Comité de salut public décréta, quatre jours après, la formation d'une compagnie d'*aérostiers militaires*, dont le commandement fut confié à Coutelle, avec le titre de capitaine.

Voici l'arrêté du Comité de salut public, en date du 13 germinal an II (2 avril 1794) qui institue la compagnie d'aérostiers :

« Vu le procès-verbal de l'épreuve faite à Meudon, le 9 de ce mois, d'un aérostat portant des observateurs, le Comité de salut public désirant faire promptement servir à la défense de la République cette nouvelle machine, qui présente des avantages précieux, arrête ce qui suit :

« Art. 1er. Il sera incessamment formé, pour le service d'un aérostat près l'une des armées de la République, une compagnie qui portera le nom d'aérostiers.

« Art. 2. Elle sera composée d'un capitaine, ayant les appointements de ceux de 1re classe ; d'un sergent-major, qui fera en même temps les fonctions de quartier-maître ; d'un sergent, de deux caporaux et de vingt hommes, dont la moitié au moins aura un commencement de pratique dans les arts nécessaires à ce service, tels que maçonnerie, charpenterie, peinture d'impression, chimie, etc.

« Art. 3. La compagnie sera pour le surplus de son organisation et pour la solde, à l'instar d'une compagnie, et recevra le supplément de campagne, comme les autres troupes de la République, conformément à la loi du 30 frimaire.

« Art. 4. Son uniforme sera habit, veste et culotte bleus, passe-poil rouge, collets, parements noirs, boutons d'infanterie avec pantalon et veste de coutil bleu pour le travail.

« Art. 5. L'armement de ladite compagnie consistera en un sabre et deux pistolets.

« Art. 6. Le citoyen Coutelle, qui a dirigé jusqu'à ce jour les opérations ordonnées à ce sujet par le Comité, est nommé capitaine de ladite compagnie et chargé de lui remettre incessamment la liste de ceux qui se présenteront pour y être admis, et qu'il jugera capables de remplir les différents grades.

« Art. 7. Aussitôt que ladite compagnie sera formée, et même avant qu'elle soit complète, ceux qui y seront reçus se rendront sur-le-champ à Meudon pour y être exercés aux ouvrages et manœuvres relatifs à cet art.

« Art. 8. La compagnie des aérostiers, lorsqu'elle sera à l'armée ou dans une place de guerre, sera entièrement soumise pour son service au régime militaire, et prendra les ordres du commandant en chef. Quant à la dépense résultant des dépenses relatives à l'aérostat et des appointements de la compagnie, elle sera prise sur les fonds à la disposition de la commission des armes et poudres, qui fera passer les sommes nécessaires au sergent-major et recevra les comptes.

« Signé au registre : *Les membres du Comité de salut public :*

« C. A. PRIEUR, CARNOT, ROBESPIERRE, LINDET, BILLAUD-VARENNES, BARRÈRE.

« Pour extrait :

« BARRÈRE, BILLAUD-VARENNES, CARNOT, C. A. PRIEUR. »

Le décret de la formation de la compagnie des *aérostiers militaires*, composait cette compagnie de vingt hommes seulement. Elle fut pourtant portée à trente, à savoir : un capitaine, un lieutenant, un sous-lieutenant, un sergent-major, faisant fonction de quartier-maître, quatre sous-officiers et vingt-six soldats, porteurs du matériel, ou tambours. Tous les hommes de cette compagnie, la première qui eût encore été organisée en ce genre, étaient des ouvriers d'élite appartenant aux diverses professions : des charpentiers, des maçons, des mécaniciens, etc. Ils étaient assimilés, pour la solde, aux artilleurs, dont ils portaient l'uniforme, avec la légende « aérostiers » sur les boutons. Leurs armes étaient un sabre-briquet et des pistolets à la ceinture. Deux caissons attelés étaient affectés au transport du matériel.

Un mois après le décret de formation de la *compagnie d'aérostiers*, le Comité de salut public donnait l'ordre de la mettre en mouvement, et de la diriger sur Maubeuge, que l'armée française venait de reprendre, et où elle était au moment de subir un nouveau siège.

Voici le texte de ce nouveau décret du Comité de salut public, en date du quatorzième jour de floréal l'an II de la République (3 mai 1794).

« Le Comité de salut public, considérant que les avantages qu'il s'est promis de l'envoi d'un aérostat à Maubeuge ne peuvent se réaliser que par sa plus prompte exécution ;

« Charge la Commission de l'organisation et mouvements des armées, de faire recevoir, dans le jour, la compagnie d'aérostiers dont il a ordonné la formation par son arrêté du 13 germinal, dans l'état où elle se trouve, sauf à la compléter et à lui faire fournir ce qui lui manque après son arrivée à Maubeuge;

« D'expédier l'ordre au capitaine et au lieutenant de ladite compagnie de partir sextidi prochain 16, et de se rendre en poste à Maubeuge pour s'occuper sans délai des premières dispositions;

« Enfin, de faire partir au plus tard le 17 courant, pour la même destination, le restant de ladite compagnie, d'après l'état qui lui en sera remis par le capitaine, même sur des ordres de route individuels, s'il est nécessaire.

« Signé au registre : *Les membres du Comité de salut public.*

« BILLAUD - VARENNES , C. A. PRIEUR , CARNOT, B. BARRÈRE, COUTHON, LINDET.

« Pour extrait :

« C. A. PRIEUR, CARNOT, BARRÈRE. »

Conformément à ce décret, Coutelle expédia sa compagnie à Maubeuge, et il partit de son côté, en poste, emmenant avec lui son lieutenant. Maubeuge était déjà assiégée par les Autrichiens.

Arrivé à Maubeuge, son premier soin fut de chercher un emplacement, de construire son fourneau pour la préparation du gaz, de faire les provisions de combustible nécessaires, et de tout disposer en attendant l'arrivée de l'aérostat et des équipages qu'il avait expédiés de Meudon. Il choisit les jardins du collége, pour y établir ses appareils, préparer le gaz hydrogène et remplir l'aérostat, qui avait reçu le nom d'*Entreprenant.*

Les officiers de la compagnie étaient, outre Coutelle, leur capitaine, Delaunay, premier lieutenant, ancien maître maçon, que l'on avait choisi pour procéder à la construction du fourneau pendant la campagne, et Lhomond, deuxième lieutenant, fils d'un physicien de Paris, et lui-même chimiste et physicien. Ils donnaient tous les deux l'exemple du devoir et de l'activité, en mettant hardiment la main à l'œuvre pour l'installation du matériel.

Pour exposer les opérations qui furent exécutées dans le jardin du collége de Maubeuge, nous laisserons parler l'un des compagnons de Coutelle, le baron de Selle de Beau-

champ, alors simple soldat de la compagnie des aérostiers, et qui devait bientôt obtenir une lieutenance dans cette compagnie.

« Nos procédés étaient tellement coûteux et devaient être entrepris sur une si grande échelle, dit le baron de Beauchamp, qu'ils ne pouvaient convenir qu'à un gouvernement décidé à ne reculer devant aucune dépense nécessaire pour accroître ses moyens de défense. L'idée seul de transporter au milieu des camps une machine de trente pieds de diamètre, remplie de gaz inflammable, de la manœuvrer à volonté, d'y placer deux observateurs qui, à dix-huit cents pieds d'élévation, inspectassent tous les mouvements de l'ennemi, et en rendissent un compte instantané et exact, n'est-ce pas une de ces conceptions gigantesques qui n'appartiennent qu'à cette époque ? Et, en effet, que d'obstacles un tel projet ne présentait-il pas l La fragilité d'une enveloppe de soie gommée, d'un volume extraordinaire, se trouvant journellement exposée aux vents, aux orages, aux arbres des forêts et des routes, au passage resserré des villes; de plus l'altération infaillible du gaz, par la combinaison de l'air atmosphérique dont aucune gomme, aucun vernis n'avaient encore pu l'isoler entièrement ; les difficultés qu'on devait rencontrer pour faire suivre à une telle machine les marches et les contre-marches d'une armée, de manière à la tenir toujours prête à servir de tour d'observation dans un combat ou une bataille; n'y avait-il pas là de quoi faire faire plus d'une réflexion ? Il est vrai qu'il n'était pas encore question de suivre l'armée ; on se bornait pour le moment à l'emploi des aérostats dans les places assiégées, et c'est ce qui motivait notre envoi à Maubeuge. Cette place est très-difficile à bloquer complétement, à cause d'un camp retranché qui augmente de beaucoup son circuit et nécessite conséquemment une armée de siége considérable. Aussi les Autrichiens s'étaient-ils bornés à la cerner de trois côtés, laissant libre la route de France défendue par le camp retranché. Le collége, où nos travaux s'organisaient, touchait par son jardin aux remparts et se trouvait couvert par un bastion hérissé de canons qui répondaient souvent à ceux des redoutes ennemies (1). »

Les premiers moments furent très-difficiles. Il fallait tout créer, tout prévoir, et dans la rapidité d'une organisation improvisée, il y avait bien des lacunes, que le zèle de chacun parvenait à faire disparaître.

(1) *Souvenirs de la fin du XVIIIe siècle, Extraits des mémoires d'un officier des aérostiers, aux armées de Sambre-et-Meuse*, par le baron de Selle de Beauchamp, in-12, Paris, 1853, p. 28-29.

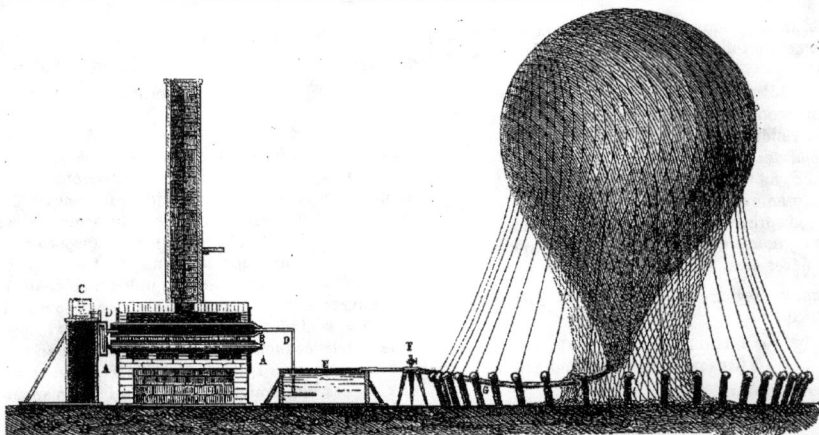

Fig. 288. — Appareil qui servit à préparer le gaz hydrogène, pour le remplissage de l'aérostat militaire *l'Entreprenant*.

« Notre travail était fort rude, dit le baron de Selle de Beauchamp, il fallait faire tous les métiers, maçons, charpentiers, serruriers, scieurs de bois; tout ce dont nous n'avions jamais eu la moindre idée était entrepris et terminé par la seule force de volonté de réussir, et surtout par l'exemple de notre chef, qui se mettait toujours le premier à la besogne, et nous prouvait, en en venant à bout, qu'il n'y a rien d'impossible au zèle et à l'intelligence. Nous étions quelquefois honteux de voir un homme de plus de cinquante ans plus actif et plus infatigable que des jeunes gens de notre âge. »

Nous représentons (*fig.* 288) l'appareil qui servit à préparer, dans le camp français, le gaz hydrogène nécessaire au remplissage du ballon *l'Entreprenant*. Contenue dans le vase C, l'eau arrive dans le tube de fonte A; elle se réduit en vapeurs, et pénètre dans le tube de fonte B, plein de rognures de fer. Là, elle se décompose, et l'hydrogène provenant de cette décomposition suit le tube BD, se lave dans l'eau de la cuve E, et pénètre finalement, au moyen du tube de cuir, G, dans le ballon.

Cependant les différents corps de l'armée ne savaient de quel œil regarder les soldats de la compagnie de Coutelle, qui n'étaient pas encore portés sur l'état militaire, et dont le service ne leur était pas connu. On murmurait sur leur passage des propos désobligeants. Coutelle s'aperçut de cette impres-

sion. Il alla trouver le général qui commandait à Maubeuge, et lui demanda d'emmener sa compagnie à la première affaire hors de la place. Une sortie était précisément ordonnée pour le lendemain, contre les Autrichiens, retranchés à une portée de canon. La petite troupe de Coutelle fut employée à cette attaque. Deux hommes furent grièvement blessés; le sous-lieutenant reçut une balle morte dans la poitrine. Ils rentrèrent dans la place au rang des soldats de l'armée.

Peu de jours après, les équipages porteurs de tout le matériel des aérostats captifs étant arrivés, Coutelle put mettre le feu à son fourneau et procéder à la préparation du gaz. C'était un spectacle étrange que ces opérations chimiques ainsi exécutées à ciel ouvert, au milieu d'un camp, au sein d'une ville assiégée, dans un cercle de quatre-vingt mille soldats. Tout fut bientôt préparé, et l'on put commencer de se livrer à la reconnaissance des dispositions de l'ennemi. Alors, deux fois par jour, par l'ordre de Jourdan, et quelquefois avec le général lui-même, Coutelle s'élevait avec son ballon *l'Entreprenant*, pour observer les travaux des assiégeants, leurs positions, leurs mouvements et leurs forces.

La manœuvre de l'aérostat s'exécutait en

Fig. 289. — Transport du ballon *l'Entreprenant*, de Maubeuge à Charleroi, par les aérostiers de la compagnie de Coutelle (page 500).

silence. La correspondance avec les hommes qui retenaient les cordes, se faisait au moyen de petits drapeaux blancs, rouges ou jaunes, de dix-huit pouces de largeur, et de forme carrée ou triangulaire. Ces signaux servaient à indiquer aux conducteurs, les mouvements à exécuter : *monter, descendre, avancer, aller à droite*, etc. Quant aux conducteurs, ils correspondaient avec le capitaine, posté dans la nacelle, en étendant sur le sol des drapeaux semblables, de différentes couleurs. Ils avertissaient ainsi l'observateur d'avoir à s'élever, à descendre, etc. Enfin, pour transmettre au

général en chef, les notes résultant de ces observations, le commandant des aérostiers jetait sur le sol, de petits sacs de sable, surmontés d'une banderole, auxquels la note était attachée.

On trouvait chaque jour, des différences sensibles dans les forces des Autrichiens, ou dans les travaux exécutés pendant la nuit. Le général en chef tirait un grand parti de ce moyen nouveau d'observation.

L'ennemi qui se voyait soumis à cette observation insolite, et qui se sentait surveillé, sans jamais pouvoir rien dérober à notre connaissance, était fort impressionné, et ne savait comment se mettre à l'abri de ces espions d'un nouveau genre. On lit dans les *Mémoires sur Carnot* que quelques soldats autrichiens, qui n'avaient jamais vu de ballon, s'agenouillaient et se mettaient en prière à la vue de ce prodige (1).

Les Autrichiens essayèrent de détruire l'aérostat, à coups de canon. Ayant remarqué qu'il s'élevait tous les jours du même point, ils établirent, pendant la nuit, dans un ravin, une pièce de 17, et au moment où l'aérostat s'élevait (c'était le cinquième jour de ses opérations), la pièce embusquée tira sur lui. Le premier boulet passa par-dessus; le second passa si près, que l'on crut le ballon percé; un troisième boulet passa au-dessous. On tira encore deux coups, sans plus de succès. Le signal de descendre fut alors donné par Coutelle, et exécuté en quelques instants. Le lendemain, la pièce autrichienne n'était plus en position. On laissa l'aérostat continuer ses opérations, sans l'inquiéter autrement que par quelques coups de carabine, qui ne l'atteignaient pas à la hauteur où il se trouvait.

Le baron de Selle de Beauchamp, dans la brochure qu'il a consacrée au souvenir de ses campagnes, donne une description intéressante des opérations qu'il fallait effectuer pour remplir le ballon de gaz hydrogène, et des premières ascensions des aérostiers militaires.

« Les premiers essais de remplissage d'un ballon avaient été faits, à Meudon, sous les auspices du physicien Conté et du représentant Guyton de Morveau. Ils étaient parvenus à dégager le gaz hydrogène de l'oxygène, par la décomposition de l'eau sur le fer rougi à blanc, mode qu'on avait préféré à l'emploi de l'acide sulfurique, comme moins coûteux; pour arriver à ce résultat, voici comment on opérait. Nous construisions sur le lieu même, un grand fourneau à réverbère, garni de deux cheminées à chaque bout; ce fourneau en briques, solidement établi, on y plaçait sept tubes de fonte venant du Creuzot, que l'on emplissait préa-

(1) *Mémoires sur Carnot, publiés par son fils*, in-8. Paris, 1866, tome 1er

lablement de limaille et de tournure de fer, vannée et purgée de rouille, comme on vanne du grain, manipulation qui, pour le dire en passant, était une de nos plus pénibles corvées; puis, ces tubes remplis et lutés aux deux bouts étaient placés dans le fourneau par quatre dessous et trois au-dessus, clos et mastiqués par d'autres briques, de manière à ce qu'il ne restât que deux ou trois regards, afin de surveiller l'incandescence : d'un côté du fourneau, se plaçait une cuve longue et élevée, pour fournir l'eau à chaque tube, par de petits tuyaux adaptés à la cuve; de l'autre côté, se trouvait une autre grande cuve carrée remplie d'eau saturée de chaux, dans laquelle le gaz devait s'échapper pour s'y purger de son carbone; ces préparatifs terminés, on faisait dans chacune des cheminées un grand feu de menu bois, qui y était entretenu jusqu'à ce que les tubes de fonte fussent rougis à blanc; l'eau descendant de la cuve supérieure dans chacun des tubes ainsi rougis, y déposait sa portion d'oxygène, tandis que l'hydrogène passait dans la cuve supérieure, et, s'y purgeant du carbone, se rendait par son excès de légèreté dans un tuyau de caoutchouc qui l'introduisait dans le globe aérostatique, se gonflant à mesure qu'il se remplissait. Toutes ces opérations exigeaient les soins les plus minutieux; le feu devait être entretenu de manière que la chaleur et la flamme restassent également réparties sur tous les tubes; il fallait veiller à ce qu'il ne se formât pas sur l'un d'eux ni couleur, ni fente qui pussent donner passage au gaz, ce qu'on apercevait facilement par une petite flamme bleuâtre qui se manifestait à cet endroit : ces fuites étaient fort difficiles à arrêter dans cet état d'incandescence; cependant on en venait à bout, non sans peine et même sans danger. L'opération du remplissage durait assez ordinairement de trente-six à quarante heures, pendant lesquelles il ne s'agissait pour nous ni de dormir, ni presque de manger; aussi vîmes-nous plus d'un soldat mis en réquisition, pendant que quelques-uns de nos hommes étaient aux hôpitaux, n'attendre qu'avec grande impatience le moment de retourner à leur corps.

« Revenons maintenant à notre première opération que je viens de décrire, et dont la réussite nous fit oublier toutes nos fatigues. C'était, en effet, le beau côté de la médaille; l'aérostat, magnifiquement gonflé, enlevait facilement deux personnes et 120 à 140 livres de lest; ce lest se composait de sacs en toile ou canevas, que l'on emplissait de terre ou de sable, et que l'on vidait à mesure de la déperdition de la force ascensionnelle; on sent bien que le but quel'on se proposait en élevant cette tour d'observation eût été manqué, si, au lieu de s'élever à ballon captif, c'est-à-dire retenu par deux cordes, on fût monté à ballon libre, car la descente ne s'effectuant pas au point du départ, les rapports des observateurs, retardés par l'éloignement, n'eussent pas conservé l'à-propos qui en faisait le mérite; il avait donc fallu forcer l'aérostat à rester stationnaire, et le seul moyen avait été d'adapter à la corde hémisphérique du filet deux autres cordes filées exprès, qui portaient environ 400 mètres de longueur, que l'on pouvait, en cas de besoin, allonger encore jusqu'à 1,800 pieds.

« Notre première ascension se fit au bruit du canon et aux hourras de la garnison de la place. Le rapport fait à la descente par l'officier du génie qui avait accompagné le capitaine, fut tellement clair et circonstancié, qu'il paraissait impossible désormais à l'ennemi de faire un mouvement qui ne fût pas aussitôt connu dans la place. On s'aperçut, par exemple, que le nombre de tentes apparentes dans le camp devait être bien supérieur à celui nécessaire pour l'effectif qui les habitait, car nos observateurs avaient pu en juger approximativement; nos lunettes permettaient de compter les carreaux de vitres à Mons, distant de cinq lieues de pays. L'effet moral produit dans le camp autrichien par ce spectacle si nouveau fut immense; il frappa surtout les chefs, qui ne tardèrent pas à s'apercevoir que leurs soldats croyaient avoir affaire à des sorciers. Pour combattre cette opinion et relever leur courage, on résolut, dans leur conseil, d'abattre, s'il était possible, une aussi fatale machine; or, dès qu'il fut reconnu que chaque jour l'aérostat s'élevait dans le même emplacement, derrière le même cavalier, ils firent placer deux pièces de canon dans un chemin creux, et lorsque l'aérostat s'éleva le matin, majestueusement dans les airs, un premier boulet, passant au-dessus de l'enveloppe, alla tomber à toute volée dans le camp retranché, puis aussitôt un autre boulet frisa le dessous de la nacelle portant notre capitaine, qui accueillit la double détonation au cri de *vive la République!* Cette explosion ne nous mit pas, nous autres, en si belle humeur, car nous calculions que, si l'effet des boulets manquait son but, l'ennemi pourrait bien s'aviser de procéder par la bombe ou l'obus, qui, tombant dans le jardin où nous tenions les cordes, auraient bien pu déranger le personnel et le matériel de l'ascension. Cette idée ne leur vint pas, ou plutôt on ne leur en donna pas le temps, car, dès le lendemain, on fit venir de Lille un certain sergent d'artillerie qui, sur le seul aspect du terrain, promit au général de démonter les pièces qu'on pourrait amener au lieu d'où elles avaient tiré; probablement cette promesse fut connue de l'ennemi, qui ne se représenta pas, et nous laissa dorénavant faire tranquillement nos observations (1). »

Cependant le général Jourdan se préparait à investir Charleroi. Il attachait une impor-

(1) *Souvenirs de la fin du* XVIIIe *siècle. Extrait des Mémoires d'un officier des aérostiers aux armées de Sambre-et-Meuse.* Pages 37-41.

tance extrême à l'enlèvement de cette place, qui devait ouvrir la route de Bruxelles. Coutelle reçut à midi, l'ordre de se porter, avec son ballon, à Charleroi, éloigné de douze lieues du point où il se trouvait, pour y faire diverses reconnaissances. Le temps ne permettant pas de vider le ballon pour le remplir de nouveau sous les murs de la ville, Coutelle se décida à faire voyager son ballon tout gonflé.

Ce n'était pas une entreprise facile que de transporter ainsi l'aérostat gonflé de Maubeuge à Charleroi. Il fallait d'abord lui faire traverser une partie de Maubeuge, par-dessus les maisons. Il fallait ensuite le faire sortir de la ville; et là était le point périlleux. Maubeuge était entourée, en grande partie, par l'armée ennemie, qui l'avait enveloppée, d'un côté, de fossés et de tranchées ou de murs de bastion. Il fallait tromper la surveillance des assiégeants; et l'on comprend quelle tâche ce devait être de dérober à l'ennemi la vue d'une machine ronde, de 9 mètres de diamètre, élevée à 10 mètres au-dessus du sol.

C'est pourtant ce qui fut fait, et voici comment. On passa un jour et une nuit à attacher à l'équateur du filet de l'aérostat, seize cordes, d'une longueur suffisante. Seize hommes furent chargés de tenir, chacun, une de ces cordes. On franchit ainsi les jardins du collége, puis les rues, en maintenant le ballon par-dessus les toits; et l'on arriva à l'une des portes, dans la partie de la ville laissée libre par l'ennemi.

A 2 heures du matin, on descendit le premier rempart. Des échelles étaient disposées, pour descendre dans le premier fossé. La moitié des hommes descendit en allongeant les cordes; tandis que l'autre moitié attendait au bord du fossé. Quand la moitié des hommes eut remonté le fossé, à l'aide d'autres échelles disposées de l'autre côté, la seconde moitié prit le même chemin, descendit, puis remonta le fossé, au moyen des échelles; tout cela avec l'attention que l'aérostat ne dépassât que de très-peu la crête du glacis, pour ne pas attirer l'attention des assiégeants, malgré l'obscurité de la nuit. Les trois enceintes qui environnaient la ville, furent successivement franchies de cette manière (*fig.* 289).

Le jour n'était pas encore levé, quand la troupe des aérostiers gagnait, en silence, la route de Namur. Rien ne paraissait menacer sa sécurité. Seulement, au lever du soleil, le vent, qui commençait à souffler fortement, poussait l'aérostat contre les pommiers qui bordaient la route, ce qui obligea nos conducteurs à prendre à travers champs.

On était à la fin de juin, la chaleur s'annonçait étouffante, et l'on comptait quinze heures de Maubeuge à Charleroi. Comme les chemins, qui servaient surtout au transport de la houille, étaient couverts d'une poussière noire de charbon de terre, les aérostiers étaient couverts d'une couche noirâtre, formée de la terre charbonneuse du chemin.

C'était un spectacle étrange que ces trente hommes, à demi nus, à cause de la chaleur, et noirs comme des démons, conduisant un énorme globe, suspendu au milieu de l'air. Les superstitieux habitants des Flandres, qui rencontraient cet équipage bizarre, s'enfuyaient de terreur, ou s'agenouillaient, saisis de mystérieuses craintes.

Mais les Flamands sont encore plus charitables que superstitieux. Quand ils voyaient les pauvres aérostiers épuisés de fatigue, pour avoir marché pendant plusieurs heures en plein soleil, dans les terres labourées, ils s'empressaient de leur apporter du pain, des vivres, et de tirer l'eau du puits, pour les désaltérer, ou laver leur visage et leur corps.

C'est au prix de tant de fatigues que la compagnie des aérostiers de Coutelle arriva, vers le soir, près de Charleroi. Elle reconnut bientôt l'armée campée aux environs.

Quelle ne fut pas la surprise de ces braves soldats, lorsqu'ils entendirent tout à coup retentir les accents de la musique militaire, et qu'ils aperçurent un nuage de poussière, mêlé aux reflets brillants des armes, sortant de la ville et s'avançant vers eux. C'était toute l'armée qui, à l'annonce de l'approche des aérostiers et de leurs équipages, sortait de Charleroi, le général en tête, pour leur faire fête et honneur. La musique des régiments sonna ses plus belles fanfares à l'arrivée de la compagnie de Coutelle, qui fut installée, avec son ballon, en parfait état, dans une vaste ferme à moitié ravagée.

On eut encore le temps de faire une reconnaissance avant la fin de la journée. Coutelle monta en ballon, avec un officier supérieur, qui prit note de la situation et des forces de l'ennemi.

Le lendemain, une ascension plus sérieuse se fit dans la plaine de Jumet. Pendant la journée suivante, Coutelle demeura en observation huit heures de suite, avec le général Morelot. La ville était si vivement pressée qu'elle était au moment de capituler, et le général du haut de son observatoire aérien, s'assurait du véritable état de la place assiégée.

La capitulation fut signée le lendemain, et la garnison hollandaise retenue prisonnière.

A peine le général hollandais, commandant la place qui venait de se rendre, eut-il passé devant le front des troupes françaises, qu'on entendit retentir au loin, un coup de canon, bientôt suivi de plusieurs autres.

C'était l'armée autrichienne qui s'avançait, mais trop tard, pour débloquer Charleroi.

« Messieurs, dit le général prisonnier, si j'avais entendu ce signal quelques heures plus tôt, vous ne seriez pas dans Charleroi. »

Il est certain que si la ville n'eût pas été prise ce jour-là, le sort de l'armée française eût été compromis. On peut attribuer cet heureux résultat aux services que rendit le ballon de Coutelle, qui, par ses excellentes observations, hâta le moment de notre victoire.

Fig. 290. — Bataille de Fleurus.

Cependant les Autrichiens s'avançaient toujours vers Charleroi, sous les ordres du prince de Cobourg, et une bataille était inévitable.

Elle se passa sur les hauteurs de Fleurus, et tourna à l'avantage de nos armes. L'aérostat *l'Entreprenant* fut d'un grand secours pour le succès de cette belle journée, et le général Jourdan n'hésita pas à proclamer l'importance des services qu'il en avait retirés. C'est sur la fin de la bataille que le ballon de Coutelle s'éleva, d'après l'ordre du général en chef. Il demeura huit heures en observation, transmettant sans relâche, des notes sur le résultat des opérations de l'ennemi. Pendant la bataille, plusieurs coups de carabine furent tirés sans l'atteindre.

On a souvent discuté pour savoir dans quelle mesure l'aérostat de Coutelle contribua au succès de la bataille. Carnot, dans ses *Mé-* *moires*, déclare que le ballon de Coutelle fut très-utile dans cette journée. Coutelle et l'officier d'état-major qui l'accompagnait dans la nacelle, demeurèrent constamment en correspondance avec l'armée française, dévoilant à Jourdan les mouvements de l'armée autrichienne. Ils étaient placés si bas et si près de l'ennemi, qu'on ne cessait de leur envoyer des balles de carabine. Il est donc impossible que Jourdan n'ait pas tiré un grand parti de ces avertissements. Il fut heureusement secondé par les observateurs aériens qui lui faisaient connaître plus d'une position de l'ennemi que des accidents de terrain, ou l'éloignement, l'auraient empêché d'apercevoir.

Le baron de Selle de Beauchamp, dont nous avons déjà cité les intéressants mais trop courts *Mémoires*, assista à la bataille de Fleurus, comme simple soldat de la compagnie des aérostiers. Son témoignage est donc précieux à enregistrer, et nous rapporterons ce qu'il dit à cet égard.

« Charleroi rendu, dit le baron de Selle, nous reçûmes l'ordre de nous reporter en avant avec le quartier général qui s'établit au village de Gosselies, centre des opérations de l'armée ; les Autrichiens s'avançaient de leur côté sous les ordres du général prince de Cobourg, et tout annonçait une collision prochaine. Parmi les représentants en mission aux armées, se trouvait seul, auprès du général en chef, le fameux Saint-Just, qui lui promettait la victoire. Nous couchâmes dans une grange, et dès 4 heures du matin, le 8 messidor (26 juin 1792), un aide de camp nous apporta l'ordre de nous rendre sur le plateau du moulin de Jumey, où se plaçait momentanément le quartier général. La plaine de Fleurus peut se comparer à nos plaines de la Beauce, où l'œil parcourt aisément dix lieues d'horizon ; le moulin de Jumey s'élevait à peu près au centre de nos positions, et se détachait sur un petit monticule de cette planimétrie que peuplaient plusieurs gros villages. Deux de nous (et j'étais un des deux) étaient détachés pour aller chercher nos vivres dans un de ces hameaux, placés entre la ligne du quartier général et celle où l'action était déjà engagée entre les avant-postes ; le temps était clair, on distinguait parfaitement la fumée des feux d'artillerie auxquels ceux de la mousqueterie commençaient à se mêler d'une façon très-active. Nous fîmes très-activement aussi notre course nécessaire, et en revenant seuls et isolés au milieu de ce calme précurseur de la tempête, nous réfléchissions au contraste qu'allaient offrir bientôt ces plaines, les unes si vertes, les autres si brillantes de leurs moissons dorées, envahies dans quelques instants par des masses armées pour se détruire, dépouillées de leur verdure et de leurs moissons, foulées aux pieds des hommes et des chevaux, et bientôt couvertes par des cadavres. Ces réflexions, bien sombres peut-être pour de jeunes têtes comme les nôtres, furent bientôt effacées dès que nous eûmes rejoint nos camarades, ce qui fut très-facile, l'aérostat s'étant élevé pendant notre absence et son disque éclatant nous servant de point de ralliement. Nous trouvâmes au pied du moulin le général Jourdan et le représentant Saint-Just en grande conférence ; ce dernier me parut un jeune homme d'une figure assez douce, peu imposante, sur le front duquel perçait quelque inquiétude ; mais, dans ce moment, nous ne songions qu'à déjeuner, pendant que notre capitaine et le général de division *Morelot*, élevés à plus de mille deux cents pieds, s'occupaient de leurs observations. Vers midi, les communications des observateurs avec la terre devinrent plus fréquentes : j'ai déjà dit que ces communications avaient lieu au moyen de sacs

de lest dont on annonçait l'envoi par des signaux ; car nous en étions pourvus pour les différentes manœuvres : lorsqu'il s'agissait, comme ici, de communications plus détaillées, les sacs contenaient un écrit, et n'étaient confiés qu'à l'officier des aérostiers, chargé lui-même de les remettre entre les mains de qui de droit, ordinairement du général. Ces fréquentes missions nous parurent avoir une signification, qui se manifestait encore par le rembrunissement des figures de messieurs de l'état-major. Le canon semblait se rapprocher dans toutes les directions, ce qui annonçait assez clairement que l'ennemi avançait, et deux heures ne s'étaient pas écoulées sans que le mouvement de retraite fût très-prononcé ; nous nous amusions cependant à considérer les nombreux prisonniers de toute arme que l'on amenait au quartier général ; tous ces hommes, de différentes nations, Hollandais, Allemands, Moldaves, Valaques, regardaient d'un œil stupide cette énorme machine élevée dans les airs, semblant s'y soutenir seule, car à peine apercevait-on les cordes ; quelques-uns étaient prêts à se jeter à genoux et à l'adorer, tandis que d'autres, lui montrant le poing d'un air féroce, répétaient dans leur langue : *Espions, espions, pendus si vous êtes pris !* prédiction qui nous amusait médiocrement ; mais comme nous ne voulions pas mourir de faim en attendant la pendaison, et que nous avions trouvé du lait pour la soupe, nous nous apprêtâmes à le manger, quand vint à passer le représentant Saint-Just, non plus accompagné de courtisans, comme le matin, mais seul et la mine fort allongée. Ma foi, nous crûmes devoir l'inviter à partager notre très-frugal repas, mais il nous remercia et passa son chemin, peu curieux de se mêler à des sans-soucis comme nous.

« Cependant l'aérostat restait immobile, et déjà la retraite s'effectuait sur toute la ligne ; on voyait défiler au galop l'artillerie, les caissons, les vivandières ; la route de Charleroi était obstruée, et nous entendions dire autour de nous que l'ennemi cherchait à la couper en nous rejetant sur la Sambre. L'inquiétude nous prit à notre tour : la perspective d'être pendus à nos propres cordes n'avait rien de réjouissant, et nous vîmes enfin, avec un sensible plaisir, le signal de descendre l'aérostat et de suivre le mouvement de retraite. On sent bien que le zèle ne nous manqua pas ; chacun croyait la bataille perdue, il était 5 heures du soir, et la route, couverte de tous les charrois de l'armée, ne nous promettait pas une marche prompte et facile, quand tout à coup le canon, qui tout à l'heure se rapprochait, s'éteignit à l'aile gauche de l'ennemi, et ne résonna plus que faiblement, en ne jetant ses feux que par intervalles. Ce changement à vue nous surprit fort agréablement ; mais nous n'en apprîmes la raison qu'en arrivant à Charleroi, et voici ce qu'on dit : nos deux ailes de bataille avaient faibli pendant toute cette journée ; notre centre seul avait maintenu ses positions, et le prince de Cobourg, ignorant la reddition de Charleroi, avait porté sur ce point sa plus formidable colonne, espérant nous prendre à revers ; mais aussitôt que cette colonne avait paru devant Charleroi, l'artillerie des remparts avait ouvert un feu épouvantable, et l'effroi causé par la surprise avait été tel, que les canonniers autrichiens avaient coupé les traits des chevaux, abandonné leurs pièces, et qu'une déroute totale s'en était suivie. La journée était donc nôtre, nous rentrions à Charleroi mourants de faim et de fatigue ; l'aérostat avait été élevé pendant dix heures consécutives, et sans prétendre ridiculement qu'on lui devait le gain de la bataille, on ne peut nier que son effet matériel et moral n'ait participé au succès ; nous sûmes d'une manière positive que l'aspect de cette magnifique tour, improvisée au milieu d'une plaine, où rien ne gênait l'observation, avait porté une espèce de découragement parmi les soldats étrangers qui n'avaient aucune idée d'une chose pareille. Les mouvements de l'artillerie et des masses ennemies avaient été signalés au général Jourdan aussitôt qu'effectués, et s'ils étaient changés ou modifiés, une communication du général Morelot en prévenait sur-le-champ, et cet avantage était immense ; malgré cela, sans la reddition de Charleroi, il est probable que nous nous en serions fort mal tirés (1). »

CHAPITRE X

Après la bataille de Fleurus, l'armée française ayant fait un mouvement en avant, la compagnie des aérostiers la suivit, continuant presque chaque jour, ses reconnaissances aériennes.

On était près des hauteurs de Namur, lorsqu'un accident mit l'aérostat *l'Entreprenant* hors de service. Quelques-uns des porteurs ayant lâché la corde, l'aérostat fut poussé contre un arbre, qui le déchira du haut en bas. Coutelle retourna aussitôt à Maubeuge, où il espérait trouver un nouvel aérostat, *le Céleste*, envoyé de l'école de Meudon. Comme on ne l'avait pas encore expédié, il partit aus-

(1) *Mémoires cités*, pages 41-50.

sitôt pour Paris, afin d'en hâter l'envoi ; puis il retourna à l'armée.

Bientôt l'aérostat *le Céleste* fut envoyé de Meudon. Mais il avait été mal construit, et ne pouvait emporter qu'une seule personne. Sa forme était cylindrique, ce qui le rendait d'une manœuvre très-difficile. On l'essaya à Liége, mais sans aucun succès.

« Les cordes d'ascension, dit Coutelle, étaient fixées sur chacun des deux grands côtés ; mais une des extrémités du cylindre se présenta au vent comme lui opposant une moins grande résistance. Les deux cordes alors se rapprochèrent de cette partie du cylindre, et le ballon ne fut plus retenu que par son centre. L'autre partie, sous le vent, en reçut un mouvement *pendulaire* qui porta alternativement la nacelle sur chacune des deux cordes, ce qui rendait l'observation non-seulement impossible, mais dangereuse (1). »

L'appareil fut donc renvoyé à Meudon, et l'on se servit de *l'Entreprenant,* qui avait été réparé.

Les aérostiers suivaient toujours les marches de l'armée. Après plusieurs reconnaissances, faites pour le service des généraux qui commandaient différents corps, les aérostiers passèrent la Meuse, en bateau, pour se diriger sur Bruxelles.

Dans ce trajet, le ballon fut poussé par le vent, contre un éclat de bois, qui le coupa à sa partie inférieure, et lui fit perdre une grande quantité de gaz. Coutelle fit alors former, au moyen d'une simple ficelle, une grande enceinte qui fut respectée par une multitude de curieux et de soldats, attirés par ce spectacle. L'accident fut réparé, et Coutelle rejoignit l'armée, quatre jours après.

Arrivé à Borcette, près d'Aix-la-Chapelle, ville où l'armée fit un assez long séjour, Coutelle créa un nouvel établissement où l'on répara et reconstruisit à nouveau le matériel endommagé.

Pendant que ces événements se passaient

(1) *Récit du capitaine Coutelle* cité par G. de Gaugler, dans sa brochure *Les compagnies d'aérostiers militaires sous la République*. Paris, 1857, in-8°, page 10.

à l'armée de Sambre-et-Meuse, le Comité de salut public s'occupait d'augmenter l'importance du corps des aérostiers.

Peu de temps après le départ de Coutelle pour Maubeuge, la Convention nationale avait décrété, le 5 messidor an II (23 juin 1794) la formation d'une seconde compagnie d'aérostiers, sorte de dépôt placé à Meudon, sous le commandement de Conté (1). Mais ce n'était là qu'une organisation provisoire destinée à préparer une institution plus sérieuse. En effet, le 10 brumaire an III (31 octobre 1795), le Comité de salut public créait l'*Ecole nationale aérostatique de Meudon*, destinée à étudier les questions relatives à l'aérostation militaire, et à fournir à cette arme des officiers instruits.

L'*Ecole nationale aérostatique de Meudon* était composée de 60 élèves, divisés en trois sections. Ils suivaient des cours de physique, de mécanique, de chimie et de géographie. Outre l'enseignement théorique, ils étaient exercés à la pratique de la manœuvre des ballons. Le dépôt du corps des aérostiers et son matériel de réserve, étaient installés à l'école de Meudon.

On ne lira pas sans intérêt, l'arrêté du Comité de salut public relatif à l'installation de l'école aérostatique de Meudon, pièce d'une grande importance historique.

« Le Comité de salut public, considérant que le service des aérostiers exige des connaissances et une pratique dans les arts que l'on ne peut espérer de réunir qu'en préparant par des études et des exercices appropriés, les hommes qui s'y destinent, et voulant assurer ce service et en étendre les ressour-

---

(1) Voici le texte de cet arrêté du Comité de salut public, en date du 5 messidor an II.

Le Comité de salut public arrête :

Il sera formé une deuxième compagnie d'aérostiers composée de la même manière que celle qui est actuellement au service de l'aérostat de l'armée du Nord.

Cette compagnie sera établie à Meudon, où, sous les ordres du citoyen Conté, elle sera occupée d'abord aux travaux de la construction des aérostats, et ensuite à toutes les opérations relatives au service des machines.

Le citoyen Conté est chargé de prendre toutes les mesures nécessaires à l'exécution du présent arrêté.

---

ces, soit auprès des armées, où l'expérience a constaté déjà son utilité, soit par l'application que l'on peut faire de ce nouvel art pour le figuré du terrain sur les cartes,

Arrête ce qui suit:

ART. 1er. Il sera établi dans la maison nationale de Meudon une école d'aérostiers, dans laquelle, indépendamment des exercices pour les former à la discipline militaire, et des travaux de construction et de réparation des aérostats auxquels ils sont employés, ils recevront des leçons de physique générale, de chimie, de géographie et des différents arts mécaniques, relatifs à l'aérostation.

ART. 2. Cette école sera composée de soixante aérostiers, y compris ceux déjà reçus pour entrer dans la nouvelle compagnie que le Comité avait été chargé de former. Ils seront logés dans la partie de la maison nationale de Meudon qui leur sera assignée ; ils auront le même uniforme que celui qui a été réglé pour la deuxième compagnie d'aérostiers, et recevront également la solde de canonniers de première classe.

ART. 3. Les soixante aérostiers seront divisés en trois sections, chacune de vingt hommes.

ART. 4. Il y aura pour chaque section un officier ayant le grade de sous-lieutenant, un sergent et deux caporaux, lesquels seront assimilés aux officiers d'artillerie du même grade, et jouiront des traitement et solde qui leur sont attribués.

ART. 5. L'école des aérostiers aura pour chef un directeur chargé de diriger toutes les opérations de construction et de réparation des aérostats, de régler et ordonner les exercices et manœuvres et de maintenir l'ordre et la discipline. Il correspondra avec la commission des armes et poudres, lui adressera les demandes des matières nécessaires, et l'informera de ce qui pourra être mis à sa disposition pour le service des aérostats en campagne. Les appointements seront de six mille livres.

ART. 6. Il y aura un sous-directeur aux appointements de quatre mille livres, chargé des mêmes fonctions sous les ordres et en l'absence du directeur.

ART. 7. Il y aura pour les trois sections un quartier-maître chargé du décompte et des menues dépenses du matériel, pour lesquelles il lui sera remis un fonds d'avances sur la proposition de la commission des armes et poudres. Il en comptera tous les quinze jours à ladite commission sur mémoires visés par le directeur.

ART. 8. Un tambour sera attaché à ladite école.

ART. 9. Il y aura à l'école un garde-magasin chargé de tenir registre de l'entrée et sortie de toutes matières, soit de consommation, soit destinées aux épreuves et constructions, ainsi que de veiller à la conservation des meubles, ustensiles,

Fig. 291. — Les parlementaires autrichiens sortent de Mayence, pour demander que le commandant Coutelle descende de l'aérostat, où il expose sa vie (page 507).

livrés et machines servant à l'instruction ; il lui sera donné un aide ou sous-garde lorsqu'il sera jugé nécessaire.

Art. 10. Le directeur présentera incessamment à l'approbation du Comité un règlement sur la distribution du temps pour les leçons et exercices, de manière que les élèves aérostiers reçoivent l'instruction qui leur est nécessaire dans les sciences physiques et mathématiques, et se forment dans la pratique des arts mécaniques, autant néanmoins que le permettront les travaux de la fabrication et les exercices des opérations et manœuvres.

Art. 11. Le citoyen Conté, chargé de la conduite des travaux de Meudon relatifs à l'aérostation, est nommé directeur. Le citoyen Bouchard, reçu aéros-

tier de la deuxième compagnie dont la levée avait été ordonnée, est nommé sous-directeur.

Art. 12. Le directeur présentera à l'approbation du Comité la nomination des citoyens qu'il jugera propres à remplir les places des officiers, sous-officiers et garde-magasin.

Art. 13. Il présentera de même à son approbation la nomination des instructeurs pour les diverses parties, lesquels seront pris, autant qu'il sera possible, parmi les aérostiers reçus qui ont donné des preuves de capacité.

Art. 14. Le présent arrêté sera adressé aux représentants du peuple, à la maison nationale de Meudon, qui sont invités à prendre les mesures qu'ils jugeront convenables pour assurer le succès de cet établissement, maintenir l'ordre et la discipline de l'école, et empêcher qu'il n'en résulte aucun inconvénient pour les autres opérations mises sous leur surveillance.

ART. 15. Expédition du présent arrêté sera pareillement envoyée à la commission des armes et poudres, chargée de concourir à son exécution en ce qui la concerne.

Signé :

L. B. GUYTON, FOURCROY, J. F. B. DELMAS, PRIEUR, PELET, MERLIN, CAMBACÉRÈS.

Pour copie conforme :

Le directeur de l'école nationale aérostatique (1).

Signé : CONTÉ. »

Conté, directeur de cette école, fit de nombreuses expériences sur les meilleures dispositions à donner aux aérostats militaires. On n'a point de détails sur ses expériences ; on sait seulement que Conté étudia si bien la question des enveloppes, qu'il arriva à construire des ballons dans lesquels le gaz hydrogène se conservait, sans aucun renouvellement, pendant deux et même trois mois. Nous avons déjà fait remarquer combien ce résultat était fondamental. Aujourd'hui que le secret du procédé employé par Coutelle et Conté pour rendre imperméable l'étoffe d'un aérostat à gaz hydrogène, est perdu, on ne peut conserver de ce gaz pendant plus de trente-six heures dans un aérostat en soie vernie. Personne n'a pu parvenir encore à *réinventer* le procédé des aérostiers de la République.

Outre *l'Entreprenant*, qui opéra si bien à Maubeuge, à Charleroi, à Fleurus, à Liége, à Bruxelles, etc., avec l'armée de Sambre-et-Meuse, et le *Céleste*, dont nous avons déjà parlé, Conté fit construire l'*Hercule* et l'*Intrépide*, qui furent envoyé plus tard, aux armées du Rhin et de la Moselle, avec la deuxième compagnie, dont il nous reste à parler.

(1) Nous extrayons toutes ces pièces de la brochure de M. de Gaugler : *les Compagnies d'aérostiers militaires*, la meilleure relation qui existe de l'épisode que nous racontons ici.

Une seconde compagnie d'aérostiers avait été, avons-nous dit, organisée par la Convention, le 23 juin 1794, et installée à Meudon, mais cela d'une manière provisoire. Cette seconde compagnie reçut une organisation définitive, par un arrêté du Comité de salut public, en date du 23 mars 1795. Créée pour desservir un aérostat destiné à opérer en Allemagne, elle devait être composée du même nombre d'officiers, sous-officiers et aérostiers, que la première compagnie de l'armée de Sambre-et-Meuse.

Coutelle, que nous avons laissé à Borcetté, près d'Aix-la-Chapelle, fut rappelé à Paris. Il reçut le titre de *chef de bataillon, commandant le corps des aérostiers*, et fut chargé de procéder à l'organisation définitive des deux compagnies.

Il forma la deuxième compagnie, en prenant 28 hommes à l'école de Meudon et 9 hommes à la première compagnie. Chaque compagnie fut composée de 55 hommes, ainsi répartis: un capitaine, deux lieutenants, un lieutenant quartier-maître, un sergent-major, un sergent, un fourrier, trois caporaux, un tambour et 44 aérostiers. Voici les noms des officiers de chaque compagnie.

PREMIÈRE COMPAGNIE : LHOMOND, capitaine. — PLAZANET, premier lieutenant. — GANCEL, deuxième lieutenant. — VARLET, lieutenant quartier-maître.

DEUXIÈME COMPAGNIE : DELAUNAY, capitaine. — MERLE, premier lieutenant. — DE SELLE DE BEAUCHAMP, deuxième lieutenant. — DESCHARD, lieutenant quartier-maître (1).

La première compagnie conserva sa position à l'armée de Sambre-et-Meuse, sous la direction du capitaine Lhomond. La seconde fut dirigée vers l'Allemagne, sous la conduite du commandant Coutelle et du capitaine Delaunay, ayant pour lieutenants Merle et de Selle de Beauchamp. L'aérostat devait servir à éclairer le siège de Mayence, devant

(1) De Gaugler, *les Compagnies d'aérostiers militaires sous la République*, pages 13-14.

laquelle le général Lefebvre était arrêté depuis onze mois.

Coutelle, accompagné du lieutenant de Selle de Beauchamp, quitta Paris, et arriva à Creutznach, petite ville où devait être établi le parc de l'aérostat. Ils n'y restèrent que le temps exigé pour cette installation, puis ils se rendirent devant Mayence.

Il est difficile de se faire une juste idée de l'aspect que présentaient en ce moment les environs de Mayence. Tout avait été ravagé, ruiné, à six lieues à la ronde, par un siége de onze mois. Il fallait envoyer, à trois lieues du camp, des soldats, pour rapporter quelques sacs de pommes de terre. C'est dans ces conditions que les officiers et les aérostiers de la seconde compagnie passèrent plus d'un mois, occupés chaque jour à des ascensions.

Les généraux et les officiers autrichiens admiraient cette manière de les observer, qu'ils appelaient « aussi hardie que savante. » Pendant un armistice, ils sortirent de Mayence, et vinrent assister à une ascension, qui fut fort belle. Coutelle et un officier du génie placés dans la nacelle, planèrent pendant une heure, à portée du canon des remparts de la ville ennemie. Les officiers autrichiens causaient cordialement avec les nôtres, et exprimaient leur admiration pour ce nouveau système d'observation. Et comme Coutelle leur faisait observer que rien ne les empêchait d'en faire autant. « Il n'y a que les Français, disaient-ils, capables d'imaginer et d'exécuter une pareille entreprise (1). »

De l'estime singulière que les officiers autrichiens lui accordaient, le commandant Coutelle eut une preuve éclatante, dans l'épisode émouvant et chevaleresque que nous allons raconter.

Le siége ayant repris son cours, Coutelle avait reçu l'ordre de faire une reconnaissance de l'état des fortifications de la ville, et il

(1) Récit de Coutelle dans les *Mémoires du physicien aéronaute Robertson*, tome II, page 27.

avait élevé son aérostat entre nos lignes et la place. Mais il faisait un vent terrible, et trois fois de suite, ses bourrasques avaient rabattu avec violence, le ballon vers la terre. Chaque fois qu'il remontait, les 64 aérostiers qui le retenaient, 32 à chaque corde, étaient soulevés, et entraînés à une grande distance, au péril de leur vie. Déjà les barres de bois qui formaient le plancher de la nacelle, où Coutelle se tenait toujours assis, malgré la tourmente, avaient volé en éclats, et il était menacé à chaque instant, d'être lui-même écrasé contre le sol.

Les généraux autrichiens contemplaient des remparts de Mayence ce spectacle dramatique.

Tout à coup, cinq hommes sortent de la place, en déployant en l'air des mouchoirs blancs, signe des parlementaires. Les sentinelles françaises les accueillent, et on les conduit au commandant français.

« Général, disent-ils, nous vous demandons, en grâce, de faire descendre le brave officier qui monte l'aérostat. Il va périr par la bourrasque ; et il ne faut pas qu'il soit victime d'un accident étranger à la guerre. Nous lui apportons de la part du commandant de Mayence, l'autorisation d'entrer dans nos lignes, pour examiner en toute liberté, l'intérieur de nos fortifications. »

Cette proposition est transmise à Coutelle, qui la refuse fièrement, et qui, dix minutes après, s'élève au-dessus de l'ennemi, superbe de résolution et d'audace.

On ne sait ce que l'on doit admirer le plus, de la générosité des Autrichiens ou de l'intrépide fierté de Coutelle.

Au bout de quelque temps, Coutelle, malade de fièvres persistantes, dut laisser le commandement au capitaine Lhomond, et revenir à Paris.

L'aérostat, sans abri et fatigué par les intempéries de la saison, avait grand besoin d'être réparé. On assigna pour hivernage à la compagnie des aérostiers, commandée par le capitaine Delaunay et le lieutenant de Selle de Beauchamp, la petite ville de Frankenthal, sur le Rhin, située à deux lieues de Worms, et non loin de Manheim, où Pichegru avait son quartier général. On fit à Worms, à Frankenthal et à Manheim, diverses ascensions dirigées par de Selle de Beauchamp.

Après l'hiver, on recommença la campagne, en passant le Necker. C'est ici qu'un incident funeste endommagea gravement l'aérostat *l'Entreprenant*, déjà bien usé par son long service.

Pendant la marche de l'armée, afin d'éviter l'entrée de Manheim, dont on n'eût pas traversé facilement les fortifications, avec le ballon tout rempli, on avait cru pouvoir le laisser hors de la ville, dans une enceinte formée au moyen de cordes et de piquets, et placée sous la garde d'une sentinelle. Le capitaine et le lieutenant des aérostiers, qui venaient de recevoir l'ordre de se diriger vers les avant-postes, étaient occupés dans leur tente, à régler le départ de la compagnie pour le lendemain, lorsqu'une explosion très forte retentit du côté de l'aérostat. La sentinelle crie : *Aux armes !* On accourt au bruit, et l'on trouve la sentinelle atteinte d'un coup de feu, et l'aérostat criblé de trous ou de déchirures, par une grêle de projectiles. Sans doute à la faveur de la nuit, et grâce à la proximité du fleuve, un Autrichien s'était approché de l'aérostat, avait fait feu contre lui d'une arme chargée à mitraille, et s'était enfui sans être aperçu, grâce à sa connaissance des localités.

Il est certain que toutes les recherches et toutes les poursuites entreprises pour atteindre l'auteur du méfait, demeurèrent sans résultat. On dut se contenter de vider le ballon, pour s'assurer de la gravité des avaries qu'il avait reçues (1).

L'ordre arriva ensuite de le diriger sur Strasbourg, où un emplacement devait être désigné pour y établir un parc d'aérostation et de remplissage des aérostats. En effet, la compagnie fut établie à Molsheim, village à trois lieues de Strasbourg.

Ainsi se termina pour l'aérostat, la première partie de la campagne sur le Rhin.

Moreau ayant été nommé général en chef, en remplacement de Pichegru, suspect au gouvernement, la campagne fut reprise, et l'armée pénétra en Allemagne. L'aérostat qui avait été, comme nous l'avons dit, entreposé à Molsheim, suivit nos bataillons. Il traversa, à la suite de l'armée, Rastadt, puis Stuttgard, et s'arrêta à Donawert, où était le quartier général.

Le lendemain de l'arrivée à Donawert, l'aérostat s'éleva pour reconnaître les principales forces de l'ennemi, qui garnissaient l'autre rive du Danube.

Deux jours après, le général Moreau, ayant fait franchir le fleuve à son armée, avait, avant de partir, envoyé un ordre d'ascension au capitaine des aérostiers, qui le transmit au lieutenant de Selle de Beauchamp.

Le lieutenant de Selle de Beauchamp avait quelque inquiétude sur cette opération, parce que l'aérostat marchant tout rempli depuis deux mois, avait beaucoup perdu de sa force ascensionnelle ; de sorte qu'il était à craindre qu'il ne pût s'enlever très-haut. Cependant il saute dans la nacelle, en demandant qu'on lui apporte du *lest*.

« Pourquoi faire ? dit le capitaine Lhomond. L'aérostat enlève à peine. »

Et comme le lieutenant insistait :

« Est-ce que tu as peur ? » reprend le capitaine.

Pour toute réponse, le lieutenant de Selle donne l'ordre du départ, et l'aérostat s'élance dans les airs, comme une flèche.

« Dès le premier instant, dit de Selle de Beauchamp, je vis le danger, car, à la manière dont je montais, je sentis que mes jeunes gens étaient dominés par l'énorme force ascensionnelle qui m'em-

(1) *Souvenirs du xviiiᵉ siècle. Extrait des Mémoires d'un officier d'aérostiers*, par le baron de Selle de Beauchamp, p. 57.

portait. A chaque instant, j'entendais craquer les cordes d'ascension, ainsi que le filet dont les mailles s'échappaient ; je calculais que je n'avais aucun moyen de déperdition pour le gaz, puisque depuis longtemps on n'utilisait plus la soupape ; que si l'une des cordes cassait, il était clair que le globe de taffetas s'élèverait et irait se perdre dans les nues, pendant que le filet, la nacelle et celui qui l'occupait tomberaient comme une pelote au milieu de ses camarades. Toutes ces combinaisons n'étaient pas plaisantes, et pourtant je les faisais d'assez grand sang-froid. Pendant ce temps, je montais toujours sans me ralentir autrement que par des secousses, qui attestaient qu'on faisait en bas tout ce qu'on pouvait pour me sauver. C'est dans cette espèce d'agonie expectante que j'arrivai à deux cents toises, et je remarquai alors que le poids des cordes rendait le mouvement moins accéléré ; j'essayai de donner le signal d'arrêt, et ce ne fut pas sans une assez vive satisfaction que je sentis l'aérostat obéir et rester stationnaire. Je respirai alors, et je jetai les yeux autour de moi ; en vérité, je me crus payé de mon alerte par l'admirable spectacle qui frappait mes regards : ma vue s'étendait sur plus de vingt lieues du majestueux fleuve qui coulait en serpentant à mes pieds ; l'armée autrichienne se retirait en disputant le terrain devant l'armée française, dont les dernières colonnes s'occupaient encore à traverser le Danube. Quelques escarmouches d'avant-postes se dessinaient à ma gauche, tandis qu'une batterie ennemie cherchait à retarder le passage de quelques-uns de nos bataillons. Tout ce magnifique panorama se développait pour moi, pour moi seul, qui planais en ce moment dans les airs comme l'aigle de ces montagnes que l'on apercevait dans l'éloignement. Je rédigeai tranquillement mon rapport, puis j'ordonnai la descente, qui ne se fit pas sans secousses ; mais enfin j'arrivai à terre. Mes camarades me reçurent comme un échappé du Cocyte ; chacun me fit voir la paume de ses mains saignante et sciée par les cordes, en m'expliquant que, pour ne pas les lâcher, une partie d'entre eux se laissait enlever de terre jusqu'à ce que l'autre moitié fût bien assurée d'être enlevée à son tour, et c'est ce qui avait produit ces secousses et ces craquements que j'avais ressentis. On s'étonnait que des cordes, grosses seulement comme le petit doigt, eussent été capables d'y résister. Le capitaine s'était absenté quand je descendis ; j'en fus fort aise, parce que mon premier mouvement eût fort bien pu m'écarter des règlements de la discipline ; mais lorsque je le retrouvai tête à tête, je lui dis que j'avais eu la niaiserie de jouer ma vie sur un de ses sots propos ; mais que, dorénavant, je n'en ferais qu'à ma tête, lorsque ses ordres me paraîtraient ridicules : il n'en fut que cela, et nous partîmes pour Augsbourg (1). »

(1) *Souvenirs*, etc. p. 65-67.

Après un court séjour à Augsbourg, nos soldats durent battre en retraite. En effet, tandis que Moreau s'avançait au cœur de l'Allemagne, pour opérer sa jonction avec l'armée d'Italie, le général Jourdan, qui devait le soutenir, avec l'armée de Sambre-et-Meuse, avait été forcé de battre en retraite devant le prince Charles. Moreau, alors à Munich, se décida à opérer également sa retraite, et donna à son armée l'ordre de regagner Strasbourg.

Il aurait été imprudent de faire voyager l'aérostat tout gonflé, sur des chemins déjà infestés par quelques groupes de la cavalerie légère des Autrichiens. L'aérostat fut donc vidé, l'enveloppe chargée sur un fourgon ; et la compagnie des aérostiers se réunit à un convoi d'artillerie, qui partait en ce moment. Le tout composait un effectif d'environ deux cents hommes.

Le petit détachement traversa ainsi Rastadt, inquiété par un corps de hussards autrichiens, qui le suivit pendant deux jours, mais sans oser l'attaquer. On arriva enfin sain et sauf, hommes et matériel, à Strasbourg, et de là à Molsheim, où était établi le parc de l'aérostat.

Là devaient finir les exploits de la seconde compagnie des aérostiers. On la laissa trois ans dans l'inaction. Elle était sous les ordres d'officiers braves et intelligents, sans doute, mais sans aucune influence pour faire apprécier l'utilité de leur arme. Coutelle n'était plus là, pour la soutenir auprès du gouvernement, et combattre les préventions du général commandant l'armée du Rhin, qui se montrait très-hostile à l'emploi des ballons dans l'armée.

Ce général, c'était Hoche, qui avait remplacé Jourdan. Ce dernier, qui avait apprécié par lui-même, à la bataille de Fleurus, les avantages que l'on pouvait retirer des aérostats en campagne, avait toujours été partisan de leur emploi ; mais Hoche, son successeur, ne voulut jamais s'en servir, ni même les essayer. Il laissa le matériel et les hommes se morfondre à Strasbourg. Il alla même jusqu'à demander le licenciement de ce corps, par une lettre au ministre de la guerre. Cette lettre, citée dans la brochure de M. de Gaugler, est trop curieuse, pour que nous n'en donnions pas ici le texte, avec son orthographe pittoresque. Voici donc ce qu'écrivait de Wetzlar, le général de l'armée de Sambre-et-Meuse, le 30 août 1797 :

« CITOYEN MINISTRE,

« Je vous informe qu'il existe à l'armée de Sambre-et-Meuse une compagnie d'*aérostatiers* qui lui est absolument inutile, peut-être pourrait-elle servir *utillement* dans la 17ᵉ division militaire, où le voisinage de la capitale et du *thélégraphe*, pourrait lui faire faire des découvertes *essentiles* au bien public; je vous engage donc à me permettre de diminuer l'armée de cette troupe qui ne peut être qu'à sa charge.

L. HOCHE. »

Le licenciement demandé par le général Hoche, ne fut pas accordé; mais la compagnie ne sortit pas de son inaction, malgré les réclamations du capitaine Delaunay et du lieutenant de Selle. Ce dernier, dégoûté de cette situation, quitta la compagnie, après avoir donné sa démission d'officier, et rentra en France.

La fortune qui avait souri aux débuts à l'aérostation militaire, ne cessait maintenant de lui être contraire. Nous venons de voir la fin languissante de la seconde compagnie d'aérostiers; le sort de la première compagnie fut plus triste encore.

Commandée par le capitaine Lhomond, elle fit plusieurs reconnaissances à Worms et à Manheim. A Ehrenbreistein, Lhomond fit une ascension magnifique, au milieu d'une pluie de bombes et de boulets. Mais les hauts faits de l'aérostation militaire devaient s'arrêter là. Pendant la bataille de Würtzbourg, livrée le 17 fructidor an IV, l'aérostat, demeuré longtemps en observation, fut endommagé au moment de la retraite précipitée de l'armée, et la compagnie fut forcée

de se retirer dans la place, avec son matériel. Mais bientôt Würtzbourg fut prise, et la compagnie des aérostiers, avec tout son matériel, tomba au pouvoir de l'ennemi. Le capitaine Lhomond et le lieutenant Plazanet furent retenus prisonniers de guerre.

Quelques mois plus tard, le traité de Léoben vint rendre la liberté aux prisonniers de Würtzbourg. Le capitaine Lhomond et le lieutenant Plazanet allèrent alors rejoindre Coutelle, à l'école aérostatique de Meudon, pour lui demander de faire reprendre du service à leur compagnie.

En ce moment, se préparait, en grand mystère, l'expédition d'Égypte. Conté avait obtenu de faire partie de la commission de savants qui accompagnaient le premier consul. Il décida Bonaparte à emmener en Égypte la première compagnie d'aérostiers, sortie récemment de Würtzbourg.

Cette compagnie fut donc dirigée sur Toulon. Elle partit de là pour l'Égypte, avec Coutelle, Conté et Plazanet. Ils débarquèrent heureusement en Égypte, et furent, dès leur arrivée, postés en avant des troupes.

Mais la fatalité poursuivait l'aérostation militaire. On avait laissé sur le bâtiment qui avait amené la compagnie d'aérostiers, le ballon, ainsi que tout le matériel pour la préparation du gaz. Ce bâtiment fut pris et coulé par les Anglais.

Ainsi privée de ses instruments, et jetée tout à fait en dehors de son but, la compagnie d'aérostiers n'avait plus sa raison d'être. Les soldats furent répartis dans les régiments; Coutelle, attaché à l'armée comme chef de bataillon, s'en alla, presque seul, faire un voyage d'exploration dans la haute Égypte, et Conté mit à la disposition de l'armée son génie inventif, qui lui permettait de se rendre utile en tout temps et partout.

L'aérostation militaire ne joua donc aucun rôle en Égypte. Tout se borna à lancer quelques montgolfières les jours de réjouissances publiques.

Une montgolfière tricolore de 15 mètres de diamètre, s'éleva au milieu d'une fête brillante qui fut donnée par Bonaparte, au Caire (1). Il y avait dans le spectacle de ces phénomènes majestueux, de quoi frapper l'imagination des Orientaux, et Bonaparte ne manqua pas de recourir à ce nouveau moyen d'étonner et de séduire les populations des bords du Nil. Mais on assure que les Musulmans se trouvèrent fort peu impressionnés par ce spectacle.

L'aérostation militaire reprise et encouragée, aurait certainement rendu des services pendant nos grandes guerres. L'école aérostatique de Meudon était toujours ouverte ; Coutelle et Conté, ses directeurs, étaient encore pleins de zèle pour l'institution due à la République. Malheureusement, Bonaparte ne l'aimait pas. Dès son retour d'Égypte, il licencia les compagnies d'aérostiers, donna à Coutelle et aux autres officiers des grades équivalents dans d'autres armes, fit fermer l'école aérostatique de Meudon, et vendre tous les ustensiles et appareils qui restaient dans l'établissement. L'aéronaute Robertson, que nous retrouverons plus loin, se rendit acquéreur du ballon de Fleurus.

Ainsi finit l'aérostation militaire.

CHAPITRE XI

LE PARACHUTE. — MACHINES A VOLER IMAGINÉES AVANT LE XIXᵉ SIÈCLE. — LE PÈRE LANA. — LE PÈRE GALLIEN. — J.-B. DANTE. — LE BESNIER. — ALARD. — LE MARQUIS DE BAQUEVILLE. — L'ABBÉ DESFORGES. — BLANCHARD. — LE SAVOISIEN LAVIN ET SA TENTATIVE DE FUITE AU FORT MIOLAN. — PREMIER ESSAI DU PARACHUTE ACTUEL, FAIT A MONTPELLIER, PAR SÉBASTIEN LENORMAND. — DROUET. — JACQUES GARNERIN.

Nous venons de dire que c'est à son retour de l'expédition d'Égypte, en 1799, que Bonaparte fit fermer l'école aérostatique de

(1) *Mémoires récréatifs, scientifiques et anecdotiques du physicien Robertson.* Paris, 1840, t. II, p. 32.

Meudon, et licencia les deux compagnies d'aérostiers. Au moment où Bonaparte, assez mal inspiré dans cette circonstance, arrêtait brusquement les progrès de l'une des plus intéressantes applications de l'aéronautique, un homme audacieux ajoutait à cet art nouveau un glorieux fleuron, et frappait singulièrement l'imagination des masses, par une invention des plus saisissantes. Jacques Garnerin créait le *parachute*, et donnait aux Parisiens le spectacle émouvant d'un homme se précipitant dans l'espace à 500 mètres de hauteur, sans autre protection qu'un frêle parasol de soie, retenu par quelques cordes. L'histoire de l'invention du parachute doit donc maintenant nous occuper.

L'invention du parachute a été la conséquence, éloignée peut-être, mais au moins la conséquence immédiate, des tentatives si nombreuses qui avaient été faites pendant le siècle précédent, pour arriver à réaliser le vol aérien. C'est ce qui nous oblige à remonter un peu haut dans l'histoire, pour rechercher les premières traces de cette invention.

Nous n'irons pas toutefois jusqu'aux temps fabuleux. Nous n'interrogerons pas la mythologie, pour savoir ce que cachait de réel le type de Dédale et d'Icare. De cette fable de l'antiquité, si l'on retranche tout ce qu'y ajouta la poétique imagination des Grecs, il reste une tradition qui doit se rapporter à quelques tentatives de vol aérien, faites à l'origine des sociétés humaines.

L'antiquité grecque rapporte qu'un mécanicien, nommé Architas, contemporain et ami de Platon, avait inventé une *colombe volante.* C'était un oiseau de bois, qui se soutenait dans les airs. Il n'y a rien que de très-probable dans le fait de cette invention, qui ne dépassait pas les limites de l'état de la science et des arts dans l'antiquité.

Il faut arriver au premier siècle de l'ère chrétienne, pour trouver un fait relatif à l'art de voler, malheureusement un peu altéré par l'esprit de mysticisme et de superstition

de ce temps. Il s'agit de Simon le Magicien.
Simon de Samarie n'était pas un jongleur
vulgaire. C'était un thaumaturge, dont les
puissants arcanes avaient su imposer également à la multitude et à Néron lui-même.
Il était aussi admiré des païens que des nouveaux chrétiens ; les uns et les autres auraient
voulu faire tourner ses prodiges à leur profit.
Entre saint Pierre et Simon le Magicien il
s'était établi une rivalité, qui se termina par
ce que les historiens du temps nomment le *combat apostolique*, et que nous allons raconter.

Simon le Magicien avait l'habitude de faire
garder sa porte par un gros dogue, qui dévorait tous ceux que son maître ne voulait
pas laisser entrer. Saint Pierre, voulant parler à Simon, ordonna au chien d'aller lui
dire, en langage humain, que Pierre, serviteur de Dieu, le demandait. Devenu aussi
doux qu'un mouton, mais plus intelligent, le
chien s'acquitta de la commission à la grande
stupéfaction du magicien. Pour prouver néanmoins à saint Pierre qu'il était aussi fort que
lui, Simon ordonna à son dogue fidèle, d'aller
répondre à saint Pierre qu'il pouvait entrer.
C'est ce que le docile animal exécuta sur-le-
champ. A prodige, prodige et demi.

Pour prendre sa revanche et rétablir son
prestige de magicien, un peu compromis par
le miracle de saint Pierre, Simon de Samarie
annonça à la cour de Néron, qu'à un jour
fixé, il s'élèverait de terre, et parcourrait les
airs, sans ailes, ni char, ni appareil d'aucune
sorte. Tout le peuple s'assembla, pour être
témoin de ce spectacle extraordinaire. Mais
au moment où le magicien s'élançait du haut
d'une tour, pour accomplir le prodige annoncé, saint Pierre se mit en prières, et par
la puissance de sa volonté, arrêta dans son
vol, le magicien. Simon tomba lourdement
sur le sol, et se cassa les jambes dans sa chute.
Toutefois il ne perdit point la vie à la suite
de cet accident.

Personne n'ignore, en effet, comment
mourut Simon le Magicien. Il avait annoncé

que, si on lui tranchait la tête, il ressuscite-
rait trois jours après. Néron le prit au mot ,
et le fit décapiter.

On peut expliquer sans miracle, le fait historique de la tentative de vol aérien, faite par
Simon de Samarie. Il avait probablement fabriqué des ailes factices, qui, appliquées à
son corps, devaient lui donner la faculté de
voler. Mais l'appareil étant sans doute mal
conçu, se détraqua en l'air, et le maladroit
mécanicien alla mesurer la terre.

On raconte un fait du même genre, qui se-
rait arrivé pendant le douzième siècle, à
Constantinople, sous le règne de l'empereur
Emmanuel Commène :

« Un Sarrasin qui passait d'abord pour magicien,
mais qui ensuite fut reconnu pour fou, monta, de
lui-même, sur la tour de l'Hippodrome. Cet imposteur
se vanta qu'il traverserait, en volant, toute la carrière. Il était debout, vêtu d'une robe blanche, fort
longue et fort large, dont les pans retroussés avec de
l'osier, lui devaient servir de voile pour recevoir le
vent. Il n'y avait personne qui n'eût les yeux fixés
sur lui et qui ne lui criât souvent : *Vole, vole, Sarrasin, et ne nous tiens pas si longtemps en suspens, tandis
que tu pèses le vent.*» L'empereur, qui était présent, le
détournait de cette entreprise vaine et dangereuse.
Le sultan des Turcs, qui se trouvait dans ce moment
à Constantinople, et qui était aussi présent à cette
expérience, se trouvait partagé entre la crainte et
l'espérance ; souhaitant d'un côté qu'il réussît, il
appréhendait de l'autre qu'il ne pérît honteusement.
Le Sarrasin étendait quelquefois les bras pour recevoir le vent ; enfin, quand il crut l'avoir favorable,
il s'éleva comme un oiseau, mais son vol fut aussi
infortuné que celui d'Icare, car le poids de son corps
ayant plus de force pour l'entraîner en bas que ses
ailes artificielles n'en avaient pour le soutenir, il
brisa les os, et son malheur fut tel, que l'on ne le
plaignit pas (1). »

L'illustre et malheureux Roger Bacon,
dans son ouvrage *De secretis operibus artis et
naturæ*, où il jette un coup d'œil de génie sur
une foule de questions mécaniques et physiques, a admis la possibilité de construire
des machines volantes.

(1) *Histoire de Constantinople*, par M. Cousin, cité dans
l'*Essai sur l'art du vol aérien*, in-12. Paris, 1784, pages 35-36.

« On peut construire, dit-il, des bateaux allant sur l'eau sans rameurs, de grands vaisseaux, conduits par un seul homme et marchant avec plus de vitesse que ceux conduits par une foule de matelots ; enfin, on peut faire des machines pour voler, dans lesquelles l'homme, étant assis ou suspendu au centre, tournerait quelque manivelle qui mettrait en mouvement des ailes faites pour battre l'air, à l'instar de celles des oiseaux (1). »

Plus loin, passant à l'application de ses idées, Roger Bacon donne la description d'une « machine volante. »

Le projet dont Roger Bacon posait le principe, fut mis à exécution après lui. Après la mort de cet illustre et malheureux savant, on trouve un certain nombre de mécaniciens qui essayent de construire des appareils destinés à imiter le vol des oiseaux, et plusieurs d'entre eux osent confier leur vie au jeu de ces machines.

Jean-Baptiste Dante, habile mathématicien, qui vivait à Pérouse, vers la fin du quinzième siècle, construisit des ailes artificielles, qui, appliquées au corps de l'homme, lui permettaient, a-t-on dit, de s'élever dans les airs.

Selon l'abbé Mouger, qui lut à l'Académie de Lyon, le 11 mai 1773, un *Mémoire sur le vol aérien*, J.-B. Dante aurait fait plusieurs fois l'essai de son appareil, sur le lac de Trasimène. Mais ces expériences eurent une assez triste fin. Le jour de la célébration du mariage de Barthélemy d'Alviane, Dante voulut donner à la ville de Pérouse le spectacle d'une ascension. « Il s'éleva très-haut, dit l'abbé Mouger, et vola par-dessus la place ; mais le fer avec lequel il dirigeait une de ses ailes, s'étant brisé, il tomba sur le toit de l'église de Saint-Maur et se cassa la cuisse. »

Dante ne mourut point des suites de cet accident, qui lui valut une chaire de mathématiques à Venise.

Selon le même écrivain, un accident sem-

blable serait arrivé précédemment à un savant bénédictin anglais, Olivier de Malmesbury. Ce bénédictin passait pour fort habile dans l'art de prédire l'avenir ; cependant il ne sut point deviner le sort qui l'attendait. Il fabriqua des ailes, d'après la description qu'Ovide nous a laissée de celles de Dédale, les attacha à ses bras et à ses pieds, et s'élança du haut d'une tour. Mais ses ailes le soutinrent à peine l'espace de cent vingt pas ; il tomba au pied de la tour, se cassa les jambes, et traîna depuis ce moment une vie languissante.

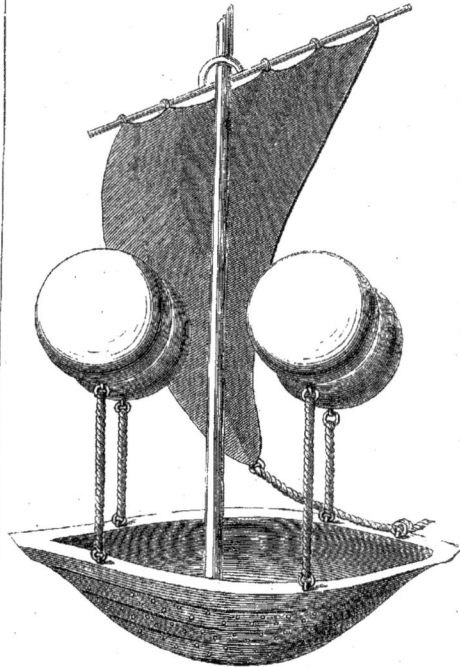

Fig. 292. — Projet de bateau volant, fantaisie scientifique du jésuite Lana (page 514).

Il se consolait néanmoins de sa disgrâce en affirmant que son entreprise aurait certainement réussi s'il avait eu soin de se munir d'une queue !

On affirme que Léonard de Vinci aurait

(1) Possunt etiam fieri instrumenta volandi, ut homo, sedens in medio instrumenti, revolvens aliquod ingenium per quod alæ, artificialiter compositæ, aerem verberarent, ad modum avis, volaret (*De secretis operibus artis et naturæ*).

construit une machine à voler. Le célèbre artiste de la Renaissance, qui fut en même temps peintre, chimiste, mécanicien et physicien de premier ordre, avait assez de génie pour aborder une telle entreprise.

« Léonard de Vinci, dit M. Libri, étudia longuement le mouvement des animaux et le vol des oiseaux. Il avait entrepris ces recherches pour essayer s'il serait possible de faire voler les hommes (1). »

M. Libri cite, en note, un passage du manuscrit de Léonard de Vinci, relatif à cette question.

En 1670, un jésuite de Brescia, nommé Lana, publia un ouvrage intitulé *Prodromo dell' arte maestro*. Le quatrième livre est consacré à décrire la construction d'un *vaisseau volant*, et cette description est accompagnée d'une figure gravée.

Le dessin du *vaisseau volant* de Lana, qui fut reproduit par Faujas de Saint-Fond, dans son ouvrage sur les *Expériences aérostatiques*, publié en 1783, donna alors beaucoup à penser. On s'imagina, mais bien faussement, que les frères Montgolfier avaient pu emprunter quelque chose à l'ouvrage du jésuite italien. Il suffit de lire l'auteur original pour dissiper ces préjugés.

Ce prétendu vaisseau volant est un objet de pure fantaisie. C'est une de ces rêveries, comme on en trouve tant dans les ouvrages de cette époque, où le fantastique tient trop souvent la place de la réalité scientifique. Écoutons, en effet, ce qu'en dit l'auteur.

Ce vaisseau devait être à mâts et à voiles. Il porterait à la poupe et à la proue deux montants de bois surmontés chacun, à leur extrémité, de deux globes de cuivre. Lana assure que si l'on chasse l'air contenu dans ces boules de cuivre, ou si l'on y fait le vide, pour employer le langage d'aujourd'hui, ces globes, étant devenus plus légers que l'air environnant, s'élèveront dans l'atmosphère et entraîneront le vaisseau. Nous n'avons pas besoin de montrer ce qu'avait d'illusoire une idée semblable. D'ailleurs les moyens que le père Lana propose pour chasser l'air des globes de cuivre sont dépourvus de bon sens.

Nous représentons (*fig.* 292, page 513) le *bateau volant de Lana*, d'après la figure originale que l'on trouve reproduite dans l'ouvrage de Faujas de Saint-Fond. Mais il est bien entendu, nous le répétons, que ce n'est là qu'une pure fantaisie, un caprice de l'imagination, sans aucun fondement réel.

Un autre religieux, le P. Galien, d'Avignon, a écrit, en 1755, un petit livre sur l'*art de naviguer dans les airs*. À l'époque de la découverte des aérostats, quelques personnes prétendirent encore, que les frères Montgolfier avaient puisé dans le livre oublié du père Galien, le principe de leur découverte. Les inventeurs dédaignèrent de combattre cette assertion. L'ouvrage du père Galien n'est, en effet, qu'un simple jeu d'esprit, une sorte de rêverie, qui serait peut-être amusante si l'auteur ne voulait appuyer sur des chiffres et des calculs les fantaisies de son imagination.

Le P. Galien suppose que l'atmosphère est partagée en deux couches superposées, de plus en plus légères à mesure qu'on s'éloigne de la terre.

« Or, dit-il, un bateau se maintient sur l'eau, parce qu'il est plein d'air, et que l'air est plus léger que l'eau. Supposons donc qu'il y ait la même différence de poids entre les couches supérieures de l'air et les inférieures, qu'entre l'air et l'eau ; supposons aussi un bateau qui aurait sa quille dans l'air supérieur, et ses fonds dans une autre couche plus légère, il arrivera à ce bateau la même chose qu'à celui qui plonge dans l'eau. »

Le père Galien ajoute qu'à *la région de la grêle*, il y a dans l'air une séparation en deux couches, dont l'une pèse 1, quand l'autre pèse 2. *Donc*, dit-il, en mettant un vaisseau dans la région de la grêle, et en élevant ses bords de *quatre-vingt-trois toises* au-dessus, dans la région supérieure, qui est

---

(1) *Histoire des sciences mathématiques en Italie.* Paris, in-8, 1840, t. III, page 44.

moitié plus légère, on naviguerait parfaitement. Mais il est bien important que les flancs du bâtiment dépassent de quatre-vingt-trois toises le niveau de la région de la grêle ; sans cela, dans les mouvements du navire, l'air plus pesant y pénétrerait, et le bâtiment sombrerait !

Comment arrive-t-on à transporter le vaisseau dans la région de la grêle? Le père Galien ne s'explique pas sur cette question, qui aurait son importance. En revanche, il nous donne des détails très-circonstanciés sur la taille et la construction de son navire.

« Le vaisseau, dit-il, serait plus long et plus large que la ville d'Avignon, et sa hauteur ressemblerait à celle d'une montagne bien considérable. Un seul de ses côtés contiendrait un million de toises carrées; car 1000 est la racine carrée d'un million. Il aurait six côtés égaux, puisque nous lui donnons une figure cubique. Nous supposons aussi qu'il fût couvert; car, s'il ne l'était pas, il ne faudrait avoir égard qu'à cinq de ses côtés pour mesurer combien pèserait le corps de tout le vaisseau, indépendamment de sa cargaison, en lui donnant deux quintaux de pesanteur par toise carrée. Ayant donc six côtés égaux, et chaque partie étant de 1,000,000 de toises carrées, dont chacune vaut deux quintaux, il s'ensuit que le corps de ce vaisseau pèserait 12,000,000 de quintaux, pesanteur énorme, au delà de dix fois plus grande que n'était l'arche de Noé, avec tous les animaux et toutes les provisions qu'elle renfermait. »

Ici le P. Galien s'arrête pour calculer le poids de cette arche célèbre, et cette digression l'éloigne un peu de son vaisseau. Cependant il y revient, et continue en ces termes :

« Nous voilà donc embarqués dans l'air avec un vaisseau d'une horrible pesanteur. Comment pourra-t-il s'y soutenir et transporter avec cela une nombreuse armée, tout son attirail de guerre et ses provisions de bouche, jusqu'au pays le plus éloigné ? C'est ce que nous allons examiner. »

Nous ne suivrons pas le P. Galien au milieu de la fantaisie de ses calculs imaginaires. Tout cela n'est qu'une espèce de rêve philosophique. Ce qui prouve que le P. Galien, en donnant son *Traité sur l'art de naviguer dans les airs*, n'a jamais prétendu écrire, comme on l'a dit, un ouvrage sérieux, c'est

qu'il s'exprime de la manière suivante, dans un avertissement placé en tête de son livre :

« Quant à la conséquence ultérieure de pouvoir naviguer dans l'air, à la hauteur de la région de la grêle, *je ne pense pas que cela expose jamais personne aux frais et aux dangers d'une telle navigation ;* il n'est question ici que d'une simple théorie sur sa possibilité, et je ne la propose, cette théorie, que par manière de *récréation physique et géométrique.* »

Dans son petit ouvrage sur les *ballons*, M. Julien Turgan rapporte un fait qui serait passé à Lisbonne.

« Dans une expérience publique, faite à Lisbonne, en 1736, en présence du roi Jean V, un certain Gusman, physicien portugais, s'éleva, dit M. Turgan, dans un panier d'osier recouvert de papier. Un brasier était allumé sous la machine ; mais, arrivée à la hauteur des toits, elle se heurta contre la corniche du palais royal, se brisa et tomba. Toutefois la chute eut lieu assez doucement pour que Gusman demeurât sain et sauf. Les spectateurs, enthousiasmés, lui décernèrent le titre d'*Ovoador* (l'homme volant). Encouragé par ce demi-succès, il s'apprêtait à réitérer l'épreuve, lorsque l'inquisition le fit arrêter comme sorcier. Le malheureux aéronaute fut jeté dans un *in-pace*, d'où il serait sorti pour monter sur le bûcher sans l'intervention du roi (1). »

M. Turgan rapporte à l'année 1736 cette histoire romanesque. Selon d'autres auteurs, cette expérience eut lieu en 1709, et Gusman était un moine de Rio-Janeiro, qui avait été conduit à faire cette expérience, en voyant une coquille d'œuf flotter dans l'air.

Nous expliquerons ces divergences en faisant remarquer que ce Gusman a été confondu avec un autre Portugais, Barthélemy Lourenço, qui, en 1736, fit à Lisbonne, une expérience qui laissa un vif souvenir dans la mémoire des habitants de cette ville. Voici, en effet, ce que nous trouvons dans un ouvrage d'un auteur contemporain du fait, et cet éclaircissement nous paraît devoir dissiper la confusion qui a été commise par bien des écrivains, entre Gusman et Barthélemy Lourenço, en admettant, toutefois, comme réelle l'ascension malheureuse de l'*Ovoador.*

(1) *Les Ballons*, par Julien Turgan, in-12, Paris, 1851, page 9, Introduction, par Gérard de Nerval.

« Pendant que je m'occupais de ces recherches, dit David Bourgeois, dans son *Essai sur l'art de voler*, publié en 1784, je fus informé que M. de Gusman, habile physicien, avait fait élever dans l'air, en 1736, un panier d'osier recouvert de papier. Il était oblong et de sept ou huit pieds de diamètre. Il s'éleva à la hauteur de la tour de Lisbonne, qui est de deux cents pieds environ. On nommait depuis lors M. de Gusman pendant sa vie, l'*Ovoador*. Ce mot portugais signifie, celui qui fait voler. On le distinguait ainsi de ses deux frères, dont l'un, homme d'un grand mérite, était fort aimé du roi et travaillait en particulier avec lui; le second, religieux Carme, était un des plus grands prédicateurs de son temps. Ce fait, dont je ne pouvais pas douter, par le témoignage certain d'une personne respectable qui y avait été présente, m'engagea d'écrire à un négociant très-distingué de Lisbonne. Je le priai de m'en procurer les informations les plus précises, et surtout celles des moyens dont il avait été fait usage. Il me répondit que j'étais bien instruit, que la chose était très-vraie; plusieurs personnes se la rappelaient encore, mais très-confusément; il avait connu particulièrement M. de Gusman, frère du physicien; ils avaient parlé souvent ensemble de cette anecdote en en riant, parce qu'elle avait été attribuée à un sorcier; il me promit de faire continuer ses recherches pour en obtenir quelqu'autre circonstance. Elles ont été inutiles à ce sujet, mais ce négociant obligeant m'a envoyé copie d'un autre projet, avec celle d'une requête présentée au roi de Portugal par son auteur.

« Voici le texte de cette requête adressée au roi;

« Le père Barthélemy Lourenço représente à Sa Majesté qu'il a découvert un instrument pour cheminer dans l'air, de la même manière que sur la terre et par mer, avec beaucoup de promptitude, en faisant quelquefois au delà de deux cents lieues par jour, avec lequel on pourra porter les avis de la plus grande importance aux armées et pays éloignés, presque dans le même temps qu'on les résout; ce qui intéresse Votre Majesté beaucoup plus que tout autre prince, par la plus grande distance de vos domaines, en évitant par ce moyen la mauvaise administration des conquêtes, qui provient en grande partie de ce que les avis arrivent tard. Votre Majesté pourra, de plus, en faire venir plus promptement et plus sûrement tout ce qui lui sera nécessaire et qu'elle désirera; les négociants pourront faire passer des lettres et des capitaux aux places assiégées, ou en recevoir. Ces places pourront aussi être secourues en tout temps de vivres, d'hommes et de munitions, et l'on pourra en faire sortir les personnes que l'on voudra, sans que les ennemis puissent y mettre aucun empêchement. On découvrira les régions les plus éloignées aux pôles du monde, et la nation portugaise jouira de la gloire de cette découverte, indépendamment des avantages infinis que le temps fera

connaître. Et comme cette découverte pourrait provoquer plusieurs désordres, et que plusieurs crimes pourraient se commettre dans la confiance qu'elle inspirerait à leurs auteurs de rester impunis, en s'en servant pour passer à l'instant dans d'autres royaumes, il convient donc d'en restreindre l'usage et d'autoriser une seule personne à en exercer la faculté, et que ce soit à elle à qui en tout temps on enverra les ordres convenables pour faire les transports, faisant défense à tous autres de s'en servir sous de rigoureuses peines, et récompensant le suppliant d'une invention aussi utile; Votre Majesté est suppliée qu'elle daigne accorder au requérant le privilége exclusif du service de cette machine, défendant à tous et un chacun, de quelque qualité que ce soit, d'en faire usage en aucun temps dans ce royaume et dans les conquêtes, sans permission du suppliant ou de ses héritiers, sous peine de la perte de tous leurs biens, et toutes autres qu'il plaira à Votre Majesté d'infliger. »

Au bas de cette pièce est la décision du roi de Portugal, dans cette forme :

Consulté au conseil de l'expédition des dépêches; il a été délibéré d'une voix unanime que la récompense demandée par le suppliant était trop modique, et qu'on devait l'amplifier.

Voici maintenant la résolution du roi :

Conformément à l'avis de mon conseil, j'aggrave de la peine de mort celles énoncées contre les transgresseurs; et afin que le suppliant s'applique avec plus de zèle au nouvel instrument faisant les effets qu'il dit, je lui accorde la première place qui vaquera dans mes colléges de Barcelos ou Santarem, et de premier professeur de mathématiques de mon Université de Coïmbre, avec 600,000 réis de pension (3,750 livres argent de France) pendant la vie du suppliant seulement.

Lisbonne, 17 avril 1709.

Ici le paraphe du roi.

« Il ne faut pas s'étonner, reprend l'auteur de l'*Art de voler*, si la machine de Lourenço n'a jamais été employée et si elle était tombée dans l'oubli. Elle représente sous une espèce de figure d'oiseau un corps de bâtiment soutenu par des tuyaux où le vent devait s'engouffrer, et se porter à des espèces de voiles attachées au-dessus du navire pour l'enlever; à défaut du vent, on devait y suppléer en faisant usage de gros soufflets. Un grand nombre de morceaux d'ambre étaient attachés à un toit de fil de fer, afin, à ce que présumait l'auteur, d'attirer en l'air le bas du bâtiment qui, pour cet effet, était garni de nattes faites de paille de seigle. Deux sphères contenaient, suivant lui, le secret attractif, et une pierre d'aimant. Un gouvernail sur le derrière devait servir à diriger la marche. Des ailes attachées aux côtés n'avaient d'autre emploi que d'empêcher la machine de chavirer. Elle devait être montée par dix hommes. Le dessin que j'en ai reçu est bien conforme à celui que MM. Esnaut et Rapilli en ont fait graver. Les détails qu'ils y ont joints ne sont pas bien corrects, et c'est surtout mal à propos que le nom de Gusman se trouve joint à Barthélemy Lourenço (1). »

Fig. 293.

La figure 293 représente la gravure dont parle David Bourgeois, et qui existe à notre bibliothèque impériale des estampes.

Pendant l'année 1768, un mécanicien, nommé Le Besnier, originaire de la province du Maine, fit, à Paris, diverses expériences d'une *machine à voler*. L'instrument dont il se servait, était composé de quatre ailes, ou pales, de taffetas, brisées en leur milieu, et pouvant se plier et se mouvoir à l'aide d'une charnière, comme un volet de fenêtre. Ces ailes étaient fixées sur ses épaules, et Le Besnier les faisait mouvoir alternativement, au moyen des pieds et des mains.

Le *Journal des savants* du 13 septembre 1768, décrit ainsi l'appareil du serrurier du Maine.

« Ces ailes sont chacune un châssis oblong de taffetas, attachées à chaque bout de deux bâtons que l'on ajustait sur les épaules. Ces châssis se pliaient du haut en bas comme des battants de volets brisés. Ceux de devant étaient remués par les mains, et ceux

de derrière par les pieds, en tirant chacun une ficelle qui leur était attachée.

L'ordre du mouvement était tel, que, quand la main droite faisait baisser l'aile droite de devant, le pied gauche faisait remuer l'aile gauche de derrière, ensuite la main gauche et le pied droit faisaient baisser l'aile gauche de devant et la droite de derrière.

Ce mouvement en diagonale paraissait très-bien imaginé, parce que c'est celui qui est naturel aux quadrupèdes et aux hommes quand ils marchent, ou lorsqu'ils nagent. On trouvait néanmoins qu'il manquait deux choses à cette machine pour la rendre d'un plus grand usage : la première, qu'il faudrait y ajouter une grande pièce très-légère, qui, étant appliquée à quelque partie choisie du corps, pût contre-balancer dans l'air le poids de l'homme ; la seconde, que l'on y ajustât une queue qui servît à soutenir et à conduire celui qui volerait ; mais on trouvait bien de la difficulté à donner le mouvement et la direction à cette espèce de gouvernail, après les expériences qui avaient été inutilement faites autrefois par plusieurs personnes. »

Le Besnier ne prétendait pas s'élever de terre, ni planer longtemps en l'air, mais il assurait qu'en partant d'un lieu médiocre-

Fig. 294. — Les ailes de Le Besnier.

ment élevé, il pourrait se transporter aisément d'un endroit à un **autre**, de manière à franchir, par exemple, un bois ou une rivière.

La figure 294 représente cet appareil de Le Besnier.

Le *Journal des savants* ajoute que Le Besnier fit usage de ses ailes avec un certain succès, et qu'un baladin, qui en acheta une paire à l'inventeur s'en servit heureusement à la foire de Guibray.

Il n'en fut pas de même d'un certain Bernon, qui, à Francfort, se cassa le cou, en essayant de voler.

La tradition rapporte que, sous Louis XIV, un danseur de corde, nommé Alard, annonça qu'il ferait devant le roi, à Saint-Germain, une expérience de vol aérien. Il devait s'élancer de la terrasse, et se rendre, par la voie de l'air, jusque dans le bois du Vésinet. Il paraît qu'il se servait d'une sorte de pales ou plans inclinés, à l'aide desquels il comptait s'abaisser doucement vers la terre. Il partit ; mais l'appareil répondant mal aux vues de sa construction, le maladroit Dédale tomba au pied de la terrasse, et se blessa dangereusement.

A une époque plus rapprochée de la nôtre, le marquis de Baqueville eut, à Paris, un sort à peu près semblable. Il avait construit d'énormes ailes, pareilles à celles qu'on donne aux anges ; il annonça qu'il traverserait la Seine en volant, et viendrait s'abattre dans le jardin des Tuileries. L'hôtel du marquis de Baqueville était situé sur le quai des Théatins, au coin de la rue des Saints-Pères. Il s'élança de sa fenêtre, et s'abandonna à l'air. Il paraît que dans les premiers instants, son vol fut assez heureux ; mais lorsqu'il fut parvenu au milieu de la Seine, ses mouvements devinrent incertains, et il finit par tomber sur un bateau de blanchisseuses. Le volume de ses ailes amortit un peu la chute : il en fut quitte pour une cuisse cassée.

En 1772, l'abbé Desforges, chanoine à Étampes, fit publier, par la voie des journaux, l'annonce de l'expérience publique d'une voiture volante de son invention. Au jour indiqué, un grand nombre de curieux répondirent à cet appel. On trouva le chanoine installé, avec sa voiture, sur la vieille tour de Guitel. Sa machine était une sorte de nacelle, munie de grandes ailes à charnières. Elle était longue de sept pieds, et large de trois et

demi. Selon l'inventeur, tout avait été prévu ; la gondole, qui pouvait, au besoin, servir de bateau, devait faire trente lieues à l'heure ; ni les vents, ni la pluie, ni l'orage, ne devaient arrêter son essor.

Le chanoine entra dans sa voiture, et le moment du départ étant venu, il déploya ses ailes, qui furent mises en mouvement avec une grande vitesse. Mais, il ne put réussir à prendre son vol.

L'auteur anonyme d'un ouvrage intitulé *Essai sur l'art du vol aérien*, donne les détails qui vont suivre, sur le bateau volant du chanoine Desforges.

« M. Desforges, chanoine de Sainte-Croix, à Étampes, persuadé de la possibilité de voler, fit une voiture volante. Jaloux de son travail, le regardant moins comme un moyen de s'illustrer que comme celui de se procurer une plus grande fortune, il fit insérer, dans les papiers publics, qu'il avait trouvé l'art de voler ; mais il ajouta qu'il n'aurait pas plutôt exposé sa machine au grand jour, que sa simplicité la ferait bientôt imiter, qu'il n'était pas juste que le fruit de son travail fût perdu. En conséquence, il proposa que quand l'expérience aurait couronné du plus grand succès sa voiture volante, on lui délivrât une somme de cent mille livres, dont il demandait que la consignation fût faite chez un notaire, avant l'expérience.

Le public aime assez qu'on lui propose des expériences de ce genre, mais la somme était si forte qu'il se passa quelque temps avant que ce dépôt fut fait. Peut-être aussi que, persuadé que cette expérience n'aurait aucun succès, le public ne crut pas devoir s'en occuper. Alors le chanoine Desforges prit d'autres arrangements, qu'il proposa de nouveau. Il y a toujours de vrais citoyens qui ne méprisent aucune idée, quand elle semble tenir à une originalité qui est souvent une marque de génie. Ces citoyens se trouvèrent à Lyon, l'argent fut déposé en espèces chez un notaire de cette ville, et l'acte de dépôt et d'abandon, en cas de réussite, revêtu des formes les plus authentiques, fut envoyé au chanoine lui-même, qui n'eut plus qu'à se préparer à son expérience. C'était dans l'été de 1772. L'expérience devait se faire à Étampes ; on y courut de toutes parts. Le chanoine se plaça effectivement dans sa voiture volante et fit mouvoir les ailes. Mais il parut aux spectateurs que plus il les agitait, plus sa machine semblait presser la terre, et vouloir s'identifier avec elle. Cette remarque sur la pression est indicative que la mécanique du chanoine avait un mouvement contraire à celui qu'il avait voulu lui donner et que peut-être elle aurait eu quelque effet s'il en avait changé la direction.

Quoi qu'il en soit, voici la description de sa machine, telle qu'il l'a faite lui-même. Elle avait la forme d'une nacelle ou gondole, elle était longue de sept pieds et large de trois et demi, sans compter les accessoires volatils ; elle était couverte pour mettre à l'abri de la pluie. Sa construction n'était qu'un assemblage, sans qu'il y entrât aucuns clous. Elle avait quatre charnières (apparemment celles qui servaient au mouvement des ailes) ; ces quatre charnières étaient les pièces les plus sujettes à se briser du char volant. Elles devaient se renouveler, toutes les fois que le char aurait fait trente-six mille lieues (il ne dit pas comment et de quoi étaient composées les ailes de sa voiture volante). Elle ne pesait que quarante-huit livres ; mais le conducteur pesait cent cinquante livres, M. Desforges lui permettant d'avoir une valise pesant, toute remplie, quinze livres, c'était en totalité deux cent treize livres que la voiture devait porter. Elle était faite de manière que ni les grands vents, ni les orages, ni la pluie ne pouvaient la briser ni la culbuter. Elle pouvait, en cas de besoin, servir de bateau. Quant au conducteur, pour ne pas être incommodé par la trop grande affluence de l'air, M. Desforges lui appliquait sur l'estomac une grande feuille de carton. Il lui donnait aussi un bonnet de même matière pour lui couvrir toute la tête. Ce bonnet était pointu comme la tête d'un oiseau, et était garni de verres vis-à-vis des yeux pour pouvoir diriger sa route.

On pouvait, avec cette machine, faire trente-six mille lieues en quatre mois, en ne faisant que trois cents lieues par jour, et trente lieues par heure, ce qui ne donnerait que dix heures de travail par jour (1). »

En dépit de ces beaux calculs, la machine s'obstina à refuser tout service. L'expérience annoncée n'eut donc pas lieu, et la comédie italienne joua, à propos de cette tentative avortée, un vaudeville historique, intitulé le *Cabriolet volant*, qui fit courir tout Paris.

La dernière machine de ce genre est le *bateau volant* dont Blanchard faisait l'exhibition de 1780 à 1783, dans l'hôtel de la rue Taranne où se trouve aujourd'hui un établissement de bains, et qui appartenait alors à l'abbé Viennay, son protecteur déclaré.

Blanchard travailla plusieurs années à son

(1) *Essai sur l'art du vol aérien* (sans nom d'auteur), in-12, Paris, 1784, p. 40-44.

bateau volant ; mais jamais il n'en fit une expérience sérieuse. Il montra longtemps sa machine dans les jardins de l'hôtel de la rue Taranne, toujours au moment de procéder à une expérience de vol aérien, et ne se décidant jamais à la faire. Il avait construit deux appareils différents, qu'il modifiait d'ailleurs sans cesse. C'était d'abord son *bateau volant*, espèce de nacelle aérienne munie de rames, dont il voulait faire usage dans son ascension au Champ-de-Mars le 2 mars 1784, mais dont il ne put tirer aucun parti.

Blanchard, outre ce premier système, avait construit une paire d'ailes qu'il appliquait à son corps, et qui lui permettait de s'élever jusqu'à 80 mètres de hauteur, au moyen d'un contre-poids.

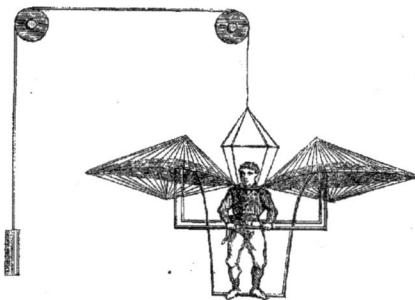

Fig. 295. — Machine volante de Blanchard.

Pour se servir de ce dernier appareil, que représente la figure 295, il se plaçait à terre, et s'élevait à 80 pieds de hauteur, au moyen d'un contre-poids de 20 livres, qui glissait le long d'un mât.

Mais pour voler il aurait fallu supprimer ce contre-poids, et là était la difficulté. Pendant plusieurs années, il chercha, sans y parvenir, le moyen de se délivrer de cette entrave. C'était comme un danseur de corde qui voudrait jeter son balancier. Or il ne put jamais en venir là.

Le mauvais résultat des nombreux essais entrepris pendant le dernier siècle, pour

construire des machines aériennes, fit abandonner, de guerre lasse, ce genre de recherches. Si le succès eût couronné d'aussi pué-
riles tentatives, on aurait obtenu une machine
pouvant peut-être satisfaire, quelques instants, la curiosité publique, mais incapable,
en fin de compte, de répondre à aucun
objet d'application sérieuse. D'ailleurs le géomètre Lalande démontra l'impossibilité de
réussir dans cette voie. Dans une lettre
adressée, en 1782, au *Journal des savants*,
Lalande prouva mathématiquement que
pour élever et soutenir un homme dans les
airs, sans autre point d'appui que lui-même,
il faudrait le munir de deux ailes de cent
quatre-vingts pieds de long et d'autant de
large, c'est-à-dire de la dimension des voiles
d'un vaisseau, masse évidemment impossible à soutenir et à manœuvrer, avec les
seules forces d'un homme.

La découverte des aérostats, en 1783, vint
couper court à tous les essais de ce genre.
A partir de ce moment, les volateurs cédèrent
la place aux aéronautes.

« Je rends, écrivait Blanchard, au *Journal de Paris*,
à l'occasion de sa première ascension en ballon au
Champ-de-Mars, le 2 mars 1784, un hommage pur et
sincère à l'immortel Montgolfier, sans le secours duquel j'avoue que le mécanisme de mes ailes ne
m'aurait peut-être jamais servi qu'à agiter un élément indocile qui m'aurait obstinément repoussé sur
la terre comme la lourde autruche, moi, qui comptais
disputer à l'aigle le chemin des nues. »

Cependant, les anciennes expériences, relatives au vol aérien, ne furent pas inutiles,
lorsqu'on songea à donner à l'aéronaute le
moyen de se séparer de son ballon au milieu
des airs, c'est-à-dire lorsqu'on voulut créer le
parachute, appareil propre à favoriser la descente du navigateur dans les cas périlleux
ou embarrassants. Ce dernier problème fut
plus facilement résolu, grâce aux données
fournies par les anciennes expériences, concernant le vol aérien.

Nous venons de dire que Blanchard avait
adapté son *bateau volant* au ballon à gaz hy-

drogène, qui lui servit à faire son ascension au
Champ-de-Mars, le 2 mars 1784, mais que
cette machine ne lui fut d'aucune utilité. En

Fig. 296. — Bateau volant de Blanchard suspendu à un
aérostat.

effet, le jeune écervelé, Dupont de Chambon, qui voulait, comme nous l'avons raconté,
le forcer à le prendre pour compagnon de
voyage, et qui l'avait menacé de son épée,
avait, dans ce tumulte, brisé une des ailes.
Mais, n'eût-il pas été endommagé, cet appareil n'aurait jamais servi à rien de bon pour
notre aéronaute.

Bien que cet appareil n'eût point fonctionné, Blanchard avait fait exécuter d'a-
vance, des gravures qui représentaient son
aérostat portant le *bateau volant*. Comme
une sorte de parachute, qui s'ouvrait au moment de la descente, figure par-dessus le
bateau muni de rames, nous le reproduisons
ici (*fig.* 296), à titre de document curieux.

Le physicien qui, le premier, conçut et

Fig. 297. — Sébastien Lenormand fait la première expérience du parachute, en se jetant du haut de la tour de l'Observatoire de Montpellier.

mit en pratique le parachute actuel, est Sébastien Lenormand, qui devint, plus tard, professeur de technologie au Conservatoire des Arts et Métiers de Paris. C'est à Montpellier qu'il en fit, en 1783, la première expérience.

Voici le principe physique sur lequel repose le parachute.

Tous les corps, quelles que soient leur nature et leur forme, tombent dans le vide avec la même vitesse. On fait souvent, dans les cours de physique, une expérience qui démontre clairement ce fait. Dans un tube de verre, de trois à quatre mètres de longueur, fermé à ses deux extrémités, on place divers corps, de poids très-différents, tels que du plomb, du papier, des barbes de plumes, etc., ensuite on fait le vide dans ce tube, à l'aide de la machine pneumatique. Lorsque le tube est parfaitement privé d'air, on le retourne brusquement, de manière à le placer dans la verticale. On voit alors tous les corps, tombant dans l'intérieur du tube, venir, au même instant, en frapper le fond.

Ainsi, dans un espace vide, tous les corps tombent avec la même vitesse ; quand la force de la pesanteur n'est combattue par aucune résistance qui puisse contrarier ses effets, elle s'exerce avec la même énergie sur tous les corps, quels que soient leur forme et leur poids. Dans le vide, un boulet ne tomberait pas plus vite qu'une plume, une montagne, qu'une pierre.

Les choses se passent autrement dans l'atmosphère. La cause de cette différence est due à l'air, qui oppose à la chute des corps, une résistance dont tout le monde connaît les effets. Les corps ne peuvent tomber, sans déplacer de l'air, et par conséquent sans perdre de leur mouvement, en le partageant avec lui. Aussi, la résistance de l'air croît-elle avec la vitesse, et l'on exprime cette loi en physique, en disant que la résistance de l'air croît comme le carré de la vitesse du mobile : c'est-à-dire que, pour une vitesse double, la résistance de l'air est quatre fois plus forte ; pour une vitesse triple, neuf fois plus considérable, etc. Il résulte de là que si une masse pesante vient à tomber d'une grande hauteur, la résistance de l'air devient suffisante, pour rendre uniforme le mouvement accéléré, qui est, comme on le sait, particulier à la chute des corps graves.

La résistance de l'air croît aussi avec la surface du corps qui tombe. Si cette surface est très-grande, le mouvement uniforme s'établissant plus près de l'origine du mouvement, la vitesse constante de la chute en est considérablement retardée. Ainsi, en donnant à la surface d'un corps tombant au milieu de l'air, un développement suffisant, on peut ralentir à son gré la rapidité de sa chute. Selon la plupart des physiciens, un développement de surface de cinq mètres suffit pour rendre très-lente la descente d'un poids de cent kilogrammes.

C'est sur ces deux principes qu'est fondée la construction de l'appareil connu sous le nom de *parachute*. Pour donner plus de sécurité aux ascensions, on a eu l'idée de suspendre au-dessous des aérostats, un de ces instruments, destinés à devenir, dans les cas périlleux, un moyen de sauvetage. Si, par un événement quelconque, le ballon n'offre plus les garanties suffisantes de sécurité, l'aéronaute, se plaçant dans la petite nacelle du parachute, coupe la corde qui le retient. Débarrassé de ce poids, l'aérostat s'élance dans les régions supérieures, le parachute se développe, et ramène à terre la nacelle, par une chute douce et modérée.

C'est en 1783, avons-nous dit, que Lenormand fit sa première expérience.

Lenormand avait lu, dans quelques relations de voyage, que, dans certains pays, des esclaves, pour amuser leur roi, se laissent tomber, d'une assez grande hauteur, munis d'un parasol, sans se faire de mal, parce qu'ils sont retenus par la couche d'air comprimée par le parasol. Il lui vint à l'esprit de répéter lui-même cette expérience, et le 26 novembre 1783, il se laissa aller de la hauteur d'un premier étage, tenant de chaque main un parasol de trente pouces. Les extrémités des baleines de ces parasols étaient rattachées au manche, par des ficelles, afin que la colonne d'air ne les fît pas rebrousser en arrière. La chute lui parut insensible.

En faisant cette expérience, Lenormand fut aperçu par un curieux, qui en rendit compte à l'abbé Bertholon, alors professeur de physique à Montpellier. Ce dernier ayant demandé à Lenormand quelques explications à ce sujet, Lenormand lui offrit de répéter devant lui l'expérience, en faisant tomber de cette manière différents animaux, du haut de la tour de l'Observatoire de Montpellier.

Ils firent ensemble ce nouvel essai. Lenormand disposa un parasol de trente pouces, comme il l'avait fait la première fois, et il attacha au bout du manche divers animaux dont la grosseur et le poids étaient proportionnés au diamètre du parasol. Les animaux touchèrent terre, sans éprouver la moindre secousse.

« D'après cette expérience, dit Lenormand, je calculai la grandeur du parasol capable de garantir d'une chute, et je trouvai qu'un diamètre de quatorze pieds suffisait, en supposant que l'homme et le parachute n'excèdent pas le poids de deux cents livres ; et qu'avec ce parachute, un homme peut se laisser tomber de la hauteur des nuages sans risquer de se faire de mal (1). »

Ce fut pendant la tenue des états du Languedoc, c'est-à-dire vers la fin de décembre 1783, que Lenormand fit cette expérience. Il se laissa aller du haut de la tour de l'Observatoire de Montpellier, armé de son parachute (*fig.* 297). Montgolfier qui était alors à Montpellier fut témoin de cette expérience saisissante et il approuva beaucoup le nom de *parachute* que Lenormand donna à cet appareil.

Peu de temps après, Blanchard, dans ses ascensions publiques, répétait sous les yeux des Parisiens, et comme objet de divertissement, l'expérience que Lenormand avait exécutée à Montpellier. Il attachait à un vaste parasol, divers animaux, qu'il lançait du haut de son ballon, et qui arrivaient à terre sans le moindre mal. Mais, bien que ces expériences eussent toujours réussi, Blanchard n'eut jamais la pensée de rechercher si le parachute développé et agrandi, pourrait devenir pour l'aéronaute un moyen de sauvetage.

Cette pensée audacieuse s'offrit à l'esprit de deux prisonniers.

Jacques Garnerin, qui devint plus tard l'émule et le rival heureux de Blanchard, avait été témoin, à Paris, des expériences que ce dernier exécutait avec différents animaux qu'il faisait descendre en parachute, du haut de son ballon. Envoyé en 1793 à l'armée du Nord, comme commissaire de la Convention nationale, Garnerin fut fait prisonnier, dans un combat d'avant-postes à Marchiennes. Pen-

(1) *Annales de physique et de chimie*, tome XXXVI, page 97.

dant la longue captivité qu'il subit, en Hongrie, dans les prisons de Bude, l'expérience de Lenormand lui revint en mémoire, et il résolut de la mettre à profit pour recouvrer sa liberté. Mais il ne put réussir à cacher les préparatifs de sa fuite ; on s'empara des pièces qu'il commençait à disposer, et il dut renoncer à mettre son projet à exécution.

Un autre prisonnier poussa plus loin la tentative. Ce fut Drouet, le maître de poste de Sainte-Menehould, qui avait arrêté Louis XVI, pendant sa fuite à Varennes.

Drouet avait été nommé, par le département de la Marne, membre de la Convention. En 1793, il fut envoyé, comme commissaire, à l'armée du Nord ; et il se trouvait à Maubeuge, lors du blocus de cette ville par les Autrichiens. Craignant de tomber au pouvoir des assiégeants, il se décida à revenir à Paris, et partit pendant la nuit, avec une escorte de dragons. Mais son cheval s'étant abattu, il fut pris par les Autrichiens, qui l'emmenèrent prisonnier à Bruxelles, puis à Luxembourg. Lorsque les alliés abandonnèrent les Pays-Bas, en 1794, ils transportèrent Drouet à la forteresse de Spielberg, en Moravie.

C'est là, qu'inspiré par le souvenir des petits parachutes qu'il avait vu jeter par Blanchard au Champ-de-Mars, pour lancer des animaux du haut de son ballon, il essaya de s'échapper, à l'aide d'un moyen semblable. Il fabriqua avec les rideaux de son lit, une sorte de vaste parasol, et réussit à cacher son travail aux soldats qui le gardaient. La nuit étant venue, il se laissa aller du haut de la citadelle. Mais il se cassa le pied en tombant, et fut ramené dans sa prison, d'où il ne sortit qu'un an après, pour être échangé, avec quelques autres représentants du peuple, contre la fille de Louis XVI.

Nous consignerons ici, en passant, un événement du même ordre, bien qu'il se rapporte à une époque antérieure, car il se passa sous Louis XIII.

Il y avait à Chambéry, en 1860, une exposition des Beaux-Arts. La première chose que l'on rencontrait, en entrant dans le vestibule, était un cadre renfermant trois petits chefs-d'œuvre de calligraphie. De ces trois dessins à la plume, l'un était le portrait du cardinal de Richelieu, l'autre, celui de Morozzo, trésorier général de Savoie, le troisième, celui du Titien. On lisait au-dessous du portrait du cardinal de Richelieu : « *Fait par Lavin à la Bastille.* » Voici maintenant l'histoire de ces trois dessins à la plume.

Fig. 298. — Jacques Garnerin.

Lavin était un habitant de la Savoie, qui avait un talent extraordinaire comme calligraphe. Par malheur, il se laissa aller à tirer de son talent un parti criminel. Il contrefit les mandats du Trésor public, et se rendit à Paris, pour essayer de mettre en circulation ces faux mandats. Mais il ne réussit qu'à se faire arrêter et conduire à la Bastille. De la Bastille, il fut transporté au fort de Miolan, puis condamné à mort.

Grâce à des protecteurs amis des arts, sa peine fut commuée en une détention perpétuelle. C'est pour occuper ses loisirs dans sa prison, et remercier le trésorier général de la Savoie, Morozzo, qui avait intercédé en sa faveur, qu'il exécuta le portrait de ce dernier, ainsi que celui du cardinal de Richelieu. Ensuite, il fit, en quatre jours, le portrait du Titien, avec de petites pailles taillées en forme de plumes.

Il espérait que ces trois petits chefs-d'œuvre lui feraient obtenir sa grâce ; mais son attente fut déçue. Voyant que sa prison ne s'ouvrait pas, Lavin résolut de l'ouvrir lui-même. La porte était bien fermée et bien gardée, mais il lui restait la fenêtre.

Le fort Miolan est placé au-dessus de l'Isère, qu'il domine d'une grande hauteur ; de sorte qu'on ne jugeait pas à propos de placer de sentinelle au bord de l'eau, c'est-à-dire au pied du rempart. Lavin réussit à se procurer un parapluie, dont il attacha fortement les bords au manche ; puis, un soir, profitant de la solitude et de l'obscurité, il se lança dans le vide, tenant son parapluie ouvert, et plaçant bien perpendiculairement le manche, auquel il se tenait fortement accroché. Il tomba, sans se faire aucun mal, dans le fleuve même, d'où il se tira facilement.

Malheureusement pour lui, il fut repris, et réintégré au fort. Il y vécut jusqu'à l'âge de 92 ans, faisant toujours des dessins à la plume, tout aussi remarquables que les trois chefs-d'œuvre qui figuraient à l'Exposition de Chambéry.

Mais revenons à Garnerin.

Rendu à la liberté, en 1797, Jacques Garnerin en profita pour mettre à exécution le projet qu'il avait conçu dans les prisons de Bude. Il voulut reconnaître si le parachute, avec les dimensions et la forme qu'il avait calculées, ne pourrait pas être utile, comme moyen de sauvetage dans les voyages aérostatiques. Il exécuta cette courageuse expérience, le 22 octobre 1797.

A 5 heures du soir, Jacques Garnerin

Fig. 299. — Descente de Jacques Garnerin en parachute, le 22 octobre 1797.

s'éleva du parc de Monceaux. La petite nacelle dans laquelle il s'était placé, était surmontée d'un parachute replié, suspendu lui-
même à l'aérostat. L'affluence des curieux
était considérable, un morne silence régnait
dans la foule, l'intérêt et l'inquiétude étaient
peints sur tous les visages. Lorsqu'il eut dépassé la hauteur de 1,000 mètres, on le vit
couper la corde qui rattachait le parachute à
son ballon. Ce dernier se dégonfla et tomba,
tandis que la nacelle et le parachute étaient
précipités vers la terre, avec une prodigieuse
vitesse.

L'instrument s'étant développé, la vitesse
de la chute fut très-amoindrie. Mais la nacelle
éprouvait des oscillations énormes, qui résultaient de ce que l'air accumulé au-dessous du
parachute, et ne rencontrant pas d'issue, s'é-
chappait tantôt par un bord, tantôt par un
autre, et provoquait des oscillations et des
secousses effrayantes. Un cri d'épouvante
s'échappa du sein de la foule ; plusieurs femmes
s'évanouirent.

Heureusement, on n'eut à déplorer aucun
accident fâcheux. Arrivée à terre, la nacelle
heurta fortement le sol, mais ce choc n'eut
point d'issue funeste. Garnerin monta aussitôt à cheval, et s'empressa de revenir au parc

de Monceaux, pour rassurer ses amis et recevoir les félicitations que méritait son courage. L'astronome Lalande s'empressa d'aller annoncer ce succès à l'Institut, qui se trouvait assemblé, et la nouvelle y fut reçue avec un intérêt extrême.

On trouvera peut-être ici avec plaisir, le récit de cette belle expérience, que Garnerin donna lui-même dans le *Journal de Paris.*

« On ne saurait croire, dit Garnerin, tous les obstacles qu'il me fallut vaincre pour arriver à l'expérience du parachute, que j'ai faite au parc de Monceaux. J'ai été obligé de construire mon parachute en deux jours et deux nuits. Pour que le parachute fût prêt le jour indiqué, je fus non-seulement contraint de renoncer aux projets de précaution que commandait la prudence dans un essai de cette importance, mais je fus encore obligé de supprimer beaucoup des agrès nécessaires à ma sûreté..... Le 1er brumaire, jour indiqué pour l'expérience, j'éprouvai encore d'autres contre-temps. A 2 heures, je n'avais pas encore reçu une goutte d'acide sulfurique, pour obtenir le gaz inflammable propre à remplir mon aérostat. L'opération commença plus tard ; un vent violent contrariait les manœuvres ; à 4 heures et demie, je doutais encore que mon ballon pût m'enlever avant la nuit. Le ballon d'essai, qui devait m'indiquer la direction que j'allais suivre, manqua ; en suspendant le parachute au ballon, le tuyau qui lui servait de manche se rompit, et le cercle qui le tenait se cassa. Malgré tous ces accidents, je partis, emportant avec moi cent livres de lest, dont je jetai subitement le quart dans l'enceinte même, pour franchir les arbres sur lesquels je craignais d'être porté par le vent. Je dépassai rapidement la hauteur de trois cents toises, d'où j'avais promis de me précipiter avec mon parachute.

« Je fus porté sur la plaine de Monceaux, qui me parut très-favorable pour consommer l'expérience aux yeux des spectateurs. Aller plus loin, c'eût été en diminuer le mérite pour eux, et c'était prolonger trop longtemps leur inquiétude sur l'événement. Tout combiné, je prends mon couteau et je tranche la corde fatale au-dessus de ma tête. Le ballon fit explosion sur-le-champ, et le parachute se déploya en prenant un mouvement d'oscillation qui lui fut communiqué par l'effort que je fis en coupant la corde, ce qui effraya beaucoup le public.

« Bientôt j'entendis l'air retentir de cris perçants. J'aurais pu ralentir ma descente en me débarrassant d'un lest de 75 livres qui restait dans ma nacelle ; mais j'en fus empêché par la crainte que les sacs qui le contenaient ne tombassent sur la foule de curieux que je voyais au-dessous de moi. L'enveloppe du ballon arriva à terre longtemps avant moi.

« Je descendis enfin sans accident dans la plaine de Monceaux où je fus embrassé, caressé, porté, froissé et presque étouffé par une multitude immense qui se pressait autour de moi.

« Tel fut le résultat de l'expérience du parachute, dont je conçus l'idée dans mon cachot de la forteresse de Bude, en Hongrie, où les Autrichiens m'ont retenu comme otage et prisonnier d'État.

« Je laisse aux témoins de cette scène le soin de décrire l'impression que fit sur les spectateurs le moment de ma séparation du ballon et de ma descente en parachute ; il faut croire que l'intérêt fut bien vif, car on m'a rapporté que les larmes coulaient de tous les yeux, et que des dames, aussi intéressantes par leurs charmes que par leur sensibilité, étaient tombées évanouies. »

A la suite de la lettre de Garnerin, publiée dans le *Journal de Paris,* venaient des réflexions du journaliste qui retracent trop bien l'esprit de l'époque et le style du jour, pour que nous ne donnions pas à la lettre de Garnerin ce curieux complément.

« On a tremblé, on a pleuré, écrit le rédacteur du *Journal de Paris,* on s'est évanoui, à la vue du péril imminent que courait le jeune et intéressant physicien. Nous achevions de lire la relation de son voyage et de sa captivité, et, du point de Montmartre où nous nous étions rendus le 1er brumaire, nous avons fermé les yeux au moment où l'aéronaute a coupé la corde : *Malheureux!* nous sommes-nous écrié, *c'est toi, ce n'est pas la Parque qui tranche le fil de tes jours.* Nous sommes rentré sans avoir eu le courage d'aller apprendre le résultat, en cherchant tristement à deviner comment un jeune homme échappé aux horreurs de la plus longue et de la plus barbare captivité, et dont la vie pouvait être encore utile à la République, avait pu avoir seulement la pensée de l'immoler en une minute, à quoi, à qui, et par quel motif ? Qu'il réussisse, on dira : Il a pourtant réussi, et voilà tout. Qu'il périsse, on dira : Qu'allait-il faire dans cette galère ?

« O Éléonore, qui vîtes partir des prisons de Bude ce Français devenu votre amant, avec espoir de le revoir un jour, eussiez-vous consenti à cette hasardeuse expérience ?

« Et vous, ami Horace, qui n'étiez pas le plus brave des Romains, sans pourtant être un Panurge, qu'eussiez-vous dit de l'auteur d'un pareil spectacle ?

« Vous traitiez de téméraire à triple cuirasse celui qui, le premier, brava les flots de la mer sur un bon navire ; qu'eussiez-vous dit de l'enthousiaste

Garnerin, s'élançant de la terre aux nues dans un frêle ballon, et s'en précipitant à l'aide de la plus frêle égide, d'un maudit parachute non même achevé ni perfectionné ? — O Horace ! pour parler bon français, vous eussiez dit : Cet homme a bien le diable au corps ! C'est pour le coup que s'appliquerait votre mot : *Nil mortalibus arduum est, cœlum ipsum petimus stultitia.* Nous cherchions donc à nous expliquer cette inexplicable audace, et nous avons trouvé cette explication dans la relation que vient de donner le citoyen Garnerin de sa détention en Hongrie.

« Nous avons admiré un jeune homme de 25 ans qui accepte du comité du salut public, en 1793, une commission hasardeuse, qui fait la revue du camp de Ransonnet, qui se bat à Marchiennes, qui est pris par les Anglais, qui, interrogé par eux, fait les réponses dignes d'un fier républicain, livré ensuite par les Anglais aux Autrichiens, conduit à Bude, endurant dix-huit mois les traitements les plus barbares, n'ayant pas changé de paille et n'ayant pas montré un instant de faiblesse, pas perdu un atome de la dignité française, etc.; et nous avons cessé d'appeler folie la descente de Monceaux.

« Ce jeune homme, nous sommes-nous dit, n'aura pas voulu qu'un autre qu'un Français eût la gloire de l'expérience du parachute. Cela lui a suffi : gloire nationale d'une part, engagement personnel d'une autre. Et de là nous avons conclu que, quand même sa belle Éléonore eût été présente, elle n'y eût fait œuvre. Il n'y a amours qui tiennent contre une âme sincèrement éprise du nom français, sous quelque face qu'elle se présente. »

Dès sa seconde ascension, Garnerin apporta au parachute un perfectionnement indispensable, qui lui donna toutes les conditions nécessaires de sécurité. Il pratiqua au sommet, une ouverture circulaire, surmontée d'un tuyau de 1 mètre de hauteur. L'air accumulé dans la concavité du parachute, s'échappe par cet orifice. De cette manière, sans nuire aucunement à l'effet de l'appareil, on évite ces oscillations qui avaient fait courir à Garnerin un si grand danger.

Les descentes en parachute se multiplièrent à cette époque. Ce spectacle extraordinaire attirait toujours une foule immense au Champ-de-Mars, où Garnerin l'exécutait. Les journaux racontaient chacune de ces représentations émouvantes, et des vaudevilles de circonstance les transportaient au théâtre.

Voici le couplet final de l'une de ces pièces de théâtre :

Enchantés de notre voyage,
A braver les hasards du vent
Nous avons, dans un badinage,
Voulu retracer ce moment.
Mais comme, en faisant cet ouvrage,
Il nous manquait votre talent,
Pour prévenir notre culbute,
Prêtez-nous votre parachute.

Le parachute dont on se sert aujourd'hui, est le même appareil que Garnerin a construit et employé en 1797. C'est une sorte de vaste parasol, de cinq mètres de rayon, formé de trente-six fuseaux de taffetas, cousus ensemble, et réunis, au sommet, à une rondelle de bois. Quatre cordes, partant de cette rondelle, soutiennent la nacelle ou plutôt la corbeille d'osier, dans laquelle se place l'aéronaute. Trente-six petites cordes, fixées aux bords du parasol, viennent s'attacher à la corbeille ; elles sont destinées à l'empêcher

Fig. 300. — Élisa Garnerin.

de se rebrousser par l'effort de l'air. La distance de la corbeille au sommet de l'appareil est d'environ dix mètres.

Lors de l'ascension, l'appareil est fermé, mais seulement aux trois quarts environ ; un

Fig. 301. — Parachute fermé (ascension).

cercle de bois léger de 1^m,50 de rayon, concentrique au parachute, le maintient un peu ouvert, de manière à favoriser, au moment de la descente, l'ouverture et le développement de la machine, par l'effet de la résistance de l'air. Une ouverture circulaire est pratiquée au sommet de la concavité.

La figure 301 représente le parachute au moment où l'aérostat s'élève. La figure 302 montre ce même parachute déployé, lorsque l'aéronaute ayant coupé la corde qui le suspendait au ballon, il s'est ouvert, par le seul effet de la résistance de l'air.

Le parachute qui avait été inventé par Garnerin, pour offrir à l'aéronaute un moyen de sauvetage, n'a cependant jamais répondu à cette intention. On ne connaît pas un seul cas dans lequel le parachute ait servi à terminer une ascension périlleuse. Il est, en effet, assez difficile de comprendre comment on pourrait, au milieu des airs,

descendre de la nacelle du ballon, dans la petite corbeille d'osier placée sous le parachute, et qui se trouve suspendue à la nacelle par une corde. Il n'y a pas d'acrobate capable d'accomplir ce tour de force, c'est-à-dire de descendre de la nacelle du ballon à la nacelle du parachute, quand il se trouve en l'air, à 2,000 de hauteur.

Cet appareil n'a donc jamais servi qu'à donner au public le spectacle émouvant d'un homme se précipitant dans l'espace

Fig. 302. — Parachute ouvert (descente).

à une prodigieuse hauteur. C'est ainsi que Jacques Garnerin, Élisa Garnerin, madame Blanchard, et plus tard, c'est-à-dire, en 1850, Poitevin et Godard, leurs courageux émules, ont montré souvent à Paris, le spectacle toujours nouveau et toujours admiré, de leur descente au milieu des airs. Aucun événement fâcheux n'a signalé ces belles et courageuses expériences. Elisa Garnerin, nièce du célèbre aéronaute de ce nom, se faisait surtout remarquer par son ardeur à ce périlleux exercice. Tout Paris admirait son adresse et son courage.

Dans une seule occasion une descente en parachute eut une issue funeste, mais on ne doit l'attribuer qu'à l'imprévoyance et à l'ignorance de l'opérateur : nous voulons parler de la mort de M. Cocking.

M. Cocking était un amateur anglais qui s'était mis en tête de créer un nouveau parachute. M. Green, qu'il avait accompagné dans quelques ascensions, eut le tort d'ajouter foi à sa prétendue découverte, et le tort, plus grand encore, de se prêter à l'expérience. Il était cependant bien facile de comprendre par avance que le projet de M. Cocking était tout simplement une folie. Voici, en effet, la disposition qu'il avait imaginée. Le parachute employé par les aéronautes, est un véritable parasol, dont la concavité regarde la terre ; en tombant, il pèse sur l'air atmosphérique, et s'appuie dès lors sur un support résistant. M. Cocking prenait le contre-pied de cette disposition ; il renversait le parasol dont la concavité regardait le ciel. C'était une disposition merveilleusement choisie pour précipiter la chute au lieu de la retarder.

L'événement ne le prouva que trop. Dans une ascension faite au Wauxhall de Londres, le 27 septembre 1836, M. Green s'était embarqué, tenant M. Cocking et son déplorable appareil suspendus, par une corde, à la nacelle de son ballon. Parvenu à une hauteur de 1,200 mètres, M. Green coupa la corde, et il dut considérer avec terreur la chute épouvantable du malheureux qu'il venait de lancer dans l'éternité.

En une minute et demie, l'aéronaute fut précipité à terre, d'où on le releva sans vie. Il alla se briser près de l'auberge de la *Tête du Tigre* à Lee, à quelques milles de Londres.

On raconte que M. Cocking était au moment de renoncer à son entreprise, lorsque quelques paroles indirectes de désapprobation, le déterminèrent à braver le danger qui l'attendait. Le directeur du Wauxhall, M. Gye, l'avait presque dissuadé de son entreprise, lorsqu'un des assistants s'écria :

Fig. 303. — Parachute renversé de Cocking.

« A quoi bon ces réflexions ! M. Cocking s'est tellement avancé auprès du public, qu'il vaudrait mieux, pour lui, mourir que de reculer ! »

Ce fut l'arrêt de mort du malheureux aéronaute, qui se décida aussitôt à partir. Et

comme on lui offrait, au moment de s'élancer dans l'air, un verre de vin d'Espagne :
« Non, dit-il, j'ai besoin de tout mon sang-
froid. Mais, si j'en reviens, quelle bonne bouteille je viderai!»

La mort de Cocking fit voir sous un triste
jour l'esprit mercantile des Anglais. L'aubergiste de la *Tête du Tigre*, montrait pour trois
pence, le parachute, à demi brisé, et pour la
même somme, le cadavre de l'infortuné aéronaute. L'aubergiste gagna 250 francs à cette
exhibition funèbre.

CHAPITRE XII

APPLICATION DES AÉROSTATS AUX SCIENCES. — VOYAGE
SCIENTIFIQUE DE ROBERTSON ET SACCHAROFF. — VOYAGE
DE MM. BIOT ET GAY-LUSSAC.

Un temps considérable s'était écoulé depuis
l'invention des aérostats, et les sciences n'en
avaient encore retiré aucun profit. Aussi l'enthousiasme qui avait d'abord accueilli cette
découverte, avait-il fait place à une indifférence et à un découragement extrêmes. On
fondait si peu d'espoir sur l'application des
aérostats aux sciences physiques, que vingt
ans se passèrent sans amener une seule tentative dans cette voie. Ce n'est, en effet,
qu'en 1803, que s'accomplit la première ascension exécutée dans un but scientifique. Le
physicien Robertson en fut le héros.

Tout Paris a vu, sous l'Empire et sous la
Restauration, le physicien Robertson montrant dans la rue de la Paix, à l'ancien couvent des Capucines, son cabinet de fantasma-
gorie. Les débuts de sa carrière avaient été
plus brillants. Flamand d'origine, Robertson
passa à Liége, lieu de sa naissance, la première partie de sa jeunesse. Il se disposait à
entrer dans les ordres, et s'occupait à Louvain
des études relatives à sa profession future,
lorsque les événements de la révolution française le détournèrent de ce projet. Il vint à
Paris, et se consacra à l'étude des sciences

physiques. Il s'est vanté d'avoir fait connaître
le premier, en France, les travaux de Volta
sur l'électricité. Tout ce que l'on peut dire,
c'est que, lorsque Volta vint à Paris exposer
ses découvertes, Robertson l'accompagnait
auprès des savants de la capitale, et avait avec
lui des relations quotidiennes.

Peu de temps après, Robertson obtint au
concours la place de professeur de physique
au collège du département de l'Ourthe, qui
faisait alors partie de la France. Mais son esprit aventureux et inquiet s'accommodait mal
de la rigueur des règles de la maison : il
abandonna sa place et revint à Paris. Après
avoir essayé inutilement de diverses carrières,
excité par les succès de Blanchard, il embrassa
la profession d'aéronaute. Ses connaissances
assez étendues en physique, lui devinrent
d'un grand secours dans cette carrière nouvelle; elles lui donnèrent les moyens d'exécuter la première ascension que l'on ait faite
dans un intérêt véritablement scientifique.

Le beau voyage que Robertson exécuta à
Hambourg, le 18 juillet 1803, avec son compatriote Lhoest, fit beaucoup de bruit en
Europe. Les aéronautes demeurèrent cinq
heures et demie dans l'air, et descendirent à
vingt-cinq lieues de leur point de départ. Ils
s'élevèrent jusqu'à la hauteur de 7,400 mètres, et se livrèrent à différentes opérations de
physique. Entre autres faits, ils crurent reconnaître qu'à une hauteur considérable dans
l'atmosphère, les phénomènes du magnétisme terrestre perdent sensiblement de leur
intensité, et qu'à cette élévation l'aiguille
aimantée oscille avec plus de lenteur qu'à la
surface de la terre, phénomène qui indiquerait,
s'il est vrai, un affaiblissement dans les propriétés magnétiques de notre globe à mesure
que l'on s'élève dans les régions supérieures.

Robertson a écrit un exposé assez étendu
de son ascension. Il est contenu dans un travail adressé à l'Académie de Saint-Pétersbourg et reproduit dans ses *Mémoires récréatifs, scientifiques et anecdotiques*.

« Depuis trop longtemps, écrit Robertson, les ascensions, si coûteuses pour les physiciens, ont été
sacrifiées à la frivolité et à l'amusement de la multitude, tandis qu'elles pouvaient avoir un but plus
noble et plus utile, celui d'ajouter quelque chose à
nos connaissances météorologiques et physiques.
Pour obtenir des résultats utiles et pouvoir s'élever
dans les régions les plus hautes de l'atmosphère, il
fallait un aérostat dont la capacité fût assez grande
pour se prêter à l'effet de la dilatation et de la raréfaction de l'atmosphère, sans perdre son gaz hydrogène. Je trouvai tous ces avantages dans un ballon
sphérique de 30 pieds 6 pouces de diamètre, que des
circonstances particulières m'avaient procuré à Paris.
Ce ballon a été construit avec les plus grands soins à
Meudon, sous la surveillance de M. Conté; il était
destiné pour les armées.

« L'expérience fixée au 22 juin fut contrariée par
un ouragan; le 18 juillet, par un temps calme, un
ciel pur et le plus beau jour de la nature, je la répétai
à mes frais dans le jardin d'un ami. Pour obtenir mon
gaz, j'employai le zinc pour utiliser le résidu, le sulfate de zinc étant alors très-recherché à Hambourg.
Je commençai l'opération à 5 heures du matin et
à 8 heures l'aérostat était plein aux deux tiers, et
pouvait enlever 455 livres, sans compter le poids de
la machine et du filet.

« Je partis, dit-il, à 9 heures du matin, accompagné de M. Lhoest, mon condisciple et compatriote
français, établi dans cette ville; nous avions 140 livres de lest. Le baromètre marquait 28 pouces, le
thermomètre de Réaumur 16°. Malgré un faible vent
du nord-ouest, l'aérostat monta si perpendiculairement et si haut, que dans toutes les rues chacun
croyait l'avoir à son zénith. Pour accélérer notre
élévation, je détachai un parachute de soie d'une
forme parabolique, et ayant dans sa périphérie des
cases dont le but était d'éviter les oscillations. L'a-
nimal qu'il soutenait, enfermé dans une corbeille,
descendit avec une lenteur de deux pieds par seconde, et d'une manière presque uniforme. Dès l'instant où le baromètre commença à descendre, nous
ménageâmes notre lest avec beaucoup de prudence,
afin d'éprouver d'une manière moins sensible les
différentes températures par lesquelles nous allions
passer.

« A 10 heures 15 minutes, le baromètre était à 19
pouces et le thermomètre à 3 degrés au-dessus de
zéro. Sentant arriver graduellement toutes les incommodités d'un air raréfié, nous commençâmes à
disposer quelques expériences sur l'électricité atmosphérique... L'électricité des nuages que j'ai obtenue
trois fois a toujours été vitrée.

« Nous fûmes souvent détournés dans ces différents
essais par la surveillance qu'il fallait accorder à
l'aérostat, dont le taffetas se distendait avec violence,
quoique l'appendice fût ouvert; le gaz en sortait en
sifflant et devenait visible en passant dans une atmo-

sphère plus froide; nous fûmes même obligés, crainte
d'explosion, de donner deux issues au gaz hydrogène en ouvrant la soupape. Comme il restait encore beaucoup de lest, je proposai à mon compagnon
de monter encore; aussi zélé et plus robuste que
moi, il m'en témoigna le plus grand désir, quoiqu'il
se trouvât fort incommodé. Nous jetâmes du lest
pendant quelque temps; bientôt le baromètre indiqua un mouvement progressif; enfin, le froid augmenta, et nous ne tardâmes pas à le voir descendre
avec une extrême lenteur. Pendant les différents
essais dont nous nous occupions, nous éprouvions
une anxiété, un malaise général; le bourdonnement
d'oreilles dont nous souffrions depuis longtemps augmentait d'autant plus que le baromètre dépassait les
13 pouces. La douleur que nous éprouvions avait
quelque chose de semblable à celle que l'on ressent
lorsque l'on plonge la tête dans l'eau. Nos poitrines
paraissaient dilatées et manquaient de ressort; mon
pouls était précipité. Celui de M. Lhoest l'était
moins; il avait, ainsi que moi, les lèvres grosses, les
yeux saignants; toutes les veines étaient arrondies
et se dessinaient en relief sur mes mains. Le sang se
portait tellement à la tête, qu'il me fit remarquer
que son chapeau lui paraissait trop étroit. Le froid
augmenta d'une manière sensible; le thermomètre
descendit assez brusquement jusqu'à 2 degrés et vint
se fixer à 5 degrés et demi au-dessous de la glace,
tandis que le baromètre était à 12 pouces 4/100.
A peine me trouvai-je dans cette atmosphère, que le
malaise augmenta; j'étais dans une apathie morale
et physique; nous pouvions à peine nous défendre
d'un assoupissement que nous redoutions comme la
mort. Me défiant de mes forces, et craignant que mon
compagnon de voyage ne succombât au sommeil,
j'avais attaché une corde à ma cuisse, ainsi qu'à la
sienne; l'extrémité de cette corde passait dans nos
mains. C'est dans cet état, peu propre à des expériences délicates, qu'il fallut commencer les observations que je me proposais (1). »

Ici Robertson donne le détail des expériences qu'il fit sur l'électricité et le magnétisme. A la hauteur qu'il occupait dans
l'atmosphère, les phénomènes de l'électricité
statique lui paraissaient sensiblement affai-
blis; le verre, le soufre et la cire d'Espagne
ne s'électrisaient que très-faiblement par le
frottement. La pile de Volta fonctionnait
avec moins d'énergie qu'à la surface de la
terre. En même temps, il crut reconnaître que

(1) *Mémoires récréatifs, scientifiques et anecdotiques du
physicien aéronaute E. G. Robertson*, tome II, in-8, Paris,
1840, pages 66 et suivantes.

les oscillations de l'aiguille aimantée diminuaient d'intensité, ce qui l'amena à admettre l'affaiblissement du magnétisme terrestre à mesure que l'on s'élève dans les hautes régions de l'air. Nous ne rapporterons pas ces expériences, car nous les trouverons bientôt réfutées ou expliquées par M. Biot.

« A 11 heures et demie, continue Robertson, le ballon n'était plus visible pour la ville de Hambourg, du moins personne ne nous a assuré nous avoir observés à cette heure-là. Le ciel était si pur sous nos pieds, que tous les objets se peignaient à nos yeux

Fig. 304. — E. G. Robertson.

dans un diamètre de plus de vingt-cinq lieues avec la plus grande précision, mais dans la proportion de la plus petite miniature. A 11 heures 25 minutes, la ville de Hambourg ne paraissait plus que comme un point rouge à nos yeux ; l'Elbe se dessinait en blanc, comme un ruban très-étroit. Je voulus faire usage d'une lunette de Dollon ; mais ce qui me surprit, c'est qu'en la prenant, je la trouvai si froide que je fus obligé de l'envelopper dans mon mouchoir pour la maintenir. Lorsque nous étions à notre plus grande élévation, il s'éleva du côté de l'est quelques nuages sous nos pieds, mais à une distance telle, que mon ami crut que c'était un incendie de quelque ville. La lumière, étant différemment réfléchie par les nuages que sur la terre, leur fait

prendre des formes arrondies, et leur donne une couleur blanchâtre et éblouissante comme la neige ; beaucoup d'objets tels que des habitations, des lacs ou des bois, nous paraissaient des concavités.

« Ne pouvant supporter aussi longtemps que nous l'aurions désiré la position pénible où nous nous trouvions, nous descendîmes après avoir perdu beaucoup de gaz et de lest. Notre descente nous offrit le spectacle de la terreur que peut inspirer un aérostat aussi grand que le nôtre, dans un pays où l'on n'a jamais vu de semblables machines : elle s'effectuait justement au-dessus d'un pauvre village appelé Badenbourg, placé au milieu des bruyères du Hanovre ; notre apparition y jeta l'alarme, et l'on s'empressa de ramener les bestiaux des campagnes.

« Pendant que notre aérostat descendait avec assez de vitesse, nous agitions nos chapeaux, nos banderoles, et nous appelions à nous les habitants ; mais notre voix augmentait leur terreur. Ces villageois nous prenaient pour un oiseau qu'ils croyaient invulnérable, et que le préjugé leur fait connaître sous le nom d'*oiseau de fer* ou *aigle d'acier*. Ils couraient en désordre, jetant des cris affreux ; ils abandonnaient leurs troupeaux, dont les beuglements augmentaient encore l'alarme. Lorsque l'aérostat toucha la terre, chacun s'était enfermé chez soi. Ayant appelé inutilement à plusieurs reprises, et craignant que la frayeur ne les portât à quelques violences, nous jugeâmes qu'il était prudent de remonter, et je m'y déterminai avec d'autant plus de plaisir que je désirais faire un troisième essai sur l'électricité, que deux fois j'avais trouvée positive.

« Cette seconde ascension épuisa tout à fait notre lest ; nous en pressentions le besoin, car le ballon ayant longtemps nagé dans une atmosphère raréfiée, était flasque et avait perdu beaucoup de gaz ; nous fîmes cependant encore dix lieues. Je prévis que notre descente serait extrêmement accélérée ; comme il ne me restait plus de lest, je rassemblai tout ce qu'il y avait dans la nacelle, tels que les instruments de physique, le baromètre même, le pain, les cordes, les bouteilles, les effets et jusqu'à l'argent que nous avions sur nous ; je déposai tous ces objets dans trois sacs, qui avaient contenu le sable, je les attachai à une corde que je fis descendre à cent pieds au-dessous de la gondole. Ce moyen nous préserva de la secousse. Le poids parvint à terre avant l'aérostat, qui se trouva allégé de plus de cinquante livres. Il descendit plus lentement, sur la bruyère, entre Wichtenbeck et Hanovre, après avoir parcouru vingt-cinq lieues en cinq heures et demie. »

En quittant l'Allemagne, Robertson se rendit en Russie. Le bruit de ses expériences sur le magnétisme terrestre décida l'Académie des sciences de Saint-Pétersbourg à les faire répéter, par l'auteur lui-même. Avec le concours de cette Académie, Robertson, assisté d'un savant moscovite, M. Saccharoff, exécuta à Saint-Pétersbourg, une nouvelle ascension. Les expériences auxquelles ils se livrèrent ensemble confirmèrent son assertion relativement à l'affaiblissement de l'action magnétique de la terre.

Les résultats annoncés par Robertson et Saccharoff, soulevèrent beaucoup d'objections parmi les savants de Paris. Dans une séance de l'Institut, Laplace proposa de faire vérifier au moyen des aérostats le fait annoncé par ces expérimentateurs, relativement à l'affaiblissement de la force magnétique de notre globe. Berthollet et plusieurs autres académiciens appuyèrent la demande de Laplace.

Cette proposition ne pouvait être faite dans des circonstances plus favorables, puisque Chaptal était alors ministre de l'intérieur. Aussi la décision fut-elle prise à l'instant même, et l'on désigna, pour exécuter l'ascension, MM. Biot et Gay-Lussac, qui étaient les plus jeunes et les plus ardents professeurs de l'époque. Conté, l'ancien direteur de l'*École aérostatique de Meudon*, se chargea de construire et d'appareiller l'aérostat. Les dispositions qu'il prit pour rendre le voyage aussi sûr que commode, ne laissaient rien à désirer.

Aussi, le jour fixé pour l'ascension, les deux académiciens n'eurent-ils qu'à se rendre au jardin du Luxembourg, munis de leurs instruments.

Cependant, au moment du départ, il survint un accident qui nécessita l'ajournement du voyage. L'aérostat s'était trouvé plus tôt prêt que les aéronautes, et ceux-ci avaient cru pouvoir sans danger le faire attendre. Mais les piquets auxquels étaient fixées les cordes qui le retenaient, étaient plantés sur un terrain récemment remué, et par conséquent peu solide ; une pluie abondante tombée pendant la nuit l'avait détrempé, de sorte que les piquets ne purent résister longtemps

à la force ascensionnelle de l'aérostat, qui s'élançant de terre se mit à parcourir une certaine distance. En arrivant au Luxembourg, MM. Biot et Gay-Lussac furent tout surpris de voir le ballon en l'air, et un grand nombre de personnes occupées à ramener le fugitif. Heureusement on put saisir ses lisières et on le ramena sur le sol. Il fallut néanmoins remettre l'ascension à un autre jour et choisir un local plus convenable.

On se décida pour le jardin du Conservatoire des Arts et Métiers, et c'est de là que MM. Biot et Gay-Lussac partirent, le 20 août 1804, pour accomplir une ascension scientifique restée depuis fort célèbre.

Le but principal que se proposaient Biot et Gay-Lussac, c'était de rechercher si la propriété magnétique éprouve quelque diminution appréciable quand on s'éloigne de la terre. L'examen attentif auquel les deux savants soumirent, pendant presque toute la durée du voyage, les mouvements de l'aiguille aimantée, les amena à conclure que la propriété magnétique ne perd rien de son intensité, quand on s'élève dans les régions supérieures. A 4,000 mètres de hauteur, les oscillations de l'aiguille aimantée coïncidaient en nombre et en amplitude avec les oscillations reconnues à la surface de la terre. Ils expliquèrent l'erreur dans laquelle, selon eux, Robertson était tombé, par la difficulté que présente l'observation de l'aiguille magnétique au milieu des oscillations continuelles de l'aérostat. Ils constatèrent aussi, contrairement aux assertions de Robertson, que la pile de Volta et les appareils d'électricité statique, fonctionnent aussi bien à une grande hauteur dans l'atmosphère, qu'à la surface du sol. L'électricité qu'ils recueillirent était négative, et sa quantité s'accroissait avec la hauteur. L'observation de l'hygromètre leur fit reconnaître que la sécheresse croissait également avec l'élévation. Enfin MM. Biot et Gay-Lussac firent différentes observations thermométriques, mais elles ne furent point suffisantes pour amener à quelque conclusion rigoureuse relativement à la loi de décroissance de la température dans les régions élevées.

En raison de l'importance exceptionnelle du voyage aérostatique de MM. Biot et Gay-Lussac, nous mettrons le texte exact de leur récit sous les yeux de nos lecteurs. Voici donc cette pièce originale, dont la rédaction est de M. Biot :

« Depuis que l'usage des aérostats est devenu facile et simple, les physiciens désiraient qu'on les employât pour faire les observations qui demandent que l'on s'élève à de grandes hauteurs, loin des objets terrestres. Le ministère de M. Chaptal offrait particulièrement une occasion favorable pour réaliser ces projets utiles aux sciences. MM. Berthollet et Laplace ayant bien voulu s'y intéresser, ce ministre s'empressa de concourir à leurs vues, et nous nous offrîmes, M. Gay-Lussac et moi, pour cette expédition. Nous venons de faire notre premier voyage, et nous allons en rendre compte à la classe ; empressement d'autant plus naturel que plusieurs de ses membres nous ont éclairés de leurs expériences et de leurs conseils.

Notre but principal était d'examiner si la propriété magnétique éprouve quelque diminution appréciable quand on s'éloigne de la terre. Saussure, d'après des expériences faites sur le *col du Géant*, à 3,435 mètres de hauteur, avait cru y reconnaître un affaiblissement très-sensible et qu'il évaluait à 1/5. Quelques physiciens avaient même annoncé que cette propriété se perd entièrement, quand on s'éloigne de la terre dans un aérostat. Ce fait étant lié de près à la cause des phénomènes magnétiques, il importait à la physique qu'il fût éclairci et constaté ; du moins, c'est ainsi qu'ont pensé plusieurs membres de la classe, et l'illustre Saussure lui-même, qui recommande beaucoup cette observation sur laquelle il est revenu plusieurs fois dans ses voyages aux Alpes.

Pour décider cette question, il ne faut qu'un appareil fort simple. Il suffit d'avoir une aiguille aimantée, suspendue à un fil de soie très-fin. On détourne un peu l'aiguille de son méridien magnétique, et on la laisse osciller ; plus les oscillations sont rapides, plus la force magnétique est considérable. C'est Borda qui a imaginé cette excellente méthode, et M. Coulomb a donné le moyen d'évaluer la force d'après le nombre des oscillations. Saussure a employé cet appareil dans son voyage sur le col du Géant. Nous en avons emporté un semblable dans notre aérostat. L'aiguille dont nous nous sommes servis avait été construite avec beaucoup de soin par l'excellent artiste Fortin ; et M. Coulomb avait bien voulu l'aimanter lui-même par la méthode d'Œpinus. Nous avons essayé, à plusieurs reprises, sa force magnétique, lorsque nous étions encore à terre. Elle faisait vingt oscillations en cent quarante et une secondes de la division sexagésimale ; et comme nous avons obtenu ce même résultat un grand nombre de fois, à des jours différents, sans trouver un écart d'une demi-seconde, on peut le regarder comme très-exact. Nous nous servions, pour observer, de deux excellentes montres à secondes qui nous avaient été prêtées par M. Lépine, habile horloger.

Outre cet appareil nous avons emporté une boussole ordinaire de déclinaison et deux boussoles d'inclinaison : la première pour observer la direction du méridien magnétique ; la seconde pour connaître les variations d'inclinaison. Ces appareils, beaucoup moins sensibles que le premier, étaient seulement destinés à nous indiquer des différences, s'il en était survenu qui fussent très-considérables. Afin de n'avoir que des résultats comparables, nous avions placé tous ces instruments dans la nacelle, lorsque nous avons observé, à terre, les oscillations de la première aiguille. Du reste, il n'entrait pas un morceau de fer dans la construction de notre nacelle, ni dans celle de notre aérostat. Les seuls objets de cette matière que nous emportâmes (un couteau, des ciseaux, deux canifs) furent descendus dans un panier au-dessous de la nacelle, à 8 ou 10 mètres de distance (vingt-cinq ou trente pieds), en sorte que leur influence ne pouvait être sensible en aucune manière.

Outre cet objet principal, dans ce premier voyage, nous nous proposions aussi d'observer l'électricité de l'air, ou plutôt la différence d'électricité des différentes couches atmosphériques. Pour cela, nous avions emporté des fils métalliques de diverses longueurs, depuis 20 jusqu'à 100 mètres (60 à 300 pieds). En suspendant ces fils à côté de notre nacelle, à l'extrémité d'une tige de verre, ils devaient nous mettre en communication avec les couches inférieures et nous permettre de puiser leur électricité. Quant à la nature de cette électricité, nous avions, pour la déterminer, un petit électrophore, chargé très-faiblement, et dont la résine avait été frottée à terre avant le départ.

Nous avions aussi projeté de rapporter de l'air puisé à une grande hauteur. Nous avions pour cela un ballon de verre fermé, dans lequel on avait fait exactement le vide, en sorte qu'il suffisait de l'ouvrir pour le remplir d'air. On devine aisément que nous nous étions munis de baromètres, de thermomètres, d'électromètres et d'hygromètres. Nous avions avec nous des disques de métal pour répéter les expériences de Volta, ou l'électricité développée par le simple contact. Enfin, nous avions emporté divers animaux, comme des grenouilles, des oiseaux et des insectes.

« Nous partîmes, du jardin du Conservatoire des Arts, le 6 fructidor, à 10 heures du matin, en présence d'un petit nombre d'amis. Le baromètre était à 0ᵐ,765 (28 ᵖᵒ.,31); le thermomètre, à 16°,5 de la division centigrade (13°,2 de Réaumur); et l'hygromètre à 80°,8, par conséquent assez près de la plus grande humidité. M. Conté, que le ministre de l'intérieur avait chargé, dès l'origine, de tous les préparatifs, avait pris toutes les mesures imaginables pour que notre voyage fût heureux, et il le fut en effet.

« Nous l'avouerons, le premier moment où nous nous élevâmes ne fut pas donné à nos expériences. Nous ne pûmes qu'admirer la beauté du spectacle qui nous environnait. Notre ascension, lente et calculée, produisit sur nous cette impression de sécurité que l'on éprouve toujours quand on est abandonné à soi-même, avec des moyens sûrs. Nous entendions encore les encouragements qui nous étaient donnés, mais nous n'en avions pas besoin : nous étions parfaitement calmes et sans la plus légère inquiétude. Nous n'entrons dans ces détails que pour montrer que l'on peut accorder quelque confiance à nos observations.

« Nous arrivâmes bientôt dans les nuages. C'étaient comme de légers brouillards, qui ne nous causèrent qu'une faible sensation d'humidité. Notre ballon s'étant gonflé entièrement, nous ouvrîmes la soupape pour abandonner du gaz, et en même temps nous jetâmes du lest pour nous élever plus haut. Nous nous trouvâmes aussitôt au-dessus des nuages, et nous n'y rentrâmes qu'en descendant.

« Ces nuages, vus de haut, nous parurent blanchâtres, comme lorsqu'on les voit de la surface de la terre. Ils étaient tous exactement à la même élévation ; et leur surface supérieure, toute mamelonnée et ondulante, nous offrait l'aspect d'une plaine couverte de neige.

« Nous nous trouvions alors vers 2,000 mètres de hauteur. Nous voulûmes faire osciller notre aiguille, mais nous ne tardâmes pas à reconnaître que l'aérostat avait un mouvement de rotation très-lent, qui faisait varier sans cesse la position de la nacelle par rapport à la direction de l'aiguille, et nous empêchait d'observer le point où les oscillations finissaient. Cependant la propriété magnétique n'était pas détruite ; car, en approchant de l'aiguille un morceau de fer, l'attraction avait encore lieu. Ce mouvement de rotation devenait sensible quand on alignait les cordes de la nacelle sur quelque objet terrestre, ou sur les flancs des nuages, dont les contours nous offraient des différences très-sensibles. De cette manière nous nous aperçûmes bientôt que nous ne répondions pas toujours au même point. Nous espérâmes que ce mouvement de rotation, déjà très-peu rapide, s'arrêterait avec le temps, et nous permettrait de reprendre nos oscillations.

« En attendant, nous fîmes d'autres expériences ; nous essayâmes le développement de l'électricité par le contact des métaux isolés ; elle réussit comme à terre. Nous apprêtâmes une colonne électrique avec vingt disques de cuivre et autant de disques de zinc ; nous obtînmes, comme à l'ordinaire, la saveur piquante. Tout cela était facile à prévoir, d'après la théorie de Volta, et puisque l'on sait d'ailleurs que l'action de la colonne électrique ne cesse pas dans le vide ; mais il était si facile de vérifier ces faits, que nous avions cru devoir le faire. D'ailleurs tous ces objets pouvaient nous servir de lest au besoin. Nous étions alors à 2,724 mètres de hauteur, selon notre estime.

« Vers cette élévation, nous observâmes les animaux que nous avions emportés ; ils ne paraissaient pas souffrir de la rarété de l'air ; cependant le baromètre était à 20 pouces 8 lignes : ce qui donnait une hauteur de 2,622 mètres. Une abeille violette (*Apis violacea*), à qui nous avions donné la liberté, s'envola très-vite et nous quitta en bourdonnant. Le thermomètre marquait 13° de la division centigrade (10°,4 Réaumur). Nous étions très-surpris de ne pas éprouver de froid ; au contraire, le soleil nous échauffait fortement ; nous avions ôté les gants que nous avions mis d'abord, et qui ne nous ont été d'aucune utilité. Notre pouls était fort accéléré : celui de M. Gay-Lussac, qui bat ordinairement soixante-deux pulsations par minute, en battait quatre-vingts ; le mien, qui donnait ordinairement soixante-dix-neuf pulsations, en donnait cent onze. Cette accélération se faisait donc sentir, pour nous deux, à peu près dans la même proportion. Cependant notre respiration n'était nullement gênée, nous n'éprouvions aucun malaise, et notre situation nous semblait extrêmement agréable.

« Cependant nous tournions toujours, ce qui nous contrariait fort, parce que nous ne pouvions pas observer les oscillations magnétiques tant que cet effet avait lieu. Mais en nous alignant, comme je l'ai dit, sur les objets terrestres, et sur les flancs des nuages, qui étaient bien au-dessous de nous, nous nous aperçûmes que nous ne tournions pas toujours dans le même sens ; peu à peu le mouvement de rotation diminuait et se reproduisait en sens contraire. Nous comprîmes alors qu'il fallait saisir ce passage d'un des états à l'autre, parce que nous restions stationnaires dans l'intervalle. Nous profitâmes de cette remarque pour faire nos expériences. Mais comme cet état stationnaire ne durait que quelques instants, il n'était pas possible d'observer, de suite, vingt oscillations comme à terre ; il fallait se contenter de cinq ou de six au plus, en prenant bien garde de ne pas agiter la nacelle, car le plus léger mouvement, celui que produisait le gaz quand nous le laissions échapper, celui même de notre main quand nous écrivions, suffisait pour nous faire tourner. Avec toutes ces précautions, qui demandaient beaucoup de temps, d'essais et de soins, nous parvînmes à répéter dix fois l'expérience dans le cours du voyage, à diverses hauteurs. En voici les résultats dans l'ordre où nous les avons obtenus.

Hauteurs calculées.	Nombre des oscillations.	Temps.
2,897 mètres	5	35ˢ
3,038 —	5	35ˢ
Id. —	5	35ˢ
Id. —	5	35ˢ
2,862 —	10	70ˢ
3,145 —	5	35ˢ
3,665 —	5	35ˢ,5
3,589 —	10	68ˢ
3,742 —	5	35ˢ
3,977 — (2040 toises)..	10	70ˢ

« Toutes ces observations, faites dans une colonne de plus de 1,000 mètres de hauteur, s'accordent à donner 35ˢ pour la durée de cinq oscillations. Or, les expériences faites à terre donnent 35ˢ 1/4 pour cette durée. La petite différence d'un quart de seconde n'est pas appréciable, et dans tous les cas elle ne tend pas à indiquer une diminution.

« On en peut dire autant de l'expérience qui a donné une fois 68 degrés pour dix oscillations, ce qui fait 34 pour chacune; elle n'indique pas non plus un affaiblissement.

« Il nous semble donc que ces résultats établissent avec quelque certitude la proposition suivante :

« *La propriété magnétique n'éprouve aucune diminution appréciable depuis la surface de la terre jusqu'à 4,000 mètres de hauteur : son action dans ces limites se manifeste constamment par les mêmes effets et suivant les mêmes lois.*

« Il nous reste maintenant à expliquer la différence de ces résultats avec ceux des autres physiciens dont nous avons parlé. Et d'abord, quant aux expériences de Saussure, il nous semble, si nous osons le dire, qu'il s'y est glissé quelque erreur. On le voit clairement par les nombres mêmes qu'il a rapportés (1). Lorsqu'il voulut déterminer la force magnétique de son aiguille à Genève, il trouva pour le temps de vingt oscillations, 302ˢ,290ˢ, 300ˢ,280ˢ, résultats très-peu comparables, puisque leur différence va jusqu'à 12ˢ. Au contraire, dans les expériences préliminaires que nous avons faites à terre avant de partir, nous n'avons jamais trouvé une demi-seconde de différence sur le temps de vingt oscillations. De plus, il existe encore une autre erreur dans le calcul fait par Saussure pour comparer les forces magnétiques sur la montagne et dans la plaine; et d'après tout cela, il n'est pas étonnant que ses résultats diffèrent de ceux que nous avons obtenus. Mais il nous semble que les nôtres sont préférables, parce qu'ils paraissent s'accorder davantage, et parce que nous nous sommes élevés beaucoup plus haut.

« Quant à cette autre observation faite par quelques physiciens, relativement aux irrégularités de la

(1) *Voyage dans les Alpes*, t. IV, p. 312 et 313.

boussole, quand on s'élève dans l'atmosphère, il nous semble qu'on peut facilement l'expliquer par ce que nous avons dit précédemment sur la rotation continuelle de l'aérostat. En effet, ces observateurs ont dû tourner comme nous, puisque la seule impulsion du gaz qui s'échappe en ouvrant la soupape suffit pour produire cet effet. S'ils n'ont pas fait cette remarque, l'aiguille, qui ne tournait pas avec eux, leur a paru incertaine et sans aucune direction déterminée; mais ce n'est qu'une illusion produite par leur propre mouvement.

« Enfin il nous reste à prévenir un doute que l'on pourrait élever sur nos expériences : on pourrait craindre que nos montres ne se fussent dérangées dans le voyage, de sorte qu'il aurait pu arriver quelque variation dans la force magnétique sans que nous l'eussions aperçue. Mais, puisque nous n'y avons observé aucune différence, il faudrait, dans cette supposition, que la force magnétique et la marche de notre montre eussent varié en sens contraire, précisément dans le même rapport et de manière à se compenser exactement ; hypothèse extrêmement improbable et même tout à fait inadmissible.

« Nous n'avons pas pu observer aussi exactement l'inclinaison de la barre aimantée; ainsi nous ne pouvons pas affirmer avec autant de certitude qu'elle n'éprouve absolument aucune variation. Cependant cela est très-probable, puisque la force horizontale n'est point altérée. Mais nous sommes assurés du moins que ces variations, si elles existent, sont très-peu considérables ; car nos barres magnétiques, équilibrées avant le départ, ont constamment gardé pendant tout le voyage leur situation horizontale : ce qui ne serait pas arrivé si la force qui tendait à les incliner eût changé sensiblement.

« Enfin la déclinaison avait été aussi l'objet de nos recherches ; mais le temps et la disposition de nos appareils ne nous ont pas permis de la déterminer exactement. Cependant il est également probable qu'elle ne varie pas d'une manière sensible. Au reste, nous avons maintenant des moyens précis pour la mesurer avec exactitude dans un autre voyage : nous pourrons aussi évaluer exactement l'inclinaison.

« Pour ne pas interrompre cet exposé, nous avons passé sous silence quelques autres expériences moins importantes, auxquelles il est nécessaire de revenir.

« Nous avons observé nos animaux à toutes les hauteurs; ils ne paraissaient souffrir en aucune manière. Pour nous, nous n'éprouvions aucun effet, si ce n'est cette accélération du pouls dont j'ai déjà parlé. A 3,400 mètres de hauteur, nous donnâmes la liberté à un petit oiseau que l'on nomme un *verdier*, il s'envola aussitôt, mais revint presque à l'instant se poser sur nos cordages; ensuite prenant de nouveau son vol, il se précipita vers la terre, en décrivant une ligne tortueuse peu différente de la ver-

Fig. 305. — Gay-Lussac et Biot font des expériences de physique à 4,000 mètres de hauteur.

ticale. Nous le suivîmes des yeux jusque dans les nuages, où nous le perdîmes de vue. Mais un pigeon, que nous lâchâmes de la même manière, à la même hauteur, nous offrit un spectacle beaucoup plus curieux ; remis en liberté sur le bord de la nacelle, il y resta quelques instants, comme pour mesurer l'étendue qu'il avait à parcourir ; puis il s'élança en voltigeant d'une manière inégale, en sorte qu'il semblait essayer ses ailes, mais après quelques battements il se borna à les étendre et s'abandonna tout à fait. Il commença à descendre vers les nuages en décrivant de grands cercles, comme font les oiseaux de proie. Sa descente fut rapide, mais réglée ; il entra bientôt dans les nuages, et nous l'aperçûmes encore au-dessous.

« Nous n'avions pas encore essayé l'électricité de l'air, parce que l'observation de la boussole, qui était la plus importante et qui exigeait que l'on saisît des occasions favorables, avait absorbé presque toute notre attention; d'ailleurs nous avons toujours eu des nuages au-dessous de nous, et l'on sait que les nuages sont diversement électrisés. Nous n'avions pas alors les moyens nécessaires pour calculer leur distance d'après la hauteur du baromètre, et nous ne savions pas jusqu'à quel point ils pourraient nous influencer. Cependant, pour essayer au moins notre appareil, nous tendîmes un fil métallique de 80 mètres (240 pieds) de longueur, et, après l'avoir isolé de nous, comme je l'ai dit plus haut, nous prîmes de l'électricité à son extrémité supérieure, et nous la portâmes à l'électromètre : elle se trouva résineuse. Nous répétâmes deux fois cette observation dans le même moment : la première, en détruisant l'électricité atmosphérique par l'influence de l'électricité vitrée de l'électrophore ; la seconde, en détruisant l'électricité vitrée tirée de l'électrophore, au moyen de l'électricité atmosphérique. C'est ainsi que nous pûmes nous assurer que cette dernière était résineuse.

« Cette expérience indique une électricité croissante avec les hauteurs, résultat conforme à ce que l'on avait conclu par la théorie, d'après les expériences de Volta et de Saussure. Mais maintenant que nous connaissons la bonté de notre appareil, nous espérons vérifier de nouveau ce fait par un plus grand nombre d'essais dans un autre voyage.

« Nos observations du thermomètre nous ont indiqué au contraire une température décroissant de bas en haut, ce qui est conforme aux résultats connus. Mais la différence a été beaucoup plus faible que nous ne l'aurions attendu ; car, en nous élevant à 2,000 toises, c'est-à-dire bien au-dessus de la limite inférieure des neiges éternelles à cette latitude, nous n'avons éprouvé une température plus basse que 10°,5 au thermomètre centigrade (8°,4 Réaumur) ; et, au même instant, la température de l'Observatoire, à Paris, était de 17°,5 centigrades (14° Réaumur).

« Un autre fait assez remarquable, qui nous est aussi donné par nos observations, c'est que l'hygromètre a constamment marché vers la sécheresse, à mesure que nous nous sommes élevés dans l'atmosphère, et, en descendant, il est graduellement revenu vers l'humidité. Lorsque nous partîmes, il marquait 80°,8 à la température de 16°,5 du thermomètre centigrade ; et à 4,000 mètres de hauteur, quoique la température ne fût qu'à 10°,5, il ne marquait plus que 30°. L'air était donc beaucoup plus sec dans ces hautes régions qu'il ne l'est près de la surface de la terre.

« Pour nous élever à ces hauteurs, nous avions jeté presque tout notre lest : il nous en restait à peine quatre ou cinq livres. Nous avions donc atteint la hauteur à laquelle l'aérostat pouvait nous porter tous deux à la fois. Cependant, comme nous désirions vivement terminer tout à fait l'observation de la boussole, M. Gay-Lussac me proposa de s'élever seul à la hauteur de 6,000 mètres (3,000 toises), afin de vérifier nos premiers résultats ; nous devions déposer tous les instruments en arrivant à terre, et n'emporter dans la nacelle que le baromètre et la boussole. Lorsque nous eûmes pris ce parti, nous nous laissâmes descendre, en perdant aussi peu de gaz qu'il nous était possible. Nous observâmes le baromètre en entrant dans les nuages. Il nous donna 1,223 mètres (600 toises) pour leur élévation. Nous avons déjà remarqué qu'ils paraissaient tous de niveau, en sorte que cette observation indique pour cet instant leur hauteur commune. Lorsque nous arrivâmes à terre, il ne se trouva personne pour nous retenir, et nous fûmes obligés de perdre tout notre gaz pour nous arrêter. Si nous eussions pu prévoir ce contre-temps, nous ne nous serions pas pressés de descendre sitôt. Nous nous trouvâmes vers une heure et demie dans le département du Loiret, près du village de Mériville, à dix-huit lieues environ de Paris.

« Nous n'avons point abandonné le projet de nous élever à 6,000 mètres et même plus haut, s'il est possible, afin de pousser jusque-là nos expériences sur la boussole. Nous allons préparer promptement cette expédition, qui se fera dans peu de jours, puisque l'aérostat n'est nullement endommagé. M. Gay-Lussac s'élèvera d'abord ; ensuite, s'il le croit lui-même nécessaire, je m'élèverai seul à mon tour pour vérifier ses observations. Lorsque nous aurons ainsi terminé ce qui concerne la boussole, nous désirons entreprendre de nouveau plusieurs voyages ensemble, pour faire, s'il est possible, des recherches exactes sur la qualité et la nature de l'électricité de l'air à diverses hauteurs, sur les variations de l'hygromètre, et sur la diminution de la chaleur en s'éloignant de la terre ; objets qui paraissent devoir être utiles dans la théorie des réfractions.

« Nous ne désespérons pas non plus de pouvoir observer des angles pour déterminer trigonométriquement notre position dans l'espace ; ce qui donnerait des notions précises sur la marche du baromètre, à mesure qu'on s'élève. Le mouvement de l'aérostat est si doux, que l'on peut y faire les observations les plus délicates ; et l'expérience de notre premier voyage, ainsi que l'usage de nos appareils, nous permettra de recueillir en peu de temps un grand nombre de faits. Tels sont les désirs que nous formons aujourd'hui, si nous sommes assez heureux pour que les recherches que nous venons de faire paraissent à la classe de quelque utilité. »

Le voyage aérostatique exécuté par MM. Biot et Gay-Lussac, avait laissé beaucoup de points à éclaircir ; il fallait confirmer les premières observations, et les vérifier en s'élevant à une plus grande hauteur. Pour atteindre ce dernier but, avec l'aérostat qui avait servi aux premières expériences, un seul observateur devait s'élever. Il fut décidé que Gay-Lussac exécuterait cette nouvelle ascension.

Dans ce second voyage, Gay-Lussac confirma et étendit les résultats qu'il avait obtenus avec Biot, relativement à la permanence de l'action magnétique du globe. Il prit un assez grand nombre d'observations thermométriques, et essaya de déterminer, à leur aide, la loi de décroissance de température dans les hautes régions de l'air. L'observation de l'hygromètre n'amena à aucune conclusion satisfaisante.

Parvenu à la hauteur de 6,500 mètres, Gay-Lussac recueillit de l'air dans ces régions extrêmes, qu'aucun homme n'avait encore atteintes, avant lui! Il s'était muni d'un grand ballon de verre, fermé par un robinet de cuivre fixé sur une garniture du même métal, et tenant bien le vide. Il avait fait le vide dans le ballon au moyen de la machine pneumatique, et l'avait emporté dans sa nacelle. En l'ouvrant à la hauteur maximum où il était parvenu, il remplit ce vase de l'air de ces régions.

L'analyse chimique de cet air faite le lendemain, prouva qu'il avait la même composition que l'air pris à la surface de la terre.

C'était là un résultat d'une importance fondamentale à cette époque. En effet, bien des personnes admettaient alors la présence du gaz hydrogène dans les hautes régions de l'air. Les observations de Biot et Gay-Lussac dissipèrent cette erreur. On savait par les expériences de Berthollet et d'Humphry Davy, que l'air, sous toutes les latitudes, et pris à une faible hauteur au-dessus de la mer, présente partout la même composition. De Saussure, dans sa célèbre ascension au mont Blanc, avait rapporté de l'air atmosphérique, qu'il avait analysé, et qui s'était montré parfaitement identique, dans sa composition, avec l'air de la plaine. Mais le mont Blanc n'a que 4,810 mètres. Il importait donc d'analyser de l'air recueilli dans une région plus élevée encore. Un aérostat donnait seul le moyen de pénétrer dans ces régions extrêmes. Tel fut précisément le résultat scientifique auquel conduisit l'ascension aérostatique de Gay-Lussac. L'air recueilli par Gay-Lussac à 6,500 mètres de hauteur, fut analysé par lui avec le plus grand soin, dans son laboratoire de l'École polytechnique, par le procédé *eu-*

diométrique dont on lui doit l'invention, et cet air présenta une composition parfaitement la même que celle de l'air pris à la surface du sol, à Paris. Ce résultat fut ainsi désormais acquis à la physique du globe.

Nous donnerons ici un court extrait de la relation faite par Gay-Lussac de la célèbre ascension du 16 septembre 1804.

« Tous nos instruments étant prêts, dit Gay-Lussac, le jour de mon départ fut fixé au 29 fructidor. Je m'élevai, ce jour-là en effet, du Conservatoire des Arts et Métiers, à 9 heures et 40 minutes, le baromètre étant à 76°,525, l'hygromètre à 57°,5 et le thermomètre à 27°,75. M. Bouvard, qui fait tous les jours des observations météorologiques à Paris, avait jugé le ciel très-vaporeux, mais sans nuages. A peine me fus-je élevé de 1,000 mètres, que je vis, en effet, une légère vapeur répandue toute l'atmosphère au-dessous de moi, et qui me laissait voir confusément les objets éloignés.

« Parvenu à la hauteur de 3,032 mètres, je commençai à faire osciller l'aiguille horizontale, et j'obtins, cette fois, vingt oscillations en 83ˢ, tandis qu'à terre et d'ailleurs dans les mêmes circonstances, il lui fallait 84ˢ,43 pour en faire le même nombre. Quoique mon ballon fût affecté du mouvement de rotation que nous avions déjà reconnu dans notre première expérience, la rapidité du mouvement de notre aiguille me permit de compter jusqu'à vingt, trente et même quarante oscillations.

« A la hauteur de 3,863 mètres, j'ai trouvé que l'inclinaison de mon aiguille, en prenant le milieu de l'amplitude de ses oscillations, était sensiblement de 31″ comme à terre. Il m'a fallu beaucoup de temps et de patience pour faire cette observation, parce que, quoique emporté par la masse de l'atmosphère, je sentais un petit vent qui dérangeait continuellement la boussole, et, après plusieurs tentatives infructueuses, j'ai été obligé de renoncer à l'observer de nouveau. Je crois, néanmoins, que l'observation que je viens de présenter mérite quelque confiance.

« Quelque temps après, j'ai voulu observer l'aiguille de déclinaison ; mais voici ce qui était arrivé. La sécheresse, favorisée par l'action du soleil dans un air raréfié, était telle que la boussole s'était tourmentée au point de faire plier le cercle métallique sur lequel étaient tracées les divisions, et de se courber elle-même. Les mouvements de l'aiguille ne pouvaient plus se faire avec la même liberté; mais indépendamment de ce contre-temps, j'ai remarqué qu'il était très-difficile d'observer la déclinaison de l'aiguille avec cet appareil. Il arrivait, en effet, que lorsque j'avais placé la boussole de manière à faire coïncider avec une ligne fixe l'ombre du fil horizontal qui servait de style, le mouvement que j'avais donné à la boussole en avait aussi imprimé un à l'aiguille, et lorsque celle-ci était à peu près revenue en repos, l'ombre du style ne coïncidait plus avec la ligne fixe. Il fallait encore mettre la boussole dans une position horizontale ; et pendant le temps qu'exigeait cette opération, tout se dérangeait de nouveau. Sans vouloir persister à faire des observations auxquelles je ne pouvais accorder aucune confiance, j'y ai renoncé entièrement ; et libre de tout autre soin, j'ai donné toute mon attention aux oscillations de l'aiguille horizontale. Je me suis pourtant convaincu, en reconnaissant les défauts de notre boussole, qu'il est impossible d'en employer une autre plus convenable, qui déterminerait la déclinaison avec assez de précision. Je fais remarquer que, pour tenter cette expérience, j'avais descendu isolément les autres aiguilles dans des sacs de toile, à 15 mètres au-dessous de la nacelle.

« Pour qu'on puisse voir facilement l'ensemble de tous les résultats que j'ai obtenus, je les ai réunis dans le tableau qui est à la fin de ce mémoire ; et ils y sont tels qu'ils se sont présentés à moi, avec les indications correspondantes du baromètre, du thermomètre et de l'hygromètre. Les hauteurs ont été calculées d'après la formule de M. Laplace, par M. Gouilly, ingénieur des ponts et chaussées, qui a bien voulu prendre cette peine ; le baromètre n'ayant pas varié sensiblement le jour de mon ascension depuis 10 heures jusqu'à 3, pour calculer les diverses élévations auxquelles j'ai fait des observations, la hauteur du baromètre, 76,568, qui a eu lieu à terre à 3 heures, hauteur qui, conformément aux observations faites par M. Bouvard à l'Observatoire, est plus grande de 0ᵐ,43 que celle qui avait été observée au moment du départ. Les hauteurs du baromètre dans l'atmosphère ont été ramenées à celles qu'aurait indiquées un baromètre à niveau constant placé dans les mêmes circonstances, et l'on a pris pour chaque hauteur la moyenne entre les observations des deux baromètres. La température à terre ayant également peu varié entre 10 et 3 heures, on l'a supposée constante et égale à 30°,75 du thermomètre centigrade.

« En fixant maintenant les yeux sur le tableau, on voit d'abord que la température suit une loi irrégulière relativement aux hauteurs correspondantes ; ce qui provient, sans doute, de ce qu'ayant fait des observations tantôt en montant, tantôt en descendant, le thermomètre aura suivi trop lentement ces variations. Mais si l'on ne considère que les degrés du thermomètre qui forment entre eux une série continue décroissante, on trouve une loi plus régulière. Ainsi la température à terre étant de 27°,75, et à la hauteur de 3,691 mètres de 8°,3, si l'on divise la différence des hauteurs par celle des températures, on obtient d'abord 191ᵐ,7 (98 toises) d'élévation pour chaque degré d'abaissement de température. En fai-

sant la même opération pour la température 5°,25, et 0°,5 ainsi que pour celles 0°,6 et 9°,5, on trouve, dans l'un et dans l'autre cas, 141ᵐ,6 (72ᵗᵒⁱˢ·,6) d'élévation pour chaque degré d'abaissement de température : ce qui semble indiquer que vers la surface de la terre la chaleur suit une loi moins décroissante que dans le haut de l'atmosphère, et qu'ensuite, à de plus grandes hauteurs, elle suit une progression arithmétique décroissante. Si l'on suppose que depuis la surface de la terre, où le thermomètre était à 30°,75, jusqu'à la hauteur de 6,977 mètres (3,580 toises) où il était descendu à — 9°,5, la chaleur a diminué comme les hauteurs ont augmenté, à chaque degré d'abaissement de température correspondra une élévation de 173ᵐ,3 (88ᵗᵒⁱˢ·,9).

« L'hygromètre a eu une marche assez singulière. A la surface de la terre il n'était qu'à 57°,5, tandis qu'à la hauteur de 3,032 mètres, il marquait 62° ; de ce point, il a été continuellement en descendant, jusqu'à la hauteur de 5,267 mètres où il n'indiquait plus que 27°,5, et de là à la hauteur de 6,884 mètres il est remonté graduellement à 34°,5. Si l'on voulait, d'après ces résultats, déterminer la loi de la quantité d'eau dissoute dans l'air à diverses élévations, il est clair qu'il faudrait faire attention à la température ; en y joignant cette considération, on verrait qu'elle suit une progression extrêmement décroissante.

« Si l'on considère maintenant les oscillations magnétiques, on remarque le temps pour dix oscillations faites à diverses hauteurs est tantôt au-dessus, tantôt au-dessous de celui de 42°,16 qu'elles exigent à terre. En prenant une moyenne entre toutes les oscillations faites dans l'atmosphère, dix oscillations exigeraient 42°,20, quantité qui diffère bien peu de la précédente ; mais en ne considérant que les dernières observations qui ont été faites aux plus grandes hauteurs, le temps pour dix oscillations serait un peu au-dessous de 42°,16, ce qui indiquerait, au contraire, que la force magnétique a un peu augmenté. Sans vouloir tirer aucune conséquence de ce léger accroissement apparent, qui peut très-bien tenir aux erreurs qu'on peut commettre dans ce genre d'expériences, je dois conclure que l'ensemble des résultats que je viens de présenter confirme et étend le fait que nous avions observé, M. Biot et moi, et qui prouve que, de même que la gravitation universelle, la force magnétique n'éprouve point de variations sensibles aux plus grandes hauteurs où nous puissions parvenir.

« La conséquence que nous avons tirée de nos expériences pourra paraître un peu trop précipitée à ceux qui se rappelleront que nous n'avons pu faire des expériences sur l'inclinaison de l'aiguille aimantée. Mais si l'on remarque que la force qui fait osciller une aiguille horizontale est nécessairement dépendante de l'intensité et de la direction de la force magnétique elle-même, et qu'elle est représentée par le cosinus de l'angle d'inclinaison de cette dernière force, on ne pourra s'empêcher de conclure avec nous, que, puisque la force horizontale n'a pas varié, la force magnétique ne doit pas avoir varié non plus, à moins qu'on ne veuille supposer que la force magnétique a pu varier précisément en sens contraire et dans le même rapport que le cosinus de son inclinaison, ce qui n'est nullement probable. Nous aurions d'ailleurs, à l'appui de notre conclusion, l'expérience de l'inclinaison qui a été faite à la hauteur de 3,863 mètres (1,982 toises), et qui prouve qu'à cette élévation l'inclinaison n'a pas varié d'une manière sensible.

« Parvenu à la hauteur de 4,511 mètres, j'ai présenté à une petite aiguille aimantée, et dans la direction de la force magnétique, l'extrémité inférieure d'une clef; l'aiguille a été attirée, puis repoussée par l'autre extrémité de la clef que j'avais fait descendre parallèlement à elle-même. La même expérience, répétée à 6,107 mètres, a eu le même succès : nouvelle preuve bien évidente de l'action du magnétisme terrestre.

«A la hauteur de 6,561 mètres, j'ai ouvert un de nos deux ballons de verre, et à celle de 6,636 j'ai ouvert le second; l'air y est entré dans l'un et dans l'autre avec sifflement. Enfin, à 3 heures 11 secondes, l'aérostat était parfaitement plein, et n'ayant plus que 15 kilogrammes de lest, je me suis déterminé à descendre. Le thermomètre était alors à 9°,5 au-dessous de la température de la glace fondante, et le baromètre à 32,88; ce qui donne pour ma plus grande élévation au-dessus de Paris, 6,977^m,37, ou 7,016 mètres au-dessus du niveau de la mer.

« Quoique bien vêtu, je commençais à sentir le froid, surtout aux mains, que j'étais obligé de tenir exposées à l'air. Ma respiration était sensiblement gênée, mais j'étais encore bien loin d'éprouver un malaise assez désagréable pour m'engager à descendre. Mon pouls et ma respiration étaient très-accélérés : ainsi respirant fréquemment dans un air très-sec, je ne dois pas être surpris d'avoir eu le gosier si sec, qu'il m'était pénible d'avaler du pain. Avant de partir, j'avais un léger mal de tête, provenant des fatigues du jour précédent et des veilles de nuit, et je le gardai toute la journée sans m'apercevoir qu'il augmentât. Ce sont là toutes les incommodités que j'ai éprouvées.

« Un phénomène qui m'a frappé de cette grande hauteur, a été de voir des nuages au-dessus de moi et à une distance qui me paraissait encore très-considérable. Dans notre première ascension, les nuages ne se soutenaient pas à plus de 1,169 mètres, et au-dessus le ciel était de la plus grande pureté. Sa couleur au zénith était même si intense, qu'on aurait pu la comparer à celle du bleu de Prusse; mais dans le dernier voyage que je viens de faire, je n'ai pas vu de nuages sous mes pieds; le ciel était très-vaporeux et sa couleur généralement terne. Il n'est

peut-être pas inutile d'observer que le vent qui soufflait le jour de notre première ascension était le nord-ouest, et que dans la dernière c'était le sud-est.

« Dès que je m'aperçus que je commençais à descendre, je ne songeai plus qu'à modérer la descente du ballon et à la rendre extrêmement lente. A 3 heures 45 minutes, mon ancre toucha terre et se fixa, ce qui donne trente-quatre minutes pour le temps de ma descente. Les habitants d'un petit hameau voisin accoururent bientôt, et pendant que les uns prenaient plaisir à ramener à eux le ballon en tirant la corde de l'ancre, d'autres, placés au-dessous de la nacelle, attendaient impatiemment qu'ils pussent y mettre les mains pour la prendre et la déposer à terre. Ma descente s'est donc faite sans la plus légère secousse et le moindre accident, et je ne crois pas qu'il soit possible d'en faire une plus heureuse. Le petit hameau à côté duquel je suis descendu s'appelle Saint-Gougon, il est situé à six lieues nord-ouest de Rouen.

« Arrivé à Paris, mon premier soin a été d'analyser l'air que j'avais rapporté. Toutes les expériences ont été faites à l'École polytechnique, sous les yeux de MM. Thénard et Gresset, et je m'en suis rapporté autant à leur jugement qu'au mien. Nous observions tour à tour les divisions de l'eudiomètre sans nous communiquer, et ce n'était que lorsque nous étions parfaitement d'accord que nous les écrivions. Le ballon dont l'air a été pris à 6,636 mètres a été ouvert sous l'eau, et nous avons tous jugé qu'elle avait au moins rempli la moitié de sa capacité; ce qui prouve que le ballon avait très-bien tenu le vide, et qu'il n'y était pas entré d'air étranger. Nous avions bien l'intention de peser la quantité d'eau entrée dans le ballon pour la comparer à sa capacité; mais n'ayant pas trouvé dans l'instant ce qui nous était nécessaire, et notre impatience de connaître la nature de l'air qu'il renfermait étant des plus vives, nous n'avons pas fait cette expérience. Nous nous sommes d'abord servis de l'eudiomètre de Volta, et nous l'avons analysé comparativement avec de l'air atmosphérique pris au milieu de la cour d'entrée de l'École polytechnique. »

Ici Gay-Lussac décrit les procédés d'analyse qu'il a mis en usage et qui lui ont permis d'établir l'identité de composition de cet air avec l'air pris à la surface de la terre; il continue en ces termes :

« L'identité des analyses des deux airs faites par le gaz hydrogène prouve directement que celui que j'avais rapporté ne contenait pas de ce dernier gaz; néanmoins je m'en suis encore assuré, en ne brûlant avec les deux airs qu'une quantité de gaz hydrogène inférieure à celle qui aurait été nécessaire pour absorber tout le gaz oxygène; car j'ai vu que les résidus de la combustion des deux airs avec le gaz hydrogène étaient exactement les mêmes.

« Saussure fils a aussi trouvé, en se servant du gaz nitreux, que l'air pris sur le col du Géant contenait, à un centième près, autant d'oxygène que celui de la plaine ; et son père a constaté la présence de l'acide carbonique sur la cime du mont Blanc. De plus, les expériences de MM. Cavendish, Maccarty, Berthollet et Davy, ont confirmé l'identité de composition de l'atmosphère sur toute la surface de la terre. On peut donc conclure généralement que la constitution de l'atmosphère est la même depuis la surface de la terre jusqu'aux plus grandes hauteurs auxquelles on puisse parvenir.

« Voilà les deux principaux résultats que j'ai recueillis dans mon premier voyage : j'ai constaté le fait que nous avions observé, M. Biot et moi, sur la permanence sensible de l'intensité de la force magnétique lorsqu'on s'éloigne de la surface de la terre, et de plus, je crois avoir prouvé que les proportions d'oxygène et d'azote qui constituent l'atmosphère ne varient pas non plus sensiblement dans des limites très-étendues. Il reste encore beaucoup de choses à éclaircir dans l'atmosphère, et nous désirons que les faits que nous avons recueillis jusqu'ici puissent assez intéresser l'Institut pour l'engager à nous faire continuer nos expériences. »

En terminant la relation de son beau voyage, Gay-Lussac exprimait comme on vient de le lire, le vœu que l'Académie lui donnât les moyens de continuer cette série d'expériences intéressantes. Malheureusement ce vœu ne fut pas alors accompli. Après le voyage de MM. Biot et Gay-Lussac, les seules ascensions effectuées dans l'intérêt exclusif des sciences, se réduisent à une courte excursion aérienne faite en Amérique par M. de Humboldt, qui n'apprit rien de nouveau sur la physique du globe. Il faut franchir un intervalle de près de cinquante ans pour trouver des ascensions exécutées dans un intérêt purement scientifique. Nous aurons à signaler plus loin les belles ascensions aérostatiques faites en vue de l'étude de la constitution physique de l'air en France, par MM. Barral et Bixio, en 1850 ; et en Angleterre, par M. Glaisher en 1864. Mais avant d'en venir là, nous devons continuer de présenter, selon l'ordre historique, la marche et le développement de l'aérostation.

CHAPITRE XIII

L'AÉROSTATION DANS LES FÊTES PUBLIQUES. — LE BALLON DU COURONNEMENT. — NÉCROLOGIE DE L'AÉROSTATION. — MORT DE MADAME BLANCHARD. — ZAMBECCARI. — HARRIS. — SADLER. — OLIVARI. — MOSMENT. — BITTORF. — ÉMILE DESCHAMPS. — LE LIEUTENANT GALE.

Nous avons à suivre l'aérostation dans une dernière phase de son histoire, où son programme s'est malheureusement modifié. Il est à remarquer que l'aérostation, qui avait été prise, au début, sous le patronage des Académies et des savants, fut, à partir de cette époque, entièrement délaissée par eux. L'Académie des sciences de Paris, en 1783, avait engagé tous les savants français, à lui faire parvenir les résultats de leurs observations sur les aérostats : elle voulait centraliser elle-même ce genre de recherches. En 1784, l'Académie de Dijon, à l'instigation de Guyton de Morveau, avait procédé à de longues et coûteuses expériences, sur la question de la direction des aérostats. En 1802, l'Académie de Saint-Pétersbourg avait encouragé Robertson, et l'Académie des sciences de Paris avait provoqué, comme nous venons de le dire, les expériences aérostatiques de Biot et de Gay-Lussac. Mais à partir de ce moment, dégoûtée sans doute du peu de résultats positifs fournis par une méthode et un instrument d'observation dans lesquels on avait mis un moment tant d'espoir, la science sérieuse tourne, pour ainsi dire, le dos à l'aérostation. Du domaine des études sérieuses, elle tombe alors dans celui de l'exploitation. Désormais elle se préoccupe d'étonner plutôt que d'instruire, et lorsqu'elle vise par moments à des succès moins vulgaires, c'est sur le côté problématique de la découverte de Montgolfier, sur le problème de la direction des ballons, qu'elle concentre ses efforts. Le règne des aéronautes de profession succède à celui des courageux explorateurs, émules de Pilâtre et de Montgolfier. Le métier remplace la science ;

il a, comme elle, ses célébrités, et c'est ici qu'il faut citer les noms de madame Blanchard, de Jacques Garnerin, d'Élisa Garnerin, sa nièce, de Robertson fils, de Margat, de Charles Green et Georges Green, son fils. Cette carrière, semée de périls, avait tout au moins l'avantage d'être lucrative : Robertson est mort millionnaire, Jacques Garnerin laissa une fortune considérable, et Blanchard avait recueilli des sommes immenses dans ses pérégrinations à travers les deux mondes.

Rapporter en détail les différentes ascensions exécutées par ces aéronautes nous amènerait à étendre le cadre, déjà long, de cette Notice. Aussi nous bornerons-nous à signaler ceux de ces événements qui ont marqué l'empreinte la plus vive dans les souvenirs du public. A ce titre il faut parler d'abord de l'ascension du ballon lancé à Paris, à l'époque du couronnement de l'empereur Napoléon Iᵉʳ.

Sous le Directoire et sous le Consulat, les grandes fêtes publiques qui se donnaient à Paris, étaient presque toujours terminées par quelque ascension aérostatique. Le soin de l'exécution de cette partie du programme était confié par le gouvernement à Jacques Garnerin, qui s'en acquittait avec autant de talent que de zèle. Jacques Garnerin était l'aéronaute officiel de l'Empire ; comme Dupuis-Delcourt fut, plus tard, l'aéronaute officiel de Louis-Philippe, et Eugène Godard, celui de l'empereur Napoléon III. L'ascension qui eut lieu à l'époque du couronnement de Napoléon, est restée justement célèbre ; le gouvernement mit 30,000 fr. à la disposition de Garnerin pour lancer, après les réjouissances de la journée, un aérostat de dimensions colossales.

Le 16 décembre 1804, à 11 heures du soir, au moment où un superbe feu d'artifice venait de lancer dans les airs sa dernière fusée, le ballon construit par Garnerin s'éleva de la place Notre-Dame. Trois mille verres de couleur illuminaient ce globe immense, qui était surmonté d'une couronne impériale richement dorée, et portant, tracée en lettres d'or sur sa circonférence, cette inscription : *Paris, 25 frimaire an XIII, couronnement de l'empereur Napoléon par Sa Sainteté Pie VII.* La colossale machine monta rapidement et disparut bientôt au bruit des applaudissements de la population parisienne.

Le lendemain, à la pointe du jour, quelques habitants de Rome aperçurent un petit point lumineux brillant dans le ciel au-dessus de la coupole de Saint-Pierre. D'abord très-peu visible, il grandit rapidement et laissa apercevoir enfin un globe radieux planant majestueusement au-dessus de la ville éternelle. Il resta quelque temps stationnaire, puis il s'éloigna dans la direction du sud.

C'était le ballon lancé la veille du parvis Notre-Dame. Par le plus extraordinaire des hasards, le vent, qui soufflait, cette nuit-là, dans la direction de l'Italie, l'avait porté à Rome dans l'intervalle de quelques heures.

Le ballon continua sa route dans la campagne romaine. Cependant il s'abaissa bientôt, toucha le sol, remonta, retomba pour se relever une dernière fois, et vint s'abattre enfin dans les eaux du lac Bracciano. On s'empressa de retirer des eaux la machine à demi submergée, et l'on put y lire cette inscription : *Paris, 25 frimaire an XIII, couronnement de l'empereur Napoléon par Sa Sainteté Pie VII.* Ainsi le messager céleste avait visité dans le même jour les deux capitales du monde ; il venait annoncer à Rome le couronnement de l'empereur, au moment où le pape était à Paris, au moment où Napoléon s'apprêtait à poser sur sa tête la couronne d'Italie.

Une autre circonstance vint ajouter encore au merveilleux de l'événement. Le ballon, en touchant la terre dans la campagne de Rome, s'était accroché aux restes d'un monument antique. Pendant quelques minutes, il parut devoir terminer là sa route ; mais le vent l'ayant soulevé, il se dégagea et remonta, laissant seulement accrochée à l'un des angles du monument une partie de la couronne impériale.

Fig. 306. — Le ballon lancé par Garnerin le jour du couronnement de l'empereur Napoléon Ier.

Ce monument était le tombeau de Néron.

On devine sans peine que ce dernier fait donna lieu, en France et en Italie, à toute espèce de réflexions et de commentaires. On ne se fit pas scrupule d'établir des rapprochements et de faire des allusions sans fin à pro-

pos de cette couronne impériale qui était venue se briser sur le tombeau d'un tyran.

Tous ces bruits vinrent aux oreilles de Napoléon, qui ne cacha pas son mécontentement et la mauvaise humeur qu'il en ressentait. Il demanda qu'il ne fût plus question devant lui de Garnerin ni de son ballon ; et, à dater de ce jour, Garnerin cessa d'être employé comme aéronaute officiel.

Quant au ballon qui avait causé tant de rumeurs, il fut suspendu à Rome, à la voûte du Vatican, où il demeura jusqu'en 1814. On composa une longue inscription latine, qui rappelait tous les détails de son miraculeux voyage. Seulement, l'inscription ne disait rien de l'épisode du tombeau.

Fig. 307. — Madame Blanchard.

Dans cette période d'exhibitions industrielles, l'aérostation a eu ses désastres aussi bien que ses triomphes, et nous ne pouvons nous dispenser de rappeler les faits principaux qui résument la nécrologie de cet art périlleux. L'événement qui, sous ce rapport,

Fig. 308. — Mort de madame Blanchard, le 16 juillet 1819, dans la rue de Provence, à Paris.

a le plus vivement impressionné le public, est, sans contredit, la mort de madame Blanchard.

Madame Blanchard était la veuve de l'aéronaute de ce nom. Après avoir amassé une fortune considérable dans le cours de ses innombrables ascensions, Blanchard avait tout perdu, et était mort dans la misère. Cet homme, qui avait recueilli des millions, disait à sa femme, peu de temps avant sa mort : « Tu n'auras après moi, ma chère amie, d'autre ressource que de te noyer ou de te pen-

dre. » Mais sa veuve fut mieux avisée ; elle rétablit sa fortune en embrassant la carrière de son mari. Elle fit un très-grand nombre de voyages aériens, et finit par acquérir une telle habitude de ces périlleux exercices, qu'il lui arrivait souvent de s'endormir pendant la nuit dans son étroite nacelle, et d'attendre ainsi le lever du jour, pour opérer sa descente. Dans l'ascension qu'elle fit à Turin, en 1812, elle eut à subir un froid si excessif, que les glaçons s'attachaient à ses mains et à son visage.

Ces dangers ne faisaient que redoubler son ardeur. En 1817, elle exécutait à Nantes sa cinquante-troisième ascension, lorsque, ayant voulu descendre dans la plaine, à quatre lieues de la ville, elle tomba au milieu d'un marais. Comme son ballon s'était accroché aux branches d'un arbre, elle y aurait péri, si l'on ne fût venu la dégager. Cet événement était le présage de la catastrophe qui lui coûta la vie.

Le 6 juillet 1819, madame Blanchard s'éleva, au milieu d'une fête donnée au Tivoli de la rue Saint-Lazare ; elle emportait avec elle un parachute muni d'une couronne de flammes de Bengale, afin de donner au public le spectacle d'un feu d'artifice, descendant du milieu des airs. Elle tenait à la main une *lance à feu*, pour allumer ses pièces. Un faux mouvement mit l'orifice du ballon en contact avec la lance à feu : le gaz hydrogène s'enflamma. Aussitôt une immense colonne de feu s'éleva au-dessus de la machine, et frappa d'effroi les nombreux spectateurs, réunis à Tivoli et dans le quartier Montmartre.

On vit alors distinctement madame Blanchard essayer d'éteindre l'incendie en comprimant l'orifice inférieur du ballon ; puis, reconnaissant l'inutilité de ses efforts, elle s'assit dans la nacelle et attendit. Le gaz brûla pendant plusieurs minutes, sans se communiquer à l'enveloppe du ballon. La rapidité de la descente était très-modérée, et il n'est pas douteux que, si le vent l'eût dirigée vers la campagne, madame Blanchard serait arrivée à terre sans accident. Malheureusement il n'en fut pas ainsi : le ballon vint s'abattre sur Paris ; il tomba sur le toit d'une maison de la rue de Provence. La nacelle glissa sur la pente du toit, du côté de la rue.

« A moi ! » cria madame Blanchard.

Ce furent ses dernières paroles. En glissant sur le toit, la nacelle rencontra un crampon de fer ; elle s'arrêta brusquement, et par suite de cette secousse, l'infortunée aéronaute fut précipitée hors de la nacelle, et tomba, la tête la première, sur le pavé. On la releva le crâne fracassé ; le ballon, entièrement vide, pendait, avec son filet, du haut du toit, jusque dans la rue.

Un autre martyr de l'aérostation fut le comte François Zambeccari, noble habitant de Bologne.

Zambeccari s'était consacré de bonne heure à l'étude des sciences. A vingt-cinq ans, il prit du service dans la marine royale d'Espagne. Mais il eut le malheur, en 1787, pendant le cours d'une expédition contre les Turcs, d'être pris avec son bâtiment. Il fut envoyé au bagne de Constantinople, et languit pendant trois ans, dans cet asile du malheur. Au bout de ce temps, il fut mis en liberté, sur les réclamations de l'ambassade d'Espagne.

Pendant les loisirs de sa captivité, Zambeccari avait étudié la théorie de l'aérostation ; de retour à Bologne, il composa, sur cette question, un petit ouvrage qu'il soumit à l'examen des savants de son pays. Ses travaux furent appréciés par le gouvernement pontifical, qui mit différentes sommes à sa disposition, pour lui permettre de continuer ses recherches. Zambeccari se servait d'une lampe à esprit-de-vin dont il dirigeait à volonté la flamme : il espérait, à l'aide de ce moyen, guider à son gré la machine, une fois qu'elle se trouverait en équilibre dans l'atmosphère.

Le système employé par Zambeccari est décrit dans un rapport adressé à la *Société des sciences* de Bologne, le 22 août 1804. Zambeccari employait une lampe à esprit-de-vin, de forme circulaire, percée sur son pourtour de vingt-quatre trous garnis d'une mèche et surmontés de sortes d'éteignoirs, ou écrans, qui permettaient d'arrêter, à volonté, la combustion sur un des points de la lampe. Il est probable, quoique le rapport n'en dise rien, que le calorique ne se transmettait pas directement à l'air situé dans le voisinage du gaz,

mais que l'on chauffait une enveloppe destinée à communiquer ensuite le calorique à
l'air, et de là au gaz hydrogène. Dans ce rapport, signé de trois professeurs de physique
de Bologne, Saladini, Canterzani et Avanzini,
on s'attache à combattre les craintes qu'occasionnait l'existence d'un foyer près du gaz
hydrogène. On prétend que Zambeccari s'est
dirigé à volonté au moyen de son appareil, et
qu'il a pu décrire un cercle en planant au-
dessus de la ville de Bologne. Des extraits de
ce rapport sont donnés au tome IV, p. 314,
des *Souvenirs d'un voyage en Livonie*, de
Kotzebue.

Nous n'avons pas besoin de faire remarquer l'imprudence excessive que présentait
ce système. Placer une lampe à esprit-de-vin
allumée, dans le voisinage d'un gaz combustible, c'était provoquer volontairement les
dangers dont Pilâtre de Rozier avait été la
victime.

L'événement ne justifia que trop ces
craintes. Pendant la première ascension que
Zambeccari exécuta à Bologne, son aérostat
vint heurter contre un arbre ; la lampe se
brisa par le choc, l'esprit-de-vin se répandit sur ses vêtements, et s'enflamma. Zambeccari fut couvert de feu, et c'est dans cette
situation effrayante que les spectateurs le
virent disparaître au delà des nuages. Il réussit
néanmoins à arrêter les progrès de cet incendie, et redescendit, mais couvert de cruelles blessures.

En dépit de cet accident, Zambeccari persista dans son projet fatal.

Toutes ses dispositions étant prises, l'ascension, dans laquelle il devait faire l'essai
de son appareil, fut fixée aux premiers
jours de septembre 1804. Il avait reçu du
gouvernement, une avance de huit mille
écus. Des obstacles et des difficultés de
tout genre vinrent contrarier les préparatifs
de son voyage. Malgré le fâcheux état où se
trouvait son ballon à moitié détruit par le
mauvais temps, il se décida à partir.

« Le 7 septembre, dit Zambeccari, le temps parut
se lever un peu ; l'ignorance et le fanatisme me forcèrent d'effectuer mon ascension, quoique tous les
principes que j'ai établis moi-même dussent me
faire augurer un résultat peu favorable. Les préparatifs exigeaient au moins douze heures, et comme
il me fut impossible de les commencer avant une
heure après midi, la nuit survint lorsque j'étais à
peine à moitié, et je me vis sur le point d'être encore privé des fruits que j'attendais de mon expérience. Je n'avais que cinq jeunes gens pour m'aider : huit autres que j'avais instruits, et qui m'a-
vaient promis leur assistance, s'étaient laissé séduire
et m'avaient manqué de parole. Cela, joint au mauvais
temps, fut cause que la force ascendante du ballon
n'augmentait pas en proportion de la consommation
des matières employées à le remplir. Alors mon âme
s'obscurcit, je regardai mes huit mille écus comme
perdus. Exténué de fatigue, n'ayant rien pris de
toute la journée, le fiel sur les lèvres, le désespoir
dans l'âme, je m'enlevai à minuit, sans autre espoir
que la persuasion où j'étais que mon globe, qui avait
beaucoup souffert dans ses différents transports, ne
pourrait me porter bien loin (1). »

Zambeccari avait pris pour compagnons
de voyage deux de ses compatriotes, Andreoli
et Grassetti. Il se proposait de demeurer quelques heures en équilibre dans l'atmosphère,
et de redescendre au lever du jour. Mais
après avoir plané quelque temps, tout à
coup ils se trouvèrent emportés avec une rapidité inconcevable vers les régions supérieures. Le froid excessif qui régnait à cette
hauteur et l'épuisement où se trouvait Zambeccari, qui n'avait pris aucune nourriture
depuis vingt-quatre heures, lui occasionnèrent une défaillance ; il tomba dans la nacelle dans une sorte de sommeil semblable à
la mort. Il en arriva autant à son compagnon
Grassetti. Andreoli, seul, qui, au moment de
partir, avait eu la précaution de faire un bon
repas et de se gorger de rhum, resta éveillé,
bien qu'il souffrît considérablement du froid.
Il reconnut, en examinant le baromètre, que
l'aérostat commençait à descendre avec une
assez grande rapidité ; il essaya alors de réveiller ses deux compagnons, et réussit, après

(1) Kotzebue, *Souvenirs d'un voyage en Livonie*, t. IV, p. 294.

de longs efforts, à les remettre sur pied.

Il était 2 heures du matin; les aéronautes avaient jeté, comme inutile, la lampe à esprit-de-vin destinée à les diriger. Plongés dans une obscurité presque totale, ils ne pouvaient examiner le baromètre qu'à la faible lueur d'une lanterne. Mais la bougie ne pouvant brûler dans un air aussi raréfié, sa lumière s'affaiblit peu à peu, et elle finit par s'éteindre. Ils se trouvèrent alors dans une obscurité complète.

Fig. 309. — Zambeccari.

L'aérostat continuait de descendre lentement, à travers une couche épaisse de nuages blanchâtres. Ces nuages dépassés, Andreoli crut entendre dans le lointain le sourd mugissement des flots. Ils prêtèrent l'oreille tous les trois, et reconnurent que c'était le bruit de la mer. En effet, ils tombaient dans l'Adriatique.

Il était indispensable d'avoir de la lumière, pour examiner le baromètre et reconnaître quelle distance les séparait encore de l'élément terrible qui les menaçait. Andreoli réussit, mais avec infiniment de peine, à l'aide du briquet, à rallumer la lanterne. Il était 3 heures, le bruit des vagues augmentait de minute en minute, et les aéronautes reconnurent avec effroi qu'ils étaient à quelques mètres à peine au-dessus de la surface des flots. Zambeccari saisit un gros sac de lest; mais, au moment de le jeter, la nacelle s'enfonça dans la mer, et ils se trouvèrent tous dans l'eau.

Aussitôt ils rejetèrent loin d'eux tout ce qui pouvait alléger la machine : toute la provision de lest, leurs instruments, et une partie de leurs vêtements. Déchargé d'un poids considérable, l'aérostat se releva tout d'un coup. Il remonta avec une telle rapidité, il s'éleva à une si prodigieuse hauteur, que Zambeccari, pris de vomissements subits, perdit connaissance. Grassetti eut une hémorrhagie du nez, sa poitrine était oppressée et sa respiration presque impossible. Comme ils étaient trempés jusqu'aux os, au moment où la machine les avait emportés, le froid les saisit, et leur corps se trouva en un instant couvert d'une couche de glace. La lune leur apparaissait comme enveloppée d'un voile de sang. Pendant une demi-heure, la machine flotta dans ces régions immenses, et se trouva portée à une incommensurable hauteur. Au bout de ce temps, elle se mit à redescendre, et ils retombèrent dans la mer.

Ils se trouvaient à peu près au milieu de l'Adriatique, la nuit était obscure et les vagues fortement agitées. La nacelle était à demi enfoncée dans l'eau, et ils avaient la moitié du corps plongée dans la mer. Quelquefois les vagues les couvraient entièrement. Heureusement le ballon, encore à demi gonflé, les empêchait de s'enfoncer davantage. Mais l'aérostat, flottant sur les eaux, formait une sorte de voile où s'engouffrait le vent, et pendant plusieurs heures ils se trouvèrent ainsi traînés et ballottés à la surface des flots.

Malgré l'obscurité de la nuit, ils crurent un moment apercevoir à une faible

Fig. 310. — Mort de Harris (page 550).

distance un bâtiment qui se dirigeait de leur côté ; mais bientôt le bâtiment s'éloigna à force de voiles et laissa les malheureux naufragés dans une angoisse épouvantable, mille fois plus cruelle que la mort.

Le jour parut enfin. Ils se trouvaient vis-à-vis de Pezzaro, à une lieue environ de la côte. Ils se flattaient d'y aborder, lorsqu'un vent de terre, qui se leva tout à coup, les repoussa vers la pleine mer. Il était grand jour et ils ne voyaient autour d'eux que le ciel et l'eau et une mort inévitable. Quelques bâtiments se montraient par intervalles ; mais du plus loin qu'ils apercevaient cette machine flottante et qui brillait sur l'eau, les matelots, saisis d'effroi, s'empressaient de s'éloigner. Il ne restait aux malheureux naufragés d'autre espoir que celui d'aborder sur les côtes de la Dalmatie, qu'ils entrevoyaient à une grande distance.

Cet espoir était bien faible, et ils auraient infailliblement péri, si un navigateur plus instruit sans doute que les précédents, reconnaissant la machine pour un ballon, n'eût envoyé en toute hâte sa chaloupe. Les matelots jetèrent un câble, les aéronautes l'attachèrent à la nacelle, et ils furent de cette manière hissés, à demi morts, sur le bâtiment. Débarrassé de ce poids, le ballon fit effort pour remonter dans les airs ; on essaya de le retenir ; mais la chaloupe était fortement secouée, le danger devenait imminent et les matelots se hâtèrent de couper la corde. Aussitôt le globe s'éleva et se perdit dans les nues.

Il était 8 heures du matin, quand ils arrivèrent à bord du vaisseau. Grassetti donnait à peine quelques signes de vie, ses deux mains étaient mutilées. Zambeccari, épuisé par le froid, la faim et tant d'angoisses horribles, était aussi presque sans connaissance, et, comme Grassetti, il avait les mains mutilées. Le brave marin qui commandait le navire prodigua à ces malheureux tous les soins que réclamait leur état. Il les conduisit au port de Ferrada, d'où ils furent transportés ensuite dans la ville de Pola. Les blessures que Zambeccari avait reçues à la main avaient pris tant de gravité, qu'un chirurgien dut lui pratiquer l'amputation de trois doigts.

Quelques mois après, Kotzebue eut occasion de voir Zambeccari, qui, guéri de ses blessures, était revenu à Bologne. Dans ses *Souvenirs d'un voyage en Livonie*, Kotzebue raconte une visite qu'il fit à l'intrépide aéronaute, et il ne cesse d'admirer son héroïsme et son courage : « C'est un homme, dit-il, dont la physionomie annonce bien ce qu'il a fait depuis longtemps ; ses regards sont des pensées. »

Après avoir couru de si terribles dangers, Zambeccari aurait dû être dégoûté à jamais de semblables entreprises. Il n'en fut rien ; car, à peine remis, il recommença ses ascensions. Comme sa fortune ne lui permettait pas d'entreprendre les dépenses nécessaires à la construction de ses ballons, et que ses compatriotes lui refusaient tout secours, il s'adressa au roi de Prusse, qui lui procura les moyens de poursuivre ses projets.

Le 21 septembre 1812, Zambeccari fit, à Bologne, une nouvelle expérience. Mais elle eut cette fois une issue fatale. Son ballon s'accrocha à un arbre, la lampe à esprit-de-vin, à laquelle il n'avait pas renoncé, mit le feu à la machine, et l'infortuné aéronaute fut précipité, à demi consumé.

La mort de madame Blanchard et celle de Zambeccari ne sont pas les seuls malheurs qui aient attristé l'histoire de l'aérostation.

Harris, ancien officier de la marine anglaise, avait embrassé la carrière de l'aérostation, et il avait fait, avec M. Graham, plusieurs ascensions publiques. Il fit lui-même construire un ballon, auquel il ajouta de prétendues améliorations, qui avaient sans doute été mal conçues. Le fait est qu'il perdit la vie, dans les circonstances dramatiques que nous allons raconter.

Le 8 mai 1824, Harris partit du Wauxhall de Londres, accompagné d'une jeune dame qu'il aimait passionnément. Arrivé au plus haut de sa course, et voulant redescendre, il tira la corde qui aboutissait à la soupape, afin de perdre une partie du gaz et de descendre d'une manière lente et graduelle. Mais il y avait, sans doute, dans la soupape, quelque vice de construction, car une fois ouverte, elle ne put se refermer, et le gaz continua de s'échapper rapidement. Malgré tous ses efforts, Harris ne put parvenir à atteindre jusqu'à la soupape, et l'aérostat se mit à descendre avec une rapidité effrayante.

Il commença par jeter tous les sacs de lest qu'il avait emportés, et tout ce qui était susceptible d'alléger l'aérostat. Mais le ballon tombait toujours avec une vitesse excessive. Il jeta jusqu'à ses vêtements ; mais rien ne pouvait arrêter cette terrible chute, qui allait bientôt les briser tous les deux contre la terre.

Si le ballon n'eût porté qu'un voyageur, son salut était presque assuré. L'héroïsme de l'amour inspira, en ce moment, à Harris, un sacrifice suprême. Il embrassa sa compagne, et se précipita dans l'espace.

La jeune dame, terrifiée, le vit tourner dans le vide, comme un oiseau frappé par le plomb du chasseur, et tomba évanouie dans la nacelle.

Allégé de ce poids, le ballon, bien qu'il perdît toujours son gaz, descendit assez lentement, et arriva à terre sans occasionner la moindre secousse à la voyageuse, toujours évanouie dans la nacelle. Elle ne rouvrit les yeux qu'en se voyant entourée de paysans accourus pour lui porter secours. Le dévouement de Harris venait de l'arracher à une mort épouvantable.

Pendant la même année 1824 (le 29 septembre), un autre aéronaute anglais, Sadler, périt près de Bolton. Ayant prolongé son ascension trop longtemps, il avait épuisé tous ses sacs de sable. Il était nuit lorsqu'il opéra sa descente, que l'absence de lest l'empêcha de diriger à sa volonté. Il fut poussé par le vent, contre la cheminée d'un haut bâtiment, isolé dans la campagne. La violence de ce choc le précipita hors de la nacelle, sur le sol, où il fut brisé. Le malheureux aéronaute avait déjà fait, sans accident, plus de soixante ascensions.

La nécrologie de l'aérostation a encore à enregistrer les noms d'Olivari, mort à Orléans en 1802 ; de Mosment, qui périt à Lille en 1806 ; de Bittorf, mort à Manheim, en 1812.

Olivari était parti le 25 novembre 1802, dans une simple montgolfière de papier, fortifiée seulement par des bandes de toile. Une nacelle d'osier, suspendue au-dessous du réchaud, était remplie de boulettes de copeaux imprégnées de matières résineuses destinées à alimenter le foyer.

Cette provision de combustibles placée dans la nacelle, vint malheureusement à s'enflammer par quelques tisons tombés du réchaud. La nacelle prit feu, elle embrasa la montgolfière, et l'infortuné Olivari fut jeté dans l'espace, couvert de cruelles brûlures.

L'aéronaute Mosment avait coutume de s'élever debout, sur un plateau de bois, suspendu, en guise de nacelle, à son ballon de gaz hydrogène. Le 7 avril 1806, dans une ascension publique, il voulut lancer du haut des airs, un chien, attaché à un parachute. Les oscillations du ballon, subitement délesté de ce poids ; ou bien encore la résistance de l'animal, qui se débattait dans le parachute, firent perdre l'équilibre à l'aéronaute, toujours debout sur son plateau. On le retrouva le lendemain, à moitié recouvert de sable, dans un des fossés qui entourent la ville.

Comme Olivari, Bittorf périt, en Allemagne, dans une montgolfière. Malgré les dangers depuis longtemps reconnus à ce genre d'appareils, il ne faisait jamais usage que d'une montgolfière de papier, doublée de toile, de la dimension de 16 mètres de diamètre, sur 20 mètres de hauteur. Il fit sa dernière expérience, à Manheim, le 7 juillet 1812. Bittorf s'élevait à peine, lorsque la montgolfière prit feu ; il fut précipité sur une des dernières maisons de la ville, et se tua sur le coup.

On peut ajouter sur cette liste funèbre, le nom de l'aéronaute Émile Deschamps, qui, après avoir fait à Paris un grand nombre d'ascensions, périt à Nîmes, le 27 novembre 1853, par suite de la rupture subite de son ballon, occasionnée par la violence du vent.

Nous ne voudrions pas cependant que le récit de ces événements regrettables fît porter un jugement exagéré sur les dangers de l'aérostation. L'inexpérience, l'imprudence des aéronautes furent les seules causes de ces malheurs, qui ont été amenés surtout par l'usage des montgolfières, dont l'emploi, dans les voyages aériens, offre tant de difficultés et de périls. Mais si l'on réfléchit au nombre immense d'ascensions qui se sont effectuées depuis soixante ans, on n'aura pas de peine à admettre que la navigation de l'air n'offre guère plus de dangers que la navigation maritime. Selon M. Dupuis-Delcourt, on peut citer les noms de plus de quinze cents aéronautes, et parmi eux il en est plusieurs qui se sont élevés plus de cent fois dans l'atmosphère. On peut évaluer à quinze mille le nombre total d'ascensions qui ont été effectuées jusqu'à l'année 1867. Sur ce nombre, on n'en compte pas plus de quinze dans lesquelles les aéronautes aient trouvé la mort. Ces chiffres peuvent rassurer sur les périls qui accompagnent les ascensions aérostatiques. Seulement, il faut savoir que, dans ce métier, le moindre oubli de certaines précautions peut entraîner les plus déplorables suites.

S'il fallait citer un exemple qui démontrât une fois de plus, combien la circonspection et la prudence sont des qualités indispensables dans ces frivoles exercices, il nous suffirait de rappeler la mort de l'aéronaute Georges Gale, qui produisit à Bordeaux, en 1850, une sensation pénible.

Georges Gale, ancien lieutenant de la marine royale d'Angleterre, s'était associé avec un de ses compatriotes, Cliffort, qui possédait un ballon magnifique ; et ils se livraient ensemble à la pratique de l'aérostation. Tout Paris a admiré son adresse et son courage dans ses ascensions équestres, imitées de celles de M. Poitevin. C'est en faisant une ascension de ce genre, qu'il périt à Bordeaux, le 9 septembre 1850.

Georges Gale avait l'habitude, au moment de partir pour ses voyages aériens, de s'exciter par un abus de liqueurs alcooliques. La consommation avait été ce jour-là plus considérable que de coutume ; son exaltation était telle que Cliffort en fut effrayé, et manifesta à son compatriote le désir de monter à sa place. Mais Gale repoussa sa proposition, et s'élança dans les airs.

Le voyage, qui dura près d'une heure, fut cependant exempt de tout accident, et à 7 heures du soir, l'aéronaute descendait dans la commune de Cestas. Quelques paysans accoururent, saisirent l'aérostat, et dessanglèrent le cheval. Cependant le vent soufflait avec violence, et le ballon, délesté d'un poids considérable, faisait violemment effort pour se relever. Gale, resté dans la nacelle, indiquait aux paysans les manœuvres à exécuter pour le retenir. Par malheur il parlait anglais, et cette circonstance, jointe à son exaltation et à son impatience naturelle, empêchait les paysans de bien exécuter ses indications. Une manœuvre mal comprise fit lâcher les cordes, et tout aussitôt le ballon, devenu libre, s'élança en ligne presque verticale, emportant l'aéronaute, qui, dans ce moment, debout dans la nacelle, fut renversé du choc. On vit alors Gale, la tête inclinée hors de la nacelle et paraissant suffoqué.

Nul ne peut dire ce qui se passa ensuite. Seulement, à 11 heures du soir, le ballon, encore à demi gonflé, fut retrouvé au milieu d'une lande, au delà de la Croix-d'Hinx. L'appareil n'était nullement endommagé, et tous les agrès étaient à leur place ; mais l'aéronaute n'y était plus, et toutes les recherches pour le retrouver près du ballon furent inutiles.

Le lendemain, à la pointe du jour, un pâtre qui menait ses vaches à une demi-lieue de cet endroit, s'aperçut qu'un de ses animaux s'enfonçait dans un fourré de bruyères, et y flairait avec bruit. Il s'approcha, et vit un homme étendu sur la terre. Le croyant endormi, il s'avança pour l'appeler ; mais il fut saisi d'horreur au spectacle qui s'offrit à lui. Le cadavre de l'infortuné aéronaute était couché sur la face, les bras brisés et ployés sous la poitrine. Le ventre était enfoncé, et les jambes fracturées en plusieurs endroits ; la tête n'avait plus rien d'humain : elle avait été à moitié dévorée par les bêtes fauves.

La mort n'a pas toujours été l'issue des événements dramatiques auxquels a donné lieu la pratique de l'aérostation. Nous placerons ici le récit de quelques-uns de ces épisodes, moins douloureux et tout aussi intéressants.

Fig. 311. — Arban après sa chute dans l'Adriatique, avec son aérostat, est recueilli par deux pêcheurs italiens.

Arban, aéronaute français, avait plusieurs fois annoncé aux habitants de Trieste le spectacle d'une ascension ; mais, jusque-là, le mauvais temps l'avait empêché de mettre sa promesse à exécution. Cependant, le 8 septembre 1846, il se décida à accomplir le voyage.

Son aérostat fut transporté dans la cour de la caserne, et on le remplit de gaz hydrogène. Un ballon d'essai apprit que le vent soufflait du sud-ouest vers le nord-est, ce qui excluait toute crainte de le voir se diriger vers la mer.

Malheureusement on n'avait préparé qu'une quantité insuffisante de gaz hydrogène ; de sorte qu'au moment du départ, le ballon n'eut pas la force d'enlever la nacelle, avec l'aéronaute et les objets qu'il devait emporter. L'ascension avait été annoncée pour 4 heures ; il en était 6, et le ballon n'était pas parti.

La foule s'impatientait ; elle faisait entendre des murmures et des plaintes.

Arban s'imagine alors que son honneur est compromis, et que le public l'accusera, s'il n'effectue pas son ascension, d'avoir voulu le tromper. Il prend aussitôt la résolution, téméraire, de partir sans la nacelle, en se tenant suspendu aux frêles cordages du filet du ballon. Sous un prétexte, il éloigne le commissaire de police autrichien, qui se serait opposé à son départ, dans de telles conditions. Il fait également retirer sa femme, qui devait partir avec lui, comme elle l'avait déjà fait, non sans courage, à Vienne et à Milan. Ensuite il détache la nacelle du ballon, lie ensemble les cordes qui la supportaient, se met à cheval sur ces cordes, et ordonne de lâcher le ballon.

Se retenant de la main gauche au filet, le courageux Arban salue de la main droite la population de Trieste, rassemblée autour de la caserne, stupéfaite de tant d'audace, et admirant cet homme intrépide, ou plutôt cet homme de cœur, qui donnait sa vie pour ne pas manquer à sa parole.

On le suivit longtemps des yeux; puis on le perdit de vue dans les nuages. Seulement, le vent avait changé, et l'on voyait très-bien que le ballon planait au-dessus de l'Adriatique. Aussitôt, un grand nombre de barques et de canots sortirent du port, suivant la direction qu'avait prise l'aérostat. Mais la nuit arriva, et il fallut revenir, sans rapporter aucun renseignement sur le sort du malheureux aéronaute. Sa femme, désespérée, passa toute la nuit à l'attendre, à l'extrémité du môle.

Voici comment se termina cette tragique aventure. Toujours accroché aux cordages de l'aérostat, Arban flotta, pendant deux heures, au milieu des nuages, par-dessus l'Adriatique. Mais peu à peu, le ballon se dégonfla et descendit lentement. A 8 heures du soir, il rasait la surface des flots; quelquefois même, il venait reposer sur l'eau. La masse d'étoffe légère qui composait le ballon, et le peu de gaz qu'il conservait encore, lui permettaient de se soutenir sur l'eau. Jusqu'à 11 heures du soir, l'infortuné aéronaute lutta, autant que ses forces le lui permettaient, pour se défendre contre les vagues. Par intervalles, le ballon se relevait, et poussé par le vent, glissait à la surface de l'eau. Le malheureux Arban était ainsi constamment ballotté entre la vie et la mort. Il se trouvait à deux kilomètres de Trao, sur la côte d'Italie.

Cette lutte épouvantable ne pouvait durer longtemps. Les forces du malheureux naufragé étaient à bout, quand il fut aperçu par deux pêcheurs, François Salvagno, de Chioga, et son fils, partis tous les deux pour pêcher dans les eaux de Trao. Ils firent force de rames pour arriver jusqu'à l'aéronaute, que ses efforts désespérés défendaient seuls encore contre une mort imminente. Ils le recueillirent dans leur barque.

Le lendemain, à 6 heures du matin, les deux pêcheurs entraient à Trieste, amenant dans leur barque, l'aéronaute miraculeusement sauvé, ainsi que les débris de sa machine. Il en fut quitte pour quelques jours de fièvre (1).

Les fastes de l'aérostation conservent le souvenir d'un événement, très-singulier, qui se passa à Nantes, en 1845. Il s'agit encore d'un héros, mais d'un héros malgré lui.

Un aéronaute de profession, nommé Kirsch, exécutait une ascension dans la ville de Nantes, en présence d'une foule considérable, qui se pressait aux environs de la promenade de la Fosse. Le ballon était gonflé et prêt à partir, lorsqu'une des cordes qui le retenaient fixé à un mât, vint à se rompre, et le ballon s'emporte, traînant après lui la nacelle, que l'on n'avait eu que le temps d'attacher par un seul bout. La nacelle se terminait par une ancre de fer, pendue au bout d'une corde.

Voilà donc l'aérostat, qui, poussé par le vent, et élevé seulement d'une trentaine de mètres au-dessus du sol, est traîné sur la place, qu'il balaye, en laissant pendre du haut en bas, d'abord la nacelle, puis l'ancre qui la termine, et qui rase le sol.

En ce moment, un jeune garçon de douze ans, nommé Guérin, apprenti charron, était tranquillement assis, avec ses camarades au bord d'une fenêtre, paisible spectateur de l'ascension. L'ancre du ballon accroche le bas du pantalon de l'apprenti, le déchire jusqu'à la hanche, et le saisissant par la ceinture, fait perdre terre au malheureux jeune homme, qu'elle entraîne dans les airs.

Ce fut à la consternation générale, que l'on

(1) Pareil événement est arrivé, au mois de janvier 1867, à Marseille, à madame Poitevin, veuve de l'aéronaute de ce nom. Dans une ascension faite au Prado, le vent la poussa vers la mer. Au bout de deux heures, l'aérostat s'étant dégonflé, le ballon tombait dans la Méditerranée. Heureusement, un bateau à vapeur était sorti du port, dès que l'on avait vu la direction dangereuse que prenait l'aérostat. On recueillit madame Poitevin sur le pont du bateau, au moment où le ballon allait entrer dans l'eau.

vit l'aérostat tenant le pauvre Guérin suspendu par la ceinture, s'élever à plus de 300
mètres de hauteur. Une catastrophe semblait
inévitable. Mais par un hasard providentiel,
l'événement n'eut point d'issue funeste.

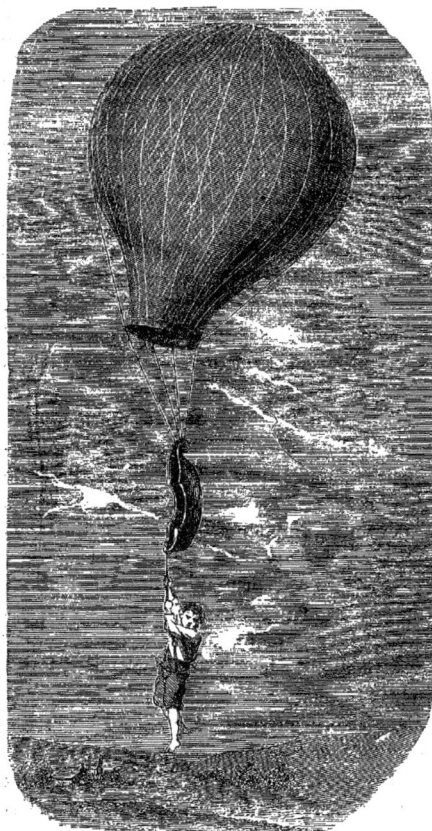

Fig. 312. — Le jeune Guérin, aéronaute malgré lui.

Le jeune Guérin jetait des cris de désespoir.
Il était déjà porté à une hauteur si grande, que
la foule rassemblée sur la place, ne lui apparaissait que comme une troupe de fourmis, et
les maisons pas plus grandes que le pouce. Il
se voyait entraîné vers la Loire. Comme il
sentait que son pantalon, dans lequel l'ancre

était accrochée, allait céder et le précipiter sur
la terre, il avait saisi des deux mains la corde
qui soutenait l'ancre. C'est dans cette situation épouvantable qu'il fut promené, pendant un quart d'heure, dans l'espace.

Il s'aperçut heureusement alors que le ballon commençait à se dégonfler, lui promettant une délivrance prochaine. Le courage
et l'espoir lui revinrent. Seulement, la corde de
l'ancre à laquelle il était suspendu, tournait
rapidement sur elle-même ; de sorte que notre
aéronaute forcé voyait les objets placés au-
dessous de lui, exécuter une danse verti-
gineuse. Il descendait lentement aux environs
d'une ferme située non loin de la ville.

La frayeur le reprit, quand il approcha de
la terre. Il se demandait comment il allait supporter la chute contre le sol. Un bruit de
voix se fit entendre à peu de distance.

« Par ici, mes amis, s'écriait l'enfant. Sau-
vez-moi ! je suis perdu !

— N'aie pas peur, tu es sauvé ! » lui répondent quelques personnes, accourues à ses
cris.

Et sans même toucher le sol, il est reçu
dans les bras de ses sauveurs.

Un des plus célèbres aéronautes de l'Angleterre, Green, a vu la mort d'aussi près que
le jeune Guérin, d'une façon tout aussi involontaire, mais dans des circonstances bien
différentes.

De tous les aéronautes de profession,
M. Green est assurément celui qui a fait le
plus d'ascensions : il en a exécuté plus de
mille. Cependant celle que nous allons raconter faillit être, pour lui, la dernière.

M. Green emmenait avec lui tout amateur
qui voulait payer sa place. Il partit, un
jour, du Wauxhall de Londres, en compagnie d'un gentleman, qui avait dûment versé
entre ses mains le prix du voyage. Commodément installé dans la nacelle, notre amateur
semblait prendre le plus grand plaisir à cette
excursion aérienne.

Tout à coup, le gentleman tire un couteau de sa poche, et, tranquillement, il se met en devoir de couper l'une des cordes qui soutiennent la nacelle.

Green s'était embarqué avec un fou.

Il saisit aussitôt la main de l'individu, s'empare du couteau, et le jette. Mais notre homme, tenace dans sa résolution, se dresse au bord de la nacelle, et s'apprête à faire dans le vide, un suprême plongeon.

Si notre fou eût exécuté son dessein, Green était perdu; car le ballon, subitement délesté d'un grand poids, l'eût entraîné avec une rapidité effrayante, vers les plus hautes régions de l'air, où il eût trouvé la mort. Sa présence d'esprit le tira de ce péril. Sans se déconcerter, sans laisser paraître aucune émotion, il dit à son terrible compagnon de route :

« Vous voulez sauter, c'est bien; je veux en faire autant, et comme vous, me précipiter dans l'espace. Mais nous sommes encore trop bas; il faut nous élever plus haut, afin de mieux jouir d'une aussi belle chute. Laissez-moi faire, je vais accélérer notre ascension. »

Aussitôt, Green saisit la corde de la soupape, et la tire, d'un effort désespéré. Au lieu de monter, l'aérostat se vide, et ils descendent à grande vitesse. Dans cet intervalle, les idées du gentleman avaient sans doute pris une tournure moins funèbre, car, arrivé en bas, il sauta de la nacelle, sans dire un mot, et comme si rien ne s'était passé.

Depuis ce jour, M. Green, avant de s'embarquer avec un inconnu, trouva prudent d'avoir avec lui quelques instants de sérieux entretien.

CHAPITRE XIV

Le même aéronaute Green, dont nous venons de raconter l'étrange aventure avec un échappé de Bedlam, est célèbre dans l'histoire de l'aérostation, non-seulement par les mille ascensions qu'on lui attribue, mais parce qu'il fit, en 1836, le voyage aérien le plus long qui ait jamais été exécuté. Il se transporta de Londres à Weilberg, dans le duché de Nassau, et passa toute une nuit, perdu dans les airs.

L'aérostat qui servit à ce voyage mémorable, était un des plus grands que l'on eût encore vus : il cubait 2,500 mètres. Parti de Londres, le 7 novembre 1836, M. Green avait pour compagnons de voyage, MM. Holland et Monk-Mason. Ne sachant en quel pays le vent les porterait, ils s'étaient munis de passe-ports pour tous les États de l'Europe, et d'une bonne provision de vivres.

Le ballon s'éleva majestueusement à une heure et demie; et entraîné par un vent faible du nord-ouest, il se dirigea au sud-est, sur les plaines du comté de Kent. A 4 heures, la mer se montra à nos voyageurs aériens, toute resplendissante des feux du soleil couchant.

Cependant le vent vint à changer presque subitement, et à tourner au nord; de sorte que le ballon était poussé au-dessus de la mer d'Allemagne, et cela à la tombée de la nuit. M. Green jugea prudent d'aller chercher un courant d'air d'une direction plus favorable : il jeta un partie de son lest, et s'éleva ainsi dans une région supérieure, où il trouva un courant atmosphérique, qui, les ramenant en arrière, les conduisit, en quelques minutes, au-dessus de Douvres. Toujours poussés par le vent, ils s'engagèrent, par-dessus la mer, dans la direction du Pas-de-Calais.

Il était près de 5 heures de l'après-midi, lorsque les voyageurs aperçurent la première ligne des vagues se brisant sur la plage; et le spectacle qui apparut à leurs yeux était vraiment sans égal. Derrière eux, se dressait la côte d'Angleterre, avec ses falaises blanches, à demi perdues dans les brumes lointaines, et reconnaissables seulement à l'éclat du phare de Douvres. A leurs pieds, l'Océan, dans toute sa sombre majesté, s'étendait jusqu'à l'horizon, déjà enveloppé dans les ombres du crépuscule.

La nuit arriva bientôt. Devant eux apparaissait une barrière de nuages, qui prenaient, dans l'obscurité naissante, toutes sortes d'aspects fantastiques : de bizarres parapets, des tours d'une hauteur interminable, des bastions, des murs crénelés, semblaient défendre la route des airs. Bientôt l'obscurité augmentant de plus en plus, ils flottèrent au sein de nuages épais, entourés de toutes parts, de brouillards, dont l'humide vapeur se condensait sur l'enveloppe de l'aérostat. Aucun bruit ne se faisait entendre, pas même celui des vagues.

Au bout d'une heure, le détroit était franchi. Déjà le phare de Calais était visible, et le bruit éloigné des tambours, battant aux environs de la ville, montait jusqu'à nos voyageurs. La nuit était si obscure que l'on ne pouvait obtenir quelque connaissance des pays que l'on traversait, que par le nombre de lumières apparaissant sur la terre, tantôt isolées, tantôt réunies. On ne distinguait les villes des villages, qu'aux masses de lumières agglomérées ou séparées. L'incertitude sur le lieu où ils se trouvaient, augmentait à mesure que la nuit épaississait les ténèbres autour de nos voyageurs. Le ballon faisait plus de dix lieues à l'heure.

C'est ainsi que Green et ses compagnons, parcoururent une partie du continent du nord de l'Europe. Vers minuit, ils se trouvaient en Belgique, au-dessus de Liége.

Remplie d'usines et de hauts fourneaux, située au milieu d'un canton très-peuplé, cette ville se montrait éblouissante de lumière. On distinguait sans peine les rues, les places et les grands édifices, éclairés par le gaz. Mais, à minuit, toute lumière s'éteint sur la terre; bientôt tout rentra dans l'ombre, et nos voyageurs n'aperçurent plus rien.

Ils continuèrent, poussés par le vent, leur course aérienne à travers les ténèbres. La lune n'apparaissait pas, et les espaces célestes étaient aussi noirs que les régions inférieures. Les étoiles seules brillaient sur la voûte du ciel, comme le seul phare naturel de nos navigateurs errants. En avançant dans ce gouffre mystérieux, il leur semblait pénétrer dans une masse de marbre noir, qui s'ouvrait, s'amollissait, et cédait à leur approche.

Dans un aérostat, rien, pas même le plus léger balancement, ne trahit le mouvement ; l'immobilité semble parfaite. Joignez à cela l'effet de l'obscurité et du silence, un froid de glace, car il gelait à 10 degrés, l'ignorance absolue du lieu où l'on se trouvait, la crainte d'aller se briser contre quelque obstacle, comme une montagne ou le clocher d'une église, et vous comprendrez les préoccupations d'un voyage si aventureux.

Depuis plus de trois heures, les aéronautes se trouvaient dans cet état, flottant à une hauteur de 4,000 mètres, lorsque, tout à coup, une explosion se fait entendre; la nacelle éprouve une forte secousse, la soie du ballon s'agite, et paraît tressaillir. Une seconde, une troisième explosion, se succèdent, accompagnées chaque fois, d'un ébranlement de la nacelle, qui menace de les précipiter tous dans l'abîme. D'où provenait cet étrange mouvement? A la hauteur de 4,000 mètres à laquelle le ballon était porté, le gaz hydrogène de l'aérostat, placé dans un milieu excessivement raréfié, s'était extrèmement dilaté, comme il arrive toujours dans cette circonstance. L'étoffe du ballon, pressée par l'expansion du gaz intérieur, avait fait effort de toutes parts, et brisé une partie du filet, qui était rempli d'humidité, déjà raidie par le froid. Telle était la cause des bruits qui avaient retenti au-dessus de leur tête, en secouant affreusement la nacelle. Heureusement, cette crise n'eut aucune suite fâcheuse; les voyageurs en furent quittes pour la peur.

Les premières lueurs du matin, si lentes à apparaître au mois de novembre, commencèrent enfin à se montrer, et les voyageurs purent savoir s'ils planaient sur la mer ou sur le continent. En effet, plus d'une fois, pendant la nuit, ils avaient entendu sortir, des vapeurs environnantes, des bruits qui ressemblaient tellement à celui des vagues qui se brisent sur une plage, que Green se croyait transporté sur les rives de la mer du Nord, ou au moment d'atteindre les parages, plus éloignés, de la mer Baltique. L'arrivée du jour dissipa ces craintes. Au lieu de la mer, on découvrit un pays cultivé, traversé par un fleuve majestueux, dont la ligne sinueuse partageait le paysage, et allait se perdre aux courbes lointaines de l'horizon.

Ce fleuve était le Rhin. Mais nos voyageurs ne connaissaient pas assez bien la carte de l'Europe, pour reconnaître, de cette hauteur, au seul aspect, le territoire qu'ils parcouraient. Ignorant la vitesse du vent qui les avait emportés, ils n'avaient aucun élément pour calculer leur distance de l'Angleterre. Seulement, comme ils avaient aperçu de grandes plaines couvertes de neige, ils se croyaient arrivés jusqu'en Pologne.

Ce lieu paraissant propice à l'atterrissement, ils se décidèrent à terminer là un voyage si accidenté. Green donna issue au gaz, jeta l'ancre au bas de la nacelle, et effectua sa descente sans accident. Il était 7 heures et demie du matin.

Alors apparurent les naturels du pays, qui jusque-là, s'étaient tenus prudemment cachés dans les taillis, observant les manœuvres de cet étrange équipage. Ils s'empressèrent de venir prêter main-forte aux voyageurs, et leur apprirent dans quel lieu ils étaient descendus.

C'était le duché de Nassau, et la ville la plus voisine était Weilberg.

On fit une réception d'honneur aux trois voyageurs anglais, qui, par reconnaissance, déposèrent dans les archives du palais ducal de Nassau, le pavillon qui avait orné leur nacelle, dans cette expédition aventureuse. Il prit place à côté d'un pavillon semblable que Blanchard y avait déposé, à la suite d'une ascension faite en 1785, et dans laquelle, partant de Francfort, il était descendu, par un singulier hasard, à deux lieues seulement du point où Green et ses compagnons avaient opéré leur atterrissement.

Ainsi se termina cette expédition nocturne, dans laquelle Green et ses compagnons parcoururent la plus grande étendue de pays que l'on eût encore franchie en ballon. Une portion considérable de cinq États de l'Europe, l'Angleterre, la France, la Belgique, la Prusse, et le duché de Nassau; une longue suite de villes, Londres, Rochester, Cantorbéry, Douvres, Calais, Ypres, Courtray, Lille, Tournay, Bruxelles, Namur, Liége, Spa, Malmédy, Coblentz, et une foule de bourgs et de villages étaient venus se présenter successivement à leur horizon.

Après le voyage de Green, celui qui fut effectué, en France, le 6 octobre 1850, dans le ballon *la Ville-de-Paris*, dirigé par MM. Eugène Godard et Louis Godard, et dans lequel les voyageurs, au nombre de six, allèrent descendre en Belgique, mérite d'être signalé.

Le ballon *la Ville-de-Paris* était monté, outre MM. Eugène Godard et Louis Godard, par MM. Gaston de Nicolay, Julien Turgan, Louis Deschamps, régisseur de l'Hippodrome, et Maxime Mazen. Il partit à 5 heures et demie de l'Hippodrome, passa par-dessus Montmorency, Luzarches et la forêt de Chantilly. Ensuite, poussé par le vent, il traversa les départements de l'Oise et de la Somme, pour arriver en Belgique. Il descendit à 10 heures du soir à Gits, près Hooglède. Le voyage ne présenta d'ailleurs d'autre incident que la longueur de l'espace franchi.

Le ballon *la Ville-de-Paris*, qui avait servi au grand voyage de Belgique, et qui appartenait aux frères Godard, devait, peu de temps après, périr de mort violente. Il fut consumé par le feu, aux environs de Marseille, sans que l'on puisse bien s'expliquer la cause de l'événement. Nous croyons que les aimables Provençaux s'amusèrent à mettre le feu au ballon, pour faire une bonne tarce. Voici, du reste, comment le *Nouvelliste de Marseille* rendit compte de l'événement :

« Une foule considérable occupait hier l'enceinte d'où le ballon de M. Godard devait s'élever dans les airs. La promenade du Prado était également remplie d'une affluence inouïe de curieux, attendant le départ de l'aérostat. Le temps était magnifique, mais un léger mistral se faisait sentir, aussi quand la *Ville-de-Paris* est montée, majestueusement balancée, sur la tête des nombreux spectateurs, elle a pris la direction de la mer et s'y portait avec une telle rapidité que, malgré les instances des autres voyageurs, au nombre de quatre, M. Godard a voulu opérer une descente, qui s'est heureusement effectuée dans la campagne de M. Peyssel, non loin de Sainte-Marguerite. Il était alors 4 heures 5 minutes. On s'est décidé néanmoins à faire une nouvelle ascension. On s'est de nouveau pourvu de lest pour remonter et aller retomber derrière les collines de la Gineste.

Ces opérations terminées, on a essayé de monter ; mais le ballon, qui avait perdu beaucoup de gaz, n'a pu s'élever, même après avoir rejeté le lest, et il a fallu que deux des voyageurs consentissent à ne pas prendre part à l'ascension. En conséquence, madame Deschamps et M. Laugier sont restés à terre. M. Laugier, dans cette circonstance, ayant bien voulu se retirer en faveur de M. Crémieux, qui devait s'absenter et n'aurait pu prendre part à l'ascension projetée pour dimanche.

Ainsi allégé, l'aérostat s'éleva lentement, emportant MM. Godard, Deschamps et Crémieux ; il était alors 5 heures. On l'a vu suivre la même direction qu'auparavant et se perdre derrière les collines de Cassis. M. Godard se voyant en face de la mer, vers laquelle le vent poussait rapidement, fit les pré-

paratifs de descente. On jeta d'abord une longue corde, dont l'effet est de ralentir la marche de l'aérostat par le frottement, en traînant sur la terre. On lâcha du gaz et l'on jeta l'ancre en même temps.

On se trouvait, en ce moment, à une élévation de 100 mètres ; le vent soufflait avec force au milieu des montagnes, et l'ancre, qui ne put mordre aucune part dans une contrée dépouillée d'arbres et tout à fait aride, courait avec bruit sur les rochers, faisant jaillir une traînée d'étincelles. Cependant l'aérostat s'abaissait vers la terre, et la nacelle, rasant les inégalités du sol, éprouvait de fortes secousses. MM. Deschamps et Crémieux s'étaient couchés dans la nacelle par le conseil de M. Godard, qui restait debout, cherchant à manœuvrer de manière à arrêter la marche de l'aérostat. Un choc lance l'aéronaute en avant de la nacelle et le fait tomber à terre.

M. Godard se relève aussitôt, et, ne songeant qu'au danger de ses compagnons, court après le ballon, qui venait de parcourir 5 ou 6 kilomètres en quelques minutes, et leur crie de tirer la corde de la soupape, que M. Deschamps tenait d'une main, tandis qu'il se retenait de l'autre à la nacelle. En même temps, M. Crémieux, qui a montré dans cette circonstance un sang-froid admirable, s'occupait à couper les cordes de la nacelle, afin de la séparer du ballon, au moment où l'on se trouverait tout à fait près de terre.

Un nouveau choc a jeté M. Crémieux hors de la nacelle, sans que sa chute lui ait occasionné aucune blessure grave, et M. Deschamps s'est alors laissé glisser à terre. Entraîné quelque temps par une corde qui s'était embarrassée à ses pieds, il a reçu quelques blessures à la tête et une entorse.

La *Ville-de-Paris* a continué sa marche encore quelque temps, et s'est abattue à une demi-heure de là, près Cassis.

Cependant M. Godard, inquiet sur le sort de ses deux compagnons, a continué de courir dans la direction qu'ils avaient suivie, et les a pu rejoindre, non loin d'une habitation isolée, où ils ont été transportés, et dans laquelle on leur a donné les soins que leur état réclamait.

Moins grièvement contusionné que ces messieurs, M. Godard est aussitôt parti pour Cassis, afin de se procurer une voiture pour les transporter à Marseille.

Arrivé au détour d'une colline, il aperçut à quelque distance une grande clarté qui éclairait tout à coup et sillonnait la campagne ; c'était la *Ville-de-Paris* qui brûlait, le gaz qu'elle contenait encore s'était enflammé, on ignore encore par quelle cause. Des paysans se trouvaient à l'entour de l'aérostat et ont pu annoncer à M. Godard, qu'il a interrogés de loin, que son aérostat était entièrement consumé, sauf l'extrémité, et que l'explosion du gaz n'avait occasionné aucun mal aux rustiques spectateurs qui semblaient se réjouir autour de cet incendie comme autour d'un feu de joie. »

On a dit que le feu avait pu être mis au ballon, par une étincelle qui aurait jailli d'un caillou frappé par le fer de l'ancre. Comme jamais rien de semblable n'a été vu dans la descente d'un aérostat, nous persistons dans l'explication que nous avons présentée plus haut, à la charge des facétieux Provençaux.

Fig. 313. — Eugène Godard.

Tout le monde connaît les aventures de l'aérostat construit par M. Nadar, et son désastre arrivé en 1863, dans les plaines du Hanovre. C'est par ce récit, que nous terminerons l'histoire des plus célèbres ascensions.

Et d'abord quelle a été l'origine de la construction du *Géant ?* Ce ballon, le plus colossal des ballons, a été fait pour tuer les ballons. Expliquons-nous.

M. Nadar (Félix Tournachon), photographe connu antérieurement par ses œuvres de littérature légère et par ses dessins, est avant tout, un homme d'imagination et d'action. Nous lui trouvons plus d'un trait de ressemblance, avec l'un des héros, l'une des victimes de l'aérostation, Pilâtre de Rozier.

Vers 1859, M. Nadar eut la pensée d'appliquer la photographie à l'aérostation. Il voulait réunir les ressources de l'aérostation et celles de la photographie ; en d'autres termes faire l'application de la photographie, non-seulement à l'art militaire, mais aussi à l'art de lever les plans.

Ce fut dans des ascensions faites par M. Louis Godard, à l'Hippodrome, que M. Nadar fit connaissance avec les ballons. M. Louis Godard lui offrit de l'accompagner dans son voyage aérien, et il saisit avec empressement cette occasion de s'élever au-dessus du commun des hommes. Depuis ce temps, l'intrépide amateur accompagna bien souvent les deux frères Eugène et Jules Godard, dans leurs ascensions.

Ce sont ces premiers voyages faits dans le ballon de l'Hippodrome qui inspirèrent à M. Nadar l'idée de la photographie aérostatique et militaire. Il pensa, qu'établi dans la nacelle d'un ballon captif, on pourrait tirer, tous les quarts d'heure, une épreuve photographique négative sur verre, qu'on ferait parvenir au quartier général, au moyen d'une boîte coulant jusqu'à terre, le long d'une petite corde, laquelle pourrait, au besoin, remonter des instructions. L'épreuve fixée et rendue positive, mise sous les yeux du général en chef, lui donnerait les indications que réclamerait la tactique, en constatant, au fur et à mesure, chaque mouvement des bataillons ennemis.

M. Nadar prit un brevet pour la *photographie aérostatique*. Cependant les premiers essais auxquels il se livra, dans un ballon captif, ne réussirent pas, soit en raison du mouvement du ballon, soit parce que la présence du gaz de l'éclairage nuisait à l'action photographique. On ne pouvait obtenir dans l'aérostat qu'une image, pâle et effacée, un positif sur verre faible et peu distinct.

Ces essais lui valurent, en 1859, une invitation de venir apporter son concours à l'armée d'Italie. Une personne, qu'il ne nomme pas, vint à Paris, dit M. Nadar (1), avec un crédit de 50,000 francs, ouvert par l'Empereur *pour un nouveau système de ballon utile à l'armée*, et voulut le décider à partir avec lui. L'insuccès d'une nouvelle tentative de photographie aérienne, détermina M. Nadar à refuser cette ouverture, et la personne en question emmena en Italie les trois Godard, dont l'aîné, Eugène, fut nommé aéronaute de l'Empereur.

Il fallait mentionner ces détails pour montrer que la vocation de M. Nadar, comme aéronaute, ne date pas d'hier. Avant de se jeter, tête baissée, dans les entreprises dont *le Géant* n'est que le précurseur, il avait fait ample connaissance avec le royaume de l'air.

« Mais plus je faisais d'ascensions, nous dit-il, plus j'appréciais cette force, pour ainsi dire incalculable, qui s'appelle le vent, et l'absolue et ridicule impossibilité de lutter contre le moindre courant avec cette surface énorme d'une part, si légère de l'autre, qui est un ballon. »

M. Nadar cherchait en vain dans sa tête, quelques moyens de réaliser la direction des aérostats ; il était obsédé par cette idée, lorsqu'il reçut la visite d'un confrère de la *Société des gens de lettres*, ancien enseigne de vaisseau, connu par ses romans maritimes, M. G. de la Landelle, qui, depuis trois ans, s'occupait, de concert avec son ami, M. Ponton d'Amécourt, de la direction des ballons, et croyait avoir trouvé la solution la plus logique.

S'inspirant du jouet nommé *spiralifère ou papillon*, MM. de la Landelle et Ponton d'Amécourt avaient fait construire une série de modèles de petits *hélicoptères* (c'est le nom que leur a donné M. Babinet) ou mécanismes s'enlevant à 2 ou 3 mètres de hauteur, grâce à un mouvement d'horlogerie, qui fait tourner une hélice. Ces joujoux constituaient sur le *spiralifère* ou *papillon des enfants*, un certain progrès, puisqu'ils emportaient avec

eux leur moteur, tandis que le premier doit être lancé par une ficelle, qu'on déroule rapidement.

Fig. 314. — Nadar.

Si modestes et rudimentaires qu'ils soient, ces petits instruments, disaient MM. de la Landelle et Ponton d'Amécourt, faisaient entrevoir la possibilité d'une navigation aérienne par l'hélice.

Nous ne discuterons pas pour le moment cette théorie, que nous aurons l'occasion d'examiner dans un chapitre spécial. Nous nous bornons au récit des faits.

M. de la Landelle venait donc proposer à M. Nadar de réunir leurs efforts. Après une courte hésitation, le pacte fut conclu entre les trois chercheurs.

Au mois d'août 1863, une réunion d'amis et de personnes s'intéressant au progrès, eut lieu dans les salons de M. Nadar, qui développa son plan, dans un chaleureux discours. Il exposa le même projet dans une sorte de manifeste, que publia, peu de jours après, le journal *la Presse*.

(1) *Mémoires du Géant*, pages 63 et suivantes.

Ce projet n'était rien moins que la suppression des ballons et l'emploi d'une hélice pour s'élever et se diriger dans l'air, sans aucun autre moyen de s'y tenir en équilibre.

Depuis l'année 1784, les inventeurs s'évertuent à perfectionner l'aérostat, dans le but de le rendre dirigeable, et tous ces essais, qui remontent jusqu'aux Montgolfier, sont restés infructueux. On a tour à tour voulu reproduire le mode de progression du poisson dans l'eau et celui de l'oiseau dans les airs ; on a pris l'organisation de ces êtres pour modèles de divers navires aériens. Mais toujours on a été forcé de reconnaître que la nature emploie des moyens bien autrement puissants que ceux dont nos ingénieurs peuvent disposer. M. Nadar se proposait d'arrêter net ce débat, presque séculaire. Il voulait mettre tout le monde d'accord, en supprimant purement et simplement le ballon, qui lui semble gêner les mouvements d'un navire aérien, tout comme un boulet, attaché à la jambe d'un homme, paralyse ses efforts. M. Nadar a fait, avec esprit, dans les *Mémoires du Géant* le procès de cette machine volante. L'aérostat, pour lui, n'est qu'un monstre aveugle, impossible à gouverner, qui vous domine, au lieu de se laisser dominer par vous, qui va où le vent et Dieu le poussent, qui tombe où l'air et les circonstances le jettent.

Il y aurait beaucoup à dire contre cette proscription d'un engin admirable qui porte en lui le secret, vainement cherché pendant vingt siècles, par une foule de bons esprits : la merveilleuse faculté d'élever des poids quelconques à de prodigieuses hauteurs. Mais n'anticipons pas ; il ne s'agit ici que d'exposer les faits, et non de formuler des critiques.

M. Nadar voulait donc supprimer le ballon. Par quoi le remplaçait-il ? Par l'hélice, « la sainte hélice, » comme il l'a dit, et comme on l'a répété tant de fois.

L'emploi de l'hélice dans la navigation à vapeur, est basé sur l'inertie de l'eau, qui,

avant de se déplacer, offre un point d'appui à un levier quelconque, et qui fournit, par conséquent, ce point d'appui au levier tournant qu'on appelle *vis* ou *hélice*, à l'égard de laquelle l'eau joue alors le rôle d'écrou. L'hélice, essayée dès 1687 par le mécanicien Duquet, et en 1777 par l'Américain David Bushnell, qui l'appliqua à la propulsion d'un bateau plongeur, fait des merveilles dans l'eau, depuis qu'on lui a donné pour moteur la machine à vapeur ; elle fera également des merveilles au sein de l'air, disaient les partisans du nouveau procédé de locomotion aérienne de MM. Ponton d'Amécourt et de la Landelle.

Revenons à M. Nadar. Le zélé défenseur du système de MM. Ponton d'Amécourt et de La Landelle, avait donc préconisé, devant son auditoire du boulevard des Capucines, et dans son *manifeste* imprimé dans *la Presse*, l'auto-locomotion aérienne par l'hélice.

On ne pouvait qu'applaudir à une tentative si digne d'intérêt. Mais quelle ne fut pas la surprise générale, quand on apprit que ce même aérostat, dont M. Nadar avait fait ressortir, avec tant de vivacité, les vices et les dangers, au point de vue de la navigation aérienne, que cet aérostat, honni, vilipendé, comme machine scientifique, condamné par la raison et le bon sens des nouveaux apôtres de l'*aviation*, était précisément l'appareil auquel il faisait un public et bruyant appel ; que c'était là l'échelle qu'il entendait prendre pour atteindre le but qu'il s'était proposé !

En effet deux mois après sa déclaration de guerre contre les aérostats, M. Nadar annonçait des ascensions publiques en plein Champ-de-Mars, dans un aérostat ordinaire. L'homme d'esprit et l'artiste ne sont que contradiction !

De sa résolution M. Nadar a donné l'explication suivante. Pour arriver à construire un bateau aérien à hélice, il faut le *nerf de la guerre*, qui est aussi le nerf des aérostats, *nervus rerum* : il faut de l'argent. Une compagnie d'actionnaires qui fournirait les fonds de cette entreprise, ne se constitue pas, s'était dit M. Nadar, du jour au lendemain. Je vais donc, tout de suite, faire des ascensions publiques, afin de me procurer les sommes indispensables à l'accomplissement du grand œuvre de *l'aéronef.*

Il y aurait beaucoup à répondre à cette manière de raisonner. Nous avons trop bonne opinion de nos compatriotes, de leur dévouement à la science et au progrès, pour mettre en doute que les capitaux nécessaires à l'étude pratique de *l'aéronef*, eussent manqué à l'appel chaleureux de deux inventeurs estimables, MM. la Landelle et Ponton d'Amécourt, assurés du concours actif d'un homme intelligent et courageux, et s'appuyant sur les résultats de sérieuses études préparatoires. M. Nadar n'a pas eu cette confiance dans les sentiments généreux de ses contemporains. Nous croyons qu'il s'est trompé. Mais en principe, nous n'aimons à blâmer personne. Sachant combien de difficultés rencontre la plus simple des créations, combien est long quelquefois le chemin qui sépare d'un but, en apparence très-rapproché, nous évitons de chicaner les gens sur les moyens qu'ils croient les plus propres à les conduire à leur but, surtout quand ce but sert la cause de la science et du progrès.

Il s'agissait donc, suivant le plan de campagne adopté par l'intrépide général, de confectionner un aérostat ordinaire, et de procéder à une ascension publique, dans un délai aussi rapproché que possible, car on était déjà au mois d'août. M. Nadar raconte avec une incroyable verve, dans les *Mémoires du Géant,* toutes les péripéties par lesquelles il dut passer avant de réaliser ce projet : — comme quoi, avec 10,500 fr. qui étaient souscrits, il fallait payer 60,000 fr. de taffetas et un devis de 9000 fr. de M. Louis Godard, devis qui devait s'accroître ensuite dans des proportions considérables ; — comment, après avoir vainement demandé, pour la première ascension

du *Géant,* le terrain des courses de Longchamp, puis celui des courses de Vincennes (qu'on lui offrait, moyennant la bagatelle de 10 000 francs, à l'effet de créer un nouveau prix de courses chevalines en son honneur!), il obtint le Champ-de-Mars, grâce à l'intervention de M. Victorien Sardou auprès du maréchal Magnan, son voisin de campagne ; — enfin les dissentiments qui existaient entre M. Nadar et son entrepreneur, Louis Godard, au sujet de certaines parties importantes de la construction du *Géant,* et principalement au sujet de la soupape, dont les dimensions, beaucoup trop petites, furent, plus tard, cause de tant de malheurs. Il faut lire tous ces détails dans le piquant ouvrage de M. Nadar.

Le *Géant* (*fig.* 315) méritait bien son nom, car c'est le plus grand aérostat qui ait jamais été construit. Il est aussi grand que l'était le *Flesselles*, cette monstrueuse montgolfière montée par Pilâtre de Rozier, et qui s'éleva à Lyon, en 1784 (1). Composé de deux enveloppes superposées en taffetas blanc, il ne cube pas moins de 6,000 mètres. Sa hauteur totale est de 40 mètres et il a fallu 7,000 mètres de soie pour le confectionner.

La nacelle, placée au-dessous de l'aérostat, est à deux étages, ou plutôt se compose d'une plate-forme surmontant une sorte de cabine. Les dimensions de la nacelle ne sont que de 4 mètres de hauteur sur $2^m,30$ de large. Construite en branches de bois de frêne et d'osier, elle pèse 1,200 kilogrammes.

La première ascension du *Géant* eut lieu au Champ-de-Mars, le 4 octobre 1863. Elle avait attiré une foule immense : plus de cent mille personnes entrèrent, ce jour-là, dans l'enceinte. Elle s'accomplit, d'ailleurs, de la manière la plus heureuse. Seulement, la durée du voyage fut extrêmement courte, car les aéronautes descendirent à Meaux, à quelques lieues de Paris.

La seconde ascension eut lieu, le 18 octo-

(1) Voir page 452.

bre. Tout le monde sait que ce voyage se termina par une effroyable catastrophe. Après une excursion aérienne, qui avait été pleine de charmes pour les voyageurs, et dans laquelle ils avaient franchi plus de cent cinquante lieues, un accident arrivé à la soupape, l'empêcha de se refermer, de sorte que le ballon, arrivé près de terre, ne put se vider, par suite de l'occlusion de la soupape. Par malheur un vent furieux régnait à terre. Il emporta, de son souffle puissant, la colossale machine, qui fut traînée à travers la campagne, heurtant avec une violence inouïe, contre tous les obstacles qui se rencontraient devant elle. Pendant un quart d'heure, les malheureux voyageurs du *Géant* , emportés dans une course échevelée, virent cent fois la mort. Ce ne fut que par un miracle qu'ils en sortirent vivants, mais tous blessés ou meurtris.

On trouve dans les *Mémoires du Géant* un récit très-dramatique de la catastrophe du Hanovre, sa longueur nous empêche de le reproduire. Nous emprunterons la relation du même événement à l'un des compagnons de route de M. Nadar, à M. E. d'Arnoult, qui a consacré une courte et intéressante brochure au *Voyage du Géant* (1).

Avant d'arriver aux détails de la catastrophe, qui se produisit au moment de la descente, M. E. d'Arnoult résume ainsi la première partie du voyage de Paris jusqu'à Fresnoy.

« Le *Géant*, suivant une ligne absolument droite, s'était dirigé vers le nord-est, en passant à droite de Senlis, de Compiègne, de Noyon et à gauche de Chauny, en planant sur Saint-Quentin, où il avait laissé son compagnon de voyage l'*Aigle*, monté par M. Godard et M. Camille.

« A Fresnoy, jetant du lest, il s'était élevé à la hauteur de 2,000 mètres ; puis, redescendant, il avait tourné à l'est en suivant une ligne presque perpendiculaire à la première jusqu'à Avesne, où il reprit sa route vers le nord-est. A plusieurs lieues d'Arnheim, il traversa le Rhin, après avoir passé sur Jeumont, Erquelines, Guische et Bois-le-Duc, et

laissé sur sa gauche Malines à quatre lieues et Anvers à six.

« Le Rhin traversé, le *Géant* s'était trouvé à un peu moins de sept lieues du Zuyderzée. Là, se relevant à une très-grande altitude, il avait traversé l'Yssel et Deesburg et repris la direction de l'Est jusqu'aux frontières de Westphalie, d'où il sembla vouloir se diriger entièrement vers le nord-est jusqu'à Groeningue ; mais, encore une fois, le vent change et le ramène vers l'est jusqu'à Nienburg.

« D'après des calculs que tout porte à croire exacts, le *Géant* venait de parcourir trois cent soixante-dix lieues en seize heures et quelques minutes.

« Je reprends mon récit. Le projet de descendre étant bien résolu, les derniers sacs de lest furent rangés, les cordes et les ancres préparées, et Godard ouvrit la soupape.

— Le monstre se dégorge, dit Thirion !

« En effet, le ballon rendait son gaz avec un bruit énorme qui paraissait être le souffle de quelque animal gigantesque.

« Pendant cette réflexion de notre compagnon, nous descendions avec une rapidité de deux mètres par seconde.

— Aux cordes ! aux cordes ! tenez-vous bien ! criaient les deux Godard, qui semblaient être tout à fait dans leur élément, gare au choc !

« Chacun s'était cramponné aux cordes qui retenaient la nacelle au cercle placé au-dessous du ballon. Madame Nadar, vraiment magnifique de sang-froid, saisit de ses mains délicates deux grosses cordes. Nadar en fit autant, mais en embrassant sa femme de manière à la couvrir de son corps. J'étais à côté, vers le milieu de la claie servant de balcon, à genoux ; j'étreignais également deux cordes. A côté de moi étaient Montgolfier, Thirion et Saint-Félix. Le ballon descendait à nous donner le vertige ; nous arrivions, et l'air, si calme en haut, était, au ras du sol, agité par un grand vent.

— Nous jetons les ancres ! crie Godard, nous touchons, tenez-vous bien..... Ah !...

« La nacelle venait de toucher terre avec une violence inouïe. Je ne sais comment il se fait que mes bras ne s'arrachèrent point.

« Après ce premier choc épouvantable, le ballon remonta ; mais la soupape était ouverte, il retomba, et nous eûmes une secousse, sinon plus terrible, au moins plus douloureuse que la première ; le ballon remonta, il chassait sur les ancres ; tout à coup nous crûmes être précipités à terre.

— Les amarres sont cassées ! cria Godard. Le ballon donna de la tête comme un cerf-volant qui tombe. Ce fut horrible.

« Nous chassions avec une vitesse de dix lieues à l'heure vers Nienburg. Trois gros arbres furent coupés par la nacelle comme par la hache d'un bûcheron ; une petite ancre restait encore ; on la jeta, elle s'agrafa au toit d'une maison dont elle

(1) *Voyage du Géant de Paris à Hanovre en ballon*, par Eugène d'Arnoult. 1 vol. in-18. Paris 1863.

Fig. 315. — L'aérostat le *Géant*, construit en 1863

enleva la charpente. Si le ballon nous traînait sur la ville, nous étions mis en pièces; heureusement il s'éleva pour retomber 200 mètres plus loin avec les mêmes secousses pour la nacelle. Chacun de ces chocs nous disloquait les membres; pour comble de malheur, la corde de la soupape se détacha, et celle-ci se refermant, il nous fallut perdre l'espoir de voir le ballon se dégrossir.

« Celui-ci s'élevait à 25, 30, 40 mètres du sol avec des bruissements affreux, puis il retombait toujours avec les mêmes coups de tête. Tout ce qui se trouvait à portée de la nacelle, était coupé, broyé, détruit. Un bouquet de petits arbres, une barrière se présentait au loin, « Gare ! » criait-on, et le temps de pousser ce cri et celui de se pencher à droite ou à gauche, nous arrivions sur un obstacle, un craquement se faisait entendre, nous étions passés ! Chaque minute amenait son danger, et quel danger ! La mort par écrasement après des mutilations qui, maintenant que cela est passé, nous effrayent, et qu'alors, je le déclare sur l'honneur, chacun regardait sans songer aucunement à s'y soustraire. — Si l'un de nous eût essayé de sauter de la nacelle, peut-être aurait-il réussi à se sauver; mais alors c'était vouer tous les autres à une mort imminente, car le ballon, allégé d'autant, y aurait puisé de nouvelles forces ascensionnelles.

« Madame Nadar était soutenue par son mari, et ce fut, je l'avoue et l'affirme, notre plus grande souffrance morale de voir ce pauvre corps si affreusement ballotté, que chaque secousse produite par un choc sur le sol pliait presque en deux, et cependant la pauvre femme n'avait pas un cri, pas une plainte. Dans les terribles moments où la tension des cordes faisait craquer nos os, elle regardait son mari, nous regardait avec un regard si calme, si doux, que nous aurions voulu pouvoir être écrasés d'un seul coup pour le lui éviter. Tous, nous devinions une immense douleur physique dans ce corps si calme en apparence.

« Sur notre passage, tout fuyait sous le coup d'une terreur panique, les hommes et les animaux. Je vois encore les bœufs courant éperdus à travers la plaine, les hommes qui le gardaient se couchaient à terre pour éviter de voir le monstre qui dévorait l'espace.

« Les petites choses heurtent les grandes et s'y mêlent. Je me souviens, ainsi que mes compagnons de naufrage, d'un malheureux lièvre que notre nacelle leva dans les bruyères; cette pauvre bête, en se sauvant, courait en droite ligne devant nous; nous l'atteignîmes enfin, et elle fut broyée. Comme vous le pensez bien, nous n'eûmes pas le temps de nous apitoyer sur son sort. A chaque instant, des fondrières bordées de petits talus se présentaient; chaque talus amenait une secousse, nous nous raidissions, c'était encore un péril de franchi; mais il s'en présentait beaucoup d'autres encore. Au sortir d'une tourbière, dont les éclaboussures faillirent étouffer Fernand Montgolfier, qui eut la bouche et les yeux remplis d'une boue noirâtre, nous aperçûmes, à 300 mètres environ, la ligne en talus assez élevé d'un chemin de fer. Un train arrivait sur lequel nous devions infailliblement nous heurter. Sans nul doute la locomotive aurait été précipitée au bas du talus; mais que serions-nous devenus?

« Nous poussâmes tous ensemble instinctivement un grand cri, un de ces cris surhumains qui s'entendent à plusieurs lieues. Nous eûmes le bonheur d'être entendus par le convoi, qui s'arrêta et rétrograda même un peu. Gare! criâmes-nous. Le ballon fit un saut en l'air, il s'ensuivit une forte secousse, accompagnée d'un cliquetis de fer : c'étaient les fils du télégraphe qui venaient d'être arrachés. Nous éprouvâmes une seconde secousse, et nous fûmes portés sur les talus; cette seconde fut suivie d'une troisième, d'une quatrième, et notre nacelle, comme un boulet de canon, coupant la

barrière de charpente du chemin de fer, tombait dans un étang. Là, nous respirâmes un peu, en faisant cette réflexion que nous venions de l'échapper belle. En effet, si les fils de fer du télégraphe, au lieu d'avoir été soulevés par le ballon, s'étaient abaissés à notre niveau, ils nous prenaient tous sous le menton et nous enlevaient la tête en moins d'une seconde. Cela est si vrai, qu'une des grosses cordes de la nacelle a été coupée par un de ces fils aussi promptement et aussi facilement que l'aurait été un bout de fil à coudre.

« Le ballon continuait toujours à s'enlever avec des bonds terribles, par cette raison que la soie, remontant en dessous, comprimait le gaz et lui donnait ainsi une nouvelle force ascensionnelle. — Si l'on pouvait rouvrir la soupape ! avaient dit les Godard. — Je vais essayer, répliqua Jules qui se tenait accroupi comme moi et à ma droite.

« Le ballon, pendant ces pourparlers, continuait sa course effrayante. Jules se leva, se hissa aux cordages; une secousse le rejeta sur moi, brisé et les vêtements déchirés. Après quelques secondes de repos, il essaya de nouveau: vaine tentative! Le ballon, comme s'il eût eu conscience des efforts que l'on tentait pour le maîtriser, s'agitait affreusement à chaque nouvel essai de l'intrépide jeune homme. Une troisième fois Jules se redressa; à ce moment nous nous oubliâmes nous-mêmes pour ne plus voir que lui; une sorte d'électricité sembla nous animer pour lui crier courage et soutenir ses forces; il en fallait alors de surhumaines.

« Nous rasions un grand champ de bruyère, le ballon courait vite, mais sans trop remuer. Jules monta sur mes épaules, puis sur ma tête, des mains il se cramponna au cercle auquel tenaient les cordes du filet; il fit un effort, bondit... le ballon aussi bondit de son côté. Un soupir à briser dix poitrines humaines fut poussé par chacun de nous : dans la position où Jules était placé, il suffisait de la moindre torsion des cordes pour l'écarteler ou le décapiter. Je ne puis me rendre compte du temps que nous restâmes ainsi en suspens. Le ballon se calma. Jules alors s'élança de nouveau sur le cercle où il s'arc-bouta des jambes; il put retrouver la corde de la soupape à laquelle il se pendit et qu'il nous jeta. Louis Godard et Thirion s'en emparèrent et, réunissant leurs efforts, purent l'attacher solidement à l'une des poignées d'angle de la plate-forme. Nous entendîmes le gaz s'échapper, le ballon s'affaissa sans rien perdre toutefois de sa vitesse horizontale; Yon monta à côté de Jules pour amarrer une autre corde à celle de la soupape dans le cas où la première viendrait à se rompre.

« Nous respirâmes un peu plus librement; mais ce moment de répit ne fut pas de longue durée, car les buissons et les petits arbres se multipliaient, et c'étaient autant d'obstacles mortels que nous avions en face de nous. Je ne m'étais jamais imaginé le bruit terrible qui peut résulter des craquements du bois, comme nous pûmes nous en rendre compte ! Nous venions de subir encore de rudes assauts, en renversant une série de petites murailles dans les tourbières, quand tout à coup nous aperçûmes comme une apparition infernale, juste droit devant nous, à plusieurs centaines de mètres, une maison rouge, trop grosse sans doute pour espérer la renverser. Nous nous regardâmes et, stupéfaits, nous n'eûmes d'autre pensée que celle de nous demander de quelle manière nous serions écrasés contre ce mur de briques. Sans pouvoir l'expliquer, je crois pouvoir affirmer que l'idée de se soustraire à cet écrasement en sautant de la nacelle ne vint à aucun de nous.

« Nous allions cependant avec une vitesse effrayante ; cent pas encore nous séparaient de cette maison, parallèlement à laquelle se trouvait à proximité un gros arbre. Un bienheureux coup de vent fit subitement dévier le ballon vers la droite et sur l'arbre qui brisa le coin où se tenait Louis Godard. Sa course reprit à travers des marais.

« Après quelques minutes pendant lesquelles nous remarquions avec satisfaction que le ballon se dégonflait, une voix s'écria : Une forêt ! Au même instant, d'horribles secousses produites par les nombreux petits arbres qui précèdent toute grande étendue de bois recommencèrent. Nous étions à bout de nos forces ; nos bras si violemment tendus depuis un temps trop long et que j'évalue à trente et quelques minutes, refusèrent de nous soutenir, les cordes nous déchiraient les mains ; nous sentions peu à peu un affaissement complet envahir tout notre être physique. L'être moral tenait encore, bien qu'il fût déjà sous l'empire d'étranges hallucinations. Ainsi, par exemple, un instant Jules me cria du haut de son cercle : — Tenez-vous donc, d'Arnoult ! — Je me tiens, répondis-je. — Mais non ! Il avait raison, j'étais accroupi, mon bras droit passé autour d'une corde, mais ma main gauche, avec laquelle je croyais serrer fortement une autre corde, était ouverte, et sur le moment je n'étais pas encore bien convaincu que je ne serrais rien.

« Quelques minutes après, un cri déchirant se fit entendre, poussé par le jeune Montgolfier qui étouffait : Grâce ! cria le pauvre garçon. Nous approchions alors de la forêt ; un craquement épouvantable résonna dans l'air, suivi d'une secousse si forte, que je fus jeté en arrière dans la nacelle, dont la trappe était ouverte. Je tombai là au milieu de toutes sortes d'objets ; je me relevai, et ma tête dépassant l'ouverture de la cloison qui formait plafond, je crus apercevoir deux de mes compagnons étendus sur le sol. Une autre secousse me fit faire un haut-le-corps qui me fit sortir à demi de la maison. Je me cramponnai en m'élevant avec les bras ; une troisième secousse me lança en l'air. Je fis deux ou trois tours sur moi-même, et je tombai lourdement la tête

la première à terre, où je restai étendu sans connaissance.

« Que le lecteur veuille bien me pardonner si je parle aussi souvent et aussi longuement de ce qui m'est personnel ; j'avoue que j'ignore entièrement comment mes compagnons sont sortis de la nacelle ; eux-mêmes encore aujourd'hui ne s'en rendent pas un compte bien exact. Thirion doit avoir été jeté par côté ; Montgolfier, inanimé, coula sous la nacelle où il devait avoir le sort de Saint-Félix, tombé en même temps que lui ; Yon et Jules ont dû être précipités de leur cercle dans une des grandes secousses qui m'ont jeté dehors. Les trois derniers tombés pourtant, sont Louis Godard, Nadar et sa femme, qu'un instant nous crûmes perdus.

« Je me relevai tout étourdi de ma chute, et je sanglai mon genou le plus abîmé avec un morceau de mouchoir. La nacelle était loin, je la vis bondir, puis disparaître dans la forêt ; j'entendis deux grands cris et ce fut tout. Le ballon, comme un géant, dépassait la tête des grands arbres ; il oscillait, paraissant se débattre et vouloir courir encore. Plusieurs coups de feu partirent, vraisemblablement dirigés contre lui, car il se balança et tomba enfin en écrasant tout autour de lui. Le *Géant* était enfin terrassé ; je le vis de loin tomber avec regret ; j'éprouvai à son égard la même sensation pénible qu'éprouve le marin dont le navire sombre dans les flots, ou le cavalier dont le coursier s'affaisse expirant après une longue course. Je pensai avec raison que Thirion était l'auteur des coups de feu qui venaient d'achever le monstre ; déjà, dans la nacelle, il avait essayé de tirer, mais inutilement. — Un de sauvé ! m'écriai-je. Au même instant, j'aperçus Jules et Yon qui se dirigeaient vers le bois. — Et de quatre ! leur dis-je. Où sont les autres ? Chose étrange ! pendant le danger nous n'avions éprouvé aucune crainte, et maintenant, que nous étions saufs, une peur atroce nous étreignait le cœur. Quels cadavres allions-nous trouver ? A cent pas en avant du bois, un gémissement nous fit regarder à terre, un corps humain s'y trouvait couché dans la terre et les bruyères ; un corps noir, lacéré, tellement méconnaissable, que je lui demandai qui il était : — Saint-Félix, répondit une voix brisée, presque éteinte. Oh ! que je souffre ! A boire, à boire ! Une de nos cloches, dont le manche était brisé, se trouvait près de lui, je la ramassai, et, m'en servant comme d'un vase, j'allai la remplir d'eau à la rivière l'*Aller*, qui coulait à cinquante pas de là. Avec cette eau, je rafraîchis la bouche du malheureux et y ajoutant quelque peu de teinture d'arnica, dont un flacon emporté par moi de Paris avait été miraculeusement préservé dans l'une de mes poches, je lui lavai le visage : sa figure n'avait plus rien d'humain ; la peau du front, de la joue droite, du menton était enlevée ; les yeux, tuméfiés, présentaient l'aspect de deux masses blanchâtres sanguinolentes, grosses comme des œufs de poule

« Son bras gauche cassé, avec la main presque entièrement dénudée, gisait à côté de lui, les vêtements
en lambeaux laissaient, quand j'eus enlevé la tourbe
et les terres qui les couvraient, la poitrine à l'état
de plaie vive.

« Pendant que je me livrais à ces soins, Montgolfier
et Louis Godard arrivèrent ; Montgolfier, tout noir de
tourbe, n'avait aucune contusion sérieuse ; Louis
Godard avait la cuisse déchirée et les jambes ec-
chymosées, mais il ne faisait nulle attention à ses
blessures et se préoccupait de ce qu'était devenue
madame Nadar, qu'on ne retrouvait pas. Il m'apprit
que Saint-Félix, en voulant sauter, avait été accroché
sous la nacelle et traîné à plat ventre avec ce poids
énorme sur lui pendant une courte distance. Saint-
Félix respirait ; toutes ses blessures étaient couvertes
de linges mouillés. Je demandai à Yon et à Montgolfier d'aller à une maison voisine chercher des gens
pour y transporter notre malheureux compagnon ;
puis je me dirigeai vers la rivière, où je bus de l'eau
à pleines mains et me lavai le visage, car j'étais littéralement couvert de tourbe. Je me relevais, cherchant un endroit pour passer la rivière, quand je
vis sur l'autre rive se dresser la tête de Nadar : il
é ait fort pâle et paraissait souffrir beaucoup. Son
premier mot, en m'apercevant, fut celui-ci :

— Ma femme ! Où est ma femme ?

« Je ne savais que lui dire, ignorant absolument ce
qu'était devenue cette héroïque personne ! A tout
hasard, je répondis : Elle est là, près de la nacelle ;
cherchez-la !

— Ma femme ! ma femme ! ne cessait-il de crier
avec un accent déchirant.

« Pour aller jusqu'à Nadar, il fallait passer la rivière
peu large, mais assez profonde en cet endroit. Je fis
donc signe à quelques paysans qui nous entouraient
de nous prêter assistance. J'avoue que, malgré une
pantomime fort expressive, aucun de ces gens ne parut me comprendre. J'employai alors, vis-à-vis d'eux,
un moyen que j'ai rarement vu échouer. Je tirai une
pièce d'or de mon porte-monnaie, et je la leur mon-
trai. O prodige de la compréhension humaine ! A la
vue de l'or, chaque paysan se précipita pour m'enlever et me faire passer la rivière sur son dos. Je
choisis le plus fort d'entre tous, je m'accrochai à ses
épaules, et voilà mon homme qui met un pied, puis
deux dans la rivière, puis tout le corps, et nous dis-
paraissons dans un trou.

« On nous repêche aussitôt, et comme toujours, on
imagina le moyen de parer la catastrophe après qu'elle
avait eu lieu. Les paysans ramassèrent une grande
quantité de grosses branches que le ballon avait
cassées et firent avec elles un pont volant assez solide
pour moi, Montgolfier et Yon, pussions passer
à pied sec sur l'autre rive. Une large allée tracée par
la nacelle dans les arbres et les broussailles se présenta ; nous la suivîmes pendant une centaine de pas.

« Là, au milieu d'un abattis prodigieux de branches

d'arbres, se trouvaient la nacelle, couchée sur le côté,
et le ballon affaissé à terre, presque dégonflé. Devant
la nacelle, couchée sur les débris, madame Nadar, à
laquelle les deux Godard et Thirion prodiguaient des
soins. La malheureuse femme crachait le sang à
pleine bouche et se plaignait d'une forte compression
de la poitrine. Godard me dit qu'il l'avait trouvée
gisante sous la nacelle ; nous nous occupâmes de lui
rafraîchir le visage et de la sécher, car ses vêtements
étaient trempés d'eau.

« Après ces premiers soins, nous essayâmes de nous
rendre compte de la manière dont elle avait été précipitée. Voici ce que nous avons supposé. Arrivée
près de la rivière l'Aller, la nacelle subit une secousse qui dut jeter dans l'eau madame Nadar et son
mari, et fit rouler ce dernier sur la rive, pendant
que madame Nadar, accrochée par ses vêtements à la
claie d'osier, dut être entraînée par la nacelle jusqu'au moment où celle-ci fut brusquement arrêtée
par un amas de gros arbres.

« Le choc amena probablement une secousse qui eut
pour premier effet de jeter madame Nadar à terre,
et pour second, la nacelle reprenant position, de la
faire glisser sous l'énorme masse. C'est ainsi, je le
répète, sous toutes réserves, que j'explique cette
dernière chute. Avec l'aide des paysans, j'arrachai
deux des cloisons intérieures de notre maison d'o-
sier, ce qui nous procura deux civières assez confor-
tables pour transporter les deux blessés ; au même
instant, une longue charrette arriva pleine de paille.
Nadar et sa femme y furent couchés et dirigés vers
un endroit qui paraissait avoir été désigné d'avance
aux paysans.

« Cela fait, nous nous occupâmes un peu de nous ;
les Godard n'avaient rien perdu de leur énergie, non
plus que Thirion ; moi, je m'affaissai près de la nacelle, et dans un mouvement que je fis pour me retenir, en étendant le bras, ma main rencontra une
bouteille assez pesante. Je la tirai du milieu des débris, c'était une bouteille de champagne, intacte et
toute trempée d'eau. Louis Godard la déboucha, et
ma foi ! à la guerre comme à la guerre, nous bûmes
à plein goulot. Ce vin nous fut un excellent cordial ;
il nous donna la force de nous acheminer vers l'endroit de la forêt où nos trois principaux blessés
avaient été transportés.

« Cet endroit, fort pittoresque, était un petit pavillon de chasse bâti en briques et en charpente, situé
au milieu d'une rotonde qu'entouraient de gigantesques sapins. Les blessés avaient été couchés dans le
pavillon, par les ordres du gouverneur du district ;
cet excellent homme, à la première rumeur qui se
répandit de l'événement, était accouru avec sa femme
qui parlait français et ses domestiques, pour organiser les premiers secours. Il avait fait flamber un
bon feu dans le pavillon, il en fit allumer un autre
dehors avec des broussailles sèches.

« Les deux Godard, Montgolfier et moi, nous nous

Fig. 316. — Catastrophe du *Géant* dans les plaines du Hanovre (18 octobre 1863).

couchâmes sur de la paille autour de ce feu. Une réaction naturelle, après les diverses phases que nous venions de subir, s'opérait en nous et l'affaissement physique succédait à l'énergie des premiers instants. Louis et Jules Godard tombèrent bientôt dans un profond sommeil, Montgolfier, je crois, les imita; j'eusse été alors très-aise d'en faire autant ; mais mon genou et mon bras droit me causaient de telles douleurs que force me fut de tenir les yeux ouverts. Je songeai alors ; car que faire ? Je songeai donc à l'étrangeté de notre situation. Il y avait à peu près vingt heures que nous nous étions élevés du Champ-de-Mars, à Paris, en présence d'un Empereur, d'un Roi et d'une foule énorme ; nous avions franchi, à vol d'oiseau, plusieurs centaines de lieues, et nous nous retrouvions dans un pays inconnu, couchés autour d'un feu de broussailles, dans une forêt de sapins, entourés de gens qui ne savaient trop s'ils devaient nous considérer comme des hommes ou comme des esprits. Le vent sifflait dans les sapins, le feu pétillait, un ciel gris, brumeux, audessous duquel roulaient de gros nuages noirs, surplombait cette scène. »

Nous ne suivrons pas plus loin l'auteur de cet intéressant récit. Nous dirons seulement

que, grâce à Dieu, aucun des blessés ne succomba, et que les héros de cette tragique aventure, sont encore tous pleins de vie.

Nous citerons seulement d'après les *Mémoires du Géant* le résultat financier des deux ascensions, qui, en définitive, ont assez mal répondu au but de l'entreprise, laquelle consistait, comme nous l'avons dit, à réunir, grâce aux bénéfices de ce spectacle public, l'argent nécessaire à l'œuvre du *plus lourd que l'air*.

Les frais directs et indirects pour l'ensemble de la campagne aérostatique, du mois d'août 1863 à octobre 1864, ont atteint le chiffre de 200,000 francs ; le séjour de Hanovre seul a coûté 5,000 francs. Quant aux recettes, l'ascension du Champ-de-Mars du 4 octobre 1863, a rapporté 36,000 francs; la seconde, 24,000 francs seulement. L'exhibition du *Géant* au Palais de cristal, à Londres, en novembre 1863, a donné une recette de 19,000 francs. Total des recettes,

79,000 francs. La différence, c'est-à-dire la perte, est, en définitive, de 121,000 francs.

Ce résultat répondait mal, on le voit, à l'espérance de ceux qui avaient compté sur les bénéfices réalisés dans les ascensions publiques du *Géant*, pour entreprendre la construction d'aérostats à hélice, sous l'inspiration de l'agitateur intrépide et chaleureux, qui a pris pour devise : *Plus lourd que l'air !*

Le 26 septembre 1864, le *Géant* fit sa troisième ascension à Bruxelles, pour s'associer aux fêtes du 34ᵉ anniversaire de l'indépendance belge. Le gouvernement et la ville lui avaient alloué une indemnité de 20,000 francs, et l'avaient autorisé, en outre, à faire payer ce spectacle par ceux des amateurs qui tiennent, en pareille circonstance, à avoir toutes leurs aises. Mais le *Géant* voulait lutter de générosité avec le gouvernement qui offrait ce spectacle à la population. Il renonça au seul bénéfice réel qu'il pouvait retirer de cette ascension, c'est-à-dire aux droits d'entrée, car les 20,000 francs alloués ne représentaient que les frais de voyage.

Cette fois, en outre, on devait faire quelques observations scientifiques. C'est dans ce but que le *Géant* emmenait MM. le capitaine Sterckx, aide de camp du ministre de la guerre, le lieutenant Frédérick et l'ingénieur de Rote.

Mais la disproportion de la soupape avec la capacité du *Géant*, qui avait été cause de la catastrophe du Hanovre, subsistait toujours. Rentré dans la légitime possession de son ballon, tout juste à temps pour l'ascension du 26 septembre, M. Nadar n'avait pas eu le loisir d'adapter une autre soupape. Il fallait donc songer à un expédient qui pût promettre aux voyageurs quelque sécurité.

M. Nadar sentait bien qu'il devait sauver la réputation si compromise de son *Géant*, par la sagesse de sa nouvelle ascension. Pris ainsi *in extremis* et forcé de conserver cette fois encore la funeste soupape, dont le premier aspect, à Londres, avait fait hausser les épaules à MM. Glaisher et Coxwell, il eut l'idée d'y adjoindre une sorte de soupape de réserve ou de *miséricorde*. Il fit coudre solidement, sur la partie supérieure du ballon et en dehors, une corde légère, qui partait de l'équateur et remontait sur le cintre, jusqu'au sommet. Là, elle rentrait dans le ballon et retombait par l'ouverture de l'appendice, à côté de l'autre corde de soupape, à la portée de l'équipage. Au point où cette corde opérait sa rentrée dans le ballon, sous une pièce de soie superposée, une déchirure était, pour ainsi dire, amorcée ; en d'autres termes, la corde entraînait déjà un lambeau d'étoffe, suffisamment retenu contre son poids et celui de son attache, jusqu'au moment de servir. Qu'il y eût le moindre vent à la descente, et sans même demander à l'autre soupape son dérisoire secours, on se suspendrait à cette corde de salut, et le ballon, éventré par la déchirure, s'affaisserait sur place. M. Camille Dartois, le nouveau chef de manœuvre du *Géant*, avait approuvé et disposé immédiatement ce nouveau système, toutefois un peu primitif, il nous semble.

Beaucoup d'autres précautions furent prises pour cette nouvelle ascension. Dès le premier voyage, M. Nadar avait fait acheter des grelots et sonnettes, qu'il entendait disposer, de dix en dix mètres, le long d'une ficelle pendant au-dessous de la nacelle, et terminée par un léger poids, qui, ayant une fois touché terre, devait donner le branle à toute la sonnerie. Mais L. Godard n'avait pas voulu accepter ce carillon d'une nouvelle espèce.

Songeant toujours à cette précaution, M. Nadar avait modifié sa première idée : il comptait fixer un seul timbre sur le bord de la nacelle, en rapport avec la ficelle flottante ; et, au lieu d'un seul appareil de ce genre, il voulait en attacher au ballon quatre de longueurs différentes (50, 100, 150, 200 mètres), afin de tout prévoir, car le tintement successif des quatre sonneries pouvait avertir utilement de l'obliquité plus ou moins rapide de l'angle de descente et indiquer, par conséquent, si on devait délester plus ou moins vite la nacelle. Ce mécanisme ingénieux fut exécuté et installé à bord par un ingénieur belge, M. Ernest Cambier.

Dans cet ensemble de nouvelles mesures, il ne faut pas oublier le *guide-rope*, c'est-à-dire la corde de sûreté que l'aéronaute prudent, lorsqu'il veut opérer sa descente, fait filer hors du bord, avant de donner le coup de soupape. Cette longue corde traîne à terre. Se chargeant de sable, d'eau, des branches et des herbes qu'elle rencontre, elle agit sur le ballon en marche comme le serre-frein sur le wagon d'un train. Elle prépare, ou amortit, en ralentissant la course du véhicule aérien, le coup trop violent de la prise des ancres. Quelquefois même le *guide-rope*, qui fouaille et fait queue de serpent sur le sol, rencontre un arbre, autour duquel il s'entortille et qui le retient, arrêtant ainsi le ballon dans sa course.

Cet engin inventé par Green n'est pas assez apprécié par les aéronautes, dont les ascensions et descentes sont généralement exemptes de dangers sérieux ; mais elle devient d'une inappréciable valeur pour les aérostats d'un très-grand volume, tels que le *Géant*. Aussi M. Nadar eut-il soin d'emporter avec lui, à cet effet, un câble très-solide, de 3 centimètres d'épaisseur et d'une longueur de 150 mètres. En outre, comme il avait trop éprouvé les inconvénients du point d'attache des cordes sur la nacelle, à laquelle elles transmettent toute la violence des coups d'amarrage, il fit attacher le *guide-rope* et les câbles des ancres au cercle même, point intermédiaire entre le double système des cordes de la nacelle et des cordes du filet. De cette manière, on pouvait espérer que les chocs seraient moins sensibles.

On avait même prévu le cas d'immersion involontaire ou de bain forcé. Aux matelas en caoutchouc soufflé, qui étaient déjà suf-

fisants pour porter sur l'eau une douzaine de personnes, on ajouta quatre barriques vides, fixées aux quatre parois, et qui devaient contribuer à maintenir le niveau d'équilibre hors de l'eau. Des ceintures de sauvetage garantissaient encore la préservation individuelle de chaque voyageur. En un mot, rien n'avait été omis pour parer aux événements.

Le *Géant* partit le 26 septembre 1864, à 6 heures du soir, du *Jardin zoologique* de Bruxelles, après quelques hésitations. Outre les personnes déjà nommées, il emportait MM. Guyot, Yves, Nizet, Behagel et Georges Barral, digne fils du savant de ce nom. Il y avait en tout douze personnes.

C'est au milieu des élans d'un véritable enthousiasme, que le *Géant* s'éleva, sous les yeux de la population de Bruxelles. Il opéra heureusement sa descente, à 10 heures du soir à Ypres (près de Nieuport), avant d'arriver à la mer, vers laquelle il était poussé par le vent d'est.

Nous emprunterons quelques détails sur ce troisième voyage du *Géant*, à une note qui fut lue par M. Georges Barral dans l'une des séances de l'*Association scientifique* :

« Ce ne fut qu'à 5 heures 45 minutes du soir, dit M. Barral, que M. Nadar put enfin crier le fameux : *lâchez tout !* La ville de Bruxelles n'avait fourni que fort tard (à midi trois quarts), les 6,000 mètres cubes de gaz nécessaires pour gonfler le *Géant*.

« Au moment du départ, on s'aperçut que ce gaz excellent pour l'éclairage était très-lourd, et n'avait qu'une force ascensionnelle très-faible. Le ballon ne voulut s'enlever qu'après la descente de quatre voyageurs. Lui qui, en captivité et en plein Champ-de-Mars, à Paris, avait emporté trente-cinq artilleurs avec tout le matériel, refusait à Bruxelles treize aéronautes. Nous restâmes neuf et le *Géant* quitta la terre aux applaudissements prolongés d'une foule immense.

« A 3 heures, nous avions reçu la dépêche suivante due à la courtoise sollicitude de M. Le Verrier :

« Paris, Observatoire, 1 heure 30 minutes.

« Beau. Nuages élevés marchant E. à O. Girouette est un quart nord-est faible. Baromètre 771 mill. 4.

« Ce matin, beau et vent faible sur nord France et Belgique. »

— Nous n'irons donc pas en Allemagne ou en Russie. — Telle fut l'exclamation générale de la part des voyageurs.

— Le ciel est pur ; le vent est doux : nous sommes plus favorisés que vous ne le croyez, Messieurs, reprit M. Nadar. Souhaitons de ne pas tomber dans la mer, et remercions M. Le Verrier.

« Le désir de M. Nadar eût été de faire un très-long voyage, de passer toute la nuit en ballon, et de commencer les observations scientifiques le lendemain, dès l'apparition de l'aurore. Mais pour cela un vent soufflant de l'ouest eût été nécessaire. Le contraire se présentait : il fallait bien faire contre mauvaise fortune bon cœur.

« La commission scientifique, nommée par le gouvernement belge et composée de MM. Sterckx, aide-de-camp du ministre de la guerre ; Léon de Rote, ingénieur des ponts et chaussées ; Frédérik, lieutenant d'infanterie, — se mit alors à placer dans la nacelle tous nos instruments (baromètre à siphon de Fortin, hygromètre condenseur de M. Regnault, thermomètre à minima de Walferdin, boussole à réflexion, etc.) — avec un certain regret, car elle prévoyait, — on vient de le voir, — que nous ne serions pas dans les airs, le lendemain, pour faire au grand jour toutes nos expériences...

« Au moment du départ, le baromètre Fortin de la nacelle indiquait une pression de 769 mill. 72 après réduction à 0, et le thermomètre marquait 15 degrés.

« Nous traversâmes Bruxelles de l'est à l'ouest, et nous prîmes la direction de Ninove, qui se trouve à l'ouest de la ville. Il était 5 heures 50.

« La boussole à réflexion, que nous avons consultée, donnait pour l'angle de notre direction avec le nord 372 degrés. Nous allions donc vers l'ouest avec 2 degrés nord.

« Le baromètre marquait 715 mill. 12, et le thermomètre 12 degrés. Nous étions donc à une hauteur de 620 mètres.

« Nous fûmes spectateurs d'un splendide coucher du soleil. L'horizon était cerclé d'une bande de feu d'un rouge éclatant, qui se bronza bientôt, et fut éteinte par une nuit sans lune et très-noire. Les étoiles brillaient d'une vive splendeur dans un fond sombre et répandaient comme une vague lumière, mais insuffisante pour nous permettre de lire ni l'heure à nos montres ni les graduations de nos instruments, à moins de nous servir d'une lampe de Davy, allumée à l'avance, mais éclairant trop peu pour permettre de bonnes observations.

« Nous avons souvent senti sur la nacelle une légère brise, qui devait coïncider avec chaque changement de direction et de courant. C'est M. Nadar, le premier, qui a observé ce fait dans ses précédents voyages, contrairement au dicton aérostatique disant qu'une bougie allumée dans la nacelle ne serait jamais éteinte.

« A 7 heures, nous passions au-dessus de Ninove ; à 8 heures, nous planions au-dessus d'Audenarde. Nous demandâmes avec un porte-voix où nous étions, et nous entendîmes très-distinctement répondre : — Audenarde !

« A 8 heures 30 minutes, nous passions sur Courtrai. Jusqu'à 9 heures 30 minutes, nous nous sommes dirigés vers le nord-ouest. A partir de ce moment, le ballon prit une direction vers la droite, c'est-à-dire plus boréale. Ce changement a été constaté par les aéronautes. Le *Géant* même sembla s'arrêter un instant, hésiter et attendre une décision de la part du vent, qui était très-faible.

« Au bout de quelques minutes, nous reprîmes la direction du nord-ouest, non, sans être promenés dans divers sens au-dessus de la Flandre occidentale, poussés et repoussés tour à tour par le vent d'est, qui nous avait amenés et la brise de mer qui soufflait de la côte en sens presque opposé.

« Quand nous avons changé de direction, après avoir passé au-dessus de Courtrai, nous avons alors suivi une route mieux déterminée et notre vitesse s'est accélérée. Nous avons pris la résultante de la rencontre des deux courants d'est et de nord-ouest. Nous avons vérifié ce fait, le lendemain matin, en relevant à la boussole à réflexion, la direction du *guide-rope* tendu derrière la nacelle et que traînait le ballon sur le sol. Il nous a donné la projection horizontale de la route tracée dans l'air par le *Géant*, et nous avons trouvé qu'il allait de l'E.-N.-E. à l'O.-S.-O., c'est-à-dire que, si nous n'étions pas descendus à Ypres, l'aérostat passait au-dessus de Boulogne, traversait la Manche, en suivant le sud de l'Angleterre et allait se perdre dans l'océan Atlantique.

« Lorsque nous avons vu que l'aérostat accélérait sa vitesse et que nous allions rapidement vers la mer, M. Nadar a ordonné la manœuvre pour la descente. A ce moment, nous sentions un froid très-vif, malheureusement, il nous a été impossible d'observer le thermomètre. Au bout de dix minutes, nous touchions mollement la terre, à 10 heures du soir, après quatre heures quinze minutes de navigation aérienne.

« Nous demandâmes où nous étions à des paysans qui s'enfuirent d'abord et ne revinrent auprès de nous qu'avec mille précautions, et ils nous répondirent : « Hameau de Saint-Julien, à 6 kilomètres au-dessus d'Ypres, à 26 kilomètres de la mer et à 105 kilomètres de Bruxelles. »

A l'époque de l'Exposition universelle de 1867, M. Nadar a cédé la propriété du *Géant* à une compagnie. Quatre ascensions ont été faites. Le lieu du départ était l'esplanade des *Invalides*, que l'on avait complétement entourée d'une enceinte, pourvue de portes à guichets ne s'ouvrant qu'aux spectateurs payants. Là se trouvaient trois autres enceintes, formées par des cordes et des piquets, et dans lesquelles les spectateurs étaient répartis selon le prix de leur carte d'entrée : 20 francs, 10 francs, et la bagatelle de vingt sous.

Pendant que le *Géant* s'élançait de l'esplanade des *Invalides*, le ballon d'Eugène Godard partait de l'Hippodrome ; et souvent le *Géant* et l'*Impérial*, le ballon de M. Nadar et le ballon de M. Godard, ces deux frères et ennemis, se rencontraient en l'air, et voyageaient de compagnie. Mais ces exhibitions d'un spectacle déjà bien usé, n'ont que faiblement excité l'attention du public, en dépit de la prodigieuse affluence d'étrangers, qu'attirait dans la capitale de la France, l'Exposition universelle de 1867.

CHAPITRE XV

CONSTRUCTION ET REMPLISSAGE DES AÉROSTATS A GAZ HYDROGÈNE ET A GAZ D'ÉCLAIRAGE. — CONSTRUCTION ET REMPLISSAGE DES MONTGOLFIÈRES. — LES PETITS BALLONS A GAZ HYDROGÈNE A L'USAGE DES ENFANTS.

Nous croyons utile, avant de terminer cette Notice, de décrire la manière de construire les aérostats. Nous dirons aussi quelques mots des ballons que peuvent exécuter les jeunes gens, tant pour leur instruction que pour leur plaisir, ainsi que de ces petits ballons qui sont fabriqués depuis quelques années pour l'amusement des enfants.

Un ballon de forme sphérique, résulte de l'assemblage de larges fuseaux, cousus les uns aux autres. La matière du ballon est le papier, quand il s'agit d'une montgolfière, et la soie, quand il s'agit d'un aérostat à gaz hydrogène.

Il existe plusieurs moyens de découper ces fuseaux, de manière à composer un *globe sphérique* par leur juxtaposition. Le savant anglais, Tibère Cavallo, a donné une formule logarithmique qui permet de tailler

les patrons de ces fuseaux ; mais cette méthode exige des calculs préliminaires assez longs ; nous ferons connaître, pour arriver à ce résultat, un procédé géométrique très-simple et à la portée de tous.

Il s'agit d'abord de tailler un modèle en papier, sur lequel on découpera ensuite, les fuseaux de taffetas. Voici la manière de tailler ces fuseaux.

On décrit sur la feuille de papier, dont les dimensions sont les mêmes que celles du ballon, un quart de cercle AOB, dont le rayon est égal à celui du ballon. On divise ensuite l'arc AB en six parties égales ; pour cela il suffit de porter successivement le rayon AO

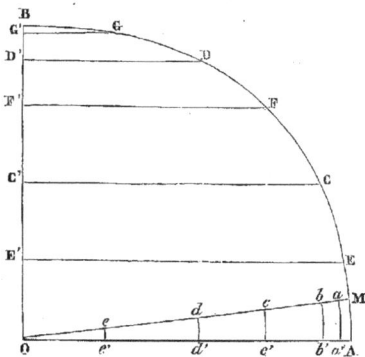

Fig. 317. — Figure géométrique pour la taille des fuseaux d'un ballon.

sur la circonférence de A en D et de B en C. On obtient ainsi trois arcs égaux AC, CD, DB ; si l'on divise chacun d'eux en deux parties égales par les points E, F, G l'arc AB sera divisé en six parties égales. Par les points de division on mène des parallèles au rayon AO qui coupe le quart de cercle aux points E', C', F', D', G'. On joint alors le centre O au milieu M de l'arc AE et on décrit du même point O comme centre avec des rayons respectivement égaux à EE', CC', etc., des arcs de cercle *aa'*, *bb'*, etc. Admettons que le cercle auquel appartient l'arc AB soit l'équateur du ballon, l'arc AM en sera la vingt-quatrième partie, les arcs *aa′*, *bb′*, etc., seront alors la vingt-quatrième partie des parallèles de rayons EE′, CC′, FF′, etc.

Ceci posé, sur une ligne droite XY portons douze fois la longueur AM et des points de division, 1, 2, 3, 4, 5, 6, de part et d'autre du milieu 1, décrivons des arcs de cercle avec

Fig. 318. — Figure géométrique pour la taille des fuseaux d'un ballon

des rayons respectivement égaux aux longueurs AM, *aa′*, *bb′*, etc. Si l'on trace une courbe tangente à la fois à tous ces arcs et qui passe en X et Y, on obtiendra un fuseau dont la surface est la vingt-quatrième partie de celle de la sphère. Il suffira donc de découper vingt-quatre bandes égales à celles-ci, en laissant un bord qui permette de les réunir entre elles. On construira ainsi un ballon dont la forme sera à peu près sphérique. On voit que ce procédé repose principalement sur ce que les arcs AM, *aa′*, *bb′*, etc., peuvent être considérés comme sensiblement égaux à leurs cordes, ce qui n'a lieu que s'ils sont assez petits.

Si le ballon doit avoir de grandes dimen-

sions, on divisera l'arc AB en douze parties égales, au lieu de 6, et en répétant une construction analogue à la précédente, on obtiendra des fuseaux qui dans ce cas devront être au nombre de quarante-huit pour former l'enveloppe sphérique tout entière.

Les ballons sont généralement terminés par un appendice, qui leur donne une forme particulière. Pour construire cet appendice, on ne termine pas en pointe l'extrémité inférieure de chaque fuseau, on laisse de la sorte une largeur, variable avec le nombre de fuseaux, et qui permet de donner au ballon la forme qu'on veut.

La soie est le tissu qui sert à former les aérostats. On a la précaution de la recouvrir d'avance, d'un vernis, afin de boucher ses pores, et de s'opposer au passage du gaz hydrogène à travers l'enveloppe. On choisit généralement la soie cuite, le taffetas de Lyon ou le satin croisé, parce que ces étoffes sont à la fois solides et de longue durée.

La composition des vernis dont on recouvre la soie destinée à former un aérostat, est assez variable. Nous indiquerons la manière de préparer quelques-uns de ces enduits.

On fait, au bain-marie, une dissolution de caoutchouc dans l'essence de térébenthine, en ayant soin d'agiter le mélange pendant toute la durée de l'opération. La dissolution arrive ainsi à avoir une consistance sirupeuse; on la laisse bien refroidir; puis on la décante dans un autre vase, en inclinant légèrement et peu à peu celui qui la contient. Enfin on mélange la dissolution de caoutchouc ainsi obtenue, avec de l'huile de lin. Il suffit d'enduire de ce vernis, les deux faces de chaque fuseau, l'une après l'autre, à douze heures d'intervalle, et de laisser sécher pendant un jour. La soie ainsi vernissée sert à tailler les fuseaux destinés à former l'aérostat.

On emploie également comme vernis, un mélange d'essence de térébenthine et d'huile de lin rendue siccative par une ébullition prolongée avec la litharge.

Quelquefois le ballon est fabriqué avec de la baudruche, c'est-à-dire la membrane interne du gros intestin du bœuf; mais on ne peut confectionner ainsi que des ballons d'un faible volume, car la baudruche est une substance assez chère.

Depuis quelques années on se sert, pour fabriquer les ballons, d'un tissu peu perméable aux gaz, qu'on nomme *makintosh*, et qui est formé d'une lame de caoutchouc, interposée entre deux feuilles de taffetas ou de toile. C'est ainsi qu'est fabriquée l'enveloppe de l'aérostat captif de M. Giffard, dont nous aurons à parler dans le chapitre suivant.

L'aérostat, ou la montgolfière, étant construits, il s'agit de les remplir. Nous parlerons d'abord du remplissage des aérostats par le gaz hydrogène et par le gaz d'éclairage.

La production du gaz hydrogène est basée sur la décomposition de l'eau, par l'action simultanée du fer ou du zinc, et de l'acide sulfurique. On sait que l'eau est formée, sur 100 parties, de 89 parties d'oxygène et de 11 parties d'hydrogène. L'oxygène, ayant une grande affinité pour le fer, peut se séparer de l'hydrogène. Cette séparation se produit facilement sous l'influence de l'acide sulfurique, qui tend à se combiner avec l'oxyde de fer.

Quand on n'a besoin que de très-peu de gaz, cette opération se fait, dans les laboratoires de chimie, au moyen de flacons de verre. Mais pour la production en grand, il faut substituer aux flacons, des tonneaux, dont le fond supérieur soit percé de deux trous livrant passage à deux tubes, l'un pour le gaz dégagé, l'autre pour l'acide sulfurique qui sert à provoquer la réaction. Ces tubes sont en plomb; le premier est droit, et muni d'un entonnoir, pour verser l'acide, le deuxième, qui est recourbé, conduit le gaz dans une sorte de cuve pleine d'eau, destinée à laver le gaz hydrogène, avant son introduction dans le ballon.

La réaction se produit aussitôt après l'introduction des matières dans les tonneaux. Elle s'accompagne, pendant toute sa durée, d'une effervescence qui sert, en quelque sorte, de régulateur dans l'opération; car, suivant que cette effervescence est plus ou moins vive, l'arrivée du gaz dans le ballon est plus ou moins rapide. Il convient d'agiter souvent la masse afin d'établir un contact intime entre l'acide sulfurique et les morceaux de fer qui n'auraient pas encore été attaqués.

Il est essentiel de laver le gaz dans l'eau, car le fer et l'acide employés étant impurs, il se produit, par leur réaction, de l'acide sulfureux et de l'hydrogène sulfuré. Ces deux gaz étant solubles dans l'eau, restent dissous dans l'eau de la cuve.

Il est bon de disposer sur le trajet du gaz hydrogène, avant de le faire pénétrer dans le ballon, un tube plein de chaux vive, qui dépouille le gaz de son humidité, et arrête la petite quantité de gaz acide carbonique qui peut s'y trouver mélangée.

Au sortir de ce tube à desséchement, le gaz hydrogène est dirigé dans le ballon, au moyen d'un tuyau de caoutchouc.

Ainsi que nous l'avons déjà dit, on met dans les tonneaux, de l'eau, de l'acide sulfurique et du fer, ou mieux de la tôle découpée en menus fragments. Il est important de savoir dans quelles proportions on doit employer les matières nécessaires à la production de l'hydrogène. L'expérience indique que 3 kilogrammes de fer et 5 kilogrammes d'acide sulfurique, à 66° de l'aréomètre, donnent au moins un mètre cube de gaz. Il suffira donc de connaître le volume du ballon et de prendre autant de fois 3 kilogrammes de fer et 5 kilogrammes d'acide, qu'il contiendra de mètres cubes. Calculer le volume du ballon est chose facile, à cause de sa forme sphérique. Son volume et sa surface se calculent par la méthode géométrique ordinaire : π représentant le rapport de la circonférence au diamètre, et D le diamètre du ballon, la surface du ballon est égale à πD^2 et son volume à $\frac{\pi D^3}{6}$.

La figure 320, représente l'ensemble des dispositions qu'il faut donner à l'appareil pour la préparation du gaz hydrogène par l'action de l'acide sulfurique sur le fer. Cette figure reproduit avec exactitude les dispositions qui ont été employées par M. Henry Giffard, pour préparer le gaz hydrogène, destiné à remplir le vaste aérostat, qui a servi à opérer des *ascensions captives* à Paris en 1867.

AA sont les tonneaux de bois dans lesquels l'acide sulfurique réagit sur le fer ; BB, les tubes qui conduisent le gaz sortant des tonneaux ; CC, le grand tube dans lequel se réunit le gaz dégagé dans tous les tonneaux ; D, la cuve dans laquelle le gaz vient se laver. F représente le cylindre plein de chaux que le gaz doit traverser, pour s'y dessécher et y laisser son acide carbonique, avant de se rendre dans l'aérostat. H est un manchon de verre contenant un hygromètre et un thermomètre, pour s'assurer de l'état de dessiccation du gaz et de sa température.

La cuve à lavage est d'une disposition particulière, l'eau s'y renouvelle sans cesse. A cet effet, une pluie d'eau tombe à travers une multitude d'orifices percés dans un tube intérieur, et elle s'écoule ensuite par un trop-plein. De cette manière le lavage du gaz est parfait.

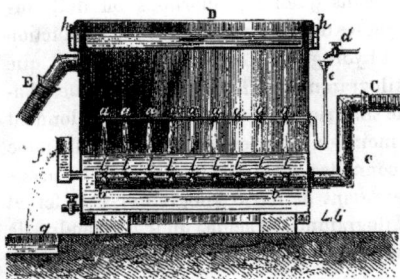

Fig. 319. — Coupe de la cuve à lavage du gaz hydrogène.

Nous représentons à part (*fig.* 319) en coupe verticale, l'intérieur de cette *cuve à lavage.* C est le tube d'entrée, et E le tube de sortie du gaz. *aa* est le tube, persillé de trous,

par lequel l'eau tombe en pluie dans l'intérieur du vase, *f* le trop-plein par lequel cette eau s'écoule sans cesse, *d* le robinet d'arrivée de cette même eau ; le gaz arrivant par une série d'orifices *l, l, l,* est très-divisé et peut se mêler avec l'eau, pour se laver parfaitement.

Ainsi préparé, le gaz hydrogène revenait à M. Henry Giffard au prix de 1 franc le mètre cube. C'est dire qu'il serait impossible de pratiquer en grand, avec économie, la préparation du gaz hydrogène par cette méthode. C'est pourtant avec le gaz ainsi obtenu, que fut rempli, pour la première fois, l'aérostat de M. Giffard. Et comme les dimensions de cet aérostat ne sont pas moindres, comme nous le dirons bientôt, de 5,000 mètres cubes, le coût du remplissage était de 5,000 francs. Aussi, comme nous le verrons tout à l'heure, M. Giffard a-t-il eu recours, pour préparer le gaz hydrogène, à une opération plus économique, consistant à décomposer l'eau par le charbon porté au rouge. C'est ce que nous aurons à décrire plus au long, dans le chapitre suivant, consacré aux ascensions en ballon captif.

On ne doit jamais remplir complétement un ballon avant l'ascension ; car le gaz, qui le gonfle, a une pression égale à la pression de l'air ambiant, et cette pression diminue à mesure qu'on s'élève. Si l'aérostat était entièrement gonflé au départ, l'excès de pression intérieure amènerait bientôt la rupture de l'enveloppe.

On ne le remplit donc qu'aux deux tiers ; de cette façon, le gaz intérieur peut, par son expansion, faire équilibre à la pression extérieure, sans presser contre les parois du ballon. Ainsi l'appareil ne se gonfle dans son entier qu'en s'élevant, et il conserve une force ascensionnelle à peu près constante, jusqu'à ce qu'il ait atteint son volume définitif. On peut du reste régler le gonflement de l'aérostat, de façon à atteindre la hauteur à laquelle on veut qu'il s'arrête.

Au début de l'opération, le ballon doit

Fig. 320. — Appareil pour la préparation, par l'acide sulfurique et le fer, du gaz hydrogène destiné au remplissage d'un aérostat.

être soutenu par une corde, fixée à sa partie supérieure, et passant sur des poulies portées par deux grands poteaux, de façon à pouvoir l'élever ou l'abaisser à volonté. Mais, à mesure que le gaz le remplit, la poussée qu'il occasionne rend cette suspension inutile; il faut alors, au contraire, retenir le ballon vers la terre au moyen de cordes attachées au filet dont on a eu soin de recouvrir préalablement l'aérostat.

Ce filet est d'une nécessité absolue; il permet de répartir, sur tous les points du ballon, la traction exercée par la nacelle, et d'éviter ainsi les chances de rupture, aux points qui, sans cela, auraient été soumis à des tiraillements trop énergiques et trop prolongés.

On construit le filet très-solidement en corde de chanvre, en faisant les mailles de la partie supérieure assez petites, et en les

agrandissant à mesure qu'on s'en éloigne. Cette disposition a pour but d'augmenter la résistance de l'enveloppe dans les points où elle est soumise à la plus grande pression de la part du gaz. Le filet doit envelopper totalement le ballon dont il embrasse exactement la surface jusqu'au milieu. A partir de là, les différentes cordes, dont il est formé, convergent vers un même cercle de bois, ou d'osier, auquel on suspend la nacelle.

Par tous les détails contenus dans cette Notice, on sait déjà que les moyens qui permettent à l'aéronaute de s'élever ou de descendre, une fois qu'il plane dans les airs, se réduisent aux sacs de lest, qu'il jette pour s'élever, et à la soupape placée à la partie supérieure du ballon, qu'il ouvre pour perdre du gaz, s'alléger et descendre. Inutile de dire, par conséquent, que l'aéronaute doit emporter avec lui, dans sa nacelle, une quantité de sacs de sable, dont le nombre et le poids varient avec la force ascensionnelle qu'il entend conserver. Il doit, en même temps, bien s'assurer du bon état de la soupape, qui lui permettra de vider le gaz à volonté, pour opérer sa descente.

Quant à l'orifice inférieur du ballon, il doit rester constamment ouvert; la raison en est facile à comprendre. A mesure que le ballon s'élève dans une région plus haute, le gaz intérieur se dilate, subit une expansion, qui est proportionnelle à la diminution de la pression des couches de l'air extérieur raréfié. Il faut donc que le gaz puisse prendre, sans obstacle, cette expansion; sans cela, il presserait contre les parois de l'aérostat, les distendrait, et les ferait infailliblement éclater. C'est ce que l'on évite en laissant l'orifice inférieur du ballon toujours ouvert. L'hydrogène étant extrêmement léger, comparativement à l'air, ne peut se perdre en quantité sensible par cet orifice ouvert, tant que la pression extérieure ne diminue pas; ce n'est qu'au moment de la diminution de cette pression, qu'il s'échappe au dehors, et proportionnellement à l'affaiblissement de cette pression.

Nous ajouterons maintenant que là est la cause fondamentale de la faible course que peut fournir un aérostat. Dès qu'il s'élève un peu haut, quand il atteint 2,500 mètres, à plus forte raison 4,000 mètres, un aérostat perd, par son orifice inférieur ouvert, une quantité énorme de son gaz. Cette perte lui ôte toute sa force ascensionnelle, et oblige bientôt l'aéronaute à descendre.

On s'imagine communément, que la cause de la prompte déperdition du gaz d'un aérostat, c'est le passage de l'hydrogène à travers l'enveloppe. D'après ce qui vient d'être dit, cette cause de perte, dans le faible intervalle de temps d'une ascension, n'est presque rien, comparée à celle qui résulte de l'expansion du gaz dans les hautes régions et de son dégagement par l'orifice inférieur. Si le ballon pouvait se conserver clos, sans briser ses parois, il pourrait fournir une carrière très-longue.

Comment connaître d'avance le poids que peut enlever l'aérostat, c'est-à-dire la force qui le sollicite à s'élever? Il est facile, comme on vient de le voir, de connaître la surface du ballon et le volume d'hydrogène qu'il renferme. Ce gaz, dans les conditions ordinaires de température et de pression, pèse environ 100 grammes le mètre cube. D'autre part, on évalue à 250 grammes le poids d'un mètre carré du taffetas formant l'enveloppe. On obtiendra le poids total du ballon en ajoutant le poids du gaz et celui du taffetas. Connaissant le volume de l'aérostat, on connaît le volume, et par suite le poids, de l'air déplacé par le ballon. La différence entre ces deux poids, évaluée en kilogrammes, représente la charge que peut soulever le ballon.

Il faut remarquer, toutefois, qu'on prend toujours une charge moindre que cette différence; sans cela le ballon resterait en équilibre dans l'air. Il faut qu'il possède une certaine force ascensionnelle, pour pouvoir s'élever.

Le tableau ci-dessous donne, connaissant le diamètre d'un ballon à gaz hydrogène, sa charge et sa force ascensionnelle, évaluées en kilogrammes.

DIAMÈTRE DU BALLON, en mètres.	POIDS EN KILOGRAMMES, que le ballon peut soulever.	FORCE ASCENSIONNELLE, en kilogr.
1	0,62	0,16
2	5,03	1,89
4	40,21	27,65
6	135,72	107,44
7	215,51	177,03
8	321,70	269,69
9	458,04	394,42
10	622,32	549,78

Passons au remplissage des ballons par le gaz de l'éclairage.

L'hydrogène est le gaz le plus diffusible que l'on connaisse, c'est-à-dire qu'il possède au plus haut degré, la propriété de traverser les parois des vases dans lesquels on l'enferme. Il n'y a pas, pour ainsi dire, de vases dans lesquels on puisse le conserver ; il passe même au travers du caoutchouc, qui est cependant imperméable à beaucoup de gaz. Cette facilité à traverser les enveloppes ne tient, d'ailleurs, qu'à sa très-faible densité. Plus un gaz est léger, plus il peut s'écouler facilement à travers les pores des substances qui le renferment. L'hydrogène est difficile à contenir dans une enveloppe de nature organique, parce qu'il est prodigieusement léger ; voilà tout le mystère.

Quelque bien vernie que soit l'enveloppe de taffetas, il arrive donc toujours un moment où le ballon s'affaisse, car l'hydrogène s'échappe peu à peu, tandis qu'il ne rentre à sa place qu'une quantité d'air bien plus faible. On comprend donc que l'on ait cherché à remplacer l'hydrogène par un autre gaz, plus léger que l'air, mais n'offrant pas l'inconvénient propre à l'hydrogène pur.

Le gaz que l'on a substitué à l'hydrogène pur est celui de l'éclairage, vu la facilité avec laquelle on se le procure dans les grandes villes. Seulement, sa densité plus grande oblige à donner à l'aérostat un volume double, pour obtenir la même force ascensionnelle.

Le gonflement d'un ballon par le gaz de l'éclairage, nécessite très-peu d'appareils. Il suffit d'adapter aux conduits souterrains qui distribuent le gaz dans les villes, un tuyau de caoutchouc, ou de cuir, d'un assez grand diamètre, qui l'amène jusqu'à l'intérieur du ballon.

L'expérience, avons-nous déjà dit, a établi qu'un mètre cube de gaz hydrogène pur, préparé pour les ascensions aérostatiques, pèse 100 grammes, et qu'il peut, dès lors, enlever un poids de 1,200 grammes par mètre cube de la capacité du ballon, car un mètre cube d'eau pèse environ 13,000 grammes, et la différence, soit 12,000 grammes, représente dès lors la force ascensionnelle d'un mètre cube de gaz hydrogène. Un mètre cube de gaz d'éclairage pèse de 600 à 650 grammes, et peut enlever, dès lors, un poids de 650 grammes seulement par mètre cube. Il faut donc pour obtenir la même force ascensionnelle donner à un aérostat gonflé par le gaz de l'éclairage, un volume à peu près double de celui que l'on donnerait à un aérostat gonflé par le gaz hydrogène pur.

Arrivons aux montgolfières.

L'emploi des montgolfières est aujourd'hui très-limité, en raison des dangers auxquels elles exposent. Ces ballons sont dangereux, non-seulement pour ceux qu'ils emportent, mais encore pour les pays au-dessus desquels ils passent. De nombreux incendies ont été causés par la descente de ces montgolfières, qu'on avait autrefois l'habitude de lancer, en France, à l'occasion des fêtes publiques. Pour ces raisons, nous nous étendrons très-peu sur le gonflement de ces ballons.

La montgolfière étant construite, par les procédés que nous avons décrits, il suffit pour les lancer, d'allumer du feu au-dessous de l'orifice. L'air intérieur s'échauffe et provoque, par sa dilatation, l'ascension de l'appareil. Mais il faut le maintenir à la température à laquelle on l'a porté. Pour cela, le ballon est muni, à sa base, d'un fourneau, dans lequel on entretient du feu, par la combustion de certaines matières, telles que des étoupes imbibées d'esprit-de-vin, des boules pyrogéniques formées par l'agglomération de copeaux de bois avec du goudron, de la paille arrosée d'essence de térébenthine, etc.

C'est surtout la présence de ce fourneau qui est la source de nombreux dangers. D'abord, au moment du départ de la montgolfière il se produit des oscillations, qu'il est très-difficile d'éviter, et qui peuvent déterminer son inflammation ; puis, lorsqu'elle s'est élevée dans les airs, elle laisse tomber des flammèches ; enfin quand elle descend dans la campagne, sur des matières inflammables, elle peut occasionner de grands désastres.

Les jeunes gens trouveront une occasion de plaisir et d'instruction, à confectionner de petits ballons, destinés à être gonflés par l'air chaud ou par le gaz hydrogène. Nous dirons donc un mot de leur construction, qui est très-simple. Il suffit de faire avec de moindres dimensions, le tracé géométrique que nous avons indiqué pour les grands ballons. On pourrait employer dans ce cas, le taffetas recouvert de vernis ; mais, pour un objet sans grande utilité, il vaut mieux agir autrement.

On prend des feuilles de papier à lettre ordinaire, que l'on réunit au moyen de colle de pâte. On les taille en fuseaux, par le procédé que nous avons fait connaître, et on les recouvre, sur chaque face, soit avec de l'huile grasse, rendue siccative par la litharge, soit avec un des nombreux vernis gras que l'on trouve chez les fabricants de couleurs.

Le papier ainsi recouvert, devient, au bout d'un certain temps, dur et cassant. On peut modifier la préparation du ballon de façon à éviter cet inconvénient. Pour cela, on réunit les feuilles de papier deux à deux, en interposant entre elles une couche du vernis, dont nous avons précédemment décrit la préparation. On obtient ainsi une enveloppe qui conserve une grande souplesse, et qui, de plus, est presque entièrement imperméable aux gaz.

On se dispense d'employer un filet, en réunissant les fuseaux entre eux, à l'aide de rubans de soie et de coton, qu'on laisse dépasser les fuseaux.

Pour gonfler un tel ballon, il suffit de diriger à l'intérieur, au moyen d'un tube, du gaz hydrogène produit à la façon ordinaire des laboratoires, dans un flacon de verre à deux tubulures.

Au début, il faut soutenir le ballon ; mais bientôt il tend lui-même à s'élever, en vertu de la poussée de l'air. On n'a plus alors qu'à le retenir à l'aide d'une corde, jusqu'à ce que le gonflement soit achevé.

Il nous reste à parler de ces petits ballons en caoutchouc qui servent de jouets aux enfants. Voici comment ils sont fabriqués.

On découpe dans une feuille de caoutchouc de 2 millimètres d'épaisseur, quatre portions de sphère, qui se prolongent, à une extrémité seulement, en une bande de 5 à 6 millimètres de large et 15 de long. On soude ces quatre segments ensemble, en appuyant les bords deux à deux au moyen d'un fer chaud, et l'on obtient ainsi une petite sphère creuse, terminée par un tube de 15 millimètres de long et de 7 millimètres de diamètre. On *vulcanise* alors cette sphère, en la plongeant dans un mélange de sulfure de carbone et de chlorure de soufre. Puis, on maintient le ballon gonflé avec de l'air, pendant tout le temps nécessaire à la teinture en rouge. Cette teinture s'obtient en dissolvant une dissolution d'orcanette dans le sulfure de carbone. Il ne reste plus qu'à recouvrir le ballon avec un vernis formé de gomme du Sénégal dissoute dans un mélange d'alcool, de vin blanc et de mélasse. Le petit ballon est alors prêt à être gonflé. On le remplit de gaz hydrogène, à l'aide d'une pompe de compression.

Le volume de ces ballons varie de 4 à 8 litres ; leur force ascensionnelle est très-faible, comme on le sait. Ainsi un de ces ballons dont le volume serait de 5 litres, pèse environ 5^{gr},448, dont 5 grammes pour l'enveloppe, 0^{gr},448 pour les 5 litres d'hydrogène qu'il renferme. Il déplace 5 litres d'air dont le poids est de 6^{gr},466, sous la pression 76 centimètres et à la température ordinaire. La force ascensionnelle est donc égale à 6^{gr},466 — 5^{gr},448 = 1^{gr},018.

Cette industrie a pris aujourd'hui une telle extension à Paris, qu'elle livre, chaque année, au commerce, 15 millions de petits ballons.

Nous tenons ce chiffre de M. Gillard, savant chimiste et industriel, à qui l'on doit les procédés de fabrication que nous venons de décrire.

CHAPITRE XVI

LES ASCENSIONS EN BALLON CAPTIF. — LE BALLON
DE M. HENRY GIFFARD.

Les ascensions en ballon captif sont une nouveauté, car depuis la suppression, faite par Bonaparte en 1799, du corps des aérostiers militaires de la République, on n'avait vu nulle part l'intéressante opération qui consiste à hisser, à une hauteur plus ou moins grande, au milieu des airs, des amateurs et des curieux. C'est cette entreprise qu'a réalisée avec un grand bonheur, en 1867, M. Henry Giffard.

Le nom de M. Henry Giffard est bien connu aujourd'hui dans la science et dans l'industrie. On lui doit l'invention d'une véritable merveille en mécanique, un appareil qui remplace la pompe aspirante et foulante, pour le renouvellement de l'eau, dans les chaudières à vapeur : l'*injecteur Giffard*, qui est aujourd'hui adopté sur toutes les locomotives, dont il contribue à accélérer singulièrement et à faciliter les manœuvres.

M. Henry Giffard se fait remarquer, entre tous nos ingénieurs actuels, par son esprit inventif et original. Les conceptions neuves et hardies, attirent particulièrement son imagination fertile. Nous verrons bientôt que c'est à lui qu'appartient le mérite et l'audace de la tentative consistant à appliquer la machine à vapeur à la direction d'un aérostat ; nous décrirons et nous représenterons plus loin, *l'aérostat à vapeur* dont M. Henry Giffard, à peine sorti des bancs de l'École centrale, fit l'expérience à Paris, en 1852.

Malgré les travaux divers qui l'ont occupé depuis, dans sa carrière d'ingénieur, M. Henry Giffard n'a jamais perdu de vue la question des aérostats, qui avait rempli une courte mais intéressante période de sa jeunesse. Il était donc parfaitement préparé, par ses connaissances et par son expérience personnelle, à exécuter l'entreprise, beaucoup plus compliquée qu'on ne se l'imagine, qui consistait à réaliser l'aérostation en ballon captif, c'est-à-dire à installer un vaste aérostat à gaz hydrogène, présentant une certaine force d'ascension, et offrant toute sécurité aux amateurs et curieux qui voudraient se donner le plaisir d'une promenade aérienne.

Pendant le dernier mois de l'Exposition universelle de Paris, c'est-à-dire pendant le mois d'octobre 1867, les visiteurs du palais et des jardins du Champ-de-Mars, voyaient régulièrement, toutes les après-midi, s'élever et planer quelque temps, à une assez grande hauteur dans l'air, un aérostat de très-grandes dimensions, retenu à terre au moyen d'un câble, et contenant un certain nombre de personnes. Après une station de quelques minutes, au plus haut de sa course, on le voyait redescendre, pour recommencer le même manége, jusqu'à l'arrivée de la nuit. C'était le ballon de M. Giffard qui, établi dans une vaste enceinte, faisant partie de l'établissement de construction mécanique de M. Flaud, situé dans l'avenue Suffren, aux portes de l'Exposition, opérait ses ascensions captives.

Hâtons-nous de dire, que ce n'est pas seulement en vue de l'Exposition universelle que M. Henry Giffard a fait l'installation et la construction de son aérostat captif. Après la clôture de l'Exposition, le ballon et tout son outillage mécanique ont été transportés dans un autre emplacement, plus central, afin de donner, d'une manière permanente, au public parisien, le plaisir d'une ascension en ballon captif, avec ses sensations émouvantes et uniquement agréables.

Il y avait des difficultés fondamentales, et une foule de petits problèmes de détail, à résoudre, pour arriver à réaliser l'aérostation en ballon captif, avec toutes les conditions de sécurité qu'elle exige. Toutes ces difficultés ont été parfaitement résolues.

Le ballon construit par M. Henry Giffard, est d'un volume énorme, afin qu'il puisse emporter une vingtaine de personnes à la fois. Il est presque aussi gros que le *Géant;* son volume est de 5,000 mètres cubes, tandis que celui du *Géant*, comme nous l'avons dit, est de 6,000 mètres cubes.

Pour retenir attachée au sol une pareille masse, et pour combattre l'effet du vent s'exerçant sur elle, il faut un effort mécanique, que l'on peut calculer facilement. La surface du ballon qui donne prise au vent, est représentée par son grand cercle, qui est de 300 mètres carrés environ. Avec un vent ayant une vitesse de 10 mètres par seconde, la force qui s'exerce contre la surface du ballon, est, d'après cela, de 1,500 kilogrammes. Une telle puissance coucherait le ballon sur le sol, ou l'empêcherait de s'élever, s'il ne jouissait pas d'une force ascensionnelle considérable, et si l'on n'employait, quand il s'agit de le ramener à terre, non de simples cordes, comme le faisaient les aérostiers de la République, mais un véritable câble de vaisseau, pouvant s'enrouler et se dérouler sur un treuil, au moyen d'une machine à vapeur.

C'est donc une machine à vapeur, dont M. Henry Giffard fait usage pour ramener à terre son ballon captif. Cette machine fait tourner l'arbre d'un treuil, dont les dimensions sont d'un mètre de diamètre et de 6 mètres de longueur. La longueur du câble est de 330 mètres, et il pèse 900 kilogrammes, poids qui, pendant l'ascension, vient s'ajouter à celui du ballon, de ses agrès et des personnes embarquées.

Ce câble va en diminuant graduellement de calibre, depuis son point d'attache à la nacelle, jusqu'à son extrémité inférieure, fixée au treuil. Son diamètre est de 8 centimètres à la nacelle et de 4 centimètres seulement, à son extrémité fixée au treuil. Sa résistance à la rupture est, à son gros bout, de

50,000 kilogrammes, et à son petit bout, de 12,000 kilogrammes, ce qui représente dix fois plus de puissance que la force ascensionnelle du ballon. En effet, l'effort du ballon, par un grand vent, est de 3,000 kilogrammes quand il est parvenu en haut de sa course. On voit donc que le câble a une résistance décuple de la puissance qu'il doit combattre, ce qui assure toute sécurité aux personnes placées dans la nacelle.

La machine à vapeur qui fait marcher le treuil, est de la force de 50 chevaux. Elle se compose d'une chaudière, placée hors de l'enceinte, et de quatre cylindres à vapeur marchant à la pression de quatre atmosphères. Il suffit de donner accès à la vapeur dans ces cylindres, pour ramener à terre l'aérostat et sa cargaison.

Pour modérer la vitesse du déroulement, le treuil porte deux freins, composés d'un levier oblique venant presser, au besoin, l'arbre du treuil. Deux hommes sont affectés à la manœuvre de ces freins. Une *coulisse de Stéphenson*, avec son long levier, assez semblable à ceux qu'on voit sur les locomotives, sert à changer le sens du travail des pistons, pour faire tourner le treuil dans un sens ou dans un autre. Rien n'est curieux comme de voir M. Henry Giffard, la main sur le levier d'admission de la vapeur dans les cylindres, ou sur la coulisse de Stéphenson, faire partir la masse colossale de l'aérostat, l'arrêter dans sa course, la laisser reprendre son essor, ou la ramener vers la terre; le tout par le jeu de quelques millimètres d'un robinet, ouvert ou fermé.

La figure 322 (page 585) montre l'ensemble des dispositions du ballon captif.

L'attache du câble à la nacelle est ce qu'il y a de plus remarquable et de plus neuf, dans ce système mécanique. Au milieu de l'enceinte, se trouve une cavité circulaire, de 3 mètres de hauteur et de 10 mètres de large, dans laquelle descend et se meut la nacelle. Le câble partant du treuil, vient aboutir à cette cavité, par un tunnel souterrain.

Le mode de suspension de la nacelle au ballon, est un bijou d'élégance et de sûreté. La corde, avant de s'attacher à la nacelle, passe sur une poulie, rendue mobile par le système de suspension connu, en mécanique, sous le nom de *suspension de Cardan*. C'est un axe articulé, ou doublement coudé, qui permet à la poulie de tourner sur elle-même, de manière à pouvoir suivre, sans que le câble ait à s'en ressentir, tous les mouvements de la nacelle et par conséquent du ballon.

Fig. 321. — Système de suspension du ballon captif de M. Giffard.

Nous représentons (*fig.* 321) ce curieux mode d'attache. AB est la poulie mobile au point d'articulation E ; F est un simple contre-poids, destiné à équilibrer la poulie, de manière que les mouvements de ce système n'exigent le développement d'aucune force, et que tout se borne à détruire l'équilibre établi. CD est l'axe de suspension fixe.

Jamais un système aussi simple et aussi ingénieux n'a été mis en œuvre, pour ce cas particulier.

L'étoffe du ballon consiste en deux toiles, réunies par une dissolution de caoutchouc, et enduites, à l'extérieur, d'un vernis à l'huile de lin. Toutes les coutures ont été recouvertes d'une bande de la même étoffe, appliquée au moyen de la dissolution de caoutchouc, et enduite du vernis à l'huile de lin.

Cet enduit paraît avoir résolu, en grande partie, le problème, tant cherché, de la conservation du gaz hydrogène dans un aérostat. Tandis que, dans la plupart des aérostats construits jusqu'à ce jour, le gaz hydrogène traverse, avec une promptitude extraordinaire, l'étoffe de soie vernie du ballon, l'aérostat de M. Henry Giffard est doué d'une propriété de conservation vraiment remarquable. Il n'a pas été nécessaire de renouveler, pendant deux ou trois mois, la provision de gaz dans le ballon, une fois gonflé, à la condition de remplacer, chaque deux ou trois jours, les 40 ou les 50 mètres cubes de gaz perdus dans cet intervalle, par leur passage à travers l'enveloppe.

Le gaz hydrogène, destiné à remplir l'aérostat, fut d'abord préparé, au moyen de la réaction de l'acide sulfurique sur le fer, dans l'appareil dont nous avons représenté les dispositions et les détails (page 577, *fig.* 320). Nous disions à ce propos, que le gaz hydrogène ainsi obtenu, revient à 1 franc le mètre cube, ce qui représente une dépense totale de 5,000 francs pour le remplissage du ballon. Nous ajoutions que M. Giffard avait substitué à cette coûteuse méthode, la préparation de gaz hydrogène au moyen de la décomposition de l'eau par le charbon porté au rouge.

Le système employé par M. Giffard, pour la préparation du gaz hydrogène au moyen de la décomposition de l'eau, repose en partie sur des principes connus, en partie sur des dispositions nouvelles. Il consiste à opérer la décomposition de la vapeur d'eau par le charbon, en faisant d'abord traverser un foyer chargé de coke incandescent, par un courant de vapeur d'eau, qui produit, en réagissant sur le charbon rouge, de l'hydrogène carboné et de l'oxyde de carbone. Pour ramener l'hydrogène carboné à l'état d'hydrogène pur, et l'oxyde de carbone à l'état d'acide carbonique, on fait arriver, à l'autre extrémité du fourneau, un nouveau courant de vapeur d'eau. Cette vapeur produit de l'hydrogène pur et de l'acide carbonique, en réagissant par son oxygène, sur les deux gaz qui remplissent l'enceinte du fourneau.

Ce mélange d'acide carbonique et d'hydrogène, est alors dirigé à travers un *dépurateur*, plein de chaux, semblable à celui dont on se sert dans les usines à gaz. L'hydrogène s'y débarrasse de l'acide carbonique ; de sorte que l'on obtient ainsi de l'hydrogène pur, que l'on dirige à l'intérieur du ballon, dès sa sortie du *dépurateur à chaux*.

Nous négligeons ici certains détails pratiques, tels que le fractionnement en deux temps, de l'opération qui se passe à l'intérieur du foyer, détails qui ne pourraient trouver place que dans un ouvrage de chimie. Nous nous bornerons à dire que par cette manière de décomposer l'eau par le charbon, le gaz hydrogène ne revient qu'au prix de 5 ou 6 centimes le mètre cube.

Il est une disposition importante par laquelle le ballon captif de M. Giffard, diffère de tous les aérostats qui l'ont précédé. Il est fermé de toutes parts. Il ne présente pas l'ouverture qui se voit à la partie inférieure des aérostats ordinaires. Cette ouverture est, d'ailleurs, indispensable, pour que le gaz puisse s'échapper, lorsque le ballon arrive à une grande hauteur dans l'atmosphère, là où les couches d'air raréfiées par l'élévation, amènent nécessairement l'expansion du gaz intérieur, et causeraient la rupture de l'enveloppe, si le ballon était entièrement fermé. Le ballon captif de M. Giffard ne devant s'élever qu'à 300 mètres, on n'avait pas à craindre l'effet de cette expansion. Le manomètre, placé à l'intérieur, fait, d'ailleurs, connaître à chaque instant l'état de la tension de l'hydrogène intérieur. L'ouverture inférieure du ballon, cause de déperdition constante du gaz, a donc pu être supprimée ici. Elle est remplacée par trois soupapes, qui s'ouvrent du dedans au dehors, sous une pression calculée.

Nous n'avons pas besoin de dire qu'il existe à la partie supérieure de l'aérostat, une soupape ordinaire, que l'on peut manœuvrer de l'intérieur de la nacelle, au moyen d'une corde, pour perdre le gaz si cela est nécessaire. Un manomètre à mercure permet, comme nous venons de le dire, de reconnaître de l'extérieur la pression que le gaz exerce à l'intérieur de l'aérostat.

Un autre appareil mécanique qu'il importe de signaler dans le ballon captif de M. Giffard, c'est un *dynamomètre* placé au-dessous du ballon, non loin des soupapes automatiques, et à la portée du regard des aéronautes.

Ce dynamomètre est représenté sur la figure 322 (page 585). Il est composé de lames d'acier, qui cèdent plus ou moins, selon la pression, grâce à leur élasticité, uniformément progressive. L'assemblage de ces lames élastiques constitue un instrument fort sensible, qui indique l'effort total de traction du ballon. Une aiguille, parcourant horizontalement un cadran, fait connaître la pression en kilogrammes. Il suffit que les aéronautes lèvent la tête, pour lire le chiffre de puissance, qui les emporte.

L'aérostat pèse, avec son filet, 1,500 kilogrammes ; le poids de la nacelle et de celui qui la supporte, est de 500 kilogrammes.

Tel est l'ensemble des dispositions mécaniques, du ballon captif construit à Paris par M. Giffard, en 1867. Elles assurent toute sécurité et tout agrément aux personnes qui veulent se donner le plaisir d'une ascension. Tout est ici admirablement entendu et réalisé. L'aérostation a été si longtemps exploitée par

Fig. 322. — Le ballon captif construit par M. Giffard en 1867.

des gens dépourvus de toutes connaissances scientifiques, qu'on est heureux de saluer, pour la première fois, l'entrée dans ce domaine tant discrédité, d'une science sérieuse et d'une pratique éclairée.

CHAPITRE XVII

LES AÉROSTATS SONT-ILS DIRIGEABLES ? — EXPÉRIENCES ET FAITS. — OPINION DE MONGE ET DE MEUNIER. — EXPÉRIENCES POUR LA DIRECTION DES AÉROSTATS FAITES PAR CALAIS, PAULY, JACOB DEGEN, LE BARON SCOTT, EDMOND GENET, DUPUIS-DELCOURT ET REGNIER. — LE NAVIRE L'AIGLE DE M. DE LENNOX. — L'AÉROSTAT DE M. PETIN.

Vienne l'année 1883, et l'aérostation comptera un siècle d'existence. On est comme attristé, quand on considère le peu de ré-

sultats qu'a produits, dans un aussi long intervalle, l'invention qui fut accueillie, à son début, avec un enthousiasme universel, et qui réunissait le vulgaire et les savants dans les hommages qu'elle recevait de l'Europe entière. Dans cette période, si admirablement remplie par le développement universel des sciences, lorsque tant de découvertes, obscures à leur origine, ont reçu des développements si rapides, et sont devenues le point de départ de tant d'applications fécondes, l'art de la navigation aérienne, si riche de promesses à son début, est resté entièrement stationnaire. Cet enfant dont parlait Franklin est devenu centenaire sans avoir fait un pas.

C'est que toutes les applications qui peuvent être faites des aérostats, sont dominées par une difficulté qui les tient sous la plus étroite dépendance. Peut-on diriger à volonté les ballons lancés dans les airs, et créer ainsi une navigation atmosphérique, capable de lutter avec la locomotion terrestre et la navigation maritime? Telle est la question qui domine évidemment toute la série des applications des aérostats, tel est aussi le point de théorie que nous devons examiner.

La possibilité de diriger à volonté les ballons lancés dans l'espace, est une question qui a occupé un grand nombre de savants. Meunier, Monge, Lalande, Guyton de Morveau, Bertholon et beaucoup d'autres physiciens, n'hésitaient pas à regarder le problème comme pouvant se résoudre assez facilement. Les beaux travaux mathématiques que Meunier nous a laissés sur les conditions d'équilibre des aérostats et les moyens de les diriger, montrent à quel point ces idées l'avaient séduit. On peut en dire autant de Monge, qui a traité avec soin les diverses questions qui se rattachent à l'aérostation. Cependant on pourrait citer une très-longue liste de géomètres qui ont combattu les opinions de Monge et de Meunier. D'un autre côté, une foule d'ingénieurs et d'aéronautes ont essayé diverses combinaisons mécaniques, propres à diriger les aérostats. Mais toutes ces tentatives n'ont eu aucun succès, et la pratique n'a pas tardé à renverser les espérances que les inventeurs avaient conçues.

C'est que la direction des aérostats, sans être une question insoluble, s'environne d'un grand nombre de difficultés. Ces difficultés, nous allons d'abord les faire comprendre; nous verrons ensuite s'il y a quelque espoir de les résoudre.

L'agitation de l'atmosphère est une règle qui souffre peu d'exceptions. Lorsque le temps nous semble le plus calme à la surface de la terre, les régions élevées de l'air sont souvent parcourues par des courants très-forts. La résistance considérable que l'air, même le plus tranquille, opposerait à la progression d'un aérostat, ne pourrait être surmontée par la force de l'homme, réduit à ses bras ou à un mécanisme destiné à transmettre cette force. C'est ce qu'il est facile d'établir.

Le seul point d'appui offert au mécanicien, c'est l'air atmosphérique; c'est sur l'air qu'il doit agir, et l'air si raréfié des régions supérieures. En raison de la ténuité de ce fluide et de son extrême raréfaction, il faudrait le frapper avec une vitesse excessive, pour produire, avec les forces de l'homme, appliquées à un mécanisme quelconque, un effet sensible de réaction. Mais pour obtenir cette vitesse excessive, il faudrait employer divers appareils plus ou moins compliqués, appliqués à un mécanisme tournant dans l'air. Or, les rouages, les engrenages et les agents moteurs, qu'il faudrait embarquer pour produire un résultat, sont d'un poids trop considérable pour être utilement adaptés à un ballon, dont la légèreté est la première et la plus indispensable des conditions.

Si, pour obvier à cet inconvénient capital, on veut augmenter, dans les proportions nécessaires, le volume du ballon, on tombe dans un autre défaut tout aussi grave. L'aérostat présente alors en surface un développement immense. Or, en augmentant les *dimensions* du ballon, on offre nécessairement à l'action de l'air une prise plus considérable; c'est comme la voile d'un navire sur laquelle le vent agit avec d'autant plus d'énergie que sa surface est plus grande. Ainsi, en augmentant la force, on augmenterait en même temps la résistance, et comme ces deux éléments croîtraient dans le même rapport, les conditions premières resteraient les mêmes.

Il est donc manifeste qu'aucun des mécanismes que nous connaissons, mis en jeu par la seule main de l'homme, ne pourrait s'appliquer efficacement à la direction des aérostats. Ainsi tous les innombrables systèmes de rames, de roues, d'hélices, de gouvernails, *mus par la force humaine*, etc., qui ont été proposés ou essayés, ne pouvaient en aucune manière, permettre d'arriver au but que l'on se proposait d'atteindre.

C'est donc un moteur d'une grande puissance qu'il faudrait substituer, dans le cas qui nous occupe, à la force humaine. Existe-t-il un moteur capable de remplir cet objet ? Les machines à vapeur, qui produisent un résultat mécanique si puissant, ne pourraient qu'à travers bien des difficultés, s'installer sous un aérostat. Le poids de la machine à vapeur, celui du combustible, et surtout les dangers qu'occasionne l'existence d'un foyer dans le voisinage d'un gaz inflammable comme l'hydrogène , sont autant de conditions qui sembleraient interdire l'emploi de la vapeur, comme force motrice, dans les appareils destinés à traverser les airs. Cependant, la belle expérience exécutée, en 1852, par M. Henry Giffard, et sur laquelle nous aurons bientôt à revenir, prouve que l'on peut parvenir à installer sans danger, au-dessous d'un ballon à gaz hydrogène, une chaudière à vapeur et un foyer plein de combustible en ignition.

Quant aux autres moteurs d'une puissance plus faible que celle de la vapeur , c'est-à-dire les ressorts, l'air comprimé, le moteur électrique, etc., un vent d'une force médiocre paralyserait toute leur action. La vapeur seule a la puissance suffisante pour lutter contre l'effet d'un vent modéré.

Le problème qui nous occupe présente une seconde difficulté : c'est de connaître à chaque instant, et dans toutes les circonstances, la véritable direction de la marche du ballon. L'aiguille aimantée, qui sert de guide dans la navigation maritime , ne peut s'appliquer à la navigation aérienne. En effet, le pilote d'un navire ne se borne pas à consulter, sur la boussole, la direction de l'aimant. Il a soin de comparer cette direction avec la ligne qui représente la marche du vaisseau ; il consulte le sillage laissé sur les flots par le passage du navire, et c'est l'angle que font entre elles les deux lignes du sillage et de l'aiguille aimantée, qui sert à reconnaître et à fixer sa marche. Mais l'aéronaute, flottant dans les airs, ne laisse derrière lui aucune trace analogue au sillage des vaisseaux. Placé au-dessus d'un nuage, le navigateur aérien ne peut plus reconnaître la route de la machine aveugle qui l'emporte ; perdu dans l'immensité de l'espace, il n'a aucun moyen de s'orienter. Cette difficulté, à laquelle on songe peu d'ordinaire, est cependant un des obstacles les plus sérieux qu'aurait à surmonter la navigation aérienne ; elle obligerait les aéronautes, même en les supposant munis des appareils moteurs les plus parfaits, à se maintenir près de la terre, pour reconnaître le sens de la route parcourue.

On peut conclure de ce qui précède, que la machine à vapeur est le seul moteur qui puisse nous faire espérer la solution du problème des aérostats, sans avoir, bien entendu, la prétention de lutter contre le vent, même modéré, mais en profitant des instants de calme qui se produisent dans l'air.

Il est donc peut-être réservé à notre siècle de voir s'accomplir la magnifique découverte de la navigation atmosphérique. Mais, dans tous les cas, ce n'est point dans les stériles efforts des aéronautes empiriques, que l'on trouvera jamais les moyens de la réaliser. C'est la mécanique seule, c'est cette science, tant décriée à cette occasion par d'ignorants rêveurs, qui nous permettra d'accomplir cette découverte admirable qui doit doter l'humanité de facultés nouvelles et ouvrir à son ambition et à ses légitimes désirs une carrière toute nouvelle.

Il semblerait superflu, après la discussion à laquelle nous venons de nous livrer, de passer en revue les essais faits à différentes époques, pour parvenir à diriger les aérostats. Il ne sera pas inutile , pourtant, de mentionner ces tentatives. Le secours qu'elles ont apporté à l'avancement de la question est des plus minimes, mais il est bon de les signaler, ne fût-ce que pour montrer que les conceptions les plus raisonnables et les mieux fondées en apparence, soumises à la sanction de la pratique, ont trahi toutes les espérances des inventeurs.

Presque au début de l'aérostation, Monge traita le premier la question qui nous occupe. Il proposa un système de vingt-cinq petits ballons sphériques, attachés l'un à l'autre comme les grains d'un collier, formant un assemblage flexible dans tous les sens, et susceptible de se développer en ligne droite, de se courber en arc dans toute sa longueur ou seulement dans une partie de sa longueur, et de prendre, avec ces formes rectilignes ou ces courbures, la situation horizontale ou différents degrés d'inclinaison. Chaque ballon devait être muni de sa nacelle et dirigé par un ou deux aéronautes. En montant ou en descendant, suivant l'ordre transmis, au moyen de signaux, par le commandant de l'équipage, ces globes auraient imité dans l'air le mouvement du serpent dans l'eau. Nous n'avons pas besoin de dire que cet étrange projet ne fut pas mis à exécution.

Meunier a traité plus sérieusement le problème de la direction des aérostats. Le travail mathématique qu'il a exécuté sur cette question, en 1784, est digne d'être encore médité. Meunier voulait employer un seul ballon de forme sphérique et d'une dimension médiocre. Ce ballon se trouvait muni d'une seconde enveloppe, destinée à contenir de l'air comprimé. A cet effet, un tube faisait communiquer cette enveloppe avec une pompe foulante placée dans la nacelle; en faisant agir cette pompe, on introduisait, entre les deux enveloppes, une certaine quantité d'air atmosphérique, dont l'accumulation augmentait le poids du système, et donnait ainsi le moyen de redescendre à volonté. Pour remonter, il suffisait de donner issue à l'air comprimé; le ballon s'allégeait, et regagnait les couches supérieures. Ni lest ni soupape n'étaient donc nécessaires, ou plutôt les navigateurs avaient toujours le lest sous la main, puisque l'air atmosphérique en tenait lieu.

Quant aux moyens de mouvement, Meunier ne comptait que sur les courants atmosphériques; en se plaçant dans leur direction, on devait obtenir une vitesse considérable. Mais pour chercher ces courants et pour s'y rendre, il faut un moteur et un moyen de direction. Meunier pensait que le moteur le plus avantageux, c'étaient les bras de l'équipage. Il employait, comme mécanisme pour utiliser cette force, les ailes d'un moulin à vent, qu'il multipliait autour de l'axe, afin de pouvoir les raccourcir sans diminuer leur superficie totale; il donnait à ces ailes une inclinaison telle, qu'en frappant l'air, elles transmettaient à l'axe une impulsion dans le sens de sa longueur, impulsion qui devait entraîner la progression de l'aérostat. L'équipage était employé à faire tourner l'axe de ce moulin à vent.

L'auteur de ce projet avait calculé qu'en employant toutes les forces des passagers, on ne pourrait communiquer au ballon que la vitesse d'une lieue par heure. Cette vitesse suffisait cependant au but qu'il se proposait, c'est-à-dire pour trouver le courant d'air propice auquel il devait ensuite abandonner sa machine (1).

Tels sont les principes sur lesquels Meunier croyait devoir fonder la pratique de la navigation aérienne. Son projet de lester les ballons avec de l'air comprimé, mériterait d'être soumis à l'expérience; mais on voit que la navigation aérienne, exécutée dans ces conditions, ne répondrait que bien imparfaitement aux espérances qu'on en a conçues.

(1) Les mémoires dans lesquels Meunier expose ses idées sur la navigation aérienne, sont fort peu connus. Le travail dans lequel il propose de lester les ballons avec de l'air comprimé, a été publié au mois de juillet 1784, dans le *Journal de physique* de l'abbé Rozier. Un autre travail de Meunier, encore moins connu que le précédent, est un *Précis des travaux faits à l'Académie des sciences de Paris pour la perfection des machines aérostatiques.* Ce mémoire n'existe qu'en manuscrit : il est déposé à la bibliothèque de l'École d'application de Metz. Nous en avons publié quelques extraits dans les premières éditions de notre ouvrage, intitulé : *Exposition et histoire des principales découvertes scientifiques modernes.*

Fig. 323. — Appareil de Deghen pour la direction des aérostats.

C'est à l'oubli des principes posés par Meunier qu'il faut attribuer la marche vicieuse qu'ont suivie, après lui, les recherches concernant la direction des ballons. En s'écartant de ces sages et prudentes prémisses, en voulant lutter directement contre les courants atmosphériques, en essayant de construire, avec des mécanismes mis en action par la force de l'homme, divers appareils destinés à lutter contre la résistance de l'air, on n'a abouti, comme il était facile de le prévoir, qu'aux échecs les plus déplorables.

C'est ce qui arriva, par exemple, à un certain Calais, qui fit, au jardin Marbeuf à Paris, en 1801, une expérience aussi ridicule que malheureuse, sur la direction des ballons.

En 1812, un honnête horloger de Vienne, nommé Jacob Deghen, échoua tout aussi tristement, à Paris. Il réglait la marche du temps, il crut pouvoir asservir l'espace. Le système qu'il employait était une sorte de combinaison du cerf-volant et de l'aérostat. Il différait peu de celui que Blanchard avait essayé à Paris, en 1780, et que nous avons déjà représenté (fig. 295, page 519). Un plan incliné, se portant à droite ou à gauche au moyen de la pression des mains ou des pieds, devait offrir à l'air une résistance et à l'aéronaute un centre d'action. La figure 323 montre les dispositions de l'appareil que Deghen avait construit pour faire mouvoir à l'aide des mains ou des pieds, des espèces d'ailes qui auraient imprimé à l'aérostat la direction désirée.

L'expérience tentée au Champ-de-Mars trompa complétement l'espoir de l'horloger viennois. Le pauvre aéronaute fut battu par la populace, qui mit en pièces sa machine.

En 1816, Pauly, de Genève, l'inventeur du fusil à piston, voulut établir à Londres des transports aériens. Il construisit un ballon colossal en forme de baleine, mais il n'obtint aucun succès.

Cet appareil de Pauly n'était d'ailleurs que l'imitation du système que le baron Scott avait imaginé, dès le début des tentatives de ce genre.

En 1788, le baron Scott de Martinville avait soumis au monde savant, le projet d'un immense aérostat, représentant une sorte de poisson aérien, muni de sa nageoire articulée et mobile, qui devait rappeler par sa marche dans l'air, la progression du poisson dans l'eau. Mais ce plan, qui, dès le commencement de l'année 1789, avait réuni un assez grand nombre de souscripteurs, ne fut pas exécuté par suite de la gravité des événements politiques que la Révolution fit éclore.

C'est encore parmi les projets qu'il faut ranger la machine proposée en 1825, par M. Edmond Genet, frère de madame Campan, établi aux États-Unis, qui publia à New-York un mémoire sur les *forces ascendantes des fluides,* et qui obtint un brevet du gouvernement américain pour un *aérostat dirigeable.*

La machine décrite par Genet était d'une forme ovoïde et allongée dans le sens horizontal ; elle présentait une longueur de cent cinquante pieds (anglais) sur quarante-six de largeur et cinquante-quatre de hauteur. Le moyen mécanique dont l'auteur voulait faire usage, était un manége mû par des chevaux ; il embarquait dans l'appareil les matières nécessaires à la production du gaz hydrogène.

Nous pouvons citer encore le projet d'une machine aérienne dirigeable, qui fut conçue par MM. Dupuis-Delcourt et Regnier. C'était un aérostat de forme ellipsoïde, soutenant un plancher sur lequel fonctionnait un arbre engrenant sur une manivelle. Cet arbre, qui s'étendait depuis le milieu de la nacelle jusqu'à son extrémité, était muni d'une hélice destinée à faire avancer l'appareil horizontalement.

« Pour obtenir l'ascension ou la descente, entre l'aérostat et la nacelle, on dispose, disait Dupuis-Delcourt, un châssis recouvert d'une toile résistante et bien tendue. Si l'aéronaute veut s'élever, il baisse l'arrière de ce châssis, et la colonne d'air, glissant en dessous, fait monter la machine. S'il veut descendre, il abaisse le châssis par devant, l'air qui glisse en dessus oblige l'appareil à descendre. » Cette disposition est fort loin de présenter la solution du problème. Dans un air parfaitement calme et à la surface de la terre, on pourrait peut-être faire obéir l'aérostat, mais dans une atmosphère un peu agitée il n'en serait pas ainsi. Qu'il vienne une bourrasque d'en haut, et en raison de la grande surface que présente le châssis, la nacelle sera précipitée à terre ; qu'elle vienne d'en bas, et l'aérostat subira une ascension forcée, qui pourra devenir dangereuse.

Les divers projets qui viennent d'être énumérés n'ont pas été mis à exécution ; mais, par la triste déconvenue qu'éprouva, le 17 août 1834, M. de Lennox, avec son navire aérien, *l'Aigle,* on peut juger du sort qui attendait ces rêveries, si l'on eût voulu les transporter dans la pratique.

M. de Lennox était un ancien colonel d'infanterie, qui avait jeté toute sa fortune, c'est-à-dire une centaine de mille francs, dans la construction d'un aérostat dirigeable. Cet aérostat avait 50 mètres de longueur sur 20 de hauteur. Il portait une nacelle de 20 mètres de long, pouvant enlever dix-sept personnes, et était muni d'un gouvernail, de rames tournantes, etc. « Le ballon est construit, disait le programme, au moyen d'une toile préparée de manière à contenir le gaz pendant près de quinze jours. » Hélas! on eut toutes les peines du monde à faire parvenir jusqu'au Champ-de-Mars, la malheureuse machine, qui pouvait à peine se soutenir. Elle ne put s'élever, et la multitude la mit en pièces.

Un autre essai exécuté à Paris, par M. Eubriot, au mois d'octobre 1839, ne réussit pas mieux. Ce mécanicien avait construit un aérostat, de forme allongée, offrant à peu près la figure d'un œuf. Il présentait cet œuf par le gros bout. Cette disposition, que l'on regardait comme un progrès, n'avait au contraire rien que de vicieux. Une fois la colonne d'air entamée par le gros bout, le reste, disait-on, devait suivre sans encombre. C'était rappeler la fable du dragon à plusieurs têtes et du dragon à plusieurs queues : il fallait pouvoir faire avancer le gros bout. Or, ce résultat ne pouvait être obtenu par les faibles moyens mécaniques auxquels on avait recours, et qui se bornaient à deux moulinets mus par les bras de l'homme.

Le problème de la direction des aérostats fut remis à l'ordre du jour, vers 1850. A la suite de la faveur nouvelle que le caprice de la mode vint rendre, à cette époque, aux ascensions et aux expériences aérostatiques, un inventeur, que n'avait point découragé l'insuccès de ses nombreux devanciers, traça, au mois de juin 1850, le plan d'une sorte de *vaisseau aérien*. Ce prétendu système de locomotion aérienne était fort au-dessous des combinaisons du même genre déjà proposées; cependant, comme il a fait beaucoup de bruit à Paris et dans le reste de la France, nous rappellerons ses dispositions principales.

M. Petin proposait de réunir en un système unique, quatre aérostats à gaz hydrogène reliés, par leur base, à une charpente de bois, qui formait comme le pont de ce nouveau vaisseau. Sur ce pont s'élevaient, soutenus par des poteaux, deux vastes châssis, garnis de toiles, disposées horizontalement. Quand la machine s'élevait ou s'abaissait, ces toiles, présentant une large surface qui donnait prise à l'air, se trouvaient soulevées ou déprimées uniformément par la résistance de ce fluide; mais, si l'on en repliait une partie, la résistance devenait inégale, et l'air passait librement à travers les châssis ouverts ; comme il continuait cependant d'exercer son action sur les châssis encore munis de leurs toiles, il résultait de là une rupture d'équilibre qui devait faire incliner le vaisseau et le faire monter ou descendre à volonté, en sens oblique, le long d'un plan incliné.

Le projet de M. Petin présentait un vice irrémédiable. Les mouvements provoqués par la résistance de l'air ne pouvaient s'exécuter que pendant l'ascension ou la descente ; ils étaient impossibles quand le ballon était en repos. Pour provoquer ces effets, il était indispensable d'élever ou de faire descendre l'aérostat, en jetant du lest ou en perdant du gaz; on n'atteignait donc le but désiré qu'en usant peu à peu la cause même du mouvement.

Là n'était pas encore toutefois le défaut radical de ce système : ce défaut radical, c'était l'absence de tout moteur. L'effet de bascule provenant du jeu des châssis aurait peut-être pu imprimer, dans un temps calme, un mouvement à l'appareil; mais, pour surmonter la résistance du vent et des courants atmosphériques, il faut évidemment faire intervenir une puissance mécanique. Cet agent fondamental, c'est à peine si M. Petin y avait songé, ou du moins les moyens qu'il proposait étaient tout à fait puérils. Il se tirait d'embarras, en disant que son moteur serait la main des hommes, ou *tout autre moyen mécanique ;* mais c'est précisément ce moyen mécanique qu'il s'agissait de trouver, car en cela justement consiste la difficulté qui s'est opposée jusqu'à ce jour à la réalisation de la navigation aérienne.

Fig. 324. — Petin.

L'inventeur de l'imparfait appareil que nous venons de décrire et que nous représentons (*fig.* 325) d'après une gravure publiée à cette époque, parcourut la France, en 1851, pour recueillir les moyens de l'exécuter en grand. Dans les séances publiques qu'il donnait en nos différentes villes, M. Petin, ex-bonnetier de la rue Saint-Denis, vouait à l'a-nathème les savants et la science qui condamnaient son entreprise.

Sa propagande infatigable eut pour résultat la réunion d'une somme importante, qu'il jeta tout entière dans la construction d'une machine différant en certains points de son premier modèle, mais qui n'en était pas pour cela plus raisonnable. Au mois de septembre 1851, le gigantesque appareil était terminé. Malheureusement le préfet de police de Paris

partagea l'avis des savants, et l'autorisation demandée par M. Petin, pour exécuter son ascension, lui fut refusée, par la crainte très-légitime de compromettre la vie des personnes qui devaient l'accompagner.

M. Petin passa alors en Angleterre ; mais l'hospitalité britannique ne semble pas lui avoir été favorable, car nous voyons, bientôt après, M. Petin faire voile pour l'Amérique, pour y exhiber ses ballons accouplés.

Il fit une ascension à New-York, avec l'un des ballons qui entraient dans la composition de son système : il était accompagné d'un aéronaute de profession, nommé Chevalier. Mais la chance leur fut contraire, car ils allèrent tomber à la mer, d'où l'on eut grand'peine à les retirer.

M. Petin se rendit ensuite à la Nouvelle-Orléans, où il fit une ascension avec un autre de ses ballons. Mais le même guignon le poursuivait, car il tomba encore dans l'eau. Ce fut, cette fois, dans le lac Pontchartrain, où il faillit périr.

Jusque-là M. Petin n'avait jamais mis à l'épreuve son fameux système. Il en fit l'essai public à la Nouvelle-Orléans, sur la *Place du Congo,* aujourd'hui *Place d'Armes.* Mais toujours poursuivi par la mauvaise chance qui semble s'être attachée à son entreprise, il ne put jamais parvenir à gonfler ses quatre ballons : le gaz fourni par les usines de la ville ne put suffire, ou bien il existait des fuites dans l'appareil. Le fait est qu'il ne put effectuer son ascension ; de sorte qu'il est impossible de dire comment se serait comporté dans l'air ce bizarre équipage.

M. Petin se rendit ensuite à Mexico, où il exécuta une simple ascension, qui réussit assez mal.

Finalement, l'inventeur du système de navigation aérienne qui avait fait un moment tant de bruit parmi nous, revint en France, après sa malheureuse campagne dans le Nouveau-Monde. Nous croyons qu'il est aujourd'hui

Fig. 325. — Vaisseau aérien de M. Petin (Projet conçu en 1850).

attaché à un établissement de construction mécanique.

Sur la liste des aéronautes qui ont essayé de construire des aérostats dirigeables, nous pouvons ajouter, pour arriver jusqu'à notre époque, le nom de M. Delamarne. Cet expérimentateur essaya, en 1866, dans le jardin du Luxembourg, de lancer un aérostat à gaz hydrogène, mû par des rames en forme d'hélice. Il avait annoncé qu'il décrirait en l'air un cercle, grâce à son mécanisme directeur. Mais l'événement ne répondit pas à ses promesses. L'aérostat s'éleva *cahin-caha*. Il s'en allait incliné sur lui-même, prouvant ainsi qu'il obéissait assez mal à l'action de l'hélice prétendue directrice.

Le même aéronaute répéta cette expérience, peu de temps après, sur l'esplanade des Invalides, en présence de l'Empereur.

Mais, dans les mouvements du départ, l'hélice vint à accrocher l'étoffe du ballon, et la déchira du haut en bas. Ainsi finit tristement la tentative de direction des ballons, la plus récente qui soit à notre connaissance.

CHAPITRE XVII

APPLICATION DE LA VAPEUR A LA DIRECTION DES AÉROSTATS. — L'AÉROSTAT A VAPEUR DE M. HENRY GIFFARD EXPÉRIMENTÉ A PARIS EN 1852.

Nous venons de dire que c'est l'insuffisance de la puissance motrice qui est l'obstacle principal à la solution du problème de la direction des aérostats. Pénétré, sans doute, de cette vérité, M. Henry Giffard, dont nous avons parlé dans un des précédents chapitres, comme constructeur d'un ballon captif fit, en 1852, une expérience, vraiment remarquable, pour l'application de la vapeur aux aérostats. Le 22 septembre 1852, Paris eut le spectacle extraordinaire d'un aérostat emportant, suspendue à son filet, une machine à vapeur destinée à le diriger à travers les airs ; et l'expérience donna, d'ailleurs, un résultat satisfaisant.

La figure 328, page 597, fait voir quelle était la forme du ballon. M. Henry Giffard pensait, avec raison, que la forme sphérique est très-peu avantageuse pour obtenir la direction, et que pour naviguer dans l'air, il faut adopter la forme des vaisseaux et embarcations qui naviguent sur l'eau.

Nous pouvons donner une description exacte de l'*aérostat à vapeur* de M. Giffard, grâce à la description que l'inventeur a publiée dans le journal *la Presse*, le 26 septembre 1852.

Ce ballon était de forme allongée, représentant par sa section à peu près celle d'un navire ; deux pointes le terminaient de chaque côté. Long de 44 mètres, large en son milieu de 12 mètres, il contenait environ 2,500 mètres cubes de gaz, et était enveloppé de toutes parts, sauf à sa partie inférieure et aux pointes, d'un filet, dont les extrémités en pattes d'oie venaient se réunir à une série de cordes, fixées à une traverse horizontale de bois, de 20 mètres de longueur. Cette traverse portait à son extrémité une espèce de voile triangulaire, assujettie par un de ses côtés à la dernière corde partant du filet, et qui lui tenait lieu de charnière ou axe de rotation.

Cette voile représentait le gouvernail et la quille ; il suffisait, au moyen de deux cordes qui venaient se réunir à la machine, de l'incliner de droite à gauche, pour produire une déviation correspondante à l'appareil, et changer immédiatement de direction ; à défaut de cette manœuvre, elle revenait aussitôt se placer d'elle-même dans l'axe de l'aérostat, et son effet normal consistait alors à faire l'office de quille ou de girouette, c'est-à-dire à maintenir l'ensemble du système dans la direction du vent.

A 6 mètres au-dessous de la traverse était suspendue la machine à vapeur, et tous ses accessoires.

Cette machine à vapeur était posée sur une espèce de brancard de bois, dont les quatre extrémités étaient soutenues par les cordes de suspension, et dont le milieu, garni de planches, était destiné à supporter les personnes et l'approvisionnement d'eau et de charbon.

La chaudière était verticale et à foyer intérieur sans tubes à feu, elle était entourée, en partie, extérieurement, d'une enveloppe de tôle qui, tout en utilisant mieux la chaleur du charbon, permettait aux gaz de la combustion de s'écouler à une plus basse température. Le tuyau de cheminée était renversé, c'est-à-dire dirigé de haut en bas, afin de ne pas mettre le feu au gaz. Le tirage s'opérait dans ce tuyau, au moyen de la vapeur, qui venait, comme dans les locomotives, s'y élancer avec force à sa sortie du cylindre, et qui, en se mélangeant avec la fumée, abaissait encore considérablement sa température, tout en projetant rapidement cette vapeur dans une direction opposée à celle de l'aérostat.

Le charbon brûlait sur une grille, complétement entourée d'un cendrier, de sorte qu'il était impossible d'apercevoir extérieurement la moindre trace de feu. Le combustible employé était du coke.

La vapeur produite se rendait aussitôt dans la machine proprement dite.

Nous représentons à part (fig. 326) cette machine à vapeur. Elle se compose d'un cylindre vertical, dans lequel se meut un piston, qui, par l'intermédiaire d'une bielle, fait tourner l'arbre coudé placé au sommet.

Cet arbre porte à son extrémité, une hélice à trois palettes de 3m,40 de diamètre, destinée à prendre le point d'appui sur l'air et à faire progresser l'appareil. La vitesse de l'hélice est d'environ cent dix tours par minute, et la force que développe la machine pour la faire tourner est de trois chevaux, ce qui représente la puissance de vingt-cinq à trente hommes.

Le poids du moteur proprement dit, indépendamment de l'approvisionnement et de ses accessoires, était de 100 kilogrammes pour la chaudière et de 50 kilogrammes pour la machine; en tout, 150 kilogrammes, ou 50 kilogrammes par force de cheval, ou bien encore 5 à 6 kilogrammes par force d'homme, de sorte que s'il avait fallu obtenir le même effet mécanique à bras d'homme, il aurait fallu enlever vingt-cinq à trente individus, représentant un poids moyen de 1,800 kilogrammes, c'est-à-dire un poids douze fois plus considérable, et que l'aérostat n'aurait pu porter.

De chaque côté de la machine étaient deux bâches, dont l'une contenait le combustible et l'autre l'eau destinée à remplacer, dans la chaudière, celle qui disparaissait par l'évaporation. Une pompe, mue par la tige du piston, servait à refouler cette eau dans la chaudière. Cette dépense d'eau remplaçait, circonstance intéressante, le lest ordinaire des aéronautes. Ce lest d'un nouveau genre avait pour effet, étant dépensé graduellement par la disparition de l'eau en vapeurs, de délester peu à peu l'aérostat, sans qu'il fût nécessaire d'avoir recours à des projections de sable, ou à tout autre moyen que l'on emploie dans les ascensions ordinaires.

L'appareil moteur était monté tout entier sur quelques roues, mobiles en tous sens, ce qui permettait de le transporter facilement à terre.

Gonflé avec le gaz de l'éclairage, l'aérostat à vapeur de M. Giffard avait une force ascensionnelle de 1,800 kilogrammes environ, distribués comme il suit :

Aérostat avec la soupape..........	320 kil.
Filet...........................	150
Traverses, cordes de suspension, gouvernail, cordes d'amarrage........	300
A reporter........	770 kil.

Report........	770 kil.
Machine et chaudière vide.........	150
Eau et charbon contenus dans la chaudière au moment du départ..	60
Châssis de la machine, brancard, planches, roues mobiles, bâches à eau et à charbon.................	420
Corde traînante pour arrêter l'appareil en cas d'accident...........	80
Poids de la personne conduisant l'appareil.........................	70
Force ascensionnelle nécessaire au départ........................	10
	1560

Il restait donc à disposer d'un poids de 240 kilogrammes, que l'on avait affecté à l'approvisionnement d'eau et de charbon, et par conséquent de lest.

Dans l'expérience, si intéressante et si neuve, qu'il entreprenait, M. Giffard avait à vaincre des difficultés de deux genres : 1° suspendre une machine à vapeur au-dessous d'un aérostat à gaz hydrogène, de la manière la plus convenable en évitant le danger terrible, qui devait résulter de la présence d'un foyer dans le voisinage du gaz inflammable; 2° obtenir, avec l'hélice mue par la vapeur, la direction de l'aérostat.

Il y avait, sur la première question, bien des difficultés à vaincre. En effet, les appareils aérostatiques que l'on avait employés jusque-là, étaient à peu près invariablement des globes sphériques, tenant suspendus par une corde, soit une nacelle, pouvant contenir une ou plusieurs personnes, soit tout autre objet plus ou moins lourd. Toutes les expériences tentées en dehors de cette primitive et unique disposition, avaient eu lieu, ce qui était infiniment moins dangereux, sur de petits modèles tenus captifs par l'expérimentateur; le plus souvent même, comme il résulte de la revue historique qui précède, ces expériences étaient restées à l'état de projet ou de promesse.

En l'absence de tout fait antérieur concluant, l'inventeur devait encore concevoir certaines craintes sur la stabilité de son aérostat en forme de carène de navire. L'expérience vint le rassurer pleinement à cet égard ; elle prouva que l'emploi d'un aérostat allongé, le seul que l'on puisse espérer diriger convenablement, était aussi avantageux que possible. La même expérience établit de la façon la plus concluante, que le danger résultant de la réunion du feu et d'un gaz inflammable, pouvait être complétement écarté.

Quant au second point, c'est-à-dire celui de la direction, les résultats obtenus furent les suivants : Dans un air parfaitement calme, la vitesse de transport en tous sens était de 2 à 5 mètres par seconde ; cette vitesse était naturellement augmentée ou diminuée de toute la vitesse du vent, suivant qu'on marchait avec ou contre ce vent, absolument comme pour un bateau montant ou descendant le courant d'un fleuve. Dans tous les cas, l'appareil avait la faculté de dévier plus ou moins de la ligne du vent, et de former avec celle-ci un angle, qui dépendait de la vitesse de ce dernier.

Fig. 326. — Machine à vapeur de l'aérostat de M. Giffard.

La figure 326 représente les détails de la

machine à vapeur qui servit à diriger cet aérostat. AB est la chaudière à foyer renversé, FG le tuyau de cheminée dans laquelle se dirige aussi la vapeur sortant du cylindre, de manière à former comme dans les locomotives, le tuyau soufflant qui active le tirage de la cheminée. H est la bâche renfermant la provision d'eau et de charbon ; E, l'axe coudé qui, mis en action par l'arbre de la machine à vapeur, fait agir l'hélice directrice.

Voici maintenant comment se passa l'expérience du 25 septembre 1852.

M. Henry Giffard partit seul de l'Hippodrome, à 5 heures et quart. Le vent soufflait avec une assez grande violence. Il ne songea pas un seul instant à lutter directement contre le vent ; la force de la machine ne l'eût pas permis ; mais il opéra, avec succès, diverses manœuvres de déviation latérale et de mouvement circulaire.

L'action du gouvernail se faisait parfaitement sentir. A peine l'aéronaute avait-il tiré légèrement une des deux cordes (L) de ce gouvernail, qu'il voyait immédiatement l'horizon tournoyer autour de lui.

Fig. 327. — M. Henry Giffard.

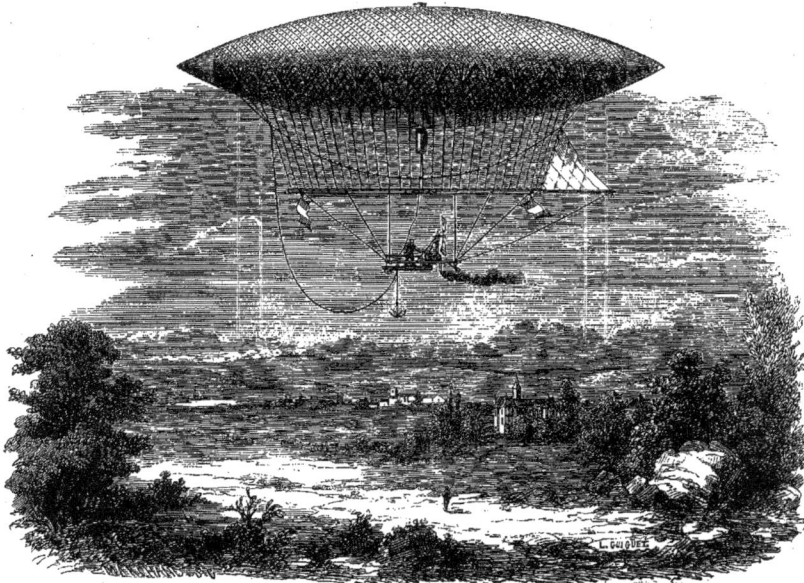

Fig. 328. — Aérostat à vapeur de M. Giffard (Expérience du 25 septembre 1852).

Il s'éleva à une hauteur de 1,500 mètres, et s'y maintint quelque temps.

Cependant, la nuit approchait, et notre hardi expérimentateur ne pouvait rester plus longtemps dans l'atmosphère. Craignant que l'appareil n'arrivât à terre avec une certaine vitesse, il commença à étouffer le feu avec du sable et il ouvrit tous les robinets de la chaudière. Aussitôt la vapeur s'écoula de toutes parts, avec un fracas épouvantable. M. Giffard craignit un moment qu'il ne se produisît, par la sortie de la vapeur, quelque phénomène électrique, et pendant quelques instants il fut enveloppé d'un nuage de vapeur qui ne lui permettait plus de rien distinguer.

L'aérostat, au moment où la vapeur fut lâchée, était à la plus grande élévation qu'il eût atteinte : le baromètre indiquait une hauteur de 1,800 mètres.

M. Giffard effectua très-heureusement sa descente dans la commune d'Élancourt, près de Trappes, dont les habitants l'accueillirent avec le plus grand empressement, et l'aidèrent à dégonfler l'aérostat.

A 10 heures du soir, il était de retour à Paris. L'appareil n'avait éprouvé, en touchant le sol, que quelques avaries insignifiantes.

M. Giffard avait été puissamment secondé, dans son entreprise, par deux de ses camarades de l'École centrale, MM. David et Sciamma. Ces deux amis et collaborateurs de M. Giffard, moururent tous les deux, peu d'années après.

Nous ajouterons que M. Giffard a répété la même expérience, en 1855, et qu'il a obtenu des résultats très-encourageants. Aussi n'a-t-il point renoncé à reprendre cette œuvre capitale, et quelques années ne se passeront pas, sans que l'on soit témoin d'une expérience entièrement décisive sous ce rapport.

Les connaissances positives et l'expérience personnelle de M. Giffard, en ces sortes de questions, font espérer que le problème de la direction des aérostats pourra trouver sa solution dans l'emploi d'un appareil semblable à celui qui fut expérimenté par lui en 1852 et en 1855.

Nous ne voyons, en résumé, aucune impossibilité à ce que l'application de la machine à vapeur à l'aéronautique, vienne apporter la solution du problème, tant poursuivi, de la direction des ballons, en fournissant la force mécanique nécessaire, pour lutter contre un vent très-modéré. Le danger de l'existence d'un foyer au-dessous d'un réservoir de gaz hydrogène, serait évité, en partie, par l'emploi d'un foyer à flamme renversée, dont M. Giffard fit usage dans son expérience de 1852.

Il y aurait, selon nous, un autre moyen d'éviter ce même danger; ce serait de fermer complètement le ballon, de supprimer cette ouverture qu'on a l'habitude de laisser toujours libre, à la partie inférieure de l'aérostat, dans les ascensions ordinaires, et de la remplacer par des soupapes automatiques, s'ouvrant de dedans en dehors, comme celles qui existent dans l'aérostat captif de M. Giffard. On n'aurait pas à craindre ainsi l'inflammation du gaz, qui n'aurait alors aucune communication avec l'extérieur, par conséquent avec le foyer de la machine à vapeur. Cette disposition serait parfaitement réalisable, si l'on maintenait le ballon à une faible hauteur, à 250 ou 300 mètres, élévation bien suffisante pour des transports aériens. Il est, dans ce cas, parfaitement superflu d'atteindre à de grandes hauteurs : tout ce que l'on veut obtenir, c'est le transport rapide et économique d'un lieu à un autre, par la voie de l'air.

Cependant, pour arriver à réaliser dans des conditions pratiques et sûres, la navigation aérienne au moyen des machines à vapeur, il faudrait se livrer à de longues et coûteuses recherches ; car tout est encore à créer dans ce domaine si peu connu. Un simple particulier pourrait difficilement suffire à de telles dépenses de temps et d'argent, mais rien n'empêcherait des compagnies financières de s'organiser, pour poursuivre ce résultat, comme des compagnies se sont formées, il y a quarante ans, pour la création des chemins de fer. C'est une compagnie financière qui a entrepris l'œuvre humanitaire du percement de l'isthme de Suez, qu'aucun gouvernement n'aurait jamais songé à aborder. C'est donc à une réunion de capitalistes, animés du même esprit de dévouement, qu'il faudrait s'adresser, pour étudier, avec les soins et le temps nécessaires, le grand problème de la direction des ballons par l'emploi de la vapeur, que notre siècle verra bien probablement résolu.

Après cette digression, et pour revenir à notre sujet, nous examinerons plus en détail une question que nous n'avons qu'effleurée dans un précédent chapitre : nous voulons parler du système du *plus lourd que l'air*, ou de la navigation aérienne effectuée sans ballon.

MM. Ponton d'Amécourt, de la Landelle et Nadar ont affiché la prétention de supprimer tout aérostat, dans la navigation aérienne; d'employer, pour s'élever, se maintenir et se diriger dans l'air, des engins mécaniques plus lourds que l'air lui-même. Ils ont annoncé qu'en adaptant un moteur à une hélice de métal, on pourrait imprimer à cette hélice une vitesse suffisante pour que non-seulement l'appareil quittât la terre, et se maintînt en l'air un temps indéfini, mais encore que l'on pût le diriger à volonté, en un sens quelconque.

MM. Ponton d'Amécourt, de la Landelle et Nadar ont rallié à leur opinion plusieurs savants d'une autorité reconnue. Au premier rang de ces partisans du système du *plus lourd que l'air*, il faut citer le savant et spirituel géomètre, M. Babinet.

M. Babinet a appuyé, dans des articles de journaux et dans de petites préfaces, la nouvelle école qui a déclaré la guerre aux aérostats, qui proclame que le ballon à gaz est le grand obstacle à la navigation aérienne, et appelle l'invention des frères Montgolfier, « *une découverte sublime et détestable* (1). » Mais M. Babinet n'a jamais présenté, en faveur de la nouvelle théorie, aucun argument scientifique, et l'on ne peut se contenter, en pareille matière, d'une adhésion qui se produit sous la forme pure et simple d'une profession de foi. On nous permettra donc de formuler les doutes qui s'élèvent dans notre esprit, contre la valeur du système du *plus lourd que l'air*.

Et d'abord n'y a-t-il pas une prétention bien téméraire à rejeter loin de soi, de gaieté de cœur, l'aérostat, qui, sans aucune force mécanique, et par le seul fait qu'il contient un gaz plus léger que l'air, donne la condition fondamentale, l'avantage essentiel, de nous emporter dans les airs? N'y a-t-il pas une singulière aberration à rejeter du pied ce secret, que tant de siècles avaient inutilement cherché, c'est-à-dire la possibilité d'élever dans les airs un corps pesant, de telle sorte qu'il ne reste plus à chercher que les moyens de régulariser et de diriger le corps flottant? Un aérostat permet de monter à plusieurs kilomètres dans l'air, et de s'y maintenir un temps considérable, sans qu'il soit nécessaire de tourner une roue ou de bander un ressort. Évidemment il faut y regarder beaucoup, avant de se dépouiller d'un tel avantage, avant de tuer pareille poule aux œufs d'or.

Quel est cependant l'agent mécanique que l'on entend substituer à la force ascensionnelle d'un aérostat, force qui, nous le répétons, ne coûte rien pour sa production, et ne demande pas davantage pour son entretien? Cet agent c'est l'hélice. Mais l'hélice

est-elle capable d'accomplir de telles merveilles? C'est ce qu'il faut examiner.

Quand on applique à la navigation aérienne proprement dite les données prises à la surface ou à une faible distance du sol, on s'expose à un grave mécompte. A la hauteur de 5 kilomètres et demi, l'air a perdu la moitié de sa densité, la moitié de sa masse; par conséquent, la réaction que l'hélice doit en recevoir devient moitié moindre, et l'appareil placé à cette hauteur doit développer une puissance deux fois plus forte qu'à une faible élévation au-dessus du sol. C'est là un écueil qui mérite d'être pris en considération sérieuse. Si, pour l'éviter, on veut se maintenir dans une région peu élevée, si l'on veut rester à proximité du sol, on renonce au précieux avantage d'aller chercher dans les régions supérieures de l'atmosphère, un vent plus favorable que celui qui règne à la surface de la terre.

Quant à lutter contre les courants atmosphériques, ce problème soulève, il nous semble, des difficultés insurmontables. Il est connu que l'effort qu'une bonne brise exerce sur la grande voile d'un navire, est l'équivalent de la force de cinq cents chevaux-vapeur. Or, l'*aéronef*, avec sa cargaison et avec ses ailettes verticales, offrira toujours une assez grande surface au souffle des vents; la résistance qui naîtra de l'action des vents contraires, sera plus terrible, selon nous, que la pesanteur du système. Les oiseaux, ces machines naturelles qui réalisent le plus grand effort sous le moindre volume, n'essayent même pas de lutter contre l'impulsion d'un vent trop fort; ils s'arrêtent, replient leurs ailes, ou, s'ils résistent, ils ne tardent pas à tomber épuisés.

Autre remarque. Je comprends l'action puissante de l'hélice appliquée à un navire, je la comprends moins employée dans l'air. En effet, un navire est une machine déjà équilibrée, et qui flotte sur l'élément liquide, en vertu de sa légèreté spécifique; l'hélice,

(1) Nadar, *Le droit au vol*, page 3.

fonctionnant dans l'eau, n'a qu'à diriger un corps flottant. Dans la navigation aérienne sans aérostat, comme le veut M. Ponton d'Amécourt, sans gaz léger procurant l'équilibre, il faut non-seulement que l'hélice produise la direction, mais encore qu'elle produise l'élévation de tout l'appareil, qu'elle triomphe de l'action de la pesanteur, et cela pendant toute la durée d'une course assez longue. Voilà bien des efforts que l'on te demande, ô sainte hélice! et tu justifieras assurément toutes les épithètes admiratives que l'on t'accorde, si tu parviens jamais à réaliser tant de merveilles!

En admettant que l'hélice puisse produire sur l'air un effet de réaction assez énergique pour déterminer ces trois résultats prodigieux : élever la machine en l'air, l'y *maintenir* quelque temps, et la diriger, il restera toujours à savoir quel sera le moteur qui se chargera de faire tourner cette bienheureuse hélice ? Ce moteur sera sans doute la vapeur, car il n'y a pas d'autre puissance mécanique aujourd'hui connue, capable de développer un effort très-puissant, sans tenir grande place. Mais si l'on emploie la vapeur, il faudra des machines lourdes, une provision d'eau et de charbon ; cela accroîtra terriblement le poids de l'appareil. Avec un ballon à gaz hydrogène, qui porte avec lui sa force ascensionnelle, on peut embarquer sans inconvénient, comme l'a prouvé l'expérience de M. Giffard, une provision d'eau et de charbon, plus une machine à vapeur assez lourde. Mais avec votre *aéronef,* qui est plus lourd que l'air, comment soulèverez-vous, comment maintiendrez-vous en l'air, cet excès énorme de matière pesante, ce charbon, cette eau, cette machine de fer et d'acier?

Quand on serre un peu de près ce fameux système du *plus lourd que l'air,* on est étonné de la légèreté des bases sur lesquelles on l'a fait reposer. Car du moteur à employer, question fondamentale, question de vie ou de mort, on n'a jamais dit mot.

On croirait que l'hélice doit tourner toute seule, mue par une baguette magique, ou par l'éloquence enthousiaste de ses apôtres.

Les défenseurs enthousiastes de l'*aéronef* de M. Ponton d'Amécourt, posent en principe qu'il faut, pour lutter contre l'air, être plus lourd que l'air, et ils citent en exemple l'oiseau. L'argument ne nous paraît pas décisif. Sans doute, l'oiseau en repos est plus lourd que l'air ; mais qui a pesé l'hirondelle, au moment où elle plane dans les cieux? Les poumons des oiseaux se prolongent dans la plus grande partie de l'abdomen ; leurs os sont criblés de canaux aériens; tout leur corps renferme une infinité de petites cavités, de poches membraneuses à valvules : toutes ces cavités se dilatent et se remplissent d'air chaud pendant le vol. En outre, leurs plumes fonctionnent comme de petites montgolfières, si bien que le poids spécifique de l'oiseau change considérablement par cette insufflation d'air chaud et léger à travers leur corps tout entier. Enfin, la grande surface de leurs ailes, déployées horizontalement, présente une résistance relativement considérable, si on la compare au poids des muscles qui représentent l'appareil moteur. Il est donc permis d'avancer, en dépit de l'affirmation contraire de la nouvelle école, et conformément à l'opinion des physiciens et des physiologistes du siècle dernier, que l'oiseau *en mouvement* est presque aussi léger que l'air.

Ce sont de purs raisonnements théoriques que nous venons de développer dans les pages qu'on vient de lire. Mais nous n'avons fait en cela que suivre les partisans du système du *plus lourd que l'air.* Tout jusqu'ici s'est borné, de leur part, à des assertions, à des affirmations, à des théories. Depuis l'année 1862, époque à laquelle ce système fut formulé pour la première fois, aucune expérience n'a été tentée, aucun essai pratique n'a été réalisé. Tout s'est borné à des promesses et à l'appui moral de M. Babinet. Un système qui ne peut invoquer en sa faveur que des présomptions théoriques et des promesses, plus ou moins séduisantes ; qui se tient dans les limbes de faciles dissertations ; qui, dans un intervalle de plus de six ans, n'a exhibé aucun appareil mécanique permettant d'apprécier nettement sa valeur, est déjà en grande partie jugé.

Fig. 329. — M. Babinet.

Nous ferions bon marché de nos répugnances théoriques, si l'on nous montrait sur un modèle, grand ou petit, l'aéronef tant annoncé par MM. Ponton d'Amécourt et de La Landelle, ce merveilleux appareil mécanique, qui, tout en étant plus lourd que l'air, permettrait, d'abord, de s'élever de terre, ensuite de s'y maintenir un certain temps, enfin de triompher de la résistance de l'air, pour se diriger librement dans l'espace. Mais, aucun instrument de ce genre n'a encore été construit, personne n'a été mis à même d'apprécier les mérites de ce phénix de l'aéronautique.

En résumé, le système du *plus lourd que l'air*, conçu par des hommes éclairés sans

doute, par des littérateurs et des artistes pleins d'imagination et animés du plus louable zèle, a pu séduire quelques esprits enthousiastes, mais il ne saurait avoir la prétention de conquérir l'approbation de ceux qui ont pour principe de ne se prononcer que sur ce qu'ils ont vu. Nous n'avons aucune prévention systématique contre l'*aviation sans aérostat ;* seulement, nous voudrions, pour incliner en sa faveur, avoir sous les yeux, non des dissertations, des amplifications, des dithyrambes, mais un peu de fer ou d'acier façonné en un mécanisme tangible, et qui réalisât une partie des merveilles tant annoncées. Jusque-là nous réserverons nos préférences et nos sympathies à ce classique aérostat, auquel il ne manquait plus, pour achever les péripéties de son histoire, que d'être honni et bafoué par ceux mêmes qui prétendent nous ouvrir la route des airs.

CHAPITRE XVIII

LES APPLICATIONS DES AÉROSTATS. — L'EXPLORATION DE L'ATMOSPHÈRE ET L'ÉTUDE DE LA CONSTITUTION PHYSIQUE DE L'AIR. — ASCENSION DE MM. BARRAL ET BIXIO, EN 1850. — ASCENSION DE M. WELSH EN ANGLETERRE, EN 1852. — EXPÉRIENCE DE GLAISHER SUR LA DÉCROISSANCE DE LA TEMPÉRATURE DE L'AIR, SUR LES VARIATIONS DE L'HUMIDITÉ ATMOSPHÉRIQUE, ET SUR LE SPECTROSCOPE, FAITES DANS L'AÉROSTAT DE M. COXWELL EN 1863 ET 1864.

Pour terminer cette Notice, déjà longue, nous avons à parler des principales applications qu'on a faites jusqu'à ce jour, des aérostats, pour l'étude de certaines questions scientifiques ou autres.

Nous rappellerons d'abord les principaux résultats, dont la physique générale et la physique du globe se sont enrichies, grâce aux expériences faites en ballon.

La célèbre ascension de Biot et de Gay-Lussac, faite dans les premières années de notre siècle, a servi de prélude à un certain nombre d'expériences du même genre, entreprises de nos jours et ayant pour but d'étudier la constitution physique de l'atmosphère. Ce n'est toutefois qu'après un bien long intervalle, que les physiciens se sont engagés dans la carrière tracée par Biot et Gay-Lussac. Depuis l'ascension aérostatique exécutée par ces deux savants, quarante ans s'écoulèrent sans amener aucune ascension exécutée dans l'intérêt de l'étude physique de l'atmosphère. Ce n'est qu'en 1850 que MM. Barral et Bixio donnèrent le signal de la reprise de ces expériences utiles.

MM. Barral et Bixio, l'un, ancien élève de l'École polytechnique, l'autre, médecin, homme politique et directeur d'une *librairie agricole*, conçurent le projet de s'élever en ballon à une grande hauteur, pour étudier, avec les instruments perfectionnés que nous possédons, plusieurs phénomènes météorologiques encore imparfaitement observés. Les appareils et les instruments nécessaires à cette expédition aérienne, avaient été construits par M. Regnault ; Dupuis-Delcourt avait fourni le ballon qui devait emporter les expérimentateurs dans les régions de l'air.

L'ascension eut lieu devant la cour de l'Observatoire, le 29 juin 1850, à 10 heures et demie du matin. Le ballon était rempli d'hydrogène pur, préparé au moyen de la réaction de l'acide chlorhydrique sur le fer. Tous les instruments, baromètres, thermomètres, hygromètres, ballons destinés à recueillir de l'air, etc., étaient rangés, suspendus à un cercle, au-dessus de la nacelle où se placèrent les voyageurs.

Cependant, au moment de partir, on reconnut que plusieurs dispositions de l'appareil aérostatique étaient loin d'être convenables, et faisaient craindre pour l'expédition un dénoûment fâcheux. Le ballon de Dupuis-Delcourt était vieux et d'une étoffe usée, le filet trop étroit ; les cordes qui supportaient la nacelle étaient trop courtes : aussi, au lieu de rester suspendue, comme à l'ordinaire, à quelques mètres au-dessous de l'aérostat, la nacelle se trouvait-elle presque en contact avec lui. Enfin, une pluie torrentielle vint à tomber ; sous l'action des rafales, l'étoffe du ballon se déchira en plusieurs points, et l'on fut obligé de la raccommoder, à grand'peine et en toute hâte. Les conditions étaient donc de tout point défavorables, et la prudence commandait de différer le départ. Mais les voyageurs ne voulurent rien entendre ; l'ordre fut donné de lâcher les cordes, et le ballon, dont la force ascensionnelle n'avait pas même été mesurée, s'élança avec la rapidité d'une flèche. On le suivit d'un œil inquiet, jusqu'au moment où on le vit disparaître dans un nuage.

Ensevelis dans un brouillard obscur et épais, MM. Barral et Bixio restèrent près d'un quart d'heure avant de revoir le jour. Sortant enfin de ce nuage, ils s'élancèrent vers le ciel, et n'eurent au-dessus de leurs têtes qu'une voûte bleue étincelante de lumière. Ils commencèrent alors leurs observations. La colonne du baromètre ne présentait que 45 centimètres, ce qui indiquait une élévation de 4,242 mètres au-dessus du niveau de la mer. Le thermomètre, qui à terre marquait 20 degrés, était tombé à 7 degrés.

Pendant qu'ils se livraient à ces premières observations, le baromètre continuait de baisser, et la vitesse d'ascension ne faisait que s'accroître. En effet, le ballon avait quitté la terre, gorgé d'humidité ; en arrivant dans la région supérieure aux nuages, dans un espace sec, raréfié, directement exposé aux rayons solaires, il se délestait spontanément par l'évaporation de l'humidité, et sa force ascensionnelle allait toujours croissant. Cependant les voyageurs, tout entiers au soin de leurs expériences, songeaient à peine à donner un regard à la machine qui les emportait, et ne s'apercevaient aucunement de l'allure dangereuse qu'elle commençait à prendre. La chaleur du soleil, agissant sur le gaz, le dilatait considérablement, et comme nos aéronautes inexpérimentés ne songeaient pas à ouvrir la soupape, pour lui donner issue, les parois du ballon, violemment distendues, faisaient effort comme pour éclater : MM. Barral et Bixio ne pensaient qu'à relever les indications de leurs instruments.

Ils avaient déjà fait l'essai du polarimètre d'Arago ; ils notèrent la hauteur du baromètre qui indiquait une élévation de 5,893 mètres. Enfin ils se disposaient à observer le thermomètre, et comme l'instrument s'était chargé d'une légère couche de glace, l'un d'eux s'occupait à l'essuyer, pour reconnaître la hauteur de la colonne, lorsqu'il s'avisa par hasard de lever la tête... il demeura stupéfait du spectacle qui s'offrit à lui. Le ballon, gonflé outre mesure, était descendu jusque sur la nacelle, et la couvrait comme d'un immense manteau.

Que s'était-il donc passé? Un fait bien simple et bien facile à prévoir. La soupape n'ayant pas été ouverte, pour donner issue à l'excès du gaz dilaté par la chaleur solaire, le ballon s'était peu à peu enflé et distendu de toutes parts. Comme le filet était trop petit, comme les cordes qui supportaient la nacelle étaient trop courtes, le ballon, en se distendant, commença par peser sur le cercle qui porte la nacelle ; puis, son volume augmentant toujours, il avait fini par pénétrer dans ce cercle. En ce moment, il faisait hernie à travers sa circonférence, et couvrait les expérimentateurs comme d'un vaste chapeau. En quelques minutes, tout mouvement leur devint impossible. Ils essayèrent de donner issue à l'excédant du gaz en faisant jouer la soupape; mais il était trop tard, la soupape était condamnée : sa corde, pressée entre le cercle de suspension et la tumeur proéminente de l'aérostat, ne transmettait plus l'action de la main.

M. Barral prit alors le parti auquel le duc de Chartres avait eu recours en pareille occasion, et qui lui avait valu tant de méchantes épigrammes : il plongea son couteau dans les flancs de l'aérostat. Le gaz, s'échappant aussitôt, vint inonder la nacelle et l'envelopper d'une atmosphère irrespirable. Les aéronautes en furent l'un et l'autre à demi asphyxiés, et se trouvèrent pris de vomissements abondants. En même temps, le ballon commença à descendre à toute vitesse. En revenant à eux, ils aperçurent dans l'enveloppe du ballon une déchirure de plus d'un mètre et demi, provenant du coup de couteau, et par laquelle le gaz, s'échappant à grands flots, provoquait leur chute précipitée. La rapidité de cette descente leur sauva la vie, car elle les débarrassa du gaz irrespirable qui se dégageait au-dessus de leur têtes.

Dans cette situation, MM. Barral et Bixio ne durent plus songer qu'à préserver leur existence. Il fallait pour cela, amortir, en arrivant à terre, l'accélération de la chute. M. Barral montra, dans cette manœuvre, toute l'habileté et tout le sang-froid d'un aéronaute consommé. Il rassemble son lest et tous les objets autres que les instruments qui chargent la nacelle, il mesure du regard la distance qui les sépare de la terre, et qui diminue avec une rapidité effrayante ; dès qu'il se croit assez rapproché du sol, il jette la cargaison par-dessus le bord : neuf sacs de sable, les couvertures de laine, les bottes fourrées, tout, excepté les précieux instruments qu'il tient à honneur de rapporter intacts. La manœuvre réussit aussi bien que possible ; le ballon tomba sans trop de violence au milieu d'une vigne du territoire de Lagny, dans le département de Seine-et-Marne.

M. Bixio sortit sain et sauf ; M. Barral en fut quitte pour une égratignure et une contusion au visage. Cette périlleuse expédition n'avait duré que quarante-sept minutes, et la descente s'était effectuée en sept minutes.

Un voyage exécuté dans des conditions pareilles, ne pouvait rapporter à la science un bien riche contingent. Cependant les deux physiciens reconnurent que la lumière des nuages n'est pas polarisée, ainsi que l'avait présumé Arago. Ils constatèrent que la décroissance de température s'était montrée à peu près semblable à celle que Gay-Lussac avait notée dans son ascension. Enfin on put déduire de leurs mesures barométriques, comparées à celles mises à l'Observatoire au même moment, que, dans la région où le ballon se déchira, les voyageurs étaient déjà parvenus à la hauteur de 5,200 mètres.

Le mauvais résultat de cette première tentative ne découragea pas les deux intrépides explorateurs. Un mois après, ils exécutaient une nouvelle ascension. Seulement, on sera peut-être surpris d'apprendre qu'en dépit des mauvais services que leur avait rendus la vicieuse machine de Dupuis-Delcourt, ils osèrent se confier encore à la même nacelle, suspendue au même ballon. Il était facile de prévoir que les accidents qui les avaient assaillis la première fois, se reproduiraient encore, et l'événement justifia ces craintes.

Cette seconde ascension eut lieu le 27 juillet 1850. Les aéronautes partirent de l'Observatoire, en présence d'Arago. On voyait disposés dans leur nacelle, deux baromètres à siphon, gradués sur verre ; trois thermomètres, dont les réservoirs présentaient des états de surface différents. L'un rayonnait par sa surface naturelle de verre ; le second était recouvert de noir de fumée, et le troisième était protégé par une enveloppe d'argent poli ; tous trois étaient destinés à être impressionnés directement par le rayonnement solaire. Un quatrième thermomètre, entouré de plusieurs enveloppes concentriques et espacées, était destiné à donner la température à l'ombre. Il y avait enfin deux autres thermomètres, dont la boule était entourée d'un linge mouillé. Les aéronautes emportaient des ballons vides, des tubes pleins de potasse caustique et de fragments de pierre ponce imbibée d'acide sulfurique, destinés à s'emparer de l'acide carbonique de l'air injecté par des corps de

pompe d'une capacité connue, et qui devaient servir à déterminer la richesse en acide carbonique de l'air pris à de grandes hauteurs. Le thermomètre à *minima* de M. Walferdin, qui fonctionne tout seul, et un baromètre imaginé par M. Regnault, qui agit d'après le même principe, étaient enfermés dans des boîtes métalliques à jour, et protégés par un cachet qu'on ne devait briser qu'au retour. La plupart de ces instruments portaient des échelles arbitraires, afin de laisser les observateurs à l'abri de toute préoccupation de leur part, qui aurait pu réagir involontairement sur les résultats. Pour étudier la nature de la lumière des espaces célestes, on emporta le petit *polariscope* d'Arago.

Entre 2,000 et 2,500 mètres, les aéronautes entrèrent dans un nuage d'au moins 5 kilomètres d'épaisseur ; car, à 7,000 mètres, ils n'en étaient pas encore sortis. Il se forma à cette hauteur, une éclaircie qui laissait voir le bleu du ciel. La lumière, à cette hauteur, était fortement polarisée, tandis que la lumière transmise par les nuages ne l'était point. Le soleil se montrait alors faiblement à travers la brume congelée, et en même temps une seconde image apparut au-dessous de la nacelle, symétrique par rapport à l'image directe. C'était évidemment une image réfléchie.

Arrivés à 3,750 mètres, nos aéronautes lâchent du lest pour s'élever davantage. Les thermomètres marquaient déjà 0°. Mais, par suite de l'expansion du gaz à cette hauteur, le ballon se déchire. Cet accident ne les arrête pas : ils jettent encore de leur lest.

A 6,000 mètres, on rencontra de petits glaçons, en forme d'aiguilles extrêmement fines, qui couvraient tous les objets. La présence de ces aiguilles de glace, à une telle hauteur, et en plein été, prouva la vérité de l'hypothèse qui sert à expliquer les *halos, parhélies*, etc.

A la hauteur de 7,004 mètres les attendait un phénomène météorologique si ex-

Fig. 330. — Ascension de MM. Barral et Bixio, départ de l'Observatoire le 27 juillet 1850.

traordinaire, qu'il valait à lui seul le voyage dans ces régions.

Le thermomètre s'abaissa sous leurs yeux à la température, extraordinaire, de — 39°, du point voisin de la congélation du mercure.

On s'attendait si peu à cet abaissement de température, que les instruments étaient impuissants à l'accuser, leur graduation n'étant pas prolongée assez bas, et presque toutes les colonnes étaient rentrées dans les cuvettes. Deux degrés de moins encore et le mercure

des thermomètres et du baromètre se congelait, en brisant tous les tubes.

Ce froid s'était fait sentir, d'ailleurs, très-brusquement. C'est à partir seulement des 600 derniers mètres que la loi du décroissement de température fut ainsi troublée inopinément. Il est probable que le nuage que les observateurs traversaient, était le théâtre particulier de cette température anormale. Il est certain du moins qu'un froid rigoureux n'est point propre à cette hauteur, car Gay-Lussac, en s'élevant à 7,016 mètres, n'avait rencontré que

— 9 degrés et demi. On voit par la différence de ces résultats combien il est difficile de procéder à des expériences de ce genre, et à quelles divergences contradictoires on peut s'attendre.

Ce froid extraordinaire congelait l'humidité du nuage, en formant une multitude de petites aiguilles de glace aux arêtes vives et aux facettes polies. Ces aiguilles se montraient en telle abondance qu'elles tombaient comme un sable fin, et se déposaient sur le carnet des observateurs.

Les effets physiologiques ne présentèrent rien de particulier à nos observateurs. MM. Barral et Bixio n'eurent ni douleurs d'oreilles, in hémorrhagie, ni gêne de la respiration.

Par ce froid extraordinaire de — 39°, ils n'étaient pas fort à l'aise, assis dans une nacelle où ils ne s'étaient pas prémunis contre un abaissement si considérable de la température. Leurs doigts engourdis finirent par les fort mal servir, à tel point qu'un des thermomètres à rayonnement se brisa entre leurs mains. Au même moment ils perdirent, en voulant l'ouvrir, un des ballons vides qu'ils avaient emportés, dans l'intention d'y recueillir de l'air.

Cependant la déchirure de leur ballon devait les forcer à descendre assez promptement. Il fallut, bon gré, mal gré, regagner la terre. La chute fut même assez violente.

En touchant terre au hameau de Peux, dans l'arrondissement de Coulommiers (Seine-et-Marne), MM. Bixio et Barral avaient complétement épuisé leur lest; ils avaient même jeté comme tel, tout ce qui, hors les instruments, leur avait paru capable de soulager la nacelle.

Partis à 4 heures, ils arrivèrent à 5 heures 30 minutes, après avoir parcouru une distance de 69 kilomètres. La manœuvre délicate du débarquement s'effectua sans accident.

Il ne restait plus qu'à gagner le chemin de fer, et à prendre au passage le train venant de Strasbourg. Un accident aussi contrariant que vulgaire vint encore signaler cette partie du voyage qu'il fallut faire en charrette. Le chemin était mauvais, le cheval s'abattit, et le choc entraîna la perte de deux instruments, d'un baromètre, et du seul ballon qui restât rempli d'air pour être soumis à l'analyse.

Pour compléter le récit qui précède, nous croyons devoir donner un extrait du *Journal du voyage* de MM. Barral et Bixio.

« Les instruments divisés que nous avons emportés, disent MM. Barral et Bixio, ont été construits par M. Fastré, sous la direction de M. Regnault. Les tables de graduation ont été dressées dans le laboratoire du Collége de France; elles n'étaient connues que de M. Regnault.

« Le ballon est celui de M. Dupuis-Delcourt, qui a servi à notre première ascension; il est formé de deux demi-sphères ayant pour rayon 4m,08, séparées par un cylindre ayant pour hauteur 3m,08, et pour base un grand cercle de la sphère. Son volume total est de 729 mètres cubes. Un orifice inférieur, destiné à donner issue au gaz pendant sa dilatation, se termine par un appendice cylindrique en soie, de 7 mètres de longueur, qui reste ouvert pour laisser sortir librement le gaz pendant la période ascendante. La nacelle se trouve suspendue à 4 mètres environ au-dessous de l'orifice de l'appendice, de manière que le ballon complétement gonflé est resté distant de la nacelle de 11 mètres et qu'il n'a pu gêner en rien les observations. Les instruments sont fixés autour d'un large anneau en tôle qui s'attache au cerceau ordinaire en bois portant les cordes de la nacelle. La forme de cet anneau est telle que les instruments sont placés à une distance convenable des observateurs.

« Notre projet était de partir vers 10 heures du matin; toutes les dispositions avaient été prises pour que le remplissage de l'aérostat commençât à 6 heures. MM. Véron et Fontaine étaient chargés de cette opération.

« Malheureusement, des circonstances indépendantes de notre volonté, et provenant de la nécessité de bien laver le gaz, pour qu'il n'attaquât pas le tissu de l'aérostat, ont occasionné des retards, et le ballon ne fut prêt qu'à 1 heure. Le ciel, qui avait été très-pur jusqu'à midi, se couvrit de nuages, et bientôt une pluie torrentielle s'abattit sur Paris. La pluie ne cessa qu'à 3 heures, la journée était trop avancée, et les circonstances atmosphériques trop défavorables, pour que nous pussions avoir l'espoir de remplir le programme que nous nous étions proposé. Mais l'aérostat était prêt, de grandes dépenses avaient été faites, et des observations, dans cette atmosphère troublée, pouvaient conduire à des résultats utiles. Nous nous décidâmes à partir. Le départ eut lieu à 4 heures; il présenta quelque difficulté à cause de l'espace, très-rétréci, que le jardin de l'Observatoire laissait à la manœuvre. Le ballon était très-éloigné de la nacelle, comme on vient de le voir, et emporté par le vent, il prit le devant sur le frêle esquif dans lequel nous étions montés; ce ne fut que par une série d'oscillations à une assez grande distance de chaque côté de la verticale, que nous finîmes par être tranquillement suspendus à l'aérostat. Nous allâmes frapper contre des arbres et contre un mât; il en résulta qu'un des baromètres fut cassé et laissé à terre. Le même accident arriva au thermomètre à surface noircie.

« Nous transcrivons ici les notes que nous avons prises pendant notre ascension.

« 4ʰ 3ᵐ. *Départ.* Le ballon s'élève d'abord très-lentement, en se dirigeant vers l'est; il prend un mouvement ascendant plus rapide, après la projection de quelques kilogrammes de lest. Le ciel est complétement couvert de nuages, et nous nous trouvons bientôt dans une brume légère.

Heures.	Baromètre.	Thermomètre.	Hauteur.
4ʰ 6ᵐ	694ᵐᵐ,70	+ 16°	757ᵐ
4 8	674 96	»	999
4 9 3ˢ	655 57	+ 13,0	1,244
4 11	636 68	+ 9,8	1,483

« Au-dessus de nous s'étend une couche continue de nuages; au-dessous, nous apercevons çà et là des nuages détachés qui semblent rouler sur Paris. Nous sentons un vent frais.

Heures.	Baromètre.	Thermomètre.	Hauteur.
4ʰ 13ᵐ	597ᵐᵐ,73	+ 9°,0	2,013ᵐ
4 15	558 70	»	2,567
4 20	482 20	— 0°,5	3,751

« Le nuage dans lequel nous pénétrons présente l'apparence d'un brouillard ordinaire très-épais; nous cessons de voir la terre.

Baromètre.	Thermomètre.	Hauteur.
405ᵐᵐ,41	— 7°,0	5,121ᵐ

« Quelques rayons solaires deviennent perceptibles à travers les nuages.

« Le baromètre oscille de 366ᵐᵐ,99 à 386ᵐᵐ,42; le thermomètre marque 9°,0; le calcul donne de 5,911 à 5,492 pour la hauteur à laquelle nous sommes parvenus en ce moment.

« Le ballon est entièrement gonflé; l'appendice, jusqu'ici resté aplati sous la pression de l'atmosphère, est maintenant distendu, et le gaz s'échappe par son orifice inférieur sous forme d'une traînée blanchâtre; nous sentons très-distinctement son odeur. On aperçoit une déchirure dans le ballon à une

distance de 1ᵐ,05 environ de l'origine de l'appendice; cette déchirure augmente seulement l'étendue de l'issue donnée au gaz; comme elle est à la partie inférieure, elle ne diminue que faiblement la force ascensionnelle de l'aérostat.

« Une éclaircie se manifeste et laisse voir vaguement la position du soleil.

« Le ballon reprend sa marche ascendante, après un nouvel abandon de lest.

« 4ʰ 25ᵐ. Des oscillations du baromètre entre 347ᵐᵐ,75 et 367ᵐᵐ,04 indiquent une nouvelle station de l'aérostat; le thermomètre varie de 10°,5 à 9°,8; la hauteur à laquelle nous sommes parvenus varie de 6,330 à 5,902 mètres.

« Le brouillard, beaucoup moins intense, laisse apercevoir une image blanche et affaiblie du soleil.

« Un nouvel abandon de lest détermine une nouvelle ascension du ballon qui arrive à une nouvelle position stationnaire indiquée par de nouvelles oscillations du baromètre. Nous sommes couverts de petits glaçons, en aiguilles extrêmement fines, qui s'accumulent dans les plis de nos vêtements. Dans la période descendante de l'oscillation barométrique, par conséquent pendant le mouvement ascendant du ballon, le carnet ouvert devant nous les ramasse de telle façon qu'ils semblent tomber sur lui avec une sorte de crépitation. Rien de semblable ne se manifeste dans la période ascendante du baromètre, c'est-à-dire pendant la descente de l'aérostat.

Le thermomètre horizontal vitreux marque. 4°,69
Le thermomètre argenté................. 8°,95

« Nous voyons clairement le disque du soleil à travers la brume congelée; mais, en même temps, dans le même plan vertical, nous apercevons une seconde image du soleil, presque aussi intense que la première; les deux nuages paraissent disposés symétriquement au-dessus et au-dessous du plan horizontal de la nacelle, en faisant chacune avec ce plan un angle d'environ 30 degrés. Ce phénomène s'observe pendant plus de dix minutes.

« La température baisse très-rapidement; nous nous disposons à faire une série complète d'observations sur les thermomètres à rayonnement et sur les thermomètres du psychromètre; mais les colonnes mercurielles sont cachées par les bouchons, parce que l'on n'avait pas prévu un abaissement aussi brusque de la température. Le thermomètre des enveloppes concentriques en fer-blanc marque 23°,79.

« Nous ouvrons une cage où se trouvent deux pigeons; ils refusent de s'échapper; nous les lançons dans l'espace; ils étendent les ailes, tombent en tournoyant et en décrivant de grands cercles et disparaissent bientôt dans le brouillard qui nous entoure. Nous n'apercevons pas au-dessous de nous l'ancre qui est attachée à l'extrémité d'une corde de 50 mètres de long que nous avons déroulée.

« 4ʰ 32ᵐ. Nous jetons du lest et nous nous élevons davantage. Les nuages s'écartent au-dessus de nous, et nous voyons dans le ciel une place d'un bleu d'azur clair, semblable à celui que l'on voit de la terre par un temps serein. Le polariscope n'indique de polarisation dans aucune direction, sur les nuages en contact avec nous ou plus éloignés. Le bleu du ciel est, au contraire, fortement polarisé.

Fig. 331. — M. Barral.

« Les oscillations du baromètre indiquent que nous cessons de monter, nous jetons du lest, ce qui détermine un nouveau mouvement ascendant. »

Heures.	Baromètre.	Thermomètre.	Hauteur.
3ʰ 45ᵐ	338ᵐᵐ,05	— 35°	6,512ᵐ

« Nos doigts sont roidis par le froid, mais nous n'éprouvons aucune douleur d'oreilles et la respiration n'est nullement gênée. Le ciel est de nouveau couvert de nuages, mais laisse encore apercevoir le soleil voilé et son image. Nous pensons qu'il y a intérêt à voir si le froid augmentera si nous parvenons à nous élever davantage. Nous jetons du lest, ce qui détermine une nouvelle ascension.

« 4ʰ 50ᵐ. Le baromètre marque 315ᵐᵐ,02. L'extrémité de la colonne du thermomètre du baromètre est inférieure, de 2 degrés environ, à la dernière division tracée sur l'instrument. Cette division est 37 degrés; la température était donc de 39 degrés

environ ; la hauteur à laquelle nous sommes arrivés est de 7,039 mètres.

« Le baromètre oscille de 315ᵐᵐ,02 à 326ᵐᵐ,20; ainsi l'aérostat oscille de 7,039 mètres à 6,798. Il ne nous reste plus que 4 kilogrammes de lest, que nous jugeons prudent de conserver pour la descente. D'ailleurs il est inutile de chercher à monter davantage avec des instruments désormais usuels; le mercure se congèle. Tout au plus pouvons-nous chercher à nous maintenir quelque temps à cette hauteur, mais, bien que l'appendice soit relevé pour éviter la sortie du gaz par son orifice, le ballon commence son mouvement descendant. Nous faisons nos prises d'air. Le tube de l'un de nos ballons se casse sous les efforts que nous faisons pour tourner le robinet, le second se remplit d'air sans accident. Mais le froid paralyse tous nos efforts; les observations sont devenues impossibles; nos doigts sont inhabiles à toute opération. Nous nous laissons descendre.

Heures.	Baromètre.	Température.	Hauteur.
5ʰ 2ᵐ	436ᵐᵐ,40	— 9°	4,502ᵐ

« Nous rencontrons encore les petites aiguilles de glace.

Heures.	Baromètre.	Température.	Hauteur.
5ʰ 7ᵐ	483ᵐᵐ,16	— 7°	3,688ᵐ
5 10	540 39	— 3	2,796
4 12	559 70	— 1	2,452
5 14	582 90	0	2,185
Le thermomètre marque		+ 2°,50	
Le thermomètre argenté		+ 1,91	

« 5ʰ 16ᵐ. Le baromètre oscille de 598ᵐᵐ,05 à 618ᵐᵐ,0, parce que nous jetons notre lest, ce qui arrête notre descente; la température est de 1°,8; la hauteur varie de 1,973 à 1,707 mètres.

« Les oscillations sont prolongées par les dernières portions de lest que nous jetons. Nous ne nous occupons plus que de modérer la descente, en sacrifiant tout ce que nous avons de disponible, hors les instruments, et nous mettons les thermomètres dans leurs étuis.

« 5ʰ 30ᵐ. Nous touchons à terre au hameau de Deuse, commune de Saint-Denis-lez-Rebais, arrondissement de Coulommiers (Seine-et-Marne), à quelques pas de la demeure de M. Brulfert, maire de cette commune, située à 70 kilomètres de Paris. »

« Nous avons eu le bonheur de ne casser aucun instrument à la descente. Nous ne trouvons au village qu'une charrette pour nous transporter à la station la plus voisine du chemin de fer de Strasbourg, éloignée de 18 kilomètres. Le trajet fut pénible dans les chemins de traverse, par un ouragan violent et des pluies continuelles; le cheval s'abattit. Deux des appareils que nous tenions le plus à rapporter intacts à Paris furent brisés ou mis hors de service : le ballon

Fig. 332. — MM. Glaisher et Coxwell procèdent, dans la nacelle de l'aérostat, à des observations météorologiques.

à air et l'instrument indicateur du minimum de pression barométrique. Heureusement le thermomètre à minima de M. Walferdin fut rapporté intact, avec son cachet, au Collége de France.

« Le cachet a été enlevé par MM. Regnault et Walferdin, et le minimum de température, déterminé par des expériences directes, a été trouvé de —39°,67, par conséquent très-peu différent de la plus basse température que nous avions observée nous-mêmes sur le thermomètre du baromètre. »

Arago assura devant l'Académie des sciences, que la constatation de la présence

d'un nuage composé de petits glaçons, ayant une température d'environ 40°, en plein été, à une hauteur de 6,000 mètres audessus du sol de l'Europe, était la plus grande découverte que la météorologie eût encore enregistrée. Elle expliquait, selon lui, comment de petits glaçons peuvent devenir le noyau de grêlons d'un volume considérable, car on comprend, disait-il, comment ils peuvent condenser autour d'eux et amener à l'état solide, les vapeurs aqueuses contenues dans les couches atmosphériques dans lesquelles ils voyagent. Arago ajoute que la même observation fait connaître la vérité de l'hypothèse de Mariotte, qui attribuait à des cristaux de glace suspendus dans l'air les *halos*, les *parhélies* et les *parasélènes*.

La présence de ce nuage, si étendu et si froid, permit à MM. Barral et Bixio d'expliquer le refroidissement subit auquel furent en proie, à cette époque, plusieurs régions de l'Europe, qui se trouvaient dans la sphère de ces vapeurs glacées.

En 1852, M. Welsh, accompagné de M. Green, exécuta quatre ascensions dans un but scientifique. Les hauteurs auxquelles il parvint, sont de 5,950, 6,096, 3,850 et 6,990 mètres. La plus basse température observée par M. Welsh, fut de 24° au-dessous de zéro.

Comme résultat général de ses observations, M. Welsh a trouvé que la température de l'air décroît uniformément jusqu'à une certaine hauteur, laquelle varie d'un jour à l'autre ; cette hauteur se maintient constante sur un espace de 600 à 900 mètres, après quoi la diminution reprend assez régulièrement. D'après les expériences de M. Welsh, la température atmosphérique décroîtrait, en général, d'environ 1 degré centigrade pour 165 mètres d'élévation, sans toutefois que cette règle soit constante.

Arago a donné dans le volume de ses *OEuvres* consacré aux *Voyages scientifiques*, quelques détails sur les expériences aéronautiques de M. Welsh. L'illustre physicien s'exprime en ces termes :

» En juillet 1852, le comité de direction de l'Observatoire de Kew, près de Londres, résolut de faire faire une série d'ascensions aéronautiques, dans le but d'étudier les phénomènes météorologiques et physiques qui se produisent dans les régions les plus élevées de l'atmosphère terrestre. Cette résolution fut approuvée par le Conseil de l'Association britannique pour l'avancement des sciences. Les instruments furent immédiatement préparés : ce furent un

baromètre de Gay-Lussac, des thermomètres secs et mouillés, un aspirateur, un hygromètre condensateur de M. Regnault, un hygromètre de Daniell, un polariscope et des tubes en verre pour recueillir l'air. Le ballon employé fut celui de M. Green, qui accompagna constamment M. John Welsh, chargé des observations ; il fut rempli de gaz d'éclairage. Quatre ascensions furent exécutées le 17 et le 26 août, le 21 octobre, le 10 novembre 1852. Dans les deux premiers voyages, M. Nicklin accompagna aussi M. Welsh. Le point du départ fut le jardin royal du Wauxhall.

« Dans la première ascension, du 17 août, les voyageurs partirent à 3ʰ 49ᵐ du soir, et touchèrent terre à 5ʰ 20ᵐ, à vingt-trois lieues au nord de Londres. Ils s'élevèrent jusqu'à une hauteur de 5,947 mètres ; la plus basse pression qu'ils obtinrent fut de 364ᵐᵐ,5, et la température de — 13°,2. A terre, le baromètre marquait 755ᵐᵐ,1, et le thermomètre + 21°,8. Un nuage couvrait l'horizon ; sa limite inférieure fut atteinte à 762 mètres environ, et sa limite supérieure à 3,963 mètres au delà. Le ballon fut alors plongé dans un air pur, mais il régnait au-dessus, à une grande hauteur, une masse nuageuse épaisse. Une neige, formée de flocons étoilés, tomba de temps à autre sur le ballon.

« La seconde ascension, du 26 août, commença à 4ʰ 43ᵐ du soir, et fut terminée à 7ʰ 35ᵐ ; la descente eut lieu à dix lieues à l'ouest-nord-ouest de Londres. Le ballon s'éleva à une hauteur de 6,096 mètres, et la température la plus basse observée fut de — 10°,3. A terre, la pression était de 760ᵐᵐ,9, et la température de + 19°,1. Quelques nuages étaient suspendus dans l'atmosphère, à une hauteur de 900 mètres environ ; au delà, le ciel était pur et d'un beau bleu.

« La troisième ascension eut lieu, le 21 octobre, à 2ʰ 45ᵐ ; les voyageurs descendirent à 4ʰ 20ᵐ, à douze lieues environ à l'est de Londres. Ils ne s'élevèrent qu'à une hauteur de 3,853 m. ; la plus basse pression observée a été de 475ᵐᵐ,5, et la plus basse température de — 3°,8. A terre, le baromètre marquait 759ᵐᵐ,2, et le thermomètre + 14°,2. Entre 254 et 853 mètres, le ballon rencontra des nuages détachés et irréguliers ; à environ 915 mètres, il pénétra dans une couche nuageuse continue, dont la partie supérieure se terminait à 1,093 mètres. A sa sortie des nuages, le ballon projeta sur leur surface peu irrégulière une ombre entourée de franges. La lumière, directement réfléchie par le nuage, ayant été étudiée avec le polariscope, ne présenta aucune trace de polarisation.

« La plus grande hauteur à laquelle M. Welsh est parvenu a été atteinte dans le quatrième voyage, exécuté le 10 novembre. Le départ eut lieu à 2ʰ 21ᵐ, et la descente à 3ʰ43ᵐ, près de Folkstone, à vingt-trois lieues à l'est-sud-est de Londres. Le ballon s'éleva jusqu'à 6,989 mètres, et la température minimum observée fut de — 23°,6 ; le baromètre indiqua une pression minimum de 310ᵐᵐ, 9. A terre, le baromètre marquait 761ᵐᵐ, 1, et le thermomètre +9°,6. Un premier nuage fut rencontré à 152 mètres de hauteur ; sa surface supérieure se terminait à 600 mètres. Venait ensuite un espace de 620 mètres de hauteur, libre de tout brouillard. A 1,220 mètres, se trouvait un nuage qui se terminait à 1,494 mètres. Au delà, il n'y avait plus que quelques cirrhus placés à une très-grande hauteur.

« On voit que, dans leurs voyages, les aéronautes anglais n'ont pu qu'une seule fois approcher, mais sans l'atteindre, de la hauteur de 7,000 mètres, à laquelle sont parvenus Gay-Lussac et MM. Barral et Bixio. La température très-basse de — 23°,6, observée par M. Welsh dans l'ascension du 10 novembre 1852, eût paru certainement extraordinaire si l'expédition faite par nos compatriotes, le 27 juillet 1850, n'avait montré un nuage ayant une température beaucoup plus basse.

« L'air rapporté par M. Welsh a été analysé par M. Milles, qui lui a trouvé la composition de l'air normal.

« Enfin, les observations hygrométriques, faites avec soin et en grand nombre par M. Welsh, à l'aide du psychromètre et de l'hygromètre de M. Regnault, n'ont pas indiqué d'extrême sécheresse ; au contraire, même dans les plus hautes régions, l'humidité atmosphérique relative s'approchait beaucoup de la saturation (1). »

En 1861, l'*Association britannique pour l'avancement des sciences*, assigna des fonds considérables, pour exécuter une série d'ascensions aérostatiques dans un but scientifique. M. Glaisher, chef du *Bureau météorologique* de Greenwich, se chargea d'effectuer lui-même ces hardis voyages d'exploration. M. Coxwell, aéronaute expérimenté, accompagna toujours M. Glaisher.

C'est au mois de juin 1861, que commencèrent leurs ascensions scientifiques.

La plus grande hauteur à laquelle les aéronautes anglais soient parvenus, est de 10,000 mètres. Dans cette ascension mémorable, qui eut lieu le 5 septembre 1862, le thermomètre descendit à 21 degrés au-dessous de zéro, vers 8 kilomètres d'élévation. A cette prodigieuse hauteur, le froid était si in-

tense, que M. Coxwell perdit l'usage de ses mains. Il ne put ouvrir la soupape, pour redescendre, en donnant issue au gaz, qu'en tirant la corde avec ses dents. Depuis la hauteur de 8,850 mètres, M. Glaisher était déjà sans connaissance, et bien peu s'en fallut que les deux voyageurs ne restassent morts et gelés dans l'atmosphère.

La marche des températures, dans les diverses ascensions de M. Glaisher, s'est montrée, d'ailleurs, fort irrégulière ; le mercure s'est maintenu au même niveau pendant un certain temps, lorsqu'on traversait un courant d'air chaud, et a même monté quelquefois de plusieurs degrés pendant que le ballon s'élevait. Ainsi, le 17 juillet 1862, la température resta à — 3° jusqu'à 4 kilomètres de hauteur ; elle se maintint à + 5°,6 vers 6 kilomètres ; et tomba ensuite rapidement jusqu'à — 9°, à 8 kilomètres de hauteur. Des irrégularités analogues furent observées les 18 août, 5 septembre, etc.

M. Glaisher a pu néanmoins, en prenant les moyennes d'un grand nombre d'observations, former un tableau qui donne la variation ordinaire de la température atmosphérique avec l'élévation. Il résulte de ce tableau que la quantité dont il faut s'élever pour avoir un abaissement de 1 degré centigrade, augmente constamment avec la hauteur que l'on occupe dans l'atmosphère. S'il faut, par exemple, s'élever de 50 à 100 mètres près du sol pour constater un abaissement de température d'un degré, pour obtenir le même abaissement, il faut s'élever de 550 mètres à 8 kilomètres de hauteur dans l'air. Par conséquent, le décroissement est devenu dix fois moins rapide qu'à la surface de la terre. Quand le ciel est couvert de nuages, le décroissement de la température, dans le premier kilomètre, est moindre que lorsque le temps est serein ; ce qui se comprend facilement, si l'on réfléchit que les nuages jouent le rôle d'une sorte d'écran contre le rayonnement de la chaleur terrestre.

(1) Arago, *Œuvres complètes*, t. IX, pages 529-532. (*Voyages scientifiques.*)

L'humidité diminue assez vite à mesure qu'on s'élève dans les hautes régions de l'air. A 6 ou 7 kilomètres de hauteur, elle n'est plus que les 12 ou 16 centièmes de ce qu'elle est quand l'air est saturé de vapeurs d'eau.

Fig. 333. — M. Glaisher.

L'électricité de l'air est positive, elle diminue avec la hauteur, comme l'humidité ; à 700 mètres, l'électroscope n'en acccuse presque plus de traces.

Les expériences ozonométriques n'ont fourni aucun résultat décisif.

En ce qui concerne les observations physiologiques, on a trouvé, en général, que les mouvements du pouls sont accélérés; mais ce phénomène est peu constant, et diffère d'une personne à l'autre. Les mains et les lèvres de M. Glaisher bleuirent plusieurs fois entre 6,000 et 7,000 mètres de hauteur.

M. Glaisher a fait, sur la propagation des sons, plusieurs expériences intéressantes. On entendait, à une hauteur de 3 kilomètres, l'aboiement d'un chien. Le sifflet d'une locomotive fut perçu à la même hauteur; on l'entendit même un jour que l'atmosphère était extrêmement humide, à une hauteur de *six kilomètres et demi* dans l'air. C'est la plus grande hauteur à laquelle l'oreille ait pu percevoir des bruits partis de la surface terrestre.

Dans la même ascension exécutée à la fin du mois de juin 1862, M. Glaisher entendit le vent gémir sous lui, lorsqu'il se trouvait à 3 kilomètres d'élévation. Le 31 mars de la même année, le sourd murmure de Londres s'entendait encore à 2 kilomètres de hauteur. Un autre jour, au contraire, les cris de plusieurs milliers de personnes n'étaient plus perceptibles au-dessus de 1,500 mètres.

Il n'est pas sans intérêt de rappeler, à ce propos, une expérience faite en 1784 par Boulton, l'associé de James Watt. Boulton lança un ballon plein de gaz hydrogène, muni d'une mèche à poudre destinée à enflammer le ballon à une certaine hauteur, afin de savoir si le bruit du tonnerre est dû à une seule détonation répercutée par les échos des nuages, ou à une série de détonations successives. Quand l'aérostat prit feu et éclata dans les airs, on crut remarquer une certaine ressemblance entre son explosion et le bruit du tonnerre; mais les cris de la foule qui assistait à cette curieuse expérience, empêchèrent d'apprécier nettement la nature du bruit que produisit l'explosion.

Le 31 mars et le 18 avril 1863, M. Glaisher fit des observations très-intéressantes sur le *spectroscope*, c'est-à-dire l'instrument d'optique qui permet d'examiner la nature de la lumière décomposée, et d'observer les raies obscures qui existent dans ce spectre.

Le 31 mars 1863, M. Glaisher partait du palais de Sydenham, à 4 heures du soir, par une température de + 10 degrés. A plus de 2 kilomètres de hauteur, il entendait encore le murmure lointain de Londres. A 5 kilomètres la vue était admirable : la grande ville, avec ses faubourgs et les campagnes qui l'environnent, se développait en un panorama magnifique. On distinguait Brighton, Yarmouth, Douvres et la falaise de Margate. Au nord, le ciel était voilé de nuages. Au sud et sous le ballon même, on apercevait quelques *cumulus* semblables à des flocons de coton épars sur la terre. On voyait ailleurs des nuages solitaires entourés d'un ciel bleu et serein.

Le but de cette ascension était l'étude des raies noires de Frauenhofer dans le spectre solaire et dans le spectre provenant de la lumière diffuse de l'atmosphère. M. Glaisher avait emporté avec lui un spectroscope, composé d'un tube muni d'un prisme, d'un objectif et d'une lunette dirigée sur le prisme. C'est le même appareil qui avait déjà servi dans l'expédition astronomique envoyée au pic de Ténériffe.

Comme on ne pouvait faire dans un aérostat, des mesures micrométriques, on dut se borner à constater l'aspect du spectre à différentes hauteurs. Au niveau du sol, on s'assura que la raie noire B dans l'extrême rouge et la raie G dans le violet, étaient les limites visibles du spectre de la lumière diffuse du ciel. Le spectre solaire direct s'étendait à peu près jusqu'à la raie H, dans le violet. On y distinguait, en outre, les raies C, D, F, G, et beaucoup de lignes intermédiaires.

Voici maintenant les altérations qui furent constatées dans le spectre solaire, par M. Glaisher, à mesure qu'il s'élevait. A 800 mètres de hauteur, les raies extrêmes B et G semblèrent un peu affaiblies. A 1,600 mètres (un mille anglais), le spectre était raccourci aux deux extrémités; la raie B était invisible, C douteuse. A 3,200 mètres, la raie G disparut aussi, et la région violette du spectre se ternit; on ne vit rien au delà des deux raies D et F. A 4,800 mètres d'élévation, le violet s'effaça avec la raie F. Dès lors, le spectre se raccourcit de plus en plus; à la hauteur de 6,400 mètres, il n'en restait plus

qu'une petite nuance jaune. A 7,240 mètres (quatre milles et demi), on ne vit plus rien. En descendant de nouveau à la hauteur de 4,800 mètres, où l'on arriva à 5 heures 43 minutes, après l'avoir atteinte pour la première fois une heure auparavant, on ne vit pas de spectre; M. Glaisher ouvrit la fente du spectroscope, et il aperçut alors une faible trace de couleur. Ce dernier fait suggéra l'idée que le spectre se raccourcissait à mesure que le soleil se rapprochait de l'horizon, et que le jour baissait. On toucha terre à 6 heures et demie, juste au coucher du soleil.

Fig. 334. — M. Coxwell.

Les observations de M. Glaisher ne décidaient donc pas la question de savoir si la hauteur à laquelle on s'élève, influe beaucoup sur la forme du spectre solaire. Une nouvelle ascension dans l'air était indispensable : elle eut lieu le 18 avril 1863, à 1 heure de l'après-midi. M. Glaisher emporta le même appareil, et il le couvrit de drap noir, pour éviter la lumière diffuse latérale. Au bout de deux minutes, on s'était élevé de 1 kilomètre;

à 2 heures et demie, on atteignit la plus grande hauteur, 4 milles et demi (7,250 mètres). Quelque temps avant d'atteindre le quatrième mille, M. Glaisher perdit toute trace du spectre en observant la région nord du ciel; le soleil n'était pas visible à cause de la position du ballon. Il conçut alors des inquiétudes, croyant d'abord qu'il y avait quelque chose de dérangé dans le spectroscope. Mais tout était en bon état. Il était évident que la lumière diffuse du ciel sans nuage est trop faible pour donner un spectre, excepté dans le voisinage du soleil. Quand le tournoiement du ballon permettait d'approcher le tube de l'astre radieux, le spectre reparaissait; enfin, un rayon direct de lumière solaire frappa la fente du spectroscope, et M. Glaisher vit immédiatement le spectre dans tout son éclat, depuis la raie A jusqu'au delà de H. Il distinguait d'innombrables raies noires, beaucoup plus que lorsqu'il se trouvait au niveau du sol; tandis qu'on aurait dû s'attendre à voir s'effacer peu à peu un certain nombre de raies telluriques, dues à l'absorption de l'atmosphère terrestre.

M. Glaisher tire, de ce fait, la conclusion, prématurée, selon nous, qu'il n'y a pas de raies telluriques; il aurait fallu, pour décider cette question, faire quelques observations.

La descente de l'aérostat fut très-périlleuse. M. Coxwell, qui dirigeait ses regards vers la terre, s'aperçut tout à coup, qu'on s'approchait de la côte de la Manche. Pour ne pas tomber à la mer, il résolut de redescendre à toute vitesse. On donna donc issue au gaz, et le ballon s'abattit avec une effrayante rapidité. Heureusement la nacelle était construite en forme de parachute, et l'on put ralentir la vitesse en jetant du lest. Néanmoins les trois derniers kilomètres furent franchis en quatre minutes seulement, et le choc fut si violent que la plupart des instruments furent brisés. On ne conserva

que quelques ballons d'air recueilli dans les plus hautes régions. C'est à 2 heures 50 minutes que nos aéronautes touchaient terre, près de la station de Newhaven.

Un résultat important des dernières ascensions scientifiques de M. Glaisher, c'est la détermination de la loi de décroissance des températures selon la hauteur. Les résultats que nous avons rapportés plus haut (page 611) laissaient indécis le véritable chiffre de cette décroissance. Dans ces dernières observations M. Glaisher obtint des chiffres plus positifs. Selon lui, quand le ciel est serein, la température s'abaisse d'abord de 1 degré centigrade par 55 mètres; mais vers 9 ou 10 kilomètres d'élévation, la décroissance se ralentit considérablement; elle n'est que de 1 degré pour 550 mètres.

Ainsi, ce rapport varie beaucoup, et l'on a eu tort de le supposer constant (on avait admis jusqu'à un abaissement régulier d'un degré par 165 mètres).

Dans son ascension du 31 mars 1863, M. Glaisher trouva la température de l'air à 18 degrés au-dessous de zéro, vers 7,250 mètres d'altitude. Quel froid énorme doit régner, d'après cela, dans les régions planétaires!

Dans une ascension faite au mois de juillet suivant, M. Glaisher entra dans un nuage, à 600 mètres d'élévation. Il entendit à 3 kilomètres, une sorte de gémissement qui venait des régions inférieures et semblait annoncer un orage. A 3 kilomètres et demi, il rencontra une petite pluie. Il entra ensuite de nouveau dans les nuages. La température oscillait autour du point zéro; à 5,200 mètres, elle était monté à 2 degrés; vers 5,600 mètres, elle était tombée à 5 degrés. Vers 6,800 mètres, elle atteignit son minimum: 8 degrés au-dessous de zéro. Le ciel, à cette hauteur, était couvert de *cirrhus*, et il était d'un bleu pâle dans les éclaircies. On planait au-dessus des nuages, mais tout alentour on ne voyait qu'une immense mer de brouillards, sans formes nettement accusées.

Dans la descente, de grosses gouttes d'eau tombaient sur le ballon, lorsqu'on était encore à 5 kilomètres du sol. Depuis 4 jusqu'à 3 kilomètres de la terre, on traversait une tourmente de neige. Seulement, au lieu de tomber, la neige semblait s'élever autour du ballon, qui descendait plus rapidement. On ne voyait guère de flocons neigeux, mais beaucoup de cristaux aciculaires. La neige cessa à 3 kilomètres de hauteur; les couches inférieures de l'air offraient alors une teinte brune, excessivement foncée et sombre. A 1,500 mètres, les aéronautes avaient épuisé leur lest, et le ballon tomba comme un corps inerte. Il arriva à terre en produisant un choc terrible qui brisa plusieurs instruments.

Tel est le résumé des observations faites par le physicien anglais pendant ses dernières ascensions aérostatiques, faites en 1863. Elles ont fourni sur plusieurs points de la physique du globe, des éclaircissements utiles. La décroissance de la température, celle de l'humidité et de l'électricité, selon la hauteur, sont les faits météorologiques sur lesquels M. Glaisher a réuni le plus de renseignements nouveaux, sans qu'il soit permis néanmoins de regarder comme définitifs les rapports qu'il a notés entre l'abaissement de température et la diminution de l'humidité, selon la hauteur. De nouvelles expériences sont nécessaires pour fixer avec précision ces lois météorologiques.

CHAPITRE XIX

L'ÉLECTRO-SUBSTRACTEUR DE DUPUIS-DELCOURT,OU L'EMPLOI
D'UN AÉROSTAT POUR SOUTIRER L'ÉLECTRICITÉ DES
NUAGES ORAGEUX. — DUPUIS-DELCOURT ET SON BALLON
DE CUIVRE.

Dupuis-Delcourt eut, vers 1836 ou 1839, une idée qu'Arago prit sous son patronage, et qu'il exposa à plusieurs reprises, avec beaucoup de faveur, devant l'Académie.

Le paratonnerre, tel qu'il est établi, ne peut faire autre chose qu'écarter la foudre, l'empêcher d'éclater sur le bâtiment placé sous son égide. Dupuis-Delcourt crut qu'il serait possible d'aller neutraliser l'électricité au sein même des nuages, et de l'amener, grâce à un conducteur métallique lancé dans ces hautes régions, dans le sol ou réservoir commun, afin de neutraliser ses effets. Déjà, au siècle dernier, Montgolfier, l'abbé Bertholon et quelques autres physiciens, avaient eu cette pensée; Dupuis-Delcourt imagina un instrument propre à la réaliser d'une façon pratique. Il appelait *électro-substracteur* (nom assez barbare) un petit aérostat, de forme cylindro-conique, composé d'une enveloppe imperméable au gaz hydrogène, et terminé par deux pointes métalliques. Cet aérostat devait être retenu captif à terre, au moyen d'une corde en partie métallique, qui aurait établi, par sa conductibilité, la communication entre le sol et les nuages orageux chargés d'électricité.

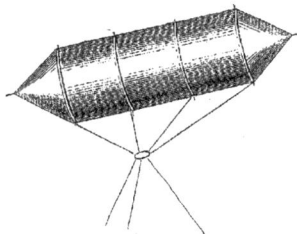

Fig. 335. — L'électro-substracteur de Dupuis-Delcourt.

Nous représentons (*fig.* 335) l'*électro-substracteur* de Dupuis-Delcourt. Plein de gaz hydrogène, il devait s'élever à 1,000 ou 1,500 mètres, et s'y maintenir, communiquant ainsi, à la manière d'un paratonnerre, avec le sol humide, et établissant une relation continue entre le fluide électrique de l'air et la terre. Grâce au mode d'attache de la corde au cylindre armé de pointes, la machine pouvait tourner à tous les vents, comme une immense girouette.

L'idée était aussi élégante que hardie : c'était le paratonnerre transporté dans les cieux. Ajoutons que c'était en même temps un *paragrêle*, si la théorie de l'origine électrique de la grêle est l'expression de la vérité.

Arago ne croyait pas que de tels appareils fussent impuissants à empêcher la grêle, et il s'en est exprimé nettement devant l'Académie.

Dupuis-Delcourt avait, en effet, adressé plusieurs communications à l'Académie des sciences, sur son *électro-substracteur* (1). Il faut ajouter, pourtant, que cet instrument n'a jamais été mis en pratique par l'inventeur, ni par aucun autre physicien.

Nous avons dit que l'*électro-substracteur* proposé par Dupuis-Delcourt, devait être fait d'une matière imperméable au gaz hydrogène. Mais cette condition n'était guère exécutable, toutes les étoffes connues laissant passer le gaz hydrogène à travers leurs pores. Pour que cet appareil pût conserver sans aucune déperdition, le gaz hydrogène, il aurait fallu prendre un métal, comme enveloppe du gaz. Pouvait-on trouver un métal assez léger, et le réduire en lames assez minces, pour qu'il pût servir d'enveloppe à l'hydrogène, et s'élever dans l'air par la force ascensionnelle du gaz? Dupuis-Delcourt se flatta de cet espoir.

Si l'aluminium eût été connu à cette époque, ce métal extraordinaire aurait fourni, par sa prodigieuse légèreté, jointe à sa ténacité, le phénix métallique cherché par notre aéronaute. Mais l'aluminium n'existait encore que dans les limbes de l'avenir scientifique et industriel. Il fallut se contenter du cuivre.

Dupuis-Delcourt calcula les dimensions qu'il fallait donner à une enveloppe de cuivre rouge, pour qu'elle conservât une certaine

(1) Voir les *Comptes rendus de l'Académie des sciences* du 25 mars et du 27 juin 1844, et l'année 1846 du même recueil.

puissance ascensionnelle, une fois remplie de gaz hydrogène pur. Il se procura des lames de cuivre suffisamment légères, et construisit ainsi un modèle de son *électro-substracteur*, qui s'élevait et se maintenait dans l'air, bien qu'il se composât d'une enveloppe de cuivre rouge.

L'appétit vient en mangeant. Dupuis-Delcourt se dit que rien ne l'empêchait de passer de son *électro-substracteur* de faible dimension, à un globe d'un plus fort volume, et que, puisqu'il avait réussi à élever dans l'air une enveloppe de cuivre d'une centaine de livres, il ne lui serait pas impossible, en allant du petit au grand, d'appliquer le même principe à la construction d'un véritable aérostat de 2,000 mètres cubes.

Une des grandes difficultés de la navigation aérienne, c'est de conserver longtemps le gaz hydrogène à l'intérieur de l'aérostat. Il était donc évident que si l'on réussissait à fabriquer en cuivre l'enveloppe d'un ballon, on pouvait espérer résoudre ainsi le problème de la navigation aérienne.

Dupuis-Delcourt se mit donc à l'œuvre. Ce n'était pas une pensée sans courage, pour un homme dont les ressources étaient plus que bornées, que de se lancer dans les tâtonnements et les dépenses d'une œuvre aussi nouvelle. Cependant notre aéronaute en vint à bout. Toute l'année 1843 fut consacrée par lui, à faire fabriquer, ajuster et souder, un ballon tout en cuivre rouge, dans un atelier situé impasse du Maine.

Nous avons vu, de nos yeux, en 1844, cette curieuse machine; nous avons admiré ses imposants contours. De forme sphérique, et complétement en cuivre, elle avait 10 mètres de diamètre, et offrait le beau spectacle d'une surface métallique de 350 mètres carrés. Les soudures nécessaires à la réunion des pièces de cuivre, n'avaient pas moins d'un kilomètre et demi de long.

Mais Dupuis-Delcourt avait trop présumé de ses ressources. Une épreuve faite pour s'assurer, si, conformément à ses calculs, la machine, pleine de gaz d'éclairage, pourrait s'élever, eut un résultat, sinon négatif, du moins douteux. Dès lors, le bailleur de fonds, effrayé, refusa de continuer ses avances.

Le cœur plein d'anxiété, Dupuis-Delcourt s'adressa à l'Académie des sciences, qui l'avait encouragé et approuvé, dans la personne de quelques-uns de ses membres. Mais il n'est guère dans les habitudes de cette compagnie savante, de venir pécuniairement en aide aux inventeurs, surtout quand il s'agit d'une question aussi discréditée que celle des ballons. Le loyer des bâtiments de l'impasse du Maine était écrasant, et bien au-dessus des ressources du pauvre aéronaute réduit à lui-même. Il fallut donc chercher une retraite nouvelle au ballon de cuivre. On ne lui trouva d'autre asile qu'une dépendance de la *Fonderie de la ville de Paris*, au faubourg du Roule.

Ce fut un étrange spectacle que celui du transport de cette énorme machine, à travers tout Paris, de la barrière du Maine à celle du Roule. Il rappelait le transport du premier ballon à gaz hydrogène, dont nous avons parlé dans les premières pages de cette notice, lorsque, dans la nuit du 27 août 1783, le ballon, construit par le professeur Charles, fut transporté, de la place des Victoires, au Champ-de-Mars, entouré d'un cortège, et escorté par un détachement du guet à cheval.

Par une coïncidence étrange, ce fut le 27 août 1843, après soixante et un ans d'intervalle, jour pour jour, que le ballon de cuivre donna aux Parisiens un spectacle tout pareil. A 4 heures du matin, Dupuis-Delcourt chargeait son ballon sur une de ces longues voitures de transport, nommées *fardier*, longue de plus de 10 mètres. Des chevaux, des hommes, de grosses cordes, soutenaient, dirigeaient ce gigantesque et fragile édifice, formant le spectacle le plus imposant et le plus singulier à la fois.

Partant de la barrière du Maine, le convoi suivit les boulevards Montparnasse et des Invalides, le quai, le pont et la place de la Concorde, la rue Royale et le faubourg Saint-Honoré, pour se rendre au faubourg du

Fig. 336. — Dupuis-Delcourt.

Roule. A 6 heures du matin, le globe de cuivre, traîné par son équipage, arrivait, non sans peine, à sa destination ; et on l'installa dans le bâtiment principal de la fonderie, d'où sont sorties les statues de Henri IV, de Louis XIV, le Napoléon de M. Seurre, qui décore aujourd'hui le rond-point de Courbevoie après avoir trôné sur la colonne de la place Vendôme, les chapiteaux et les ornements de la colonne de Juillet, etc., etc.

Dupuis-Delcourt espérait que, dans ce nouvel asile, son ballon serait achevé et soumis à l'expérience définitive. Mais n'était-ce pas un triste présage, pour un ballon de cuivre, que d'être transporté à une fonderie ? C'était pour le malheureux appareil, comme une tombe anticipée.

L'événement ne tarda pas à justifier ce pronostic fatal. L'hiver de 1844 à 1845 fut long et rigoureux. Le pauvre artiste manquait de ressources; comment aurait-il pu pousser plus loin une entreprise au-dessus de ses forces? Il ne pouvait même payer le loyer de l'emplacement de sa machine, dans la fonderie. Il lui fallut, pour s'acquitter, se décider à vendre au fondeur, la machine même, objet de tant d'espérances et de déceptions si poignantes.

Voici la dernière pièce concernant le triste drame que nous venons de raconter.

« Je soussigné, reconnais avoir acheté de M. Dupuis-Delcourt, pour en opérer la fonte, sans pouvoir en faire aucun autre usage, un ballon de cuivre, lequel mis en pièces a pesé 310 kilogrammes, dont je lui ai remis immédiatement le montant.

Paris, le 12 janvier 1845.   MONTEL. »

Dupuis-Delcourt a continué pendant vingt ans encore, à poursuivre le métier, difficile et peu lucratif, d'aéronaute. Né à Berne, le 22 mars 1802, il avait connu des jours meilleurs. Il avait eu, comme auteur dramatique, quelques succès au théâtre; mais rien n'avait pu le détourner de l'aérostation, qui fut la passion de sa vie. Il avait connu Montgolfier, le créateur de l'aéronautique, et le professeur Charles, son organisateur. Il avait assisté à l'expérience du pauvre Deghen, l'*homme volant*, venu de Vienne en France, pour subir la déconvenue que nous avons racontée. Il avait assisté à la dilacération, faite par le peuple furieux, du ballon, prétendu dirigeable, du colonel de Lennox. Il avait connu Robertson et vécu dans l'intimité de Jacques Garnerin, qui lui laissa tous ses manuscrits. Il avait vu le cadavre de la malheureuse madame Blanchard, relevée dans la rue de Provence, avec les débris de son ballon incendié au milieu des airs. Il avait été l'aéronaute favori de Louis-Philippe, après avoir été bien accueilli du roi Louis XVIII. Il avait exécuté de nombreuses ascensions, une, entre autres, avec cinq ballons réunis, comme devait l'annoncer plus tard, mais non l'exé-

cuter, M. Petin : il nommait cela la *flottille aérostatique*. Il était assez bon chimiste, car, pendant cinq ans, il professa la chimie à l'Athénée de la rue de Valois, et il ne tirait guère ses moyens d'existence que de quelques leçons qu'il donnait à des jeunes gens de son pauvre quartier. Comme sa parole était facile et son débit assuré, il donnait souvent des leçons ou ce que l'on nomma plus tard des *conférences*, dans les cercles de Paris, sur les questions d'aéronautique. Il avait fondé la *Société aérostatique et météorologique*. Enfin, il avait publié, un *Manuel de l'aérostation*, que nous avons plus d'une fois cité dans le cours de cette notice, ouvrage estimable, quoique assez incohérent, et le seul qui ait longtemps existé sur cette matière. Enfin, il nous a souvent entretenu d'un *Traité complet théorique et pratique des aérostats*, auquel il travailla toute sa vie, mais dont il ne put jamais s'occuper avec suite, aucun éditeur, dans l'espace de trente ans, n'ayant voulu s'en charger.

C'est pour écrire ce fameux *Traité complet des aérostats*, qui ne devait jamais voir le jour, que Dupuis-Delcourt avait rassemblé la collection la plus complète, et certainement la plus curieuse, de livres, de pièces, de gravures et de manuscrits, concernant l'aérostation. Cette collection comprend des autographes de Montgolfier, de Jacques Garnerin, de Blanchard, plus de 600 gravures relatives aux ballons, 700 numéros de journaux, racontant les péripéties des divers voyages aériens, et discutant la valeur de ces découvertes, sans parler de 400 volumes et brochures sur la même matière, qui forment une petite bibliothèque.

Cette collection fut la passion de sa vie. Il s'occupait, sans cesse, de l'augmenter, et de réunir les pièces les plus rares. Nous lui avons vu payer quatre-vingt-dix francs, somme exorbitante pour lui, l'ouvrage du P. Galien sur l'*Art de naviguer dans les airs*, vieux bouquin in-18, que nous avons signalé à l'occasion du *parachute.* Il mettait, d'ailleurs, très-libéralement à la disposition de ses amis et même des étrangers, toutes les pièces de sa collection, qui nous fut à nous-même d'un grand secours, lorsque nous eûmes à nous occuper de ce sujet, en 1852, pour la notice dont le travail actuel n'est que le développement et la suite.

Le 2 avril 1864, Dupuis-Delcourt est mort tranquille, estimant qu'il laissait à sa veuve, comme le plus précieux héritage, sa *collection aérostatique.* C'était à ses yeux un trésor inestimable, et qui devait suffire à assurer la tranquillité des vieux jours de sa courageuse compagne. Hélas ! nous avons vu, il y a peu de mois, à l'occasion du présent travail, la pauvre veuve. Elle languit en proie aux plus dures privations. Sa collection aérostatique, qu'elle conserve avec un soin religieux, comme le seul espoir de sa vie misérable, n'a pu encore trouver d'acquéreur. Comment notre *bibliothèque impériale des estampes* ne songe-t-elle pas à attirer à elle et à conserver pour la France, cette collection à peu près unique au monde ? Il est triste de laisser mourir de faim la digne et malheureuse femme, assise, comme le chien du tombeau, sur son trésor auquel elle ne veut pas toucher. A défaut de l'Etat, sur lequel il n'est pas prudent de compter, nous oserons signaler à la curiosité des amateurs, et même à l'intérêt charitable de nos lecteurs, le *musée aérostatique,* qui existe encore entier dans le pauvre taudis de la rue de Lourcine, n° 142.

CHAPITRE XX

APPLICATION DES AÉROSTATS A LA LEVÉE DES PLANS ET A LA TÉLÉGRAPHIE : ESSAIS DE LOMET ET CONTÉ. — APPLICATION RÉCENTE DES AÉROSTATS AUX OPÉRATIONS MILITAIRES.

On a fait, mais sans arriver à des résultats positifs, différents essais pour appliquer les aérostats à la levée des plans. Sous le premier Empire, un ingénieur nommé Lomet dressa un plan de Paris, au moyen d'observations faites du haut d'un ballon, en différents points de la ville. Nous avons déjà vu que, de nos jours, M. Nadar préluda, mais sans les pousser bien loin, à des essais du même genre.

A l'époque où la télégraphie commençait à occuper sérieusement les esprits, c'est-à-dire en 1804, le physicien Jacques Conté imagina un système de signaux télégraphiques exécutés en ballon captif, et qui paraissait présenter certains avantages.

Les applications des aérostats à l'art militaire, n'ont pas été complétement suspendues par l'arrêté du Premier Consul, qui licenciait le corps des aérostiers militaires. Depuis cette époque, les ballons ont rendu aux opérations des armées, certains services, que nous allons rappeler.

En 1812, les Russes avaient formé le projet d'écraser l'armée française, à l'aide de projectiles explosibles, lancés du haut d'un aérostat. Le ballon fut construit à Moscou : il pouvait, dit-on, porter jusqu'à cinquante hommes. On voulait le faire flotter par-dessus le quartier général de l'armée française, que l'on aurait accablée, de cette hauteur, de projectiles incendiaires. On commença par faire des expériences avec des ballons de plus petites dimensions; mais elles réussirent très-mal, ce qui décida à suspendre le travail commencé.

En 1815, Carnot commandant Anvers assiégé, fit exécuter, en ballon, des reconnaissances militaires.

En 1826, le journal *le Spectateur militaire* publia un excellent article, dans lequel un ancien professeur de l'École militaire, M. Ferry, ramenait l'attention sur l'emploi des aérostats dans les armées, et manifestait la crainte de voir oublier, par la génération actuelle, les connaissances acquises à la science par les travaux des aérostiers de la République. Une notice biographique sur Coutelle, la description des manœuvres exécutées par les anciens aérostiers, enfin une analyse du travail du général Meunier, terminaient cet article, qui attira l'attention du gouvernement. Une commission fut nommée pour étudier la question, et en faire l'objet d'un rapport. Après de consciencieux travaux, cette commission déposa son rapport, qui était favorable à la réorganisation du corps des aérostiers.

Mais le gouvernement de la Restauration ne brillait pas par l'initiative en fait d'art militaire. La proposition n'eut aucune suite, et le rapport alla s'enterrer dans les cartons du Ministère.

C'était peut-être par une réminiscence de ce projet, qu'au moment de la conquête d'Alger, on accorda à un aéronaute, M. Margat, l'autorisation d'accompagner l'armée d'expédition. Le ballon fut embarqué, mais il resta sur le navire. La caisse ne fut pas même déballée; on le rapporta à Paris, on le paya, et tout fut dit.

Pendant le siége de Venise par les Autrichiens, en 1849, on fit usage de petits ballons, porteurs de bombes, qui devaient éclater sur la ville. Sur la proposition de deux officiers d'artillerie autrichiens, on avait confectionné deux cents petits aérostats, chargés, chacun, d'une bombe de 24 à 30 livres, et garnie d'une mèche inflammable, destinée à faire éclater la bombe. On mettait le feu à la mèche au moment de laisser partir dans les airs ces ballons incendiaires (*fig.* 337).

Ce genre d'attaque eut lieu, en effet, le 22 juin 1849, mais un vent contraire ramena les petits ballons vers le camp autrichien, de sorte que les bombes firent plus de mal aux assiégeants qu'aux assiégés.

En 1854, à l'arsenal de Vincennes, à Paris, on essaya de lancer des projectiles du haut d'un ballon retenu captif. Ces expériences, selon M. de Gaugler furent mal exécutées (1);

(1) *Les compagnies d'aérostiers militaires sous la République,* par de Gaugler, page 22

tout indique que, reprises d'une façon sérieuse, elles donneraient de très-bons résultats.

Pendant la guerre d'Amérique, on fit usage simultanément, des aérostats et de la télégraphie électrique.

Au mois de septembre 1861, un aéronaute, nommé La Mountain, fournit d'importants renseignements au général Mac Clellan. Ce ne fut pas en ballon captif, mais en ballon perdu, que l'aéronaute américain fit son excursion aérienne. Parti du camp de l'Union, sur le Potomac, il passa par-dessus Washington, retenu à terre par des cordes. Mais ne pouvant embrasser ainsi un espace suffisant, il coupa bravement la corde qui retenait son ballon captif, et s'éleva à la hauteur de 1,500 mètres. Il se trouva ainsi placé directement au-dessus des lignes ennemies, dont il put observer parfaitement la position, les mouvements et les forces. Ayant jeté une nouvelle quantité de lest, il s'éleva plus haut encore, et trouva un nouveau courant d'air, qui l'éloigna des lignes ennemies. Il opéra sa descente sans difficulté à Maryland, d'où il transmit au général Mac Clellan le résultat de sa reconnaissance.

Un autre aéronaute américain, M. Allan de Rhode-Island, eut l'idée de faire communiquer par un fil électrique, l'observateur placé dans la nacelle, avec le corps d'armée pour lequel il faisait ces reconnaissances. M. Allan et le professeur Lowe, de Washington, exécutèrent, plusieurs fois, ces curieuses expériences, du haut d'un ballon captif.

Voici le texte de la première dépêche qui fut envoyée par le professeur Lowe au président des États-Unis.

Washington, ballon *l'Entreprise.*

« Sir, le point d'observation commande une étendue de cinquante milles à peu près en diamètre. La cité, avec sa ceinture de campements, présente une scène superbe. J'ai grand plaisir à vous envoyer cette dépêche, la première qui ait été télé-

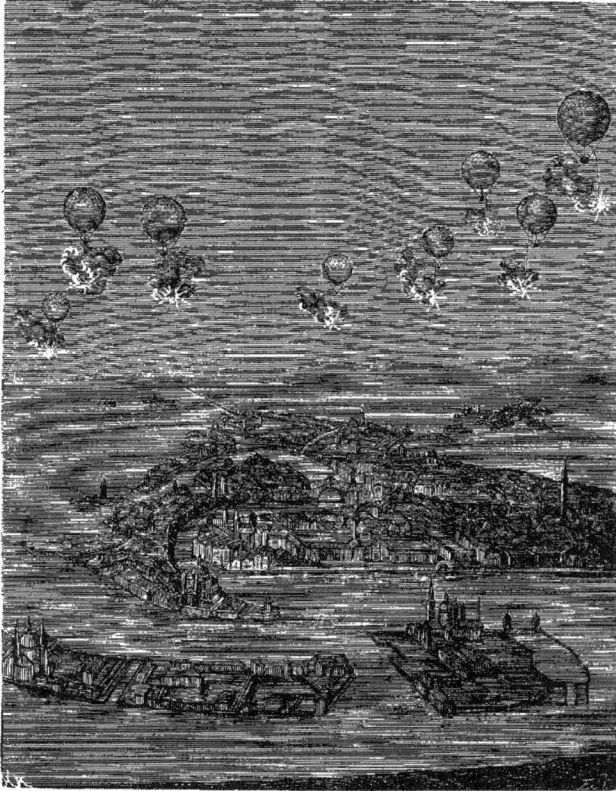

Fig 337. — Les aérostats porteurs de bombes incendiaires lancés sur Venise par les Autrichiens, en 1849.

graphiée d'une station aérienne, et à reconnaître tout ce que je vous dois pour m'avoir tant encouragé et m'avoir donné l'occasion de démontrer les services que la science aéronautique peut rendre à l'armée dans ces contrées. »

Le *Journal militaire de Darmstadt* a donné le récit suivant d'une autre application des aérostats, faite pendant la guerre d'Amérique.

« Dans les derniers jours de mai 1862, dit le *Journal militaire de Darmstadt*, l'armée unioniste, campée devant Richmond, lança au-dessus de la place un ballon captif. Un appareil photographique fut dirigé vers la terre et permit de prendre, en perspective, sur une carte, tout le terrain de Richmond à Manchester à l'ouest, et à Chikahominy à l'est. La rivière qui arrose la capitale, les cours d'eau, les chemins de fer, les chemins de traverse, les marais, bois de pins, etc., furent tracés ; on y porta aussi la disposition des troupes, batteries d'artillerie, infanterie et cavalerie. On en tira deux exemplaires. On les divisa en 64 parties, comme un champ de bataille, avec les signes conventionnels A, A², etc. Le général Mac Clellan eut un de ces exemplaires, le conducteur de ballon eut l'autre.

« L'armée fut d'abord retenue dans le camp, par le mauvais temps, une journée tout entière ; le 1er juin, l'aérostat s'éleva, vers midi, à une hauteur de plus de mille pieds (333 mètres) au-dessus du champ de ba taille et se mit en relations avec le quartier général par un fil télégraphique. Pendant une heure, les mouvements de l'ennemi furent signalés avec exactitude. Une demi-heure plus tard, la dépêche porta : *Sortie de la maison Cadeys*. Mac Clellan put, en un instant, donner ordre d'avancer au général Heinsselmann et prescrivit au général Summer, qui était déjà au delà de Chikahominy, de marcher tout de suite sur la petite rivière. Les deux divisions purent, en deux heures de temps, être réunies en face de l'ennemi et défendre le champ de bataille à la baïonnette. Partout où les assiégés hasardèrent une attaque, ils furent repoussés avec une perte considérable et furent attaqués par des forces supérieures sur les points les plus faibles. Ils dirigèrent contre le ballon un canon rayé, d'une énorme portée. Les projectiles firent explosion près du ballon, et si près que les aéronautes jugèrent convenable de s'éloigner. Le ballon fut descendu à terre, lancé dans une autre direction et assez haut pour être hors de la portée des pièces ennemies. Il fut mis de nouveau en communication avec la terre ferme, et l'armée assiégeante eut avis que de fortes masses de troupes accouraient sur le champ de bataille dans une autre direction. Dès qu'elles furent arrivées à la portée du canon des fédéraux, elles se virent prévenues avec une rapidité qui leur paraître inconcevable. Il semblait que le Dieu des batailles les eût complétement abandonnées en ce jour. Elles se voyaient conduites en avant pour servir de but aux canons des Yankees. Elles ne pouvaient suivre aucune direction, sans rencontrer un mur de baïonnettes impénétrable. Toutes les tentatives de l'armée du Sud pour enfoncer les lignes ennemies ayant échoué, Mac Clellan commanda une attaque générale à la baïonnette et repoussa ses adversaires avec une perte énorme. Ce général n'eût pu obtenir un succès aussi complet sans le secours du ballon et de l'appareil dont il était muni (1). »

Tout cela prouve que l'emploi des aérostats dans les armées, pourrait rendre des services réels. Aussi dans la brochure que nous avons citée plusieurs fois, M. de Gaugler conclut-il à la réorganisation du corps des aérostiers militaires, après avoir répondu aux principaux arguments que l'on peut élever contre leur usage.

« Il y a là, dit cet officier, un grave sujet d'examen pour un gouvernement; seulement il faudrait qu'il

(1) Extrait d'un article du *Journal militaire de Darmstadt*, intitulé : *Application à l'art de la guerre des aérostats et de la télégraphie*, traduit de l'allemand par M. d'Herbelot, colonel d'artillerie en retraite. Brochure in-8 de 26 pages.

fût consciencieusement approfondi. La question des armes de précision est moins sérieuse qu'elle ne le paraît de prime abord; un ballon distant de 1,000 mètres et élevé de 500 n'est pas un but facile à atteindre, et est à cette distance un observatoire commode. Les anciens aérostiers ont eu les leurs percés à Frankenthal et à Francfort, à Frankenthal de neuf balles, et ils eurent le temps de rester encore trois quarts d'heure en observation avant d'être forcés à descendre. »

Il est certain qu'un ballon captif percé par une balle, ne serait pas compromis sans retour, et qu'il ne se verrait point, pour cela, forcé d'opérer de quelque temps sa descente. Disons seulement ce qu'aurait à craindre l'aéronaute militaire. Si l'on parvenait à faire pénétrer dans le ballon, au lieu d'une balle ordinaire, un morceau d'*éponge de platine*, et que ce métal tombât à l'intérieur du ballon plein de gaz hydrogène, il déterminerait l'inflammation de ce gaz, par la propriété que possède le platine, sous cette forme, de provoquer, par sa seule présence, cette action que les chimistes désignent sous le nom de *force catalytique*, l'inflammation du gaz hydrogène. Mais ne serait-il pas bien difficile que le projectile demeurât engagé juste à l'intérieur du ballon, au lieu de le traverser de part en part? M. de Gaugler prévoit le cas que nous considérons; et vous allez voir avec quelle résignation, toute militaire, il envisage cette fatale extrémité. « Au pis aller, dit-il, on sauterait, et cela n'arriverait pas tous les jours. Ce sont des désagréments dont il est difficile de s'affranchir absolument à la guerre. »

Le militaire français se reconnaît à ce noble langage. Nous voulons clore ce chapitre sur ce trait remarquable.

CHAPITRE XXI

CONCLUSION. — APPLICATIONS FUTURES DES AÉROSTATS AUX RECHERCHES SCIENTIFIQUES. — LA DIRECTION DES BALLONS.

Nous venons de passer en revue les emplois principaux qui ont été faits des aérostats depuis leur invention jusqu'à nos jours. On a vu que c'est surtout dans leur application aux sciences que l'on peut attendre les plus importants résultats de leur concours.

En l'état présent des choses, tout l'avenir, toute l'importance des aérostats résident dans leur application aux recherches scientifiques ; c'est principalement par son emploi comme moyen d'étude, pour les grandes lois physiques et météorologiques de notre globe, que l'art des Montgolfier peut tenir une place importante parmi les inventions modernes.

Il serait impossible de fixer le programme exact de toutes les questions qui pourraient être abordées avec profit, pendant le cours des ascensions aérostatiques, appliquées aux intérêts des sciences. Voici néanmoins la série des faits physiques qui pourraient retirer de ce moyen d'exploration, des éclaircissements utiles.

La véritable loi de la décroissance de la température dans les régions élevées de l'air, est encore mal fixée. Théodore de Saussure a essayé de l'établir, à l'aide d'observations comparatives prises sur la terre et sur des montagnes élevées, telles que le Rigi et le col du Géant. Des expériences du même genre, faites dans les Alpes, par d'autres physiciens, ont encore servi d'éléments à ces recherches. Mais toutes les observations recueillies de cette manière, n'ont amené aucune conséquence générale susceptible d'être exprimée par une formule unique. D'après les expériences de Saussure, la température de l'air s'abaisserait de 1 degré à mesure que l'on s'élève de 140 à 150 mètres dans l'atmosphère; d'un autre côté, les observations prises dans les Pyrénées, ont donné 1 degré d'abaissement par 125 mètres d'élévation ; enfin, dans son ascension aérostatique, M. Gay-Lussac a trouvé le chiffre de 1 degré pour 174 mètres d'élévation. Sans parler du résultat extraordinaire, obtenu par MM. Barral et Bixio, qui ont observé un

abaissement de température de 39 degrés au-dessous de la glace, à une élévation de 6,000 mètres, on voit quelles différences et quel désaccord tous ces résultats présentent entre eux. Nous avons rapporté les résultats auxquels a été conduit M. Glaisher, dans les recherches de la même loi. Ils sont loin de s'accorder entre eux, et surtout avec ceux de ses prédécesseurs. Seulement, le physicien anglais nous a appris à tenir compte, pour fixer cette loi de décroissance, d'un certain nombre de circonstances physiques dont on ne s'était pas encore préoccupé; et sous ce rapport la science, on peut le dire, a fait un pas important. Il est de toute évidence que la loi de décroissance de la température dans les régions élevées, pourra être fixée avec certitude, par des observations thermométriques prises au moyen d'un aérostat, à différentes hauteurs dans l'air, comme l'ont fait MM. Glaisher et Coxwell. En multipliant les observations de ce genre, sous diverses latitudes, à différentes saisons de l'année, aux différentes heures de la nuit et du jour, on arrivera, sans aucun doute, à saisir la loi générale de ce fait météorologique.

On peut en dire autant de ce qui concerne la loi de la décroissance de la densité de l'atmosphère. La détermination exacte du rapport dans lequel l'air diminue de densité à mesure que l'on s'élève, dépend de deux éléments : la décroissance de la température et la diminution de la pression barométrique. Des observations aérostatiques peuvent seules permettre d'établir ces éléments sur des bases expérimentales dignes de confiance. Les physiciens n'accordent, à bon droit, que très-peu de crédit à la loi donnée par M. Biot, relativement à la diminution de la densité de l'air, car cette loi n'a été calculée que sur quatre ou cinq observations prises dans les ascensions aérostatiques de MM. de Humboldt et Gay-Lussac. C'est en multipliant les observations de ce genre, et en se plaçant dans des conditions différentes de latitudes, d'heures, de saisons, etc., qu'on pourra la fixer d'une manière positive.

Ajoutons que ce résultat aurait d'autant plus d'importance, qu'il fournirait une donnée certaine, pour mesurer la véritable hauteur de notre atmosphère. En effet, étant connue la loi suivant laquelle diminue la densité de l'air, dans les régions élevées, on déterminerait à quelle hauteur cette densité peut être considérée comme insensible, ce qui établirait sur une base expérimentale solide, le fait, assez vaguement établi jusqu'ici, de la hauteur et des limites physiques de notre atmosphère.

Cette même loi intéresse d'ailleurs directement l'astronomie. On sera, en effet, toujours exposé à commettre des erreurs sensibles sur la position réelle des étoiles, tant que l'on ne pourra tenir un compte exact de la déviation que subit la lumière de ces astres, en traversant l'atmosphère. Or, cette déviation dépend de la densité et de la température des couches d'air traversées. Ainsi, l'astronomie elle-même réclame la fixation de la loi de la décroissance de la densité de l'air selon la hauteur.

On établirait encore aisément, grâce aux aérostats, la loi des variations de l'humidité selon les hauteurs atmosphériques. M. Glaisher est arrivé, sous ce rapport, à des résultats qui ne peuvent être considérés comme définitifs. Les hygromètres que nous possédons aujourd'hui sont d'une précision si grande, que les observations de ce genre, exécutées dans des conditions convenablement choisies, donneraient sans aucun doute un résultat satisfaisant, et auraient pour effet d'enrichir la physique d'une loi dont tous les éléments lui font encore défaut.

On admet généralement que la composition chimique de l'air est la même dans toutes les régions et à toutes les hauteurs. M. Gay-Lussac a constaté ce fait dans son ascension aérostatique ; mais les procédés d'analyse de l'air ont subi, depuis l'époque des expériences de M. Gay-Lussac, des perfectionnements de tout genre, et il est reconnu que l'analyse de l'air par l'eudiomètre, telle que ce physicien l'a exécutée, laisse une part sensible aux erreurs d'expérience. Il serait donc de toute nécessité d'analyser l'air des régions supérieures, en se servant des procédés créés par M. Dumas. Cette expérience, si naturelle, si facile, et pour ainsi dire commandée, n'a jamais été exécutée, du moins à notre connaissance. C'est donc à tort, selon nous, que l'on admet l'identité de la composition de l'air, à toutes les hauteurs. On a soumis, il est vrai, à l'analyse par les procédés de M. Dumas, l'air recueilli au sommet du Faulhorn et du mont Blanc, et l'on a reconnu son identité chimique avec l'air qui se trouve à la surface de la terre ; mais il n'est pas douteux que la hauteur des montagnes même les plus élevées du globe, ne soit un terme très-insuffisant pour la recherche du grand fait dont nous parlons.

Plusieurs physiciens ont admis la variation, suivant les hauteurs, de la quantité de gaz acide carbonique qui fait partie de l'air. Une des expériences les plus faciles à exécuter dans la série prochaine des recherches aérostatiques, consistera à éclaircir ce point de l'histoire de notre globe. L'appareil que MM. Barral et Bixio avaient emporté dans ce but, ne revint pas intact de leur expédition, et l'analyse chimique de l'air, pour déterminer les proportions d'acide carbonique, ne put être exécutée.

Les expériences exécutées à l'aide d'un ballon aérostatique, permettraient encore de vérifier la loi de la vitesse du son, et de reconnaître si la formule, due à Laplace, est vraie pour les couches verticales de l'air comme pour les couches horizontales ; ou, si l'on veut, de chercher si le son se propage avec la même rapidité dans les couches horizontales de l'air et dans le sens de la progression verticale. Il est probable que le résultat serait différent ; et la loi que l'on fixerait ainsi jetterait un jour nouveau sur les faits relatifs à la densité de l'atmosphère, et sur quelques points secondaires qui se ratta-chent à ces questions.

Les phénomènes du magnétisme terrestre recevraient aussi des éclaircissements utiles d'expériences exécutées à une grande hauteur dans l'air. Le fait même de la permanence de l'intensité de la force magnétique du globe, à toutes les hauteurs dans l'atmosphère, admis par MM. Biot et Gay-Lussac comme consé-quence de leurs observations aérostatiques, aurait peut-être besoin d'être examiné de nouveau. La difficulté que présente l'obser-vation de l'aiguille aimantée, dans un ballon agité par les vents, et qui éprouve souvent une rotation sur lui-même, rend ces observa-tions susceptibles d'erreur. Il ne serait donc pas hors de propos de reprendre, dans des conditions convenables, l'examen de ce fait.

Enfin, l'un des plus utiles problèmes que nos savants pourront se proposer dans le cours de ces ascensions, sera de rechercher s'il n'existerait pas, à certaines hauteurs dans l'atmosphère, des *courants constants*. On sait que sur certains points du globe il règne pendant toute l'année, des courants invaria-bles, qui portent le nom de *vents alisés*. En prolongeant dans l'atmosphère les expérien-ces aérostatiques, en se familiarisant avec ce séjour nouveau, en étudiant ce domaine en-core si peu connu, peut-être arriverait-on à trouver, à certaines hauteurs, quelques cou-rants dont la direction soit invariable pendant toute l'année, ou qui se maintiennent périodi-quement à des époques déterminées. Fran-klin pensait qu'il existe habituellement dans l'atmosphère inférieure, une sorte de courant froid, se rendant des pôles à l'équateur, et par contre, un courant supérieur soufflant en sens inverse et se rendant de l'équateur aux deux extrémités de la terre. La découverte de ces *vents alisés* ou de ces *moussons* des ré-gions supérieures, serait un fait immense pour l'avenir de la navigation aérienne; car, leur

existence une fois constatée, et leur direction bien reconnue, il suffirait de placer et de maintenir un aérostat dans la zone de ces courants, pour le voir emporter vers le lieu fixé d'avance. Pour peu que ces *moussons* fussent multipliées dans l'atmosphère, le pro-blème de la navigation aérienne se trouverait singulièrement simplifié, puisqu'il se rédui-rait à aller chercher, au moyen d'appareils de direction plus ou moins puissants, ces courants d'air constants qui emporteraient l'aérostat dans une direction connue par avance.

L'aérostation peut donc hâter sur plus d'un point, le progrès des sciences physiques. C'est aux savants aussi qu'il appartient de com-prendre l'importance de l'art des Pilâtre et des Montgolfier, et de rendre ainsi à l'aérostation la place qu'elle doit occuper parmi les plus utiles auxiliaires de l'observation scientifique.

Disons enfin : la question de la direction des aérostats pourra maintenant être résolûment abordée. Comme il est bon que chacun ouvre son cœur sur des matières d'une si grande importance, nous avons fait connaître nos vues particulières à cet égard. Nous avons dit qu'il ne nous paraît pas impossible de ré-soudre ce problème tant poursuivi, en se servant d'une machine à vapeur placée au-dessous du ballon plein de gaz hydrogène, comme le fit, en 1852, M. Giffard, avec la précaution d'employer un ballon fermé par le bas, au moyen de deux soupapes, pour éviter les chances d'incendie, et, comme consé-quence de l'emploi d'un ballon fermé, en se maintenant toujours à une faible hauteur dans l'atmosphère.

Bien entendu qu'il ne s'agirait jamais de lutter contre les vents, mais d'attendre les moments de calme, ce qui peut toujours s'ap-précier, puisque l'on ne doit s'élever qu'à quelques centaines de mètres, et que le vent qui règne à la surface du sol, ne diffère pas sensiblement de celui qui existe à quelques centaines de mètres au-dessus.

Le caractère de la vraie science, c'est de reculer sans cesse les limites de son empire, de franchir chaque jour une barrière nouvelle. La curiosité de l'homme ne connaît pas de trêve; elle fouille tous les recoins du globe, qui lui a été donné pour domaine et passager séjour. Il a trouvé le moyen de sonder les noires profondeurs des mers, et de s'élancer avec audace sur les hauteurs glacées de l'Océan atmosphérique. Il lui reste à se diriger à son gré dans l'espace, comme l'oiseau qui fend les airs. Par son organisation physique, l'homme semblerait condamné à ramper toujours à la surface du sol, à ne s'élever dans les régions supérieures de l'atmosphère, qu'à la condition de se transporter péniblement, et à grande fatigue, au sommet des montagnes. Il faut maintenant que son génie crée des instruments qui lui tiennent lieu d'organes nouveaux, et le dotent de facultés que lui a refusées la nature. Oui, nous en conservons l'espérance, l'homme trouvera le moyen de réaliser cette magnifique découverte de la navigation aérienne, dont nous laissons à l'imagination de nos lecteurs, le soin d'apprécier l'importance et l'étendue !

FIN DES AÉROSTATS.

ÉTHÉRISATION

Soulager la douleur est une œuvre divine, a dit Hippocrate. Lorsque le père de la médecine exprimait cette idée, il parlait seulement de ces palliatifs insuffisants ou infidèles employés de son temps pour atténuer, dans le cours des maladies, les effets de la douleur. La découverte de l'éthérisation est venue donner à cette pensée une signification plus précise; et de nos jours, en présence des résultats fournis par la méthode américaine, quelques esprits enthousiastes n'ont pas hésité à lui prêter le sens d'une vérité absolue. Sans vouloir prendre au sérieux cette interprétation, qui se ressent un peu trop du mysticisme des universités allemandes, on ne peut cependant s'empêcher de reconnaître dans la découverte de l'éthérisation, la réunion des circonstances les plus étranges. Rien, dans son origine, dans ses débuts, dans ses progrès, dans son développement, dans son institution définitive, ne rappelle les formes et l'évolution habituelles des découvertes ordinaires. C'est dans un coin du nouveau monde, loin de cette Europe, siège exclusif et berceau des sciences, qu'elle voit inopinément le jour, sans que rien l'ait préparée ou annoncée, sans que le plus léger indice ait fait pressentir un moment l'approche d'un événement aussi grave. Elle ne se produit pas dans le monde scientifique sous les auspices d'un nom brillant; c'est un pauvre et ignorant dentiste qui, le premier, nous instruit de ses merveilles. Toutes les inventions de notre époque se sont accomplies lentement, par des tâtonnements pénibles, par des progrès successifs laborieusement réalisés; celle-ci atteint du premier coup ses dernières limites : elle est à peine connue et signalée en Europe, qu'aussitôt des milliers de malades sont appelés à jouir de ses bienfaits. La plupart des grandes découvertes de notre siècle ont coûté à l'humanité de nombreuses victimes; les machines à vapeur, les bateaux à vapeur, les chemins de fer, les aérostats, la poudre à canon, le paratonnerre, toutes les machines merveilleuses de l'industrie moderne, nous ont fait acheter leur conquête par de pénibles sacrifices. Au contraire, l'éthérisation, bien qu'elle touche aux sources mêmes de la vie et qu'elle semble témérairement jouer avec la mort, n'amène pas, dans ses débuts, l'accident le plus léger ; dans les applications innombrables qu'elle reçoit dès les premiers temps, elle ne compromet pas une seule fois la vie des hommes. Toutes nos découvertes sont loin d'atteindre d'une manière absolue le but qu'elles se proposent; elles laissent toujours aux perfectionnements et aux progrès de l'avenir une part considérable. L'éthérisation semble, au contraire, toucher du premier coup à la perfection et à l'idéal; car non-seulement elle remplit complétement son objet, l'abolition de la douleur, mais elle le dépasse encore, puisqu'elle substitue à la douleur un état tout particulier de plaisir sensuel et de bonheur moral. Quel étonnant contraste entre les opérations chirurgicales pratiquées avant la découverte de

la méthode anesthésique et celles qui s'exécutent aujourd'hui sous sa bienfaisante influence! Qui n'a frémi au spectacle que présentaient autrefois les opérations sanglantes?
Nous ne voulons pas attrister l'esprit de nos
lecteurs de ce lugubre tableau; mais seulement que l'on compare entre elles ces deux
situations si opposées, et que l'on dise ensuite
si la découverte américaine n'a point dépassé
les limites ordinairement imposées aux inventions des hommes.

Quelles que soient les conclusions que l'on
veuille tirer du rapprochement de ces faits,
il faudra reconnaître au moins qu'en nous
donnant le pouvoir d'anéantir la douleur, cet
éternel ennemi, ce tyran néfaste de l'humanité, la méthode anesthésique nous a enrichis
d'un bienfait inappréciable, éternellement
digne de l'admiration et de la reconnaissance publiques.

Cette haute opinion, qu'il convient de se
former de la découverte américaine, aurait pu sembler exagérée à l'époque de ses
débuts, au moment où l'annonce de ses
prodigieux effets vint frapper le monde savant d'une surprise qui n'est pas encore effacée. Mais aujourd'hui tous les doutes sont
levés. Plusieurs années d'études et d'expériences accomplies dans toutes les régions
du monde, sous les climats les plus opposés,
dans les conditions les plus diverses, ont permis d'instruire la question jusque dans ses
derniers détails, et de résoudre toutes les
difficultés secondaires qui avaient surgi à l'o-
rigine. En Amérique, en Angleterre et surtout en France, les Académies et les Sociétés
savantes se sont emparées avec ardeur de ce
brillant sujet, et la question est aujourd'hui
fixée dans tous ses points utiles. Aussi le moment est-il parfaitement opportun pour présenter le tableau général de l'histoire et de
l'état présent de cette belle découverte. Le
temps nous place déjà assez loin de ses débuts pour nous défendre de l'entraînement
d'un enthousiasme irréfléchi, et de plus il

nous a préparé un si grand nombre de renseignements et de faits, qu'il est maintenant
facile de juger sainement et en connaissance
de cause, ce grand événement scientifique.
D'ailleurs, une main savante a rassemblé tous
les éléments de cette enquête. M. Bouisson,
professeur de clinique chirurgicale à la Faculté de médecine de Montpellier, a publié
en 1850, sous le titre de *Traité théorique et
pratique de la méthode anesthésique*, un ouvrage étendu dans lequel tous les faits qui se
rattachent à la découverte américaine sont
étudiés d'une manière approfondie. Les recherches contenues dans le livre du professeur de Montpellier, nous permettront de
donner à nos lecteurs une idée claire et complète de la découverte la plus intéressante de
notre siècle.

La question historique qui se rattache à
la découverte de l'éthérisation a soulevé, aux
États-Unis, de longs et importants débats; elle
est devenue le texte de quelques publications
qui, à ce point de vue, offrent un grand intérêt. Le dentiste William Morton a publié à
Boston, en 1847, un exposé des faits qui ont
amené la découverte des propriétés stupéfiantes de l'éther. Le mémoire de Morton sur
la *découverte du nouvel emploi de l'éther sulfurique* contient beaucoup d'assertions qui
seraient d'une haute gravité, si la critique historique pouvait les accepter sans contrôle.
Par malheur, les témoignages invoqués par
le dentiste de Boston ne sont empreints que
d'une véracité fort douteuse, et c'est ce qu'a
parfaitement démontré un nouvel opuscule
publié en 1848 par les soins du docteur
Jackson. MM. Lord, de Boston, sont les auteurs d'un *Mémoire à consulter*, qui a pour
titre : *Défense des droits du docteur Charles
Jackson à la découverte de l'éthérisation*. Bien
que très-confuse et très-obscure, la disserta-
tion des avocats du docteur Jackson fournit
un certain nombre de documents authentiques, qui permettent de rétablir la vérité sur
une question qui a longtemps agité et qui di-

Fig. 338. — Une femme accusée de sorcellerie au moyen âge supporte la torture sans donner de signes de sensibilité.
(Page 631.)

vise encore les savants américains. L'étude attentive que nous avons faite des diverses pièces rapportées dans ces deux opuscules, nous donnera, nous l'espérons, les moyens d'éclaircir ce point de l'histoire de la médecine contemporaine sur lequel on ne possédait jusqu'à ce jour que des données contradictoires.

Abordons en conséquence la question historique; nous arriverons ensuite à l'exposition des faits généraux qui constituent la méthode anesthésique, considérée au point de vue de la science.

CHAPITRE PREMIER

MOYENS ANESTHÉSIQUES CHEZ LES ANCIENS.

L'honneur d'une découverte scientifique peut rarement se rapporter aux efforts d'un seul homme; presque toujours une longue série de travaux isolés et sans but spécial en avait rassemblé les éléments, jusqu'à ce qu'un hasard heureux ou une intuition puissante, vînt la dégager et lui donner sa forme et sa constitution définitives. Si l'on n'a pas suivi d'un œil attentif cette lente et secrète élaboration des bases de l'édifice, il est difficile de reconnaître les matériaux successifs qui ont servi à l'élever, et l'on ne distingue plus dès lors que le nom de celui qui fut assez heureux ou assez habile pour se placer à son sommet. C'est là ce qui explique l'erreur générale, qui attribue au seul Jackson la découverte de l'anesthésie. On a ignoré ou perdu de vue les travaux de ses devanciers, et l'on a fautivement attribué à un seul homme la gloire d'une invention qui fut en réalité le résultat d'un grand nombre d'efforts collectifs. Ce serait, en effet, une grande erreur de s'imaginer que la recherche des moyens anesthésiques appartienne exclusivement à notre époque. L'idée d'abolir ou d'atténuer la douleur des opérations est aussi vieille que la science, et depuis l'origine de la chirurgie, elle n'avait pas cessé de préoccuper les esprits. Seulement le succès avait manqué aux nombreuses tentatives dirigées dans ce sens, et l'on avait fini par regarder ce grand problème comme tout à fait au-dessus des ressources de l'art.

Le savant philologue Éloy Johanneau a publié une note intéressante, sur les moyens employés par les anciens, pour rendre nos organes insensibles à la douleur. Il cite, à ce sujet, un passage de Pline, dont voici la traduction dans le vieux style d'Antoine du Pinet : « Quant au grand marbre du Caire, qui est dit des anciens *Memphitis*, il se réduit en poudre, qui est fort bonne, appliquée en liniment avec du vinaigre, pour endormir les parties qu'on veut couper ou cautériser, car elle amortit tellement la partie, qu'on ne sent *comme* point de douleur. » Mais Antoine du Pinet n'osait pas croire, sans doute, à un effet si surprenant, puisqu'il affaiblit dans sa traduction le texte de Pline, qui assure positivement qu'on ne sent point de douleur : *nec sentit cruciatum*. Le même Antoine du Pinet, qui a traduit aussi les *Secrets Miracles de la nature*, et qui a fait des notes marginales sur sa traduction de Pline, y cite *messer*

Dioscoride, qui dit que cette pierre de Memphis est de la grosseur d'un talent, qu'elle est grasse et de diverses couleurs. Dioscoride ajoute que si on la réduit en poudre, et qu'on l'applique sur les parties à cautériser ou à couper, ces parties deviennent insensibles sans qu'il en résulte aucun danger. Cependant rien, dans les ouvrages de la médecine ancienne, ne confirme l'emploi de cette pierre de Memphis, qui pourrait bien être un de ces mille préjugés, qui surprennent trop souvent l'opinion du crédule naturaliste de l'antiquité.

On ne pourrait en dire autant, sans injustice, de l'emploi fait chez les anciens de certaines plantes stupéfiantes. Les propriétés narcotiques de la mandragore, par exemple, ont été évidemment connues et mises à profit par eux pour calmer, dans certains cas, les douleurs physiques. Pline dit, en parlant du suc épaissi des baies de la mandragore : « On prend ce suc contre les morsures des serpents, ainsi qu'avant de souffrir l'amputation ou la ponction de quelque partie du corps, afin de s'engourdir contre la douleur. » Dioscoride et son commentateur Matthiole donnent, à propos de cette plante, le même témoignage : « Il en est, dit Dioscoride, qui font cuire la racine de mandragore avec du vin jusqu'à réduction à un tiers. Après avoir laissé clarifier la décoction, ils la conservent et en administrent un verre, pour faire dormir ou amortir une douleur véhémente, ou bien avant de cautériser ou de couper un membre, afin d'éviter qu'on n'en sente la douleur. Il existe une autre espèce de mandragore appelée *morion*. On dit qu'en mangeant une drachme de cette racine, mélangée avec des aliments ou de toute autre manière, l'homme perd la sensation et demeure endormi pendant trois ou quatre heures : les médecins s'en servent quand il s'agit de couper ou de cautériser un membre. » La même assertion se retrouve dans Dodonée, d'où M. Pasquier a extrait le passage suivant :

« Le vin dans lequel on a mis tremper ou cuire la racine de mandragore fait dormir et apaise toutes les douleurs, ce qui fait qu'on l'administre utilement à ceux auxquels on veut couper, scier ou brûler quelque partie du corps, afin qu'ils ne sentent point la douleur. »

Au moyen âge, l'art de préparer avec les plantes stupéfiantes des breuvages somnifères était, comme on le sait, poussé fort loin. On connaissait en outre quelques substances narcotiques qui avaient la propriété d'abolir la sensibilité. Ce secret, qui existait dans l'Inde depuis des temps reculés, avait été apporté en Europe pendant les croisades, et il est reconnu que les malheureux qui étaient soumis aux épreuves de la question trouvaient quelquefois, dans l'usage de certains narcotiques, le moyen d'échapper à ces douleurs. Une règle de jurisprudence établit que l'insensibilité manifestée pendant la torture est un signe certain de sorcellerie. Plusieurs auteurs invoqués par Fromman (1) parlent de sorcières qui s'endormaient ou riaient pendant ces cruelles manœuvres, ce que l'on ne manquait pas d'attribuer à la protection du diable. Dès le quatorzième siècle, Nicolas Eymeric, grand inquisiteur d'Aragon, et auteur du *Directoire des inquisiteurs*, se plaignait des sortilèges dont usaient quelques accusés, et qui leur permettaient de rester insensibles aux souffrances de la question (2).. Fr. Pegna, qui a commenté, en 1578, l'ouvrage d'Eymeric, donne les mêmes témoignages sur l'existence et l'efficacité de ces sortilèges. Enfin, Hippolytus, professeur de jurisprudence à Bologne en 1524, assure, dans sa *Pratique criminelle*, avoir vu des accusés demeurer comme endormis au milieu des tortures, et plongés dans un engourdissement en tout semblable à celui qui résulterait de l'action des narcotiques. Étienne Taboureau, contemporain de Pegna, a décrit

également l'état soporeux qui dérobait les accusés aux souffrances de la torture. Suivant lui, il était devenu presque inutile de donner la question, la recette engourdissante étant connue de tous les geôliers, qui ne manquaient pas de la communiquer aux malheureux captifs destinés à subir cette cruelle épreuve.

Cependant le secret de ces moyens ne paraît pas avoir franchi, au moyen âge, la triste enceinte des cachots, et les chirurgiens ne purent songer sérieusement à en tirer parti pour épargner à leurs malades les souffrances des opérations. D'ailleurs les résultats fâcheux qu'entraîne si souvent l'administration des narcotiques s'opposaient à ce que leur usage devînt général. La dépression profonde qu'ils exercent sur les centres nerveux, la stupeur, les congestions sanguines qui en sont la suite, les difficultés inévitables dans la mesure de leur administration, la lenteur dans la production de leurs effets, leur persistance, et les accidents auxquels cette persistance expose, durent empêcher les chirurgiens de tirer parti des narcotiques comme agents prophylactiques de la douleur. Aussi les témoignages de leur emploi sont-ils extrêmement rares dans les écrits de la chirurgie de cette époque ; Guy de Chauliac, Brunus et Théodoric sont les seuls auteurs qui les mentionnent. Théodoric, médecin qui vivait vers le milieu du treizième siècle, recommande, pour atténuer ou abolir les douleurs chirurgicales, d'endormir le malade en plaçant sous son nez une éponge imbibée d'opium, d'eau de morelle, de jusquiame, de laitue, de mandragore, de stramonium, etc. : on le réveillait ensuite en lui frottant les narines avec du vinaigre, du jus de fenouil ou de rue (1).

---

(1) Cité par Eusèbe Salverte, *Des sciences occultes*, ch. XVII.
(2) *Directoire des inquisiteurs*, partie III, p. 481.

(1) Un médecin des environs de Toulouse, M. Dauriol, assure qu'il employait en 1832 des moyens analogues chez les malades qu'il soumettait à quelque opération ; il rapporte cinq cas dans lesquels ses opérés, traités de cette manière, n'éprouvèrent aucune douleur. (*Journal de médecine et de chirurgie de Toulouse*, janvier 1847.)

Voici le texte original qui spécifie d'une façon précise, la manière dont se comportait Théodoric. J. Canappe, médecin de François I⁰ʳ, dans son ouvrage imprimé à Lyon en 1553, *le Guidon pour les barbiers et les chirurgiens*, décrit ainsi, en parlant du *régime pour trancher un membre mortifié*, le procédé mis en usage par Théodoric et ses imitateurs :

« Aucuns, dit-il, comme Théodoric, leur donnent médecines obdormières qui les endorment, afin que ne sentent incision, comme *opium, succus morellæ, hyoscyami, mandragorœ, cicutœ, lactucœ*, et plongent dedans esponge, et la laissent sécher au soleil, et quand il est nécessité, ils mettent cette esponge en eau chaulde, et leur donnent à odorer tant qu'ils prennent sommeil et s'endorment ; et quand ils sont endormis ; ils font l'opération ; et puis avec une autre esponge baignée en vinaigre et appliquée ès narines les esveillent, ou ils mettent ès narines ou en l'oreille, *succum rutœ* ou *feni*, et ainsi les esveillent, comme ils dient. Les autres donnent opium à boire, et font mal, spécialement s'il est jeune ; et le aperçoivent, car ce est avec une grande bataille de vertu animale et naturelle. J'ai ouï qu'ils encourent manie, et par conséquent la mort. »

Cependant l'histoire de la chirurgie du moyen âge est muette sur l'emploi de ces pratiques ; les préceptes de Théodoric restèrent donc sans application.

En 1681, pendant qu'il professait à Marbourg, l'illustre créateur de la machine à vapeur, Denis Papin, écrivit un *Traité des opérations sans douleur*. Malheureusement ses ressources ne lui permirent pas de livrer cet ouvrage à l'impression. En quittant l'Allemagne, il le laissa à un de ses amis, le médecin Bœmer. Ce manuscrit, conservé d'héritier en héritier dans la famille de ce médecin, fut acheté pour quelques louis par le bibliothécaire de l'électeur de Hesse. Il figure aujourd'hui à la place d'honneur dans la bibliothèque de ce prince, et il serait bien intéressant de le voir livrer à l'impression.

Dans les temps modernes, à l'époque de la renaissance de la chirurgie, au milieu de toutes les grandes questions scientifiques qui commencèrent à s'agiter, on ne pouvait pas négliger le problème d'abolir la douleur des opérations. Aussi, à mesure que s'augmentent les ressources et l'étendue de l'arsenal chirurgical, on voit les praticiens s'occuper en même temps de défendre les malades contre cette *misérable boutique et magasin de cruauté*, comme l'appelait déjà Ambroise Paré. Mais une revue rapide des divers moyens qui ont été proposés ou employés jusqu'à ce jour pour atteindre ce but, montrera facilement que toutes les tentatives faites dans cette direction avaient échoué de la manière la plus complète.

L'*opium*, dont l'action narcotique a été connue de toute antiquité, et que Van Helmont appelle un *don spécifique du Créateur*, a été employé à toutes les époques pour atténuer l'aiguillon de la douleur. Théodoric et Guy de Chauliac l'administraient aux malades qu'ils se disposaient à opérer. Beaucoup de chirurgiens imitèrent cet exemple, et au siècle dernier, Sassard, chirurgien de la Charité, a beaucoup insisté pour faire administrer, avant les opérations graves et douloureuses, un narcotique approprié à l'âge, au tempérament et aux forces du malade. Mais la variabilité et l'inconstance des effets de l'opium, l'excitation qu'il provoque souvent au lieu de l'insensibilité que l'on recherche, son action toxique, les congestions cérébrales auxquelles il expose, la lenteur avec laquelle s'efface l'impression qu'il a produite sur l'économie, tout contribuait à faire rejeter son emploi de la pratique chirurgicale (1).

La *compression* a été assez souvent employée dans la chirurgie moderne pour diminuer la douleur pendant les grandes opérations, et surtout dans les amputations des membres. Elle était exercée à l'aide d'une

(1) Le docteur Esdaile a expérimenté à Calcutta, en 1850, les narcotiques opiacés comme agents d'anesthésie, et le résultat des expériences a été entièrement défavorable.

Fig. 339. — Le baquet de Mesmer. (Page 634.)

courroie fortement serrée au-dessus du lieu où les parties devaient être divisées. Van Swieten, Teden et Juvet ont beaucoup recommandé l'emploi de ce moyen. Mais la compression circulaire, sans jouir des avantages de l'opium, présentait des inconvénients plus grands encore ; car, à la douleur qu'on cherchait à prévenir, et que tout au plus on atténuait faiblement, venait s'ajouter une nouvelle douleur, résultat immédiat de cette compression mécanique elle-même.

Les *irrigations froides*, l'*application de la*

glace, ont souvent permis, non-seulement de diminuer le mouvement fluxionnaire, mais encore de calmer la douleur. L'engourdissement par le froid provoque un certain degré d'insensibilité. Après la bataille d'Eylau, Larrey remarqua, chez les nombreux blessés qu'il fut obligé d'amputer par un froid très-intense, un amoindrissement notable de la douleur. Mais il est évident que ce moyen, fort imparfait d'ailleurs pour produire une insensibilité locale absolue, offre le danger de compromettre la santé générale des malades.

L'*ivresse alcoolique* pouvait-elle, comme quelques chirurgiens l'ont espéré, amener des résultats plus satisfaisants ? On savait depuis longtemps que les luxations se réduisent avec une facilité extrême et sans provoquer de douleur, chez les individus pris de vin. Haller rapporte plusieurs cas d'accouchements accomplis sans douleurs pendant l'ivresse, et Deneux a observé un fait semblable à l'hôpital d'Amiens. Quelques chirurgiens ont même pratiqué, dans les mêmes circonstances, des amputations dont la douleur ne fut point perçue par le malade. Blandin se vit, il y a plusieurs années, dans la nécessité de pratiquer l'amputation de la cuisse à un homme qui fut apporté ivre-mort à l'Hôtel-Dieu. L'individu resta entièrement insensible à l'opération, et quand les fumées du vin furent dissipées, il se montra profondément surpris et en même temps très-affligé de la perte de son membre. Les faits de ce genre ont inspiré à quelques chirurgiens, l'idée de provoquer artificiellement l'ivresse pour soustraire les opérés à l'impression de la douleur. Richerand a conseillé, dans les luxations difficiles à réduire, d'enivrer le malade pour triompher de la résistance musculaire. Mais une telle pensée ne pouvait recevoir les honneurs d'une expérimentation sérieuse : l'ivresse, même décorée d'une intention thérapeutique, ne pouvait entrer dans le cadre de nos ressources médicales. Le dégoût profond qu'elle inspire, l'état d'imbécillité et d'abrutissement qu'elle entraîne, la dégradation dont elle est le type, les réactions qu'elle occasionne, devaient la faire exclure du domaine de la chirurgie. D'ailleurs l'action des alcooliques n'amène pas toujours l'insensibilité. M. Longet a mis ce fait hors de doute en expérimentant sur les animaux, et un de nos chirurgiens, qui avait cru ennoblir l'ivresse en la déterminant avec du vin de Champagne, échoua complétement dans ses tentatives pour provoquer l'insensibilité : le champagne additionné de laudanum, malgré des libations

abondantes, n'amena d'autre phénomène qu'une hilarité désordonnée.

L'ivresse du *haschisch* est aussi insuffisante que celle du vin pour produire l'insensibilité. Ce n'est guère que sur les facultés intellectuelles que se manifeste l'action de ce singulier produit ; l'imagination reçoit sous son influence un degré extraordinaire d'exaltation, l'individu rêve tout éveillé, mais ses organes restent accessibles à la douleur.

En 1776, certains esprits enthousiastes crurent pendant quelque temps le problème qui nous occupe positivement résolu. Mesmer venait d'arriver à Paris pour y faire connaître les merveilles du *magnétisme animal*. Avec l'aide de son élève, le docteur-régent Deslon, Mesmer remuait tout Paris et jetait les esprits dans une confusion extraordinaire. Il serait hors de propos de rappeler ici les détails de cette curieuse histoire : ce baquet magique, ces tiges d'acier, ces chaînes de métal passées autour du corps des malades et dans lesquelles beaucoup de personnes voyaient autant de petits tuyaux destinés à conduire la vapeur d'un certain liquide contenu dans le baquet. On attribuait à ces appareils fantastiques les plus merveilleux effets ; les maux de l'humanité allaient s'évanouir comme par enchantement, les opérations les plus cruelles seraient supportées sans la plus légère souffrance, les femmes devaient enfanter sans douleur. De nombreux essais furent tentés par les adeptes de ses doctrines, et par suite du mystérieux prestige, que ces idées exerçaient sur certaines imaginations faibles ou déréglées, on signala quelques succès au milieu d'échecs innombrables. Ces jongleries, encouragées par des princes du sang et par le roi lui-même, durèrent plusieurs années.

Nous avons vu renaître, à notre époque, les prétentions du magnétisme animal, en ce qui touche ses applications à la médecine opératoire ; mais il s'agissait cette fois de faits positifs ou du moins susceptibles de contrôle.

En 1829, une opération grave fut pratiquée à Paris pendant le sommeil magnétique sans que le malade en eût conscience. A quelque point de vue qu'on l'envisage, l'observation de M. Jules Cloquet est remplie d'intérêt, et l'on nous permettra de la rapporter.

Un médecin qui s'occupait beaucoup de magnétisme, M. Chapelain, soumettait depuis longtemps à un traitement magnétique, une vieille dame atteinte d'un cancer au sein. N'obtenant rien autre chose qu'un sommeil très-profond, pendant lequel la sensibilité paraissait abolie, il proposa à M. Jules Cloquet de l'opérer pendant qu'elle serait plongée dans le sommeil magnétique. Ce dernier, qui avait jugé l'opération indispensable, voulut bien y consentir, et l'opération fut fixée au 12 avril. La veille et l'avant-veille, la malade fut magnétisée plusieurs fois par M. Chapelain, qui la disposait, lorsqu'elle était en somnambulisme, à supporter sans crainte l'opération, et qui l'amena même à en causer avec sécurité, tandis qu'à son réveil elle en repoussait l'idée avec horreur. Le jour fixé pour l'opération, M. Cloquet trouva la malade assise dans un fauteuil, dans l'attitude d'une personne paisiblement livrée au sommeil naturel : M. Chapelain l'avait mise dans le sommeil magnétique ; elle parlait avec beaucoup de calme de l'opération qu'elle allait subir. Tout étant disposé pour l'opérer, elle se déshabilla et s'assit sur une chaise. M. Cloquet pratiqua alors l'opération, qui dura dix à douze minutes. Pendant tout ce temps, la malade s'entretint tranquillement avec l'opérateur et ne donna pas le plus léger signe de sensibilité : aucun mouvement dans les membres ni dans les traits, aucun changement dans la respiration ni dans la voix, aucune variation dans le pouls ; elle conserva invariablement l'abandon et l'impassibilité automatique où elle se trouvait quelques minutes avant l'opération. Le pansement terminé, l'opérée fut portée dans son lit, où elle resta deux jours entiers sans sortir du som-

meil somnambulique. Alors le premier appareil fut levé, la plaie fut nettoyée et pansée, sans que l'on remarquât chez la malade aucun signe de sensibilité ni de douleur ; le magnétiseur l'éveilla après ce pansement, et elle déclara alors n'avoir eu aucune idée, aucun sentiment de ce qui s'était passé.

L'annonce de ce fait singulier amena la publication de quelques observations du même genre, qui furent accueillies par le public médical avec des sentiments très-divers. Celui de ces faits qui paraît le plus authentique s'est passé en 1842, dans un hôpital d'Angleterre. Voici le résumé de cette observation, qui est devenue le sujet d'une discussion à la Société royale de médecine et de chirurgie de Londres.

James Wombel, homme de peine, âgé de quarante-deux ans, souffrait depuis cinq ans d'une affection du genou pour laquelle il entra à l'hôpital de Wellow, le 21 juin 1842. Cette affection, très-avancée, n'était curable que par l'amputation. Un magnétiseur, M. Topham, s'était assuré que le sommeil somnambulique amenait chez cet individu, un état manifeste d'insensibilité locale ; il fut donc décidé que l'on essayerait de pratiquer l'opération pendant le sommeil magnétique. Elle fut exécutée par M. Ward. Après avoir convenablement placé le malade, M. Topham le magnétisa et indiqua au chirurgien le moment où il pouvait commencer. Le premier temps de l'amputation se fit sans que l'opéré donnât le moindre signe de sensibilité ; après la seconde incision, il fit entendre quelques faibles murmures. Au reste, son aspect extérieur n'était nullement changé, et jusqu'à la fin de l'opération, qui exigea vingt minutes, il demeura aussi immobile qu'une statue. Interrogé après l'opération, il déclara n'avoir rien senti.

Plus récemment, M. le docteur Loysel, de Cherbourg, a annoncé dans les journaux de cette ville, qu'il a pratiqué plusieurs opérations sous l'influence du sommeil magnétique, sans que les malades aient accusé la moindre douleur. Une amputation de jambe, l'extirpation des ganglions sous-maxillaires et diverses autres opérations moins importantes, ont été exécutées de cette manière sur des sujets d'âge, de sexe et de tempérament différents, que le sommeil magnétique a exemptés, selon l'auteur, de toute sensation douloureuse. M. Loysel invoque, à l'appui de ses assertions, le témoignage d'un grand nombre de personnes recommandables de Cherbourg, qui assistaient aux opérations. Ajoutons que M. le docteur Kühnoltz, de Montpellier, a observé dans sa pratique quelques faits du même genre, qui se rapportent à des opérations moins graves. Il paraît enfin que des expériences faites à Calcutta, en 1850, sous les yeux d'une commission nommée par le gouvernement des Indes, ont donné au docteur Esdaile des résultats assez favorables pour l'encourager à poursuivre dans cette voie.

Tout cela est assurément fort curieux, mais une seule réflexion fera comprendre qu'il était impossible d'introduire le magnétisme animal dans le domaine de la chirurgie. Le somnambulisme artificiel poussé au point d'amener l'insensibilité générale est un fait d'une rareté extraordinaire ; c'est une merveille qui ne se rencontre que de loin en loin et chez des individus d'une organisation spéciale. Un *sujet magnétique*, selon les termes consacrés, est un phénix précieux que les maîtres de l'art poursuivent avec passion sans le rencontrer toujours. Il faut, pour répondre à toutes les conditions du programme magnétique, une nature particulière et tout à fait exceptionnelle. De là l'impossibilité de faire franchir au magnétisme animal le seuil de nos hôpitaux. D'ailleurs le charlatanisme et la fraude ont perdu depuis longtemps la cause du magnétisme. Il y a certainement quelques vérités utiles à glaner dans le champ obscur de ces étranges phénomènes, et tout n'est pas mensonge dans les merveilles que l'on nous a si souvent racontées à ce propos.

Mais le magnétisme avait dans l'ignorance de ses adeptes et dans les abus qu'il ouvre à la spéculation et à l'imposture, deux écueils redoutables ; au lieu de les éviter, il s'y est engagé à pleines voiles. La science moderne s'accommode mal de ces doctrines qui redoutent le grand jour de la démonstration publique, et ne dévoilent leurs merveilles qu'à l'abri d'une ombre propice ou dans un cercle de croyants dévoués ; elle s'est éloignée avec raison de ces pratiques ténébreuses, et le magnétisme animal, appliqué à la prophylaxie de la douleur, s'est vu refuser avec raison l'honneur d'une expérimentation régulière. L'eût-on d'ailleurs admis à cette épreuve, il est certain qu'il eût succombé, car les faits mêmes que nous avons rapportés, et qui, pour quelques-uns de nos lecteurs, peuvent sembler sans réplique, n'ont pas manqué de contradicteurs qui ont trouvé dans la possibilité de feindre l'insensibilité, dans l'organisation de certains individus capables de supporter sans s'émouvoir, les opérations les plus cruelles, enfin dans la rareté excessive des cas de ce genre, des motifs suffisants pour rejeter les arguments tirés de ces faits, et pour repousser hors de la chirurgie, la thérapeutique incertaine et mystique du magnétisme animal.

Nous venons de passer en revue la série des moyens proposés à diverses époques, pour atténuer la douleur dans les opérations chirurgicales ; on voit aisément que nul d'entre eux n'était susceptible de recevoir une application sérieuse. Les plus efficaces de ces moyens, tels que l'opium, la compression, l'application du froid, ne furent guère employés que par les praticiens qui en avaient conseillé l'usage. Après un si grand nombre d'efforts inutiles, devant des insuccès si complets et si répétés, la science avait fini par se croire impuissante. En 1828, le ministre de la maison du roi envoya à l'Académie de médecine, une lettre adressée au roi Charles X, par un médecin anglais, M. Hickman, qui assurait avoir trouvé les moyens d'obtenir l'insensibilité chez les opérés. Cette communication fut très-mal accueillie, et, malgré l'opinion de Larrey, plusieurs membres de l'Académie s'opposèrent formellement à ce qu'il y fût donné suite. Ainsi on en était venu à regarder comme tout à fait insoluble, le problème de l'abolition de la douleur, et l'on croyait devoir condamner toutes tentatives de ce genre. On ne mettait pas même en pratique le précepte de Richerand, qui conseille de tremper le bistouri dans l'eau chaude pour en rendre l'impression moins douloureuse. Le découragement était si complet sous ce rapport, que l'on n'hésitait pas à engager pour ainsi dire l'avenir, et à conseiller sur ce point une sorte de résignation. C'est ce qu'indique le passage suivant du *Traité de la médecine opératoire* de M. Velpeau, publié en 1839 : « Éviter la douleur dans les opérations, dit M. Velpeau, est une chimère qu'il n'est pas permis de poursuivre aujourd'hui. Instrument tranchant et douleur, en médecine opératoire, sont deux mots qui ne se présentent point l'un sans l'autre à l'esprit des malades, et dont il faut nécessairement admettre l'association. »

Tel était l'état de la science, telle était la situation des esprits, lorsque, pendant l'année 1846, la méthode anesthésique fit tout d'un coup explosion. On comprend dès lors la surprise que durent éprouver les savants, à voir résolu d'une manière si formelle et si complète, un problème qui avait défié les efforts de tant de siècles, à voir positivement réalisée cette chimère depuis si longtemps abandonnée à l'imagination des poëtes. L'histoire de la découverte de l'éthérisation à notre époque, mérite donc une intention particulière. Les recherches qui l'ont amenée n'ont d'ailleurs rien de commun avec l'ensemble des moyens que nous venons de passer en revue, et qui se renfermaient tous dans le cercle de la médecine ou de la chirurgie. C'est en effet du laboratoire d'un chimiste qu'est sortie cette découverte extraordinaire

qui devait exercer dans les procédés de la chirurgie une transformation si remarquable.

CHAPITRE II

AGENTS ANESTHÉSIQUES DANS LES TEMPS MODERNES. — EXPÉRIENCES DE DAVY SUR LE PROTOXYDE D'AZOTE.

On trouve dans l'histoire des découvertes contemporaines, quelques génies heureux qui ont eu le rare et étonnant privilége, de s'emparer, dès l'origine, de la plupart des grandes questions qui devaient plus tard dominer la science entière. Tel fut Humphry Davy, qui associa son nom et consacra sa vie à l'étude de la plupart des grands faits scientifiques qui occupent notre époque. Le premier, il comprit le rôle immense que devaient jouer dans l'avenir, les emplois chimiques de l'électricité, cet agent destiné à changer un jour la face morale du monde. Son nom se trouve le premier inscrit sur la liste des chimistes dont les travaux ont amené la découverte de la photographie : il a le premier soulevé la discussion des théories générales dont la chimie est aujourd'hui le texte ; enfin, à son début dans la carrière des sciences, il découvrit les faits extraordinaires qui devaient amener la création de la méthode anesthésique.

Comment Humphry Davy fut-il conduit à réaliser une découverte si remarquable ?

Davis Guilbert, l'un des membres les plus distingués de l'ancienne Société royale de Londres, passait un jour dans les rues de Penzance, petite ville du comté de Cornouailles, lorsqu'il aperçut, assis sur le seuil d'une porte, un jeune homme à l'attitude méditative et recueillie : c'était Humphry Davy, qui remplissait, dans la boutique de l'apothicaire Borlase, les modestes fonctions d'apprenti. Frappé de l'expression de ses traits, il l'aborda, et ne tarda pas à reconnaître en lui le germe des plus heureux talents. Sorti en effet d'une très-obscure origine, et malgré des conditions très-défavorables, le jeune apprenti avait déjà accompli, sans secours et dans l'isolement de ses réflexions, quelques travaux préliminaires qui dénotaient pour les sciences physiques, les dispositions les plus brillantes.

Guilbert était lié, à cette époque, avec le docteur Beddoes, chimiste et médecin, dont le nom a joui d'un certain crédit à la fin du dernier siècle. Quelques mois auparavant, Beddoes venait de fonder à Clifton, petit bourg situé aux environs de Bristol, un établissement connu sous le nom d'*Institution pneumatique*, consacré à étudier les propriétés médicales des gaz. Personne n'ignore que c'est en Angleterre, par les travaux de Cavendish et de Priestley, que les fluides élastiques ont été découverts pour la première fois. A la fin du siècle dernier, l'étude de cette forme nouvelle de la matière avait imprimé aux travaux scientifiques un élan considérable ; les recherches sur les gaz se succédaient sans interruption, et les médecins s'appliquaient en même temps à étudier, dans le domaine de leur art, les applications de ces faits. D'un autre côté, Lavoisier venait de créer en France sa théorie chimique de la respiration, éclair de génie qui illumina la science entière et vint prêter aux travaux sur les fluides élastiques un intérêt de premier ordre. C'est sous l'influence de cette double impulsion que le docteur Beddoes avait fondé son *Institution pneumatique*. Cet établissement renfermait un laboratoire pour les expériences de chimie, un hôpital pour les malades destinés à être soumis aux inhalations gazeuses et un amphithéâtre pour les leçons publiques. Il avait été élevé à l'aide de souscriptions, suivant l'usage anglais. James Watt, un des principaux actionnaires, avait exécuté lui-même, dans les ateliers de Soho, les appareils servant à la préparation et à l'administration des gaz. Pour diriger son laboratoire, le docteur Beddoes avait besoin d'un chimiste ha-

bile : Guilbert n'hésita pas à offrir cette place au jeune apprenti, et c'est ainsi que le 1ᵉʳ mars 1798, Humphry Davy, à peine âgé de vingt ans, quitta l'obscure boutique où s'était écoulée une partie de sa jeunesse, et vint débuter dans la carrière où l'attendait tant de gloire.

Dans l'*Institution pneumatique*, Davy fut spécialement chargé d'étudier les propriétés chimiques des gaz et d'observer leur action sur l'économie vivante. Par le plus singulier des hasards, le premier gaz auquel il s'adressa fut le protoxyde d'azote, c'est-à-dire celui de tous ces corps qui exerce sur nos organes l'action la plus extraordinaire. Rien, parmi les faits qui existaient alors dans la science, ne permettait de prévoir les phénomènes étranges qui vinrent s'offrir à son observation.

Il commença par faire une étude approfondie des propriétés et de la composition du protoxyde d'azote, et par déterminer les procédés les plus convenables pour l'obtenir. Il s'occupa ensuite de reconnaître ses effets sur la respiration. C'est le 11 avril 1799 qu'il exécuta cet essai pour la première fois, et constata la propriété enivrante de ce gaz. Il éprouva d'abord une sorte de vertige, mais bientôt le vertige diminua, et des picotements se firent sentir à l'estomac ; la vue et l'ouïe avaient acquis un surcroît d'énergie. Vers la fin de l'expérience, il se développa un sentiment tout particulier d'exaltation des forces musculaires : l'expérimentateur ressentait un besoin irrésistible d'agir et de se mouvoir. Il ne perdait pas complétement la conscience de ses actions, mais il était dans une espèce de délire, caractérisé par une gaieté extraordinaire et par une notable exaltation des facultés intellectuelles.

Les faits observés à cette occasion par Humphry Davy sont devenus, selon nous, le point de départ de la méthode anesthésique ; nous devons donc les faire connaître avec quelques détails. Dans l'ouvrage étendu qu'il publia à cette occasion en 1799, sous le titre de *Recherches chimiques sur l'oxyde nitreux et sur les effets de sa respiration*, Humphry Davy donne le résumé suivant de sa première expérience :

« Après avoir préalablement bouché mes narines et vidé mes poumons, je respirai quatre quarts de gaz (1) contenus dans un petit sac de soie. La première impression consista dans une pesanteur de tête avec perte du mouvement volontaire. Mais une demi-minute après, ayant continué les inspirations, ces symptômes diminuèrent peu à peu et firent place à la sensation d'une faible pression sur tous les muscles; j'éprouvais en même temps dans tout le corps une sorte de chatouillement agréable, qui se faisait particulièrement sentir à la poitrine et aux extrémités. Les objets situés autour de moi me paraissaient éblouissants de lumière et le sens de l'ouïe avait acquis un surcroît de finesse. Dans les dernières inspirations, le chatouillement augmenta, je ressentis une exaltation toute particulière dans le pouvoir musculaire, et j'éprouvai un besoin irrésistible d'agir.

« Je ne me souviens que très-confusément de ce qui suivit : je sais seulement que mes gestes étaient violents et désordonnés. Tous ces effets disparurent lorsque j'eus suspendu l'inspiration du gaz; dix minutes après, j'avais recouvré l'état naturel de mes esprits; la sensation du chatouillement dans les membres se maintint seule pendant quelque temps.

« J'avais fait cette expérience dans la matinée ; je ne ressentis pendant tout le reste du jour aucune fatigue, et je passai la nuit dans un repos complet. Le lendemain, le souvenir de ces différents effets était presque effacé de ma mémoire, et si des notes prises immédiatement après l'expérience ne les eussent rappelés à mon souvenir, j'aurais douté de leur réalité.

« Je croyais pouvoir mettre quelques-unes de ces impressions sur le compte de la surprise et de l'enthousiasme que j'avais éprouvés, lorsque je ressentis ces émotions agréables au moment où je m'attendais, au contraire, à éprouver de pénibles sensations. Mais deux autres expériences faites dans le cours de la journée, en m'armant du doute, me convainquirent que ces effets étaient positivement dus à l'action du gaz. »

Le gaz qui avait servi à cette première expérience était mêlé d'une certaine quantité d'air : Humphry Davy respira quelques jours après le protoxyde d'azote pur.

« Je respirai alors, dit-il, le gaz pur. Je ressentis immédiatement une sensation s'étendant de la poi-

(1) Le quart anglais équivaut à 1ᴸⁱᵗ,1

trine aux extrémités; j'éprouvais dans tous les membres comme une sorte d'exagération du sens du tact. Les impressions perçues par le sens de la vue étaient plus vives, j'entendais distinctement tous les bruits de la chambre, et j'avais très-bien conscience de tout ce qui m'environnait. Le plaisir augmentant par degrés, je perdis tout rapport avec le monde extérieur. Une suite de fraîches et rapides images passaient devant mes yeux ; elles se liaient à des mots inconnus et formaient des perceptions toutes nouvelles pour moi. J'existais dans un monde à part. J'étais en train de faire des théories et des découvertes quand je fus éveillé de cette extase délirante par le docteur Kinglake qui m'ôta le sac de la bouche. A la vue des personnes qui m'entouraient, j'éprouvai d'abord un sentiment d'orgueil, mes impressions étaient sublimes, et pendant quelques minutes je me promenai dans l'appartement, indifférent à ce qui se disait autour de moi. Enfin, je m'écriai avec la foi la plus vive et de l'accent le plus pénétré : *Rien n'existe que la pensée ; l'univers n'est composé que d'idées, d'impressions de plaisir et de souffrance.*

« Il ne s'était écoulé que trois minutes et demie durant cette expérience, quoique le temps m'eût paru bien plus long en le mesurant au nombre et à la vivacité de mes idées ; je n'avais pas consommé la moitié de la mesure de gaz, je respirai le reste avant que les premiers effets eussent disparu. Je ressentis des sensations pareilles aux précédentes; je fus promptement plongé dans l'extase du plaisir, et j'y restai plus longtemps que la première fois. Je fus en proie pendant deux heures à l'exhilaration. J'éprouvai plus longtemps encore l'espèce de joie déréglée décrite plus haut, qui s'accompagnait d'un peu de faiblesse. Cependant elle ne persista pas; je dînai avec appétit, et je me trouvai ensuite plus dispos et plus gai. Je passai la soirée à préparer des expériences ; je me sentais plein d'activité et de contentement. De 11 heures à 2 heures du matin, je m'occupai à transcrire le récit détaillé des faits précédents. Je reposai très-bien, et le lendemain je me réveillai avec le sentiment d'une existence délicieuse qui se maintint toute la journée. »

Davy continua pendant plusieurs mois ces curieuses expériences. L'exhilaration et l'exaltation de la force musculaire étaient les phénomènes qui marquaient surtout l'état étrange où le plongeait la respiration du protoxyde d'azote.

« Jusqu'au mois de décembre, dit-il, j'ai répété plusieurs fois les inspirations de gaz. Loin de diminuer, ma susceptibilité pour ses effets ne faisait que s'accroître; *six quarts* étaient le volume de gaz qui m'était nécessaire pour les provoquer, et je ne prolongeais jamais les inspirations plus de deux minutes et demie... Quand ma digestion était difficile, je me suis trouvé deux ou trois fois péniblement affecté par l'excitation amenée par le gaz ; j'éprouvais alors des maux d'estomac, une pesanteur de tête et de l'excitation cérébrale.

« J'ai souvent eu beaucoup de plaisir à respirer le gaz dans le silence et l'obscurité, absorbé par des sensations purement idéales. Quand je faisais des expériences devant quelques personnes, je me suis trouvé deux ou trois fois péniblement affecté par le plus faible bruit ; la lumière du soleil me paraissait d'un éclat fatigant et difficile à supporter. J'ai également ressenti deux ou trois fois une certaine douleur sur les joues et un mal de dents passager. Mais lorsque je respirai le gaz après quelques excitations morales, j'ai ressenti des impressions de plaisir véritablement sublimes. »

« Le 5 mai, la nuit, je m'étais promené pendant une heure au milieu des prairies de l'Avon ; un brillant clair de lune rendait ce moment délicieux, et mon esprit était livré aux émotions les plus douces. Je respirai alors le gaz. L'effet fut rapidement produit. Autour de moi les objets étaient parfaitement distincts, seulement la lumière de la lampe n'avait pas sa vivacité ordinaire. La sensation de plaisir fut d'abord locale ; je la perçus sur les lèvres et autour de la bouche. Peu à peu elle se répandit dans tout le corps, et au milieu de l'expérience elle atteignit à un moment un tel degré d'exaltation qu'elle absorba mon existence. Je perdis alors tout sentiment. Il revint cependant assez vite, et j'essayai de communiquer à un assistant, par mes rires et mes gestes animés, tout le bonheur que je ressentais. Deux heures après, au moment de m'endormir et placé dans cet état intermédiaire entre le sommeil et la veille, j'éprouvais encore comme un souvenir confus de ces impressions délicieuses. Toute la nuit, j'eus des rêves pleins de vivacité et de charme, et je m'éveillai le matin en proie à une énergie inquiète que j'avais déjà éprouvée quelquefois dans le cours de semblables expériences. »

Cette impression extraordinaire produite sur le système nerveux, par l'inspiration du protoxyde d'azote, devait amener à penser que ce gaz aurait peut-être la propriété de suspendre ou d'abolir les douleurs physiques. C'est ce que Davy ne manqua pas de reconnaître. Il raconte, dans son livre, qu'en deux occasions, il fit disparaître une céphalalgie par l'inhalation de son gaz. Il employa aussi ce moyen pour apaiser une douleur intense causée par le percement d'une dent de sa-

gesse. « La douleur, dit-il, diminuait toujours après les quatre ou cinq premières inspirations ; le chatouillement venait comme à l'ordinaire, et la douleur était, pendant quelques minutes, effacée par la jouissance (1). » Plus loin, Humphry Davy fait la remarque suivante : « Le protoxyde d'azote paraissait jouir, entre autres propriétés, de celle de détruire la douleur ; on pourrait probablement l'employer avec avantage dans les opérations de chirurgie qui ne s'accompagnent pas d'une grande effusion de sang (2). »

Si ce dernier passage n'eût été perdu dans le trop long exposé des recherches de Davy, et noyé dans les détails d'une foule d'expériences sans intérêt, la création de la méthode anesthésique n'aurait pas eu à subir un demi-siècle de retard. Mais cette observation passa entièrement inaperçue, et toute l'attention se porta sur les effets étranges produits par le protoxyde d'azote sur les facultés intellectuelles. Pendant plusieurs mois, on s'occupa beaucoup, en Angleterre, des effets physiologiques de ce gaz, qui reçut, à cette occasion, les noms de *gaz hilarant*, *gaz du paradis*, etc.

La réputation de l'*Institution pneumatique* commençait à se répandre, et Clifton était devenu le théâtre de nombreuses réunions. Les malades et les oisifs affluaient chez le docteur Beddoes ; la présence de Coleridge et de Southey ajoutait à ces réunions un attrait particulier, et Davy trouvait dans le commerce de ces deux poëtes un heureux aliment à ses goûts littéraires. On voulut essayer, à Clifton, de connaître les phénomènes singuliers annoncés par Davy, et l'on se mit en devoir de répéter ses expériences. Coleridge et Southey se soumirent des premiers aux inhalations du gaz hilarant, et ils ont décrit leurs sensations dans quelques pièces de vers imprimées dans les œuvres de Coleridge. Plusieurs autres personnes éprou-

(1) *Recherches sur l'oxyde nitreux.*
(2) *Ibid.*, p. 556.

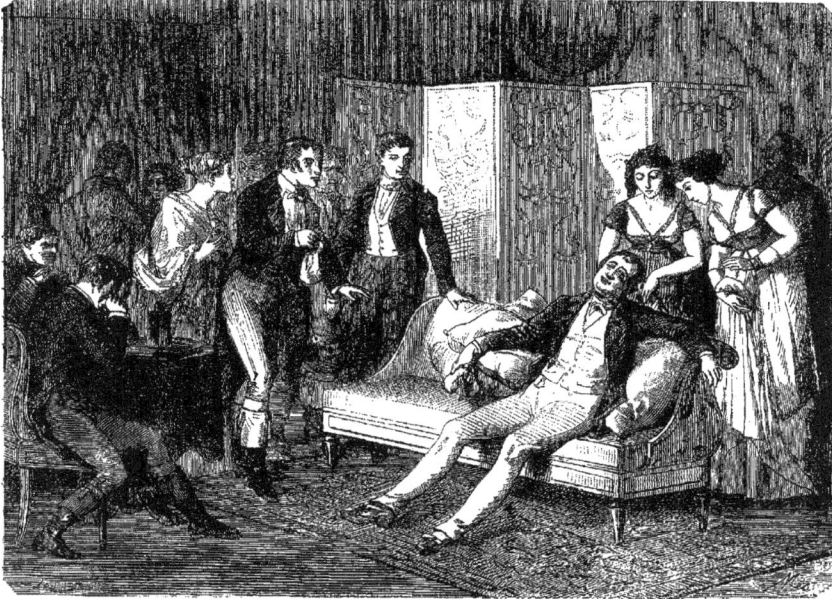

Fig. 340. — Expériences de Humphry Davy sur l'inspiration du gaz protoxyde d'azote à l'*Institution pneumatique* de Clifton. (Page 639.)

vèrent aussi les effets indiqués par le chimiste de Bristol ; mais quelques-unes ne ressentirent que des impressions douloureuses, d'autres n'éprouvèrent absolument rien.

Ces expériences furent répétées en même temps dans plusieurs autres villes de l'Angleterre! Ure, Tennant et Underwood éprouvèrent les mêmes sensations que Davy.

En France, les mêmes essais furent moins heureux. Proust et Vauquelin, Orfila et Thenard, ne ressentirent que des impressions douloureuses, qui allèrent même jusqu'à menacer leur vie.

Une société de médecins et d'amateurs se forma à Toulouse pour répéter en grand les expériences de Davy. Les résultats très-divers qui furent obtenus mirent hors de doute la différence des effets physiologiques produits par ce gaz selon les dispositions individuelles.

Deux séances furent consacrées à ces essais. Dans la première, six personnes respirèrent le gaz, et douze dans la seconde. Voici le résumé des procès-verbaux tenus à cette occasion :

Première séance. — Le premier sujet a perdu connaissance dès la troisième inspiration : il a fallu le soutenir pendant cinq minutes ; il s'est levé ensuite très-fatigué et ne se rappelant avoir éprouvé autre chose qu'une défaillance subite et un battement dans les tempes.

Le second sujet a trouvé que le gaz possédait une saveur sucrée et en même temps styptique ; il a ressenti beaucoup de chaleur dans la poitrine ; ses veines se sont gonflées, son pouls s'est accéléré, les objets paraissaient tourner autour de lui.

Le troisième n'a senti la saveur sucrée qu'à la première inspiration ; il a ensuite éprouvé de la chaleur dans la poitrine et une vive sensation de plaisir ; après avoir abandonné la vessie, il a été pris d'un violent accès de rire.

Le quatrième a conservé l'impression de la saveur

sucrée pendant quatorze heures; il a eu des vertiges, ses jambes sont restées *avinées*.

Le cinquième, en quittant la vessie, a éprouvé des éblouissements, puis une sensation de plaisir s'est répandue dans tout son corps; il a eu les jambes avinées.

Le sixième a conservé toute la journée la saveur douce du gaz; il a eu des tintements d'oreilles, une pesanteur d'estomac et les jambes avinées. Au total, ce qu'il a ressenti lui a paru plus pénible qu'agréable.

Seconde séance. — Douze personnes ont respiré le gaz, et plusieurs à deux reprises : quelques-unes l'avaient déjà respiré dans la première séance ; toutes, indistinctement, en ont été plus ou moins incommodées. M. Dispan, qui dirigeait la séance, décrit ainsi ce qu'il éprouva lui-même : « Dès la première inspiration, j'ai vidé la vessie, une saveur sucrée a, dans l'instant, rempli ma bouche et ma poitrine tout entière, qui se dilatait de bien-être. J'ai vidé mes poumons et les ai remplis encore; mais à la troisième reprise, les oreilles m'ont tinté, et j'ai abandonné la vessie. Alors, sans perdre précisément connaissance, je suis demeuré un instant promenant les yeux dans une espèce d'étourdissement sourd, puis je me suis pris, sans y penser, d'éclats de rire tels que je n'en ai jamais fait de ma vie. Après quelques secondes, ce besoin de rire a cessé tout d'un coup, et je n'ai plus éprouvé le moindre symptôme. Ayant réitéré l'épreuve dans la même séance, je n'ai plus éprouvé le besoin de rire. Je n'aurais fait que tomber en syncope, si j'eusse poussé l'expérience plus loin. »

Des essais du même genre furent répétés à la même époque par beaucoup d'autres savants, et l'on put se convaincre ainsi que les effets physiologiques du protoxyde d'azote variaient selon les individus. Aux États-Unis, M. Mitchell et plusieurs autres personnes respirèrent le gaz hilarant : ils furent frappés, comme Davy, de sa propriété d'exciter le rire et de procurer une sensation générale agréable. En Suède, Berzelius ne remarqua rien autre chose que la saveur douce du gaz. A Kiel, Pfaff et plusieurs de ses élèves confirmèrent les résultats obtenus par Davy. L'une des personnes qui l'avaient respiré, dit Pfaff, fut enivrée très-vite et jetée dans une extase extraordinaire et des plus agréables; quelques-unes résistèrent davantage. Le professeur Würzer ressentit seulement de la gêne dans la poitrine et un sentiment de compression

sur les tempes. Plusieurs de ses auditeurs qui essayèrent, à son exemple, de respirer le gaz, eurent des sensations assez différentes, mais tous accusèrent une gaieté insolite suivie quelquefois d'un tremblement nerveux. Ces résultats contradictoires peuvent s'expliquer en partie par l'impureté du protoxyde d'azote dont on faisait usage. La décomposition de l'azotate d'ammoniaque, à laquelle on avait recours pour la préparation de ce gaz, peut en effet donner naissance à quelques produits étrangers, et notamment à de l'acide hypoazotique, dont l'action irritante et suffocante rend compte de certains effets d'asphyxie partielle observés dans ces circonstances.

A dater de ce moment, les inhalations gazeuses devinrent une sorte de mode dans les cours publics et dans les laboratoires de chimie. Mais le gaz hilarant pouvait exposer aux divers accidents mentionnés plus haut; on chercha donc à le remplacer par un autre gaz qui, tout en jouissant de propriétés analogues, fût exempt de ces dangers. Il serait fort difficile de dire comment et à quelle époque se présenta l'idée de substituer au gaz hilarant les vapeurs d'éther sulfurique ; il est certain néanmoins que quelques années après, les élèves de chimie dans les cours publics, les apprentis dans les laboratoires des pharmacies, étaient dans l'habitude de respirer les vapeurs d'éther, comme objet d'amusement, ou pour se procurer cette ivresse d'une nature si spéciale qu'amenait l'inspiration du protoxyde d'azote. La tradition qui confirme cette pratique est encore vivante en Angleterre et aux États-Unis (1).

(1) C'est probablement d'après ces faits que la médecine commença, à cette époque, à tirer parti de l'éther sulfurique employé en vapeurs. Vers l'année 1820, Anglada, professeur de toxicologie à Montpellier, prescrivait les vapeurs d'éther contre les douleurs névralgiques ; il se servait, à cet effet, d'un flacon de Wolf à deux tubulures. Selon M. Duméril, le docteur Desportes conseillait aux phthisiques les inhalations d'éther, et il en obtenait des effets sédatifs. En Angleterre, le docteur Thornton était dans l'usage, à la même époque, d'administrer, entre autres remèdes pneumatiques, la vapeur d'éther ; l'un de nos savants contempo-

Elle est d'ailleurs mise hors de doute par un article imprimé en 1815 dans le *Quarterly Journal of Sciences*, attribué à M. Faraday. Il est dit dans cet article, que si l'on respire la vapeur d'éther mêlée d'air atmosphérique, dans un flacon muni d'un tube, on éprouve des effets semblables à ceux qui sont occasionnés par le protoxyde d'azote; l'action, d'abord exhilarante, devient plus tard stupéfiante. L'auteur ajoute que ce dernier effet peut devenir grave sous l'influence de l'éther, et il cite l'exemple d'un *gentleman* qui, pour s'être soumis à son action, tomba dans une léthargie qui se prolongea pendant trente heures et menaça sérieusement sa vie.

Ainsi les propriétés enivrantes et stupéfiantes du protoxyde d'azote étaient connues depuis le commencement de notre siècle, et l'on savait, en outre, que les vapeurs d'éther jouissent de la même action physiologique. Ces faits étaient si bien établis, que les élèves des laboratoires se faisaient un jeu des inhalations éthérées. En outre, Humphry Davy avait signalé la propriété remarquable dont jouit le gaz hilarant, d'abolir la douleur physique, et il avait proposé de s'en servir dans les opérations chirurgicales. Les éléments d'une grande découverte commençaient donc à se rassembler. Que fallait-il faire pour hâter ses progrès? Soumettre à l'expérience l'idée émise à titre de proposition par Humphry Davy, c'est-à-dire administrer le protoxyde d'azote dans une opération chirurgicale. C'est ce que fit Horace Wels, et c'est pour cela que le nom du dentiste de Hartford doit être inscrit après celui de Davy sur la liste des hommes qui ont concouru à la création de la méthode anesthésique.

CHAPITRE III

EXPÉRIENCE D'HORACE WELS A L'HÔPITAL DE BOSTON AVEC LE GAZ HILARANT. — ESSAIS DE CHARLES JACKSON. — ENTREVUE DE JACKSON ET DU DENTISTE WILLIAM MORTON. — PREMIERS EMPLOIS DE L'ÉTHER COMME AGENT ANESTHÉSIQUE.

Horace Wels exerçait sa profession à Hartford, petite ville du comté de Connecticut. Il avait résidé quelque temps dans la capitale des États-Unis, à Boston, comme associé du dentiste William Morton. Mais l'association n'avait pas prospéré, et il avait dû retourner dans sa ville natale. C'est là qu'au mois de novembre 1844, il lui vint à l'esprit de vérifier le fait énoncé par Davy, relativement à l'abolition de la douleur par les inhalations du protoxyde d'azote. Il fit sur lui-même le premier essai : il respira ce gaz; une fois sous son influence, il se fit arracher une dent, et ne ressentit aucune douleur. A la suite de cet essai favorable, il pratiqua la même opération sur douze ou quinze personnes avec un succès complet. Horace Wels assure même qu'il employa dans le même but l'éther sulfurique; mais ce composé lui parut exercer sur l'économie une action trop énergique; sur les conseils du docteur Marcy, il renonça, s'il faut l'en croire, à en faire usage, et il s'en tint au gaz hilarant.

Assuré de l'efficacité de ce moyen préventif de la douleur, Horace Wels partit pour Boston, dans l'intention de faire connaître sa découverte à la Faculté de médecine. En

rains a raconté que le docteur Thornton l'avait soumis à ce traitement pendant sa jeunesse. Ainsi, l'emploi des inhalations éthérées comme remède interne était entré d'une manière assez sérieuse dans la pratique médicale. Enfin, l'appareil qui servait à administrer les vapeurs d'éther était à peu de chose près le même que celui qu'ont employé les chirurgiens des États-Unis, dans les premiers temps de la méthode anesthésique. Dans l'article ÉTHER du *Dictionnaire des sciences médicales* publié en 1815, Nysten décrit ainsi cet appareil : « Il consiste en un petit flacon de verre à « deux tubulures, à moitié rempli d'éther. L'une des tu- « bulures reçoit un tube qui s'ouvre d'une part dans l'air « atmosphérique et plonge de l'autre dans l'éther. L'autre « tubulure opposée à la précédente est courbée en arc, de « manière que son extrémité devenant horizontale, le ma- « lade la reçoit dans sa bouche, et c'est par elle qu'il res- « pire. L'air atmosphérique, introduit par la première tu- « bulure, traverse l'éther et s'imprègne de sa vapeur qu'il « porte dans les voies respiratoires. » C'est, comme on le verra plus loin, l'appareil que les chirurgiens américains ont employé au début de la méthode anesthésique.

arrivant à Boston, il se rendit chez son ancien associé Morton, et lui fit part de ce qu'il avait observé. Il vit le même jour le docteur Jackson, qu'il instruisit des mêmes faits. Il se rendit ensuite, accompagné de Morton, chez un professeur de la Faculté, le docteur Georges Hayward, et lui proposa d'employer le gaz hilarant dans l'une de ses prochaines opérations. M. Hayward accepta cette offre avec empressement : seulement aucune opération ne devait avoir lieu à l'hôpital avant deux ou trois jours ; trouvant ce délai trop long, Horace Wels et Morton allèrent trouver un autre professeur, le docteur Charles Warren. Celui-ci accepta la proposition sans difficulté : « Tenez, leur dit-il, cela se rencontre à merveille ; nos élèves se réunissent ce soir à l'hôpital pour s'amuser à respirer de l'éther. Vous profiterez de l'occasion, et vous trouverez là des spectateurs tout prêts pour une expérience publique. Préparez donc votre gaz, et rendez-vous à l'amphithéâtre. Nous ferons l'essai sur un malade à qui l'on doit extraire une dent. »

Tout se passa comme il avait été dit. Le soir venu, Morton prit ses instruments, et se rendit avec son confrère à la salle des opérations. Les élèves étaient déjà réunis depuis longtemps. Horace Wels administra le gaz au malade, et se mit en devoir d'arracher la dent. Mais par suite de la variabilité d'action du protoxyde d'azote, ou par l'effet de sa mauvaise préparation, le gaz ne produisit aucun résultat ; le patient poussa des cris, les spectateurs se mirent aussitôt à rire et à siffler, et la séance se termina à la confusion du malheureux opérateur.

Horace Wels se retira le cœur serré. Le lendemain il fit remettre à Morton ses instruments, et repartit pour Hartford. Le triste résultat de cette expérience et le chagrin qu'il éprouva de son échec lui occasionnèrent une grave maladie. Revenu à la santé, il abandonna sa profession de dentiste et se mit à diriger une exposition d'oiseaux.

Ce n'est que deux ans après cette époque que le nom du docteur Jackson apparaît pour la première fois dans l'histoire de l'éthérisation. Reçu docteur en médecine à l'université de Harward en 1829, Charles Jackson avait été de bonne heure attiré en Europe par le désir d'y perfectionner ses connaissances. Il avait séjourné quelques années à Paris et à Vienne, s'occupant de l'étude des sciences accessoires à la médecine, et particulièrement de géologie et de chimie. De retour à Boston, il ne tarda pas à abandonner la médecine pour se consacrer tout entier à des travaux de chimie analytique et de géologie. Les belles recherches qu'il exécuta sur la géologie de plusieurs contrées des États-Unis le firent bientôt distinguer dans cette partie des sciences, et sa réputation parvint jusqu'en Europe, où il était connu comme le plus habile des géologues américains. Nommé inspecteur des mines du Michigan, il ouvrit à Boston des cours publics de chimie, et il recevait dans son laboratoire un certain nombre d'élèves qui s'exerçaient, sous sa direction, aux travaux de chimie.

Les expériences de Davy sur le gaz hilarant, les tentatives d'Horace Wels pour tirer parti des propriétés de ce gaz, enfin la connaissance généralement répandue en Amérique de l'ivresse particulière occasionnée par les vapeurs d'éther, amenèrent Charles Jackson à examiner de plus près ces faits, dont l'importance était facile à comprendre. Il essaya sur lui-même l'action de l'éther, et reconnut ainsi que son inspiration, faite avec les précautions nécessaires, ne s'accompagne d'aucun danger. En effet, bien avant qu'il songeât à s'occuper de cette question, l'ivresse amenée par l'éther sulfurique était, comme nous l'avons dit, généralement connue en Amérique, mais elle était regardée comme dangereuse. Des jeunes gens qui, dans les laboratoires de chimie, avaient respiré trop longtemps les vapeurs d'éther, en avaient éprouvé des résultats fâcheux. Le

Fig. 311. — Expérience d'Horace Wels, pour l'extraction d'une dent, après l'inspiration du protoxyde d'azote, faite devant les élèves de l'hôpital de Boston.

docteur Mitchell rapporte qu'à Philadelphie, quelques enfants, ayant versé de l'éther dans une vessie, la plongèrent dans l'eau chaude pour vaporiser l'éther et respirèrent la vapeur qui se forma ; il en résulta de graves accidents, et la mort même en fut la suite. Ces faits étaient loin d'être isolés, et le danger attaché aux inhalations de l'éther était unanimement reconnu par les chimistes et les médecins américains. Or, dans l'expérience qu'il fit sur lui-même en 1842, Jackson eut occasion de se convaincre que les accidents observés dans ces circonstances ne devaient se rapporter qu'à l'oubli de quelques précautions indispensables, et que les vapeurs d'éther peuvent être respirées sans inconvénient quand on les mélange d'une certaine quantité d'air atmosphérique. En même temps il reconnut beaucoup mieux qu'on ne l'avait fait avant lui le caractère de

l'ivresse amenée par l'éther, son peu de durée et l'insensibilité qui l'accompagne.

Dans une lettre à M. Joseph Abbot, le docteur Jackson rapporte ainsi l'expérience qui le conduisit à ces observations fondamentales :

« L'expérience qui me fit conclure que l'éther sulfurique produisait l'insensibilité fut faite de la manière suivante : Je pris une bouteille d'éther sulfurique purifié que j'avais dans mon laboratoire ; j'allai dans mon cabinet, je versai de cet éther sur un morceau de linge, et, l'ayant pressé légèrement, je m'assis dans une berceuse. Ayant appuyé ma tête en arrière sur la berceuse, je posai mes pieds sur une chaise, de manière que je me trouvasse dans une position fixe ; je plaçai alors le morceau de toile sur ma bouche et sous mes narines, et je commençai à respirer l'éther. Les effets que je ressentis d'abord furent un peu de toux, puis de la fraîcheur, qui fut suivie d'une sensation de chaleur. Il me vint bientôt de la douleur à la tête et dans la poitrine, des envies de rire et du vertige. Mes pieds et mes jambes étaient engourdis et insensibles ; il me semblait que je flottais dans l'air ; je ne sentais plus la berceuse sur laquelle j'étais assis. Je me trouvai, pendant un espace de temps que je ne puis définir, dans un état de rêverie et d'insensibilité. Lorsque je revins, j'avais toujours du vertige, mais point d'envie de me mouvoir. La toile qui contenait l'éther était tombée de ma bouche; je n'avais plus de douleur dans la poitrine ni dans la gorge; mais je ressentis bientôt un tremblement inexprimable dans tout le corps; le mal de gorge et de poitrine revint bientôt, cependant avec moins d'intensité qu'auparavant.

« Comme je ne m'étais plus aperçu de la douleur, non plus que des objets extérieurs, peu de temps avant et après que j'eus perdu connaissance, je conclus que la paralysie des nerfs de la sensibilité serait si grande, tant que durerait cet état, que l'on pourrait opérer un malade soumis à l'influence de l'éther sans qu'il ressentît la moindre douleur. Me fiant là-dessus, je prescrivis l'emploi de l'éther, persuadé que l'expérience serait couronnée de succès (1). »

Déjà, avant cette époque, M. Jackson avait respiré quelquefois les vapeurs d'éther, non pas à titre d'agent préventif de la douleur, mais simplement comme remède antispasmodique, car ce moyen était déjà en usage depuis plusieurs années chez les médecins des États-Unis. Ayant eu un jour recours à l'éther pour combattre un rhume violent, accompagné d'une constriction pénible des poumons, il prolongea les inspirations plus qu'à l'ordinaire et ressentit quelques effets d'insensibilité. Il est probable que ce fut là le fait qui lui donna l'idée d'examiner de plus près l'action de l'éther sur l'économie. Au reste, ce dernier point est encore assez obscur par suite des explications tout à fait insuffisantes fournies par M. Jackson sur les circonstances qui l'ont amené à reconnaître l'action stupéfiante de l'éther.

On peut donc résumer dans les termes suivants, la part qui revient au chimiste américain dans la découverte de la méthode anesthésique : Jackson établit beaucoup mieux qu'on ne l'avait fait avant lui, la nature de l'ivresse éthérée, et mit à peu près hors de doute ce fait capital, assez vaguement

aperçu jusque-là, qu'une insensibilité générale ou locale est la conséquence de cet état particulier de l'économie ; il reconnut, en outre, le temps très-court, nécessaire pour amener cette ivresse, la rapidité avec laquelle elle disparaît et le peu de danger qui l'accompagne. On ne peut nier que la découverte de la méthode anesthésique ne se trouvât contenue presque tout entière dans l'application de ces faits.

Tout nous montre cependant que ces idées étaient loin, à cette époque, de se présenter à l'esprit du docteur Jackson avec la simplicité et l'évidence que nous leur prêtons ici. Quatre années se passèrent sans qu'il songeât à les soumettre à un examen plus sérieux. La possibilité de tirer parti de l'éther dans les opérations chirurgicales existait donc dans sa pensée plutôt comme opinion théorique que comme vérité expérimentalement établie. Rien ne lui était plus facile, s'il en eût été autrement, que de vérifier ses prévisions en administrant l'éther, à un malade soumis à quelque opération chirurgicale. Il n'en fit rien, et se borna, quatre ans après, à indiquer, à titre de simple conseil, l'éther comme propre à faciliter l'exécution d'une opération de faible importance.

Au mois de février 1846, un de ses élèves, Joseph Peabody, souffrait d'un mal de dents, et, redoutant la douleur, voulait se faire magnétiser avant l'opération. Le docteur Jackson lui parla de l'éther sulfurique comme d'un agent utile pour détruire la sensibilité ; il lui donna même les instructions nécessaires pour purifier ce liquide et pour le respirer. L'élève promit de s'en servir, et, de retour dans son pays, il commença, en effet, à distiller de l'éther dans cette intention ; mais ayant trouvé, dans les ouvrages qu'il consulta, toutes les autorités contraires à l'idée de son maître, il renonça à son projet.

Six mois après, le docteur Jackson trouva un expérimentateur plus docile. Ce fut le dentiste William Morton.

(1) *Défense des droits du docteur Charles T. Jackson à la découverte de l'éthérisation*, par les frères Lord, conseillers, p. 127.

Une polémique très-animée s'est élevée entre Morton et Jackson, à propos de la découverte de l'anesthésie. Les deux adversaires ont échangé un grand nombre de lettres et deux ou trois brochures destinées à défendre leurs droits respectifs à la priorité de cette invention. Par les soins des deux parties, une enquête minutieuse a été ouverte, et selon l'usage américain, on a produit des deux côtés un grand nombre de témoignages assermentés (*affidavit*). La comparaison attentive de ces divers documents permet de fixer le rôle que chacun d'eux a joué dans cette grande affaire. Il est parfaitement établi pour nous, en dépit de ses assertions contraires, que Morton ne savait pas le premier mot de la question de l'anesthésie, lorsque, le 1er septembre 1846, le docteur Jackson lui communiqua, dans une conversation, toutes ses idées à cet égard. Comme l'entretien de Jackson et de Morton est, au point de vue historique, d'une importance capitale, on nous permettra de le rapporter; il est facile de le rétablir, grâce aux dépositions assermentées qui en ont consigné les termes.

Le 1er septembre 1846, le docteur Jackson travaillait dans son laboratoire avec deux de ses élèves, George Barnes et James Mac-Intyre, lorsque William Morton entra dans la salle et demanda qu'on voulût bien lui prêter un petit sac de gomme élastique.

— Il vient de m'arriver, dit-il, une dame fort timorée, qui redoute beaucoup la douleur et qui demande à être magnétisée avant l'opération. Je crois qu'en remplissant un sac d'air atmosphérique et lui faisant respirer cet air, j'agirai sur son imagination et pourrai pratiquer mon opération tout à mon aise.

Ayant reçu de M. Jackson le sac de gomme élastique, Morton demanda comment il devait s'y prendre pour le gonfler.

— Tout simplement, dit Jackson, avec la bouche ou bien avec un soufflet. Mais, continua le docteur, votre projet me paraît bien absurde, monsieur Morton; votre malade ne se laissera pas tromper si niaisement, et vous n'aboutirez qu'à vous rendre ridicule.

— Je ne vois pas cela, reprit Morton; je crois, au contraire, que mon sac bien gonflé d'air aura une apparence formidable, et que je ferai ainsi accroire à ma cliente tout ce qu'il me plaira. .

En disant ces mots, il mit le sac sous son bras, et le pressant plusieurs fois avec le coude, il montrait de quelle manière il se proposait d'agir.

— Si je peux seulement réussir à lui faire ouvrir la bouche, je réponds d'arracher sa dent. Ne connaissez-vous pas la puissance des effets de l'imagination? Et n'est-il pas vrai qu'un homme est mort par le seul effet de sa frayeur, lorsque, après avoir légèrement piqué son bras pour simuler une saignée, on y fit couler un filet d'eau chaude?

Comme il se mettait à raconter les détails de ce fait, Jackson l'interrompit :

— Allons donc, monsieur Morton ! je ne pense pas que vous ajoutiez foi à de pareilles histoires. Renoncez à cette idée; vous ne réussirez qu'à vous faire dénoncer comme imposteur.

Il y eut ici une pause de quelques instants. Le docteur reprit alors :

— Ne pourriez-vous essayer sur votre malade le gaz hilarant de Davy?

— Sans doute, répondit Morton. Je connais les propriétés de ce gaz, car j'assistais à l'expérience d'Horace Wels. Mais pourrai-je réussir moi-même à le préparer ?

— Non, répondit le docteur; vous ne sauriez vous passer de l'assistance d'un chimiste. Vous n'obtiendriez, sans cela, qu'un gaz impur, et vous n'aboutiriez qu'à une déconvenue, comme il arriva à ce pauvre diable d'Horace.

— Mais, vous-même, docteur, dit Morton, ne pourriez-vous avoir la bonté de me préparer un peu de ce gaz?

— Non, j'ai d'autres affaires.

— Au fait, dit Morton terminant l'entretien

je m'en soucie peu. Je vais toujours me servir du sac.

Et, sur ces dernières paroles, il se dirigea vers la porte et sortit, balançant à la main son sac de caoutchouc.

Pendant qu'il s'éloignait, Jackson se ravisa. L'occasion lui parut bonne sans doute pour tenter une expérience décisive ; l'insoucieux et entreprenant dentiste convenait parfaitement pour un essai de cette nature dont l'issue pouvait devenir fâcheuse et dont il redoutait pour lui-même les conséquences et la responsabilité. Il sortit du laboratoire et rappela Morton, qui se trouvait déjà dans la rue. Ils rentrèrent tous les deux dans le laboratoire.

— Écoutez, Morton, dit le docteur, j'ai quelque chose de mieux à vous proposer. J'ai depuis longtemps une idée en tête, et vous êtes l'homme qu'il faut pour la mettre à exécution. Allez de ce pas chez l'apothicaire Burnett, et achetez une once d'éther sulfurique. Prenez surtout l'éther le plus pur, c'est-à-dire celui qui a été rectifié par une seconde distillation, versez-en un peu sur un mouchoir, et faites-le respirer à votre malade. Au bout de quatre ou cinq minutes, vous obtiendrez une insensibilité complète.

— De l'éther sulfurique ! dit Morton. Qu'est-ce que cela ? Est-ce un gaz ? En avez-vous un peu ? Montrez-m'en, je vous prie (1).

Le docteur Jackson alla prendre dans une armoire un flacon d'éther et le montra au dentiste, qui se mit à l'examiner comme s'il n'en avait jamais vu.

— Votre liquide, dit-il, a une singulière

(1) Pour comprendre l'importance de ce mot de Morton, il faut savoir qu'après le succès de la méthode anesthésique, ce dernier ayant revendiqué pour lui seul l'honneur de cette découverte, assura qu'il avait fait des expériences avec l'éther dès l'année 1843. Il est assez singulier dès lors que, pendant sa conversation avec Jackson, il ne connaisse point l'éther et demande si c'est un gaz. Pour expliquer cette contradiction, Morton a avancé plus tard que son ignorance, sous ce rapport, était simulée, et qu'il voulait seulement tenir ainsi ses expériences cachées au docteur Jackson qu'il savait occupé du même sujet. Tout cela paraît fort invraisemblable, et dans tous les cas cette réticence ne dépose guère en faveur de la sincérité du dentiste.

odeur. Mais êtes-vous bien convaincu que j'obtiendrai l'effet dont vous parlez, et que les malades ne peuvent courir aucun risque ?

Jackson répondit du succès, et à l'appui de l'innocuité de l'expérience, il rappela que les écoliers du collège de Cambridge, qui étaient dans l'habitude de respirer l'éther par amusement, ne s'en étaient jamais trouvés incommodés.

Morton ne paraissait nullement rassuré, et son interlocuteur faisait tous ses efforts pour le persuader.

— Je crains fort, disait le dentiste, d'incommoder ma cliente.

— N'ayez aucune crainte, répondait Jackson ; j'ai fait cette expérience sur moi-même. Après une douzaine d'inspirations, votre malade s'affaissera sur sa chaise et tombera dans une insensibilité absolue. Vous en ferez alors tout ce que vous voudrez.

Les deux élèves de Jackson, George Barnes et James Mac-Intyre, s'étaient rapprochés dans cet intervalle, et écoutaient la conversation. Morton s'adressa à l'un d'eux :

— Croyez-vous, Mac-Intyre, que cette expérience soit sans danger, et oseriez-vous la tenter sur vous-même ?

— Certainement, répondit l'élève.

— Mais, reprit alors Jackson, il y a un moyen bien simple de vous convaincre du peu de danger de cette expérience. Enfermez-vous dans votre cabinet, versez de l'éther sur un mouchoir et respirez-le pendant quelques minutes, vous ne tarderez pas à ressentir les effets que je vous annonce. Tenez, ajouta-t-il, cela vaudra mieux encore : prenez ce petit appareil, l'inspiration des vapeurs sera plus facile.

Et il lui remit un flacon de Wolf à deux ouvertures, muni de ses tubes de verre.

— C'est bien, répondit Morton ; je vais tout de suite en faire l'essai.

Le dentiste se rendit du même pas à la pharmacie de Burnett et acheta une once d'éther sulfurique. Il rentra chez lui, s'enferma

Fig. 312. — Jackson expérimente sur lui-même l'action de l'éther sulfurique.

dans son cabinet, et, s'il faut l'en croire, il fit sur lui-même l'expérience.

« Assis dans le fauteuil d'opérations, je commençai, dit Morton, à respirer l'éther. Je le trouvai tellement fort, qu'il me suffoqua en partie; mais il produisit un effet décidé. J'en saturai mon mouchoir, et je l'inhalai: je regardai ma montre; je perdis bientôt connaissance. En revenant à moi, je sentis de l'engourdissement dans mes jambes, avec une sensation semblable à un cauchemar. J'aurais donné le monde entier pour que quelqu'un vînt me réveiller. Je crus un moment que j'allais mourir dans cet état et que le monde ne ferait que me prendre en pitié ou tourner en ridicule ma folie. A la fin, je sentis un léger chatouillement de sang à l'extrémité de mon doigt, et je m'efforçai de le toucher avec le pouce, mais sans succès. Un deuxième effort m'amena à le toucher, mais sans éprouver aucune sensation. Peu à peu je me trouvai solide sur mes jambes, et je me sentis revenu entièrement à moi; je regardai sur-le-champ à ma montre, et je calculai que j'étais demeuré insensible l'espace de sept ou huit minutes (1). »

Heureux de son succès, Morton s'empressa de l'annoncer aux personnes employées dans

(1) *Mémoire sur la découverte du nouvel emploi de l'éther sulfurique*, par W. Morton, p. 17.

sa maison, et il attendit avec une impatience facile à comprendre qu'un malade voulût bien se prêter à une expérience plus complète.

L'occasion s'offrit le soir même. A 9 heures, un habitant de Boston, nommé Eben Frost, se présenta chez lui souffrant d'un violent mal de dents, mais craignant la douleur et désirant être magnétisé pour ne rien sentir.

— J'ai mieux que cela, dit Morton.

Il versa de l'éther sur son mouchoir et le fit respirer à son client. Celui-ci ne tarda pas à perdre connaissance. Un de ses confrères, le docteur Hayden, qui avait voulu être témoin de l'expérience, tenait une lampe pour éclairer l'opérateur. Morton prit ses instruments et arracha une dent barrée qui tenait par de fortes racines. La figure du patient ne fit pas un pli. Au bout de deux minutes il se réveilla et vit sa dent par terre. Il n'avait ressenti aucune douleur et ne pouvait se rendre compte de rien. Il demeura encore vingt minutes dans le cabinet du dentiste, et sortit parfaitement remis, après avoir signé un certificat constatant le fait.

Morton était transporté de joie. Le lendemain il courut chez Jackson pour lui raconter l'événement : il ne pensait pas encore à réclamer pour lui seul la pensée de l'invention; il ne voulait pas encore être la tête d'une découverte dont il n'avait été que le bras.

Jackson ne parut pas surpris le moins du monde.

« Je vous l'avais dit, répondit-il sans s'émouvoir davantage.

Ils commencèrent alors à s'entretenir des moyens de poursuivre les applications d'un procédé si remarquable et si nouveau.

— Je vais, dit Morton, employer l'éther avec toutes les personnes qui se présenteront à mon cabinet.

— Voilà qui est parfait, dit Jackson, mais cela ne suffit point. Allez, sans plus tarder, chez le docteur Warren, chirurgien de l'hô-

pital général ; faites-lui part de ce que vous avez fait, et proposez-lui d'employer l'éther dans une opération sérieuse. Personne ne croirait à la valeur de ce procédé, si l'on se bornait à l'employer pour une opération aussi simple que celle d'une extraction de dent. Il arrive souvent que les malades n'éprouvent aucune douleur, si cette opération est faite avec promptitude et par un tour de main adroit. On mettait donc le défaut de sensibilité sur le compte de l'imagination. Il faut donner au public une démonstration tout à fait sans réplique. »

Le dentiste faisait beaucoup d'objections pour se rendre à l'hôpital.

« Mais si nous allons faire à l'hôpital une expérience publique, tout le monde reconnaîtra l'odeur de l'éther, et notre découverte sera aussitôt divulguée. Ne pourrait-on pas ajouter à l'éther quelque arome étranger qui en dissimulât l'odeur?

— Oui, répondit Jackson en riant, quelque essence française, comme l'essence de roses ou de néroli. Après l'opération, le malade exhalera un parfum de roses, et le public ne saura plus que penser. Mais sérieusement, ajouta Jackson, croyez-vous que j'aie l'intention de faire à mon profit le monopole d'une découverte pareille? Détrompez-vous. Ce que je vous ai communiqué, je l'annoncerai à tous mes confrères. »

Morton se décida enfin à se rendre à l'hôpital. Il vit le docteur Warren, et lui raconta son opération de la veille; seulement il ne dit pas un mot de la part que M. Jackson avait eue dans la découverte, et s'en attribua tout l'honneur. Acceptant avec empressement la proposition du dentiste, le docteur Warren promit de saisir la première occasion qui s'offrirait d'employer l'éther dans une opération chirurgicale.

En attendant, Morton continua d'administrer l'éther aux clients qui se présentaient chez lui. Pour son second essai, il éthérisa un petit garçon qui ressentit un peu de malaise et éprouva quelques vomissements. On fut obligé de ramener le petit malade en voiture ; la famille s'alarma, et un médecin déclara qu'on l'avait empoisonné. Les parents étaient furieux, on parlait d'attaquer le dentiste devant les tribunaux ; le succès de nouvelles opérations, dont le bruit commençait à se répandre dans la ville, calma heureusement cette émotion.

Cependant le moment approchait où l'expérience décisive devait s'accomplir à l'hôpital de Boston. Morton employa cet intervalle à faire construire, avec l'assistance de M. Gould, médecin versé dans les connaissances chimiques, un appareil très-convenable pour l'administration des vapeurs éthérées. C'était un flacon contenant une éponge imbibée d'éther, muni de deux tubulures et portant deux soupapes inversement placées pour donner un accès à l'air et une issue à la vapeur.

C'est le 14 octobre 1846 que le docteur Warren exécuta cette expérience mémorable, en présence de tous les élèves de la Faculté de médecine et d'un grand nombre de praticiens de Boston. L'opération devait avoir lieu à 10 heures ; Morton se fit longtemps attendre. Il entra enfin au moment où le chirurgien, n'espérant plus le voir arriver, allait procéder à l'opération ; il tenait à la main l'appareil que le fabricant venait seulement de terminer. Quant au docteur Jackson, il ne parut point : Morton avait été messager infidèle ; il n'avait pas prévenu son confrère, qui était parti ce jour-là pour les mines du Maryland.

L'opération se fit avec un bonheur complet. Morton ayant appliqué le tube aspirateur sur la bouche du malade, l'insensibilité se manifesta au bout de trois minutes. Il s'agissait d'enlever une tumeur volumineuse du cou. Le chirurgien fit une incision de trois pouces, et commença à disséquer les tissus à travers les nerfs et les nombreux vaisseaux de cette région. Il n'y eut, de la part du patient, aucune expression de douleur ; seulement il commença, après les premiers coups de bistouri, à proférer des paroles incohérentes, et parut agité jusqu'à la fin de l'opération ; mais il déclara, en revenant à lui, n'avoir senti rien autre chose qu'une espèce de grattement. Des acclamations et des applaudissements retentirent aussitôt dans la salle, et les spectateurs se retirèrent en proie aux émotions les plus vives.

Le lendemain, une autre expérience fut exécutée dans le même hôpital, par le docteur Hayward, sur une femme qui portait une tumeur au bras. L'inspiration des vapeurs fut continuée pendant tout le temps de l'opération ; il n'y eut aucun signe de douleur ; quelques murmures se firent entendre à la fin de l'opération, mais, à son réveil, la malade les attribua à un rêve pénible qu'elle avait eu, et déclara n'avoir rien senti.

Le 7 novembre, le docteur Bigelow pratiqua, avec l'éther, une amputation de cuisse. Le même jour, il lut à la Société médicale de Boston un mémoire détaillé sur les faits précédents, et l'éthérisation fut dès ce moment une découverte publique et avérée.

La gloire d'avoir attaché son nom à une conquête scientifique aussi précieuse, et l'honneur qui lui revenait pour avoir hâté, par son heureuse audace, le moment de sa réalisation, ne suffirent point au dentiste William Morton. Il eut la triste pensée de monopoliser à son profit une découverte qui devait appartenir à l'humanité tout entière. Il voulut se placer sous la sauvegarde illibérale d'un brevet, et exiger une redevance de tous ceux qui voudraient jouir de ce bienfait nouveau ; ainsi il ne consentait à affranchir de la douleur que ceux qui auraient le moyen de payer ce privilége. Le docteur Jackson résista longtemps à cette prétention honteuse ; disons-le, cependant, il eut le tort de céder. M. Jackson allègue pour excuse qu'il ne consentit à laisser figurer son nom sur le brevet que pour maintenir ses droits à la priorité de l'invention. Le brevet qui leur fut délivré aux États-Unis représente, en effet, Jackson comme inventeur et Morton comme propriétaire, chargé d'exploiter la découverte. On est heureux, d'ailleurs, de trouver, dans des dépositions authentiques, les preuves du désintéressement de Jackson. Elles résultent du témoignage même de l'homme d'affaires de Morton, M. Eddy, qui fut chargé de solliciter le brevet. Dans son *affidavit,* M. Eddy raconte que lorsqu'il alla trouver M. le docteur Jackson pour le décider à demander le brevet, « il le trouva imbu de ces préjugés, vieux et abandonnés depuis longtemps, contre les brevets d'invention. » Il fit tous ses efforts pour combattre ses scrupules; mais Jackson répondit « qu'il ne croyait pas qu'il fût compatible avec le principe des sciences libérales de monopoliser une découverte. » Lorsque, plus tard, Morton, persistant dans son dessein, envoyait dans toute l'étendue des États-Unis des agents chargés de vendre aux chirurgiens le droit d'employer l'éther, Jackson ne cessa de réclamer contre ces honteuses entraves. Il déclarait le brevet sans valeur et déplorait d'y voir son nom attaché. Il publia même une protestation contre le contrat qu'il avait si inconsidérément accepté, et, dans un entretien qu'il eut à ce sujet avec le président des États-Unis, il déclara combien il regrettait d'avoir cédé aux instances de son associé. Enfin, Morton lui ayant adressé un *bon* pour toucher une part de ses bénéfices, M. Jackson poussa le *préjugé* jusqu'à déchirer le mandat. Au mois de novembre, M. Eddy l'ayant informé qu'il tenait à sa disposition une somme assez considérable provenant de la même source, il refusa de l'accepter. Ainsi, la postérité n'oubliera pas que si, égaré mal à propos par sa sollicitude à maintenir ses droits d'inventeur, Jackson eut la faiblesse de se mettre de moitié dans une mesure qui retarda pendant quelque temps la diffusion d'un bienfait public, du moins il fit tous ses

efforts pour renverser les obstacles qu'il avait lui-même contribué à élever.

<hr />

CHAPITRE IV

L'ÉTHÉRISATION EN EUROPE.

Boot, dentiste à Londres, reçut le 17 décembre 1846, une lettre de William Morton qui l'informait de la nouvelle découverte. Il s'empressa de la communiquer à l'un de ses confrères, Robinson, praticien distingué, qui fit construire aussitôt un appareil inhalateur parfaitement conçu. A l'aide de cet appareil, il administra l'éther à un de ses clients, qui subit sans douleur l'extraction d'une dent. Deux jours après, le 19 décembre, Liston pratiquait, à l'hôpital du collége de l'Université, une amputation de cuisse et un arrachement de l'ongle du gros orteil, sans que les malades eussent conscience de ces opérations. MM. Guthrie, Lawrence, Morgan, les deux neveux d'Astley Cooper, M. Ferguson, à l'hôpital du *King's College,* et M. Tattum, à l'hôpital Saint-George, répétaient, quelques jours après, les mêmes tentatives, qui cependant ne furent pas toutes heureuses.

Les expériences des chirurgiens anglais furent arrêtées pendant quelques jours par les réclamations d'un agent de Morton, qui parlait de secret et de brevet, et menaçait de poursuivre en justice ceux qui feraient usage, sans son autorisation, du procédé nouveau. Cependant les chirurgiens furent bientôt rassurés par les gens de loi; on laissa dire l'agent des inventeurs, et l'on reprit avec une ardeur nouvelle l'étude des faits extraordinaires qui allaient produire dans la médecine opératoire une transformation si profonde.

A la même époque, un praticien éminent de la Faculté de Paris fut informé, par une lettre venue d'Amérique, de la découverte de Jackson; mais on lui offrait seulement d'essayer et d'acheter le procédé, que l'on tenait secret. Velpeau refusa prudemment d'ex-

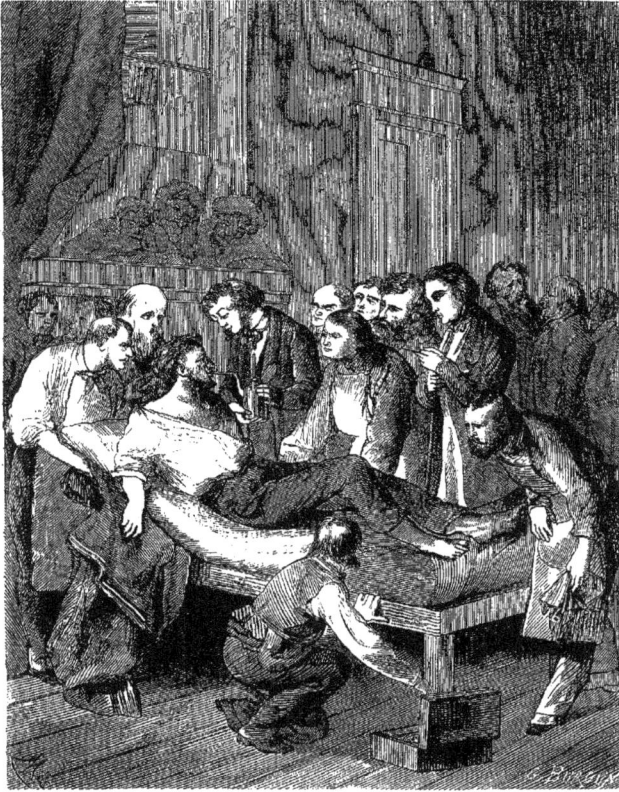

Fig. 343. — Morton fait la première application de l'éther sulfurique pour une opération chirurgicale, à l'hôpital de Boston. (Page 651.)

périmenter sur ses malades, un agent dont on lui cachait la nature. C'est à Jobert (de Lamballe) que revient l'honneur d'avoir le premier constaté en France l'action stupéfiante de l'éther. Le 22 décembre, c'est-à-dire trois jours après le docteur Robinson, Jobert pratiqua, à l'hôpital Saint-Louis, avec l'assistance d'un jeune docteur américain, un premier essai qui toutefois n'eut aucun succès, par suite de la mauvaise disposition de l'appareil. Mais la même tentative, répétée deux jours après, réussit complétement.

Malgaigne, collègue de Jobert à l'hôpital Saint-Louis, s'empressa, de son côté, d'expérimenter l'éther dans son service chirurgical, et le 12 janvier 1847, il communiquait à l'Académie de médecine le résultat de ses observations. Il exposait les faits sur lesquels reposait la méthode américaine, et en fit connaître les procédés d'exécution. Sur cinq opérés, Malgaigne ne pouvait annoncer qu'un seul cas de réussite; mais il attribuait cette circonstance à l'imperfection de l'appareil : des dispositions mieux entendues pour le tube inspirateur, devaient faire prochainement disparaître les causes d'insuccès.

Six jours après, Velpeau informa l'Académie des sciences des faits qui commençaient à occuper très-vivement les esprits. Cependant Velpeau ne parlait encore qu'avec une certaine défiance : il redoutait pour les malades l'effet stupéfiant de l'éther, et ne paraissait pas disposé à croire que l'insensibilité pût se prolonger assez longtemps pour permettre d'exécuter une opération d'une certaine importance. Mais tous ses doutes ne tardèrent pas à s'évanouir. A mesure que la construction des appareils se perfectionnait, les cas de résistance à l'action de l'éther devenaient plus rares. Velpeau, Roux, Jobert et M. Laugier, apportèrent à l'Académie des sciences des faits devant lesquels devaient disparaître toutes les hésitations.

Pour montrer avec quelle promptitude furent dissipées les appréhensions qui avaient accueilli les premiers résultats de la méthode américaine, nous rapporterons la communication pleine d'intérêt faite par Velpeau à l'Académie des sciences le 1er février 1847. Voici en quels termes ce chirurgien parlait d'une découverte qu'il avait accueillie, quinze jours auparavant, avec tant de réserve :

« Dans deux autres séances, dit Velpeau, en entretenant l'Académie de l'effet des vapeurs éthérées sur des malades qu'on veut opérer, j'ai fait remarquer que la chirurgie ne tarderait pas à savoir à quoi s'en tenir sur la réalité des faits annoncés. Lundi dernier, la question était déjà assez avancée pour m'autoriser à dire qu'elle me paraissait pleine d'avenir : aujourd'hui les observations se sont multipliées de toutes parts, en France, comme en Angleterre, comme en Amérique ; de toutes parts aussi, les faits, confirmés les uns par les autres, deviennent d'un intérêt immense.

« J'avais émis la pensée que le relâchement des muscles observé par moi sur un premier malade soumis à l'inhalation de l'éther deviendrait utile s'il était possible de le reproduire à volonté, pour la réduction de certaines fractures ou de certaines luxations. Je trouvai à l'hôpital de la Charité, le lendemain même du jour où je manifestais cet espoir, un homme jeune, robuste, vigoureux, fortement musclé, qui était atteint d'une fracture de la cuisse droite. Naturellement exalté, très-impressionnable, cet homme se livrait malgré lui à des contractions presque convulsives dès qu'on tentait de le toucher pour redresser ses membres. Soumis à l'inhalation de l'éther, il tomba bientôt dans une sorte d'ivresse, avec agitation des sens et loquacité. La sensibilité s'éteignit chez lui au bout de cinq minutes ; les muscles se relâchèrent, et nous pûmes redonner à sa cuisse la longueur et la forme désirables, sans qu'il eût paru souffrir ou s'en apercevoir.

« Le jour suivant, j'eus à opérer un homme également vigoureux et fort d'une tumeur qu'il avait au-dessous de l'oreille gauche, et qui pénétrait dans le creux de la région parotidienne. Cette région, remplie de nerfs, de vaisseaux et de tissus filamenteux ou glanduleux très-serrés, est une de celles (tous les chirurgiens le savent) où les opérations occasionnent le plus de douleur. Soumis à l'action de l'éther, le malade est tombé dans l'insensibilité au bout de trois minutes ; l'opération était à moitié pratiquée sans qu'il eût fait de mouvement ni proféré de cris. Il s'est mis ensuite à parler, à vouloir se remuer, à nous prier d'ôter notre *camphre qui le gênait*, mais sans avoir l'air de songer à ce que je faisais. Une fois l'opération terminée, il est rentré peu à peu dans son bon sens, et nous a expliqué comme quoi il venait de faire un rêve dans lequel il se croyait occupé à une partie de billard. L'agitation, les paroles que nous avions remarquées, tenaient, nous a-t-il dit, aux nécessités de son jeu, et surtout à ce que quelqu'un venait de lui enlever un cheval laissé à la porte pendant qu'il achevait sa partie. Quant à l'opération, il ne l'avait sentie en aucune façon, ne s'en était point aperçu ; seulement, en invoquant ses souvenirs et ses sensations, il nous a soutenu qu'il entendait très-bien mes coups de bistouri, qu'il en *distinguait le cric crac*, mais qu'il ne les sentait point, qu'ils ne lui causaient aucune douleur.

« Une malheureuse jeune femme accouchée depuis six semaines, entre à l'hôpital pour un vaste dépôt dans la mamelle. Ce dépôt ayant besoin d'être largement incisé, je propose à la malade de la soumettre préalablement aux inhalations de l'éther ; elle s'y soumet comme pour essayer, et en quelque sorte sans intention d'aller jusqu'au bout. Il lui suffit, en réalité, de quatre ou cinq inspirations de moins d'une minute pour perdre la sensibilité, sans agitation, sans réaction préalable. Son visage se colore légèrement, ses yeux se ferment ; je lui fends largement le sein, sans qu'elle manifeste le plus léger signe de douleur ; une minute après elle ouvre les yeux, semble sortir d'un sommeil léger, paraît un peu émue, et nous dit : *Je suis bien fâchée que vous ne m'ayez pas fait l'opération.* Au bout de quelques secondes elle a repris ses sens, voit que son abcès est incisé, et nous affirme de la manière la plus formelle qu'elle ne s'est point aperçue de l'opération, qu'elle ne l'a nullement sentie.

« Un pauvre jeune homme a besoin de subir l'amputation de la jambe, par suite d'une maladie incurable des os du pied : l'inhalation éthérée le rend insensible au bout de trois ou quatre minutes ; j'incise, je coupe la peau de toutes les chairs, j'opère la section des os. La jambe est complétement tranchée, deux artères sont déjà liées, et le malade, naturellement très-craintif, très-disposé à crier, n'a encore montré aucun signe de douleur ; mais, au moment où une troisième ligature, qui comprend un filet nerveux en même temps que l'artère, est appliquée, il relève la tête et se met à crier ; seulement ses cris semblent s'adresser à autre chose qu'à l'opération : il se plaint d'être malheureux, d'être né pour le malheur, d'avoir éprouvé assez de malheurs dans sa vie, etc. Revenu à lui trois minutes après, il a dit n'avoir rien senti, absolument rien, ne pas s'être aperçu de l'opération, et ne pas se souvenir non plus qu'il eût crié, qu'il eût voulu remuer. Il s'est simplement souvenu que, pendant son sommeil, les malheurs de sa position lui étaient revenus à l'esprit et lui avaient causé une émotion plus vive qu'à l'ordinaire.

« Chez une jeune fille sujette à des convulsions hystériques, et qui était venue à l'hôpital pour se faire arracher un ongle rentré dans les chairs, les vapeurs d'éther ont paru produire un des accès dont la jeune malade avait déjà été affectée. Quoiqu'elle parût insensible pendant cet accès, je n'ai pas jugé convenable cependant de la soumettre à l'opération. Revenue à son état naturel, elle a soutenu que les piqûres, que les pincements dont on lui parlait, et qu'elle avait en effet supportés, n'avaient nullement été sentis par elle. Un second essai a été suivi des mêmes phénomènes ; seulement comme l'opération qu'elle avait à subir est très-douloureuse, et une de celles dont la vivacité des douleurs est en quelque sorte proverbiale, et comme cette malade affirmait que les mouvements dont nous avions été témoins étaient complétement étrangers à ce qu'on avait pu lui faire pendant qu'elle était sous l'influence de l'éther, je pensai devoir revenir une troisième fois à l'expérience. Cette fois-ci, l'inhalation produit son effet en deux minutes et demie. Je procède ensuite à la fente de l'ongle, dont j'arrache successivement les deux moitiés : pas un mouvement, pas un cri, pas un signe de souffrance ne se manifeste pendant l'opération ; et cependant cette pauvre jeune fille paraissait voir et comprendre ce que je faisais, car, au moment où je m'apprêtais à lui saisir l'orteil, elle a relevé la tête, comme pour s'asseoir, en me regardant d'un air hébété ; si bien que j'ai cru devoir lui faire placer la main d'un des assistants devant les yeux. Deux minutes après, elle avait repris connaissance, et nous a dit n'avoir rien senti, n'avoir nullement souffert ; puis elle a été prise d'un léger accès de convulsion, qui n'a duré que quelques instants.

« Un homme du monde, très-impressionnable, très-nerveux, s'est trouvé dans la dure nécessité de se faire enlever un œil depuis longtemps dégénéré. Soumis préalablement à l'action de l'éther, deux ou trois fois, à quelques jours d'intervalle, il s'est promptement convaincu que cet agent le rendait insensible. Tout étant convenablement disposé, je l'ai mis en rapport avec l'appareil à inhalation : cinq minutes ont été nécessaires pour amener l'insensibilité. Alors j'ai pu détacher les paupières, diviser tous les muscles qui entourent l'œil, couper le nerf optique, disséquer une tumeur adjacente, remplir l'orbite de boulettes de charpie, nettoyer le visage, compléter le reste du pansement et appliquer le bandage, sans que le malade ait exécuté le moindre mouvement, jeté le plus léger cri, manifesté la moindre sensibilité. Ce n'est que deux minutes après l'application de l'appareil qu'il est revenu à lui. Homme intelligent, d'un esprit cultivé, il a pu nous rendre compte de ses sensations, et nous a dit qu'il n'avait nullement souffert, qu'il n'avait rien senti ; que par moments il s'apercevait bien qu'on lui tirait quelque chose dans l'orbite, qu'un certain bruit se passait par là, mais sans lui faire de mal, sans lui causer de douleur. Il entendait bien aussi que je parlais près de lui, que je m'entretenais avec les aides ; mais il n'avait pas conscience de ce que je demandais, de ce que nous disions. Il se trouvait d'ailleurs dans un état étrange d'engourdissement, d'inaptitude au mouvement, à la parole ; en somme, il s'était trouvé dominé, pendant toute l'opération, par un cauchemar et des pensées pénibles, relatives à des objets qui lui sont personnels.

« Ce matin même, il m'a fallu enlever une portion de la main à un ouvrier imprimeur, pour remédier à une tumeur fongueuse compliquée de carie des os. Très-excitable, craignant beaucoup la douleur, ce malade a désiré qu'on lui procurât, nous a-t-il dit, le bénéfice de la *précieuse découverte*. Au bout de trois ou quatre minutes, il s'est trouvé insensible. Les premières incisions n'ont paru lui causer aucune souffrance ; mais vers la moitié de l'opération il s'est mis à crier, à se débattre, à faire des mouvements comme pour s'échapper ; les élèves se sont empressés de le contenir, et, l'opération ainsi que le pansement une fois terminés, cet homme, reprenant son état naturel, s'est empressé, en nous faisant des excuses, de nous expliquer comme quoi les mouvements auxquels il venait de se livrer étaient étrangers à son opération. Ils avaient rapport, nous a-t-il dit, à une querelle d'atelier. Il s'imaginait qu'un de ses camarades lui tenait une des mains, en même temps qu'un second camarade le retenait par la jambe, afin de l'empêcher de courir prendre part à la querelle qui existait dans la chambre. Quant à l'opération, il a protesté ne l'avoir point sentie, n'en point avoir éprouvé de douleur, quoiqu'il n'ignorât pas néanmoins qu'elle venait d'être pratiquée.

« Tels sont les principaux faits qui me sont propres et que j'ai pu étudier dans le courant de cette dernière semaine. J'ajouterai qu'une foule de médecins et d'élèves se sont maintenant soumis aux inhalations éthérées, afin d'en mieux apprécier les effets.

Fig. 344. — Velpeau.

Quelques-uns d'entre eux s'y soumettent plutôt avec plaisir qu'avec répugnance : or, tous arrivent plus ou moins promptement à perdre la sensibilité. Il en est quelques-uns, deux entre autres, qui en sont venus, par des exercices répétés, à pouvoir indiquer toutes les phases du phénomène, dire où il convient de les piquer, de les pincer, ce qu'ils sentent, ce qu'ils ne sentent pas. Bien plus, chose étrange et à peine croyable, ils sont arrivés, en perdant leur sensibilité tactile, à conserver si bien les autres facultés intellectuelles, qu'ils peuvent se pincer, se piquer, et en quelque sorte se disséquer eux-mêmes, sans se causer de douleur, sans se faire souffrir.

« On le voit, il n'y a plus moyen d'en douter : la question des inhalations de l'éther va prendre des proportions tout à fait imprévues. Le fait qu'elle renferme est un des plus importants qui soient vus, un fait dont il n'est déjà plus possible de calculer la portée, qui est de nature à impressionner, à remuer profondément, non-seulement la chirurgie, mais encore la physiologie, la chimie, voire même la psychologie. Voyez cet homme qui entend les coups de bistouri qu'on lui donne, et qui ne les sent pas ; remarquez cet autre qui se laisse couper ou une jambe ou une main, sans s'en apercevoir, et qui, pendant

qu'on l'opère, s'imagine jouer au billard ou se quereller avec des camarades ! Voyez-en un troisième qui reste dans un état de béatitude, de contentement, qui se trouve très à son aise pendant qu'on lui morcelle les chairs ! Voyez, enfin, ce jeune homme qui conserve tous ses sens, assez du moins pour s'armer d'une pince et d'un bistouri, et venir porter le couteau sur ses propres organes ! N'y a-t-il pas là de quoi frapper, éblouir l'homme intelligent, par tous les côtés à la fois, de quoi bouleverser l'imagination du savant le plus impassible ?

« Il n'y a plus maintenant d'opération chirurgicale, quelque grande qu'elle soit, qui n'ait profité des bienfaits de cette magnifique découverte. La taille, cette opération si redoutable et si redoutée, vient d'être pratiquée sans que le malade s'en soit aperçu. Il en a été de même de l'opération de la hernie étranglée. Une malheureuse femme, dans le travail de l'enfantement ne peut accoucher seule : l'intervention du forceps est réclamée, l'inhalation de l'éther est mise en jeu, et l'accoucheur délivre la malade sans lui causer de souffrances, sans qu'elle s'en aperçoive.

« Si la flaccidité du système musculaire venait à se généraliser sous l'influence des inspirations éthérées, qui ne voit le parti qu'on pourrait tirer de ce moyen, quand il s'agit d'aller chercher au sein de l'utérus l'enfant qu'il faut extraire artificiellement ? C'est qu'en effet, dans cette opération, les obstacles, les difficultés, les dangers, viennent presque tous des violentes contractions de la matrice.

« De ce que j'ai vu jusqu'à présent, de l'examen sérieux des faits il résulte que l'inhalation de l'éther va devenir la source d'un nombre infini d'applications, d'une fécondité tout à fait inattendue, une mine des plus riches, où toutes les branches de la médecine ne tarderont pas à puiser à pleines mains. Elle sera le point de départ de notions si variées et d'une valeur si grande, à quelque point de vue qu'on les envisage, qu'il m'a paru nécessaire d'en saisir, dès à présent, l'Académie des sciences, et que je me demande si l'auteur d'une si remarquable découverte ne devrait pas être bientôt lui-même l'objet de quelque attention dans le sein des sociétés savantes (1). »

Après de tels faits, après de si étonnants résultats, il n'y avait plus de doutes à conserver ; l'emploi de l'éther fut introduit dès ce moment dans tous les hôpitaux de la capitale. Les appareils d'inhalation se perfectionnèrent rapidement ; les mémoires s'entassèrent sur les bureaux des sociétés savantes ; une véri-

(1) *Comptes rendus de l'Académie des sciences.* 1er février 1847.

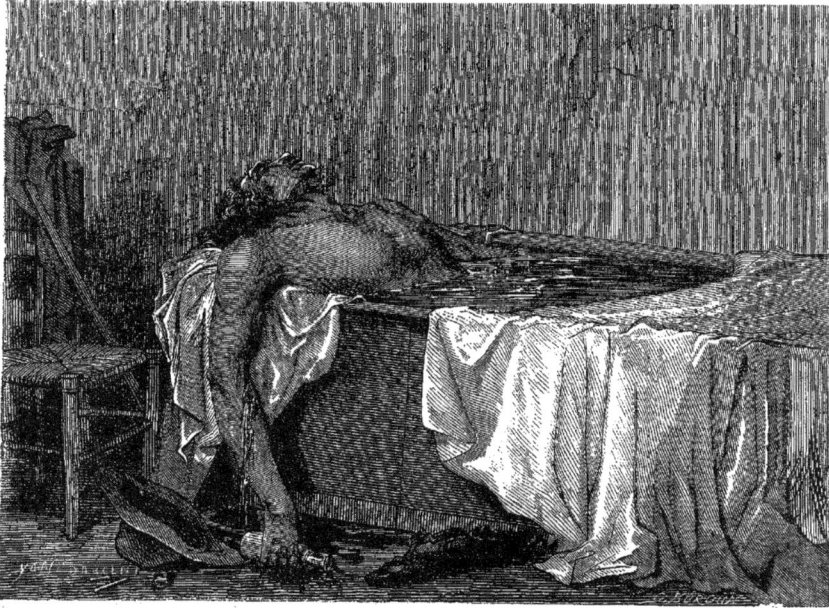

Fig. 345. — Suicide d'Horace Wels, l'un des inventeurs de l'anesthésie chirurgicale.

table fièvre de recherches et de publications s'empara du corps médical : chacun voulait contribuer pour sa part, à l'étude d'une question si féconde dans ses conséquences. C'est en vain que quelques apôtres de la douleur essayèrent de condamner cet universel élan. On laissa Magendie vanter tout à son aise, l'utilité de la douleur dans beaucoup d'opérations chirurgicales et « protester contre « des essais imprudents, au nom de la morale « et de la sécurité publiques. » La suprême morale, c'est d'alléger, autant qu'il est en nous, les souffrances de nos semblables.

Le zèle et l'ardeur des praticiens de la capitale ne tardèrent pas à se communiquer aux chirurgiens du reste de la France. Les hommes éminents qui conservent et perfectionnent dans nos provinces les traditions de la chirurgie française, s'empressèrent d'étudier, dans les hôpitaux de nos

grandes villes, les admirables effets de l'éther. MM. Bonnet et Bouchacourt à Lyon, Sédillot à Strasbourg, Simonnin à Nancy, Jules Roux à Toulon, Bouisson à Montpellier, étendirent, par leurs observations et leurs recherches, le cercle de nos connaissances dans ce précieux sujet. L'Allemagne, l'Italie, l'Espagne, la Russie, la Belgique et la Suisse s'associèrent à cet heureux ensemble d'efforts, et l'usage des inhalations éthérées se trouva promptement répandu dans l'Europe entière. Les noms de Jackson et Morton, considérés alors comme les seuls auteurs de cette découverte brillante, recevaient l'hommage universel de la reconnaissance publique, et se trouvaient placés d'un accord unanime au rang des bienfaiteurs du genre humain.

Au moment où la reconnaissance de l'Europe saluait de ses acclamations méritées les noms de Jackson et de Morton, l'un des principaux auteurs de cette découverte, Horace Wels, se donnait la mort aux États-Unis. Une éducation scientifique plus complète, un concours de circonstances plus favorables, avaient seuls manqué au pauvre dentiste pour conduire à leurs dernières conséquences les faits dont il avait eu les prémisses. Après son échec dans la séance publique de l'hôpital de Boston, dégoûté de la triste issue de ses tentatives, il avait, comme nous l'avons dit, abandonné sa profession, et menait à Hartford une existence assez misérable, lorsque le succès extraordinaire de la méthode anesthésique vint le surprendre et le déchirer de regrets. Il passa aussitôt en Europe pour faire valoir ses droits auprès des corps savants. Mais la question historique relative à l'éthérisation, était encore fort obscure à cette époque, et les documents positifs manquaient pour justifier ses réclamations. La véracité des dentistes est un peu suspecte dans les deux hémisphères. A Londres, où il se rendit d'abord, Horace Wels fut éconduit partout; il ne fut pas plus heureux à Paris, où il passa une partie de l'hiver de 1857. Dévoré de misère et de chagrin, il revint aux États-Unis, et c'est là qu'il mit fin à ses jours.

Les circonstances de sa mort ont quelque chose de profondément douloureux. Il se plaça dans un bain, s'ouvrit les veines, et respira de l'éther jusqu'à perte de connaissance. Il voulut s'envelopper, pour franchir le seuil du tombeau, de cette découverte dont il avait espéré la gloire, et qui ne lui réservait que la triste consolation d'épargner à son agonie, l'angoisse des derniers instants. Sa mort passa inaperçue; il n'y eut pas un regret ni une larme sur sa tombe.

Pendant qu'Horace Wels périssait misérablement dans sa patrie, Jackson recevait le prix Monthyon des mains de l'Institut de France, et Morton additionnait les bénéfices qu'il avait recueillis de la vente de *ses droits*. La postérité sera moins ingrate; elle conservera un souvenir de reconnaissance et de pitié à cet obscur et malheureux jeune homme qui, après avoir contribué à enrichir l'humanité d'un bienfait éternel, est mort désespéré dans un coin du nouveau monde.

CHAPITRE V

DÉCOUVERTE DES PROPRIÉTÉS ANESTHÉSIQUES DU CHLOROFORME.

C'est surtout aux travaux des chirurgiens français qu'appartient l'honneur d'avoir perfectionné la méthode anesthésique, d'avoir régularisé et étendu ses applications. Telle qu'elle nous était arrivée d'Amérique, la question en était réduite à la connaissance des effets de l'éther. Mais à côté de ce fait capital, il restait encore un grand nombre de points secondaires dont la solution était indispensable pour son application définitive aux besoins de la chirurgie. Il fallait rechercher à quelle catégorie d'opérations on peut appliquer avec sécurité les moyens anesthésiques et celles qui contre-indiquent leur emploi; — perfectionner les appareils destinés à l'administration de l'éther; — rechercher si de nouvelles substances ne jouiraient point de propriétés analogues; — étudier enfin, au point de vue physiologique, la nature et la cause des étranges perturbations provoquées dans le système vivant par l'action de l'éther, et porter même les investigations de ce genre sur le côté psychologique du problème. C'est en France que toutes ces questions ont été abordées et en partie résolues, et l'on doit reconnaître que si l'honneur de cette découverte appartient, dans son principe et dans ses faits essentiels, à l'Angleterre et aux États-Unis, le mérite de sa constitution scientifique revient à notre patrie. Suivons donc les perfectionnements qui ont été apportés à la méthode américaine depuis son introduction en France.

L'éthérisation offrait à la science un champ

trop étendu, pour que les physiologistes ne s'empressassent point de rechercher la nature et les causes de tant d'étonnants effets. Ces phénomènes étaient à peine signalés, que Gerdy les étudiait sur lui-même, et arrivait ainsi à de curieuses observations. L'analyse que ce physiologiste nous a donnée de ses impressions pendant l'état éthérique est un chapitre intéressant de l'histoire encore à peine ébauchée des effets psychologiques de l'éther. M. Serres essayait en même temps de fournir l'explication du fait général de l'insensibilité, et M. Flourens, examinant les altérations que présentent, sous l'empire de cet état, la moelle épinière et la moelle allongée, entrait avec bonheur dans une voie qui promet aux physiologistes un abondant tribut d'utiles observations. M. Longet publiait, de son côté, son remarquable mémoire relatif à l'action des vapeurs éthérées sur les systèmes nerveux cérébro-spinal et ganglionnaire, travail auquel rien de sérieux n'a été encore ajouté. Venant en aide aux recherches des physiologistes, les chimistes essayèrent ensuite, mais avec un succès très-contestable, d'expliquer la nature des altérations subies, sous l'influence anesthésique, par le sang et les gaz qui concourent à la respiration. M. Paul Dubois et M. Simpson, d'Édimbourg, appelaient bientôt après l'attention du public médical sur les applications des inhalations éthérées à l'art des accouchements; enfin MM. Honoré Chailly et Stoltz, de Strasbourg, confirmaient, par des observations tirées de leur pratique obstétricale, toute l'utilité et toute l'importance de cette application de la méthode nouvelle.

Peu de temps après s'élevait une autre question aussi riche d'avenir, car elle allait conduire à la découverte d'un nouvel agent d'une puissance anesthésique supérieure encore à celle de l'éther. Les propriétés stupéfiantes de l'éther sulfurique étaient à peine connues, que l'idée vint de rechercher si elles ne se retrouveraient pas dans quelques autres substances. On pensa tout de suite à examiner à ce point de vue les éthers autres que l'éther sulfurique ; la classe des éthers embrasse en effet de très-nombreuses espèces, et il était naturel de rechercher si la propriété anesthésique se retrouverait dans les différents composés qui forment ce groupe.

Le 20 février 1847, M. Sédillot, de Strasbourg, rendit compte à l'Académie de médecine de Paris, des résultats que lui avait fournis l'inhalation de l'éther chlorhydrique, composé auquel il avait reconnu des propriétés anesthésiques. Le 22, M. Flourens communiquait à l'Académie des sciences de Paris les expériences qu'il avait exécutées avec le même éther, et il indiquait comme produisant l'anesthésie les éthers acétique et oxalique. Le 1er mars 1847, et sans avoir connaissance des faits précédents, je signalais à l'Académie des sciences et lettres de Montpellier le résultat que j'avais obtenu en essayant sur les animaux l'action de l'éther acétique. Les vapeurs de cet éther avaient amené une insensibilité tout aussi complète que celle que produit l'éther sulfurique, mais dans un intervalle de temps un peu plus long. M. Bouisson confirmait peu après, en l'employant chez l'homme, l'action stupéfiante du même composé. M. le docteur Chambert étendit beaucoup les observations faites jusqu'à cette époque sur les différents éthers, et les généralisa avec une grande sagacité. Il a été reconnu, à la suite de ces divers travaux, que les vapeurs d'un assez grand nombre de liquides jouissent de la propriété d'abolir la douleur.

La précieuse découverte de l'action anesthésique du chloroforme fut réalisée à la même époque.

Le chloroforme est un composé chimique qui résulte de la réaction des chlorures d'oxydes sur l'alcool et qui se rapproche des éthers par sa composition. On l'obtient en distillant un mélange d'alcool et de chlorure de chaux. Le chloroforme a été découvert en 1830 par Soubeiran.

Fig. 346. — Flourens.

Le 8 mars 1847, M. Flourens communiqua à l'Académie des sciences de Paris, une note *touchant l'action de l'éther sur les centres nerveux,* dans laquelle on lit ce passage :

« L'éther chlorhydrique m'a conduit à essayer le corps nouveau connu sous le nom de *chloroforme.* Sous l'influence de cet agent, au bout de quelques minutes et de très-peu de minutes (de six dans une première expérience, de quatre dans une seconde et dans une troisième) l'animal a été tout à fait éthérisé (1). »

Mais dans ce mémoire, dont le but était purement physiologique, M. Flourens parlait du chloroforme, en même temps que d'autres composés anesthésiques, et il ne l'avait cité que comme instrument des phénomènes qu'il voulait produire, pour étudier le mode d'action des agents anesthésiques sur les centres nerveux : il n'avait d'ailleurs opéré que sur des animaux. Aussi l'attention des

(1) *Comptes rendus de l'Académie des sciences,* t. XXIV, p. 342.

chirurgiens ne s'était nullement portée sur le chloroforme, et le public médical ressentit une vive surprise lorsqu'un praticien d'Édimbourg, M. Simpson, annonça le 10 novembre 1837, les résultats extraordinaires qu'il avait retirés de l'emploi chirurgical du chloroforme.

Quelle que fût, en effet, l'action stupéfiante de l'éther, elle était encore dépassée par le chloroforme, et il était évident, d'après les faits annoncés par M. Simpson, que l'éther allait être détrôné. Il ne fallait plus, avec ce nouvel agent, prolonger pendant huit à dix minutes l'inhalation des vapeurs ; au bout d'une minute d'inspiration, le malade tombait frappé de l'insensibilité la plus profonde. Aucun appareil inhalateur, aucun instrument particulier n'était plus nécessaire ; quelques grammes de chloroforme versés sur un mouchoir placé devant la bouche suffisaient pour produire l'effet désiré. L'inspiration de l'éther provoque presque toujours une irritation pénible de la gorge, qui amène une toux opiniâtre, et inspire aux malades une répugnance souvent invincible ; au contraire, le chloroforme, doué d'une suave odeur, est respiré avec délices. Tous ces faits étaient présentés par M. Simpson avec une clarté et une abondance de preuves de nature à entraîner tous les esprits. En effet, l'auteur ne s'était pas trop pressé de publier ses résultats, il avait procédé avec la prudence et la réserve qui préparent les succès durables. Il avait d'abord essayé le chloroforme dans des opérations légères, telles qu'extractions de dents, ouverture d'abcès, galvano-puncture. Plus tard, il le mit en usage dans des opérations plus graves, dans celles qui appartiennent à la grande chirurgie ; il l'avait appliqué aussi aux accouchements et à quelques cas de médecine. Le chirurgien d'Édimbourg ne se décida à faire connaître sa découverte que lorsqu'il eut réuni près de cinquante observations propres à établir son efficacité. Il insistait particulièrement sur la supériorité que présentait le chloroforme sur l'éther, et il citait, entre autres preuves, le fait d'un jeune dentiste qui s'était fait arracher deux dents, l'une sous l'influence de l'inhalation éthérée, l'autre sous celle de l'inhalation chloroformique. Dans le premier cas, l'insensibilité n'arriva qu'au bout de cinq ou six minutes, et l'individu éprouva, sinon la douleur, au moins la conscience de l'opération ; lors de l'extraction de la seconde dent, il suffit, pour le rendre complétement insensible, de lui placer sous le nez un mouchoir imbibé de deux grammes de chloroforme. « L'insensibilité, dit le sujet de cette observation, se manifesta en quelques secondes, et j'étais si complétement *mort*, que je n'ai pas eu la moindre conscience de ce qui s'était passé. »

C'est le 10 novembre 1847, c'est-à-dire moins d'une année après l'introduction en Europe de la méthode anesthésique, que le mémoire de M. Simpson fut communiqué à la Société médico-chirurgicale d'Édimbourg. Les journaux anglais répandirent promptement la connaissance de ce fait, qui ne tarda pas à trouver une confirmation éclatante dans la pratique des chirurgiens de Paris. Le chloroforme devint bientôt, dans tous les hôpitaux de l'Europe, le sujet d'expérimentations multipliées, et l'ardeur qui avait été apportée précédemment à l'étude des propriétés de l'éther, se réveilla tout entière à propos du nouvel agent. Partout le chloroforme réalisa les promesses de M. Simpson, et tout semblait annoncer qu'il avait à jamais détrôné son rival.

Mais cet horizon si brillant ne tarda pas à s'assombrir. De vagues rumeurs commencèrent à circuler, qui prirent bientôt une forme et une consistance plus sérieuses. On parlait de morts arrivées subitement pendant l'administration du chloroforme, et qui ne pouvaient se rapporter qu'à son emploi. M. Flourens avait prononcé un mot justement remarqué : « Si l'éther sulfurique, avait-il dit, est un agent merveilleux et terrible, le chloroforme est plus merveilleux et plus terrible encore. » Cet arrêt ne tarda pas à se confirmer. On acquit la triste certitude que l'activité extraordinaire du chloroforme expose aux plus graves dangers, et que si l'on néglige certaines précautions indispensables, on peut quelquefois si bien éteindre la sensibilité, que l'on éteint en même temps la vie. Ainsi, les chirurgiens purent répéter avec le poëte :

La fortune nous vend ce qu'on croit qu'elle donne.

Les premières alarmes furent données par l'annonce d'un accident terrible arrivé à Boulogne, pendant l'administration du chlo-

Fig. 341. — Simpson.

roforme. Une jeune femme, pleine de vigueur et de santé, soumise, pour une opération insignifiante, à l'inhalation du chloroforme, était tombée comme foudroyée entre les mains du chirurgien. Cet événement ayant donné lieu à un commencement de poursuites judiciaires, le ministre de la justice demanda à l'Académie de médecine une consultation médico-légale à propos de ce fait, et d'un autre côté, son collègue de l'instruction publique crut devoir soulever, à cette occasion, devant la même compagnie, la question générale de l'innocuité des inhalations anesthésiques. Dans ce problème solennel, posé à la science par les intérêts de l'humanité, il y avait une occasion brillante, pour l'Académie de médecine, de justifier la haute mission dont elle est investie. Elle s'empressa de la saisir, et à la suite du rapport présenté par Malgaigne, s'élevèrent de longs et intéressants débats, dans lesquels toutes les questions qui se rattachent à l'emploi des anesthésiques furent successivement approfondies. Les conclusions adoptées à la suite de cette discussion remarquable innocentèrent le chloroforme, qui sortit vainqueur du débat académique. Cependant le public médical est loin d'avoir entièrement ratifié les conclusions de la savante compagnie, en ce qui touche l'innocuité du chloroforme. Plusieurs faits sont venus, depuis cette époque, apporter dans la question de tristes et irrécusables arguments, et imposer aux chirurgiens une réserve parfaitement justifiée. Aussi l'emploi de l'éther, quelque temps abandonné, a-t-il repris une faveur nouvelle. Dans l'état présent des choses, les deux agents anesthésiques sont mis en usage concurremment et pour répondre aux indications respectives qui commandent leur choix. Employés aujourd'hui selon les préceptes généraux inscrits dans la science, ils concourent tous les deux à la pratique de la méthode anesthésique entrée définitivement, et pour n'en plus sortir, dans les habitudes chirurgicales.

CHAPITRE VI

TABLEAU DES PHÉNOMÈNES DE L'ANESTHÉSIE.

Une description sommaire des effets généraux des agents anesthésiques ne sera pas déplacée dans cette Notice. L'ensemble des phénomènes qui se développent sous leur influence, au sein de l'économie, a révélé, dans l'ordre des actions vitales, une face si surprenante et si nouvelle, la physionomie de ces faits est empreinte d'un caractère si original et si tranché, ils bouleversent sur tant de points toutes les notions acquises, ils ouvrent à la physiologie et à la philosophie elle-même un horizon si étendu, qu'il importe au plus haut degré qu'ils soient bien connus et bien compris de toutes les personnes qui attachent quelque importance à l'étude des problèmes de la science des êtres vivants.

Pour faciliter la description de cet état nouveau, que l'on peut désigner sous le nom d'*état anesthésique*, nous commencerons par présenter l'ensemble des phénomènes extérieurs que l'observation permet de constater chez un individu placé sous une telle influence. Cet exposé général préliminaire nous permettra de pénétrer ensuite plus aisément dans l'analyse intime de ces différents effets. L'éther, présentant une action plus lente et plus ménagée que celle du chloroforme, permet de suivre plus aisément l'ordre et la succession des phénomènes : c'est donc l'éther sulfurique qui nous servira de type dans cette exposition.

Quand un individu bien portant et placé dans des conditions qui permettent de saisir les impressions qu'il éprouve, est soumis, à l'aide d'un appareil convenable, à l'inhalation des vapeurs éthérées, voici, d'une manière assez régulière, la série de phénomènes qu'il est permis de constater chez lui.

L'inspiration des premières vapeurs provoque toujours une impression pénible ; la saveur forte de l'éther et l'action irritante qu'il exerce sur la muqueuse buccale produisent un resserrement spasmodique de la glotte, qui amène de la toux et un sentiment de gêne dans les mouvements respiratoires. Cependant cette première impression ne tarde pas à s'effacer, et la muqueuse s'habituant à ce contact, les vapeurs éthérées commencent à pénétrer largement à travers les bronches, dans les ramifications pulmonaires. Arrivé dans le poumon, l'éther est rapidement absorbé, et il manifeste bientôt les premiers signes de son action. La chaleur générale commence à s'élever, le sang afflue vers la tête et la face rougit. Les signes d'une excitation générale sont évidents ; l'individu s'agite et trahit, par le désordre de ses mouvements, un état d'éréthisme intérieur. L'œil est humide et brillant, la vue est trouble ; quelques vertiges et une certaine loquacité indiquent déjà une action marquée sur le cerveau. Ce trouble de l'organe central de la sensibilité, augmente et se traduit au dehors par une sorte de frémissement qui se propage dans tous les membres, il est bientôt rendu manifeste par l'apparition des premiers signes du délire. L'âme a déjà perdu, sur la direction des idées, son empire habituel : une gaieté expansive et loquace, le rire indécis de l'ivresse, quelquefois les larmes involontaires, de légers cris, des sons inarticulés, annoncent le désordre qui commence à envahir les facultés intellectuelles. C'est alors que des rêves d'une nature variable viennent arracher le sujet au sentiment des réalités extérieures, et le jeter dans un état moral des plus remarquables, dont la nature et les caractères seront examinés plus loin. Cependant l'excitation physique à laquelle l'individu était en proie disparaît peu à peu ; la face se décolore et pâlit, les paupières s'abaissent, presque tous les mouvements s'arrêtent, le corps s'affaisse et tombe dans un état de relâchement et de *collapsus* complet. Un sommeil profond pèse sur l'organisme ; les battements du cœur sont ralentis, la chaleur vitale sensiblement diminuée ; la couleur terne des yeux, la pâleur du visage, la résolution des membres, donnent à l'individu éthérisé l'aspect d'un cadavre. Rien n'est effrayant comme ce sommeil, rien ne ressemble plus à la mort, *consanguineus lethi sopor ;* et que de fois on a tremblé qu'il ne fût sans réveil !

C'est au milieu de ce silence profond des actes de la vie, quand toutes les fonctions qui établissent nos rapports avec le monde extérieur ont fini par s'éteindre, que la sensibilité, qui jusque-là avait seulement commencé de s'ébranler, disparaît complétement, et que l'individu peut être soumis sans rien ressentir, aux opérations les plus cruelles. On peut impunément diviser, déchirer, torturer son corps et ses membres ; l'homme n'est plus qu'un cadavre, c'est une statue humaine, c'est la statue de la mort. Et pendant cet anéantissement absolu de la vie physique, le flambeau de la vie intellectuelle, loin de s'éteindre, brille d'un éclat plus vif. Le corps est frappé d'une mort temporaire, et l'âme, emportée en des sphères nouvelles, s'exalte dans le ravissement des sensations sublimes. Philosophes qui osez nier encore la double nature de l'homme et l'existence d'une âme immatérielle, cette preuve palpable et visible suffira-t-elle à vous convaincre ?

Cet état extraordinaire ne se prolonge guère au delà de sept ou huit minutes, mais on peut le faire renaître et l'entretenir en reprenant les inhalations après un certain intervalle, et lorsque l'individu commence à redonner quelques signes de sensibilité.

Le réveil du sommeil anesthésique arrive sans phénomènes particuliers, l'individu reprend peu à peu l'exercice de ses fonctions, il rentre en possession de lui-même sans ressentir aucune suite fâcheuse du trouble momentané survenu dans ses fonctions. Il ne conserve qu'un souvenir assez vague des impressions qu'il a ressenties, et les rêves qui ont agité son sommeil n'ont laissé dans sa mémoire que des traces difficiles à ressaisir.

Si, au lieu d'arrêter l'inhalation des vapeurs stupéfiantes au moment où l'insensibilité apparaît, on la prolonge au delà de ce terme, on voit se dérouler une scène nouvelle dont l'inévitable issue est la mort. Les organes essentiels à la vie ressentent à leur tour l'oppression de l'éther, qui, franchissant dès lors la limite des actions physiologiques, se transforme en un poison mortel. Nous n'avons pas besoin de dire que cette seconde période de l'anesthésie n'a pu être étudiée que sur les animaux et dans un but expérimental et scientifique. On a reconnu ainsi que, lorsque l'inspiration des vapeurs éthérées est poussée au delà du terme d'insensibilité, l'abaissement de la température normale du corps est le premier signe qui décèle l'oppression des forces organiques. Bientôt la respiration s'embarrasse et s'arrête par suite de la paralysie des organes qui président à cette fonction; le sang qui coule dans les artères devient noir et perd ses caractères de sang artériel, ce qui indique l'état d'asphyxie et l'arrêt de ce phénomène indispensable à la vie qui consiste dans la transformation du sang veineux en sang artériel. Enfin le cœur cesse de battre; la paralysie, qui a successivement atteint tous les organes importants de l'économie, a fini par envahir le cœur lui-même, dans lequel, aux suprêmes instants de la vie, les forces organiques semblent se réfugier comme dans le dernier et le plus inviolable asile. Cette paralysie du cœur est irrémédiable : c'est la mort.

Tels sont les effets généraux auxquels donne lieu l'introduction dans l'économie, des vapeurs éthérées. Pour mieux apprécier maintenant les caractères et la nature de cet état physiologique, il faudrait reprendre et examiner en détail chacun des traits de ce tableau. Mais une étude de ce genre exigerait des développements qui ne sauraient trouver ici leur place. Nous ne considérerons que la moitié de la scène générale qui vient d'être exposée, c'est-à-dire cette période de l'éthérisation que l'on pourrait appeler *chirurgicale*, dans laquelle la sensibilité et les facultés intellectuelles sont opprimées ou abolies, sans que la vie soit encore menacée. Nous n'examinerons même que quelques traits de cet ensemble, et négligeant les effets locaux et primitifs de l'éther, laissant de côté la question ardue et controversée de la nature et du siége des troubles nerveux provoqués par l'anesthésie, nous nous bornerons à étudier les altérations que subissent, pendant l'état anesthésique, la sensibilité et les facultés intellectuelles.

M. Bouisson a consacré un des meilleurs et des plus curieux chapitres de son livre à l'étude des modifications de la sensibilité pendant l'éthérisme. En comparant tous les faits qui se rapportent à cette question, il établit que la perturbation apportée par les vapeurs anesthésiques, dans l'exercice de la sensibilité, peut se résumer en disant que cette faculté est successivement *ébranlée*, *décomposée* et *détruite*.

Avant d'être abolie, la sensibilité commence à se troubler, et c'est là ce qui donne lieu, selon M. Bouisson, à la perversion que l'on remarque aux premiers instants de l'état anesthésique, dans l'ordre et le mode habituels des perceptions sensitives. Les impressions qui viennent du dehors sont encore accusées, mais elles sont mal comprises et rapportées fautivement à des causes qui ne les ont pas produites. L'individu éthérisé perçoit en même temps ces sensations nommées *subjectives*, c'est-à-dire qui n'ont pas leur cause provocatrice dans le monde extérieur. C'est ainsi que s'expliquent ces sensations particulières de froid ou de chaud, de fourmillement, de vibrations nerveuses irrégulières qui parcourent les membres, sans que l'on puisse assigner à leur transmission une direction anatomique. Telles sont encore ces sensations composées, agréables et pénibles à la fois, que Lecat nommait *hermaphrodites*, et dont la nature est trop spéciale et l'appréciation trop personnelle, pour qu'il soit possible d'en donner une idée fidèle avec les seules ressources de la description. C'est pendant ce premier trouble apporté à l'exercice normal de la sensibilité, que l'on observe quelquefois une exaltation marquée de cette fonction. On sait que les malades que l'on opère après une

Fig. 348. — Le rêve d'un éthérisé (page 668).

administration insuffisante de l'agent anes-thésique témoignent, par leurs cris et leur agitation excessive, que la sensibilité, au lieu d'être suspendue, présente au contraire un nouveau degré d'exaltation.

Le second ordre de modifications qui s'ob-servent, suivant l'auteur du *Traité de la mé-thode anesthésique*, dans l'exercice de la sen-sibilité, consiste en un trouble apporté dans les relations habituelles des modes divers de cette fonction. Le lien naturel qui unit entre eux les modes particuliers, dont l'ensemble

compose la sensibilité générale, est momen-tanément interrompu ou coupé. Cette obser-vation permet de se rendre compte d'un cer-tain nombre de faits bizarres et inexplicables en apparence, signalés par les praticiens. On sait, par exemple, que dans les premiers mo-ments de l'éthérisation, le sens du tact peut être affaibli de manière à ne plus apprécier la forme ou le poids d'un corps étranger, et néanmoins persister assez pour apprécier des pincements ou des piqûres, l'application de la chaleur ou du froid. Un individu plongé dans

T. II.

le sommeil anesthésique, et insensible à la douleur d'une opération chirurgicale, peut quelquefois percevoir et ressentir vivement la fraîcheur de l'eau projetée à la face. Au moment où l'économie est indifférente aux causes les plus puissantes de sensations, elle peut cependant apprécier des impressions très-légères et presque insaisissables dans l'état normal. On connaît le fait de ce malade qui, insensible à l'incision de ses tissus, accusait l'impression de froid produite par l'instrument d'acier qui divisait les chairs. Lorsque la faculté d'apprécier la douleur a complétement disparu, l'exercice de certains sens peut encore persister. On a lu, dans la communication de Velpeau à l'Académie des sciences, l'observation de ce malade à qui ce chirurgien enlevait une tumeur placée près de l'oreille, et qui, tout à fait insensible à la douleur, entendait cependant le cric-crac du bistouri. Une dame, opérée par M. Bouisson, d'un cancer au sein, entendait, sans souffrir aucunement, le bruit particulier que produit le bistouri, quand il divise les tissus endurcis et squirrheux des tumeurs cancéreuses. Il est assez commun de voir dans les hôpitaux des individus insensibles, grâce à l'éther, jeter des cris à l'application du feu. Les sujets éthérisés peuvent même donner, dans l'appréciation de ces nuances de la douleur, des preuves plus délicates encore. M. Bouisson raconte qu'ayant eu l'occasion d'employer le bistouri et les ciseaux pour l'ablation d'un cancer de la joue chez un sujet éthérisé, il remarqua que l'opéré était insensible au bistouri et qu'il sentait les ciseaux.

Après avoir été ainsi successivement ébranlée et désunie dans ses modes normaux, la sensibilité finit par s'éteindre complétement. Selon M. Bouisson, son extinction totale coïncide avec la perte de l'intelligence. Cette incapacité de sentir est d'ailleurs absolue ; aucun excitant connu ne peut la réveiller. Le fer, le feu, l'incision, la déchirure des tissus, rien ne peut provoquer, non-seulement de la douleur, mais même une sensation quelconque. Les parties les plus irritables et les plus sensibles dans l'état normal, les nerfs, dont le seul contact causerait, dans l'état normal, des convulsions, et exciterait des cris déchirants, peuvent être tordus, coupés, arrachés, sans qu'une oscillation de la fibre accuse la plus légère impression. Les bruits les plus perçants ne frappent point l'oreille, la plus vive lumière trouve la rétine inaccessible, la section ou la division des organes rendus douloureux par suite d'un état pathologique, les douleurs viscérales qui se trouvent sous la dépendance d'une affection organique, les douleurs liées à l'acte de l'accouchement, tout s'éteint dans ce silence étonnant de la vie sensorielle. L'individu ne vit plus que d'une existence purement végétative ; frappé d'une déchéance temporaire, mais radicale, les sens ont perdu leur privilége de nous mettre en rapport avec le monde extérieur, ou plutôt ils sont désormais comme s'ils n'existaient pas.

Le temps nécessaire pour amener cet état d'insensibilité absolue varie selon les sujets. En général, cinq à dix minutes d'inhalation d'éther sont nécessaires pour le produire ; deux ou trois minutes suffisent avec le chloroforme. Quant à sa durée, elle n'excède guère huit ou dix minutes ; mais, comme nous l'avons dit, on peut l'entretenir beaucoup plus longtemps, en reprenant les inhalations à mesure que les effets paraissent s'affaiblir. Il est assez commun, pour certaines opérations, de voir maintenir les malades, une demi-heure sous l'influence éthérique, et M. Sédillot a pu, sans inconvénient, prolonger cet état pendant une heure et demie.

La faculté de sentir n'est pas seule influencée par l'impression des anesthésiques ; les opérations de l'intelligence et de la volonté subissent à leur tour des troubles très-profonds. Examinons rapidement les altérations qui affectent l'intelligence sous l'influence de l'éther.

On ne s'est pas assez élevé, selon nous, contre l'indifférence avec laquelle la philosophie a accueilli jusqu'à ce jour les données empruntées à la physiologie. Aucun de nos philosophes modernes, même parmi les sensualistes les plus prononcés, n'a essayé de soumettre ces faits à une étude sérieuse. En tout état de choses, cette indifférence paraîtrait sans excuse ; mais en présence des faits apportés par la découverte de l'anesthésie, elle est encore plus difficile à comprendre. Parmi les nombreuses formes que peuvent revêtir, sous l'influence de l'éther, l'aliénation, l'altération, la suspension, le désordre, l'extinction des facultés de l'âme, un observateur familier avec les procédés de l'observation du *moi*, saisirait aisément plusieurs vérités utiles au perfectionnement de la science de l'âme humaine. Sous l'influence des agents anesthésiques, les relations normales de nos facultés sont troublées, le lien qui les rattache l'une à l'autre est interrompu ou brisé, elles sont réduites à leurs éléments primitifs, et tout indique que l'observation s'exercerait avec profit sur cette dissociation spontanée, que l'on pourrait d'ailleurs varier de cent manières. Les observations de cette nature seraient rendues ici éminemment faciles par suite de ce fait bien constaté, que l'attention et l'observation de soi-même retardent les effets de l'éthérisation.

Le fait de l'influence de l'attention sur le ralentissement des phénomènes anesthésiques est parfaitement établi. Cette influence peut aller au point de conserver l'intégrité de l'intelligence, lorsque la sensibilité est déjà paralysée. Les journaux de médecine ont fait mention d'un jeune docteur qui se soumettait volontiers à l'éthérisation en présence des élèves de l'hôpital de la Clinique, et qui indiquait lui-même le moment où il fallait lui faire subir l'épreuve de l'insensibilité, il voyait les instruments, suivait les détails de l'épreuve, émettait des réflexions sur ce sujet et ne sentait rien. « Quelques-uns de nos ma-

lades, dit M. Sédillot, furent témoins insensibles de leur opération. Vous venez de diviser, nous disaient-ils, tel lambeau de peau, vous avez tiraillé telle partie de la plaie avec des épingles ; je le vois, mais je ne le sens pas (1). »

Malgaigne cite le cas d'un malade qui, maître de ses idées, tout entier à lui et étranger seulement à la douleur, encourageait le chirurgien de la voix et du geste à poursuivre son opération. On a vu des individus plongés dans le sommeil éthérique s'enfoncer eux-mêmes des épingles dans les chairs et ne rien sentir. « Je n'ai jamais mieux apprécié, dit M. Bouisson, l'influence de l'attention et de la volonté, que sur un jeune soldat qui simulait une maladie pour obtenir sa réforme. Je lui proposai de l'éthériser, pour le mettre dans le cas d'avouer sa supercherie. Il accepta l'épreuve, bien qu'il en comprît toute la valeur ; l'insensibilité fut produite, mais l'intelligence se maintint, et le rôle réservé de simulateur fut si bien conservé, que le malade ne répondait qu'aux questions qui ne pouvaient pas le compromettre. »

Ainsi l'attention volontairement concentrée retarde la manifestation des effets de l'éther : cette circonstance permettrait donc à l'observateur de saisir plus aisément leur succession et d'appliquer ces données à l'éclaircissement des faits psychologiques.

Cependant ce retard apporté à l'apparition des effets anesthésiques, n'est que le produit d'une éthérisation incomplète. Quand l'action de l'éther est suffisamment prolongée, les phénomènes suivent leur marche ordinaire, et lorsque l'abolition de la sensibilité est devenue complète, les facultés intellectuelles subissent à leur tour une perturbation profonde que nous devons rapidement examiner.

Les premiers effets de l'éthérisation sur l'intelligence consistent, selon M. Bouisson, dans une exaltation passagère et d'un ordre particulier, pendant laquelle les idées se

(1) *De l'insensibilité produite par le chloroforme et l'éther*, p. 17.

succèdent avec une rapidité incroyable. Les personnes chez lesquelles on a arrêté à ce moment, les essais d'éthérisation, sont étonnées de l'activité et du développement inconnu qu'avait pris en elles l'intelligence sous l'empire des premiers effets de l'agent anesthésique. Les idées se pressent et se précipitent, et comme la durée se mesure habituellement au nombre et à la succession des

Fig. 319. — Bouisson.

pensées, on croit avoir longtemps vécu pendant ces instants si courts. Remarquons en passant qu'un effet tout semblable a été noté par Davy comme résultat des inspirations du gaz hilarant.

Si l'action de l'éther se prolonge, cette exaltation de l'activité intellectuelle s'accroît notablement, et certains individus deviennent en proie à une excitation morale assez violente. On observe alors des rires désordonnés et une gaieté dont l'exagération touche au délire; d'autres fois, les sujets donnent les signes d'une mélancolie subite; des larmes involontaires s'échappent de leurs yeux. Cependant on observe plus fréquemment une

demi-ivresse; la physionomie revêt les caractères d'une satisfaction vague et indécise et les sujets tombent dans une sorte de contemplation béate qui ressemble à la fois à l'ivresse et à l'extase. Enfin, il arrive quelquefois que l'excitation morale est plus violente; l'individu peut se laisser aller à des démonstrations de colère ou de fureur qu'il faut contenir, parce qu'elles deviendraient un obstacle à l'exécution de l'opération chirurgicale.

Cependant, à mesure que l'éthérisation fait des progrès, cette excitation s'affaiblit et finit par disparaître, une sorte de voile couvre l'intelligence, qui semble tomber dans un demi-sommeil. Cette situation particulière et insolite, où l'âme commence à perdre une partie de ses droits, tout en conservant la conscience secrète de cette perte, est, pour ceux qui l'éprouvent, la source de délicieuses impressions. On a le sentiment d'une satisfaction infinie, on se sent emporté dans un monde nouveau, et la cause essentielle du bonheur qui saisit et transporte les âmes, réside surtout dans la conscience de ce fait, que tous les liens qui nous retenaient aux choses de la terre nous paraissent rompus : « Il me semble, disait un individu en proie à une hallucination de ce genre, il me semble qu'une brise délicieuse me pousse à travers les espaces, comme une âme doucement emportée par son ange gardien. » Bien avant la découverte de l'anesthésie, M. Granier de Cassagnac avait l'habitude de respirer de l'éther lorsqu'il voulait, en se procurant une de ces sortes d'extases, s'arracher au sentiment des pénibles réalités de la vie. Il décrit ainsi le sentiment que l'âme éprouve : « Ce n'est pas seulement le vague bonheur de l'ivresse; cet état mérite plutôt le nom de *ravissement*, parce qu'en effet on se sent ravi, transporté de la réalité dans l'idéal : le monde extérieur et matériel n'existe plus. Assis, on ne sent pas sa chaise; couché, on ne sent pas son lit : on se croit littéralement en l'air. Mais si la sensibilité extérieure est détruite, la sensibilité intérieure arrive à une exaltation indicible. On s'attache à ce genre de bonheur ineffable et sans bornes. »

L'état transitoire qui vient d'être décrit, et qui, d'ailleurs, manque quelquefois, surtout si l'on fait usage du chloroforme, fait bientôt place au sommeil. L'action continue de l'éther sur le cerveau, opprimant les forces nerveuses, provoque le repos artificiel de cet organe. C'est surtout pendant les premiers instants de ce sommeil qu'arrive le cortége étrange des rêves éthériques, dont l'absence s'observe rarement.

Rien de variable comme la nature des rêves provoqués par les inhalations anesthésiques. Elle paraît déterminée, en général, par le genre d'occupations de l'individu, par les événements de sa vie, par les pensées qui le dominent habituellement. Comme les songes amenés par le sommeil naturel, ils sont en rapport avec l'âge, les goûts, les habitudes de ceux qui les éprouvent. L'enfant s'occupe de ses jeux; les jeunes gens rêvent la vie turbulente et agitée, la chasse, l'exercice en plein air; la jeune fille rêve à ses plaisirs; l'homme fait est dominé par les soucis de la vie ordinaire. Un enfant que M. Bouisson opérait de la taille se croyait dans un berceau, et recommandait à sa mère de le bercer. Un pêcheur opéré par Blandin, croyait tenir dans ses filets un brochet monstrueux. Un soldat auquel je voyais pratiquer l'amputation de la cuisse croyait assister à la revue de son général, et se félicitait de la propreté de sa tenue. En Suisse, où prédominent les pensées religieuses, les idées de ciel et d'enfer se mêlent à chaque instant dans ces rêves. Au reste, les préoccupations religieuses jouent, en tout pays, un grand rôle dans ces défaillances momentanées de la raison. Beaucoup de chirurgiens ont eu l'occasion d'observer des opérés qui, couchés sur la table de torture, se croyaient transportés en paradis, et se plaignaient tristement, à leur réveil, d'être revenus parmi les hommes. Les rêves d'une na-

ture plus chaudement colorée, et sur lesquels on a trop insisté au début de l'éthérisation, sont beaucoup plus rares qu'on ne l'a dit, ou du moins, comme le remarque fort bien M. Courty (1), ils n'arrivent point aux personnes élevées dans des habitudes de chasteté.

Cependant la nature des rêves éthériques n'est pas toujours liée au caractère, au genre de goûts et d'habitudes des sujets. Il en est que l'on ne peut rapporter à rien. Une dame, débarrassée par Velpeau d'une tumeur volumineuse, s'imaginait rendre visite à la personne qui a fourni à Balzac son type de la femme de quarante ans. Comme on l'engageait à retourner chez elle : « Non, reprenait la malade, je reste ici. Dans ce moment on m'opère à la maison. A mon retour, je trouverai l'opération faite. » Une femme, opérée par le même chirurgien, se croyait suspendue dans l'atmosphère, entourée d'une voûte délicieusement étoilée. Une autre se trouvait au centre d'un vaste amphithéâtre dont tous les gradins étaient garnis de jeunes vierges d'une éblouissante blancheur.

Il serait contraire à la vérité de prétendre que les songes qui accompagnent le premier sommeil de l'éthérisme sont toujours empreints d'un caractère de félicité. Si, dans l'immense majorité des cas, les individus sont agités d'émotions agréables, on remarque quelquefois des rêves pénibles et qui ont tous les caractères du cauchemar. La préoccupation morale qui domine les malades à la pensée de l'opération qu'ils ont à subir, est probablement la cause des impressions tristes qui viennent assaillir leur esprit. En général, les sujets en proie à ces rêves pénibles se voient, comme dans le cauchemar, en présence d'un but qu'ils désirent vivement atteindre sans pouvoir jamais y parvenir. Un opéré s'imaginait être retenu captif et s'écriait : « Laissez-moi, je suis décidé à faire

(1) *De l'emploi des moyens anesthésiques en chirurgie.*

des révélations! » Un autre, qui ne pouvait supporter l'odeur de l'éther, rêvait qu'on voulait le forcer à le respirer, et, pour se soustraire aux obsessions qui l'entouraient, il était contraint de se jeter dans un puits. Un troisième, qui détestait les calembours, rêvait que l'on mettait ce prix à sa délivrance.

Dans bien des cas, d'ailleurs, la cause des songes pénibles qui tourmentent les malades se rapporte à l'acte même de l'opération. L'individu éthérisé ne ressent aucune douleur; cependant, comme l'activité de l'intelligence n'est pas chez lui entièrement éteinte, il conserve encore une vague conscience des impressions du dehors, et l'imagination, travestissant et traduisant à sa manière les sensations obtuses provoquées par les manœuvres du chirurgien, sa souffrance indécise et confuse s'exprime par des songes agités. Il se croit poursuivi par des voleurs ou par des gens qui en veulent à sa vie; son esprit est en proie aux plus sombres images : il rêve de tourments et de supplices.

Un ouvrier, opéré par M. Simonnin, voyait le ciel en feu et poussait des gémissements. Un malade à qui l'on venait d'ouvrir un abcès n'avait pas cessé de jeter des cris pendant toute la durée de l'opération. Comme on l'interrogeait sur la cause de cette agitation : « Je ne souffrais point, répondit-il, mais un de mes camarades m'a cherché querelle et a voulu me frapper; je le repoussais, et c'est probablement en faisant ces efforts que j'aurai crié. »

M. Martin, de Besançon, pratiquait à un homme, l'amputation du doigt, après l'avoir placé sous l'influence de l'éther; au premier coup de bistouri, le malade fait un tel effort pour se soulever, que deux hommes peuvent à peine le contenir; il s'agite, il s'anime, vocifère contre l'opérateur, lui demandant ce qu'il veut faire à son doigt. L'opération rapidement terminée, il semble revenir d'un rêve pénible; on l'interroge sur ses sensations. « Ah! je n'en sais trop

rien, dit-il, je croyais qu'on s'amusait autour de mon doigt, et cela me contrariait. »

Une jeune fille, opérée par le même chirurgien d'une hernie ombilicale, est prise, pendant les premières inhalations de l'éther, de symptômes hystériques d'une effrayante intensité : grincement de dents, contraction permanente des poings, tremblement convulsif de tout le corps, face animée, cris déchirants, plaintes profondes, marques de désespoir. La malade se croyait en enfer ; elle déplorait son malheur et maudissait ceux qui l'y avaient entraînée : « Ah! mon Dieu! s'écriait-elle; ah! mon Dieu! m'y voilà. Je brûle, je brûle, et sans avoir jamais l'espérance d'en sortir ! »

Cependant, à la dernière période chirurgicale de l'action de l'éther, lorsque le sommeil est devenu plus profond, les songes eux-mêmes ne sont plus possibles. L'engourdissement, qui a successivement envahi tous les organes de la sensibilité, s'étend enfin sur l'âme tout entière. L'être intelligent s'anéantit sous l'influence oppressive de l'agent qui maîtrise l'économie. Aucun des actes par lesquels l'intelligence se manifeste ne peut désormais s'accomplir, et, d'un autre côté, comme la sensibilité elle-même a précédemment disparu, l'homme devient, au milieu de ces étranges conditions, un être sans analogue dans la nature entière, une chose sans nom, que le langage est impuissant à définir, parce que rien, jusqu'à ce moment, n'avait pu en faire soupçonner l'existence.

Il est difficile de déterminer exactement quel genre d'impressions subit la mémoire sous l'influence des agents anesthésiques. Quelquefois les malades se rappellent exactement les impressions qu'ils ont éprouvées, et les racontent avec les plus grands détails. D'autres fois, ils ont tout oublié et ne peuvent rendre compte de leurs rêves, bien que l'existence de ces derniers ait été rendue manifeste par leurs gestes et leurs paroles. En général, la mémoire est affaiblie, et alors même que les malades peuvent, immédiatement après l'opération, raconter exactement leurs songes, ce souvenir est lui-même fugace, et si, quelques heures après, on les engage à renouveler leur narration, ils déclarent avoir tout oublié. Enfin, il arrive souvent que les malades, pendant le cours des opérations, accusent, par leur agitation et leurs cris, l'existence de la douleur, et qu'à leur réveil ils affirment n'avoir rien senti. On a beaucoup discuté à cette occasion pour décider si, dans ce cas, la douleur était réelle ou si elle était simplement un effet de l'imagination. Il nous paraît établi que, dans ces circonstances, la douleur a positivement existé, et que son souvenir seul fait défaut. Lorsqu'on entend les cris, quand on est témoin de l'anxiété de certains opérés, il est difficile d'affirmer qu'il n'y ait point eu de douleur. M. Sédillot, M. Simonnin et M. Courty ont donné des preuves, selon nous sans réplique, de la vérité de ce fait.

Le retour de l'intelligence coïncide ordinairement avec celui de la sensibilité ; il le précède dans quelques cas plus rares. Alors la sensibilité reparaît pendant que le trouble de l'intelligence persiste encore, et les signes d'un léger délire se prolongent assez longtemps après le retour de la sensibilité. Cependant il est difficile de soumettre à des règles fixes, ces sortes de relations physiologiques, qui varient avec les circonstances et selon les individus.

Nous n'avons rien dit, dans le cours de ce chapitre, des appareils qui servent à administrer au patient le chloroforme ou l'éther. C'est que la question des appareils, qui a joué un très-grand rôle pendant plusieurs années, et qui a nécessité beaucoup d'expériences et de recherches, a perdu aujourd'hui toute son importance. Nous devons pourtant en dire quelques mots.

Dans les premiers temps on fit usage, en Amérique, pour administrer l'éther, d'un flacon à deux tubulures, d'un simple *flacon*

de Woolf, comme on l'appelle dans les laboratoires de chimie. Mais on n'administrait ainsi que des vapeurs pures d'éther sulfurique, non mélangées d'air, et l'on faisait courir au malade de véritables dangers. On l'exposait à l'asphyxie, car on ne peut jamais suspendre, sans menace de mort, l'admission, dans les poumons, de l'oxygène indispensable à la vie.

Dès que la méthode anesthésique fut importée en Europe, on construisit des appareils qui permettaient d'introduire dans les voies respiratoires, par l'inhalation, une certaine quantité d'air atmosphérique, mêlé aux vapeurs stupéfiantes. On se servait généralement d'une sorte de carafe, portant deux tubulures. L'une de ces ouvertures recevait un tube, qui donnait accès à l'air extérieur, au moment de l'inspiration. A l'autre ouverture s'adaptait un tube de caoutchouc, terminé lui-même par une sorte de masque, pourvu d'une soupape, que l'on appliquait sur la bouche du malade. La soupape, formée d'une petite boule de liége, se déplaçait, au moment de l'expiration, et laissait sortir l'air respiré et chargé d'acide carbonique.

Cet appareil a été remplacé ensuite par un autre, plus perfectionné et que représente la figure 350. Il se compose, comme on le voit, d'un flacon d'étain A, dont la partie intérieure B, se dévisse, pour recevoir une éponge imbibée d'éther sulfurique. Dans la partie où existe le pas de vis, on a percé un certain nombre de trous, qui donnent accès à l'air extérieur. Cet air, en traversant le flacon, se charge d'une certaine quantité de vapeurs stupéfiantes. En dévissant plus ou moins la partie B, on peut augmenter ou réduire à volonté la quantité d'air qui traverse l'appareil.

Au-dessus du vase d'étain A, se trouve une soupape C, composée d'une boule de liége. Cette soupape se soulève au moment de l'*expiration* du malade, pour laisser sortir l'air respiré. Le tube DD, qui doit conduire dans les poumons l'air inspiré, mélangé de vapeurs d'éther ou de chloroforme, se termine par une concavité, E, que l'on applique sur la bouche du malade, de manière à fermer exactement son ouverture sans gêner cependant les mouvements d'inspiration et d'expiration. Cependant on n'était jamais certain, avec un appareil de ce genre, quelle que fût sa disposition, de la quantité d'air mêlée aux vapeurs anesthésiques, qu'inspirait le malade. On a même attribué plusieurs cas de mort par le chloroforme ou l'éther, à ces appareils mêmes, qui, ne laissant passer qu'une quantité d'air insuffi-

sante, produisaient une véritable asphyxie.

C'est en raison de cette considération si grave, qu'on a fini par renoncer complétement à toute espèce d'appareils pour l'inhalation. On se contente, aujourd'hui, de disposer en forme d'entonnoir, un mouchoir ou un linge; d'arroser d'éther ou de chloroforme, l'intérieur de cette cavité, que l'on place sous le nez du malade. L'expérience, mille fois répétée, a prouvé que ce moyen si simple est le seul qui permette à l'air atmosphérique de se mélanger, en proportions convenables, aux vapeurs de chloroforme ou d'éther, de

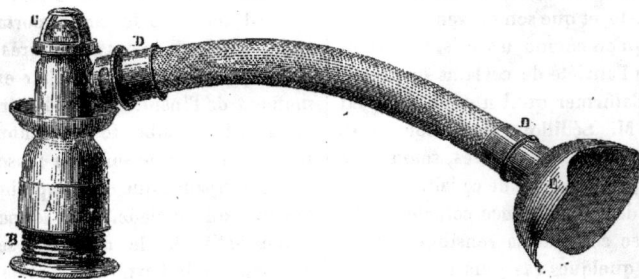

Fig. 350. — Appareil pour l'inhalation du chloroforme et de l'éther.

manière à produire l'effet stupéfiant cherché, sans exposer jamais à l'asphyxie. Un aide tient sous le nez du patient, le mouchoir imbibé de chloroforme, tandis que le chirurgien, le doigt fixé sur l'artère, s'assure, par l'état du pouls, de la persistance des conditions normales de la respiration.

CHAPITRE VII

UTILITÉ DE LA MÉTHODE ANESTHÉSIQUE. — RÉSULTATS STATISTIQUES CONCERNANT L'INFLUENCE DE L'ÉTHER ET DU CHLOROFORME SUR L'ISSUE DES OPÉRATIONS CHIRURGICALES. — DANGERS ATTACHÉS A L'EMPLOI DES ANESTHÉSIQUES. — DISCUSSION SUR LES CAS DE MORT ATTRIBUÉS A L'ÉTHER ET AU CHLOROFORME. — CONCLUSION. — NOUVEAUX AGENTS D'ANESTHÉSIE RÉCEMMENT DÉCOUVERTS. — ANESTHÉSIE LOCALE.

Il est une question que nous nous dispenserions d'aborder, tant sa solution paraît sim-

ple, et que nous ne pouvons cependant négliger ici, parce qu'elle doit nous introduire dans un ordre de considérations d'une importance incontestable : nous voulons parler de l'utilité de la méthode anesthésique. Tant que la douleur sera un mal et le bien-être un bien, c'est-à-dire tant que nous verrons maintenues les conditions présentes de l'existence humaine, on attachera une grande valeur à tous les moyens qui ont pour résultat l'abolition de la douleur. Or, de toutes les douleurs, celles qui accompagnent les opérations chirurgicales étant, sans aucun doute, les plus effrayantes et les plus redoutées, il serait évidemment superflu d'examiner si la méthode anesthésique doit être regardée comme utile : l'assentiment général, la pratique universelle, les résultats obtenus, répondent suffisamment à cette question. Mais on peut se

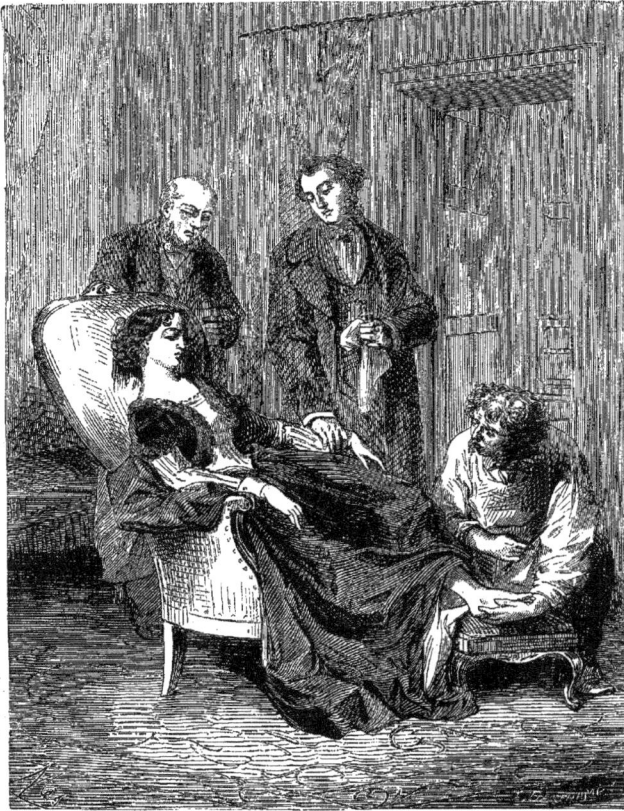

Fig. 351. — Mort de Hannah Greener, pendant l'inspiration des vapeurs de chloroforme (page 679.)

demander dans quelles limites cette utilité reste maintenue, quel est son degré précis, et surtout si l'anesthésie ne s'accompagne pas d'inconvénients ou de dangers de nature à contre-balancer ses avantages. Il convient donc d'abord, pour compléter cette Notice, l'examen de la question suivante : Quel est le degré précis d'utilité de la méthode anesthésique? Quels sont les inconvénients, les dangers qui l'accompagnent? Ces inconvénients et ces dangers sont-ils assez graves pour le faire rejeter, au moins en partie?

Pour apprécier les avantages qu'amène la suppression de la douleur, il suffit de connaître la fâcheuse influence que cet élément exerce si souvent dans les opérations chirurgicales (1). Il serait inutile d'insister longue-

(1) Nous ne croyons pas devoir nous arrêter à l'opinion qui accorde à la douleur une certaine utilité. Selon quelques chirurgiens, la douleur déterminerait après l'opération une excitation salutaire qui seconderait la réaction de l'organisme et favoriserait le cours de la fièvre traumatique. Mojon a publié à Gênes un discours *Sull' utilità del dolore*, traduit dans le *Journal universel des sciences médicales* (octobre 1817). Le mince opuscule de Mojon qui a été traduit en français, en 1843, par le baron Michel de Tretaigne, est loin

ment sur cette considération. La seule appréhension de la douleur est déjà pour les malades une source de dangers. Les ouvrages de chirurgie en fournissent des preuves nombreuses, et l'on ne manque pas de citer, dans les cours de pathologie externe, le fait de ce malade qui mourut entre les mains de Desault, par le seul effet de la terreur que lui fit éprouver le simulacre de l'opération de la taille, que ce chirurgien exécutait en promenant son ongle sur la région périnéale. Le *Journal de médecine de Bordeaux* a rapporté, au mois de mai 1850 un fait presque semblable : un malade mourut de terreur au moment où M. Cazenave, s'apprêtant à lui faire subir l'opération de la taille, se mettait seulement en devoir d'introduire une sonde dans l'urètre.

Si l'appréhension seule de la douleur peut amener une si fatale issue, il est facile de comprendre l'influence funeste que cet élément doit exercer lorsqu'il est porté à un haut degré d'intensité. « La douleur est mère de l'inflammation, » a dit Sarcone, — « la douleur est mère de la mort, » pourrait-on ajouter. Les cas où la douleur seule a causé la mort par son intensité et sa durée, ne sont pas rares dans les annales de la chirurgie, et la chronique des hôpitaux n'est pas muette en récits de ce genre. On peut dire que, dans plusieurs de ces opérations graves et de longue durée, qui amènent fréquemment une issue funeste, telles que la taille et la désarticulation des membres, le patient a commencé de mourir sur la table. Dans son traité de l'*Irritation constitutionnelle*, le chirurgien anglais Travers, consacre une section de

de justifier l'attention qu'il a provoquée pendant les premiers temps de la méthode anesthésique ; on y chercherait en vain les ressources habituellement invoquées pour soutenir honorablement un paradoxe. Le discours *Sur l'utilité de la douleur* n'est qu'un vain assemblage de lieux communs et de trivialités. La douleur y est représentée comme un don précieux de la nature, comme un baume salutaire. Enfin on arrive à cette conclusion aussi belle que neuve : L'homme doit chérir l'école du malheur !

son livre à l'examen des effets de la douleur chirurgicale, et il entre en matière par cette phrase : « La douleur, quand elle a atteint un certain degré d'intensité et de durée, suffit pour donner la mort. » Delpech avait posé en principe qu'une opération ne saurait durer plus de trois quarts d'heure sans devenir une chance probable de mort ; encore est-il nécessaire, ajoutait-il, d'interrompre la douleur par des intervalles de repos. « La douleur tue comme l'hémorrhagie, » a dit Dupuytren. Selon ce grand chirurgien, l'épuisement de l'influx nerveux peut amener la mort, comme l'épuisement du sang.

Les suites et les conséquences de la douleur chirurgicale sont une autre source de dangers qui ont fait l'objet constant de l'étude des opérateurs. La douleur intense et prolongée qui accompagne certaines opérations chirurgicales, amène à sa suite un triste cortége d'effets morbides, qui réclament une grande part dans le chiffre effrayant que la statistique nous révèle touchant la mortalité des opérés. Les accidents nerveux, les convulsions, cette forme particulière de délire qui atteint les opérés, et qui porte le nom significatif de *délire traumatique*, la stupeur et quelquefois le tétanos, sont des conséquences naturellement et directement liées à l'ébranlement profond, provoqué au sein de l'économie par l'excès de la douleur. En supprimant cet élément, la méthode des inhalations anesthésiques conjure évidemment ses redoutables effets.

Si ces considérations n'étaient que la déduction simple et logique tirée *à priori* de l'examen général de la question, elles n'auraient ici qu'une valeur secondaire ; mais l'expérience des faits recueillis depuis plusieurs années, leur prête la force d'une vérité démontrée. La statistique est venue en outre leur fournir son irrécusable appui. MM. Simpson d'Édimbourg, Phillips de Liége, Malgaigne et Bouisson, ont dressé, avec des soins minutieux, le tableau statistique d'un grand nombre d'opérations exécutées avec ou sans l'emploi des agents anesthésiques. Le résultat unanime de ces comparaisons, c'est que la mortalité, à la suite des grandes opérations, a notablement diminué depuis l'introduction de l'éther et du chloroforme dans la pratique chirurgicale.

M. Simpson a rassemblé et comparé les résultats d'un grand nombre d'opérations exécutées dans les hôpitaux d'Angleterre, avec et sans le secours de l'éther, dans la vue de déterminer le chiffre de la mortalité dans les deux cas. Il a fait choix, pour ces comparaisons, de l'amputation des membres. Selon M. Simpson, les grandes amputations des membres sont généralement mortelles, dans la pratique des hôpitaux, dans la proportion de 1 sur 2 ou 3. Dans les hôpitaux de Paris, par exemple, elle s'élève, d'après des relevés qui appartiennent à Malgaigne, à plus de 1 sur 2. Dans les hôpitaux d'Angleterre, elle est, selon M. Simpson, de 1 sur 3 1/2. Or, les opérations pratiquées en Angleterre dans les mêmes hôpitaux, sur la même classe de sujets, mais avec l'éther, n'ont admis qu'une mortalité de 23 sur 100, c'est-à-dire 1 sur 4 à peu près. Il résulte de divers chiffres rapportés par M. Simpson, et que nous négligeons ici, que sur 100 amputés dans les hôpitaux anglais, il y en a 6 qui ont été sauvés avec l'éther et qui auraient succombé sans son emploi.

Mais la comparaison établie en réunissant toutes les amputations des membres, et confondant ainsi des opérations différentes, c'est-à-dire les amputations du bras, de la jambe et de la cuisse, pouvait laisser quelques doutes. M. Simpson a voulu étudier, sous ce rapport, une même opération, et il a choisi l'amputation de la cuisse. « Il y a peu ou point, dit M. Simpson, d'opérations de la chirurgie ordinaire et rationnelle, qui donnent des résultats plus funestes que l'amputation de la cuisse. La triste conclusion des statistiques des hôpitaux, selon M. Syme, est

que la mortalité moyenne n'est pas moindre de 60 à 70 sur 100 ; en d'autres termes, qu'il meurt plus de 1 opéré sur 2. Sur les 987 amputations de cuisse, réunies par M. Phillips, 435 s'étaient terminées par la mort, c'est-à-dire 44 morts sur 100. « En résumant, » dit M. Curling, « le tableau des amputations pra-« tiquées de 1837 à 1843 dans les hôpitaux « de Londres, je trouve 134 cas d'amputation « de la cuisse et de la jambe, dont 55 morts. » La proportion est de 41 pour 100. Dans les hôpitaux de Paris, sur 201 amputations de cuisse, Malgaigne a trouvé 126 morts. A l'infirmerie d'Édimbourg, il y a eu 21 morts sur 43 ; à Glasgow, 46 morts sur 127. Dans mon propre tableau, sur 284 amputations de cuisse pratiquées dans trente hôpitaux d'Angleterre, il y a eu 107 morts.

« Au contraire, sur mes 145 amputés sous l'influence de l'éther, 37 seulement ont succombé.

« Ce qui revient à dire que l'amputation de la cuisse sans éther, tue la moitié ou le tiers des opérés, tandis qu'avec l'éther la mortalité est réduite au quart.

« Le tableau suivant résume ces résultats :

TABLEAU DE LA MORTALITÉ DANS LES AMPUTATIONS DE LA CUISSE, DRESSÉ PAR M. SIMPSON.

	OPÉRÉS.	MORTS.	PROPORTION DES MORTS.
SANS L'ÉTHER.			
Hôpitaux de Paris. — Malgaigne..................	201	126	62 sur 100
Hôpitaux d'Édimbourg.—Pencock....................	43	21	49 sur 100
Collection générale.—Phillips.	987	435	44 sur 100
Hôpital de Glascow.—Sawrie.	127	46	36 sur 100
Hôpitaux anglais. — Simpson.	284	107	38 sur 100
SOUS L'INFLUENCE DE L'ÉTHER.			
Hôpitaux anglais. — Simpson.	145	37	25 sur 100

« Ce tableau montre, dit M. Simpson, qu'en prenant la mortalité la plus faible dans les amputés sans éther, c'est-à-dire les amputés de Glascow, l'emploi de l'éther aurait pu sauver 11 pour 100 de plus parmi les malades qui ont succombé. »

Ces résultats suffisent pour constater le progrès immense qu'a fait la chirurgie par l'emploi des agents anesthésiques. Il serait à désirer que l'on fît, dans nos grands hôpitaux, pour toutes les opérations, des relevés analogues à ceux que M. Simpson a dressés pour les amputations ; nous ne doutons pas qu'on n'arrivât à des conclusions toutes semblables. Un relevé de ce genre, fait par Roux à l'Hôtel-Dieu, a établi que la mortalité qui, à la suite des grandes opérations, était du tiers, n'a plus été que du quart, à la suite de l'application de la méthode anesthésique. M. Bouisson a fait un relevé de ce genre, sur ses propres opérations. Sur 92 malades opérés sous l'influence de l'éther ou du chloroforme, il n'a eu que 4 morts à regretter. Si l'on rapproche ce résultat remarquable du chiffre qui représente la mortalité des opérés dans les hôpitaux de Paris, on sera disposé à reconnaître sans peine, l'influence heureuse exercée sur la pratique chirurgicale, par la méthode américaine (1).

Il est bon d'ajouter que, d'après l'observation de tous les chirurgiens actuels, les suites des opérations présentent moins de gravité depuis l'emploi des inhalations anesthésiques, et que les plaies des amputés marchent plus vite vers la guérison. On est frappé, en lisant les détails du relevé donné par M. Bouisson, de la promptitude avec laquelle certains de ses opérés ont guéri. Un intervalle de six, de huit et de dix jours a suffi pour permettre le retour à la santé, dans des cas où la guérison exige en moyenne vingt jours et au delà. La plupart des amputations et des ablations de tumeurs ont guéri dans un délai de dix à

quinze jours, et une amputation de bras n'en a exigé que six. L'expérience des autres chirurgiens confirme les données tirées de la pratique de M. Bouisson. Enfin il est reconnu que l'emploi des anesthésiques abrége le temps de la convalescence chez les opérés. M. Delavacherie, de Liége, s'est adonné particulièrement à la recherche de ce genre de vérification. De tous les faits recueillis et analysés par ce chirurgien, il résulte que l'influence de l'éther dans les opérations, a toujours été heureuse ; que les plaies marchent vers la cicatrisation après l'emploi de l'éther, comme chez les sujets qui ont été opérés sans son aide, et que s'il existe une différence, elle est en faveur de ceux qui ont été éthérisés ; enfin, que la guérison n'a jamais été moins prompte, et que quelquefois elle l'a été davantage (1).

Les chiffres et les faits établissent donc, d'une manière péremptoire, l'utilité de la méthode anesthésique. Elle a abaissé, dans une proportion notable, le chiffre de la mortalité des opérés ; ainsi elle a atteint ce grand résultat, de prolonger dans une certaine mesure la durée moyenne de la vie. On peut donc hardiment avancer, à ce titre, que l'éthérisation est une des plus précieuses conquêtes dont la chirurgie se soit enrichie depuis son origine.

Mais l'éthérisation ne participerait pas de la nature des inventions humaines, si quelques inconvénients ne se liaient à son emploi, si à côté de ses avantages on ne pouvait signaler quelques dangers plus ou moins graves, si un peu d'ombre ne se mêlait à sa bienfaisante lumière. Nous ne devons et nous ne voulons dissimuler en rien cette face de la question. Il importe que les dangers qui peuvent résulter de l'emploi de l'anesthésie soient bien connus ; car, si ces dangers existent, ils sont d'autant plus graves qu'ils empruntent l'apparence d'un bienfait. Disons-le

---

(1) Une circonstance qui peut expliquer cet heureux résultat, c'est que les malades, certains aujourd'hui d'éviter la douleur, se décident plus promptement à subir les opérations ; celles-ci, ne s'exécutant plus dès lors chez des individus épuisés par les fatigues de souffrances prolongées, offrent des chances plus avantageuses en faveur de la guérison.

(1) *Observations et réflexions sur les effets des vapeurs d'éther.* Liége, 1847.

donc sans détour, les inhalations d'éther ont provoqué plusieurs accidents sérieux, les inhalations de chloroforme ont plusieurs fois amené la mort. La gravité de ce sujet nous oblige à l'examiner avec quelques détails.

Ce n'est que plus d'un an après la découverte et l'emploi général de la méthode anesthésique que s'est élevée la question du danger des inhalations stupéfiantes. Des milliers de malades avaient déjà éprouvé les avantages de l'anesthésie et en bénissaient les bienfaits, lorsque quelques accidents signalés en Angleterre à la suite de l'administration de l'éther, vinrent troubler la sécurité parfaite dans laquelle les chirurgiens avaient vécu jusqu'à cette époque. Disons-le cependant, ces premiers faits étaient mal interprétés, et les craintes qui s'élevèrent alors étaient marquées au coin d'une singulière exagération.

Le premier événement fâcheux attribué à l'emploi de l'éther fut publié à la fin de février 1848, par la *Gazette médicale de Londres*. Il s'agissait d'un jeune apprenti, âgé de onze ans, nommé Albin Burfitt, qui avait eu les deux cuisses saisies par l'engrenage d'une mécanique. Il en était résulté une fracture avec une telle dilacération des parties molles, que l'amputation fut jugée indispensable. Elle fut pratiquée par M. Newman, le 23 février 1848. Malgré l'usage des inhalations éthérées, le jeune malade ressentit beaucoup de douleur dans les premiers temps de l'amputation. Après l'opération, il tomba dans un état de prostration profonde et mourut trois heures après. La mort du jeune Burfitt ne pouvait évidemment se rapporter à l'action de l'éther ; les graves désordres dont l'économie avait été le théâtre, les douleurs excessives que le sujet avait ressenties dans les premiers instants de l'opération, et qui d'ailleurs s'expliquent par ce fait, que le chirurgien avait opéré pendant la période de l'excitation éthérée, c'est-à-dire dans un moment

où, comme nous l'avons vu, la sensibilité est accrue, enfin l'épuisement nerveux qui avait été la conséquence de l'ébranlement profond imprimé à l'organisme, rendaient suffisamment compte de cette mort. Aussi ce fait ne causa-t-il qu'une assez faible sensation.

Il en fut autrement d'un événement semblable arrivé quelques jours après. Le 18 mars, une enquête fut ouverte devant le *coroner* du comté de Lincoln, à l'occasion d'une jeune femme, nommée Anne Parkisson, qui mourut trois jours après l'emploi des inhalations d'éther. Ce fait fut porté devant les tribunaux, et le coroner décida que l'opérée était morte « par l'effet de la vapeur d'éther qu'on lui avait fait respirer. » Mais un jury plus compétent eût tenu compte, pour absoudre l'agent incriminé, de l'état naturel de faiblesse de la malade, de la longueur de l'opération, des phénomènes nerveux qui l'avaient suivie, et surtout des faits que révéla l'autopsie cadavérique.

Le dernier cas de mort signalé à cette époque en Angleterre, comme consécutif à l'administration de l'éther, est celui d'un homme âgé de cinquante-deux ans, nommé Thomas Herbert, opéré de la taille par M. Roger Nunn, chirurgien de l'hôpital de Colchester, à Essex, et qui mourut cinquante heures après l'opération. Ici la taille avait été pratiquée chez un sujet épuisé, et nous n'avons pas besoin de dire que l'on a vu cent fois, après la cystotomie, la mort par épuisement nerveux arriver dans un délai beaucoup plus court, sans que l'on eût fait usage des anesthésiques (1).

En France, aucun cas de mort réellement imputable à l'éther n'avait été signalé, avant le fait observé à l'Hôtel-Dieu d'Auxerre, le 10 juillet 1847, sur un ouvrier bavarois, âgé de cinquante-cinq ans, affecté d'un cancer au sein, et qui mourut pendant l'opération même, avec des signes évidents d'asphyxie.

(1) La même réflexion s'applique au cas de mort signalé à la même époque par M. Roel, de Madrid.

Le défaut de surveillance dans l'administration de l'éther, qui fut probablement employé de manière à amener l'asphyxie par privation d'air, et en outre l'insuffisance des moyens mis en usage pour ramener le malade à la vie, marquent suffisamment la cause de cette mort.

Jusqu'à la fin de 1848, les dangers liés à l'emploi des anesthésiques, restèrent donc enveloppés de beaucoup de doutes. Parmi tous les cas de mort attribués à l'éther, il n'en était pas un seul dans lequel on ne pût rapporter à une autre circonstance, la cause des accidents, et ces événements, perdus d'ailleurs au milieu d'une masse innombrable de faits contraires, n'avaient eu d'autre résultat que celui d'inspirer aux chirurgiens, une prudente réserve dans l'administration d'une substance qui, employée sans discernement, pouvait amener de fâcheux mécomptes. Mais la scène changea à l'apparition du chloroforme. Deux mois s'étaient à peine écoulés, depuis que M. Simpson avait fait connaître sa découverte, lorsque quelques événements funestes vinrent réveiller les premières alarmes. La rapidité avec laquelle le chloroforme exerce son action faisait assez comprendre, qu'entre des mains inexpérimentées ou inhabiles, il pourrait provoquer de dangereux accidents. M. Sédillot le comprit le premier, et dans la séance de l'Académie de médecine, du 25 janvier 1848, il communiquait ses craintes aux chirurgiens. Ses prévisions ne tardèrent pas à se réaliser. Quelques faits, observés d'abord en Angleterre et bientôt après en France, vinrent jeter sur la question de sinistres lumières. Il ne s'agissait plus de ces cas problématiques, offrant à la discussion d'inépuisables ressources ; il ne s'agissait plus, comme avec l'éther, de morts survenues quelques heures ou quelques jours après l'administration des vapeurs anesthésiques : c'est pendant la durée de l'opération et sous le couteau du chirurgien, que les individus avaient expiré ; commencée sur un malade, l'incision s'était

achevée sur un cadavre. La mort était même arrivée quelquefois avant le commencement de l'opération, et lorsque le malade respirait encore les vapeurs anesthésiques : avant que la main du chirurgien fût armée, l'individu était tombé comme frappé de la foudre.

Au mois de juillet 1848, un événement déplorable arrivé à Boulogne arracha les derniers voiles qui cachaient une vérité pénible. Mademoiselle Stock, soumise, pour une opération de peu d'importance, à l'action du chloroforme, tomba comme foudroyée, entre les mains du chirurgien. La justice ayant cru devoir intervenir dans cette affaire, le ministre demanda à l'Académie de médecine des éclaircissements à l'occasion de ce fait, et le chirurgien incriminé ayant, de son côté, transmis à la même Société savante, tous les détails de l'événement, l'Académie s'occupa aussitôt d'étudier, avec toute l'attention qu'il exigeait, cet important problème.

Une commission ayant été instituée dans le sein de l'Académie de médecine, Malgaigne, choisi comme rapporteur, présenta à l'Académie, au mois de novembre 1848, un rapport développé sur cette question. Rassemblant la plupart des événements du même genre disséminés dans les recueils scientifiques, Malgaigne apportait un relevé, complet pour cette époque, des différents cas de mort imputables au chloroforme. La réunion de ces faits avait, en soi, une triste éloquence, et le public médical s'en émut avec raison. Comme, en de telles questions, les faits nous paraissent devoir parler plus haut que tous les raisonnements que l'on pourrait invoquer, nous allons les faire connaître d'après le travail du savant rapporteur de l'Académie.

Le premier des cas de mort recueilli par Malgaigne, est celui d'Hannah Greener, publié par les journaux anglais en 1848.

Hannah Greener était une belle jeune fille de quinze ans, affectée seulement d'un ongle incarné. Elle s'adressa au docteur Meggisson, qui jugea nécessaire d'enlever à la fois l'ongle et sa matrice. Déjà, auparavant, la jeune fille avait subi l'ablation de cet ongle; mais la matrice respectée avait ramené la maladie. Pour cette première opération, elle avait aspiré l'éther et n'avait éprouvé aucune douleur; seulement elle avait ressenti un mal de tête assez violent. On lui promit qu'avec le chloroforme elle n'aurait rien de semblable à redouter. Malgré cette assurance, dit Malgaigne, l'opération lui faisait peur, et toute la journée qui précéda, elle parut fort tourmentée, criant continuellement et désirant mourir plutôt que de s'y soumettre. C'est dans cet état que M. Meggisson la trouva le vendredi 28 janvier. Il essaya inutilement de calmer ses appréhensions. Elle se plaça sur la chaise en sanglotant. L'opérateur versa une cuillerée à thé de chloroforme sur un mouchoir, qu'il appliqua devant le nez et la bouche. Hannah Greener fit deux inspirations, puis repoussa la main de l'opérateur. Celui-ci lui commanda de tenir ses mains sur ses genoux, et elle respira alors le chloroforme pendant une demi-minute environ. La respiration n'étant pas stertoreuse et aucun autre phénomène ne s'étant présenté, M. Meggisson dit à son aide de procéder à l'opération. Celui-ci achevait l'incision demi-circulaire autour de l'ongle, quand la jeune fille fit un brusque mouvement comme pour échapper. M. Meggisson pensa que le chloroforme n'agissait pas suffisamment, et il en remettait d'autre sur le mouchoir, quand il vit soudainement les lèvres et la face pâlir, et un peu d'écume sortir de la bouche, comme dans une attaque d'épilepsie. Il lui ouvrit les yeux, ils restèrent ouverts; il lui jeta de l'eau à la figure, il lui administra de l'eau-de-vie, dont elle avala un peu avec difficulté. Il l'étendit sur le plancher, et essaya de lui ouvrir une veine du bras, puis la veine jugulaire; le sang ne coula pas. En un mot, moins d'une minute après l'apparition des premiers accidents, elle avait cessé de respirer, elle était

morte. Depuis le commencement de l'inhalation jusqu'au moment de la mort, il ne s'était pas écoulé plus de trois minutes.

Une enquête judiciaire fut ouverte à l'occasion de ce fait. D'après les résultats de l'autopsie, qui fut pratiquée le lendemain, le docteur John Fife crut devoir rapporter la mort à l'action du chloroforme.

L'auteur de la découverte des propriétés anesthésiques du chloroforme, M. Simpson, ne manqua pas de se porter à sa défense; il prétendit que la mort devait être attribuée non au chloroforme, mais bien aux moyens employés pour rappeler la malade à la vie. Selon lui, Hannah Greener aurait éprouvé tout simplement une syncope durant laquelle la déglutition était impossible; en conséquence, le liquide qu'on avait voulu lui faire avaler aurait rempli le pharynx jusqu'au-dessus de l'ouverture de la glotte, et de là un obstacle à la respiration qui, dans l'état de faiblesse de la jeune fille, avait suffi pour déterminer la suffocation.

L'argumentation de M. Simpson fut réfutée avec vigueur; mais pendant que ce débat s'agitait, un autre événement vint donner à ses adversaires de puissantes armes.

Arthur Walker, apprenti droguiste, âgé de dix-neuf ans, s'était fait une déplorable habitude de respirer le chloroforme pour se procurer les jouissances de l'ivresse. Le 8 février, on le vit peser une once de ce liquide, puis appliquer son mouchoir sur sa bouche, et il ne tarda pas à être pris d'une certaine excitation. Il n'y avait avec lui qu'un enfant dans le magasin, et comme on connaissait sa violence toutes les fois qu'on cherchait à lui retirer le flacon de chloroforme, l'enfant le laissa faire. Arthur Walker se retira au fond de la boutique, et là, posant sa tête sur le comptoir, il se mit à respirer le chloroforme en disposant son tablier au-devant de sa bouche. Dans ce moment, une personne entra dans le magasin, et, le croyant endormi, lui frappa sur l'épaule en lui disant : « Est-ce que vous dormez à l'heure qu'il est?» Comme l'apprenti ne répondait point, on se détermina à aller chercher son père, qui seul, en pareil cas, avait quelque puissance sur lui. Arthur Walker resta donc dans le même état environ vingt minutes. Quand son père arriva et lui releva la tête, il était mort. On essaya de le saigner, on tenta même la respiration artificielle à l'aide d'un soufflet introduit par une ouverture dans la trachée, mais tout fut inutile.

Ces deux accidents s'étaient suivis à deux jours d'intervalle; quinze jours après, un malheur du même genre venait effrayer les médecins américains.

Mistress Martha Simmons, âgée de trente-cinq ans et jouissant d'une bonne santé, éprouvait à la face et dans l'oreille quelques douleurs que l'on rapportait à l'existence d'une dent cariée. Le 23 février, elle se mit en route, et fit à pied trois quarts de mille pour aller chez son dentiste se faire arracher quelques racines de dents. Elle fut soumise à l'inhalation du chloroforme, en présence de deux dames de ses amies, qui rapportèrent ensuite les détails suivants :

« Les mouvements respiratoires paraissaient se faire librement; la poitrine se soulevait. Mais après quelques inhalations, la face devint pâle. Au bout d'une minute environ, le dentiste appliqua ses instruments, et ôta quatre racines de dents. La malade poussa un gémissement, et manifesta, pendant l'opération, des indices de souffrance, sans proférer cependant une parole, ni donner aucun signe de connaissance. Après l'extraction de la dernière racine, c'est-à-dire environ deux minutes après le commencement de l'inhalation, la tête se tourna de côté, les bras se roidirent légèrement et le corps se rejeta un peu en arrière. Dans ce moment, mistress Pearson, l'une des assistantes, ayant mis le doigt sur le pouls, observa qu'il était faible, et presque immédiatement il cessa de battre; la respiration cessa à peu près en même temps. La figure, de pâle qu'elle était d'abord, devint livide; les ongles des doigts prirent la même teinte; la mâchoire inférieure s'abaissa; la langue fit une légère saillie à l'un des coins de la bouche, et les bras tombèrent dans un relâchement complet. Les deux dames la considérèrent alors comme morte. On fit de vains efforts pour la rappeler à la vie : ammoniaque sous les narines, eau froide

jetée à la figure, application de moutarde, d'eau-de-vie, etc. On finit par la transporter de la chaise où elle était, sur un sopha; elle ne donna ni un signe de respiration, ni un signe de vie. »

Walter Badger, âgé de vingt-trois ans, jouissait habituellement d'une bonne santé bien qu'il se plaignît fréquemment de violents battements de cœur. Le 30 juin 1848, il se présenta chez M. Robinson, dentiste, pour se faire arracher plusieurs dents. Il désirait être endormi par le chloroforme, bien que son médecin, dit Malgaigne, l'en eût dissuadé, en raison de sa maladie du cœur. M. Robinson le soumit donc à l'appareil à éthérisation : le patient aspira la vapeur de chloroforme pendant environ une minute; il dit alors qu'il croyait que le chloroforme n'était pas assez fort. Le dentiste le quitta pour aller chercher son flacon et remettre un peu de liquide dans l'appareil. Walter Badger fut ainsi laissé environ trois quarts de minute; dans ce court espace de temps, sa main tomba, abandonnant l'appareil qu'il tenait lui-même, la tête s'inclina sur sa poitrine; il était mort. M. Robinson lui tâta le pouls, envoya en toute hâte chercher le docteur Waters, qui essaya la saignée, et ne put obtenir qu'une demi-cuillerée d'un sang très-noir. Pendant une demi-heure, on tenta l'inspiration artificielle, les frictions et d'autres remèdes, le tout en vain.

Une enquête fut ouverte à l'occasion de ce fait qui constitue, sans aucun doute, l'un des plus sérieux arguments contre le chloroforme, car rien ici ne peut être attribué à l'asphyxie. Lorsque Walter Badger tomba, il n'avait cessé d'aspirer le chloroforme, et, selon le récit officiel de l'événement, « une minute avant de tomber, le patient parlait et riait. » Cependant le jury déchargea M. Robinson de la responsabilité de ce malheur.

Là s'arrête la liste funèbre recueillie par Malgaigne dans les journaux anglais. Nulle catastrophe de ce genre n'avait encore été observée en France avec le chloroforme.

lorsque l'Académie de médecine reçut la communication du fait de Boulogne. Nous n'avons signalé ce fait que d'une manière sommaire ; c'est ici le lieu de le faire connaître avec plus de détails.

Mademoiselle Stock, âgée de trente ans, grande et bien constituée, avait été, en tombant de voiture, légèrement blessée à la cuisse par un fragment de bois qui n'avait produit qu'une petite déchirure à la peau. Il se forma bientôt en ce point, un petit abcès qui vint à suppuration ; on jugea nécessaire d'inciser la peau, et le docteur Gorré fut appelé pour cette petite opération. Mademoiselle Stock désira être endormie par le chloroforme ; M. Gorré revint donc le lendemain, 26 mai, muni d'un flacon de ce liquide. La malade était gaie et exempte de toute préoccupation ; son médecin ordinaire et une sage-femme assistaient à l'opération.

« Je plaçai, dit le docteur Gorré, sous les narines de la malade, un mouchoir sur lequel avaient été jetées quinze à vingt gouttes au plus de chloroforme. A peine a-t-elle fait quelques inspirations qu'elle porte la main sur le mouchoir pour l'écarter et s'écrie d'une voix plaintive : *J'étouffe.* Puis tout aussitôt le visage pâlit, les traits s'altèrent, la respiration s'embarrasse, l'écume vient aux lèvres. A l'instant même (et cela très-certainement *moins d'une minute* après le début de l'inhalation), le mouchoir aspergé de chloroforme est retiré. Mais persuadé que les accidents ne sont que passagers et qu'il va suffire, pour que l'effet cesse, d'avoir supprimé la cause, je m'empresse de glisser par la petite plaie fistuleuse qui existe à la cuisse une sonde cannelée sur laquelle j'incise le décollement jusqu'à ses limites, c'est-à-dire dans une étendue de 6 à 7 centimètres, et je retire du fond de cette plaie un petit fragment de bois mince et pointu.

« Durant le temps infiniment court, que prend cette petite opération, mon confrère cherche par tous les moyens à remédier à cette annihilation imminente de la vie. Je me joins à lui, et tous deux nous mettons en œuvre avec activité, les mesures les plus propres à conjurer une issue fatale. Frictions sur les tempes, sur la région précordiale, projection d'eau fraîche sur le visage, titillation de l'arrière-bouche avec les barbes d'une plume, insufflation de l'air dans les voies aériennes, ammoniaque sous les narines, tout ce qu'il est possible de faire en pareil cas, est tenté par mon confrère et par moi pen-

dant deux heures. Tout fut inutile ; la malade **était morte.** »

Mentionnons encore un fait du même genre observé à Paris, dans le service de Robert.

Pendant les journées de juin 1848, un Alsacien, âgé de vingt-quatre ans, nommé Daniel Schlyg, avait eu la cuisse fracassée par une balle, avec une telle dilacération des

Fig. 352. — Malgaigne

parties molles, que Robert jugea tout de suite indispensable, la désarticulation du membre ; mais l'état de prostration du malade ne permettait pas de la pratiquer immédiatement. Deux jours après, la cuisse était très-tuméfiée, les douleurs très-vives, le pouls petit et sans résistance, le moral plus abattu que jamais par un sombre désespoir. Toutes les conditions étaient donc défavorables pour l'amputation ; mais le malade la réclamait, et Robert s'y décida. On lui fit respirer du chloroforme : au bout de trois à quatre minutes, il éprouva quelques légères convulsions, et bientôt après il tomba dans un état de collapsus complet. Le chirurgien commença alors la grave opération de la désarticulation de la cuisse. L'opérateur avait taillé le lambeau antérieur et lié les vaisseaux ; il ne restait qu'à désarticuler le fémur et à tailler le lambeau postérieur ; mais le sujet commençant à s'éveiller, Robert prescrivit une nouvelle inhalation de chloroforme, tout en continuant l'opération. Un quart de minute s'était à peine écoulé, que la respiration devint stertoreuse. L'inhalation fut aussitôt suspendue. Le visage était très-pâle, les lèvres décolorées, les pupilles dilatées, les yeux renversés sous les paupières supérieures. Le chirurgien suspendit l'opération pour essayer de ranimer le malade, mais la respiration devint rare et suspirieuse, le pouls ne se sentait plus, les membres étaient dans un état complet de résolution. On essaya les frictions sur la peau, les irritations de la membrane pituitaire, le soulèvement cadencé des bras et du thorax ; plusieurs fois la respiration sembla se ranimer, et le pouls devint appréciable ; mais, après trois quarts d'heure d'efforts incessants, tout espoir s'évanouit, et l'on n'eut entre les mains qu'un cadavre.

Tels sont les faits qui devinrent le texte de la discussion importante qui eut lieu, en 1848, à l'Académie de médecine. Malgaigne ne crut point y trouver des motifs suffisants pour condamner l'emploi du chloroforme. Parmi tous les faits exposés dans son rapport, Malgaigne n'en admettait que trois dans lesquels la mort fût positivement imputable au chloroforme. Les autres cas s'expliquent, selon lui, soit par l'asphyxie, soit par des morts subites déterminées par certaines lésions organiques dont les individus étaient affectés.

Les explications données par Malgaigne ne parurent point répondre à la gravité des faits constatés. Ranger dans la catégorie équivoque des morts subites la plupart de ces faits, était une espèce de faux-fuyant qui, en général, parut d'assez mauvais goût. Si les sujets qui ont succombé portaient des lésions organiques suffisantes pour amener subitement la mort, elles devaient sauter aux yeux du clinicien le moins exercé ; comment se fait-il dès lors que personne n'ait su les diagnostiquer d'avance ? Si ces altérations avaient présenté une certaine gravité, le praticien n'eût pas manqué de les reconnaître, et, dans ce cas, il se fût dispensé d'opérer. Sans doute, chez quelques-uns de ces malades, certaines dispositions individuelles avaient pu seconder l'action léthifère du chloroforme ; mais il n'y avait rien là qui menaçât directement et actuellement leur vie. D'ailleurs, dans tous les autres cas, les sujets jouissaient d'une santé parfaite, et ne se présentaient que pour subir des opérations insignifiantes : deux venaient se faire arracher une dent, le troisième arracher un ongle, le quatrième inciser un petit abcès, le cinquième ne respirait le chloroforme que pour se procurer un état d'ivresse. Il fallait évidemment une certaine complaisance pour affirmer que tous ces individus étaient sous l'imminence d'une mort subite.

Il est tout aussi difficile d'admettre, avec Malgaigne, que la plupart des cas de mort analysés dans son travail puissent reconnaître pour cause l'asphyxie. Il n'existe point, selon nous, de cause d'asphyxie qui amène la mort en trois minutes ; il n'est pas dans la nature de l'asphyxie de tuer aussi soudainement, et surtout de résister à toute la série, si bien entendue, des moyens que l'on s'est hâté de mettre en œuvre pour la combattre.

Ainsi, il était plus simple, et en même temps plus conforme aux faits, de rapporter ces diverses morts à une action toxique propre au chloroforme. Ce composé appartient, en effet, à la classe des poisons les plus actifs, et c'est ce qu'a parfaitement démontré M. Jules Guérin, qui a émis en même temps, des vues aussi neuves que justes sur le mode d'action du chloroforme. M. Guérin a établi que le chloroforme peut exercer de deux manières son action délétère, sur l'homme et les animaux qui le respirent : 1° d'une manière

foudroyante, en sidérant subitement l'économie, en altérant subitement la vie dans sa
source même, comme le font les poisons
septiques, tels que l'acide cyanhydrique ou
l'hydrogène arsénié ; 2° par suite d'une action
particulière sur l'appareil nerveux qui préside à l'exercice de la fonction respiratoire,
laquelle se trouve arrêtée et laisse ainsi apparaître les phénomènes de l'asphyxie. Ces
deux modes différents de l'action du chloroforme rendent compte de la diversité des
circonstances qu'ont présentées les cas de
mort, observés à la suite de l'administration
de cet agent. M. Guérin a montré, de plus,
que certaines dispositions individuelles, ou
bien quelques états physiques particuliers,
tels que la faiblesse, par suite de saignée, de
diète, de maladie, l'âge, etc., rendent l'homme
plus accessible à l'action léthifère du chloroforme (1).

Cependant cette doctrine ne prévalut point
devant l'Académie de médecine. Mue par un
sentiment louable, puisqu'elle désirait surtout ne pas discréditer à son début l'emploi
des anesthésiques, et ne pas faire perdre à la
chirurgie une de ses plus belles conquêtes,
la majorité de l'Académie, entrant dans les
vues de son rapporteur, crut devoir absoudre
le chloroforme des revers qui lui étaient attribués. Voici, en effet, les conclusions adoptées par l'Académie à la suite de la discussion
du rapport de Malgaigne.

En ce qui touche la mort de mademoiselle
Stock, on formula les conclusions suivantes :

« 1° La mort ne saurait être attribuée, en aucune
façon, à l'action toxique du chloroforme.

« 2° Il existe dans la science un grand nombre
d'exemples tout à fait analogues de morts subites et
imprévues, soit à l'occasion d'une opération, soit
même en dehors de toute opération, mais surtout en
dehors de toute application du chloroforme, sans
que les recherches les plus minutieuses permettent
toujours d'assigner la cause de la mort.

(1) *Bulletin de l'Académie nationale de médecine*, t. XIX,
p. 269 et 396, séances du 14 novembre 1848 et du 9 janvier 1849.

« 3° Toutefois, dans le cas en question, l'explication la plus probable paraît être l'immixtion d'une
quantité de fluide gazeux dans le sang. »

En ce qui touche la nocuité ou l'innocuité
générale du chloroforme, l'Académie adopta
les conclusions suivantes :

« 1° Le chloroforme est un agent des plus énergiques qu'on pourrait rapprocher de la classe des poisons, et qui ne doit être manié que par des mains
expérimentées.

« 2° Le chloroforme est sujet à irriter, par son
odeur et son contact, les voies aériennes, ce qui
exige plus de réserve dans son emploi lorsqu'il existe
quelque affection du cœur ou des poumons.

« 3° Le chloroforme possède une action toxique
propre, que la médecine a tournée à son profit en
l'arrêtant à la période d'insensibilité, mais qui, trop
longtemps prolongée, ou à dose trop considérable,
peut amener directement la mort.

« 4° Certains modes d'administration apportent un
danger de plus, étranger à l'action du chloroforme
lui-même : ainsi on court des risques d'asphyxie,
soit quand les vapeurs anesthésiques ne sont pas suffisamment mêlées d'air atmosphérique, soit quand
la respiration ne s'exécute pas librement.

« 5° On se met à l'abri de tous ces dangers en observant exactement les précautions suivantes :
1° S'abstenir de s'arrêter dans tous les cas de contre-
indication bien avérée, et vérifier avant tout l'état
des organes de la circulation et de la respiration ;
2° prendre soin, pendant l'inhalation, que l'air se
mêle suffisamment aux vapeurs du chloroforme, et
que la respiration s'exécute avec une entière liberté ; 3° suspendre l'inhalation aussitôt l'insensibilité obtenue, sauf à y revenir quand la sensibilité se
réveille avant la fin de l'opération. »

Ainsi, le chloroforme sortait victorieux du
débat académique. La méthode anesthésique
avait obtenu, de l'issue de ces discussions,
une consécration solennelle, et le chloroforme conservait, dans la pratique des opérations, la place qu'il avait conquise. Le rapport académique le rangeait, il est vrai, au
nombre des poisons, mais on l'amnistiait de
toute conséquence fâcheuse, en ajoutant que
certaines précautions déterminées mettent les
malades « à l'abri de tous dangers. »

Confiants dans l'opinion et les hautes lumières de notre premier corps médical, les
praticiens reprirent donc l'emploi du chloro-

forme, dans le cours des opérations douloureuses. Mais des faits nouveaux et d'une gravité impossible à dissimuler ou à méconnaître, vinrent apporter, contre les conclusions académiques, de tristes et irrécusables arguments. C'est le 6 février 1849 que fut adopté, par l'Académie, le rapport de Malgaigne; six jours après, le 12 du même mois, un journal de médecine publiait le récit détaillé d'un nouveau cas de mort par le chloroforme, exposé avec la plus honorable loyauté, par l'un des chirurgiens les plus distingués des hôpitaux de Lyon. Il s'agissait d'un jeune homme de dix-sept ans, exerçant la profession de carrier, et qui était entré à l'hôtel-Dieu de Lyon, pour y subir la désarticulation d'un doigt. Ce fait répond sans réplique à tous les arguments invoqués en faveur du chloroforme, car il démontre avec évidence que toute l'habileté et toute la prudence du chirurgien demeurent insuffisantes dans certains cas, pour conjurer les dangers auxquels expose l'administration de cet agent. On nous permettra donc de rappeler les termes mêmes de l'observation publiée par M. Barrier.

« Le jour venu, dit le chirurgien de Lyon, après s'être assuré que le malade jouit d'une bonne santé et n'a pris aucun aliment, on le fait placer sur un lit et on le soumet à l'inhalation du chloroforme, qu'il a désirée et qui ne lui inspire aucune appréhension. Le flacon qui renferme l'agent anesthésique est le même qui a servi, un instant auparavant, à endormir une jeune fille chez laquelle tout s'est passé régulièrement. On se sert, comme d'ordinaire, d'une compresse à tissu très-clair, étendue au-devant du visage, laissant un passage facile à l'air atmosphérique, et l'on verse le chloroforme par gouttes, à plusieurs reprises, sur la portion de la compresse qui correspond à l'ouverture du nez. Deux aides, très-habitués à la chloroformisation, en sont chargés, et explorent en même temps le pouls aux radiales. L'opérateur surveille et dirige le travail des aides.

« Après quatre à cinq minutes, le malade sent et parle encore. Une minute de plus s'est à peine écoulée, que le malade prononce quelques mots et manifeste une légère agitation. Il a absorbé tout au plus six à huit grammes de chloroforme, ou plutôt c'est cette quantité qui a été versée sur la compresse, et l'évaporation en a nécessairement entraîné la plus grande partie. Le pouls est resté d'une régularité parfaite sous le rapport du rhythme et de la force des battements.

« Tout à coup le patient relève brusquement le tronc et agite les membres, qui échappent aux aides; mais ceux-ci les ressaisissent promptement et remettent le malade en position. Ce mouvement n'a pas duré certainement plus d'un quart de minute, et cependant l'un des aides annonce immédiatement que le pouls de l'artère radiale a cessé de battre. On enlève le mouchoir; la face est profondément altérée. L'action du cœur a cessé tout à fait : plus de pouls nulle part, plus de bruit dans la région du cœur. La respiration continue encore, mais elle devient irrégulière, faible, lente, et cesse enfin complétement dans l'espace d'une demi-minute environ.

« Au premier signal donné, on a dirigé des moyens énergiques contre les accidents, dont la gravité a été immédiatement comprise. On approche de l'ouverture du nez, un peu d'ammoniaque sur un linge; on en verse une grande quantité sur le thorax et sur l'abdomen, que l'on frictionne avec force. On cherche à irriter, avec la même substance, les parties les plus sensibles des téguments. On applique de la moutarde, on incline la tête hors du lit, enfin on cherche à ranimer la respiration par des pressions alternatives sur l'abdomen et sur la poitrine. Après deux ou trois minutes la respiration reparaît et prend même une certaine ampleur, mais le pouls ne se révèle nulle part. On insiste sur les frictions. La respiration se ralentit de nouveau et cesse encore une fois. L'espérance qu'on avait conçue s'évanouit. On insuffle de l'air dans la bouche et jusque dans le larynx, en portant une sonde à travers l'ouverture de la glotte, parce qu'en soufflant dans la bouche on s'aperçoit que l'air passe dans l'estomac. Des fers à cautère ayant été mis au feu dès le début des accidents, le chirurgien cautérise énergiquement les régions précordiale, épigastrique, prélaryngienne. Le pouls ne reparaît point. On continue pendant plus d'une demi-heure tous les efforts imaginables pour ramener le malade à la vie; ils restent inutiles. »

Quelques mois après, un autre événement du même genre fut communiqué à l'Académie de médecine par M. Confévron, médecin des hôpitaux de Langres. Il se rapporte à une dame de trente-trois ans, madame Labrune, qui succomba à l'action du chloroforme administré pour faciliter l'extraction d'une dent.

Madame Labrune avait déjà été soumise, sans le moindre accident, aux inhalations d'éther. Le 24 août 1849, son médecin, M. de Confévron, crut devoir la soumettre, en présence d'un dentiste, à l'action du chloroforme. Il plaça sur un mouchoir un morceau de coton imbibé d'environ un gramme de cette substance. Madame Labrune l'approcha elle-même de ses narines et le respira à quelque distance, de manière à permettre le mélange de l'air aux vapeurs anesthésiques. En huit ou dix minutes l'effet se fit sentir ; on le remarqua au clignotement des paupières. Le médecin indiqua alors au dentiste, placé derrière la malade, qu'il pouvait agir ; mais la patiente, qui avait l'habitude de l'éthérisation, ne se sentant pas suffisamment engourdie, repoussa la main de l'opérateur, et faisant comprendre par signes que l'insensibilité n'existait pas encore, elle rapprocha le mouchoir de ses narines et fit rapidement quatre ou cinq inspirations plus larges. A cet instant, le médecin lui retira lui-même le mouchoir qu'elle serrait sous son nez. Il ne la quitta des yeux que pendant le temps nécessaire pour poser le mouchoir sur un meuble voisin, et déjà, lorsqu'il reporta ses regards sur elle, la face était pâle, les lèvres décolorées, les traits altérés, les yeux renversés, les pupilles horriblement dilatées, les mâchoires contractées de manière à empêcher l'opération du dentiste, la tête renversée en arrière ; le pouls avait disparu, les membres étaient dans un état complet de résolution. Quelques inspirations éloignées furent les seuls signes de vie que la malade donna. Les moyens les plus rationnels furent employés, mais en vain, pour la rappeler à elle (1).

Ces deux faits, dont le dernier avait reçu

(1) On peut encore citer à ce propos un fait semblable arrivé à Westminster, le 17 février 1849. Il s'agit d'un ouvrier maçon, âgé de trente-six ans, soumis à l'amputation du gros orteil, et qui succomba quelques instants après l'opération, dix minutes après avoir été soumis aux inhalations du chloroforme. Toutes les précautions nécessaires avaient été prises par le chirurgien, et les soins les mieux entendus furent mis en œuvre pour conjurer l'issue fatale. Aussi le jury devant lequel fut portée cette affaire rendit-il le verdict suivant : « Le décédé Samuel Bennett est mort du chloroforme, *convenablement administré*. » Le coroner qui formula cet arrêt ne se doutait guère qu'il tranchait avec son bon sens une question qui divisait depuis un an la médecine en deux camps opposés.

de la presse périodique un grand retentissement, émurent vivement le public et le monde médical lui-même. Une malheureuse affaire du même genre étant, sur ces entrefaites, arrivée à Paris dans la pratique civile, la justice s'en saisit, et porta devant les tribunaux une question de responsabilité médicale qui touchait, dans ses intérêts les plus directs, la pratique de l'art. La question des inhalations anesthésiques, au moyen du chloroforme, exigeait donc une étude et un examen nouveaux. Intimidés par les poursuites judiciaires, dirigées à l'occasion de l'affaire Triquet, quelques chirurgiens demeuraient incertains sur la conduite à suivre et demandaient des garanties devant le public et devant leur conscience contre les conséquences de faits semblables. C'est sous l'empire de ces circonstances que la question des inhalations chloroformiques fut portée, en 1853, devant la Société de chirurgie.

L'attention de cette Société savante avait été attirée sur cet important sujet par un événement funeste qui s'était passé à l'hôpital d'Orléans sous les yeux du chirurgien en chef. Le 20 décembre 1852, un jeune soldat opéré pour l'ablation de deux petits kystes situés dans la joue gauche, était mort sous les yeux et entre les mains de l'opérateur, quatre minutes après l'inspiration des premières vapeurs chloroformiques. Le chirurgien de l'Hôtel-Dieu d'Orléans, M. Vallet, ayant adressé à la Société de chirurgie, la relation de ce fait, fournit à cette réunion savante l'occasion de soumettre à une étude approfondie la méthode anesthésique, et de s'occuper en particulier de l'examen des dangers qui se rattachent à l'emploi du chloroforme. La commission, organisée dans le sein de la Société de chirurgie pour l'étude de cette question, confia au docteur Robert, chirurgien de l'hôpital Beaujon, la rédaction de son rapport.

Le travail étendu que Robert présenta à la Société de chirurgie au mois de juin

1853, devint, dans le sein de cette Société, le texte d'une longue et intéressante discussion, où furent successivement approfondies toutes les questions qui se rapportent à l'emploi des anesthésiques et les moyens de parer aux dangers qui en résultent. Cette discussion a démontré que, dans un nombre assez considérable de cas, le chloroforme a déterminé la mort des opérés, sans que rien, dans les moyens employés pour son administration, puisse être invoqué, afin d'en expliquer le résultat funeste.

En juillet 1857, la question des dangers de la méthode anesthésique a été agitée de nouveau devant l'Académie de médecine de Paris. Ce qui est résulté surtout de cette nouvelle discussion, soulevée à l'occasion d'un travail de M. Devergie, c'est la démonstration du peu d'utilité, et dans quelques cas, des dangers que présentent les appareils pour l'administration du chloroforme. On s'est fréquemment servi jusqu'ici, pour faire respirer le chloroforme et surtout l'éther, de divers appareils d'inhalation. Ils se composent d'un tube terminé par une embouchure qui s'applique sur la bouche ; une soupape disposée sur le trajet de ce tube sert à l'entrée de l'air inspiré et qui a traversé le réservoir contenant le liquide anesthésique ; une autre soupape donne issue à l'air expiré. Mais le jeu de ces soupapes peut quelquefois n'être pas réglé avec assez d'exactitude pour que le mélange d'air et de vapeurs anesthésiques, qui s'introduit dans les poumons, contienne la quantité d'air nécessaire à l'entretien de la respiration. Le malade est alors exposé à périr, non par l'action délétère de l'agent anesthésique, mais par asphyxie. L'Académie de médecine conseille donc, et avec raison, de rejeter tout appareil inhalateur, et de se borner à faire respirer le chloroforme en le versant sur un linge plié ou dans le creux d'une éponge. L'asphyxie peut ainsi être toujours évitée, car on n'a pas à craindre le manque d'air respirable.

En résumé, dans un certain nombre de cas, le chloroforme a amené la mort, soit par l'oubli des précautions qui sont nécessaires pendant son administration, ce qui a déterminé l'asphyxie, soit par suite de l'existence, chez l'individu, de certaines affections organiques, soit enfin en raison de l'action toxique que l'on ne peut s'empêcher de reconnaître au chloroforme, action que certaines *idiosyncrasies* peuvent rendre accidentellement plus grave. Faut-il, cependant, d'après ce petit nombre de résultats malheureux, et en regard du nombre immense de faits contraires, renoncer aux bienfaits de la méthode anesthésique et la bannir sans retour de la scène chirurgicale? Il y aurait de la folie à le prétendre. Autant vaudrait renoncer aux machines à vapeur, à cause des désastres qu'elles ont souvent provoqués, aux chemins de fer, en raison des malheurs qu'ils ont pu produire. Il faudrait abandonner, au même titre, tous ces agents héroïques de la médecine interne, qui rendent tous les jours à l'humanité des services immenses, et qui ne sont pas sans avoir amené sans doute quelques résultats semblables. Si l'on dressait pour l'opium, pour le quinquina, pour la saignée, pour les purgatifs, pour l'émétique, un relevé pareil à celui que l'on a dressé pour le chloroforme et l'éther, nul doute que l'on ne dévoilât un plus triste nécrologe. Voudrait-on, pour cela, répudier ces médicaments précieux? Assurément, ce n'est pas ainsi qu'il faut entendre le progrès scientifique. Le progrès consiste à tenir compte de ces accidents pour surveiller, pour perfectionner, pour régulariser l'emploi de ces divers moyens, qui, à côté de leurs avantages, ont aussi leurs dangers, et qui n'offrent ces dangers que parce qu'ils ont ces avantages : une substance ne peut jouir, en effet, d'une certaine efficacité thérapeutique qu'à condition d'exercer sur l'économie une action plus ou moins profonde. L'art réside à diriger convenablement l'exercice de cette action pour le faire tourner au profit de la science et de l'humanité.

Au reste, la question des dangers de la méthode anesthésique est complexe ; et, comme le remarque avec beaucoup de raison M. Bouisson, il est nécessaire, pour la résoudre, de distinguer entre les agents anesthésiques et la méthode elle-même. Il n'est pas douteux que les substances douées de la propriété d'anéantir la sensibilité de nos organes, ne trouvent dans cette propriété même la source de certains périls. Mais les chances dangereuses ne sont pas les mêmes pour le chloroforme et pour l'éther. L'emploi de l'éther sulfurique ne peut soulever aucune crainte sérieuse ; les cas de mort attribués à cette substance sont peu nombreux et tous susceptibles d'une victorieuse discussion. L'anesthésie au moyen du chloroforme présente moins de sécurité ; et si les chirurgiens, adoptant une mesure dictée par une prudence parfaitement justifiée, selon nous, se décidaient à abandonner son usage, pour s'en tenir à l'emploi de l'éther sulfurique, ils réduiraient au silence les derniers détracteurs de la méthode anesthésique.

Il est bon de remarquer d'ailleurs que, par suite de l'attention dirigée vers les études de ce genre, il y a lieu d'espérer que l'on parviendra à découvrir, parmi les agents anesthésiques actuellement connus, ou bien chez d'autres substances non encore signalées, un produit nouveau dont l'action tienne le milieu entre celles de l'éther et du chloroforme, et qui permette de jouir des avantages du premier, tout en évitant les dangers auxquels le second nous expose.

Bien que l'éther et le chloroforme soient les seuls composés employés en chirurgie, on connaît déjà plus de trente substances jouissant de la propriété anesthésique ; un travail de M. Nunnely, publié en 1859, sous le titre de : *On anesthœsia and anesthœsic Substances generally*, contient sur ce sujet des indications utiles à consulter. Les substances auxquelles M. Nunnely accorde la propriété stupéfiante la plus marquée et la plus innocente

sont : l'éther sulfurique, — les carbures d'hydrogène gazeux, et le plus particulièrement, parmi ces divers carbures d'hydrogène, le gaz de l'éclairage ordinaire, — l'éther chlorhydrique, — l'éther hydrobromique, — le chloroforme, — l'aldéhyde, — le chlorure de gaz oléfiant, — et le chlorure de carbone.

A cette liste il convient d'ajouter, comme jouissant de propriétés anesthésiques, le gaz oxyde de carbone, le gaz acide carbonique, l'éther azoteux, l'éther formique, le chloroformo-méthylal, le sulfure de carbone, l'essence de moutarde, la créosote, l'essence de lavande, l'essence d'amandes amères, la benzine, les vapeurs d'huile de naphte, et celles de l'iodoforme. Mais une remarque importante à faire ici, c'est qu'un certain nombre de ces corps sont des poisons actifs, et doivent, à ce titre, être rejetés de l'emploi médical. Les seuls anesthésiques, parmi tous ceux que nous venons de nommer, qui n'agissent point comme poisons, et qui peuvent dès lors être acceptés pour l'usage chirurgical, sont, avec le chloroforme et l'éther sulfurique, les éthers chlorhydrique, bromhydrique, chlorhydrique chloré, acétique, l'aldéhyde, le chloroformo-méthylal et l'huile de naphte.

Nous ne devons pas manquer d'ajouter que l'année 1857 a vu la découverte d'un agent anesthésique nouveau, et qui a beaucoup attiré l'attention, parce qu'il a paru un moment répondre au *desideratum* signalé plus haut, c'est-à-dire d'une substance dont l'action tient le milieu, sous le rapport de l'activité, entre celles du chloroforme et de l'éther. Cette substance, c'est l'*amylène*, qui a été découvert par M. Cahours, dans l'huile de pomme de terre, et plus tard, en 1844, par M. Balard, dans les produits de la distillation du marc de raisin. M. Snow, praticien de Londres, à la suite d'essais faits en novembre 1856, sur un grand nombre de malades, a reconnu que l'amylène produit un effet anesthésique, non accompagné de symptômes graves auxquels donnent lieu le chloroforme et l'éther; qu'il n'exerce aucune action irritante sur les organes respiratoires, et plonge le sujet dans un état complet d'insensibilité.

Annoncés par M. Snow, le 10 janvier 1857, à la *Société royale de Londres*, ces faits sont devenus en France l'objet d'un examen approfondi : M. Giraldès, à l'hôpital des Enfants trouvés à Paris; M. Tourdes, à l'hôpital de Strasbourg, ont confirmé, par l'opération clinique, les faits avancés par M. Snow relativement à l'efficacité de l'amylène. Enfin, le 14 mars 1857, l'Académie de médecine de Paris a entendu la lecture d'un rapport de Robert, concluant dans le même sens.

Cependant, il ne faudrait pas croire que l'innocuité de l'amylène soit complète, et que cet agent nouveau n'expose point les malades à quelques dangers. Il suffit de dire, pour établir le fait contraire, que deux cas de mort sont arrivés pendant l'administration de cet anesthésique, et ces faits malheureux sont survenus entre les mains de M. Snow lui-même, l'auteur de la découverte des propriétés de l'amylène. Au mois d'août 1857, dans un rapport à l'Académie de médecine, Jobert a insisté sur ce point, que l'amylène expose aux mêmes dangers que le chloroforme, et ne saurait, par conséquent, lui être préféré dans aucun cas. Le rapport de Jobert a fait renoncer, en France, à l'usage de l'amylène.

En 1864, le docteur Georges fit des expériences comparatives avec une série de gaz connus comme anesthésiques. M. Georges accordait la préférence, pour l'emploi chirurgical, à l'éther bromhydrique, dont l'action est prompte, passagère et peu dangereuse. D'autres substances, telles que le bromoforme, les éthers acétique, nitreux, œnanthique, amyliodhydrique, lui donnèrent quelques bons effets.

Le kersolène, proposé en 1862 par le chirurgien américain Éphraïm Cutter, comme nouvel agent d'anesthésie, est dangereux, à cause de son inflammabilité, car c'est un produit tiré de l'huile de pétrole.

M. le docteur Ozanam a récemment préconisé l'usage de l'acide carbonique, comme agent d'anesthésie générale. M. Ozanam a fait aspirer ce gaz après l'avoir mélangé avec un quart de son volume d'air ordinaire. D'après ce chirurgien, l'acide carbonique ne paraît pas présenter les effets toxiques du chloroforme. Disons toutefois que cette innocuité a été vivement contestée par plusieurs autres expérimentateurs.

Enfin, le 9 avril 1866, un chirurgien américain, M. Bigelow, de Boston, a fait connaître à la *Société médicale* de cette ville, un nouvel anesthésique local : c'est le *rhigolène*, un des produits de la distillation du pétrole, et qui jouit d'une volatilité considérable, car il bout à + 38° c. Ce carbure d'hydrogène est le plus léger des liquides connus; sa pesanteur spécifique est de 0,62. Sa volatilité est telle, qu'appliqué sur la peau, il le congèle en dix ou douze secondes.

Les inconvénients qui peuvent se rattacher à l'emploi des agents anesthésiques actuellement connus, ne prouvent rien cependant contre l'utilité de la méthode elle-même. L'anesthésie a amené dans la chirurgie un progrès éclatant, puisqu'elle a diminué, dans une proportion notable, les chances de mort à la suite des grandes opérations : appliquée avec discernement et par des mains prudentes, elle jouit de toute l'innocuité que l'on réclame des procédés de l'ordre thérapeutique. On ne peut exiger de la contingence des faits vitaux, autre chose que la probabilité numérique; or, cette probabilité est portée ici à un degré tellement avancé, qu'elle assure toute sécurité à la confiance du malade et toute liberté à la conscience du chirurgien. Au mois de mars 1850, c'est-à-dire un peu plus de trois ans après l'introduction des anesthésiques dans la pratique chirurgicale, Roux estimait à cent mille le nombre d'individus soumis, en Amérique et en Europe, à l'action de l'anesthésie, et, sur ce nombre immense de cas, on avait eu à peine douze ou quinze malheurs à déplorer. Dans un intervalle de dix ans, Velpeau a pratiqué trois ou quatre mille fois l'éthérisation, et il n'a jamais été témoin d'un événement fatal. Ces chiffres suffisent pour dissiper les appréhensions qu'ont pu laisser dans l'esprit de nos lecteurs les tristes événements que nous avons dû mentionner.

CHAPITRE VIII

L'ANESTHÉSIE LOCALE. — EXPÉRIENCES ET OBSERVATIONS RÉCENTES SUR L'APPLICATION TOPIQUE D'AGENTS D'INSENSIBILITÉ : L'ÉTHER ET LA GLACE. — APPAREILS DIVERS POUR PRODUIRE L'ANESTHÉSIE LOCALE. — EMPLOI DU PROTOXYDE D'AZOTE POUR PRODUIRE UNE ANESTHÉSIE FUGACE APPLICABLE A L'OPÉRATION DE L'EXTRACTION DES DENTS. — CONCLUSION.

Pour produire l'anesthésie, ou l'insensibilité générale, on n'a que l'embarras du choix entre une foule d'agents, qui ont été plus ou moins éprouvés par un fréquent usage. Mais l'inhalation de substances gazeuses entraîne souvent des inconvénients ou des dangers, dont le plus évident est la possibilité de l'asphyxie. Le chloroforme, l'éther, l'amylène, employés pour produire l'insensibilité générale par l'inhalation pulmonaire, ont, dans bien des cas, occasionné la mort, sans que la science ait jamais pu fournir un seul moyen de prévenir ou de conjurer cette issue. Les chances de mort sont, il est vrai, numériquement très-faibles, mais elles existent toujours, et il faut compter avec elles.

Sans dire avec un chirurgien contemporain (M. Sédillot) que, quand on administre un anesthésique, «la question de mort est posée,» on peut pourtant affirmer que l'on n'est jamais certain d'avance, que l'administration de la substance anesthésique sera inoffensive. Le danger plane sur chaque opération; il laisse le chirurgien et le malade en proie à des préoccupations secrètes, qui sont une

condition très-fâcheuse pour le succès du traitement.

C'est en raison de ces légitimes craintes, que l'on a cherché depuis longtemps à produire l'insensibilité par un mode moins énergique et moins redoutable, en d'autres termes, que l'on a cherché à réaliser l'*anesthésie locale*.

Le chloroforme employé en frictions sur les parties malades, a fourni quelquefois de bons résultats, pour combattre les douleurs internes, dans les affections rhumatismales et dans quelques états analogues. Ce mode d'emploi des substances anesthésiques, a donné l'idée d'en tirer parti pour les opérations chirurgicales, et l'on a essayé, à l'aide de frictions avec le chloroforme, d'engourdir exclusivement la partie destinée à subir une opération douloureuse, sans faire participer l'économie entière à l'état grave et pénible dans lequel on est forcé de la placer par la méthode ordinaire.

On comprend tous les avantages, toute l'importance de cette nouvelle application de l'anesthésie. Si l'on parvenait à rendre isolément insensible la partie du corps sur laquelle l'opération doit être pratiquée, on échapperait aux difficultés et aux dangers auxquels on s'expose par les procédés suivis aujourd'hui. L'individu resterait tout entier maître de sa volonté et de sa raison ; il pourrait se prêter aux mouvements et aux manœuvres du chirurgien ; il ne serait plus comme un cadavre entre les mains de l'opérateur. Ainsi la sûreté de l'opération, la confiance du chirurgien, et aussi la dignité humaine, gagneraient à cette modification heureuse. On étendrait en même temps l'application de l'anesthésie à bien des cas où elle ne peut être mise en œuvre. On sait que la plupart des opérations qui se pratiquent vers la bouche ou du côté des voies aériennes, par exemple, ne peuvent être faites avec le chloroforme ou l'éther, parce que l'on redoute avec raison que le sang ne pénètre dans les voies aériennes et ne provoque l'asphyxie. Il est encore certaines opérations qui exigent le concours actif, l'attention, la participation du malade, et qui ne peuvent par conséquent s'accomplir dans l'état de sommeil éthérique. Enfin, il existe un très-grand nombre de cas dans lesquels l'opération est d'une si faible importance, que l'on juge inutile et même irrationnel, d'éthériser les malades ; dans ces dernières circonstances, lorsqu'il ne s'agit, par exemple, que d'un coup de bistouri à donner, les malades pourraient encore jouir du bénéfice des procédés anesthésiques. Tout cela fait comprendre les avantages de l'anesthésie localisée.

Nous allons faire connaître les résultats des recherches nombreuses qui ont été faites jusqu'à l'année 1867, pour arriver à produire commodément et avec certitude, cet état d'anesthésie.

Les travaux de MM. Serres, Flourens, Longet, firent connaître que, sous l'influence des inhalations d'éther sulfurique, les bords de la langue et de la muqueuse du pharynx étaient insensibles. M. Longet appliqua l'éther sulfurique sur un nerf mis à nu, et il constata que le nerf avait perdu toute sensibilité. M. Simpson, chirurgien d'Édimbourg, essaya alors d'appliquer le chloroforme comme topique destiné à détruire la sensibilité locale ; et il obtint, en effet, l'engourdissement de la région du corps, mise en contact avec le liquide anesthésique. Cependant, lorsqu'il voulut pratiquer une incision dans les parties ainsi engourdies, la douleur se manifesta, et elle fut très-vive.

Un physiologiste anglais, M. Nunnely, a fait, dans le même but, quelques expériences sur des animaux. Il parvint effectivement, au moyen d'applications de chloroforme, à supprimer la douleur pendant des opérations faites sur le chien et autres animaux ; mais, quand il voulut appliquer la même méthode à l'homme, il ne put jamais obtenir qu'un engourdissement local, sans perte de sensibilité.

En 1848, le docteur Jules Roux, de Toulon, reprit les mêmes tentatives. Il réussit à calmer les douleurs des plaies chirurgicales, en y versant une certaine quantité d'éther liquide.

D'autres expérimentateurs confirmèrent bientôt les bons effets de l'éther et du chloroforme, comme anesthésique topique. M. Hardy, chirurgien irlandais, fit alors construire un instrument pour l'application locale du chloroforme dans les affections utérines.

En France, M. le docteur Guérard inventa, en 1854, un appareil pour l'éthérisation locale. Cet appareil se compose d'un cylindre plein d'éther et parcouru par un piston qui pousse peu à peu l'éther au dehors. En même temps, un petit ventilateur, dirigé vers la partie malade, active l'évaporation du liquide. Cet instrument est entré, dès l'année 1855, dans la pratique chirurgicale. MM. Nélaton, Dubois, Demarquay, s'en sont servis avec avantage.

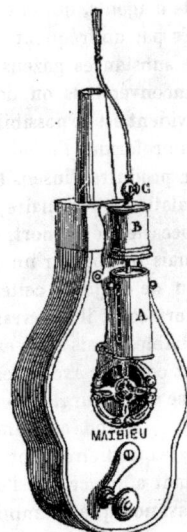

Fig. 353. — Appareil de M. Guérard, pour l'éthérisation locale.

La figure 353 représente cet appareil. B est un cylindre métallique, plein d'éther sulfurique liquide; A, un autre cylindre dans lequel se meut un piston, qui vient pousser et chasser devant lui l'éther, de manière à le faire sortir par l'orifice du tube recourbé CD. Sur la caisse de cet appareil est une manivelle E, qui, mise en mouvement, fait agir une sorte de soufflet ou de ventilateur, placé à l'intérieur de la caisse. GH est le tuyau de sortie de l'air de ce soufflet. L'air qui sort ainsi avec force par le tube GH, quand on tourne la manivelle, produit une évaporation extrêmement rapide de l'éther amené à la surface de la peau, par le tube CD. Ainsi se manifeste sur la partie, une réfrigération considérable, qui finit par amener une insensibilité locale.

Un autre moyen de produire l'anesthésie, consiste dans l'application directe du froid, c'est-à-dire dans l'emploi de la glace ou d'un mélange réfrigérant.

L'influence d'une basse température pour abolir la sensibilité, avait été remarquée par le célèbre chirurgien Larrey, après la bataille d'Eylau, où plusieurs opérations durent être pratiquées par un froid de 19 degrés au-dessous de zéro. Mais c'est surtout à James d'Arnott, chirurgien anglais, qu'on doit l'emploi systématique du froid comme agent d'anesthésie locale. Velpeau a, de son côté, beaucoup contribué à vulgariser ce moyen simple et peu dispendieux.

La glace pilée, appliquée sur la partie, ou l'éther sulfurique versé sur cette même partie, tels sont, en résumé, les deux moyens qui ont été mis alternativement en usage comme agents d'anesthésie locale. Mais quel est le plus avantageux de ces deux procédés ? En 1858, M. Demarquay fit des expériences comparatives de l'un et de l'autre moyen, et le résultat sembla faire pencher la balance du côté de la glace

Depuis l'année 1854, époque à laquelle M. Guérard fit connaître son *réfrigérateur*, beaucoup d'autres moyens ont été proposés pour produire l'anesthésie locale. On a es-

sayé, par exemple, de produire cet effet par l'électricité. A la fin de l'année 1858, les dentistes de Paris et les chirurgiens eux-mêmes, s'occupèrent de l'emploi de l'électricité comme moyen d'abolir la douleur pendant l'extraction des dents. Un dentiste de Philadelphie avait assuré que l'extraction des dents s'accomplissait sans douleur pour le patient, si l'opération s'exécutait sous l'influence du courant électrique de la machine d'induction de Clarke. Mais les expériences qui furent tentées à Paris, donnèrent des résultats douteux, et même complétement négatifs.

La compression des nerfs et des vaisseaux, fut essayée à la même époque, pour engourdir localement la sensibilité, mais sans plus de succès.

L'acide carbonique donna de meilleurs résultats, dans ses applications spéciales comme *analgésique*. Mais l'acide carbonique doit sa propriété de diminuer la douleur, principalement à l'influence bienfaisante qu'il exerce sur les plaies. M. Demarquay, dans son remarquable *Essai de pneumatologie médicale* (1), a établi, en effet, que l'acide carbonique favorise au plus haut degré la guérison des plaies de mauvaise nature.

On a signalé, dans le même but, un singulier moyen, c'est l'emploi des venins, proposé par M. le docteur Desmartis, de Bordeaux. Les morsures d'araignées produisent quelquefois l'*analgésie* locale. Le venin de certains insectes hyménoptères, paraît produire un effet analogue. Mais on n'a tenté aucune expérience sérieuse pour tirer parti de cet expédient bizarre.

La liqueur des Hollandais, le bromure de potassium, appliqué à l'état liquide, et un grand nombre de substances carburées ont été essayés, sans résultat, comme agents d'anesthésie locale.

(1) *Essai de pneumatologie, recherches physiologiques, cliniques et thérapeutiques sur les gaz.* 1 vol. in-8°. Paris 1866.

La question de l'anesthésie locale semblait donc très-éloignée encore d'une solution satisfaisante, lorsque, dans les premiers mois de 1866, M. Labbé, chirurgien de la Salpêtrière, fit connaître en France un nouvel appareil à éthérisation, en usage en Angleterre et dont l'effet est aussi énergique que rapide.

On doit ce nouvel instrument à M. Richardson, médecin de Londres, qui en a publié la description au mois de février 1866.

L'appareil que nous représentons ici (*fig.* 354) se compose d'un flacon de verre

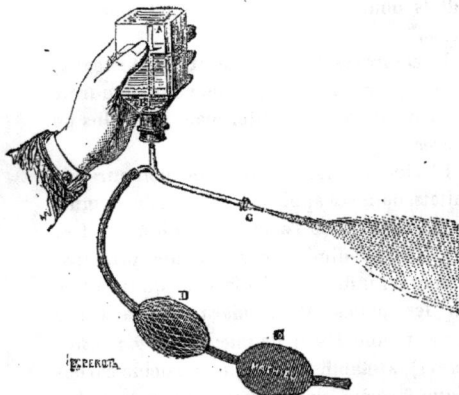

Fig. 354. — Appareil de M. Richardson pour l'éthérisation locale.

plein d'éther sulfurique et muni de deux tubes, l'un en caoutchouc, l'autre en métal. Le tube en caoutchouc porte une boule E qui sert à chasser de l'air dans le flacon, par des pressions alternatives pratiquées avec la main ; cet air traverse une seconde boule D qui sert à emmagasiner l'air comprimé et à rendre son écoulement constant. Le tube métallique ABC plonge dans l'éther, et se termine en pointe effilée. A chaque pression de la main sur la boule élastique, l'air passe dans le flacon, comprime l'éther et le chasse dans le tube métallique, d'où il sort extrêmement divisé et pour ainsi dire pulvérisé. Ce mécanisme est analogue à celui des siphons à eau de Seltz. L'éther, ainsi réduit en particules

prodigieusement divisées, est lancé contre la partie dont on veut détruire la sensibilité.

L'appareil que nous représentons ici, a été exécuté, en France, par M. Mathieu, constructeur d'instruments de chirurgie, qui a apporté quelques modifications à celui de M. Richardson.

Le temps nécessaire pour produire l'anesthésie locale avec cet appareil, varie de deux à quatre minutes. La distance de l'orifice du pulvérisateur à la peau doit être d'au moins 1 décimètre.

M. Sales-Girons a modifié l'appareil du docteur Richardson, en substituant à la boule de caoutchouc une pompe foulante, qui permet de produire une pression plus continue.

Le modèle que M. Demarquay a fait construire pour son usage, vaporise, ou plutôt *pulvérise*, environ 30 grammes d'éther par minute. La pompe à main est manœuvrée par un aide, pendant que le chirurgien dirige le jet d'éther sur la partie malade.

M. Lüer, constructeur d'instruments de chirurgie, a imaginé divers appareils pour la *pulvérisation des liquides*, qui s'appliquent parfaitement à la *pulvérisation* de l'éther, quand il s'agit de produire l'insensibilité locale. Ces divers appareils peuvent remplacer celui de M. Richardson, dont nous venons de donner la description.

Le plus puissant de ces *injecteurs-pulvérisateurs* est représenté figure 355. Une petite pompe placée dans le cylindre horizontal C, et manœuvrée, grâce à une manivelle, par la roue DE, pousse l'éther contenu dans ce cylindre, dans le petit tube de caoutchouc a, b. A l'intérieur du cylindre G, qui termine le tube de caoutchouc, est disposé un petit *pulvérisateur*, sorte de tranche métallique, qui divise le jet liquide poussé par la pompe, et le force à se répandre au dehors, en une sorte de pluie, ou *poudre liquide*.

Cet appareil que M. Lüer a construit surtout pour lancer dans l'intérieur de la gorge, de l'eau pulvérisée, ou des liquides médicamenteux, peut servir, avec avantage, à pro-duire l'anesthésie locale. L'abaissement de température que l'on obtient avec l'éther sul-furique, va jusqu'à — 8 ou — 10°.

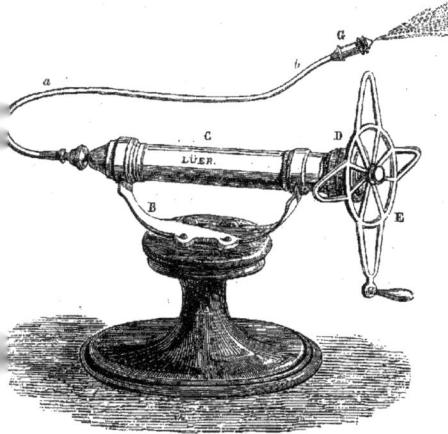

La figure 356 représente le même appareil simplifié et réduit à de plus petites dimen-sions. A est un bouton qui sert à pousser un piston jouant à l'intérieur du tube BC, pour chasser devant lui le liquide remplissant cette cavité. D est l'orifice par lequel s'écoule le liquide pulvérisé.

M. Lüer a encore donné au même appareil une autre forme que nous représentons dans la dernière figure (*fig.* 357).

Ici l'éther, ou tout autre liquide, est placé dans une carafe de verre F. Une petite pompe BDC, mue par une manivelle E, aspire le liquide et le refoule dans un tube latéral. Sur le trajet de ce tube se trouvent deux petits *pulvérisateurs fr*, *gt*, qui produisent la division du liquide à sa sortie.

Les divers appareils que nous venons de décrire et de représenter, ont tous pour but de diviser l'éther en particules excessivement petites et de produire une évaporation très-rapide de ce liquide. On sait que l'éther sul-

furique bout à + 35 degrés. Ainsi mis en contact avec la peau à l'état de division

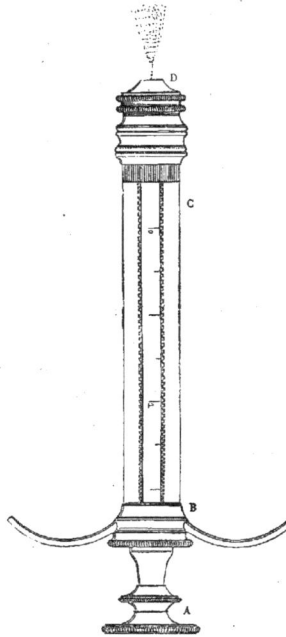

Fig. 356.

extrême, il doit se vaporiser avec une rapidité

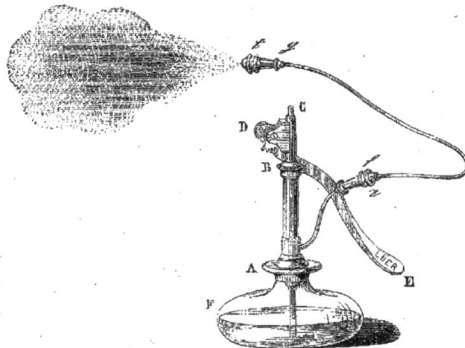

Fig. 357.

excessive, en empruntant à la peau elle-même le calorique qui lui est nécessaire pour cette vaporisation. Un froid intense, dû à une abondante soustraction de calorique, se produit ainsi à la surface, et jusqu'à une certaine profondeur de la peau. Bientôt l'anesthésie arrive ; la peau pâlit, durcit, devient insensible, et la perte de sensibilité se propage dans la profondeur des tissus.

Comment agit l'éther dans cette circonstance ? Produit-il l'anesthésie tout simplement par le froid, ou par une action stupéfiante spéciale, qu'il exercerait sur les nerfs périphériques, ainsi que l'a soutenu M. Richet ? Il est probable que la réfrigération considérable, que provoque la vaporisation de l'éther, est la seule cause de l'anesthésie. Il est établi, en effet, que l'éther n'agit point tant qu'il reste liquide. On sait, d'un autre côté, que l'évaporation de l'éther produit un froid de — 10 à — 20° ; ce qui prouve qu'il peut parfaitement remplacer, comme moyen réfrigérant, la glace ou les mélanges de glace et de sel. Des expériences faites par MM. Betbèze et Bourdilliat, internes des hôpitaux de Paris, ont mis ce phénomène hors de doute.

On a fait, dans le service chirurgical de M. Demarquay, à l'hospice Beaujon, de nombreuses applications de l'appareil de M. Richardson que nous avons représenté figure 354, page 692. Avant d'en faire usage, M. Demarquay fait bander les yeux du patient. Cette précaution permet souvent d'opérer les malades à leur insu, et de bien distinguer ainsi les effets de l'émotion de ceux de la douleur.

Dans un mémoire publié par MM. Betbèze et Bourdilliat (1), on trouve de nombreux faits, ou *observations*, comme on le dit en médecine, relatives à ce nouveau moyen d'anesthésie locale. Nous mentionnerons plus spécialement celle qui concerne l'extraction d'une balle.

Un jeune homme de vingt-neuf ans, se présente à l'hôpital, avec une plaie produite par

(1) *Union médicale* des 16 et 21 juin 1856.

une arme à feu, dans la région temporale droite. La balle existe encore au fond de la plaie. Dirigée obliquement, d'arrière en avant, elle est fixée à 3 centimètres de l'apophyse orbitaire externe, dans l'épaisseur de laquelle elle est fortement engagée. Les téguments, enflammés, présentent un engorgement considérable. Après avoir exploré la plaie, M. Demarquay provoque l'anesthésie locale, pour extraire le projectile. L'éthérisation abaisse la température des tissus à — 11 degrés, et une incision en croix assez profonde ne cause aucune douleur au malade. On retire la balle au moyen d'une spatule agissant comme levier.

Cette observation montre tout l'avantage qu'on pourrait retirer de l'anesthésie locale, pour l'extraction des projectiles, opération qui se fait à chaque instant sur les champs de bataille.

L'anesthésie locale, obtenue par l'éther *pulvérisé*, prévient la douleur dans la grande majorité des cas observés. Dans les autres, la sensibilité paraît au moins fort émoussée. La profondeur à laquelle s'étend l'insensibilité est de 4 à 5 centimètres. Le temps nécessaire pour l'obtenir varie d'une à cinq minutes ; il est, en moyenne de deux à trois minutes. La température des tissus varie de — 12° à — 15°. Les hémorrhagies sont rares ou insignifiantes.

Il est certaines précautions qu'il ne faut pas négliger dans l'emploi de l'éther, comme réfrigérant. Nous dirons d'abord, qu'un médecin d'un peu de bon sens, ne s'avisera pas de pratiquer une cautérisation au fer rouge, sur une partie humectée d'éther, liquide combustible, qui s'enflammerait nécessairement au contact du métal incandescent. Il faut se rappeler aussi que les vapeurs d'éther, répandues en grande quantité dans une pièce de dimensions exiguës, pourraient prendre feu, et causer un incendie.

A part ces inconvénients, qu'il est facile d'éviter, avec un peu de prudence, l'éther semble présenter une supériorité réelle sur la glace comme réfrigérant et anesthésique non-seulement par la rapidité et l'énergie de son action, mais encore par la facilité avec laquelle on peut en graduer l'effet. La réaction qui suit l'anesthésie par l'éther, est modérée, tandis que la réaction qui suit l'application, trop longtemps continuée, de la glace, peut aller jusqu'à amener la gangrène. Enfin, la glace manque en beaucoup de localités, tandis que l'éther est toujours et partout sous la main.

Les expériences de M. Demarquay, jointes à celles de plusieurs autres chirurgiens, ont, en résumé, consacré les avantages de l'anesthésie locale produite par l'éther *pulvérisé*. Ce moyen est certainement appelé à s'introduire de plus en plus dans la pratique chirurgicale. Il engage beaucoup moins la responsabilité de l'opérateur que l'administration du chloroforme, qui est toujours, en principe, environnée de dangers. Beaucoup de médecins de province reculent devant la *chloroformisation*, parce qu'ils ont des motifs sérieux de la redouter, ou parce qu'ils manquent des aides nécessaires. L'appareil à éthérisation locale, est, au contraire, d'un usage si simple, qu'il est à la portée de tout le monde, et de plus, il paraît exempt de dangers. L'anesthésie locale facilitera toutes les opérations de la petite chirurgie, telles qu'ouvertures d'abcès, d'anthrax, de phlegmons, de panaris, de fistules, etc., les extractions de corps étrangers, ongles incarnés et autres opérations analogues superficielles ou de courte durée. On peut donc espérer que son emploi se répandra rapidement dans la pratique.

On a vu se produire récemment, en Amérique, puis en France, un mode tout particulier d'emploi de l'anesthésie, dont nous ne pouvons nous dispenser de dire quelques mots, en terminant cette notice. Il s'agit d'une sorte d'anesthésie locale, provoquée par un agent, que l'on administre pourtant par voie d'inhalation pulmonaire, comme s'il s'agis-sait de l'éther ou du chloroforme. Nous voulons parler du protoxyde d'azote, respiré pour produire une insensibilité générale, très-fugitive, sans doute, mais suffisante pour permettre l'extraction d'une dent, sans aucun sentiment de douleur pour le patient.

Nous avons longuement parlé, dans les premières pages de cette notice, des expériences faites en 1800, par Humphry Davy et autres observateurs, sur le protoxyde d'azote. En 1864, plusieurs dentistes américains, et notamment M. A. Préterre, de New-York, ont expérimenté de nouveau le protoxyde d'azote, et reconnu que ce gaz est un véritable anesthésique, dont l'action est seulement de très-courte durée.

M. Préterre, dentiste de Paris, frère du précédent, répéta ces mêmes expériences, en 1866. Il arracha six dents ou racines, à une jeune dame extrêmement nerveuse, qu'il avait placée sous l'influence du protoxyde d'azote. L'opération fut si peu douloureuse, qu'à son réveil la patiente priait l'opérateur de commencer bien vite. Depuis ce premier essai, M. Préterre a fait de nombreuses applications de ce gaz, et il se sert aujourd'hui quotidiennement de ce moyen, pour éviter aux patients, qui en expriment le désir, la terrible douleur de l'avulsion dentaire.

L'anesthésie provoquée par le protoxyde d'azote, se manifeste après une ou deux minutes d'inspiration de ce gaz ; elle dure de trente à quarante secondes, temps suffisant pour pratiquer l'extraction d'une dent. En prolongeant l'inspiration, M. Préterre obtint une fois, trois minutes d'insensibilité complète, mais il ne voulut pas aller plus loin.

La dose de gaz nécessaire pour produire l'anesthésie est de vingt-cinq à trente litres.

Ce qui caractérise l'anesthésie provoquée par le protoxyde d'azote, c'est la rapidité avec laquelle elle se produit, et sa courte durée. On peut endormir le patient, lui extraire deux dents molaires, et le réveiller, le tout dans l'espace de deux minutes.

L'administration du protoxyde d'azote, selon M. Préterre, ne présente aucun danger, et ne saurait donner lieu à aucun accident. Ce praticien l'a essayé sur lui-même quelques centaines de fois, sans en être le moins du monde incommodé. Il a respiré, impunément, ce gaz jusqu'à quinze fois dans la même journée.

Ainsi la petite chirurgie est en possession d'un excellent procédé d'anesthésie locale, avec l'éther pulvérisé, employé comme réfrigérant ; et la chirurgie dentaire dispose, avec le protoxyde d'azote, employé en inhalations, du moyen de produire une insensibilité fugace, mais suffisante pour pratiquer l'avulsion d'une dent malade.

Quant à la grande chirurgie, elle est toujours en mesure de produire une insensibilité profonde pendant les opérations de longue durée, à l'aide de ces deux admirables produits, le chloroforme et l'éther, « agents merveilleux et terribles, » selon l'expression de M. Flourens, mais assurément plus merveilleux que terribles.

En résumé, la méthode anesthésique mérite bien, on le voit, l'admiration et l'enthousiasme qu'elle a excités partout, et elle doit figurer parmi les plus brillantes conquêtes de la science moderne, parmi les bienfaits que la Providence a accordés à la faiblesse humaine.

Cette appréciation ne semblera pas exagérée, si nous rappelons, pour résumer cette étude, les résultats généraux dont elle a enrichi l'humanité. La douleur désormais proscrite du domaine chirurgical, ses conséquences désastreuses conjurées, et par là les bornes de la durée moyenne de la vie reculées dans une certaine mesure ; — la chirurgie devenue plus hardie et plus puissante ; — avant les grandes opérations une attente paisible au lieu des appréhensions les plus sinistres ; — pendant la durée des cruelles manœuvres, au lieu des plaintes déchirantes, un paisible sommeil ; au lieu des cris lamentables de la douleur, les ravissements de l'extase, et au réveil le silence ou une exclamation de joie ; — la femme enfantant sans douleur, et malgré la terrible condamnation biblique, insensible aux souffrances de la parturition, donnant la vie à son enfant, suivant la belle expression de M. Simpson, « au milieu de songes élyséens, sur un lit d'asphodèles » : — tels sont les inestimables avantages qui font de l'éthérisation l'une des plus précieuses conquêtes dont l'humanité se soit enrichie depuis bien des siècles.

TABLE DES MATIÈRES

LE TÉLÉGRAPHE AÉRIEN.

182

LE TÉLÉGRAPHE ÉLECTRIQUE.

LA TÉLÉGRAPHIE SOUS-MARINE

ET LE CABLE TRANSATLANTIQUE.

LA GALVANOPLASTIE

ET LES DÉPOTS ÉLECTRO-CHIMIQUES.

LE MOTEUR ÉLECTRIQUE.

LES HORLOGES ÉLECTRIQUES

ET LES SONNETTES ÉLECTRIQUES (P. 405).

LES AÉROSTATS.

ÉTHERISATION.

CORBEIL. Typ. et stér. CRÉTÉ.